수질환경
산업기사 필기
문제풀이

예문사

머리말

최근 들어 사람들의 주목을 받기 시작한 단어들이 있습니다. 바로 '지구의 환경문제'에 관한 단어들입니다. 앞으로도 이런 용어들은 전 세계적으로 계속 주목될 것인데, 그 이유는 현재와 미래에서 인류에게 가장 절실하고 심각한 문제는 지구환경과 관련된 것이기 때문입니다.

수질환경산업기사는 환경 분야는 물론 타 분야에서도 매우 유용하고 절실한 자격으로서, 관련 분야를 공부하거나 실무를 준비하는 분들이라면 반드시 취득해야 합니다.

본 교재는 최소한의 시간 투자로 수질환경산업기사를 가장 효율적으로 취득할 수 있도록 하였습니다.

◉ 이 책의 특징

1 다년간 출제된 기출문제들을 한데 모아 상세한 풀이와 함께 제공함으로써 수험생들의 이해도를 높이고자 하였습니다.
2 최근 기출문제를 수록함으로써 최신 출제경향을 익힐 수 있도록 하였습니다.
3 또한, 수정 · 보완할 부분은 주경야독 홈페이지(www.yadoc.co.kr)를 통해 실시간으로 업데이트할 수 있습니다.
4 이 책 한 권으로 수질환경산업기사 자격증을 누구나 쉽게 취득할 수 있도록 하였습니다.

17년간 학교, 산업체, 학원강의 및 온라인 동영상 강의를 하면서 나름대로 누구나 쉽게 접근할 수 있는 교재가 되도록 노력을 하였으나 부족함이 있으리라 사료됩니다. 여러 선배 · 제헌들의 지도 · 편달과 아낌없는 후원을 부탁드립니다.

마지막으로 이 책이 완성되기까지 물심양면으로 도와주신 주경야독 윤동기 이사님과 주경야독 식구들, 예문사 정용수 사장님과 장충상 전무님, 예문사 관계자분들, 서영민 교수님, 최원덕 교수님, 박수호 교수님 그리고 항상 옆에서 집필에 도움을 주신 장유화 님과 이준명, 이호정 님께도 감사드립니다.

저자 **이 철 한**

직무 분야	환경·에너지	중직무 분야	환경	자격 종목	수질환경 산업기사	적용 기간	2025.1.1~2029.12.31

직무내용 : 수질오염상태를 조사 및 실험·분석하여 수질오염물질을 제거 또는 감소시키기 위한 오염방지시설을 시공·운영하는 직무이다.

필기검정방법	객관식	문제수	60	시험시간	1시간 30분

필기 과목명	출제 문제수	주요항목	세부항목	세세항목
수질 오염 개론	20	1. 수질 오염원의 관리	1. 점오염원 및 비점오염원 관리	1. 점오염원 특성 및 관리 2. 비점오염원 특성 및 관리 3. 배출 부하량 관리
		2. 수생태계 및 물환경 특성	1. 수생태계 및 물환경 조사	1. 수중 미생물의 종류 및 특성 2. 수중 조류 및 물환경 특성
			2. 하천·호소 수질 관리	1. 오염물질 부하량 산정방법 2. 하천의 자정능력 3. 부영양화 파악 및 대책 수립
		3. 수질화학	1. 화학양론	1. 화학적 단위 2. 물질수지
			2. 화학평형	1. 화학평형의 개념 2. 이온적, 용해도적 등의 산출
			3. 화학반응	1. 산-염기 반응 2. 중화반응 3. 산화-환원반응
			4. 계면화학현상	1. 계면화학 반응 2. 물질이동
			5. 반응속도	1. 반응속도 개념 2. 반응차수 3. 반응조의 종류와 특성
			6. 수질오염의 지표	1. 화학적 지표 3. 생물학적 지표 2. 물리학적 지표
수질 오염 방지 기술	20	1. 생물학적 처리공정 운전	1. 일반 생물학적 처리공정	1. 생물학적 처리 원리 2. 활성슬러지법공정 3. 살수여상법공정 4. 회전원판법공정 5. 산화구법공정 6. 기타 생물학적 처리공정
		2. 생물학적 질소·인 제거 고도처리공정 운전	1. 생물학적 고도처리(질소·인 제거) 공정	1. 생물학적 고도처리 원리 2. 생물학적 질소 제거공정 3. 생물학적 인 제거공정 4. 생물학적 질소·인 동시 제거 공정

필기 과목명	출제 문제수	주요항목	세부항목	세세항목
		3. 물리적 처리공정 운전	1. 물리적 처리공정	1. 스크린 4. 막분리 2. 침사지 5. 흡착 3. 침전 및 부상 6. 여과
		4. 화학적 처리공정 운전	1. 화학적 처리공정	1. 중화 2. 약품응집처리 3. 고도산화(AOP)처리 4. 공정의 산화 · 환원 5. 이온교환
		5. 슬러지 처리공정 운전	1. 슬러지 처리공정	1. 농축조 및 소화조 2. 탈수시설 3. 슬러지 최종처분시설 4. 바이오가스
		6. 단위공정별 운전 및 시설 유지관리	1. 하 · 폐수 성상 및 시설 유지 관리	1. 유입원수 및 단위공정별 특성 2. 분석자료 관리 3. TMS 시설 관리
수질 오염 공정 시험 기준	20	1. 공정시험기준 일반 사항	1. 총칙 및 용액 제조	1. 적용범위 2. 단위 및 기호 3. 용어의 정의 4. 정도보증/정도관리 5. 분석 관련 용액 제조
		2. 일반 항목 분석	1. 시료 채취 · 운반 · 보관	1. 시료 채취 2. 시료 운반 3. 시료 전처리 및 시료 보관
			2. 일반 항목 분석 방법	1. 관능법 분석 4. 전극법 분석 2. 무게차법 분석 5. 흡광 광도법 분석 3. 적정법 분석 6. 연속흐름법 분석
		3. 기기분석	1. 시료 채취 · 운반 · 보관	1. 유기 · 무기물질 시료 전처리 및 보관
			2. 분석 방법	1. 유기 · 무기물질 전처리 2. IC 분석 3. AAS 분석 4. ICP 분석 5. GC 분석 6. HPLC 분석 7. TOC 측정기 분석
		4. 안전 관리	1. 실험실 안전 및 환경관리	1. 위험요인 파악 2. MSDS의 개념 3. 안전시설 관리 4. 실험실 폐기물 관리

03 | 수질오염공정시험기준

CONTENTS
이책의 차례

과년도 기출문제

C O N T E N T S
이책의 **차례**

제3편　CBT 실전모의고사

수질환경산업기사 필기 문제풀이

INDUSTRIAL ENGINEER WATER POLLUTION ENVIRONMENTAL

핵심요점 정리

01 과목 수질오염개론

TOPIC 01 수질오염물질-발생원-영향

오염물질	발생원	영향
수은(Hg)	제련, 살충제, 온도계, 압력계 제조	미나마타병, 신경장애, 지각장애
PCB	변압기, 콘덴서 공장	카네미유증
비소(As)	비소광산, 농약, 유리공장	피부염, 색소침착
카드뮴(Cd)	아연제련, 건전지, 플라스틱, 안료	이타이이타이병, 골연화, 빈혈증
크로뮴(Cr)	도금, 피혁재료, 염색공업	폐암, 피부염, 피부궤양
납(Pb)	축전지, 인쇄, 페인트, 휘발유	다발성 신경염, 관절염
구리(Cu)	전기용품, 합금	간경변, 구토

TOPIC 02 수자원

1) 물의 순환(강수 → 증발 → 유출)

원동력은 태양에너지

2) 수자원의 분포

① 전체 수자원 중 가장 많은 양 : 해양(97.2%)

② 지표수 중 가장 많은 양 : 담수호(총 수자원의 0.009%)

③ 인간이 이용할 수 있는 수자원 : 총 수자원의 3%(담수), 쉽게 이용할 수 있는 지표수 → 0.01% 이하

④ 전체 담수량 중 실제 생활에 바로 이용 가능한 비율 : 11%

⑤ 우리나라의 수자원 이용현황 : 농업용수 > 유지용수 > 생활용수 > 공업용수

① 지표수보다 수질변동이 적으며, 유속이 느리고, 수온변화가 적다.

② 무기물 함량이 높으며, 공기 용해도가 낮고, 알칼리도 및 경도가 높다.

③ 자정작용 속도가 느리고, 유량변화가 적다.

④ 염분함량이 지표수보다 약 30% 이상 높다.

⑤ 미생물이 거의 없고 오염물이 적다.

⑥ 주로 세균(혐기성 세균)에 의한 유기물 분해작용이 일어난다.

⑦ 낮은 곳의 지하수일수록 경도가 낮다.

⑧ SS 및 탁도가 낮고, 환원상태이다.

① pH는 8.2로서 약알칼리성을 가진다.

② 해수의 Mg/Ca비는 3~4 정도로 담수의 0.1~0.3에 비하여 월등하게 크다.

③ 해수의 밀도는 1.02~1.07g/cm^3 범위로서 수온, 염분, 수압의 함수이며 수심이 깊을수록 증가한다.

④ 해수는 강전해질로서 1L당 35g(35,000ppm)의 염분을 함유한다.

⑤ 염분은 적도해역에서는 높고, 남·북 양극 해역에서는 다소 낮다.

⑥ 해수는 다량의 염분을 함유하고 있어 산업용·냉각용으로서는 사용할 수 없다.

⑦ 해수는 HCO_3^-를 포화시킨 상태로 되어 있다.

⑧ 해수의 주요 성분 농도비는 항상 일정하다.

⑨ 해수는 Cl^-농도(≒19,000ppm)만 정량하면 다른 주요 성분 농도를 산출할 수 있다.

⑩ 해수는 염분 외에 온도만 측정하면 해수의 비중을 알 수 있다.

⑪ 해수 내 전체질소 중 35% 정도는 NH_3-N, 유기질소 형태이다.

TOPIC 05 콜로이드

1) 특징

① 크기가 미세하고(0.001~0.1μm), 비표면적이 크며, 전하를 띤다.

② 브라운효과, 틴들효과

2) 콜로이드의 분류와 특징

비교	소수성 콜로이드	친수성 콜로이드
존재 형태	현탁상태(suspensoid)로 존재	유탁상태(에멀션)로 존재
일례	점토, 석유, 금속입자	단백질, 박테리아 등
물과의 친화성	물과 반발하는 성질	물과 쉽게 반응

3) 콜로이드에 작용하는 힘

인력, 척력, 중력에 의해서 전기역학적으로 평행되어 있다.

① 인력 : 분자 간의 당김력 – 반데르발스 힘

② 척력 : 콜로이드 입자 간의 반발력 – 지표 → 제타전위(효과적인 응집을 위해서는 제타전위가 작아야 함)

TOPIC 06 용해도적과 전리이온의 관계

① $MA \rightleftharpoons [M^+][A^-]$일 때

용해도적$(K_{SP}) = [M^+][A^-]$, mol 용해도$(L_m) = \sqrt{K_{SP}}$

② $M_2A \rightleftharpoons 2[M^+][A^{-2}]$일 때

용해도적$(K_{SP}) = [M^+]^2[A^-]^2$, mol 용해도$(L_m) = \sqrt[3]{\dfrac{K_{SP}}{4}}$

TOPIC 07 K_{LA}(총괄물질 전이계수 : T^{-1})의 산정

1) 확산계수를 이용한 계산방법

$$K_{LA} = K_L \times \left(\frac{A}{V}\right) = 2 \times \sqrt{\frac{D}{\pi \cdot t}} \times \left(\frac{A}{V}\right)$$

2) 폭기실험에 의한 방법

① 정상폭기법 : $K_{LA} = \dfrac{\gamma}{(C_s - C)}$

② 비정상폭기법 : $K_{LA} = \dfrac{1}{(t_2 - t_1)} \times \ln\dfrac{(C_s - C_1)}{(C_s - C_2)}$

3) K_{LA}의 보정

K_{LA}의 영향인자는 수온, 폐수의 특성(계면활성제, 용해성 유기물, 무기물의 조성 등), 수심, 폭기조의 형상·형식, 혼합 교반강도이다.

① 폐수의 특성보정 : K_{LA}(폐수)$= \alpha \times K_{LA}$(순수)

② 온도보정 : $K_{LA(T)} = K_{LA(20)} \times 1.024^{(T-20)}$

TOPIC 08 반응속도

반응에 참여하는 반응물질 또는 생성물질의 단위시간에 대한 농도변화

$$\gamma = \frac{dC}{dt} = -KC^m$$

여기서, m : 반응차수로서 반드시 실험에 의해 구해지는 값이다.

1) 영향인자

반응물의 농도에 비례하고 촉매작용과 반응온도에 대체로 비례한다. 또한 표면적이 클수록 반응속도도 빨라진다.

[주의] 평형상태(정반응과 역반응이 거의 일어나지 않는 속도가 같은 상태)에서는 촉매작용을 무시

2) 반응형태에 따른 반응속도

① 0차 : 반응속도가 농도와 무관한 반응 $\dfrac{dC}{dt} = -K \cdot [C]^0 \Rightarrow C_t - C_o = -K \times t$

② 1차 : 반응속도가 농도에 비례하는 반응 $\dfrac{dC}{dt} = -K \cdot [C]^1 \Rightarrow \ln\dfrac{C_t}{C_o} = -K \times t$

③ 2차 : 반응속도가 농도의 제곱에 비례하는 반응 $\dfrac{dC}{dt} = -K \cdot [C]^2 \Rightarrow \dfrac{1}{C_t} - \dfrac{1}{C_o} = -K \times t$

TOPIC 09 반응조

완전혼합흐름(CSTR)의 특징	플러그흐름(PFR)의 특징

• 유입과 동시에 즉시 혼합된다.
• 유입된 액체의 일부분은 즉시 유출된다.
• 충격부하 및 부하변동에 강하다.
• 반응조를 빠져나오는 입자는 통계학적인 농도로 유출된다.
• 단로흐름으로 dead space를 동반할 수 있다.
• 동일 용량의 PFR에 비해 제거효율이 낮다.
• 통계학적인 분산이 1이면 이상적인 완전혼합상태이다.
• 분산수는 무한대의 값을 갖는다.
   – 1차 반응 : $Q(C_o - C_t) = KVCt$
   – 2차 반응 : $Q(C_o - C_t) = KVCt^2$
※ K가 없는 1차 반응 $\ln\dfrac{C_t}{C_o} = -\dfrac{Q}{V}t$
	• 반응조 내에서 흐름상태는 혼합이 없거나 최소이다.
	• 길이 방향의 분산은 최소이거나 없는 상태이다.
	• 유체입자는 도입순서대로 반응기를 거쳐 유출된다.
	• 지체시간과 이론적 체류시간은 동일하다.
	• 포기에 필요한 동력이 작다.
	• 제거효율이 높아 동일한 제거효율을 얻기 위한 필요 반응조 용량이 작다.
	• 충격부하, 부하변동, 독성물질 등에 취약하다.
	   – 1차 반응 : $\ln\dfrac{C_t}{C_o} = -Kt \leftarrow t = \dfrac{V}{Q}$
	   – 2차 반응 : $\dfrac{1}{C_t} - \dfrac{1}{C_o} = Kt \leftarrow t = \dfrac{V}{Q}$

1) 탄소원과 에너지

① 탄소원

⊙ CO_2 등의 무기물 : 독립영양 미생물(autotrophs)

ⓒ 유기탄소 등의 유기물 : 종속영양 미생물(heterotrophs)

② 에너지

⊙ 빛(光) : 광영양 미생물(phototrophs)

ⓒ 산화에너지 : 화학영양 미생물(chemotrophs)

2) 분자식

① 박테리아의 경험적 분자식 : $C_5H_7NO_2$

② 조류의 경험적 분자식 : $C_5H_8NO_2$

③ 균류의 경험적 분자식 : $C_{10}H_{17}NO_6$

④ 원생동물의 경험적 분자식 : $C_7H_{14}NO_3$

3) 수인성 전염병

① 종류 : 장티푸스, 파라티푸스, 콜레라, 세균성 이질, 살모넬라병, 병원성 대장균에 의한 장염, 아메바성 이질, 간염

② 특징

⊙ 전염병의 원인균은 세균 바이러스, 원생동물에 이르기까지 매우 다양하다.

ⓒ 환자가 도시전역에서 발생한다.

ⓒ 특정지역의 집단급수지역을 중심으로 발생된다.

ⓔ 모든 계층과 연령에서 발생된다.

ⓜ 정수과정을 통하여 그 영향을 최소화할 수 있다.

1) 하천의 정화단계(4단계)

분해지대 → 활발한 분해지대(부패지대) → 회복지대 → 정수지대

4단계	DO 변화, 가스 발생	미생물종 변화
분해지대	• DO 감소 현저 • 여름철 포화도에 45%까지 CO_2 농도 증가	• 아메바 등 육질류가 출현했다가 사라짐 • 식물성 플랑크톤이 동물성 플랑크톤으로 바뀜 • 곰팡이류 급증, 박테리아 출현, 조류는 사라짐
활발한 분해지대 (부패지대)	• DO 감소가 바닥상태 → 임계점 • $NH_3-N\uparrow$, $H_2S\uparrow$, 혐기성 상태	• 곰팡이 사라짐, 박테리아 개체수 급증 • 끝부분에서 자유유영형 섬모충류 출현
회복지대	• $NO_2-N > NO_3-N$ • 붕어, 잉어, 메기 서식	• 태양충 출현, 고착형 섬모충류, 흡곤충↑ • 조류 증가 개시, NO_3-N 존재
정수지대	• 유기물질의 분해완료 • DO가 포화도에 근접	• 원생동물에서 후생동물, 윤충류 등으로 종의 변화 • 송어 등의 청수성 어종이 서식, 조류 증가

2) BOD 공식

① 잔류 BOD : $BOD_t = BOD_u \times e^{-K_1 \cdot t}$

$\qquad\qquad\quad BOD_t = BOD_u \times 10^{-K_1 \cdot t}$

② 소모 BOD : $BOD_t = BOD_u(1 - e^{-K_1 \cdot t})$

$\qquad\qquad\quad BOD_t = BOD_u(1 - 10^{-K_1 \cdot t})$

3) BOD-DO의 관계에 영향을 미치는 환경인자

① CBOD

② NBOD

③ SOD

④ 광합성 및 호흡

4) 재폭기계수의 온도보정

$$K_{2(T)} = K_{2(20℃)} \times 1.024^{(T-20)}$$

5) 자정계수의 온도보정

$$f = \frac{K_2}{K_1} = \frac{K_{2(20℃)} \times 1.0241^{(T-20)}}{K_{1(20℃)} \times 1.047^{(T-20)}}$$

6) DO 부족량 계산

$$D_t = \frac{K_1 \cdot L_o}{K_2 - K_1}(10^{-K_1 \cdot t} - 10^{-K_2 \cdot t}) + D_o \cdot 10^{-K_2 \cdot t}$$

TOPIC 12 | 조류번식 억제방법

① 일광차단, 활성탄 분말 살포, 황산동 · 염화동, 염소 살포
② 황산동 주입 농도 : 0.5~1ppm

TOPIC 13 | 호소의 부영양화 평가방법

① 모델을 이용한 평가 : Vollenweider 모델, Dillon 모델, Larsen & Mercier 모델
② 부영양화 지수(TSI, 칼슨지수)를 이용한 평가
③ 조류생산 잠재능력(AGP)에 의한 평가

TOPIC 14 | 적조의 대책

① 황산동 살포　　　② 황토 살포　　　③ 해면 여과
④ 오존처리　　　　⑤ 초음파처리　　　⑥ biocontrol법

예비처리장치의 설치목적과 설계요소

종류	설치목적	주요 설계요소
스크린	• 나뭇조각, 플라스틱, 천조각, 종이, 협잡물 제거 • 펌프보호, 관로막힘 방지	• 유속 : 스크린 접근유속(0.45m/sec↑), 통과유속(1m/sec) • 스크린 간격/각도 : 스크린 간격(50mm 정도), 각도(70°)
침사지	• 모래, 자갈, 뼈조각, grit 제거 • 펌프보호, 관로막힘 방지, 산기관 폐쇄방지	• 폭기식 : 체류시간 1~3분, 수심 2~3m, 송기량 1~3m³/m³·hr • 수로형 : 체류시간 30~60초, 길이 20m 이하, 유속 0.3m/sec
착수정	• 상수도에서 정수처리 전의 예비시설 • 자연유하식으로 정수가 가능하도록 유지하는 기능	• 체류시간 : 1.5분↑ • 위어 : 정류장치의 거리 2m 이상 • 수심 : 3~5m
유량 조정조	• 유량균등, 수질균질, 완충기능 • In-line 방식(전량 유량조정) → 균질효과↑ • Off-line 방식(일 최대 초과량만 조정) → 균질효과↑	• 용량 : 계획 1일 최대오수량을 넘지 않게 경제성 고려 • 교반/포기 : 침전물의 발생방지, 포기공기량 1.0m³/m³·hr • 유효수심 : 3~5m
예비 포기조	• 처리시설 저해요소 제거 • 처리효율 향상을 위한 전처리	• 용량 : 계획 1일 최대오수량을 넘지 않게 경제성 고려 • 포기시간 : BOD 제거(30~40분), 악취 억제(10~15분) • 유로의 폭 : 수심의 1~2배(산기식)

TOPIC 02 침전지의 설계요소 계산

① 수면적부하$(\mathrm{m^3/m^2 \cdot day}) = \dfrac{\text{유입유량}(\mathrm{m^3/day})}{\text{수면적}(\mathrm{m^2})} \rightarrow V_o = \dfrac{Q}{A_v}$

② 월류위어 부하율$(\mathrm{m^3/m \cdot day}) = \dfrac{\text{월류유량}(\mathrm{m^3/day})}{\text{위어의길이}(\mathrm{m})} \rightarrow V_w = \dfrac{Q}{L_w}$

③ 체류시간$(\mathrm{hr}) = \dfrac{\text{침전조의 용적}(\mathrm{m^3})}{\text{유입유량}(\mathrm{m^3/hr})} \rightarrow t = \dfrac{\forall}{Q}$

④ 수평유속$(\mathrm{m/sec}) = \dfrac{\text{유입유량}(\mathrm{m^3/sec})}{\text{침전조의 단면적}(\mathrm{m^2})} \rightarrow V = \dfrac{Q}{WH}$

⑤ 제거효율 $\eta_d(\%) = \dfrac{\text{대상입자의 침강속도}(V_g)}{\text{수면적부하}(V_o)} \times 100$

TOPIC 03 입자의 침강형태

① 독립침전(Ⅰ형 침전) : 이웃입자들의 영향을 받지 않고 자유롭게 일정한 속도로 침강
② 플록침전(Ⅱ형 침전) : 침강하는 입자들이 서로 접촉되면서 응집된 플록을 형성하여 침전하는 형태
③ 간섭침전(Ⅲ형 침전) : 플록을 형성하여 침강하는 입자들이 서로 방해를 받아 침전속도가 감소하는 침전
④ 압축침전(Ⅳ형 침전) : 고농도 입자들의 침전으로 침전된 입자군이 바닥에 쌓일 때 일어나는 침전

TOPIC 04 A/S비(기고비)

$$\text{A/S비(기고비)} = \dfrac{1.3 C_{air}(fP - 1)}{SS} \times \dfrac{Q_R}{Q} \ \cdots\cdots \ (\text{무차원량})$$

장점	단점
• 다른 응집제에 비하여 가격이 저렴하다. • 거의 모든 현탁성 물질, 부유물 제거에 유효하다. • 독성이 없으므로 대량으로 주입할 수 있다. • 결정은 부식성이 없어 취급이 용이하다. • 철염과 같이 시설을 더럽히지 않는다.	• 생성된 플록의 비중이 가볍다. • 적정 pH 폭이 좁다.(pH 4.5~8.0) • 저수온 시 응집효과가 떨어진다. • 알칼리 조제, 응집보조제의 첨가가 필요하다.

TOPIC **06** 철염의 장단점

장점	단점
• 플록이 무겁고 침강이 빠르다. • 황산알루미늄보다 가격이 저렴하다. • 응집 적정범위가 pH 4~12로 넓다. • 알칼리 영역에서도 플록이 용해하지 않는다. • pH 9 이상에서 망간제거가 가능하다. • 황화수소의 제거가 가능하다.	• 철이온이 잔류한다. • 철이온은 처리수에 색도를 유발할 수 있다. • 부식성이 강하다. • 휴민질 등의 물질에 대하여는 철화합물을 생성하게 되어 제거하기 어렵다.

TOPIC **07** 속도경사

$$속도경사(G) = \sqrt{\frac{P}{\mu \forall}}$$

독방식의 장단점 및 효과 비교

비교항목	Cl_2	Br_2	ClO_2	O_3	UV
박테리아 사멸	좋음	좋음	좋음	좋음	좋음
바이러스 사멸	나쁨	아주 좋음	좋음	좋음	좋음
THM 생성	있음	있음	있음	가능성 없음	없음
잔류성	길다	짧다	보통	없음	없음
접촉시간	길다(0.5~1hr)	보통	보통−길다	보통	짧다(1~5초)
TDS의 증가	증가	증가	증가	증가 안 됨	증가 안 됨
pH 영향	있음	있음	없음	거의 없음	없음
부식성	있음	있음	있음	있음	없음

미생물 체류시간

$$\text{SRT, MCRT or } \theta_c \text{ (day)} = \frac{\text{포기조 내의 미생물량}}{\text{폐슬러지량} + \text{유출미생물량}} = \frac{X \cdot \forall}{Q_w \cdot X_w + Q_o \cdot X_o}$$

BOD−MLSS 부하

$$F/M \, (\text{day}^{-1}) = \frac{\text{유입 BOD량}}{\text{포기조 내의 미생물량}} = \frac{S_i \cdot Q_i}{X \cdot \forall} = \frac{S_i}{\theta \cdot X} = \frac{L_v \times 10^3}{X}$$

잉여슬러지 생산량

$$Q_w X_w = Y \cdot S_i \cdot \eta \cdot Q - K_d \cdot \forall \cdot X$$

TOPIC 12 용적지표(SVI)

$$SVI = \frac{SV(\%)}{MLSS(mg/L)} \times 10^4 = \frac{SV(mL/L)}{MLSS(mg/L)} \times 10^3$$

TOPIC 13 반송비

$$R = \frac{MLSS - SS_i}{SS_r - MLSS} \cdots\cdots \text{유입수의 SS를 무시하면}$$

$$\frac{X}{X_r - X} = \frac{X}{(10^6/SVI) - X}$$

TOPIC 14 활성슬러지법과 생물막공법 비교 시 공통적인 장단점

장점	단점
• 반응조 내의 생물량을 조절할 필요가 없다. • 슬러지 반송을 필요로 하지 않는다. • 운전조작이 비교적 간단하다. • 벌킹현상(팽화현상)이 발생되지 않는다. • 하수량의 증가에 비교적 대응하기 쉽다. • 반응조를 다단화함으로써 반응효율, 처리의 안전성의 향상을 쉽게 도모할 수 있다.	• 이차 침전지로부터 미세한 SS가 유출되기 쉽고, 그에 따라 처리수의 투시도 저하와 수질악화를 일으킬 수 있다. • 처리과정에서 질산화반응이 진행되기 쉽고, 그에 따라 처리수의 pH가 낮아지게 되며, BOD가 높게 유출될 수 있다. • 운전조작의 유연성에 결점이 있으며, 문제가 발생할 경우 운전방법의 변경 등 적절한 대처가 곤란하다.

살수여상법의 장단점

장점	단점
• 슬러지 팽화가 발생하지 않는다. • 운전이 용이하다. • 슬러지량 및 공기량의 조절이 불필요하다. • 슬러지량이 적게 발생된다. • 조건의 변동에 따른 내구성이 있다.	• 여재의 비표면적이 작다. • 활성슬러지법에 비해 정화능력이 낮다. • 생물막의 공기유동 저항이 커 산소공급 능력에 한계가 있다.

TOPIC **16** 혐기성 처리법의 장단점

장점	단점
• 유기물 농도가 높은 폐수에 유리 • 슬러지 발생량이 적다. • 소화 후 슬러지의 탈수성이 좋다. • 질소, 인 등의 영양염류의 요구량이 적다. • 포기장치가 불필요하다. • 부산물로 CH_4를 회수할 수 있다. • 호기성 공정에 비하여 중금속 독성에 덜 민감하다. • 호기성 공정에 비하여 처리비용이 적게 든다. • 소화 슬러지는 배료로서 가치가 있다. • 호기성 공정에서 제거하기 힘든 물질도 일부 제거된다.	• 초기 순응시간이 오래 걸린다. • 처리수의 수질이 나쁘므로 호기성 후처리가 요구된다. • 상징액의 질소, 인 함량이 높다. • 독성물질의 충격을 받을 경우 장시간 회복하기 어렵다. • 초기 건설비가 많이 들고, 부지면적이 넓어야 한다. • 운전이 비교적 어렵다. • 초기성에 비해 체류시간이 길다.

TOPIC **17** 물리적 흡착과 화학적 흡착의 비교

구분	물리적 흡착	화학적 흡착
흡착열	적음(40kJ/mol 이하)	많음(80kJ/mol)
흡착 특성	비점 이하에서만 흡착 가능	고온에서 일어날 수 있음
흡착량의 증가	피흡착물의 압력에 따라 증가	피흡착물의 압력에 따라 감소
표면 흡착량	피흡착물질의 함수	피흡착물, 흡착제 모두의 함수
활성화 에너지	흡착과정에서 포화되지 않음	흡착과정에서 포화될 수 있음
분자층	다분자 흡착이 일어남	단분자 흡착이 일어남

TOPIC 18 | 등온흡착식 Freundlich형

$$\frac{X}{M} = K \cdot C^{\frac{1}{n}}$$

TOPIC 19 | 생물활성탄(BAC)의 특징과 일반 활성탄의 비교

활성탄명	특징	용도
생물활성탄 (BAC)	• 용존성 유기물질의 제거율이 높다. • 저온 시 제거율이 낮으므로 계절적인 고려가 필요하다. • 재생 없이 수년간 이용 가능하므로 건설비 및 운전비용이 절감된다. • GAC 공정 운전상의 변형공정이다.	• 정수장 등 상수처리용 • 하·폐수 처리용
입상활성탄 (GAC)	• 분말에 비해 흡착속도는 느리지만 취급이 용이하다. • 물과 분리가 쉽고, 재생하기 쉽다. • 흡착탑에 충진하든지 유동상에 사용한다.	• 유동층, 이동층 • 유동컬럼형 • 상수, 하·폐수처리용
분말활성탄 (PAC)	• 흡착속도가 빠르나 분말의 비산이 있고, 취급이 불편하다. • 사용할 때 복잡한 장치가 필요하지 않고 접촉여과에 의해 흡착이 된다.	• 접촉여과용 • 하·폐수처리용, 기타

TOPIC 20 | 막의 유출수량(L/m² · day as 25℃)

$$Q_F = K(\Delta P - \Delta \pi)(\text{L/m}^2 \cdot \text{day as } 25℃)$$

여기서, K : 막의 확산계수($\text{L/m}^2 \cdot \text{day} \cdot \text{kPa}$)

ΔP : 압력차(유입 측−유출 측)(kPa)

$\Delta \pi$: 삼투압차(유입 측−유출 측)(kPa)

공정	메커니즘	추진력	대표적인 분리공정
투석	선택적 투과막을 이용하여 농도에 따른 확산 계수의 차에 의해 분리한다.	농도차	• 고분자/저분자 분리 • H^+/OH^- 분리
전기투석	선택성 이온교환막을 사이에 두고 전류를 흘려 이온전하의 크기에 따라 선택적으로 투과시킨다.	전위차	• 해수의 담수화 • 식염 제조 • 방사성 폐액처리 • 금속회수 • 무기염류 제거
역삼투	반투과성 멤브레인막과 정수압을 이용하여 염용액으로부터 물과 같은 용매를 분리한다.	정압차	• 해수의 담수화 • 용존성 물질 제거 • 콜로이드, 염 제거
나노여과	역삼투의 변형	정압차	조대 유기분자
한외여과	다공성막을 통과시켜 공경($0.001 \sim 0.02 \mu m$)보다 큰 입자를 분리한다.	정압차	분자량 5,000 이상의 고분자량 제거
정밀여과	• 다공성막을 통과시켜 공경($0.03 \sim 10 \mu m$)보다 큰 입자를 분리한다. • 분리입경이 가장 크다.	정압차	• 부유물 제거 • 콜로이드 제거

03 과목 수질오염공정시험기준

TOPIC 01 온도

용어	온도(℃)	용어	온도(℃)
표준온도	0	냉수	15 이하
상온	15~25	온수	60~70
실온	1~35	열수	약 100
찬 곳	0~15		

TOPIC 02 용기

구분	정의
밀폐용기	취급 또는 저장하는 동안에 **이물질**이 들어가거나 또는 내용물이 손실되지 아니하도록 보호하는 용기를 말한다.
기밀용기	취급 또는 저장하는 동안에 밖으로부터의 **공기 또는 다른 가스**가 침입하지 아니하도록 내용물을 보호하는 용기를 말한다.
밀봉용기	취급 또는 저장하는 동안에 **기체 또는 미생물**이 침입하지 아니하도록 내용물을 보호하는 용기를 말한다.
차광용기	광선이 투과하지 않는 용기

TOPIC 03 용어

구분	정의	구분	정의
즉시	30초	정밀히 단다.	화학저울, 미량저울로 측량
감압 또는 진공	15mmHg	정확히 단다.	0.1mg까지
방울수	20℃, 20방울, 1mL	정확히 취하여	부피피펫으로 눈금까지
항량으로 될 때까지 건조	g당 0.3mg 이하	약	±10%

감응계수와 정량한계

$$감응계수 = \frac{R}{C}$$

$$정량한계 = 10 \times 표준편차(s)$$

시료의 최대보존기간

최대보존기간	항목
즉시	pH, 온도, 용존산소(전극법)
6시간	냄새, 총대장균군(배출허용기준)
8시간	용존산소(적정법)
24시간	전기전도도, 6가크로뮴, 총대장균군(환경기준), 분원성대장균군, 대장균
48시간	색도, BOD, 탁도, 아질산성질소, 암모니아성질소, 음이온계면활성제, 인산염인, 질산성질소
72시간	물벼룩 급성독성
7일	부유물질, 클로로필-a, 다이에틸헥실프탈레이트, 석유계총탄화수소, 유기인, PCB, 휘발성유기화합물
14일	시안, 14-다이옥산, 염화비닐, 아크릴로, 브로모폼
28일	노말헥산추출물질, 총유기탄소, COD, 불소, 브롬, 염소이온, 총인, 총질소, 페클로레이트, 페놀류, 황산이온, 수은
1개월	알킬수은
6개월	금속류, 비소, 셀레늄, 식물성플랑크톤

3각 · 4각 웨어의 유량계산식

① 3각 웨어 유량계산식 $Q = K \cdot h^{5/2}$

② 4각 웨어의 유량계산식 $Q(\frac{m^3}{min}) = K \cdot b \cdot h^{\frac{3}{2}}$

전처리방법	적용시료
질산법	유기함량이 비교적 높지 않은 시료
질산-염산법	유기물 함량이 비교적 높지 않고 금속의 수산화물, 산화물, 인산염 및 황화물을 함유하고 있는 시료
질산-황산법	유기물 등을 함유하고 있는 대부분의 시료
질산-과염소산법	유기물을 다량 함유하고 있으면서 산분해가 어려운 시료
질산-과염소산-불화수소산	다량의 점토질 또는 규산염을 함유한 시료

TOPIC **08** 흡광광도법

① 대상 : 중금속류 전부, 암모니아성질소, 인, 시안, 계면활성제, PCB
② 파장범위 : 200~900nm, 램버트비어의 법칙을 적용
③ 흡광도(Abs)$= \log\dfrac{1}{t} = \varepsilon$(흡광계수)$\cdot$C(농도)$\cdot$L(셀길이)
④ 흡광도는 층장 두께, 용액 농도에 비례함, 투과도는 반비례함
⑤ 장치의 구성 : 광원부 - 파장선택부 - 시료부 - 측광부
⑥ 광원부 : 가시부와 근적외부의 광원 → 텅스텐 램프, 자외부의 광원 → 중수소 방전관

TOPIC **09** pH 표준액

명칭	농도	pH	명칭	농도	pH
수산염 표준액	0.05M	1.68	붕산염 표준액	0.01M	9.22
프탈산염 표준액	0.05M	4.00	탄산염 표준액	0.025M	10.07
인산염 표준액	0.025M	6.88	수산화칼슘 표준액	0.02M	12.68

TOPIC **10** 총대장균군 시험방법

① 막여과법　　　　　② 시험관법　　　　　③ 평판집락법

04 과목 수질환경관계법규

TOPIC 01 사람의 건강보호기준(하천)

항목	기준값(mg/L)
카드뮴(Cd)	0.005 이하
비소(As)	0.05 이하
시안(CN)	검출되어서는 안 됨(검출한계 0.01)
수은(Hg)	검출되어서는 안 됨(검출한계 0.001)
유기인	검출되어서는 안 됨(검출한계 0.0005)
폴리클로리네이티드비페닐(PCB)	검출되어서는 안 됨(검출한계 0.0005)
납(Pb)	0.05 이하
6가크로뮴(Cr^{6+})	0.05 이하
음이온 계면활성제(ABS)	0.5 이하
사염화탄소	0.004 이하
1,2-디클로로에탄	0.03 이하
테트라클로로에틸렌(PCE)	0.04 이하
디클로로메탄	0.02 이하
벤젠	0.01 이하
클로로포름	0.08 이하
디에틸헥실프탈레이트(DEHP)	0.008 이하
안티몬	0.02 이하
1,4-다이옥세인	0.05 이하
포름알데히드	0.5 이하
헥사클로로벤젠	0.00004 이하

생물등급	생물 지표종	
	저서생물(底棲生物)	어류
매우 좋음~좋음	옆새우, 가재, 뿔하루살이, 민하루살이, 강도래, 물날도래, 광택날도래, 띠무늬우묵날도래, 바수염날도래	산천어, 금강모치, 열목어, 버들치 등 서식
좋음~보통	다슬기, 넓적거머리, 강하루살이, 동양하루살이, 등줄하루살이, 등딱지하루살이, 물삿갓벌레, 큰줄날도래	쉬리, 갈겨니, 은어, 쏘가리 등 서식
보통~약간 나쁨	물달팽이, 턱거머리, 물벌레, 밀잠자리	피라미, 끄리, 모래무지, 참붕어 등 서식
약간 나쁨~매우 나쁨	왼돌이물달팽이, 실지렁이, 붉은깔따구, 나방파리, 꽃등에	붕어, 잉어, 미꾸라지, 메기 등 서식

TOPIC **03** 수생태계(해역)의 생활환경기준

항목	수소이온농도 (pH)	총대장균군 (총대장균군수/100mL)	용매 추출유분 (mg/L)
기준	6.5~8.5	1,000 이하	0.01 이하

TOPIC **04** 화학적 처리시설

① 화학적 침강시설　　② 중화시설　　③ 흡착시설

④ 살균시설　　⑤ 이온교환시설　　⑥ 소각시설

⑦ 산화시설　　⑧ 환원시설　　⑨ 침전물 개량시설

TOPIC 05 물리적 처리시설

① 스크린   ② 분쇄기   ③ 침사(沈砂)시설

④ 유수분리시설   ⑤ 유량조정시설(집수조)   ⑥ 혼합시설

⑦ 응집시설   ⑧ 침전시설   ⑨ 부상시설

⑩ 여과시설   ⑪ 탈수시설   ⑫ 건조시설

⑬ 증류시설   ⑭ 농축시설

TOPIC 06 생물학적 처리시설

① 살수여과상   ② 폭기(瀑氣)시설

③ 산화시설(산화조(酸化槽) 또는 산화지(酸化池)를 말한다)

④ 혐기성 · 호기성 소화시설   ⑤ 접촉조

⑥ 안정조   ⑦ 돈사톱밥발효시설

TOPIC 07 자연형 비점오염저감시설의 종류

① 저류시설   ② 인공습지

③ 침투시설   ④ 식생형 시설

TOPIC 08 오염총량관리기본방침

① 오염총량관리의 목표

② 오염총량관리의 대상 수질오염물질 종류

③ 오염원의 조사 및 오염부하량 산정방법

④ 오염총량관리기본계획의 주체, 내용, 방법 및 시한

⑤ 오염총량관리시행계획의 내용 및 방법

TOPIC 09 오염총량관리기본계획에 포함되는 사항

① 해당 지역 개발계획의 내용

② 지방자치단체별·수계구간별 오염부하량(汚染負荷量)의 할당

③ 관할 지역에서 배출되는 오염부하량의 총량 및 저감계획

④ 해당 지역 개발계획으로 인하여 추가로 배출되는 오염부하량 및 그 저감계획

TOPIC 10 국립환경과학원장이 설치할 수 있는 측정망의 종류

① 비점오염원에서 배출되는 비점오염물질 측정망

② 수질오염물질의 총량관리를 위한 측정망

③ 대규모 오염원의 하류지점 측정망

④ 수질오염경보를 위한 측정망

⑤ 대권역·중권역을 관리하기 위한 측정망

⑥ 공공수역 유해물질 측정망

⑦ 퇴적물 측정망

⑧ 생물 측정망

⑨ 그 밖에 국립환경과학원장이 필요하다고 인정하여 설치·운영하는 측정망

TOPIC 11 대권역계획

대권역계획에는 다음 각 호의 사항이 포함되어야 한다.

① 물환경의 변화 추이 및 물환경목표기준

② 상수원 및 물 이용현황

③ 점오염원, 비점오염원 및 기타 수질오염원의 분포현황

④ 점오염원, 비점오염원 및 기타 수질오염원에서 배출되는 수질오염물질의 양

⑤ 수질오염 예방 및 저감 대책

⑥ 물환경 보전조치의 추진방향

⑦ 「저탄소 녹색성장 기본법」에 따른 기후변화에 대한 적응대책

⑧ 그 밖에 환경부령으로 정하는 사항

TOPIC 12 항목별 배출허용기준

대상규모 항목 지역구분	1일 폐수배출량 2천 세제곱미터 이상			1일 폐수배출량 2천 세제곱미터 미만		
	생물화학적 산소요구량 (mg/L)	총유기 탄소량 (mg/L)	부유 물질량 (mg/L)	생물화학적 산소요구량 (mg/L)	총유기 탄소량 (mg/L)	부유 물질량 (mg/L)
청정지역	30 이하	25 이하	30 이하	40 이하	30 이하	40 이하
가지역	60 이하	40 이하	60 이하	80 이하	50 이하	80 이하
나지역	80 이하	50 이하	80 이하	120 이하	75 이하	120 이하
특례지역	30 이하	25 이하	30 이하	30 이하	25 이하	30 이하

TOPIC 13 초과배출부과금 부과대상 수질오염물질의 종류

① 유기물질
② 부유물질
③ 카드뮴 및 그 화합물
④ 시안화합물
⑤ 유기인화합물
⑥ 납 및 그 화합물
⑦ 6가크로뮴화합물
⑧ 비소 및 그 화합물
⑨ 수은 및 그 화합물
⑩ 폴리염화비페닐(polychlorinated biphenyl)
⑪ 구리 및 그 화합물
⑫ 크로뮴 및 그 화합물
⑬ 페놀류
⑭ 트리클로로에틸렌
⑮ 테트라클로로에틸렌
⑯ 망간 및 그 화합물
⑰ 아연 및 그 화합물
⑱ 총 질소
⑲ 총 인

TOPIC 14 사업장 규모별 구분

종류	배출규모
제1종 사업장	1일 폐수배출량이 2,000m³ 이상인 사업장
제2종 사업장	1일 폐수배출량이 700m³ 이상, 2,000m³ 미만인 사업장
제3종 사업장	1일 폐수배출량이 200m³ 이상, 700m³ 미만인 사업장
제4종 사업장	1일 폐수배출량이 50m³ 이상, 200m³ 미만인 사업장
제5종 사업장	위 제1종부터 제4종까지의 사업장에 해당하지 아니하는 배출시설

수질환경산업기사 필기 문제풀이

INDUSTRIAL ENGINEER WATER POLLUTION ENVIRONMENTAL

PART
02

과년도 기출문제

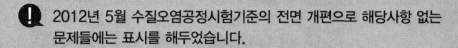 2012년 5월 수질오염공정시험기준의 전면 개편으로 해당사항 없는 문제들에는 표시를 해두었습니다.

SECTION 01 수질오염개론

01 박테리아의 경험적인 화학적 분자식이 $C_5H_7O_2N$일 때 10g의 박테리아가 산화될 때 소모되는 이론 산소량은?(단, 박테리아의 질소는 암모니아로 전환됨)

① 10.1g　　　　② 12.4g
③ 14.2g　　　　④ 16.2g

해설 $C_5H_7NO_2 + 5O_2 \rightarrow 5CO_2 + NH_3 + 2H_2O$
　　113g　: 5×32g
　　　10g　: X
∴ X=14.16(g)

02 소수성 Colloid에 관한 설명으로 옳지 않은 것은?

① 물과 반발하는 성질을 가지고 있다.
② 물 속에 현탁상태로 존재한다.
③ 매우 작은 입자로 존재한다.
④ 염에 대하여 큰 영향을 받지 않는다.

해설 소수성 Colloid는 염에 아주 민감하여 소량의 응집제로도 제거가 가능하다.

03 깊은 호수나 저수지의 수직방향의 물 운동이 없을 때 생기는 성층현상(成層現象)의 성층구분 순서로 맞는 것은?(단, 수표면으로부터)

① Epilimnion → Thermocline → Hypolimnion → 침전물층
② Epilimnion → Hypolimnion → Thermocline → 침전물층
③ Hypolimnion → Thermocline → Epilimnion → 침전물층
④ Hypolimnion → Epilimnion → Thermocline → 침전물층

해설 표수층(Epilimnion) → 수온약층(躍層 : Thermo Cline) · 변온층(變溫層) → 정체층(Hypolim nion) · 심수층 → 침전물층(바닥)으로 된다.

04 인구 50만의 신도시가 건설되어 인구 1명당 하루에 BOD 500mg/L, 200L씩의 물을 하천으로 배출한다. 하수유입 전 하천수의 유량이 100,000m³/day이고 BOD가 4.0mg/L이었다면 하수 유입 후의 하천의 BOD는?(단, 완전혼합, 합류점 기준)

① 238mg/L
② 252mg/L
③ 282mg/L
④ 296mg/L

해설
$$C_m = \frac{C_1Q_1 \times C_2Q_2}{Q_1 + Q_2}$$

$$C_m = \frac{500 \times 100,000 + 4 \times 100,000}{100,000 + 100,000} = 252(\text{mg/L})$$

하천의 유량
$$Q_1 = \frac{200L}{\text{인} \cdot \text{day}} \left| \frac{500,000\text{인}}{} \right| \frac{1m^3}{1,000L} = 100,000(m^3/\text{day})$$

05 pH 2인 용액은 pH 5인 용액보다 몇 배 더 산성인가?

① 3
② 300
③ 1,000
④ 296

해설 $\dfrac{\text{pH2}}{\text{pH5}} = \dfrac{10^{-2}}{10^{-5}} = 1,000(\text{배})$

06 부영양화의 방지대책과 가장 거리가 먼 것은?

① N, P유입을 방지하여야 한다.
② 조류의 번식을 방지하기 위해 $CaCO_3$를 살포한다.
③ 포기(Aeration) 등의 방법으로 저산소층을 제거한다.
④ 영양염류를 침전시키고 이 침전 물질을 불활성화 시켜야 한다.

해설 조류의 번식을 방지하기 위해 $CaSO_4$를 살포한다.

07 Na$^+$ 368mg/L, Ca^{2+} 200mg/L, Mg^{2+} 264mg/L인 농업용수가 있다. 이때 SAR(Sodium Adsorption Rate)의 값은?(단, Na의 원자량 : 23 , Ca의 원자량 : 40, Mg의 원자량 : 24)

① 4　　　　　　② 8

③ 16　　　　　　④ 32

해설
$$SAR = \frac{Na^+}{\sqrt{\dfrac{Ca^{2+} + Mg^{2+}}{2}}}$$
$$= \frac{(368/23)}{\sqrt{\dfrac{(200/20) + (264/12)}{2}}} = 4$$

08 5% NaCl의 M농도는?(단, NaCl 화학식량 = 58.5, 용액비중은 1.0)

① 0.35M　　　　② 0.55M

③ 0.85M　　　　④ 1.25M

해설
$$X\left(\frac{mol}{L}\right) = \frac{5g}{100mL}\left|\frac{1mol}{58.5g}\right|\frac{10^3 mL}{1L} = 0.8547(mol/L)$$

09 물 500mL에 NaOH 0.08g을 용해시킨 용액의 pH는?

① 2.4　　　　　② 2.7

③ 11.3　　　　　④ 11.6

해설
$$NaOH(mol/L) = \frac{0.08g}{500mL}\left|\frac{1mol}{40g}\right|\frac{10^3 mL}{1L} = 4.0 \times 10^{-3}M$$
$$pOH = \log\frac{1}{[OH^-]} = \log\frac{1}{4.0 \times 10^{-3}} = 2.397$$
$$\therefore pH = 14 - pOH = 14 - 2.397 = 11.6$$

10 어느 하천의 DO가 7.3mg/L, BOD$_u$가 17mg/L이었다. 이때 용존산소곡선(DO Sag Curve)에서 임계점에 달하는 시간은?(단, 온도는 20℃, 용존산소 포화량 9.2mg/L, $K_1 = 0.1$/day, $K_2 = 0.3$/day, $t_c = \dfrac{1}{K_1(f-1)}\log\left[f \times \left(1 - (f-1)\dfrac{D_0}{L_0}\right)\right]$, $f = \dfrac{K_2}{K_1}$)

① 약 2일　　　　② 약 4일

③ 약 6일　　　　④ 약 8일

해설
$$t_c = \frac{1}{K_1(f-1)}\log\left[f\left\{1 - (f-1)\frac{D_0}{L_0}\right\}\right]$$

㉠ $f = $ 자정계수 $= \dfrac{K_2}{K_1} = \dfrac{0.3/day}{0.1/day} = 3$

㉡ DO = 초기산소부족량($C_s - C$)
　　　$= 9.2 - 7.3 = 1.9(mg/L)$
$$\therefore t_c = \frac{1}{0.1 \times (3-1)}\log\left[3\left\{1 - (3-1) \times \frac{(9.2 - 7.3)}{17}\right\}\right]$$
$$= 1.836(day)$$

11 하천의 수질모델인 DO Sag - Ⅰ · Ⅱ에 관한 설명으로 옳지 않은 것은?

① 1차원 정상상태 모델이다.

② 저질의 영향 및 광합성 작용에 의한 DO반응을 고려한 모델이다.

③ 점오염원과 비점오염원이 하천의 DO에 미치는 영향을 나타낼 수 있다.

④ Streeter - Phelps식을 기본으로 한다.

해설 하천의 수질모델인 DO Sag - Ⅰ · Ⅱ은 저질의 영향이나 광합성 작용에 의한 DO반응을 무시한다.

12 물의 물리 화학적 특성에 관한 설명으로 가장 거리가 먼 것은?

① 물은 고체상태인 경우 수소결합에 의해 육각형 결정구조를 가진다.

② 물(액체)분자는 H$^+$와 OH$^-$의 극성을 형성하므로 다양한 용질에 유효한 용매이다.

③ 물은 광합성의 수소 공여체이며 호흡의 최종산물로서 생체의 중요한 대사물이 된다.

④ 물은 융해열이 크지 않기 때문에 생명체의 결빙을 방지할 수 있다.

해설 물은 융해열이 크기 때문에 생명체의 결빙을 방지할 수 있다.

13 어느 폐수의 BOD$_u$가 200mg/L이며 K$_1$(상용대수) 값이 0.2/day라면 5일 후 남아 있는 BOD는?

① 25mg/L　　　　② 20mg/L

③ 15mg/L　　　　④ 10mg/L

해설 $BOD_t = BOD_u \times 10^{-K \cdot t} = 200 \times 10^{-0.2 \times 5} = 20(mg/L)$

14 BOD 20mg/L인 하수처리장 유출수가 50,000m³/day로 방출되고 있다. 하수가 방출되기 전에 하천의 BOD는 3mg/L이며, 유량은 5.8m³/sec이다. 방출된 하수가 하천수에 의해 완전 혼합된다고 한다면 혼합지점에서의 BOD 총량(kg/day)은?

① 503　　　　　　② 1,503

③ 2,503　　　　　④ 3,503

해설 BOD 총량 = 혼합 BOD × 혼합 유량

㉠ $C_m = \dfrac{C_1 \cdot Q_1 + C_2 \cdot Q_2}{Q_1 + Q_2}$

$= \dfrac{(20 \times 500,00) + (3 \times 5.8 \times 86,400)}{50,000 + 5.8 \times 86,400}$

$= 4.54(mg/L)$

㉡ $Q_m = 50,000 + 5.8 \times 86,400$

$= 551,120(m^3/day)$

BOD 부하량$\left(\dfrac{kg}{day}\right) = \dfrac{4.54mg}{L} \left| \dfrac{551,120m^3}{day} \right| \dfrac{10^3 L}{1m^3} \left| \dfrac{1kg}{10^6 mg} \right.$

$= 2,502.08(kg/day)$

15 0.02M−KBr과 0.03M−ZnSO₄를 함유하고 있는 용액의 이온강도는?(단, 완전 해리 기준)

① 0.06　　　　　　② 0.11

③ 0.14　　　　　　④ 0.18

해설 이온강도

$\mu = \dfrac{1}{2} \sum_i C_i Z_i^2$

여기서, C_i : 이온의 몰농도, Z_i : 이온의 전하

$\therefore \mu = \dfrac{1}{2}[0.02 \times (+1)^2 + 0.02 \times (+1)^2 + 0.03 \times (2)^2$

$+ 0.03 \times (2)^2] = 0.14$

16 수온이 20℃이고 재포기 계수가 0.2/day인 수체에서 수온이 15℃로 변할 때의 재포기 계수는?(단, 온도보정계수는 1.024)

① 0.169/day　　　② 0.178/day

③ 0.187/day　　　④ 0.192/day

해설 $K_{1(T℃)} = K_{1(20℃)} \times \theta^{(T-20)}$

$\therefore K_{1(15℃)} = 0.2/day \times 1.024^{(15-20)} = 0.1776(/day)$

17 어떤 용액의 NaOH 농도가 0.02M이다. 이 농도를 mg/L 단위로 옳게 표시한 것은?(단, Na 원자량은 23임)

① 200　　　　　　② 400

③ 600　　　　　　④ 800

해설 $X(mg/L) = \dfrac{0.02mol}{L} \left| \dfrac{40g}{1mol} \right| \dfrac{1,000mg}{1g} = 800$

18 미생물군 중에서 에너지원으로 빛을 이용하며 유기탄소를 탄소원으로 이용하는 미생물균은?

① 광합성 독립영양 미생물

② 화학합성 독립영양 미생물

③ 광합성 종속영양 미생물

④ 화학합성 종속영양 미생물

19 Glucose($C_6H_{12}O_6$) 400mg/L 용액을 호기성 처리 시 필요한 이론적 인량(P, mg/L)은?(단, BOD_5 : N : P = 100 : 5 : 1, $K_1 = 0.1/day^{-1}$, 상용대수 기준)

① 약 1.6　　　　　② 약 2.9

③ 약 3.8　　　　　④ 약 4.6

해설 $C_6H_{12}O_6 + 6O_2 \rightarrow 6H_2O + 6CO_2$

$\quad 180 \quad : 6 \times 32$

$\quad 400 \quad : X$

$\therefore X = 426.667(mg/L)$

$BOD_t = BOD_u \times (1 - 10^{-kt})$

$= 426.667mg/L \times (1 - 10^{-0.1 \times 5})$

$= 291.74(mg/L)$

$BOD_5 : P = 100 : 1$

$291.74mg/L : X = 100 : 1$

$\therefore X = 2.92(mg/L)$

20 해수의 주요 성분(Holy Seven)으로 볼 수 없는 것은?

① 중탄산염　　　　② 마그네슘

③ 아연　　　　　　④ 황

14. ③ 15. ③ 16. ② 17. ④ 18. ③ 19. ② 20. ③ | **ANSWER**

해설 해수의 주요 성분(Holy seven)
$Cl^- > Na^+ > SO_4^{2-} > Mg^{2+} > Ca^{2+} > K^+ > HCO_3^-$ 이다.

SECTION 02 수질오염방지기술

21 하수고도처리에 적용하는 생물학적 인 제거 공정인 연속 회분식 반응조에 관한 설명으로 옳지 않은 것은?

① 설계자료가 제한적이다.
② 소유량에 적합하지 않다.
③ 수리학적 과부하에서도 MLSS의 누출이 없다.
④ 질소, 인 동시 제거 시 운전의 유연성이 크다.

해설 회분식 반응조는 소규모 처리시스템에 주로 사용된다.

22 SS가 10,000ppm인 분뇨를 전처리에서 15% 그리고 1차 처리에서 70%의 SS를 제거하였을 때 1차 처리 후 유출되는 분뇨의 SS 농도는?

① 약 2,350ppm   ② 약 2,550ppm
③ 약 2,750ppm   ④ 약 2,950ppm

해설 $C_0 = C_i(1-\eta_1)(1-\eta_2)$
$= 10,000(1-0.15)(1-0.70)$
$= 2,550(ppm)$

23 유량이 5,000m³/day이고 포기조의 MLSS 4,500 kg이다. F/M비(kg/kg · day)를 0.25로 유지하기 위해서는 유입수의 BOD 농도를 얼마로 유입시켜야 되는가?

① 225mg/L   ② 325mg/L
③ 375mg/L   ④ 475mg/L

해설 $F/M = \dfrac{BOD \times Q}{\forall \cdot X}$

$BOD = F/M \times \dfrac{MLSS \times \forall}{Q}$

$= 0.25(kg/kg \cdot day) \times \dfrac{4,500kg}{5,000m^3/day}$

$= 0.225(kg/m^3) = 225(mg/L)$

24 응집제로 많이 사용되고 있는 황산알루미늄의 장점에 대한 설명과 가장 거리가 먼 것은?

① 여러 폐수에 적용이 가능하다.
② 결정은 부식 자극성이 거의 없고 취급이 용이하다.
③ 저렴하고 독성이 거의 없기 때문에 대량 첨가가 가능하다.
④ 철염보다 플럭(Floc)이 무겁다.

해설 철염보다 플럭(Floc)이 가벼운 것이 황산알루미늄의 최대단점이다.

25 생물학적 공정의 인 제거 공정 중 A/O 프로세스에 관한 설명으로 옳지 않은 것은?

① 높은 BOD/P 비가 요구된다.
② 비교적 수리학적 체류시간이 짧다.
③ 높은 정도의 질소와 인의 동시 제거가 어렵다.
④ 공정의 운전 유연성이 크다.

해설 A/O 프로세스는 공정의 유연성이 제한적이다.

26 어느 특정한 산화지에 대해 1일 BOD 부하를 10kg/day-m²으로 설계하였다. 평균 유량이 3m³/min이고 BOD 농도가 300mg/L일 때 필요한 면적(m²)은?(단, 비중은 1.0으로 가정함)

① 약 90   ② 약 110
③ 약 130   ④ 약 150

해설 BOD 면적부하 $= \dfrac{BOD \cdot Q}{A}$

$A(m^2) = \dfrac{BOD \times Q}{BOD\ 면적부하}$

$= \dfrac{0.3kg/m^3 \times \dfrac{3m^3}{min} \times \left(\dfrac{1,440min}{1day}\right)}{10kgBOD/m^2 \cdot day} = 129.6(m^2)$

27 혐기성 반응기에 있어서 생물학적 고형물량을 유지하고 증가시키는 방법으로 옳지 않은 것은?

① 짧은 수리학적 체류시간으로의 시스템 운전
② 시스템 내의 고형물을 유지하는 농후한 슬러지 블랭킷의 개발

③ 시스템에서 박테리아가 자라고 유지될 수 있는 고정된 표면의 제공

④ 반응기 유출수로부터의 고형물의 분리 및 이 고형물의 반응기로의 재순환

28 슬러지 함수율이 95%에서 80%로 줄어들면 슬러지의 부피는?(단, 슬러지 비중은 1.0)

① 1/9로 감소한다.
② 1/6로 감소한다.
③ 1/5로 감소한다.
④ 1/4로 감소한다.

해설 $V_1(1-X_1) = V_2(1-X_2)$

$100(1-0.95) = V_2(1-0.8)$

$V_2 = 25(m^3)$

$\therefore \dfrac{V_2}{V_1} = \dfrac{25}{100} = \dfrac{1}{4}$

29 화학합성을 하는 자가영양계미생물의 에너지원과 탄소원으로 옳은 것은?

	에너지원	탄소원
①	무기물의 산화환원반응	유기탄소
②	무기물의 산화환원반응	CO_2
③	유기물의 산화환원반응	유기탄소
④	유기물의 산화환원반응	CO_2

30 직경이 1.0mm이고 비중이 3.0인 입자를 17℃의 물에 넣었다. 입자가 2m 침강하는 데 걸리는 시간은?(단, 17℃의 물의 점성계수는 1.089×10^{-3}kg/m · s, Stokes 침강이론 기준)

① 2초
② 16초
③ 38초
④ 56초

해설 $V_g = \dfrac{d_p^2 \cdot (\rho_p - \rho) \cdot g}{18 \cdot \mu}$

$= \dfrac{(1.0 \times 10^{-3})^2(3,000 - 1,000) \times 9.8}{18 \times 1.089 \times 10^{-3}}$

$= 0.9999(m/sec)$

$\therefore t\left(\dfrac{H}{V}\right) = \dfrac{2m}{} \left|\dfrac{sec}{0.9999m}\right| = 2.00(sec)$

31 폐수 플럭 형성탱크에서 속도구배(G), 유체의 점도(μ), 소요동력(P)과 탱크부피($\forall$)의 관계식 표현이 적절한 것은?(단, 단위는 적절하다고 가정함)

① $G = \dfrac{1}{P}\sqrt{\dfrac{\forall}{\mu}}$

② $G = \dfrac{1}{\forall}\sqrt{\dfrac{P}{\mu}}$

③ $G = \sqrt{\dfrac{\forall}{\mu P}}$

④ $G = \sqrt{\dfrac{P}{\mu \forall}}$

32 도금폐수가 100m³/일로 유입되고 CN 농도가 300 mg/L이었다. 이 폐수를 알칼리 염소법으로 처리하고자 할 때 요구되는 이론적 염소량(Cl_2)은?(단, $2CN^- + 5Cl_2 + 4H_2O \rightarrow 2CO_2 + N_2 + 8HCl + 2Cl^-$, Cl_2 분자량 : 71)

① 121.7kg/day
② 142.3kg/day
③ 168.2kg/day
④ 204.8kg/day

해설

$2CN^- \equiv 5Cl_2$

$2 \times 26(g)$: $5 \times 71(g)$

$\dfrac{300mg}{L}\left|\dfrac{100m^3}{day}\right|\dfrac{1kg}{10^6mg}\left|\dfrac{10^3L}{1m^3}\right.$: X(kg/day)

$\therefore X(Cl_2) \fallingdotseq 204.8(kg)$

33 가압부상조 설계에 있어서 유량이 2,000m³/day인 폐수 내에 SS 농도가 250mg/L, 공기의 용해도는 18.7mL/L이라고 할 때 압력이 4기압인 부상조에서의 A/S비는?(단, 용존공기의 분율은 0.5이며 반송은 고려하지 않음)

① 0.027
② 0.048
③ 0.064
④ 0.097

해설 A/S비 $= \dfrac{1.3 \cdot S_a (f \cdot P - 1)}{SS}$

$= \dfrac{1.3 \times 18.7 \times (0.5 \times 4 - 1)}{250} = 0.097$

34 염소요구량이 8mg/L인 하수에 잔류염소의 농도가 0.5mg/L가 되도록 하기 위해서 주입하여야 하는 염소량은?

① 4mg/L
② 7.5mg/L
③ 8.5mg/L
④ 10mg/L

35 유입기질 5g BOD_u을 혐기성 분해 시 발생되는 이론적인 CH_4량은 표준상태에서 몇 L인가?

① 1.38L ② 1.48L
③ 1.75L ④ 1.89L

해설 일반적으로 1g의 $COD(BOD_u)$를 혐기성 분해하면 CH_4가 0.35L 발생한다.

$$CH_4(L) = 5g(BOD_u) \times \frac{0.35L}{1g(BOD_u)} = 1.75L(CH_4)$$

36 BOD 1,000mg/L, 폐수량 1,000m³/일의 공정폐수를 BOD 용적부하 0.4kg/m³·일의 활성슬러지법으로 처리하는 경우 포기조의 수심을 5m로 하면 포기조의 표면적은?

① 400m² ② 500m²
③ 600m² ④ 700m²

해설 $$BOD \ 용적부하 = \frac{BOD \times Q}{\forall} = \frac{BOD \times Q}{A \times H}$$

$$A = \frac{BOD \times Q}{BOD \ 용적부하 \times H}$$

$$= \frac{1kg \ BOD/m^3 \times 1,000m^3/day}{0.4kg \ BOD/m^3 \cdot day \times 5m} = 500(m)$$

37 600m³인 포기조에 1,000m³/day으로 폐수가 유입될 때 포기시간(hr)은?(단, 반송슬러지는 고려하지 않음)

① 11.6hr ② 12.6hr
③ 13.2hr ④ 14.4hr

38 활성슬러지법에서 포기조 내 처리상황이 악화되었을 때 검토해야 할 사항과 가장 거리가 먼 것은?

① 유입수의 유해성분 유무조사
② MLSS가 적정 유지되는가를 조사
③ 유입수의 pH 변동 유무를 조사
④ 원폐수의 SS 농도 변동 유무를 조사

해설 $$t(hr) = \frac{\forall}{Q} = \frac{600m^3}{1,000m^3/day} = 0.6(day) = 14.4(hr)$$

39 어느 하수 처리장의 포기조 용적이 800m³, MLSS가 3,000mg/L, 그리고 SRT(고형물 체류시간)가 3일이라면 1일 생산되는 슬러지의 건조중량은?

① 0.8ton ② 1.6ton
③ 2.4ton ④ 3.2ton

해설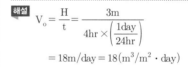

$$X(ton/day) = \frac{3,000mg}{L} \left|\frac{800m^3}{} \right|\frac{}{3day}\left|\frac{ton}{10^9mg}\right|\frac{10^3L}{1m^3}$$
$$= 0.8(ton/day)$$

40 유입수량이 4,000m³/day이고, BOD는 200mg/L, SS는 150mg/L일 때 침전지의 깊이를 3m, 체류시간을 4시간으로 할 때 침전지의 표면부하율은?

① 12m³/m²·day ② 14m³/m²·day
③ 16m³/m²·day ④ 18m³/m²·day

해설 $$V_o = \frac{H}{t} = \frac{3m}{4hr \times \left(\frac{1day}{24hr}\right)}$$
$$= 18m/day = 18(m^3/m^2 \cdot day)$$

SECTION 03 수질오염공정시험기준

41 0.05N－$KMnO_4$ 4.0L를 만들려고 한다. $KMnO_4$는 약 몇 g이 필요한가?(단, 원자량은 K=39, Mn=55이다.)

① 3.2 ② 4.6
③ 5.2 ④ 6.3

해설 $$X(g) = \frac{0.05eq}{L}\left|\frac{4L}{}\right|\frac{158/5g}{1eq} = 6.32(g)$$
$$\therefore X = 6.32(g)$$

42 흡광광도법으로 측정하고자 할 때 투과율 30%의 흡광도는?

① 0.699 ② 0.643
③ 0.572 ④ 0.523

해설 $$흡광도(A) = \log\frac{1}{t} = \log\frac{1}{0.3} = 0.523$$

43 페놀류 측정에 관한 설명으로 옳지 않은 것은?(단, 자외선/가시선 분광법) (기준변경)

① 적색의 안티피린계 색소의 흡광도를 측정하는 방법으로 수용액에서는 510nm에서 측정한다.
② 적색의 안티피린계색소의 흡광도를 측정하는 방법으로 클로로폼용액에서는 460nm에서 측정한다.
③ 정량범위는 추출법일 때 0.01~0.05mg이다.
④ 정량범위는 직접법일 때 0.05~0.5mg이다.

해설 [기준의 전면 개편으로 해당사항 없음]

페놀의 자외선/가시선 분광법
물속에 존재하는 페놀류를 측정하기 위하여 증류한 시료에 염화암모늄－암모니아 완충용액을 넣어 pH 10으로 조절한 다음 4－아미노안티피린과 헥사시안화철(Ⅱ)산칼륨을 넣어 생성된 붉은색의 안티피린계 색소의 흡광도를 측정하는 방법으로 수용액에서는 510nm, 클로로폼용액에서는 460nm에서 측정한다. 정량한계는 클로로폼추출법일 때 0.005mg/L, 직접측정법일 때 0.05mg/L이다.
증류한 시료에 염화암모늄－암모니아 완충액을 넣어 pH 10으로 조절한 다음 4－아미노안티피린과 페리시안칼륨을 넣어 생성된 적색의 안티피린계 색소의 흡광도를 측정하는 방법으로 수용액에서는 510nm, 클로로폼용액에서는 460nm에서 측정한다. 정량범위는 추출법일 때 0.0025~0.05mg, 직접법일 때 0.05~0.5mg이며, 표준편차는 10~3%이다. 이 방법에 따라 시험할 경우 유효측정농도는 각각 0.005mg/L, 0.5mg/L 이상으로 한다.

44 DO 측정 시 윙클러－아지드화나트륨 변법의 정량범위 기준으로 옳은 것은? (기준변경)

① 0.01mg/L 이상
② 0.05mg/L 이상
③ 0.1mg/L 이상
④ 0.5mg/L 이상

해설 [기준의 전면 개편으로 해당사항 없음]

용존산소 적정법 물속에 존재하는 용존산소를 측정하기 위하여 시료에 황산망간과 알칼리성 요오드칼륨용액을 넣어 생기는 수산화제일망간이 시료 중의 용존산소에 의하여 산화되어 수산화제이망간으로 되고, 황산 산성에서 용존산소량에 대응하는 요오드를 유리한다. 유리된 요오드를 티오황산나트륨으로 적정하여 용존산소의 양을 정량하는 방법이다. 정량한계는 0.1mg/L이다.

45 시안 측정 시 초산아연 용액을 주입하여 제거하는 시료 내 물질은?(단, 흡광광도법 기준) (기준변경)

① 알루미늄 및 철
② 잔류염소
③ 유지류
④ 황화합물

해설 [기준의 전면 개편으로 해당사항 없음]

46 수질오염공정시험기준상의 색도 시험방법(투과율법)에 관한 설명으로 옳지 않은 것은?

① 시료 중의 부유물질은 제거하여야 한다.
② 색도의 측정은 시각적으로 눈에 보이는 색상에 관계없이 단순 색도차 또는 단일 색도차를 계산하는 데 아담스－니컬슨의 색도공식을 근거로 하고 있다.
③ 백금－코발트 표준물질과 아주 다른 색상의 폐하수에서는 적용할 수 없다.
④ 백금－코발트 표준물질과 비슷한 색상의 폐하수에서 적용할 수 있다.

해설 색도를 측정하기 위하여 시각적으로 눈에 보이는 색상에 관계없이 단순 색도차 또는 단일 색도차를 계산하는 데 아담스－니컬슨(Adams－Nickerson)의 색도공식을 근거로 하고 있다. 이 방법은 백금－코발트 표준물질과 아주 다른 색상의 폐·하수에서뿐만 아니라 표준물질과 비슷한 색상의 폐·하수에도 적용할 수 있다.

47 취급 또는 저장하는 동안에 기체 또는 미생물이 침입하지 아니하도록 내용물을 보호하는 용기는?

① 차광용기　　② 밀봉용기
③ 기밀용기　　④ 밀폐용기

48 다음 측정항목 중 시료의 최대보존기간이 가장 짧은 것은?

① 시안　　　　② 클로로필－a
③ 부유물질　　④ 색도

해설 색도의 최대보존기간은 48시간으로 가장 짧다.

49 수질오염공정시험기준의 총칙에 관한 설명으로 옳지 않은 것은?

① 온도의 영향이 있는 실험결과 판정은 표준온도를 기준으로 한다.

② 찬 곳은 따로 규정이 없는 한 4~20℃의 곳을 뜻한다.

③ 제반시험 조작은 따로 규정이 없는 한 상온에서 실시한다.

④ 기체의 농도는 표준상태(0℃, 1기압, 비교습도 0%)로 환산 표시한다.

해설 찬 곳은 따로 규정이 없는 한 0~15℃의 곳을 뜻한다.

50 다음 중 시안 정량에 사용되지 않는 시약은?(단, 흡광광도법 기준) (기준변경)

① 염화암모늄

② 에틸알코올

③ 수산화나트륨

④ 초산

해설 [기준의 전면 개편으로 해당사항 없음]

51 중크롬산칼륨에 의한 화학적 산소요구량 측정 시 "시료적당량"에 관한 설명으로 가장 적합한 것은? (기준변경)

① 1시간 동안 끓인 다음 최초에 넣은 0.025N-중크롬산칼륨용액의 약 1/2이 남도록 취한다.

② 1시간 동안 끓인 다음 최초에 넣은 0.025N-중크롬산칼륨용액의 약 1/3이 남도록 취한다.

③ 2시간 동안 끓인 다음 최초에 넣은 0.025N-중크롬산칼륨용액의 약 1/2이 남도록 취한다.

④ 2시간 동안 끓인 다음 최초에 넣은 0.025N-중크롬산칼륨용액의 약 1/3이 남도록 취한다.

해설 [기준의 전면 개편으로 해당사항 없음]

2시간 동안 끓인 다음 최초에 넣은 다이크롬산칼륨용액(0.025N)의 약 반이 남도록 취한다.

52 개수로에 의한 유량측정 시 평균유속은 Chezy의 유속공식을 적용한다. 여기서 경심에 대한 설명으로 옳은 것은?

① 유수단면적을 윤변으로 나눈 것을 말한다.

② 수로의 중앙지점의 수심을 말한다.

③ 측정지점에서 평균단면적을 말한다.

④ 바닥의 경사를 말한다.

해설 $R(경심) = \dfrac{A(단면적)}{P(윤변)}$

53 철을 흡광광도법과 원자흡광광도법으로 측정하고자 한다. 각각의 측정파장은? (기준변경)

① 흡광광도법 : 460nm
원자흡광광도법 : 259.9nm

② 흡광광도법 : 510nm
원자흡광광도법 : 248.3nm

③ 흡광광도법 : 620nm
원자흡광광도법 : 259.9nm

④ 흡광광도법 : 650nm
원자흡광광도법 : 248.3nm

해설 [기준의 전면 개편으로 해당사항 없음]

54 다음 중 시료를 질산-과염소산으로 전처리하여야 하는 경우로 가장 적합한 것은?

① 유기물 함량이 비교적 높지 않고 금속의 수산화물, 산화물, 인산염 및 황화물을 함유하고 있는 시료를 전처리하는 경우

② 유기물을 다량 함유하고 있으면서 산화분해가 어려운 시료를 전처리하는 경우

③ 다량의 점토질 또는 규산염을 함유한 시료를 전처리하는 경우

④ 유기물 등을 많이 함유하고 있는 대부분의 시료를 전처리하는 경우

55 수로의 구성, 재질, 수로단면의 형상, 기울기 등이 일정하지 않은 개수로에서 부표를 사용하여 유속을 측정한 결과 수로의 평균 단면적이 $1.6m^2$, 표면최대유속은 $2.4m/sec$이라면 이 수로에 흐르는 유량(m^3/sec)은?

① 약 2.88   ② 약 3.66
③ 약 4.33   ④ 약 5.88

해설 $Q(m^3/min) = A_m \times 0.75V_{max}$

$\therefore Q\left(\dfrac{m^3}{min}\right) = \dfrac{1.6m^2}{} \left|\dfrac{0.75 \times 2.4m}{sec}\right| = 2.88(m^3/sec)$

56 다음 ( ) 안에 옳은 내용은?(단, 흡광광도법 기준) (기준변경)

> 6가크롬 측정원리 : 6가크롬에 ( )을(를) 작용시켜 생성되는 적자색의 착화합물의 흡광도를 측정, 정량한다.

① 디아조화페닐
② 디에틸디티오카르바민산나트륨
③ 아스코르빈산은
④ 다이페닐카르자이드

해설 [기준의 전면 개편으로 해당사항 없음]

57 이온 전극법의 특징으로 옳지 않은 것은? (기준변경)

① 이온농도의 측정범위는 일반적으로 $10^{-4}mol/L$ $\sim 10^{-7}mol/L$(또는 $10^{-9}mol/L$)이다.
② 측정용액의 온도가 10℃ 상승하면 전위기울기는 1가 이온이 약 2mV, 2가 이온이 약 1mV 변화한다.
③ 이온전극의 종류나 구조에 따라 사용 가능한 pH 범위가 있다.
④ 시료용액의 교반은 이온전극의 전극범위, 응답속도, 정량한계 값에 영향을 나타낸다.

해설 [기준의 전면 개편으로 해당사항 없음]

58 다음 중 4각 위어에 의한 유량측정 공식은?(단, Q : 유량(m^3/min), K : 유량계수, h : 위어의 수두(m), b : 절단의 폭(m))

① $Q = Kh^{5/2}$ ② $Q = Kh^{3/2}$
③ $Q = Kbh^{5/2}$ ④ $Q = Kbh^{3/2}$

59 BOD 시험을 위한 시료의 전처리에 관한 내용으로 옳지 않은 것은? (기준변경)

① pH가 $6.5\sim8.5$의 범위를 벗어나는 시료는 염산$(1+11)$ 또는 4% 수산화나트륨용액으로 시료를 중화하여 pH 7로 한다.
② 중화를 위해 산성 또는 알칼리성 시료에 넣어주는 알칼리 또는 산의 양은 시료양의 0.5%가 넘지 않도록 한다.
③ 일반적으로 잔류염소가 함유된 시료는 $23\sim25℃$에서 5분간 통기하여 염소이온을 탈기시킨 후 방냉한다.
④ 시료는 시험하기 바로 전에 온도를 $20\pm1℃$로 조정한다.

해설 [기준의 전면 개편으로 해당사항 없음]

60 흡광광도계의 흡수셀 중 자외부 파장범위에 사용되는 흡수셀의 재질은? (기준변경)

① 유리
② 석영
③ 플라스틱
④ 아크릴

해설 [기준의 전면 개편으로 해당사항 없음]

SECTION **04**   수질환경관계법규

61 비점오염원관리대책에 포함되는 사항과 가장 거리가 먼 것은?(단, 그 밖에 관리지역의 적정한 관리를 위하여 환경부령이 정하는 사항은 제외)

① 관리현황
② 관리목표
③ 관리대상 수질오염물질의 종류 및 발생량
④ 관리대상 수질오염물질의 발생예방 및 저감방안

해설 환경부장관은 관리지역을 지정·고시한 때에는 다음 사항을 포함하는 비점오염원관리대책을 관계 중앙행정기관의 장 및 시·도지사와 협의하여 수립하여야 한다.
1. 관리목표
2. 관리대상 수질오염물질의 종류 및 발생량
3. 관리대상 수질오염물질의 발생 예방 및 저감방안
4. 그 밖에 관리지역의 적정한 관리를 위하여 환경부령이 정하는 사항

62 수질 및 수생태계 환경기준 중 해역의 사람의 건강보호를 위한 전수역의 수질환경기준으로 옳은 것은?

① 시안 : 검출되어서는 안 됨
② 비소 : 0.05mg/L
③ 수은 : 0.001mg/L
④ 음이온 계면활성제 : 0.1mg/L

해설 ① 시안 : 0.01mg/L
③ 수은 : 0.0005mg/L
④ 음이온 계면활성제 : 0.5mg/L

63 다음 수질오염방지시설 중 물리적 처리시설에 해당되는 것은?

① 침전물 개량시설   ② 흡착시설
③ 응집시설   ④ 폭기시설

해설 수질오염방지시설 중 물리적 처리시설
㉠ 스크린   ㉡ 분쇄기
㉢ 침사(沈砂)시설   ㉣ 유수분리시설
㉤ 유량조정시설(집수조) ㉥ 혼합시설
㉦ 응집시설   ㉧ 침전시설
㉨ 부상시설   ㉩ 여과시설
㉪ 탈수시설   ㉫ 건조시설
㉬ 증류시설   ㉭ 농축시설

64 다음 위임업무 보고사항 중 연간 보고 횟수가 가장 적은 것은?

① 과징금 징수 실적 및 체납처분 현황
② 골프장 맹·고독성 농약 사용 여부 확인 결과
③ 비점오염원의 설치신고 및 방지시설 설치현황 및 행정처분 현황
④ 환경기술인의 자격별·업종별 신고상황

해설 환경기술인의 자격별·업종별 신고상황
연 1회로 가장 적다.

65 해당 부과기간의 시작일 전 1년 6개월 동안 방류수 수질기준을 초과하지 아니한 사업자의 기본배출부과금 감면율로 옳은 것은?

① 100분의 20   ② 100분의 30
③ 100분의 40   ④ 100분의 50

해설 해당 부과기간에 부과되는 기본배출부과금을 감경
㉠ 6개월 이상 1년 내 : 100분의 20
㉡ 1년 이상 2년 내 : 100분의 30
㉢ 2년 이상 3년 내 : 100분의 40
㉣ 3년 이상 : 100분의 50

66 조류경보 단계 중 조류대발생경보시 취수장, 정수장 관리자가 조치하여야 하는 사항과 가장 거리가 먼 것은?

① 취수구 주변 방어막 설치 및 조류제거 실시
② 정수처리강화(활성탄처리, 오존처리)
③ 정수의 독소분석 실시
④ 조류증식 수심 이하로 취수구 이동

해설 조류경보 단계 중 조류대발생경보 시 취수장, 정수장 관리자가 조치하여야 하는 사항
㉠ 조류증식 수심 이하로 취수구 이동
㉡ 정수처리강화(활성탄처리, 오존처리)
㉢ 정수의 독소분석 실시

67 환경정책기본법상 적용되는 용어의 정의로 옳지 않은 것은?

① 생활환경이란 대기, 물, 폐기물, 소음·진동, 악취, 일조 등 사람의 일상생활과 관계되는 환경을 말한다.
② 환경보전이란 환경오염 및 환경훼손으로부터 환경을 보호하고 오염되거나 훼손된 환경을 개선함과 동시에 쾌적한 환경의 상태를 유지, 조성하기 위한 행위를 말한다.
③ 환경용량이란 환경의 질을 유지하며 환경오염 또는 환경훼손을 복원할 수 있는 능력을 말한다.

④ 환경훼손이란 야생 동식물의 남획 및 그 서식지의 파괴, 생태계질서의 교란, 자연경관의 훼손, 표토의 유실 등으로 인하여 자연환경의 본래적 기능에 중대한 손상을 주는 상태를 말한다.

해설 환경용량이라 함은 일정한 지역 안에서 환경의 질을 유지하고 환경오염 또는 환경훼손에 대하여 환경이 스스로 수용·정화 및 복원할 수 있는 한계를 말한다.

68 [오염총량관리기본방침]에 포함될 사항과 가장 거리가 먼 것은?

① 오염총량관리지역 지정 및 고시 기준
② 오염원의 조사 및 오염부하량 산정방법
③ 오염총량관리의 대상 수질오염물질 종류
④ 오염총량관리의 목표

해설 오염총량관리기본방침에 포함될 사항
㉠ 오염총량관리의 목표
㉡ 오염총량관리의 대상 수질오염물질 종류
㉢ 오염원의 조사 및 오염부하량 산정방법 등

69 기타 수질오염원을 설치 또는 관리하고자 하는 자는 환경부령이 정하는 바에 의하여 환경부장관에게 신고하여야 한다. 이 규정에 의한 신고를 하지 아니하고 기타 수질오염원을 설치 또는 관리한 자에 대한 벌칙기준으로 옳은 것은?

① 500만 원 이하의 벌금
② 1년 이하의 징역 또는 1천만 원 이하의 벌금
③ 2년 이하의 징역 또는 1천5백만 원 이하의 벌금
④ 2년 이하의 징역 또는 2천만 원 이하의 벌금

70 개선명령을 받은 자가 개선명령을 이행하지 아니하거나 기간 이내에 이행은 하였으나 검사결과가 배출허용기준을 계속 초과할 때의 처분인 "조업정지명령"을 위반한 자에 대한 벌칙기준은?

① 3년 이하의 징역 또는 1천5백만 원 이하의 벌금에 처한다.
② 3년 이하의 징역 또는 2천만 원 이하의 벌금에 처한다.

③ 5년 이하의 징역 또는 3천만 원 이하의 벌금에 처한다.
④ 7년 이하의 징역 또는 5천만 원 이하의 벌금에 처한다.

71 2013년 1월 1일 이후에 적용되는 폐수종말처리시설의 BOD(mg/L) 방류수 수질기준으로 옳은 것은? (단, III지역 기준) (기준변경)

① 5 이하
② 10 이하
③ 15 이하
④ 20 이하

해설 [기준의 전면 개편으로 해당사항 없음]

폐수종말처리시설의 BOD 방류수 수질기준은 10mg/L 이하이다.

72 배출부과금 부과 시 고려해야 할 사항과 가장 거리가 먼 것은?

① 배출허용기준 초과 여부
② 배출되는 수질오염물질의 종류
③ 수질오염물질의 배출기간
④ 수질오염방지시설 설치 여부

해설 배출부과금 부과 시 고려해야 할 사항
㉠ 배출허용기준 초과 여부
㉡ 배출되는 수질오염물질의 종류
㉢ 수질오염물질의 배출기간
㉣ 자가측정 여부
㉤ 수질오염물질의 배출량
㉥ 수질환경의 오염 또는 개선과 관련되는 사항

73 법률에서 사용되는 용어의 정의로 옳지 않은 것은?

① 강우 유출수 : 비점오염원의 수질오염물질이 섞여 유출되는 빗물 또는 눈 녹은 물 등을 말한다.
② 불투수면 : 빗물 또는 눈 녹은 물 등이 지하로 스며들 수 없게 하는 인공 지하 구조물, 암반 등을 말한다.
③ 기타 수질오염원 : 점오염원 및 비점오염원으로 관리되지 아니하는 수질오염물질을 배출하는 시설 또는 장소로서 환경부령이 정하는 것을 말한다.
④ 수질오염물질 : 수질오염의 요인이 되는 물질로서 환경부령이 정하는 것을 말한다.

해설 "불투수층(부투수층)"이라 함은 빗물 또는 눈녹은 물 등이 지하로 스며들 수 없게 하는 아스팔트, 콘크리트 등으로 포장된 도로, 주차장, 보도 등을 말한다.

74 환경부장관이 대권역별로 수질 및 수생태계 보전을 위한 기본계획을 수립하고자 할 때 계획에 포함되어 야 하는 사항과 가장 거리가 먼 것은?

① 수질 및 수생태계 변화추이 및 목표기준
② 수질오염물질 처리현황 및 계획
③ 점오염원, 비점오염원 및 기타 수질오염원의 분 포현황
④ 점오염원, 비점오염원 및 기타 수질오염원에 의 한 수질 오염물질 발생량

해설 환경부장관이 대권역별로 수질 및 수생태계 보전을 위한 기본계획을 수립하고자 할 때 계획에 포함되어야 하는 사항
㉠ 수질 및 수생태계 변화 추이 및 목표기준
㉡ 상수원 및 물 이용현황
㉢ 점오염원, 비점오염원 및 기타 수질오염원의 분포현황
㉣ 점오염원, 비점오염원 및 기타 수질오염원에 의한 수질 오염물질 발생량
㉤ 수질오염 예방 및 저감대책
㉥ 그 밖에 환경부령이 정하는 사항

75 다음 중 국가환경종합계획에 포함되어야 하는 사항 과 가장 거리가 먼 것은?

① 자연환경의 현황 및 전망
② 사업의 시행에 소요되는 비용의 산정 및 재원조달 방법
③ 환경개선 목표의 설정과 환경의 변화 전망
④ 인구, 산업, 경제, 토지 및 해양의 이용 등 환경변 화 여건에 관한 사항

해설 국가환경종합계획에 포함되어야 하는 사항
㉠ 인구, 산업, 경제, 토지 및 해양의 이용 등 환경변화 여건 에 관한 사항
㉡ 환경오염원·환경오염도 및 오염물질 배출량의 예측과 환경오염 및 환경훼손으로 인한 환경질의 변화전망
㉢ 자연환경의 현황 및 전망
㉣ 사업의 시행에 소요되는 비용의 산정 및 재원조달방법

76 폐수처리업의 등록기준 중 폐수재이용업의 기술능력 기준으로 옳은 것은?

① 수질환경산업기사, 화공산업기사 중 1명 이상
② 수질환경산업기사, 대기환경산업기사, 화공산업 기사 중 1명 이상
③ 수질환경기사, 대기환경기사 중 1명 이상
④ 수질환경산업기사, 대기환경기사 중 1명 이상

해설

구분 종류	폐수수탁처리업	폐수재이용업
기술능력	• 수질환경산업기사 1명 이상 • 수질환경산업기사, 대기환경산업기사 또는 화공산업기사 1명 이상	수질환경산업기사, 화공산업기사 중 1명 이상

77 수질 및 수생태계 정책 심의 위원회에 관한 설명으로 옳지 않은 것은?

① 위원회의 위원장은 환경부 장관이다.
② 위원회의 운영 등에 관하여 필요한 사항은 환경부 령으로 정한다.
③ 수계, 호소 등의 관리 우선순위 및 관리대책에 관 한 사항을 심의한다.
④ 위원회는 위원장과 부위원장 각 1인을 포함한 20인 이내의 위원으로 구성한다.

해설 위원회의 운영 등에 관하여 필요한 사항은 대통령령으로 정한다.

78 폐수처리업에 종사하는 기술요원을 교육하는 기관으로 옳은 곳은?

① 국립환경인력개발원
② 보건환경연구원
③ 국립환경과학원
④ 한국환경공단

해설 폐수처리업에 종사하는 기술요원을 교육하는 기관은 국립 환경인력개발원이다.

79 1일 폐수배출량이 2,000m³ 미만인 규모의 지역별, 항목별 배출허용기준으로 옳지 않은 것은? (기준변경)

①

	BOD (mg/L)	COD (mg/L)	SS (mg/L)
청정지역	40 이하	50 이하	40 이하

②

	BOD (mg/L)	COD (mg/L)	SS (mg/L)
가지역	80 이하	90 이하	80 이하

③

	BOD (mg/L)	COD (mg/L)	SS (mg/L)
나지역	100 이하	110 이하	100 이하

④

	BOD (mg/L)	COD (mg/L)	SS (mg/L)
특례지역	30 이하	40 이하	30 이하

해설 [기준의 전면 개편으로 해당사항 없음]

수질오염물질의 배출허용기준

구분	1일 폐수배출량 2,000m³ 이상			1일 폐수배출량 2,000m³ 미만		
	BOD (mg/L)	TOC (mg/L)	SS (mg/L)	BOD (mg/L)	TOC (mg/L)	SS (mg/L)
청정지역	30 이하	25 이하	30 이하	40 이하	30 이하	40 이하
가지역	60 이하	40 이하	60 이하	80 이하	50 이하	80 이하
나지역	80 이하	50 이하	80 이하	120 이하	75 이하	120 이하
특례지역	30 이하	25 이하	30 이하	30 이하	25 이하	30 이하

80 낚시제한구역 안에서 낚시를 하고자 하는 자는 낚시의 방법, 시기 등 환경부령이 정하는 사항을 준수하여야 한다. 이러한 규정에 의한 제한사항을 위반하여 낚시제한구역 안에서 낚시행위를 한 자에 대한 과태료 부과기준은?

① 30만 원 이하의 과태료
② 50만 원 이하의 과태료
③ 100만 원 이하의 과태료
④ 300만 원 이하의 과태료

해설 낚시제한구역 안에서 낚시행위를 한 자는 100만 원 이하의 과태료에 처한다.

SECTION 01 수질오염개론

01 해수의 특징으로 옳지 않은 것은?

① 해수의 [칼슘/마그네슘]비는 3~4 정도로 담수에 비하여 높다.

② 염분은 극해역에서는 낮고 적도해역에서는 다소 높다.

③ 해수의 주요성분 농도비는 일정하다.

④ 해수의 pH는 8.2정도이며 밀도는 수심이 깊을수록 증가한다.

해설 해수의 Mg/Ca 비는 3~4로 담수보다 높다.

02 다음의 차원방정식 중 옳지 않은 것은?(단, M : 질량, L : 길이, T : 시간)

① 확산계수[$L^1 T^{-1}$]

② 밀도[ML^{-3}]

③ 동점성계수[$L^2 T^{-1}$]

④ 유량[$L^3 T^{-1}$]

해설 확산계수(m²/sec)[$L^2 T^{-1}$]

03 다음 우리나라의 수자원 이용현황 중 가장 많은 용도로 사용하고 있는 용수는?

① 생활용수

② 공업용수

③ 하천유지용수

④ 농업용수

04 이상적 Plug Flow에 관한 설명으로 옳지 않은 것은?

① 분산(Variance)은 0이다.

② 분산수(Dispersion No)는 0이다.

③ 모릴지수(Morill Index)가 0이다.

④ 충격부하, 부하변동에 취약한 편이다.

해설 혼합의 흐름 정도 표시

혼합 정도의 표시	이상적 완전혼합	플러그 흐름상태
분산(Variance)	1	0
분산수 (Dispersion Number)	d = ∞ 무한대일 때	0
모릴지수 (Morill Index)	클수록 근접	1에 가까울수록
지체시간 (Lag time)	0	이론적 체류시간과 같을 때

05 호소에서 나타나는 현상에 관한 설명으로 옳지 않은 것은?

① 겨울철 심수층은 혐기성 미생물의 증식으로 유기물이 적정하게 분해되어 수질이 양호하게 된다.

② 봄, 가을에는 물의 밀도 변화에 의한 전도현상(Turnover)이 일어난다.

③ 깊은 호수의 경우 여름철의 심수층 수온변화는 수온약층보다 크다.

④ 여름철에는 표수층과 심수층 사이에 수온의 변화가 거의 없는 수온약층이 존재한다.

해설 겨울철 심수층은 낮은 온도와 용존산소가 부족하여 유기물 분해가 잘 이루어지지 않기 때문에 수질이 악화된다.

06 다음 중 부영양화 단계로 예측하는 대표적인 모델로 가장 거리가 먼 것은?

① Streeter – Phelps

② Dillan

③ Larsen & Mercier

④ Vollenweider

해설 부영양화평가모델은 P 부하모델인 Vollenweider 모델과 P-엽록소 모델인 사카모토모델, Dillan 모델 등이 대표적이다.

07 음용수를 염소 소독할 때 살균력이 강한 것부터 순서대로 옳게 배열된 것은?(단, 강함 > 약함)

㉠ HOCl	㉡ OCl⁻	㉢ Chloramine

① ㉠ > ㉡ > ㉢
② ㉢ > ㉡ > ㉠
③ ㉡ > ㉠ > ㉢
④ ㉠ > ㉢ > ㉡

해설 염소 소독 시 살균력이 강한 순서는 HOCl > OCl⁻ > Chloramine 순이다.

08 유량이 $2.8m^3/s$이고, BOD 4.0mg/L인 하천에 유량이 560L/s이고 BOD 29.2mg/L인 폐수가 유입되고 있다. 이 폐수는 유입 즉시 하천수와 완전 혼합된다고 할 때 혼합 후의 BOD 농도는?(단, 기타 오염물질 유입은 없다.)

① 39.7mg/L
② 25.8mg/L
③ 11.7mg/L
④ 8.2mg/L

해설
$$C_m = \frac{Q_1 C_1 + Q_2 C_2}{Q_1 + Q_2}$$
$$= \frac{2.8 \times 4 + 0.56 \times 29.2}{2.8 + 0.56} = 8.2(mg/L)$$

09 $PbSO_4$가 25℃ 수용액에서의 용해도가 0.041g/L라면 용해도적은?(단, Pb 원자량은 207)

① 약 1.6×10^{-8}
② 약 1.8×10^{-8}
③ 약 2.3×10^{-8}
④ 약 2.7×10^{-8}

해설 $PbSO_4 \rightleftarrows Pb^{2+} + SO_4^{2-}$
$$K_{sp} = [Pb^{+2}][SO_4^{-2}]$$
$$PbSO_4(mol/L) = \frac{0.041g}{L}\bigg|\frac{1mol}{303g} = 1.353 \times 10^{-4}M$$
$$\therefore K_{SP} = (1.353 \times 10^{-4}M)^2 = 1.83 \times 10^{-8}M$$

10 98%의 농황산(비중 1.84) 100mL를 물 150mL에 희석한 용액 중의 황산의 무게중량 조성(W/W(%))은?

① 54.0
② 58.4
③ 63.5
④ 68.3

해설 H_2SO_4 (W/W)
$$= \frac{100mL \times \frac{1.84g}{mL} \times 0.98}{\left(\frac{1.84g}{mL} \times 100mL\right) + \left(150mL \times \frac{1g}{mL}\right)} \times 100 = 53.9$$

11 다음 반응식에 관여하는 미생물로 가장 적합한 것은?

반응식 $H_2S + 2O_2 \rightarrow H_2SO_4 + Energy$

① Sphaerotilus
② Hydrogenomonas
③ Leptothrix
④ Thiobacillus

해설 ④는 대표적인 황박테리아이다.

12 농업용수의 수질 평가 시 사용되는 SAR(Sodium Adsorption Ratio) 산출식에 직접 관련된 원소로만 옳게 나열된 것은?

① K, Mg, Ca
② Mg, Ca, Fe
③ Ca, Mg, Al
④ Ca, Mg, Na

13 자정계수에 관한 설명으로 옳지 않은 것은?

① 자정계수란 재폭기계수를 탈산소계수로 나눈 값을 말한다.
② 유속이 느린 하천일수록 자정계수는 작다.
③ 수심이 얕을수록 자정계수는 커진다.
④ 자정계수의 단위는 day^{-1}이다.

해설 자정계수(f) 무차원이다.

14 소수성 콜로이드 입자가 전기를 띠고 있는 것을 조사하고자 할 때 다음 실험 중 가장 적합한 것은?

① 전해질을 소량 넣고 응집을 조사한다.
② 콜로이드 용액의 삼투압을 조사한다.
③ 한외현미경으로 입자의 Brown운동을 관찰한다.
④ 콜로이드 입자에 강한 빛을 조사하여 틴달현상을 조사한다.

해설 소수성 콜로이드는 염에 아주 민감하므로, 소량의 염을 첨가하여도 응집된다.

15 다음 기체 중 Henry법칙에 가장 잘 적용되는 기체는?

① CO 　　　　　 ② SO_2
③ HCl 　　　　　 ④ HF

해설 헨리법칙은 난용성 기체적용하는 법칙으로 대표적인 난용성 기체로는 O_2, CO_2, CO 등이 있다.

16 어떤 폐수의 분석결과 COD 400mg/L이었고 BOD_5가 250mg/L이었다면 NBDCOD는?(단, 탈산소계수 K_1(밑이 10)=0.2/day이다.)

① 68mg/L 　　　　 ② 122mg/L
③ 189mg/L 　　　　 ④ 222mg/L

해설 $NBDCOD = COD - BDCOD = COD - BOD_u$

$$= COD - \frac{BOD_5}{1-10^{-K_1t}}$$

$$= 400mg/L - \frac{250mg/L}{1-10^{-0.2\times5}} = 122(mg/L)$$

17 혐기성 조건하에서 295g의 Glucose($C_6H_{12}O_6$)로부터 발생 가능한 CH_4가스의 용적은?(단, 완전분해, 표준상태 기준)

① 약 60L 　　　　 ② 약 80L
③ 약 110L 　　　　 ④ 약 150L

해설 $C_6H_{12}O_6 \rightarrow 3CO_2 + 3CH_4$
180g 　 : 　 $3\times22.4L$
295g 　 : 　 X(L)
∴ X(L)=110.13(L)

18 분뇨의 특성으로 가장 거리가 먼 것은?

① 분뇨는 다량의 유기물을 함유하며 고액분리가 어렵다.
② 뇨는 VS 중의 80~90% 정도의 질소화합물을 함유하고 있다.
③ 분뇨의 질소는 주로 NH_4HCO_3, $(NH_4)_2SO_3$의 형태로 존재하고 소화조 내의 산도를 적정하게 유지시켜 pH의 상승을 막는 완충작용을 한다.
④ 분뇨의 특성은 시간에 따라 변한다.

해설 분뇨의 질소는 주로 NH_4HCO_3, $(NH_4)_2SO_3$의 형태로 존재하고 소화조 내의 알칼리도를 적정하게 유지시켜 pH의 하강을 막는 완충작용을 한다.

19 하천수 수온은 10℃이다. 20℃ 탈산소계수 K(상용대수)가 0.1day^{-1}이라면 최종 BOD와 BOD_4의 비(BOD_4/BOD_u)는?(단, $K_T = K_{20}\times1.047^{(T-20)}$)

① 0.35 　　　　 ② 0.44
③ 0.52 　　　　 ④ 0.66

해설 $K_{10} = 0.1\times1.047^{(10-20)} = 0.063(day^{-1})$

$BOD_4 = BOD_u\times(1-10^{k_1\times4})$

$$\frac{BOD_4}{BOD_u} = (1-10^{-0.063\times4}) = 0.44$$

20 25℃, pH = 4.35인 용액에서 [OH$^-$]의 농도는?

① 4.47×10^{-5}mol/L 　　 ② 6.54×10^{-7}mol/L
③ 7.66×10^{-9}mol/L 　　 ④ 2.24×10^{-10}mol/L

해설 $[H^+] = 10-pH$
$[H^+] = 10^{-4.35}$
$[H^+]\times[OH^-] = 1.0\times10^{-14}$이므로
$$[OH^-] = \frac{1.0\times10^{-14}}{[H^+]} = \frac{1.0\times10^{-14}}{10^{-4.35}} = 2.24\times10^{-10}M$$

SECTION 02 수질오염방지기술

21 500g의 Glucose($C_6H_{12}O_6$)가 완전한 혐기성 분해를 한다고 가정할 때 이론적으로 발생 가능한 CH_4 Gas 용적은?

① 24.2L 　　　　 ② 62.2L
③ 186.7L 　　　　 ④ 1,339.3L

해설 $C_6H_{12}O_6 \rightarrow 3CO_2 + 3CH_4$
180g 　 : 　 $3\times22.4L$
500g 　 : 　 X(L)
∴ X(L)=186.67(L)

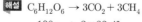

22 표면적 40m²의 급속 사여과지에서 10,000m³의 상수를 처리한 후 20L/m²-sec의 율로 10분간 1회 역세정한다. 1회에 소요되는 역세정수량은?

① 240m³   ② 480m³

③ 960m³   ④ 1,820m³

해설 역세정수량(m³)

$$= \frac{20L}{m^2 \cdot sec} \left| \frac{40m^2}{} \right| \frac{60sec}{min} \left| \frac{10min}{} \right| \frac{m^3}{10^3 L}$$
$$= 480(m^3)$$

23 2차 처리수의 고도처리에 관한 설명으로 가장 거리가 먼 것은?

① 역삼투법은 활성탄 흡착, 응집침전 등으로 전처리 하여야 하고, 페놀, ABS의 처리 등에 이용된다.

② Slime 발생의 원인제거는 응집침전, 침전여과 등으로 처리하며, Cl^-, SO_4^{2-} 등 무기염류의 제거는 전기투석법, 이온교환법 등으로 처리한다.

③ 모래여과는 고도처리의 흡착이나 투석의 전처리로 이용된다.

④ 폐수 중의 무기질소 화합물은 철염에 의한 응집으로 대부분 제거한다.

해설 폐수 중의 무기질소 화합물은 철염이나 알루미늄염 등의 응집제로 제거되지 않고 탈기시켜 제거한다.

24 교반장치의 설계와 운전에 사용되는 속도경사의 차원을 나타낸 것으로 옳은 것은?

① LT   ② LT^{-1}

③ T^{-1} ④ L^{-1}

25 포기조의 현재 DO 농도 3mg/L, MLSS의 DO포화 농도 8mg/L, MLSS의 1L당 산소소비속도 40mg/L·hr이다. 이때의 산소이동계수는(K_{LA})는?

① 11/hr   ② 5/hr

③ 8/hr   ④ 10/hr

해설 $$K_{LA}(hr^{-1}) = \frac{40mg/L \cdot hr}{(8-3)mg/L}$$
$$= 8(hr^{-1}) = 8(/hr)$$

26 SVI가 250일 때의 포기조로의 반송슬러지의 농도는?(단, 유입 SS는 고려하지 않음)

① 4,000mg/L   ② 7,500mg/L

③ 8,500mg/L   ④ 10,000mg/L

해설 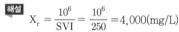 $$X_r = \frac{10^6}{SVI} = \frac{10^6}{250} = 4,000(mg/L)$$

27 1차 침전지로 유입되는 폐수의 SS 농도가 300mg/L이고 유출수의 SS 농도는 30mg/L이다. 유량이 1,000m³/d일 때, 침전지에서 이론적으로 발생되는 슬러지의 양은?(단, 슬러지의 함수율은 96%, 비중은 1.0으로 간주하고, 유기물 분해 등 기타 조건은 고려하지 않음)

① 4.25m³/d   ② 5.15m³/d

③ 5.85m³/d   ④ 6.75m³/d

해설 SL(m³/day)

$$= Q \times SS_i \times \eta(kg \cdot TS) \times \frac{100 \cdot SL}{X_{TS}} \times \frac{1}{\rho_{SL}}$$
$$= \frac{(300-30)mg}{L} \left| \frac{1,000m^3}{} \right| \frac{10^3 L}{m^3} \left| \frac{100}{(100-96)} \right| \frac{m^3}{100kg} \left| \frac{kg}{10^6 mg} \right.$$
$$= 6.75(m^3/d)$$

28 처리장에 22,500m³/day의 폐수가 유입되고 있다. 체류시간 30분, 속도구배 44sec⁻¹의 응집조를 설계하고자 할 때 교반기 모터의 동력효율을 60%로 예상한다면 응집조의 교반에 필요한 모터의 총 동력은 얼마인가?(단, $\mu = 10^{-3}$kg/m·s이다.)

① 544.5W   ② 756.4W

③ 907.5W   ④ 1,512.5W

해설 $$G = \sqrt{\frac{P}{\mu \forall}}, \quad P = G^2 \cdot \mu \cdot \forall \cdot \frac{100}{\eta}$$
$$P = (44)^2 \times 10^{-3} \times 468.75 \times \frac{100}{60} = 1,512.5(W)$$

29 어떤 공장폐수에 미처리된 유기물이 10mg/L 함유되어 있다. 이 폐수를 분말활성탄 흡착법으로 처리하여 2mg/L까지 처리하고자 할 때 분말활성탄은 폐수 1m³당 몇 g이 필요한가?(단, Freundlich식을 이용, K = 0.5, n = 1)

① 4   ② 8

③ 16   ④ 32

해설 Freundlich식 $\dfrac{X}{M} = K \cdot C^{\frac{1}{n}}$

$$\dfrac{(10-2)}{M} = 0.5 \cdot 2^{\frac{1}{1}} \qquad \therefore M = \dfrac{8}{1} = 8$$

---

30 암모늄이온(NH_4^+)을 27mg/L 함유하고 있는 폐수 1,667m³을 이온교환수지로 NH_4^+를 제거하고자 할 때 100,000g $CaCO_3$/m³의 처리 능력을 갖는 양이온 교환수지의 소요용적은?(단, Ca 원자량 : 40)

① 0.60m³   ② 0.85m³

③ 1.25m³   ④ 1.50m³

해설 ㉠ 암모늄 이온(NH_4^+)의 당량(eq)

$$= \dfrac{27g}{m^3} \left| \dfrac{1,667m^3}{} \right| \dfrac{1eq}{18g} = 2,500.5(eq)$$

㉡ 이온교환수지의 능력(eq/m³)

$$= \dfrac{100,000g\,CaCO_3}{1m^3} \left| \dfrac{1eq\,CaCO_3}{50g\,CaCO_3} \right.$$
$$= 2,000(eq/m^3)$$

㉢ 이온교환수지의 체적(m³)

$$= \dfrac{2,500.5eq}{} \left| \dfrac{1m^3}{2,000eq} = 1.25(m^3) \right.$$

---

31 BOD 농도 300mg/L, 폐수량이 6,000m³/day인 유기성 폐수가 있다. BOD 용적부하를 0.5kg/m³ - day, 슬러지 반송률을 30%로 하여 활성슬러지법으로 처리할 경우 포기시간은?

① 8.5hr   ② 11.1hr

③ 12.4hr   ④ 13.3hr

해설 $L_v = \dfrac{BOD_i \times Q_i}{\forall}$

㉠ $V = \dfrac{BOD_i \times Q_i}{L_v} = \dfrac{300g/m^3 \times 6,000m^3/d \times kg/10^3g}{0.5kg/m^3 \cdot d}$

$= 3,600(m^3)$

㉡ $t = \dfrac{\forall}{Q + Q_R} = \dfrac{3,600m^3}{6,000m^3/day \times (1.3)} \times \left(\dfrac{24hr}{1day} \right)$

$= 11.0769(hr)$

---

32 BOD 300mg/L인 폐수를 20℃에서 살수여상법으로 처리한 결과 BOD가 65mg/L이었다. 이 폐수를 26℃에서 처리한다면 유출수의 BOD는?(단, 처리효율 $E_t = E_{20} \times 1.035^{T-20}$이다.)

① 약 5mg/L   ② 약 8mg/L

③ 약 11mg/L   ④ 약 18mg/L

해설 ㉠ 20℃에서의 제거효율(E)

$$= \left(1 - \dfrac{65}{300} \right) \times 100 = 78.33(\%)$$

㉡ 26℃에서 효율

$E_{26} = E_{20} \times 1.035^{(T-20)}$

$= 78.33\% \times 1.035^{(26-20)} = 96.29(\%)$

㉢ 유출수의 BOD(mg/L)

$= 300mg/L \times (1 - 0.9629) = 11.13(mg/L)$

---

33 회전원판법(RBC)의 단점으로 가장 거리가 먼 것은?

① 일반적으로 회전체가 구조적으로 취약하다.

② 처리수의 투명도가 낮다.

③ 단회로 현상의 제어가 어렵고 부하변동에 약하다.

④ 외기기온에 민감하다.

해설 회전원판법은 단회로 현상이 거의 없고 충격부하 및 부하변동에 강하다.

---

34 고형물 농도 86kg/m³의 농축 Sludge를 1시간당 5m³씩 탈수하고자 한다. 농축 sludge 중의 고형물당 소석회를 15%(중량) 첨가하여 탈수 시험한 결과, 함수율 75%(중량)의 탈수 Cake가 얻어졌다. 실험과 같은 조건으로 탈수한 경우 탈수 Cake의 발생량은?(단, 비중은 1.0 기준)

① 1.12ton/hr

② 1.32ton/hr

③ 1.84ton/hr

④ 1.98ton/hr

해설 Cake 발생량(ton/hr)

$$= \dfrac{86kg}{m^3} \left| \dfrac{5m^3}{hr} \right| \dfrac{115}{100} \left| \dfrac{100}{(100-75)} \right| \dfrac{1ton}{10^3kg} = 1.98(ton/hr)$$

---

35 6가크롬이 353mg/L 함유된 폐수가 400m³/d 발생된다. 이 폐수를 Na_2SO_3를 사용하여 환원처리하고자 한다면 환원제의 1개월(30일) 소요량은?(단, 반응식은 $2H_2CrO_4 + 3Na_2SO_3 + 3H_2SO_4 \rightarrow Cr_2(SO_4)_3$, Cr 원자량 : 52)

① 9.2ton   ② 10.9ton

③ 15.4ton   ④ 21.8ton

해설 $2H_2CrO_4 : 3NaSO_3$

$2 \times 52g \;:\; 378g$

$$\frac{353mg}{L} \left| \frac{400m^3}{day} \right| \frac{1ton}{10^9 mg} \left| \frac{10^3 L}{1m^3} \right. \times 30day \;:\; X$$

$X(Na_2SO_3) = 15.4(ton)$

$52 \times 2g : 378g = 353mg/L : x(mg/L)$

$x(mg/L) = 1,283.02(mg/L)$

무수황산나트륨 상용량(ton)

$$= \frac{1,283.02mg}{L} \left| \frac{400m^3}{d} \right| \frac{10^3 L}{m^3} \left| \frac{30day}{} \right| \frac{ton}{10^9 mg}$$

$= 15.40(ton)$

36 산업단지 내 발생되는 폐수를 폐수처리시설을 거쳐 인근하천으로 방류한다. 처리시설로 유입되는 폐수의 유량은 20,000m³/day, BOD 농도는 200mg/L 이고, 인근하천의 유량은 10m³/sec, BOD 농도 0.5mg/L이다. BOD 농도를 1mg/L로 유지하고 할 때 폐수처리시설에서의 BOD 최소 제거효율은?(단, 폐수처리시설 방류수는 방류 직후 완전혼합된다.)

① 약 68%   ② 약 75%

③ 약 82%   ④ 약 89%

해설 $C_m = \dfrac{Q_1 C_1 + Q_2 C_2}{Q_1 + Q_2}$

$Q_1 = 10m^3/sec = 864,000(m^3/d)$

$1 = \dfrac{864,000 \times 0.5 + 20,000 \times C_2}{864,000 + 20,000}$

$C_2 = \dfrac{(864,000 + 20,000) - 864,000 \times 0.5}{20,000}$

$= 22.6(mg/L)$

$\therefore$ BOD제거율$(\eta) = \left(1 - \dfrac{22.6mg/L}{200mg/L}\right) \times 100$

$= 88.7(\%)$

37 다음 중 보통 음이온교환수지에 대해서 가장 일반적인 음이온의 선택성 순서가 옳게 배열된 것은?

① $SO_4^{2-} > I^- > CrO_4^{2-} > Br^- > Cl^- > NO_3^- > OH^-$

② $SO_4^{2-} > I^- > NO_3^- > CrO_4^{2-} > Cl^- > Br^- > OH^-$

③ $SO_4^{2-} > I^- > CrO_4^{2-} > Cl^- > Br^- > NO_3^- > OH^-$

④ $SO_4^{2-} > I^- > NO_3^- > CrO_4^{2-} > Br^- > Cl^- > OH^-$

해설 음이온교환수지의 선택성 순서

$SO_4^{2-} > I^{-1} > NO_3^- > CrO_4^{2-} > Br^-$

38 BOD 300mg/L, 유량 6,000m³/day인 폐수를 유효용적이 400m³인 포기조로 처리하고자 한다. 이 포기조의 BOD 용적부하(kg/m³ · day)는?

① 3.5   ② 4.0

③ 4.5   ④ 5.0

해설 $L_v = \dfrac{BOD_i \times Q_i}{\forall}$

$L_v = \dfrac{300mg/L \times 6,000m^3/day \times 10^{-3}}{400m^3}$

$= 4.5(kg/m^3 \cdot day)$

39 BOD 200mg/L인 하수를 1차 및 2차 처리하여 최종 유출수의 BOD 농도를 30mg/L으로 하고자 한다. 1차 처리에서 BOD 제거율이 40%일 때 2차 처리에서의 BOD 제거율은?

① 68%   ② 71%

③ 75%   ④ 82%

해설 $\eta_t = \eta_1 + \eta_2(1-\eta_1)$

① $\eta_t = (1 - (\frac{30}{200})) \times 100 = 85(\%)$

② $\eta_1 = 40(\%)$

③ $0.85 = 0.4 + \eta_2(1-0.4)$

$\therefore \eta_2 = 75(\%)$

40 고도 수처리에 사용되는 분리방법에 관한 설명으로 옳지 않은 것은?

① 한외여과의 분리형태는 체걸름(Sieving)이다.
② 역삼투의 막형태는 대칭형 다공성막이다.
③ 정밀여과의 구동력은 정수압차이다.
④ 투석의 분리형태는 대류가 없는 층에서의 확산이다.

해설 일반적으로 역삼투의 막의 형태는 비대칭성 다공성막이다.

SECTION 03 수질오염공정시험기준

41 다음에 표시된 농도 중 가장 낮은 것은?(단, 용액의 비중은 모두 1.0이다.)

① $24\mu g/mL$
② 240ppb
③ 24mg/L
④ 2.4ppm

해설
① $X(mg/L) = \dfrac{24\mu g}{mL}\left|\dfrac{mg}{10^3\mu g}\right|\dfrac{10^3 mL}{L} = 24(mg/L)$
② $X(mg/L) = \dfrac{240\mu g}{L}\left|\dfrac{mg}{10^3\mu g}\right| = 0.24(mg/L)$
③ $24(mg/L)$
④ $2.4ppm = 2.4(mg/L)$

42 윙클러 아지드 변법에 의한 DO 측정 시 시료에 Fe(Ⅲ) 100~200mg/L가 공존하는 경우에 시료전처리 과정에서 첨가하는 시약으로 옳은 것은?

① 시안화나트륨용액(2W/V%)
② 불화칼륨용액(300g/L)
③ 수산화망간용액(0.15W/V%)
④ 황산은

해설 DO를 윙클러–아지드화나트륨 변법을 이용하여 측정시 시료 내에 제2철$[Fe^{3+}]$이 함유되면 요오드를 유리시켜 (+)오차를 유발한다. 따라서 KF용액(30%)을 가하여 철 착이온 $[FeF_6{}^{3-}]$을 형성, 요오드가 유리되는 것을 방지한다. 이때는 1시간 이후 적정을 실시한다.

---

43 단색광이 용액층을 통과할 때 그 빛의 87.4%가 흡수된다면 이 경우 흡광도는?

① 0.7
② 0.8
③ 0.9
④ 1.0

해설 $A = \log\left(\dfrac{1}{t}\right) = \log\left(\dfrac{1}{0.128}\right) = 0.893$

44 다음 중 유도결합플라스마 – 원자발광분광법에 의한 비소(As) 측정 시 선택파장으로 가장 적합한 것은?

① 193.70nm
② 214.44nm
③ 238.20nm
④ 294.92nm

45 COD 측정에 관한 설명으로 옳은 것은?

① 산성 100℃ 과망간산칼륨에 의한 화학적 산소요구량 측정법은 염소이온이 5,000mg/L 이하인 반응시료(100mL)에 적용한다.
② 산성 100℃ 과망간산칼륨에 의한 화학적 산소요구량 측정법에서 시료의 양은 30분간 가열반응한 후에 0.025N 과망간산칼륨용액이 처음 첨가한 양의 20~30%가 남도록 채취한다.
③ 산성 100℃ 과망간산칼륨에 의한 화학적 산소요구량 측정법은 시료를 30분간 수욕상에서 가열한 후 수산화나트륨용액 10mL를 넣고 60~80℃ 유지하면서 적정한다.
④ 알칼리성 100℃ 과망간산칼륨에 의한 화학적 산소요구량 측정법은 60분간 수욕상에서 가열반응시킨다.

46 A폐수의 부유물질 측정을 위한 〈실험결과〉가 다음과 같을 때 부유물질의 농도는 얼마인가?

〈실험결과〉
• 시료 여과 전의 유리섬유여지의 무게 : 42.6645g
• 시료 여과 후의 유리섬유여지의 무게 : 42.6812g
• 시료의 양 : 100mL

① 0.167mg/L
② 1.67mg/L
③ 16.7mg/L
④ 167mg/L

해설 SS(mg/L)

$$= (b-a) \times \frac{1,000}{V}$$

$$= (42.6812 - 42.6645)g \times \left(\frac{10^3 mg}{1g}\right) \times \frac{1,000mL/L}{100mL}$$

$$= 167(mg/L)$$

47 항목별 시료의 보존방법과 최대보존기간으로 옳지 않은 것은?

① 총인 : 4℃, H_2SO_4로 pH 4 이하에서 보관, 7일

② 인산염인 : 즉시 여과한 후 4℃에서 보관, 48시간

③ 페놀류 : 4℃, H_3PO_4로 pH 4 이하로 조정한 후 $CuSO_4$ 1g/L 첨가하여 보관, 28일

④ PCB : 4℃, HCl로 pH 5~9로 하여 보관, 7일

해설 총인 : 4℃, H_2SO_4로 pH 4 이하에서 보관, 28일

48 식물성 플랑크톤(조류)의 정량시험법에 관한 설명으로 옳은 것은?

① 저배율 방법은 500배율 이하를 말한다.

② 중배율 방법은 500배율 이상 1,000배율 이하를 말한다.

③ 저배율 방법에는 스트립 이용 계수방법과 격자 이용 계수방법이 있다.

④ 팔머－말로니 챔버 이용 계수방법은 저배율 방법이다.

해설 ① 저배율 방법은 200배율 이하를 말한다.
② 중배율 방법은 200~500배율 이하를 말한다.
④ 팔머－말로니 챔버 이용 계수방법은 중배율 방법이다.

49 다음은 배출허용기준 적합 여부 판정을 위한 복수시료 채취방법에 대한 기준이다. ( ) 안에 알맞은 것은?

> 자동시료채취기로 시료를 채취할 경우에 6시간 이내에 30분 이상 간격으로 ( ) 이상 채취하여 일정량의 단일 시료로 한다.

① 1회   ② 2회

③ 4회   ④ 8회

50 0.025N $KMnO_4$ 수용액 5,000mL를 조제하려면 $KMnO_4$ 몇 g이 필요한가?(단, $KMnO_4$의 분자량은 158이다.)

① 0.79g   ② 1.58g

③ 3.16g   ④ 3.95g

해설

$$KMnO_4(g) = \frac{0.025eq}{L} \left| \frac{5,000mL}{} \right| \frac{L}{10^3 mL} \left| \frac{158/5g}{1eq} \right.$$

$$= 3.95(g)$$

51 온도표시기준 중 "상온" 기준으로 가장 적합한 범위는?

① 1~15℃   ② 10~15℃

③ 15~25℃   ④ 20~35℃

해설 온도표시 중 상온은 15~25℃를 뜻한다.

52 부유물질(SS) 측정에서 유리섬유 거름종이법으로 시험 후 사용한 여과기의 하부 여과재의 침전물을 제거하는 방법으로 가장 적합한 것은?

① 증류수로 여러 번 세척한다.

② 중크롬산(칼륨) 황산용액에 넣어 침전물을 녹인 다음 정제수로 씻어준다.

③ ABS 용액에 넣은 후 정제수로 씻어준다.

④ 에틸용액에 넣고 3분 정도 가열한 후 증류수로 세척한다.

53 기체크로마토그래피에 의한 유기인 분석방법으로 옳지 않은 것은?

① 시료를 헥산으로 추출하여 필요 시 실리카겔 또는 플로리실 칼럼을 통과시켜 정제한다.

② 검출기는 FPD를 사용한다.

③ 운반가스는 산소 또는 아르곤(99.9%)을 사용하여 유기인 화합물이 30~60분 안에 유출될 수 있도록 한다.

④ 농축장치는 구데르나다니쉬형 농축기 또는 회전증발농축기를 사용한다.

해설 운반기체는 순도 99.999% 이상의 질소 또는 헬륨으로 한다.

54 다음은 기체크로마토그래피에 의한 폴리클로리네이티드 비페닐 시험방법이다. ( ) 안에 가장 적합한 것은?

> 시료를 추출하여 필요 시 (㉠)분해한 다음 다시 추출한다. 검출기는 (㉡)를 사용한다.

① ㉠ 산, ㉡ 수소불꽃이온화 검출기
② ㉠ 산, ㉡ 전자포획 검출기
③ ㉠ 알칼리, ㉡ 수소불꽃이온화 검출기
④ ㉠ 알칼리, ㉡ 전자포획 검출기

55 기체크로마토그래피법으로 측정하지 않는 항목은?

① 폴리클로리네이티드비페닐
② 유기인
③ 비소
④ 알킬수은

해설 비소의 적용 가능한 시험방법
㉠ 수소화물생성 – 원자흡수분광광도법
㉡ 자외선/가시선 분광법
㉢ 유도결합플라스마 – 원자발광분광법
㉣ 유도결합플라스마 – 질량분석법
㉤ 양극벗김전압전류법

56 다음은 투명도 측정원리에 관한 설명이다. ( ) 안에 알맞은 것은?

> 지름 30cm의 투명도판(백색원판)을 사용하여 호소나 하천에 보이지 않는 깊이로 넣은 다음 이것을 천천히 끌어올리면서 보이기 시작한 깊이를 (㉠) 단위로 읽어 투명도를 측정한다. 이때 투명도판은 무게가 약 3kg인 지름 30cm의 백색원판에 지름 (㉡)의 구멍 (㉢)개가 뚫린 것을 사용한다.

① ㉠ 0.1m, ㉡ 5cm, ㉢ 8
② ㉠ 0.1m, ㉡ 10cm, ㉢ 6
③ ㉠ 0.5m, ㉡ 5cm, ㉢ 8
④ ㉠ 0.5m, ㉡ 10cm, ㉢ 6

57 시료의 전처리방법에 관한 설명으로 옳지 않은 것은?

① 회화에 의한 분해는 목적성분이 400℃ 이상에서 쉽게 휘산될 수 있는 시료에 적용되며, 시료 중 염

화암모늄, 염화마그네슘 등이 다량 함유된 경우 적합한 방법이다.
② 원자흡수분광광도법(원자흡광광도법)을 위한 용매추출법은 목적성분의 농도가 미량이거나 측정에 방해되는 성분이 공존하는 경우 시료의 농축 또는 방해물질을 제거하기 위한 목적으로 사용된다.
③ 질산-과염소산에 의한 분해는 유기물을 다량 함유하고 있으면서 산분해가 어려운 시료에 적용된다.
④ 질산-황산에 의한 분해는 유기물 등을 많이 함유하고 있는 대부분의 시료에 적용되나 칼슘, 바륨, 납 등을 다량 함유한 시료는 난용성의 황산염을 생성하므로 주의하여야 한다.

해설 회화에 의한 분해는 목적성분이 400℃ 이상에서 휘산되지 않고, 쉽게 회화될 수 있는 시료에 적용한다.

58 다음 중 BOD 시험에 있어서 시료의 전처리를 필요로 하지 않는 시료는?

① 알칼리성 시료
② 잔류염소가 함유된 시료
③ 용존산소가 과포화된 시료
④ 유기물질을 함유한 시료

해설 ① 알칼리성 시료 : 미생물의 서식 조건에 맞는 pH로 조정 (중화)
② 잔류염소시료 : 아스코르빈산, 아비산나트륨 주입
③ 용존산소가 과포화된 시료 : 상온에서 방치

59 수질오염공정시험기준에서 사용되는 용어 중 "약"에 관한 용어정의로 옳은 것은?

① 기재된 양에 대하여 ±0.1% 이상의 차가 있어서는 안 된다.
② 기재된 양에 대하여 ±1% 이상의 차가 있어서는 안 된다.
③ 기재된 양에 대하여 ±5% 이상의 차가 있어서는 안 된다.
④ 기재된 양에 대하여 ±10% 이상의 차가 있어서는 안 된다.

해설 수질오염공정시험기준에서 "약"이라 함은 기재된 양에 대하여 ±10% 이상의 차이가 있어서는 안 된다.

60 노말헥산 추출물질 시험방법으로 옳지 않은 것은?

① 시료의 pH는 4 이하의 산성으로 조절한다.
② 노말헥산층의 수분 제거를 위해 무수황산나트륨을 넣는다.
③ 정량범위는 2~20mg이고, 표준편차율은 5~10%이다.
④ 증류플라스크일 경우에는 U자형 연결관과 냉각관을 달아 전기열판 또는 전기맨틀의 온도를 80℃로 유지하면서 매 초당 한 방울의 속도로 증류한다.

해설 노말헥산 추출물질의 정량범위는 5~200mg이고, 표준편차율은 20~5%이다.

SECTION 04 수질환경관계법규

61 다음은 폐수처리업자의 준수사항에 관한 내용이다. ( ) 안에 알맞은 것은?

> 폐수처리업의 등록을 한 자는 (㉠) 수탁폐수(재이용폐수를 포함한다.)의 위탁소별, 성상별 수탁량, 처리량(재이용량을 포함한다), 보관량 및 폐기물처리량 등을 (㉡) 시, 도지사 등에게 통보하여야 한다.

① ㉠ 월별로, ㉡ 다음 달 시작 후 10일 이내에
② ㉠ 분기별로, ㉡ 다음 분기의 시작 후 10일 이내에
③ ㉠ 반기별로, ㉡ 다음 반기의 시작 후 10일 이내에
④ ㉠ 연도별로, ㉡ 다음 해 시작 후 10일 이내에

62 다음 중 법적으로 규정된 환경기술인의 관리사항으로 가장 거리가 먼 것은?

① 환경오염방지를 위하여 환경부장관이 지시하는 부하량 통계 관리에 관한 사항
② 폐수배출시설 및 수질오염방지시설의 관리에 관한 사항
③ 폐수배출시설 및 수질오염방지시설의 개선에 관한 사항
④ 운영일지의 기록·보존에 관한 사항

63 폐수종말처리시설 기본계획에 포함되어야 할 사항으로 가장 거리가 먼 것은?

① 폐수종말처리시설의 설치·운영자에 관한 사항
② 연차별 투자계획 및 자금조달계획
③ 토지 등의 수용·사용에 관한 사항
④ 폐수종말처리시설 처리구역의 연령대별 인구분포 현황

해설 폐수종말처리시설 기본계획에 포함되어야 할 사항으로는 다음과 같다.
㉠ 폐수종말처리시설에서 처리하려는 대상 지역에 관한 사항
㉡ 오염원분포 및 폐수배출량과 그 예측에 관한 사항
㉢ 폐수종말처리시설의 폐수처리계통도, 처리능력 및 처리방법에 관한 사항
㉣ 폐수종말처리시설에서 처리된 폐수가 방류수역의 수질에 미치는 영향에 관한 평가
㉤ 폐수종말처리시설의 설치·운영자에 관한 사항
㉥ 폐수종말처리시설 부담금의 비용부담에 관한 사항
㉦ 제62조에 따른 총사업비, 분야별 사업비 및 그 산출근거
㉧ 연차별 투자계획 및 자금조달계획
㉨ 토지 등의 수용·사용에 관한 사항

64 환경부장관은 대권역별로 수질 및 수생태계 보전을 위한 기본계획을 몇 년마다 수립하여야 하는가?

① 1년   ② 5년
③ 10년   ④ 20년

해설 환경부장관은 대권역별로 수질 및 수생태계 보전을 위한 기본계획(이하 "대권역계획"이라 한다)을 10년마다 수립하여야 한다.

65 다음 비점오염 저감시설 중 "침투시설"의 설치기준에 관한 사항이다. ( ) 안에 알맞은 것은?

> 침투시설 하층 토양의 침투율은 시간당 (㉠)이어야 하며, 동절기에 동결로 기능이 저하되지 아니하는 지역에 설치한다. 또한 지하수 오염을 방지하기 위하여 최고 지하수위 또는 기반암으로부터 수직으로 최소 (㉡)의 거리를 두도록 한다.

① ㉠ 5밀리미터 이상, ㉡ 0.5 미터 이상
② ㉠ 5밀리미터 이상, ㉡ 1.2 미터 이상
③ ㉠ 13밀리미터 이상, ㉡ 0.5 미터 이상
④ ㉠ 13밀리미터 이상, ㉡ 1.2 미터 이상

66 사업장의 규모별 구분(종별) 기준으로 옳은 것은?

① 제1종 사업장 : 1일 폐수배출량이 3,000m³ 이상인 사업장

② 제2종 사업장 : 1일 폐수량이 700m³ 이상, 3,000m³ 미만인 사업장

③ 제3종 사업장 : 1일 폐수배출량이 250m³ 이상, 700m³ 미만인 사업장

④ 제4종 사업장 : 1일 폐수배출량이 100m³ 이상, 200m³ 미만인 사업장

해설 ㉠ 제1종 사업장 : 1일 폐수배출량이 2,000m³ 이상인 사업장
㉡ 제2종 사업장 : 1일 폐수배출량이 700m³ 이상, 2,000m³ 미만인 사업장
㉢ 제3종 사업장 : 1일 폐수배출량이 250m³ 이상, 700m³ 미만인 사업장
㉣ 제4종 사업장 : 1일 폐수배출량이 50m³ 이상, 200m³ 미만인 사업장
㉤ 제5종 사업장 : 1일 폐수배출량이 50m³ 이하인 사업장

67 정당한 사유 없이 하천·호소에서 자동차를 세차한 자에 대한 과태료 처분기준으로 옳은 것은?

① 100만 원 이하　　② 300만 원 이하
③ 500만 원 이하　　④ 1,000만 원 이하

68 기본배출부과금의 지역별 부과계수의 연결로 옳은 것은?

① 청정지역－1.4　　② 가지역－1.2
③ 나지역－1.0　　④ 특례지역－0.8

해설 기본배출부과금의 지역별 부과계수
㉠ 청정지역 및 가지역의 부과계수 : 1.5
㉡ 나지역 및 특례지역의 부과계수 : 1.0

69 수질오염경보(조류경보) 중 "조류경보" 단계 발령시 4대강 물환경연구소장(시·도 보건환경연구원장 또는 수면관리자)의 조치사항에 대한 기준으로 가장 적합한 것은?

① 주변 오염원에 대한 지속적인 단속강화

② 주 2회 이상 시료채취·분석(클로로필－a, 남조류 세포수, 취기, 독소)

③ 조류증식 수심 이하로 취수구 이동

④ 정수처리강화(활성탄처리, 오존처리)

해설 조류경보 발생 시 4대강 물환경연구소장의 조치사항
㉠ 주 2회 이상 시료 채취
㉡ 발령기관에 대한 시험분석 결과의 신속한 통보

70 수질 및 수생태계 환경기준 중 하천 전수역에서 사람의 건강보호기준으로 검출되어서는 안 되는 오염물질(검출한계 0.0005)은?

① 폴리크로리네이티드비페닐(PCB)

② 사염화탄소

③ 비소

④ 테트라클로로에틸렌(PCE)

71 다음은 비점오염 저감시설에 관한 설명이다. ( ) 안에 가장 적합한 것은?

> (　　)은 망의 여과·분리 작용으로 비교적 큰 부유물이나 쓰레기 등을 제거하는 시설로서 주로 전(前)처리에 사용하는 시설을 말한다.

① 여과형 시설

② 스크린형 시설

③ 응집·침전 처리형 시설

④ 분리시설

72 수질 및 수생태계 환경기준 중 하천의 용존산소량(DO, mg/L) 생활환경기준으로 옳은 것은?(단, 등급은 "좋음" 기준)

① 10 이상　　② 7.5 이상
③ 5.0 이상　　④ 2.0 이상

해설 수질 및 수생태계 환경기준 중 하천의 용존산소의 생활환경기준("좋음" 기준)은 5.0 이상이다.

73 위임업무 보고사항 중 골프장 맹·고독성 농약 사용 여부 확인 결과에 대한 보고횟수 기준으로 옳은 것은?

① 수시　　② 연 4회
③ 연 2회　　④ 연 1회

해설 골프장 맹·고독성 농약 사용 여부 확인 결과의 보고횟수는 연 2회에 해당된다.

74 다음은 시·도지사가 측정망을 설치하여 수질오염도를 상시측정하거나 수생태계 현황을 조사한 경우 보고하여야 하는 기간기준이다. (   ) 안에 알맞은 것은?

> 1. 수질오염도 : (㉠)
> 2. 수생태계 현황 : (㉡)에 그 결과를 환경부장관에게 보고하여야 한다.

① ㉠ 측정일이 속하는 달의 다음 달 10일 이내
  ㉡ 조사 종료일부터 1개월 이내
② ㉠ 측정일이 속하는 달의 다음 달 10일 이내
  ㉡ 조사 종료일부터 3개월 이내
③ ㉠ 측정일이 속하는 달의 다음 달 15일 이내
  ㉡ 조사 종료일부터 1개월 이내
④ ㉠ 측정일이 속하는 달의 다음 달 15일 이내
  ㉡ 조사 종료일부터 3개월 이내

75 1일 폐수배출량 2천 세제곱미터 미만인 "나지역"에 위치한 폐수배출시설의 화학적 산소요구량(mg/L) 배출허용기준으로 옳은 것은?   (기준변경)

① 40 이하   ② 70 이하
③ 90 이하   ④ 130 이하

해설 [기준의 전면 개편으로 해당사항 없음]

구분	1일 폐수배출량 2,000m³ 이상			1일 폐수배출량 2,000m³ 미만		
	BOD (mg/L)	TOC (mg/L)	SS (mg/L)	BOD (mg/L)	TOC (mg/L)	SS (mg/L)
청정 지역	30 이하	25 이하	30 이하	40 이하	30 이하	40 이하
가 지역	60 이하	40 이하	60 이하	80 이하	50 이하	80 이하
나 지역	80 이하	50 이하	80 이하	120 이하	75 이하	120 이하
특례 지역	30 이하	25 이하	30 이하	30 이하	25 이하	30 이하

76 환경기술인을 임명하지 아니하거나 임명(바꾸어 임명한 것을 포함한다.)에 대한 신고를 하지 아니한 자에 대한 과태료 처분 기준은?

① 1,000만 원 이하
② 300만 원 이하
③ 200만 원 이하
④ 100만 원 이하

해설 환경기술인을 임명하지 아니하거나 임명(바꾸어 임명한 것을 포함한다)에 대한 신고를 하지 아니한 자는 1천만 원 이하의 과태료에 처한다.

77 초과배출부과금 부과대상 수질오염물질의 종류에 해당하지 않는 것은?

① 페놀류
② 총 인
③ 베릴륨 및 그 화합물
④ 망간 및 그 화합물

78 다음 수질오염 방지시설 중 화학적 처리시설에 해당하지 않는 것은?

① 흡착시설
② 응집시설
③ 소각시설
④ 이온교환시설

해설 수질오염 방지시설의 분류

수질오염 방지시설	시설 명
물리적 처리시설	스크린, 분쇄기, 침사(沈砂)시설, 유수분리시설, 유량조정시설(집수조), 혼합시설, 응집시설, 침전시설, 부상시설, 여과시설, 탈수시설, 건조시설, 증류시설, 농축시설
화학적 처리시설	화학적 침강시설, 중화시설, 흡착시설, 살균시설, 이온교환시설, 소각시설, 산화시설, 환원시설, 침전물 개량시설
생물화학적 처리시설	살수여과상, 폭기(瀑氣)시설, 산화시설(산화조(酸化槽) 또는 산화지(酸化池)를 말한다), 혐기성·호기성 소화시설, 접촉조, 안정조, 돈사톱밥 발효시설

79 폐수종말처리시설의 유지 · 관리기준상 처리시설의 관리 · 운영자는 처리시설의 적정 운영 여부 확인을 위한 방류수 수질검사를 실시해야 하는데, 그 주기기준으로 가장 적합한 것은?(단, 1일당 2천 세제곱미터 이상인 시설로서 방류수의 수질이 현저하게 악화되지 않은 경우)

① 일 1회 이상 실시
② 주 1회 이상 실시
③ 월 2회 이상 실시
④ 월 1회 이상 실시

해설 폐수종말처리시설의 유지 · 관리기준상 처리시설의 적정 운영 여부를 확인하기 위하여 방류수 수질검사를 월 2회 이상 실시하되, 1일당 2천 세제곱미터 이상인 시설은 주 1회 이상 실시하여야 한다.

80 측정기기부착사업자는 당해 측정기기로 측정한 결과의 신뢰도와 정확도를 지속적으로 유지할 수 있도록 환경부령이 정하는 측정기기의 운영 · 관리기준을 지켜야 한다. 이 기준을 위반하여 운영 · 관리기준을 준수하지 아니한 자에 대한 벌칙(또는 과태료 부과)기준으로 옳은 것은?

① 100만 원 이하의 과태료
② 300만 원 이하의 과태료
③ 1천만 원 이하의 과태료
④ 100만 원 이하의 과태료

SECTION 01 수질오염개론

01 Ca(OH)₂ 690mg/L 용액의 pH는?(단, 완전해리)

① 12.3
② 12.5
③ 12.8
④ 13.1

해설 $pH = 14 - pOH$

$Ca(OH)_2 \rightleftharpoons Ca^{2+} + 2OH^-$

$Ca(OH)_2\,(mol/L) = \dfrac{690mg}{L} \left| \dfrac{1mol}{74g} \right| \dfrac{1g}{10^3mg}$

$\qquad\qquad = 9.324 \times 10^{-3}$

$pH = 14 + \log[2 \times 9.324 \times 10^{-3}] = 12.27 \fallingdotseq 12.30$

02 미생물의 증식곡선의 단계 순서로 옳은 것은?

① 대수기 – 유도기 – 정지기 – 사멸기
② 유도기 – 대수기 – 정지기 – 사멸기
③ 대수기 – 유도기 – 사멸기 – 정지기
④ 유도기 – 대수기 – 사멸기 – 정지기

해설 미생물의 증식곡선의 단계 순서
유도기 → 대수기 → 정지기 → 사멸기로 분류된다.

03 어느 폐수의 카드뮴(Cd²⁺) 농도는 89.92mg/L이다. M농도는 얼마인가?(단, 카드뮴의 원자량은 112.4이다.)

① 2×10^{-4}mol/L
② 4×10^{-4}mol/L
③ 6×10^{-4}mol/L
④ 8×10^{-4}mol/L

해설 $Cd^{2+}\,(mol/L) = \dfrac{89.92mg}{L} \left| \dfrac{1mol}{112.4g} \right| \dfrac{1g}{10^3mg}$

$\qquad\qquad = 8.0 \times 10^{-4}\,(M)$

04 PbSO₄의 용해도는 0.04g/L이다. 이때 PbSO₄의 용해도적(K_sp)은?

① 0.87×10^{-4}
② 0.87×10^{-8}
③ 1.32×10^{-4}
④ 1.74×10^{-8}

해설 $PbSO_4 \rightleftharpoons Pb^{2+} + SO_4^{2-}$

$PbSO_4\,(mol/L) = \dfrac{0.04g}{L} \left| \dfrac{1mol}{303g} \right. = 1.32 \times 10^{-4}$

$K_{sp} = [Pb^{2+}][SO_4^{2-}] = (1.32 \times 10^{-4})^2 = 1.74 \times 10^{-8}$

05 방사성 원소의 붕괴반응은 몇 차 반응의 대표적인 예라 할 수 있는가?

① 0차 반응
② 1차 반응
③ 2차 반응
④ 총괄 2차 반응

해설 방사성 원소의 붕괴반응은 1차 반응의 대표적인 예이다.

06 남조류(Blue Green Algae)에 관한 설명과 가장 거리가 먼 것은?

① 편모와 엽록체 내에 엽록소가 있다.
② 부영양화에서 주로 문제가 된다.
③ 세포 내 기포의 발달로 수표면에 밀집되는 특성이 있다.
④ 세포합성을 위해 공기를 통한 질소고정을 할 수 있다.

해설 남조류는 엽록소가 세포 내에 고르게 퍼져 있으며, 편모가 없다.

07 다음 수처리에 이용되는 습지식물 중 부수식물(Free Floating Plants)에 해당하지 않는 것은?

① 부레옥잠
② 물수세미
③ 생이가래
④ 물개구리밥류

해설 부수식물이란 물 밑 땅에 고착하지 않고 물속에 떠서 생활하는 식물로, 부레옥잠, 생이가래, 물개구리밥류가 이에 속한다.

08 BOD가 10,000mg/L이고 염소이온농도가 1,250 mg/L인 분뇨를 희석한 후 활성 슬러지법으로 처리한 결과 방류수의 BOD는 40mg/L, 염소이온의 농도는 25mg/L으로 나타났다. 활성 슬러지법의 처리효율은?(단, 염소는 생물학적 처리에서 제거되지 않음)

① 76% ② 80%

③ 84% ④ 88%

> **해설** ㉠ 희석배수 $= \dfrac{1,250\text{mg/L}}{25\text{mg/L}} = 50$배
> ㉡ 유입 BOD $= 10,000(\text{mg/L})/50 = 200(\text{mg/L})$
> ㉢ 유출 BOD $= 40\text{mg/L}$
> $\therefore \ \eta = 1 - \left(\dfrac{40\text{mg/L}}{200\text{mg/L}}\right) \times 100 = 80(\%)$

09 여름철 정체 수역에서 발생되는 성층현상에서 수온 약층(Thermocline)의 위치는?

① 표수층과 심수층 사이

② 표수층 내 위쪽

③ 심수층 내 아래쪽

④ 수표면과 표수층 사이

10 지하수의 특성에 관한 설명으로 옳지 않은 것은?

① 염분농도는 비교적 얕은 지하수에서는 하천수보다 평균 30% 정도 이상 큰 값을 나타낸다.

② 지하수에 무기물질이 물에 용해되는 순서를 보면 규산염, Ca 및 Mg의 탄산염, 마지막으로 염화물 알칼리 금속의 황산염 순서로 된다.

③ 자연 및 인위의 국지적 조건의 영향을 받기 쉽다.

④ 세균에 의한 유기물의 분해가 주된 생물작용이 된다.

> **해설** 지하수에 무기물질이 물에 용해되는 순서를 보면 규산염, 중탄산염 순이다.

11 폭이 60m, 수심이 1.5m로 거의 일정한 하천에서 유량을 측정하였더니 18m³/sec이었다. 하류의 어떤 지점에서 측정한 BOD 농도가 17mg/L이었다면, 이로부터 상류 40km 지점의 BOD_u 농도는?(단, $K_1 = 0.1$/day(자연대수인 경우), 중간에는 지천이 없으며 기타 조건은 고려하지 않음)

① 28.9mg/L ② 25.2mg/L

③ 23.8mg/L ④ 21.4mg/L

> **해설**
> $t\left(\dfrac{L}{V}\right) = \dfrac{L}{Q/A} = \dfrac{40 \times 10^3 \text{m}}{\left(\dfrac{18\text{m}^3/\text{sec}}{60\text{m} \times 1.5\text{m}}\right)}$
> $= 200,000\text{sec} \fallingdotseq 2.31(\text{day})$
> $\text{BOD}_t = \text{BOD}_u \times e^{-k_1 \cdot t}$
> $\text{BOD}_u = \dfrac{17\text{mg/L}}{e^{-0.1/\text{day} \times 2.31\text{day}}} = 21.42(\text{mg/L})$

12 1,000m³인 탱크에 염소이온 농도가 100mg/L이다. 탱크 내의 물은 완전혼합이고, 계속적으로 염소이온이 없는 물이 480m³/day로 유입된다면 탱크 내 염소이온농도가 10mg/L로 낮아질 때까지의 소요시간(hr)은?(단, $C_i/C_o = e^{-kt}$)

① 약 115 ② 약 154

③ 약 186 ④ 약 196

> **해설**
> $\ln \dfrac{C_t}{C_o} = -K \cdot t$
> $\ln \dfrac{10\text{mg/L}}{100\text{mg/L}} = -\dfrac{480\text{m}^3/\text{d}}{1,000\text{m}^3} \times t$
> $t = -\dfrac{\ln\left(\dfrac{10\text{mg/L}}{100\text{mg/L}}\right)}{\left(\dfrac{480\text{m}^3/\text{d}}{1,000\text{m}^3}\right)} = 4.8\text{day} = 115.13(\text{hr})$

13 Whipple에 의한 하천의 자정단계 중 다음 설명에 해당하는 지대로 가장 적합한 것은?

> DO량이 증가하고, 각종 가스의 발생이 줄어들며, 질소는 $NO_2^- - N$, $NO_3^- - N$ 형태로 존재한다. Fungi도 조금씩 발생하고, 바닥에서는 조개나 벌레의 유충이 번식하며 오염에 견디는 힘이 강한 생무지, 황어, 은빛 담수어 등의 물고기도 서식한다.

① 분해지대

② 활발한 분해지대

③ 회복지대

④ 정수지대

> **해설** 회복지대(Zone of Recovery)를 설명하고 있다.

14 해수의 특성에 관한 설명으로 옳지 않은 것은?

① 해수의 밀도는 $1.5 \sim 1.7 g/cm^3$ 정도로 수심이 깊을수록 밀도는 감소한다.

② 해수는 강전해질이다.

③ 해수는 Mg/Ca비는 3~4 정도이다.

④ 염분은 적도해역보다 남·북극의 양극해역에서 다소 낮다.

해설 해수의 밀도는 수심이 깊을수록 염분, 수온, 수압이 증가하기 때문에 밀도가 증가한다.

15 수중에 존재하는 유기체에 관한 설명으로 가장 거리가 먼 것은?

① 청-녹조류는 섬유상이나 군락상의 단세포로 나타나며, 표면수의 온도가 높은 더운 늦여름에는 특히 많다.

② 녹조류에는 단세포와 다세포가 있으며, 비운동성이 있는가 하면 유영편모를 갖춘 것도 있다.

③ 균류는 박테리아보다는 산성조건과 더 건조한 환경에서 보다 잘 견디며 주로 다세포 식물이다.

④ 규조류의 녹유기체는 보통 다세포이며, 주로 군락을 형성하고, 운동성이다.

해설 규조류는 단세포이다.

16 시판되고 있는 액상 표백제는 8W/W(%) 하이포아염소산나트륨(NaOCl)을 함유한다고 한다. 표백제 2,886mL 중의 NaOCl의 무게(g)는?(단, 표백제의 비중은 1.1이다.)

① 254   ② 264

③ 274   ④ 284

해설 $X(g) = \dfrac{8g}{100g} \bigg| \dfrac{2,886mL}{} \bigg| \dfrac{1.1g}{mL} = 253.968(g)$

17 물의 점성과 점성계수에 관한 설명으로 옳지 않은 것은?

① 물의 점성은 분자상호 간의 인력 때문에 생기며 층 간의 전단응력으로 점성을 나타낸다.

② 점성계수의 단위는 Stokes로 나타낸다.

③ 점성계수는 온도가 20℃보다 0℃일 때 그 값이 크다.

④ 동점성계수는 점성계수를 밀도로 나눈 값이다.

해설 점성계수의 단위는 kg/m·s이며, 동점성계수의 단위가 Stokes로 나타낸다.

18 다음은 하천의 수질 모델링에 관한 설명이다. 가장 적합한 모델은?

> • 하천의 수리학적 모델, 수질모델, 독성물질의 거동모델 등을 고려할 수 있으며, 1차원, 2차원, 3차원까지 고려할 수 있음
> • 수질항목 간의 상태적 반응기작을 Streeter-Phelps 식부터 수정
> • 수질에 저질이 미치는 영향을 보다 상세히 고려한 모델

① QUAL-I Model   ② WORRS Model

③ QUAL-II Model   ④ WASP5 Model

해설 WASP5 Model을 설명하고 있다.

19 다음 설명에 해당하는 기체확산에 관한 법칙은?

> 기체의 확산속도(조그마한 구멍을 통한 기체의 탈출)는 기체 분자량의 제곱근에 반비례한다.

① Dalton의 법칙

② Graham의 법칙

③ Gay-Lussac의 법칙

④ Charles의 법칙

20 A시료의 수질분석 결과가 다음과 같을 때 이 시료의 총 경도는?

> • Ca^{2+} : 420mg/L   • Mg^{2+} : 58.4mg/L
> • Na^+ : 40.6mg/L   • HCO_3^- : 841.8mg/L
> • Cl^- : 1.79mg/L

① 525mg/L as $CaCO_3$

② 646mg/L as $CaCO_3$

③ 1,050mg/L as $CaCO_3$

④ 1,293mg/L as $CaCO_3$

해설

$$TH = \sum Mc^{2+}(mg/L) \times \frac{50mg}{meq}$$

$$= 420mg/L \times \frac{50}{40/2} + 58.4mg/L \times \frac{50}{24/2}$$

$$= 1,293.33(mg/L \ as \ CaCO_3)$$

SECTION **02** 수질오염방지기술

21 다음 중 액체염소의 주입으로 생성된 유리염소, 결합잔류 염소의 일반적인 살균력이 순서대로 옳게 나열된 것은?

① $OCl^- > HOCl > Chloramines$

② $OCl^- > Chloramines > HOCl$

③ $HOCl > Chloramines > OCl^-$

④ $HOCl > OCl^- > Chloramines$

22 하수의 3차 처리 공법인 A/O 공정 중 포기조의 주된 역할을 가장 적합하게 설명한 것은?

① 인의 과잉섭취

② 질소의 탈기

③ 탈질

④ 인의 방출

23 우리나라 표준활성슬러지법의 일반적 설계범위에 관한 설명으로 옳지 않은 것은?

① HRT는 8~10시간을 표준으로 한다.

② MLSS는 1,500~2,500mg/L를 표준으로 한다.

③ 포기조(표준식)의 유효수심은 4~6m를 표준으로 한다.

④ 포기방식은 전면포기식, 선회류식, 미세기포 분사식, 수중 교반식 등이 있다.

해설 표준활성슬러지법에서 HRT는 6~8시간이다.

24 300mg/L의 시안을 함유한 폐수 $10m^3$를 알칼리염소법으로 처리하는 데 필요한 이론적인 염소의 양은?(단, $2CN^- + 5Cl_2 + 4H_2O \rightarrow 2CO_2 + N_2 + 8HCl + 2Cl^-$ 반응식을 이용)

① 20.5kg

② 26.8kg

③ 32.4kg

④ 46.4kg

해설

$$2CN^- \equiv 5Cl_2$$

$$2 \times 26g \ : \ 355g$$

$$\frac{300mg}{L} \left| \frac{10m^3}{} \right| \frac{10^3L}{1m^3} \left| \frac{1kg}{10^6mg} \right. \ : \ X$$

$$\therefore X(Cl_2) = 20.48(kg)$$

25 폐수량 $500m^3/day$, BOD 1,000mg/L인 폐수를 살수여상으로 처리하는 경우 여재에 대한 BOD부하를 $0.2kg/m^3 \cdot day$로 할 때 여상의 용적은?

① $250m^3$

② $500m^3$

③ $1,500m^3$

④ $2,500m^3$

해설

$$BOD용적부하 = \frac{BOD \times Q}{\forall}$$

$$\forall = \frac{500m^3/d \times 1kg/m^3}{0.2kg/m^3 \cdot day} = 2,500(m^3)$$

26 50℃의 폐열수를 $50m^3/min$씩 하천으로 배출하고 있는 시설이 있다. 하천의 유량이 $2m^3/sec$, 수온이 15℃이라면 폐열수가 하천에 완전히 혼합되었을 경우 수온은?

① 16.7℃　　② 19.4℃

③ 22.6℃　　④ 25.3℃

해설 혼합지점의 온도

$$C_m = \frac{Q_1 T_1 + Q_2 T_2}{Q_1 + Q_2}$$

$$= \frac{50/60(m^3/sec) \times 50℃ + 2(m^3/sec) \times 15℃}{(50/60 + 2)(m^3/sec)}$$

$$= 25.3(℃)$$

27 고도 수처리에 사용되는 분리막에 관한 설명으로 옳은 것은?

① 정밀여과의 막형태는 대칭형 다공성막이다.
② 한외여과의 구동력은 농도차이다.
③ 역삼투의 분리형태는 Pore Size 및 흡착현상에 기인한 체걸름이다.
④ 투석의 구동력은 전위차이다.

> **해설** ② 한외여과의 구동력은 정압차이다.
> ③ 역삼투의 분리형태는 용해와 확산이다.
> ④ 투석의 구동력은 농도차이다.

28 BOD_5가 85mg/L인 하수가 완전혼합 활성슬러지공정으로 처리된다. 유출수의 BOD_5가 15mg/L, 온도 20℃, 유입유량 40,000톤/일, MLVSS가 2,000 mg/L, Y값 0.6mgVSS /mg BOD_5, K_d값 0.6d^{-1}, 미생물 체류시간이 10일이라면 Y값과 K_d값을 이용한 반응조의 부피(m^3)는?(단, 비중은 1.0 기준)

① 1,200m^3
② 1,000m^3
③ 800m^3
④ 600m^3

> **해설**
> $$\frac{1}{SRT} = \frac{Y \cdot Q \cdot (S_i - S_o)}{\forall \cdot X} - K_d$$
> $$\forall = \frac{Y \cdot Q \cdot (S_i - S_o)}{\left(\frac{1}{SRT} + K_d\right) \cdot X}$$
> $$= \frac{\frac{0.6kgVSS}{kgBOD_5} \times \frac{40,000m^3}{day} \times \frac{(85-15) \times 10^{-3}kgBOD}{m^3}}{2kgVSS \times \left(\frac{1}{10day} + \frac{0.6}{day}\right)}$$
> $$= 1,200(m^3)$$

29 유량이 4,000m^3/day인 폐수의 BOD와 SS 농도가 각각 180mg/L이라고 할 때 포기조의 체류시간을 6시간으로 하였다. 포기조 내의 F/M비를 0.4로 하는 경우에 포기조 내 MLSS의 농도는?

① 1,600mg/L
② 1,800mg/L
③ 2,000mg/L
④ 2,200mg/L

> **해설**
> $$F/M비 = \frac{BOD_i \times Q}{MLSS \times \forall} = \frac{BOD_i}{MLSS \times t}$$
> $$MLSS = \frac{BOD_i}{F/M비 \times t} = \frac{180mg/L \times 24hr/day}{0.4/day \times 6hr} = 1,800(mg/L)$$

30 SVI=150일 때, 반송슬러지 농도는?

① 3,786g/m^3
② 5,043g/m^3
③ 6,667g/m^3
④ 8,488g/m^3

> **해설** $$X_r = \frac{10^6}{SVI} = \frac{10^6}{150} = 6,666.67(g/m^3)$$

31 고형물의 농도가 16.5%인 슬러지 100kg을 건조상에서 건조시킨 후 수분이 20%로 나타났다. 제거된 수분의 양은?(단, 슬러지 비중 1.0)

① 약 79.4kg
② 약 81.3kg
③ 약 83.1kg
④ 약 84.7kg

> **해설** 건조 전후의 고형물의 함량은 같다.
> $$V_1(100 - W_1) = V_2(100 - W_2)$$
> $$100(kg) \times (16.5) = X(kg) \times (100-20)$$
> $$X(kg) = \frac{100(kg) \times 16.5}{80} = 20.625(kg)$$
> 제거된 수분량 = 100kg − 20.625kg = 79.375(kg)

32 하수처리에서 자외선 소독의 장점으로 거리가 먼 것은?

① 잔류독성이 없다
② 대부분의 virus, spores, cysts 등을 비활성화 시키는 데 염소보다 효과적이다.
③ 안전성이 높고 요구되는 공간이 적다.
④ 성공적 소독 여부를 즉시 측정할 수 있다.

> **해설** 자외선(UV)은 성공적 소독 여부를 즉시 측정할 수 없다.

33 생물막을 이용한 처리공법인 접촉산화법에 관한 설명으로 옳지 않은 것은?

① 분해속도가 낮은 기질 제거에 효과적이다.
② 매체에 생성되는 생물량은 부하조건에 의하여 결정된다.
③ 미생물량과 영향인자를 정상상태로 유지하기 위한 조작이 어렵다.
④ 대규모시설에 적합하고, 고부하시 운전조건에 유리하다.

> **해설** 접촉산화법은 소규모시설에 적합하다.

34 정수장의 여과지에서 여과사를 선택할 때 필요한 입도분포에 관한 설명으로 옳지 않은 것은?

① 유효입경은 입도분포도상에서 제10분위 값이다.
② 균등계수가 클수록 입자는 균일하다.
③ 균등계수는 입도분포도상에서 제60분위 값과 제10분위 값의 비이다.
④ 일반적으로 균등계수 1.3 미만으로는 만들기가 어렵다.

해설 균등계수가 클수록 입자의 크기가 다양하며 공극률은 작아진다.

35 NH_4^+가 미생물에 의해 NO_3^-로 산화될 때 pH의 변화는?

① 감소한다.
② 증가한다.
③ 변화없다.
④ 증가하다 감소한다.

해설 질산화 과정에서는 알칼리도가 소모되어 pH는 감소한다.

36 다음 중 시안함유 폐수처리에 사용되는 방법으로 가장 거리가 먼 것은?

① 알칼리 염소법　② 오존산화법
③ 전해법　④ 아말감법

해설 시안함유 폐수법
㉠ 알칼리염소법　㉡ 오존산화법
㉢ 감청법　㉣ 전기투석법
㉤ 충격법　㉥ 전해법

37 자기조립법(UASB)의 특성으로 가장 거리가 먼 것은?

① 조립시점이 빠르고 인 제거율이 높다.
② 균체를 고농도의 펠렛 모양으로 유지할 수 있다.
③ 펠렛이 크게 활성화 된다.
④ 고부하의 운전이 가능하다.

해설 UASB는 조립시점이 느리고 인 제거율이 낮다.

38 중력식 농축조의 형상과 수에 관한 고려사항으로 가장 거리가 먼 것은?

① 슬러지 제거기를 설치하지 않을 경우 탱크바닥의 중앙에 호퍼를 설치하되 호퍼 측 벽의 기울기는 수평에 대하여 30° 이상으로 한다.
② 농축조의 수는 원칙적으로 2조 이상으로 한다.
③ 형상은 원칙적으로 원형으로 한다.
④ 슬러지 제거기를 설치할 경우 탱크바닥의 기울기는 5/100 이상이 좋다.

해설 슬러지 제거기를 설치하지 않을 경우 탱크바닥의 중앙에 호퍼를 설치하되 호퍼 측 벽의 기울기는 수평에 대하여 60° 이상으로 한다.

39 하수 슬러지의 농축방법별 장단점으로 옳지 않은 것은?

① 중력식 농축 : 잉여슬러지의 농축에 적합
② 부상식 농축 : 약품 주입 없이도 운전 가능
③ 원심분리 농축 : 악취가 적음
④ 중력벨트 농축 : 고농도로 농축 가능

해설 일반적으로 중력식 농축법은 1차 슬러지 농축에 적합하다.

40 생물학적 회전원판의 지름이 2.6m이며, 600매로 구성되었다. 유입수량이 1,000m³/day이며, BOD 200 mg/L인 경우 BOD부하(g/m² – day)는?(단, 회전원판은 양면사용 기준)

① 23.6　② 31.4
③ 47.2　④ 51.6

해설 $$BOD면적부하 = \frac{BOD \times Q}{A}$$
$$= \frac{200g/m^3 \times 1,000m^3/day}{\frac{\pi \times (2.6m)^2}{4} \times 600 \times 2}$$
$$= 31.4(g/m^2 \cdot day)$$

41 이온전극법에서 사용하는 장치에 관한 설명으로 옳지 않은 것은?

① 저항전위계 또는 이온측정기는 mV까지 읽을 수 있는 고압력 저항 측정기여야 한다.

② 이온전극은 분석대상 이온에 대한 고도의 선택성이다.

③ 이온전극은 일반적으로 칼로멜전극 또는 산화은 전극이 사용된다.

④ 이온전극은 이온농도에 비례하여 전위를 발생할 수 있는 전극이다.

해설 일반적으로 내부전극으로서 염화제일수은전극(칼로멜전극) 또는 은－염화은전극이 많이 사용된다.

42 측정항목별 시료 보존방법으로 가장 거리가 먼 것은?

① 페놀류 : H_3PO_4로 pH 4 이하로 조정한 후 $CuSO_4$ 1g/L을 첨가하여 4℃에서 보존한다.

② 노말헥산추출물질 : 10℃ 냉암소에 보관한다.

③ 암모니아성 질소 : H_2SO_4로 pH 2 이하로 하여 4℃에서 보관한다.

④ 황산이온 : 6℃ 이하에서 보관한다.

해설 노말헥산추출물질
4℃에 H_2SO_4로 pH 2 이하로 보관한다.

43 금속류 분석을 위한 유도결합플라스마－원자발광분광법에서 장치에 관한 설명으로 옳지 않은 것은?

① 분광계는 검출 및 측정방법에 따라 다색화분광기 또는 단색화장치 모두 사용 가능해야 하며 스펙트럼의 띠 통과는 0.05nm 미만이어야 한다.

② 분무기는 일반적인 시료의 경우 바빙톤 분무기를 사용하며, 점성이 있는 시료나 입자상 물질이 존재할 경우 동심축 분무기를 사용한다.

③ 라디오고주파 발생기는 출력범위 750~1,200W 이상의 것을 사용한다.

④ 순도 99.99% 이상 고순도 가스상 또는 액체 아르곤을 사용한다.

44 색도측정법(투과율법)에 관한 설명으로 옳지 않은 것은?

① 아담스－니컬슨의 색도공식을 근거로 한다.

② 시료 중 백금－코발트 표준물질과 아주 다른 색상의 폐 · 하수는 적용할 수 없다.

③ 색도의 측정은 시각적으로 눈에 보이는 색상에 관계없이 단순 색도차 또는 단일 색도차를 계산한다.

④ 시료 중 부유물질은 제거하여야 한다.

해설 색도측정법(투과율법)은 시료 중 백금－코발트 표준물질과 아주 다른 색상의 폐 · 하수는 적용할 수 있다.

45 다음은 자외선/가시선 분광법에 의한 페놀류 측정원리를 설명한 것이다. ( ) 안에 알맞은 것은?

> 증류한 시료에 염화암모늄－암모니아 완충용액을 넣어 (㉠)으로 조절한 다음 4－아미노안티피린과 헥사시안화철(II)산칼륨을 넣어 생성된 (㉡)의 안티피린계 색소의 흡광도를 측정하는 방법이다.

① ㉠ pH 4, ㉡ 푸른색

② ㉠ pH 4, ㉡ 붉은색

③ ㉠ pH 10, ㉡ 푸른색

④ ㉠ pH 10, ㉡ 붉은색

46 식물성 플랑크톤(조류)을 현미경계수법으로 분석하고자 할 때 분석시료 조제에 관한 설명으로 옳지 않은 것은?

① 시료의 개체수는 계수 면적당 50~75 정도가 되도록 조정한다.

② 시료가 육안으로 녹색이나 갈색으로 보일 경우 정제수로 적절한 농도로 희석한다.

③ 시료 농축방법으로는 원심분리방법과 자연침전법이 있다.

④ 자연침전법은 일정시료에 포르말린 용액 또는 루골용액을 가하여 플랑크톤을 고정시켜 실린더 용기에 넣고 일정시간 정치 후 사이폰을 이용하여 상등액을 따라 내어 일정량으로 농축한다.

해설 식물성 플랑크톤(조류)을 현미경계수법으로 분석할 때 시료의 개체수는 계수 면적당 10~40 정도가 되도록 조정한다.

47 자외선/가시선 분광법에 의한 시안 분석 시 측정파장으로 옳은 것은?

① 460nm   ② 510nm

③ 540nm   ④ 620nm

48 냉증기 − 원자흡수분광광도법으로 수은을 측정 시 시료 내 벤젠, 아세톤 등 휘발성 유기물질을 제거하는 방법으로 가장 적합한 것은?

① 질산 분해 후 헥산으로 추출분리

② 중크롬산칼륨 분해 후 헥산으로 추출분리

③ 과망간산칼륨 분해 후 헥산으로 추출분리

④ 묽은 황산으로 가열 분해 후 헥산으로 추출분리

49 수로 및 직각 3각 위어판을 만들어 유량을 산출할 때 위어의 수두가 0.2m, 수로의 밑면에서 절단 하부점까지의 높이가 0.75m, 수로의 폭이 0.5m일 때의 위어의 유량은?(단, $K = 81.2 + \dfrac{0.24}{h} + \left[8.4 + \dfrac{12}{\sqrt{D}}\right] \times \left[\dfrac{h}{B} - 0.09\right]^2$ 이용)

① 약 30m³/hr   ② 약 60m³/hr

③ 약 90m³/hr   ④ 약 120m³/hr

> **해설**
>
> $K = 81.2 + \dfrac{0.24}{h} + \left[8.4 + \dfrac{12}{\sqrt{D}}\right] \times \left[\dfrac{h}{B} - 0.09\right]^2$
>
> $= 81.2 + \dfrac{0.24}{0.2m} + \left[8.4 + \dfrac{12}{\sqrt{0.75m}}\right] \times \left[\dfrac{0.2m}{0.5m} - 0.09\right]^2$
>
> $= 84.54$
>
> $Q = Kh^{5/2} = 84.54 \times (0.2m)^{5/2} \times 60min/hr$
>
> $= 90.74 (m^3/hr)$

50 최대 유량이 1m³/분 미만인 경우, 용기에 의한 유량측정에 관한 설명으로 옳지 않은 것은?

① 용기는 용량 50~100L인 것을 사용한다.

② 용기에 물을 받아 넣는 시간을 20초 이상이 되도록 용량을 결정한다.

③ $60 \times \left(\dfrac{\text{측정용기의 용량}(V, \ m^3)}{\text{유수가용량}(V)\text{을 채우는}\atop\text{데에 걸린 시간}(sec)}\right)$ 을 유량(m³/분)으로 한다.

④ 유수를 채우는 데에 요하는 시간은 스톱워치로 잰다.

> **해설** 최대 유량이 1m³/분 미만인 경우 용기는 용량이 100~200L인 것을 사용한다.

51 총질소를 자외선/가시선 분광법 − 산화법으로 분석할 때에 관한 설명으로 옳지 않은 것은?

① 비교적 분해하기 어려운 유기물 함유시료에도 적용 가능하며, 크롬은 1mg/L 정도에서 영향을 받는다.

② 시료 중 질소화합물을 알칼리성 과황산칼륨을 사용하여 120℃ 부근에서 유기물과 함께 분해하여 질산이온으로 산화시킨다.

③ 해수와 같은 시료에는 적용할 수 없다.

④ 질산이온으로 산화시킨 후 산성상태로 하여 흡광도를 220nm에서 측정한다.

> **해설** 총질소의 자외선/가시선 분광법 − 산화법(흡광광도법) 비교적 분해하기 어려운 유기물 함유시료에도 적용 가능하며, 크롬과 브롬이 함유되지 않는 시료에 적용한다.

52 불소를 자외선/가시선 분광법으로 분석할 때에 관한 설명으로 옳은 것은?

① 염소이온이 다량 함유되어 있는 시료는 증류 전 아황산나트륨을 가하여 제거한다.

② 알루미늄 및 철은 증류해도 방해가 크다.

③ 정량한계는 0.15mg/L이다.

④ 적색의 복합 화합물의 흡광도를 540nm에서 측정한다.

53 총인을 자외선/가기선 분광법으로 분석할 때에 관한 설명으로 옳지 않은 것은?

① 460nm   ② 540nm

③ 620nm   ④ 880nm

> **해설** 총인을 자외선/가기선 분광법으로 측정 시 파장은 880nm이다.

ANSWER | 47. ④   48. ③   49. ③   50. ①   51. ①   52. ③   53. ④

54 이온크로마토그래피법을 정량분석에 이용하는 성분과 가장 거리가 먼 것은?

① Br^- ② NO_3^-
③ Fe^- ④ SO_4^{2-}

> **해설** 이온크로마토그래피법은 음이온류(F^-, Cl^-, NO_2^-, NO_3^-, PO_4^{3-}, Br^- 및 SO_4^{2-})를 이온크로마토그래프를 이용하여 분석하는 방법이다.

55 긴 관의 일부로서 단면이 작은 목 부분과 점점 축소, 점점 확대되는 단면을 가진 관으로 축소부분에서 정역학적 수두의 일부는 속도수두로 변하게 되어 관의 목 부분의 정역학적 수두보다 적어지는 이러한 차에 의해 직접적으로 유량을 측정하는 것은?

① 벤투리미터 ② 피토관
③ 자기식 유량측정기 ④ 오리피스

56 다음은 아연의 자외선/가시선 분광법에 관한 설명이다. (   ) 안에 알맞은 것은?

> 아연이온이 (   )에서 진콘과 반응하여 생성하는 청색 킬레이트 화합물의 흡광도를 측정하는 방법이다.

① pH 약 2 ② pH 약 4
③ pH 약 9 ④ pH 약 12

> **해설** 아연의 자외선/가시선 분광법
> 아연이온이 pH 9에서 진콘과 반응하여 생성하는 청색 킬레이트 화합물의 흡광도를 측정하는 방법이다.

57 다음 중 질산성 질소 측정방법과 가장 거리가 먼 것은?(단, 수질오염공정시험기준)

① 이온크로마토그래피법
② 카드뮴환원법
③ 자외선/가시선 분광법 – 부루신법
④ 데발다합금 환원증류법

> **해설** 질산성질소 측정 시험방법
> ㉠ 이온크로마토그래피
> ㉡ 자외선/가시선 분광법(부루신법)
> ㉢ 자외선/가시선 분광법(활성탄흡착법)
> ㉣ 데발다합금 환원증류법

58 수질오염공정시험기준 총칙 중 온도에 관한 설명으로 옳지 않은 것은?

① 냉수는 4℃ 이하로 한다.
② 온수는 60~70℃로 한다.
③ 상온은 15~25℃로 한다.
④ 실온은 1~35℃로 한다.

> **해설** 냉수라 함은 15℃ 이하를 말한다.

59 노말헥산 추출물질 시험방법에 관한 설명으로 옳지 않은 것은?

① 시료를 pH 4 이하의 산성으로 하여 노말헥산으로 추출한 후 약 80℃에서 노말헥산을 휘산시켰을 때 잔류하는 유류 등의 측정을 행한다.
② 수중에서 비교적 휘발되지 않는 탄화수소, 탄화수소유도체, 그리이스유상물질 등이 노말헥산층에 용해되는 성질을 이용한 방법이다.
③ 시료용기는 폴리에틸렌 용기를 사용한다.
④ 최종 무게 측정을 방해할 가능성이 있는 입자가 존재할 경우 $0.45\mu m$ 여과지로 여과한다.

> **해설** 노말헥산 추출물질은 유리병을 사용한다.

60 호소나 하천에서의 투명도 측정방법에 관한 설명으로 옳지 않은 것은?

① 날씨가 맑고 수면이 잔잔할 때 투명도 판이 잘 보이도록 배의 그늘을 피하여 직사광선에서 측정한다.
② 투명도 판은 무게가 약 3kg인 지름 30cm의 백색 원판에 지름이 5cm의 구멍 8개가 뚫린 것이다.
③ 투명도 판을 조용히 수중에 보이지 않는 깊이로 넣은 다음 천천히 끌어 올리면서 보이기 시작한 깊이를 0.1m 단위로 읽어 측정한다.
④ 흐름이 있어 줄이 기울어질 경우에는 2kg 정도의 추를 달아서 줄을 세운다.

> **해설** 투명도 측정은 날씨가 맑고 수면이 잔잔할 때 투명도 판이 잘 보이도록 배의 그늘에서 측정한다.

SECTION 04 수질환경관계법규

61 다음 수질오염 방지시설 중 화학적 처리시설은?

① 응집시설
② 흡착시설
③ 폭기시설
④ 접촉조

해설 ㉠ 응집시설 : 물리적 처리시설
㉡ 폭기시설 · 접촉조 : 생물학적 처리시설

62 대권역계획에 포함되어야 하는 사항과 가장 거리가 먼 것은?

① 재원조달 및 집행계획
② 상수원 및 물 이용현황
③ 점오염원, 비점오염원 및 기타 수질오염원의 분포현황
④ 점오염원, 비점오염원 및 기타 수질오염원에 의한 수질오염물질 발생량

해설 대권역계획에 포함되어야 할 사항
㉠ 수질 및 수생태계 변화 추이 및 목표기준
㉡ 상수원 및 물 이용현황
㉢ 점오염원, 비점오염원 및 기타 수질오염원의 분포현황
㉣ 점오염원, 비점오염원 및 기타 수질오염원에 의한 수질오염물질 발생량
㉤ 수질오염 예방 및 저감대책

63 용어의 정의로 옳지 않은 것은?

① 비점오염원 : 불특정 장소에서 불특정하게 수질오염물질을 배출하는 시설 및 장소로 환경부령으로 정하는 것을 말한다.
② 강우유출수 : 비점오염원의 수질오염물질이 섞여 유출되는 빗물 또는 눈 녹은 물 등을 말한다.
③ 수면관리자 : 다른 법령의 규정에 의하여 호소를 관리하는 자를 말한다. 이 경우 동일한 호소를 관리하는 자가 2 이상인 경우에는 하천법에 의한 하천의 관리청 외의 자가 수면관리자가 된다.
④ 폐수 : 물에 액체성 또는 고체성의 수질오염물질이 혼입되어 그대로 사용할 수 없는 물을 말한다.

해설 비점오염원이라 함은 도시, 도로, 농지, 산지, 공사장 등으로서 불특정 장소에서 불특정하게 수질오염물질을 배출하는 배출원을 말한다.

64 환경부장관은 배출시설을 설치 · 운영하는 사업자에 대하여 공익 등에 현저한 지장을 초래할 우려가 있다고 인정되는 경우 조업정지처분에 갈음하여 과징금을 부과할 수 있는데 이 경우와 가장 거리가 먼 것은?

① 의료법에 의한 의료기관의 배출시설
② 발전소의 발전설비
③ 제조업의 배출시설
④ 공공사업법에 의한 공공기관의 배출시설

해설 ㉠ 「의료법」에 의한 의료기관의 배출시설
㉡ 발전소의 발전설비
㉢ 「초 · 중등교육법」 및 「고등교육법」에 의한 학교의 배출시설
㉣ 제조업의 배출시설
㉤ 그 밖에 대통령령이 정하는 배출시설

65 오염총량목표수질 달성을 위한 총량관리 단위유역 하단지점의 수질을 측정할 경우 오염총량목표수질이 설정된 지점별로 얼마간 측정하여야 하는가?(단, 특정한 사항 등은 제외)

① 월간 1회 이상   ② 월간 2회 이상
③ 연간 25회 이상   ④ 연간 30회 이상

해설 오염총량목표수질 달성을 위해 오염총량목표수질이 설정된 지점별로 연간 30회 이상 측정하여야 한다.

66 기본배출부과금 산정 시 "가" 지역의 지역별 부과계수로 옳은 것은?

① 1   ② 1.2
③ 1.3   ④ 1.5

해설 지역별 부과계수

청정지역 및 가 지역	나 지역 및 특례지역
1.5	1

비고 : 청정지역 및 가 지역, 나 지역 및 특례지역의 구분에 대하여는 환경부령으로 정한다.

67 수질 및 수생태계 환경기준에서 호소의 생활환경기준 중 약간나쁨(Ⅳ) 등급의 클로로필 – a(mg/m³) 기준은?

① 9 이하　　　　　② 14 이하
③ 35 이하　　　　　④ 70 이하

수질 및 수생태계 환경기준에서 호소의 생활환경기준 중 클로로필 – a의 농도는 35mm/m³ 이하이다.

68 하천의 수질 및 수생태계 환경기준 중 음이온 계면활성제(ABS) 기준(mg/m³)으로 옳은 것은?(단, 사람의 건강보호 기준)

① 0.02 이하　　　　② 0.03 이하
③ 0.04 이하　　　　④ 0.5 이하

69 시장, 군수, 구청장(자치구의 구청장을 말한다.)이 낚시금지구역 또는 낚시제한구역을 지정하려는 경우에 고려하여야 하는 사항으로 가장 거리가 먼 것은?

① 수질오염도
② 서식 어류의 종류 및 양 등 수중 생태계의 현황
③ 낚시터 발생 쓰레기가 인근 환경에 미치는 영향
④ 연도별 낚시 인구의 현황

낚시금지구역 또는 낚시제한구역의 지정
㉠ 용수의 목적
㉡ 오염원 현황
㉢ 수질오염도
㉣ 낚시터 인근에서의 쓰레기 발생 현황 및 처리 여건
㉤ 연도별 낚시 인구의 현황
㉥ 서식 어류의 종류 및 양 등 수중생태계의 현황

70 낚시금지구역 또는 낚시제한구역 안내판의 규격 중 색상기준으로 옳은 것은?

① 바탕색 : 녹색, 글씨 : 회색
② 바탕색 : 녹색, 글씨 : 흰색
③ 바탕색 : 청색, 글씨 : 회색
④ 바탕색 : 청색, 글씨 : 흰색

71 오염총량초과부과금 납부통지를 받은 자는 그 납부통지를 받은 날부터 얼마 이내에 환경부장관 등에게 오염총량부과금 조정을 신청할 수 있는가?

① 7일 이내에
② 10일 이내에
③ 30일 이내에
④ 60일 이내에

오염총량초과부과금 납부통지를 받은 자는 그 납부통지를 받은 날부터 30일 이내에 환경부장관이나 오염총량관리시행계획을 시행하는 특별시장 · 광역시장 · 특별자치도지사 · 시장 · 군수에게 조정 신청을 해야 한다.

72 수질오염물질 희석처리의 인정을 받고자 하는 자가 규정에 의한 신청서 또는 신고서를 제출할 때 첨부하여야 하는 자료와 가장 거리가 먼 것은?

① 처리하려는 폐수의 농도 및 특성
② 희석처리의 불가피성
③ 희석배율 및 희석량
④ 희석처리 후의 유해 중금속 배출예상농도

수질오염물질 희석처리의 인정
㉠ 처리하려는 폐수의 농도 및 특성
㉡ 희석처리의 불가피성
㉢ 희석배율 및 희석량

73 위임업무 보고사항 중 "과징금 징수실적 및 체납처분 현황"의 보고횟수 기준은?

① 연 1회　　　　　② 연 2회
③ 연 4회　　　　　④ 수시

74 공공수역에 특정수질유해물질을 누출 · 유출시키거나 버린 자에 대한 벌칙기준으로 옳은 것은?

① 5년 이하의 징역 또는 3천만 원 이하의 벌금
② 3년 이하의 징역 또는 1천500만 원 이하의 벌금
③ 1년 이하의 징역 또는 1천만 원 이하의 벌금
④ 500만 원 이하의 벌금

75 폐수배출사업자 또는 수질오염방지시설 운영자는 폐수배출시설 및 수질오염방지시설의 가동시간, 폐수배출량 등을 매일 기록한 운영일지를 최종기록일로부터 얼마간 보존(기준)하여야 하는가?(단, 폐수무방류배출시설이 아님)

① 1년간 보존
② 2년간 보존
③ 3년간 보존
④ 5년간 보존

76 배출부과금을 부과할 때 고려하여야 하는 사항과 가장 거리가 먼 것은?

① 수질오염물질의 배출기간
② 배출되는 수질오염물질의 종류
③ 배출시설 규모
④ 배출허용기준 초과 여부

해설 배출부과금을 부과할 때 고려사항
㉠ 배출허용기준 초과 여부
㉡ 배출되는 수질오염물질의 종류
㉢ 수질오염물질의 배출기간
㉣ 수질오염물질의 배출량
㉤ 자가측정 여부

77 폐수의 처리능력과 처리가능성을 고려하여 수탁하여야 하는 준수사항을 지키지 아니한 폐수처리업자에 대한 벌칙기준은?

① 3년 이하의 징역 또는 3천만 원 이하의 벌금
② 2년 이하의 징역 또는 2천만 원 이하의 벌금
③ 1년 이하의 징역 또는 1천만 원 이하의 벌금
④ 5백만 원 이하의 벌금

78 환경부장관이 폐수처리업자의 등록을 취소할 수 있는 경우와 가장 거리가 먼 것은?

① 파산선고를 받고 복권되지 아니한 자
② 거짓이나 그 밖의 부정한 방법으로 등록한 경우
③ 등록 후 1년 이내에 영업을 개시하지 아니하거나 계속하여 1년 이상 영업실적이 없는 경우
④ 대기환경보전법을 위반하여 징역의 실형선고를 받고 그 형의 집행이 종료되거나 집행을 받지 아니하기로 확정된 후 2년이 경과되지 아니한 자

해설 등록 후 2년 이내에 영업을 개시하지 아니하거나 계속하여 2년 이상 영업실적이 없는 경우에 등록을 취소한다.

79 다음 중 기타 수질오염원의 대상시설과 규모기준으로 옳지 않은 것은?

① 운수장비 정비 또는 폐차장시설 중 자동차 폐차장 시설로서 면적이 1천 500제곱미터 이상일 것
② 농축수산물 단순가공시설 중 1차 농산물을 물세척만 하는 시설로서 물사용량이 1일 3세제곱미터 이상일 것
③ 농축수산물 단순가공시설 중 조류의 알을 물세척만 하는 시설로서 물사용량이 1일 5세제곱미터 이상일 것
④ 체육시설의 설치·이용에 관한 법률 시행령 별표 1에 따른 골프장시설로서 면적이 3만 제곱미터 이상이거나 3홀 이상일 것

해설 농축수산물 단순가공시설의 1차 농산물을 물세척만 하는 시설의 경우는 물사용량이 1일 5세제곱미터 이상일 때 기타수질오염원으로 분류 된다.

80 다음 중 방류수수질 기준초과율 산정공식으로 옳은 것은?

① $\dfrac{(배출허용기준 - 방류수수질기준)}{(배출농도 - 방류수수질기준)} \times 100$

② $\dfrac{(배출농도 - 배출허용기준)}{(방류수수질농도 - 방류수수질기준)} \times 100$

③ $\dfrac{(배출농도 - 방류수수질기준)}{(배출허용기준 - 방류수수질기준)} \times 100$

④ $\dfrac{(배출허용기준 - 배출농도)}{(방류수수질기준 - 배출허용기준)} \times 100$

SECTION 01 수질오염개론

01 원생생물은 세포의 분화 정도에 따라 진핵생물과 원핵생물로 나눌 수 있다. 다음 중 원핵세포와 비교하여 진핵세포에만 있는 것은?

① DNA
② 리보솜
③ 편모
④ 세포소기관

해설 골지체는 진핵세포에만 있다.

02 다음 중 해수에 관한 설명으로 옳지 않은 것은?

① 해수의 Mg/Ca비는 담수에 비하여 크다.
② 해수의 밀도는 수온, 수압, 수심 등과 관계없이 일정하다.
③ 염분은 적도 해역에서 높고, 남북 양극 해역에서 낮다.
④ 해수 내 전체 질소 중 35% 정도는 암모니아성 질소, 유기질소 형태이다.

해설 해수의 밀도는 수온, 염분, 수압에 영향을 받는다.

03 화학합성 자기영양미생물계의 에너지원과 탄소원으로 가장 옳은 것은?

① 빛, CO_2
② 유기물의 산화환원반응, 유기탄소
③ 빛, 유기탄소
④ 무기물의 산화환원반응, CO_2

04 $CaCl_2$ 200mg/L는 몇 meq/L인가?(단, Ca 원자량 : 40, Cl 원자량 : 35.5)

① 1.8
② 2.4
③ 3.6
④ 4.8

해설 $CaCl_2(\frac{meq}{L}) = \frac{200mg}{L} \left| \frac{1meq}{(111/2)mg} \right. = 3.6(meq/L)$

05 호기성 박테리아($C_5H_7O_2N$)의 이론적 COD/TOC 비는?

① 0.83
② 1.42
③ 2.67
④ 3.34

해설 ㉠ $C_5H_7O_2N + 5O_2 \rightarrow 5CO_2 + 2H_2O + NH_3$

　　1mol 　　　 : $5 \times 32g$

　　∴ X(=COD) = 160(g/L)

㉡ $C_5H_7O_2N \rightarrow 5C$

　　1mol : $5 \times 12(g)$

　　∴ X(TOC) = 60(g)

$\frac{COD}{TOC} = \frac{160(g)}{60(g)} = 2.667$

06 다음 중 조류의 경험적 화학 분자식으로 가장 적절한 것은?

① $C_4H_7O_2N$
② $C_5H_8O_2N$
③ $C_6H_9O_2N$
④ $C_7H_{10}O_2N$

07 초기 농도가 100mg/L인 오염물질의 반감기가 10day라고 할 때 반응속도가 1차 반응을 따를 경우 5일 후 오염물질의 농도는?

① 70.7mg/L
② 75.7mg/L
③ 80.7mg/L
④ 85.7mg/L

해설 $\ln\frac{C_t}{C_o} = -K \cdot t$

㉠ $\ln\frac{50}{100} = -K \cdot 10day$

　　∴ $K = -0.0693(day^{-1})$

㉡ $\ln\frac{C_t}{100} = \frac{-0.0693}{day} \left| 5day \right.$

　　∴ $C_t = 100 \times e^{-0.0693 \times 5} = 70.72(mg/L)$

08 0.1M－NaOH의 농도를 mg/L로 나타내면 얼마인가?

① 4
② 40
③ 400
④ 4,000

1. ④ 2. ② 3. ④ 4. ③ 5. ③ 6. ② 7. ① 8. ④ **| ANSWER**

09 유량이 $0.7m^3/sec$이고, BOD_5가 $3.0mg/L$, DO가 $9.5mg/L$인 하천이 있다. 이 하천에 유량이 $0.4m^3/sec$, BOD_5가 $25mg/L$, DO가 $4.0mg/L$인 지류가 흘러 들어오고 있으며 합쳐진 하천의 평균유속이 $15m/min$이라면 하류 54km 지점의 용존산소부족량은?(단, 온도 $20℃$, 혼합수의 $k_1=0.1/day$, $k_2=0.2/day$이며 포화용존산소농도는 $9.5mg/L$, 상용대수 적용)

① $3.2mg/L$
② $3.9mg/L$
③ $4.2mg/L$
④ $4.6mg/L$

해설 $D_t = \dfrac{K_1 \cdot L_o}{K_2 - K_1}(10^{-K_1 \cdot t} - 10^{-K_2 \cdot t}) + D_o \cdot 10^{-K_2 \cdot t}$

㉠ 혼합 $BOD_5 = \dfrac{(0.7 \times 3) + (0.4 \times 25)}{0.7 + 0.4} = 11(mg/L)$

㉡ $11 = BOD_u \times (1 - 10^{-0.1 \times 5})$

$L_o(BOD_u) = 16.09(mg/L)$

㉢ 혼합 $DO = \dfrac{(0.7 \times 9.5) + (0.4 \times 4)}{0.7 + 0.4} = 7.5(mg/L)$

혼합지점의 DO 부족량 = $(9.5 - 7.5) = 2(mg/L)$

㉣ 유하시간(t)

$t = \dfrac{54km}{}\left|\dfrac{min}{15m}\right|\dfrac{10^3m}{1km}\left|\dfrac{1day}{1,440min}\right. = 2.5(day)$

$\therefore D_t = \dfrac{(0.1 \times 16.09)}{(0.2 - 0.1)} \times (10^{-0.1 \times 2.5} - 10^{-0.2 \times 2.5})$
$\qquad + 2 \times 10^{-0.2 \times 2.5}$
$\qquad = 4.592(mg/L)$

10 물의 물리·화학적 특성으로 옳지 않은 것은?

① 물은 온도가 낮을수록 밀도는 커진다.
② 물 분자는 H^+와 OH^-로 극성을 이루므로 유용한 용매가 된다.
③ 물은 기화열이 크기 때문에 생물의 효과적인 체온 조절이 가능하다.
④ 생물체의 결빙이 쉽게 일어나지 않는 것은 물의 융해열이 크기 때문이다.

해설 물의 밀도는 $4℃$에서 가장 크다.

11 HCHO(Formaldehyde) $200mg/L$의 이론적 COD 값은?

① $163mg/L$
② $187mg/L$
③ $213mg/L$
④ $227mg/L$

해설 $CH_2O \quad + \quad O_2 \quad \rightarrow \quad CO_2 + H_2O$
$30(g) \qquad : \qquad 32(g)$
$200(mg/L) : \quad X(mg/L)$
$\therefore X(= COD) = 213.33(mg/L)$

12 $5 \times 10^{-5}M$ $Ca(OH)_2$를 물에 용해하였을 때 pH는 얼마인가?(단, $Ca(OH)_2$는 물에서 완전 해리된다고 가정)

① 9.0
② 9.5
③ 10.0
④ 10.5

해설 $pH = \log\dfrac{1}{[H^+]} \quad or \quad pH = 14 - \log\dfrac{1}{[OH^-]}$

$pH = 14 - \log\dfrac{1}{[2 \times 5 \times 10^{-5}]} = 10$

13 수온이 $20℃$일 때 탈산소계수가 $0.2/day$(base 10)이었다면 수온 $30℃$에서의 탈산소계수(base 10)는? (단, $\theta = 1.042$)

① $0.24/day$
② $0.27/day$
③ $0.30/day$
④ $0.34/day$

해설 $K_T = K_{20} \times 1.042^{(T-20)}$
$\qquad = 0.2 \times 1.042^{(30-20)} = 0.3(/day)$

14 다음이 설명하는 하천모델의 종류로 가장 옳은 것은?

> • 유속, 수심, 조도계수에 의해 확산계수가 결정된다.
> • 하천과 대기의 열복사 및 열교환이 고려된다.

① QUAL - Ⅰ
② WQRRS
③ WASP
④ EPAS

해설 설명하고 있는 모델은 QUAL - Ⅰ 모델이다.

15 친수성 콜로이드(Collid)의 특성에 관한 설명으로 옳지 않은 것은?

① 염(鹽)에 대하여 큰 영향을 받지 않는다.
② 틴달효과가 현저하고 점도는 분산매보다 작다.
③ 다량의 염을 첨가하여야 응결 침전된다.
④ 존재 형태는 유탁(에멀션)상태이다.

16 탈산소 계수(상용대수 기준)가 0.12/day인 어느 폐수의 BOD_5는 200mg/L이다. 이 폐수가 3일 후에 미분해되고 남아있는 BOD(mg/L)는?

① 67
② 87
③ 117
④ 127

 $BOD_t = BOD_u \times 10^{-k_1 \cdot t}$

㉠ $BOD_u = \dfrac{200}{1-10^{-0.12 \times 5}} = 267.09(mg/L)$

㉡ $BOD_3 = 267.09 \times 10^{-0.12 \times 3} = 116.59(mg/L)$

17 유량이 $10,000m^3/day$인 폐수를 BOD 4mg/L, 유량 $4,000,000m^3/day$인 하천에 방류하였다. 방류한 폐수가 하천수와 완전 혼합되었을 때 하천의 BOD가 1mg/L 높아졌다면 하천에 가해진 폐수의 BOD 부하량은?(단, 기타 조건은 고려하지 않음)

① 1,425kg/day
② 1,810kg/day
③ 2,250kg/day
④ 4,050kg/day

$C_m = \dfrac{Q_1 C_1 + Q_2 C_2}{Q_1 + Q_2}$

$5 = \dfrac{(4,000,000 \times 4) + 10,000 \times C_2}{4,000,000 + 10,000}$

$C_2 = 405(mg/L)$

$\therefore BOD부하량\left(\dfrac{kg}{day}\right) = \dfrac{405mg}{L}\left|\dfrac{10,000m^3}{day}\right|\dfrac{10^3L}{1m^3}\left|\dfrac{kg}{10^6mg}\right.$

$\qquad = 4,050(kg/day)$

18 Wipple의 하천의 생태변화에 따른 4지대 구분 중 "분해지대"에 관한 설명으로 옳지 않은 것은?

① 오염에 잘 견디는 곰팡이류가 심하게 번식한다.
② 여름철 온도에서 DO 포화도는 45% 정도에 해당된다.

③ 탄산가스가 줄고 암모니아성 질소가 증가한다.
④ 유기물 혹은 오염물을 운반하는 하수거의 방출지점과 가까운 하류에 위치한다.

19 마그네슘 경도 200mg/L as $CaCO_3$를 Mg^{2+}의 농도로 환산하면 얼마인가?(단, Mg 원자량 : 24)

① 48mg/L
② 72mg/L
③ 96mg/L
④ 120mg/L

$200 = \dfrac{50}{24/2} \times X$

$\therefore X = 48(mg/L)$

20 적조 발생지역과 가장 거리가 먼 것은?

① 정체 수역
② 질소, 인 등의 영양염류가 풍부한 수역
③ Upwelling 현상이 있는 수역
④ 갈수기시 수온, 염분이 급격히 높아진 수역

SECTION **02** 수질오염방지기술

---

21 유량이 $5,000m^3/day$이고 BOD, SS 및 NH_3-N의 농도가 각각 20mg/L, 25mg/L 및 23mg/L인 유출수의 질소(NH_3-N)를 제거하기 위해 파괴점 염소주입 공정이 이용될 때 1일 염소 투입량은?(단, 투입염소(Cl_2)대 처리된 암모니아성 질소(NH_3-N)의 질량비는 9 : 1, 최종유출수의 NH_3-N 농도는 1.0mg/L로 된다.)

① 620kg/day
② 740kg/day
③ 990kg/day
④ 1,280kg/day

22 총 처리수량은 $50,000m^3/$일, 여과속도는 180m/일, 정방형 급속여과지 1지의 크기는?(단, 병렬 처리 기준이며 동일한 여과지수는 8지, 예비지는 고려하지 않음)

① 5.9m×5.9m
② 6.7m×6.7m
③ 7.8m×7.8m
④ 8.4m×8.4m

해설
$$여과면적(m^2) = \frac{50,000m^3}{day}\left|\frac{day}{180m}\right| = 277.78(m^2)$$

여과면적 = 가로 × 세로 × 여과지수(가로=세로)

$277.78(m^2) =$ 가로(L) × 가로(L) × 8

$L = 5.9(m)$

※ 정방형 급속여과지 1지의 크기 = 5.9m × 5.9m

---

23 슬러지량이 300m³/day로 유입되는 소화조 고형물 (VS기준) 부하율은 5kg/m³ · day이다. 슬러지의 고형물(TS)함량은 4%, TS 중 VS함유율이 70%일 때 소화조의 용적은?(단, 슬러지의 비중은 1.0)

① 1,960m³
② 1,820m³
③ 1,720m³
④ 1,680m³

해설
$$\forall(m^3) = \frac{300m^3}{day}\left|\frac{4}{100}\right|\frac{70}{100}\left|\frac{m^3 \cdot day}{5kg}\right|\frac{1,000kg}{m^3}$$
$$= 1,680(m^3)$$

---

24 BOD₅ 농도가 2,000mg/L이고 1일 폐수배출량이 1,000m³인 산업폐수를 BOD₅ 오염 부하량이 500 kg/day로 될 때까지 감소시키기 위해서 필요한 BOD₅ 제거효율은?

① 70%
② 75%
③ 80%
④ 85%

해설
$$BOD\ 제거율(\eta) = \left(1 - \frac{BOD_o}{BOD_i}\right) \times 100$$

㉠ $BOD_i (kg/day) = \frac{1,000m^3}{day}\left|\frac{2,000mg}{L}\right|\frac{10^3L}{1m^3}\left|\frac{1kg}{10^6mg}\right|$
$$= 2,000(kg/L)$$

㉡ $BOD_o = 500(kg/day)$

$\therefore BOD\ 제거율(\eta) = \left(1 - \frac{500}{2,000}\right) \times 100 = 75(\%)$

---

25 가스 상태의 염소가 물에 들어가면 가수분해와 이온 화반응이 일어나 살균력을 나타낸다. 이때 살균력이 가장 높은 pH 범위는?

① 산성영역
② 알칼리성영역
③ 중성영역
④ pH와 관계없다.

---

26 고형물 농도가 10g/L인 슬러지를 하루 480m³ 비율 로 농축 처리하기 위해 필요한 연속식 슬러지 농축조 의 표면적은?(단, 농축조의 고형물 부하는 4kg/m² · hr로 한다.)

① 50m²
② 100m²
③ 150m²
④ 200m²

해설
$$A(m^2) = \frac{10g}{L}\left|\frac{480m^3}{day}\right|\frac{m^2 \cdot hr}{4kg}\left|\frac{1kg}{10^3g}\right|\frac{10^3L}{1m^3}\left|\frac{1day}{24hr}\right| = 50(m^2)$$

---

27 MLSS가 2,800mg/L인 활성슬러지공법 폭기조의 부피가 1,600m³이다. 매일 40m³의 폐슬러지(농도 0.8%)를 혐기성 조화조로 보내 처리할 때 슬러지 체 류시간(SRT)는?(단, 농축조의 고형물 부하는 4kg/ m² · hr로 한다.)

① 8일
② 11일
③ 14일
④ 18일

해설
$$SRT(day) = \frac{\forall \cdot X}{Q_w \cdot X_w}$$

$$SRT = \frac{1,600m^3}{}\left|\frac{2,800mg}{L}\right|\frac{day}{40m^3}\left|\frac{L}{0.8 \times 10^4 mg}\right| = 14(day)$$

---

28 인구 45,000명인 도시의 폐수를 처리하기 위한 처 리장을 설계하였다. 폐수의 유량은 350L/인 · day 이고, 침강탱크의 체류시간은 2hr, 월류속도는 35 m³/m² · day가 되도록 설계하였다면 이 침강 탱크 의 용적(∀)과 표면적(A)은?

① ∀ = 1,313m³, A = 540m²
② ∀ = 1,313m³, A = 450m²
③ ∀ = 1,475m³, A = 540m²
④ ∀ = 1,475m³, A = 4,540m²

해설
㉠ $\forall = Q \times t$

$\therefore \forall(m^3) = \frac{350L}{인 \cdot day}\left|\frac{45,000인}{}\right|\frac{2hr}{}\left|\frac{1day}{24hr}\right|\frac{1m^3}{10^3L}$
$$= 1,312.5(m^3)$$

㉡ $침전면적 = \frac{유량}{월류속도}$

$\therefore A(m^2) = \frac{350L}{인 \cdot day}\left|\frac{45,000인}{}\right|\frac{m^2 \cdot day}{35m^3}\left|\frac{1m^3}{10^3L}\right|$
$$= 450(m^2)$$

---

29 활성슬러지법에서 폭기조로 유입되는 폐수량이 500 m³/day, SVI 120인 조건에서 혼합액 1L를 30분간 침전했을 때 300mL가 침전(침전 슬러지 용적)되었다면 폭기조의 MLSS 농도(mg/L)는?

① 1,500
② 2,000
③ 2,500
④ 3,000

해설
$$SVI = \frac{SV_{30}(mL/L)}{MLSS(mg/L)} \times 10^3$$
$$MLSS = \frac{SV_{30}}{SVI} \times 10^3 = \frac{300}{120} \times 10^3 = 2,500(mg/L)$$

30 다음의 생물학적 인 및 질소제거 공정 중 질소 제거를 주목적으로 개발한 공법으로 가장 적절한 것은?

① 4단계 Bardenpho 공법
② A²/O 공법
③ A/O 공법
④ Phostrip 공법

31 Jar test에서 Alum 최적 주입률이 40ppm이라면 420m³/hr의 폐수에 필요한 Alum(농도 : 7.5%)의 량은?

① 204L/hr
② 214L/hr
③ 224L/hr
④ 324L/hr

해설
$$\frac{40mg}{L} \left| \frac{X(L)}{hr} \right| \frac{7.5g}{100mL} \left| \frac{10^3mL}{1L} \right| \frac{hr}{420m^3} \left| \frac{1m^3}{10^3L} \right| \frac{10^3mg}{1g}$$
$$\therefore X = 224(L/hr)$$

32 침전지를 설계하고자 한다. 침전시간은 2hr, 표면부하율은 30m³/m² · day이며 폭과 길이의 비는 1 : 5로 하고 폭을 10m로 하였을 때 침전지의 용량은?

① 875m³
② 1,250m³
③ 1,750m³
④ 2,450m³

해설
$$\forall(m^3) = \frac{30m^3}{m^2 \cdot day} \left| \frac{10m \times 50m}{} \right| \frac{2hr}{} \left| \frac{1day}{24hr} \right.$$
$$= 1,250(m^3)$$

33 유입수의 BOD 농도가 270mg/L인 폐수를 폭기시간 8시간, F/M비를 0.4로 처리하고자 한다면 유지되어야 할 MLSS의 농도(mg/L)는?

① 2,025
② 2,525
③ 3,025
④ 3,525

해설
$$F/M = \frac{BOD_i \times Q_i}{\forall \cdot X} = \frac{BOD_i}{X \cdot t}$$
$$0.4/day = \frac{270mg}{L} \left| \frac{L}{8hr} \right| \frac{L}{Xmg} \left| \frac{24hr}{1day} \right.$$
$$\therefore X = 2,025(mg/L)$$

34 구형입자의 침강속도가 Stokes법칙에 따른다고 할 때 직경이 0.5mm이고, 비중이 2.5인 구형입자의 침강속도는?(단, 물의 밀도는 1,000kg/m³이고, 점성계수 μ는 1.002×10^{-3}kg/m · sec라고 가정)

① 0.1m/sec
② 0.2m/sec
③ 0.3m/sec
④ 0.4m/sec

해설
$$V_g = \frac{d_p^{\ 2}(\rho_p - \rho)g}{18\mu}$$
$$V_g(m/sec) = \frac{(0.5 \times 10^{-3})^2(2,500 - 1,000) \times 9.8}{18 \times 1.002 \times 10^{-3}}$$
$$= 0.204(m/sec)$$

35 BOD 1kg 제거에 필요한 산소량은 2kg이다. 공기 1m³에 함유되어 있는 산소량은 0.277kg이라 하고 포기조에서 공기 용해율을 4%(부피기준)라고 하면, BOD 5kg 제거하는 데 필요한 공기량은?

① 약 700m³
② 약 900m³
③ 약 1,100m³
④ 약 1,300m³

해설
$$Air(m^3) = \frac{2kg(O_2)}{1kg(BOD)} \left| \frac{1m^3(Air)}{0.277kg(O_2)} \right| \frac{5kg(BOD)}{} \left| \frac{100}{4} \right.$$
$$= 902.5(m^3)$$

36 RBC(회전원판 접촉법)에 관한 설명으로 옳지 않은 것은?

① 미생물에 대한 산소공급 소요전력이 적다는 장점이 있다.

② RBC시스템에서 재순환이 없고 유지비가 적게 소요된다.

③ RBC조에서 메디아는 전형적으로 약 40%가 물에 잠기도록 한다.

④ 다른 생물학적 공정에 비해 장치의 현장시스템으로의 Scale-up이 용이하다.

37 산화지(Oxidation Pond)를 이용하여 유입량 2,000 m³/day이고, BOD와 SS가 각각 100mg/L인 폐수를 처리하고자 한다. 산화지의 BOD부하율이 2g BOD/m²·day로 할 때 폐수의 체류시간은?(단, 장방형이며 산화지 깊이 : 2m)

① 80day

② 100day

③ 120day

④ 140day

해설 $t = \dfrac{\forall(부피)}{Q(유량)}$

$\forall$: BOD 부하율을 이용하여 구한다.

$\dfrac{2g}{m^2 \cdot day} = \dfrac{100mg}{L} \left| \dfrac{2,000m^3}{day} \right| \dfrac{1}{A(m^2)} \left| \dfrac{10^3L}{1m^3} \right| \dfrac{1g}{10^3mg}$

$A = 100,000(m^2)$

$\forall = 100,000(m^2) \times 2(m) = 200,000(m^3)$

$t = \dfrac{200,000(m^3)}{2,000(m^3/day)} = 100(day)$

38 포기조 내 BOD 용적부하가 $0.5kg-BOD/m^3 \cdot d$일 때 F/M비는?(단, 포기조 MLSS는 2,000mg/L)

① $0.15kg-BOD/kg-MLSS \cdot d$

② $0.20kg-BOD/kg-MLSS \cdot d$

③ $0.25kg-BOD/kg-MLSS \cdot d$

④ $0.30kg-BOD/kg-MLSS \cdot d$

해설 $F/M(day^{-1}) = \dfrac{L_v \times 10^3}{X}$

$\therefore F/M(day^{-1}) = \dfrac{0.5 \times 10^3}{2,000}$

$= 0.25(kg-BOD/kg-MLSS \cdot day)$

39 A폐수는 유량 1,200m³/day, BOD₅ 800mg/L이고, B폐수는 유량 1,900m³/day, BOD₅ 120mg/L이다. 이를 완전히 혼합하여 활성 슬러지법으로 처리하고자 한다. BOD 용적부하가 0.6kg/m³·day이라면 포기조의 용적은?

① 1,980m³

② 2,608m³

③ 3,910m³

④ 4,340m³

해설 $C_m = \dfrac{C_1 Q_1 + C_2 Q_2}{Q_1 + Q_2}$

$= \dfrac{800 \times 1,200 + 120 \times 1,900}{1,200 + 1,900}$

$= 383.225(mg/L)$

$\forall(m^3) = \dfrac{383.225mg}{L} \left| \dfrac{3,100m^3}{day} \right| \dfrac{10^3L}{1m^3} \left| \dfrac{m^3 \cdot day}{0.6kg} \right| \dfrac{1kg}{10^6mg}$

$= 1,980(m^3)$

40 360g의 초산(CH_3COOH)이 35℃로 운전되는 혐기성 소화조에서 완전히 분해될 때 발생되는 CH_4의 양은?(단, 1atm 기준, 소화조 온도를 기준으로 함)

① 약 126L

② 약 134L

③ 약 144L

④ 약 152L

해설 $CH_3COOH \rightarrow CH_4 + CO_2$

$\quad 60(g) \quad : \quad 22.4(S\ L)$

$\quad 360(g) \quad : \quad X(S\ L)$

$X = 134.4(S\ L)$

$X = 134(S\ L) \times \dfrac{273 + 35}{273} = 151.63(L)$

SECTION **03** 수질오염공정시험기준

41 다음 중 직각 3각 웨어로 유량을 산정하는 식으로 옳은 것은?(단, Q : 유량(m³/분), K : 유량계수, h : 웨어의 수두(m), b : 절단의 폭(m))

① $Q = K \cdot h^{3/2}$

② $Q = K \cdot h^{5/2}$

③ $Q = K \cdot b \cdot h^{3/2}$

④ $Q = K \cdot b \cdot h^{5/2}$

42 공장폐수 및 하수유량(관 내의 유량측정방법)을 측정하는 장치 중 공정수(Process Water)에 적용하지 않는 것은?

① 유량측정용 노즐
② 오리피스
③ 벤투리미터
④ 자기식 유량측정기

43 다음은 총대장균군 – 막여과법에 관한 내용이다. ( ) 안에 옳은 내용은?

> 물속에 존재하는 총대장균군을 측정하기 위해 페트리접시에 배지를 올려놓은 다음 배양 후 ( ) 계통의 집락을 계수하는 방법이다.

① 금속성 광택을 띠는 적색이나 진한 적색
② 금속성 광택을 띠는 청색이나 진한 청색
③ 여러 가지 색조를 띠는 적색
④ 여러 가지 색조를 띠는 청색

해설 총대장균군 – 막여과법에 물속에 존재하는 총대장균군을 측정하기 위하여 페트리접시에 배지를 올려놓은 다음 배양 후 금속성 광택을 띠는 적색이나 진한 적색계통의 집락을 계수하는 방법이다.

44 수질오염공정시험기준상 시안 정량을 위해 적용 가능한 시험방법과 가장 거리가 먼 것은?

① 자외선/가시선 분광법
② 이온전극법
③ 이온크로마토그래피
④ 연속흐름법

해설 시안 정량을 위해 적용 가능한 시험방법은 자외선/가시선 분광법, 이온전극법, 연속흐름법이다.

45 감응계수에 관한 내용으로 옳은 것은?

① 감응계수는 검정곡선 작성용 표준용액의 농도(C)에 대한 반응값(R)으로 [감응계수＝(R/C)]로 구한다.
② 감응계수는 검정곡선 작성용 표준용액의 농도(C)에 대한 반응값(R)으로 [감응계수＝(C/R)]로 구한다.
③ 감응계수는 검정곡선 작성용 표준용액의 농도(C)에 대한 반응값(R)으로 [감응계수＝(CR－1)]로 구한다.
④ 감응계수는 검정곡선 작성용 표준용액의 농도(C)에 대한 반응값(R)으로 [감응계수＝(CR＋1)]로 구한다.

해설 감응계수는 검정곡선 작성용 표준용액의 농도(C)에 대한 반응값(R ; Response)으로 다음과 같이 구한다.

$$감응계수 = \frac{R}{C}$$

46 보존방법이 나머지와 다른 측정 항목은?

① 부유물질
② 전기전도도
③ 아질산성질소
④ 잔류염소

해설 잔류염소는 즉시 분석해야 하며, 나머지는 4℃ 보관이다.

47 다음은 비소를 자외선/가시선 분광법으로 측정하는 방법이다. ( ) 안에 옳은 내용은?

> 물속에 존재하는 비소를 측정하는 방법으로 3가 비소로 환원시킨 다음 아연을 넣어 발생되는 수소화비소를 다이에틸다이티오카바민산은의 피리딘 용액에 흡수시켜 생성된 ( )에서 흡광도를 측정한다.

① 적색 착화합물을 460nm
② 적자색 착화합물 530nm
③ 청색 착화합물 620nm
④ 황갈색 착화합물 650m

해설 물속에 존재하는 비소를 측정하는 방법으로, 3가 비소로 환원시킨 다음 아연을 넣어 발생되는 수소화비소를 다이에틸다이티오카바민산은(Ag－DDTC)의 피리딘 용액에 흡수시켜 생성된 적자색 착화합물을 530nm에서 흡광도를 측정하는 방법이다.

48 자외선/가시선 분광법(부루신법)으로 질산성 질소를 측정할 때 정량한계는?

① 0.01mg   ② 0.05mg
③ 0.1mg   ④ 0.5mg

해설 자외선/가시선 분광법(부루신법)으로 질산성 질소를 측정할 때 정량한계는 0.1mg이다.

49 총칙 중 용어의 정의로 옳지 않은 것은?

① "감압"이라 함은 따로 규정이 없는 한 15mmHg 이하를 뜻한다.
② "기밀용기"라 함은 취급 또는 저장하는 동안에 기체 또는 미생물이 침입하지 않도록 내용물을 보호하는 용기를 말한다.
③ "약"이라 함은 기재된 양에 대하여 ±10% 이상의 차가 있어서는 안 된다.
④ 시험조작 중 "즉시"란 30초 이내에 표시된 조작을 하는 것을 말한다.

해설 '기밀용기'라 함은 취급 또는 저장하는 동안에 밖으로부터의 공기, 다른 가스가 침입하지 아니하도록 내용물을 보호하는 용기를 말한다.

50 시료채취량 기준에 관한 내용으로 옳은 것은?

① 시험항목 및 시험횟수에 따라 차이가 있으나 보통 1~2L 정도이어야 한다.
② 시험항목 및 시험횟수에 따라 차이가 있으나 보통 3~5L 정도이어야 한다.
③ 시험항목 및 시험횟수에 따라 차이가 있으나 보통 5~7L 정도이어야 한다.
④ 시험항목 및 시험횟수에 따라 차이가 있으나 보통 8~10L 정도이어야 한다.

해설 시료채취량은 시험항목 및 시험횟수에 따라 차이가 있으나 보통 3~5L 정도이어야 한다.

51 자외선/가시선 분광법에 의한 철의 정량에 필요하지 않은 시약은?

① 티오황산나트륨
② 암모니아수

③ 아세트산암모늄
④ 염산하이드록실아민

해설 자외선/가시선 분광법에 의한 철의 정량시 티오황산나트륨은 필요하지 않다.

52 수소이온 농도를 기준전극과 비교전극으로 구성된 pH측정기로 측정할 때 간섭물질에 대한 설명으로 옳지 않은 것은?

① pH 10 이상에서 나트륨에 의해 오차가 발생할 수 있는데 이는 "낮은 나트륨 오차 전극"을 사용하여 줄일 수 있다.
② pH는 온도변화에 따라 영향을 받는다.
③ 기름층이나 작은 입자상이 전극을 피복하여 pH 측정을 방해할 수 있다.
④ 유리전극은 산화 및 환원성 물질, 염도에 의해 간섭을 받는다.

해설 일반적으로 유리전극은 용액의 색도, 탁도, 콜로이드성 물질들, 산화 및 환원성 물질들 그리고 염도에 의해 간섭을 받지 않는다.

53 냄새 측정 시 시료에 잔류염소가 존재하는 경우 조치 내용으로 옳은 것은?

① 티오황산나트륨 용액을 첨가하여 잔류염소를 제거
② 아세트산암모늄 용액을 첨가하여 잔류염소를 제거
③ 과망간산칼륨 용액을 첨가하여 잔류염소를 제거
④ 황산 분말을 첨가하여 잔류염소를 제거

해설 잔류염소가 존재하면 티오황산나트륨 용액을 첨가하여 잔류염소를 제거한다.

54 다음은 공장폐수 및 하수유량측정방법 중 최대유량이 $1m^3/min$ 미만인 경우의 용기 사용에 관한 설명이다. ( ) 안에 옳은 내용은?

> 용기는 용량 100~200L인 것을 사용하여 유수를 채우는 데에 요하는 시간을 스톱워치로 잰다. 용기에 물을 받아 넣는 시간을 ( ) 되도록 용량을 결정한다.

① 10초 이상   ② 20초 이상
③ 30초 이상   ④ 40초 이상

해설 용기는 용량 100~200L인 것을 사용하여 유수를 채우는 데에 요하는 시간을 스톱워치(stop watch)로 잰다. 용기에 물을 받아 넣는 시간을 20sec 이상이 되도록 용량을 결정한다.

55 총칙 중 온도표시에 관한 설명으로 옳지 않은 것은?

   ① 찬 곳은 따로 규정이 없는 한 0~15℃의 곳을 뜻한다.

   ② 냉수는 15℃ 이하를 말한다.

   ③ 온수는 60~70℃를 말한다.

   ④ 시험은 따로 규정이 없는 한 실온에서 조작한다.

해설 시험은 따로 규정이 없는 한 상온에서 조작하고 조작 직후에 그 결과를 관찰한다. 단, 온도의 영향이 있는 것의 판정은 표준온도를 기준으로 한다.

56 냄새항목을 측정하기 위한 시료의 최대보존기간 기준은?

   ① 2시간　　　　② 4시간

   ③ 6시간　　　　④ 8시간

해설 냄새항목을 측정하기 위한 시료의 최대보존기간은 6시간이다.

57 현장에서 측정하여야 하는 수온의 측정 기준으로 옳은 것은?

   ① 30분 이상 간격으로 2회 이상 측정한 후 산술평균

   ② 30분 이상 간격으로 4회 이상 측정한 후 산술평균

   ③ 1분 이상 간격으로 2회 이상 측정한 후 산술평균

   ④ 1분 이상 간격으로 4회 이상 측정한 후 산술평균

해설 수소이온농도(pH), 수온 등 현장에서 즉시 측정하여야 하는 항목인 경우에는 30분 이상 간격으로 2회 이상 측정한 후 산술평균하여 측정값을 산출한다.

58 적외선/가시선 분광법에서 흡광도 값이 1이란 무엇을 의미하는가?

   ① 입사광의 1%의 빛이 액층에 의해 흡수된다.

   ② 입사광의 10%의 빛이 액층에 의해 흡수된다.

   ③ 입사광의 90%의 빛이 액층에 의해 흡수된다.

   ④ 입사광의 100%의 빛이 액층에 의해 흡수된다.

해설 흡광도는 투과도의 역수의 상용대수 값이다. $\left(A = \log \dfrac{1}{t} \right)$

59 유기물 함량이 비교적 높지 않고 금속의 수산화물, 산화물, 인산염 및 황화물을 함유하고 있는 시료에 적용되며 휘발성 또는 난용성 염화물을 생성하는 금속 물질의 분석에는 주의하여야 하는 시료의 전처리 방법(산분해법)으로 가장 적절한 것은?

   ① 질산 – 염산법

   ② 질산 – 황산법

   ③ 질산 – 과염소산법

   ④ 질산 – 불화수소산법

60 수질오염공정시험기준상 불소화합물을 측정하기 위한 시험방법과 가장 거리가 먼 것은?

   ① 원자흡수분광광도법

   ② 이온크로마토그래피

   ③ 이온전극법

   ④ 자외선/가시선 분광법

해설 불소화합물의 분석방법에는 자외선/가시선 분광법, 이온전극법, 이온크로마토그래피이 있다.

SECTION 04　수질환경관계법규

61 수질오염경보의 종류별 경보단계 및 그 단계별 발령 해제기준 관련 사항으로 옳지 않은 것은?

   ① 측정소별 측정항목과 측정항목별 경보기준 등 수질오염 감시경보에 관하여 필요한 사항은 환경부장관이 고시한다.

   ② 용존산소, 전기전도도, 총유기탄소 항목이 경보기준을 초과하는 것은 그 기준초과 상태가 30분 이상 지속되는 경우를 말한다.

   ③ 수소이온농도 항목이 경보기준을 초과하는 것은 4 이하 또는 10 이상이 30분 이상 지속되는 경우를 말한다.

④ 생물감시장비 중 물벼룩감시장비가 경보기준을 초과하는 것은 양쪽 모든 시험조작에서 30분 이상 지속되는 경우를 말한다.

해설 수소이온농도 항목이 경보기준을 초과하는 것은 5 이하 또는 11 이상이 30분 이상 지속되는 경우를 말한다.

62 수질오염방지시설 중 물리적 처리시설은?
① 응집시설
② 흡착시설
③ 침전물개량시설
④ 안정조

63 폐수처리업자는 폐수의 처리능력과 처리가능성을 고려하여 수탁하여야 한다. 이 준수사항을 지키지 아니한 폐수처리업자에 대한 벌칙 기준은?
① 100만 원 이하의 벌금
② 200만 원 이하의 벌금
③ 300만 원 이하의 벌금
④ 500만 원 이하의 벌금

64 환경부장관이 설치, 운영하는 측정망의 종류와 가장 거리가 먼 것은?
① 기타오염원에서 배출되는 오염물질 측정망
② 공공수역 유해물질 측정망
③ 퇴적물 측정망
④ 생물 측정망

해설 환경부장관이 설치·운영하는 측정망의 종류
㉠ 비점오염원에서 배출되는 비점오염물질 측정망
㉡ 오염총량목표수질 측정망
㉢ 대규모 오염원의 하류지점 측정망
㉣ 수질오염경보를 위한 측정망
㉤ 대권역·중권역을 관리하기 위한 측정망
㉥ 공공수역 유해물질 측정망
㉦ 퇴적물 측정망
㉧ 생물 측정망

65 오염총량초과 부과금의 징수유예, 분할납부 및 징수 절차에 관한 내용으로 옳지 않은 것은?(단, 예외적 사항은 고려하지 않음)
① 징수유예의 기간은 유예한 날의 다음 날부터 1년 이내로 한다.
② 징수유예기간 중의 분할납부 횟수는 6회 이내로 한다.
③ 사업에 뚜렷한 손실을 입어 사업에 중대한 위기에 처한 경우에 오염총량초과 부과금의 징수유예 또는 분할납부를 신청할 수 있다.
④ 오염총량초과 부과금의 부과징수, 환급, 징수유예 및 분할납부에 관하여 필요한 사항은 대통령령으로 정한다.

해설 오염총량초과부과금의 부과·징수·환급, 징수유예 및 분할납부에 관하여 필요한 사항은 환경부령으로 정한다.

66 폐수처리업에 종사하는 기술요원 또는 환경기술인을 고용한 자는 환경부령이 정하는 바에 의하여 그 해당자에 대하여 환경부장관 또는 시도지사가 실시하는 교육을 받게 하여야 한다. 이 규정을 위반하여 환경기술인 등의 교육을 받게 하지 아니한 자에 대한 과태료 처분기준은?
① 100만 원 이하의 과태료
② 200만 원 이하의 과태료
③ 300만 원 이하의 과태료
④ 500만 원 이하의 과태료

67 시·도지사가 희석하여야만 오염물질의 처리가 가능하다고 인정할 수 있는 경우와 가장 거리가 먼 것은?
① 폐수의 염분 농도가 높아 원래의 상태로는 생물화학적 처리가 어려운 경우
② 폐수의 유기물 농도가 높아 원래의 상태로는 생물화학적 처리가 어려운 경우
③ 폐수의 중금속 농도가 높아 원래의 상태로는 화학적 처리가 어려운 경우
④ 폭발의 위험 등이 있어 원래의 상태로는 화학적 처리가 어려운 경우

해설 시·도지사가 희석하여야만 오염물질의 처리가 가능하다고 인정할 수 있는 경우
ㄱ 폐수의 염분이나 유기물의 농도가 높아 원래의 상태로는 생물화학적 처리가 어려운 경우
ㄴ 폭발의 위험 등이 있어 원래의 상태로는 화학적 처리가 어려운 경우

68 다음은 폐수무방류배출시설의 세부 설치기준에 관한 내용이다. ( ) 안에 들어갈 내용으로 옳은 것은?

> 특별대책지역에 설치되는 폐수무방류배출시설의 경우 1일 24시간 연속하여 가동되는 것이면 배출 폐수를 전량 처리할 수 있는 예비 방지시설을 설치하여야 하고 1일 최대 폐수발생량이 ( ) 이상이면 배출 폐수의 무방류여부를 실시간으로 확인할 수 있는 원격유량감시장치를 설치하여야 한다.

① 100세제곱미터   ② 200세제곱미터
③ 300세제곱미터   ④ 500세제곱미터

69 비점오염원의 변경신고 기준으로 옳은 것은?

① 총 사업면적, 개발면적 또는 사업장 부지면적이 처음 신고면적의 100분의 15 이상 증가하는 경우
② 총 사업면적, 개발면적 또는 사업장 부지면적이 처음 신고면적의 100분의 20 이상 증가하는 경우
③ 총 사업면적, 개발면적 또는 사업장 부지면적이 처음 신고면적의 100분의 30 이상 증가하는 경우
④ 총 사업면적, 개발면적 또는 사업장 부지면적이 처음 신고면적의 100분의 50 이상 증가하는 경우

해설 비점오염원의 변경신고
ㄱ 상호·대표자·사업명 또는 업종의 변경
ㄴ 총 사업면적·개발면적 또는 사업장 부지면적이 처음 신고면적의 100분의 15 이상 증가하는 경우
ㄷ 비점오염저감시설의 종류, 위치, 용량이 변경되는 경우
ㄹ 비점오염원 또는 비점오염저감시설의 전부 또는 일부를 폐쇄하는 경우

70 환경부장관이 비점오염관리지역을 지정, 고시한 때에 관계중앙행정기관의 장 및 시·도지사와 협의하여 수립하여야 하는 비점오염원관리대책에 포함되어야 할 사항과 가장 거리가 먼 것은?

① 관리대상 수질오염물질의 종류 및 발생량
② 관리대상 수질오염물질의 관리지역 영향평가
③ 관리대상 수질오염물질의 발생 예방 및 저감방안
④ 관리목표

해설 ㄱ 관리목표
ㄴ 관리대상 수질오염물질의 종류 및 발생량
ㄷ 관리대상 수질오염물질의 발생 예방 및 저감방안
ㄹ 그 밖에 관리지역의 적정한 관리를 위하여 환경부령이 정하는 사항

71 수질 및 수생태계 정책심의위원회에 관한 설명으로 옳지 않은 것은?

① 수질 및 수생태계와 관련된 측정, 조사에 관한 사항을 심의한다.
② 위원회의 운영 등에 관하여 필요한 사항은 환경부령으로 정한다.
③ 위원회 위원장은 환경부장관으로 한다.
④ 위원회는 위원장과 부위원장 각 1인을 포함한 20인 이내의 위원으로 구성한다.

해설 다음의 사항을 심의하기 위하여 환경부장관 소속으로 수질 및 수생태계 정책심의위원회를 둔다.
ㄱ 수질 및 수생태계 보전을 위한 장·단기 정책방향에 관한 사항
ㄴ 수질 및 수생태계 관리체계에 관한 사항
ㄷ 수계·호소 등의 관리 우선순위 및 관리대책에 관한 사항
ㄹ 공공시설의 투자 우선순위에 관한 사항
ㅁ 수질 및 수생태계와 관련된 측정·조사에 관한 사항
ㅂ 정책의 추진상황 점검 및 성과의 평가에 관한 사항
ㅅ 그 밖에 수질 및 수생태계 보전정책에 관한 사항으로서 대통령령으로 정하는 사항

72 사업장의 규모별 구분에 관한 설명으로 옳지 않은 것은?

① 1일 폐수배출량이 400m³인 사업장은 제3종 사업장이다.
② 1일 폐수배출량이 800m³인 사업장은 제2종 사업장이다.
③ 사업장의 규모별 구분은 1년 중 가장 많이 배출한 날을 기준으로 정한다.
④ 최초 배출시설 설치 허가시의 폐수배출량은 사업계획에 따른 예상 폐수배출량을 기준으로 한다.

해설 최초 배출시설 설치 허가시의 폐수배출량은 사업계획에 따른 예상용수사용량을 기준으로 산정한다.

73 환경부장관이 공공수역을 관리하는 자에게 수질 및 수생태계의 보전을 위해 필요한 조치를 권고하려는 경우 포함되어야 할 사항과 가장 거리가 먼 것은?

① 수질 및 수생태계를 보전하기 위한 목표에 관한 사항

② 수질 및 수생태계에 미치는 중대한 위해에 관한 사항

③ 수질 및 수생태계를 보전하기 위한 구체적인 방법

④ 수질 및 수생태계의 보전에 필요한 재원의 마련에 관한 사항

해설 환경부장관이 비점오염원저감계획의 이행을 명령할 경우 비점오염원저감계획의 이행에 필요하다고 고려하여 정하는 기간 범위 기준
㉠ 비점오염저감계획 이행(시설 설치 · 개선의 경우는 제외한다)의 경우 : 2개월
㉡ 시설 설치의 경우 : 1년
㉢ 시설 개선의 경우 : 6개월
㉣ 연장기간 : 6개월

74 환경부장관이 비점오염원저감계획의 이행을 명령할 경우 비점오염원저감계획의 이행에 필요하다고 고려하여 정하는 기간 범위 기준은?(단, 시설설치, 개선의 경우는 제외함)

① 1개월   ② 2개월

③ 3개월   ④ 6개월

해설 오염총량관리기본방침에 포함되어야 하는 사항
㉠ 오염총량관리의 목표
㉡ 오염총량관리의 대상 수질오염물질 종류
㉢ 오염원의 조사 및 오염부하량 산정방법
㉣ 오염총량관리기본계획의 주체, 내용, 방법 및 시한
㉤ 오염총량관리시행계획의 내용 및 방법

75 오염총량관리기본방침에 포함되어야 할 사항과 가장 거리가 먼 것은?

① 오염초량관리의 목표

② 오염총량관리 대상지역

③ 오염총량관리의 대상 수질오염물질 종류

④ 오염원의 조사 및 오염부하량 산정방법

76 환경부장관이 수질 및 수생태계를 보전할 필요가 있는 호소라고 지정, 고시하고 정기적으로 수질 수생태계를 조사, 측정하여야 하는 호소 기준으로 옳지 않은 것은?

① 1일 30만 톤 이상의 원수를 취수하는 호소

② 1일 50만 톤 이상이 공공수역으로 배출되는 호소

③ 동식물의 서식지, 도래지이거나 생물다양성이 풍부하여 특별히 보전할 필요가 있다고 인정되는 호소

④ 수질오염이 심하여 특별한 관리가 필요하다고 인정되는 호소

해설 환경부장관이 수질 및 수생태계를 보전할 필요가 있는 호소라고 지정, 고시하고 정기적으로 수질 수생태계를 조사, 측정하여야 하는 호소 기준
㉠ 1일 30만 톤 이상의 원수(原水)를 취수하는 호소
㉡ 동식물의 서식지 · 도래지이거나 생물다양성이 풍부하여 특별히 보전할 필요가 있다고 인정되는 호소
㉢ 수질오염이 심하여 특별한 관리가 필요하다고 인정되는 호소

77 사업장별 환경기술인의 자격기준에 관한 내용으로 옳지 않은 것은?

① 제1종 또는 2종 사업장 중 연간 실제 작업한 날만을 계산하여 1일 평균 17시간 이상 작업하는 경우 그 사업장은 환경기술인을 각각 2명 이상 두어야 한다.

② 공동방지시설의 경우에는 폐수배출량이 제4종 또는 제5종 사업장의 규모에 해당하면 제3종 사업장에 해당하는 환경기술인들 두어야 한다.

③ 방지시설 설치 면제 대상인 사업장과 배출시설에서 배출되는 수질오염물질 등을 공동방지시설에서 처리하게 하는 사업장은 제4종 사업장, 제5종 사업장에 해당하는 기술인을 둘 수 있다.

④ 연간 90일 미만을 조업하는 제1종부터 제3종까지의 사업장은 제4종 사업장, 제5종 사업장에 해당하는 환경기술인을 선임할 수 있다.

해설 제1종 또는 제2종 사업장 중 1개월간 실제 작업한 날만을 계산하여 1일 평균 17시간 이상 작업하는 경우 그 사업장은 환경기술인을 각각 2명 이상 두어야 한다. 이 경우 각각 1명을 제외한 나머지 인원은 제3종 사업장에 해당하는 환경기술인으로 대체할 수 있다.

78 1일 기준초과배출량 및 일일유량 산정 방법에서 1일 조업시간에 관한 내용으로 옳은 것은?

> • 1일 기준초과배출량＝1일 유량×배출허용기준 초과 농도×10^{-6}
> • 1일 유량＝측정유량×1일 조업시간

① 측정하기 전 최근 조업한 30일간의 배출시설 조업시간의 평균치로서 시간(hr)으로 표시한다.
② 측정하기 전 최근 조업한 30일간의 배출시설 조업시간의 최대치로서 시간(hr)으로 표시한다.
③ 측정하기 전 최근 조업한 30일간의 배출시설 조업시간의 평균치로서 분(min)으로 표시한다.
④ 측정하기 전 최근 조업한 30일간의 배출시설 조업시간의 최대치로서 분(min)으로 표시한다.

해설 일일조업시간은 측정하기 전 최근 조업한 30일간의 오수 및 폐수 배출시설의 조업시간 평균치로서 분으로 표시한다.

79 수질 및 수생태계 환경기준으로 하천에서 사람의 건강보호기준이 다른 수질오염물질은?

① 납
② 수은
③ 비소
④ 6가크롬

해설 수은은 검출되어서는 안 되며 납, 비소, 6가크롬의 기준값은 0.05 이하이다.

80 오염총량관리기본계획에 포함되어야 할 사항과 가장 거리가 먼 것은?

① 당해 지역 개발계획의 내용
② 당해 지역 목표기준 설정 및 평가방법
③ 관할 지역에서 배출되는 오염부하량의 총량 및 저감계획
④ 당해 지역 개발계획으로 인하여 추가로 배출되는 오염부하량 및 그 저감계획

해설 오염총량관리기본계획 수립시 포함하여야 하는 사항
㉠ 당해 지역 개발계획의 내용
㉡ 지방자치단체별·수계구간별 오염부하량(汚染負荷量)의 할당
㉢ 관할 지역에서 배출되는 오염부하량의 총량 및 저감계획
㉣ 당해 지역 개발계획으로 인하여 추가로 배출되는 오염부하량 및 그 저감계획

SECTION 01 수질오염개론

01 물의 특성으로 옳지 않은 것은?

① 물의 표면장력은 온도가 상승할수록 감소한다.

② 물은 4℃에서 밀도가 가장 크다.

③ 물의 여러 가지 특성은 물의 수소결합 때문에 나타난다.

④ 융해열과 기화열이 작아 생명체의 열적 안정을 유지할 수 있다.

해설 물은 융해열과 기화열이 크기 때문에 생명체의 열적 안정을 유지할 수 있다.

02 수(水) 중의 DO 농도 증감의 요인인 산소 용해율에 관한 내용으로 옳지 않은 것은?

① 압력이 높을수록 산소용해율이 높다.

② 물의 흐름이 난류일 때 산소용해율이 높다.

③ 염(분)의 농도가 높을수록 산소용해율은 감소한다.

④ 수온이 낮을수록 산소용해율은 감소한다.

해설 수온이 낮을수록 산소용해율은 증가한다.

$$C_m = \frac{Q_1 C_1 + Q_2 C_2}{Q_1 + Q_2}$$

$$3(mg/L) = \frac{20,000 \times 2 + 400 \times C_2}{20,000 + 400} \rightarrow \therefore C_2 = 53(mg/L)$$

$$\eta = \left(1 - \frac{C_o}{C_i}\right) \times 100 = \left(1 - \frac{53}{400}\right) \times 100 = 86.75(\%)$$

03 BOD 400mg/L를 함유한 공장폐수 400m³/day를 처리하여 하천에 방류하고 있다. 유량이 20,000 m²/day이고 BOD 2mg/L인 하천에 방류한 후 곧 완전 혼합된 때의 BOD 농도가 3mg/L라면 이 공장폐수의 BOD 제거율은 몇 %인가?(단, 하천의 다른 오염 물질 유입은 없다고 가정함)

① 82.3 ② 84.6

③ 86.8 ④ 89.6

04 pH = 6.0인 용액의 산도의 8배를 가진 용액의 pH는?

① 5.1 ② 5.3

③ 5.4 ④ 5.6

해설 $pH = -\log(10^{-6} \times 8) = 5.1$

05 최종 BOD(BOD$_u$)가 500mg/L이고, 소모 BOD$_5$가 400mg/L일 때 탈산소 계수(Base = 상용대수)는?

① 0.12/day ② 0.14/day

③ 0.16/day ④ 0.18/day

해설
$$BOD_t = BOD_u \times (1 - 10^{-K_1 \cdot t})$$

$$400 = 500 \times (1 - 10^{-K_1 \cdot t})$$

$$\therefore K_1 = \frac{\log\left(1 - \frac{400}{500}\right)}{-5} = 0.1397(day^{-1})$$

06 25℃, AgCl의 물에 대한 용해도가 1.0×10^{-4}M이라면 AgCl에 대한 K$_{sp}$(용해도적)는?

① 1.0×10^{-6}

② 2.0×10^{-6}

③ 1.0×10^{-8}

④ 2.0×10^{-8}

해설
$$AgCl \rightleftharpoons Ag^+ + Cl^-$$

$$L_m(mol/L) = \sqrt{K_{sp}}$$

$$K_{sp} = (1.0 \times 10^{-4})^2 = 1.0 \times 10^{-8}$$

07 다음은 카드뮴에 관한 설명이다. (   ) 안에 옳은 내용은?

> 카드뮴은 화학적으로 (   )와(과) 유사한 특징을 가진 금속으로 천연에 있어서 카드뮴은 (   )광석과 같이 존재하는 것이 일반적이다.

① 아연 ② 망간

③ 주석 ④ 마그네슘

08 해양으로 유출된 유류를 제어하는 방법과 가장 거리가 먼 것은?

① 계면활성제를 살포하여 기름을 분산시키는 것
② 인공 포기로 기름 입자를 증산시키는 것
③ 오엘펜스를 띄워 기름은 확산을 차단하는 것
④ 미생물을 이용하여 기름을 생화학적으로 분해하는 것

해설 해양으로 유출된 유류를 제어하는 방법
㉠ 유분산제 살포
㉡ 오일 펜스
㉢ 유류 흡착장치
㉣ 직접 방제작업
㉤ 연소(항구 내에서는 사용불가)
㉥ Glass Wool로 흡착
㉦ 미생물을 이용하여 기름을 생화학적으로 분해

09 미생물 세포를 $C_5H_7O_2N$이라고 하면 세포 5kg당의 이론적인 공기소모량은?(단, 완전산화 기준이며 분해 최종 산물은 CO_2, H_2O, NH_3, 공기 중 산소는 23%(W/W)로 가정한다.)

① 약 27kg · air
② 약 31kg · air
③ 약 42kg · air
④ 약 48kg · air

해설 $C_5H_7O_2N + 5O_2 \rightarrow 5CO_2 + 2H_2O + NH_3$
  113g : 5×32g
  5kg : X
$X_1 = 7.0796$(kg)
$\therefore X = \dfrac{7.08\text{kg} \cdot O_2}{} \left| \dfrac{100 \cdot \text{air}}{23 \cdot O_2} = 30.78(\text{kg} \cdot \text{air})\right.$

10 어느 하천 주변에 돼지를 사육하려고 한다. 하천의 유량은 $100,000\text{m}^3$/day이며 BOD는 1.5mg/L이다. 이 하천의 수질을 BOD 4.5mg/L로 보호하면서 돼지는 최대 몇 마리까지 사육할 수 있는가?(단, 돼지 한 마리당 2kg BOD/day을 발생시키며 발생 폐수량은 무시함)

① 50마리
② 100마리
③ 150마리
④ 200마리

해설 $Q_m = \dfrac{Q_1 C_1 + Q_2 C_2}{Q_1 + Q_2}$

$4.5 = \dfrac{(100,000 \times 1.5) + Q_2 C_2}{100,000 + 0}$

$Q_2 C_2 = 300,000(\text{mg} \cdot \text{m}^3/\text{L} \cdot \text{day})$

$\therefore X(\text{마리}) = \dfrac{300,000\text{mg} \cdot \text{m}^3}{\text{L} \cdot \text{day}} \left| \dfrac{\text{day} \cdot \text{마리}}{2\text{kg} \cdot \text{BOD}} \right.$
$\left. \dfrac{1\text{kg}}{10^6 \text{mg}} \right| \dfrac{10^3 \text{L}}{1\text{m}^3}$
$= 150(\text{마리})$

11 어떤 오염물질의 반응 초기 농도가 200mg/L에서 2시간 후에 40mg/L로 감소되었다. 이 반응이 1차 반응이라고 한다면 4시간 후 오염물질의 농도(mg/L)는?

① 6
② 8
③ 10
④ 12

해설 $\ln \dfrac{C_t}{C_o} = -K \cdot t$

$\ln \dfrac{40}{200} = -K \times 2$

$K = 0.8047(\text{hr}^{-1})$

$\therefore \ln \dfrac{C_t}{200} = \dfrac{-0.8047}{\text{hr}} \left| \dfrac{4\text{hr}}{}\right.$

$C_t = 200 \times e^{-0.8047 \times 4} = 8.0(\text{mg/L})$

12 어떤 공장에서 phenol 500kg이 매일 폐수에 섞여 배출된다. 1g의 phenol이 1.7g의 BOD_5에 해당된다고 할 때, 인구당 양은?(단, 1인 1일당 BOD_5는 50g 기준)

① 15,000명
② 16,000명
③ 17,000명
④ 18,000명

해설 $\text{인} = \dfrac{500\text{kg} \cdot \text{페놀}}{\text{day}} \left| \dfrac{1.7\text{g} \cdot \text{BOD}}{1\text{g} \cdot \text{페놀}} \right| \dfrac{\text{인} \cdot \text{day}}{50\text{g} \cdot \text{BOD}} \left| \dfrac{10^3 \text{g}}{1\text{kg}}\right.$
$= 17,000(\text{인})$

13 호소의 성층현상에 관한 설명으로 옳지 않은 것은?

① 호소의 정체층이 수심에 따라 3개의 층, 즉 표층부, 변환부, 심층부로 분리되는 현상이 성층현상이다.

② 겨울이 여름보다 수심에 따른 수온차가 더 커져
호소는 더욱 안정된 성층현상이 일어난다.

③ 수표면의 온도가 4℃인 이른 봄과 늦은 가을에 수
직적으로 전도현상이 일어난다.

④ 계절의 변하에 따라 수온차에 의한 밀도차로 수층
이 형성된다.

> **해설** 여름이 겨울보다 수심에 따른 수온차가 더 커져 호소는 더욱 안정된 성층현상이 일어난다.

---

14 페놀(C_6H_5OH) 100mg/L의 이론적인 COD(mg/L)는?

① 약 240   ② 약 280

③ 약 320   ④ 약 360

> **해설**
> C_6H_5OH $+ 7O_2 \rightleftarrows 6CO_2 + 3H_2O$
> 94(g)   : 7×32(g)
> 100(mg/L) : X
> ∴ X = 238.298(mg/L)

---

15 해수의 특성에 대한 내용 중 옳지 않은 것은?

① 해수에서의 질소분포 형태는 $NO_2^- - N$, NO_3^-
$-N$ 형태로 65% 정도 존재한다.

② 해수의 pH는 8.2로 약칼리성이다.

③ 일출 시 생물의 탄소동화작용으로 해수 표면의
CO_2 농도가 급증한다.

④ 해수의 밀도는 $1.02 \sim 1.07 g/cm^3$ 범위로써 수
온, 염분, 수압의 함수이다.

---

16 유량이 $1.2m^3/s$, BOD_5가 2.0mg/L, DO가 9.2mg/L
인 하천에 유량 $0.6m^3/s$, BOD_5가 30mg/L, DO가
3.0mg/L인 하수가 유입되고 있다. 하천의 평균유수
단면적이 $8.1m^2$이면 하류 48km 지점의 용존산소
부족량은?(단, 수온은 20℃ [포화 DO 9.2mg/L],
혼합수의 $K_1 = 0.1$/day, $K_2 = 0.2$/day, 사용대수
기준)

① 4.7mg/L   ② 5.2mg/L

③ 5.6mg/L   ④ 6.1mg/L

> **해설**
> $$D_t = \frac{K_1 \cdot L_o}{K_2 - K_1}(10^{-K_1 \cdot t} - 10^{-K_2 \cdot t}) + D_o \cdot 10^{-K_2 \cdot t}$$
>
> ㉠ 혼합 $BOD_5 = \dfrac{(1.2 \times 2.0) + (0.6 \times 30)}{1.2 + 0.6} = 11.33$(mg/L)
>
> ㉡ $11.33 = BOD_u \times (1 - 10^{-0.1 \times 5})$
> $L_o(BOD_u) = 16.57$(mg/L)
>
> ㉢ 혼합 $DO = \dfrac{(1.2 \times 9.2) + (0.6 \times 3)}{1.2 + 0.6} = 7.13$(mg/L)
> 혼합지점의 DO 부족량 $= (9.2 - 7.13) = 2.07$(mg/L)
>
> ㉣ 유하시간(t)
> $$t = \frac{\forall}{Q} = \frac{8.1m^2 \times 48km}{} \left|\frac{sec}{1.8m^3}\right| \left|\frac{10^3 m}{1km}\right| \left|\frac{1day}{86,400sec}\right|$$
> $= 2.5$(day)
> $$\therefore D_t = \frac{(0.1 \times 16.57)}{(0.2 - 0.1)} \times (10^{-0.1 \times 2.5} - 10^{-0.2 \times 2.5})$$
> $$+ 2.07 \times 10^{-0.2 \times 2.5} = 4.73$$(mg/L)

---

17 다음이 설명하는 법칙은?

> 여러 물질이 혼합된 용액에서 어느 물질의 증기압(분
> 압) P_i는 혼합액에서 그 물질의 몰 분율(X_i)에 순수한
> 상태에서 그 물질의 증기압(P_o)을 곱한 것과 같다.

① Henry's law

② Dalton's law

③ Graham's law

④ Raoult's law

---

18 소수성 콜로이드에 관한 설명으로 옳지 않은 것은?

① Suspension 상태이다.

② 염에 매우 민감하다.

③ 물과 반발하는 성질을 가지고 있다.

④ 틴달효과가 약하거나 거의 없다.

> **해설** 소수성 콜로이드는 틴달효과가 크다.

---

19 해수의 온도와 염분의 농도에 의한 밀도차에 의해 형
성되는 해류는?

① 조류   ② 쓰나미

③ 상승류   ④ 심해류

---

20 염기에 관한 내용으로 옳지 않은 것은?

① 염기 수용액은 미끈미끈하다.
② 전자쌍을 받는 화학종이다.
③ 양성자를 받는 분자나 이온이다.
④ 수용액에서 수산화이온을 내어놓는 것이다.

SECTION 02 수질오염방지기술

21 폐수량이 $1,000\text{m}^3$/일 때, BOD $2,000\text{mg/L}$에서 BOD부하량을 400kg/day까지 감소시키려고 한다면 BOD 제거율은 얼마여야 하는가?

① 75%   ② 80%
③ 85%   ④ 90%

해설 BOD 제거율$(\eta) = \left(1 - \dfrac{400}{2,000}\right) \times 100 = 80(\%)$

$X(\text{kg/day}) = \dfrac{1,000\text{m}^3}{\text{day}} \left| \dfrac{2,000\text{mg}}{\text{L}} \right| \dfrac{10^3\text{L}}{1\text{m}^3} \left| \dfrac{1\text{kg}}{10^6\text{mg}} \right.$

$\qquad\qquad\quad = 2,000(\text{kg/day})$

22 역삼투법으로 하루에 300m^3의 3차 처리 유출수를 탈염하기 위해 소요되는 막의 면적은?

- 물질전달계수 : $0.207\text{L/(d} \cdot \text{m}^2)$ (kPa)
- 유입, 유출수의 사이의 압력차 : 2,500(kPa)
- 유입, 유출수의 삼투압차 : 410(kPa)

① 324m^2 ② 438m^2
③ 541m^2 ④ 694m^2

해설 $Q_F = K(\Delta P - \Delta\pi)$

$\dfrac{300\text{m}^3}{\text{day}} \left| \dfrac{1}{A(\text{m}^2)} \right. = \dfrac{0.207\text{L}}{\text{m}^2 \cdot \text{day} \cdot \text{kPa}}$

$\qquad\qquad\qquad \left| \dfrac{(2,500-410)\text{kPa}}{1} \right| \dfrac{1\text{m}^3}{10^3\text{L}}$

$\therefore A = 693.43(\text{m}^2)$

23 잉여 슬러지량이 15m^3/day이고, 부피가 300m^3, [폭기조 MLSS농도(X)/반송슬러지농도(X_r)] = 0.3일 때, MCRT(평균미생물 체류시간)는?(단, 최종유출수의 SS농도 고려하지 않음)

① 4day   ② 6day
③ 8day   ④ 10day

해설
$MCRT = \dfrac{\forall \cdot X}{Q_w \cdot X_w} = \dfrac{300 \times X}{15 \times X_w}$

$\qquad\quad = \dfrac{300}{15} \times 0.3 = 6(\text{day})$

24 상수 원수 내의 비소 처리에 관한 설명으로 옳지 않은 것은?

① 응집처리에는 응집침전에 의한 제거방법과 응집여과에 의한 제거방법이 있다.
② 이산화망간을 사용하는 흡착처리에서는 5가 비소를 제거할 수 있다.
③ 흡착시의 pH는 활성알루미나에서는 3~4가 효과적인 범위이다.
④ 수산화세륨을 흡착제로 사용하는 경우는 3가 및 5가 비소를 흡착할 수 있다.

25 연속 회분식 반응조(SBR)의 운전단계(주입, 반응, 침전, 제거, 휴지)별 개요에 관한 설명으로 옳지 않은 것은?

① 주입 : 주입과정에서 반응조의 수위는 25% 용량(휴지 기간 끝에 용량)에서 100%까지 상승된다.
② 반응 : 주입단계에서 시작된 반응을 완결시키며 전형적으로 총 cycle시간의 35% 정도를 차지한다.
③ 침전 : 연속 흐름식 공정에 비하여 일반적으로 더 효율적이다.
④ 제거 : 침전슬러지를 반응조로부터 제거하는 것으로 총 cycle시간의 5~30% 정도이다.

26 살수여상에서 연못화(Ponding)의 원인과 가장 거리가 먼 것은?

① 기질(基質) 부하율이 너무 낮다.

② 생물막이 과도하게 탈리되었다.

③ 1차 침전지에서 고형물이 충분히 제거되지 않았다.

④ 여재가 너무 작거나 균일하지 않다.

해설 기질(基質) 부하율이 너무 높을 때 발생한다.

27 생물막법인 접촉산화법의 장단점으로 옳지 않은 것은?

① 난분해성 물질 및 유해물질에 대한 내성이 높다.

② 슬러지 반송이 필요없고 슬러지 발생량이 적다.

③ 미생물량과 영향인자를 정상상태로 유지하기 위한 조작이 용이하다.

④ 분해속도가 낮은 기질 제거에 효과적이다.

해설 접촉산화법은 미생물량과 영향인자를 정상상태로 유지하기 위한 조작이 어렵다.

28 직경이 0.5mm이고 비중이 2.65인 구형입자가 20℃ 물에서 침강할 때 침강속도(m/sec)는?(단, 20℃에서 $\rho_w = 998.2kg/m^3$이며, $\mu = 1.002 \times 10^{-3}kg/m \cdot sec$, Stokes 법칙 적용)

① 0.08 ② 0.14

③ 0.22 ④ 0.32

해설
$$V_g = \frac{d^2(\rho_p - \rho_w) \cdot g}{18 \times \mu}$$

$$V_g = \frac{(0.5 \times 10^{-3})^2 (2,650 - 998.2) \cdot 9.8}{18 \times 1.002 \times 10^{-3}} = 0.224(m/sec)$$

29 하수 소독을 위한 오존의 장단점으로 옳은 것은?

① Virus의 불활성화 효과가 크다.

② 전력비용이 적게 소요된다.

③ 효과에 지속성이 있다.

④ 탈취, 탈색효과가 적다.

30 활성슬러지 폭기조의 F/M비를 0.4kg BOD/kg MLSS · day로 유지하고자 한다. 운전조건이 다음과 같을 때 MLSS의 농도(mg/L)는?(단, 운전조건 : 폭기조 용량 100m³, 유량 1,000m³/day, 유입 BOD 100mg/L)

① 1,500 ② 2,000

③ 2,500 ④ 3,000

해설
$$F/M = \frac{BOD_i \times Q_i}{\forall \cdot X} \quad X = \frac{BOD_i \times Q_i}{F/M \times \forall}$$

$$X = \frac{100mg}{L} \left| \frac{1,000m^3}{day} \right| \frac{day}{0.4} \left| \frac{1}{100m^3} \right. = 2,500(mg/L)$$

31 폐수의 성질이 BOD 1,000mg/L, SS 1,500mg/L, pH 3.5, 질소분 55mg/L, 인산 분 12mg/L인 폐수가 있다. 이 폐수의 처리 순서로 타당한 것은?

① Screening → 중화 → 미생물처리 → 침전

② Screening → 침전 → 미생물처리 → 중화

③ 침전 → Screening → 미생물처리 → 중화

④ 미생물처리 → Screening → 중화 → 침전

32 하수고도 처리방법 중 질소제거를 위한 막분리활성슬러지법(MBR 공법)의 장단점 및 설계, 유지관리상 유의점으로 옳지 않은 것은?

① 생물학적 공정에서 문제시되고 있는 2차 침전지의 침강성과 관련된 문제가 없다.

② 긴 SRT로 인하여 슬러지 발생량이 적다.

③ SS 제거를 위해 응집조를 두어 분리막을 보호하고 수명을 연장한다.

④ 완벽한 고액분리가 가능하며 높은 MLSS유지가 가능하다.

해설 MBR의 정의
활성슬러지 공정과 분리막(Membrane) 기술의 장점을 결합하여, 기존 활성슬러지 공정의 단점을 해결하고자 중력침전에 의한 고액분리를 막분리로 치환하는 연구가 진행되어 왔는데 이러한 방식들을 활성슬러지 막분리 공정 또는 막결합형 활성슬러지 공정 이라고도 하며, 또한 활성슬러지법에 국한되지 않고 일반적인 생물반응조와 막분리 공정을 결합시킨 것을 총칭하여 분리막 생물반응기(MBR ; Membrane Bio Reactor)라고 한다.

33 생물학적 인 제거 공정에 관한 설명으로 옳지 않은 것은?

① Acinetobacter는 인 제거를 위한 중요한 미생물의 하나이다.

② 5단계 Bardenpho 공정에서 인은 폐슬러지에 포함되어 제거된다.

③ Phostrip 공정은 인 성분을 Main—stream에서 제거하는 공정이다.

④ A^2/O 공정은 질소와 인 성분을 함께 제거할 수 있다.

해설 Phostrip 공정은 인 성분을 Side—Stream에서 제거하는 공정이다.

34 부상조의 최적 A/S 비는 0.08, 처리할 폐수의 부유물질 농도는 375mg/L일 때 20℃에서 5.1atm으로 가압할 때 반송률(%)은?(단, f = 0.8, 공기용해도 S_a = 18.8mL/L, 20℃ 기준, 순환방식 기준)

① 약 25 ② 약 30
③ 약 35 ④ 약 40

해설
$$A/S비 = \frac{1.3 \cdot S_a(f \cdot P - 1)}{SS} \times R$$

㉠ P = 5.1atm
㉡ S_a = 18.8mL/L

$$0.08 = \frac{1.3 \times 18.8 \times (0.8 \times 5.1 - 1)}{375} \times R$$

∴ 반송률(%) = 0.39.8 × 100 = 39.8%

35 어느 공장 폐수의 BOD가 67,000ppb일 때 유출수량은 1,600m³/day이다. 이 시설의 1일 BOD부하량 (kg/day)은?

① 107.2kg/day
② 207.3kg/day
③ 314.2kg/day
④ 456.2kg/day

해설 BOD부하량(kg/day) = $\frac{1,600m^3}{day}\bigg|\frac{67mg}{L}\bigg|\frac{1kg}{10^6mg}\bigg|\frac{10^3L}{1m^3}$

= 107.2(kg/day)

36 회전생물막접촉기(RBC)에 관한 설명으로 옳지 않은 것은?

① 슬러지 반송량 조절이 용이하다.
② 활성슬러지법에 비해 슬러지 생산량이 적다.
③ 질소, 인 등의 영양염류의 제거가 가능하다.
④ 동력비가 적게 든다.

해설 회전생물막접촉기(RBC)는 슬러지의 반송이 불필요하다.

37 고도수처리에 이용되는 분리방법 중 투석의 구동력으로 옳은 것은?

① 정수압차(0.1~1Bar)
② 정수압차(20~100Bar)
③ 전위차
④ 농도차

38 포기조 내의 MLSS가 3,000mg/L, 포기조 용적이 2,000m³인 활성슬러지법에서 최종 침전지에 유출되는 SS는 무시하고 매일 100m³의 폐슬러지를 뽑아서 소화조로 보내 처리한다. 폐슬러지의 농도가 1% 라면 세포의 평균체류시간(SRT)은?

① 120시간 ② 144시간
③ 192시간 ④ 240시간

해설 SRT(day) = $\dfrac{\forall \cdot X}{Q_w \cdot X_w}$

∴ SRT = $\dfrac{2,000m^3}{}\bigg|\dfrac{3,000mg}{L}\bigg|\dfrac{day}{100m^3}\bigg|\dfrac{L}{10^4mg}$

39 슬러지의 함수율이 90%, 슬러지의 고형물량 중 유기물 함량이 70%이다. 투입량은 100kL이며 소화로 유기물의 $\frac{5}{7}$ 가 제거된다. 소화된 후의 슬러지 양은?

(단, 소화슬러지의 함수율은 85%, %는 부피기준이며, 고형물의 비중은 1.0으로 가정한다.)

① 33.3m³ ② 42.2m³
③ 45.6m³ ④ 51.4m³

해설 $SL_{소화 \ 후} = TS_{소화 \ 후} + W_{소화 \ 후}$

$TS_{소화 \ 후} = VS_{소화 \ 후} + FS_{소화 \ 후}$

$$= 10 \times 0.7 \times \frac{2}{7} + 10 \times 0.3 = 5$$

$$\therefore \ SL = 5kL \times \frac{100}{100-85} = 33.33(m^3)$$

40 BOD 200mg/L인 하수를 1차 및 2차 처리하여 최종 유출수의 BOD 농도를 20mg/L으로 하고자 한다. 1차 처리에서 BOD제거율이 40%일 때 2차 처리에서의 BOD제거율은?

① 81.3%
② 83.3%
③ 86.3%
④ 89.3%

해설

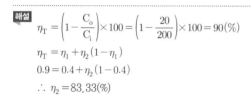

$\eta_T = \left(1 - \dfrac{C_o}{C_i}\right) \times 100 = \left(1 - \dfrac{20}{200}\right) \times 100 = 90(\%)$

$\eta_T = \eta_1 + \eta_2(1 - \eta_1)$

$0.9 = 0.4 + \eta_2(1 - 0.4)$

$\therefore \ \eta_2 = 83.33(\%)$

SECTION 03 수질오염공정시험기준

41 정량한계(LOQ)를 옳게 나타낸 것은?

① 정량한계 = 2 × 표준편차
② 정량한계 = 3.3 × 표준편차
③ 정량한계 = 5 × 표준편차
④ 정량한계 = 10 × 표준편차

해설 정량한계(LOQ ; Limit Of Quantification)란 시험분석 대상을 정량화할 수 있는 측정값으로서, 제시된 정량한계 부근의 농도를 포함하도록 시료를 준비하고 이를 반복 측정하여 얻은 결과의 표준편차(s)에 10배한 값을 사용한다.
정량한계 = 10 × s

42 공장폐수 및 하수유량(측정용 수로 및 기타 유량측정방법) 측정을 위한 웨어의 최대유속과 최소유속의 비로 옳은 것은?

① 100 : 1
② 200 : 1
③ 400 : 1
④ 500 : 1

해설 유량계에 따른 정밀/정확도 및 최대유속과 최소유속의 비율

유량계	범위 (최대유량 : 최소유량)	정확도 (실제유량에 대한, %)	정밀도 (최대유량에 대한, %)
웨어(Weir)	500 : 1	±5	±0.5
파샬수로 (Flume)	10 : 1~75 : 1	±5	±0.5

43 색도 측정에 관한 설명 중 옳지 않은 것은?

① 색도 측정은 시각적으로 눈에 보이는 색상에 관계없이 단순 색차 또는 단일 색도차를 계산한다.
② 백금 – 코발트 표준물질과 아주 다른 색상의 폐하수에는 적용할 수 없다.
③ 근본적인 간섭은 적용 파장에서 콜로이드 물질 및 부유물질의 존재로 빛이 흡수 또는 분산되면서 일어난다.
④ 아담스 – 니컬슨(Adams – Nickerson) 색도공식을 근거로 한다.

해설 백금 – 코발트 표준물질과 아주 다른 색상의 폐·하수에서 뿐만 아니라 표준물질과 비슷한 색상의 폐·하수에도 적용할 수 있다.

44 시료의 최대보전기간이 나머지와 다른 측정대상 항목은?

① 총인(용존 총인)
② 퍼클로레이트
③ 페놀류
④ 유기인

해설 유기인의 시료의 최대보전기간 : 7일, 나머지 28일

45 인산염인의 정량을 위해 적용 가능한 시험방법과 가장 거리가 먼 것은?(단, 수질오염공정시험기준 기준)

① 자외선/가시선 분광법(이염화주석환원법)
② 자외선/가시선 분광법(아스코르빈산환원법)
③ 이온크로마토그래피
④ 이온전극법

해설

인산염인	정량한계 (mg/L)	흡광도 (nm)
자외선/가시선 분광법(이염화주석환원법)	0.003mg/L	690
자외선/가시선 분광법(아스코르빈산환원법)	0.003mg/L	880
이온크로마토그래피	0.1mg/L	

46 자동시료채취기의 시료채취 기준으로 옳은 것은? (단, 배출허용기준 적합 여부 판정을 위한 시료채취 – 복수시료채취방법 기준)

① 2시간 이내에 30분 이상 간격으로 2회 이상 채취하여 일정량의 단일시료로 한다.

② 4시간 이내에 30분 이상 간격으로 2회 이상 채취하여 일정량의 단일시료로 한다.

③ 6시간 이내에 30분 이상 간격으로 2회 이상 채취하여 일정량의 단일시료로 한다.

④ 8시간 이내에 30분 이상 간격으로 2회 이상 채취하여 일정량의 단일시료로 한다.

해설 자동채취기로 시료를 채취할 경우에 6시간 이내에 30분 이상 간격으로 2회 이상 채취하여 일정량의 단일시료로 한다.

47 총대장균군(환경기준 적용시료) 실험을 위한 시료의 보존방법 기준은?

① 4℃ 보관

② 저온(10℃ 이하) 보관

③ 냉암소에 4℃ 보관

④ 황산구리 첨가 후 4℃ 냉암소 보관

해설 총대장균군의 시료의 보존방법
㉠ 환경기준적용시료 : 저온(10℃ 이하)
㉡ 배출허용기준 및 방류수 기준 적용시료 : 저온(10℃ 이하)

48 시안(CN⁻)을 이온전극법으로 측정할 때 정량한계는?

① 0.01mg/L

② 0.05mg/L

③ 0.10mg/L

④ 0.50mg/L

해설 시안(CN^-)을 이온전극법으로 측정할 때 정량한계는 0.10 mg/L이다.

49 다음은 페놀류를 자외선/가시선 분광법으로 측정하는 방법이다. ( ) 안에 옳은 내용은?

> 증류한 시료에 염화암모늄–암모니아 완충액을 넣어 pH 10으로 조절한 다음 4–아미노안티피린과 ( )을 넣어 생성된 붉은색의 안티피린계 색소의 흡광도를 측정함

① 몰리브덴산 암모늄

② 아연분말

③ 헥사시안화철(Ⅱ)산칼륨

④ 과황산칼륨

해설 페놀류 자외선/가시선 분광법
물속에 존재하는 페놀류를 측정하기 위하여 증류한 시료에 염화암모늄–암모니아 완충용액을 넣어 pH 10으로 조절한 다음 4–아미노안티피린과 헥사시안화철(Ⅱ)산칼륨을 넣어 생성된 붉은색의 안티피린계 색소의 흡광도를 측정하는 방법으로 수용액에서는 510nm, 클로로폼용액에서는 460nm에서 측정한다.

50 시료를 채취할 때 유의하여야 할 사항으로 옳지 않은 것은?

① 휘발성 유기화합물 분석용 시료를 채취할 때에는 뚜껑의 격막을 만지지 않도록 주의 하여야 한다.

② 지하수 시료채취 시 심부층의 경우 저속양수펌프 등을 이용하여 반드시 저속시료채취하여 시료 교란을 최소화하여야 한다.

③ 냄새 측정을 위한 시료채취 시 냄새 없는 세제로 닦은 후 고무 또는 플라스틱 마개로 봉한다.

④ 퍼클로레이트를 측정하기 위한 시료채취 시 시료용기를 질산 및 정제수로 씻은 후 사용하며 시료채취 시 시료병의 $\frac{2}{3}$를 채운다.

해설 냄새 측정을 위한 시료채취 시 유리기구류는 사용 직전에 새로 세척하여 사용한다. 먼저 냄새 없는 세제로 닦은 후 정제수로 닦아 사용하고, 고무 또는 플라스틱 재질의 마개는 사용하지 않는다.

51 개수로 측정 구간의 유수의 평균 단면적이 $0.8m^2$이고, 표면 최대 유속이 2m/sec일 때 유량은?(단, 수로의 구성, 재질, 수로 단면의 형상, 구배 등이 일정치 않은 개수로의 경우)

① $53m^3/min$ ② $72m^3/min$

③ $84m^3/min$ ④ $90m^3/min$

해설 단면형상이 불일정한 경우의 유량계산

$Q(m^3/min) = A_m \times 0.75V_{max}$

㉠ $A_m = 0.8m^2$

㉡ $V_m = 0.75 \times V_{max} = 0.75 \times 2m/sec = 1.5m/sec$

∴ $Q(m^3/min) = \dfrac{0.8m^2}{} \left|\dfrac{1.5m}{sec}\right| \dfrac{60sec}{1min} = 72(m^3/min)$

52 다음은 시료의 전처리 방법 중 '회화에 의한 분해'에 관한 내용이다. ( )에 옳은 것은?

> 목적성분이 (㉠) 이상에서 (㉡)되지 않고 쉽게 (㉢)될 수 있는 시료에 적용한다.

① ㉠ 400℃, ㉡ 휘산, ㉢ 회화

② ㉠ 400℃, ㉡ 회화, ㉢ 휘산

③ ㉠ 500℃, ㉡ 휘산, ㉢ 회화

④ ㉠ 500℃, ㉡ 회화, ㉢ 휘산

해설 회화에 의한 분해

이 방법은 목적성분이 400℃ 이상에서 휘산되지 않고 쉽게 회화될 수 있는 시료에 적용된다. 시료 중에 염화암모늄, 염화마그네슘 등이 다량 함유된 경우에는 납, 철, 주석, 아연, 안티몬 등이 휘산되어 손실을 가져오므로 주의하여야 한다.

53 그림과 같은 개수로(수로의 구성재질과 수로 단면의 형상이 일정하고 수로의 길이가 적어도 10m까지 똑바른 경우)가 있다. 수심 1m, 수로폭 2m, 수면경사 $\dfrac{1}{1,000}$인 수로의 평균 유속($C(Ri)^{0.5}$)을 케이지(Chezy)의 유속공식으로 계산하였을 때 유량은?(단, Bazin의 유속계수 $c = \dfrac{87}{1 + \dfrac{\gamma}{\sqrt{R}}}$ 이며,

$R = \dfrac{Bh}{B+2h}$ 이고, r = 0.46 이다.)

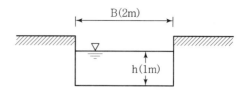

① $102m^3/min$ ② $122m^3/min$

③ $142m^3/min$ ④ $162m^3/min$

54 폐수 중의 알킬수은을 기체크로마토그래피로 정량할 때 사용되는 검출기와 운반기체가 맞게 짝지어진 것은?

① TCD, 헬륨 ② FPD, 질소

③ ECD, 헬륨 ④ FTD, 질소

해설 알킬수은 기체크로마토그래피

㉠ 검출기 : 검출기로 전자포획형 검출기(ECD ; Electron Capture Detector)

㉡ 운반기체 : 순도 99.999% 이상의 질소 또는 헬륨

55 측정하고자 하는 금속물질이 바륨인 경우의 시험방법과 가장 거리가 먼 것은?(단, 수질오염공정시험기준)

① 자외선/가시선 분광법

② 유도결합플라스마 원자발광분광법

③ 유도결합플라스마 질량분석법

④ 불꽃 원자흡수분광광도법

해설 바륨의 적용 가능한 시험방법

• 원자흡수분광광도법

• 유도결합플라스마 – 원자발광분광법

• 유도결합플라스마 – 질량분석법

56 다음은 잔류염소 – 비색법 측정에 관한 내용이다. ( ) 안에 옳은 내용은?

> 시료의 pH를 ( )으로 약산성으로 조절한 후 발색하여 잔류염소 표준비색소와 비교 측정한다.

① 인산염완충용액

② 프탈산염완충용액

③ 붕산염완충용액

④ 수산화칼륨완충용액

해설 비색법
잔류염소를 측정하는 방법으로서 시료의 pH를 인산염완충
용액으로 약산성으로 조절한 후 발색하여 잔류염소 표준비
색표와 비교하여 측정한다.

57 실험 일반 총칙 중 용어정의에 관한 내용으로 옳지 않은 것은?

① 냄새가 없다. : 냄새가 없거나 또는 거의 없는 것을 표시하는 것

② 정밀히 단다. : 규정된 수치의 무게를 0.1mg 까지 다는 것

③ 정확히 취하여 : 규정한 양의 액체를 부피피펫으로 눈금까지 취하는 것

④ 진공 : 따로 규정이 없는 한 15mmHg 이하

해설 정밀히 단다. : 규정된 양의 시료를 취하여 화학저울 또는
미량저울로 칭량함을 말한다.

58 냄새 측정 시 냄새역치(TON)를 구하는 산식으로 옳은 것은?(단, A : 시료부피(mL), B : 무취 정제수 부피(mL))

① 냄새역치＝(A＋B)/A

② 냄새역치＝A/(A＋B)

③ 냄새역치＝(A＋B)/B

④ 냄새역치＝B/(A＋B)

해설 냄새역치(TON ; Threshold Odor Number)를 구하는 경
우 사용한 시료의 부피와 냄새 없는 희석수의 부피를 사용하
여 다음과 같이 계산한다.

냄새역치(TON)＝$\dfrac{A＋B}{A}$

여기서, A : 시료 부피(mL)

B : 무취 정제수 부피(mL)

59 총칙 중 온도표시에 관한 내용으로 옳지 않은 것은?

① 냉수는 15℃ 이하를 말한다.

② 찬 곳은 따로 규정이 없는 한 4~15℃의 곳을 뜻한다.

③ 시험은 따로 규정이 없는 한 상온에서 조작하고 조작 직후에 그 결과를 관찰한다.

④ 온수는 60~70℃를 말한다.

60 클로로필－a 측정 시 클로로필 색소를 추출하는 데 사용되는 용액은?

① 아세톤(1＋9) 용액

② 아세톤(9＋1) 용액

③ 에틸알코올(1＋9) 용액

④ 에틸알코올(9＋1) 용액

SECTION 04 수질환경관계법규

61 환경기준 중 수질 및 수생태계(하천)의 생활환경기준으로 옳지 않은 것은?(단, 등급은 매우 좋음(Ia))

① 수소이온농도(pH) : 6.3~7.5

② T－P : 0.02mg/L 이하

③ SS : 25mg/L 이하

④ BOD : 1mg/L 이하

해설 수질 및 수생태계(하천)의 생활환경기준(매우 좋음(Ia))
pH : 6.5~8.5

62 환경부장관은 비점오염저감계획을 검토하거나 비점오염저감시설을 설치하지 아니하여도 되는 사업장을 인정하려는 때에는 그 적정성에 관하여 환경부령이 정하는 관계전문기관의 의견을 들을 수 있다. 다음 중 환경부령이 정하는 관계전문기관으로 옳은 것은?

① 국립환경과학원

② 한국환경정책 · 평가연구원

③ 한국환경기술개발원

④ 한국건설기술연구원

63 폐수종말처리시설의 방류수 수질기준으로 옳지 않은 것은?(단, Ⅳ지역, 적용기간 : 2012.1.1~2012.12.31, ( )는 농공단지 폐수종말처리시설의 방류수 수질기준) (기준변경)

① BOD : 20(30)mg/L 이하

② COD : 30(40)mg/L 이하

③ SS : 20(30)mg/L 이하

④ T-N : 40(60)mg/L 이하

해설 [기준의 전면 개편으로 해당사항 없음]

---

64 물놀이 등의 행위제한 권고기준 중 대상행위가 '어패류 등 섭취'인 경우 항목 및 기준으로 옳은 것은?

① 어패류 체내 총 수은(Hg) : 0.1mg/kg 이상

② 어패류 체내 총 수은(Hg) : 0.3mg/kg 이상

③ 어패류 체내 총 카드뮴(Cd) : 0.1mg/kg 이상

④ 어패류 체내 총 카드뮴(Cd) : 0.3mg/kg 이상

해설 물놀이 등의 행위제한 권고기준

대상 행위	항목	기준
수영 등 물놀이	대장균	500(개체수/100mL) 이상
어패류 등 섭취	어패류 체내 총 수은(Hg)	0.3(mg/kg) 이상

---

65 초과부금의 산정기준인 수질오염물질 1kg당 부과금액이 가장 적은 것은?

① 수은 및 그 화합물

② 폴리염화비페닐

③ 트리클로로에틸렌

④ 카드뮴 및 그 화합물

---

66 환경부장관은 대권역별 수질 및 수생태계 보전을 위한 기본계획을 몇 년마다 수립하여야 하는가?

① 3년   ② 5년

③ 7년   ④ 10년

---

67 환경부장관은 비점오염저감계획의 이행 또는 시설의 설치, 개선을 명령할 경우에는 비점오점저감계획의 이행 또는 시설의 설치, 개선에 필요한 기간을 고려하여 정한다. 시설 설치의 경우 필요기간 범위로 옳은 것은?(단, 연장기간은 고려하지 않음)

① 6월   ② 1년

③ 2년   ④ 3년

해설 ㉠ 비점오염저감계획 이행(시설 설치·개선의 경우는 제외한다.)의 경우 : 2개월

㉡ 시설 설치의 경우 : 1년

㉢ 시설 개선의 경우 : 6개월

㉣ 연장기간 : 6개월

---

68 사업자가 환경기술인을 바꾸어 임명하는 경우에 관한 기준으로 옳은 것은?

① 그 사유가 발생한 날부터 30일 이내에 신고한다.

② 그 사유가 발생한 날부터 10일 이내에 신고한다.

③ 그 사유가 발생한 날부터 5일 이내에 신고한다.

④ 그 사유가 발생한 날, 즉시 신고한다.

---

69 수질오염경보 중 조류경보(조류경보단계) 시 취수장, 정수장 관리자의 조치사항 기준으로 옳지 않은 것은?

① 조류증식 수심 이하로 취수구 이동

② 취수구 방어막 설치 등 조류 제거 조치

③ 정수의 독소분석 실시

④ 정수처리 강화(활성탄처리, 오존처리)

해설 조류경보(조류경보단계) 시 취수장, 정수장 관리자의 조치사항 기준

㉠ 조류증식 수심 이하로 취수구 이동

㉡ 정수처리 강화(활성탄처리, 오존처리)

㉢ 정수의 독소분석 실시

---

70 수질 및 수생태계 정책 심의 위원회의 위원장은?

① 대통령   ② 국무총리

③ 환경부장관   ④ 환경부차관

---

71 위임업무 보고사항 중 보고 횟수 기준이 나머지와 다른 업무내용은?

① 배출업소의 지도, 점검 및 행정처분 실적

② 폐수처리업에 대한 등록, 지도단속실적 및 처리 실적 현황

③ 배출부과금 부과 실적

④ 비점오염원의 설치신고 및 방지시설 설치 현황 및 행정처분 현황

---

72 다음은 폐수처리업자의 준수사항에 관한 내용이다.
( )에 옳은 내용은?

> 기술인력을 그 해당 분야에 종사하도록 하여야 하며,
> 폐수처리시설을 (㉠) 이상 가동할 경우에는 해당 처
> 리시설의 현장 근무 (㉡) 이상의 경력자를 작업현장
> 에 책임 근무하도록 하여야 한다.

① ㉠ 8시간, ㉡ 1년   ② ㉠ 8시간, ㉡ 2년
③ ㉠ 16시간, ㉡ 1년   ④ ㉠ 16시간, ㉡ 2년

73 비점오염원의 변경신고를 하여야 하는 경우에 대한
기준으로 옳은 것은?

① 총 사업면적, 개발면적 또는 사업장 부지면적이
처음 신고면적의 100분의 15 이상 증가하는 경우
② 총 사업면적, 개발면적 또는 사업장 부지면적이
처음 신고면적의 100분의 25 이상 증가하는 경우
③ 총 사업면적, 개발면적 또는 사업장 부지면적이
처음 신고면적의 100분의 30 이상 증가하는 경우
④ 총 사업면적, 개발면적 또는 사업장 부지면적이
처음 신고면적의 100분의 50 이상 증가하는 경우

74 수질오염방지시설 중 화학적 처리시설이 아닌 것은?

① 살균시설   ② 응집시설
③ 흡착시설   ④ 침전물 개량시설

75 환경부령이 정하는 수로에 해당되지 않는 것은?

① 상수관거   ② 운하
③ 농업용 수로   ④ 지하수로

76 1일 폐수배출량이 800m³인 사업장의 환경기술인의
자격 기준으로 옳은 것은?

① 수질환경기사 1명 이상
② 수질환경산업기사 1명 이상
③ 수질환경산업기사, 환경기능사 또는 2년 이상 수
질 분야 환경 관련 업무에 직접 종사한 자 1명 이상
④ 수질환경산업기사, 환경기능사 또는 3년 이상 수
질 분야 환경관련 업무에 직접 종사한 자 1명 이상

77 기타 수질오염원인 수산물양식시설 중 가두리 양식어
장의 시설 설치 등의 조치 기준으로 옳지 않은 것은?

① 사료를 준 후 2시간 지났을 때 침전되는 양이 10%
미만인 부상사료를 사용한다. 다만, 10cm 미만
의 치어 또는 종묘에 대한 사료는 제외한다.
② 부상사료 유실 방지대를 수표면 상, 하로 각각
30cm 이상 높이로 설치하여야 한다. 다만, 사료
유실의 우려가 없는 경우에는 그러하지 아니하다.
③ 어병의 예방이나 치료를 하기 위한 항생제를 지나
치게 사용하여서는 아니 된다.
④ 분뇨를 수집할 수 있는 시설을 갖춘 변소를 설치
하여야 하며 수집된 분뇨를 육상으로 운반하여 호
소에 재유입되지 아니하도록 처리하여야 한다.

78 과징금 부과기준에 대한 내용으로 옳지 않은 것은?

① 과징금의 납부기한은 과징금납부통지서의 발급
일부터 30일로 한다.
② 과징금은 영업정지일수에 1일당 부과금액과 폐수
처리업의 종류별 부과계수를 곱하여 산정한다.
③ 영업정지 1일당 부과금액은 300만 원으로 한다.
④ 폐수처리업의 종류별 부과계수는 폐수수탁처리
업 2.0, 폐수재이용업 1.2로 한다.

79 환경기술인 등의 교육에 관한 내용으로 옳지 않은 것은?

① 보수교육 : 최초 교육 후 3년 마다 실시하는 교육
② 교육과정 : 환경기술인 과정, 폐수처리기술요원 과정
③ 교육과정의 교육기간 : 3일 이내
④ 교육기관 : 환경기술인은 환경보전협회, 기술요원은 국립환경인력개발원

80 환경부장관은 가동개시신고를 한 폐수무방류배출시설에 대하여 10일 이내에 허가 또는 변경허가의 기준에 적합한지 여부를 조사하여야 한다. 이 규정에 의한 조사를 거부, 방해 또는 기피한 자에 대한 벌칙 기준은?

① 500만 원 이하의 벌금
② 1년 이하의 징역 또는 1천만 원 이하의 벌금
③ 2년 이하의 징역 또는 1천500만 원 이하의 벌금
④ 3년 이하의 징역 또는 2천만 원 이하의 벌금

01 다음 중 적조 발생의 환경적 요인과 가장 거리가 먼 것은?

① 바다의 수온구조가 안정화되어 물의 수직적 성층이 이루어질 때

② 플랑크톤의 번식에 충분한 광량과 영양염류가 공급될 때

③ 태풍 등으로 급격하게 수역의 정체가 파괴되었을 때

④ 해저에 빈산소 수괴가 형성되어 포자의 발아 촉진이 일어나고 퇴적층으로부터 부영양화의 원인물질이 용출될 때

해설 적조 발생 원인
㉠ 수온 상승
㉡ 플랑크톤 농도의 증가
㉢ 하천 유입수의 오염도 증가
㉣ 염분 농도가 낮을 때
㉤ 수괴의 안정도가 클 때
㉥ Upwelling 현상 수역

02 Fungi가 심하게 번식하는 지대는?(단, Whipple의 4지대 기준)

① 분해지대
② 활발한 분해지대
③ 회복지대
④ 정수지대

해설 분해지대에서 Fungi가 번성한다.

$$TH = \sum M_C^{2+} \times \frac{50}{Eq}$$
$$= \left(40 \times \frac{50}{(40/2)}\right) + \left(36 \times \frac{50}{(24/2)}\right)$$
$$= 250(\text{mg/L as CaCO}_3)$$

03 Ca^{2+}가 40mg/L, Mg^{2+}가 36mg/L이 포함된 물의 경도는?(단, Ca의 원자량 40, Mg의 원자량 24)

① 150mg/L as $CaCO_3$
② 200mg/L as $CaCO_3$
③ 250mg/L as $CaCO_3$
④ 300mg/L as $CaCO_3$

04 수질오염물질과 그로 인한 공해병과의 관계를 잘못 짝지은 것은?

① Hg : 미나마타병
② Cr : 이타이이타이병
③ F : 반상치
④ PCB : 카네미유증

해설 이타이이타이병은 카드뮴의 영향이다.

05 60,000m³/day 상수를 살균하기 위하여 30kg/day의 염소가 주입되고 있는데 살균 접촉 후 잔류염소는 0.2mg/L이다. 염소 요구량(농도)은?

① 0.3mg/L
② 0.4mg/L
③ 0.6mg/L
④ 0.8mg/L

해설 염소 요구량＝염소 주입량－잔류 염소량
㉠ 염소 주입량(mg/L)
$$= \frac{30\text{kg}}{\text{day}} \left| \frac{\text{day}}{60,000\text{m}^3} \right| \frac{10^6\text{mg}}{1\text{kg}} \left| \frac{1\text{m}^3}{10^3\text{L}} \right. = 0.5(\text{mg/L})$$
㉡ 잔류 염소량＝0.2(mg/L)

∴ 염소 요구량＝0.5－0.2＝0.39(mg/L)

06 미생물에 관한 설명으로 옳지 않은 것은?

① 진핵세포는 핵막이 있으나 원핵세포는 없다.
② 세포소기관인 리보솜은 원핵세포에 존재하지 않는다.
③ 조류는 진핵미생물로 엽록체라는 세포소기관이 있다.
④ 진핵세포는 유사분열을 한다.

07 동점성계수의 단위로 적절한 것은?

① cm^2/sec ② $g/cm \cdot sec$

③ $g \cdot cm/sec^2$ ④ cm/sec^2

해설 동점성계수(Kinematic Viscosity ; v)
점성계수(μ)를 밀도로 나눈 값을 말한다.

08 500mL 물에 125mg의 염이 녹아 있을 때 이 수용액의 농도를 %로 나타낸 값은?

① 0.125%   ② 0.250%

③ 0.0125%   ④ 0.0250%

해설 $X(\%) = \dfrac{125mg}{500mL} \left| \dfrac{10^3mL}{1L} \right| \dfrac{1\%}{10^4ppm} = 0.025(\%)$

09 어떤 폐수의 분석결과 COD가 450mg/L이고 BOD_5가 300mg/L였다면 NBDCOD는?(단, 탈산소계수 $K_1 = 0.2/day$, base는 상용대수)

① 약 76mg/L   ② 약 84mg/L

③ 약 117mg/L   ④ 약 136mg/L

해설 $BOD_t = BOD_u \times (1 - 10^{-k_1 \cdot t})$

㉠ $BOD_5 = 300mg/L$, $K_1 = 0.2/day$

㉡ $BOD_u = \dfrac{300}{(1 - 10^{-0.2 \times 5})} = 333.33mg/L$

㉢ $COD = BDCOD + NBDCOD$
$\qquad BDCOD$
$\qquad = BOD_u$

④ $NBCOD = COD - BOD_u$
$\qquad\qquad = (450 - 333.33)mg/L = 116.67(mg/L)$

10 Bacteria 18g의 이론적인 COD는?(단, Bacteria의 분자식은 $C_5H_7O_2N$, 질소는 암모니아로 분해됨을 기준으로 함)

① 약 25.5g   ② 약 28.8g

③ 약 32.3g   ④ 약 37.5g

해설 〈반응식〉
$C_5H_7NO_2 + 5O_2 \rightarrow 5CO_2 + NH_3 + 2H_2O$
$\quad 113g \qquad : 5 \times 32g$
$\quad\;\; 18g \qquad : X$
$\therefore X = 25.49(g)$

11 25℃, 2기압의 압력에 있는 메탄가스 20kg의 부피는?(단, 이상 기체 상수(R) : 0.082L·atm/mol·K)

① $2.14 \times 10^3 L$ ② $2.34 \times 10^3 L$

③ $1.24 \times 10^4 L$ ④ $1.53 \times 10^4 L$

해설 계산식 : $PV = n \cdot R \cdot T$

$V(L) = \dfrac{n \cdot R \cdot T}{P}$

$\qquad = \dfrac{1250mol}{} \left| \dfrac{0.082L \cdot atm}{mol \cdot K} \right| \dfrac{(273 + 25)K}{} \right| \dfrac{}{2atm}$

$\qquad = 1.53 \times 10^4 (L)$

여기서, $n(mol) = \dfrac{M}{M_w} = \dfrac{20kg}{} \left| \dfrac{1mol}{16g} \right| \dfrac{10^3g}{1kg}$
$\qquad\qquad\qquad = 1,250(mol)$

12 다음과 같은 용액을 만들었을 때 몰 농도가 가장 큰 것은?(단, Na = 23, S = 32, Cl = 35.5)

① 3.5L 중 NaOH 150g

② 30mL 중 H_2SO_4 5.2g

③ 5L 중 NaCl 0.2kg

④ 100mL 중 HCl 5.5g

해설 ① $X(mol/L) = \dfrac{150g}{3.5L} \left| \dfrac{1mol}{40g} \right. = 1.071(mol/L)$

② $X(mol/L) = \dfrac{5.2g}{30mL} \left| \dfrac{1mol}{98g} \right| \dfrac{10^3mL}{1L} = 1.768(mol/L)$

③ $X(mol/L) = \dfrac{200g}{5L} \left| \dfrac{1mol}{58.5g} \right. = 0.684(mol/L)$

④ $X(mol/L) = \dfrac{5.5g}{100mL} \left| \dfrac{1mol}{36.5g} \right| \dfrac{10^3mL}{1L} = 1.51(mol/L)$

13 다음의 콜로이드에 관한 설명 중 옳지 않은 것은?

① 콜로이드 입자들은 대단히 작아서 질량에 비해 표면적이 아주 크다.

② 콜로이드 입자의 질량은 아주 작아서 중력의 영향은 중요하지 않다.

③ 콜로이드 입자들은 모두 전하를 띠고 있다.

④ 콜로이드를 제거하기 위해서는 콜로이드의 안정성을 증가시켜야 한다.

해설 콜로이드를 제거하기 위해서는 인력을 증가시키고, 척력을 감소시켜 상호 간에 충돌을 일으켜 응결제거시킨다.

14 하천의 유기물 분해상태를 조사하기 위해 20℃에서 BOD를 측정했을 때 $K_1 = 0.13$/day이었다. 실제 하천온도가 18℃일 때 정확한 탈산소 계수(K_1)는?(단, 온도보정계수는 1.047이며 상용대수 기준)

① 0.113/day

② 0.119/day

③ 0.123/day

④ 0.125/day

해설 $K_{(T℃)} = K_{(20℃)} \times \theta^{(T-20)}$

∴ $K_{(18℃)} = 0.13/day \times 1.047^{(18-20)} = 0.119(/day)$

15 20℃ 5일 BOD가 50mg/L인 하수의 2일 BOD는? (단, 20℃, 탈산소계수 $K = 0.23$/day이고, 자연대수 기준)

① 21mg/L   ② 24mg/L

③ 27mg/L   ④ 29mg/L

해설 $BOD_t = BOD_u \times (1 - e^{-k \cdot t})$

$BOD_5 = BOD_u \times (1 - e^{-0.23 \times 5})$

$BOD_u = 73.17(mg/L)$

∴ $BOD_2 = 73.17 \times (1 - e^{-0.23 \times 2})$
$\qquad = 26.98(mg/L)$

16 pH 2.8인 용액 중의 $[H^+]$는 몇 mole/L인가?

① 1.58×10^{-3} ② 2.58×10^{-3}

③ 3.58×10^{-3} ④ 4.58×10^{-3}

해설 $[H^+] = 10^{-pH}$

$[H^+] = 10^{-2.8} = 1.58 \times 10^{-3}(mol/L)$

17 해수의 온도와 염분의 농도에 의한 밀도차에 의해 형성되는 해류는?

① 조류   ② 쓰나미

③ 심해류   ④ 상승류

해설 심해류는 염분과 수온의 변화에 따라 생기는 밀도차와 지구자전에 의한 전향력에 의해 생긴다.

18 세균의 수가 mL당 1,000마리가 검출된 물을 염소농도 0.5ppm으로 소독하여 80% 죽이는데 시간이 10분 소요되었다. 최종 세균수를 10마리까지만 허용한다면 소독 시간이 몇 분 걸리겠는가?(단, 세균의 감소는 1차 반응식을 따른다.)

① 약 23분

② 약 29분

③ 약 36분

④ 약 38분

해설 $\ln \dfrac{N_t}{N_o} = -K_1 \cdot t$

㉠ $\ln \dfrac{200}{1,000} = -K_1 \cdot 10$

$K_1 = 0.1609(min^{-1})$

㉡ $\ln \dfrac{10}{1,000} = -0.1609/(min) \times t(min)$

∴ $t = 28.62(min)$

19 지하수의 특성을 지표수와 비교해서 설명한 것 중 옳지 않은 것은?

① 경도가 높다.

② 자정작용이 빠르다.

③ 탁도가 낮다.

④ 수온변동이 적다.

해설 지하수는 지표수에 비교하여 자정작용이 느리다.

20 산과 염기에 관한 내용으로 옳지 않은 것은?

① 루이스(Lewis)는 전자쌍을 받는 화학종을 산이라 하였다.

② 아레니우스(Arrhenius)는 수용액에서 양성자를 내어 놓는 물질을 염기라고 하였다.

③ 염기는 그 수용액이 미끈미끈하다.

④ 염기는 붉은 리트머스 종이를 푸르게 한다.

해설 Arrhenius는 수용액에서 수산화이온을 내어 놓는 물질을 염기라고 정의하였다.

SECTION 02 수질오염방지기술

21 토양처리 급속침투 시스템을 설계하여 1차 처리 유출수 100L/sec를 160m³/m² · 년의 속도로 처리하고자 한다. 필요한 부지면적은?(단, 1일 24시간, 1년 365일로 환산한다.)

① 약 2ha
② 약 20ha
③ 약 4ha
④ 약 40ha

 부지면적$(ha) = \dfrac{100L}{sec} \left| \dfrac{m^2 \cdot \text{년}}{160m^3} \right| \dfrac{365day}{1\text{년}} \left| \dfrac{24hr}{1day} \right|$

$\left| \dfrac{3,600sec}{1hr} \right| \dfrac{1m^3}{10^3L} \left| \dfrac{1km^2}{(10^3)^2m^2} \right| \dfrac{100ha}{1km^2}$

$= 1.97(ha)$

22 포기조의 MLSS 3,000mg/L, BOD – MLSS(부하) 0.2kg/kg · 일의 조건에서 BOD 200mg/L의 하수 750m³/일을 처리하고자 한다. 포기조의 크기는?

① 420m³
② 350m³
③ 250m³
④ 200m³

해설 $F/M = \dfrac{BOD \times Q}{\forall \cdot X}$

여기서, Q : 750m³/일
BOD : 200mg/L
MLSS : 3,000mg/m³
F/M : 0.2kg/kg · 일

$V = \dfrac{BOD \times Q}{F/M \times X} = \dfrac{0.2kg/m^3 \times 750m^3/day}{0.2kg/kg \cdot day \times 3kg/m^3} = 250m^3$

23 180g의 초산(CH_3COOH)이 35℃ 혐기성 소화조에서 분해할 때 발생되는 이론적인 CH_4이 양은 얼마인가?

① 약 45L
② 약 68L
③ 약 76L
④ 약 83L

해설 반응식 : $CH_3COOH \rightarrow CH_4 + CO_2$

60(g) : 22.4(L)
180(g) : X
X = 67.2(L)

$\therefore CH_4(L) = \dfrac{67.2L}{} \left| \dfrac{273+35}{273} \right. = 75.82(L)$

24 처리수의 BOD농도가 5mg/L인 폐수처리공정의 BOD제거효율은 1차 처리 40%, 2차 처리80%, 3차 처리 15%이다. 이 폐수처리공정에 유입되는 유입수의 BOD농도는?

① 39mg/L
② 49mg/L
③ 59mg/L
④ 69mg/L

해설 총제거율$(\eta_t) = \eta_1 + \eta_2(1-\eta_1) + \eta_3(1-\eta_1)(1-\eta_2)$

㉠ $\eta_t = 0.4 + 0.8(1-0.4) + 0.15(1-0.4)(1-0.8)$
$= 0.898$

㉡ $89.8(\%) = \left(1 - \dfrac{5}{C_i} \right) \times 100$

$\therefore C_i = 49(mg/L)$

25 다음 중 보통 1차 침전지에서 부유물질의 침전속도가 작게 되는 경우는?(단, Stokes 법칙 적용)

① 부유물질 입자의 밀도가 클 경우
② 부유물질 입자의 입경이 클 경우
③ 처리수의 밀도가 작을 경우
④ 처리수의 점성도가 클 경우

26 원추형 바닥을 가진 원형의 일차침전지의 직경이 40m, 측벽 깊이가 3m, 원추형 바닥의 깊이가 1m인 경우, 하수처리 유량은?(단, 침전지 체류시간 6시간)

① 약 13,500m³/day
② 약 15,200m³/day
③ 약 16,800m³/day
④ 약 19,300m³/day

해설 $Q = \dfrac{V}{t}$

㉠ $\forall(m^3) = $ 원통체적 + 원추체적
$= \left(\dfrac{\pi(40^2)}{4} \times 3 \right) + \left(\dfrac{\pi(40^2)}{4} \times 1 \times \dfrac{1}{3} \right)$
$= 4,188.79(m^3)$

㉡ t = 6hr

$\therefore Q(m^3/day) = \dfrac{4,188.79m^3}{6hr} \left| \dfrac{24hr}{1day} \right.$
$= 16,755.16(m^3/day)$

27 하수관거가 매설되어 있지 않은 지역에 위치한 500개의 단독주택에서 생성된 정화조 슬러지를 소규모 하수 처리장에 운반하여 처리할 경우, 이로 인한 BOD 부하량(kg · BOD/수거일)은?

[조건]
• 정화조는 연 1회 수거
• 정화조 1개당 발생되는 슬러지 : 3.8m³
• 연중 250일 동안 일정량의 정화조 슬러지를 수거, 운반, 처리
• 정화조 슬러지의 BOD농도 : 6,000mg/L

① 33.6　　　　② 45.6
③ 56.3　　　　④ 63.2

해설 BOD부하량(kg · BOD/수거일)

$$= \frac{6kg}{m^3} \left| \frac{3.8m^3}{\text{정화조}} \right| \frac{500\text{정화조}}{250\text{일}}$$

$$= 45.6(kg \cdot BOD/\text{일})$$

28 다음 흡착에 대한 설명 중 잘못된 것은?

① 흡착은 보통 물리적 흡착과 화학적 흡착으로 분류한다.
② 화학적 흡착은 주로 Van der waals의 힘에 기인하며 비가역적이다.
③ 흡착제는 단위 질량당 표면적이 큰 활성탄, 제올라이트 등이 사용된다.
④ 활성탄은 코코넛 껍질, 석탄 등을 탄화시킨 후 뜨거운 공기나 증기로 활성화시켜 제조한다.

해설 Van der waals의 힘에 기인하는 흡착은 물리적 흡착이다.

29 BOD 1.0kg 제거에 필요한 산소량은 1.5kg이다. 공기 1m³에 포함된 산소량이 0.277kg이라 하면 활성슬러지에서 공기용해율이 6%(V/V%)일 때 BOD 1.0kg을 제거하는 데 필요한 공기량은?

① 60.2m³　　　　② 70.1m³
③ 80.4m³　　　　④ 90.3m³

해설
$$\text{공기량}(m^3) = \frac{1.5kg \cdot O_2}{1kg \cdot BOD} \left| \frac{1m^3 \cdot Air}{0.277kg \cdot O_2} \right| \frac{100}{6}$$

$$= 90.25(m^3)$$

30 다음 중 응집침전에 사용되는 황산알루미늄 응집제에 대한 설명으로 틀린 것은?

① 결정(結晶)은 부식성이 있어 취급에 유의하여야 한다.
② 독성이 없어 대량 첨가가 가능하다.
③ 여러 폐수에 적용된다.
④ 생성된 플록이 가볍다.

해설 황산알루미늄의 결정은 부식 자극성이 거의 없고 취급이 용이하다.

31 96%의 수분을 함유하는 Sludge 100m³를 탈수하여 수분 90%인 Sludge를 얻었다. 탈수된 Sludge의 부피는?(단, 비중(1.0)은 변하지 않는 것으로 한다.)

① 40m³　　　　② 50m³
③ 60m³　　　　④ 70m³

해설
$$V_1(1-W_1) = V_2(1-W_2)$$
$$100(1-0.96) = V_2(1-0.90)$$
$$\therefore V_2 = 40m^3$$

32 포기조 내의 MLSS가 4,000mg/L, 폭기조 용적이 500m³인 활성슬러지법에서 매일 25m³의 폐슬러지를 뽑아 소화조로 보내 처리한다면 세포의 평균체류시간은?(단, 반송슬러지의 농도는 2%, 비중은 1.0, 유출수 내 SS 농도 고려 안함)

① 2일　　　　② 3일
③ 4일　　　　④ 5일

해설
$$SRT = \frac{\forall \cdot X}{Q_W \cdot X_W}$$

여기서, Q_w : 25m³/day
X_w : 2% = 2×10^4ppm(mg/L)
X : 4,000mg/L
V : 500m³

$$SRT = \frac{500 \times 4,000}{25 \times 20,000} = 4\text{day}$$

33 어느 폐수의 SS농도가 260mg/L이고, 유량이 1,000m³/day이다. 폐수를 가압부상조로 처리할 때 A/S비는?(단, 공기용해도 = 16.8 mL/L, 가압탱크 내 압력 = 4기압, f = 0.5, 반송 없음)

① 9.5×10^{-2}

② 8.4×10^{-2}

③ 7.3×10^{-2}

④ 6.8×10^{-2}

해설
$$A/S비 = \frac{1.3 \cdot C_{air}\,(f \cdot P - 1)}{SS}$$
$$= \frac{1.3 \times 16.8 \times (0.5 \times 4 - 1)}{260} = 0.084$$

34 하수처리 시 소독방법인 자외선 소독의 장단점으로 틀린 것은?(단, 염소 소독과 비교)

① 요구되는 공간이 적고 안정성이 높다.

② 소독이 성공적으로 되었는지 즉시 측정할 수 없다.

③ 잔류효과, 잔류독성이 없다.

④ 대장균살균을 위한 낮은 농도에서 Virus, Spores, Cysts 등을 비활성화시키는 데 효과적이다.

해설 대장균살균을 위한 낮은 농도에서 Virus, Spores, Cysts 등을 비활성화시키는 데 효과적이지 못하다.

35 고도수처리방법에 사용되는 각종 분리막에 관한 설명으로 틀린 것은?

① 역삼투의 구동력은 농도차이다.

② 한외여과의 구동력은 정수압차이다.

③ 전기투석의 구동력은 전위차이다.

④ 정밀여과의 막형태는 대칭형 다공성막이다.

해설 역삼투의 구동력은 정압차이다.

36 하수처리를 위한 일차침전지의 설계기준 중 잘못된 것은?

① 유효수심은 2.5~4m를 표준으로 한다.

② 침전시간은 계획 1일 최대오수량에 대하여 표면부하율과 유효수심을 고려하여 정하며 일반적으로 2~4시간을 표준으로 한다.

③ 표면적부하율은 계획 1일 최대오수량에 대하여 분류식의 경우는 25~35m³/m² · day, 합류식의 경우는 35~70m³/m² · day로 한다.

④ 침전지 수면의 여유고는 40~60cm 정도로 한다.

해설 표면적부하율은 계획 1일 최대오수량에 대하여 분류식의 경우는 35~70m³/m² · day, 합류식의 경우는 25~50m³/m² · day로 한다.

37 어떤 폐수를 중성으로 조절하는 데 0.1% NaOH가 20mL 소요되었다. 이 경우 NaOH 대신 1% Ca(OH)₂를 사용하면 중성조절에 소요되는 1% Ca(OH)₂ 양은? (단, Ca(OH)₂의 분자량은 74, NaOH는 40이다.)

① 1.9mL   ② 3.6mL

③ 5.8mL   ④ 7.5mL

해설 $NV = N'V'$

$$\frac{0.1g}{100mL}\bigg|\frac{20mL}{}\bigg|\frac{1eq}{40g} = \frac{1g}{100mL}\bigg|\frac{XmL}{}\bigg|\frac{1eq}{(74/2)g}$$

$\therefore X = 1.9(mL)$

38 1,000mg/L의 SS를 함유하는 폐수가 있다. 90%의 SS제거를 위한 침강속도를 측정해 보니 10mm/min 이었다. 폐수의 양이 14,400m³/day일 경우 SS 90% 제거를 위해 요구되는 침전지의 최소 수면적은?

① 900m²   ② 1,000m²

③ 1,200m²   ④ 1,500m²

해설 수면적 부하 = 침강속도(효율 100%)

ⓐ 침강속도 = 10mm/min(14.4m/day)

ⓑ 수면적 부하 = $\frac{Q}{A}$

$$A = \frac{14,400m^3}{day}\bigg|\frac{day}{14.4m} = 1,000(m^2)$$

39 5단계 Bardenpho공정 중 호기조의 역할에 관한 설명으로 가장 적절한 것은?

① 인의 방출

② 인의 과잉 섭취

③ 슬러지 라이징

④ 탈질산화

---

40 유입수의 유량이 360L/인·일, BOD_5 농도가 200 mg/L인 폐수를 처리하기 위해 완전혼합형 활성슬러지 처리장을 설계하려고 한다. Pilot plant를 이용하여 처리능력을 실험한 결과, 1차 침전지에서 유입수 BOD_5의 25%가 제거되며 최종 유출수 BOD_5 = 10mg/L, MLSS = 3,000mg/L, MLVSS는 MLSS의 75%이며 반응속도상수(K)가 0.93L/[(g(MLVSS)hr]이라면 일차반응일 경우 반응시간(hr)은?(단, 2차 침전지는 고려하지 않음)

① 4.5hr   ② 5.4hr
③ 6.7hr   ④ 7.9hr

해설 $\theta = \dfrac{S_i - S_t}{KXS_t}$

여기서, S_i : $200 \times 0.75 = 150$(mg/L)
$\qquad\quad S_t$: 10(mg/L)
$\qquad\quad K$: 0.93L/[(g(MLVSS)hr]
$\qquad\quad X$: $3,000 \times 0.75 = 2,250$(mg/L)

$\therefore \theta = \dfrac{150-10}{0.93 \times 10^{-3} \times 2,250 \times 10} = 6.69(hr)$

SECTION 03   수질오염공정시험기준

41 "항량이 될 때까지 건조한다."라는 용어의 정의로 옳은 것은?

① 같은 조건에서 1시간 더 건조했을 때 전후 무게 차가 g당 0.1mg 이하일 때
② 같은 조건에서 1시간 더 건조했을 때 전후 무게 차가 g당 0.3mg 이하일 때
③ 같은 조건에서 1시간 더 건조했을 때 전후 무게 차가 g당 0.5mg 이하일 때
④ 같은 조건에서 1시간 더 건조했을 때 전후 무게 차가 g당 1.0mg 이하일 때

42 다음은 자외선/가시선 분광법을 적용한 불소 측정방법이다. ( ) 안에 옳은 내용은?

> 물속에 존재하는 불소를 측정하기 위해 시료에 넣은 란탄알리자린 콤플렉손의 착화합물이 불소이온과 반응하여 생성하는 ( )에서 측정하는 방법이다.

① 적색의 복합 착화합물의 흡광도를 560nm
② 청색의 복합 착화합물의 흡광도를 620nm
③ 황갈색의 복합 착화합물의 흡광도를 460nm
④ 적자색의 복합 착화합물의 흡광도를 520nm

해설 물속에 존재하는 불소를 측정하기 위해 시료에 넣은 란탄알리자린 콤플렉손의 착화합물이 불소이온과 반응하여 생성하는 청색의 복합 착화합물의 흡광도를 620nm에서 측정하는 방법이다.

---

43 시험에 사용되는 용어의 정의로 옳지 않은 것은?

① 기밀용기 : 취급 또는 저장하는 동안에 밖으로부터의 공기 또는 다른 가스가 침입하지 아니하도록 내용물을 보호하는 용기
② 정밀히 단다 : 규정된 양의 시료를 취하여 화학저울 또는 미량저울로 칭량함을 뜻한다.
③ 정확히 취하여 : 규정된 양의 액체를 부피피펫으로 눈금까지 취하는 것을 말한다.
④ 감압 : 따로 규정이 없는 한 15mmH₂O 이하를 뜻한다.

해설 감압
따로 규정이 없는 한 15mmHg 이하를 뜻한다.

---

44 채취된 시료를 규정된 보존방법에 따라 조치했다면 최대 보존기간이 가장 짧은 측정항목은?

① 6가크롬   ② 노말헥산추출물질
③ 클로로필-a   ④ 색도

해설 시료의 최대 보존기간
① 6가크롬 : 24시간
② 노말헥산추출물질 : 28일
③ 클로로필-a : 7일
④ 색도 : 48시간

45 다음은 부유물질을 측정 분석 절차에 관한 내용이다. ( ) 안에 옳은 내용은?

> 유리섬유여과지를 여과장치에 부착하여 미리 정제수 20mL씩으로 (A) 흡인 여과하여 씻은 다음 시계접시 또는 알루미늄 호일접시 위에 놓고 105~110℃의 건조기 안에서 (B) 건조시켜 황산 데시케이터에 넣어 방치하고 냉각한 다음 항량하여 무게를 정밀히 달고 여과장치에 부착시킨다.

① A : 2회, B : 1시간
② A : 2회, B : 2시간
③ A : 3회, B : 1시간
④ A : 3회, B : 2시간

46 자외선/가시선 분광법으로 페놀류를 측정할 때 간섭물질인 시료 내 오일과 타르 성분의 제거방법으로 옳은 것은?

① 수산화나트륨을 사용하여 시료의 pH 9~10으로 조절한 후 클로로포름으로 용매 추출하여 제거한다.

② 수산화나트륨을 사용하여 시료의 pH 12~12.5으로 조절한 후 클로로포름으로 용매 추출하여 제거한다.

③ 묽은 황산을 사용하여 시료의 pH 4 이하로 조절한 후 클로로포름으로 용매 추출하여 제거한다.

④ 묽은 황산을 사용하여 시료의 pH 2 이하로 조절한 후 클로로포름으로 용매 추출하여 제거한다.

47 개수로의 평균 단면적이 $1.6m^2$이고, 부표를 사용하여 10m 구간을 흐르는 데 걸리는 시간을 측정한 결과 5초(sec)였을 때 이 수로의 유량은?(단, 수로의 구성, 재질, 수로단면적의 형상, 기울기 등이 일정하지 않은 개수로의 경우 기준)

① $144m^3/min$
② $154m^3/min$
③ $164m^3/min$
④ $174m^3/min$

해설 $Q(m^3/min) = A \times 0.75 V_{max}$

㉠ $A = 1.6m^2$

㉡ $V_{max} = 10m/5sec = 2.0m/sec$

$\therefore Q(\frac{m^3}{min}) = \frac{0.75 \times 1.6m^2}{} \left| \frac{2m}{sec} \right| \frac{60sec}{1min}$

$= 144(m^3/min)$

48 노말헥산 추출물질 측정 개요에 관한 내용으로 옳지 않은 것은?

① 통상 유분의 성분별 선택적 정량이 용이하다.

② 최종 무게 측정을 방해할 가능성이 있는 입자가 존재하는 경우 $0.45\mu m$ 여과지로 여과한다.

③ 정량한계는 $0.5mg/L$이다.

④ 시료를 pH 4 이하의 산성으로 하여 노말헥산층에 용해되는 물질을 노말헥산으로 추출하고 노말헥산을 증발시킨 잔류물의 무게를 구한다.

해설 폐수 중에 비교적 휘발되지 않는 탄화수소, 탄화수소유도체, 그리스유상물질 및 광유류가 노말헥산층에 용해되는 성질을 이용한 방법으로 통상 유분의 성분별 선택적 정량이 곤란하다.

49 시안분석을 위하여 채취한 시료 보존방법에 관한 내용 중 옳지 않은 것은?

① 시안 분석용 시료에 잔류염소가 공존할 경우 시료 1L당 아스크로빈산 1g을 첨가한다.

② 시안 분석용 시료에 산화제가 공존할 경우에는 시안을 파괴할 수 있으므로 채수 즉시 황산 암모늄철을 시료 1L당 0.6g 첨가한다.

③ NaOH로 pH 12 이상으로 하여 4℃에서 보관한다.

④ 최대 보존 기간은 14일 정도이다.

해설 시안 분석용 시료에 잔류염소가 공존할 경우 시료 1L당 아스크로빈산 1g을 첨가하고, 산화제가 공존할 경우에는 시안을 파괴할 수 있으므로 채수 즉시 이산화비소산나트륨 또는 티오황산나트륨을 시료 1L당 0.6g을 첨가한다.

50 시료채취 시 유의사항으로 옳지 않은 것은?

① 휘발성 유기화합물 분석용 시료를 채취할 때에는 뚜껑의 격막을 만지지 않도록 주의 하여야 한다.

② 환원성 물질 분석용 시료의 채취병을 뒤집어 공기 방울이 확인되면 다시 채취하여야 한다.

③ 천부층 지하수의 시료채취 시 고속양수펌프를 이용하여 신속히 시료를 채취하여 시료 영향을 최소화한다.

④ 시료채취시에 시료채취시간, 보존제 사용 여부, 매질 등 분석결과에 영향을 미칠 수 있는 사항을 기재하여 분석자가 참고할 수 있도록 한다.

해설 천부층의 경우 저속양수펌프 또는 정량이송펌프 등을 사용한다.

51 6가크롬(Cr^{6+})의 측정방법과 가장 거리가 먼 것은? (단, 수질오염공정시험기준)

① 불꽃 원자흡수 분광광도법
② 양극벗김전압전류법
③ 자외선/가시선 분광법
④ 유도결합플라스마 원자발광분광법

해설 6가크롬(Cr^{6+})의 측정방법

6가크롬 측정방법	정량한계 (mg/L)	정밀도 (% RSD)
원자흡수분광광도법	0.01mg/L	± 25% 이내
자외선/가시선 분광법	0.04mg/L	± 25% 이내
유도결합플라스마 – 원자발광분광법	0.007mg/L	± 25% 이내

52 물벼룩을 이용한 급성시험법에서 적용되는 용어인 치사(Death)의 정의로 옳은 것은?

① 일정 비율로 준비된 시료에 물벼룩을 투입하고 12시간 경과 후 시험용기를 살며시 움직여주고 15초 후 관찰했을 때 아무 반응이 없는 경우를 치사라 판정한다.
② 일정 비율로 준비된 시료에 물벼룩을 투입하고 12시간 경과 후 시험용기를 살며시 움직여주고 30초 후 관찰했을 때 아무 반응이 없는 경우를 치사라 판정한다.
③ 일정 비율로 준비된 시료에 물벼룩을 투입하고 24시간 경과 후 시험용기를 살며시 움직여주고 15초 후 관찰했을 때 아무 반응이 없는 경우를 치사라 판정한다.
④ 일정 비율로 준비된 시료에 물벼룩을 투입하고 24시간 경과 후 시험용기를 살며시 움직여주고 30초 후 관찰했을 때 아무 반응이 없는 경우를 치사라 판정한다.

53 다음은 비소를 자외선/가시선 분광법을 적용하여 측정할 때의 측정방법이다. ( ) 안에 옳은 내용은?

> 물속에 존재하는 비소를 측정하는 방법으로 비소를 (㉠)로 환원시킨 다음 아연을 넣어 발생되는 수소화비소를 다이에틸다이티오카바민산은의 피리딘 용액에 흡수시켜 생성된 (㉡) 착화합물을 (㉢)에서 흡광도를 측정하는 방법이다.

① ㉠ 3가 비소, ㉡ 청색, ㉢ 620nm
② ㉠ 3가 비소, ㉡ 적자색, ㉢ 530nm
③ ㉠ 6가 비소, ㉡ 청색, ㉢ 620nm
④ ㉠ 6가 비소, ㉡ 적자색, ㉢ 530nm

54 물속의 냄새 측정 시 잔류염소 냄새는 측정에서 제외한다. 잔류염소 제거를 위해 첨가하는 시액은?

① 티오황산나트륨용액
② 과망간산칼륨용액
③ 아스코르빈산암모늄용액
④ 질산암모늄용액

해설 잔류염소 냄새는 측정에서 제외한다. 따라서 잔류염소가 존재하면 티오황산나트륨 용액을 첨가하여 잔류염소를 제거한다.

55 식물성 플랑크톤을 측정하기 위한 시료 채취 시 정성 채집에 이용하는 것은?

① 반돈 채수기   ② 플랑크톤 채수병
③ 플랑크톤 네트   ④ 플랑크톤 박스

해설 식물성 플랑크톤을 측정하기 위한 시료 채취 시 플랑크톤 네트(mesh size 25μm)를 이용한 정성채집과, 반돈(Van – Dorn) 채수기 또는 채수병을 이용한 정량 채집을 병행한다. 정성 채집시 플랑크톤 네트는 수평 및 수직으로 수회씩 끌어 채집한다.

56 시험에 적용되는 온도 표시에 관한 내용으로 옳지 않은 것은?

① 실온은 1~35℃   ② 찬 곳은 4℃ 이하
③ 온수는 60~70℃   ④ 상온은 15~25℃

해설 찬 곳은 따로 규정이 없는 한 0~15℃의 곳을 뜻한다.

57 측정항목에 따른 시료의 보존방법이 다른 것으로 짝지어진 것은?

① 부유물질 - 색도
② 생물화학적 산소요구량 - 전기전도도
③ 아질산성 질소 - 음이온계면활성제
④ 유기인 - 인산염인

해설 ㉠ 유기인 : 4℃ 보관, HCl로 pH 5~9
　　 ㉡ 인산염인 : 즉시 여과한 후 4℃ 보관

58 수소이온농도 측정을 위한 표준용액 중 거의 중성 pH 값을 나타내는 것은?

① 인산염 표준용액
② 수산염 표준용액
③ 탄산염 표준용액
④ 프탈산염 표준용액

59 납에 적용 가능한 시험방법으로 옳지 않은 것은? (단, 수질오염공정시험기준을 기준으로 함)

① 유도결합플라스마 - 원자발광분광법
② 원자형광법
③ 양극벗김전압전류법
④ 유도결합플라스마 - 질량분석법

해설

납	정량한계 (mg/L)	정밀도 (% RSD)
원자흡수분광광도법	0.04mg/L	±25% 이내
자외선/가시선 분광법	0.004mg/L	±25% 이내
유도결합플라스마 - 원자발광분광법	0.04mg/L	±25% 이내
유도결합플라스마 - 질량분석법	0.002mg/L	±25% 이내
양극벗김전압전류법	0.0001mg/L	±20% 이내

60 4각 위어의 수두 80cm, 절단의 폭 2.5m이면 유량은?(단, 유량계수는 1.6)

① 약 $2.9m^3/min$
② 약 $3.5m^3/min$
③ 약 $4.7m^3/min$
④ 약 $5.3m^3/min$

해설 4각 위어의 유량
$$Q(m^3/min) = K \cdot b \cdot h^{3/2} = 1.6 \times 2.5 \times 0.8^{3/2}$$
$$= 2.86(m^3/min)$$

SECTION 04 수질환경관계법규

61 오염총량관리 조사 · 연구반을 구성, 운영하는 곳은?

① 국립환경과학원
② 유역환경청
③ 한국환경공단
④ 시도보건환경연구원

해설 오염총량관리 조사 · 연구반
㉠ 오염총량관리 조사 · 연구반은 국립환경과학원에 둔다.
㉡ 조사 · 연구반의 반원은 국립환경과학원장이 추천하는 국립환경과학원 소속의 공무원과 수질 및 수생태계 관련 전문가로 구성한다.
㉢ 조사 · 연구반은 다음의 업무를 수행한다.
　• 오염총량목표수질에 대한 검토 · 연구
　• 오염총량관리기본방침에 대한 검토 · 연구
　• 오염총량관리기본계획에 대한 검토
　• 오염총량관리시행계획에 대한 검토 등

62 사업자 및 배출시설과 방지시설에 종사하는 자는 배출시설과 방지시설의 정상적인 운영, 관리를 위한 환경기술인의 업무를 방해하여서는 아니 되며, 그로부터 업무수행에 필요한 요청을 받은 때에는 정당한 사유가 없는 한 이에 응하여야 한다. 이를 위반하여 환경기술인의 업무를 방해하거나 환경기술인의 요청을 정당한 사유 없이 거부한 자에 대한 벌칙 기준은?

① 100만 원 이하의 벌금에 처한다.
② 200만 원 이하의 벌금에 처한다.
③ 300만 원 이하의 벌금에 처한다.
④ 500만 원 이하의 벌금에 처한다.

63 수질 및 수생태계 보전에 관한 법률에 사용하고 있는 용어의 정의와 가장 거리가 먼 것은?

① 점오염원 : 폐수배출시설, 하수발생시설, 축사 등으로서 일정한 장소에서 수질오염물질을 배출하는 배출원
② 비점오염원 : 도시, 도로, 농지, 산지, 공사장, 등으로서 불특정 장소에서 불특정하게 수질오염물질을 배출하는 배출원

---

③ 폐수무방류배출시설 : 폐수배출시설에서 발생하는 폐수를 당해 사업장 안에서 수질오염방지시설을 이용하여 처리하거나 동일 배출시설에 재이용하는 등 공공수역으로 배출하지 아니하는 폐수배출시설

④ 폐수 : 물에 액체성 또는 고체성의 수질오염물질이 혼입되어 그대로 사용할 수 없는 물

해설 "점오염원"이라 함은 폐수배출시설, 하수발생시설, 축사 등으로서 관거·수로 등을 통하여 일정한 지점으로 수질오염물질을 배출하는 배출원을 말한다.

64 위반횟수별 부과계수에 관한 내용 중 맞는 것은?

① 2종 사업장 : 처음 위반의 경우 1.6
② 3종 사업장 : 처음 위반의 경우 1.4
③ 4종 사업장 : 처음 위반의 경우 1.3
④ 5종 사업장 : 처음 위반의 경우 1.1

해설 위반횟수별 부과계수
① 2종 사업장 : 처음 위반의 경우 1.4
② 3종 사업장 : 처음 위반의 경우 1.3
③ 4종 사업장 : 처음 위반의 경우 1.2

65 오염총량관리기본계획 수립시 포함되어야 하는 사항이 아닌 것은?

① 당해 지역 개발 현황
② 지방자치단체별·수계구간별 오염부하량의 할당
③ 관할 지역에서 배출되는 오염부하량의 총량 및 저감계획
④ 당해 지역 개발계획으로 인하여 추가로 배출되는 오염부하량 및 그 저감계획

해설 오염총량관리기본계획 수립시 포함되어야 하는 사항
㉠ 당해 지역 개발계획의 내용
㉡ 지방자치단체별·수계구간별 오염부하량(汚染負荷量)의 할당
㉢ 관할 지역에서 배출되는 오염부하량의 총량 및 저감계획
㉣ 당해 지역 개발계획으로 인하여 추가로 배출되는 오염부하량 및 그 저감계획

66 대권역 수질 및 수생태계 보전 계획에 포함되어야 하는 사항과 가장 거리가 먼 것은?

① 오염원별 수질오염 저감시설 현황
② 점오염원, 비점오염원 및 기타 수질오염원에 의한 수질 오염물질 발생량
③ 상수원 및 물 이용현황
④ 수질오염 예방 및 저감계획

해설 대권역 수질 및 수생태계 보전 계획에 포함되어야 하는 사항
㉠ 수질 및 수생태계 변화 추이 및 목표기준
㉡ 상수원 및 물 이용현황
㉢ 점오염원, 비점오염원 및 기타 수질오염원의 분포현황
㉣ 점오염원, 비점오염원 및 기타 수질오염원에 의한 수질 오염물질 발생량
㉤ 수질오염 예방 및 저감대책
㉥ 수질 및 수생태계 보전조치의 추진방향
㉦ 그 밖에 환경부령이 정하는 사항

67 다음은 폐수처리업의 등록기준 중 폐수 재이용업의 운반장비에 관한 기준이다. ( ) 안에 옳은 내용은?

> 폐수운반차량은 청색[색번호 1085−12(1016)]으로 도색하고 양쪽 옆면과 뒷면에 가로 50센티미터, 세로 20센티미터 이상 크기의 ( )로 폐수운반 차량, 회사명, 등록법호, 전화번호 및 용량을 지워지지 아니하도록 표시하여야 한다.

① 노란색 바탕에 청색 글씨
② 노란색 바탕에 검은색 글씨
③ 흰색 바탕에 청색 글씨
④ 흰색 바탕에 검은색 글씨

68 비점오염저감시설 중 자연형 시설이 아닌 것은?

① 식생형 시설
② 인공습지
③ 여과형 시설
④ 저류시설

해설 여과형 시설은 장치형 시설에 포함된다.

69 비점오염원의 변경신고사항과 가장 거리가 먼 것은?

① 상호, 사업장 위치 및 장비(예비차량 포함)가 변경되는 경우
② 비점오염원 또는 비점오염저감시설의 전부 또는 일부를 폐쇄하는 경우
③ 비점오염저감시설의 종류, 위치, 용량이 변경되는 경우
④ 총 사업면적, 개발면적 또는 사업장 부지면적이 처음 신고면적의 100분의 15 이상 증가하는 경우

해설 비점오염원의 변경신고사항
㉠ 상호 · 대표자 · 사업명 또는 업종의 변경
㉡ 총 사업면적 · 개발면적 또는 사업장 부지면적이 처음 신고면적의 100분의 15 이상 증가하는 경우
㉢ 비점오염저감시설의 종류, 위치, 용량이 변경되는 경우
㉣ 비점오염원 또는 비점오염저감시설의 전부 또는 일부를 폐쇄하는 경우

70 수질 및 수생태계 정책심의 위원회 위원(위원장, 부위원장 포함)으로 가장 거리가 먼 것은?

① 환경부장관
② 국토교통부장관
③ 환경부장관이 위촉하는 수질 및 수생태계 관련 전문가 3인
④ 산림청장

71 종말처리시설에 유입된 수질오염물질을 최종 방류구를 거치지 아니하고 배출하거나 최종 방류구를 거치지 아니하고 배출할 수 있는 시설을 설치하는 행위를 한 자에 대한 벌칙기준은?

① 3년 이하의 징역 또는 1천5백만 원 이하의 벌금
② 3년 이하의 징역 또는 2천만 원 이하의 벌금
③ 5년 이하의 징역 또는 5천만 원 이하의 벌금
④ 7년 이하의 징역 또는 5천만 원 이하의 벌금

72 수질오염감시경보에 관한 내용으로 측정항목별 측정값이 관심단계 이하로 낮아진 경우의 수질오염감시경보단계는?

① 경계
② 주의
③ 해제
④ 관찰

73 수질 및 수생태계 환경기준 중 하천에서 사람의 건강 보호기준으로 틀린 것은?

① 카드뮴 : 0.05mg/L 이하
② 비소 : 0.05mg/L 이하
③ 납 : 0.05mg/L 이하
④ 6가크롬 : 0.05mg/L 이하

해설 카드뮴 : 0.005mg/L 이하

74 낚시제한구역에서의 낚시방법의 제한사항에 관한 내용으로 틀린 것은?

① 1명당 4대 이상의 낚싯대를 사용하는 행위
② 1개의 낚싯대에 5개 이상의 낚싯바늘을 사용하는 행위
③ 쓰레기를 버리거나 취사행위를 하거나 화장실이 아닌 곳에서 대, 소변을 보는 등 수질오염을 일으킬 우려가 있는 행위
④ 낚싯바늘에 끼워서 사용하지 아니하고 물고기를 유인하기 위하여 떡밥, 어분 등을 던지는 행위

해설 1개의 낚싯대에 5개 이상의 낚싯바늘을 떡밥과 뭉쳐서 미끼로 던지는 행위

75 1일 폐수배출량이 21,000m³ 이상인 폐수배출시설의 지역별 · 항목별 배출허용기준으로 틀린 것은?

(기준변경)

		BOD (mg/L)	COD (mg/L)	SS (mg/L)
①	청정지역	20 이하	30 이하	20 이하
②	가지역	60 이하	70 이하	60 이하
③	나지역	80 이하	90 이하	80 이하
④	특례지역	30 이하	40 이하	30 이하

구분	1일 폐수배출량 2,000m³ 이상			1일 폐수배출량 2,000m³ 미만		
	BOD (mg/L)	TOC (mg/L)	SS (mg/L)	BOD (mg/L)	TOC (mg/L)	SS (mg/L)
청정 지역	30 이하	25 이하	30 이하	40 이하	30 이하	40 이하
가 지역	60 이하	40 이하	60 이하	80 이하	50 이하	80 이하
나 지역	80 이하	50 이하	80 이하	120 이하	75 이하	120 이하
특례 지역	30 이하	25 이하	30 이하	30 이하	25 이하	30 이하

76 다음의 수질오염방지시설 중 화학적 처리시설인 것은?

① 혼합시설
② 폭시시설
③ 응집시설
④ 살균시설

해설 화학적 처리시설
㉠ 화학적 침강시설
㉡ 중화시설
㉢ 흡착시설
㉣ 살균시설
㉤ 이온교환시설
㉥ 소각시설
㉦ 산화시설
㉧ 환원시설
㉨ 침전물 개량시설

77 다음은 오염총량초과부과금의 산정방법이다. (   ) 안에 옳은 내용은?

오염총량초과부과금 =(   )×초과율별 부과계수×지역별 부과계수×위반횟수별 부과계수 − 감액 대상 배출부과금 및 과징금

① 초과배출이익
② 초과오염배출량
③ 연도별 부과금 단가
④ 오염부하량 단가

78 수질오염경보 중 조류경보의 단계가 조류주의보일 때 수면관리자의 조치사항으로 옳은 것은?

① 주 1회 이상 시료 채취 및 분석
② 주변 오염원에 대한 철저한 지도, 단속, 및 수상스키, 수영, 낚시, 취사 등의 활동 자제 권고
③ 조류 증식 수심 이하로 취수구 이동
④ 취수구와 조류가 심한 지역에 대한 방어막 설치 등 조류 제거조치 실시

해설 조류주의보일 때 수면관리자의 조치사항은 "취수구와 조류가 심한 지역에 대한 방어막 설치 등 조류 제거 조치 실시"이다.

79 수질오염경보의 종류별 경보단계 및 그 단계별 발령해제기준에 관한 내용 중 조류경보의 단계가 [조류대발생]인 경우의 발령기준은?   (기준변경)

① 2회 연속 채취 시 클로로필−a 농도 100mg/m³ 이상이고, 남조류의 세포 수가 100,000세포/mL 이상인 경우
② 2회 연속 채취 시 클로로필−a 농도 100mg/m³ 이상이고, 남조류의 세포 수가 1,000,000세포/mL 이상인 경우
③ 2회 연속 채취 시 클로로필−a 농도 1,000mg/m³ 이상이고, 남조류의 세포 수가 100,000세포/mL 이상인 경우
④ 2회 연속 채취 시 클로로필−a 농도 1,000mg/m³ 이상이고, 남조류의 세포 수가 1,00,000세포/mL 이상인 경우

80 다음 중 방류수수질기준 초과율별 부과계수가 틀린 것은?

① 초과율이 30% 이상 40% 미만인 경우 부과계수는 1.6을 적용한다.
② 초과율이 50% 이상 60% 미만인 경우 부과계수는 2.0을 적용한다.
③ 초과율이 70% 이상 80% 미만인 경우 부과계수는 2.4를 적용한다.
④ 초과율이 90% 이상 100% 미만인 경우 부과계수는 2.6을 적용한다.

해설 방류수수질기준 초과율별 부과계수

초과율	부과계수	초과율	부과계수
10% 미만	1	50% 이상 60% 미만	2.0
10% 이상 20% 미만	1.2	60% 이상 70% 미만	2.2
20% 이상 30% 미만	1.4	70% 이상 80% 미만	2.4
30% 이상 40% 미만	1.6	80% 이상 90% 미만	2.6
40% 이상 50% 미만	1.8	90% 이상 100%까지	2.8

SECTION 01 수질오염개론

01 어느 물질의 반응시작 때의 농도가 200mg/L이고 2시간 후의 농도가 35mg/L로 되었다. 반응시간 1시간 후의 반응물질 농도는?(단, 1차 반응 기준, 자연대수 기준)

① 약 84mg/L ② 약 92mg/L
③ 약 107mg/L ④ 약 114mg/L

 해설

$$\ln\frac{C_t}{C_o} = -K \cdot t$$

$$\ln\frac{35}{200} = -K \cdot 2hr \qquad K = 0.8715(hr^{-1})$$

$$\therefore \ln\frac{C_t}{200} = \frac{-0.58715}{hr}\bigg|\frac{1hr}{}$$

$$\therefore C_t = 200 \times e^{-0.8715 \times 1} = 83.66(mg/L)$$

02 산소의 포화농도가 9.14mg/L인 하천에서 t = 0일 때 DO농도가 6.5mg/L라면 물이 3일 및 5일 흐른 후 하류에서의 DO 농도는?(단, 최종 BOD = 11.3mg/L, $K_1 = 0.1/day$, $K_2 = 0.2/day$, 상용대수 기준)

① 3일 후 DO 농도=5.7mg/L
  5일 후 DO 농도=6.1mg/L
② 3일 후 DO 농도=5.7mg/L
  5일 후 DO 농도=6.4mg/L
③ 3일 후 DO 농도=6.1mg/L
  5일 후 DO 농도=7.1mg/L
④ 3일 후 DO 농도=6.1mg/L
  5일 후 DO 농도=7.4mg/L

해설 DO 농도=DO 포화농도−유하거리 지점에서의 DO 부족량(D_t)
㉠ 3일 후 DO 부족량

$$D_t = \frac{K_1 \cdot L_o}{K_2 - K_1}(10^{-K_1 \cdot t} - 10^{-K_2 \cdot t}) + D_o \cdot 10^{-K_2 \cdot t}$$

$$= \frac{0.1 \times 11.3}{0.2 - 0.1}(10^{-0.1 \times 3} - 10^{-0.2 \times 3}) + (9.14 - 6.5)$$

$$\times 10^{-0.2 \times 3} = 3.488(mg/L)$$

∴ 3일 후 DO 부족량=9.14−3.488=5.65(mg/L)

㉡ 5일 후 DO 부족량

$$D_t = \frac{K_1 \cdot L_o}{K_2 - K_1}(10^{-K_1 \cdot t} - 10^{-K_2 \cdot t}) + D_o \cdot 10^{-K_2 \cdot t}$$

$$= \frac{0.1 \times 11.3}{0.2 - 0.1}(10^{-0.1 \times 5} - 10^{-0.2 \times 5}) + (9.14 - 6.5)$$

$$\times 10^{-0.2 \times 5}$$

$$= 2.707(mg/L)$$

∴ 3일 후 DO 부족량=9.14−2.707=6.43(mg/L)

03 pH = 4.5인 물의 수소이온농도(M)는?

① 약 3.2×10^{-5}M ② 약 5.2×10^{-5}M
③ 약 3.2×10^{-4}M ④ 약 5.2×10^{-4}M

해설 $[H^+] = 10^{-pH}$
$[H^+] = 10^{-4.5} = 3.16 \times 10^{-5}$

04 하천 주변에 돼지를 키우려고 한다. 이 하천은 BOD가 2.0mg/L이고 유량이 100,000m³/day이다. 돼지 1마리당 BOD 배출량은 0.25kg/day라고 한다면 최대 몇 마리까지 키울 수 있는가?(단, 하천의 BOD는 6mg/L을 유지하려고 한다.)

① 1,200 ② 2,000
③ 2,500 ④ 3,000

해설

$$Q_m = \frac{Q_1 C_1 + Q_2 C_2}{Q_1 + Q_2}$$

$$6 = \frac{(100,000 \times 2) + Q_2 C_2}{100,000 + 0}$$

$$Q_2 C_2 = 300(kg/day)$$

$$\therefore X(마리) = \frac{300kg}{day}\bigg|\frac{day \cdot 마리}{0.25kg} = 1,200(마리)$$

05 다음에 나타낸 오수 미생물 중에서 유황화합물을 산화하여 균체 내 또는 균체 외에 유황입자를 축적하는 것은?

① Zoogloea ② Sphaerotilus
③ Beggiatoa ④ Crenothrix

해설 Beggiatoa를 설명하고 있다.

06 증류수 500mL에 NaOH 0.01g을 녹이는 pH는? (단, NaOH의 분자량은 40이고 완전해리 한다.)

① 10.4   ② 10.7

③ 11.0   ④ 11.3

해설

$$pH = \log\frac{1}{[H^+]} \quad or \quad pH = 14 - \log\frac{1}{[OH^-]}$$

㉠ $NaOH(\frac{mol}{L}) = \frac{0.01g}{0.5L} \left| \frac{1mol}{40g} \right. = 5 \times 10^{-4}(mol/L)$

㉡ $pH = 14 - \log\frac{1}{5 \times 10^{-4}} = 10.70$

07 해수에 관한 설명으로 옳은 것은?

① 해수의 밀도는 담수보다 작다.

② 염분은 적도해역에서 높고, 남·북 양극 해역에서 다소 낮다.

③ 해수의 Mg/Ca비는 담수의 Mg/Ca비보다 작다.

④ 수심이 깊을수록 해수 주요 성분 농도비의 차이는 줄어든다.

해설 바르게 고쳐보기

① 해수의 밀도는 염분, 수온, 수압의 함수로 수심이 깊을수록 증가한다.

② 해수의 Mg/Ca비는 3~4 정도로 담수보다 매우 높다.

③ 해수의 주요성분 농도비는 항상 일정하다.

08 글리신($C_2H_5O_2N$)이 호기성 조건에서 CO_2, H_2O 및 HNO_3로 변화될 때 글리신 10g의 경우 총산소 필요량은 몇 g인가?

① 15   ② 20

③ 30   ④ 40

해설 $C_2H_5O_2N + 3.5O_2 \rightarrow 2CO_2 + 2H_2O + HNO_3$

75g : $3.5 \times 32g$

10g : X(g)

∴ 총 산소 필요량 = 14.93(g)

09 BOD_5가 180mg/L이고 COD 400mg/L인 경우, 탈산소계수(K_1)의 값은 0.12/day였다. 이때 생물학적으로 분해불가능한 COD는?(단, 상용대수 기준)

① 100mg/L   ② 120mg/L

③ 140mg/L   ④ 160mg/L

해설 $NBDCOD = COD - BDCOD$

㉠ COD : 400mg/L

㉡ $BDCOD = BOD_u$

$BOD_5 = BOD_u \times (1 - 10^{-K1 \cdot t})$

$180 = BOD_u \times (1 - 10^{-0.12 \times 5})$

∴ $BDCOD(BOD_u) = 240.38(mg/L)$

∴ $NBDCOD = COD - BDCOD$

$= 400 - 240.38$

$= 159.62(mg/L)$

10 정체해역에 조류 등이 이상 증식하여 해수의 색을 변색시키는 현상을 적조현상이라 한다. 이때 어류가 죽는 원인과 가장 거리가 먼 것은?

① 플랑크톤의 이상증식은 해수 중의 DO를 고갈시킨다.

② 독성을 가진 플랑크톤에 의해 어류가 폐사한다.

③ 적조현상에 의한 수표면 수막현상에 인해 어류가 폐사한다.

④ 이상 증식한 플랑크톤이 어류의 아가미에 부착되어 호흡장애를 일으킨다.

해설 적조현상은 수표면 수막현상과는 상관이 없다.

11 "기체가 관련된 화학반응에서는 반응하는 기체와 생성하는 기체의 부피 사이에 정수관계가 성립한다." 라는 내용의 기체법칙은?

① Graham의 결합 부피 법칙

② Gay-Lussac의 결합 부피 법칙

③ Dalton의 결합 부피 법칙

④ Henry의 결합 부피 법칙

12 0.01N 약산인 초산이 2% 해리되어 있을 때 이 수용액의 pH는?

① 3.1   ② 3.4

③ 3.7   ④ 3.9

해설

$CH_3COOH \quad \rightarrow \quad CH_3COO^- + H^+$

해리 전   0.01N   0N   0N

해리 후 0.01N − (0.01 × 0.02)N   0.01 × 0.02N   0.01 × 0.02N

$pH = \log\frac{1}{[H^+]} = \log\frac{1}{0.01 \times 0.02} = 3.7$

13 Formaldehyde(CH_2O) 1,250mg/L의 이론적인 COD는?

① 1,263mg/L ② 1,333mg/L

③ 1,423mg/L ④ 1,594mg/L

CH_2O + O_2 ⇄ CO_2 + H_2O

30g : 32g

1,250mg/L : Xmg/L

∴ X = 1,333.33(mg/L)

14 콜로이드에 관한 설명으로 틀린 것은?

① 콜로이드는 입자크기가 크기 때문에 보통의 반투막을 통과하지 못한다.
② 콜로이드 입자들이 전기장에 놓이게 되면 입자들은 그 전하의 반대쪽 극으로 이동하며 이러한 현상을 전기영동이라 한다.
③ 일부 콜로이드 입자들의 크기는 가시광선 평균파장보다 크기 때문에 빛의 투과를 간섭한다.
④ 콜로이드의 안정도는 척력과 중력의 차이에 의해 결정된다.

콜로이드의 안정도는 Zeta 전위에 따라 결정된다.

15 물의 동점성계수를 가장 알맞게 나타낸 것은?

① 전단력 τ과 점성계수 μ를 곱한 값이다.
② 전단력 τ과 밀도 ρ를 곱한 값이다.
③ 점성계수 μ를 전단력 τ로 나눈 값이다.
④ 점성계수 μ를 밀도 ρ로 나눈 값이다.

동점성계수(Kinematic Viscosity ; v)는 점성계수(μ)를 밀도(ρ)로 나눈 값을 말한다.

16 탈산소계수 K(상용대수)가 0.1/day인 어떤 폐수 5일 BOD가 500mg/L이라면 이 폐수의 3일 후에 남아있는 BOD는?

① 366mg/L

② 386mg/L

③ 416mg/L

④ 436mg/L

BOD 잔류공식을 사용한다.

㉠ $BOD_t = BOD_u \times (1 - 10^{-K \cdot t})$

㉡ $BOD_u = \dfrac{500}{1 - 10^{-0.1 \times 5}} = 731.23 (mg/L)$

㉢ $BOD_3 = 731.23 \times 10^{-0.1 \times 3} = 366.49 (mg/L)$

17 수산화나트륨(NaOH) 10g을 물에 용해시켜 200mL로 만든 용액의 농도(N)는?

① 0.62 ② 0.80

③ 1.05 ④ 1.25

$NaOH(eq/L) = \dfrac{10g}{0.2L} \left| \dfrac{1eq}{(40/1)g} \right. = 1.25(N)$

18 호수나 저수지를 상수원으로 사용할 경우 전도(Turn Over)현상으로 수질 악화가 우려되는 시기는?

① 봄과 여름 ② 봄과 가을

③ 여름과 겨울 ④ 가을과 겨울

봄과 가을에 전도(Turn Over)현상으로 수질이 악화된다.

19 다음의 용어에 대한 설명 중 틀린 것은?

① 독립영양계 미생물이란 CO_2를 탄소원으로 이용하는 미생물이다.
② 종속영양계 미생물이란 유기탄소를 탄소원으로 이용하는 미생물이다.
③ 화학합성독립영양계 미생물은 유기물의 산화환원반응을 에너지원으로 한다.
④ 광합성독립영양계 미생물은 빛을 에너지원으로 한다.

화학합성독립영양계 미생물은 무기물의 산화환원반응을 에너지원으로 한다.

20 다음 중 물이 가지는 특성으로 틀린 것은?

① 물의 밀도는 0℃에서 가장 크며 그 이하의 온도에서는 얼음형태로 물에 뜬다.
② 물은 광합성의 수소공여체이며 호흡의 최종산물이다.

③ 생물체의 결빙이 쉽게 일어나지 않는 것은 융해열
이 크기 때문이다.

④ 물은 기화열이 크기 때문에 생물의 효과적인 체온
조절이 가능하다.

해설 물의 밀도는 4℃에서 가장 크다.

SECTION 02 수질오염방지기술

21 순산소활성슬러지법의 특징으로 틀린 것은?

① 2차 침전지에서 스컴이 발생하는 경우가 많다.

② 잉여슬러지는 표준활성슬러지법에 비하여 일반
적으로 많이 발생한다.

③ 표준활성슬러지법의 1/2 정도의 포기시간으로
처리수의 BOD, SS, COD 및 투시도 등을 표준활
성슬러지법과 비슷한 결과를 얻을 수 있다.

④ MLSS 농도는 표준활성슬러지법의 2배 이상으로
유지가능하다.

22 폐수처리과정인 침전시 입자의 농도가 매우 높아 입
자들까지 구조물을 형성하는 침전형태로 옳은 것은?

① 농축침전   ② 응집침전

③ 압밀침전   ④ 독립침전

해설 압밀침전(압축침전, Ⅳ형 침전)을 설명하고 있다.

23 지름 600mm인 하수관에 15.3m³/min의 하수가 흐
를 때, 관내 유속은?

① 약 2.5m/sec   ② 약 1.4m/sec

③ 약 1.2m/sec   ④ 약 0.9m/sec

해설 $Q = A \times V$

㉠ $Q = 15.3 \text{m}^3/\text{min} = 0.255 (\text{m}^3/\text{sec})$

㉡ $A = \dfrac{\pi D^2}{4} = \dfrac{\pi \times 0.6^2}{4} = 0.283 (\text{m}^2)$

∴ $V = \dfrac{Q}{A} = \dfrac{0.255}{0.283} = 0.90 (\text{m/sec})$

24 하수 슬러지 농축 방법 중 부상식 농축의 장단점으로
틀린 것은?

① 잉여슬러지의 농축에 부적합하다.

② 소요면적이 크다.

③ 실내에 설치할 경우 부식문제가 유발된다.

④ 약품 주입 없이 운전이 가능하다.

해설 부상식 농축은 잉여슬러지에 효과적이며, 약품주입 없이도
운전이 가능하다. 그러나 소요면적이 크고, 악취가 발생하
며, 실내에 설치할 경우 부식문제가 유발된다.

25 하루 2,500m³ 폐수를 처리할 수 있는 폭기조를 시공
하고자 한다. 폭기조 내 산기관 1개당 300L/min의
공기를 공급할 때 필요한 산기관 개수는?(단, 폭기조
용적당 공기 공급량은 3.0m³/m³·hr, 폭기조 체류
시간 18hr이다.)

① 313   ② 326

③ 347   ④ 369

해설

$$X(\text{개}) = \frac{\text{개} \cdot \text{min}}{300\text{L}} \left| \frac{2500\text{m}^3}{\text{day}} \right| \frac{10^3\text{L}}{1\text{m}^3} \left| \frac{1\text{day}}{24\text{hr}} \right|$$

$$\frac{18\text{hr}}{} \left| \frac{3.0\text{m}^3}{\text{m}^3 \cdot \text{hr}} \right| \frac{1\text{hr}}{60\text{min}} = 313(\text{개})$$

26 흐름이 거의 없는 물에서 비중이 큰 무기성 입자가 침
강할 때, 다음 침강속도에 가장 민감하게 영향을 주는
것은?

① 수온   ② 물의 점성도

③ 입자의 밀도   ④ 입자의 직경

27 생물학적 방법으로 하수 내의 인을 제거하기 위한 고
도처리공정인 A/O 공법에 관한 설명으로 맞는 것은?

① 무산소조에서 질산화 및 인의 과잉섭취가 일어
난다.

② 혐기조에서 유기물 제거와 함께 인의 과잉섭취가
일어난다.

③ 폭기조에서 인의 방출과 질산화가 동시에 일어
난다.

④ 하수 내의 인은 결국 잉여슬러지의 인발에 의하여
제거된다.

해설 혐기조에서는 유기물 제거와 인의 방출이 일어나며 폭기조에서는 인의 과잉섭취가 일어난다.

28 수중의 암모니아(NH_3)를 공기탈기법(Air Stripping)으로 제거하고자 할 때 가장 중요한 인자는?

① 기압
② pH
③ 용존산소
④ 공기공급량

해설 공기탈기법에 의해 질소 제거를 할 때에는 석회 등을 이용하여 pH를 9.5~11.5로 조정하여 발생된 암모니아를 공기로 탈기시킨다.

29 1차 침전지에서 슬러지를 인발(引拔)했을 때 함수율이 99%이었다. 이 슬러지를 함수율 96%로 농축시켰더니 $33.3m^3$이었다면 1차 침전지에서 인발한 농축 전 슬러지량은?(단, 비중은 1.0 기준)

① $113m^3$
② $133m^3$
③ $153m^3$
④ $173m^3$

해설 $V_1(100-W_1)=V_2(100-W_2)$
$V_1 \times (100-99)=33.3 \times (100-96)$
$\therefore V_1 = 133.2(m^3)$

30 BOD 용적부하 $0.2kg/m^3 \cdot day$로 하여 유량 $300\ m^3/day$, BOD 200mg/L인 폐수를 활성슬러지법으로 처리하고자 한다. 필요한 폭기조의 용량은?

① $150m^3$
② $200m^3$
③ $250m^3$
④ $300m^3$

해설 $BOD \text{용적부하} = \dfrac{BOD \cdot Q}{\forall}$

$\forall = \dfrac{BOD \cdot Q}{BOD \text{용적부하}} = \dfrac{0.2kg}{m^3} \left| \dfrac{300m^3}{day} \right| \dfrac{m^3 \cdot day}{0.2kg}$
$= 300(m^3)$

31 유량 $1,000m^3/day$, 유입 BOD 600mg/L인 폐수를 활성슬러지공법으로 처리하고 있다. 폭기시간 12시간, 처리수 BOD 농도 40mg/L, 세포 증식계수 0.8, 내생호흡계수 0.08/day, MLSS농도 4,000mg/L라면 고형물의 체류시간(day)은?

① 약 4.3
② 약 6.9
③ 약 8.6
④ 약 10.3

해설 $\dfrac{1}{SRT} = Y(F/M) \cdot \eta - K_d$

㉠ Y(미생물성장계수)=0.8

㉡ $(F/M) \cdot \eta = \dfrac{(S_i - S_o)Q}{\forall \cdot X} = \dfrac{(S_i - S_o) \cdot Q}{Q \cdot t \cdot X}$
$= \dfrac{(S_i - S_o)}{t \cdot X} = \dfrac{(600-40)}{12/24 \times 4,000} = 0.28$

㉢ $K_d = 0.08/day$

$\dfrac{1}{SRT} = 0.8 \times 0.28 - 0.08$

$\therefore SRT = 6.94(day)$

32 슬러지 부피(SV)가 평균 25%일 때 SVI를 60~100으로 유지하기 위한 MLSS의 농도 범위로 가장 옳은 것은?

① 1,250~2,500mg/L
② 2,300~3,240mg/L
③ 2,500~4,170mg/L
④ 2,800~5,120mg/L

해설 $SVI = \dfrac{SV(\%)}{MLSS} \times 10^4$

$MLSS = \dfrac{SV(\%)}{SVI} \times 10^4$

㉠ $MLSS = \dfrac{25}{60} \times 10^4 = 4,166.67(mg/L)$

㉡ $MLSS = \dfrac{25}{100} \times 10^4 = 2,500(mg/L)$

33 수은 함유 폐수를 처리하는 공법과 가장 거리가 먼 것은?

① 황화물침전법
② 아말감법
③ 알칼리환원법
④ 이온교환법

해설 알칼리환원법은 6가크롬을 처리하는 공법이다.

34 부유물질의 농도가 300mg/L인 하수 1,000톤의 1차 침전지(체류시간 1시간)에서의 부유물질 제거율은 60%이다. 체류시간을 2배 증가시켜 제거율이 90%로 되었다면 체류시간을 증대시키기 전과 후의 슬러지 발생량(m³)의 차이는?(단, 하수비중 : 1.0, 슬러지 비중 1.0, 슬러지 함수율 95% 기준)

① 1.3m³   ② 1.8m³
③ 2.3m³   ④ 2.7m³

해설 ㉠ 제거율 60%일 때 슬러지 발생량

$$SL(m^3) = \frac{0.3kg \cdot TS}{m^3}|1,000$$

$$\frac{10^3 kg}{1ton} \left| \frac{100 \cdot SL}{5 \cdot TS} \right| \frac{60}{100} \left| \frac{m^3}{1,000kg} \right| = 3.6(m^3)$$

㉡ 제거율 90%일 때 슬러지 발생량

$$SL(m^3) = \frac{0.3kg \cdot TS}{m^3} \left| \frac{1,000ton}{} \right| \frac{m^3}{1,000kg} \right|$$

$$\left| \frac{10^3 kg}{1ton} \right| \frac{100 \cdot SL}{5 \cdot TS} \left| \frac{90}{100} \right| \frac{m^3}{1,000kg} \right| = 5.4(m^3)$$

∴ 슬러지 발생량의 차이 = 5.4m³ − 3.6m³ = 1.8(m³)

35 폐수유량이 2,000m³/day, 부유고형물의 농도가 200mg/L이다. 공기부상시험에서 공기/고형물비가 0.03일 때 최적의 부상을 나타내며 이때 공기용해도는 18.7mg/L이고 공기용존비가 0.5이다. 부상조에서 요구되는 압력은?(단, 비순환식 기준)

① 약 2.0atm   ② 약 2.5atm
③ 약 3.0atm   ④ 약 3.5atm

해설

$$A/S비 = \frac{1.3 \cdot S_a(f \cdot P - 1)}{SS}$$

$$0.03 = \frac{1.3 \times 18.7 \times (0.5 \times P - 1)}{200}$$

∴ P = 2.49(atm)

36 하수 내 함유된 유기물질뿐 아니라 영양물질까지 제거하기 위한 공법인 Phostrip 공법에 관한 설명으로 옳지 않은 것은?

① 생물학적 처리방법과 화학적 처리방법을 조합한 공법이다.
② 유입수의 일부를 혐기성 상태의 조(槽)로 유입시켜 인을 방출시킨다.
③ 유입수의 BOD부하에 따라 인 방출이 큰 영향을 받지 않는다.
④ 기준에 활성슬러지 처리장에 쉽게 적용이 가능하다.

해설 Phostrip 공정은 생물학적 및 화학적 인 제거의 조합으로서 반송슬러지의 일부를 혐기성 상태의 탈인조로 유입시켜 혐기성 상태에서 인을 방출 및 분리한 후 상징액으로부터 과량 함유된 인을 화학 침전제거시키는 방법이다.

37 교반강도를 표시하는 속도구배(G : Velocity Gradirnt)를 가장 적절히 나타낸 식은?(단, μ : 점성계수, W : 반응조 단위 용적당 동력, $\forall$: 반응조 부피, P : 동력)

① $G = \sqrt{\dfrac{\forall}{P}}$ ② $G = \sqrt{\dfrac{\mu}{W}}$

③ $G = \sqrt{\dfrac{P}{\forall}}$ ④ $G = \sqrt{\dfrac{W}{\mu}}$

38 응집침전 처리수가 100m³/day이다. 이 처리수를 모래 여과하여 방류한다면 필요한 여과 면적은? (단, 여과속도는 2m/hr로 할 경우)

① 1.8m²   ② 2.1m²
③ 2.4m²   ④ 2.8m²

해설 여과면적(A_f) = 유량(Q_f)/여과속도(V_f)

$$여과면적(m^2) = \frac{100m^3}{day} \left| \frac{hr}{2m} \right| \frac{1day}{24hr} = 2.08(m^2)$$

39 BOD 200mg/L인 폐수를 일차침전처리 후(처리효율 25%), BOD 부하 1.5kg BOD/m³·day로 깊이 2m인 살수여상을 통과할 때 수리학적 부하는?

① 30m³/m²·day
② 20m³/m²·day
③ 15m³/m²·day
④ 10m³/m²·day

해설 수리학적 부하(V_o) = $\dfrac{처리유량}{침전지\ 표면적}$

$$V_o\left(\frac{m^3}{m^2 \cdot day}\right) = \frac{1.5kg \cdot BOD}{m^3 \cdot day} \left| \frac{m^3}{0.2 \times 0.75kg} \right| \frac{2m}{}$$

$$= 20(m^3/m^2 \cdot day)$$

40 정수시설인 플럭형성지에서 플럭형성시간의 표준으로 옳은 것은?

① 계획 정수량에 대하여 2~5분간
② 계획 정수량에 대하여 5~10분간
③ 계획 정수량에 대하여 10~20분간
④ 계획 정수량에 대하여 20~40분간

해설 플럭형성시간은 계획 정수량에 대하여 20~40분간을 표준으로 한다.

SECTION **03** 수질오염공정시험기준

41 다음 중 4각 웨어의 유량측정공식은?(단, Q : 유량 (m^3/분), K : 유량계수, b : 절단의 폭(m), h : 웨어의 수두(m))

① $Q = Kh^{\frac{3}{2}}$
② $Q = Kbh^{\frac{5}{2}}$
③ $Q = Kh^{\frac{5}{2}}$
④ $Q = Kbh^{\frac{3}{2}}$

해설 4각 웨어의 유량계산식 $Q\left(\dfrac{m^3}{min}\right) = K \cdot b \cdot h^{\frac{3}{2}}$

42 취급 또는 저장하는 동안에 기체 또는 미생물이 침입하지 아니하도록 내용물을 보호하는 용기는?

① 밀폐용기
② 기밀용기
③ 차광용기
④ 밀봉용기

해설 밀봉용기를 설명하고 있다.

43 불소화합물 측정방법을 가장 적절하게 짝지은 것은? (단, 수질오염공정시험 기준)

① 자외선/가시선 분광법 – 기체크로마토그래피
② 자외선/가시선 분광법 – 불꽃 원자흡수분광광도법
③ 유도결합플라스마 원자발광광도법 – 불꽃 원자흡수분광광도법
④ 자외선/가시선 분광법 – 이온크로마토그래피

해설 불소화합물 측정방법은 자외선/가시선 분광법, 이온전극법, 이온크로마토그래피가 있다.

44 다음의 금속류 중에서 불꽃 원자흡수분광광도법으로 측정하지 않는 것은?(단, 수질오염공정시험 기준)

① 안티몬
② 주석
③ 셀레늄
④ 수은

해설 불꽃 원자흡수분광광도법으로 분석이 가능한 원소는 구리, 납, 니켈, 망간, 비소, 셀레늄, 수은, 아연, 철, 카드뮴, 크롬, 6가크롬, 바륨, 주석 등이다.

45 시료 채취 시의 유의사항에 관련된 설명으로 옳은 것은?

① 휘발성유기화합물 분석용 시료를 채취할 때에는 뚜껑의 격막을 만지지 않도록 주의하여야 한다.
② 유류 물질을 측정하기 위한 시료는 밀도차를 유지하기 위해 시료용기에 70~80% 정도를 채워 적정공간을 확보하여야 한다.
③ 지하수 시료는 고여 있는 물의 10배 이상을 퍼낸 다음 새로 고이는 물을 채취한다.
④ 시료채취량은 보통 5~10L 정도이어야 한다.

해설 휘발성유기화합물 분석용 시료를 채취할 때에는 운반 중 공기와 접촉이 없도록 시료 용기에 가득 채운 후 빠르게 뚜껑을 닫는다.

46 다음은 인산염인 시험법(자외선/가시선 분광법 – 이염화주석환원법)에 관한 내용이다. ( ) 안에 옳은 내용은?

> 시료 중의 인산염인이 몰리브덴산 암모늄과 반응하여 생성된 몰리브덴산의 암모늄을 이염화주석으로 환원하여 생성된 몰리브덴( )의 흡광도를 측정한다.

① 적자색
② 황갈색
③ 황색
④ 청색

해설 물속에 존재하는 인산염인을 측정하기 위하여 시료 중의 인산염인이 몰리브덴산 암모늄과 반응하여 생성된 몰리브덴산인 암모늄을 이염화주석으로 환원하여 생성된 몰리브덴청의 흡광도를 690nm에서 측정하는 방법이다.

47 다음은 페놀류 측정(자외선/가시선 분광법)에 관한 내용이다. ( ) 안에 옳은 내용은?

> 증류한 시료에 염화암모늄−암모니아 완충액을 넣어
> ( )으로 조절한 다음, 4−아미노안티피린과 헥사시
> 안화철(Ⅱ)산칼륨을 넣어 생성된 붉은색의 안티피린계
> 색소의 흡광도를 측정한다.

① pH 4 이하
② pH 8
③ pH 9
④ pH 10

해설 물속에 존재하는 페놀류를 측정하기 위하여 증류한 시료에 염화암모늄−암모니아 완충용액을 넣어 pH 10으로 조절한 다음 4−아미노안티피린과 헥사시안화철(Ⅱ)산칼륨을 넣어 생성된 붉은색의 안티피린계 색소의 흡광도를 측정하는 방법으로 수용액에서는 510nm, 클로로폼용액에서는 460nm 에서 측정한다.

48 다음은 이온전극법을 적용하여 불소를 측정하는 경우의 설명이다. ( ) 안의 내용으로 옳은 것은?

> 시료에 이온강도 조절용 완충액을 넣어 pH ( )로 조절하고 불소이온전극과 비교전극을 사용하여 전위를 측정, 그 전위차로 불소를 정량함

① 4.0~4.5
② 5.0~5.5
③ 6.5~7.5
④ 8.0~8.5

해설 시료에 이온강도 조절용 완충액을 넣어 pH 5.0~5.5로 조절하고 불소이온전극과 비교전극을 사용하여 전위를 측정, 그 전위차로 불소를 정량한다.

49 시료의 전처리 방법과 가장 거리가 먼 것은?

① 산분해법
② 마이크로파 산분해법
③ 용매추출법
④ 촉매분해법

해설

전처리 방법	적용 시료
질산법	유기 함량이 비교적 높지 않은 시료의 전처리에 사용한다.
질산−염산법	유기물 함량이 비교적 높지 않고 금속의 수산화물, 산화물, 인산염 및 황화물을 함유하고 있는 시료에 적용된다.
질산−황산법	유기물 등을 많이 함유하고 있는 대부분의 시료에 적용된다.
질산−과염소산법	유기물을 다량 함유하고 있으면서 산분해가 어려운 시료에 적용된다.
질산−과염소산−불화수소산법	다량의 점토질 또는 규산염을 함유한 시료에 적용된다.

50 물벼룩을 이용한 급성 독성 시험법에서 적용되는 용어인 '치사'의 정의로 옳은 것은?

① 일정 비율로 준비된 시료에 물벼룩을 투입하여 12시간 경과 후 시험용기를 살며시 움직여주고, 15초 후 관찰했을 때 아무 반응이 없는 경우
② 일정 비율로 준비된 시료에 물벼룩을 투입하여 12시간 경과 후 시험용기를 살며시 움직여주고, 30초 후 관찰했을 때 아무 반응이 없는 경우
③ 일정 비율로 준비된 시료에 물벼룩을 투입하여 24시간 경과 후 시험용기를 살며시 움직여주고, 15초 후 관찰했을 때 아무 반응이 없는 경우
④ 일정 비율로 준비된 시료에 물벼룩을 투입하여 24시간 경과 후 시험용기를 살며시 움직여주고, 30초 후 관찰했을 때 아무 반응이 없는 경우

51 시료의 보존방법이 다른 항목은?

① 음이온계면활성제
② 6가크롬
③ 알킬수은
④ 질산성질소

해설 알킬수은은 HNO_3 2mL/L 보관, 나머지는 4℃ 보관

52 다음은 구리의 측정(자외선/가시선 분광법 기준)원리에 관한 내용이다. ( ) 안의 내용으로 옳은 것은?

> 구리이온이 알칼리성에서 다이에틸다이티오카르바민산나트륨과 반응하여 생성하는 ( )의 킬레이트 화합물을 아세트산 부틸로 추출하여 흡광도를 440nm에서 측정한다.

① 황갈색   ② 청색
③ 적갈색   ④ 적자색

해설 구리이온이 알칼리성에서 다이에틸다이티오카르바민산나트륨과 반응하여 생성하는 황갈색의 킬레이트 화합물을 아세트산 부틸로 추출하여 흡광도를 440nm에서 측정한다.

53 다음은 하천수의 오염 및 용수의 목적에 따른 채수지점에 관한 내용이다. ( ) 안에 옳은 내용은?

> 하천의 단면에서 수심이 가장 깊은 수면의 지점과 그 지점을 중심으로 하여 좌우로 수면 폭을 2등분한 각각의 지점의 수면으로부터 ( ) 지점에서 채수한다.

① 수심이 2m 미만일 때는 표층수를 대표로 하고 2m 이상일 때는 수심 1/3 지점에서 채수한다.
② 수심이 2m 미만일 때는 수심의 1/2에서 2m 이상일 때는 수심 1/3 및 2/3 지점에서 각각 채수한다.
③ 수심이 2m 미만일 때는 표층수를 대표로 하고 2m 이상일 때는 수심 2/3 지점에서 채수한다.
④ 수심이 2m 미만일 때는 수심의 1/3에서 2m 이상일 때는 수심 1/3 및 2/3 지점에서 각각 채수한다.

54 시안(자외선/가시선 분광법) 분석에 관한 설명으로 틀린 것은?

① 각 시안화합물의 종류를 구분하여 정량할 수 없다.
② 황화합물이 함유된 시료는 아세트산나트륨 용액을 넣어 제거한다.
③ 시료에 다량의 유지류를 포함한 경우 노말헥산 또는 클로로폼으로 추출하여 제거한다.
④ 정량한계는 0.01mg/L이다.

해설 황화합물이 함유된 시료는 아세트산아연용액(10%) 2mL를 넣어 제거한다.

55 온도 표시로 틀린 것은?

① 냉수는 15℃ 이하
② 온수는 60~70℃
③ 찬 곳은 0~4℃
④ 실온은 1~35℃

해설 찬 곳은 따로 규정이 없는 한 0~15℃의 곳을 뜻한다.

56 금속류 중 원자형광법을 시험방법으로 분석하는 것은?(단, 수질오염공정시험 기준)

① 바륨   ② 수은
③ 주석   ④ 셀레늄

해설 수질오염공정시험 기준상 원자형광법을 시험방법으로 분석하는 것은 수은뿐이다.

57 노말헥산 추출물질(총 노말헥산 추출물질) 함유량 측정(절차)에 관한 설명인 아래 내용 중 틀린 것은?

> 시료의 적당량(노말헥산 추출물질로서 (1) 200mg 이상을 분별깔때기에 넣고 (2) 메틸오렌지용액(0.1%) 2~3방울을 넣고 용액이 (3) 황색이 적색으로 변할 때까지 염산(1+1)을 넣어 시료의 (4) pH를 4 이하로 조절한다.

① (1)   ② (2)
③ (3)   ④ (4)

해설 시료 적당량(노말헥산 추출물질로서 5~200mg 해당량)을 분별깔때기에 넣은 후 메틸오렌지용액(0.1%) 2~3방울을 넣고 황색이 적색으로 변할 때까지 염산(1+1)을 넣어 시료의 pH를 4 이하로 조절한다.

58 다음은 총대장균군(평판집락법 적용) 측정에 관한 내용이다. ( ) 안에 옳은 내용은?

> 페트리 접시의 배지 표면에 평판집락법 배지를 굳힌 후 배양한 다음 ( )의 전형적인 집락을 계수하는 방법이다.

① 진한 갈색   ② 진한 적색
③ 청색   ④ 황색

52. ① 53. ④ 54. ② 55. ③ 56. ② 57. ① 58. ② | ANSWER

59 채취된 시료의 최대 보존 기간이 가장 짧은 측정항목은?

① 부유물질
② 음이온계면활성제
③ 암모니아성 질소
④ 염소이온

해설 ① 부유물질 : 7일
② 음이온계면활성제 : 48시간
③ 암모니아성 질소 : 28일
④ 염소이온 : 28일

60 수질오염공정시험기준에서 사용되는 용어의 정의로 틀린 것은?

① 정확히 단다 : 규정된 양의 시료를 취하여 화학저울 또는 미량저울로 칭량함을 말한다.
② 약 : 기재된 양에 대하여 ±10% 이상의 차가 있어서는 안 된다.
③ 즉시 : 30초 이내에 표시된 조작을 하는 것을 뜻한다.
④ 감압 : 따로 규정이 없는 한 15mmHg 이하를 뜻한다.

해설 '정확히 단다'는 규정된 양의 시료를 취하여 분석용 저울로 0.1mg까지 다는 것을 말한다.

SECTION 04 수질환경관계법규

61 기타 수질오염원 시설인 금은판매점의 세공시설의 규모 기준으로 옳은 것은?

① 폐수발생량이 1일 0.01세제곱미터 이상일 것
② 폐수발생량이 1일 0.1세제곱미터 이상일 것
③ 폐수발생량이 1일 1세제곱미터 이상일 것
④ 폐수발생량이 1일 10세제곱미터 이상일 것

해설 금은판매점의 세공시설이나 안경점의 기타 수질오염원 규모는 폐수발생량이 1일 0.01세제곱미터 이상일 것

62 수질오염방지시설 중 물리적 처리시설에 해당되는 것은?

① 응집시설
② 흡착시설
③ 침전물 개량시설
④ 중화시설

해설 응집시설은 물리적 처리시설이며, 나머지는 화학적 처리시설이다.

63 폐수처리업의 종류(업종 구분)로 가장 옳은 것은?

① 폐수 수탁처리업, 폐수 재이용업
② 폐수 수탁처리업, 폐수 재활용업
③ 폐수 위탁처리업, 폐수 수거, 운반업
④ 폐수 위탁처리업, 폐수 위탁처리업

해설 폐수처리업의 종류
㉠ 폐수 수탁처리업 : 폐수처리시설을 갖추고 위탁받은 폐수를 재생 · 이용 외의 방법으로 처리하는 영업
㉡ 폐수 재이용업 : 위탁받은 폐수를 제품의 원료 · 재료 등으로 재생 · 이용하는 영업

64 수질 및 수생태계 환경기준인 수질 및 수생태계 상태별 생물학적 특성 이해표에 관한 내용 중 생물 등급이 [약간 나쁨~매우 나쁨] 생물지표종(어류)으로 틀린 것은?

① 피라미
② 미꾸라지
③ 메기
④ 붕어

해설 피라미는 [보통~약간나쁨]의 생물지표종이다.

65 물놀이 등의 행위제한 권고기준으로 옳은 것은?(단, 대상행위 – 항목 – 기준)

① 수영 등 물놀이 – 대장균 – 1,000(개체수/ 100mL) 이상
② 수영 등 물놀이 – 대장균 – 5,000(개체수/ 100mL) 이상
③ 어패류 등 섭취 – 어패류 체내 총 수은(Hg) – 0.3 mg/kg 이상
④ 어패류 등 섭취 – 어패류 체내 총 카드뮴(Cd) – 0.03mg/kg 이상

대상 행위	항목	기준
수영 등 물놀이	대장균	500 (개체수/100mL) 이상
어패류 등 섭취	어패류 체내 총 수은(Hg)	0.3(mg/kg) 이상

66 낚시금지구역에서 낚시행위를 한 자에 대한 벌칙 또는 과태료 기준으로 옳은 것은?

① 벌금 200만 원 이하

② 벌금 300만 원 이하

③ 과태료 200만 원 이하

④ 과태료 300만 원 이하

67 시장, 군수, 구청장이 낚시금지구역 또는 낚시제한구역을 지정하려는 경우 고려하여야 할 사항과 가장 거리가 먼 것은?

① 용수 사용 및 배출현황

② 낚시터 인근에서의 쓰레기 발생현황 및 처리여건

③ 수질오염도

④ 서식 어류의 종류 및 양 등 수중생태계의 현황

해설 시장, 군수, 구청장이 낚시금지구역 또는 낚시제한구역을 지정하려는 경우 고려하여야 할 사항
㉠ 용수의 목적
㉡ 오염원 현황
㉢ 수질오염도
㉣ 낚시터 인근에서의 쓰레기 발생현황 및 처리여건
㉤ 연도별 낚시인구의 현황
㉥ 서식 어류의 종류 및 양 등 수중생태계의 현황

68 다음의 위임업무 보고사항 중 보고횟수 기준이 다른 것은?

① 기타 수질오염원 현황

② 폐수처리업에 대한 등록, 지도단속실적 및 처리실적 현황

③ 폐수위탁 · 사업장 내 처리현황 및 처리실적

④ 골프장 맹고독성 농약 사용 여부 확인결과

해설 폐수위탁 · 사업장 내 처리현황 및 처리실적
연 1회, 나머지 연 2회

69 수질오염경보의 종류별 경보단계별 조치사항 중 조류경보의 단계가 [조류 대발생 경보]인 경우의 취수장, 정수장 관리자의 조치사항과 가장 거리가 먼 것은?

① 조류증식 수심 이하의 취수구 이동

② 취수구에 대한 조류 방어막 설치

③ 정수처리 강화(활성탄 처리, 오존 처리)

④ 정수의 독소분석 실시

해설 조류경보의 단계가 [조류 대발생 경보]인 경우의 취수장, 정수장 관리자의 조치사항
㉠ 조류증식 수심 이하로 취수구 이동
㉡ 정수처리 강화(활성탄 처리, 오존 처리)
㉢ 정수의 독소분석 실시

70 수질 및 수생태계 환경기준 중 하천에서 사람의 건강보호기준으로 틀린 것은?

① 1,4-다이옥세인 : 0.05mg/L 이하

② 수은 : 0.05mg/L 이하

③ 납 : 0.05mg/L 이하

④ 6가크롬 : 0.05mg/L 이하

해설 ② 수은 : 검출되어서는 안 됨

71 환경기술인 등의 교육기간, 대상자 등에 관한 내용으로 틀린 것은?

① 폐수처리업에 종사하는 기술요원의 교육기간은 국립환경인력개발원이다.

② 환경기술인 과정과 폐수처리기술요원 과정의 교육기간은 3일 이내로 한다.

③ 최초교육은 환경기술인 등이 최초로 업무에 종사한 날부터 1년 이내에 실시하는 교육이다.

④ 보수교육은 최초교육 후 3년마다 실시하는 교육이다.

해설 환경기술인 등의 교육기간
㉠ 환경기술인 환경보전협회
㉡ 기술요원 : 국립환경인력개발원

72 1일 폐수배출량이 500m³인 사업장의 규모 기준으로 옳은 것은?(단, 기타 조건은 고려하지 않음)

① 2종 사업장   ② 3종 사업장
③ 4종 사업장   ④ 5종 사업장

해설 사업장의 규모별 구분

종류	배출규모
제1종 사업장	1일 폐수배출량이 2,000m³ 이상인 사업장
제2종 사업장	1일 폐수배출량이 700m³ 이상, 2,000m³ 미만인 사업장
제3종 사업장	1일 폐수배출량이 200m³ 이상, 700m³ 미만인 사업장
제4종 사업장	1일 폐수배출량이 50m³ 이상, 200m³ 미만인 사업장
제5종 사업장	위 제1종부터 제4종까지의 사업장에 해당하지 아니하는 배출시설

73 환경부장관이 폐수처리업의 등록을 한 자에 대하여 영업정지를 명하여야 하는 경우로 그 영업정지가 주민의 생활 그 밖의 공익에 현저한 지장을 초래할 우려가 있다고 인정되는 경우에는 영업정지처분에 갈음하여 과징금을 부과할 수 있다. 이 경우 최대 과징금 액수는?

① 1억 원   ② 2억 원
③ 3억 원   ④ 5억 원

해설 폐수처리업의 등록을 한 자에 대하여 영업정지를 명하여야 하는 경우로서 그 영업정지가 주민의 생활 그 밖의 공익에 현저한 지장을 초래할 우려가 있다고 인정되는 경우에는 영업정지처분에 갈음하여 2억 원 이하의 과징금을 부과할 수 있다.

74 환경부장관 또는 시도지사가 고시하는 측정망 설치계획에 포함되어야 할 사항과 가장 거리가 먼 것은?

① 측정망 운영기관
② 측정망 관리계획
③ 측정망을 설치할 토지 또는 건축물의 위치 및 면적
④ 측정자료의 확인방법

해설 측정망 설치계획에 포함되어야 할 사항
㉠ 측정망 설치시기
㉡ 측정망 배치도
㉢ 측정망을 설치할 토지 또는 건축물의 위치 및 면적
㉣ 측정망 운영기관
㉤ 측정자료의 확인방법

75 다음은 수질오염감시경보의 경보단계 발령, 해제 기준이다. ( ) 안에 옳은 내용은?

> 생물감시 측정값이 생물감시 경보기준 농도를 30분 이상 지속적으로 초과하고, 전기전도도, 휘발성유기화합물, 페놀, 중금속(구리, 납, 아연, 카드뮴 등) 항목 중 1개 이상의 항목이 측정항목별 경보기준을 ( )배 이상 초과하는 경우

① 2배   ② 3배
③ 5배   ④ 10배

76 폐수종말처리시설의 방류수 수질기준으로 옳은 것은?(단, Ⅰ지역 기준, ( )는 농공단지 폐수종말처리시설의 방류수 수질기준) (기준변경)

① 총 질소 10(20)mg/L 이하
② 총 인 0.2(0.2)mg/L 이하
③ COD 10(20)mg/L 이하
④ 부유물질 20(30)mg/L 이하

해설 [기준의 전면 개편으로 해당사항 없음]

77 수질오염물질의 항목별 배출허용기준 중 1일 폐수배출량이 2,000m³ 미만인 폐수배출시설의 지역별, 항목별 배출허용기준으로 틀린 것은? (기준변경)

①
	BOD(mg/L)	COD(mg/L)	SS(mg/L)
청정지역	40 이하	50 이하	40 이하

②
	BOD(mg/L)	COD(mg/L)	SS(mg/L)
가지역	60 이하	70 이하	60 이하

③
	BOD(mg/L)	COD(mg/L)	SS(mg/L)
나지역	120 이하	130 이하	120 이하

④
	BOD(mg/L)	COD(mg/L)	SS(mg/L)
특례지역	30 이하	40 이하	30 이하

78 수질 및 수생태계 보전에 관한 법률에 사용하고 있는 용어의 정의와 가장 거리가 먼 것은?

① 점오염원 : 폐수배출시설, 하수발생시설, 축사 등으로서 관거, 수로 등을 통하여 일정한 지점으로 수질오염물질을 배출하는 배출원

② 비점오염원 : 도시, 도로, 농지, 산지, 공사장 등으로서 불특정 장소에서 불특정하게 수질오염물질을 배출하는 배출원

③ 폐수무방류배출시설 : 폐수배출시설에서 발생하는 폐수를 당해 사업장 안에서 수질오염방지시설을 이용하여 처리하거나 동일 배출시설에 재이용하는 등 공공수역으로 배출하지 아니하는 폐수배출시설

④ 강우유출수 : 점오염원, 비점오염원 및 기타 오염원의 수질오염물질이 섞여 유출되는 빗물 또는 눈 녹은 물

해설 강우유출수

비점오염원의 수질오염물질이 섞여 유출되는 빗물 또는 눈 녹은 물 등을 말한다.

79 환경부장관이 설치, 운영하는 측정망의 종류와 가장 거리가 먼 것은?

① 유독물질 측정망

② 생물 측정망

③ 비점오염원에서 배출되는 비점오염물질 측정망

④ 퇴적물 측정망

해설 환경부장관이 설치 · 운영하는 측정망의 종류

㉠ 비점오염원에서 배출되는 비점오염물질 측정망

㉡ 수질오염물질의 총량관리를 위한 측정망

㉢ 대규모 오염원의 하류지점 측정망

㉣ 수질오염경보를 위한 측정망

㉤ 대권역 · 중권역을 관리하기 위한 측정망

㉥ 공공수역 유해물질 측정망

㉦ 퇴적물 측정망

㉧ 생물 측정망

㉨ 그 밖에 환경부장관이 필요하다고 인정하여 설치 · 운영하는 측정망

80 비점오염원의 변경신고 기준으로 틀린 것은?

① 상호, 대표자, 사업명 또는 업종의 변경

② 총 사업면적, 개발면적 또는 사업장 부지면적이 처음 신고면적의 100분의 30 이상 증가하는 경우

③ 비점오염저감시설의 종류, 위치, 용량이 변경되는 경우

④ 비점오염원 또는 비점오염저감시설의 전부 또는 일부를 폐쇄하는 경우

해설 비점오염원의 변경신고

㉠ 상호 · 대표자 · 사업명 또는 업종의 변경

㉡ 총 사업면적 · 개발면적 또는 사업장 부지면적이 처음 신고면적의 100분의 15 이상 증가하는 경우

㉢ 비점오염저감시설의 종류, 위치, 용량이 변경되는 경우

㉣ 비점오염원 또는 비점오염저감시설의 전부 또는 일부를 폐쇄하는 경우

SECTION 01 수질오염개론

01 0.01M NaOH 500mL를 완전 중화시키는 데 소요되는 0.1N H_2SO_4량은?

① 10mL   ② 25mL

③ 50mL   ④ 100mL

 $N \cdot V = N' \cdot V'$

$0.01 \times 500 = 0.1 \times X$

$\therefore X(H_2SO_4) = 50(mL)$

02 BOD_u/BOD_5의 비가 1.72인 경우의 탈산소계수(day^{-1})는?(단, base는 상용대수임)

① 0.056   ② 0.066

③ 0.076   ④ 0.086

 $BOD_t = BOD_u(1 - 10^{-K_1 \cdot t})$

$\dfrac{BOD_u}{BOD_5} = \dfrac{1}{1 - 10^{-K \cdot 5}} = 1.72$

$1 - \dfrac{1}{1.72} = 10^{-K \cdot 5}$ (양변에 log를 취하면)

$-K \cdot 5 = -0.3817$

$\therefore K = 0.076$

03 BOD가 4mg/L이고, 유량이 1,000,000m³/day인 하천에 유량이 10,000m³/day인 폐수가 유입되었다. 하천과 폐수가 완전히 혼합된 후 하천의 BOD가 1mg/L 높아졌다면, 하천에 가해지는 폐수의 BOD 부하량(kg/day)은?(단, 기타 사항은 고려하지 않음)

① 460   ② 610

③ 805   ④ 1,050

 $C_m = \dfrac{Q_1 C_1 + Q_2 C_2}{Q_1 + Q_2}$

$5 = \dfrac{(1,000,000 \times 4) + 10,000 \times C_2}{1,000,000 + 10,000}$

$C_2 = 105(mg/L)$

$\therefore$ BOD부하량(kg/day)

$= \dfrac{105mg}{L} \left| \dfrac{10,000m^3}{day} \right| \dfrac{10^3 L}{1m^3} \left| \dfrac{1kg}{10^6 mg} \right. = 1,050(kg/day)$

04 여름철 부영양화된 호수나 저수지에서 다음과 같은 조건을 나타내는 수층으로 가장 적절한 것은?

• pH는 약산성이다.	• 용존산소는 거의 없다.
• CO_2는 매우 많다.	• H_2S가 검출된다.

① 성층   ② 수온약층

③ 심수층   ④ 혼합층

 조건은 저수지의 심수층을 설명하고 있다.

05 우리나라의 물이용 형태에서 볼 때 수요가 가장 많은 분야는?

① 공업용수   ② 농업용수

③ 유지용수   ④ 생활용수

 우리나라 수자원 이용현황 중 이용률이 가장 높은 용수는 농업용수이다.

06 용존산소의 포화농도가 9mg/L인 하천의 상류에서 용존산소 농도가 6mg/L이라면(BOD_5가 5mg/L, $K_1 = 0.1day^{-1}$, $K_2 = 0.4day^{-1}$) 5일 후 하천에서의 DO 부족량(mg/L)은?(단, 상용대수 기준, 기타 조건은 고려하지 않음)

① 약 0.8   ② 약 1.8

③ 약 2.8   ④ 약 3.8

 $D_t = \dfrac{K_1 \cdot L_o}{K_2 - K_1}(10^{-K_1 \cdot t} - 10^{-K_2 \cdot t}) + D_o \cdot 10^{-K_2 \cdot t}$

$L_o(BOD_u) = \dfrac{BOD_5}{(1 - 10^{-K_1 \cdot 5})} = \dfrac{5}{(1 - 10^{-0.5})}$

$= 7.31(mg/L)$

$\therefore D_t = \dfrac{0.1 \times 7.31}{0.4 - 0.1}(10^{-0.1 \times 5} - 10^{-0.4 \times 5}) + (9 - 6)$

$\times 10^{-0.4 \times 5}$

$= 0.776(mg/L)$

07 박테리아(분자식 : $C_5H_7O_2N$) 50g의 호기성 분해 시 이론적 소요 산소량은?(단, CO_2, NH_3, H_2O로 분해됨)

① 52.6g ② 65.3g

③ 70.8g ④ 87.8g

해설
$$C_5H_7O_2N + 5O_2 \rightarrow 5CO_2 + 2H_2O + NH_3$$
$$113g \quad : \quad 5 \times 32g$$
$$50(g) \quad : \quad X(g)$$
$$\therefore X(ThOD) = 70.8(g)$$

08 물 1L에 NaOH 0.04g을 녹인 용액의 pH는?(단, Na : 23, 완전해리 기준)

① 9 ② 10

③ 11 ④ 12

해설
$$pH = 14 - pOH = 14 - \log\frac{1}{[OH^-]}$$
$$NaOH(mol/L) = \frac{0.04g}{1L}\left|\frac{1mol}{40g}\right| = 1.0 \times 10^{-3}M$$
$$NaOH \rightleftharpoons Na^+ + OH^-$$
$$0.001M : 0.001M : 0.001M$$
$$\therefore pH = 14 - \log\frac{1}{0.001} = 11$$

09 0.25M $MgCl_2$ 용액의 이온강도는?(단, 완전해리 기준)

① 0.45 ② 0.55

③ 0.65 ④ 0.75

해설
$$\mu = \frac{1}{2}\sum_i C_i \cdot Z_i^2$$
$$= \frac{1}{2}\left[\{(0.25)\times(+2)^2\} + \{(0.25)\times(-1)^2\}\right.$$
$$\left. + \{(0.25)\times(-1)^2\}\right] = 0.75$$

10 어떤 하천의 물을 농업용수로 적당한가를 알아보기 위하여 수질분석한 결과 다음과 같았다. 이 하천의 Sodium Adsorption Ratio는?(단, 원자량은 Na = 23, Ca = 40, Mg = 24.3, P = 31, N = 14, O = 16)

이온	Na^+	Ca^{+2}	Mg^{+2}	PO_4^{-3}	NO_3^-
농도 (mg/L)	184	50	97.2	100	68

① 1.5 ② 2.5

③ 3.5 ④ 4.5

해설
$$SAR = \frac{Na^+}{\sqrt{\dfrac{Mg^{2+} + Ca^{2+}}{2}}}$$

(단, 모든 단위는 meq/L이다.)

㉠ $Na^+(meq/L) = \dfrac{184mg}{L}\left|\dfrac{1meq}{(23/1)mg}\right| = 8(meq/L)$

㉡ $Ca^{2+}(meq/L) = \dfrac{50mg}{L}\left|\dfrac{1meq}{(40/2)mg}\right| = 2.5(meq/L)$

㉢ $Mg^{2+}(meq/L) = \dfrac{97.2mg}{L}\left|\dfrac{meq}{(24.3/2)mg}\right| = 8(meq/L)$

$$\therefore SAR = \frac{8}{\sqrt{\dfrac{2.5+8}{2}}} = 3.49$$

11 분뇨 처리 후 방류수 잔류염소를 3mg/L로 하고자 한다. 하루 방류수 유량이 $1,600m^3$이고, 염소요구량이 4mg/L이라면 염소는 하루에 얼마나 필요(주입)한가?

① 8.6kg/day

② 11.2kg/day

③ 14.3kg/day

④ 18.6kg/day

해설 염소주입량=잔류량+염소요구량

㉠ 염소주입량=3+4=7(mg/L)

㉡ 염소주입량(kg/day) = $\dfrac{7mg}{L}\left|\dfrac{1,600m^3}{day}\right|\dfrac{10^3L}{1m^3}\left|\dfrac{1kg}{10^6mg}\right.$
$$= 11.2(kg/day)$$

12 0.05N의 약산인 초산이 16% 해리되어 있다면 이 수용액의 pH는?

① 2.1 ② 2.3

③ 2.6 ④ 2.9

해설

	CH_3COOH	$\rightarrow$	$CH3COO^-$	$+$	H^+
해리 전	0.05M		0M		0M
해리 후	0.05M-(0.05×0.16)M		0.05×0.16M		0.05×0.16M

$$pH = \log\frac{1}{[H^+]} = \log\frac{1}{0.05 \times 0.16} = 2.1$$

13 6% NaCl의 M 농도는?(단, NaCl 분자량 = 58.5, 비중 1.0 기준)

① 0.61

② 0.83

③ 1.03

④ 1.26

해설 $X(mol/L) = \frac{6g}{100mL} \left| \frac{1mol}{58.5g} \right| \frac{10^3 mL}{1L} = 1.025(mol/L)$

14 산성비를 정의할 때 기준이 되는 수소이온농도(pH)는?

① 4.3

② 4.5

③ 5.6

④ 6.3

15 물의 물리 · 화학적 특성에 관한 설명으로 틀린 것은?

① 물은 기화열이 작기 때문에 생물의 효과적인 체온 조절이 가능하다.

② 물(액체)분자는 H^+와 OH^-의 극성을 형성하므로 다양한 용질에 유효한 용매이다.

③ 물은 광합성의 수소 공여체이며 호흡의 최종산물로서 생체의 중요한 대사물이 된다.

④ 물은 융해열이 크기 때문에 생물의 생활에 적합한 매체가 된다.

해설 물은 기화열이 커서 생물의 효과적인 체온조절이 가능하다.

16 어느 1차 반응에서 반응 개시의 물질 농도가 220 mg/L이고, 반응 1시간 후의 농도는 94mg/L이었다면 반응 8시간 후의 물질의 농도는?

① 0.12mg/L

② 0.25mg/L

③ 0.36mg/L

④ 0.48mg/L

해설
$\ln \frac{C_t}{C_o} = -K \cdot t$

$\ln \frac{94}{220} = -K \cdot 1hr$

$K = 0.85(hr^{-1})$

$\therefore \ln \frac{C_t}{220} = -0.85 \times 8hr$

$\therefore C_t = 0.245(mg/L)$

17 개미산(HCOOH)의 ThOD/TOC의 비는?

① 1.33

② 2.14

③ 2.67

④ 3.19

해설 $HCOOH + 0.5O_2 \rightarrow CO_2 + H_2O$

$\therefore \frac{ThOD}{TOC} = \frac{0.5 \times 32}{12} = 1.33$

18 하천에서 유기물 분해상태를 측정하기 위해 20℃에서 BOD를 측정했을 때 $K_1 = 0.2/day$이었다. 실제 하천온도가 18℃일 때 탈산소계수는?(단, 온도보정계수는 1.035이다.)

① 약 0.159/day

② 약 0.164/day

③ 약 0.182/day

④ 약 0.187/day

해설 $K_{1(T℃)} = K_{1(20℃)} \times 1.035^{(T-20)}$

$K_{1(T℃)} = 0.2 \times 1.035^{(18-20)} = 0.187(/day)$

19 표준상태에서 45g의 포도당($C_6H_{12}O_6$)이 혐기성 분해 시 이론적으로 발생시킬 수 있는 CH_4가스의 부피는?

① 16.8L

② 19.6L

③ 24.3L

④ 28.6L

해설
$C_6H_{12}O_6 \rightarrow 3CH_4 + 3CO_2$

$180(g)$: $3 \times 22.4(L)$

$45(g)$: $X(L)$

$\therefore X(= CH_4) = 16.8(L)$

20 K_1(탈산소계수)가 0.1/day인 어떤 폐수의 BOD_5가 500mg/L이라면 2일 소모된 BOD는?(단, 상용대수 기준)

① 220mg/L

② 250mg/L

③ 270mg/L

④ 290mg/L

해설
$BOD_t = BOD_u (1 - 10^{-K_1 \cdot t})$

㉠ $BOD_5 = BOD_u (1 - 10^{-K \cdot 5})$

$500(mg/L) = BOD_u (1 - 10^{-0.1 \times 5})$

$\therefore BOD_u = 731.24(mg/L)$

㉡ $BOD_2 = 731.24 \times (1 - 10^{-0.1 \times 2})$

$= 269.86(mg/L)$

SECTION 02 수질오염방지기술

21 일반적으로 회전원판법은 원판 직경의 몇 %가 물에 잠긴 상태에서 운영하는가?(단, 공기구동 방식이 아님)

① 약 20%   ② 약 40%

③ 약 60%   ④ 약 80%

해설 메디아는 전형적으로 40%가 물에 잠긴다.

22 다음의 생물학적 고도처리 공정 중 수중 인의 제거를 주목적으로 개발한 공법은?

① 4단계 Bardenpho 공법

② 5단계 Bardenpho 공법

③ A²/O 공법

④ A/O 공법

해설 인의 제거를 주목적으로 개발한 공법은 A/O 공법과 Phostrip 공법이다.

23 2,000m³/day의 하수를 처리하고 있는 하수처리장에서 염소처리 시 염소요구량이 5.5mg/L이고 잔류염소농도가 0.5mg/L일 때 1일 염소 주입량은?(단, 주입염소에는 40%의 불순물이 함유되어 있다.)

① 10kg/day   ② 15kg/day

③ 20kg/day   ④ 25kg/day

해설 염소주입량=염소요구량+잔류염소량

$\therefore$ Cl_2(kg/day)

$= \dfrac{(5.5+0.5)\text{mg}}{\text{L}} \left| \dfrac{2,000\text{m}^3}{\text{day}} \right| \dfrac{10^3\text{L}}{1\text{m}^3} \left| \dfrac{1\text{kg}}{10^6\text{mg}} \right| \dfrac{100}{60}$

$= 20(\text{kg/day})$

24 하수 소독 방법인 UV 살균의 장점과 거리가 먼 것은?

① 유량과 수질의 변동에 대해 적응력이 강하다.

② 접촉시간이 짧다.

③ 물의 탁도나 혼탁이 소독효과에 영향을 미치지 않는다.

④ 강한 살균력으로 바이러스에 대해 효과적이다.

25 표준활성슬러지법의 MLSS 농도의 표준범위로 가장 옳은 것은?

① 1,000~1,500mg/L

② 1,500~2,500mg/L

③ 2,500~3,500mg/L

④ 3,500~4,500mg/L

해설 표준활성슬러지법의 MLSS 농도의 표준범위는 1,500~2,500mg/L이다.

26 8kg Glucose($C_6H_{12}O_6$)로부터 발생 가능한 CH_4가스의 용적은?(단, 표준상태, 혐기성 분해 기준)

① 약 1,500L   ② 약 2,000L

③ 약 2,500L   ④ 약 3,000L

해설 $C_6H_{12}O_6 \rightarrow 3CH_4 + 3CO_2$

180(g) : 3×22.4(L)

8,000(g) : X(L)

$\therefore$ X(=CH_4)=2,986.67(L)

27 슬러지 건조고형물 무게의 1/2이 유기물질, 1/2이 무기물질이며 이 슬러지 함수율은 80%, 유기물질 비중은 1.0, 무기물질 비중은 2.5라면 슬러지 전체의 비중은?

① 1.025   ② 1.046

③ 1.064   ④ 1.087

해설 $\dfrac{W_{SL}}{\rho_{SL}} = \dfrac{W_{TS}}{\rho_{TS}} + \dfrac{W_W}{\rho_W} = \dfrac{W_{VS}}{\rho_{VS}} + \dfrac{W_{FS}}{\rho_{FS}} + \dfrac{W_W}{\rho_W}$

$\dfrac{100}{\rho_{SL}} = \dfrac{100 \times 0.2 \times (1/2)}{1.0} + \dfrac{100 \times 0.2 \times (1/2)}{2.5} + \dfrac{80}{1.0}$

$\therefore$ $\rho_{SL} = 1.0638$

28 5℃의 수중에 동일한 직경을 가지는 기름방울 A와 B가 있다. A의 비중은 0.84, B의 비중은 0.98일 때 A와 B의 부상 속도비(V_A/V_B)는?

① 2   ② 4

③ 6   ④ 8

해설
$$V_F = \frac{d_p^2(\rho_w - \rho_p)g}{18\mu} \Rightarrow V_F = K(\rho_w - \rho_p)$$

㉠ $V_A = K(\rho_w - \rho_p) = K(1 - 0.84) = 0.16K$

㉡ $V_B = K(\rho_w - \rho_p) = K(1 - 0.98) = 0.02K$

$$\therefore \frac{V_A}{V_B} = \frac{0.16K}{0.02K} = 8$$

29 포기조 용역을 1L 메스실린더에서 30분간 침강시킨 침전슬러지 부피가 500mL이었다. MLSS 농도가 2,500mg/L라면 SDI는?

① 0.5   ② 1
③ 2   ④ 4

해설
$$SDI = \frac{1}{SVI} \times 100$$
$$SVI = \frac{SV_{30}(mL/L)}{MLSS\ 농도(mg/L)} \times 10^3$$
$$= \frac{500(mL/L)}{2,500(mg/L)} \times 10^3 = 200(mL/g)$$
$$\therefore SDI = \frac{1}{SVI} \times 100 = \frac{1}{200} \times 100 = 0.5$$

30 잉여슬러지의 농도가 10,000mg/L일 때 포기조 MLSS를 2500mg/L로 유지하기 위한 반송비는? (단, 기타 조건은 고려하지 않음)

① 0.23   ② 0.33
③ 0.43   ④ 0.53

해설
$$R = \frac{X}{X_r - X}$$
$$\therefore R(\%) = \frac{2,500}{10,000 - 2,500} = 0.33$$

31 부피 2,000m³인 탱크의 G값을 50/sec로 하고자 할 때 필요한 이론 소요동력(W)은?(단, 유체점도는 0.001kg/m·sec)

① 3,500   ② 4,000
③ 4,500   ④ 5,000

해설
$$G = \sqrt{\frac{P}{\mu \forall}}\ 에서$$
동력$(P) = G^2 \times \mu \times \forall = (50)^2 \times 0.001 \times 2,000$
$$= 5,000(W)$$

32 폐수에 포함된 15mg/L의 난분해성 유기물을 활성탄 흡착에 의해 1mg/L로 처리하고자 하는 경우 필요한 활성탄의 양은?(단, 오염물질의 흡착량과 흡착제 양과의 관계는 Freundlich의 등온식에 따르며 K = 0.5, n = 1)

① 24mg/L   ② 28mg/L
③ 32mg/L   ④ 36mg/L

해설
$$\frac{X}{M} = K \cdot C^{\frac{1}{n}}$$
$$\frac{(15-1)}{M} = 0.5 \times 1^{1/1}$$
$$\therefore M = 28(mg/L)$$

33 슬러지의 함수율이 95%에서 90%로 줄어들면 슬러지의 부피는?(단, 슬러지 비중은 1.0)

① 2/3로 감소한다.   ② 1/2로 감소한다.
③ 1/3로 감소한다.   ④ 3/4로 감소한다.

해설
$$V_1(1 - W_1) = V_2(1 - W_2)$$
$$100(1 - 0.95) = V_2(1 - 0.9)$$
$$\therefore V_2 = 50m^3$$
$$\frac{V_2}{V_1} \times 100 = \frac{50}{100} \times 100 = 50(\%)$$
$$\therefore 1/2로 감소한다.$$

34 진공여과기로 슬러지를 탈수하여 함수율 78%의 탈수 Cake를 얻었다. 여과면적은 30m², 여과속도는 25kg/m²·hr이라면 진공여과기의 시간당 Cake의 생산량은?(단, 슬러지의 비중은 1.0으로 가정한다.)

① 약 2.8m³/hr   ② 약 3.4m³/hr
③ 약 4.2m³/hr   ④ 약 5.3m³/hr

해설
$$X(m^3/hr) = \frac{25kg \cdot TS}{m^2 \cdot hr}\left|\frac{30m^2}{}\right|\frac{1m^3}{1,000kg}\left|\frac{100 \cdot Cake}{(100-78) \cdot TS}\right.$$
$$= 3.41(m^3/hr)$$

35 펜톤(Fenton)반응에서 사용되는 과산화수소의 용도는?

① 응집제   ② 촉매제
③ 산화제   ④ 침강촉진제

36 BOD 300mg/L인 폐수를 20℃에서 살수여상법으로 처리한 결과 유출수 BOD가 60mg/L가 되었다. 이 폐수를 10℃에서 처리한다면 유출수의 BOD는? (단, 처리효율 $E_t = 320 \times 1.035^{t-20}$이다.)

① 110mg/L　　② 130mg/L

③ 150mg/L　　④ 170mg/L

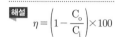 $\eta = \left(1 - \dfrac{C_o}{C_i}\right) \times 100$

㉠ 20℃에서의 효율

$\eta = \left(1 - \dfrac{60}{300}\right) \times 100 = 80(\%)$

㉡ 10℃에서의 효율

$E_{10} = 80 \times 1.035^{10-20} = 56.7(\%)$

$\therefore C_o = C_i \times (1-\eta) = 300 \times (1-0.567) = 129.9(\text{mg/L})$

37 활성슬러지에 의한 폐수처리의 운전 및 유지 관리상 가장 중요도가 낮은 사항은?

① 포기조 내의 수온

② 포기조에 유입되는 폐수의 용존산소량

③ 포기조에 유입되는 폐수의 pH

④ 포기조에 유입되는 폐수의 BOD 부하량

해설 포기조로 유입되는 DO 농도는 크게 영향을 미치지 않는다.

38 혐기성 소화조 운전 중 소화가스 발생량이 저하되었다. 그 원인과 거리가 먼 것은?

① 조 내 온도저하

② 저농도 슬러지 유입

③ 소화슬러지 과잉배출

④ 과다교반

해설 소화가스 발생량 저하의 원인

㉠ 저농도 슬러지 유입

㉡ 소화슬러지 과잉배출

㉢ 조 내 온도저하

㉣ 소화가스 누출

㉤ 과다한 산 생성

39 BOD 300mg/L, 유량 2,000m³/day의 폐수를 활성슬러지법으로 처리할 때 BOD 슬러지부하를 0.25kg BOD/kg MLSS · day, MLSS 2,000mg/L로 하기 위한 포기조의 용적은?

① 800m³　　② 1,000m³

③ 1,200m³　　④ 1,400m³

해설 $F/M = \dfrac{BOD_i \cdot Q_i}{\forall \cdot X}$

$\dfrac{0.25}{\text{day}} = \dfrac{300\text{mg}}{\text{L}} \left| \dfrac{2,000\text{m}^3}{\text{day}} \right| \dfrac{1}{X} \left| \dfrac{\text{L}}{2,000\text{mg}} \right.$

$\therefore X(\text{m}^3) = 1,200(\text{m}^3)$

40 지름이 20m이고, 깊이가 5m인 원형 침전지에서 BOD 200mg/L, SS 240mg/L인 하수 4,000m³/day를 처리할 때 침전지의 수면적 부하율은?

① 2.7m/day　　② 12.7m/day

③ 23.7m/day　　④ 27.0m/day

해설 수면부하율 $= \dfrac{\text{유입유량}(\text{m}^3/\text{day})}{\text{수면적}(\text{m}^2)}$

㉠ 유입유량(m³/day) = 4,000m³/day

㉡ 수면적 $= \dfrac{\pi}{4} \times D^2 = \dfrac{\pi}{4} \times 20^2 = 314.159(\text{m}^2)$

$\therefore$ 수면부하율 $= \dfrac{4,000(\text{m}^3/\text{day})}{314.159(\text{m}^2)} = 12.73(\text{m/day})$

SECTION 03　수질오염공정시험기준

41 자외선/가시선 분광법을 사용한 크롬 분석에 관한 설명으로 옳은 것은?

① 정량한계는 0.01mg/L이다.

② 디페닐카르바지드를 작용시켜 생성하는 청색 착화물의 흡광도를 측정한다.

③ RSD(%)는 ±15% 이내이다.

④ 과망간산칼륨을 첨가하여 3가 크롬을 6가크롬으로 산화시킨다.

해설 물속에 존재하는 크롬을 자외선/가시선 분광법으로 측정하는 것으로, 3가 크롬은 과망간산칼륨을 첨가하여 6가크롬으로 산화시킨 후, 산성 용액에서 다이페닐카바자이드와 반응하여 생성하는 적자색 착화합물의 흡광도를 540nm에서 측정한다. 정량한계는 0.04mg/L, 정밀도(RDS)는 ±25% 이내이다.

42 다음은 총대장균군(평판집락법) 측정에 관한 내용이다. ( ) 안의 내용으로 옳은 것은?

배출수 또는 방류수에 존재하는 총대장균군을 측정하는 방법으로 페트리접시의 배지표면에 평판집락법 배지를 굳힌 후 배양한 다음 진한 ( )의 전형적인 집락을 계수하는 방법이다.

① 황색　　② 적색
③ 청색　　④ 녹색

43 다음 용어의 정의에 대한 설명 중 옳은 것은?

① 시험조작 중 "즉시"란 1분 이내에 표시된 조작을 하는 뜻한다.
② "항량으로 될 때까지 건조한다."라는 뜻은 같은 조건에서 30분 더 건조할 때 전후 무게의 차가 g당 0.3mg 이하일 때이다.
③ 무게를 "정밀히 단다."라 함은 규정된 수치의 무게를 0.1mg까지 다는 것을 말한다.
④ "약"이라 함은 기재된 양에 대하여 ±10% 이상의 차가 있어서는 안 된다.

해설 ① 시험조작 중 "즉시"란 30초 이내에 표시된 조작을 하는 것을 뜻한다.
② "항량으로 될 때까지 건조한다."라 함은 같은 조건에서 1시간 더 건조할 때 전후 무게의 차가 g당 0.3mg 이하일 때를 말한다.
③ "정밀히 단다."라 함은 규정된 양의 시료를 취하여 화학저울 또는 미량저울로 칭량함을 말한다.

44 개수로에 의한 유량 측정 시 케이지(Chezy)의 유속 공식이 적용된다. 경심이 0.653m, 홈바닥의 구배 i = $\frac{1}{1,500}$, 유속계수가 31.3일 때 평균유속은?(단, 수로의 구성 재질과 수로 단면적의 형상이 일정하고 수

로의 길이가 적어도 10m까지 똑바른 경우, 케이지유속 공식은 V(m/sec) = C $\sqrt{iR}$ 이다.)

① 0.65m/sec　　② 0.84m/sec
③ 1.12m/sec　　④ 1.63m/sec

해설  $V = C\sqrt{iR} = 31.3 \times \sqrt{\frac{1}{1,500} \times 0.653} = 0.653(m/sec)$

45 비소를 수소화물생성 – 원자흡수분광광도법으로 측정할 때의 내용으로 옳은 것은?

① 수소화 비소를 아르곤 – 수소 불꽃에서 원자화시켜 228.7nm에서 흡광도를 측정한다.
② 염화제일주석으로 시료 중의 비소를 6가 비소로 산화시킨다.
③ 망간을 넣어 수소화 비소를 발생시킨다.
④ 정량한계는 0.005mg/L이다.

해설 비소 수소화물생성 – 원자흡수분광광도법은 물속에 존재하는 비소를 측정하는 방법으로 아연 또는 나트륨붕소수화물($NaBH_4$)을 넣어 수소화 비소로 포집하여 아르곤(또는 질소) – 수소 불꽃에서 원자화시켜 193.7nm에서 흡광도를 측정하고 비소를 정량하는 방법이다.

46 생물화학적 산소요구량(BOD) 측정 시 사용되는 ATU 용액, TCMP 시약의 역할로 옳은 것은?

① 식종정착
② 질산화 억제
③ 산소고정
④ 미생물 영양

47 다음 설명하는 정도관리요소에 해당하는 것은?

시험분석 결과의 반복성을 나타내는 것으로 반복시험하여 얻은 결과를 상대표준편차(RSD ; Relative Standard Deviation)로 나타내며, 연속적으로 n회 측정한 결과의 평균값과 표준편차로 구한다.

① 정밀도　　② 정확도
③ 정량한계　　④ 검출한계

해설 정밀도를 설명하고 있다.

48 수은 측정에 적용 가능한 시험방법과 거리가 먼 것은? (단, 공정시험기준 기준)

① 자외선/가시선 분광법
② 양극벗김전압전류법
③ 냉증기 – 원자형광법
④ 유도결합플라즈마 – 원자발광분광법

해설 수은 측정방법
㉠ 냉증기-원자흡수분광광도법
㉡ 자외선/가시선 분광법
㉢ 양극벗김전압전류법
㉣ 냉증기-원자형광법

49 밀폐용기를 설명한 것으로 옳은 것은?

① 취급 또는 저장하는 동안에 기체 또는 미생물이 침입하지 아니하도록 내용물을 보호하는 용기를 말한다.
② 취급 또는 저장하는 동안에 이물질이 들어가거나 또는 내용물이 손실되지 아니하도록 보호하는 용기를 말한다.
③ 취급 또는 저장하는 동안에 밖으로부터의 공기, 다른 가스가 침입하지 아니하도록 내용물을 보호하는 용기를 말한다.
④ 취급 또는 저장하는 동안에 이물질이나 미생물이 침입하지 아니하도록 내용물을 보호하는 용기를 말한다.

50 인산염인을 측정하기 위해 적용 가능한 시험방법과 거리가 먼 것은?(단, 공정시험기준)

① 자외선/가시선 분광법(이염화주석환원법)
② 자외선/가시선 분광법(아스코르빈산환원법)
③ 자외선/가시선 분광법(블루신환원법)
④ 이온크로마토그래피

해설 인산염인 적용 가능한 시험방법
㉠ 자외선/가시선 분광법(이염화주석환원법)
㉡ 자외선/가시선 분광법(아스코르빈산환원법)
㉢ 이온크로마토그래피

51 니켈의 자외선/가시선 분광법 측정원리에 대한 설명이다. ( ) 안의 내용으로 옳은 것은?

니켈이온을 암모니아의 ( )에서 ( )과 반응시켜 생성한 니켈착염을 클로로폼으로 추출하고 이것을 묽은 염산으로 역추출한다. 추출물에 브롬과 암모니아수를 넣어 니켈을 산화시키고 다시 암모니아 알칼리성에서 반응시켜 생성한 니켈착염의 흡광도를 측정하는 방법이다.

① 약 산성 – 다이메탈 글리옥심
② 약 산성 – 과요오드산 칼륨
③ 약 알칼리성 – 다이메틸 글리옥심
④ 약 알칼리성 – 과요오드산 칼륨

52 DO 측정 시(적정법) End point(종말점)에 있어서의 액의 색은?

① 무색   ② 적색
③ 황색   ④ 황갈색

53 아연의 일반적 성질에 관한 내용으로 틀린 것은?

① 토양 중에는 10~300mg/kg 정도가 존재한다.
② 지하수에는 0.1mg/L 이하로 존재한다.
③ 5mg/L 이상의 농도에서 신맛을 나타낸다.
④ 염산이나 묽은 황산에서는 수소를 발생하며 녹아 각각의 염이 된다.

해설 아연은 5mg/L 이상의 농도로 쓴 맛을 나타내며 알칼리 용액에서 젖빛을 낸다.

54 시안을 자외선/가시선 분광법으로 측정할 때 정량한계로 옳은 것은?

① 0.1mg/L
② 0.05mg/L
③ 0.01mg/L
④ 0.005mg/L

48. ④ 49. ② 50. ③ 51. ③ 52. ① 53. ③ 54. ③ | ANSWER

55 시료의 보존방법 및 최대보존기간에 대한 내용으로 옳은 것은?

① 냄새용 시료는 4℃ 보관, 최대 48시간 동안 보존한다.

② COD용 시료는 황산 또는 질산을 첨가하여 pH 4 이하, 최대 7일간 보존한다.

③ 유기인용 시료는 HCl로 pH 5~9, 4℃ 보관, 최대 7일간 보존한다.

④ 질산성 질소용 시료는 4℃ 보관, 최대 24시간 보존한다.

해설 ① 냄새 : 가능한 한 즉시 분석 또는 냉장보관, 6시간
② COD : 4℃ 보관, H_2SO_4로 pH 2 이하, 28일(7일)
④ 질산성 질소용 : 4℃ 보관, 48시간

56 물속의 냄새를 측정하기 위한 시험에서 시료 부피 4mL와 무취 정제수(희석수) 부피 196mL인 경우 냄새역치(TON ; Threshold Odor Number)는?

① 0.02 ② 0.5
③ 50 ④ 100

해설 냄새역치(TON) $= \dfrac{A+B}{A}$

여기서, A : 시료 부피, B : 정제수 부피

냄새역치(TON) $= \dfrac{4+196}{4} = 50$

57 4각 웨어에 의하여 유량을 측정하려고 한다. 웨어의 수두 0.8m, 절단의 폭 2.5m이면 유량은?(단, 유량계수는 4.8이다.)

① 4.8m³/min ② 6.7m³/min
③ 8.6m³/min ④ 10.2m³/min

해설 $Q(m^3/min) = K \cdot b \cdot h^{3/2}$
$Q(m^3/min) = 4.8 \times 2.5 \times 0.8^{3/2} = 8.59(m^3/min)$

58 다음은 구리(자외선/가시선 분광법) 측정에 관한 내용이다. ( ) 안의 내용으로 옳은 것은?

> 물속에 존재하는 구리이온이 알칼리성에서 다이메틸 다이티오카르바민산나트륨과 반응하여 생성하는 ( )을 아세트산부틸로 추출하여 흡광도를 측정한다.

① 황갈색의 킬레이트 화합물
② 적갈색의 킬레이트 화합물
③ 청색의 킬레이트 화합물
④ 적색의 킬레이트 화합물

59 물벼룩을 이용한 급성 독성 시험법(시험생물)에 관한 내용으로 틀린 것은?

① 시험하기 2시간 전부터는 먹이 공급을 중단하여 먹이에 대한 영향을 최소화한다.

② 태어난 지 24시간 이내의 시험생물일지라도 가능한 한 크기가 동일한 시험생물을 시험에 사용한다.

③ 배양 시 물벼룩이 표면에 뜨지 않아야 하고, 표면에 뜰 경우 시험에 사용하지 않는다.

④ 물벼룩을 옮길 때 사용되는 스포이드에 의한 교차 오염이 발생하지 않도록 주의를 기울인다.

해설 시험하기 2시간 전에 먹이를 충분히 공급하여 시험 중 먹이가 주는 영향을 최소화하도록 한다.

60 다음 중 다량의 점토질 또는 규산염을 함유한 시료의 전처리 방법으로 가장 옳은 것은?

① 질산 – 과염소산 – 불화수소산법
② 질산 – 과염소산법
③ 질산 – 염산법
④ 질산 – 황산법

해설 시료의 전처리 방법

전처리 방법	적용 시료
질산법	유기 함량이 비교적 높지 않은 시료의 전처리에 사용한다.
질산 – 염산법	유기물 함량이 비교적 높지 않고 금속의 수산화물, 산화물, 인산염 및 황화물을 함유하고 있는 시료에 적용된다.
질산 – 황산법	유기물 등을 많이 함유하고 있는 대부분의 시료에 적용된다.
질산 – 과염소산법	유기물을 다량 함유하고 있으면서 산분해가 어려운 시료에 적용된다.
질산 – 과염소산 – 불화수소산법	다량의 점토질 또는 규산염을 함유한 시료에 적용된다.

SECTION 04 수질환경관계법규

61 비점오염저감시설 중 장치형 시설에 해당 되는 것은?

① 여과형 시설   ② 저류형 시설

③ 식생형 시설   ④ 침투형 시설

해설 비점오염저감시설 중 장치형 시설
- ㉠ 여과형 시설
- ㉡ 와류형 시설
- ㉢ 스크린형 시설
- ㉣ 응집 · 침전 처리형 시설
- ㉤ 생물학적 처리형 시설

62 환경부장관이 수질원격감시체계 관제센터를 설치, 운영할 수 있는 기관은?

① 한국환경공단

② 국립환경과학원

③ 유역환경청

④ 시 · 도 보건환경연구원

63 공공수역이라 함은 하천, 호소, 항만, 연한해역, 그 밖에 공공용에 사용되는 수역과 이에 접속하여 공공용에 사용되는 환경부령이 정하는 수역을 말한다. 다음 중 환경부령이 정하는 수로에 해당하지 않는 것은?

① 지하수로   ② 운하

③ 상수관거   ④ 하수관거

해설 공공수역
- ㉠ 지하수로   ㉡ 농업용 수로
- ㉢ 하수관거   ㉣ 운하

64 다음은 비점오염원저감시설(식생형 시설)의 관리 · 운영기준에 관한 내용이다. ( ) 안에 옳은 내용은?

> 식생수로 바닥의 퇴적물이 처리용량의 ( )를 초과하는 경우는 침전된 토사를 제거하여야 한다.

① 10%   ② 15%

③ 20%   ④ 25%

해설 식생형 시설의 관리 · 운영기준
- ㉠ 식생이 안정화되는 기간에는 강우유출수를 우회시켜야 한다.
- ㉡ 식생수로 바닥의 퇴적물이 처리용량의 25퍼센트를 초과하는 경우에는 침전된 토사를 제거하여야 한다.
- ㉢ 침전물질이 식생을 덮거나 생물학적 여과시설의 용량을 감소시키기 시작하면 침전물을 제거하여야 한다.
- ㉣ 동절기(11월부터 다음 해 3월까지를 말한다.)에 말라 죽은 식생을 제거 · 처리한다.

65 기타 수질오염을 설치 또는 관리하고자 하는 자는 환경부령이 정하는 바에 의하여 환경부장관에게 신고하여야 한다. 이 규정에 의한 신고를 하지 아니하고 기타 수질오염원을 설치 또는 관리한 자에 대한 벌칙기준은?

① 500만 원 이하의 벌금

② 1,000만 원 이하의 벌금

③ 1년 이하의 징역 또는 1천만 원 이하의 벌금

④ 1년 이하의 징역 또는 1천5백만 원 이하의 벌금

66 기타 수질오염원 시설인 복합물류터미널 시설(화물의 운송, 보관, 하역과 관련된 작업을 하는 시설)의 규모기준으로 옳은 것은?

① 면적이 10만 제곱미터 이상일 것

② 면적이 15만 제곱미터 이상일 것

③ 면적이 20만 제곱미터 이상일 것

④ 면적이 30만 제곱미터 이상일 것

해설 기타 수질오염원 시설인 복합물류터미널 시설의 규모기준은 "면적이 20만 제곱미터 이상일 것"이다.

67 수질 및 수생태계 환경기준 중 해역에서 생활환경기준 항목에 해당되지 않는 것은?

① 수소이온 농도   ② 부유물질

③ 총대장균군   ④ 용매 추출 유분

해설 해역에서 생활환경기준 항목
- ㉠ 수소이온 농도
- ㉡ 총대장균군
- ㉢ 용매 추출 유분

68 낚시금지 · 제한구역의 안내판 규격에 관한 내용으로 옳은 것은?

① 바탕색 : 흰색, 글씨 : 청색
② 바탕색 : 청색, 글씨 : 흰색
③ 바탕색 : 녹색, 글씨 : 흰색
④ 바탕색 : 흰색, 글씨 : 녹색

해설 낚시금지 · 제한구역의 안내판 규격
㉠ 두께 및 재질 : 3밀리미터 또는 4밀리미터 두께의 철판
㉡ 바탕색 : 청색
㉢ 글씨 : 흰색

69 기본배출부과금의 부과기간 기준으로 옳은 것은?

① 월별로 부과
② 분기별로 부과
③ 반기별로 부과
④ 연별로 부과

해설 기본배출부과금의 부과기간 기준은 반기별로 부과한다.

70 폐수종말처리시설의 방류수 수질기준으로 틀린 것은?(단, Ⅳ지역 기준, ( )는 농공단지 폐수종말처리시설의 방류수 수질기준)　(기준변경)

① 총 질소 20(20)mg/L 이하
② 총 인 2(2)mg/L 이하
③ COD 40(40)mg/L 이하
④ 총 대장균군수 1,000(1,000)개/mL 이하

해설 [기준의 전면 개편으로 해당사항 없음]

71 수질 및 수생태계 환경기준 중 해역인 경우 생태기반 해수수질 기준으로 옳은 것은?

① 등급 Ⅴ(아주 나쁨), 수질평가 지수값 : 30 이상
② 등급 Ⅴ(아주 나쁨), 수질평가 지수값 : 40 이상
③ 등급 Ⅴ(아주 나쁨), 수질평가 지수값 : 50 이상
④ 등급 Ⅴ(아주 나쁨), 수질평가 지수값 : 60 이상

해설 생태기반 해수수질 기준

등급	수질평가 지수값 (Water Quality Index)
Ⅰ(매우 좋음)	23 이하
Ⅱ(좋음)	24~33
Ⅲ(보통)	34~46
Ⅳ(나쁨)	47~59
Ⅴ(아주 나쁨)	60 이상

72 다음의 위임업무 보고사항 중 보고 횟수 기준이 연 2회에 해당되는 것은?

① 배출업소의 지도, 점검 및 행정처분 실적
② 배출부과금 부과 실적
③ 과징금 부과 실적
④ 비점오염원의 설치신고 및 방지시설 설치현황 및 행정처분 현황

해설 보고 횟수 기준
① 배출업소의 지도, 점검 및 행정처분 실적 : 연 4회
② 배출부과금 부과 실적 : 연 4회
④ 비점오염원의 설치신고 및 방지시설 설치현황 및 행정처분 현황 : 연 4회

73 수질오염경보인 조류경보와 경보단계 중 "조류경보"의 발령기준으로 옳은 것은?　(기준변경)

① 2회 연속 채취 시 클로로필-a 농도가 25mg/L 이상이고 남조류의 세포수가 5,000세포/mL 이상인 경우
② 2회 연속 채취 시 클로로필-a 농도가 25mg/L 이상이고 남조류의 세포수가 10,000세포/mL 이상인 경우
③ 2회 연속 채취 시 클로로필-a 농도가 25mg/m³ 이상이고 남조류의 세포수가 5,000세포/mL 이상인 경우
④ 2회 연속 채취 시 클로로필-a 농도가 25mg/m³ 이상이고 남조류의 세포수가 10,000세포/mL 이상인 경우

해설 [기준의 전면 개편으로 해당사항 없음]

74 제5종 사업장의 경우, 과징금 산정 시 적용하는 사업장 규모별 부과계수로 옳은 것은?

① 0.2 　　② 0.3
③ 0.4 　　④ 0.5

사업장 규모별 과징금 부과계수
　㉠ 제1종 사업장 : 2.0
　㉡ 제2종 사업장 : 1.5
　㉢ 제3종 사업장 : 1.0
　㉣ 제4종 사업장 : 0.7
　㉤ 제5종 사업장 : 0.4

75 1일 폐수배출량이 250m³인 사업장의 규모의 종류는?

① 제2종 사업장 　　② 제3종 사업장
③ 제4종 사업장 　　④ 제5종 사업장

76 환경부장관이 수질 및 수생태계 보전에 관한 법률의 목적을 달성하기 위하여 필요하다고 인정하는 때에 관계기관의 장에게 요청할 수 있는 조치와 거리가 먼 것은?

① 해충구제방법의 개선
② 공공수역의 준설
③ 도시개발제한구역의 지정
④ 녹지시설의 설치 및 개축

77 다음은 수질오염물질의 항목별 배출허용기준 중 1일 폐수 배출량이 2,000m³ 미만인 폐수배출시설의 지역별·항목별 배출허용기준이다. ( ) 안에 옳은 것은? (기준변경)

	BOD (mg/L)	COD (mg/L)	SS (mg/L)
청정지역	(㉠)	(㉡)	(㉢)

① ㉠ 20 이하, ㉡ 30 이하, ㉢ 20 이하
② ㉠ 30 이하, ㉡ 40 이하, ㉢ 30 이하
③ ㉠ 40 이하, ㉡ 50 이하, ㉢ 40 이하
④ ㉠ 50 이하, ㉡ 60 이하, ㉢ 50 이하

[기준의 전면 개편으로 해당사항 없음]

항목별 배출허용기준

구분	1일 폐수배출량 2,000m³ 이상			1일 폐수배출량 2,000m³ 미만		
	BOD (mg/L)	TOC (mg/L)	SS (mg/L)	BOD (mg/L)	TOC (mg/L)	SS (mg/L)
청정지역	30 이하	25 이하	30 이하	40 이하	30 이하	40 이하
가지역	60 이하	40 이하	60 이하	80 이하	50 이하	80 이하
나지역	80 이하	50 이하	80 이하	120 이하	75 이하	120 이하
특례지역	30 이하	25 이하	30 이하	30 이하	25 이하	30 이하

78 수질 및 수생태계 보전에 관한 법률에 사용하고 있는 용어 중 수면관리자의 정의로 가장 옳은 것은?

① 동일 법령의 규정에 의하여 호소를 관리하는 자를 말한다. 이 경우 동일한 호소를 관리하는 자가 2 이상인 경우에는 「하천법」에 의한 하천의 관리청의 자가 수면관리자가 된다.
② 동일 법령의 규정에 의하여 호소를 관리하는 자를 말한다. 이 경우 동일한 호소를 관리하는 자가 2 이상인 경우에는 「하천법」에 의한 하천의 관리청 외의 자가 수면관리자가 된다.
③ 다른 법령의 규정에 의하여 호소를 관리하는 자를 말한다. 이 경우 동일한 호소를 관리하는 자가 2 이상인 경우에는 「하천법」에 의한 하천의 관리청의 자가 수면관리자가 된다.
④ 다른 법령의 규정에 의하여 호소를 관리하는 자를 말한다. 이 경우 동일한 호소를 관리하는 자가 2 이상인 경우에는 「하천법」에 의한 하천의 관리청 외의 자가 수면관리자가 된다.

수면관리자
다른 법령의 규정에 의하여 호소를 관리하는 자를 말한다. 이 경우 동일한 호소를 관리하는 자가 2 이상인 경우에는 하천법에 의한 하천의 관리청 외의 자가 수면관리자가 된다.

79 다음은 총량관리 단위 유역의 수질 측정방법에 관한 내용이다. ( ) 안의 내용으로 옳은 것은?

> 목표수질지정별로 연간 30회 이상 측정하여야 하며 이에 따른 수질 측정 주기는 ( ) 간격으로 일정하여야 한다. 다만, 홍수, 결빙, 갈수 등으로 채수가 불가능한 특정 기간에는 그 측정 주기를 늘리거나 줄일 수 있다.

① 3일   ② 5일
③ 8일   ④ 10일

해설 총량관리 단위 유역의 수질 측정방법
목표수질지정별로 연간 30회 이상 측정하여야 하며 이에 따른 수질 측정 주기는 8일 간격으로 일정하여야 한다. 다만, 홍수, 결빙, 갈수 등으로 채수가 불가능한 특정 기간에는 그 측정 주기를 늘리거나 줄일 수 있다.

㉠ 평균수질 $= e^{\left(\text{변환평균수질} + \frac{\text{변환분산}}{2}\right)}$

㉡ 변환평균수질 $= \dfrac{\ln(\text{측정수질}) + \ln(\text{측정수질}) + \cdots}{\text{측정횟수}}$

㉢ 변환분산 $= \dfrac{\{\ln(\text{측정수질}) - \text{변환평균수질}\}^2 + \cdots}{\text{측정횟수} - 1}$

80 수질오염경보의 종류별·경보단계별 조치사항 중 수질오염감시경보 단계가 "경계"일 때 수체변화 감시 및 원인 조사의 조치를 취하는 관계기관(자)은?

① 유역지방환경청장
② 물환경연구소장
③ 취·정수장 관리자
④ 수면관리자

SECTION 01 수질오염개론

01 박테리아 10g/L의 이론적인 COD는?(단, 박테리아 경험식 적용, 반응생성물은 CO_2, H_2O, NH_3이다.)

① 21.1g/L ② 18.4g/L
③ 16.0g/L ④ 14.2g/L

해설 $C_5H_7NO_2 + 5O_2 \rightarrow 5CO_2 + NH_3 + 2H_2O$
  113g : 5×32g
  10g/L : X
  ∴ X = 14.16(g/L)

02 Glycine($CH_2(NH_2)COOH$)의 이론적 COD/TOC의 비는?(단, 글리신 최종분해물은 CO_2, HNO_3, H_2O 이다.)

① 4.67 ② 5.83
③ 6.72 ④ 8.32

해설 $C_2H_5NO_2 + 3.5O_2 \rightarrow 2CO_2 + 2H_2O + HNO_3$
  1mol : 3.5×32(g)
  ThOD = COD = 112(g)
  $C_2H_5NO_2 \rightarrow 2C$
  1mol : 2×12(g)
  TOC = 24(g)
  ∴ $\dfrac{COD}{TOC} = \dfrac{112(g)}{24(g)} = 4.67$

03 진핵생물이나 원핵생물 세포 내 "리보솜"의 역할로 가장 옳은 것은?

① 호흡대사
② 소화, 잔유물 제거와 배출
③ 단백질 합성
④ 화학에너지 전환

해설 리보솜은 아미노산을 연결하여 단백질 합성을 담당하는 세포소기관이다.

04 BOD 농도 200mg/L, 유량 1,000m³/day 인 폐수를 처리하여 BOD 농도 4mg/L, 유량 50,000m³/day인 하천에 방류했을 경우 합류지점의 BOD 농도는?(단, 폐수는 80% 처리 후 방류하며 합류지점에서는 완전혼합되었다고 한다.)

① 4.3mg/L
② 4.7mg/L
③ 5.4mg/L
④ 5.8mg/L

해설 $C_m = \dfrac{C_1 \cdot Q_1 + C_2 \cdot Q_2}{Q_1 + Q_2}$
  $= \dfrac{(4 \times 50,000) + (200 \times 0.2 \times 1,000)}{50,000 + 1,000}$
  $= 4.7$(mg/L)

05 0.00025M의 NaCl용액의 농도(ppm)는?(단, NaCl 분자량 : 58.5)

① 9.3 ② 14.6
③ 21.3 ④ 29.8

해설 $ppm(mg/L) = \dfrac{0.00025mol}{L} \bigg| \dfrac{58.5g}{mol} \bigg| \dfrac{10^3 mg}{1g} = 14.6$(ppm)

06 Ca^{2+}이온의 농도가 80mg/L, Mg^{2+}이온의 농도가 4.8mg/L인 물의 경도는 몇 mg/L as $CaCO_3$인가? (단, 원자량은 Ca = 40, Mg = 24이다.)

① 200 ② 220
③ 240 ④ 260

해설 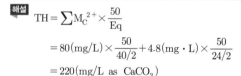$TH = \sum M_C^{2+} \times \dfrac{50}{Eq}$
  $= 80(mg/L) \times \dfrac{50}{40/2} + 4.8(mg \cdot L) \times \dfrac{50}{24/2}$
  $= 220(mg/L$ as $CaCO_3)$

07 $20℃$에서 어떤 하천수의 최종 BOD 농도는 50mg/L이고, 5일 BOD 농도는 30mg/L이다. 하천수의 수온이 $10℃$일 때 하천수의 반응속도상수 K(탈산소계수)는?(단, 온도에 따른 보정상수는 1.047, 속도식은 상용대수를 기준으로 함)

① $0.03day^{-1}$ ② $0.05day^{-1}$
③ $0.07day^{-1}$ ④ $0.09day^{-1}$

해설
$$BOD_t = BOD_u \times (1 - 10^{-k \cdot t})$$
$$30 = 50 \times (1 - 10^{-k \times 5})$$
$$k = 0.0796 (day^{-1})$$
$$\therefore\ K_{10} = K_{20} \times 1.047^{(T-20)}$$
$$= 0.0796(day^{-1}) \times 1.047^{(10-20)}$$
$$= 0.05(day^{-1})$$

08 우리나라 물의 이용 형태별로 볼 때 가장 수요가 많은 용수는 다음 중 어느 것인가?

① 생활용수   ② 공업용수
③ 농업용수   ④ 유지용수

해설 우리나라에서는 농업용수의 이용률이 가장 높고, 그 다음은 발전 및 하천유지용수, 생활용수, 공업용수순이다.

09 수질 모델 중 Streeter & Phelps 모델에 관한 내용으로 옳은 것은?

① 하천을 완전혼합흐름으로 가정하였다.
② 하천에서의 산소변화를 단위면적에 대한 물질수지 방정식으로 모델화하였다.
③ 조류 및 슬러지 퇴적물의 영향이 큰 균일한 단면의 하천에 적용된다.
④ 유기물의 분해와 재폭기만을 고려하였다.

10 질소순환과정에서 질산화를 나타내는 반응은?

① $N_2 \rightarrow NO_2^- \rightarrow NO_3^-$
② $NO_3^- \rightarrow NO_2^- \rightarrow N_2$
③ $NO_3^- \rightarrow N_2 \rightarrow NH_3$
④ $NH_3 \rightarrow NO_2^- \rightarrow NO_3^-$

해설 질산화과정
아미노산(Amino acid) → 암모니아성 질소(NH_3-N) → 아질산성 질소(NO_2-N) → 질산성 질소(NO_3-N)로 질산화되며, 질산성 질소(NO_3-N)는 산소가 부족할 때 탈질화 박테리아에 의해 $N_2(g)$나 $N_2O(g)$ 형태로 탈질된다.

11 $0.04M-HCl$이 30% 해리되어 있는 수용액의 pH는?

① 2.82   ② 2.42
③ 1.92   ④ 0.82

해설 $0.04M-HCl$이 30% 해리되면 수소이온의 농도는 $0.04 \times 0.3(mol/L)$이다.
$$\therefore\ pH = \log\frac{1}{[H^+]} = \log\frac{1}{0.04 \times 0.3} = 1.92$$

12 탈산소계수(base = 상용대수)가 $0.12day^{-1}$일 때 BOD_3/BOD_5의 값은?

① 0.55   ② 0.65
③ 0.75   ④ 0.85

해설
$$BOD_t = BOD_u(1 - 10^{-K \cdot t})$$
$$BOD_3 = BOD_u(1 - 10^{-0.12 \times 3})$$
$$BOD_5 = BOD_u(1 - 10^{-0.12 \times 5})$$
$$\therefore\ \frac{BOD_2}{BOD_5} = \frac{(1 - 10^{-0.12 \times 3})}{(1 - 10^{-0.12 \times 5})} = 0.75$$

13 어느 물질이 반응시작할 때의 농도가 200mg/L이고 2시간 후의 농도가 35mg/L로 되었다. 반응시작 1시간 후의 반응물질 농도는?(단, 1차 반응 기준)

① 약 56mg/L   ② 약 84mg/L
③ 약 112mg/L   ④ 약 133mg/L

해설
$$\ln\frac{C_t}{C_o} = -K \cdot t$$
$$\ln\frac{35}{200} = -K \times 2hr$$
$$K = 0.8715(hr^{-1})$$
$$\ln\frac{C_t}{200} = \frac{-0.8715}{hr}\bigg|\frac{1hr}{}$$
$$\therefore\ C_t = 200 \times e^{-0.8715 \times 1} = 83.66(mg/L)$$

14 어느 폐수의 BOD_u가 300mg/L, k값이 0.15/day라면 BOD_5는?(상용대수 기준)

① 270mg/L
② 256mg/L
③ 247mg/L
④ 220mg/L

해설 $BOD_t = BOD_u(1 - e^{-kt})$

$BOD_5 = 300(1 - e^{-0.15 \times 5}) = 246.65(mg/L)$

15 수은주높이 300mm는 수주로 몇 mm인가?(단, 표준상태 기준)

① 1,960
② 3,220
③ 3,760
④ 4,078

해설 $760mmHg : 10,332mmH_2O = 300mmHg : X(mmH_2O)$

$\therefore X = 4,078.42(mmH_2O)$

16 어떤 폐수의 분석결과 COD 400mg/L이었고 BOD_5가 250mg/L이었다면 NBDCOD는?(단, 탈산소계수 K_1(밑이 10) = 0.2/day이다.)

① 78mg/L
② 122mg/L
③ 172mg/L
④ 210mg/L

해설 $NBDCOD = COD - BDCOD = COD - BOD_u$
㉠ $COD = 400mg/L$
㉡ $BDCOD = BOD_u$
$BOD_5 = BOD_u(1 - 10^{-K_1 \cdot t})$
$250 = BOD_u(1 - 10^{-0.2 \times 5})$
$\therefore BOD_u = 277.78(mg/L)$
$\therefore NBDCOD = COD - BDCOD$
$\quad = COD - BOD_u$
$\quad = 400 - 277.78$
$\quad = 122.22(mg/L)$

17 글루코스($C_6H_{12}O_6$) 500mg/L를 혐기성 분해시킬 때 생산되는 이론적 메탄의 농도는?

① 약 87mg/L
② 약 114mg/L
③ 약 133mg/L
④ 약 157mg/L

해설 $C_6H_{12}O_6 \longrightarrow 3CH_4 + 3CO_2$
$180g \quad : \quad 3 \times 16g$
$500mg/L \quad : \quad X(mg/L)$
$\therefore X = 133.33(mg/L)$

18 Glucoss($C_6H_{12}O_6$) 800mg/L 용액을 호기성 처리 시 필요한 이론적 인량(P, mg/L)은?(단, BOD_5 : N : P = 100 : 5 : 1, $K_1 = 0.1day^{-1}$, 상용대수 기준)

① 약 9.6
② 약 7.9
③ 약 5.8
④ 약 3.6

해설 $C_6H_{12}O_6 + 6O_2 \longrightarrow 6CO_2 + 6H_2O$
$180 \quad : \quad 6 \times 32$
$800 \quad : \quad X$
$\therefore X = 853.33(mg/L)$

$BOD_t = BOD_u \times (1 - 10^{-k \cdot t})$
$853.33mg/L \times (1 - 10^{-0.5}) = 583.49(mg/L)$
$BOD_5 : P = 100 : 1$
$583.49mg/L : X = 100 : 1$

$\therefore X(P) = 5.83$

19 적조에 의해 어패류가 폐사하는 원인으로 가장 거리가 먼 것은?

① 수면의 적조생물막에 의한 광차단현상으로 인한 대사기능 저하로 폐사한다.
② 적조생물에 포함된 치사성의 유독물질로 인해 폐사한다.
③ 적조생물의 급속한 사후분해에 의해 DO가 소비되면서 황화수소나 부패독과 같은 유해물질로 인해 폐사한다.
④ 적조생물이 아가미 등에 부착되어 질식사 한다.

해설 적조생물 중 독성을 갖는 편모조류가 치사성의 독소를 분비, 어패류를 폐사시킨다.

20 PCB에 관한 설명으로 틀린 것은?

① 물에는 난용성이나 유기용제에 잘 녹는다.
② 화학적으로 불활성이고 절연성이 좋다.
③ 만성 중독 증상으로 카네미유증이 대표적이다.
④ 고온에서 대부분의 금속과 합금을 부식시킨다.

해설 PCB는 고온에서도 대부분의 금속·합금을 부식시키지 않고, 내열성·절연성이 좋은 특징을 가지고 있다.

SECTION 02 수질오염방지기술

21 활성슬러지 혼합액을 부상농축기로 농축하고자 한다. 부상 농축기에 대한 최적 A/S비가 0.008이고, 공기용해도가 18.7mL/L일 때 용존공기의 분율이 0.5라면 필요한 압력은?(단, 비순환식 기준, 혼합액의 고형물농도는 0.2%임)

① 3.98atm   ② 3.62atm

③ 3.32atm   ④ 3.14atm

해설

$$A/S비 = \frac{1.3 \cdot S_a(f \cdot P - 1)}{SS}$$

$$0.008 = \frac{1.3 \times 18.7 \times (0.5 \times P - 1)}{2,000}$$

$$\therefore P = 3.32(atm)$$

22 하수고도처리공법인 수정 Bardenpho(5단계)에 관한 설명과 가장 거리가 먼 것은?

① 질소와 인을 동시에 처리할 수 있다.

② 내부반송률을 낮게 유지할 수 있어 비교적 적은 규모의 반응조 사용이 가능하다.

③ 폐슬러지 내 인의 함량이 높아 비료가치가 있다.

④ 2차 호기성조(재폭기조)의 역할은 최종침전조에서 탈질에 의한 Rising 현상 및 인의 재방출을 방지하는 데 있다.

해설 수정 Bardenpho(5단계)는 내부반송률이 비교적 높게 유지되고, 비교적 큰 규모의 반응조를 요한다.

23 염소요구량이 5mg/L인 하수 처리수에 잔류염소 농도가 0.5mg/L가 되도록 염소를 주입하려고 한다. 이때 염소주입량은?

① 4.5mg/L   ② 5.0mg/L

③ 5.5mg/L   ④ 6.0mg/L

해설 염소주입량＝염소요구량＋염소잔류량

24 폐수량이 10,000m³/day, SS농도 500mg/L인 폐수가 처리장으로 유입되고 있다. 폭기조의 MLSS 농도가 3,000mg/L이고 SVI가 125라면 이 폭기조의 MLSS 농도를 변동 없이 유지하기 위한 반송슬러지 유량은?

① 4,500m³/day

② 5,000m³/day

③ 5,500m³/day

④ 6,000m³/day

해설

$$R = \frac{X - SS}{X_r - X} \quad X_r = \frac{10^6}{SVI}$$

$$Q_r = Q \times R$$

$$R = \frac{X - SS}{(10^6/SVI) - X} = \frac{3,000 - 500}{(10^6/125) - 3,000} = 0.5$$

$$\therefore Q_r = Q \times R = 10,000(m^3/day) \times 0.5$$
$$= 5,000(m^3/day)$$

25 슬러지 함수율이 95%에서 90%로 낮아지면 전체 슬러지의 부피는 몇 % 감소되는가?(단, 슬러지 비중은 1.0)

① 15%   ② 25%

③ 50%   ④ 75%

해설

$$V_1(100 - W_1) = V_2(100 - W_2)$$

$$100(1 - 0.95) = V_2(1 - 0.9)$$

$$\therefore V_2 = 50m^3$$

$$\therefore \frac{V_2}{V_1} \times 100 = \frac{50}{100} \times 100 = 50(\%)$$

26 원형관수로에 물의 수심이 50%로 흐르고 있다. 이때 경심은?(단, D는 원형관수로 직경)

① D/4   ② D/8

③ πD   ④ 2πD

해설

$$경심(R) = \frac{유수단면적(A)}{윤변(S)}$$

$$= \frac{\frac{\pi D^2}{4} \times \frac{1}{2}}{\pi D \times \frac{1}{2}} = \frac{D}{4}$$

27 하수고도 처리공법인 A/O공법의 공정 중 혐기조의 역할을 가장 적절하게 설명한 것은?

① 유기물 제거, 질산화
② 탈질, 유기물 제거
③ 유기물 제거, 용해성 인 방출
④ 유기물 제거, 인 과잉흡수

해설 A/O공법의 공정 중 혐기조의 역할은 유기물 제거 및 인의 방출이다.

28 폐유를 함유한 공장폐수가 있다. 이 폐수에는 A, B 두 종류의 기름이 있는데 A의 비중은 0.90이고 B의 비중은 0.94이다. A와 B의 부상 속도비(V_A/V_B)는?(단, Stokes법칙 적용, 물의 비중은 1.0이고 직경은 동일함)

① 1.12
② 1.25
③ 1.43
④ 1.67

해설
$$V_F = \frac{d_p^2(\rho_w - \rho_p)g}{18\mu} \rightarrow V_F = K(\rho_w - \rho_p)$$
$$V_{F[A]} = K(\rho_w - \rho_p) = K(1 - 0.9) = 0.1K$$
$$V_{F[B]} = K(\rho_w - \rho_p) = K(1 - 0.94) = 0.06K$$
$$\therefore \frac{V_{F[A]}}{V_{F[B]}} = \frac{0.1K}{0.06K} = 1.667$$

29 BOD 농도가 200ppm인 유량이 2,000m³/day인 폐수를 표준 활성슬러지법으로 처리한다. 폭기조의 크기가 폭 5m, 길이 10m, 유효 깊이 4m로 할 때 폭기조의 용적부하(kg BOD/m³·day)는?

① 1.5
② 2.0
③ 2.5
④ 3.0

해설 $X(kg \cdot BOD/m^3 \cdot day)$
$$= \frac{2,000m^3}{day} \left| \frac{0.2kg}{m^3} \right| \frac{1}{(5 \times 10 \times 4)m^3}$$
$$= 2(kg \cdot BOD/m^3 \cdot day)$$

30 어느 식품공장에서 BOD가 200mg/L인 폐수를 하루에 500m³ 배출하고 있다. 생물학적 처리법으로 처리하기 위한 제반 환경여건 중 질소성분이 부족하여 요소($NH_2)_2CO$를 첨가하려고 한다. 소요되는 요소의 양(kg/day)은?(단, BOD : N : P = 100 : 5 : 1 기준, 폐수 내 질소는 고려하지 않음)

① 5.7
② 10.7
③ 15.7
④ 20.7

해설
BOD	≡	N
100	:	5
200(mg/L)	:	X

$\therefore X = 10(mg/L)$
$\therefore$ 요소 소요량(kg/day)
$$= \frac{10mg \cdot N}{L} \left| \frac{60g \cdot (NH_2)_2CO}{2 \times 14g \cdot N} \right| \frac{500m^3}{day} \left| \frac{10^3L}{1m^3} \right| \frac{1kg}{10^6mg}$$
$$= 10.71(kg/day)$$

31 BOD가 250mg/L인 하수를 1차 및 2차 처리로 BOD 10mg/L으로 유지하고자 한다. 2차 처리효율이 75%라면 1차 처리효율은?

① 73%
② 78%
③ 84%
④ 89%

해설 $\eta_t = \eta_1 + \eta_2(1 - \eta_1)$
$$0.96 = \eta_1 + 0.75(1 - \eta_1)$$
$$\therefore \eta_1 = 84(\%)$$

32 어떤 공장폐수에 미처리된 유기물이 10mg/L 함유되어 있다. 이 폐수를 분말활성탄 흡착법으로 처리하여 1mg/L까지 처리하고자 할 때 분말활성탄은 폐수 1m³당 몇 g이 필요한가?(단, Freundlich 식을 이용, K = 0.5, n = 1)

① 18
② 24
③ 36
④ 42

해설
Freundlich식 $\frac{X}{M} = K \cdot C^{\frac{1}{n}}$
$$\frac{(10-1)}{M} = 0.5 \times 1^{\frac{1}{1}}$$
$$\therefore M = 18(g/m^3)$$

33 화학합성을 하는 자가영양계미생물의 에너지원과 탄소원으로 옳은 것은?

	에너지원	탄소원
①	무기물의 산화환원반응	유기탄소
②	무기물의 산화환원반응	CO_2
③	유기물의 산화환원반응	유기탄소
④	유기물의 산화환원반응	CO_2

34 피혁공장에서 BOD 400mg/L의 폐수가 1,000m³/day로 방류되고 이것을 활성슬러지법으로 처리하고자 한다. 하수 처리장으로 유입되는 유량의 5%(부피기준, 함수율 99%)에 해당되는 슬러지가 발생된다고 보고 이때 슬러지를 4.5kg/m²－hr(고형물 기준)의 성능을 가진 진공여과기로 매일 8시간씩 탈수작업을 하여 처리하려면 여과기 면적은?(단, 슬러지 비중은 1.0으로 가정함)

① 약 4m² ② 약 8m²
③ 약 11m² ④ 약 14m²

해설
$$X(m^2) = \frac{1,000m^3}{day}\left|\frac{5 \cdot SL}{100}\right|\frac{(100-99) \cdot TS}{100 \cdot SL}$$
$$\left|\frac{m^2 \cdot hr}{4.5kg}\right|\frac{1day}{8hr}\left|\frac{1,000kg}{m^3}\right.$$
$$= 13.89(m^2)$$

35 염소이온 농도가 500mg/L이고 BOD가 5,000mg/L인 공장폐수를 염소이온이 없는 깨끗한 물로 희석한 후 활성슬러지법으로 처리하여 얻은 유출수의 BOD는 10mg/L이고, 염소이온 20mg/L이었다. 이때 BOD제거율은?(단, 기타 여건은 고려하지 않음)

① 90% ② 92%
③ 95% ④ 98%

해설
$$BOD \text{ 제거효율}(\%) = \left(1 - \frac{BOD_o}{BOD_i}\right) \times 100$$
㉠ BOD_i : 5,000mg/L
㉡ 희석배수 $= \frac{500}{20} = 25$
㉢ $BOD_o = 10 \times 25 = 250(mg/L)$
$$\therefore BOD \text{ 제거효율}(\%) = \left(1 - \frac{250}{5,000}\right) \times 100 = 95(\%)$$

36 1차 처리된 분뇨의 2차 처리를 위해 폭기조, 2차 침전지로 구성된 활성슬러지 공정을 운영하고 있다. 운영조건이 다음과 같을 때 폭기조 내의 고형물 체류시간은?

- 유입유량 200m³/day
- 폭기조 용량 1,000m³
- 잉여 슬러지 배출량 50m³/day
- 반송슬러지 SS농도 1%
- MLSS 농도 2,500mg/L
- 2차 침전지 유출수 SS농도 0mg/L

① 4일 ② 5일
③ 6일 ④ 7일

해설
$$SRT(day) = \frac{\forall \cdot X}{Q_w \cdot X_w}$$
$$\therefore SRT = \frac{1,000m^3}{}\left|\frac{2,500mg}{L}\right|\frac{day}{50m^3}\left|\frac{1\%}{1\%}\right|\frac{1\% \cdot L}{10^4 mg} = 5(day)$$

37 폐수 6,000m³/day에서 생성되는 1차 슬러지 부피(m³/day)는?(단, 1차 침전탱크 체류시간 2hr, 현탁고형물 제거효율 60%, 폐수 중 현탁고형물 함유량 220m/L, 발생슬러지 비중 1.03, 슬러지 함수율 94%, 1차 침전탱크에서 제거된 현탁고형물 전량이 슬러지로 발생되는 것으로 가정함)

① 약 10 ② 약 13
③ 약 16 ④ 약 19

해설
$$SL = \frac{6,000m^3 \cdot 폐수}{day}\left|\frac{0.22kg \cdot TS}{m^3 \cdot 폐수}\right|\frac{60}{100}$$
$$\frac{100 \cdot SL}{(100-94) \cdot TS}\left|\frac{m^3}{1,030kg}\right. = 12.82(m^3/day)$$

38 활성슬러지 변법인 장기포기법에 관한 내용으로 틀린 것은?

① SRT를 길게 유지하며 동시에 MLSS농도를 낮게 유지하여 처리하는 방법이다.
② 활성슬러지가 자산화되기 때문에 잉여슬러지의 발생량은 표준활성슬러지법에 비해 적다.
③ 과잉 포기로 인하여 슬러지의 분산이 야기되거나 슬러지의 활성도가 저하되는 경우가 있다.
④ 질산화가 진행되면서 pH의 저하가 발생된다.

해설 장기포기법은 SRT를 길게 유지하며 동시에 MLSS농도를 높게 유지하여 처리하는 방법이다.

39 물 $5m^3$의 DO가 9.0mg/L이다. 이 산소를 제거하는 데 이론적으로 필요한 아황산나트륨(Na_2SO_3)의 양은?

① 약 355g   ② 약 385g
③ 약 402g   ④ 약 429g

해설 $Na_2SO_3 + 0.5O_2 \longrightarrow Na_2SO_4$
126(g) : 0.5×32(g)

$X(g) : \dfrac{9mg}{L} \left| \dfrac{5,000L}{} \right| \dfrac{1g}{10^3mg}$

$\therefore X(=Na_2SO_3) = 354.38(g)$

40 유량이 $2,000m^3$/day이고 SS농도가 200mg/L인 하수가 1차 침전지에서 처리된 후 처리수의 SS 농도는 90mg/L가 되었다. 이때 1차 침전지에서 발생하는 슬러지의 양은 몇 m^3/day인가?(단, 슬러지의 함수율은 97%이고, 비중은 1.0이며 기타 다른 조건은 고려하지 않음)

① 4.3   ② 5.3
③ 6.3   ④ 7.3

해설 $X(m^3/day) = \dfrac{2,000m^3}{day} \left| \dfrac{(200-90)mg}{L} \right|$

$\dfrac{10^3L}{1m^3} \left| \dfrac{1kg}{10^6mg} \right| \dfrac{100}{(100-97)} \left| \dfrac{m^3}{1,000kg} \right.$

$= 7.33(m^3/day)$

SECTION 03 수질오염공정시험기준

41 취급 또는 저장하는 동안에 기체 또는 미생물이 침입하지 아니하도록 내용물을 보호하는 용기는?

① 밀봉용기   ② 기밀용기
③ 밀폐용기   ④ 완밀용기

해설 밀봉용기라 함은 취급 또는 저장하는 동안에 기체 또는 미생물이 침입하지 아니하도록 내용물을 보호하는 용기를 말한다.

42 시료의 전처리법 중 유기물을 다량 함유하고 있으면서 산분해가 어려운 시료에 적용하기 가장 적절한 것은?

① 회화에 의한 분해   ② 질산-과염소산법
③ 질산-황산법   ④ 질산-염산법

해설 질산-과염소산에 의한 분해는 유기물을 다량 함유하고 있으면서 산분해가 어려운 시료에 적용된다.

43 다음 그림은 자외선/가시선 분광법으로 불소측정 시 사용되는 분석기인 수증기 증류장치이다. C의 명칭으로 옳은 것은?

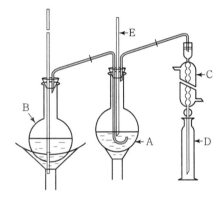

① 유리연결관   ② 냉각기
③ 정류관   ④ 메스실린더관

해설 수증기 증류장치

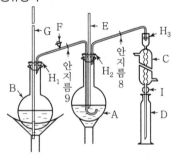

㉠ A : 300~500mL 킬달플라스크
㉡ B : 1L 수증기발생용 플라스크
㉢ C : 냉각기
㉣ D : 수기(마개 있는 250mL 메스실린더)
㉤ E : 온도계
㉥ F : 조절용 콕부 고무관
㉦ G : 유리관
㉧ H₁~H₃ : 고무마개
㉨ I : 고무관

44 부유물질 측정에 관한 내용으로 틀린 것은?

① 유지(Oil) 및 혼합되지 않은 유기물도 여과지에 남아 부유물질 측정값을 높게 할 수 있다.

② 철 또는 칼슘이 높은 시료는 금속침전이 발생하며 부유물질 측정에 영향을 줄 수 있다.

③ 증발잔류물이 1,000mg/L 이상인 경우 해수, 공장폐수 등은 특별히 취급하지 않을 경우, 높은 부유물질값을 나타낼 수 있는데 이 경우 여과지를 여러 번 세척한다.

④ 큰 모래입자 등과 같은 큰 입자들은 부유물질 측정에 방해를 주며, 충분히 침전시킨 후 상등수를 채취하여 분석을 실시한다.

해설 나무조각, 큰 모래입자 등과 같은 큰 입자들은 부유물질 측정에 방해를 주며, 이 경우 직경 2mm 금속망에 먼저 통과시킨 후 분석을 실시한다.

45 페놀류 - 자외선/가시선 분광법 측정 시 정량한계에 관한 내용으로 옳은 것은?

① 클로로폼추출법 : 0.003mg/L
직접측정법 : 0.03mg/L

② 클로로폼추출법 : 0.03mg/L
직접측정법 : 0.003mg/L

③ 클로로폼추출법 : 0.005mg/L
직접측정법 : 0.05mg/L

④ 클로로폼추출법 : 0.03mg/L
직접측정법 : 0.005mg/L

해설 페놀류 - 자외선/가시선 분광법 측정 시 정량한계는 클로로폼추출법 : 0.005mg/L, 직접측정법 : 0.05mg/L이다.

46 전기전도도 측정에 관한 설명으로 틀린 것은?

① 전극의 표면이 부유물질, 그리스, 오일 등으로 오염될 경우, 전기전도도의 값이 영향을 받을 수 있다.

② 전기전도도 측정계는 지시부와 검출부로 구성되어 있다.

③ 정확도는 측정값의 % 상대표준편차(RSD)로 계산하며 측정값의 25% 이내이어야 한다.

④ 전기전도도 측정계 중에서 25℃에서의 자체온도 보상회로가 장치되어 있는 것이 사용하기에 편리하다.

해설 정밀도는 측정값의 % 상대표준편차(RSD)로 계산하며 측정값의 20% 이내이어야 한다.

47 다음 중 관내에 압력이 존재하는 관수로 흐름에서의 관내 유량측정방법이 아닌 것은?

① 벤투리미터
② 오리피스
③ 파샬플룸
④ 자기식 유량측정기

해설 파샬플룸(Parshall Fllume)은 위어(Weir)와 함께 측정용 수로에 의한 유량측정방법에 속한다.

48 클로로필 - a 시료의 보존방법으로 옳은 것은?

① 즉시 여과하여 4℃ 이하에서 보관
② 즉시 여과하여 0℃ 이하에서 보관
③ 즉시 여과하여 -10℃ 이하에서 보관
④ 즉시 여과하여 -20℃ 이하에서 보관

해설 클로로필 - a 시료의 보존방법은 즉시 여과하여 -20℃ 이하에서 보관한다.

49 폐수처리 공정 중 관내의 압력이 필요하지 않은 측정용 수로의 유량 측정 장치인 웨어가 적용되지 않는 것은?

① 공장폐수원수   ② 1차 처리수
③ 2차 처리수   ④ 공정수

해설 폐수처리 공정에서 유량측정장치의 적용

장치	공장폐수원수	1차처리수	2차처리수	1차슬러지	반송슬러지	농축슬러지	포기액	공정수
웨어 (weir)		○	○					○
플룸 (Flume)	○	○	○					○

50 인산염인을 측정하기 위해 적용 가능한 시험방법과 가장 거리가 먼 것은?

① 이온크로마토그래피
② 자외선/가시선 분광법(카드뮴 – 구리 환원법)
③ 자외선/가시선 분광법(아스코르빈산 환원법)
④ 자외선/가시선 분광법(이염화주석 환원법)

해설 인산염인을 측정하기 위해 적용 가능한 시험방법에는 자외선/가시선 분광법(이염화주석 환원법), 자외선/가시선 분광법(아스코르빈산 환원법), 이온크로마토그래피가 있다.

51 다음 측정항목 중 시료의 최대보존기간이 가장 짧은 것은?

① 시안
② 탁도
③ 부유물질
④ 염소이온

해설 최대보존기간
① 시안 : 14일
② 탁도 : 48시간
③ 부유물질 : 7일
④ 염소이온 : 28일

52 다음은 카드뮴 측정원리(자외선/가시선 분광법)에 대한 내용이다. ( ) 안에 들어갈 내용이 순서대로 옳게 나열된 것은?

> 카드뮴이온을 시안화칼륨이 존재하는 알칼리성에서 디티존과 반응시켜 생성하는 카드뮴착염을 사염화탄소로 추출하고, 추출한 카드뮴착염을 타타르산용액으로 역추출한 다음 다시 수산화나트륨과 시안화칼륨을 넣어 디티존과 반응하여 생성하는 ( )의 카드뮴착염을 사염화탄소로 추출하고 그 흡광도를 ( )에서 측정하는 방법이다.

① 적색, 420nm
② 적색, 530nm
③ 청색, 620nm
④ 청색, 680nm

53 용액 중 CN^- 농도를 2.6mg/L로 만들려고 하면 물 1,000L에 NaCN 몇 g을 용해시키면 되는가?(단, Na 원자량 : 23)

① 약 5g
② 약 10g
③ 약 15g
④ 약 20g

해설
$$2.6(mg/L) = \frac{Xg}{1,000L} \left| \frac{26g}{49g} \right| \frac{10^3 mg}{1g}$$
$$\therefore X = 4.9(g)$$

54 염소이온 – 적정법 측정 시 적정의 종말점에 관한 설명으로 옳은 것은?

① 엷은 황갈색 침전이 나타날 때
② 엷은 적자색 침전이 나타날 때
③ 엷은 적황색 침전이 나타날 때
④ 엷은 청록색 침전이 나타날 때

해설 크롬산칼륨용액 1mL를 넣어 질산은용액(0.01N) 으로 적정한다. 적정의 종말점은 엷은 적황색 침전이 나타날 때로 하며, 따로 정제수 50mL를 취하여 바탕시험액으로 하고 시료의 시험방법에 따라 시험하여 보정한다.

55 분원성대장균군 측정 방법 중 막여과법에 관한 설명으로 옳지 않은 것은?

① 분원성대장균군수/mg 단위로 표시한다.
② 핀셋은 끝이 뭉툭하고 넓으며 여과막을 집어 올릴 때 여과막을 손상시키지 않는 형태의 것으로 화염멸균이 가능한 것을 사용한다.
③ 배양기 또는 항온수조는 배양온도를 (44.5± 0.2)℃로 유지할 수 있는 것을 사용한다.
④ 분원성대장균군은 배양 후 여러 가지 색조를 띠는 청색의 집락을 형성하며 이를 계수한다.

해설 분원성대장균군수/100mL 단위로 표시한다.

56 수질오염공정시험기준 중 크롬의 측정방법이 아닌 것은?

① 자외선/가시선 분광법
② 유도결합플라스마 – 원자발광분광법
③ 유도결합플라스마 – 질량분석법
④ 이온전극법

해설 크롬의 측정방법
원자흡수분광광도법, 자외선/가시선 분광법, 유도결합플라스마 – 원자발광분광법, 유도결합플라스마 – 질량분석법이 있다.

57 측정 금속이 수은인 경우, 시험방법으로 해당되지 않는 것은?

① 자외선/가시선 분광법
② 양극벗김전압전류법
③ 유도결합플라스마 – 원자발광분광법
④ 냉증기–원자형광법

해설 수은의 측정방법
냉증기 – 원자흡수분광광도법, 자외선/가시선 분광법, 양극벗김전압전류법, 냉증기 – 원자형광법이 있다.

58 노말헥산 추출물질시험방법에서 염산(1+1)으로 산성화할 때 넣어주는 지시약과 이때 조절되는 pH를 바르게 나타낸 것은?

① 메틸레드 – pH 4.0 이하
② 메틸오렌지 – pH 4.0 이하
③ 메틸레드 – pH 2.0 이하
④ 메틸오렌지 – pH 2.0 이하

해설 시료적당량(노말헥산 추출물질로서 5~200mg 해당량)을 분별깔때기에 넣고 메틸오렌지용액(0.1%) 2~3 방울을 넣고 황색이 적색으로 변할 때까지 염산(1+1)을 넣어 시료의 pH를 4 이하로 조절한다.

59 4각 웨어에 의하여 유량을 측정하려고 한다. 웨어의 수두 90cm, 웨어 절단의 폭 1.0m일 때 유량은?(단, 유량계수 K = 1.2임)

① 약 1.03m³/min
② 약 1.26m³/min
③ 약 1.37m³/min
④ 약 1.53m³/min

해설
$$Q(m^3/min) = K \cdot b \cdot h^{\frac{3}{2}} = 1.2 \times 1 \times 0.9^{\frac{3}{2}}$$
$$= 1.025(m^3/min)$$

60 다음 중 질산성 질소의 측정방법이 아닌 것은?

① 이온크로마토그래피
② 자외선/가시선 분광법 – 부루신법
③ 자외선/가시선 분광법 – 활성탄흡착법
④ 자외선/가시선 분광법 – 데발다합금 · 킬달법

해설 질산성 질소의 측정방법에는 이온크로마토그래피, 자외선/가시선 분광법 – 부루신법, 자외선/가시선 분광법 – 활성탄흡착법, 데발다합금 환원증류법이 있다.

SECTION **04** 수질환경관계법규

---

61 수질 및 수생태계 환경기준 중 해역인 경우 생태기반 해수수질 기준으로 옳은 것은?

① 등급 : Ⅰ (매우 좋음), 수질평가 지수값 : 12 이하
② 등급 : Ⅰ (매우 좋음), 수질평가 지수값 : 23 이하
③ 등급 : Ⅰ (매우 좋음), 수질평가 지수값 : 34 이하
④ 등급 : Ⅰ (매우 좋음), 수질평가 지수값 : 40 이하

해설 해역 생태기반 해수수질 기준

등급	수질평가 지수값 (Water Quality Index)
Ⅰ (매우 좋음)	23 이하
Ⅱ (좋음)	24~33
Ⅲ (보통)	34~46
Ⅳ (나쁨)	47~59
Ⅴ (아주 나쁨)	60 이상

62 다음의 수질오염방지시설 중 물리적 처리시설에 해당되는 것은?

① 응집시설
② 흡착시설
③ 이온교환시설
④ 침전물개량시설

63 폐수의 처리능력과 처리가능성을 고려하여 수탁하여야 하는 폐수처리업자의 준수사항을 지키지 아니한 폐수처리업자에게 부과되는 벌칙기준은?

① 300만 원 이하의 벌금
② 500만 원 이하의 벌금
③ 1천만 원 이하의 벌금
④ 1년 이하의 징역 또는 1천만 원 이하의 벌금

64 다음에서 언급한 '환경부령이 정하는 해발고도' 기준은?

> 시도지사는 공공수역의 수질보전을 위하여 환경부령이 정하는 해발고도 이상에 위치한 농경지 중 환경부령이 정하는 경사도 이상의 농경지를 경작하는 자에 대하여 경작방식의 변경 등을 권고할 수 있다.

① 해발 400미터   ② 해발 500미터
③ 해발 600미터   ④ 해발 700미터

65 수질오염경보의 종류 중 조류경보 단계가 '조류경보'인 경우 취수장, 정수장 관리자의 조치사항이 아닌 것은?

① 조류증식 수심 이하로 취수구 이동
② 정수처리 강화(활성탄처리, 오존처리)
③ 취수구와 조류가 심한 지역에 대한 방어막 설치
④ 정수의 독소분석 실시

해설 '조류경보'인 경우 취수장, 정수장 관리자의 조치사항
㉠ 조류증식 수심 이하로 취수구 이동
㉡ 정수처리 강화(활성탄처리, 오존처리)
㉢ 정수의 독소분석 실시

66 비점오염저감시설 중 장치형 시설에 해당되는 것은?

① 생물학적 처리형 시설
② 저류시설
③ 식생형 시설
④ 침투형 시설

해설 장치형 시설
여과형 시설, 와류형 시설, 스크린형 시설, 응집·침전형 시설, 생물학적 처리형 시설

67 다음은 호소수 이용 상황 등의 조사·측정 등에 기준에 관한 내용이다. ( ) 안에 옳은 내용은?

> 시도지사는 환경부장관이 지정, 고시하는 호소 외의 호소로서 ( )인 호소의 수질 및 수생태계 등을 정기적으로 조사, 측정하여야 한다.

① 원수 취수량이 10만 톤 이상
② 원수 취수량이 20만 톤 이상
③ 만수위일 때의 면적이 30만 제곱미터 이상
④ 만수위일 때의 면적이 50만 제곱미터 이상

68 대권역 수질 및 수생태계 보전계획 수립시 포함되어야 하는 사항과 가장 거리가 먼 것은?

① 점오염원, 비점오염원 및 기타 오염원에 의한 수질오염물질 발생량
② 상수원 및 물 이용현황
③ 수질 및 수생태계 변화 추이 및 목표기준
④ 수질 및 수생태계 보전대책

해설 대권역계획에는 다음 각 호의 사항이 포함되어야 한다.
㉠ 수질 및 수생태계 변화 추이 및 목표기준
㉡ 상수원 및 물 이용현황
㉢ 점오염원, 비점오염원 및 기타 수질오염원의 분포현황
㉣ 점오염원, 비점오염원 및 기타 수질오염원에 의한 수질오염물질 발생량
㉤ 수질오염 예방 및 저감대책
㉤의2. 수질 및 수생태계 보전조치의 추진방향
㉥ 그 밖에 환경부령이 정하는 사항

69 다음은 수질 및 수생태계 환경기준 중 하천에서 생활환경기준의 등급별 수질 및 수생태계 상태에 관한 내용이다. ( ) 안에 옳은 내용은?

> [보통]
> 보통의 오염물질로 인하여 용존산소가 소모되는 일반 생태계로 여과, 침전, 활성탄 투입, 살균 등 고도의 정수처리 후 생활용술 이용하거나 일반적 정수처리 후 ( )로 사용할 수 있음

① 재활용수   ② 농업용수
③ 수영용수   ④ 공업용수

70 폐수종말처리시설의 방류수 수질기준으로 옳은 것은?(단, Ⅵ지역 기준, ( ) 농공단지 폐수종말처리시설의 방류수 수질기준)

① 부유물질 10(10)mg/L 이하
② 부유물질 20(20)mg/L 이하
③ 부유물질 30(30)mg/L 이하
④ 부유물질 40(40)mg/L 이하

71 폐수처리업의 등록을 한 자에 대하여 영업정지처분에 갈음하여 부과할 수 있는 과징금의 최대액수는?
(기준변경)

① 1억 원   ② 2억 원
③ 3억 원   ④ 5억 원

해설 [기준의 전면 개편으로 해당사항 없음]

72 오염총량관리 조사·연구반이 속한 기관은?

① 시·도보건환경연구원
② 유역환경청 또는 지방환경청
③ 국립환경과학원
④ 한국환경공단

73 다음에서 언급한 '환경부령이 정하는 관계전문기관'은?

환경부장관은 폐수무방류배출시설의 설치허가신청을 받는 때에는 폐수무방류배출시설 및 폐수를 배출하지 아니하고 처리할 수 있는 수질오염방지시설 등의 적정성 여부에 대하여 환경부령이 정하는 관계전문기관의 의견을 들어야 한다.

① 한국환경공단
② 국립환경과학원
③ 한국환경기술개발원
④ 환경산업시험원

74 다음은 폐수무방류배출시설의 세부 설치기준에 관한 내용이다. ( ) 안에 옳은 내용은?

특별대책지역에 설치되는 폐수무방류배출시설의 경우 1일 24시간 연속하여 가동되는 것이면 ( )할 수 있는 예비 방지시설을 설치하여야 하고, 1일 최대 폐수발생량이 200세제곱미터 이상이면 배출 폐수의 무방류 여부를 실시간으로 확인할 수 있는 원격유량감시장치를 설치하여야 한다.

① 배출 폐수의 15%를 처리
② 배출 폐수의 30%를 처리
③ 배출 폐수의 50%를 처리
④ 배출 폐수를 전량 처리

75 중점관리 저수지 지정 기준으로 옳은 것은?
① 총저수용량이 5백만 세제곱미터 이상인 저수지
② 총저수용량이 1천만 세제곱미터 이상인 저수지
③ 총저수용량이 3천만 세제곱미터 이상인 저수지
④ 총저수용량이 5천만 세제곱미터 이상인 저수지

76 환경부장관이 설치할 수 있는 측정망의 종류와 가장 거리가 먼 것은?
① 생물 측정망
② 공공수역 오염원 측정망
③ 퇴적물 측정망
④ 비점오염원에서 배출되는 비점오염물질 측정망

해설 환경부장관이 설치할 수 있는 측정망의 종류
㉠ 비점오염원에서 배출되는 비점오염물질 측정망
㉡ 수질오염물질의 총량관리를 위한 측정망
㉢ 대규모 오염원의 하류지점 측정망
㉣ 수질오염경보를 위한 측정망
㉤ 대권역·중권역을 관리하기 위한 측정망
㉥ 공공수역 유해물질 측정망
㉦ 퇴적물 측정망
㉧ 생물 측정망
㉨ 그 밖에 환경부장관이 필요하다고 인정하여 설치·운영하는 측정망

77 환경부장관이 비점오염원관리지역을 지정, 고시한 때에 수립하는 비점오염원관리대책에 포함되어야 하는 사항과 가장 거리가 먼 것은?

① 관리목표
② 관리대상 수질오염물질의 종류 및 발생량
③ 관리대상 수질오염물질의 발생 예방 및 저감방안
④ 관리대상 수질오염물질의 수질오염에 미치는 영향

해설 비점오염원관리대책에 포함되어야 하는 사항
㉠ 관리목표
㉡ 관리대상 수질오염물질의 종류 및 발생량
㉢ 관리대상 수질오염물질의 발생 예방 및 저감방안
㉣ 그 밖에 관리지역의 적정한 관리를 위하여 환경부령이 정하는 사항

78 환경기술인을 바꾸어 임명하는 경우의 신고 기준으로 옳은 것은?

① 그 사유가 발생함과 동시에 신고하여야 한다.
② 그 사유가 발생한 날부터 5일 이내에 신고하여야 한다.
③ 그 사유가 발생한 날부터 10일 이내에 신고하여야 한다.
④ 그 사유가 발생한 날부터 15일 이내에 신고하여야 한다.

79 종말처리시설에 유입된 수질오염물질을 최종 방류구를 거치지 아니하고 배출하거나 최종 방류구를 거치지 아니하고 배출할 수 있는 시설을 설치하는 행위를 한 자에 대한 벌칙 기준은?

① 1년 이하의 징역 또는 1천만 원 이하의 벌금
② 3년 이하의 징역 또는 2천만 원 이하의 벌금
③ 5년 이하의 징역 또는 5천만 원 이하의 벌금
④ 7년 이하의 징역 또는 5천만 원 이하의 벌금

80 오염총량관리지역을 관할하는 시도지사가 수립하여 환경부장관에게 승인을 얻는 오염총량관리기본계획에 포함되는 사항과 가장 거리가 먼 것은?

① 당해 지역 개발계획의 내용
② 지방자치단체별·수계구간별 오염부하량의 할당
③ 당해 지역의 점오염원, 비점오염원, 기타 오염원 현황
④ 당해 지역 개발계획으로 인하여 추가로 배출되는 오염부하량 및 그 저감계획

해설 오염총량관리기본계획에 포함되는 사항
㉠ 당해 지역 개발계획의 내용
㉡ 지방자치단체별·수계구간별 오염부하량(汚染負荷量)의 할당
㉢ 관할 지역에서 배출되는 오염부하량의 총량 및 저감계획
㉣ 당해 지역 개발계획으로 인하여 추가로 배출되는 오염부하량 및 그 저감계

77. ④ 78. ② 79. ③ 80. ③ | ANSWER

SECTION 01 수질오염개론

01 수분함량 97%의 슬러지 14.7m³를 수분함량 85%로 농축하면 농축 후 슬러지 용적은?(단, 슬러지 비중은 1.0)

① 1.92m³
② 2.94m³
③ 3.21m³
④ 4.43m³

[해설] $V_1(100 - W_1) = V_2(100 - X_2)$

$14.7(100 - 97) = V_2(100 - 85)$

$\therefore V_2 = 2.94(m^3)$

02 용액을 통해 흐르는 전류의 특성으로 옳지 않은 것은? (단, 금속을 통해 흐르는 전류와 비교)

① 용액에서 화학변화가 일어난다.
② 전류는 전자에 의해 운반된다.
③ 온도의 상승은 저항을 감소시킨다.
④ 대체로 전기저항이 금속의 경우보다 크다.

[해설] 용액을 통해 흐르는 전류의 특성
㉠ 용액에서 화학변화가 일어난다.
㉡ 전류는 이온에 의해 운반된다.
㉢ 온도의 상승은 저항을 감소시킨다.
㉣ 대체로 전기저항이 금속의 경우보다 크다.

금속을 통해 흐르는 전류의 특성
㉠ 금속의 화학적 성질은 변하지 않는다.
㉡ 전류는 전자에 의해 운반된다.
㉢ 온도의 상승은 저항을 증가시킨다.

03 $PbSO_4(MW = 303.3)$의 용해도는 0.038g/L이다. $PbSO_4$의 용해도적 상수(K_{sp})는?

① 약 1.6×10^{-8}
② 약 2.4×10^{-8}
③ 약 3.2×10^{-8}
④ 약 4.8×10^{-8}

[해설] $PbSO_4 \rightleftarrows [Pb^{2+}] + [SO_4^{2-}]$

$L_m = \dfrac{0.038g}{L}\bigg|\dfrac{1mol}{303.3g} = 1.25 \times 10^{-4}(mol/L)$

$L_m = \sqrt{K_{SP}}$ 이므로

$K_{SP} = L_m^2 = (1.25 \times 10^{-4}m)^2 = 1.57 \times 10^{-8}$

04 BOD가 10,000mg/L이고 염소이온농도가 1,000 mg/L인 분뇨를 희석하여 활성 슬러지법으로 처리한 결과 방류수의 BOD는 20mg/L, 염소이온의 농도는 25mg/L으로 나타났다. 활성슬러지법의 처리효율은?(단, 염소는 생물학적 처리에서 제거되지 않음)

① 86%
② 88%
③ 90%
④ 92%

[해설] 염소이온의 농도로 희석배수를 구하고, 이를 토대로 효율공식을 이용한다.

$\eta = \left(1 - \dfrac{BOD_o}{BOD_i}\right) \times 100 = \left(1 - \dfrac{20 \times 40}{10,000}\right) \times 100 = 92(\%)$

여기서, $P = \dfrac{1,000}{25} = 40(배)$이다.

05 $Ca(OH)_2$ 1,480mg/L 용액의 pH는?(단, $Ca(OH)_2$의 분자량은 74이고 완전해리한다.)

① 약 12.0
② 약 12.3
③ 약 12.6
④ 약 12.9

[해설] $pH = \log\dfrac{1}{[H^+]} = 14 - \log\dfrac{1}{[OH^-]}$

$Ca(OH)_2 \rightleftarrows Ca^{2+} + 2OH^-$

㉠ $Ca(OH)_2$의 mol농도를 구하면

$X\left(\dfrac{mol}{L}\right) = \dfrac{1,480mg}{L}\bigg|\dfrac{1g}{10^3mg}\bigg|\dfrac{1mol}{74g} = 0.02M$

㉡ OH^-의 몰농도는 $Ca(OH)_2$의 2배이기 때문에 0.04M이 된다.

$\therefore pH = 14 - \log\dfrac{1}{0.04} = 12.60$

06 친수성 콜로이드에 관한 설명으로 옳지 않은 것은?

① 물속에서 현탁상태(Suspension)로 존재한다.
② 염에 대하여 큰 영향을 받지 않는다.
③ 단백질, 합성된 고단위 중합체 등이 해당된다.
④ 틴달효과가 약하거나 거의 없다.

해설 친수성 콜로이드는 염에 매우 민감하다.

07 촉매에 관한 내용으로 옳지 않은 것은?

① 반응속도를 느리게 하는 효과가 있는 것을 역촉매라고 한다.
② 반응의 역할에 따라 반응 후 본래 상태로 회복 여부가 결정된다.
③ 반응의 최종 평형상태에는 아무런 영향을 미치지 않는다.
④ 화학반응의 속도를 변화시키는 능력을 가지고 있다.

해설 촉매는 반응에서의 실제 역할과는 무관하게 반응이 끝나면 본래의 상태로 회복이 된다.

08 초기농도가 300mg/L인 오염물질이 있다. 이 물질의 반감기가 10day라고 할 때 반응속도가 1차 반응에 따른다면 5일 후의 농도는?

① 212mg/L
② 228mg/L
③ 235mg/L
④ 246mg/L

해설 1차 반응식을 이용한다.

$\ln \dfrac{C_t}{C_o} = -K \cdot t$

㉠ $\ln \dfrac{50}{100} = -K \cdot 10 \text{day}$

∴ $K = -0.0693 (\text{day}^{-1})$

㉡ $\ln \dfrac{C_t}{300} = \dfrac{-0.0693}{\text{day}} \bigg| 5\text{day}$

∴ $C_t = 300 \times e^{-0.0693 \times 5} = 212.15 (\text{mg/L})$

09 포도당($C_6H_{12}O_6$) 500mg이 탄산가스와 물로 완전 산화하는 데 소요되는 이론적 산소요구량은?

① 512mg
② 521mg
③ 533mg
④ 548mg

해설 글루코스의 이론적 산화반응을 이용한다.

$C_6H_{12}O_6 \quad + \quad 6O_2 \quad \rightarrow \quad 6CO_2 + 6H_2O$
$\quad 180(g) \qquad : \quad 6 \times 32(g)$
$500(\text{mg/L}) : \text{X(mg/L)}$

∴ X(=ThOD) = 533.33(mg/L)

10 Ca^{++}가 200mg/L일 때 몇 N농도인가?

① 0.01
② 0.02
③ 0.5
④ 1.0

해설 $\text{X}\left(\dfrac{\text{eq}}{\text{L}}\right) = \dfrac{0.2g}{\text{L}} \bigg| \dfrac{1\text{eq}}{(40/2)\text{g}} = 0.01(\text{eq/L})$

11 수중에 탄산가스 농도나 암모니아성 질소의 농도가 증가하여 Fungi가 사라지는 하천의 변화과정 지대는?(단, Whippte의 4지대 기준)

① 활발한 분해지대
② 점진적 분해지대
③ 분해지대
④ 점진적 회복지대

해설 활발한 분해지대는 DO의 농도가 매우 낮거나 거의 없고, BOD가 감소되고 탁도가 높으며 (회색 또는 흑색) CO_2 농도가 높고 H_2S와 NH_3-N와 PO_4^{3-}의 농도가 높다.

12 지구상 담수의 존재량을 볼 때 그 양이 가장 큰 존재 형태는?

① 하천수
② 빙하
③ 호소수
④ 지하수

해설 담수 중 가장 많은 양을 차지하는 것은 빙하나 극지방의 얼음이다.

13 최종 BOD(BOD_u)가 500mg/L이고, BOD_5가 400mg/L일 때 탈산소 계수(base = 상용대수)는?

① 0.12/day
② 0.14/day
③ 0.16/day
④ 0.18/day

해설 BOD 소모공식을 이용한다.

$BOD_5 = BOD_u (1 - 10^{-K_1 \cdot t})$

$400 = 500(1 - 10^{-K_1 \cdot 5})$

∴ $K_1 = 0.14(\text{/day})$

14 현재의 BOD가 1mg/L이고 유량이 200,000m³/day 인 하천 주변에 양돈단지를 조성하고자 한다. 하천의 환경기준이 BOD 5mg/L 이하인 하천에서 환경기준치 이하로 유지시키기 위한 최대사육돼지의 마리 수는?(단, 돼지 사육으로 인한 하천의 유량증가는 무시하고 돼지 1마리당 BOD 배출량은 0.16kg/day 로 본다.)

① 3,500마리   ② 4,000마리

③ 4,500마리   ④ 5,000마리

해설 혼합공식을 이용한다.

$$C_m = \frac{Q_1 C_1 + Q_2 C_2}{Q_1 + Q_2}$$

(돼지 사육으로 인한 유량은 무시하므로 $Q_2 = 0$)

$$5(\text{mg/L}) = \frac{(200,000 \times 1) + Q_2 C_2}{200,000}$$

$$Q_2 C_2 = \frac{800,000 \text{mg} \cdot \text{m}^3}{\text{L} \cdot \text{day}} \left| \frac{10^3 \text{L}}{1\text{m}^3} \right| \frac{1\text{kg}}{10^6 \text{mg}} = 800(\text{kg/day})$$

$$\therefore \text{X}(\text{마리}) = \frac{800\text{kg}}{\text{day}} \left| \frac{\text{day} \cdot \text{마리}}{0.16\text{kg}} \right| = 5,000(\text{마리})$$

15 다음은 어떤 법칙을 설명한 것인가?

> 여러 물질이 혼합된 용액에서 어느 물질의 증기압(분압)은 혼합액에서 그 물질의 몰 분율에 순수한 상태에서 그 물질의 증기압을 곱한 것과 같다.

① Dalton의 분압법칙

② Henry의 법칙

③ Avogadro의 법칙

④ Raoult의 법칙

16 탈산소 계수(상용대수)가 0.2day^{-1}이면, BOD_3/BOD_5 비는?

① 0.74   ② 0.78

③ 0.83   ④ 0.87

해설 BOD 소모공식을 이용한다.

$$BOD_t = BOD_u (1 - 10^{-K \cdot t})$$

$$BOD_3 = BOD_u (1 - 10^{-0.2 \times 3})$$

$$BOD_5 = BOD_u (1 - 10^{-0.2 \times 5})$$

$$\therefore \frac{BOD_3}{BOD_5} = \frac{(1 - 10^{-0.2 \times 3})}{(1 - 10^{-0.2 \times 5})} = 0.83$$

17 점오염원에 대한 설명으로 옳지 않은 것은?

① 고농도의 하·폐수가 특정한 한 점에서 집중 배출되는 오염원이다.

② 대체로 좁은 지역에서 발생하며 시간에 따른 수질의 변화가 있다.

③ 배출위치를 정확히 파악할 수 있다.

④ 강우 시 집중적으로 발생하는 영양염류가 주요 오염물질이다.

해설 점오염원은 갈수 시 오염원으로 주목받는다.

18 CH_2O 100mg/L의 이론적 COD값은?

① 97mg/L

② 107mg/L

③ 117mg/L

④ 127mg/L

해설 $CH_2O + O_2 \rightleftarrows CO_2 + H_2O$

30g   :   32g

100mg/L :   Xmg/L

$\therefore$ X = 106.67(mg/L)

19 다음 중 가경도(Pseudo Hardness) 유발 물질로 가장 대표적인 것은?

① 칼슘   ② 염소

③ 나트륨   ④ 철

해설 유사경도(가경도, Pseudo Hardness) 유발물질은 저농도에서는 경도를 발생하지 않은 물질로서 1가 금속이온(예 : K^+, Na^+ 등)이 여기에 속한다. 가장 대표적인 물질은 Na^+이다.

20 다음 중 적조의 발생에 관한 설명 중 옳지 않은 것은?

① 정체해역에서 일어나기 쉬운 현상이다.

② 강우에 따라 하천수가 해수에 유입될 때 발생될 수 있다.

③ 수괴의 연직 안정도가 크고 독립해 있을 때 발생한다.

④ 해역의 영양 부족 또는 염소농도 증가로 발생된다.

해설 질소, 인 등의 영양염류가 풍부한 수역에서 적조가 잘 발생한다.

21 암모늄이온(NH_4^+)을 27mg/L 함유하고 있는 폐수 1,667m³을 이온교환수지로 NH_4^+를 제거하고자 할 때 100,000g $CaCO_3$/m³의 처리 능력을 갖는 양이온 교환수지의 소요용적은?(단, Ca 원자량 : 40)

① 0.60m³ ② 0.85m³
③ 1.25m³ ④ 1.50m³

해설 ㉠ 암모늄이온(NH_4^+) 당량(eq)

$$= \frac{27mg}{L} \left| \frac{1,667m^3}{} \right| \frac{10^3 L}{1m^3} \left| \frac{1g}{10^3 mg} \right| \frac{1eq}{(18/1)g}$$

$$= 2,500(eq)$$

㉡ 이온교환수지의 능력(eq/m³)

$$= \frac{100,000g}{m^3} \left| \frac{1eq}{50g} \right. = 2,000(eq/m^3)$$

㉢ 이온교환수지의 체적(m³)

$$= \frac{2,500eq}{} \left| \frac{1m^3}{2,000eq} \right. = 1.25(m^3)$$

22 어떤 산업폐수를 중화처리하는 데 NaOH 0.1% 용액 30mL가 필요하였다. 이를 0.1% $Ca(OH)_2$로 대체할 경우 몇 mL가 필요한가?(단, Ca 원자량 : 40)

① 15 ② 28
③ 32 ④ 37

해설 산eq = 염기eq

$$\frac{0.1g}{100mL} \left| \frac{30mL}{} \right| \frac{1eq}{40g} = \frac{0.1g}{100mL} \left| \frac{XmL}{} \right| \frac{1eq}{(74/2)g}$$

$$\therefore X = 27.75(mL)$$

23 1kg의 BOD_5를 호기성 처리하는 데 0.8kg의 O_2가 필요하고, 표면교반기를 통해 전력 1kW로 물에 2.4kg O_2를 주입할 수 있다면 전력량 1,000kW/day로 처리할 수 있는 이론적 BOD_5 부하량은?

① 800kg/day
② 1,000kg/day
③ 2,000kg/day
④ 3,000kg/day

해설

$$X(kg/day) = \frac{1,000kW}{day} \left| \frac{2.4kg \cdot O_2}{1kW} \right| \frac{1kg \cdot BOD_5}{0.8kg \cdot O_2}$$

$$= 3,000(kg/day)$$

24 포기조 내 MLSS의 농도가 2,500mg/L이고, SV_{30}이 30%일 때 SVI는?

① 85 ② 120
③ 135 ④ 150

해설

$$SVI = \frac{SV_{30}(\%) \times 10^4}{MLSS} = \frac{30(\%) \times 10^4}{2,500} = 120$$

25 길이 20m, 폭 6m, 높이 4m인 직사각형 침전지에 유입되는 폐수가 하루에 2,400m³이고 BOD 농도는 250mg/L, SS농도가 370mg/L라면 수리학적 표면부하율은?

① 6m³/m² · 일 ② 10m³/m² · 일
③ 15m³/m² · 일 ④ 20m³/m² · 일

해설

$$표면부하율(V_o) = \frac{처리유량}{침전지\ 표면적}$$

$$V_o \left(\frac{m^3}{m^2 \cdot day} \right) = \frac{2,400m^3}{day} \left| \frac{}{(20 \times 6)m^2} \right.$$

$$= 20(m^3/m^2 \cdot day)$$

26 다음은 슬러지 처리공정을 순서대로 배치한 것이다. 일반적인 순서로 가장 옳은 것은?

① 농축 → 약품조정(개량) → 유기물의 안정화 → 건조 → 탈수 → 최종처분
② 농축 → 유기물의 안정화 → 약품조정(개량) → 탈수 → 건조 → 최종처분
③ 약품조정(개량) → 농축 → 유기물의 안정화 → 탈수 → 건조 → 최종처분
④ 유기물의 안정화 → 농축 → 약품조정(개량) → 탈수 → 건조 → 최종처분

해설 슬러지의 처리단계는 농축 → 안정화 → 개량 → 탈수 → 중간처리 → 최종처리로 구분된다. 개량에는 약품개량, 세척, 열처리, 회분주입방법 등이 있으며, 중간처리에는 건조 및 소각 · 용융 등의 방법이 있다.

27 부피가 $1,000\text{m}^3$인 탱크에서 G(평균속도 경사) 값을 $30/\text{s}$로 유지하기 위해 필요한 이론적 소요동력(W)은?(단, 물의 점성계수는 $1.139 \times 10^{-3}\text{N} \cdot \text{s/m}^2$)

① 1,025W

② 1,250W

③ 1,425W

④ 1,650W

 속도경사$(G) = \sqrt{\dfrac{P}{\forall \cdot \mu}}$

$G = \sqrt{\dfrac{X(W)}{1,000(\text{m}^3) \cdot 1.139 \times 10^{-3}(\text{N} \cdot \text{s/m}^2)}}$

$\quad = 30(\sec^{-1})$

$\therefore X = 1,025.1(W)$

28 BOD가 250mg/L이고 유량이 $2,000\text{m}^3/\text{day}$인 폐수를 활성슬러지법으로 처리하고자 한다. 포기조의 BOD 용적 부하가 $0.4\text{kg/m}^3 \cdot \text{day}$라면 포기조의 부피는?

① $1,250\text{m}^3$

② $1,000\text{m}^3$

③ 750m^3

④ 500m^3

 $\forall (\text{m}^3) = \dfrac{250\text{mg}}{\text{L}} \left| \dfrac{2,000\text{m}^3}{\text{day}} \right| \dfrac{\text{m}^3 \cdot \text{day}}{0.4\text{kg}} \left| \dfrac{10^3\text{L}}{1\text{m}^3} \right| \dfrac{1\text{kg}}{10^6\text{mg}}$

$\quad = 1,250(\text{m}^3)$

29 정수처리의 단위공정으로 오존(O_3)처리법이 다른 처리법에 비하여 우수한 점이라 볼 수 없는 것은?

① 소독부산물의 생성을 유발하는 각종 전구물질에 대한 처리효율이 높다.

② 오존은 자체의 높은 산화력으로 염소에 비하여 높은 살균력을 가지고 있다.

③ 전염소처리를 할 경우, 염소와 반응하여 잔류염소를 증가시킨다.

④ 철, 망간의 산화능력이 크다.

 오존처리 시 전염소처리를 할 경우 염소와 반응하여 잔류염소는 감소한다.

30 다음 특성을 갖는 폐수를 활성슬러지법으로 처리할 때 포기조 내의 MLSS 농도를 일정하게 유지하려면 반송비는 약 얼마로 유지하여야 하는가?(단, 유입원수의 SS는 250mg/L, 포기조 내의 MLSS는 $2,500\text{mg/L}$, 반송슬러지 농도는 $8,000\text{mg/L}$이며, 포기조 내에서 슬러지 생성 및 방류수 중의 SS는 무시한다.)

① 20%   ② 30%

③ 40%   ④ 50%

 $R = \dfrac{\text{MLSS} - \text{SS}_i}{\text{SS}_r - \text{MLSS}} \times 100 = \dfrac{2,500 - 250}{8,000 - 2,500} \times 100 = 40.9\%$

31 하수 슬러지의 농축 방법별 장단점으로 옳지 않은 것은?

① 중력식 농축 : 잉여슬러지의 농축에 부적합

② 부상식 농축 : 약품 주입 없이도 운전 가능

③ 원심분리 농축 : 악취가 적음

④ 중력벨트 농축 : 별도의 세정장치가 필요 없음

 중력벨트 농축은 고농도로 농축 가능하다.

32 200mg/L의 Ethanol(C_2H_5OH)만을 함유한 공장폐수 $3,000\text{m}^3/\text{day}$를 활성슬러지 공법으로 처리하려면 하루에 첨가하여야 하는 N의 양은?(단, Ethanol은 완전분해(COD = BOD)하고, 독성이 없으며 BOD : N : P = 100 : 5 : 1이다.)

① 42kg   ② 63kg

③ 81kg   ④ 109kg

 영양물질의 비율은 BOD : N = 100 : 5이다.

㉠ Ethanol(C_2H_5OH)의 이론적인 산화반응을 이용하여 BOD를 구하면

$\quad C_2H_5OH \qquad + 3O_2 \rightarrow 2CO_2 + 3H_2O$

$\quad 46(g) \qquad\qquad : 3 \times 32(g)$

$\quad \dfrac{200\text{mg}}{\text{L}} \left| \dfrac{3,000\text{m}^3}{\text{day}} \right| \dfrac{10^3\text{L}}{1\text{m}^3} \left| \dfrac{1\text{kg}}{10^6\text{mg}} \right. :$

$\quad X(=\text{BOD}) = 1,252.17(\text{kg})$

㉡ BOD   : N

$\quad 100 \qquad : 5$

$\quad 1,252.17 : N$

$\quad \therefore N = 62.61(\text{kg})$

33 생물학적으로 하수 내 질소와 인을 동시에 제거할 수 있는 고도처리공법인 혐기무산소 호기조합법에 관한 설명으로 틀린 것은?

① 방류수의 인 농도를 안정적으로 확보할 필요가 있는 경우에는 호기 반응조의 말단에 응집제를 첨가할 설비를 설치하는 것이 바람직하다.

② 인 제거를 효과적으로 행하기 위해서는 일차침전지 슬러지와 잉여슬러지의 농축을 분리하는 것이 바람직하다.

③ 혐기조에서는 인방출, 호기조에서는 인의 과잉섭취현상이 발생한다.

④ 인 제거율 또는 인 제거량은 잉여슬러지의 인방출률과 수온에 의해 결정된다.

해설 인 제거율 또는 인 제거량은 잉여슬러지량과 잉여슬러지의 인 함량에 의해 결정된다.

34 혐기성 조건하에서 400g의 $C_6H_{12}O_6$(Glucose)로부터 발생 가능한 CH_4가스의 용적은?(단, 표준상태 기준)

① 149L   ② 176L
③ 187L   ④ 198L

해설
$C_6H_{12}O_6 \rightarrow 3CH_4 + 3CO_2$
180(g) : 3×22.4(L)
400(g) : X(L)
∴ X = 149.33(L)

35 BOD_5가 85mg/L가 하수가 완전혼합 활성슬러지공정으로 처리된다. 유출수의 BOD_5가 15mg/L, 온도 20℃, 유입유량 40,000톤/일, MLVSS가 2,000 mg/L, Y값 0.6mgVSS /mgBOD₅, K_d값 $0.6d^{-1}$, 미생물체류시간 10일이라면 Y값과 K_d값을 이용한 반응조의 부피(m³)는?(단, 비중은 1.0 기준)

① 800m³
② 1,000m³
③ 1,200m³
④ 1,400m³

해설
$$\frac{1}{SRT} = \frac{Y \cdot Q(S_i - S_o)}{\forall \cdot X} - K_d$$

$$\frac{1}{10day} = \frac{0.6}{} \left| \frac{40,000m^3}{day} \right| \frac{(85-15)mg}{L} \left| \frac{1}{\forall (m^3)} \right|$$

$$\left| \frac{L}{2,000mg} - \frac{0.6}{day} \right|$$

∴ $\forall = 1,200(m^3)$

36 어떤 정유 공장에서 최소 입경이 0.009cm인 기름방울을 제거하려고 한다. 부상속도는?(단, 물의 밀도는 1g/cm³, 기름의 밀도 0.9g/cm³, 점도는 0.02g/cm · sec, Stoke's 법칙 적용)

① 0.044cm/sec   ② 0.033cm/sec
③ 0.022cm/sec   ④ 0.011cm/sec

해설 Stoke's 법칙을 이용한다.
$$V_F = \frac{d_p^2(\rho_w - \rho)g}{18\mu} = \frac{(0.009)^2 \times (1-0.9) \times 980}{18 \times 0.02}$$
$$= 0.02205 \fallingdotseq 0.022(cm/sec)$$

37 BOD 농도가 240mg/L인 폐수를 포기조 BOD 부하 0.4kg BOD/kg MLSS · day인 활성슬러지법으로 6시간 포기할 때 MLSS 농도(mg/L)는?

① 3,300mg/L   ② 3,000mg/L
③ 2,700mg/L   ④ 2,400mg/L

해설 F/M비 계산식을 이용한다.
$$F/M = \frac{BOD_i \times Q_i}{\forall \cdot X} = \frac{BOD_i}{t \cdot X}$$
$$\frac{0.4}{day} = \frac{240mg}{L} \left| \frac{1}{6hr} \right| \frac{L}{Xmg} \left| \frac{24hr}{1day} \right|$$
∴ X(=MLSS) = 2,400(mg/L)

38 활성슬러지법에서 포기조의 유효 용적이 900m³이고 MLSS 농도가 2,400mg/L이다. 고형물 체류시간(SRT)이 6일이라고 한다면 건조된 잉여슬러지 생산량은?(단, 유출미생물량은 고려하지 않음)

① 260kg/day   ② 320kg/day
③ 360kg/day   ④ 400kg/day

해설

$$SRT = \frac{\forall \cdot X}{Q_w \cdot X_w} \Rightarrow Q_w \cdot X_w = \frac{\forall \cdot X}{SRT}$$

$$\therefore Q_w \cdot X_w = \frac{900m^3}{} \left| \frac{2,400mg}{L} \right| \frac{10^3 L}{1m^3} \left| \frac{1kg}{10^6 mg} \right|$$

$$= 360(kg/day)$$

39 3차 처리 프로세스 중 5단계 – Bardenpho 프로세스에 대한 설명으로 옳지 않은 것은?

① 1차 포기조에서는 질산화가 일어난다.
② 혐기조에서는 용해성 인의 과잉흡수가 일어난다.
③ 인의 제거는 인의 함량이 높은 잉여슬러지를 제거함으로 가능하다.
④ 무산소조에서는 탈질화과정이 일어난다.

해설 5단계 – Bardenpho프로세스에서 혐기조에서는 유입수와 함께 반송슬러지가 혐기조로 유입되어 발효반응이 일어나면서 인을 방출하게 된다.

40 고형물의 농도가 15%인 슬러지 100kg을 건조상에서 건조시킨 후 수분이 20%로 되었다. 제거된 수분의 양은?(단, 슬러지 비중 1.0)

① 약 54.2kg   ② 약 65.3kg
③ 약 72.6kg   ④ 약 81.3kg

해설
$$V_1(100 - W_1) = V_2(100 - W_2)$$
$$100 \times 15 = V_2(100 - 20)$$
$$\therefore V_2(= 건조 후 슬러지량) = 18.75(kg)$$
$$\therefore 감소된 물의 양 = 건조 전 슬러지량 - 건조 후 슬러지량$$
$$= 100 - 18.75 = 81.25(kg)$$

SECTION 03 수질오염공정시험기준

41 시안 측정방법과 가장 거리가 먼 것은?

① 자외선/가시선 분광법
② 이온전극법
③ 연속흐름법
④ 질량분석법

해설 적용 가능한 분석방법

시안	정량한계(mg/L)	정밀도(% RSD)
자외선/가시선 분광법	0.01mg/L	± 25% 이내
이온전극법	0.10mg/L	± 25% 이내
연속흐름법	0.01mg/L	± 25% 이내

42 불소(자외선/가시선 분광법)측정에 관한 설명으로 틀린 것은?

① 알루미늄 및 철의 방해가 크나 증류하면 영향이 없다.
② 정량한계는 0.5mg/L이다.
③ 청색의 복합 착화합물의 흡광도를 620nm에서 측정한다.
④ 전처리는 직접증류법과 수증기증류법이 적용된다.

해설 불소(자외선/가시선 분광법)측정의 정량한계는 0.15(mg/L)이다.

43 식물성 플랑크톤을 측정하기 위한 시료 채취 시 정성 채집을 위해 이용하는 것은?

① 플랑크톤 네트(Mesh Size 25μm)
② 반돈 채수기
③ 채수병
④ 미량펌프채수기

해설 식물성 플랑크톤을 측정하기 위한 시료 채취 시 플랑크톤 네트(Mesh Size 25μm)를 이용한 정성채집과, 반돈(Van – Dorn) 채수기 또는 채수병을 이용한 정량 채집을 병행한다. 정성 채집 시 플랑크톤 네트는 수평 및 수직으로 수 회씩 끌어 채집한다.

44 6가크롬을 자외선/가시선 분광법으로 측정할 때에 관한 내용으로 옳은 것은?

① 산성 용액에서 다이페닐카바자이드와 반응하여 생성되는 청색 착화합물의 흡광도를 620nm에서 측정
② 산성 용액에서 페난트로린용액과 반응하여 생성되는 청색 착화합물의 흡광도를 620nm에서 측정

③ 산성 용액에서 다이페닐카바자이드와 반응하여 생성되는 적자색 착화합물의 흡광도를 540nm에서 측정

④ 산성 용액에서 페난트로린용액과 반응하여 생성되는 적자색 착화합물의 흡광도를 540nm에서 측정

해설 물속에 존재하는 6가크롬을 자외선/가시선 분광법으로 측정하는 것으로, 산성 용액에서 다이페닐카바자이드와 반응하여 생성하는 적자색 착화합물의 흡광도를 540nm에서 측정한다.

45 바륨(금속류) 시험방법으로 알맞지 않은 것은?(단, 공정시험기준)

① 불꽃원자흡수분광광도법
② 자외선/가시선 분광법
③ 유도결합플라스마 원자발광분광법
④ 유도결합플라스마 질량분석법

해설 적용 가능한 분석방법

바륨	정량한계 (mg/L)	정밀도 (% RSD)
원자흡수분광광도법	0.1mg/L	±25% 이내
유도결합플라스마 – 원자발광분광법	0.003mg/L	±25% 이내
유도결합플라스마 – 질량분석법	0.003mg/L	±25% 이내

46 수은(냉증기 – 원자흡수분광광도법) 측정 시 물속에 있는 수은을 금속수은으로 산화시키기 위해 주입하는 것은?

① 이염화주석
② 아연분말
③ 염산하이드록실아민
④ 시안화칼륨

해설 물속에 존재하는 수은을 측정하는 방법으로, 시료에 이염화주석($SnCl_2$)을 넣어 금속수은으로 산화시킨 후, 이 용액에 통기하여 발생하는 수은증기를 원자흡수분광광도법으로 253.7nm의 파장에서 측정하여 정량하는 방법이다.

47 실험에 일반적으로 적용되는 용어의 정의로 틀린 것은?(단, 공정시험기준 기준)

① '감압'이라 함은 따로 규정이 없는 한 15mmH₂O 이하를 뜻한다.
② '밀폐용기'라 함은 취급 또는 저장하는 동안에 이 물질이 들어가거나 또는 내용물이 손실되지 아니하도록 보호하는 용기를 말한다.
③ '냄새가 없다'라고 기재한 것은 냄새가 없거나 또는 거의 없는 것을 표시하는 것이다.
④ '정확히 취하여'란 규정한 양의 액체를 부피피펫으로 눈금까지 취하는 것을 말한다.

해설 '감압 또는 진공'이라 함은 따로 규정이 없는 한 15(mmHg) 이하를 뜻한다.

48 하천유량(유속 면적법) 측정의 적용범위에 관한 내용으로 틀린 것은?

① 모든 유량 규모에서 하나의 하도로 형성되는 지점
② 대규모 하천을 제외하고 가능하면 도섭으로 측정할 수 있는 지점
③ 교량 등 구조물 근처에서 측정할 경우 교량의 하류지점
④ 합류나 분류가 없는 지점

해설 하천유량(유속 면적법) 측정의 적용범위
㉠ 균일한 유속분포를 확보하기 위한 충분한 길이(약 100m 이상)의 직선 하도(河道)의 확보가 가능하고 횡단면상의 수심이 균일한 지점
㉡ 모든 유량 규모에서 하나의 하도로 형성되는 지점
㉢ 가능하면 하상이 안정되어있고, 식생의 성장이 없는 지점
㉣ 유속계나 부자가 어디에서나 유효하게 잠길 수 있을 정도의 충분한 수심이 확보되는 지점
㉤ 합류나 분류가 없는 지점
㉥ 교량 등 구조물 근처에서 측정할 경우 교량의 상류지점
㉦ 대규모 하천을 제외하고 가능하면 도섭으로 측정할 수 있는 지점
㉧ 선정된 유량측정 지점에서 말뚝을 박아 동일 단면에서 유량측정을 수행할 수 있는 지점

49 웨어의 수로에 관한 설명으로 틀린 것은?

① 수로는 목재, 철판, PVC판, FRP 등을 이용하여 만들며 부식성을 고려하여 내구성이 강한 재질을 선택한다.

② 수로의 크기는 수로의 내부 치수로 정하되 폐수량에 따라 적절하게 결정한다.

③ 수로는 바닥면을 수평으로 하며 수위를 읽는 데 오차가 생기지 않도록 한다.

④ 유수의 도입 부분은 상류 측의 수로가 웨어의 수로 폭과 깊이보다 작을 경우에는 없어도 좋다.

해설 유수의 도입 부분은 상류 측의 수로가 웨어의 수로 폭과 깊이보다 클 경우에는 없어도 좋다.

50 용존산소를 전극법으로 측정할 때에 관한 내용으로 틀린 것은?

① 정량한계는 0.1mg/L이다.

② 격막 필름은 가스를 선택적으로 통과시키지 못하므로 장시간 사용 시 황화수소 가스의 유입으로 감도가 낮아질 수 있다.

③ 정확도는 수중의 용존산소를 윙클러 아자이드화나트륨 변법으로 측정한 결과와 비교하여 산출한다.

④ 정확도는 4회 이상 측정하여 측정 평균값의 상대백분율로서 나타내며 그 값이 95~105% 이내이어야 한다.

해설 용존산소를 전극법으로 측정할 때의 정량한계는 0.5(mg/L)이다.

51 총 유기탄소에 측정 시 적용되는 용어에 관한 설명으로 틀린 것은?

① 무기성 탄소 : 수중에 탄산염, 중탄산염, 용존 이산화탄소 등 무기적으로 결합된 탄소의 합을 말한다.

② 부유성 유기탄소 : 총 유기탄소 중 공극 $0.45\mu m$의 막 여지를 통과하여 부유하는 유기탄소를 말한다.

③ 비정화성 유기탄소 : 총 탄소 중 pH 2 이하에서 포기에 의해 정화되지 않는 탄소를 말한다.

④ 총 탄소 : 수중에서 존재하는 유기적 또는 무기적으로 결합된 탄소의 합을 말한다.

해설 부유성 유기탄소(SOC ; Suspended Organic Carbon) 총 유기탄소 중 공극 $0.45\mu m$의 막 여지를 통과하지 못한 유기탄소를 말한다. GF/F로 여과 시 입자성 유기탄소(POC ; Particulate Organic Carbon)로 구분하기도 하였다.

52 다음 항목 중 최대 보존기간이 '즉시 측정'에 해당되지 않는 것은?

① 수소이온농도

② 용존산소(전극법)

③ 온도

④ 냄새

해설 냄새의 보존기간은 6시간이다.

53 시료의 보존방법이 '6℃ 이하 보관'에 해당되는 측정항목은?

① 6가크롬　　② 유기인

③ 1.4 다이옥산　　④ 황산이온

해설 6가크롬(4℃ 보관), 유기인(4℃ 보관), 1.4−다이옥산(HCl(1+1)을 시료 10 mL당 1~2방울씩 가하여 pH 2 이하), 황산이온(6 ℃ 이하 보관)

54 물벼룩을 이용한 급성 독성 시험법과 관련된 생태독성값(TU)에 대한 내용으로 옳은 것은?

① 통계적 방법을 이용하여 반수영향농도 EC_{50}을 구한 후 이에 100을 곱하여준 값을 말한다.

② 통계적 방법을 이용하여 반수영향농도 EC_{50}을 구한 후 이를 100으로 나눠준 값을 말한다.

③ 통계적 방법을 이용하여 반수영향농도 EC_{50}을 구한 후 이를 10을 곱하여준 값을 말한다.

④ 통계적 방법을 이용하여 반수영향농도 EC_{50}을 구한 후 이를 10으로 나눠준 값을 말한다.

해설 생태독성값(TU ; Toxic Unit) 통계적 방법을 이용하여 반수영향농도 EC_{50}을 구한 후 이를 100으로 나눠준 값을 말한다.

55 개수로에 의한 유량 측정 시 케이지(Chezy)의 유속 공식이 적용된다. 경심이 0.653m, 홈 바닥의 구배 i = 1/1,500, 유속계수가 25일 때 평균 유속은?(단, 수로의 구성재질과 수로 단면의 형상이 일정하고 수로의 길이가 적어도 10m까지 똑바른 경우)

① 약 0.52m/sec
② 약 0.62m/sec
③ 약 0.74m/sec
④ 약 0.85m/sec

해설
$$V = C\sqrt{RI} = 25 \times \sqrt{0.653 \times \frac{1}{1,500}} = 0.52(\text{m/sec})$$

56 투명도 측정에 관한 설명으로 옳은 것은?

① 투명도판은 무게가 3kg, 지름 30cm인 백색원판에 지름 5cm의 구멍 8개가 뚫린 것이다.
② 호소나 하천에 투명도판을 수면으로부터 천천히 넓어 보이지 않게 시작한 깊이를 1m 단위로 읽어 투명도를 측정한다.
③ 투명도판의 색도차는 투명도에 미치는 영향이 크므로 표면이 더러울 때는 다시 색칠하여야 한다.
④ 흐름이 있어 줄이 기울어질 경우에는 5kg 정도의 추를 달아서 줄을 세워야 하며 줄은 1m 간격의 눈금표시가 있어야 한다.

해설 투명도 측정
㉠ 측정결과는 0.1m 단위로 표기한다.
㉡ 투명도판의 색도차는 투명도에 미치는 영향이 적지만, 원판의 광 반사능도 투명도에 영향을 미치므로 표면이 더러울 때에는 다시 색칠하여야 한다.
㉢ 흐름이 있어 줄이 기울어질 경우에는 2kg 정도의 추를 달아서 줄을 세워야 하고 줄은 10cm 간격으로 눈금표시가 되어 있어야 하며, 충분히 강도가 있는 것을 사용한다.

57 다음은 납분석(자외선/가시선 분광법)에 대한 설명이다. ( ) 안에 옳은 내용은?

물속에 존재하는 납 이온이 (㉠) 공존 하에 알칼리성에서 디티존과 반응하여 생성하는 납 디티존착염을 사염화탄소로 추출하고 과잉의 디티존을 (㉡)용액으로 씻은 다음 납착염의 흡광도를 측정한다.

① ㉠ 시안화칼륨, ㉡ 시안화칼륨
② ㉠ 시안화칼륨, ㉡ 클로로폼
③ ㉠ 다이메틸글리옥심, ㉡ 시안화칼륨
④ ㉠ 다이메틸글리옥심, ㉡ 클로로폼

해설 물속에 존재하는 납 이온이 시안화칼륨 공존 하에 알칼리성에서 디티존과 반응하여 생성하는 납 디티존착염을 사염화탄소로 추출하고 과잉의 디티존을 시안화칼륨 용액으로 씻은 다음 납착염의 흡광도를 520nm에서 측정하는 방법이다.

58 다이에틸헥실프탈레이트 방법용 시료에 잔류염소가 공존할 경우의 시료 보존방법은?

① 시료 1L당 티오황산나트륨을 80mg 첨가한다.
② 시료 1L당 글루타르알데하이드를 80mg 첨가한다.
③ 시료 1L당 브로모폼을 80mg 첨가한다.
④ 시료 1L당 과망간산칼륨을 80mg 첨가한다.

59 다음 용어에 관한 설명 중 틀린 것은?

① '방울수'라 함은 표준온도에서 정제수 20방울을 적하할 때, 그 부피가 약 1mL 되는 것을 말한다.
② '약'이라 함은 기재된 양에 대하여 ±10% 이상의 차이가 있어서는 안 된다.
③ 무게를 '정확히 단다'라 함은 규정된 수치의 무게를 0.1mg까지 다는 것을 말한다.
④ '항량으로 될 때까지 건조한다'라 함은 같은 조건에서 1시간 더 건조할 때 전후 무게의 차가 g당 0.3mg 이하일 때를 말한다.

해설 방울수라 함은 20℃에서 정제수 20방울을 적하할 때, 그 부피가 약 1mL 되는 것을 뜻한다.

60 노말헥산(n-Hexane) 추출물질의 측정에 관한 설명 중 틀린 것은?

① 정량한계는 0.5mg/L이다.
② 최종 무게 측정을 방해할 가능성이 있는 입자가 존재할 경우 0.45μm 여과지로 여과한다.
③ 폐수 중 휘발성이 강한 탄화수소 등을 대상으로 하며 성분별 선택적 정량이 용이하다.

④ 증발용기는 알루미늄박으로 만든 접시, 비커 또는 증류플라스크로서 부피가 50~250mL 인 것을 사용한다.

[해설] 폐수 중 비교적 휘발되지 않는 탄화수소, 탄화수소유도체, 그리스유상물질 및 광유류가 노말헥산층에 용해되는 성질을 이용한 방법으로 통상 유분의 성분별 선택적 정량이 곤란하다.

SECTION 04 수질환경관계법규

61 환경부장관이 의료기관의 배출시설(폐수무방류배출시설은 제외)에 대하여 조업정지를 명하여야 하는 경우로서 그 조업 정지가 주민의 생활, 대외적인 신용, 고용, 물가 등 국민경제 또는 그 밖의 공익에 현저한 지장을 줄 우려가 있다고 인정되는 경우 조업정지처분을 갈음하여 부과할 수 있는 과징금의 최대 액수는?

(기준변경)

① 1억 원　　　② 2억 원
③ 3억 원　　　④ 5억 원

[해설] [기준의 전면 개편으로 해당사항 없음]

과징금의 최대 액수는 매출액에 100분의 5를 곱한 금액을 초과하지 아니하는 범위에서 과징금을 부과할 수 있다.

62 환경부장관은 개선명령을 받은 자가 개선명령을 이행하지 아니하거나 기간 이내에 이행은 하였으나 배출허용기준을 계속 초과할 때에는 해당 배출시설의 전부 또는 일부에 대한 조업정지를 명할 수 있다. 이에 따른 조업정지 명령을 위반한 자에 대한 벌칙기준은?

① 1년 이하의 징역 또는 1천만 원 이하의 벌금
② 2년 이하의 징역 또는 1천만 원 이하의 벌금
③ 3년 이하의 징역 또는 2천만 원 이하의 벌금
④ 5년 이하의 징역 또는 5천만 원 이하의 벌금

63 위임업무 보고사항 중 '비점오염원의 설치신고 및 방지시설 설치 현황 및 행정처분 현황'의 보고횟수 기준은?

① 연 1회　　　② 연 2회
③ 연 4회　　　④ 수시

[해설] 비점오염원의 설치신고 및 방지시설 설치 현황 및 행정처분 현황 : 연 4회

64 비점오염저감시설 중 자연형 시설이 아닌 것은?

① 침투시설
② 식생형 시설
③ 저류시설
④ 와류형 시설

[해설] 와류형 시설은 장치형 시설이다.

65 수질오염방제센터에서 수행하는 사업과 가장 거리가 먼 것은?

① 공공수역의 수질오염사고 감시
② 지자체별 수질오염사고 예방 및 처리 대행
③ 수질오염 방제기술 관련 교육·훈련, 연구개발 및 홍보
④ 수질오염사고에 대비한 장비, 자재 약품 등의 비치 및 보관을 위한 시설의 설치·운영

[해설] 환경부장관은 공공수역의 수질오염사고에 신속하고 효과적으로 대응하기 위하여 수질오염방제센터를 운영하여야 한다. 이 경우 환경부장관은 대통령령으로 정하는 바에 따라 한국환경공단에 방제센터의 운영을 대행하게 할 수 있다. 방제센터는 다음의 사업을 수행한다.
㉠ 공공수역의 수질오염사고 감시
㉡ 방제조치의 지원
㉢ 수질오염사고에 대비한 장비, 자재, 약품 등의 비치 및 보관을 위한 시설의 설치·운영
㉣ 수질오염 방제기술 관련 교육·훈련, 연구개발 및 홍보
㉤ 그 밖에 수질오염사고 발생 시 수질오염물질의 수거·처리

66 대권역 수질 및 수생태계 보전계획에 포함되어야 하는 사항과 가장 거리가 먼 것은?

① 수질 및 수생태계 보전 목표
② 상수원 및 물 이용현황
③ 수질오염 예방 및 저감 대책
④ 점오염원, 비점오염원 및 기타 수질오염원의 분포 현황

해설 대권역 계획에는 다음 사항이 포함되어야 한다.
ㄱ 수질 및 수생태계 변화 추이 및 목표기준
ㄴ 상수원 및 물 이용현황
ㄷ 점오염원, 비점오염원 및 기타 수질오염원의 분포 현황
ㄹ 점오염원, 비점오염원 및 기타 수질오염원에 의한 수질
오염물질 발생량
ㅁ 수질오염 예방 및 저감 대책
ㅂ 수질 및 수생태계 보전조치의 추진방향
ㅅ 그 밖에 환경부령이 정하는 사항

67 기타 수질오염원 시설 중 복합물류터미널 시설(화물
의 운송, 보관, 하역과 관련된 작업을 하는 시설)의
규모기준으로 옳은 것은?

① 면적이 10만 제곱미터 이상일 것
② 면적이 20만 제곱미터 이상일 것
③ 면적이 30만 제곱미터 이상일 것
④ 면적이 50만 제곱미터 이상일 것

해설 복합물류터미널 시설은 면적이 20만 제곱미터 이상이어야
한다.

68 하천의 수질 및 수생태계 환경기준 중 헥사클로로벤
젠 기준값(mg/L)으로 옳은 것은?(단, 사람의 건강
보호 기준)

① 0.04 이하   ② 0.004 이하
③ 0.0004 이하   ④ 0.00004 이하

해설 헥사클로로벤젠은 2015년 1월 1일부터 적용되며, 기준값
은 0.00004 이하이다.

69 환경부령으로 정하는 수로에 해당되지 않는 것은?

① 상수관거   ② 지하수로
③ 운하   ④ 농업용 수로

해설 환경부령으로 정하는 수로
ㄱ 지하수로
ㄴ 농업용 수로
ㄷ 하수관거
ㄹ 운하

70 다음 중 호소수의 이용 상황 등을 조사 · 측정하여야
하는 대상에 해당되지 않는 것은?

① 호소로서 만수위의 면적이 30만 제곱미터 이상인
호소
② 1일 30만 톤 이상의 원수를 취수하는 호소
③ 생물다양성이 풍부하여 특별히 보전할 필요가 있
다고 인정되는 호소
④ 수질오염이 심하여 특별한 관리가 필요하다고 인
정되는 호소

해설 호소수 이용 상황 등의 조사 · 측정하여야 하는 대상
ㄱ 1일 30만 톤 이상의 원수(原水)를 취수하는 호소
ㄴ 동식물의 서식지 · 도래지이거나 생물다양성이 풍부하
여 특별히 보전할 필요가 있다고 인정되는 호소
ㄷ 수질오염이 심하여 특별한 관리가 필요하다고 인정되는
호소

71 오염총량관리기본계획 수립 시 포함되어야 하는 사
항과 가장 거리가 먼 것은?

① 해당 지역 개발계획의 내용
② 해당 지역 개발계획에 다른 추가 오염부하량의
할당
③ 관할 지역에서 배출되는 오염부하량의 총량 및 저
감계획
④ 지방자치단체별 · 수계구간별 오염부하량의 할당

해설 오염총량관리기본계획의 수립 시 포함되어야 할 사항
ㄱ 당해 지역 개발계획의 내용
ㄴ 지방자치단체별 · 수계구간별 오염부하량(汚染負荷量)
의 할당
ㄷ 관할 지역에서 배출되는 오염부하량의 총량 및 저감계획
ㄹ 당해 지역 개발계획으로 인하여 추가로 배출되는 오염부
하량 및 그 저감계획

72 다음은 폐수무방류배출시설의 세부 설치기준에 관한
내용이다. ( ) 안에 옳은 내용은?

> 특별대책지역에 설치되는 폐수무방류배출시설의 경우
> 1일 24시간 연속하여 가동되는 것이면 배출 폐수를 전
> 량 처리할 수 있는 예비 방지시설을 설치하여야 하고 1일
> 최대 폐수발생량이 ( ) 이상이면 배출 폐수의 무방류
> 여부를 실시간으로 확인할 수 있는 원격 유량감시장치
> 를 설치하여야 한다.

① 50세제곱미터
② 100세제곱미터
③ 200세제곱미터
④ 300세제곱미터

> **해설** 특별대책지역에 설치되는 폐수무방류배출시설의 경우 1일 24시간 연속하여 가동되는 것이면 배출 폐수를 전량 처리할 수 있는 예비 방지시설을 설치하여야 하고, 1일 최대 폐수발생량이 200세제곱미터 이상이면 배출 폐수의 무방류 여부를 실시간으로 확인할 수 있는 원격유량감시장치를 설치하여야 한다.

73 다음은 총량관리 단위유역의 수질 측정방법에 관한 내용이다. ( ) 안에 옳은 내용은?

> 목표수질지점별로 연간 30회 이상 측정하여야 한다. 이에 따른 수질 측정 주기는 ( )으로 일정하여야 한다.

① 3일 간격
② 5일 간격
③ 8일 간격
④ 10일 간격

> **해설** 총량관리 단위유역의 수질 측정방법
> ㉠ 목표수질지점별로 연간 30회 이상 측정하여야 한다.
> ㉡ 수질 측정 주기는 8일 간격으로 일정하여야 한다. 다만, 홍수, 결빙, 갈수(渴水) 등으로 채수(採水)가 불가능한 특정 기간에는 그 측정 주기를 늘리거나 줄일 수 있다.
> ㉢ 따른 수질 측정 결과를 토대로 다음과 같이 평균수질을 산정하여 해당 목표수질지점의 수질변동을 확인한다.

74 오염총량관리기본방침에 포함되어야 할 사항과 가장 거리가 먼 것은?

① 오염총량관리의 목표
② 오염총량관리의 대상 수질오염물질 종류
③ 오염원의 조사 및 오염부하량 산정방법
④ 오염총량관리 대상 물질 배출량

> **해설** 오염총량관리기본방침에 포함되어야 할 사항
> ㉠ 오염총량관리의 목표
> ㉡ 오염총량관리의 대상 수질오염물질 종류
> ㉢ 오염원의 조사 및 오염부하량 산정방법
> ㉣ 오염총량관리기본계획의 주체, 내용, 방법 및 시한
> ㉤ 오염총량관리시행계획의 내용 및 방법

75 초과부과금 산정을 위한 기준에서 수질오염물질 1킬로그램당 부과 금액이 가장 낮은 수질오염물질은?

① 카드뮴 및 그 화합물
② 유기인 화합물
③ 비소 및 그 화합물
④ 6가크롬 화합물

> **해설** 카드뮴 (500,000원), 유기인(150,000원), 비소(100,000원), Cr^{6+}(300,000원)

76 법에서 사용하는 용어의 뜻으로 가장 거리가 먼 것은?

① 폐수 : 물에 액체성 또는 고체성의 수질오염물질이 섞여 있어 그대로는 사용할 수 없는 물을 말한다.
② 공공수역 : 하천, 호소, 항만, 연안해역, 그 밖에 공공용으로 사용되는 수역과 이에 접속하여 공공용으로 사용되는 환경부령으로 정하는 수로를 말한다.
③ 비점오염원 : 수질오염물질을 불특정하게 배출하는 시설 및 장소로서 환경부령으로 정하는 것을 말한다.
④ 강우유출수 : 비점오염원의 수질오염물질이 섞여 유출되는 빗물 또는 눈 녹은 물 등을 말한다.

> **해설** '비점오염원'이라 함은 도시, 도로, 농지, 산지, 공사장 등으로서 불특정 장소에서 불특정하게 수질오염물질을 배출하는 배출원을 말한다.

77 중점관리저수지 지정기준으로 옳은 것은?

① 총저수용량이 1천만 세제곱미터 이상인 저수지
② 총저수용량이 2천만 세제곱미터 이상인 저수지
③ 총저수수면적(홍수위 기준)이 1천만 제곱미터 이상인 저수지
④ 총저수수면적(홍수위 기준)이 2천만 제곱미터 이상인 저수지

> **해설** 중점관리저수지의 지정기준
> ㉠ 총저수용량이 1천만 세제곱미터 이상인 저수지
> ㉡ 오염 정도가 대통령령으로 정하는 기준을 초과하는 저수지
> ㉢ 그 밖에 환경부장관이 상수원 등 해당 수계의 수질보전을 위하여 필요하다고 인정하는 경우

78 다음 중 방류수수질기준 초과율 산정공식으로 옳은 것은?

① $\dfrac{(배출허용기준 - 방류수수질기준)}{(배출농도 - 방류수수질기준)} \times 100$

② $\dfrac{(배출수수질기준 - 배출허용기준)}{(방류수수질농도 - 배출농도)} \times 100$

③ $\dfrac{(배출농도 - 방류수수질기준)}{(배출허용기준 - 방류수수질기준)} \times 100$

④ $\dfrac{(배출허용기준 - 배출농도)}{(방류수수질기준 - 배출허용기준)} \times 100$

79 폐수처리업 등록을 할 수 없는 자에 대한 기준으로 틀린 것은?

① 피성년후견인
② 폐수처리업의 등록이 취소된 후 2년이 지나지 아니한 자
③ 피한정후견인
④ 파산선고를 받은 후 2년이 지나지 아니한 자

해설 다음 각 호의 어느 하나에 해당하는 자는 폐수처리업의 등록을 할 수 없다.
㉠ 피성년후견인 또는 피한정후견인
㉡ 파산선고를 받고 복권되지 아니한 자
㉢ 폐수처리업의 등록이 취소된 후 2년이 지나지 아니한 자
㉣ 이 법 또는 「대기환경보전법」, 「소음·진동관리법」을 위반하여 징역의 실형을 선고받고 그 형의 집행이 끝나거나 집행을 받지 아니하기로 확정된 후 2년이 지나지 아니한 사람
㉤ 임원 중에 제1호부터 제4호까지의 어느 하나에 해당하는 사람이 있는 법인

80 하천수질 및 수생태계 상태가 생물등급으로 '약간 나쁨~매우 나쁨'일 때의 생물지표종(저서생물)은? (단, 수질 및 수생태계 상태별 생물학적 특성 이해표 기준)

① 붉은깔다구, 나방파리
② 넓적거머리, 민하루살이
③ 물달팽이, 턱거머리
④ 물삿갓벌레, 물벌레

SECTION 01 수질오염개론

01 어떤 용액의 NaOH 농도가 0.05M이다. 이 농도를 mg/L 단위로 옳게 표시한 것은?(단, Na 원자량은 23임)

① 500
② 1,000
③ 2,000
④ 4,000

해설 $X(mg/L) = \dfrac{0.05mol}{L} \left| \dfrac{40g}{1mol} \right| \dfrac{1,000mg}{1g} = 2,000(mg/L)$

02 수온이 20℃이고 재포기 계수가 0.2/day인 수체에서 수온이 10℃로 변할 때의 재포기 계수는?(단, 온도보정계수는 1.024)

① 0.158/day
② 0.178/day
③ 0.198/day
④ 0.218/day

해설 $K_{1(T℃)} = K_{1(20℃)} \times \theta^{(T-20)}$
∴ $K_{1(10℃)} = 0.2/day \times 1.024^{(10-20)} = 0.158(/day)$

03 pH 2인 용액은 pH 7인 용액보다 몇 배 더 산성인가?

① 100
② 1,000
③ 10,000
④ 100,000

해설 ㉠ pH 2 : $[H^+] = 10^{-2}$
㉡ pH 7 : $[H^+] = 10^{-7}$
∴ $\dfrac{pH\,2}{pH\,5} = \dfrac{10^{-2}}{10^{-7}} = 100,000(배)$

04 물 500mL에 NaOH 0.1g을 용해시킨 용액의 pH는?

① 11.0
② 11.3
③ 11.4
④ 11.7

해설 $NaOH(mol/L) = \dfrac{0.1g}{500mL} \left| \dfrac{1mol}{40g} \right| \dfrac{10^3mL}{1L} = 5.0 \times 10^{-3}$

$pOH = \log \dfrac{1}{[OH^-]} = \log \dfrac{1}{5.0 \times 10^{-3}} = 2.30$

∴ $pH = 14 - pOH = 14 - 2.30 = 11.7$

05 글루코스($C_6H_{12}O_6$)를 120mL 함유하고 있는 시료 용액의 총유기 탄소의 이론치는?

① 42mg/L
② 48mg/L
③ 52mg/L
④ 58mg/L

해설 $C_6H_{12}O_6 \longrightarrow 6C$
180(g) : 6×12(g)
120(mg/L) : X(mg/L)
∴ X(=TOC) = 48(mg/L)

06 다음에서 설명하는 기체확산에 관한 법칙은?

> 기체의 확산속도(조그마한 구멍을 통한 기체의 탈출)는 기체 분자량의 제곱근에 반비례 한다.

① Dalton의 법칙
② Graham의 법칙
③ Gay-Lussac의 법칙
④ Charles의 법칙

해설 Graham의 법칙은 일정한 온도와 압력상태에서 기체의 확산속도는 그 기체분자량의 제곱근(밀도의 제곱근)에 반비례한다는 법칙이다.

07 미생물의 증식곡선의 단계 순서로 옳은 것은?

① 대수기 → 유도기 → 정지기 → 사멸기
② 유도기 → 대수기 → 정지기 → 사멸기
③ 대수기 → 유도기 → 사멸기 → 정지기
④ 유도기 → 대수기 → 사멸기 → 정지기

08 어느 폐수의 BOD_y가 120mg/L이며 K_1(상용대수) 값이 0.2/day 라면 5일 후 남아 있는 BOD는?

① 10mg/L   ② 12mg/L

③ 14mg/L   ④ 16mg/L

해설 BOD잔류공식을 사용한다.

$$BOD_t = BOD_u \times 10^{-K \cdot t}$$
$$= 120 \times 10^{-0.2 \times 5} = 12(mg/L)$$

09 0.04N의 초산이 8% 해리되어 있다면 이 수용액의 pH는?

① 2.5   ② 2.7

③ 3.1   ④ 3.3

해설

$$CH_3COOH \longrightarrow CH_3COO^- + H^+$$
$$0.04M-(0.04 \times 0.08)M \quad 0.04 \times 0.08M \quad 0.04 \times 0.08M$$

$$pH = \log \frac{1}{[H^+]} = \log \frac{1}{0.04 \times 0.08M} = 2.49$$

10 0.02M NaOH 100mL를 중화하는데 0.1N H_2SO_4 몇 mL가 소비되는가?

① 5mL   ② 10mL

③ 20mL   ④ 100mL

해설 $NV = N'V'$

$$\frac{0.02eq}{L} \Big| \frac{0.1L}{day} = \frac{0.1eq}{L} \Big| \frac{XmL}{} \Big| \frac{1L}{10^3 mL}$$

$$\therefore X = 20(mL)$$

11 BOD_5가 213mg/L인 하수의 7일 동안 소모된 BOD는?(단, 탈산소 계수는 0.14/day(상용대수 기준))

① 238mg/L   ② 248mg/L

③ 258mg/L   ④ 268mg/L

해설 BOD 소모공식을 이용한다.

㉠ $BOD_5 = BOD_u(1 - 10^{-K \cdot t})$

$\quad 213(mg/L) = BOD_u(1 - 10^{-0.14 \times 5})$

$\quad \therefore BOD_u = 266.09(mg/L)$

㉡ $BOD_7 = 266.09 \times (1 - 10^{-0.14 \times 7})$

$\quad = 238.23(mg/L)$

12 다음 우리나라의 수자원 이용현황 중 가장 많은 용도로 사용하고 있는 용수는?

① 생활용수   ② 공업용수

③ 하천유지용수   ④ 농업용수

해설 우리나라에서는 농업용수의 이용률이 가장 높고, 그 다음은 발전 및 하천유지용수, 생활용수, 공업용수순이다.

13 어느 하천의 DO가 6.3mg/L, BOD_u가 17.1mg/L 이었다. 이때 용존산소곡선(DO Sag Curve)에서 임계점에 달하는 시간은?(단, 온도는 20℃, 용존산소 포화량 9.2mg/L, $K_1 = 0.1/day$, $K_2 = 0.3/day$, $t_c = \frac{1}{K_1(f-1)} \log\left[f \times \left(1 - (f-1)\frac{D_o}{L_o} \right) \right]$, $f = K_2/K_1$)

① 약 1.0일   ② 약 1.5일

③ 약 2.0일   ④ 약 2.5일

해설 $f(= 자정계수) = \frac{0.3/day}{0.1/day} = 3$

$\therefore t_c(= 임계시간)$

$$= \frac{1}{K_1(f-1)} \log\left(f \times \left(1 - (f-1)\frac{D_o}{L_o} \right) \right)$$

$$= \frac{1}{0.1(3-1)} \log\left[3 \times \left\{ 1 - (3-1) \times \frac{(9.2 - 6.3)}{17.1} \right\} \right]$$

$$= 1.486(day)$$

14 해수의 함유성분 중 "Holy Seven"이 아닌 것은?

① HCO_3^- ② SO_4^{-2}

③ PO_4^{-2} ④ K^+

해설 해수의 holy seven은 주성분이 가장 많이 함유한 순으로 나열하면 $Cl^- > Na^+ > SO_4^{2-} > Mg^{2+} > Ca^{2+} > K^+ > HCO_3^-$ 이다.

15 Na^+ 460mg/L, Ca^{2+} 200mg/L, Ma^{2+} 264mg/L 인 농업용수가 있다. 이때 SAR(Sodium Adsorption Rate)의 값은?(단, Na원자량 : 23, Ca원자량 : 40, Mg원자량 : 24)

① 4   ② 5

③ 6   ④ 7

해설

$$SAR = \dfrac{Na^+}{\sqrt{\dfrac{Mg^{2+} + Ca^{2+}}{2}}}$$

(단, 모든 단위는 meq/L이다.)

$$Na^+\left(\dfrac{meq}{L}\right) = \dfrac{460mg}{L}\left|\dfrac{1meq}{(23/1)mg}\right| = 20(meq/L)$$

$$Ca^{2+}\left(\dfrac{meq}{L}\right) = \dfrac{200mg}{L}\left|\dfrac{1meq}{(40/2)mg}\right| = 10(meq/L)$$

$$Mg^{2+}\left(\dfrac{meq}{L}\right) = \dfrac{264mg}{L}\left|\dfrac{meq}{(24.3/1)mg}\right| = 21.73(meq/L)$$

$$SAR = \dfrac{20}{\sqrt{\dfrac{10+21.73}{2}}} = 5.02$$

16 박테리아의 경험적인 화학적 분자식이 $C_5H_7O_2N$이면 100g의 박테리아가 산화될 때 소모되는 이론적산소량은?(단, 박테리아의 질소는 암모니아로 전환됨)

① 92g
② 101g
③ 124g
④ 142g

해설 $C_5H_7NO_2 + 5O_2 \rightarrow 5CO_2 + NH_3 + 2H_2O$

$\qquad\qquad 113g \quad : 5 \times 32g$

$\qquad\qquad 100g \quad : X$

$\therefore X = 141.59(g)$

17 물의 밀도가 가장 큰 값을 나타내는 온도는?

① $-10℃$
② $0℃$
③ $4℃$
④ $10℃$

해설 물의 밀도는 4℃에서 가장 크다.

18 성층현상이 있는 호수에서 수심에 따라 수온차이가 가장 크게 나타나는 층은?

① Epilimnion
② Thermocline
③ 침전물층
④ Hypolimnion

해설 Thermocline은 약층 또는 순환층과 정체층의 중간이라 하여 중간층이라고도 하며, 수온이 수심 1m당 최대 $±0.9℃$ 이상 변화하기 때문에 변온층 또는 변환수층이라고도 한다.

19 Ca^{2+} 이온의 농도가 450mg/L인 물의 환산경도는? (단, Ca원자량 : 40)

① $1,125mg\ CaCO_3/L$
② $1,250mg\ CaCO_3/L$
③ $1,350mg\ CaCO_3/L$
④ $1,450mg\ CaCO_3/L$

해설
$$HD = \sum M_c^{2+}(mg/L) \times \dfrac{50}{Eq}$$

$$= 450(mg/L) \times \dfrac{50}{(40/2)} = 1,125(mg/L\ as\ CaCO_3)$$

20 BOD 10mg/L인 하수처리장 유출수가 $50,000m^3/day$로 방출되고 있다. 하수가 방출되기 전에 하천의 BOD는 3mg/L이며, 유량은 $5.8m^3/sec$이다. 방출된 하수가 하천수에 의해 완전 혼합된다고 한다면 혼합지점에서의 BOD(mg/L) 농도는?

① 3.12
② 3.32
③ 3.64
④ 3.95

해설
$$C_m = \dfrac{C_1Q_1 + C_2Q_2}{Q_1 + Q_2}$$

$$C_m = \dfrac{10 \times 50,000 + 3 \times 5.8 \times 86,400}{50,000 + 5.8 \times 86,400} = 3.635(mg/L)$$

SECTION 02 수질오염방지기술

21 고형물의 농도가 16.5%인 슬러지 200kg을 건조상에서 건조시켰더니 수분이 20%로 나타났다. 제거된 수분의 양은?(단, 슬러지 비중 1.0)

① 약 127kg
② 약 132kg
③ 약 159kg
④ 약 166kg

해설 $V_1(100 - W_1) = V_2(100 - W_2)$

$200 \times 16.5 = V_2(100 - 20)$

$\therefore V_2(=$건조 후 슬러지량$) = 41.25(kg)$

$\therefore$ 감소된 물의 양 = 건조 전 슬러지량 - 건조 후 슬러지량

$\qquad\qquad = 200 - 41.25 = 158.75(kg)$

22 가압부상조 설계에 있어, 유량이 $3,000m^3/day$인 폐수 내 SS의 농도가 $200mg/L$, 공기의 용해도는 $18.7mL/L$이라고 할 때 압력이 4기압인 부상조에서의 A/S 비는?(단, 용존공기의 분율은 0.5이며 반송은 고려하지 않음)

① 0.027 ② 0.048
③ 0.064 ④ 0.122

[해설]
$$A/S비 = \frac{1.3 \cdot S_a(f \cdot P - 1)}{SS}$$
$$= \frac{1.3 \times 18.7 \times (0.5 \times 4 - 1)}{200} = 0.122$$

23 유입폐수의 유량이 $1,000m^3/day$, 포기조 내의 MLSS 농도가 $4,500mg/L$이며 포기시간은 12시간, 최종침전지에서 매일 $25m^3$의 잉여슬러지를 인발한다. 이때 잉여슬러지의 농도는 $50,000mg/L$이며 방류수의 SS를 무시한다면 슬러지 체류시간(SRT)은?

① 1.8day ② 2.8day
③ 3.8day ④ 4.8day

[해설]
$$SRT = \frac{\forall \cdot X}{Q_w X_w}$$
$$\therefore SRT(day) = \frac{500m^3}{} \left| \frac{4,500mg}{L} \right| \frac{day}{25m^3} \left| \frac{L}{50,000mg} \right.$$
$$= 1.8(day)$$
여기서, $\forall(m^3) = Q \times t$
$$= \frac{1,000m^3}{day} \left| \frac{12hr}{} \right| \frac{1day}{24hr} = 500(m^3)$$

24 직경이 $1.0mm$이고 비중이 2.0인 입자를 $17℃$의 물에 넣었다. 입자가 3m 침강하는데 걸리는 시간은?(단, $17℃$의 물의 점성계수는 $1.089 \times 10^{-3}kg/m \cdot s$, Stokes 침강이론 기준)

① 6초 ② 16초
③ 38초 ④ 56초

[해설]
$$V_g = \frac{d_p^2 \cdot (\rho_p - \rho) \cdot g}{18 \cdot \mu}$$
$$= \frac{(1.0 \times 10^{-3})^2 (2,000 - 1,000) \times 9.8}{18 \times 1.089 \times 10^{-3}} = 0.4999(m/sec)$$
$$\therefore t = \frac{3m}{} \left| \frac{sec}{0.4999m} \right. = 6.00(sec)$$

25 고도 수처리에 사용되는 분리막에 관한 설명으로 옳은 것은?

① 정밀여과의 막형태는 대칭형 다공성막이다.
② 한외여과의 구동력은 농도차이다.
③ 역삼투의 분리형태는 공극의 크기(Pore Size) 및 흡착 현상에 기인한 체거름이다.
④ 투석의 구동력은 정수압차이다.

[해설]
② 한외여과의 구동력은 정수압차이다.
③ 역삼투방법의 분리형태는 용해, 확산이다.
④ 투석의 구동력은 농도차이다.

26 미생물이 분해 불가능한 유기물을 제거하기 위하여 흡착제인 활성탄을 사용하였다. COD가 $56mg/L$인 원수에 활성탄 $20mg/L$를 주입시켰더니 COD가 $16mg/L$으로, 활성탄 $52mg/L$를 주입시켰더니 COD가 $4mg/L$로 되었다. COD $9mg/L$로 만들기 위해 주입되어야 할 활성탄 양은?(단, Freundlich 등온공식 : $\frac{X}{M} = KC^{\frac{1}{m}}$ 이용)

① 31.3mg/L ② 36.3mg/L
③ 41.3mg/L ④ 46.3mg/L

[해설]
$\frac{X}{M} = K \cdot C^{\frac{1}{n}}$ 에서

㉠ $\frac{(56-16)}{20} = K \cdot 16^{\frac{1}{n}}$

㉡ $\frac{(56-4)}{52} = K \cdot 4^{\frac{1}{n}}$

㉠÷㉡을 하면 K=0.5, n=2

따라서, $\frac{56-9}{M} = 0.5 \times 9^{\frac{1}{2}}$ $\therefore M = 31.33(mg/L)$

27 하수처리를 위한 생물막법의 공통적 문제점으로 틀린 것은?(단, 활성슬러지법과 비교 기준)

① 활성슬러지법과 비교하면 이차침전지로부터 미세한 SS가 유출되기 쉽다.
② 처리과정에서 질산화 반응이 진행되기 쉽고 이에 따라 처리수의 pH가 낮아지게 되거나 BOD가 높게 유출될 수 있다.
③ 생물막법은 운전관리 조작이 간단하지만 운전조

작의 유연성에 결점이 있어 문제가 발생할 경우에 운전방법의 변경 등 적절한 대처가 곤란하다.

④ 반응조를 다단화하기 어려워 처리의 안정성이 떨어진다.

---

28 활성슬러지공정 중 최종 침전조에서 슬러지가 부상하는 원인과 가장 거리가 먼 것은?

① 탈질소화 현상이 발생할 때

② 침전조의 수면적 부하가 높은 경우

③ SVI가 높고 잉여슬러지의 인출량이 부족할 때

④ 폭기조의 폭기량을 감소시켜 질산화 정도를 감소시킬 때

해설 폭기조의 폭기량이 증가하여 질산화 정도가 증가할 때

---

29 어떤 공장의 폐수량과 BOD 농도가 각각 1,000m³/day, 600mg/L일 때, N과 P는 없다고 가정하면 활성슬러지 처리를 위해서 필요한 $(NH_4)_2SO_4$의 양은?(단, BOD : N : P = 100 : 5 : 1이라 가정한다.)

① 111kg/day ② 121kg/day

③ 131kg/day ④ 141kg/day

해설

BOD : N

100 : 5

600(mg/L) : X(mg/L), X = 30(mg/L)

∴ $(NH_4)_2SO_4$ (kg/day)

$$= \frac{30mg \cdot N}{L} \left| \frac{132g \cdot (NH_4)_2SO_4}{2 \times 14g \cdot N} \right| \frac{1,000m^3}{day}$$

$$\left| \frac{1kg}{10^6 mg} \right| \frac{10^3 L}{1m^3} = 141.43(kg/day)$$

---

30 염소소독에 대한 내용으로 틀린 것은?

① pH 5 또는 그 이하에서 대부분의 염소는 HOCl의 형태이다.

② HOCl은 암모니아와 반응하여 클로라민을 생성한다.

③ HOCl은 매우 강한 소독제로 OCl⁻ 보다 약 80~200배 정도 더 강하다.

④ 트리클로라민(NCl_3)은 매우 안정하여 잔류 산화력을 유지한다.

해설 트리클로라민은 불안정하여 N_2로 분해되어 산화력을 상실한다.

---

31 질산화와 탈질을 일으키는 생물학적 처리에 대한 내용으로 틀린 것은?(단, 부유성장 공정 기준)

① 질산화 미생물의 증식량은 종속영양 미생물의 세포증식량에 비하여 여러 배 적다.

② 부유성장 질산화 공정에서 질산화를 위해서는 최소 2.0mg/L 이상의 DO농도를 유지하여야 한다.

③ Nitrosomonas와 Nitrobacter는 질산화를 시키는 미생물로 알려져 있다.

④ 질산화를 위해서는 유입수의 BOD_5/TKN비가 클수록 잘 일어난다.

---

32 폭기조 혼합액을 30분간 침전시킨 뒤 침전물의 부피는 400mL/L이었고, MLSS 농도가 3,000mg/L이었다면 침전지에서 침전상태는?

① 정상적이다.

② 슬러지 팽화로 인하여 침전이 되지 않는다.

③ 슬러지 부상(Sludge Rising)현상이 발생하여 큰 덩어리가 떠오른다.

④ 슬러지가 Floc을 형성하지 못하고 미세하게 떠난다.

해설 응집·침전성을 높이기 위한 SVI는 50~150 범위가 적절하다.

$$SVI = \frac{SV(mL/L)}{MLSS(mg/L)} \times 10^3 = \frac{400}{3,000} \times 10^3 = 133.33$$

---

33 BOD 1kg 제거에 필요한 산소량은 산소 2kg이다. 공기 1m³에 함유되어 있는 산소량은 0.277kg이라 하고 포기조에서 공기 용해율을 4%(부피기준)라고 하면, BOD 2.5kg 제거하는데 필요한 공기량은?

① 약 451m³ ② 약 491m³

③ 약 551m³ ④ 약 591m³

해설
$$\text{Air}\,(\text{m}^3) = \frac{2.0\text{kg} \cdot O_2}{1\text{kg} \cdot \text{BOD}} \left| \frac{1\text{m}^3 \cdot \text{Air}}{0.277\text{kg} \cdot O_2} \right.$$
$$\left| \frac{2.5\text{kg} \cdot \text{BOD}}{} \right| \frac{100}{4} = 451.26\,(\text{m}^3)$$

34 생물학적 하수 고도처리공법인 A/O 공법에 대한 설명으로 틀린 것은?

① 사상성 미생물에 의한 벌킹이 억제되는 효과가 있다.

② 표준활성슬러지법의 반응조 전반 20~40% 정도를 혐기반응조로 하는 것이 표준이다.

③ 혐기반응조에서 탈질이 주로 이루어진다.

④ 처리수의 BOD 및 SS농도를 표준 활성슬러지법과 동등하게 처리할 수 있다.

해설 혐기반응조에서 인의 용출이 주로 이루어진다.

35 Jar Test에서 폐수 500mL에 대하여 0.1%의 황산알루미늄 용액 15mL를 첨가하니 처리율이 가장 좋았다. 이때 폐수중의 황산알루미늄 농도는 몇 mg/L인가?(단, 0.1% 황산알루미늄 용액의 비중은 1.0이다.)

① 50mg/L   ② 30mg/L

③ 15mg/L   ④ 10mg/L

해설
$$\text{Alum}\,(\text{mg/L}) = \frac{0.1\text{g}}{100\text{mL}} \left| \frac{15\text{mL}}{500\text{mL}} \right| \frac{10^3\text{mg}}{1\text{g}} \left| \frac{10^3\text{mL}}{1\text{L}} \right.$$
$$= 30\,(\text{mg/L})$$

36 유입기질 10g BOD_u를 혐기성으로 분해시킬 때 발생되는 이론적인 CH_4량은 표준상태에서 몇 L인가?

① 1.5L   ② 2.5L

③ 3.5L   ④ 4.5L

해설 $CH_4 + 2O_2 \longrightarrow CO_2 + 2H_2O$
$$\begin{array}{ccc} 22.4(\text{L}) & : & 2 \times 32(\text{g}) \\ X(\text{L}) & : & 10(\text{g}) \end{array}$$
$$\therefore X(CH_4) = 3.5(\text{L})$$

37 슬러지 반송률을 25%, 반송슬러지 농도를 10,000 mg/L일 때 포기조의 MLSS 농도는?(단, 유입 SS농도를 고려하지 않음)

① 1,200mg/L

② 1,500mg/L

③ 2,000mg/L

④ 2,500mg/L

해설
$$R = \frac{X}{X_r - X} \times 100$$
$$25 = \frac{X}{10,000 - X} \times 100$$
$$\therefore X(\text{MLSS}) = 2,000\,(\text{mg/L})$$

38 다음 중 물리 · 화학적 질소제거 공정이 아닌 것은?

① Air Stripping

② Breakpoint Chlorination

③ Lon Exchange

④ Sequencing Batch Reactor

해설 Sequencing Batch Reactor는 연속 회분식 반응조이다.

39 어떤 폐수를 활성슬러지법으로 처리하기 위하여 예비실험을 행한 결과, BOD를 50% 제거하는데 3시간의 폭기 시간이 걸렸다. BOD의 감소속도가 1차 반응속도에 따른다면 BOD를 90%까지 제거하는 데 필요한 폭기 시간은?(단, 자연대수 기준)

① 약 10시간

② 약 11시간

③ 약 13시간

④ 약 15시간

해설 1차 반응식을 이용한다.
$$\ln\frac{C_t}{C_o} = -K \cdot t$$
$$\ln\frac{50}{100} = -K \cdot 3\text{hr}$$
$$K = 0.231\,(\text{hr}^{-1})$$
$$\ln\frac{10}{100} = -0.231 \times t\,(\text{hr})$$
$$\therefore t = 9.968\,(\text{hr})$$

40 유량이 $4,000\text{m}^3/\text{day}$이고 포기조의 MLSS가 $4,000$ kg이다. F/M비$(\text{kg/kg} \cdot \text{day})$를 0.20으로 유지하기 위해서는 유입수의 BOD농도를 얼마로 유입시켜야 되는가?

① 200mg/L
② 225mg/L
③ 250mg/L
④ 275mg/L

> **해설** $F/M = \dfrac{BOD_i \times Q}{\forall \cdot X}$
>
> $0.2(\text{day}^{-1}) = \dfrac{BOD_i \, mg}{L} \left| \dfrac{4,000 m^3}{\text{day}} \right| \dfrac{}{4,000 kg} \left| \dfrac{10^3 L}{1 m^3} \right| \dfrac{1 kg}{10^6 mg}$
>
> $\therefore \ BOD_i = 200(mg/L)$

SECTION 03 수질오염공정시험기준

41 불소를 자외선/가시선 분광법으로 분석할 때에 관한 설명으로 옳은 것은?

① 정밀도는 첨가한 표준물질의 농도에 대한 측정 평균값의 상대 백분율로서 나타내며 그 값이 25% 이내이어야 한다.
② 알루미늄 및 철의 방해가 크나 증류하면 영향이 없다.
③ 정량한계는 0.05mg/L이다.
④ 적색의 복합 화합물의 흡광도를 540nm에서 측정한다.

> **해설** ① 정밀도는 시험분석 결과의 반복성을 나타내는 것으로 반복시험하여 얻은 결과를 상대표준편차로 나타내며, 그 값이 ±25% 이내이어야 한다.
> ③ 정량한계는 0.15mg/L이다.
> ④ 청색의 복합 화합물의 흡광도를 620nm에서 측정한다.

42 물벼룩을 이용한 급성독성시험을 할 때 희석수 비율에 해당되는 것은?(단, 원수 100% 기준)

① 35%
② 25%
③ 15%
④ 5%

> **해설** 시료의 희석비는 원수 100%를 기준으로 50%, 25%, 12.5%, 6.25%로 하여 시험한다.

43 총대장균군 시험방법이 아닌 것은?

① 막여과법
② 시험관법
③ 평판집락법
④ 현미경계수법

> **해설** 총대장균군 시험방법에는 막여과법, 시험관법, 평판집락법이 있다.

44 다음 중 수소화물생성–원자흡수분광광도법에 의한 비소(As) 측정 시 선택파장을 가장 적합한 것은?

① 193.7nm
② 214.4nm
③ 370.2nm
④ 440.9nm

45 다음은 염소이온 분석을 위한 적정법에 대한 내용이다. ( )에 알맞은 내용은?

> 염소이온을 ( )과 정량적으로 반응시킨 다음 과잉의 ( )이 크롬산과 반응하여 크롬산은의 침전으로 나타나는 점을 적정의 종말점으로 하여 농도를 측정하는 방법이다.

① 질산은
② 황산은
③ 염화은
④ 과망간산은

> **해설** 염소이온을 질산은과 정량적으로 반응시킨 다음 과잉의 질산은이 크롬산과 반응하여 크롬산은의 침전으로 나타나는 점을 적정의 종말점으로 하여 농도를 측정하는 방법이다.

46 식물성 플랑크톤을 현미경계수법으로 분석하고자 할 때 분석절차에 관한 설명으로 옳지 않은 것은?

① 시료의 개체수는 계수 면적당 10~40 정도가 되도록 희석 또는 농축한다.
② 시료가 육안으로 녹색이나 갈색으로 보일 경우 정제수로 적절한 농도로 희석한다.
③ 시료 농축방법인 원심분리방법은 일정량의 시료를 원심침전관에 넣고 $100 \times g \sim 150 \times g$로 20분 정도 원심분리하여 일정배율로 농축한다.

---

④ 시료농축방법인 자연침전법은 일정시료에 포르말린용액 또는 루골용액을 가하여 플랑크톤을 고정시켜 실린더 용기에 넣고 일정시간 정치 후 싸이폰을 이용하여 상층액을 따라 내어 일정량으로 농축한다.

해설 시료 농축방법인 원심분리방법은 일정량의 시료를 원심침전관에 넣고 $1,000 \times g$로 20분 정도 원심분리하여 일정배율로 농축한다. 미세조류의 경우는 $1,500 \times g$에서 30분 정도 원심분리를 행한다.

47 분석할 시료채취량은 시험항목 및 시험횟수에 따라 차이가 있으나 보통 몇 L 정도를 채취하는가?

① 0.5~1L
② 1~2L
③ 2~3L
④ 3~5L

해설 분석할 시료채취량은 시험항목 및 시험횟수에 따라 차이가 있으나 보통 3~5L 정도이어야 한다.

48 투명도 측정에 관한 설명으로 틀린 것은?

① 투명도 측정시간은 오전 10시에서 오후 4시 사이에 측정한다.
② 지름 20cm의 백색원판에 지름 5cm의 구멍 8개가 뚫린 투명도판을 사용한다.
③ 흐름이 있어 줄이 기울어질 경우에는 2kg 정도의 추를 달아서 줄을 세워야 한다.
④ 강우시나 수면에 파도가 격렬할 때는 투명도를 측정하지 않는 것이 좋다.

해설 지름 30cm의 백색원판에 지름 5cm의 구멍 8개가 뚫린 투명도판을 사용한다.

49 최대유속과 최소유속의 비가 가장 큰 유량계는?

① 벤투리미터(Venturi Meter)
② 오리피스(Orifice)
③ 피토(Pitot)관
④ 자기식 유량측정기(Magnetic Flow Meter)

해설 벤투리미터와 유량측정노즐, 오리피스는 최대유속과 최소유속의 비율이 4 : 1이여야 하며 피토관은 3 : 1, 자기식 유량측정기는 10 : 1이다.

50 다음은 공장폐수 및 하수유량측정방법 중 최대유량이 $1m^3/min$ 미만인 경우에 용기사용에 관한 설명이다. ( )안에 옳은 내용은?

용기는 용량 100~200L인 것을 사용하여 유수를 채우는 데에 요하는 시간을 스톱워치로 잰다. 용기에 물을 받아 넣는 시간을 ( )되도록 용량을 결정한다.

① 20초 이상
② 30초 이상
③ 60초 이상
④ 90초 이상

해설 용기는 용량 100~200L인 것을 사용하여 유수를 채우는 데에 요하는 시간을 스톱워치로 잰다. 용기에 물을 받아 넣는 시간을 20sec 이상 되도록 용량을 결정한다.

51 자외선/가시선 분광법(활성탄흡착법)으로 질산성 질소를 측정할 때 정량한계는?

① 0.01mg/L
② 0.03mg/L
③ 0.1mg/L
④ 0.3mg/L

52 시료의 최대보존기간이 가장 짧은 측정 항목은?

① 클로로필－a
② 염소이온
③ 페놀류
④ 암모니아성 질소

해설 클로로필－a(7일), 염소이온(28일), 페놀류(28일), 암모니아성 질소(28일)

53 감응계수에 관한 내용으로 옳은 것은?

① 감응계수는 검정곡선 작성용 표준용액의 농도(C)에 대한 반응값(R)으로 [감응계수＝(R/C)]로 구한다.
② 감응계수는 검정곡선 작성용 표준용액의 농도(C)에 대한 반응값(R)으로 [감응계수＝(C/R)]로 구한다.
③ 감응계수는 검정곡선 작성용 표준용액의 농도(C)에 대한 반응값(R)으로 [감응계수＝(CR－1)]로 구한다.
④ 감응계수는 검정곡선 작성용 표준용액의 농도(C)에 대한 반응값(R)으로 [감응계수＝(CR＋1)]로 구한다.

54 총칙에 관한 설명으로 옳지 않은 것은?

① 온도의 영향이 있는 실험결과 판정은 표준온도를 기준으로 한다.

② 찬 곳은 따로 규정이 없는 한 0~15℃의 곳을 뜻한다.

③ 냉수는 4℃ 이하를 말한다.

④ 온수는 60~70℃를 말한다.

해설 냉수는 15℃ 이하를 말한다.

55 수로의 구성, 재질, 수로단면의 형상, 기울기 등이 일정하지 않은 개수로에서 부표를 사용하여 유속을 측정한 결과 수로의 평균 단면적이 3.2m², 표면최대유속은 2.4m/sec이라면 이 수로에 흐르는 유량(m³/sec)은?

① 약 2.7   ② 약 3.6

③ 약 4.3   ④ 약 5.8

해설 $Q = A \times V$ $V = 0.75 V_e$

$V = 0.75 \times 2.4 = 1.8 \text{m/sec}$

$\therefore Q = 3.2 \times 1.8 = 5.76 (\text{m}^3/\text{sec})$

56 다음은 자외선/가시선 분광법에 의한 페놀류 측정원리를 설명한 것이다. ( )안에 내용으로 옳은 것은?

> 증류한 시료에 염화암모늄 – 암모니아 완충용액을 넣어 (㉠)(으)로 조절한 다음 4 – 아미노안티피린과 헥산시안화철(Ⅱ)산칼륨을 넣어 생성된 (㉡)의 안티피린계 색소의 흡광도를 측정하는 방법이다.

① ㉠ : pH 4, ㉡ : 청색

② ㉠ : pH 4, ㉡ : 붉은색

③ ㉠ : pH 10, ㉡ : 청색

④ ㉠ : pH 10, ㉡ : 붉은색

해설 증류한 시료에 염화암모늄 – 암모니아 완충용액을 넣어 pH 10으로 조절한 다음 4 – 아미노안티피린과 헥산시안화철(Ⅱ)산칼륨을 넣어 생성된 붉은색의 안티피린계 색소의 흡광도를 측정하는 방법이다.

57 수로 및 직각 3각 웨어판을 만들어 유량을 산출할 때 웨어의 수두 0.2m, 수로의 밑면에서 절단 하부점까지의 높이 0.75m, 수로의 폭 0.5m일 때의 웨어의 유량은?(단, $K = 81.2 + \dfrac{0.24}{h} + \left[8.4 + \dfrac{12}{\sqrt{D}}\right] \times \left[\dfrac{h}{B} - 0.09\right]^2$ 이용)

① 0.54m³/min   ② 1.15m³/min

③ 1.51m³/min   ④ 2.33m³/min

해설 $Q(\text{m}^3/\text{min}) = Kh^{\frac{5}{2}}$

$K = 81.2 + \dfrac{0.24}{0.2} + \left(8.4 + \dfrac{12}{\sqrt{0.75}}\right) \times \left(\dfrac{0.2}{0.5} - 0.09\right)^2$

$= 83.5388$

$\therefore Q\left(\dfrac{\text{m}^3}{\text{min}}\right) = 83.4588 \times 0.2^{(5/2)} = 1.51 (\text{m}^3/\text{min})$

58 자외선/가시선 분광법 – 이염화주석환원법으로 인산염인을 분석할 때 흡광도 측정 파장은?

① 550nm   ② 590nm

③ 650nm   ④ 690nm

해설 자외선/가시선 분광법 – 이염화주석환원법으로 인산염인을 분석할 때 흡광도 측정 파장은 690nm이다.

59 부유물질(SS) 측정 시 간섭물질에 대한 설명으로 틀린 것은?

① 큰 입자들은 부유물질 측정에 방해를 주며, 이 경우 직경 0.2mm 금속망에 먼저 통과시킨 후 분석을 실시한다.

② 증발잔류물이 1,000mg/L 이상인 경우의 해수, 공장폐수 등은 특별히 취급하지 않을 경우, 높은 부유물질 값을 나타낼 수 있어 여과지를 여러 번 세척한다.

③ 철 또는 칼슘이 높은 시료는 금속 침전이 발생하며 부유물질 측정에 영향을 줄 수 있다.

④ 유지(Oil) 및 혼합되지 않는 유기물도 여과지에 남아 부유물질 측정값을 높게 할 수 있다.

해설 큰 입자들은 부유물질 측정에 방해를 주며, 이 경우 직경 2mm 금속망을 먼저 통과시킨 후 분석을 실시한다.

60 냄새항목을 측정하기 위한 시료의 최대보존기간 기준은?

① 즉시　　　　　　　② 6시간
③ 24시간　　　　　　④ 48시간

해설 냄새항목을 측정하기 위한 시료의 최대보존기간 기준은 6시간이다.

SECTION 04　수질환경관계법규

61 다음 위임업무 보고사항 중 연간 보고 횟수가 가장 많은 것은?

① 과징금 징수 실적 및 체납처분 현황
② 골프장 맹독성 농막 사용 여부 확인 결과
③ 비점오염원의 설치신고 및 방지시설 설치현황 및 행정처분 현황
④ 환경기술인의 자격별 · 업종별 현황

해설 ① 과징금 징수 실적 및 체납처분 현황 : 연 2회
② 골프장 맹독성 농막 사용 여부 확인 결과 : 연 2회
③ 비점오염원의 설치신고 및 방지시설 설치현황 및 행정처분 현황 : 연 4회
④ 환경기술인의 자격별 · 업종별 현황 : 연 1회

62 초과배출부과금 부과 대상 수질오염물질의 종류가 아닌 것은?

① 구리 및 그 화합물　　② 아연 및 그 화합물
③ 벤젠류　　　　　　　④ 유기인화합물

해설 초과배출부과금 부과 대상 수질오염물질은 총 19종으로 벤젠류는 포함되지 않는다.

63 1일 폐수배출량이 2,000m³ 이상인 폐수배출시설의 지역별, 항목별 배출허용기준이 틀린 것은?

(기준변경)

①

	BOD (mg/L)	COD (mg/L)	SS (mg/L)
청정지역	20 이하	30 이하	20 이하

②

	BOD (mg/L)	COD (mg/L)	SS (mg/L)
가지역	60 이하	70 이하	60 이하

③

	BOD (mg/L)	COD (mg/L)	SS (mg/L)
나지역	80 이하	90 이하	80 이하

④

	BOD (mg/L)	COD (mg/L)	SS (mg/L)
특례지역	30 이하	40 이하	30 이하

해설 [기준의 전면 개편으로 해당사항 없음]

	BOD(mg/L)	TOC(mg/L)	SS(mg/L)
청정지역	30이하	25 이하	30 이하

64 다음은 비점오염 저감시설 중 "침투시설"의 설치기준에 관한 사항이다. (　　)안에 옳은 내용은?

침투시설 하층 토양의 침투율은 시간당(㉠)이어야 하며, 동절기에 동결로 기능이 저하되지 아니하는 지역에 설치한다. 또한 지하수 오염을 방지하기 위하여 최고 지하수위 또는 기반암으로부터 수직으로 최소 (㉡)의 거리를 두도록 한다.

① ㉠ : 5밀리미터 이상, ㉡ : 0.5미터 이상
② ㉠ : 5밀리미터 이상, ㉡ : 1.2미터 이상
③ ㉠ : 13밀리미터 이상, ㉡ : 0.5미터 이상
④ ㉠ : 13밀리미터 이상, ㉡ : 1.2미터 이상

65 다음은 사업장별 환경기술인의 자격기준에 관한 내용이다. (　　) 안에 옳은 내용은?

특정 수질유해물질이 포함된 수질오염물질을 배출하는 제4종 또는 제5종사업장은 제3종사업장에 해당되는 환경기술인을 두어야 한다. 다만 특정수질유해물질이 포함된( ) 이하의 폐수를 배출하는 사업장의 경우에는 그러하지 아니하다.

① 1일 10m³　　　　　② 1일 30m³
③ 1일 50m³　　　　　④ 1일 100m³

66 복합물류터미널 시설로 화물의 운송, 보관, 하역과 관련된 작업을 하는 시설의 기타 수질오염원 규모기준으로 옳은 것은?

① 면적이 10만 제곱미터 이상일 것
② 면적이 20만 제곱미터 이상일 것
③ 면적이 30만 제곱미터 이상일 것
④ 면적이 50만 제곱미터 이상일 것

해설 복합물류터미널 시설로 화물의 운송, 보관, 하역과 관련된 작업을 하는 시설의 기타 수질오염원 규모기준은 면적이 20만 제곱미터 이상일 것이다.

67 환경부장관이 폐수배출시설, 비점오염저감시설 및 폐수종말처리시설을 대상으로 조사하는 기후변화에 대한 시설의 취약성 조사 주기는?

① 3년 　　　　② 5년
③ 7년 　　　　④ 10년

해설 환경부장관은 폐수배출시설, 비점오염저감시설 및 폐수종말처리시설을 대상으로 10년마다 기후변화에 대한 시설의 취약성 등의 조사(이하 "취약성 등 조사"라 한다)를 실시하여야 한다.

68 총량관리 단위유역의 수질 측정방법 기준으로 옳은 것은?

① 목표수질지점별로 연간 10회 이상 측정하여야 한다.
② 목표수질지점별로 연간 20회 이상 측정하여야 한다.
③ 목표수질지점별 수질 측정 주기는 15일 간격으로 일정하여야 한다. 다만, 홍수, 결빙, 갈수 등으로 채수가 불가능한 특정 기간에는 그 측정 주기를 늘리거나 줄일 수 있다.
④ 목표수질지점별 수질 측정 주기는 8일 간격으로 일정하여야 한다. 다만, 홍수, 결빙, 갈수 등으로 채수가 불가능한 특정 기간에는 그 측정 주기를 늘리거나 줄일 수 있다.

해설 총량관리 단위유역의 수질 측정방법
　㉠ 목표수질지점에 대한 수질 측정은 환경오염공정시험기준에 따른다.
　㉡ 목표수질지점별로 연간 30회 이상 측정하여야 한다.
　㉢ 수질 측정 주기는 8일 간격으로 일정하여야 한다. 다만, 홍수, 결빙, 갈수(渴水) 등으로 채수(採水)가 불가능한 특정 기간에는 그 측정 주기를 늘리거나 줄일 수 있다.
　㉣ 수질 측정 결과를 토대로 다음과 같이 평균수질을 산정하여 해당 목표수질지점의 수질변동을 확인한다.

69 환경부장관이 비점오염저감계획의 이행을 명령할 경우 비점오염저감계획의 이행에 필요한 기간을 고려하여 정하는 기간 범위 기준은?(단, 시설설치, 개선의 경우는 제외함)

① 2개월 　　　　② 3개월
③ 6개월 　　　　④ 1년

해설 ㉠ 비점오염저감계획 이행(시설 설치 · 개선의 경우는 제외한다)의 경우 : 2개월
　㉡ 시설 설치의 경우: 1년
　㉢ 시설 개선의 경우: 6개월

70 환경부장관이 비점오염원 관리지역을 지정, 고시한 때에 수립하는 비점오염원관리대책에 포함되어야 할 사항과 가장 거리가 먼 것은?

① 관리대상 수질오염물질의 발생 예방 및 저감방안
② 관리대상 지역 내 수질오염물질 발생원 현황
③ 관리목표
④ 관리대상 수질오염물질의 종류 및 발생량

해설 비점오염원관리대책에 포함되어야 할 사항
　㉠ 관리목표
　㉡ 관리대상 수질오염물질의 종류 및 발생량
　㉢ 관리대상 수질오염물질의 발생 예방 및 저감 방안
　㉣ 그 밖에 관리지역을 적정하게 관리하기 위하여 환경부령으로 정하는 사항

71 다음 수질오염 방지시설 중 화학적 처리시설은?

① 살균시설 　　　　② 응집시설
③ 폭기시설 　　　　④ 접촉조

72 폐수처리업에 종사하는 기술요원의 교육기관은?

① 국립환경인력개발원
② 환경기술인협회
③ 환경보전협회
④ 환경기술연구원

73 오염총량관리 조사·연구반을 두는 곳은?

① 한국환경공단
② 국립환경과학원
③ 유역·지방환경청
④ 시도보건환경연구원

74 환경부장관이 10년마다 수립하는 대권역 수질 및 수생태계 보전을 위한 기본계획에 포함되는 사항과 가장 거리가 먼 것은?

① 상수원 및 물 이용현황
② 수질오염 예방 및 저감대책
③ 수질 및 수생태계 보전조치의 추진방향
④ 수질오염저감시설의 분포 현황

75 해역 환경기준 중 생활환경기준의 항목으로 옳지 않은 것은?

① 용매 추출유분
② 수소이온농도
③ 총대장균군
④ 용존산소량

76 폐수무방류배출시설의 설치허가 또는 변경허가를 받은 사업자가 폐수무방류배출시설에서 배출되는 폐수를 오수 또는 다른 배출시설에서 배출되는 폐수와 혼합하여 처리하거나 처리할 수 있는 시설을 설치하는 행위를 한 경우 벌칙 기준은?

① 2년 이하의 징역 또는 2천만 원 이하의 벌금
② 3년 이하의 징역 또는 3천만 원 이하의 벌금
③ 5년 이하의 징역 또는 5천만 원 이하의 벌금
④ 7년 이하의 징역 또는 7천만 원 이하의 벌금

77 1일 폐수배출량이 800m³인 사업장의 규모 구분으로 옳은 것은?

① 제2종 사업장
② 제3종 사업장
③ 제4종 사업장
④ 제5종 사업장

78 수질오염경보인 조류경보 단계 중 조류 대발생 경보 취수장, 정수장 관리자의 조치사항과 가장 거리가 먼 것은?

① 정수의 독소분석 실시
② 정수처리 강화(활성탄 처리, 오존 처리)
③ 조류증식 수심 이하로 취수구 이동
④ 취수구 등에 대한 조류 방어막 설치

79 사업자는 배출시설과 방지시설의 정상적인 영업·관리를 위하여 대통령령으로 정하는 바에 따라 환경기술인을 임명하여야 한다. 이를 위반하여 환경기술인을 임명하지 아니한 자에 대한 과태료 부과 기준은?

① 100만 원 이하
② 200만 원 이하
③ 300만 원 이하
④ 1,000만 원 이하

80 수질 및 수생태계 환경기준으로 하천에서 사람의 건강보호기준이 다른 수질오염물질은?

① 납
② 비소
③ 카드뮴
④ 6가크롬

해설 ① 납(0.05mg/L 이하)
② 비소(0.05mg/L 이하)
③ 카드뮴(0.005mg/L 이하)
④ 6가크롬(0.05mg/L 이하)

SECTION 01   수질오염개론

01 암모니아성 질소 42mg/L와 아질산성 질소 14mg/L가 포함된 폐수를 완전 질산화시키기 위한 산소요구량은?

① 135mgO₂/L
② 174mgO₂/L
③ 208mgO₂/L
④ 232mgO₂/L

해설 암모니아성 질소 산화 시 필요한 산소요구량과 아질산성질소 산화 시 필요한 산소요구량을 더하여 값을 산정한다.

ㄱ $NH_3-N + 2O_2 \rightarrow HNO_3 + H_2O$
$\quad$ 14g $\quad\quad$: 2×32g
$\quad$ 42mg/L : X_1(mg/L)
$\quad \therefore X_1 = 192$(mg/L)

ㄴ $NO_2-N + \frac{1}{2}O_2 \rightarrow NO_3$
$\quad$ 14g $\quad\quad$: 0.5×32g
$\quad$ 14mg/L : X_2(mg/L)
$\quad \therefore X_2 = 16$(mg/L)

$\therefore X_1 + X_2 = 192 + 16 = 208$(mg·O₂/L)

02 어떤 폐수의 BOD₅가 100mg/L이고, 10을 밑으로 한 탈산소계수(K_1)가 0.1/day라면 BOD₃ 및 BOD$_u$는?

① BOD₃ : 64mg/L, BOD$_u$: 123mg/L
② BOD₃ : 73mg/L, BOD$_u$: 126mg/L
③ BOD₃ : 64mg/L, BOD$_u$: 143mg/L
④ BOD₃ : 73mg/L, BOD$_u$: 146mg/L

해설 BOD 소모공식을 이용한다.

$BOD_t = BOD_u(1-10^{-K_1 \cdot t})$
ㄱ $BOD_5 = BOD_u(1-10^{-0.1 \times 5})$
$\quad 100 = BOD_u(1-10^{-0.1 \times 5})$
$\quad \therefore BOD_u = 146.25$(mg/L)
ㄴ $BOD_3 = BOD_u(1-10^{-K_1 \cdot t})$
$\quad \therefore BOD_3 = 146.25(1-10^{-0.1 \times 3}) = 72.95$(mg/L)

03 어느 공장에서 BOD 200mg/L인 폐수 500m³/d를 BOD 4mg/L, 유량 200,000m³/d의 하천에 방류할 때 합류점의 BOD는?

① 4.20mg/L
② 4.49mg/L
③ 4.72mg/L
④ 4.84mg/L

해설 혼합공식을 이용한다.

$$C_m = \frac{C_1 \cdot Q_1 + C_2 \cdot Q_2}{Q_1 + Q_2}$$
$$= \frac{(200 \times 500) + (4 \times 200,000)}{500 + 200,000} = 4.49(mg/L)$$

04 Bacteria($C_5H_7O_2N$) 10g의 이론적인 COD 값(g)은? (단, 반응생성물은 CO_2, H_2O, NH_3이다.)

① 10.2
② 12.2
③ 14.2
④ 16.2

해설 박테리아의 자산화반응을 이용한다.

$C_5H_7NO_2 + 5O_2 \rightarrow 5CO_2 + NH_3 + 2H_2O$
$\quad$ 113g $\quad$: 5×32g
$\quad$ 10g $\quad\quad$: X
$\quad \therefore X = 14.16$(g)

05 물의 물리적 성질을 나타낸 것으로 옳지 않은 것은?

① 비열 1.0cal/g(20℃)
② 표면장력 72.75dyne/cm(20℃)
③ 비저항 2.5×10⁷Ω·cm
④ 기화열 539.032cal/g(100℃)

해설 비열은 1g의 물질을 14.5~15.5℃까지 1℃ 올리는 데 필요한 열량으로 물은 유사한 분자량을 갖는 다른 화합물보다 비열이 매우 크다.

06 CH_3COOH 150mg/L를 함유하고 있는 용액의 pH는?(단, CH_3COOH의 이온화상수 $K_a = 1.8 \times 10^{-5}$)

① 3.2
② 3.7
③ 4.2
④ 4.7

해설 H의 정의는 수소이온 역수의 log 값으로 다음 식으로 계산된다.

$$pH = \log\frac{1}{[H^+]} \quad or \quad pH = 14 - \log\frac{1}{[OH^-]}$$

㉠ 초산의 이온화 상수를 이용하여 수소이온의 mol 농도를 먼저 구하면

$$CH_3COOH \rightleftharpoons CH_3COO^- + H^+$$

$$\rightarrow K_a = \frac{[H^+][CH_3COO^-]}{[CH_3COOH]} = 1.8 \times 10^{-5}$$

여기서, 초산의 농도를 mol/L로 환산한다.

$$X\left(\frac{mol}{L}\right) = \frac{150mg}{L}\left|\frac{1g}{10^3mg}\right|\frac{1mol}{60g}$$

$$= 2.5 \times 10^{-3}(mol/L)$$

따라서 $1.8 \times 10^{-5} = \frac{[H^+]^2}{2.5 \times 10^{-3}}$ 이므로

$$\therefore [H^+] = \sqrt{1.8 \times 10^{-5} \times 2.5 \times 10^{-3}}$$

$$= 2.12 \times 10^{-4}(mol/L)$$

㉡ 위의 pH 계산식에 이를 대입하여 계산하면

$$pH = \log\frac{1}{2.12 \times 10^{-4}} = 3.67 \doteqdot 3.7$$

07 해수의 주요성분 중 Cl^-, Na^+ 다음으로 가장 많이 함유되어 있는 것은?

① SO_4^{2-}
② HCO_3^-
③ Ca^{2+}
④ K^+

해설 해수의 holy seven은 주성분이 가장 많이 함유된 순으로 나열하면 $Cl^- > Na^+ > SO_4^{2-} > Mg^{2+} > Ca^{2+} > K^+ > HCO_3^-$ 이다.

08 $[H^+] = 5.0 \times 10^{-6}$mol/L인 용액의 pH는?

① 5.0
② 5.3
③ 5.6
④ 5.9

해설 $pH = \log\frac{1}{[H^+]} = \log\frac{1}{5.0 \times 10^{-6}} = 5.3$

09 음용수를 염소 소독할 때 살균력이 강한 것부터 순서대로 옳게 배열된 것은?(단, 강함 > 약함)

㉮ HOCl	㉯ OCl⁻	㉰ Chloramine

① ㉮ > ㉯ > ㉰
② ㉯ > ㉰ > ㉮
③ ㉯ > ㉮ > ㉰
④ ㉮ > ㉰ > ㉯

10 탈질 미생물에 관한 설명으로 옳지 않은 것은?

① 최적 pH는 6~8 정도이다.
② 탈질균 대부분은 통성 혐기성균으로 호기, 혐기 어느 상태에서도 증식이 가능하다.
③ 유기물을 에너지원으로 한다.
④ 탈질 시 알칼리도가 소모된다.

해설 탈질 시 알칼리도가 생성되어 pH는 증가하게 된다.

11 호소의 성층현상에 관한 설명으로 옳지 않은 것은?

① 여름에는 연직 온도경사는 DO구배와 같은 모양을 나타낸다.
② 여름보다 겨울이 수심에 따른 수온차가 더 커져 호소는 더욱 안정된 성층현상이 일어난다.
③ 봄과 가을에 수직적으로 전도현상이 일어난다.
④ 계절의 변화에 따라 수온차에 의한 밀도차로 수층이 형성된다.

해설 여름과 겨울에는 성층현상이, 가을과 봄에는 전도현상이 나타난다.

12 Formaldehyde(CH_2O)의 COD/TOC의 비는?

① 2.67
② 2.88
③ 3.37
④ 3.65

해설 포름알데히드의 이론적 산화반응식을 작성하여 소요산소량을 구하고, 이때 소요산소량을 이론적 COD로 본다.

$$CH_2O + O_2 \rightarrow CO_2 + H_2O$$

$$\therefore \frac{COD}{TOC} = \frac{32}{12} \doteqdot 2.67$$

13 다음이 설명하고 있는 기체 법칙은?

> 공기와 같은 혼합기체 속에서 각 성분 기체는 서로 독립적으로 압력을 나타낸다. 각 기체의 부분 압력은 혼합물 속에서의 그 기체의 양(부피 퍼센트)에 비례한다. 바꾸어 말하면 그 기체가 혼합기체의 전체부피를 단독으로 차지하고 있을 때에 나타내는 압력과 같다.

① Dalton의 부분 압력 법칙
② Henry의 부분 압력 법칙
③ Avogadro의 부분 압력 법칙
④ Boyle의 부분 압력 법칙

Dalton의 법칙

공기와 같은 혼합기체 속에서 각 성분 기체는 서로 독립적으로 압력을 나타낸다. 각 기체의 부분압력은 혼합물 속에서의 그 기체의 양(부피%)에 비례한다.

14 초기농도가 100mg/L인 오염물질의 반감기가 10day라고 할 때 반응속도가 1차 반응을 따를 경우 5일 후 오염물질의 농도는?

① 70.7mg/L ② 75.7mg/L
③ 80.7mg/L ④ 85.7mg/L

1차 반응식을 이용한다.

$$\ln\frac{C_t}{C_o} = -K \cdot t$$

㉠ $\ln\dfrac{50}{100} = -K \cdot 10\text{day}$

$\therefore K = -0.0693(\text{day}^{-1})$

㉡ $\ln\dfrac{C_5}{100} = \dfrac{-0.0693}{\text{day}}\Big|5\text{day}$

$\therefore C_t = 100 \times e^{-0.0693 \times 5} = 70.71(\text{mg/L})$

15 마그네슘 경도 200mg/L as $CaCO_3$를 Mg^{2+}의 농도로 환산하면 얼마인가?(단, Mg 원자량 : 24)

① 36mg/L ② 48mg/L
③ 60mg/L ④ 72mg/L

$Mg^{2+}(\text{mg/L}) = \dfrac{200\text{mg}}{\text{L}}\Big|\dfrac{24/2}{50} = 48(\text{mg/L})$

16 미생물 세포를 $C_5H_7O_2N$이라고 하면 세포 5kg당의 이론적인 공기소모량은?(단, 완전산화 기준이며 분해 최종산물은 H_2O, CO_2, NH_3, 공기 중 산소는 23%(W/W)로 가정한다.)

① 약 27kg air ② 약 31kg air
③ 약 42kg air ④ 약 48kg air

미생물 세포($C_5H_7O_2N$)의 산화반응을 이용한다.

$C_5H_7O_2N + 5O_2 \rightarrow 5CO_2 + 2H_2O + NH_3$
$113(g)$: $5 \times 32(g)$
$5(\text{kg})$: $X(\text{kg} \cdot O_2) = 7.08(\text{kg} \cdot O_2)$

$\therefore Air(\text{kg}) = \dfrac{7.08 \cdot O_2}{}\Big|\dfrac{100 \cdot Air}{23 \cdot O_2} = 30.78(\text{kg} \cdot O_2)$

17 하천수 수온은 10℃이다. 20℃ 탈산소계수 K(상용대수)가 0.1day^{-1}이라면 최종 BOD와 BOD_4의 비(BOD_4/BOD_u)는?(단, $K_T = K_{20} \times 1.047^{(T-20)}$)

① 0.75 ② 0.64
③ 0.52 ④ 0.44

BOD 소모공식을 이용한다.

$$BOD_t = BOD_u \times (1 - 10^{-k \cdot t})$$

$\therefore \dfrac{BOD_4}{BOD_u} = (1 - 10^{(-0.0632 \times 4)}) = 0.441$

여기서, $K_{10} = K_{20} \times 1.047^{(T-20)}$
$= 0.1(\text{day}^{-1}) \times 1.047^{(10-20)}$
$= 0.0632(\text{day}^{-1})$

18 0.01N NaOH 용액의 농도는 몇 %인가?(단, Na : 23)

① 0.2 ② 0.4
③ 0.02 ④ 0.04

 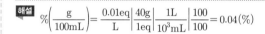 $\%\left(\dfrac{g}{100\text{mL}}\right) = \dfrac{0.01\text{eq}}{L}\Big|\dfrac{40g}{1\text{eq}}\Big|\dfrac{1L}{10^3\text{mL}}\Big|\dfrac{100}{100} = 0.04(\%)$

19 Glucose($C_6H_{12}O_6$) 360mg/L가 완전 산화하는 데 필요한 이론적 산소요구량(ThOD)은?

① 384mg/L

② 392mg/L

③ 407mg/L

④ 416mg/L

글루코오스의 이론적 산화반응을 이용한다.

$C_6H_{12}O_6 + 6O_2 \rightarrow 6CO_2 + 6H_2O$
$180(g)$: $6 \times 32(g)$
$360(\text{mg/L})$: $X(\text{mg/L})$
$\therefore X(=COD) = 384(\text{mg/L})$

20 농도가 A인 기질을 제거하기 위하여 반응조를 설계하고자 한다. 요구되는 기질의 전환율이 90%일 경우 회분식 반응조의 체류시간은?(단, 기질의 반응은 1차 반응이며, 반응상수 K는 0.35/hr이다.)

① 6.6hr ② 8.6hr
③ 10.6hr ④ 12.6hr

해설 1차 반응식을 이용한다.

$$\ln\frac{C_t}{C_o} = -k \cdot t$$

$$\ln\frac{10}{100} = -0.35 \cdot t$$

$$\therefore t = 6.58(\text{hr})$$

SECTION 02 수질오염방지기술

21 물리 · 화학적 질소제거공정인 파괴점 염소주입법의 장단점으로 옳지 않은 것은?

① 적절한 운전으로 모든 암모니아성 질소의 산화가 가능하다.

② 고도의 질소제거를 위하여 여타 질소제거 공정 다음에 사용 가능하다.

③ 기존 시설에 적용이 용이하다.

④ 염소 주입으로 유출수 내 TDS 농도가 감소한다.

해설 염소 주입으로 유출수 내 TDS 농도가 증가한다.

22 함수율 95%의 슬러지를 함수율 75%의 탈수 케이크로 만들었을 때 탈수 후 체적은 탈수 전 체적에 비하여 얼마로 되겠는가?(단, 분리액으로 유출된 슬러지양은 무시하며 비중은 1.0 기준)

① 1/3 ② 1/4

③ 1/5 ④ 1/6

해설 건조 · 농축 · 탈수 전후의 Mass Balance를 이용한다.

$$V_1(1 - W_1) = V_2(1 - W_2)$$

$$V_1(1 - 0.95) = V_2(1 - 0.75)$$

$$\therefore \frac{V_2}{V_1} = \frac{(1 - 0.95)}{(1 - 0.75)} = 0.2 = \frac{1}{5}$$

23 유입하수량이 20,000m³/day, 유입BOD가 200mg/L, 폭기조 용량 1,000m³, 폭기조 내 MLSS가 1,750 mg/L, BOD 제거율이 90%이고 BOD의 세포 합성률이 0.55이며 슬러지의 자기산화율이 0.08/day일 때, 잉여슬러지 발생량은?

① 1,680kg/day ② 1,720kg/day

③ 1,840kg/day ④ 1,920kg/day

해설 $Q_w X_w = Y \cdot Q(BOD_i - BOD_o) - K_d \cdot \forall \cdot X$

$$= \frac{0.55}{} \left|\frac{20,000m^3}{day}\right| \frac{(200-20)mg}{L} \left|\frac{10^3 L}{1m^3}\right| \frac{1kg}{10^6 mg}$$

$$- \frac{0.08}{day} \left|\frac{1,000m^3}{}\right| \frac{1,750mg}{L} \left|\frac{10^3 L}{1m^3}\right| \frac{1kg}{10^6 mg}$$

$$= 1,840(\text{kg/day})$$

24 BOD 1kg 제거에 필요한 산소량이 1kg이며 공기 1m³에 함유되어 있는 산소량이 0.277kg이고 활성슬러지에서 공기용해율이 4%(부피%)라 할 때 BOD 5kg을 제거하는 데 필요한 공기용량은?(단, 기타 조건은 고려하지 않음)

① 451m³ ② 554m³

③ 632m³ ④ 712m³

해설

$$Air(m^3) = \frac{1.0kg \cdot O_2}{1kg \cdot BOD} \left|\frac{1m^3 \cdot Air}{0.277kg \cdot O_2}\right|$$

$$\left|\frac{5.0kg \cdot BOD}{}\right| \frac{100}{4} = 451.26(m^3)$$

25 유량이 15,000m³/day인 공장폐수를 활성슬러지공법으로 처리하고자 한다. 포기조 유입수의 BOD 및 SS 농도가 각각 250mg/L이며 BOD 및 SS의 처리효율은 각각 90%, F/M(kg · BOD/kg · MLSS · day)비는 0.2, 포기시간은 8시간, 반송슬러지의 SS농도는 0.8%인 경우에 슬러지의 반송률은?

① 82% ② 87%

③ 92% ④ 94%

해설

$$R = \frac{MLSS - SS_i}{SS_r - MLSS}$$

㉠ F/M 비로부터 MLSS 농도를 구한다.

$$F/M = \frac{BOD_i \cdot Q_i}{\forall \cdot X}$$

$$\frac{0.2}{day} = \frac{250mg}{L} \left|\frac{15,000m^3}{day}\right| \frac{}{5,000m^3} \left|\frac{L}{Xmg}\right|$$

$$\therefore X(= MLSS) = 3,750(mg/L)$$

여기서, $\forall(m^3) = \frac{15,000m^3}{day} \left|\frac{8hr}{}\right| \frac{1day}{24hr}$

$$= 5,000(m^3)$$

$$R = \frac{MLSS - SS_i}{SS_r - MLSS} = \frac{3,750 - 250}{8,000 - 3,750} = 0.8235$$

$$R_p = R \times 100 = 0.8235 \times 100 = 82.35(\%)$$

여기서, SS_r = 반송슬러지 농도

$$= 0.8 \times 10^4 (mg/L)$$
$$= 8,000 (mg/L)$$

26 유량이 $20,000 m^3/day$, 체류시간 3시간인 침전지의 수면적 부하율은?(단, 침전지 수심은 3m이다.)

① $20 m^3/m^2 \cdot d$

② $22 m^3/m^2 \cdot d$

③ $24 m^3/m^2 \cdot d$

④ $26 m^3/m^2 \cdot d$

해설 수면부하율 $= \dfrac{\text{유입유량}(m^3/day)}{\text{수면적}(m^2)} = \dfrac{Q}{A}$

㉠ $Q = 20,000 m^3/day$

㉡ $A = \dfrac{\forall}{H} = \dfrac{20,000(m^3/day) \times 3hr \times 1day/24hr}{3m}$

$\quad = 833.33(m^2)$

∴ 수면부하율 $= \dfrac{20,000(m^3/day)}{833.33(m^2)}$

$\qquad\qquad\quad = 24(m^3/m^2 \cdot day)$

27 침사지에서 직경 10^{-2}mm이고 비중이 2.65인 모래 입자의 20℃인 물속에서의 침강속도는?(단, 물의 밀도 : $1g/cm^3$, 점성계수 : $0.01g/sec \cdot cm$)

① $8.98 \times 10^{-2} cm/sec$

② $4.49 \times 10^{-2} cm/sec$

③ $8.98 \times 10^{-3} cm/sec$

④ $4.49 \times 10^{-3} cm/sec$

해설 Stoke's 법칙을 이용한다.

$$V_g = \frac{d_p^{\,2}(\rho_p - \rho)g}{18\mu}$$

$$\therefore V_g \left(\frac{m}{sec}\right) = \frac{(10^{-3})^2 cm^2}{} \left| \frac{(2.65-1)g}{cm^3} \right|$$

$$\frac{980cm}{sec^2} \left| \frac{cm \cdot sec}{18 \times 0.01g} \right.$$

$$= 8.98(cm/sec)$$

28 연속 회분식 활성슬러지법의 특징으로 옳지 않은 것은?

① 운전방식에 따라 사상균 벌킹을 방지할 수 있다.

② 침전 및 배출공정은 포기가 이루어지지 않은 상황에서 이루어지므로 보통의 연속식침전지와 비교해 스컴 등의 잔류가능성이 높다.

③ 저부하형의 경우 다른 처리방식과 비교하여 적은 부지면적에 시설을 건설할 수 있다.

④ 활성슬러지 혼합액을 이상적인 정치상태에서 침전시켜 고액분리가 원활히 행해진다.

해설 고부하형의 경우 다른 처리방식과 비교하여 적은 부지면적에 시설을 건설할 수 있다.

29 평균유속이 0.5m/s, 유효수심이 2.0m, 수면적부하가 $2,000 m^3/m^2 \cdot day$인 조건에 적합한 침사지의 체류시간은?

① 약 90sec

② 약 180sec

③ 약 270sec

④ 약 360sec

해설 $t = \dfrac{H}{V_o}$

여기서, V_o : 수면적 부하

$$\therefore t = \frac{2m}{2,000(m^3/m^2 \cdot day)} \left| \frac{86,400sec}{1day} \right. = 86.4(sec)$$

30 표준상태에서 1.5kg의 Glucose($C_6H_{12}O_6$)로부터 발생 가능한 CH_4가스량은?(단, 혐기성 분해 기준)

① 410L

② 560L

③ 660L

④ 720L

해설 글루코스의 혐기성 분해반응식을 작성하여 표준상태(0℃, 1기압)하의 메탄 생성량을 구하면

$$C_6H_{12}O_6 \rightarrow 3CH_4 + 3CO_2$$

$$180(g) \quad : \quad 3 \times 22.4(L)$$

$$1.5(kg) \quad : \quad X(m^3)$$

$$\therefore X(=CH_4) = 0.56(m^3)$$

$$= 560(L, STP)$$

31 여과면적 18m²의 진공여과기로 고형물 농도 100g/L의 슬러지를 10m³/day 탈수 처리하고자 한다. 여과 전에 고형물 농도의 30%를 응집제로 첨가했다면 여과기 산출량(kg/h · m²)은?(단, 고형물 기준, 연속 가동 기준, 탈수 여액의 농도는 고려하지 않음)

① 1.8kg/h · m²　　　② 2.3kg/h · m²
③ 2.7kg/h · m²　　　④ 3.0kg/h · m²

해설
$$X(kg/m^2 \cdot day) = \frac{100g}{L} \left| \frac{10m^3}{day} \right| \frac{1}{18m^2} \left| \frac{1.3}{} \right| \frac{1kg}{10^3 g}$$
$$\left| \frac{10^3 L}{1m^3} \right| \frac{1day}{24hr} = 3(kg/m^2 \cdot hr)$$

32 하수 유입수의 BOD₅가 180mg/L, 유출수의 BOD₅가 10mg/L인 활성슬러지 공정이 폭기조 용적 2,000m³, MLSS 2,000mg/L, 반송슬러지 SS농도 8,000mg/L, 고형물 체류시간은 5일로 운전되고 있다. 방류수의 SS농도는 무시하고 고형물 체류시간을 5일로 유지하기 위해 폐기하는 슬러지량은?

① 50m³/day　　　② 100m³/day
③ 150m³/day　　　④ 200m³/day

해설
$$SRT = \frac{X \cdot \forall}{Q_w \cdot X_w}$$
$$5(day) = \frac{2,000 \times 2,000}{Q_w \times 8,000}$$
$$\therefore Q_w(= 슬러지 폐기량) = 100(m^3/day)$$

33 폭 2m, 길이 15m인 침사지에 100cm의 수심으로 폐수가 유입할 때 체류시간이 50초라면 유량은?

① 2,025m³/hr
② 2,160m³/hr
③ 2,240m³/hr
④ 2,530m3/hr

해설
$$Q(처리유량)) = \frac{\forall(체적)}{t(체류시간)}$$
㉠ $\forall = 2m \times 15m \times 1m = 30m^3$
㉡ $t = 50sec$
$$\therefore Q(m^3/hr) = \frac{30m^3}{50sec} \left| \frac{3,600sec}{1hr} \right| = 2,160(m^3/hr)$$

34 생물학적 인 제거를 위한 A/O공정에 관한 내용으로 옳지 않은 것은?

① 타 공법에 비하여 운전이 비교적 간단하다.
② 폐슬러지 내 인의 함량이 비교적 높고(3~5%) 비료의 가치가 있다.
③ 낮은 BOD/P비 조건이 요구된다.
④ 추운 기후의 운전조건에서 성능이 불확실하다.

해설 생물학적 인 제거를 위한 A/O 공정은 높은 BOD/P비가 요구된다.

35 활성슬러지 변법 중 Step Aeration법의 반응조 후단에 MLSS 농도(mg/L)범위로 가장 옳은 것은?(단, F/M비, 반응조 수심, 반응조 형상은 표준활성슬러지법과 같고 HRT 4~6시간, 체류시간은 3~6일이다.)

① 500~1,000
② 1,000~1,500
③ 1,500~2,500
④ 2,500~3,500

36 1일 2,270m³를 처리하는 1차 처리시설에서 생슬러지를 분석한 결과 다음과 같은 자료를 얻었다. 이 슬러지의 비중은?

[자료]
• 수분 : 90%
• 총고형물 중 무기성 고형물 : 30%
• 휘발성 고형물 : 70%
• 무기성 고형물 비중 : 2.2
• 휘발성 고형물 비중 : 1.1

① 1.012　　　② 1.018
③ 1.023　　　④ 1.034

해설 슬러지의 밀도(비중) 수지식을 이용한다.
$$\frac{W_{SL}}{\rho_{SL}} = \frac{W_{TS}}{\rho_{TS}} + \frac{W_w}{\rho_w} = \frac{W_{VS}}{\rho_{VS}} + \frac{W_{FS}}{\rho_{FS}} + \frac{W_w}{\rho_w}$$
$$\frac{100}{\rho_{SL}} = \frac{100 \times (1-0.9) \times 0.7}{1.1} + \frac{100 \times (1-0.9) \times 0.3}{2.2} + \frac{90}{1.0}$$
$$\therefore \rho_{SL} = 1.023$$

37 UV를 이용한 하수소독방법에 관한 내용으로 옳지 않은 것은?

① 자외선의 강한 살균력으로 바이러스에 대해 효과적으로 작용한다.

② 물이 혼탁하거나 탁도가 높으면 소독능력에 영향을 미친다.

③ 유량 및 수질의 변동에 대해 적응력이 약하다.

④ pH 변화에 관계없이 지속적인 살균이 가능하다.

해설 UV를 이용한 하수소독방법은 유량과 수질의 변동에 대하여 적응력이 강하다.

38 길이 23m, 폭 8m, 깊이 2.3m인 직사각형 침전지가 3,000m³/day의 하수를 처리한다면 표면부하율은?

① 20.6m/day

② 16.3m/day

③ 10.5m/day

④ 33.4m/day

해설
$$표면부하율 = \frac{유입유량(m^3/day)}{수면적(m^2)}$$

㉠ 유입유량 : 3,000m³/day

㉡ 수면적 : 8×23=184m²

$$\therefore 표면부하율 = \frac{3,000(m^3/day)}{184(m^2)} = 16.3(m/day)$$

39 BOD 150mg/L, 폐수량 1,000m³/day인 폐수를 250m³의 유효용량을 가진 포기조로 처리할 경우 BOD 용적부하는?

① 0.2kg/m³ · day

② 0.4kg/m³ · day

③ 0.6kg/m³ · day

④ 0.8kg/m³ · day

해설
$$BOD 용적부하 = \frac{BOD \times Q}{\forall}$$

$$X(kg/m^3 \cdot day) = \frac{150mg}{L} \left| \frac{1,000m^3}{day} \right| \frac{10^3L}{m^3} \left| \frac{1kg}{10^6mg} \right| \frac{1}{250m^3}$$

$$= 0.6(kg/m^3 \cdot day)$$

40 어떤 폐수를 응집처리하기 위해 시료 200mL를 취하여 Jar-Test한 결과 Alum : 300mg/L에서 가장 양호한 결과를 얻었다. 폐수량 2,000m³/일을 처리하는 데 하루에 필요한 Alum의 양은?

① 450kg/일

② 600kg/일

③ 750kg/일

④ 900kg/일

해설
$$X(kg/day) = \frac{300mg}{L} \left| \frac{2,000m^3}{day} \right| \frac{1kg}{10^6mg} \left| \frac{10^3L}{1m^3} \right.$$

$$= 600(kg/day)$$

SECTION 03 수질오염공정시험기준

41 수질오염공정시험기준의 총칙에 관한 설명으로 옳지 않은 것은?

① 온도의 영향이 있는 실험결과 판정은 표준온도를 기준으로 한다.

② 찬 곳은 따로 규정이 없는 한 0~15℃의 곳을 뜻한다.

③ '수욕상 또는 수욕 중에서 가열한다'라 함은 따로 규정이 없는 한 수온 100℃에서 가열함을 뜻하고 약 100℃의 증기욕을 쓸 수 있다.

④ 냉수는 15℃ 이하, 온수는 50~60℃, 열수는 약 100℃를 말한다.

해설 온수는 60~70℃를 말한다.

42 퇴적물 채취에 사용되는 에크만 그랩(Ekman Grab)에 관한 설명으로 틀린 것은?

① 물의 흐름이 거의 없는 곳에서 채취가 잘되는 채취기이다.

② 채취기가 바닥에 닿아 줄의 장력이 감소하면 아래 날이 닫히도록 되어 있다.

③ 채집면적이 좁고 조류가 센 곳에서는 바닥에 안정시키기 어렵다.

④ 가벼워 휴대가 용이하고 작은 배에서 손쉽게 사용할 수 있다.

3회 2014. 8. 17. 시행

해설 에크만 그랩(Ekman Grab)
- ㉠ 물의 흐름이 거의 없는 곳에서 채취가 잘되는 채취기이다.
- ㉡ 채취기를 바다 퇴적물 위에 내린 후 메신저를 투하하면 장방형 상자의 밑판이 닫히도록 설계되었다.
- ㉢ 바닥이 모래질인 곳에서는 사용하기 어렵다.
- ㉣ 채집면적이 좁고 조류가 센 곳에서는 바닥에 안정시키기 어렵다.
- ㉤ 가벼워 휴대가 용이하며 작은 배에서 손쉽게 사용할 수 있다.

43 측정항목별 시료 보존 방법으로 가장 거리가 먼 것은?

① 페놀류 : H_2SO_4로 pH 2 이하로 조정한 후 C_uSO_4 1g/L을 첨가하여 4℃에서 보존한다.

② 노말헥산추출물질 : H_2SO_4로 pH 2 이하로 하여 4℃에서 보관한다.

③ 암모니아성 질소 : H_2SO_4로 pH 2 이하로 하여 4℃에서 보관한다.

④ 황산이온 : 6℃ 이하에서 보관한다.

해설 페놀류
H_3PO_4로 pH 4 이하 조정한 후 시료 1L당 $CuSO_4$ 1g 첨가하여 4℃ 보관한다.

44 적정법을 이용한 염소이온의 측정 시 종말점으로 옳은 것은?

① 엷은 적황색 침전이 나타날 때

② 엷은 적갈색 침전이 나타날 때

③ 엷은 청록색 침전이 나타날 때

④ 엷은 황갈색 침전이 나타날 때

해설 적정의 종말점은 엷은 적황색 침전이 나타날 때로 한다.

45 분원성대장균군의 정의이다. ( ) 안에 내용으로 옳은 것은?

온혈동물의 배설물에서 발견되는 (A)의 간균으로서 (B)℃에서 락토스를 분해하여 가스 또는 산을 발생하는 모든 호기성 또는 통성 혐기성균을 말한다.

① A : 그람음성 · 무아포성, B : 44.5

② A : 그람양성 · 무아포성, B : 44.5

③ A : 그람음성 · 아포성, B : 35.5

④ A : 그람양성 · 아포성, B : 35.5

해설 분원성대장균군
온혈동물의 배설물에서 발견되는 그람음성 · 무아포성의 간균으로서 44.5℃에서 젖당을 분해하여 가스 또는 산을 발생하는 모든 호기성 또는 통성 혐기성균을 말한다.

46 6가크롬의 자외선/가시선 분광법 시험방법에 관한 설명으로 옳지 않은 것은?

① 산성용액에서 다이페닐카바자이드와 반응시켜 착화합물을 생성시킨다.

② 흡광도를 540nm에서 측정, 정량한다.

③ 간섭물질이 존재하는 경우 수산나트륨 1%를 첨가하여 측정한다.

④ 적자색의 착화합물 흡광도를 정량한다.

해설 물속에 존재하는 6가크롬을 자외선/가시선 분광법으로 측정하는 것으로, 산성 용액에서 다이페닐카바자이드와 반응하여 생성하는 적자색 착화합물의 흡광도를 540nm에서 측정한다.

47 납(Pb)의 정량방법 중 자외선/가시선 분광법에 사용되는 시약이 아닌 것은?

① 에틸렌디아민용액

② 사이트르산이암모늄용액

③ 암모니아수

④ 시안화칼륨용액

해설 납(Pb)의 정량방법 중 자외선/가시선 분광법에 사용되는 시약
- ㉠ 디티존 · 사염화탄소용액
- ㉡ 사염화탄소
- ㉢ 사이트르산이암모늄용액
- ㉣ 시안화칼륨용액
- ㉤ 암모니아수(1+1)
- ㉥ 염산(1+10)
- ㉦ 염산하이드록실아민용액

48 질산성 질소 분석방법과 가장 거리가 먼 것은?

① 이온크로마토그래피법

② 자외선/가시선 분광법 – 부루신법

③ 자외선/가시선 분광법 – 활성탄흡착법

④ 연속흐름법

해설 질산성 질소 분석방법
㉠ 이온크로마토그래피
㉡ 자외선/가시선 분광법(부루신법)
㉢ 자외선/가시선 분광법(활성탄흡착법)
㉣ 데발다합금 환원증류법

49 수로의 폭이 0.5m인 직각 삼각웨어의 수두가 0.25m일 때 유량(m^3/min)은?(단, 유량 계수는 80)

① 2.0 　　　　　② 2.5
③ 3.0 　　　　　④ 3.5

해설
$$Q(m^3/min) = Kh^{\frac{5}{2}}$$
$$Q(m^3/min) = 80 \times 0.25^{\frac{5}{2}} = 2.5(m^3/min)$$

50 개수로에 의한 유량측정 시 평균유속은 Chezy의 유속공식을 적용한다. 여기서 경심에 대한 설명으로 옳은 것은?

① 유수단면적을 윤변으로 나눈 것을 말한다.
② 윤변에서 유수단면적을 뺀 것을 말한다.
③ 윤변과 유수단면적을 곱한 것을 말한다.
④ 윤변과 유수단면적을 더한 것을 말한다.

해설 경심은 유수 단면적(A)을 윤변(S)으로 나눈 것을 말한다.

51 실험에 관련된 용어의 정의로 틀린 것은?

① 밀봉용기 : 취급 또는 저장하는 동안에 밖으로부터의 공기 또는 다른 가스가 침입하지 아니하도록 내용물을 보호하는 용기를 말한다.
② 정밀히 단다 : 규정된 양의 시료를 취하여 화학저울 또는 미량저울로 칭량함을 말한다.
③ 정확히 취하여 : 규정한 양의 액체를 부피피펫으로 눈금까지 취하는 것을 말한다.
④ 냄새가 없다 : 냄새가 없거나, 또는 거의 없는 것을 표시하는 것이다.

해설 "밀봉용기"라 함은 취급 또는 저장하는 동안에 기체 또는 미생물이 침입하지 아니하도록 내용물을 보호하는 용기를 말한다.

52 다음은 수질측정 항목과 최대보존기간을 짝지은 것이다. 잘못 연결된 것은?(단, 항목 - 최대보존기간)

① 색도 - 48시간 　　　② 6가크롬 - 24시간
③ 비소 - 6개월 　　　　④ 유기인 - 28일

해설 유기인의 최대보존기간은 7일이다.

53 다음은 페놀류를 자외선/가시선 분광법을 적용하여 분석할 때에 관한 내용이다. ( ) 안에 옳은 것은?

> 이 시험기준은 물속에 존재하는 페놀류를 측정하기 위하여 증류한 시료에 염화암모늄-암모니아 완충용액을 넣어 ( )으로 조절한 다음 4-아미노안티피린과 헥사시안화철(Ⅱ)산칼륨을 넣어 생성된 붉은 색의 안티피린계 색소의 흡광도를 측정하는 방법이다.

① pH 8 　　　　　② pH 9
③ pH 10 　　　　④ pH 11

해설 물속에 존재하는 페놀류를 측정하기 위하여 증류한 시료에 염화암모늄-암모니아 완충용액을 넣어 pH 10으로 조절한 다음 4-아미노안티피린과 헥사시안화철(Ⅱ)산칼륨을 넣어 생성된 붉은색의 안티피린계 색소의 흡광도를 측정하는 방법으로 수용액에서는 510nm, 클로로폼용액에서는 460nm에서 측정한다.

54 기체크로마토그래피법으로 측정하지 않는 항목은?

① 폴리클로리네이티드비페닐
② 유기인
③ 비소
④ 알킬수은

해설 비소는 금속류 물질로 기체크로마토그래피법으로 분석이 불가능하다.

55 자외선/가시선 분광법에 의한 시안 정량 분석시, 간섭물질로 작용하는 시료 중 황화합물을 제거하는 데 사용되는 시약은?

① 과망간산칼륨용액
② 아황산나트륨용액
③ 피리딘-피라졸론용액
④ 아세트산아연용액

해설 황화합물이 함유된 시료는 아세트산아연용액(10%) 2mL를 넣어 제거한다. 이 용액 1mL는 황화물이온 약 14mg에 대응한다.

56 유량 측정 시 사용되는 웨어판에 관한 설명으로 틀린 것은?

① 웨어판의 재료는 3mm 이상의 두께를 갖는 내구성이 강한 철판으로 한다.
② 웨어판의 내면은 평면이어야 한다.
③ 웨어판 안측의 가장자리는 직선이어야 한다.
④ 웨어판의 크기는 수로의 붙인 틀의 크기에 맞추고 절단의 크기는 따로 정하지 않는다.

해설 웨어판의 크기는 수로의 붙인 틀의 크기에 맞추며 절단의 크기는 따로 정한다.

57 시료의 전처리 방법(산분해법) 중 유기물 등을 많이 함유하고 있는 대부분의 시료에 적용하는 것은?

① 질산법
② 질산 – 염산법
③ 질산 – 황산법
④ 질산 – 과염소산법

해설 산분해법

전처리 방법	적용시료
질산법	유기함량이 비교적 높지 않은 시료의 전처리에 사용한다.
질산 – 염산법	유기물 함량이 비교적 높지 않고 금속의 수산화물, 산화물, 인산염 및 황화물을 함유하고 있는 시료에 적용된다.
질산 – 황산법	유기물 등을 많이 함유하고 있는 대부분의 시료에 적용된다.
질산 – 과염소산법	유기물을 다량 함유하고 있으면서 산분해가 어려운 시료에 적용된다.
질산 – 과염소산 – 불화수소산법	다량의 점토질 또는 규산염을 함유한 시료에 적용된다.

58 폐수 중의 부유물질을 측정하고자 실험을 하여 다음과 같은 결과를 얻었다. 폐수 중의 부유 물질 양은?

[결과]
• 시료량 : 100mL
• 시료 여과 전 유리섬유 여지의 무게 : 0.6329g
• 시료 여과 후 유리섬유 여지의 무게 : 0.6531g

① 202mg/L　　② 221mg/L
③ 231mg/L　　④ 241mg/L

해설
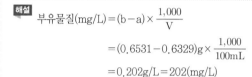

$$부유물질(mg/L) = (b-a) \times \frac{1,000}{V}$$
$$= (0.6531 - 0.6329)g \times \frac{1,000}{100mL}$$
$$= 0.202g/L = 202(mg/L)$$

59 금속류인 망간 측정방법이 아닌 것은?(단, 수질오염 공정시험기준)

① 원자흡수분광광도법
② 기체크로마토그래피법
③ 유도결합플라스마 – 질량분석법
④ 유도결합플라스마 – 원자발광분광법

해설 금속류인 망간의 측정방법
㉠ 원자흡수분광광도법
㉡ 자외선/가시선 분광법
㉢ 유도결합플라스마 – 원자발광분광법
㉣ 유도결합플마스마 – 질량분석법

60 다음 분석방법 중 아연을 분석할 수 없는 분석방법은? (단, 수질오염공정시험기준)

① 원자흡수분광광도법
② 원자형광법
③ 자외선/가시선분광법
④ 양극벗김전압전류법

해설 금속류인 아연의 측정방법
㉠ 원자흡수분광광도법
㉡ 자외선/가시선 분광법
㉢ 유도결합플라스마 – 원자발광분광법
㉣ 유도결합플라스마 – 질량분석법
㉤ 양극벗김전압전류법

SECTION 04 수질환경관계법규

61 폐수처리업의 등록기준 중 폐수재이용업의 기술능력 기준으로 옳은 것은?

① 수질환경산업기사, 화공산업기사 중 1명 이상
② 수질환경산업기사, 대기환경산업기사, 화공산업기사 중 1명 이상
③ 수질환경기사, 대기환경기사 중 1명 이상
④ 수질환경산업기사, 대기환경기사 중 1명 이상

해설 폐수재이용업의 기술능력기준은 수질환경산업기사, 화공산업기사 중 1명 이상이다.

62 다음 용어의 뜻으로 틀린 것은?

① 폐수 : 물에 액체성 또는 고체성의 수질오염물질이 섞여 있어 그대로 사용할 수 없는 물을 말한다.
② 수질오염물질 : 수질오염의 요인이 되는 물질로서 환경부령으로 정하는 것을 말한다.
③ 불투수면 : 빗물 또는 눈 녹은 물 등이 지하로 스며들 수 없게 하는 아스팔트, 콘크리트 등으로 포장된 도로, 주차장, 보도 등을 말한다.
④ 강우유출수 : 점오염원 및 비점오염원의 수질오염물질이 섞여 유출되는 빗물 또는 눈 녹은 물 등을 말한다.

해설 "강우유출수"라 함은 비점오염원의 수질오염물질이 섞여 유출되는 빗물 또는 눈 녹은 물 등을 말한다.

63 비점오염원 관리지역에 대한 설명 중 틀린 것은?

① 환경부장관은 비점오염원에서 유출되는 강우유출수로 인해 하천·호소 등의 이용목적, 주민의 건강·재산이나 자연생태계에 중대한 위해가 발생하거나 발생할 우려가 있는 지역에 대해 관할 시도지사와 협의하여 비점오염원 관리지역을 지정할 수 있다.
② 시도지사는 관할구역 중 비점오염원의 관리가 필요하다고 인정되는 지역에 대해 환경부장관에게 관리지역으로의 지정을 요청할 수 있다.

③ 관리지역의 지정기준, 지정절차, 그 밖의 필요한 사항은 환경부령으로 정한다.
④ 환경부장관은 관리지역의 지정사유가 없어졌거나 목적을 달성할 수 없는 등 지정의 해제가 필요하다고 인정되는 경우에는 관리지역의 전부 또는 일부에 대하여 그 지정을 해제할 수 있다.

해설 비점오염원 관리지역의 지정
㉠ 환경부장관은 비점오염원에서 유출되는 강우유출수로 인하여 하천·호소 등의 이용목적, 주민의 건강·재산이나 자연생태계에 중대한 위해가 발생하거나 발생할 우려가 있는 지역에 대해서는 관할 시·도지사와 협의하여 비점오염원관리지역(이하 "관리지역"이라 한다)으로 지정할 수 있다.
㉡ 시·도지사는 관할구역 중 비점오염원의 관리가 필요하다고 인정되는 지역에 대해서는 환경부장관에게 관리지역으로의 지정을 요청할 수 있다.
㉢ 환경부장관은 관리지역의 지정 사유가 없어졌거나 목적을 달성할 수 없는 등 지정의 해제가 필요하다고 인정되는 경우에는 관리지역의 전부 또는 일부에 대하여 그 지정을 해제할 수 있다.
㉣ 관리지역의 지정기준·지정절차와 그 밖에 필요한 사항은 대통령령으로 정한다.
㉤ 환경부장관은 관리지역을 지정하거나 해제할 때에는 그 지역의 위치, 면적, 지정 연월일, 지정목적, 해제 연월일, 해제 사유, 그 밖에 환경부령으로 정하는 사항을 고시하여야 한다.

64 수질오염물질의 배출허용기준 중 틀린 것은?

(기준변경)

① 1일 폐수배출량이 2,000m³ 미만인 경우 BOD기준은 청정지역과 가 지역은 각각 40mg/L 이하, 80mg/L 이하이다.
② 1일 폐수배출량이 2,000m³ 미만인 경우 COD기준은 나 지역과 특례 지역은 각각 130mg/L 이하, 40mg/L 이하이다.
③ 1일 폐수배출량이 2,000m³ 이상인 경우 BOD기준은 청정지역과 가 지역은 각각 30mg/L 이하, 60mg/L 이하이다.
④ 1일 폐수배출량이 2,000m³ 이상인 경우 COD기준은 청정지역과 가 지역은 각각 50mg/L 이하, 90mg/L 이하이다.

해설 [기준의 전면 개편으로 해당사항 없음]

항목별 배출허용기준

구분	1일 폐수배출량 2,000m³ 이상			1일 폐수배출량 2,000m³ 미만		
	BOD (mg/L)	TOC (mg/L)	SS (mg/L)	BOD (mg/L)	TOC (mg/L)	SS (mg/L)
청정 지역	30 이하	25 이하	30 이하	40 이하	30 이하	40 이하
가 지역	60 이하	40 이하	60 이하	80 이하	50 이하	80 이하
나 지역	80 이하	50 이하	80 이하	120 이하	75 이하	120 이하
특례 지역	30 이하	25 이하	30 이하	30 이하	25 이하	30 이하

65 대권역 수질 및 수생태계 보전계획에 포함되어야 하는 사항과 가장 거리가 먼 것은?

① 상수원 및 물 이용현황
② 점오염원, 비점오염원 및 기타 수질오염원별 수질오염 저감시설 현황
③ 점오염원, 비점오염원 및 기타 수질오염원의 분포현황
④ 점오염원, 비점오염원 및 기타 수질오염원에서 배출되는 수질오염물질의 양

해설 대권역계획에는 다음 각호의 사항이 포함되어야 한다.
㉠ 수질 및 수생태계 변화 추이 및 목표기준
㉡ 상수원 및 물 이용현황
㉢ 점오염원, 비점오염원 및 기타 수질오염원의 분포현황
㉣ 점오염원, 비점오염원 및 기타 수질오염원에 의한 수질오염물질 발생량
㉤ 수질오염 예방 및 저감대책
㉥ 수질 및 수생태계 보전조치의 추진방향
㉦ 그 밖에 환경부령이 정하는 사항

66 시·도지사 등이 환경부장관에게 보고할 사항(위임업무 보고사항) 중 보고 횟수가 연 4회에 해당되는 것은?

① 과징금 징수실적 및 체납처분 현황
② 폐수위탁·사업장 내 처리현황 및 처리실적
③ 배출부과금 징수실적 및 체납처분 현황
④ 비점오염원의 설치신고 및 방지시설 설치 현황 및 행정처분 현황

해설 위임업무 보고사항
㉠ 과징금 징수실적 및 체납처분 현황 : 연 2회
㉡ 폐수위탁·사업장 내 처리현황 및 처리실적 : 연 1회
㉢ 배출부과금 징수실적 및 체납처분 현황 : 연 2회

67 다음의 수질오염방지시설 중 화학적 처리시설에 해당되는 것은?

① 접촉조
② 살균시설
③ 안정조
④ 폭기시설

해설 수질오염방지시설
㉠ 접촉조 : 생물화학적 처리시설
㉡ 살균시설 : 화학적 처리시설
㉢ 안정조 : 생물화학적 처리시설
㉣ 폭기시설 : 생물화학적 처리시설

68 자연형 비점오염저감시설의 종류가 아닌 것은?

① 여과형 시설
② 인공습지
③ 침투시설
④ 식생형 시설

해설 자연형 비점오염저감시설의 종류
㉠ 저류시설
㉡ 인공습지
㉢ 침투시설
㉣ 식생형 시설

69 2회 연속 채취 시 클로로필-a 농도 15mg/m³ 이상이고, 남조류 세포수 500세포/mL 이상인 경우의 수질오염경보단계는?(단, 조류 경보 기준)

① 조류주의보
② 조류경보
③ 조류경계
④ 조류대 발생

해설 조류경보

경보단계	발령·해제기준
조류 주의보	2회 연속 채취 시 클로로필-a 농도 15mg/m³ 이상이고, 남조류의 세포 수가 500세포/mL 이상인 경우
조류 경보	2회 연속 채취 시 클로로필-a 농도 25mg/m³ 이상이고, 남조류의 세포 수가 5,000세포/mL 이상인 경우
조류대 발생	2회 연속 채취 시 클로로필-a 농도 100mg/m³ 이상이고, 남조류의 세포 수가 1,000,000세포/mL 이상인 경우
해제	2회 연속 채취 시 클로로필-a 농도 15mg/m³ 미만이거나, 남조류의 세포 수가 500세포/mL 미만인 경우

70 오염할당사업자 등에 대한 과징금 부과기준에서 사업장 규모별 부과계수로 옳은 것은?

① 제1종 사업장 3.0
② 제2종 사업장 2.0
③ 제3종 사업장 1.0
④ 제4종 사업장 0.5

> **해설** 1일당 부과금액은 300만 원으로 하고, 사업장 규모별 부과계수는 제1종사업장은 2.0, 제2종사업장은 1.5, 제3종사업장은 1.0, 제4종사업장은 0.7, 제5종사업장은 0.4로 할 것

71 환경부장관이 설치·운영하는 측정망의 종류에 해당되지 않는 것은?

① 비점오염원에서 배출되는 비점오염물질 측정망
② 공공수역 유해물질 측정망
③ 퇴적물 측정망
④ 도심하천 측정망

> **해설** 환경부 장관이 설치·운영하는 측정망의 종류
> ㉠ 비점오염원에서 배출되는 비점오염물질 측정망
> ㉡ 수질오염물질의 총량관리를 위한 측정망
> ㉢ 대규모 오염원의 하류지점 측정망
> ㉣ 수질오염경보를 위한 측정망
> ㉤ 대권역·중권역을 관리하기 위한 측정망
> ㉥ 공공수역 유해물질 측정망
> ㉦ 퇴적물 측정망
> ㉧ 생물 측정망
> ㉨ 그 밖에 환경부장관이 필요하다고 인정하여 설치·운영하는 측정망

72 오염총량관리기본방침에 포함되어야 하는 사항과 가장 거리가 먼 것은?

① 오염원의 조사 및 오염부하량 산정방법
② 오염부하량 총량 및 저감계획
③ 오염총량관리의 대상 수질오염물질 종류
④ 오염총량관리의 목표

> **해설** 오염총량관리기본방침에는 다음 각 호의 사항이 포함되어야 한다.
> ㉠ 오염총량관리의 목표
> ㉡ 오염총량관리의 대상 수질오염물질 종류
> ㉢ 오염원의 조사 및 오염부하량 산정방법
> ㉣ 오염총량관리기본계획의 주체, 내용, 방법 및 시한
> ㉤ 오염총량관리시행계획의 내용 및 방법

73 환경기술인을 교육하는 기관으로 옳은 곳은?

① 국립환경인력개발원
② 환경기술인협회
③ 환경보전협회
④ 한국환경공단

> **해설** ㉠ 환경기술인 : 환경보전협회
> ㉡ 기술요원 : 국립환경인력개발원

74 환경부장관은 비점오염원 관리지역을 지정·고시한 때에는 비점오염원 관리대책을 관계 중앙행정기관의 장 및 시·도지사와 협의하여 수립하여야 한다. 다음 중 비점오염원 관리대책에 포함되어야 하는 사항과 가장 거리가 먼 것은?

① 관리대상 수질오염물질 발생시설 현황
② 관리대상 수질오염물질 종류 및 발생량
③ 관리대상 수질오염물질 발생 예방 및 저감방안
④ 관리목표

> **해설** 비점오염원 관리대책에 포함되어야 하는 사항
> ㉠ 관리목표
> ㉡ 관리대상 수질오염물질의 종류 및 발생량
> ㉢ 관리대상 수질오염물질의 발생 예방 및 저감방안
> ㉣ 그 밖에 관리지역의 적정한 관리를 위하여 환경부령이 정하는 사항

75 환경기준 중 수질 및 수생태계(하천)의 생활환경기준으로 옳지 않은 것은?(단, 등급은 매우 나쁨(Ⅵ))

① COD : 11mg/L 초과
② T-P : 0.5mg/L 초과
③ SS : 100mg/L 초과
④ BOD : 10mg/L 초과

76 환경부장관이 공공수역을 관리하는 자에게 수질 및 수생태계의 보전을 위해 필요한 조치를 권고하려는 경우 포함되어야 할 사항과 가장 거리가 먼 것은?

① 수질 및 수생태계를 보전하기 위한 목표에 관한 사항
② 수질 및 수생태계에 미치는 중대한 위해에 관한 사항

SECTION 01 수질오염개론

01 하천의 수질이 다음과 같을 때 이 물의 이온강도는?
(단, $Ca^{2+} = 0.02M$, $Na^+ = 0.05M$, $Cl^- = 0.02M$)

① 0.055
② 0.065
③ 0.075
④ 0.085

해설 이온강도 계산식은 다음과 같다.

$$\mu = \frac{1}{2}\sum_i C_i \cdot Z_i^2$$
$$= \frac{1}{2}\left[(0.02 \times (+2)^2) + (0.05 \times (+1)^2) + (0.02 \times (-1)^2)\right]$$
$$= 0.075$$

02 $60,000m^3/day$ 상수를 살균하기 위하여 $30kg/day$의 염소가 주입되고 살균 접촉 후 잔류염소는 $0.2mg/L$일 때 염소요구량(농도)은?

① 0.3mg/L
② 0.4mg/L
③ 0.6mg/L
④ 0.8mg/L

해설 염소요구량=염소주입량−잔류염소량

ㄱ 염소주입량$\left(\frac{mg}{L}\right) = \frac{30kg}{day}\left|\frac{day}{60,000m^3}\right|\frac{1m^3}{10^3L}\left|\frac{10^6mg}{1kg}\right.$
$= 0.5(mg/L)$

ㄴ 잔류염소량=0.2(mg/L)

∴ 염소요구량=염소주입량−잔류염소량
$= 0.5 - 0.2 = 0.3(mg/L)$

03 호소에서 나타나는 현상에 관한 설명으로 옳은 것은?

① 겨울철 심수층은 혐기성 미생물의 증식으로 유기물이 적정하게 분해되어 수질이 양호하게 된다.
② 봄, 가을에는 물의 밀도 변화에 의한 전도현상 (Turn Over)이 일어난다.
③ 깊은 호수의 경우 여름철의 심수층 수온변화는 수온약층보다 크다.
④ 여름철에는 표수층과 심수층 사이에 수온의 변화가 거의 없는 수온약층이 존재한다.

해설 ① 겨울철 심수층은 혐기성 미생물에 의한 유기물 분해로 수질이 악화된다.
③ 호수의 경우 여름철의 심수층 수온 변화는 수온약층보다 작다.
④ 여름철에는 표수층과 심수층 사이에 수온의 변화가 큰 수온약층이 존재한다.

04 물의 물리적 특성을 나타내는 용어 중 단위가 잘못된 것은?

① 밀도 − g/cm^3
② 표면장력 − $dyne/cm^2$
③ 압력 − $dyne/cm^2$
④ 열전도도 − $cal/cm \cdot sec \cdot ℃$

해설 표면장력 − $dyne/cm$

05 자연수 중 지하수의 경도가 높은 이유는 다음 중 주로 어떤 물질의 영향인가?

① NH_3
② O_2
③ Colloid
④ CO_2

해설 지하수는 유기물의 분해에 의한 탄산가스가 물에 녹아 탄산을 형성하여 암석질 등을 용해함으로써 무기질을 많이 함유하게 되고 경도가 높게 된다.

06 수질오염에 관한 미생물의 작용에 있어서 흔히 사용되는 조류(Algae)의 경험적 화학 조성식은?

① $C_5H_7O_2N$
② $C_5H_8O_3N$
③ $C_5H_7O_3N$
④ $C_5H_8O_2N$

해설 조류의 경험적 화학 조성식은 $C_5H_8O_2N$이다.

07 유해물질, 오염발생원과 인간에 미치는 영향에 대하여 틀리게 짝지어진 것은?

① 구리－도금공장, 파이프제조업－만성중독 시 간경변
② 시안－아연제련공장, 인쇄공장－파킨슨씨병 증상
③ PCB－변압기, 콘덴서공장－카네미유증
④ 비소－광산정련공장, 피혁공업－피부흑색(청색)화

해설 시안－도금공업, 금, 은 정련, 사진공업－전신 질식증상

08 다음 중 적조현상과 관계가 없는 것은?

① 해류의 정체
② 염분농도의 증가
③ 수온의 상승
④ 영양염류의 증가

해설 적조현상은 강우에 따른 하천수의 유입으로 염분량이 낮아지고, 물리적 자극물질이 보급될 때 발생한다.

09 동점성(Kinematic Viscosity)의 계수와 관계가 가장 먼 것은?

① Posie
② Stock
③ cm^2/sec
④ μ/ρ(점성계수/밀도)

해설 Poise(g/cm · sec)는 점도의 단위이다.

10 세포증식에 관한 식(Monod)의 설명 중 틀린 것은?

(단, $\mu = \mu_{max} \times \dfrac{S}{K_s+S}$)

① μ는 세포의 비증가율을 말하며, 단위는 g이다.
② μ_{max}는 세포의 비증가율 최대치를 말한다.
③ S는 제한 기질농도이며 단위는 g/L이다.
④ K_s는 $\mu = \dfrac{1}{2}\mu_{max}$일 때 제한기질의 농도를 말한다.

해설 μ는 세포의 비증식 속도를 말하며, 단위의 차원은 T^{-1}이다.

11 친수성 콜로이드의 특성과 가장 거리가 먼 것은?

① 표면장력은 분산매보다 상당히 작다.
② 에멀션 상태이다.
③ 틴달효과가 적거나 전무하다.
④ 점도는 분산매와 큰 차이가 없다.

해설 점도는 분산매와 큰 차이가 없는 것은 소수성 콜로이드의 특성이다.

12 회복지대의 특성에 대한 설명으로 옳지 않은 것은? (단, Whipple의 하천정화단계 기준)

① 용존산소량이 증가함에 따라 질산염과 아질산염의 농도가 감소한다.
② 혐기성 균이 호기성 균으로 대체되며 Fungi 도 조금씩 발생한다.
③ 광합성을 하는 조류가 번식하고 원생동물, 윤충, 갑각류가 번식한다.
④ 바닥에서는 조개나 벌레의 유충이 번식하며 오염에 견디는 힘이 강한 은빛 담수어 등의 물고기도 서식한다.

해설 회복지대는 용존산소량이 증가함에 따라 질산염과 아질산염의 농도가 증가한다.

13 지하수의 특성에 관한 설명으로 옳지 않은 것은?

① 염분농도는 비교적 얕은 지하수에서 하천수보다 평균 30% 정도 이상 큰 값을 나타낸다.
② 지하수의 무기물질이 물에 용해되는 순서를 보면 규산염, Ca 및 Mg의 탄산염 마지막으로 염화물 알칼리 금속의 황산염 순서로 된다.
③ 자연 및 인위의 국지적 조건의 영향을 받기 쉽다.
④ 세균에 의한 유기물의 분해가 주된 생물작용이 된다.

해설 지하수는 토양을 통해서 스며든 물이므로 토양의 여과, 정화작용에 의해 비교적 양질이며, 유기물의 분해에 의한 탄산가스가 물에 녹아 탄산을 형성하여 암석질 등을 용해함으로써 무기질을 많이 함유하게 되고 경도가 높게 된다. 무기질이 물에 용해되는 순서는 암석중의 염화물, 알칼리금속의 황산염, 칼슘 및 마그네슘의 탄산염이 용해되고 마지막으로 규산염이 용해된다.

14 원생생물은 세포의 분화 정도에 따라 진핵생물과 원핵생물로 나눌 수 있다. 다음 중 원핵세포와 비교하여 진핵세포에만 있는 것은?

① DNA
② 리보솜
③ 편모
④ 세포소기관

해설 원핵세포는 세포소기관이 없다.

15 분뇨처리시설 중의 투입조, 저류조, 소화조 등의 여러 부분에 부식을 유발하는 가스는?

① H_2S
② NH_3
③ CO_2
④ CH_4

해설 황화수소(H_2S)가 부식을 유발하는 기체이다.

16 Streeter-phelps 모델에 관한 내용으로 옳지 않은 것은?

① 최초의 하천 수질 모델링이다.
② 유속, 수심, 조도계수에 의한 확산계수를 결정한다.
③ 점오염원으로부터 오염부하량을 고려한다.
④ 유기물의 분해에 따라 용존산소 소비와 재폭기를 고려한다.

해설 유속, 수심, 조도계수에 의한 확산계수가 결정되는 모델은 QUAL-I 모델이다.

17 어떤 공장에 phenol 500kg이 매일 폐수에 섞여 배출된다. 1g의 phenol이 1.7g의 BOD_5에 해당된다고 할 때, 인구당량은?(단, 1인 1일당 BOD_5는 50g 기준)

① 15,000명
② 16,000명
③ 17,000명
④ 18,000명

해설
$$X(인) = \frac{500kg \cdot 페놀}{day} \left| \frac{1.7g \cdot BOD_5}{1g \cdot 페놀} \right| \frac{1인 \cdot 일}{50g \cdot BOD_5} \left| \frac{10^3 g}{1kg} \right.$$
$$= 17,000(인)$$

18 해수의 특성에 관한 설명으로 옳지 않은 것은?

① 해수의 밀도는 $1.5 \sim 1.7 g/cm^3$ 정도로 수심이 깊을수록 밀도는 감소한다.
② 해수는 강전해질이다.
③ 해수의 Mg/Ca 비는 3~4 정도이다.
④ 염분은 적도해역보다 남·북극의 양극해역에서 다소 낮다.

해설 해수의 밀도는 $1.02 \sim 1.07 g/cm^3$ 범위로서 수온, 염분, 수압의 함수이며 수심이 깊을수록 증가한다.

19 분뇨의 특성으로 가장 거리가 먼 것은?

① 분뇨는 다량의 유기물을 함유하며 고액분리가 어렵다.
② 뇨는 VS 중의 $80 \sim 90\%$ 정도의 질소화합물을 함유하고 있다.
③ 분뇨의 질소는 주로 NH_4HSO_3, $(NH_4)_2SO_3$의 형태로 존재하며 소화조 내의 산도가 적정하게 유지시켜 pH의 상승을 막는 완충작용을 한다.
④ 분뇨의 특성은 시간에 따라 변한다.

해설 분뇨의 질소는 주로 $(NH_4)_2CO_3$, NH_4HCO_3 형태로 존재하며 소화조 내의 산도를 완충시켜 pH 상승을 막는다.

20 환경미생물에 관한 설명으로 옳지 않은 것은?

① Bacteria는 형상에 따라 막대형, 구형, 나선형 등으로 구분되며 용해된 유기물을 섭취한다.
② Fungi는 탄소동화작용을 하지 않으며 폐수 내 질소와 용존산소가 부족한 환경에서도 잘 성장한다.
③ Algae는 단세포 또는 다세포의 유기영양형 광합성 원생동물이다.
④ Protozoa는 편모충류, 섬모충류 등이 있으며 흔히 박테리아 같은 미생물을 잡아먹는다.

해설 Algae(조류)는 광합성 작용을 하는 유일한 미생물로 엽록소를 가진다.

SECTION 02 수질오염방지기술

21 다음 중 분뇨와 같은 고농도 유기폐수를 처리하는 데 적합한 최적처리법은?

① 표준활성슬러지법   ② 응집침전법
③ 여과 · 흡착법   ④ 혐기성 소화법

해설 혐기성 소화법은 유기물 농도가 높은 폐수를 처리할 수 있다.

22 다음 중 보통 1차침전지에서 부유물질의 침강속도가 작게 되는 경우는?(단, Stocks 법칙 적용)

① 부유물질 입자의 밀도가 클 경우
② 부유물질 입자의 입경이 클 경우
③ 처리수의 밀도가 작을 경우
④ 처리수의 점성도가 클 경우

해설 입자의 밀도와 입경이 작을수록, 처리수의 밀도가 클수록 침강속도는 작아진다.

23 처리수의 BOD 농도가 5mg/L인 폐수처리공정의 BOD 제거효율은 1차 처리 40%, 2차 처리 80%, 3차 처리 15%이다. 이 폐수처리공정에 유입되는 유입수의 BOD 농도는?

① 39mg/L   ② 49mg/L
③ 59mg/L   ④ 69mg/L

해설 $\eta_T = \eta_1 + \eta_2(1 - \eta_1) + \eta_3(1 - \eta_1)(1 - \eta_2)$

$C_i = \dfrac{C_o}{1 - \eta}$

$\eta_T = 0.4 + 0.8(1 - 0.4) + 0.15(1 - 0.4)(1 - 0.8)$
$\quad = 0.898 = 89.8(\%)$

$\therefore C_i = \dfrac{C_o}{1 - \eta} = \dfrac{5}{1 - 0.898} = 49.01(mg/L)$

24 BOD 200mg/L인 유기성 폐수를 활성 슬러지법으로 처리하고자 한다. F/M비는 0.25kg BOD/kgMLSS · day, 폭기시간 6시간이라면 폭기조 MLSS는?

① 2,700mg/L   ② 3,200mg/L
③ 3,700mg/L   ④ 4,200mg/L

해설 $\text{F/M비} = \dfrac{BOD_i \times Q_i}{MLSS \times \forall} = \dfrac{BOD_i}{MLSS \times t}$

$MLSS = \dfrac{BOD_i}{\text{F/M} \times t} = \dfrac{200}{0.25 \times 6hr \times 1day/24hr}$
$\quad\quad\quad = 3,200(mg/L)$

25 혐기성 반응기에 있어서 생물학적 고형물량을 유지하고 증가시키는 방법으로 옳지 않은 것은?

① 짧은 수리학적 체류시간으로서의 시스템 운전
② 시스템 내의 고형물을 유지하는 농후한 슬러지 블랭킷의 개발
③ 시스템에서 박테리아가 자라고 유지될 수 있는 고정된 표면의 제공
④ 반응기 유출수로부터의 고형물의 분리 및 이 고형물의 반응기로의 재순환

해설 ① 긴 수리학적 체류시간으로서의 시스템 운전

26 폐수량이 500m³/day, BOD 1,000mg/L인 폐수를 살수여상으로 처리할 경우 여재에 대한 BOD 부하를 0.2kg/m³ · day로 할 때 여상의 용적은?

① 250m³   ② 500m³
③ 1,500m³   ④ 2,500m³

해설 $L_v = \dfrac{BOD_i \times Q_i}{\forall}, \quad \forall = \dfrac{BOD_i \times Q_i}{L_v}$

$\forall(m^3) = \dfrac{1kg/m^3 \times 500m^3/day}{0.2kg/m^3 \cdot day} = 2,500(m^3)$

27 BOD 1kg 제거에 0.9kg의 산소(O_2)가 소요된다. 폐수량이 2,000m³이고 BOD 농도가 250mg/L일 때 BOD를 모두 제거하는 데 필요한 전력은?(단, 2kg O_2 주입에 1kW의 전력이 소요된다.)

① 3,250kW   ② 2,750kW
③ 2,250kW   ④ 1,750kW

해설 전력용량(kW)

$= \dfrac{1kW}{2kg \cdot O_2} \left| \dfrac{0.9kg \cdot O_2}{1kg \cdot BOD_5} \right| \dfrac{20,000m^3}{} \left| \dfrac{0.25kg}{m^3} \right.$
$= 2,250(kW)$

28 비교적 일정한 유량을 폐수처리장에 공급하기 위한 것으로 예비처리시설 다음에 설치되는 시설은?

① 균등조
② 침사조
③ 스크린조
④ 침전조

29 납이온을 함유하는 폐수에 알칼리를 첨가하면 다음 식과 같은 반응이 일어난다. 30mg/L의 납이온을 함유하는 폐수를 침전 처리할 경우 이론상 OH^-의 첨가량은 이 폐수 1L당 몇 mg 인가?(단, Pb = 207)

$$Pb^{2+} + 2OH^- = PbO + H_2O$$

① 2.9
② 4.9
③ 7.4
④ 9.4

해설 $Pb^{2+} + 2OH^- = PbO + H_2O$
 $207g : 2 \times 17g$
 $30mg/L : X$
 $X = 4.92(mg/L)$

30 포화용존산소 농도가 12mg/L인 어떤 활성오니조에서 물의 실제 용존산소 농도가 8mg/L에서 2mg/L로 낮출 경우 액상으로의 산소 전달률은?

① 1.5배로 증가한다.
② 2.5배로 증가한다.
③ 3.5배로 증가한다.
④ 4.5배로 증가한다.

31 폐수 특성에 따른 적절한 처리법에 연결한 것과 가장 거리가 먼 것은?

① 비소 함유 폐수 – 수산화 제2철 공침법
② 시안 함유폐수 – 오존 산화법
③ 6가크롬 함유폐수 – 알칼리 염소법
④ 카드뮴 함유폐수 – 황화물 침전법

해설 ③ 6가크롬 함유폐수 – 환원침전법

32 폐수량이 $500m^3$/day이며 SS침강속도는 25m/day이다. SS를 90%까지 제거하고자 하면 침전지의 수면적은?

① $18m^3$
② $22m^3$
③ $27m^3$
④ $32m^3$

해설 설계 수면적부하 = 침강속도(이론적 효율 100%로 설계하므로)

$$V_o = \frac{Q}{A_a} \rightarrow \frac{25m}{day} = \frac{500m^3}{day}\bigg|\frac{}{A(m^2)}$$

$\therefore A = 20(m_2)$

여기서, A는 SS를 100% 제거하기 위한 면적이므로, 90% 제거하기 위한 면적으로 보정하면
$\therefore A(90\%) = 20 \times 0.9 = 18(m^2)$

33 보통 음이온 교환수지에 대하여 가장 일반적인 음이온의 선택성 순서로 알맞은 것은?

① $SO_4^{2-} > I^{-1} > NO_3^{-1} > CrO_4^{2-} > Br^{-1}$
② $SO_4^{2-} > NO_3^{-1} > CrO_4^{2-} > Br^{-1}$
③ $SO_4^{-2} > CrO_4^{2-} > NO_3^{-1} > I^{-1} > Br^{-1}$
④ $SO_4^{-2} > CrO_4^{2-} > I^{-1} > NO_3^{-1} > Br^{-1}$

해설 음이온 교환물질의 음이온에 대한 선택성의 순서
$SO_4^{2-} > I^- > NO_3^- > CrO_4^{2-} > Br^- > Cl^- > OH^-$

34 20,000명의 처리인구를 가진 폐수처리시설에서 슬러지 발생량이 0.12kg/cap · day이고 슬러지는 70%의 휘발성 물질을 포함하고 있으며 이 중 50%가 분해된다. 분해 슬러지당 $0.89m^3$/kg의 소화가스가 발생하며 50%의 메탄이 함유되어 있고 메탄의 열량은 $35,850kJ/m^3$이라면 소화조 보온을 위해 가용한 에너지(kJ/hr)는?

① 약 270,000kJ/hr
② 약 380,000kJ/hr
③ 약 420,000kJ/hr
④ 약 560,000kJ/hr

해설
$$X\left(\frac{kJ}{hr}\right) = \frac{0.12kg \cdot TS}{인 \cdot 일}\bigg|\frac{20,000인}{}\bigg|\frac{70 \cdot VS}{100 \cdot TS}\bigg|\frac{50}{100}$$
$$\bigg|\frac{0.89m^3 \cdot gas}{kg}\bigg|\frac{50 \cdot CH_4}{100 \cdot gas}\bigg|\frac{35,850kJ}{m^3}\bigg|\frac{1일}{24hr}$$
$$= 558,363.75(kJ/hr)$$

35 폐수 속에 염산 18.25g을 중화시키려면 수산화칼슘 몇 g이 필요한가?(단, Cl의 원자량은 35.5, Ca의 원자량은 40이다.)

① 18.5g   ② 24.5g
③ 37.5g   ④ 44.5g

해설

$$HCl(mol)= \frac{18.25g}{}\left|\frac{1mol}{36.5g}\right.=0.5(mol)$$

$$HCl \rightarrow H^+ + Cl^-$$
0.5mol 0.5mol 0.5mol

$[H^+]=[OH^-]$일 때 완전중화가 일어난다.
따라서 수산화이온 0.5mol이 필요하다.

$$Ca(OH)_2 \rightarrow Ca^{2+} + 2OH^-$$
0.25mol   0.5mol

$$\therefore Ca(OH)_2(g)=\frac{0.25mol}{}\left|\frac{74g}{1mol}\right.=18.5(g)$$

36 폐수의 성질이 BOD 1,000mg/L, SS 1,500mg/L, pH 3.5, 질소분 55mg/L, 인산분 12 mg/L인 폐수가 있다. 이 폐수의 처리 순서로 타당한 것은?

① Screening → 중화 → 미생물 처리 → 침전
② Screening → 침전 → 미생물 처리 → 중화
③ 침전 → Screening → 미생물 처리 → 중화
④ 미생물 처리 → Screening → 중화 → 침전

37 처리장에서 20,000m³/day 폐수가 유입되고 있다. 체류시간은 30분 속도경사가 40sec⁻¹의 응집침전조를 설계하고자 할 때 교반기 모터의 동력효율을 60%로 예상한다면 응집침전조의 교반기에 필요한 모터의 총동력은?(단, $\mu=10^{-3}$kg/m · s)

① 417W   ② 667.2W
③ 728.5W   ④ 1,112W

해설

$$G=\sqrt{\frac{P}{\mu\forall}}, P=G^2 \cdot \mu \cdot \forall$$

$\mu=10^{-3}$kg/m · sec, G=40

$\forall=20,000m^3/d \times d/24hr \times hr/60min \times 30min$
$=416.67(m^3)$

$P=40^2 \times 10^{-3} \times 416.67 \times \frac{100}{60}=1,111.12(W)$

38 다음의 물리화학적 처리방법 중 수중의 암모니아성 질소의 효과적 제거방법과 가장 거리가 먼 것은?

① Alum 주입
② Break Point 염소주입법
③ Zeolite 이용법
④ 탈기법

해설 Alum은 응집제이다.

39 고도수처리에 사용되는 분리방법에 관한 설명으로 옳지 않은 것은?

① 한외여과의 분리형태는 체걸음(Sieving)이다.
② 역삼투의 막형태는 대칭형 다공성 막이다.
③ 정밀여과의 구동력은 정수압 차이다.
④ 투석의 분리형태는 대류가 없는 층에서의 확산이다.

해설 역삼투의 막 형태는 비대칭성 다공성막이다.

40 1,000m³의 폐수 중 부유물질농도가 200mg/L일 때 처리효율이 70%인 처리장에서 발생슬러지량(m³)은?(단, 부유물질 처리만을 기준으로 하여 기타 조건을 고려하지 않고 슬러지 비중 : 1.03 함수율 95%이다.)

① 2.36   ② 2.46
③ 2.72   ④ 2.96

해설

$$SL(m^3)=\frac{1,000m^3}{}\left|\frac{0.2kg}{m^3}\right.\left|\frac{70}{100}\right.\left|\frac{70}{100}\right.\left|\frac{m^3}{1,030kg}\right.\left|\frac{100}{100-95}\right.$$
$$=2.718(m^3)$$

SECTION 03 수질오염공정시험기준

41 수질오염공정시험기준상 노말헥산 추출물질과 가장 거리가 먼 것은?

① 휘발되지 않는 탄화수소, 탄화수소 유도체
② 그리스유상물질
③ 광유류
④ 셀룰로오스류

해설 물중에 비교적 휘발되지 않는 탄화수소, 탄화수소유도체, 그리스유상물질 및 광유류를 함유하고 있는 시료를 pH 4 이하의 산성으로 하여 노말헥산층에 용해되는 물질을 노말헥산으로 추출하고 노말헥산을 증발시킨 잔류물의 무게로부터 구하는 방법이다.

42 시료채취량 기준에 관한 내용으로 옳은 것은?

① 시험항목 및 시험횟수에 따라 차이가 있으나 보통 1~2L 정도이어야 한다.

② 시험항목 및 시험횟수에 따라 차이가 있으나 보통 3~5L이어야 한다.

③ 시험항목 및 시험횟수에 따라 차이가 있으나 보통 5~7L이어야 한다.

④ 시험항목 및 시험횟수에 따라 차이가 있으나 보통 8~10L이어야 한다.

해설 시료채취량은 시험항목 및 시험횟수에 따라 차이가 있으나 보통 3~5L 정도이어야 한다. 다만, 시료를 즉시 실험할 수 없어 보존하여야 할 경우 또는 시험항목에 따라 각각 다른 채취용기를 사용하여야 할 경우에는 시료채취량을 적절히 증감할 수 있다.

43 0.05N−KMnO₄ 4.0L를 만들려고 한다. KMnO₄는 약 몇 g이 필요한가?(단, 원자량은 K = 39, Mn = 55 이다.)

① 3.2   ② 4.6
③ 5.2   ④ 6.3

해설
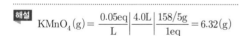
$$KMnO_4(g) = \frac{0.05eq}{L} \left| \frac{4.0L}{1} \right| \frac{158/5g}{1eq} = 6.32(g)$$

44 색도 측정에 관한 설명 중 옳지 않은 것은?

① 색도 측정은 시각적으로 눈에 보이는 색상에 관계없이 단순 색도차 또는 단일 색도차를 계산한다.

② 백금−코발트 표준물질과 아주 다른 색상의 폐·하수에는 적용할 수 없다.

③ 근본적인 간섭은 적용 파장에서 콜로이드 물질 및 부유물질의 존재로 빛이 흡수 혹은 분산되면서 일어난다.

④ 아담스−니컬슨(Adams−Nickerson) 색도공식을 근거로 한다.

해설 백금−코발트 표준물질과 아주 다른 색상의 폐·하수에서뿐만 아니라 표준물질과 비슷한 색상의 폐·하수에도 적용할 수 있다.

45 시안화합물 측정 시 방해물질과 이를 제거하기 위하여 첨가하는 시약으로 가장 거리가 먼 것은?

① 잔류염소−아스코르빈산용액

② 황화합물−아세트산아연용액

③ 유지류−노말헥산

④ 중금속−아비산나트륨 용액

해설 시안화합물 측정 시 방해물질과 이를 제거하기 위해 첨가하는 시약

㉠ 다량의 유지류가 함유된 시료는 아세트산 또는 수산화나트륨 용액으로 pH 6~7로 조절하고 시료의 약 2%에 해당하는 노말헥산 또는 클로로폼을 넣어 짧은 시간 동안 흔들어 섞고 수층을 분리하여 시료를 취한다.

㉡ 잔류염소가 함유된 시료는 잔류염소 20mg당 L−아스코르빈산(10%) 0.6mL 또는 아비산나트륨용액(10%) 0.7 mL를 넣어 제거한다.

㉢ 황화합물이 함유된 시료는 아세트산아연용액(10%) 2mL를 넣어 제거한다. 이 용액 1mL는 황화물이온 약 14mg에 대응한다.

46 기체크로마토그래피에 사용하는 검출기 중 인 또는 황화합물을 선택적으로 검출할 수 있는 것으로 가장 알맞은 것은?

① 전자포획형 검출기   ② 불꽃광도형 검출기
③ 열전도도 검출기   ④ 불꽃열이온화 검출기

47 식물성 플랑크톤(조류) 분석에 관한 설명으로 틀린 것은?

① 시료의 조제 : 시료의 개체수는 계수 면적당 10~40 정도가 되도록 조정한다.

② 시료의 조제 : 원심분리방법과 자연침전법을 적용한다.

③ 정성시험 : 목적은 식물성 플랑크톤의 종류를 조사하는 것이다.

④ 정량시험 : 식물성 플랑크톤의 계수는 정확성과 편리성을 위하여 고배율이 주로 사용된다.

해설 정량시험

식물성 플랑크톤의 계수는 정확성과 편리성을 위하여 일정 부피를 갖는 계수용 챔버를 사용한다. 식물성 플랑크톤의 동정(同定)에는 고배율이 많이 이용되지만 계수에는 저~중 배율이 많이 이용된다.

---

48 다음은 부유물질의 측정분석절차에 관한 내용이다. ( ) 안에 옳은 내용은?

> 유리섬유여과지를 여과장치에 부착하여 미리 정제수 20mL씩으로 (㉠)흡인 여과하여 씻은 다음 시계접시 또는 알루미늄 호일 접시 위에 놓고 105~110℃의 건조기 안에서 (㉡) 건조시켜 데시케이터에 넣어 방치하고 냉각한 다음 항량하여 무게를 정밀히 달고 여과장치에 부착시킨다.

① ㉠ 2회, ㉡ 1시간
② ㉠ 2회, ㉡ 2시간
③ ㉠ 3회, ㉡ 1시간
④ ㉠ 3회, ㉡ 2시간

해설 유리섬유여과지(GF/C)를 여과장치에 부착하여 미리 정제수 20mL씩으로 3회 흡인 여과하여 씻은 다음 시계접시 또는 알루미늄 호일 접시 위에 놓고 105~110℃의 건조기 안에서 2시간 건조시켜 황산 데시케이터에 넣어 방치하고 냉각한 다음 항량하여 무게를 정밀히 달고, 여과장치에 부착시킨다.

---

49 유량 측정 시 적용되는 웨어의 웨어판에 관한 기준으로 알맞은 것은?

① 웨어판 안측의 가장자리는 곡선이어야 한다.
② 웨어판의 수로의 장축에 직각 또는 수직으로 하여 말단의 바깥틀에 누수가 없도록 고정한다.
③ 직각 3각 웨어판의 유량측정공식은 $Q = K \cdot B \cdot h^{3/2}$이다.(K : 유량계수, b : 수로폭, h : 수두)
④ 웨어판의 재료는 10mm 이상의 두께를 갖는 내구성이 강한 철판으로 하여야 한다.

해설 ① 웨어판 안측의 가장자리는 직선이어야 한다.
③ 직각 3각 웨어판의 유량측정공식은 $Q = K \cdot h^{5/2}$이다.
④ 웨어판의 재료는 3mm 이상의 두께를 갖는 내구성이 강한 철판으로 한다.

---

50 이온전극법에서 사용하는 장치에 관한 설명으로 옳지 않은 것은?

① 전항전위계 또는 이온측정기는 mV까지 읽을 수 있는 고압력, 저항 측정기여야 한다.
② 이온전극은 분석대상 이온에 대한 고도의 선택성이 있다.
③ 이온전극은 일반적으로 칼로멜전극 또는 산화은전극이 사용된다.
④ 이온전극은 이온농도에 비례하여 전위를 발생할 수 있는 전극이다.

해설 비교전극은 일반적으로 내부전극으로 염화제일수은 전극(칼로멜 전극) 또는 은-염화은 전극이 많이 사용된다.

---

51 유도결합플라즈마 – 원자발광분광법에서 시료와 혼합 표준액을 측정한 후 검정곡선의 작성방법이 아닌 것은?

① 검정곡선법
② 내부표준법
③ 넓이백분율법
④ 표준물질첨가법

해설 유도결합플라즈마 – 원자발광분광법에서 검정곡선의 작성방법
㉠ 검정곡선법
㉡ 표준물질첨가법
㉢ 내부표준법

---

52 수질오염공정시험기준에서 총대장균군의 시험방법이 아닌 것은?

① 막여과법
② 시험관법
③ 균군계수 시험법
④ 평판집락법

해설 총대장균군 시험방법
㉠ 막여과법
㉡ 시험관법
㉢ 평판집락법

---

53 공정시험기준에서 정의한 용어의 설명으로 옳지 않은 것은?

① 표준온도는 0℃를 말하고 온수는 60~70℃, 냉수는 15℃ 이하를 말한다.

② 감압 또는 진공이라 함은 따로 규정이 없는 한 15mmHg 이하를 말한다.

③ 항량으로 될 때까지 건조한다. 라 함은 같은 조건에서 1시간 더 건조할 때 전후 차가 g당 0.3mg 이하일 때를 말한다.

④ 방울수라 함은 4℃에서 정제수를 20방울을 적하할 때 그 부피가 약 1mL 되는 것을 뜻한다.

해설 방울수라 함은 20℃에서 정제수 20방울을 적하할 때, 그 부피가 약 1mL 되는 것을 뜻한다.

54 활성슬러지의 미생물 플럭이 형성된 경우 DO 측정을 위한 전처리 방법은?

① 칼륨명반 응집침전법
② 황산구리 설파민산법
③ 불화칼륨 처리법
④ 아지드화나트륨 처리법

해설 황산구리 – 설퍼민산법(미생물 플럭(floc)이 형성된 경우)

55 BOD 측정 시 시료의 전처리에 관한 내용이다. ( ) 안에 내용으로 맞는 것은?

> pH가(㉠)의 범위를 벗어나는 시료는 염산용액 또는 수산화나트륨용액으로 시료를 중화하여 pH 7~7.2로 한다. 다만, 이때 넣어주는 산 또는 알칼리의 양이 시료량의 (㉡)가 넘지 않도록 하여야 한다.

① ㉠ pH 4.3~8.5, ㉡ 0.2%
② ㉠ pH 5.6~8.3, ㉡ 0.3%
③ ㉠ pH 6.3~8.3, ㉡ 0.3%
④ ㉠ pH 6.5~8.5, ㉡ 0.5%

해설 pH가 6.5~8.5의 범위를 벗어나는 산성 또는 알칼리성 시료는 염산용액(1M) 또는 수산화나트륨용액(1M)으로 시료를 중화하여 pH 7~7.2로 맞춘다. 다만 이때 넣어주는 염산 또는 수산화나트륨의 양이 시료량의 0.5%가 넘지 않도록 하여야 한다. pH가 조정된 시료는 반드시 식종을 실시한다.

56 전처리 방법 중 질산 – 과염소산에 의한 분해에 관한 설명으로 틀린 것은?

① 유기물을 다량 포함하고 있으면서 산분해가 어려운 시료에 적용한다.

② 시료에 질산을 넣고 가열하면 증발농축하고 방냉후 다시 질산과 과염소산을 넣고 가열하여 백연이 발생하기 시작하면서 가열을 중지한다.

③ 질산만을 넣을 경우 폭발위험이 있어 과염소산을 넣고 질산을 넣는다.

④ 유기물을 함유한 뜨거운 용액에 과염소산을 넣어서는 안 된다.

해설 과염소산을 넣을 경우 질산이 공존하지 않으면 폭발할 위험이 있으므로 반드시 질산을 먼저 넣어주어야 하며, 어떠한 경우에도 유기물을 함유한 뜨거운 용액에 과염소산을 넣어서는 안 된다.

57 시료의 채취량은 시험항목 및 시험횟수에 따라 차이가 있으나 일반적으로 어느 정도가 적당한가?

① 1~2L ② 2~3L
③ 3~5L ④ 5~7L

해설 시료채취량은 시험항목 및 시험횟수에 따라 차이가 있으나 보통 3~5L 정도이어야 한다.

58 유도결합플라즈마 – 원자발광분광법의 원리에 관한 다음 설명 중 괄호 안의 내용으로 알맞게 짝지어진 것은?

> 시료를 고주파유도코일에 의하여 형성된 아르곤 플라스마에 도입하여 6,000~8,000K에서 들뜬 상태의 원자가(㉠)로 전이할 때 (㉡)하는 발광선 및 발광강도를 측정하여 원소의 정성 및 정량분석에 이용하는 방법이다.

① ㉠ 들뜬상태, ㉡ 흡수
② ㉠ 바닥상태, ㉡ 흡수
③ ㉠ 들뜬상태, ㉡ 방출
④ ㉠ 바닥상태, ㉡ 방출

해설 시료를 고주파유도코일에 의하여 형성된 아르곤 플라스마에 주입하여 6,000~8,000K에서 들뜬 상태의 원자가 바닥상태로 전이할 때 방출하는 발광선 및 발광강도를 측정하여 원소의 정성 및 정량분석에 이용하는 방법이다.

59 자외선/가시선 분광법을 적용하여 아연 측정 시 발색이 가장 잘 되는 pH 정도는?

① pH 4
② pH 9
③ pH 11
④ pH 12

[해설] 발색의 정도는 15~29℃, pH 8.8~9.2의 범위에서 잘 된다.

60 다음에 표시된 농도 중 가장 낮은 것은?(단, 용액의 비중은 모두 1이다.)

① 24μg/mL
② 240ppb
③ 24mg/L
④ 2.4ppm

SECTION 04 수질환경관계법규

61 조업정지처분에 갈음하여 과징금을 부여할 수 있는 사업장과 가장 거리가 먼 것은?

① 발전소의 발전시설
② 의료기관의 배출시설
③ 학교의 배출시설
④ 공공기관의 배출시설

[해설] 조업정지처분에 갈음하여 과징금을 부여할 수 있는 사업장
㉠ 「의료법」에 따른 의료기관의 배출시설
㉡ 발전소의 발전설비
㉢ 「초·중등교육법」 및 「고등교육법」에 따른 학교의 배출시설
㉣ 제조업의 배출시설
㉤ 그 밖에 대통령령으로 정하는 배출시설

62 다음 중 환경부령이 정하는 관계전문기관으로 옳은 것은?

환경부장관은 비점오염저감계획을 검토하거나 비점오염저감시설을 설치하지 아니하여도 되는 사업장을 인정하려는 때에는 그 적정성에 관하여 환경부령이 정하는 관계전문기관의 의견을 들을 수 있다.

① 국립환경과학원
② 한국 환경정책 – 평가연구원
③ 한국환경기술개발원
④ 한국건설기술연구원

[해설] 비점오염원 관련 관계 전문기관
㉠ 한국환경공단
㉡ 한국환경정책·평가연구원

63 일일기준초과배출량 산정 시 적용되는 일일유량산정방법은 [일일유량 = 측정유량 × 일일조업시간]이다. 일일조업시간에 관한 내용으로 알맞은 것은?

① 일일조업시간은 측정하기 전 최근 조업한 60일간의 배출시설의 조업시간 평균치로서 시간(HR)으로 표시한다.
② 일일조업시간은 측정하기 전 최근 조업한 60일간의 배출시설의 조업시간 평균치로서 분(min)으로 표시한다.
③ 일일조업시간은 측정하기 전 최근 조업한 30일간의 배출시설의 조업시간 평균치로서 시간(HR)으로 표시한다.
④ 일일조업시간은 측정하기 전 최근 조업한 30일간 배출시설의 조업시간 평균치로서 분(min)으로 표시한다.

[해설] 일일조업시간은 측정하기 전 최근 조업한 30일간의 배출시설 조업시간의 평균치로서 분(min)으로 표시한다.

64 개선명령을 받은 자가 개선명령을 이행하지 아니하거나 기간 이내에 이행은 하였으나 검사결과가 배출허용기준을 계속 초과할 때의 처분인 조업정지명령을 위반한 자에 대한 벌칙기준은?

① 3년 이하의 징역 또는 1천5백만 원 이하의 벌금
② 3년 이하의 징역 또는 2천만 원 이하의 벌금
③ 5년 이하의 징역 또는 5천만 원 이하의 벌금
④ 7년 이하의 징역 또는 5천만 원 이하의 벌금

65 폐수 무방류 배출시설의 운영기록은 최종 기록일부터 얼마 동안 보존하여야 하는가?

① 1년간
② 2년간
③ 3년간
④ 5년간

해설 폐수배출시설 및 수질오염방지시설의 운영기록 보존
사업자 또는 수질오염방지시설을 운영하는 자(공동방지시설의 대표자를 포함한다.)는 폐수배출시설 및 수질오염방지시설의 가동시간, 폐수배출량, 약품투입량, 시설관리 및 운영자, 그 밖에 시설운영에 관한 중요사항을 운영일지에 매일 기록하고, 최종 기록일부터 1년간 보존하여야 한다. 다만, 폐수무방류배출시설의 경우에는 운영일지를 3년간 보존하여야 한다.

66 환경기술인의 관리사항과 가장 거리가 먼 것은?

① 폐수배출시설 및 수질오염방지시설의 설치에 관한 사항
② 폐수배출시설 및 수질오염방지시설의 개선에 관한 사항
③ 운영일지의 기록 보존에 관한 사항
④ 수질오염물질의 측정에 관한 사항

해설 환경기술인의 관리사항
㉠ 폐수배출시설 및 수질오염방지시설의 관리에 관한 사항
㉡ 폐수배출시설 및 수질오염방지시설의 개선에 관한 사항
㉢ 폐수배출시설 및 수질오염방지시설의 운영에 관한 기록부의 기록ㆍ보존에 관한 사항
㉣ 운영일지의 기록ㆍ보존에 관한 사항
㉤ 수질오염물질의 측정에 관한 사항
㉥ 그 밖에 환경오염방지를 위하여 시ㆍ도지사가 지시하는 사항

67 수질 및 수생태계 정책심의위원회 위원(위원장, 부위원장 포함)으로 가장 거리가 먼 것은?

① 환경부장관
② 국토교통부장관
③ 환경부장관이 위촉하는 수질 및 수생태계 관련 전문가 3인
④ 산림청장

해설 수질 및 수생태계 정책심의위원회의 위원장은 환경부장관으로 하고 부위원장은 위원 중에서 위원장이 임명하거나 위촉하는 사람으로 한다. 위원장을 제외한 위원회의 위원은 다음 각 호의 사람으로 한다.
1. 기획재정부차관ㆍ국토교통부차관 중 해당 부처의 장관이 지명하는 자, 농림축산식품부차관, 산림청장
2. 환경부장관이 위촉하는 수질 및 수생태계 관련 전문가 3명
3. 농림축산식품부장관 또는 국토교통부장관의 추천을 받

아 환경부장관이 위촉하는 수질 및 수생태계 관련 전문가 각 3명
4. 대통령령으로 정하는 관계 기관 또는 단체의 대표자 중 환경부장관이 위촉하는 사람

68 다음 규정을 위반하여 환경기술인 등의 교육을 받지 아니한 자에 대한 과태료 처분 기준은?

> 폐수처리업에 종사하는 기술요원 또는 환경기술인을 고용한 자는 환경부령이 정하는 바에 의하여 그 해당자에 대하여 환경부장관 또는 시도지사가 실시하는 교육을 받게 하여야 한다.

① 100만 원 이하의 과태료
② 200만 원 이하의 과태료
③ 300만 원 이하의 과태료
④ 500만 원 이하의 과태료

69 위임업무 보고사항 중 보고 횟수 기준이 나머지와 다른 업무내용은?

① 배출업소의 지도, 점검 및 행정처분 실적
② 폐수처리업에 대한 등록, 지도단속실적 및 처리실적 현황
③ 배출부과금 부과실적
④ 비점오염원의 설치신고 및 방지시설 설치 현황 및 행정처분 현황

70 수질 및 수생태계 보전에 관한 법률상에서 적용하고 있는 용어의 정의로 틀린 것은?

① 비점오염저감시설 : 수질오염방지시설 중 비점오염원으로부터 배출되는 수질오염물질을 제거하거나 감소하게 하는 시설로서 환경부령이 정하는 것을 말한다.
② 강우유출수 : 비점오염원의 수질오염물질이 섞여 유출되는 빗물 또는 눈 녹은 물 등을 말한다.
③ 기타 수질오염원 : 점오염원 및 비점오염원으로 관리되지 아니하는 수질오염물질을 배출하는 시설 또는 장소로서 환경부령이 정하는 것을 말한다.
④ 비점오염원 : 불특정하게 수질오염물질을 배출하는 시설 및 지역으로 환경부령이 정하는 것을 말한다.

해설 "비점오염원"(非點汚染源)이란 도시, 도로, 농지, 산지, 공사장 등으로서 불특정 장소에서 불특정하게 수질오염물질을 배출하는 배출원을 말한다.

71 초과부과금 부과대상 오염물질이 아닌 것은?

① 부유물질
② 황 및 그 화합물
③ 망간 및 그 화합물
④ 유기인화합물

해설 초과배출부과금 부과 대상 수질오염물질의 종류
㉠ 유기물질　　　　㉡ 부유물질
㉢ 카드뮴 및 그 화합물　　㉣ 시안화합물
㉤ 유기인화합물　　㉥ 납 및 그 화합물
㉦ 6가크롬화합물　　㉧ 비소 및 그 화합물
㉨ 수은 및 그 화합물
㉩ 폴리염화비페닐[Polychlorinated Biphenyl]
㉠ 구리 및 그 화합물　　㉡ 크롬 및 그 화합물
㉤ 페놀류　　　　㉦ 트리클로로에틸렌
㉺ 테트라클로로에틸렌　　㉻ 망간 및 그 화합물
㉽ 아연 및 그 화합물　　㉾ 총 질소
㊀ 총 인

72 낚시금지구역 또는 낚시제한구역 안내판의 규격 중 색상기준으로 옳은 것은?

① 바탕색 : 녹색, 글씨 : 회색
② 바탕색 : 녹색, 글씨 : 흰색
③ 바탕색 : 청색, 글씨 : 회색
④ 바탕색 : 청색, 글씨 : 흰색

해설 안내판의 규격에서 색상은 바탕색 : 청색, 글씨 : 흰색이다.

73 1일 폐수배출량이 2,000m³ 이상인 폐수배출시설의 지역별, 항목별 배출허용기준으로 틀린 것은?

(기준변경)

①
	BOD (mg/L)	COD (mg/L)	SS (mg/L)
청정지역	20 이하	30 이하	20 이하

②
	BOD (mg/L)	COD (mg/L)	SS (mg/L)
가지역	60 이하	70 이하	60 이하

③
	BOD (mg/L)	COD (mg/L)	SS (mg/L)
나지역	80 이하	90 이하	80 이하

④
	BOD (mg/L)	COD (mg/L)	SS (mg/L)
특례지역	30 이하	40 이하	30 이하

해설 [기준의 전면 개편으로 해당사항 없음]

구분	1일 폐수배출량 2,000m³ 이상			1일 폐수배출량 2,000m³ 미만		
	BOD (mg/L)	TOC (mg/L)	SS (mg/L)	BOD (mg/L)	TOC (mg/L)	SS (mg/L)
청정지역	30 이하	25 이하	30 이하	40 이하	30 이하	40 이하
가지역	60 이하	40 이하	60 이하	80 이하	50 이하	80 이하
나지역	80 이하	50 이하	80 이하	120 이하	75 이하	120 이하
특례지역	30 이하	25 이하	30 이하	30 이하	25 이하	30 이하

74 공공수역에 분뇨·가축분뇨 등을 버린 자에 대한 벌칙 기준은?

① 2년 이하의 징역 또는 2천만 원 이하의 벌금
② 2년 이하의 징역 또는 1천만 원 이하의 벌금
③ 1년 이하의 징역 또는 1천만 원 이하의 벌금
④ 1년 이하의 징역 또는 5백만 원 이하의 벌금

75 수질오염방지시설 중 화학적 처리시설이 아닌 것은?

① 살균시설
② 폭기시설
③ 이온교환시설
④ 침전물 개량시설

해설 폭기시설은 생물학적 처리시설이다.

76 환경부장관이 설치·운영하는 측정망과 가장 거리가 먼 것은?

① 퇴적물 측정망
② 생물 측정망
③ 공공수역 유해물질 측정망
④ 기타 오염원에서 배출되는 오염물질 측정망

해설 환경부장관이 설치·운영하는 측정망의 종류
- ⊙ 비점오염원에서 배출되는 비점오염물질 측정망
- ⓛ 수질오염물질의 총량관리를 위한 측정망
- ⓒ 대규모 오염원의 하류지점 측정망
- ⓔ 수질오염경보를 위한 측정망
- ⓜ 대권역·중권역을 관리하기 위한 측정망
- ⓗ 공공수역 유해물질 측정망
- ⓢ 퇴적물 측정망
- ⓞ 생물 측정망
- ⓩ 그 밖에 환경부장관이 필요하다고 인정하여 설치·운영하는 측정망

77 초과배출부과금 부과대상이 되는 수질오염물질이 아닌 것은?

① 디클로로메탄
② 폴리염화비페닐
③ 테트라클로로에틸렌
④ 페놀류

해설 문제 71번 해설 참조

78 해역의 항목별 생활환경 환경기준으로 틀린 것은?

① 수소이온농도(pH) : 6.5∼8.5
② 총대장균군(총대장균군수/100mL) : 1,000 이하
③ 용매추출유분 (mg/L) : 0.01 이하
④ T−N(mg/L) : 0.5 이하

해설 해역의 항목별 생활환경기준

항목	수소이온농도 (pH)	총대장균군 (수/100mL)	용매추출유분 (mg/L)
기준	6.5∼8.5	1,000 이하	0.01 이하

79 조업정지처분에 갈음하여 부과할 수 있는 과징금의 최대금액은?

① 1억 원 ② 2억 원
③ 3억 원 ④ 5억 원

해설 환경부장관은 다음의 어느 하나에 해당하는 배출시설(폐수무방류배출시설을 제외한다.)을 설치·운영하는 사업자에 대하여 규정에 의하여 조업정지를 명하여야 하는 경우로서 그 조업정지가 주민의 생활, 대외적인 신용·고용·물가 등 국민경제 그 밖에 공익에 현저한 지장을 초래할 우려가 있다고 인정되는 경우에는 조업정지처분에 갈음하여 매출액에 100분의 5를 곱한 금액을 초과하지 아니하는 범위에서 과징금을 부과할 수 있다.

80 환경부장관은 대권역별로 수질 및 수생태계 보전을 위한 기본계획을 몇 년마다 수립하여야 하는가?

① 1년 ② 5년
③ 10년 ④ 20년

해설 환경부장관은 대권역별로 수질 및 수생태계 보전을 위한 기본계획(이하 "대권역계획"이라 한다)을 10년마다 수립하여야 한다.

SECTION 01 수질오염개론

01 다음과 같은 용액을 만들었을 때 몰 농도가 가장 큰 것은?(단, Na = 23, S = 32, Cl = 35.5)

① 3.5L 중 NaOH 150g

② 30mL 중 H_2SO_4 5.2g

③ 5L 중 NaCl 0.2kg

④ 100mL 중 HCl 5.5g

> **해설** 보기에 따라 M농도를 구해보면 다음과 같다.
>
> ① $X\left(\dfrac{mol}{L}\right) = \dfrac{150g}{3.5L}\left|\dfrac{1mol}{40g}\right. = 1.07(mol/L)$
>
> ② $X\left(\dfrac{mol}{L}\right) = \dfrac{5.2g}{30mL}\left|\dfrac{10^3mL}{1L}\right|\dfrac{1mol}{98g} = 1.77(mol/L)$
>
> ③ $X\left(\dfrac{mol}{L}\right) = \dfrac{0.2kg}{5L}\left|\dfrac{10^3g}{1kg}\right|\dfrac{1mol}{58.5g} = 0.68(mol/L)$
>
> ④ $X\left(\dfrac{mol}{L}\right) = \dfrac{5.5g}{0.1L}\left|\dfrac{1mol}{36.5g}\right. = 1.5(mol/L)$

02 염소소독 시 pH가 높을 때 가장 잘 일어나는 반응은?

① $HOCl \rightarrow H^+ + OCl^-$

② $Cl_2 + H_2O \rightarrow HOCl + HCl$

③ $H^+ + OCl^- \rightarrow HOCl$

④ $HOCl + HCl \rightarrow Cl_2 + H_2O$

> **해설** pH가 높을수록 HOCl이 전리되어 OCl^-로 많이 전환된다.

03 Bacteria 18g의 이론적인 COD는?(단, Bacteria의 분자식은 $C_5H_7O_2N$, 질소는 암모니아로 분해됨을 기준으로 함)

① 약 25.5g

② 약 28.8g

③ 약 32.3g

④ 약 37.5g

> **해설** 박테리아의 이론적인 산화반응을 이용한다.
> $C_5H_7O_2N + 5O_2 \rightarrow 5CO_2 + 2H_2O + NH_3$
> 113g   : 5×32g
> 18g   : X(g)
> ∴ X(COD) = 25.49(g)

04 모든 진핵생물이 가지고 있는 세포소기관(Organelles)은?

① 핵막

② 미토콘드리아

③ 리보좀

④ 세포벽

> **해설** 진핵세포는 원핵세포와 달리 사립체(미토콘드리아), 엽록체, 리소좀, 퍼옥시좀, 소포체, 골지체가 있다.

05 수량 10,000m³/day의 오수를 어떤 하천에 방류하였다. 이 하천은 BOD가 3mg/L이고, 유량이 3,000,000 m³/day이며, 방류시킨 오수가 하천수와 완전히 혼합되었을 때 하천의 BOD가 1mg/L 높아졌다고 하면 오수의 BOD 부하량은?(단, 오수와 혼합 이후의 하천의 BOD 절대량에는 변화가 없다고 한다.)

① 0.58ton/day

② 1.52ton/day

③ 2.35ton/day

④ 3.04ton/day

> **해설** 혼합공식을 이용한다.
> $$C_m = \dfrac{Q_1C_1 + Q_2C_2}{Q_1 + Q_2}$$
> $$4 = \dfrac{(3,000,000 \times 3) + 10,000C_2}{3,000,000 + 10,000}$$
> $$C_2 = 304(mg/L)$$
> ∴ BOD부하량$\left(\dfrac{ton}{day}\right) = \dfrac{304mg}{L}\left|\dfrac{10,000m^3}{day}\right|\dfrac{10^3L}{1m^3}\left|\dfrac{1ton}{10^9mg}\right.$
> $= 3.04(ton/day)$

06 물의 물리화학적 특성에 관한 설명으로 옳지 않은 것은?

① 순수한 물의 무게는 약 4℃에서 최대의 밀도를 가지며 온도가 상승하거나 하강하면 그 체적은 증대하여 일정 체적당 무게는 감소한다.

② 액체 표면에 작용하는 분자 간의 힘인 표면장력은 수온이 증가하고 불순물의 농도가 높을수록 감소한다.

③ 물의 점성은 분자상호 간의 인력 때문에 생기며 층간의 전단응력으로 점성도를 나타내게 되는데, 수온이 증가하면 점성도도 증가한다.

---

④ 물의 융점(Melting Point)과 비점(Boiling Point)은 물과 유사한 화합물(H_2S, HF, CH_4)에 비해 매우 높다.

해설 물의 점성은 분자 상호 인력 때문에 생기며 층간의 전단응력으로 점성도를 나타내게 된다. 수온이 증가하면 점성도는 감소한다.

07 다음은 하천의 수질 모델링에 관한 설명이다. 가장 적합한 모델은?

- 하천의 수리학적 모델, 수질모델, 독성물질의 거동모델 등을 고려할 수 있으며, 1차원, 2차원, 3차원까지 고려할 수 있음
- 수질항목 간의 상태적 반응기작을 Streeter Phelps식부터 수정
- 수질에 저질이 미치는 영향을 보다 상세히 고려한 모델

① QUAL - I model   ② WQRRS model
③ QUAL - II model   ④ WASP5 model

08 오염물질이 수중에서 확산·혼합되는 현상의 원인과 관계가 없는 것은?

① 브라운 운동   ② 난류
③ 수온에 의한 밀도류   ④ 용존산소의 농도

09 다음의 용어에 대한 설명 중 틀린 것은?

① 독립영양계 미생물이란 CO_2를 탄소원으로 이용하는 미생물이다.
② 종속영양계 미생물이란 유기탄소를 탄소원으로 이용하는 미생물을 말한다.
③ 화학합성 독립영양계 미생물은 유기물의 산화환원반응을 에너지원으로 한다.
④ 광합성 독립영양계 미생물은 빛을 에너지원으로 한다.

10 Ca^{++} 농도가 300mg/L일 때 이것은 몇 meq/L가 되는가?(단, Ca 원자량 = 40)

① 5   ② 10
③ 15   ④ 30

해설 $X(\frac{meq}{L}) = \frac{300mg}{L}\left|\frac{1meq}{(40/2)mg}\right| = 15(meq/L)$

11 탄광폐수가 하천이나 호수, 저수지에 유입되어 유발되는 오염의 형태와 가장 거리가 먼 것은?

① 부식성이 높은 수질이 될 수 있다.
② 대체적으로 물의 pH를 낮춘다.
③ 비탄산 경도를 높이게 된다.
④ 일시경도를 높이게 된다.

12 해수의 온도와 염분의 농도에 의한 밀도차에 의해 형성되는 해류는?

① 조류   ② 쓰나미
③ 상승류   ④ 심해류

해설 심해류 또는 밀도류(Density Current)는 염분과 수온의 변화에 따라 생기는 밀도차와 지구자전에 의한 전향력에 의해 생긴다.

13 농업용수의 수질 평가 시 사용되는 SAR(Sodium Adsorption Ratio) 산출식에 직접 관련된 원소로만 짝지어진 것은?

① Na, Ca, Mg   ② Mg, Ca, Fe
③ K, Ca, Mg   ④ Na, Al, Mg

해설

$SAR = \dfrac{Na^+}{\sqrt{\dfrac{Ca^{2+} + Mg^{2+}}{2}}}$ 이므로

Na^+, Ca^{2+}, Mg^{2+}

14 해수에 관한 설명으로 옳은 것은?

① 해수의 밀도는 담수보다 작다.
② 염분은 적도해역에서 높고, 남·북 양극 해역에서 다소 낮다.
③ 해수의 Mg/Ca 비는 담수의 Mg/Ca 비보다 작다.
④ 수심이 깊을수록 해수 주요 성분 농도비의 차이는 줄어든다.

해설 염분은 극해역에서는 다소 낮고 적도해역에서는 높다.

15 적조 발생지역과 가장 거리가 먼 것은?

① 정체 수역
② 질소, 인 등의 영양염류가 풍부한 수역
③ Upweling 현상이 있는 수역
④ 갈수기 시 수온, 염분이 급격히 높아진 수역

16 다음은 부영양화에 관해 기술한 것이다. 옳은 것은?

① 호수의 부영양화 현상은 호수의 온도성층에 의해 크게 영향을 받는다.
② 식물성 플랑크톤의 생장에 제한하는 요소가 되는 영양식물은 질소와 인이며 이중 질소가 더 중요한 제한물질이다.
③ 부영양호는 비옥한 평야이나 산간에 많이 위치하며 호수는 수심이 깊고 식물성 플랑크톤의 증식으로 녹색 또는 갈색으로 흐리다.
④ 부영양화에 큰 영향을 미치는 질소와 인은 상대적인 비율 조성이 매우 중요한데, 일반적으로 식물성 플랑크톤이나 수초생체의 N : P의 비율은 중량비로서 16 : 1로 일정하게 유지되어야 한다.

17 화학합성 자가영양미생물계의 에너지원과 탄소원으로 가장 옳은 것은?

① 빛, CO_2
② 유기물의 산화환원반응, 유기탄소
③ 빛, 유기탄소
④ 무기물의 산화환원반응, CO_2

18 다음 중 환경미생물에 대한 설명 중 틀린 것은?

① Bacteria는 단세포 원핵성 진정세균으로, 형상에 따라 막대형, 구형, 나선형, 및 사상형으로 구분한다.
② Fungi는 다세포, 호기성, 비광합성, 유기종속영양형 진핵원생생물로, 번식방법에 따라 유성, 무성, 분열, 발아, 포자형성으로 분류한다.
③ Algae는 단세포 또는 다세포의 유기영양형 광합성 원생동물이다.
④ Protozoa는 세포벽이 없는 단세포 진행미생물로, 대부분이 호기성 또는 임의성을 띤 혐기성 화학합성 종속영양생물이다.

19 pH 2.8인 용액 중의 [H^+]은 몇 mole/L인가?

① 1.58×10^{-3}
② 2.58×10^{-3}
③ 3.58×10^{-3}
④ 4.58×10^{-3}

[해설] $$pH = \log \frac{1}{[H^+]}$$
$$[H^+] = 10^{-pH} = 10^{-2.8} = 1.58 \times 10^{-3} (mol/L)$$

20 우수(雨水)에 대한 설명 중 틀리게 기술된 것은?

① 우수의 주성분은 육수(陸水)보다는 해수(海水)의 주성분과 거의 동일하다고 할 수 있다.
② 해안에 가까운 우수는 염분 함량의 변화가 크다.
③ 용해성분이 많아 완충작용이 크다.
④ 산성비가 내리는 것은 대기오염물질인 NOx, SOx 등의 용존성분 때문이다.

[해설] 우수는 용해성분이 적어 완충작용이 작다.

SECTION 02 수질오염방지기술

21 어떤 원폐수의 수질분석 결과가 다음과 같을 때 처리방법으로 가장 적절한 것은?

- BOD : 500mg/L
- SS : 1,000mg/L
- pH : 3.5
- TKN : 40mg/L
- T-P : 8mg/L

① 중화 → 침전 → 생물학적 처리
② 침전 → 중화 → 생물학적 처리
③ 생물학적 처리 → 침전 → 중화
④ 침전 → 생물학적 처리 → 중화

[해설] 폐수의 BOD를 제거하려면 생물학적 처리가 가장 적합하다. 생물학적 처리 시 폭기조 안의 미생물이 적절한 pH와 균형 잡힌 영양소(BOD : N : P =100 : 5 : 1)를 필요로 하기 때문에 산성인 폐수를 먼저 중화시켜 미생물이 증식을 할 수 있는 최적 pH(약 6.5~7.5)로 조정한 후 SS를 침전시킨다. 최종적으로 BOD를 반응조 안의 미생물에 의해 산화 · 분해시킨다. 또한 반응조 안의 미생물은 TKN과 T-P를 영양소로 하여 증식을 한다.

22 슬러지의 함수율이 95%로부터 90%로 되면 전체 슬러지의 부피는 몇 % 감소되는가?

① 5% ② 25%
③ 30% ④ 50%

해설 $V_1(1 - W_1) = V_2(1 - W_2)$

$100(1 - 0.95) = V_2(1 - 0.9), \quad V_2 = 50$

$\therefore \dfrac{V_2}{V_1} \times 100 = \dfrac{50}{100} \times 100 = 50(\%)$

23 하수처리를 위한 일차침전지의 설계기준 중 잘못된 것은?

① 유효수심은 2.5~4m를 표준으로 한다.
② 침전시간은 계획1일 최대오수량에 대하여 표면부하율과 유효수심을 고려하여 정하며 일반적으로 2~4시간을 표준으로 한다.
③ 표면적부하율은 계획1일 최대오수량에 대하여 분류식의 경우는 25~35m³/m² · day, 합류식의 경우는 35~70m³/m² · day로 한다.
④ 침전지 수면의 여유고는 40~60cm 정도로 한다.

해설 표면적부하율은 계획1일 최대오수량에 대하여 분류식의 경우는 35~70m³/m² · day, 합류식의 경우는 25~50m³/m² · day로 한다.

24 폐수유량이 3,000m³/day, 부유고형물의 농도가 200mg/L이다. 공기부상시험에서 공기/고형물비가 0.03일 때 최적의 부상을 나타내며 이때 공기용해도는 18.7mL/L이고 공기용존비가 0.5이다. 부상조에서 요구되는 압력은?(단, 비순환식 기준)

① 약 2.0atm ② 약 2.5atm
③ 약 3.0atm ④ 약 3.5atm

해설 부상조의 A/S비 계산식을 이용한다. 반송이 없으므로 반송비를 고려하지 않는다.

$A/S비 = \dfrac{1.3 \cdot S_a(f \cdot P - 1)}{SS}$

$0.03 = \dfrac{1.3 \times 18.7 \times (0.5 \times P - 1)}{200}$

$\therefore P = 2.49(atm)$

25 다음 중 입자의 침전속도에 가장 큰 영향을 미치는 것은?(단, 기타 조건은 동일하며 침전속도는 스토크법칙에 따른다.)

① 입자의 밀도 ② 입자의 직경
③ 처리수의 밀도 ④ 처리수의 점성도

26 활성슬러지법에서 폭기조로 유입되는 폐수량이 500 m³/day, SVI 120인 조건에서 혼합액 1L를 30분간 침전했을 때 300mL가 침전(침전 슬러지 용적)되었다면 폭기조의 MLSS 농도(mg/L)는?

① 1,500 ② 2,000
③ 2,500 ④ 3,000

해설 $SVI = \dfrac{SV(mL/L)}{MLSS(mg/L)} \times 10^3$

$MLSS(mg/L) = \dfrac{SV(mL/L)}{SVI} \times 10^3 = \dfrac{300}{120} \times 10^3$
$= 2,500(mg/L)$

27 어떤 도시의 폐수처리 기본계획을 위하여 조사한 자료는 다음과 같다. 생활하수와 공장폐수를 혼합하여 공동처리할 경우 처리장에 들어오는 혼합유입수의 BOD 농도는?(단, 계획인구 : 50,000인, 계획 1인 1일 오수량 : 450L, 계획 1인 1일 오탁부하량 BOD : 50g, 공장폐수량 : 50,000m³/day, 공장폐수 BOD : 500mg/L)

① 350mg/L ② 360mg/L
③ 380mg/L ④ 390mg/L

해설 $BOD = \dfrac{BOD_1 \cdot Q_1 + BOD_2 \cdot Q_2}{Q_1 + Q_2}$

㉠ $BOD_1(mg/L) = \dfrac{50g}{인 \cdot 일} \bigg| \dfrac{인 \cdot 일}{450L} \bigg| \dfrac{10^3 mg}{1g}$
$= 111.11(mg/L)$

㉡ $BOD_2 = 500(mg/L)$

㉢ $Q_1 = \dfrac{0.45m^3}{인 \cdot 일} \bigg| 50,000인 = 22,500(m^3/일)$

㉣ $Q_2 = 50,000(m^3/일)$

$\therefore BOD = \dfrac{111.11 \times 22,500 + 500 \times 50,000}{22,500 + 50,000}$
$= 379.31(mg/L)$

28 NH_4^+가 미생물에 의해 NO_3^-로 산화될 때 pH의 변화는?

① 감소한다.　　　　② 증가한다.
③ 변화없다.　　　　④ 증가하다 감소한다.

해설　NH_4^+이 질산화균(nitrosomonas)에 의해 NO_3^-로 산화되는 과정은 질산화 과정이며, 질산화 과정에서는 알칼리도를 소모하므로 pH는 감소하게 된다.

29 미생물의 고정화를 위한 펠릿(Pellet) 재료로서 이상적인 요구조건에 해당되지 않는 것은?

① 기질, 산소의 투과성이 양호한 것
② 압축강도가 높을 것
③ 암모니아 분배계수가 낮을 것
④ 고정화 시 활성수율과 배양 후의 활성이 높을 것

해설　미생물 고정화를 위한 펠릿(Pellet) 재료는 기질, 산소의 투과성이 양호하고, 암모니아 분배계수가 크며, 압축강도가 높고, 고정화 시 활성수율과 배양 후의 활성이 높아야 한다.

30 최종침전지에서 발생하는 침전성이 우수한 슬러지의 부상(Sludge Rising) 원인을 가장 알맞게 설명한 것은?

① 침전조의 슬러지 압밀작용에 의한다.
② 침전조의 탈질화 작용(Denitrification)에 의한다.
③ 침전조의 질산화 작용(Nitrification)에 의한다.
④ 사상균류(Flamentus Bacteria)의 출현에 의한다.

해설　슬러지 부상(Sludge Rising)은 골프공 크기에서 농구공 크기 만한 슬러지 덩어리 등이 침전조 수면에 떠올라 퍼지는 현상으로 침전조의 탈질화(Denitrification)에 의해 일어나는 현상이다.

31 축산폐수 처리에 대한 설명 중 잘못된 것은?

① BOD 농도가 높아 생물학적 처리가 효과적이다.
② 호기성 처리공정과 혐기성 처리공정을 조합하면 효과적이다.
③ 돈사 폐수의 유기물 농도는 돈사 형태와 유지관리에 따라 크게 변한다.
④ COD 농도가 매우 높아 화학적으로 처리하면 경제적이고 효과적이다.

32 산업단지 내 발생되는 폐수를 폐수처리시설을 거쳐 인근하천으로 방류한다. 처리시설로 유입되는 폐수의 유량은 $20,000m^3/day$, BOD 농도는 $200mg/L$이고, 인근 하천의 유량은 $10m^3/sec$, BOD 농도는 $0.5mg/L$이다. 하천 방류지점의 BOD 농도를 $1mg/L$로 유지하고자 할 때 폐수처리시설에서의 BOD 최소 제거효율은?(단, 폐수처리시설 방류수는 방류 직후 완전혼합된다.)

① 약 68%　　　　② 약 75%
③ 약 82%　　　　④ 약 88%

해설　완전혼합공식을 이용하여 하수처리장을 거친 산업폐수의 BOD 농도를 구한다.
$$C_m = \frac{Q_1C_1 + Q_2C_2}{Q_1 + Q_2}$$
여기서, $Q_1 = 10m^3/sec = 864,000(m^3/day)$
$C_1 = 0.5(mg/L)$
$Q_2 = 20,000(m^3/day)$
$C_m = 1(mg/L)$
$$1 = \frac{864,000 \times 0.5 + 20,000 \times C_2}{864,000 + 20,000}$$
$$C_2 = \frac{(864,000 + 20,000) - 864,000 \times 0.5}{20,000} = 22.6(mg/L)$$
$$BOD\ 제거율(\eta) = \left(1 - \frac{BOD_o}{BOD_i}\right) \times 100$$
$$= \left(1 - \frac{22.6mg/L}{200mg/L}\right) \times 100 = 88.7(\%)$$

33 폐수 플럭 형성탱크에서 속도구배(G), 유체의 점도(μ), 소요동력(P)과 탱크의 부피(V)의 관계식 표현이 적절한 것은?(단, 단위는 적절하다고 가정함)

① $G = \frac{1}{p}\sqrt{\frac{V}{\mu}}$　　　② $G = \frac{1}{V}\sqrt{\frac{P}{\mu}}$
③ $G = \sqrt{\frac{V}{\mu P}}$　　　④ $G = \sqrt{\frac{P}{\mu V}}$

34 다음 액체염소의 주입으로 생성된 유리염소, 결합잔류염소의 살균력이 바르게 나열된 것은?

① $HOCl$ > Chloramines > OCl^-
② $HOCl$ > OCl^- > Chloramines
③ OCl^- > Chloramines > $HOCl$

④ OCl^- > $HOCl$ > Chloramines

해설 살균력의 크기는 $HOCl$ > OCl^- > Chloramines이다.

---

35 생물막을 이용한 처리공법인 접촉산화법에 관한 설명으로 옳지 않은 것은?

① 분해속도가 낮은 기질 제거에 효과적이다.
② 매체에 생성되는 생물량은 부하조건에 의하여 결정된다.
③ 미생물량과 영향인자를 정상상태로 유지하기 위한 조작이 어렵다.
④ 대규모 시설에 적합하고, 고부하 시 운전조건에 유리하다.

해설 소규모 시설에 적합하고, 고부하 시 매체의 폐쇄 위험이 크기 때문에 부하조건에 한계가 있다.

---

36 2,000명이 살고 있는 지역에서 1일에 BOD 150kg이 하천으로 유입되고 있다. 가정하수로 1인당 1일 BOD 50g이 배출된다면 이 하천의 유입상태를 가장 적절하게 나타낸 것은?

① 가정하수만 유입되고 있다.
② 가정하수와 폐수가 유입되고 있다.
③ 가정하수와 지하수가 유입되고 있다.
④ 가정하수와 우수가 유입되고 있다.

해설
$$가정하수(kg/day) = \frac{50g}{인 \cdot 일} \left| \frac{2,000인}{} \right| \frac{1kg}{10^3g}$$
$$= 100(kg/day)$$
가정하수의 BOD 부하량은 $100(kg/day)$인데 하천으로 유입되는 BOD 부하량은 $150(kg/day)$이기 때문에 가정하수와 폐수가 유입되고 있다.

---

37 산화지(Oxidation Pond)를 이용하여 유입량 2,000 m^3/day이고, BOD와 SS 농도가 각각 100mg/L인 폐수를 처리하고자 한다. 산화지의 BOD부하율이 $2g \cdot BOD/m^2 \cdot day$일 때 폐수의 체류시간은?(단, 장방형이며 산화지 깊이 : 2m)

① 80day
② 100day
③ 120day
④ 140day

해설 폐수의 체류시간은 산화지부피(m^3)/유입유량(m^3/day)으로 구할 수 있다.

㉠ 산화지부피(m^3)=면적(m^2)×산화지깊이(m)
(여기서 산화지면적은 BOD부하율을 이용한다.)

$$\frac{2g}{m^2 \cdot day} = \frac{100mg}{L} \left| \frac{2,000m^3}{day} \right| \frac{}{A(m^2)} \left| \frac{10^3L}{1m^3} \right| \frac{1g}{10^3mg}$$
$$A = 100,000(m^2)$$
$$\therefore \forall = 100,000(m^2) \times 2(m) = 200,000(m^2)$$

㉡ 폐수의 체류시간(t) = $\dfrac{day}{2,000m^3} \left| \dfrac{200,000(m^3)}{} \right.$
$$= 100(day)$$

---

38 카드뮴 함유폐수의 처리방법과 가장 거리가 먼 것은?

① 수산화물 침전법
② 황화물 침전법
③ 질화물 침전법
④ 이온교환법

해설 카드뮴 처리법에는 침전법(수산화물 침전법, 황화물 침전법, 탄산염 침전법 등), 부상법, 여과법, 이온교환법, 흡착법 등이 있다. 질화물 침전법은 포함되지 않는다.

---

39 무기계 수은 농도가 20mg/L인 폐수 500m^3이 있다. 황화나트륨($Na_2S \cdot 9H_2O$)을 가하여 침전제거하고자 하는 경우, 황화나트륨의 소요량(kg)은?(단, 여유율은 20%이고, 원자량 Hg : 200, Na : 23, S : 32, 수은은 100% 처리 기준)

① 11.2
② 12.1
③ 14.4
④ 16.9

해설
$$Hg \equiv Na_2S \cdot 9H_2O$$
$$200g \quad : \quad 1.2 \times 240g$$
$$\frac{20mg}{L} \left| \frac{500m^3}{} \right| \frac{10^3L}{1m^3} \left| \frac{1kg}{10^6mg} \right. \quad : \quad X$$
$$X = 14.4(kg)$$

---

40 1L 실린더의 250mL 침전 부피 중 TSS 농도가 3,050 mg/L로 나타나는 폭기조 혼합액의 SVI (mL/g)는?

① 62
② 72
③ 82
④ 92

해설 SVI 계산식을 이용한다.

$$SVI = \frac{SV(mL/L)}{MLSS(mg/L)} \times 10^3 = \frac{250}{3,050} \times 10^3 = 81.97$$

SECTION 03 수질오염공정시험기준

41 인산염인의 자외선/가시선분광법에 대한 설명으로 틀린 것은?

① 이염화주석환원법 및 아스코르빈산환원법이 있다.
② 환원하여 생성된 몰리브덴 청의 흡광도를 690nm 또는 880nm에서 측정한다.
③ 발색제를 넣은 다음 흡광도 측정 시까지 소요시간 은 30~60분이다.
④ 정량한계는 0.003mg/L이며, 정밀도는 ±25% 이다.

해설 발색제를 넣은 다음 흡광도 측정까지의 소요시간은 10~12 분으로 한다.

42 폐수의 화학적 산소요구량의 측정에 있어서 화학적 산소요구량이 200mg/L라고 추정된다. 이때 0.025N KMnO₄ 용액의 소비량은 5.2mL이고 공시험치는 0.2mL이다. 시료 몇 mL를 사용해서 시험하는 것이 적절한가?(단, 산성 100℃에서 과망간산칼륨에 의한 화학적 산소요구량, f = 1)

① 약 35   ② 약 25
③ 약 15   ④ 약 5

해설 $COD(mg/L) = (b-a) \times f \times \frac{1,000}{V} \times 0.2$

㉠ a : 바탕시험(공시험) 적정에 소비된 0.025N-과망간 산칼륨용액=0.2(mL)
㉡ b : 시료의 적정에 소비된 0.025N-과망간산칼륨용액 =5.2(mL)
㉢ f : 0.025N-과망간산칼륨용액 역가(factor)=1
㉣ COD : 화학적 산소요구량=200(mg/L)

∴ $200(mg/L) = (5.2-0.2) \times 1 \times \frac{1,000}{V} \times 0.2$

$V = 5(mL)$

43 순수한 물 200mL에 에틸알코올(비중 0.79) 80mL 를 혼합하였을 때, 이 용액 중의 에틸알코올을 농도는 몇 %(중량)인가?

① 약 13%   ② 약 18%
③ 약 24%   ④ 약 29%

해설 에틸알코올$(W/W\%) = \frac{에틸알코올(g)}{에틸알코올(g) + 물(g)} \times 100$

㉠ 에틸알코올$(g) = \frac{0.79g}{mL} \left| \frac{80mL}{} \right. = 63.2(g)$

㉡ 물$(g) = \frac{200mL}{} \left| \frac{1g}{mL} \right. = 200(g)$

∴ 에틸알코올$(W/W\%) = \frac{63.2(g)}{63.2(g) + 200(g)} \times 100$
$= 24.01(\%)$

44 수질오염공정시험기준에서 진공이라 함은?

① 따로 규정이 없는 한 15mmHg 이하를 말함
② 따로 규정이 없는 한 15mmH₂O 이하를 말함
③ 따로 규정이 없는 한 4mmHg 이하를 말함
④ 따로 규정이 없는 한 4mmH₂O 이하를 말함

45 메틸렌 블루에 의해 발색시킨 후 자외선/가시선 분광 법으로 측정할 수 있는 항목은?

① 음이온 계면활성제
② 휘발성 탄화수소류
③ 알킬수은
④ 비소

해설 음이온 계면활성제 자외선/가시선 분광법
물속에 존재하는 음이온 계면활성제를 측정하기 위하여 메 틸렌 블루와 반응시켜 생성된 청색의 착화합물을 클로로폼 으로 추출하여 흡광도를 650nm에서 측정하는 방법이다.

46 시안(CN⁻)을 이온전극법으로 측정할 때 정량한계는?

① 0.01mg/L   ② 0.05mg/L
③ 0.1mg/L   ④ 0.5mg/L

해설

시안	정량한계(mg/L)	정밀도(% RSD)
자외선/가시선 분광법	0.01mg/L	±25% 이내
이온전극법	0.10mg/L	±25% 이내
연속흐름법	0.01mg/L	±25% 이내

47 기체크로마토그래프 분석에 사용되는 검출기 중 유기할로겐 화합물, 니트로화합물 및 유기금속화합물을 선택적으로 검출하는 데 가장 적절한 것은?

① 전자포획형 검출기
② 열전도도 검출기
③ 불꽃광도형 검출기
④ 불꽃이온화 검출기

해설 검출기
㉠ 열전도도 검출기(Thermal Conduct Detector, TCD) : 열전도도 검출기는 금속 필라멘트 또는 전기저항체를 검출소자로 하여 금속판안에 들어 있는 본체와 여기에 안정된 직류 전기를 공급하는 전원회로, 전류조절부, 신호검출 전기회로, 신호 감쇄부 등으로 구성된다.
㉡ 수소염 이온화 검출기(Flame Ionization Detector, FID) : 수소 연소노즐, 이온수집기와 함께 대극 및 배기구로 구성되는 본체와 이 전극 사이에 직류전압을 주어 흐르는 이온 전류를 측정하기 위한 직류전압 변환회로, 감도조절부, 신호감쇄부 등으로 구성된다.
㉢ 전자포획형 검출기(Electron Capture Detector, ECD) : 방사선 동위원소로부터 방출되는 β선이 운반가스를 전리하여 미소전류를 흘려보낼 때 시료 중의 할로겐이나 산소와 같이 전자포획력이 강한 화합물에 의하여 전자가 포획되어 전류가 감소하는 것을 이용하는 방법으로 유기할로겐화합물, 니트로화합물 및 유기금속화합물을 선택적으로 검출할 수 있다.
㉣ 불꽃광도형 검출기(Flame Photometric Detector, FPD) : 수소염에 의하여 시료성분을 연소시키고 이때 발생하는 염광의 광도를 분광학적으로 측정하는 방법으로서 인 또는 유황화합물을 선택적으로 검출할 수 있다.
㉤ 불꽃이온화검출기(Flame Thermionic Detector, FTD) : 알칼리열 이온화검출기는 수소염 이온화 검출기에 알칼리 또는 알칼리토류 금속염의 튜브를 부착한 것으로 유기질소 화합물 및 유기염 화합물을 선택적으로 검출할 수 있다.

48 냉증기 – 원자흡수분광광도법으로 수은을 측정 시 시료 내 벤젠, 아세톤 등 휘발성 유기물질을 제거하는 방법으로 가장 적합한 것은?

① 질산 분해 후 헥산으로 추출분리
② 중크롬산칼륨 분해 후 헥산으로 추출분리
③ 과망간산칼륨 분해 후 헥산으로 추출분리
④ 묽은 황산으로 가열 분해 후 헥산으로 추출분리

해설 벤젠, 아세톤 등 휘발성 유기물질도 253.7nm에서 흡광도를 나타낸다. 이때에는 과망간산칼륨 분해 후 헥산으로 이들 물질을 추출 분리한 다음 시험한다.

49 다음은 시료의 전처리 방법 중 "회화에 의한 분해"에 관한 내용이다. ( ) 안에 옳은 것은?

> 목적 성분이 (㉠) 이상에서 (㉡) 되지 않고 쉽게 (㉢) 될 수 있는 시료에 적용한다.

① ㉠ 400℃, ㉡ 휘산, ㉢ 회화
② ㉠ 400℃, ㉡ 회화, ㉢ 휘산
③ ㉠ 500℃, ㉡ 휘산, ㉢ 회화
④ ㉠ 500℃, ㉡ 회화, ㉢ 휘산

50 시료의 전처리 방법과 가장 거리가 먼 것은?

① 산분해법
② 마이크로파 산분해법
③ 용매추출법
④ 촉매분해법

51 페놀류 시험방법에서 시료의 전처리에 사용되는 시약이 아닌 것은?(단, 자외선/가시선 분광법 기준)

① 메틸오렌지용액
② 인산
③ 황산구리용액
④ 암모니아용액

해설 시료 250mL를 500mL 증류플라스크에 넣고 메틸오렌지용액(0.1W/V%) 수 방울을 넣고 인산(1+9)을 넣어 pH를 약 4로 조절하고 황산구리용액 2.5mL를 넣는다.

52 4각 웨어의 수두 80cm, 절단의 폭 2.5m이면 유량(m³/min)은?(단, 유량계수는 1.6이다.)

① 약 2.9 　　　② 약 3.5
③ 약 4.7 　　　④ 약 5.3

해설 사각 웨어의 유량계산식을 이용한다.
$$Q\left(\frac{m^3}{min}\right) = K \cdot b \cdot h^{\frac{3}{2}} = 1.6 \times 2.5 \times 0.8^{\frac{3}{2}}$$
$$= 2.86(m^3/min)$$

53 수욕상 또는 수욕 중에서 가열한다는 말은 따로 규정이 없는 한 수온 몇 ℃에서 가열함을 뜻하는가?

① 100℃   ② 110℃
③ 120℃   ④ 180℃

54 다이크롬산칼륨에 의한 화학적 산소요구량 측정 시 사용되는 적정액은?

① 티오황산나트륨 용액
② 황산제일철암모늄 용액
③ 아황산나트륨 용액
④ 수산화나트륨 용액

해설 화학적 산소요구량을 측정하기 위하여 시료를 황산산성으로 하여 다이크롬산칼륨 일정과량을 넣고 2시간 가열반응시킨 다음 소비된 다이크롬산칼륨의 양을 구하기 위해 환원되지 않고 남아 있는 다이크롬산칼륨을 황산제일철암모늄용액으로 적정하여 시료에 의해 소비된 다이크롬산칼륨을 계산하고 이에 상당하는 산소의 양을 측정하는 방법이다.

55 자외선/가시선 분광법에서 흡광도 값이 1이란 무엇을 의미하는가?

① 입사광의 1%의 빛이 액층에 의해 흡수된다.
② 입사광의 10%의 빛이 액층에 의해 흡수된다.
③ 입사광의 90%의 빛이 액층에 의해 흡수된다.
④ 입사광의 100%의 빛이 액층에 의해 흡수된다.

해설 흡광도는 투과도 역수의 log 값이므로 다음 식으로 계산된다.

$$흡광도(A) = \log\frac{1}{I_t/I_o} = \log\frac{1}{t} = \log\frac{1}{T/100} = \varepsilon CL$$

$$\therefore 흡광도(A) = \log\frac{1}{I_t/I_o} = \log\frac{1}{10/100} = 1$$

56 자외선/가시선 흡광광도계의 근적외부의 광원으로 주로 사용되는 것은?

① 텅스텐램프   ② 열음극관
③ 중수소방전관   ④ 중공음극램프

해설 흡광광도법 광원부의 광원에는 텅스텐 램프, 중수소방전관 등을 사용하며 가시부와 근적외부의 광원은 텅스텐램프, 자외부의 광원은 중수소방전관을 사용한다.

57 6가크롬(Cr^{6+})의 측정방법과 가장 거리가 먼 것은? (단, 수질오염공정시험기준)

① 원자흡수분광광도법
② 양극벗김전압전류법
③ 자외선/가시선 분광법
④ 유도결합플라스마－원자발광분광법

해설 6가크롬(Cr^{6+})의 측정방법
㉠ 원자흡수분광광도법
㉡ 자외선/가시선 분광법
㉢ 유도결합플라스마－원자발광분광법

58 아연의 정량법인 진콘법에서 2가 망간이 공존하지 않는 경우에 넣지 않는 시약은?

① 포수클로랄
② 염화제일주석
③ 디에틸디티오카르바민산
④ 아스코르빈산나트륨

해설 2가 망간이 공존하지 않은 경우에는 아스코르빈산나트륨을 넣지 않는다.

59 다이페닐카바자이드와 반응하여 생성되는 적자색 착화합물의 흡광도를 540nm에서 측정하여 정량하는 항목은?

① 구리   ② 카드뮴
③ 크롬   ④ 철

해설 크롬－자외선/가시선 분광법
물속에 존재하는 크롬을 자외선/가시선 분광법으로 측정하는 것으로, 3가 크롬은 과망간산칼륨을 첨가하여 6가크롬으로 산화시킨 후, 산성 용액에서 다이페닐카바자이드와 반응하여 생성하는 적자색 착화합물의 흡광도를 540 nm에서 측정한다.

60 시료채취 시의 유의사항에 관련된 설명으로 옳은 것은?

① 휘발성 유기화합물 분석용 시료를 채취할 때에는 뚜껑의 격막을 만지지 않도록 주의하여야 한다.
② 유류 물질을 측정하기 위한 시료는 밀도차를 유지하기 위해 시료용기에 70~80% 정도를 채워 적정공간을 확보하여야 한다.

③ 지하수 시료는 고여 있는 물의 10배 이상을 퍼낸 다음 새로 고이는 물을 채취한다.
④ 시료채취량은 보통 5~10L 정도이어야 한다.

> **해설** ㉠ 유류 또는 부유물질 등이 함유된 시료는 시료의 균일성이 유지될 수 있도록 채취해야 하며, 침전물 등이 부상하여 혼입되어서는 안 된다.
> ㉡ 지하수 시료는 고여 있는 물의 4~5배 이상을 퍼낸 다음 새로 고이는 물을 채취한다.
> ㉢ 시료채취량은 보통 3~5L 정도이어야 한다.

SECTION 04 수질환경관계법규

61 수질 및 수생태계 환경기준 중 하천에서 사람의 건강 보호기준으로 틀린 것은?

① 1,4-다이옥세인 : 0.05mg/L 이하
② 수은 : 0.05mg/L 이하
③ 납 : 0.05mg/L 이하
④ 6가크롬 : 0.05mg/L 이하

> **해설** 수은 : 검출되어서는 안 됨

62 2회 연속 채취 시 클로로필-a 농도 15mg/m³ 이상이고, 남조류 세포수 500세포/mL 이상인 경우 수질오염경보 단계는?(단, 조류 경보 기준) (기준변경)

① 조류 주의보
② 조류 경보
③ 조류 경계
④ 조류 대발생

> **해설** [기준의 전면 개편으로 해당사항 없음]

63 비점오염원의 변경신고를 하여야 하는 경우에 대한 기준으로 옳은 것은?

① 총 사업면적·개발면적 또는 사업장 부지면적이 처음 신고면적의 100분의 10 이상 증가하는 경우
② 총 사업면적·개발면적 또는 사업장 부지면적이 처음 신고면적의 100분의 15 이상 증가하는 경우
③ 총 사업면적·개발면적 또는 사업장 부지면적이 처음 신고면적의 100분의 25 이상 증가하는 경우
④ 총 사업면적·개발면적 또는 사업장 부지면적이 처음 신고면적의 100분의 30 이상 증가하는 경우

64 다음 수질오염방지기술 중 화학적 처리시설에 해당되는 것은?

① 접촉조
② 살균시설
③ 안정조
④ 폭기시설

> **해설** 화학적 처리시설
> ㉠ 화학적 침강시설   ㉡ 중화시설
> ㉢ 흡착시설   ㉣ 살균시설
> ㉤ 이온교환시설   ㉥ 소각시설
> ㉦ 산화시설   ㉧ 환원시설
> ㉨ 침전물 개량시설

65 시·도지사 등이 환경부장관에게 보고해야 할 사항 (위임업무 보고 사항) 중 보고횟수가 연 4회에 해당되는 것은?

① 과징금 징수실적 및 체납처분현황
② 폐수위탁·사업장 내 처리현황 및 처리실적
③ 배출부과금 징수실적 및 체납처분 현황
④ 비점오염원의 설치신고 및 방지시설 설치 현황 및 행정처분 현황

66 오염총량관리기본방침에 포함되어야 하는 사항과 가장 거리가 먼 것은?

① 오염원의 조사 및 오염부하량 산정방법
② 총량관리 단위유역의 자연지리적 오염원 현황과 전망
③ 오염총량관리의 대상 수질오염물질의 종류
④ 오염총량관리의 목표

> **해설** 오염총량관리기본방침에 포함되어야 하는 사항
> ㉠ 오염총량관리의 목표
> ㉡ 오염총량관리의 대상 수질오염물질 종류
> ㉢ 오염원의 조사 및 오염부하량 산정방법
> ㉣ 오염총량관리기본계획의 주체, 내용, 방법 및 시한
> ㉤ 오염총량관리시행계획의 내용 및 방법

67 자연형 비점오염저감시설의 종류가 아닌 것은?

① 여과형 시설

② 인공습지

③ 침투시설

④ 식생형 시설

해설 자연형 비점오염저감시설의 종류
- ㉠ 저류시설
- ㉡ 인공습지
- ㉢ 침투시설
- ㉣ 식생형 시설

68 환경부장관이 공공수역을 관리하는 자에게 수질 및 수생태계의 보전을 위해 필요한 조치를 권고하려는 경우 포함되어야 할 사항과 가장 거리가 먼 것은?

① 수질 및 수생태계를 보전하기 위한 목표에 관한 사항

② 수질 및 수생태계에 미치는 중대한 위해에 관한 사항

③ 수질 및 수생태계를 보전하기 위한 구체적인 방법

④ 수질 및 수생태계의 보전에 필요한 재원의 마련에 관한 사항

해설 수질 및 수생태계의 보전을 위해 필요한 조치를 권고하려는 경우 포함되어야 할 사항
- ㉠ 수질 및 수생태계를 보전하기 위한 목표에 관한 사항
- ㉡ 수질 및 수생태계를 보전하기 위한 구체적인 방법
- ㉢ 수질 및 수생태계의 보전에 필요한 재원의 마련에 관한 사항
- ㉣ 그 밖에 수질 및 수생태계의 보전에 필요한 사항

69 비점오염원 관리지역에 대한 설명 중 틀린 것은?

① 환경부장관은 비점오염원에서 유출되는 강우유출수로 인하여 하천·호소 등의 이용목적, 주민의 건강·재산이나 자연생태계에 중대한 위해가 발생하거나 발생할 우려가 있는 지역에 대해서는 관할 시·도지사와 협의하여 비점오염원관리지역(이하 "관리지역"이라 한다)으로 지정할 수 있다.

② 시·도지사는 관할구역 중 비점오염원의 관리가 필요하다고 인정되는 지역에 대해서는 환경부장관에게 관리지역으로의 지정을 요청할 수 있다.

③ 관리지역의 지정기준·지정절차와 그 밖에 필요한 사항은 환경부령으로 정한다.

④ 환경부장관은 관리지역을 지정하거나 해제할 때에는 그 지역의 위치, 면적, 지정 연월일, 지정목적, 해제 연월일, 해제 사유, 그 밖에 환경부령으로 정하는 사항을 고시하여야 한다.

해설 관리지역의 지정기준·지정절차와 그 밖에 필요한 사항은 대통령령으로 정한다.

70 환경부장관이 설치·운영하는 측정망의 종류에 해당되지 않는 것은?

① 비점오염원에서 배출되는 비점오염물질 측정망

② 공공수역 유해물질 측정망

③ 퇴적물 측정망

④ 도심하천 측정망

해설 환경부장관이 설치·운영하는 측정망의 종류
- ㉠ 비점오염원에서 배출되는 비점오염물질 측정망
- ㉡ 수질오염물질의 총량관리를 위한 측정망
- ㉢ 대규모 오염원의 하류지점 측정망
- ㉣ 수질오염경보를 위한 측정망
- ㉤ 대권역·중권역을 관리하기 위한 측정망
- ㉥ 공공수역 유해물질 측정망
- ㉦ 퇴적물 측정망
- ㉧ 생물 측정망

71 수질오염물질의 배출허용기준 중 틀린 것은?

(기준변경)

① 1일 폐수배출량이 2,000m³ 미만인 경우 BOD 기준은 청정지역과 가 지역은 각각 40mg/L 이하, 80mg/L 이하이다.

② 1일 폐수배출량이 2,000m³ 미만인 경우 COD 기준은 나 지역과 특례 지역은 각각 130mg/L 이하, 40mg/L 이하이다.

③ 1일 폐수배출량이 2,000m³ 이상인 경우 BOD 기준은 청정지역과 가 지역은 각각 30mg/L 이하, 60mg/L 이하이다.

④ 1일 폐수배출량이 2,000m³ 이상인 경우 COD 기준은 청정지역과 가 지역은 각각 50mg/L 이하, 90mg/L 이하이다.

해설 [기준의 전면 개편으로 해당사항 없음]

항목별 배출허용기준

구분	1일 폐수배출량 2,000m³ 이상			1일 폐수배출량 2,000m³ 미만		
	BOD (mg/L)	TOC (mg/L)	SS (mg/L)	BOD (mg/L)	TOC (mg/L)	SS (mg/L)
청정 지역	30 이하	25 이하	30 이하	40 이하	30 이하	40 이하
가 지역	60 이하	40 이하	60 이하	80 이하	50 이하	80 이하
나 지역	80 이하	50 이하	80 이하	120 이하	75 이하	120 이하
특례 지역	30 이하	25 이하	30 이하	30 이하	25 이하	30 이하

72 공동처리구역 안에 배출시설을 설치하고자 하는 자 및 폐수를 배출하고자 하는 자 중 대통령령으로 정하는 자는 당해 사업장에서 배출되는 폐수를 종말처리시설에 유입하여야 하며 이에 필요한 배수관거 등 배수설비를 설치하여야 한다. 이 배수설비의 설치방법, 구조기준에 관한 내용으로 옳지 않은 것은?

① 시간당 최대폐수량이 일평균 폐수량의 2배 이상인 사업자는 자체적으로 유량조정조를 설치하여야 한다.
② 순간수질과 일평균수질과의 격차가 리터당 100밀리그램 이상인 시설의 사업자는 자체적으로 유량조정조를 설치하여야 한다.
③ 배수관 입구에는 유효간격 1.0밀리미터 이하의 스크린을 설치하여야 한다.
④ 배수관의 관경은 내경 150밀리미터 이상으로 하여야 한다.

해설 배수관 입구에는 유효간격 10밀리미터 이하의 스크린을 설치하여야 한다.

73 수질 및 수생태계 보전에 관한 법률에서 사용하는 용어의 뜻으로 틀린 것은?

① 폐수 : 물에 액체성 또는 고체성의 수질오염물질이 섞여 있어 그대로는 사용할 수 없는 물을 말한다.
② 수질오염물질 : 수질오염의 요인이 되는 물질로서 환경부령으로 정하는 것을 말한다.

③ 불투수면 : 빗물 또는 눈 녹은 물 등이 지하로 스며들 수 없도록 아스팔트·콘크리트 등으로 포장된 도로, 주차장, 보도 등을 말한다.
④ 강우유출수 : 점오염원 및 비점오염원의 수질오염물질이 섞여 유출되는 빗물 또는 눈 녹은 물 등을 말한다.

해설 강우유출수
비점오염원의 수질오염물질이 섞여 유출되는 빗물 또는 눈 녹은 물 등을 말한다.

74 사업자 및 배출시설과 방지시설에 종사하는 사람은 배출시설과 방지시설의 정상적인 운영·관리를 위한 환경기술인의 업무를 방해하여서는 아니 되며, 그로부터 업무 수행에 필요한 요청을 받았을 때에는 정당한 사유가 없으면 이에 따라야 한다. 이를 위반하여 환경기술인의 업무를 방해하거나 환경기술인의 요청을 정당한 사유 없이 거부한 자에 대한 벌칙 기준은?

① 100만 원 이하의 벌금
② 200만 원 이하의 벌금
③ 300만 원 이하의 벌금
④ 500만 원 이하의 벌금

75 환경기준 중 수질 및 수생태계(하천)의 생활환경기준으로 옳지 않은 것은?(단, 등급은 매우 나쁨(Ⅵ))

① COD : 11mg/L 초과
② T-P : 0.5mg/L 초과
③ SS : 100mg/L 초과
④ BOD : 10mg/L 초과

76 대권역 수질 및 수생태계 보전계획에 포함되어야 하는 사항과 가장 거리가 먼 것은?

① 상수원 및 물 이용현황
② 점오염원, 비점오염원 및 기타 수질오염원별 수질오염 저감시설 현황
③ 점오염원, 비점오염원 및 기타 수질오염원의 분포현황
④ 점오염원, 비점오염원 및 기타 수질오염원에서 배출되는 수질오염물질의 양

해설 대권역계획에 포함되어야 할 사항
- ㉠ 수질 및 수생태계 변화 추이 및 목표기준
- ㉡ 상수원 및 물 이용현황
- ㉢ 점오염원, 비점오염원 및 기타수질오염원의 분포현황
- ㉣ 점오염원, 비점오염원 및 기타수질오염원에서 배출되는 수질오염물질의 양
- ㉤ 수질오염 예방 및 저감 대책
- ㉥ 수질 및 수생태계 보전조치의 추진방향
- ㉦ 기후변화에 대한 적응대책
- ㉧ 그 밖에 환경부령으로 정하는 사항

77 오염할당사업자 등에 대한 과징금 부과기준에서 사업장 규모별 부과계수로 옳은 것은?

① 제1종 사업장 3.0
② 제2종 사업장 2.0
③ 제3종 사업장 1.0
④ 제4종 사업장 0.5

해설 제1종사업장은 2.0, 제2종사업장은 1.5, 제3종사업장은 1.0, 제4종사업장은 0.7, 제5종사업장은 0.4로 한다.

78 수질오염경보 중 조류경보에서 "조류경보" 단계 발령 시 조치사항에 해당되지 않는 것은?(단, 취수장, 정수장 관리자 기준)

① 취수구와 조류가 심한 지역에 대한 방어막설치 등 조류제거조치 실시
② 정수의 독소분석 실시
③ 조류증식 수심 이하로 취수구 이동
④ 정수처리 강화(활성탄 처리, 오존처리)

해설 "취수구와 조류가 심한 지역에 대한 방어막 설치 등 조류제거조치 실시"는 조류주의보 발령 시 수면관리자의 조치사항이다.

79 폐수처리업의 등록기준 중 폐수재이용업의 기술능력 기준으로 옳은 것은?

① 수질환경산업기사, 화공산업기사 중 1명 이상
② 수질환경산업기사, 대기환경산업기사, 화공산업기사 중 1명 이상
③ 수질환경산업기사, 대기환경산업기사 중 1명 이상
④ 수질환경산업기사, 대기환경기사 중 1명 이상

80 환경부장관은 비점오염원 관리지역을 지정·고시한 때에는 비점오염원 관리대책을 관계 중앙행정기관의 장 및 시·도지사와 협의하여 수립하여야 한다. 다음 중 비점오염원 관리대책에 포함되어야 하는 사항과 가장 거리가 먼 것은?

① 관리대상 수질오염물질 발생시설 현황
② 관리대상 수질오염물질의 종류 및 발생량
③ 관리대상 수질오염물질의 발생 예방 및 저감방안
④ 관리목표

해설 비점오염원 관리지역에 대한 관리대책을 수립할 때 포함될 사항
- ㉠ 관리목표
- ㉡ 관리대상 수질오염물질의 종류 및 발생량
- ㉢ 관리대상 수질오염물질의 발생 예방 및 저감 방안
- ㉣ 그 밖에 관리지역을 적절하게 관리하기 위하여 환경부령으로 정하는 사항

2015년 3회 수질환경산업기사

SECTION 01 수질오염개론

01 미생물의 종류를 분류할 때 에너지원에 따라 분류된 것은?

① Autotroph, Heterotroph

② Phototroph, Chemotroph

③ Aerotroph, Anaerotroph

④ Thermotroph, Psychrotroph

해설 미생물의 분류

㉠ 에너지원에 따라 : 광영양계(Phototroph), 화학영양계(Chemotroph)

㉡ 영양관계에 따라 : 독립영양계(Autotrophic), 종속영양계(Heterotrophic)

02 탈산소계수(K_1)가 0.2/day인 하천의 어떤 지점에서 BOD_u가 20mg/L이었다. 그 지점에서 5일 흐른 후의 잔존 BOD는?(단, 상용대수 적용)

① 2mg/L

② 4mg/L

③ 6mg/L

④ 8mg/L

해설 BOD 잔류공식을 사용한다.

$$BOD_t = BOD_u \times 10^{-K \cdot t}$$

$$BOD_5 = 20 \times 10^{-0.2 \times 5} = 2(mg/L)$$

03 다음의 질산화 과정에 주로 관계되는 질산화 미생물은?

$$2NH_4^+ + 3O_2 \rightarrow 2NO_2^- + 4H^+ + 2H_2O$$

① Nitrosomonas

② Nitrobacter

③ Thiobacillus

④ Leptothrix

해설

$$2NH_4^+ + 3O_2 \xrightarrow[\text{Nitrosomonas}]{\substack{\text{박테리아에} \\ \text{의한 질산화}}} 2NO_2^- + 4H^+ + 2H_2O$$

$$2NO_2^- + O_2 \xrightarrow[\text{Nitrobacter}]{\substack{\text{박테리아에} \\ \text{의한 질산화}}} 2NO_3^-$$

04 유기성 오수가 하천에 유입된 후 유하하면서 자정작용이 진행되어 가는 여러 상태를 그래프로 표시하였다. ①~⑥ 그래프 각각이 나타내는 것을 순서대로 나열한 것은?

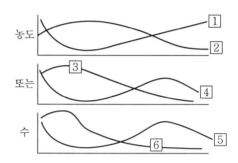

① BOD, DO, NO_3-N, NH_3-N, 조류, 박테리아

② BOD, DO, NH_3-N, NO_3-N, 박테리아, 조류

③ DO, BOD, NH_3-N, NO_3-N, 조류, 박테리아

④ DO, BOD, NO_3-N, NH_3-N, 박테리아, 조류

05 A시료의 수질분석 결과가 다음과 같을 때 이 시료의 총 경도는?

- Ca^{2+} : 420mg/L
- Mg^{2+} : 58.4mg/L
- Na^+ : 40.6mg/L
- HCO_3^- : 841.8mg/L
- Cl^- : 1.79mg/L

① 525mg/L as $CaCO_3$

② 646mg/L as $CaCO_3$

③ 1,050mg/L as $CaCO_3$

④ 1,293mg/L as $CaCO_3$

해설 경도 유발물질은 Fe^{2+}, Mg^{2+}, Ca^{2+}, Mn^{2+}, Sr^{2+}이며, 각각의 당량(eq)은 $Ca^{2+} = 40/2$, $Mg^{2+} = 24/2$이다.

$$TH = \sum M_C^{2+} \times \frac{50}{Eq}$$

$$= 420(mg/L) \times \frac{50}{40/2} + 58.4(mg/L) \times \frac{50}{24/2}$$

$$= 1,293.33(mg/L \text{ as } CaCO_3)$$

1. ② 2. ① 3. ① 4. ③ 5. ④ **ANSWER**

06 수질오염물질과 그로 인한 공해병과의 관계를 잘못 짝지은 것은?

① Hg : 미나마타병
② Cr : 이타이이타이병
③ F : 반상치
④ PCB : 카네미유증

해설 크롬은 피혁, 합금 제조업, 크롬 도금공업, 화학공업(안료, 촉매, 방청제), 금속제품 제조업 등에서 배출되며, 크롬은 생체 내에 필수적인 금속으로 결핍 시 인슐린의 저하로 인한 것과 같은 탄수화물의 대사장해를 일으킨다.

07 우리나라 수자원에 대하여 이용량을 용도별로 나눌 때 그 수요가 가장 높은 것은?

① 생활용수
② 공업용수
③ 농업용수
④ 하천유지용수

해설 우리나라에서는 농업용수의 이용률이 가장 높고, 그 다음은 발전 및 하천유지용수, 생활용수, 공업용수 순이다.

08 산성비를 정의할 때 기준이 되는 수소이온농도(pH)는?

① 4.3   ② 4.5
③ 5.6   ④ 6.3

09 500mL 물에 125mg의 염이 녹아 있을 때 이 수용액의 농도를 %로 나타낸 값은?

① 0.125%   ② 0.250%
③ 0.0125%   ④ 0.0250%

해설

$$X(g/100mL) = \frac{125mg}{500mL} = \frac{0.125g \times \frac{1}{5}}{500mL \times \frac{1}{5}} = 0.025$$

10 농업용수 수질의 척도인 SAR을 구할 때 포함되지 않는 항목은?

① Ca   ② Mg
③ Na   ④ Mn

해설

$$SAR = \frac{Na^+}{\sqrt{\frac{Ca^{2+} + Mg^{2+}}{2}}}$$ 이므로

Na^+, Ca^{2+}, Mg^{2+}이 포함된다.

11 다음이 설명하는 법칙은?

> 여러 물질이 혼합된 용액에서 어느 물질의 증기압(분압) P는 혼합액에서 그 물질의 몰 분율(Xi)이 순수한 상태에서 그 물질의 증기압(P°)을 곱한 것과 같다.

① Henry's law
② Darton's law
③ Graham's law
④ Raoult's law

해설 Raoult's 법칙은 다음과 같다.
P = X · P°
여기서, P : 용액에 있는 용매의 증기압
X : 용액에 있는 용매의 몰분율
P° : 순수한 용매의 증기압

12 수질오염에 관계되는 미생물과 그 경험적 분자식이 맞는 것은?

① Bacteria : $C_5H_{10}O_2N$
② Algae : $C_7H_{12}O_2N$
③ Protozoa : $C_7H_{14}O_3N$
④ Fungi : $C_{10}H_{15}O_6N$

해설 ① Bacteria : $C_5H_7O_2N$
② Algae : $C_5H_8O_2N$
④ Fungi : $C_{10}H_{17}O_6N$

13 수심이 깊은 호소에서 발생하는 성층현상에 관한 설명으로 틀린 것은?

① 봄이 되면 얼음이 녹으면서 표수층의 수온이 올라가 4℃가 되면 최대밀도를 가지게 되어 아래로 이동하게 된다.
② 수온약층은 표수층에 비하여 수심에 따른 수온차이가 작다.
③ 여름과 겨울에는 성층현상이, 가을과 봄에는 전도현상이 나타난다.

④ 호소의 성층현상은 기후특성, 호수저수용량에 따른 유입·유출량의 크기, 호수의 크기 등 다양한 환경인자에 의해 영향을 받는다.

해설 수온약층은 순환층과 정체층의 중간층이 이에 해당하며, 수온이 수심 1m당 최대 ±0.9℃ 이상 변화한다. 일명 변온층이라고 한다.

14 임의의 시간 후의 용존산소부족량(용존산소곡선식)을 구하기 위해 필요한 기본인자와 가장 거리가 먼 것은?

① 재포기계수   ② BOD_u
③ 수심   ④ 탈산소계수

해설 용존산소부족량은 다음 식으로 계산된다.

$$D_t = \frac{K_1 \cdot L_0}{K_2 - K_1}(10^{-K_1 \cdot t} - 10^{-K_2 \cdot t}) + D_0 \cdot 10^{-K_2 \cdot t}$$

여기서, K_1 : 탈산소계수, K_2 : 재포기계수
L_0 : BOD_u, t : 유하시간
D_0 : 초기 DO 부족량

따라서 용존산소부족량과 관계가 없는 인자는 수심이다.

15 콜로이드에 관한 설명으로 틀린 것은?

① 콜로이드는 입자크기가 크기 때문에 보통의 반투막을 통과하지 못한다.
② 콜로이드 입자들이 전기장에 놓이게 되면 입자들은 그 전하의 반대쪽 극으로 이동하며 이러한 현상을 전기 영동이라 한다.
③ 일부 콜로이드 입자들의 크기는 가시광선 평균 파장보다 크기 때문에 빛의 투과를 간섭한다.
④ 콜로이드의 안정도는 척력과 중력의 차이에 의해 결정된다.

해설 콜로이드의 안정도는 Zeta 전위에 따라 결정된다.

16 다음 중 산화·환원반응이 아닌 것은?

① $Cu + 2H_2SO_4 \rightarrow CuSO_4 + 2H_2O + SO_2$
② $2H_2S + SO_2 \rightarrow 2H_2O + 3S$
③ $I_2 + 2Na_2S_2O_3 \rightarrow Na_2S_4O_6 + 2NaI$
④ $Na_2SO_4 + 2HCl \rightarrow 2NaCl + H_2O + SO_2$

해설 산화·환원의 일반적인 정의

구분	산화	환원
산소와 관계	$+O_2$(산소 얻으면)	$-O_2$(산소 잃으면)
수소와 관계	$-H_2$(수소 잃으면)	$+H_2$(수소 잃으면)
전자와 관계	$-e^-$(전자 얻으면)	$+e^-$(전자 잃으면)

17 해수의 화학적 특성 중에서 영양염류의 농도는 매우 중요하다. 다음 중 영양염류가 찬 바다에 많고 따뜻한 바다에 적은 이유로 틀린 것은?

① 찬 바다의 표층수는 원래 영양염류가 풍부한 극지방의 심층수로부터 기원하기 때문에
② 따뜻한 바다의 표층수는 적도 부근의 표층수로부터 기원하기 때문에
③ 찬 바다에는 겨울철 성층현상의 심화로 수계가 안정되어 영양염류의 손실이 적기 때문에
④ 따뜻한 바다에서 표층수의 영양염류는 공급 없이 식물성 플랑크톤에 의한 소비만 주로 일어나가 때문에

해설 찬 바다에는 겨울에 표층수가 냉각되어 밀도가 커지므로 침강작용이 일어나 영양염류가 풍부한 심층수에 들어가게 된다.

18 물의 특성으로 옳지 않은 것은?

① 물의 표면장력은 온도가 상승할수록 감소한다.
② 물은 4℃에서 밀도가 가장 크다.
③ 물의 여러 가지 특성은 물의 수소결합 때문에 나타난다.
④ 융해열과 기화열이 작아 생명체의 열적 안정을 유지할 수 있다.

해설 물은 융해열과 기화열이 크기 때문에 생명체의 열적 안정을 유지할 수 있다.

19 $KMnO_4$의 gram 당량은 얼마인가?(단, $KMnO_4$ 분자량 = 158)

① 26.3   ② 31.6
③ 39.5   ④ 52.6

해설 g 당량이라 함은 당량에 그램을 붙인 양(1g 당량 : 1gram equivalent)이라고 하며, 이것은 그램 당량이란 단위의 명칭을 나타낸 것이다.

$\therefore$ $KMnO_4$의 gram 당량 $=158g/5=31.6g$

20 0.05N의 약산인 초산이 16% 해리되어 있다면 이 수용액의 pH는?

① 2.1　　　　　② 2.3
③ 2.6　　　　　④ 2.9

해설

$$CH_3COOH \rightarrow CH_3COO^- + H^+$$
해리 전　0.05M　　　　0M　　　　0M
해리 후 0.05M×0.84M　0.05×0.16M　0.05×0.16M

$$pH=\log\frac{1}{[H^+]}=\log\frac{1}{0.05\times0.16M}=2.1$$

SECTION 02 수질오염방지기술

21 유입수량이 4,000m³/day이고, BOD 200mg/L, SS 150mg/L이고 침전지의 깊이를 4m, 체류시간을 3시간으로 할 때 침전지(장방형)의 표면부하율은?

① 12m³/m² · day
② 22m³/m² · day
③ 32m³/m² · day
④ 42m³/m² · day

해설

$$표면부하율 = \frac{유입유량(m^3/day)}{수면적(m^2)} = \frac{Q}{A_v}$$

㉠ $Q = 4,000m^3/day$

㉡ $\forall = Q \times t = \frac{4,000m^3}{day}\left|\frac{3hr}{}\right|\frac{1day}{24hr} = 500m^3$

㉢ $A = \frac{\forall}{D} = \frac{500m^3}{4m} = 125m^2$

$\therefore$ 수면적부하 $= \frac{4,000m^3}{day}\left|\frac{}{125m^2}\right.$

$= 32(m^3/m^2 \cdot day)$

22 회전원판법의 장단점으로 틀린 것은?

① 유지관리비가 저렴한 장점이 있다.
② 슬러지 반송이 필요 없는 장점이 있다.
③ 충격부하 및 부하변동에 약한 단점이 있다.
④ 처리수의 투명도가 낮은 단점이 있다.

해설 회전원판법은 충격부하 및 부하변동에 강하고, 에너지 소모가 적다.

23 활성슬러지법으로 운전되는 하수처리장에서 SVI가 100일 때 포기조 내의 MLSS 농도를 2,500mg/L로 유지하기 위한 슬러지 반송률은?(단, 유입수의 SS 농도는 무시한다.)

① 25.4%　　　　② 27.5%
③ 33.3%　　　　④ 37.3%

해설 반송률 $R(\%) = R(반송비) \times 100$

$$= \frac{X}{(10^6/SVI)-X} \times 100$$

$$= \frac{2,500}{(10^6/100)-2,500} = 33.33(\%)$$

24 생물학적 인(P) 제거공법인 A/O 공법에 관한 설명으로 옳지 않은 것은?

① 유입수 중에 총 인농도가 5mg/L 정도이면 처리수의 총 인농도를 1.0mg/L 이하로 처리 가능하다.
② 인 제거 기능 외에 사상성 미생물에 의한 벌킹 억제효과가 있다고 알려져 있다.
③ 혐기반응조의 운전지표로 산화 · 환원전위를 사용할 수 있다.
④ 표준활성슬러지법의 반응조 전반 50% 이상을 혐기반응조로 하는 것이 표준이다.

해설 A/O 공정은 하수유입과 반송슬러지의 유입이 첫 단계의 혐기조로 함께 유입되는 Mainstream 생물학적 탈인 공정의 대표적인 예로서 인 제거 기능 이외에 사상성 미생물에 의한 벌킹이 억제되는 효과가 있는 것으로 알려지고 있다. A/O 공정의 설계 및 유지관리상의 유의점은 다음과 같다.
㉠ 표준활성슬러지법의 반응조 전반 20~40% 정도를 혐기반응조로 하는 것이 표준이다.

ⓛ 슬러지 처리시설에 있어서 잉여슬러지가 혐기상태에서 섭취한 인을 재방출하기 때문에 반류수의 인부하에 의해 처리수의 인농도가 증대될 수 있으므로 인의 재방출 방지 대책을 고려할 필요가 있다.

ⓒ A/O 공법의 인제거 성능은 우천 시에 저하되는 경향이 있기 때문에 보다 안정적인 처리수의 총 인 농도를 확보할 필요가 있는 경우에는 보완적 설비로서 응집제 첨가 등의 물리·화학적인 인 제거 공정의 병용이 필요한 경우도 있다.

ⓓ 혐기반응조의 운전지표로서는 산화·환원전위(ORP)를, 호기반응조는 DO 농도를 사용할 수 있다.

25 부상조의 최적 A/S비는 0.08, 처리할 폐수의 부유물질 농도는 250mg/L, 운전압력 5.1atm일 때 반송률(%)?(단, 20℃기준, 용존 공기분율 = 0.8, 공기용해도 = 18.7mL/L)

① 약 17
② 약 27
③ 약 37
④ 약 47

해설

$$A/S비 = \frac{1.3 \cdot S_a(f \cdot P - 1)}{SS} \times R$$

ⓐ P : 압력(atm) = 5.1 atm
ⓑ S_a : 공기용해도 = 18.7mL/L

이를 공식에 대입하면,

$$0.08 = \frac{1.3 \times 18.7 \times (0.8 \times 5.1 - 1)}{250} \times R$$

따라서, R(반송비) = 0.267
∴ 반송률(%) = R × 100 = 26.7(%)

26 하수처리에서 자외선 소독의 장단점으로 틀린 것은?

① 잔류독성이 없는 장점이 있다.
② 대장균살균을 위한 낮은 농도에서 Virus, Spores, Cysts 등을 비활성화시키는 데 효과적인 장점이 있다.
③ 잔류효과가 없는 단점이 있다.
④ 성공적 소독 여부를 즉시 측정할 수 없는 단점이 있다.

27 어느 폐수처리시설에서 직경 1×10^{-2}(cm), 비중 2.0인 입자를 중력 침강시켜 제거하고 있다. 폐수 비중이 1.0, 폐수의 점성계수가 1.31×10^{-2}(g/cm·sec)이라면 입자의 침강속도(m/hr)는?(단, 입자의 침강속도는 Stokes 식에 따름)

① 14.96m/hr
② 22.44m/hr
③ 25.56m/hr
④ 31.32m/hr

해설

$$V_g = \frac{d_p^2(\rho_p - \rho)g}{18\mu}$$

$$\therefore V_g\left(\frac{m}{hr}\right) = \frac{(1 \times 10^{-4})^2 m^2}{} \left| \frac{(2,000 - 1,000)kg}{m^3} \right|$$

$$\left| \frac{9.8m}{sec} \right| \frac{}{18} \left| \frac{m \cdot sec}{1.31 \times 10^{-3}kg} \right| \frac{3,600sec}{1hr}$$

$$= 14.96(m/hr)$$

28 물의 혼합 정도를 나타내는 속도경사 G를 구하는 공식은?(단, μ : 물의 점성계수, V : 반응조 체적, P : 동력)

① $G = \sqrt{\dfrac{PV}{\mu}}$
② $G = \sqrt{\dfrac{V}{\mu P}}$
③ $G = \sqrt{\dfrac{\mu}{PV}}$
④ $G = \sqrt{\dfrac{P}{\mu V}}$

29 생물학적 인 및 질소 제거 공정 중 질소 제거를 주목적으로 개발한 공법으로 가장 적절한 것은?

① 4단계 Bardenpo 공법
② A^2/O 공법
③ A/O 공법
④ Phostrip 공법

해설 4단계 Bardenpho 공정은 질소 제거를 주목적으로 개발한 공법이다.

30 어느 특정한 산화지에 대해 1일 BOD 부하를 10kg/day - m²으로 설계하였다. 유량이 4,000m³/day이고 BOD 농도가 300mg/L일 때 필요한 면적(m²)은?(단, 비중은 1.0으로 가정함)

① 약 90
② 약 100
③ 약 120
④ 약 150

해설 BOD 면적부하 $= \dfrac{BOD \cdot Q}{A}$

$$A(m^2) = \dfrac{BOD \cdot Q}{BOD \text{ 면적부하}} = \dfrac{0.3kg}{m^3} \left| \dfrac{4,000m^3}{day} \right| \dfrac{day \cdot m^2}{10kg}$$

$$= 120(m^2)$$

31 어느 하수 처리장의 포기조 용적이 $1,000m^3$, MLSS가 $2,500mg/L$, 그리고 SRT(고형물 체류시간)가 2.5일이라면 1일 생산되는 슬러지의 건조중량은? (단, 기타 조건은 고려하지 않음)

① 1.0ton ② 1.6ton
③ 2.4ton ④ 3.2ton

해설 $X(ton/day) = \dfrac{2,500mg}{L} \left| \dfrac{1,000m^3}{} \right| \dfrac{}{2.5day} \left| \dfrac{ton}{10^9mg} \right| \dfrac{10^3 L}{1m^3}$

$$= 1.0(ton/day)$$

32 BOD $200mg/L$인 하수를 1차 및 2차 처리하여 최종 유출수의 BOD 농도를 $20mg/L$으로 하고자 한다. 1차 처리에서 BOD 제거율이 40%일 때 2차 처리에서의 BOD 제거율은?

① 81% ② 83%
③ 87% ④ 89%

해설 총 효율과 1차 및 2차 처리효율과의 관계식으로부터 계산할 수 있다.

㉠ $\eta_T = \left(1 - \dfrac{C_o}{C_i}\right) \times 100 = \left(1 - \dfrac{20}{200}\right) \times 100 = 90(\%)$

㉡ $\eta_T = \eta_1 + \eta_2(1 - \eta_1)$

$0.9 = 0.4 + \eta_2(1 - 0.4)$

$\therefore \eta_2 = 0.833 = 83.33(\%)$

33 슬러지의 함수율 90%, 슬러지의 고형물량 중 유기물 함량이 70%이다. 투입량은 $100kL/$일이며 소화 후 유기물의 5/7가 제거된다. 소화된 슬러지의 양은? (단, 소화슬러지의 함수율은 85%, %는 부피기준이며, 고형물의 비중은 1.0로 가정한다.)

① $18.3m^3$ ② $24.2m^3$
③ $33.3m^3$ ④ $414m^3$

해설 소화 후 슬러지(SL)

$$= (\text{소화 후 FS} + \text{소화 후 VS}) \times \dfrac{100}{(100 - X_{w2})}$$

㉠ 슬러지의 비중 계산 → $\dfrac{100}{\rho_{SL}} = \dfrac{10}{1.0} + \dfrac{90}{1.0}$

$\rho_{SL} = 1.0 (= 1,000 kg/m^3)$

㉡ 소화 후 FS = 소화 전 FS이므로

$$= \dfrac{100kL \cdot SL}{day} \left| \dfrac{m^3}{kL} \right| \dfrac{1,000kg}{m^3} \left| \dfrac{10 \cdot TS}{100 \cdot SL} \right| \dfrac{(100-70) \cdot FS}{100 \cdot TS}$$

$$= 3,000(kg/day)$$

㉢ 소화 후 VS = 소화 전 VS × (1 - 제거효율)

$$= \dfrac{100kL \cdot SL}{day} \left| \dfrac{m^3}{kL} \right| \dfrac{1,000kg}{m^3} \left| \dfrac{10 \cdot TS}{100 \cdot SL} \right| \dfrac{70 \cdot VS}{100 \cdot TS}$$

$$\times [1 - (5/7)]$$

$$= 2,000(kg/day)$$

이를 위의 계산식에 대입하면

$$\therefore SL = \dfrac{(3,000+2,000)kg \cdot TS}{day} \left| \dfrac{m^3}{1,000kg} \right|$$

$$\left| \dfrac{100 \cdot SL}{(100-85) \cdot TS} \right|$$

$$= 33.33(m^3/day)$$

34 $1,000m^3/day$의 종말 침전지 유출수에 $50.0kg/day$의 염소를 주입시킨 결과 잔류염소 농도가 $1.5 mg/L$였다면 이 폐수의 염소 요구량은?

① 18.3mg/L
② 24.7mg/L
③ 32.5mg/L
④ 48.5mg/L

해설 염소요구량 = 염소주입량 - 잔류염소량

㉠ 염소주입량$\left(\dfrac{mg}{L}\right) = \dfrac{50kg}{day} \left| \dfrac{day}{1,000m^3} \right| \dfrac{1m^3}{10^3 L} \left| \dfrac{10^6 mg}{1kg} \right|$

$$= 50(mg/L)$$

㉡ 잔류염소량 = $1.5(mg/L)$

∴ 염소요구량 = 염소주입량 - 잔류염소량

$$= 50 - 1.5$$

$$= 48.5(mg/L)$$

35 활성탄을 이용한 고도처리 방법에서 2차 처리 유출수의 유기물 농도가 12mg/L일 때 활성탄 흡착법을 이용하여 3차 처리 유출수 유기물 농도를 1mg/L로 되게 하기 위해 1L당 필요한 활성탄 양은?(단, Freundlich 등온식 적용, K = 0.5, n = 1이다.)

① 22mg　　　　② 29mg

③ 32mg　　　　④ 39mg

──────────

해설 Freundlich 등온흡착식을 이용한다.

$$\frac{X}{M} = K \cdot C^{\frac{1}{n}}$$

$$\frac{(12-1)}{M} = 0.5 \times 1^{\frac{1}{1}}$$

$$\therefore M = 22(mg)$$

36 혼합액 부유물의 농도가 2,500mg/L이고, 이를 1L 실린더에 취하여 30분 후 침전된 슬러지 부피를 측정한 결과 200mL였다면 이 실험에서 구해진 SVI 값은?

① 67　　　　② 80

③ 124　　　　④ 152

──────────

해설 SVI 계산식을 이용한다.

$$SVI = \frac{SV(mL/L)}{MLSS(mg/L)} \times 10^3 = \frac{200}{2,500} \times 10^3 = 80$$

37 활성 슬러지공법으로 운전되고 있는 어떤 하수처리장으로부터 매일 2,000kg(건조고형물기준)의 슬러지가 배출되고 있다. 이 슬러지를 중력 농축시켜 함수율을 97%로 한 뒤 호기성 소화방식으로 처리하고자 한다. 농축된 슬러지의 비중이 1.03이라 할 때 소화조의 수리학적 체류시간을 15day로 하면 필요한 소화조의 용적은?(단, 기타 조건을 고려하지 않음)

① 약 680m³　　　　② 약 770m³

③ 약 870m³　　　　④ 약 970m³

──────────

해설 소화조의 용적(∀)=처리유량(Q)×체류시간(t)

㉠ $Q(m^3/day) = \dfrac{2,000kg \cdot TS}{day} \bigg| \dfrac{m^3}{1,030kg} \bigg| \dfrac{100 \cdot SL}{3 \cdot TS}$

$\qquad = 64.72(m^3/day)$

㉡ 체류시간(t)=15(day)

∴ 소화조의 용적(∀)=64.72(m³/day)×15day

$\qquad = 970.87(m^3)$

38 역삼투법으로 하루에 200m³의 3차 처리 유출수를 탈염하기 위해 소요되는 막의 면적은?

[조건]
1. 물질전달계수 : 0.207L/(day−m²)(kPa)
2. 유입·유출수의 압력차 : 2,500(kPa)
3. 유입·유출수의 삼투압차 : 410(kPa)

① 약 324m²　　　　② 약 462m²

③ 약 541m²　　　　④ 약 694m²

──────────

해설 ㉠ 막의 단위면적당 유출수량[Q_F]은 압력과 다음의 관계식이 성립된다.

$$Q_F = K(\Delta P - \Delta\pi)$$

여기서, K : 막의 물질전달계수
$\qquad\qquad$ (L/(day−m²)(kPa))
$\qquad$ ΔP : 유입수와 유출수 사이의 압력차(kPa)
$\qquad$ $\Delta\pi$: 유입수와 유출수의 삼투압차(kPa)

㉡ 조건을 대입하여 관계식을 만들면

$$\frac{200m^3}{day} \bigg| \frac{}{A(m^2)} = \frac{0.207L}{m^2 \cdot day \cdot kPa} \bigg|$$
$$\bigg| \frac{(2,500-410)kPa}{} \bigg| \frac{1m^3}{10^3 L}$$

$$\therefore A = 462.29(m^2)$$

39 고도수처리에 이용되는 분리방법 중 투석의 구동력으로 옳은 것은?

① 정수압차(0.1~1Bar)

② 정수압차(20~100Bar)

③ 전위차

④ 농도차

──────────

해설 투석의 구동력은 농도차이다.

40 부피가 500m³인 포기조에 2,000m³/day으로 폐수가 유입될 때 포기시간(hr)은?(단, 반송슬러지는 고려하지 않음)

① 6.0hr　　　　② 8.0hr

③ 10.0hr　　　　④ 12.0hr

──────────

해설 $t(hr) = \dfrac{V}{Q} = \dfrac{500m^3}{2,000m^3/day} = 0.25(day) = 6.0(hr)$

SECTION 03   수질오염공정시험기준

41 시료 최대보존기간이 가장 짧은 측정항목은?

① 셀레늄   ② 염화비닐
③ 비소   ④ 6가크롬

해설 시료 최대보존기간
셀레늄(6개월), 염화비닐(14일), 비소(6개월), 6가크롬(24시간)

42 냄새 측정 시 시료에 잔류염소가 존재하는 경우 조치 내용으로 옳은 것은?

① 티오황산나트륨 용액을 첨가하여 잔류염소를 제거
② 아세트산암모늄 용액을 첨가하여 잔류염소를 제거
③ 과망간산칼륨 용액을 첨가하여 잔류염소를 제거
④ 황산은 분말을 첨가하여 잔류염소를 제거

해설 잔류염소가 존재하면 티오황산나트륨 용액을 첨가하여 잔류염소를 제거한다.

43 노말헥산 추출물질 분석실험의 정량한계는?

① 0.1mg/L   ② 0.2mg/L
③ 0.3mg/L   ④ 0.5mg/L

해설 노말헥산 추출물질 분석실험의 정량한계는 0.5mg/L이다.

44 개수로 측정 구간의 유수의 평균 단면적이 $0.8m^2$이고, 표면 최대 유속이 2m/sec일 때 유량은?(단, 수로의 구성, 재질, 수로 단면의 형상, 구배 등이 일정치 않은 개수로의 경우)

① $43m^3/min$ ② $52m^3/min$
③ $64m^3/min$ ④ $72m^3/min$

해설 $Q(m^3/min) = 60 \times A(m^2) \times V(m/sec)$
㉠ $A = 0.8m^2$
㉡ $V = 0.75V_e = 0.75 \times 2 = 1.5(m/sec)$
∴ $Q(m^3/min) = 60 \times 0.8m^2 \times 1.5(m/sec)$
$= 72(m^3/min)$

45 자외선/가시선 분광법에 의한 시안 분석 시 측정파장으로 옳은 것은?

① 460nm   ② 510nm
③ 540nm   ④ 620nm

해설 자외선/가시광선 분광법에 의한 시안 분석
물속에 존재하는 시안을 측정하기 위하여 시료를 pH 2 이하의 산성에서 가열 증류하여 시안화합물 및 시안착화합물의 대부분을 시안화수소로 유출시켜 포집한 다음 포집된 시안이온을 중화하고 클로라민-T를 넣어 생성된 염화시안이 피리딘-피라졸론 등의 발색시약과 반응하여 나타나는 청색을 620nm에서 측정하는 방법이다.

46 총 질소를 자외선/가시선 분광법-산화법으로 분석할 때에 관한 설명으로 옳지 않은 것은?

① 비교적 분해되기 쉬운 유기물을 함유하고 있거나 자외부에서 흡광도를 나타내는 브롬이온이나 크롬을 함유하지 않은 시료에 적용한다.
② 시료 중 모든 질소화합물을 과황산나트륨을 사용하여 100℃ 부근에서 유기물과 함께 분해하여 질산이온으로 산화시킨다.
③ 지표수, 지하수, 폐수 등에 적용할 수 있으며, 정량한계는 0.1mg/L이다.
④ 산성상태로 하여 흡광도를 220nm에서 측정한다.

해설 자외선/가시선 분광법-산화법으로 인한 총 질소 분석
물속에 존재하는 총 질소를 측정하기 위하여 시료 중 모든 질소화합물을 알칼리성 과황산칼륨을 사용하여 120℃ 부근에서 유기물과 함께 분해하여 질산이온으로 산화시킨 후 산성상태로 하여 흡광도를 220nm에서 측정하여 총 질소를 정량하는 방법이다.

47 분원성 대장균군의 막여과 시험방법의 측정에 관한 내용으로 틀린 것은?

① 배양기 또는 항온수조의 배양온도를 (44.5±0.2)℃로 유지할 수 있는 것을 사용한다.
② 배지에 배양시킬 때 분원성 대장균군은 여러 가지 색조를 띠는 붉은색의 집락을 형성한다.
③ 결과보고 시 "분원성 대장균군수/100mL"로 표기한다.
④ 대조군 시험에서 음성대조군은 멸균 희석수를 사용한다.

해설 분원성 대장균군의 막여과 시험방법
물속에 존재하는 분원성 대장균군을 측정하기 위하여 페트리접시에 배지를 올려놓은 다음 배양 후 여러 가지 색조를 띠는 청색의 집락을 계수하는 방법이다.

48 이온크로마토그래프의 일반적인 구성으로 옳은 것은?

① 용리액조 – 시료 주입부 – 펌프 – 이온화부 – 검출기
② 용리액조 – 시료 주입부 – 가열판 – 펌프 – 검출기
③ 용리액조 – 시료 주입부 – 펌프 – 분리칼럼 – 검출기
④ 용리액조 – 시료 주입부 – 분광부 – 펌프 – 검출기

49 알칼리성 과망간산칼륨에 의한 화학적 산소요구량을 수질오염공정시험기준에 따라 측정하였다. 바탕시험 적정에 소비된 $0.025N$ – 티오황산나트륨 용액은 $3.3mL$였고, 시료의 적정에 소비된 0.025 – 티오황산나트륨 용액은 $5.6mL$였다. COD가 $46mg/L$였다면 분석에 사용된 시료량은?(단, $0.025N$ – 티오황산나트륨 용액의 농도계수는 1.0이다.)

① 5mL   ② 10mL
③ 35mL   ④ 50mL

해설
$$COD(mg/L) = (b-a) \times f \times \frac{1,000}{V} \times 0.2$$

㉠ a : 바탕시험(공시험) 적정에 소비된 $0.025N$
　　– 과망간산칼륨 용액 = $3.3(mL)$
㉡ b : 시료의 적정에 소비된 $0.025N$ – 과망간산칼륨 용액
　　= $5.6(mL)$
㉢ f : $0.025N$ – 과망간산칼륨 용액 농도 계수 = 1.0
㉣ V : 시료의 양(mL)

$$46(mg/L) = (5.6-3.3) \times 1.0 \times \frac{1,000}{V} \times 0.2$$

$$\therefore V = 10(mL)$$

50 총 대장균군 시험방법인 평판집락법 배지에 사용되는 시약은?

① 뉴트럴 레드
② 브루신 블루
③ 메틸 오렌지
④ 클로라민 옐로

해설 평판집락법 배지(Desoxycholate Agar) 조성

성분	조성
펩톤(Peptone)	10.0g
젖당(Lactose, $C_{12}H_{22}O_{11}$, 분자량 : 342.30)	10.0g
데속시콜레이트나트륨(Sodium Desoxycholate)	1.0g
염화나트륨(Sodium Chloride, NaCl, 분자량 : 58.50)	5.0g
인산일수소칼륨(Dipotassium Phosphate, K_2HPO_4, 분자량 : 174.18)	2.0g
구연산제이철암모늄(Ferric Ammonium Citrate, $C_6H_8O_7 \cdot Fe \cdot NH_3$, 분자량 : 264.85)	1.0g
구연산나트륨(Trisodium Citrate, $Na_3C_6H_5O_7$, 분자량 : 258.07)	1.0g
뉴트럴레드(Neutral Red)	0.03g
한천(Agar, $(C_{12}H_{18}O_9)n$)	15.0g

51 냄새 측정 시 냄새역치(TON)를 구하는 계산식으로 옳은 것은?(단, A : 시료부피(mL), B : 무취 정제수 부피(mL))

① 냄새역치 = $(A+B)/A$
② 냄새역치 = $A/(A+B)$
③ 냄새역치 = $(A+B)/B$
④ 냄새역치 = $B/(A+B)$

해설
$$냄새역치(TON) = \frac{A+B}{A}$$

여기서, A : 시료 부피(mL)
　　　　B : 무취 정제수 부피(mL)

52 분석항목별 시료의 보존방법으로 옳지 않은 것은?

① 암모니아성 질소 : 황산을 가하여 pH 2 이하로 만들어 4℃에서 보관한다.
② 화학적 산소요구량 : 황산을 가하여 pH 2 이하로 만들어 4℃에서 보관한다.
③ 유기인 : 염산을 가하여 pH 4 이하로 만들어 4℃에서 보관한다.
④ 6가크롬 : 4℃에서 보관한다.

해설 유기인
염산을 가하여 pH 5~9 이하로 만들어 4℃에서 보관한다.

53 다음 중 직각 3각 웨어로 유량을 산정하는 식으로 옳은 것은?(단, Q : 유량(m^3/분), K : 유량계수, h : 웨어의 수두(m), b : 절단의 폭(m))

① $Q = K \cdot h^{3/2}$
② $Q = K \cdot h^{5/2}$
③ $Q = Kb \cdot h^{3/2}$
④ $Q = Kb \cdot h^{5/2}$

해설 직각 3각 웨어
$Q = K \cdot h^{5/2}$
여기서, Q : 유량(m^3/ 분)
K : 유량계수 $= 81.2 + \dfrac{0.24}{h} + \left[8.4 + \dfrac{12}{\sqrt{D}} \right]$
$\times \left[\dfrac{h}{B} - 0.09 \right]^2$
B : 수로의 폭(m)
D : 수로의 밑면으로부터 절단 하부 점까지의 높이(m)
h : 웨어의 수두(m)

54 취급 또는 저장하는 동안에 이물질이 들어가거나 또는 내용물이 손실되지 아니하도록 보호하는 용기는?

① 차광용기 ② 밀봉용기
③ 밀폐용기 ④ 기밀용기

해설 "밀폐용기"라 함은 취급 또는 저장하는 동안에 이물질이 들어가거나 또는 내용물이 손실되지 아니하도록 보호하는 용기를 말한다.

55 최대 유량이 $1m^3$/min 미만인 경우, 용기에 의한 유량 측정에 관한 설명으로 틀린 것은?

① 유량(m^3/min)$= 60 \times V/t$이다. 여기서, t : 유수가 용량 V를 채우는 데 소요된 시간(sec), V : 측정용기의 용량(m^3)
② 유수를 채우는 데 소요되는 시간이 스톱워치로 잰다.
③ 용기에 물을 받아 넣는 시간이 20초 이상이 되도록 용량을 결정한다.
④ 용기는 용량 50~100L인 것을 사용한다.

해설 용기는 용량 100~200L인 것을 사용하여 유수를 채우는 데에 요하는 시간을 스톱워치(Stop Watch)로 잰다.

56 0.025N $KMnO_4$ 수용액 3,000mL를 조제하려면 $KMnO_4$ 몇 g이 필요한가?(단, $KMnO_4$의 분자량은 158이다.)

① 1.79g
② 2.37g
③ 3.16g
④ 3.95g

해설 $KMnO_4(g) = \dfrac{0.025eq}{L} \left| \dfrac{3,000mL}{} \right| \dfrac{1L}{10^3 mL} \left| \dfrac{158/5g}{1eq} \right.$
$= 2.37(g)$

57 다음 중 물벼룩을 이용한 급성독성 시험에 관한 설명으로 틀린 것은?

① 시험생물은 물벼룩인 Daphnia Magna Straus를 사용한다.
② 표준독성물질 시험은 다이크롬산칼륨을 사용한다.
③ 시료의 희석비는 원수 100%를 기준으로 50%, 25%, 12.5%, 6.25%로 하여 시험한다.
④ 시험기간 동안 조명은 명 : 암=1 : 1시간을 유지하도록 한다.

해설 시험기간 동안 조명은 명 : 암=16 : 8시간을 유지하도록 하고 물교환, 먹이공급, 폭기를 하지 않는다.

58 수질오염공정시험기준의 관련 용어 정의가 잘못된 것은?

① "감압 또는 진공"이라 함은 따로 규정이 없는 한 15mmH_2O 이하를 뜻한다.
② "냄새가 없다"라고 기재한 것은 냄새가 없거나, 또는 거의 없는 것을 표시하는 것이다.
③ "약"이라 함은 기재된 양에 대하여 ±10% 이상의 차이가 있어서는 안 된다.
④ 시험조작 중 "즉시"란 30초 이내에 표시된 조작을 하는 것을 뜻한다.

해설 "감압 또는 진공"이라 함은 따로 규정이 없는 한 15mmHg 이하를 뜻한다.

59 다음 중 백색 원판(투명도 판)을 사용한 투명도 측정에 관한 설명으로 옳지 않은 것은?

① 투명도판의 색도차는 투명도에 크게 영향을 주므로 표면이 더러울 때에는 깨끗하게 닦아주어야 한다.
② 강우시에는 정확한 투명도를 얻을 수 없으므로 투명도를 측정하지 않는 것이 좋다.
③ 흐름이 있어 줄이 기울어질 경우에는 2kg 정도의 추를 달아서 줄을 세워야 한다.
④ 백색 원판을 보이지 않는 깊이로 넣은 다음 천천히 끌어 올리면서 보이기 시작한 깊이를 반복해 측정한다.

해설 투명도판의 색도차는 투명도에 미치는 영향이 적지만, 원판의 광 반사능도 투명도에 영향을 미치므로 표면이 더러울 때에는 다시 색칠하여야 한다.

60 다음 항목 중 폴리에틸렌 용기로 보존할 수 있는 것으로 짝지은 것은?

① 색도, 페놀류, 유기인
② 질산성 질소, 총인, 냄새
③ 부유물질, 불소, 셀레늄
④ 노말헥산추출물질, 납, 시안

해설 불소는 폴리에틸렌 용기에만 보존할 수 있다.

SECTION 04 수질환경관계법규

61 배출시설 등의 가동개시 신고를 한 사업자는 환경부령이 정하는 기간 이내에 배출시설에서 배출되는 수질오염 물질이 배출허용기준 이하로 처리될 수 있도록 방지시설을 운영하여야 하는데, 이 경우 환경부령이 정하는 기간으로 옳지 않은 것은?

① 폐수처리방법이 생물화학적인 처리방법인 경우 (가동개시일이 11월 1일부터 다음 연도 1월 31일까지에 해당하지 않는 경우) : 가동개시일로부터 50일

② 폐수처리방법이 생물화학적인 처리방법인 경우 (가동개시일이 11월 1일부터 다음 연도 1월 31일까지에 해당하지 않는 경우) : 가동개시일로부터 70일
③ 폐수처리방법이 물리적인 처리방법인 경우 : 가동개시일로부터 30일
④ 폐수처리방법이 화학적인 처리방법인 경우 : 가동개시일로부터 40일

해설 시운전기간
㉠ 폐수처리방법이 생물화학적 처리방법인 경우 : 가동시작일부터 50일. 다만, 가동시작일이 11월 1일부터 다음 연도 1월 31일까지에 해당하는 경우에는 가동시작일부터 70일로 한다.
㉡ 폐수처리방법이 물리적 또는 화학적 처리방법인 경우 : 가동시작일부터 30일

62 환경기술인을 임명하지 아니하거나 임명(바꾸어 임명한 것을 포함한다.)에 대한 신고를 하지 아니한 자에 대한 과태료 처분기준은?

① 1천만 원 이하
② 300만 원 이하
③ 200만 원 이하
④ 100만 원 이하

63 공공수역이라 함은 하천, 호소, 항만, 연안해역 그 밖에 공공용에 사용되는 수역과 이에 접속하여 공공용에 사용되는 환경부령이 정하는 수로를 말한다. 다음 중 환경부령으로 정하는 수로에 해당되지 않는 것은?

① 지하수로
② 운하
③ 상수관거
④ 하수관거

해설 환경부령으로 정하는 수로
㉠ 지하수로
㉡ 농업용 수로
㉢ 하수관거
㉣ 운하

64 폐수처리업 등록기준 중 폐수재이용업의 기술능력 기준으로 맞는 것은?

① 수질환경산업기사, 화공산업기사 중 1명 이상
② 수질환경산업기사, 대기환경산업기사 중 1명 이상
③ 수질환경산업기사, 화학분석산업기사 중 1명 이상
④ 수질환경산업기사, 위험물산업기사 중 1명 이상

해설 폐수처리업 등록기준 중 폐수재이용업의 기술능력 기준 : 수질환경산업기사, 화공산업기사 중 1명 이상

65 환경부장관이 폐수처리업의 등록을 한 자에 대하여 영업정지처분에 갈음하여 부과할 수 있는 과징금의 최대 액수는? **(기준변경)**

① 1억 원   ② 2억 원
③ 3억 원   ④ 5억 원

해설 [기준의 전면 개편으로 해당사항 없음]

환경부장관은 제62조제1항에 따라 폐수처리업의 허가를 받은 자에 대하여 제64조에 따라 영업정지를 명하여야 하는 경우로서 그 영업정지가 주민의 생활이나 그 밖의 공익에 현저한 지장을 줄 우려가 있다고 인정되는 경우에는 영업정지처분을 갈음하여 매출액에 100분의 5를 곱한 금액을 초과하지 아니하는 범위에서 과징금을 부과할 수 있다.

66 수면관리자 및 특별자치시장·특별자치도지사·시장·군수·구청장과 호소 안에서 수거된 쓰레기의 운반·처리에 소요되는 비용 분담에 관한 협약이 체결될 수 있도록 조정할 수 있는 권한이 있는 자는?

① 시·도지사
② 환경부장관
③ 행정자치부장관
④ 유역환경청장

67 비점오염저감계획 이행(시설설치·개선의 경우는 제외 한다) 명령의 경우, 환경부장관이 이행을 위해 정할 수 있는 기간 범위 기준은?(단, 연장기간은 고려하지 않음)

① 6개월   ② 3개월
③ 2개월   ④ 1개월

해설 비점오염저감계획 이행명령의 경우, 환경부장관이 이행을 위해 정할 수 있는 기간 범위 기준
㉠ 비점오염저감계획 이행(시설 설치·개선의 경우는 제외한다)의 경우 : 2개월
㉡ 시설 설치의 경우 : 1년
㉢ 시설 개선의 경우 : 6개월

68 다음 ( ) 안에 알맞은 내용은?

> 배출시설을 설치하고자 하는 자는 (㉠)으로 정하는 바에 따라 환경부장관의 허가를 받거나 환경부장관에게 신고하여야 한다. 다만, 규정에 의하여 폐수무방류배출시설을 설치하려는 자는 (㉡).

① ㉠ 환경부령, ㉡ 환경부장관의 허가를 받아야 한다.
② ㉠ 대통령령, ㉡ 환경부장관의 허가를 받아야 한다.
③ ㉠ 환경부령, ㉢ 환경부장관에게 신고하여야 한다.
④ ㉠ 대통령령, ㉣ 환경부장관에게 신고하여야 한다.

해설 배출시설을 설치하고자 하는 자는 대통령령으로 정하는 바에 따라 환경부장관의 허가를 받거나 환경부장관에게 신고하여야 한다. 다만, 규정에 의하여 폐수무방류배출시설을 설치하려는 자는 환경부장관의 허가를 받아야 한다.

69 다음은 폐수처리업자의 준수사항에 관한 내용이다. ( ) 안에 알맞은 것은?

> 폐수처리업의 등록을 한 자는 (㉠) 수탁폐수(재이용폐수를 포함한다)의 위탁업소별·성상별 수탁량·처리량(재이용을 포함한다), 보관량 및 폐기물처리량 등을 (㉡) 이내에 시·도지사 등에게 통보하여야 한다.

① ㉠ 월별로, ㉡ 다음 달 시작 후 10일
② ㉠ 분기별로, ㉡ 다음 분기의 시작 후 10일
③ ㉠ 반기별로, ㉢ 다음 반기의 시작 후 10일
④ ㉠ 연도별로, ㉣ 다음 해 시작 후 10일

해설 폐수처리업의 등록을 한 자는 반기별로 수탁폐수(재이용폐수를 포함한다)의 위탁업소별·성상별 수탁량·처리량(재이용량을 포함한다)·보관량 및 폐기물처리량 등을 다음 반기의 시작 후 10일 이내에 시·도지사, 관할 등록기관장에게 통보하여야 한다.

70 비점오염원 관리지역에 대한 설명 중 옳지 않은 것은?

① 환경부장관은 비점오염원에서 유출되는 경우 유출수로 인해 중대한 위해가 발생할 우려가 있는 지역에 대해 비점오염원관리 지역을 지정할 수 있다.

② 시·도지사는 관할구역 중 비점오염원의 관리가 필요하다고 인정되는 지역에 대해 환경부장관에게 관리지역으로의 지정을 요청할 수 있다.

③ 관리지역의 지정기준, 지정절차 그 밖에 필요한 사항은 환경부령으로 정한다.

④ 환경부장관은 관리지역의 지정사유가 없어졌다면 관리지역의 전부 또는 일부에 대하여 지정을 해제할 수 있다.

> **해설** 관리지역의 지정기준, 지정절차 그 밖에 필요한 사항은 대통령령으로 정한다.

71 다음의 위임업무 보고사항 중 보고 횟수 기준이 다른 것은?

① 과징금 부과 실적

② 폐수처리업에 대한 등록·지도단속실적 및 처리실적 현황

③ 폐수위탁사업장 내 처리현황 및 처리실적

④ 골프장 맹·고독성 농약 사용 여부 확인결과

> **해설** 위임업무 보고사항 중 보고 횟수 기준
> ㉠ 과징금 부과 실적 : 연 2회
> ㉡ 폐수처리업에 대한 등록·지도단속실적 및 처리실적 현황 : 연 2회
> ㉢ 폐수위탁사업장 내 처리현황 및 처리실적 : 연 1회
> ㉣ 골프장 맹·고독성 농약 사용 여부 확인결과 : 연 2회

72 시·도지사가 환경부장관이 지정·고시하는 호소 외의 호소에 대하여 호수수의 수질 및 수생태계 등을 조사·측정하여야 하는 호소의 기준은?

① 평수위의 면적이 20만 m² 이상인 호소

② 갈수위의 면적이 30만 m² 이상인 호소

③ 홍수위의 면적이 50만 m² 이상인 호소

④ 만수위의 면적이 80만 m² 이상인 호소

> **해설** 시·도지사는 환경부장관이 지정·고시하는 호소 외의 호소로서 만수위(滿水位)일 때의 면적이 50만 제곱미터 이상인 호소의 수질 및 수생태계 등을 정기적으로 조사·측정하여야 한다.

73 환경정책기본법상 적용되는 용어의 정의로 옳지 않은 것은?

① "생활환경"이란 대기, 물, 폐기물, 소음·진동, 악취, 일조 등 사람의 일상생활과 관계되는 환경을 말한다.

② "환경보전"이란 환경오염 및 환경훼손으로부터 환경을 보호하고 오염되거나 훼손된 환경을 개선함과 동시에 쾌적한 환경의 상태를 유지·조성하기 위한 행위를 말한다.

③ "환경용량"이란 환경의 질을 유지하며 환경오염 또는 환경훼손을 복원할 수 있는 능력을 말한다.

④ "환경훼손"이란 야생 동식물의 남획 및 그 서식지의 파괴, 생태계질서의 교란, 자연경관의 훼손, 표토의 유실 등으로 인하여 자연환경의 본래적 기능에 중대한 손상을 주는 상태를 말한다.

> **해설** "환경용량"이라 함은 일정한 지역 안에서 환경의 질을 유지하고 환경오염 또는 환경훼손에 대하여 환경이 스스로 수용·정화 및 복원할 수 있는 한계를 말한다.

74 비점오염저감시설 중 장치형 시설에 해당되는 것은?

① 여과형 시설

② 저류형 시설

③ 식생형 시설

④ 침투형 시설

> **해설** 비점오염저감시설 중 장치형 시설
> ㉠ 여과형 시설
> ㉡ 와류형 시설
> ㉢ 스크린형 시설
> ㉣ 응집·침전형 시설
> ㉤ 생물학적 처리형 시설

75 배출부과금 부과 시 고려하여야 할 사항과 가장 거리가 먼 것은?

① 배출허용기준 초과 여부
② 배출되는 수질오염물질의 종류
③ 수질오염물질의 배출기간
④ 수질오염방지시설의 설치 여부

해설 배출부과금 부과 시 고려하여야 할 사항
㉠ 배출허용기준 초과 여부
㉡ 배출되는 수질오염물질의 종류
㉢ 수질오염물질의 배출기간
㉣ 수질오염물질의 배출량
㉤ 자가측정 여부

76 배출시설에서 배출하는 폐수를 최종방류구로 방류하기 전에 재이용하는 상업자의 폐수 재이용률이 70%인 경우, 적용되는 기본부과금의 감면율은?

① 100분의 40 ② 100분의 50
③ 100분의 60 ④ 100분의 80

해설 폐수 재이용률별 감면율
㉠ 재이용률이 10퍼센트 이상 30퍼센트 미만인 경우 : 100분의 20
㉡ 재이용률이 30퍼센트 이상 60퍼센트 미만인 경우 : 100분의 50
㉢ 재이용률이 60퍼센트 이상 90퍼센트 미만인 경우 : 100분의 80
㉣ 재이용률이 90퍼센트 이상인 경우 : 100분의 90

77 오염총량관리 조사 · 연구반을 구성 · 운영하는 곳은?

① 국립환경과학원 ② 유역환경청
③ 한국환경공단 ④ 시 · 도보건환경연구원

해설 오염총량관리 조사 · 연구반은 국립환경과학원에 둔다.

78 환경부장관은 대권역별로 수질 및 수생태계 보전을 위한 기본계획(대권역계획)을 몇 년 마다 수립하여야 하는가?

① 5년 ② 10년
③ 15년 ④ 20년

해설 환경부장관은 대권역별로 수질 및 수생태계 보전을 위한 기본계획(이하 "대권역계획"이라 한다)을 10년마다 수립하여야 한다.

79 환경기술인 등의 교육에 관한 내용으로 틀린 것은?

① 환경기술인의 교육기관은 환경보전협회이다.
② 교육과정의 교육기간은 5일 이내로 한다.
③ 기술요원의 교육기관은 국립환경인력개발원이다.
④ 교육과정은 환경기술인 과정과 배출 · 방지시설 기술요원 과정이 있다.

해설 환경기술인의 교육과정
㉠ 환경기술인 과정
㉡ 폐수처리기술요원 과정

80 1일 폐수배출량이 500m³인 사업장의 규모기준으로 옳은 것은?(단, 기타 조건은 고려하지 않음)

① 제2종 사업장
② 제3종 사업장
③ 제4종 사업장
④ 제5종 사업장

해설 사업장의 규모별 구분

종류	배출규모
제1종 사업장	1일 폐수배출량이 2,000m³ 이상인 사업장
제2종 사업장	1일 폐수배출량이 700m³ 이상, 2,000m³ 미만인 사업장
제3종 사업장	1일 폐수배출량이 200m³ 이상, 700m³ 미만인 사업장
제4종 사업장	1일 폐수배출량이 50m³ 이상, 200m³ 미만인 사업장
제5종 사업장	위 제1종부터 제4종까지의 사업장에 해당하지 아니하는 배출시설

SECTION 01　수질오염개론

01 물의 밀도에 대한 설명으로 가장 거리가 먼 것은?

① 물의 밀도는 3.98℃에서 최댓값을 나타낸다.
② 해수의 밀도가 담수의 밀도보다 큰 값을 나타낸다.
③ 물의 밀도는 3.98℃보다 온도가 상승하거나 하강하면서 감소한다.
④ 물의 밀도는 비중량을 부피로 나눈 값이다.

해설 물의 밀도는 질량을 부피로 나눈 값이다.

02 분뇨처리과정에서 병원균과 기생충란을 사멸하기 위한 온도는?

① 25~30℃　　② 35~40℃
③ 45~50℃　　④ 55~60℃

해설 분뇨처리과정에서 병원균과 기생충란을 사멸하기 위한 온도는 55~60℃이다.

03 일반적으로 담수의 DO가 해수의 DO보다 높은 이유로 가장 적절한 것은?

① 수온이 낮기 때문에
② 염도가 낮기 때문에
③ 산소의 분압이 크기 때문에
④ 기압에 따른 산소용해율이 크기 때문에

해설 해수는 담수보다 염도가 높아 DO 농도가 낮다.

04 상수원에 대한 수질검사 결과 질산성 질소만 다량 검출되었을 때 옳은 것은?

① 유기질소에 의한 일시적인 오염
② 유기질소에 의한 계속적인 오염
③ 유기질소에 의한 영구적인 오염
④ 지질(地質)에 의한 오염

05 호기성 Bacteria의 질소 함량은?(단, 경험적 호기성 박테리아를 나타내는 화학식 기준)

① 약 4.2%　　② 약 8.9%
③ 약 12.4%　　④ 약 18.2%

해설 호기성 박테리아의 경험적 분자식은 $C_5H_7NO_2$이다.

$$박테리아의\ 질소\ 함량 = \frac{N}{C_5H_7NO_2} \times 100$$
$$= \frac{14(g)}{113(g)} \times 100 = 12.39(\%)$$

06 성층현상이 있는 호수에서 수온의 큰 도약을 가지는 층은?

① Hypolimnion
② Thermocline
③ Sedimentation
④ Epilimnion

해설 Thermocline은 약층 또는 순환층과 정체층의 중간이라 하여 중간층이라고도 하며, 수온이 수심 1m당 최대 ±0.9℃ 이상 변화하기 때문에 변온층 또는 변환수층이라고도 한다.

07 우리나라 물의 이용 형태별로 볼 때 가장 수요가 많은 용수는?

① 생활용수　　② 공업용수
③ 농업용수　　④ 유지용수

해설 우리나라에서는 농업용수의 이용률이 가장 높고, 그 다음은 발전 및 하천유지용수, 생활용수, 공업용수 순이다.

08 세균의 세포 형성에 따른 분류가 아닌 것은?

① 구균　　② 진균
③ 간균　　④ 나선균

해설 세균의 형태학적 분류
㉠ 구균(원형)
㉡ 간균(막대기형)
㉢ 나선균(나선모양)
㉣ 방선균(균사체)

09 지하수가 오염되었을 때, 실시할 수 있는 대책 중 오염물질의 유발요인이 집중적이고 오염된 면적이 비교적 적을 경우 적용할 수 있는 가장 적절한 방법은?

① 현장공기추출법
② 유해물질 굴착 제거법
③ 오염지하수의 양수 처리법
④ 토양 내의 미생물을 이용한 처리법

10 석회를 투입하여 물의 경도를 제거하고자 한다. 반응식이 다음과 같을 때 Ca^{2+} 20mg/L를 제거하기 위해 필요한 석회량(mg/L)은?(단, Ca의 원자량은 40이다.)

$$Ca(HCO_3)_2 + Ca(OH)_2 \rightarrow 2CaCO_3 \downarrow + 2H_2O$$

① 18
② 28
③ 37
④ 45

해설
$$Ca^{2+} \equiv Ca(OH)_2$$
40mg : 74mg
20mg/L : X
$$\therefore X = 37(mg/L)$$

11 수중의 용존산소에 대한 설명으로 가장 거리가 먼 것은?

① 수온이 높을수록 용존산소량은 감소한다.
② 용존염류의 농도가 높을수록 용존산소량은 감소한다.
③ 같은 수온하에서는 담수보다 해수의 용존산소량이 높다.
④ 현존 용존산소 농도가 낮을수록 산소전달률은 높아진다.

해설 동일한 수온하에서는 담수보다 해수의 용존산소량이 낮다.

12 미생물 중 Fungi에 관한 설명이 아닌 것은?

① 탄소 동화작용을 하지 않는다.
② pH가 낮아도 잘 성장한다.
③ 충분한 용존산소에서만 잘 성장한다.
④ 폐수 처리 중에는 Sludge Bulking의 원인이 된다.

해설 Fungi는 슬러지 벌킹의 원인이 되는 것으로 물질대사 범위가 넓다.

13 크기가 300m³인 반응조에 색소를 주입할 경우, 주입농도가 150mg/L이었다. 이 반응조에 연속적으로 물을 넣어 색소 농도를 2mg/L로 유지하기 위하여 필요한 소요시간(hr)은?(단, 유입유량은 5m³/hr이며, 반응조 내의 물은 완전혼합, 1차 반응이라 가정한다.)

① 205
② 215
③ 260
④ 295

해설
$$\ln \frac{C_t}{C_o} = -\left(\frac{Q}{\forall}\right) \times t$$
$$\ln \frac{2}{150} = -\left(\frac{5m^3}{hr} \middle| \frac{}{300m^3}\right) \times t$$
$$\therefore t = 259.05(hr)$$

14 해수의 특성에 관한 설명으로 옳은 것은?

① 해수 내 아질산성 질소와 질산성 질소는 전체 질소의 약 35%이며 나머지는 암모니아성 질소와 유기질소의 형태이다.
② 해수의 pH는 7.3~7.8 정도이며 탄산염의 완충용액이다.
③ 해수의 주요 성분 농도비는 일정하다.
④ 해수는 약전해질로 평균 35% 정도의 염분농도를 함유한다.

해설 해수의 특성
㉠ 해수 내 전체 질소 중 약 35% 정도는 암모니아성 질소와 유기질소의 형태이다.
㉡ 해수의 pH는 약 8.2로서 약알칼리성이며, $Ca(HCO_3)_2$를 포화시킨 상태로 되어 있다.
㉢ 해수는 강전해질로서 1L당 35g(35,000ppm)의 염분을 함유한다.

15 1차 반응에서 반응 개시의 물질 농도가 220mg/L이고, 반응 1시간 후의 농도는 94mg/L이었다면 반응 8시간 후 물질의 농도는?

① 0.12mg/L
② 0.25mg/L
③ 0.36mg/L
④ 0.48mg/L

16 폭이 60m, 수심이 1.5m로 거의 일정한 하천에서 유량을 측정하였더니 18m³/sec이었다. 하류의 어떤 지점에서 측정한 BOD 농도가 17mg/L이었다면 이로부터 상류 40km 지점의 BOD_u의 농도는?(단, K_1 = 0.1/day(자연대수인 경우), 중간에는 지천이 없으며, 기타 조건은 고려하지 않음)

① 28.9mg/L ② 25.2mg/L
③ 23.8mg/L ④ 21.4mg/L

해설 BOD 잔류공식을 이용한다.

$$BOD_t = BOD_u \times e^{-k \cdot t}$$

여기서, $BOD_t = 17(mg/L)$

$K = 0.1/day$

$$t = \frac{\forall}{Q} = \frac{60 \times 1.5 \times 40,000(m^3)}{18(m^3/sec) \times 86,400(sec/day)}$$

$$= 2.3148(day)$$

$$\therefore 17 = BOD_u \times e^{\left(-\frac{0.1}{day}\middle|2.31day\right)}$$

$$\therefore BOD_u = 21.43(mg/L)$$

17 분뇨처리장에서 1차 처리 후 BOD 농도가 2,000 mg/L, Cl^- 농도가 200mg/L로 너무 높아 2차 처리에 어려움이 있어 희석수로 희석하고자 한다. 희석수의 Cl^- 농도는 10mg/L이고, 희석 후 2차 처리 유입수의 Cl^- 농도가 20mg/L일 때 희석배율은?

① 19배 ② 21배
③ 23배 ④ 25배

해설

$$C_m = \frac{C_1 Q_1 + C_2 Q_2}{Q_1 + Q_2} \quad (Q_1 = 1로 \ 가정)$$

$$20 = \frac{200 \times 1 + 10 \times x}{1 + x}$$

$x = 18$

처음 유량은 1이고, 희석수 유량이 18이라면 희석배율은 19배이다.

18 혐기성 조건하에서 295g의 Glucose($C_6H_{12}O_6$)로부터 발생 가능한 CH_4가스의 용적은?(단, 완전분해, 표준상태 기준)

① 약 60L ② 약 80L
③ 약 110L ④ 약 150L

해설 $C_6H_{12}O_6 \rightarrow 3CO_2 + 3CH_4$

180g $3 \times 22.4L$

295g   X(L)

$\therefore X(L) = 110.13(L)$

19 유량이 10,000m³/day인 폐수를 BOD 4mg/L, 유량 4,000,000m³/day인 하천에 방류하였다. 방류한 폐수가 하천수와 완전 혼합되었을 때 하천의 BOD가 1mg/L 높아졌다면 하천에 가해진 폐수의 BOD 부하량은?(단, 기타 조건은 고려하지 않음)

① 1,425kg/day ② 1,810kg/day
③ 2,250kg/day ④ 4,050kg/day

해설

$$C_m = \frac{Q_1 C_1 + Q_2 C_2}{Q_1 + Q_2}$$

$Q_1 =$ 하천의 유량 $= 4,000,000(m^3/day)$

여기서, C_1 : 하천의 BOD 농도 $= 4(mg/L)$

Q_2 : 폐수의 유량 $= 10,000(m^3/day)$

C_2 : 폐수의 BOD 농도 $= ?$

C_m : 완전혼합지점에서의 BOD 농도 $= 5(mg/L)$

$$5 = \frac{(4,000,000 \times 4) + (10,000 \times C_2)}{4,000,000 + 10,000}$$

$C_2 = 405(mg/L)$

$\therefore$ BOD 부하(kg/day)

$$= \frac{10,000m^3}{day}\middle|\frac{405mg}{L}\middle|\frac{10^3L}{1m^3}\middle|\frac{1kg}{10^6mg}$$

$$= 4,050(kg/day)$$

20 화학반응에서 의미하는 산화에 대한 설명이 아닌 것은?

① 산소와 화합하는 현상이다.
② 원자가가 증가되는 현상이다.
③ 전자를 받아들이는 현상이다.
④ 수소화합물에서 수소를 잃는 현상이다.

해설 산화란 원래는 산화된 물질을 본래의 물질로 되돌리는 것을 뜻하지만 수소 및 전자를 빼앗기는 변화 또는 그것에 수반되는 화학적 반응을 말한다.

SECTION 02 수질오염방지기술

21 다음 ( ) 안에 알맞은 내용은?

> 상수의 계획취수량을 확보하기 위하여 필요한 저수용량의 결정에 사용하는 계획기준년은 원칙적으로 ( )에 제1위 정도의 갈수를 표준으로 한다.

① 5개년 ② 7개년
③ 10개년 ④ 15개년

해설 상수의 계획취수량을 확보하기 위하여 필요한 저수용량의 결정에 사용하는 계획기준년은 원칙적으로 10개년에 제1위 정도의 갈수를 표준으로 한다.

22 활성슬러지 폭기조의 F/M 비를 0.4kg BOD/kg MLSS · day로 유지하고자 한다. 운전조건이 다음과 같을 때 MLSS의 농도(mg/L)는?(단, 운전조건 : 폭기조 용량 100m³, 유량 1,000m³, 유입 BOD 100mg/L)

① 1,500 ② 2,000
③ 2,500 ④ 3,000

해설
$$F/M = \frac{BOD_i \cdot Q_i}{\forall \cdot X} \quad X = \frac{BOD_i \cdot Q_i}{\forall \cdot F/M}$$

$$X(MLSS) = \frac{100mg}{L} \left| \frac{1,000m^3}{day} \right| \frac{}{100m^3} \left| \frac{kg \cdot day}{0.4kg} \right.$$
$$= 2,500(mg/L)$$

23 최근 활성슬러지법으로 2차 폐수처리장을 건설할 때 1차 침전지(Primary Settling Tank)를 생략하는 경우가 많아지고 있다. 1차 침전지가 없으므로 갖는 장점이 아닌 것은?

① 부지 면적과 건설비가 절감된다.
② 충격 부하 시 처리가 용이하다.

③ 슬러지 양이 감소된다.
④ 생물학적 처리 이전의 고농도 유기물의 부패가 방지된다.

24 하 · 폐수 처리의 근본적인 목적으로 가장 알맞은 것은?

① 질 좋은 상수원의 확보
② 공중보건 및 환경보호
③ 미관 및 냄새 등 심미적 요소의 충족
④ 수중생물의 보호

25 정수처리시설 중 완속여과지에 관한 설명으로 가장 거리가 먼 것은?

① 완속여과지의 여과속도는 15~25m/day를 표준으로 한다.
② 여과면적은 계획정수량을 여과속도로 나누어 구한다.
③ 완속여과지의 모래층의 두께는 70~90cm를 표준으로 한다.
④ 여과지의 모래면 위의 수심은 90~120cm를 표준으로 한다.

해설 완속여과지의 여과속도는 4~5m/day를 표준으로 한다.

26 유기인 함유 폐수에 관한 설명으로 틀린 것은?

① 폐수에 함유된 유기인 화합물은 파라치온, 말라치온 등의 농약이다.
② 유기인 화합물은 산성이나 중성에서 안정하다.
③ 물에 쉽게 용해되어 독성을 나타내기 때문에 전처리 과정을 거친 후 생물학적 처리법을 적용할 수 있다.
④ 가장 일반적이고 효과적인 방법은 생석회 등의 알칼리로 가수분해시키고 응집침전 또는 부상으로 전처리한 다음 활성탄 흡착으로 미량의 잔유물질을 제거시키는 것이다.

해설 유기인 화합물은 물에 잘 녹지 않는 물질이다.

27 1차 침전지의 침전효율에 가장 큰 영향을 미치는 인자는?

① 침전지 폭
② 침전지 깊이
③ 침전지 표면적
④ 침전지 부피

28 분뇨 처리에 있어서 SVI를 측정한 결과 120이었고 SV는 30%이었다. 포기조의 MLSS 농도는?

① 2,000mg/L
② 2,500mg/L
③ 3,000mg/L
④ 3,500mg/L

해설 $SVI = \dfrac{SV_{30}(\%) \times 10^4}{MLSS}$

$MLSS = \dfrac{SV_{30}(\%) \times 10^4}{SVI} = \dfrac{30 \times 10^4}{120} = 2,500(mg/L)$

29 오존살균에 관한 설명으로 틀린 것은?

① 오존은 상수의 최종살균을 위해 주로 사용된다.
② 오존은 저장할 수 없어 현장에서 생산해야 한다.
③ 오존은 산소의 동소체로 HOCl보다 더 강력한 산화제이다.
④ 수용액에서 오존은 매우 불안정하여 20℃의 증류수에서의 반감기는 20~30분 정도이다.

해설 오존은 자체의 잔류 독성이 없으며, 소독의 지속성 또한 없다. 현재까지 알려진 바에 의하면 상수처리 시 오존의 사용은 배수 시스템의 미생물 증식을 초래하고, 미생물의 증식은 모든 문제를 야기할 수 있으며, 강한 산화력은 난분해성 물질을 분해하여 생분해성 저분자 물질로 전환시킬 수 있다. 따라서 살충제가 에폭시 화합물과 같은 더욱 독성이 강한 물질로 변환시킬 수도 있는 것으로 알려지고 있기 때문에 상수처리 시 최종처리로는 사용하지 않고 있다.

30 20℃에서 탈산소계수 k = 0.23^{-1}인 어떤 유기물 폐수의 BOD$_5$가 200mg/L일 때 2일 BOD는?(단, 상용대수를 적용한다.)

① 78mg/L
② 88mg/L
③ 140mg/L
④ 204mg/L

해설 $BOD_5 = BOD_u \left(1 - 10^{-K_1 \cdot t}\right)$

$200 = BOD_u \left(1 - 10^{-0.23 \times 5}\right)$

$BOD_u = 215.24(mg/L)$

$BOD_2 = 215.24 \times \left(1 - 10^{-0.23 \times 2}\right) = 140.61(mg/L)$

31 침전지의 수면적 부하와 관련이 없는 것은?

① 유량
② 표면적
③ 속도
④ 유입농도

해설 수면적 부하$(V_o) = \dfrac{처리유량}{침전지\ 표면적}$

32 하수 소독방법인 UV 살균의 장점으로 가장 거리가 먼 것은?

① 유량과 수질의 변동에 대해 적응력이 강하다.
② 접촉시간이 짧다.
③ 물의 탁도나 혼탁이 소독효과에 영향을 미치지 않는다.
④ 강한 살균력으로 바이러스에 대해 효과적이다.

해설 UV 살균은 물의 탁도가 높으면 소독능력이 감소한다.

33 물 5m^{3}의 DO가 9.0mg/L이다. 이 산소를 제거하는 데 이론적으로 필요한 아황산나트륨(Na$_2$SO$_3$)의 양은?(단, 나트륨 원자량 : 23)

① 약 355g
② 약 385g
③ 약 402g
④ 약 429g

해설 $Na_2SO_3 + 0.5O_2 \rightarrow Na_2SO_4$

$126(g)$: $0.5 \times 32(g)$
$X(mg/L)$: $9(mg/L)$
$X = 70.875(mg/L)$

∴ 아황산나트륨의 양(g)

$= \dfrac{70.875mg}{L} \left|\dfrac{1g}{10^3 mg}\right| \dfrac{5m^3}{} \left|\dfrac{10^3 L}{1m^3}\right|$

$= 354.375(g)$

27. ③ 28. ② 29. ① 30. ③ 31. ④ 32. ③ 33. ① | **ANSWER**

34 인구 15만 명의 도시에서 유량이 $400,000\text{m}^3/\text{day}$ 이고, BOD가 1.2mg/L인 하천에 $50,000\text{m}^3/\text{day}$ 의 하수가 배출된다고 가정한다. 하수처리장에서 처리된 하수가 유입되어 BOD가 2.0ppm으로 유지될 때, BOD 제거율은?(단, 1인당 1일 BOD 배출량 50g, 하수가 하천으로 유입될 때는 완전혼합으로 가정)

① 88.5%   ② 92.5%

③ 94.4%   ④ 96.5%

해설 하천의 유량 : $400,000(\text{m}^3/\text{day})$

㉠ 하천의 BOD : 1.2(mg/L)

㉡ 배출 폐수의 부하량 : 15만 명 $\times \dfrac{50\text{g}}{\text{인}\cdot\text{일}} = 7500,000(\text{g}/\text{일})$

㉢ 배출 폐수의 유량 : $50,000(\text{m}^3/\text{day})$

㉣ 배출 폐수의 BOD : $\dfrac{7,500,000\text{g}}{\text{day}} \times \dfrac{\text{day}}{50,000\text{m}^3}$

$\times \dfrac{10^3\text{mg}}{\text{g}} \times \dfrac{\text{m}^3}{10^3\text{L}} = \dfrac{150\text{mg}}{\text{L}}$

㉤ 혼합 후의 하천 BOD 농도 :

$\dfrac{\text{하천의 부하량} + \text{처리 후 나오는 폐수의 부하량}}{\text{하천의 유량} + \text{폐수의 유량}}$

$2\text{mg/L} = \dfrac{\begin{array}{c}400,000\text{m}^3/\text{day} \times 1.2\text{mg/L} \\ + 50,000\text{m}^3/\text{day} \times X\text{mg/L}\end{array}}{400,000\text{m}^3/\text{day} + 50,000\text{m}^3/\text{day}}$

$X = 8.4(\text{mg/L})$

$\text{BOD 제거율}(\%) = \left(1 - \dfrac{C_o}{C_i}\right) \times 100$

$= \left(1 - \dfrac{8.4\text{mg/L}}{150\text{mg/L}}\right) \times 100$

$= 94.4(\%)$

35 산화지에 관한 설명으로 틀린 것은?

① 호기성 산화지의 깊이는 $0.3 \sim 0.6\text{m}$ 정도이며, 산소는 바람에 의한 표면포기와 조류에 의한 광합성에 의하여 공급된다.

② 호기성 산화지는 전 수심에 걸쳐 주기적으로 혼합시켜 주어야 한다.

③ 임의성 산화지는 가장 흔한 형태의 산화지며, 깊이는 $1.5 \sim 2.5\text{m}$ 정도이다.

④ 임의성 산화지는 체류시간이 $7 \sim 20$일 정도이며 BOD 처리효율이 우수하다.

해설 임의성 산화지의 깊이는 $0.5 \sim 2.5\text{m}$, 체류시간은 $25 \sim 180$일 정도이다.

36 BOD 12,000ppm, 염소이온 농도 800ppm의 분뇨를 희석해서 활성오니법으로 처리하였다. 처리수가 BOD 60ppm, 염소이온 농도 50ppm으로 되었을 때 BOD 제거율은?(단, 염소이온은 활성오니법으로 처리할 때 제거되지 않는다고 가정)

① 85%   ② 88%

③ 92%   ④ 95%

해설 $\text{BOD 제거효율}(\%) = \left(1 - \dfrac{BOD_o}{BOD_i}\right) \times 100$

㉠ BOD_i : 12,000ppm

㉡ BOD_o : 분뇨 정화조 생폐수를 희석했으므로 염소농도로 희석배수를 구하여 계산하면,

희석배수 $= \dfrac{800}{50} = 16(\text{배})$

처리수의 BOD 농도 $= 60 \times 16 = 960(\text{mg/L})$

∴ $\text{BOD 제거효율}(\%) = \left(1 - \dfrac{BOD_o}{BOD_i}\right) \times 100$

$= \left(1 - \dfrac{960}{12,000}\right) \times 100 = 92(\%)$

37 하수고도 처리공법인 A/O 공법의 공정 중 혐기조의 역할을 가장 적절하게 설명한 것은?

① 유기물 제거, 질산화

② 탈질, 유기물 제거

③ 유기물 제거, 용해성 인 방출

④ 유기물 제거, 인 과잉흡수

해설 A/O 공법의 혐기조에서는 유기물 제거와 인의 방출이 일어나고 폭기조에서는 인의 과잉섭취가 일어난다.

38 $3,200\text{m}^3/\text{day}$의 하수를 폭 4m, 깊이 3.2m, 길이 20m인 직사각형 침전지로 처리한다면 이 침전지의 표면부하율은?

① 30m/day   ② 40m/day

③ 50m/day   ④ 60m/day

해설 $\text{표면부하율} = \dfrac{\text{유입유량}(\text{m}^3/\text{day})}{\text{수면적}(\text{m}^2)}$

㉠ 유입유량 $= 3,200\text{m}^3/\text{day}$

㉡ 수면적 $= 4 \times 20 = 80\text{m}^2$

∴ $\text{표면부하율} = \dfrac{3,200(\text{m}^3/\text{day})}{80(\text{m}^2)} = 40(\text{m/day})$

39 하수관거의 부식과 가장 관계가 깊은 것은?

① NH_3 가스　　　　② H_2S 가스

③ CO_2 가스　　　　④ CH_4 가스

40 활성탄 흡착의 정도와 평형관계를 나타내는 식과 관계가 가장 먼 것은?

① Freundlich 식

② Michaelis－Santen 식

③ Langmuir 식

④ BET 식

해설 등온흡착선을 수식화한 것을 등온흡착모델이라 하며 프로인틀리히(Freundlich), 랭뮤어(Langmuir), BET, 헨리형 등의 흡착모델이 있다.

SECTION **03** 수질오염공정시험기준

41 원자흡수분광광도계에 사용되는 가장 일반적인 불꽃 조성가스는?

① 산소－공기

② 아세틸렌－공기

③ 프로판－산화질소

④ 아세틸렌－질소

해설 불꽃 생성을 위해 아세틸렌(C_2H_2)－공기가 일반적인 원소 분석에 사용되며, 아세틸렌－아산화질소(N_2O)는 바륨 등의 산화물을 생성하는 원소의 분석에 사용된다.

42 다음의 (　) 안에 알맞은 것은?

> 6가크롬 측정원리는 6가크롬을 (　　)와(과) 반응하여 생성되는 적자색의 착화합물의 흡광도를 측정, 정량한다.

① 다이아조화페닐

② 다이에틸디티오카르바민산나트륨

③ 아스코르빈산은

④ 다이페닐카바자이드

해설 물속에 존재하는 6가크롬을 자외선/가시선 분광법으로 측정하는 것으로, 산성 용액에서 다이페닐카바자이드와 반응하여 생성되는 적자색 착화합물의 흡광도를 540nm에서 측정한다.

43 pH 측정에 사용하는 전극이 오염되었을 때 전극의 세척에 사용하는 용액은?

① 황산 0.1M　　　　② 황산 0.01M

③ 염산 0.1M　　　　④ 염산 0.01M

해설 전극이 더러워진 경우 세제나 염산용액(0.1M) 등으로 닦아낸 다음 정제수로 충분히 흘려 씻어 낸다.

44 수은 측정을 위해 자외선/가시선 분광법(디티존법)을 적용할 때 사용되는 완충액은?

① 인산－탄산염 완충용액

② 붕산－탄산염 완충용액

③ 인산－수산염 완충용액

④ 붕산－수산염 완충용액

해설 수은을 황산 산성에서 디티존 · 사염화탄소로 1차 추출하고 브롬화칼륨 존재하에 황산산성에서 역추출하여 방해 성분과 분리한 다음 인산－탄산 완충용액 존재하에서 디티존 · 사염화탄소로 수은을 추출하여 490nm에서 흡광도를 측정하는 방법이다.

45 자외선/가시선 분광법으로 정량하는 물질이 아닌 것은?

① 총인

② 노말헥산 추출물질

③ 불소

④ 페놀

46 이온크로마토그래피의 일반적인 시료주입량과 주입방식은?

① 1~5μL, 루프－벨브에 의한 주입방식

② 5~10μL, 분무기에 의한 주입방식

③ 10~100μL, 루프－벨브에 의한 주입방식

④ 100~250μL, 분무기에 의한 주입방식

해설 일반적으로 미량의 시료를 사용하기 때문에 루프-밸브에 의한 주입방식이 많이 이용되며 시료주입량은 보통 $10\sim100\mu L$이다.

47 시험에 적용되는 용어의 정의로 틀린 것은?

① 기밀용기 : 취급 또는 저장하는 동안에 밖으로부터의 공기 또는 다른 가스가 침입하지 아니하도록 내용물을 보호하는 용기

② 정밀히 단다 : 규정된 양의 시료를 취하여 화학저울 또는 미량저울로 칭량함을 말한다.

③ 정확히 취하여 : 규정된 양의 액체를 부피피펫으로 눈금까지 취하는 것을 말한다.

④ 감압 : 따로 규정이 없는 한 15mmH₂O 이하를 뜻한다.

해설 ④ 감압 : 따로 규정이 없는 한 15mmHg 이하를 뜻한다.

48 용존산소-적정법으로 DO를 측정할 때 지시약 투입 후 적정 시 종말점의 색은?

① 청색　　　　　　② 무색
③ 황색　　　　　　④ 홍색

해설 BOD 병의 용액 200mL를 정확히 취하여 황색이 될 때까지 티오황산나트륨 용액(0.025M)으로 적정한 다음, 전분용액 1mL를 넣어 용액을 청색으로 만든다. 이후 다시 티오황산나트륨용액(0.025M)으로 용액이 청색에서 무색이 될 때까지 적정한다.

49 폐수 중의 부유물질을 측정하기 위한 실험에서 다음과 같은 결과를 얻었다. 이 결과로부터 알 수 있는 거름종이와 여과물질(건조상태)의 무게는?(단, 거름종이 무게 : 1.991g, 시료의 SS : 120mg/L, 시료량 : 200mL)

① 2.005g　　　　　② 2.015g
③ 2.150g　　　　　④ 2.550g

해설 부유물질(mg/L) $= (b-a) \times \dfrac{1,000}{V}$

$120(\text{mg/L}) = (b-1.991)\text{mg} \times \dfrac{1,000}{200\text{mL}}$

$\therefore b = 2.015(\text{g})$

50 다음 이온 중 이온크로마토그래피로 분석 시 정량한계 값이 다른 하나는?

① F　　　　　　② NO₂
③ Cl　　　　　　④ SO₄²⁻

해설 각 음이온의 정량한계 값

음이온	정량한계(mg/L)
F^-	0.1
Br^-	0.03
NO_2^-	0.1
NO_3^-	0.1
Cl^-	0.1
PO_4^-	0.1
SO_4^{2-}	0.5

51 처리하여 방류된 공장폐수의 BOD 값을 전혀 모르고 BOD 측정을 하려 할 때 희석수에 함유되는 공장폐수 시료의 비율은?

① 0.1~1.0%　　　　② 1~5%
③ 5~25%　　　　　④ 25~50%

해설 예상 BOD 값에 대한 사전경험이 없을 때에는 희석하여 시료를 조제한다.
ㄱ 오염 정도가 심한 공장폐수 : 0.1~1.0%
ㄴ 처리하지 않은 공장폐수와 침전된 하수 : 1~5%
ㄷ 처리하여 방류된 공장폐수 : 5~25%
ㄹ 오염된 하천수 : 25~100%

52 폐수처리 공정 중 관내의 압력이 필요하지 않은 측정용 수로의 유량 측정장치인 웨어가 적용되지 않는 것은?

① 공장폐수원수　　　② 1차 처리수
③ 2차 처리수　　　　④ 공정수

해설 폐수처리 공정에서 유량 측정장치의 적용

구분	웨어(Weir)	플룸(Flume)
공장폐수원수(Raw Wastewater)		O
1차 처리수(Primary Effluent)	O	O
2차 처리수(Secondary Effluent)	O	O
1차 슬러지(Primary Sludge)		
반송슬러지(Return Sludge)		
농축슬러지(Thickened Sludge)		
포기액(Mixed Liquor)		
공정수(Process Water)	O	O

53 자외선/가시선 분광법으로 비소를 측정할 때의 방법이다. ( ) 안에 옳은 내용은?

> 물속에 존재하는 비소를 측정하는 방법으로, (㉠)로 환원시킨 다음 아연을 넣어 발생되는 수소화비소를 다이에틸다이티오카비민산은의 피리딘 용액에 흡수시켜 생성된 (㉡) 착화합물을 (㉢)에서 흡광도를 측정하는 방법이다.

① ㉠ 3가 비소, ㉡ 청색, ㉢ 620nm
② ㉠ 3가 비소, ㉡ 적자색, ㉢ 530nm
③ ㉠ 6가 비소, ㉡ 청색, ㉢ 620nm
④ ㉠ 6가 비소, ㉡ 적자색, ㉢ 530nm

해설 물속에 존재하는 비소를 측정하는 방법으로, 3가 비소로 환원시킨 다음 아연을 넣어 발생되는 수소화비소를 다이에틸다이티오카바민산은(Ag-DDTC)의 피리딘 용액에 흡수시켜 생성된 적자색 착화합물을 530nm에서 흡광도를 측정하는 방법이다.

54 물벼룩을 이용한 급성 독성 시험법(시험생물)에 관한 내용으로 틀린 것은?

① 시험하기 12시간 전부터는 먹이 공급을 중단하여 먹이에 대한 영향을 최소화한다.
② 태어난 지 24시간 이내의 시험생물일지라도 가능한 한 크기가 동일한 시험생물을 시험에 사용한다.
③ 배양 시 물벼룩이 표면에 뜨지 않아야 하고, 표면에 뜰 경우 시험에 사용하지 않는다.
④ 물벼룩을 옮길 때 사용되는 스포이드에 의한 교차오염이 발생하지 않도록 주의를 기울인다.

해설 시험하기 2시간 전에 먹이를 충분히 공급하여 시험 중 먹이가 주는 영향을 최소화하도록 한다.

55 배출허용기준 적합 여부 판정을 위한 복수시료 채취 방법에 대한 기준으로 ( ) 안에 알맞은 것은?

> 자동시료채취기로 시료를 채취할 경우에 6시간 이내에 30분 이상 간격으로 ( ) 이상 채취하여 일정량의 단일 시료로 한다.

① 1회
② 2회
③ 4회
④ 8회

해설 자동시료채취기로 시료를 채취할 경우에는 6시간 이내에 30분 이상 간격으로 2회 이상 채취(Composite Sample)하여 일정량의 단일 시료로 한다.

56 용액 중 CN^- 농도를 2.6mg/L로 만들려고 할 때 물 1,000L에 용해될 NaCN의 양(g)은?(단, Na 원자량 : 23)

① 약 5
② 약 10
③ 약 15
④ 약 20

해설
$$X(g) = \frac{2.6mg}{L} \bigg| \frac{1,000L}{} \bigg| \frac{49g \cdot NaCN}{26g \cdot CN}$$
$$= 4,900(mg) = 4.9(g)$$

57 투명도 측정원리에 관한 설명으로 ( ) 안에 알맞은 것은?

> 지름 30cm의 투명도판(백색 원판)을 사용하여 호소나 하천에 보이지 않는 깊이로 넣은 다음 이것을 천천히 끌어올리면서 보이기 시작한 깊이를 (㉠) 단위로 읽어 약 3kg인 지름 30cm의 백색 원판에 지름 (㉡)의 구멍 (㉢)개가 뚫린 것을 사용한다.

① ㉠ 0.1m, ㉡ 5cm, ㉢ 8
② ㉠ 0.1m, ㉡ 10cm, ㉢ 6
③ ㉠ 0.5m, ㉡ 5cm, ㉢ 8
④ ㉠ 0.5m, ㉡ 10cm, ㉢ 6

해설 지름 30cm의 투명도판(백색 원판)을 사용하여 호소나 하천에 보이지 않는 깊이로 넣은 다음 이것을 천천히 끌어올리면서 보이기 시작한 깊이를 0.1m 단위로 읽어 약 3kg인 지름 30cm의 백색 원판에 지름 5cm의 구멍 8개가 뚫린 것을 사용한다.

58 시료의 보존방법 및 최대보존기간에 대한 내용으로 옳은 것은?

① 냄새용 시료는 4℃ 보관, 최대 48시간 동안 보존한다.
② COD용 시료는 황산 또는 질산을 첨가하여 pH 4 이하, 최대 7일간 보존한다.
③ 유기인용 시료는 HCl로 pH 5~9, 4℃ 보관, 최대 7일간 보존한다.

④ 질산성 질소용 시료는 4℃ 보관, 최대 24시간 보존한다.

해설 ① 냄새용 시료는 가능한 한 즉시 분석 또는 냉장보관, 최대 48시간 동안 보존한다.
② COD용 시료는 4℃ 보관, H_2SO_4로 pH 2 이하, 최대 28일간 보존한다.
④ 질산성 질소용 시료는 4℃ 보관, 최대 48시간 보존한다.

59 총대장균군의 분석방법이 아닌 것은?

① 막여과법
② 현미경계수법
③ 시험관법
④ 평판집락법

해설 총대장균군의 분석방법
㉠ 막여과법
㉡ 시험관법
㉢ 평판집락법

60 자외선/가시선 분광법(다이에틸다이티오카르바민산법)을 사용하여 구리(Cu)를 정량할 때 생성되는 킬레이트 화합물의 색깔은?

① 적색
② 황갈색
③ 청색
④ 적자색

해설 물속에 존재하는 구리이온이 알칼리성에서 다이에틸다이티오카르바민산나트륨과 반응하여 생성되는 황갈색의 킬레이트 화합물을 아세트산부틸로 추출하여 흡광도를 440nm에서 측정하는 방법이다.

SECTION **04** 수질환경관계법규

---

61 오염총량관리기본계획 수립 시 포함되어야 하는 사항이 아닌 것은?

① 해당 지역 개발 현황
② 지방자치단체별 · 수계구간별 오염부하량의 할당
③ 관할 지역에서 배출되는 오염부하량의 총량 및 저감계획
④ 해당 지역 개발계획으로 인하여 추가로 배출되는 오염부하량 및 그 저감계획

해설 오염총량관리기본계획 수립 시 포함되어야 하는 사항
㉠ 해당 지역 개발계획의 내용
㉡ 지방자치단체별 · 수계구간별 오염부하량(汚染負荷量)의 할당
㉢ 관할 지역에서 배출되는 오염부하량의 총량 및 저감계획
㉣ 해당 지역 개발계획으로 인하여 추가로 배출되는 오염부하량 및 그 저감계획

62 조업정지처분에 갈음한 과징금 처분대상 배출시설이 아닌 것은?

① 「방위사업법」 규정에 따른 방위산업체의 배출시설
② 「수도법」 규정에 의한 수도시설
③ 「도시가스사업법」 규정에 의한 가스공급시설
④ 「석유 및 석유대체연료 사업법」 규정에 따른 석유비축계획에 따라 설치된 석유비축시설

해설 조업정지처분에 갈음한 과징금 처분대상 배출시설
㉠ 「의료법」에 따른 의료기관의 배출시설
㉡ 발전소의 발전설비
㉢ 「초 · 중등교육법」 및 「고등교육법」에 따른 학교의 배출시설
㉣ 제조업의 배출시설
㉤ 그 밖에 대통령령으로 정하는 배출시설
※ "대통령령이 정하는 배출시설"이란 다음 각 호의 어느 하나에 해당하는 시설을 말한다.
1. 방위산업체의 배출시설
2. 조업을 중지할 경우 배출시설에 투입된 원료 · 부원료 · 용수 또는 제품(반제품을 포함한다) 등이 화학반응을 일으키는 등의 사유로 폭발 또는 화재 등의 사고가 발생할 수 있다고 환경부장관이 인정하는 배출시설
3. 수도시설
4. 석유비축계획에 따라 설치된 석유비축시설
5. 가스공급시설 중 액화천연가스의 인수기지

63 환경부장관이 폐수처리업자의 등록을 취소할 수 있는 경우와 가장 거리가 먼 것은?

① 파산선고를 받도 복권되지 아니한 자
② 거짓이나 그 밖의 부정한 방법으로 등록한 경우
③ 등록 후 1년 이내에 영업을 시작하지 아니하거나 계속하여 1년 이상 영업실적이 없는 경우
④ 「대기환경보전법」을 위반하여 징역의 실형을 선고받고 그 형의 집행이 끝나거나 집행을 받지 아니하기로 확정된 후 2년이 지나지 아니한 사람

해설 폐수처리업자의 등록 취소
ⓐ 피성년후견인 또는 피한정후견인
ⓑ 파산선고를 받고 복권되지 아니한 자
ⓒ 폐수처리업의 등록이 취소된 후 2년이 지나지 아니한 자
ⓓ 이 「대기환경보전법」, 「소음·진동관리법」을 위반하여 징역의 실형을 선고받고 그 형의 집행이 끝나거나 집행을 받지 아니하기로 확정된 후 2년이 지나지 아니한 사람
ⓔ 거짓이나 그 밖의 부정한 방법으로 등록한 경우
ⓕ 등록 후 2년 이내에 영업을 시작하지 아니하거나 계속하여 2년 이상 영업 실적이 없는 경우

64 수질오염감시경보에 관한 내용으로 측정항목별 측정값이 관심단계 이하로 낮아진 경우의 수질오염감시경보단계는?

① 경계
② 주의
③ 해제
④ 관찰

해설 수질오염감시경보의 경보단계
ⓐ 관심
ⓑ 주의
ⓒ 경계
ⓓ 심각
ⓔ 해제

65 수질오염 방지시설 중 생물화학적 처리시설이 아닌 것은?

① 접촉조
② 살균시설
③ 살수여과상
④ 산화시설(산화조 또는 산화지를 말한다.)

해설 생물학적 처리시설
ⓐ 살수여과상
ⓑ 폭기(瀑氣)시설
ⓒ 산화시설(산화조(酸化槽) 또는 산화지(酸化池)를 말한다.)
ⓓ 혐기성·호기성 소화시설
ⓔ 접촉조
ⓕ 안정조
ⓖ 돈사 톱밥 발효시설

66 위임업무 보고사항 중 골프장 맹·고독성 농약 사용 여부 확인 결과에 대한 보고횟수 기준으로 옳은 것은?

① 수시
② 연 4회
③ 연 2회
④ 연 1회

67 배출부과금을 부과할 때 고려하여야 하는 사항에 해당되지 않는 것은?

① 배출시설 규모
② 배출허용기준 초과 여부
③ 수질오염물질의 배출기간
④ 배출되는 수질오염물질의 종류

해설 배출부과금을 부과할 때에는 다음 각 호의 사항을 고려하여야 한다.
ⓐ 배출허용기준 초과 여부
ⓑ 배출되는 수질오염물질의 종류
ⓒ 수질오염물질의 배출기간
ⓓ 수질오염물질의 배출량
ⓔ 자가 측정 여부
ⓕ 그 밖에 수질환경의 오염 또는 개선과 관련되는 사항으로서 환경부령으로 정하는 사항

68 오염총량 초과부과금의 납부 통지는 부과 사유가 발생한 날부터 며칠 이내에 하여야 하는가?

① 15일
② 30일
③ 60일
④ 90일

해설 오염총량 초과부과금의 납부통지는 부과 사유가 발생한 날부터 60일 이내에 하여야 한다.

69 기타수질오염원 대상에 해당되지 않는 것은?

① 골프장
② 수산물 양식시설
③ 농축수산물 수송시설
④ 운수장비 정비 또는 폐차장 시설

해설 기타수질오염원 대상
ⓐ 수산물 양식시설
ⓑ 골프장
ⓒ 운수장비 정비 또는 폐차장 시설
ⓓ 농축산물 단순가공시설
ⓔ 사진 처리 또는 X-ray 시설
ⓕ 금은판매점의 세공시설이나 안경점
ⓖ 복합물류터미널 시설

70 정당한 사유 없이 하천·호소에서 자동차를 세차한 자에 대한 과태료 처분기준으로 옳은 것은?

① 100만 원 이하
② 300만 원 이하
③ 500만 원 이하
④ 1,000만 원 이하

71 환경기술인을 임명하지 아니하거나 임명(바꾸어 임명한 것을 포함한다.)에 대한 신고를 하지 아니한 자에 대한 과태료 처분 기준은?

① 100만 원
② 300만 원
③ 500만 원
④ 1,000만 원

72 사업장 규모에 따른 종별 구분이 잘못된 것은?

① 1일 폐수 배출량 5,000m³ – 제1종 사업장
② 1일 폐수 배출량 1,500m³ – 제2종 사업장
③ 1일 폐수 배출량 800m³ – 제3종 사업장
④ 1일 폐수 배출량 150m³ – 제4종 사업장

해설 사업장 규모에 따른 종별 구분

종류	배출규모
제1종 사업장	1일 폐수배출량이 2,000m³ 이상인 사업장
제2종 사업장	1일 폐수배출량이 700m³ 이상, 2,000m³ 미만인 사업장
제3종 사업장	1일 폐수배출량이 200m³ 이상, 700m³ 미만인 사업장
제4종 사업장	1일 폐수배출량이 50m³ 이상, 200m³ 미만인 사업장
제5종 사업장	위 제1종부터 제4종까지의 사업장에 해당하지 아니하는 배출시설

73 환경부장관이 비점오염원관리지역을 지정, 고시한 때에 관계 중앙행정기관의 장 및 시·도지사와 협의하여 수립하여야 하는 비점오염원 관리대책에 포함되어야 할 사항이 아닌 것은?

① 관리대상 수질오염물질의 종류 및 발생량
② 관리대상 수질오염물질의 관리지역 영향 평가
③ 관리대상 수질오염물질의 발생 예방 및 저감방안
④ 관리목표

해설 비점오염원 관리대책에 포함되어야 할 사항
㉠ 관리목표
㉡ 관리대상 수질오염물질의 종류 및 발생량
㉢ 관리대상 수질오염물질의 발생 예방 및 저감 방안
㉣ 그 밖에 관리지역을 적정하게 관리하기 위하여 환경부령으로 정하는 사항

74 「수질 및 수생태계 보전에 관한 법률」상 호소에서 수거된 쓰레기의 운반·처리 의무자는?

① 수면관리자
② 환경부장관
③ 지방환경관서의 장
④ 특별자치시장·특별자치도지사·시장·군수·구청장

해설 수면관리자는 호소 안의 쓰레기를 수거하고, 해당 호소를 관할하는 특별자치시장·특별자치도지사·시장·군수·구청장은 수거된 쓰레기를 운반·처리하여야 한다.

75 환경부령이 정하는 수로에 해당되지 않는 것은?

① 운하
② 상수관거
③ 지하수로
④ 농업용 수로

해설 환경부령이 정하는 수로
㉠ 지하수로
㉡ 농업용 수로
㉢ 하수관거
㉣ 운하

76 해당 부과기간의 시작일 전 1년 6개월 동안 방류수 수질기준을 초과하지 아니한 사업자의 기본배출부과금 감면율로 옳은 것은?

① 100분의 20
② 100분의 30
③ 100분의 40
④ 100분의 50

해설 기본배출부과금 감면율
㉠ 6개월 이상 1년 내 : 100분의 20
㉡ 1년 이상 2년 내 : 100분의 30
㉢ 2년 이상 3년 내 : 100분의 40
㉣ 3년 이상 : 100분의 50

77 다음 중 특정 수질 유해물질인 것은?

① 바륨화합물
② 브롬화합물
③ 니켈과 그 화합물
④ 셀레늄과 그 화합물

78 「환경정책기본법 시행령」에서 명시된 환경기준 중 수질 및 수생태계(해역)의 생활환경기준 항목이 아닌 것은?

① 총 질소
② 총 대장균군
③ 수소이온 농도
④ 용매 추출유분

해설 수생태계(해역)의 생활환경기준

항목	수소이온농도 (pH)	총 대장균군 (총대장균 군수/ 100mL)	용매 추출유분 (mg/L)
기준	6.5~8.5	1,000 이하	0.01 이하

79 수질 및 수생태계 정책심의위원회에 관한 설명으로 틀린 것은?

① 위원회의 위원장은 환경부 차관으로 한다.
② 수질 및 수생태계와 관련된 측정·조사에 관한 사항을 심의한다.
③ 환경부장관이 위촉하는 수질 및 수생태계관련 전문가 3명을 포함한다.
④ 위원회는 위원장과 부위원장 각 1명을 포함한 20명 이내의 위원으로 성별을 고려하여 구성한다.

해설 위원회의 위원장은 환경부장관으로 하고, 부위원장은 위원 중에서 위원장이 임명하거나 위촉하는 사람으로 한다.

80 환경부장관은 대권역별로 수질 및 수생태계 보전을 위한 기본계획을 몇 년마다 수립하여야 하는가?

① 1년   ② 3년
③ 5년   ④ 10년

해설 환경부장관은 대권역별로 수질 및 수생태계 보전을 위한 기본계획(이하 "대권역계획"이라 한다.)을 10년마다 수립하여야 한다.

SECTION 01 수질오염개론

01 Cd^{2+}를 함유하는 산성 수용액의 pH를 증가시키면 침전이 생긴다. pH를 11로 증가시켰을 때 Cd^{2+} 농도(mg/L)는?(단, $Cd(OH)_2$의 Ksp = 4×10^{-14}, 원자량 Cd = 112, O = 16, H = 1, 기타 공존이온의 영향이나 착염에 의한 재용해는 없는 것으로 본다.)

① 3.12×10^{-3}
② 3.46×10^{-3}
③ 4.48×10^{-3}
④ 6.29×10^{-3}

해설 $Cd(OH)_2 \rightarrow Cd^{2+} + 2OH^-$
$Ksp = [Cd^{2+}][OH^-]^2$
$4.0 \times 10^{-14} = [Cd^{2+}][1 \times 10^{-14}/10^{-11}]^2$
$[Cd^{2+}] = 4.0 \times 10^{-8} (mol/L)$
$Cd^{2+}(mg/L) = \dfrac{4.0 \times 10^{-8}mol}{L} \left| \dfrac{112g}{1mol} \right| \dfrac{1,000mg}{g}$
$\qquad = 4.48 \times 10^{-3}$

02 물의 동점성계수를 가장 알맞게 나타낸 것은?

① 전단력(τ)과 점성계수(μ)를 곱한 값이다.
② 전단력(τ)과 밀도(ρ)로 곱한 값이다.
③ 점성계수(μ)를 전단력(τ)으로 나눈 값이다.
④ 점성계수(μ)를 밀도(ρ)로 나눈 값이다.

해설 동점성계수(Kinematic Viscosity ; v)는 점성계수(μ)를 밀도(ρ)로 나눈 값을 말한다.

03 일반적으로 물속의 용존산소(DO) 농도가 증가하게 되는 경우는?

① 수온이 낮고 기압이 높을 때
② 수온이 낮고 기압이 낮을 때
③ 수온이 높고 기압이 높을 때
④ 수온이 높고 기압이 낮을 때

04 일반적인 하천에 유기물질이 배출되었을 때 하천의 수질변화를 나타낸 것이다. 그림 중 곡선 (2)가 나타내는 수질지표로 가장 적절한 것은?

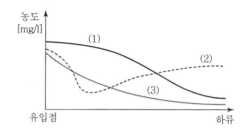

① DO
② BOD
③ SS
④ COD

05 성장을 위한 먹이(탄소원) 취득방법이 나머지와 크게 다른 것은?

① 조류
② 곰팡이
③ 질산화박테리아
④ 황박테리아

해설 조류, 질산화박테리아, 황박테리아는 탄소원을 CO_2에서 얻는 독립영양계 미생물이며, 곰팡이는 유기물질이나 환원된 탄소에서 얻는 종속영양계 미생물이다.

06 반응조에 주입된 물감의 10%, 90%가 유출되기까지의 시간을 t_{10}, t_{90}이라 할 때 Morrill 지수는 t_{90}/t_{10}으로 나타낸다. 이상적인 Plug Flow인 경우의 Morrill 지수 값은?

① 1보다 작다.
② 1이다.
③ 1보다 크다.
④ 0이다.

해설 반응조에 있어서 혼합 정도의 척도는 분산(Variance), 분산수(Dispersion Number), Morrill 지수로 나타낼 수 있으며, 이 3가지를 비교하여 나타내면 다음 표와 같다.

혼합 정도의 표시	완전혼합 흐름 상태	플러그 흐름 상태
분산(Variance)	1일 때	0일 때
분산수 (Dispersion Number)	$d = \infty$ 무한대일 때	$d = 0$일 때
모릴지수 (Morill Index)	Mo 값이 클수록 근접	Mo 값이 1에 가까울수록

07 0.25M $MgCl_2$ 용액의 이온강도는?(단, 완전 해리 기준)

① 0.45 ② 0.55
③ 0.65 ④ 0.75

해설 $\mu = \dfrac{1}{2}\sum_i C_i \cdot Z_i^2$

여기서, C_i : 이온의 몰농도
Z_i : 이온의 전하

$\therefore \mu = \dfrac{1}{2}\left[(0.25)\times(+2)^2 + (2\times0.25)\times(1)^2\right] = 0.75$

08 pH = 6.0인 용액의 산도의 8배를 가진 용액의 pH는?

① 5.1 ② 5.3
③ 5.4 ④ 5.6

해설 $pH = \log\dfrac{1}{[H^+]} = \log\dfrac{1}{8\times10^{-6}} = 5.1$

09 다음 중 하수처리구역이 아닌 경우 오수 분뇨의 처리 방안으로 옳은 것은?

① 분뇨는 단독 정화조에서 처리하여 생활오수와 함께 BOD 50mg/L 이하로 공공수역에 방류시킨다.
② 분뇨와 생활오수를 함께 오수처리시설에 유입시켜 BOD 20mg/L 이하로 처리하여 공공수역에 방류시킨다.
③ 분뇨와 생활오수를 함께 우·오수분류식 하수처리장에 처리한 후 BOD 20mg/L 이하로 처리하여 공공수역에 방류시킨다.
④ 분뇨는 단독 정화조에서 처리하고 생활오수는 우·오수분류식 하수처리장에서 처리한 후 BOD 20mg/L 이하로 처리하여 공공수역에 방류시킨다.

10 자정계수(f)에 관한 다음 설명 중 잘못된 것은?

① 자정계수는 소규모 저수지보다 대형 호수가 크다.
② [재폭기계수/탈산소계수]로 나타낸다.
③ 수온이 증가할수록 자정계수는 높아진다.
④ 하천의 유속이 클수록 자정계수는 커진다.

해설 수온이 상승하면 자정계수(f)는 작아진다. 자정계수(f) = K_2/K_1이며, 수온이 상승하면 재폭기계수(K_2)와 탈산소계

소(K_1)가 모두 증가하게 되나 재폭기계수에 비해 탈산소계수의 증가율이 높기 때문에 자정계수는 감소하게 된다.

11 수분함량 97%의 슬러지 $14.7m^3$를 수분함량 85%로 농축하면 농축 후 슬러지 용적(m^3)은?(단, 슬러지 비중은 1.0)

① 1.92 ② 2.94
③ 3.21 ④ 4.43

해설 $V_1(100-W_1) = V_2(100-W_2)$
$14.7(100-97) = V_2(100-85)$
$\therefore V_2 = 2.94(m^3)$

12 다음 중 지하수에 대한 설명으로 틀린 것은?

① 천층수 : 지하로 침투한 물이 제1불투수면 위에 고인 물로, 공기와의 접촉 가능성이 커 산소가 존재할 경우 유기물은 미생물의 호기성 활동에 의해 분해될 가능성이 크다.
② 심층수 : 제1불침투수층과 제2불침투수층 사이의 피압지하수를 말하며, 지층의 정화작용으로 거의 무균에 가깝고 수온과 성분의 변화가 거의 없다.
③ 용천수 : 지표수가 지하로 침투하여 암석 또는 점토와 같은 불투수면에 차단되어 지표로 솟아나온 것으로, 유기성 및 무기성 불순물의 함유도가 낮고, 세균도 매우 적다.
④ 복류수 : 하천, 저수지 혹은 호수의 바닥 자갈, 모래층에 함유되어 있는 물로, 지표수보다 수질이 나쁘며 철과 망간과 같은 광물질 함유량도 높다.

해설 복류수는 지표수보다 수질이 양호하다.

13 산(Acid)이 물에 녹았을 때 가지는 특성과 가장 거리가 먼 것은?

① 맛이 시다.
② 미끈미끈거리며 염기를 중화시킨다.
③ 푸른 리트머스 시험지를 붉게 한다.
④ 활성을 띤 금속과 반응하여 원소 상태의 수소를 발생시킨다.

해설 미끈미끈거리는 성질을 가지는 것은 염기(Base)이다.

14 물의 물성을 나타내는 값으로 가장 거리가 먼 것은?

① 비점 : $100℃$(1기압하)

② 비열 : $1.0cal/g \cdot ℃(15℃)$

③ 기화열 : $539cal/g(100℃)$

④ 융해열 : $179.4cal/g(0℃)$

> **해설** 물의 융해열은 $79.40cal/g(0℃)$이다.

15 우리나라에서 주로 설치ㆍ사용되는 분뇨 정화조의 형태로 가장 적합하게 짝지어진 것은?

① 임호프탱크 – 부패탱크

② 접촉포기법 – 접촉안정법

③ 부패탱크 – 접촉포기법

④ 임호프탱크 – 접촉포기법

16 수중에 탄산가스 농도나 암모니아성 질소의 농도가 증가하며 Fungi가 사라지는 하천의 변화과정 지대는?(단, Whipple의 4지대 기준)

① 활발한 분해지대

② 점진적 분해지대

③ 분해지대

④ 점진적 회복지대

> **해설** 활발한 분해지대는 DO의 농도가 매우 낮거나 거의 없고, BOD가 감소되고 탁도가 높으며(회색 또는 흑색) CO_2 농도가 높고 H_2S와 NH_3-N, PO_4^{3-}의 농도가 높다.

17 폐수의 분석결과 COD가 $400mg/L$이었고 BOD_5가 $250mg/L$이었다면 NBDCOD(mg/L)는?(단, 탈산소계수 K_1(밑이 10) $= 0.2day^{-1}$이다.)

① 78

② 122

③ 172

④ 210

> **해설** $BOD_t = BOD_u \times (1-10^{-k_1 \cdot t})$
>
> $BOD_t = 250(mg/L)$
>
> $t = 5(day)$
>
> $k_1 = 0.2(/day)$
>
> $BOD_u = \dfrac{BOD_t}{(1-10^{-k_1 \cdot t})} = \dfrac{250}{(1-10^{-0.2 \times 5})}$
>
> $\qquad = 277.78(mg/L)$

$COD = BDCOD + NBDCOD$이며, $BDCOD = BOD_u$이다.

$NBCOD = COD - BOD_u$

$\qquad = (400-277.78)mg/L$

$\qquad = 122.22(mg/L)$

18 미생물의 발육과정을 순서대로 나열한 것은?

① 유도기 – 대수증식기 – 정지기 – 사멸기

② 대수증식기 – 정지기 – 유도기 – 사멸기

③ 사멸기 – 대수증식기 – 유도기 – 정지기

④ 정지기 – 유도기 – 대수증식기 – 사멸기

19 우리나라의 물이용 형태에서 볼 때 수요가 가장 많은 분야는?

① 공업용수

② 농업용수

③ 유지용수

④ 생활용수

> **해설** 우리나라 수자원 이용현황 중 이용률이 가장 높은 용수는 농업용수이다.

20 Glucose($C_6H_{12}O_6$) $800mg/L$ 용액을 호기성 처리 시 필요한 이론적 인(P) 양(mg/L)은?(단, BOD_5 : N : P = 100 : 5 : 1, $K_1 = 0.1day^{-1}$, 상용대수기준)

① 약 9.6

② 약 7.9

③ 약 5.8

④ 약 3.6

> **해설**
> | $C_6H_{12}O_6$ | + | $6O_2$ | → | $6H_2O + 6CO_2$ |
>
> $\qquad 180 \qquad : \quad 6 \times 32$
>
> $\qquad 800 \qquad : \quad X$
>
> $X = 853.33(mg/L)$
>
> $BOD_t = BOD_u \times (1-10^{-kt})$
>
> $BOD_5 = 853.33(mg/L) \times (1-10^{-0.5}) = 583.48(mg/L)$
>
> $BOD_5 : P = 100 : 1$
>
> $583.48(mg/L) : X = 100 : 1$
>
> $X ≒ 5.8(mg/L)$

21 3차 처리 프로세스 중 5단계 – Bardenpho 프로세스에 대한 설명으로 가장 거리가 먼 것은?

① 1차 포기조에서는 질산화가 일어나다.
② 혐기조에서는 용해성 인의 과잉흡수가 일어난다.
③ 인의 제거는 인의 함량이 높은 잉여슬러지를 제거함으로써 가능하다.
④ 무산소조에서는 탈질화 과정이 일어난다.

해설 5단계 – Bardenpho 프로세스에서 혐기조에서는 유입수와 함께 반송슬러지가 혐기조로 유입되어 발효반응이 일어나면서 인을 방출하게 된다.

22 2,700m³/day의 폐수 처리를 위해 폭 5m, 길이 15m, 깊이 3m인 침전지(유효수심 2.7m)를 사용하고 있다면 침전된 슬러지가 바닥에서 유효수심의 1/5이 찬 경우 침전지의 수평유속(m/min)은?

① 약 0.17
② 약 0.42
③ 약 0.82
④ 약 1.23

해설 $V = \dfrac{Q}{A}$

$Q = 2,700m^3/day$

$A = W(폭) \times 높이(H)$

$= 5 \times \left(2.7 - \left(2.7 \times \dfrac{1}{5}\right)\right) = 10.8(m^2)$

$\therefore\ V = \dfrac{Q}{A} = \dfrac{2,700m^3}{day}\bigg|\dfrac{1}{10.8m^2}\bigg|\dfrac{1day}{24 \times 60min}$

$= 0.174(m/min)$

23 가스 상태의 염소가 물에 들어가면 가수분해와 이온화 반응이 일어나 살균력을 나타낸다. 이때 살균력이 가장 높은 pH 범위는?

① 산성 영역
② 알칼리성 영역
③ 중성 영역
④ pH와 관계없다.

해설 염소의 살균력은 주입농도가 높고 pH가 낮을 때 강하다.

24 차아염소산과 수중의 암모니아가 유기성 질소화합물과 반응하여 클로라민을 형성할 때 pH가 9인 경우 가장 많이 존재하게 되는 것은?

① 모노클로라민
② 디클로라민
③ 크리클로라민
④ 헤테로클로라민

해설 pH 8.5 이상에서는 모노클로라민이 많이 생성된다.
$NH_3 + HOCl \rightarrow NH_2Cl + H_2O$

25 아래의 주어진 조건에서 폐슬러지 배출량(m³/day)은?(단, 포기조 용적 : 10,000m³, 포기조 MLSS 농도 : 3,000mg/L, SRT : 3day, 폐슬러지 함수율 : 99%, 유출수 SS 농도는 무시)

① 1,000
② 1,500
③ 2,000
④ 2,500

해설 $SRT = \dfrac{\forall \cdot X}{Q_w \cdot X_w} \Rightarrow Q_w \cdot X_w = \dfrac{\forall \cdot X}{SRT}$

$\therefore\ Q_w\,(m^3/day) = \dfrac{10,000m^3}{}\bigg|\dfrac{3,000mg}{L}\bigg|\dfrac{}{3day}\bigg|\dfrac{L}{1 \times 10^4 mg}$

$= 1,000(m^3/day)$

$1\% = 10^4(mg/L)$

26 혐기적 공정 운전의 가장 중요한 인자에 해당되지 않는 것은?

① pH
② 교반(Mixing)
③ 암모니아와 황산염의 제어
④ 염소요구량

27 1차 처리된 분뇨의 2차 처리를 위해 폭기조, 2차 침전지로 구성된 활성슬러지 공정을 운영하고 있다. 운영조건이 다음과 같을 때 폭기조 내의 고형물 체류시간(day)은?(단, 유입유량 200m³/day, 포기조 용량 1,000m³, 잉여슬러지 배출량 50m³/day, 반송슬러지 SS 농도 1%, MLSS 농도 2,500mg/L, 2차 침전지 유출수 SS 농도 0mg/L)

① 4
② 5
③ 6
④ 7

해설
$$SRT = \frac{X \cdot \forall}{Q_w \cdot X_w}$$
$$= \frac{2,500(mg/L) \times 1,000(m^3)}{50(m^3) \times 10,000(mg/L)} = 5(day)$$

28 구형 입자의 침강속도가 Stokes 법칙에 따른다고 할 때 직경이 0.5mm이고 비중이 2.5인 구형입자의 침강속도(m/sec)는?(단, 물의 밀도는 1,000kg/m³이고, 점성계수 μ는 1.002×10^{-3}kg/m·sec라고 가정)

① 0.1 　　　　　② 0.2
③ 0.3 　　　　　④ 0.4

해설
$$V_g = \frac{d_p^2(\rho_p - \rho)g}{18\mu}$$
$$\therefore V_g\left(\frac{m}{sec}\right) = \frac{(0.5 \times 10^{-3})^2 m^2}{} \left| \frac{(2,500-1,000)kg}{m^3} \right.$$
$$\left| \frac{9.8m}{sec} \right| \frac{m \cdot sec}{18 \times 1.002 \times 10^{-3}kg}$$
$$= 0.2(m/sec)$$

29 유량이 2,500m³/day인 폐수를 활성슬러지법으로 처리하고자 한다. 폭기조로 유입되는 SS농도가 200mg/L이고, 포기조 내의 MLSS 농도가 2,000 mg/L이며, 포기조 용적이 2,000m³일 때 슬러지 일령(day)은?

① 3 　　　　　② 4
③ 6 　　　　　④ 8

해설
$$슬러지\ 일령 = \frac{\forall \cdot X}{S \cdot Q} = \frac{2,000(m^3) \times 2,000(mg/L)}{200(mg/L) \times 2,500(m^3/day)}$$
$$= 8(day)$$

30 유기성폐하수의 고도처리 및 효율적인 처리법으로 사용되고 있는 미생물자기조립법에 의한 처리방법이 아닌 것은?

① AUBS법 　　　　　② UASB법
③ SBR법 　　　　　④ USB법

해설 SBR은 연속회분식 반응조를 말한다.

31 인(P)의 제거방법 중 금속(Al, Fe)염 첨가법의 장점이라 볼 수 없는 것은?

① 기존 기설에 적용이 비교적 쉽다.
② 방류수의 인 농도를 금속염 주입량에 의하여 최대의 효율로 나타낼 수 있다.
③ 처리실적이 많고 제거조작이 간편, 명확하다.
④ 금속염을 사용하지 않는 재래식 폐수처리장의 슬러지보다 탈수가 용이하다.

해설 금속염 첨가법은 약품비가 많이 소요되며, 슬러지의 탈수성이 나쁜 것이 단점이다.

32 염소 요구량이 5mg/L인 하수 처리수에 잔류염소 농도가 0.5mg/L가 되도록 염소를 주입하려고 한다. 이때 염소 주입량(mg/L)은?

① 4.5 　　　　　② 5.0
③ 5.5 　　　　　④ 6.0

해설 염소 주입량 = 염소 요구량 + 염소 잔류량
　　　　　= 5 + 0.5 = 5.5(mg/L)

33 미생물접착용 회전원판의 지름이 3m이며, 740매로 구성되었다. 유입수량이 1,000m³/일, BOD 150mg/L일 경우 수량부하(L/m²)와 BOD부하(g/m²)는?

① 370, 75
② 95.6, 14.3
③ 74.0, 50
④ 246, 450

해설 ㉠ 수량부하(L/m²)
$$= \frac{1,000m^3}{day} \left| \frac{10^3 L}{1m^3} \right| \frac{4}{\pi \times 3^2 \times 2 \times 740m^2}$$
$$= 95.6(L/m^2)$$

ㄴ BOD 부하(g/m²)
$$= \frac{1,000m^3}{day} \left| \frac{150mg}{L} \right| \frac{10^3 L}{1m^3} \left| \frac{1g}{10^3 mg} \right| \frac{4}{\pi \times 3^2 \times 2 \times 740m^2}$$
$$= 14.3(g/m^2)$$

34 BOD$_5$가 85mg/L인 하수가 완전혼합 활성슬러지 공정으로 처리된다. 유출수의 BOD$_5$가 15mg/L, 온도 20℃, 유입 유량 40,000ton/일, MLVSS가 2,000mg/L, Y값 0.6mg · VSS/mg · BOD$_5$, K$_d$ 값 0.6d^{-1}, 미생물체류시간이 10일이라면 Y값과 K$_d$ 값을 이용한 반응조의 부피(m^3)는?(단, 비중은 1.0 기준)

① 800 　　　　　② 1,000
③ 1,200 　　　　④ 1,400

> **해설**
> $$\frac{1}{SRT} = \frac{Y \cdot Q(S_i - S_o)}{\forall \cdot X} - K_d$$
> $$\frac{1}{10day} = \frac{0.6}{} \left| \frac{40,000m^3}{day} \right| \frac{(85-15)mg}{L} \left| \frac{}{\forall (m^3)} \right|$$
> $$\left| \frac{L}{2,000mg} - \frac{0.6}{day} \right.$$
> $$\therefore \ \forall = 1,200 (m^3)$$

35 용존산소와 미생물의 관계를 설명한 것으로 틀린 것은?

① 호기성 미생물은 호흡을 위해 물속의 용존산소를 섭취한다.
② 혐기성 미생물은 호흡을 위해 화학적으로 결합된 산화물에서 산소를 섭취한다.
③ 임의성 미생물은 호기성 환경이나 임의성 환경에 관계없이 성장하는 미생을 의미한다.
④ 혐기성 미생물은 모든 종류의 산소가 차단된 상태에서 잘 성장한다.

> **해설** 혐기성 미생물은 분자(O$_2$) 상태의 산소를 최종 전자수용체로 이용할 수 있는 미생물이다.

36 흡착에 대한 설명으로 가장 거리가 먼 것은?

① 흡착은 보통 물리적 흡착과 화학적 흡착으로 분류한다.
② 화학적 흡착은 주로 Van Der Waals의 힘에 기인하며 비가역적이다.
③ 흡착제는 단위 질량당 표면적이 큰 활성탄, 제올라이트 등이 사용된다.
④ 활성탄은 코코넛 껍질, 석탄 등을 탄화시킨 후 뜨거운 공기나 증기로 활성화시켜 제조한다.

> **해설** 물리적 흡착은 주로 Van Der Waals의 힘에 기인하며 가역적이다.

37 하수고도처리를 위한 단일단계 질산화 공정(부유성 장식)에 관한 설명으로 틀린 것은?

① BOD/TKN 비가 높아서 안정적인 MLSS 운영이 가능함
② 독성물질에 대한 질산화 저해 방지가 가능함
③ 온도가 낮을 경우 반응조 용적이 매우 크게 소요됨
④ 운전의 안정성은 미생물 반송을 위한 2차 침전지의 운전에 좌우됨

> **해설** 독성물질에 대한 질산화 저해 방지가 불가능한 것이 단일단계 질산화 공정(부유성장식)의 단점이다.

38 표준활성슬러지법의 특성과 가장 거리가 먼 것은? (단, 하수도 시설기준 기준)

① MLSS 농도(mg/L) : 1,500~2,500
② 반응조의 수심(m) : 2~3
③ HRT(시간) : 6~8
④ SRT(일) : 3~6

> **해설** 표준활성슬러지법의 반응조의 수심은 4~6m이다.

39 직경이 10m이고, 평균 깊이가 2.5m인 1차 침전지가 1,200m^3/day의 폐수를 처리할 때 체류시간(hr)은?

① 약 2 　　　　　② 약 4
③ 약 6 　　　　　④ 약 8

> **해설**
> $$t = \frac{\forall}{Q}$$
> ㉠ $Q = 1,200 (m^3/day)$
> ㉡ $\forall = A \times H = \frac{\pi \times 10^2}{4} \times 2.5$
> $$= 196.35 (m^3)$$
> $$\therefore \ t = \frac{\forall}{Q}$$
> $$= \frac{196.35 (m^3)}{1,200 (m^3/day)}$$
> $$= 0.1636 (day) = 3.93 (hr)$$

40 철과 망간 제거방법으로 사용되는 산화제는?

① 과망간산염
② 수산화나트륨
③ 산화칼슘
④ 석회

해설 철과 망간 제거방법으로 사용되는 산화제는 과망간산염이다.

SECTION 03 수질오염공정시험기준

41 수질오염공정시험기준 중 온도표시에 관한 설명으로 옳지 않은 것은?

① 찬 곳은 따로 규정이 없는 한 0~15℃의 것을 뜻한다.
② 냉수는 15℃ 이하를 말한다.
③ 온수는 60~70℃를 말한다.
④ 시험은 따로 규정이 없는 한 실온에서 조작한다.

해설 시험은 따로 규정이 없는 한 상온에서 조작한다.

42 수질오염공정시험기준 총칙에 정의된 용어에 관한 설명으로 가장 거리가 먼 것은?

① "표준편차율"이라 함은 표준편차를 정량범위로 나눈 값의 백분율이다.
② "약"이라 함은 기재된 양에 대하여 ±10% 이상의 차가 있어서는 안 된다.
③ 시험조작 중 "즉시"란 30초 이내에 표시된 조작을 하는 것을 뜻한다.
④ "항량으로 될 때까지 건조한다."라 함은 같은 조건에서 1시간 더 건조할 때 전후 무게의 차가 g당 0.3mg 이하일 때를 말한다.

해설 "표준편차율"이라 함은 표준편차를 평균값으로 나눈 값의 백분율로서 반복조작 시의 상대적으로 표시한 것을 말한다.

---

43 순수한 물 150mL에 에틸알코올(비중 0.79) 80mL를 혼합하였을 때 이 용액 중의 에탄올의 농도(W/W%)는?

① 약 30%
② 약 35%
③ 약 40%
④ 약 45%

해설
$$C(W/W\%) = \frac{\text{에틸알코올(g)}}{\text{물(g)} + \text{에틸알코올(g)}} \times 100$$

㉠ $\text{물(g)} = \frac{150\text{mL}}{} \left| \frac{1\text{g}}{\text{mL}} \right. = 150\text{(g)}$

㉡ $\text{에틸알코올(g)} = \frac{80\text{mL}}{} \left| \frac{0.79\text{g}}{\text{mL}} \right. = 63.2\text{(g)}$

$\therefore C(W/W\%) = \frac{63.2\text{(g)}}{150\text{(g)} + 63.2\text{(g)}} \times 100 = 29.64(\%)$

44 이온크로마토그래피의 기본구성에 관한 설명으로 가장 거리가 먼 것은?

① 펌프 : 150~350kg/cm² 압력에서 사용될 수 있어야 한다.
② 제거장치(억제기) : 고용량의 음이온교환막으로 된 격막형이 있다.
③ 분리컬럼 : 유리 또는 에폭시 수지로 만든 관에 이온 교환제를 충전시킨 것이다.
④ 검출기 : 일반적으로 음이온 분석에는 전기전도도 검출기를 사용한다.

해설 이온크로마토그래프의 기본구성은 용리액조, 시료 주입부, 펌프, 분리컬럼, 검출기 및 기록계로 되어 있으며, 제거장치(억제기)는 고용량의 양이온 교환수지를 충전시킨 컬럼형과 양이온 교환막으로 된 격막형이 있다.

45 익류(Over Flow) 폭이 5m인 유분리기(Oil Separator)로부터 폐수가 넘쳐흐르고 있다. 넘쳐흐르는 부분의 수두를 측정하니 10cm로 하루종일 변동이 없었다. 배출하는 하루 유량은?(단, Q[m³/s]=1.7bh³/²)

① $1.21 \times 10^4 \text{m}^3/\text{day}$
② $2.32 \times 10^4 \text{m}^3/\text{day}$
③ $3.43 \times 10^4 \text{m}^3/\text{day}$
④ $4.54 \times 10^4 \text{m}^3/\text{day}$

해설
$$Q[\text{m}^3/\text{s}] = 1.7bh^{\frac{3}{2}} = 1.7 \times 5 \times 0.1^{3/2}$$
$$= 0.2688\text{m}^3/\text{sec} = 2.32 \times 10^4 (\text{m}^3/\text{day})$$

---

46 식물성 플랑크톤(조류)의 저배율 방법에 의한 정량시험 시 주의사항에 관한 내용으로 틀린 것은?

① 세즈윅－라프터 챔버는 조각이 편리하고 재현성이 높아 미소 플랑크톤의 검경에 적절하다.
② 정체시간이 짧을 경우 충분히 침전되지 않은 개체가 계수 시 제외되어 오차 유발 요인이 된다.
③ 시료를 챔버에 채울 때 피펫은 입구가 넓은 것을 시용하는 것이 좋다.
④ 계수 시 스트립을 이용할 경우, 양쪽 경계면에 걸린 개체는 하나의 경계면에 대해서만 계수한다.

해설 세즈윅－라프터 챔버는 조각이 편리하고 재현성이 높은 반면 중배율 이상에서는 관찰이 어렵기 때문에 미소 플랑크톤의 검경에는 적절하지 않다.

47 0.08N HCl 70mL와 0.04N NaOH 130mL를 혼합한 용액의 pH는?

① 2.7 　　　　　② 3.6
③ 4.2 　　　　　④ 5.4

해설
$$N_o = \frac{N_1 V_1 - N_2 V_2}{V_1 + V_2}$$
$$= \frac{0.08 \times 70 - 0.04 \times 130}{70 + 130}$$
$$= 0.002(\text{N})$$
$$pH = -\log[\text{H}^+] = -\log(0.002) = 2.70$$

48 다음 (　　) 안에 알맞은 것은?

> 금속류－불꽃 원자흡수분광광도법은 시료를 2,000~3,000K의 불꽃 속으로 주입하였을 때 생성된 (　　)의 중성원자가 고유파장의 빛을 흡수하는 현상을 이용하여 개개의 고유파장에 대한 흡광도를 측정한다.

① 여기상태 　　　② 이온상태
③ 분자상태 　　　④ 바닥상태

해설 금속류－불꽃 원자흡수분광광도법은 시료를 2,000~3,000K의 불꽃 속으로 주입하였을 때 생성된 바닥상태의 중성원자가 고유파장의 빛을 흡수하는 현상을 이용하여, 개개의 고유파장에 대한 흡광도를 측정하여 시료 중의 원소농도를 정량하는 방법이다.

49 알킬수은－기체크로마토그래피에서 시료 주입부온도, 컬럼온도 및 검출기의 온도는?

	시료주입부온도	컬럼온도	검출기의 온도
①	140~240℃	130~180℃	140~200℃
②	240~280℃	250~380℃	280~330℃
③	350~380℃	340~380℃	340~380℃
④	380~410℃	420~460℃	450~480℃

해설 알킬수은－기체크로마토그래피에서 운반기체는 순도 99.999% 이상의 질소 또는 헬륨으로서 유속은 30~80mL/min, 시료주입부 온도는 140~240℃, 컬럼온도는 130~180℃로 사용하고, 검출기로 전자포획형 검출기(ECD ; Electron Capture Detector)를 사용하며 검출기의 온도는 140~200℃로 한다.

50 A폐수의 부유물질 측정을 위한 〈실험결과〉가 다음과 같을 때 부유물질의 농도는?

> • 시료 여과 전 유리섬유여지의 무게 : 42.6645g
> • 시료 여과 후 유리섬유여지의 무게 : 42.6812g
> • 시료의 양 : 100mL

① 0.167mg/L 　　② 1.67mg/L
③ 16.7mg/L 　　④ 167mg/L

해설
$$SS(\text{mg/L}) = (b-a) \times \frac{1,000}{V}$$
$$= 16.7(\text{mg}) \times \frac{1,000}{100}$$
$$= 167(\text{mg/L})$$

51 불소화합물 측정방법이 가장 적절하게 짝지어진 것은?

① 자외선/가시선 분광법－기체크로마토그래피
② 자외선/가시선 분광법－불꽃원자흡수분광광도법
③ 유도결합플라스마/원자발광광도법－불꽃원자흡수분광광도법
④ 자외선/가시선 분광법－이온크로마토그래피

해설 **불소화합물 측정방법**
㉠ 자외선/가시선 분광법
㉡ 이온전극법
㉢ 이온크로마토그래피

52 다음은 총대장균군(평판집락법) 측정에 관한 내용이다. ( ) 안의 내용으로 옳은 것은?

> 배출수 또는 방류수에 존재하는 총대장균군을 측정하는 방법으로 페트리 접시의 배지 표면에 평판집락법 배지를 굳힌 후 배양한 다음 진한 ( )의 전형적인 집락을 계수하는 방법이다.

① 황색　　　　　② 적색
③ 청색　　　　　④ 녹색

해설 배출수 또는 방류수에 존재하는 총대장균군을 측정하는 방법으로 페트리 접시의 배지 표면에 평판집락법 배지를 굳힌 후 배양한 다음 진한 적색의 전형적인 집락을 계수하는 방법이다.

53 측정항목/시료용기/보존방법이 맞는 것은?

① 용존질소/폴리에틸렌 또는 유리 용기/ −4℃, H_2SO_4로 pH 2 이하
② 음이온 계면활성제/폴리에틸렌/ −4℃, H_2SO_4로 pH 2 이하
③ 인산염 인/유리 용기/즉시 여과한 후 −4℃, $CuSO_4$ 1g/L 첨가
④ 질산성 질소/폴리에틸렌 또는 유리 용기/ −4℃, NaOH로 pH 12 이상

해설 측정항목/시료용기/보존방법
㉠ 음이온 계면활성제/폴리에틸렌 또는 유리용기/ −4℃ 보관
㉡ 인산염 인/폴리에틸렌 또는 유리용기/즉시 여과한 후 −4℃ 보관
㉢ 질산성 질소/폴리에틸렌 또는 유리 용기/ −4℃ 보관

54 다음 그림은 자외선/가시선 분광법으로 불소측정 시 사용되는 분석기기인 수증기 증류장치이다. C의 명칭으로 옳은 것은?

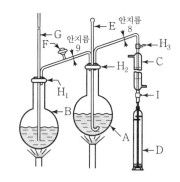

① 유리연결관　　　② 냉각기
③ 정류관　　　　　④ 메스실린더관

해설 수증기 증류장치

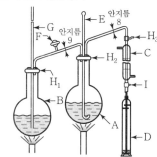

A : 300~500mL 킬달플라스크
B : 1L 수증기 발생용 플라스크
C : 냉각기
D : 수기(마개 있는 250mL 메스실린더)
E : 온도계
F : 조절용 콕부 고무관
G : 유리관
H₁~H₃ : 고무마개
I : 고무관

55 유기물 함량이 비교적 높지 않고 금속의 수산화물, 산화물, 인산염 및 황화물을 함유하고 있는 시료에 적용되며 휘발성 또는 난용성 염화물을 생성하는 금속 물질의 분석에 주의하여야 하는 시료의 전처리 방법(산분해법)으로 가장 적절한 것은?

① 질산−염산법
② 질산−황산법
③ 질산−과염소산법
④ 질산−불화수소산법

56 아연의 자외선/가시선 분광법에 관한 설명이다. ( ) 안에 알맞은 것은?

> 아연이온이 ( )에서 진콘과 반응하여 생성되는 청색 킬레이트 화합물의 흡광도를 측정하는 방법이다.

① pH 약 2　　　　② pH 약 4
③ pH 약 9　　　　④ pH 약 12

해설 물속에 존재하는 아연을 측정하기 위하여 아연이온이 pH 약 9에서 진콘[2−카르복시−2′−하이드록시(Hydroxy)−5′술포포마질−벤젠·나트륨염]과 반응하여 생성되는 청색 킬레이트 화합물의 흡광도를 620nm에서 측정하는 방법이다.

57 불꽃 원자흡수분광광도법에서 일어나는 간섭 중 화학적 간섭은?

① 분석하고자 하는 원소의 흡수파장과 비슷한 다른 원소의 파장이 서로 겹쳐 비이상적으로 높게 측정되는 경우
② 표준용액과 시료 또는 시료와 시료 간의 물리적 성질의 차이 또는 표준물질과 시료의 매질 차이에 의해서 발생
③ 불꽃의 온도가 분자를 들뜬 상태로 만들기에 충분히 높지 않아서, 해당 파장을 흡수하지 못하여 발생
④ 불꽃의 온도가 너무 높을 경우 중성원자에서 전자를 빼앗아 이온이 생성될 수 있으며 이 경우 음(−)의 오차가 발생

58 비소표준원액(1mg/mL)을 100mL 조제하려면 삼산화비소(As_2O_3)의 채취량은?(단, 비소의 원자량은 74.92이다.)

① 37mg　　　　② 74mg
③ 132mg　　　　④ 264mg

해설 $As_2O_3(mg) = \dfrac{1mg}{mL}\left|\dfrac{100mL}{}\right|\dfrac{197.84g}{(74.92 \times 2)g}$
$= 132.03(mg)$

59 공장폐수 및 하수유량(측정용 수로 및 기타 유량측정방법) 측정을 위한 웨어의 최대유속과 최소유속의 비로 옳은 것은?

① 100 : 1　　　　② 200 : 1
③ 400 : 1　　　　④ 500 : 1

해설 웨어는 최대유속과 최소유속의 비가 500 : 1에 해당한다.

60 DO(적정법) 측정 시 End Point(종말점)에 있어서의 액의 색은?

① 무색　　　　② 적색
③ 황색　　　　④ 황갈색

해설 낚시 금지구역 또는 낚시 제한구역을 지정하려는 경우 고려하여야 할 사항
㉠ 용수의 목적
㉡ 오염원 현황
㉢ 수질오염도
㉣ 낚시터 인근에서의 쓰레기 발생 현황 및 처리 여건
㉤ 연도별 낚시 인구의 현황
㉥ 서식 어류의 종류 및 양 등 수중생태계의 현황

SECTION 04　수질환경관계법규

61 시장, 군수, 구청장이 낚시 금지구역 또는 낚시 제한구역을 지정하려는 경우 고려하여야 할 사항이 아닌 것은?

① 서식 어류의 종류 및 양 등 수중생태계의 현황
② 낚시터 발생 쓰레기의 환경영향평가
③ 연도별 낚시 인구의 현황
④ 수질오염도

해설 설치허가를 받아야 하는 폐수배출시설은 다음 각 호와 같다.
㉠ 특정수질유해물질이 환경부령으로 정하는 기준 이상으로 배출되는 배출시설
㉡ 특별대책지역(이하 "특별대책지역"이라 한다.)에 설치하는 배출시설
㉢ 환경부장관이 고시하는 배출시설 설치제한지역에 설치하는 배출시설

ⓐ 상수원보호구역(이하 "상수원보호구역"이라 한다.)에 설치하거나 그 경계구역으로부터 상류로 유하거리(流下距離) 10킬로미터 이내에 설치하는 배출시설

ⓜ 상수원보호구역이 지정되지 아니한 지역 중 상수원 취수시설이 있는 지역의 경우에는 취수시설로부터 상류로 유하거리 15킬로미터 이내에 설치하는 배출시설

ⓗ 설치신고를 한 배출시설로서 원료·부원료·제조공법 등이 변경되어 특정수질유해물질이 기준 이상으로 새로 배출되는 배출시설

62 배출시설의 설치허가를 받아야 하는 경우가 아닌 것은?

① 특정수질유해물질이 발생되는 배출시설

② 특별대책지역에 설치하는 배출시설

③ 상수원보호구역으로부터 상류로 10킬로미터 이내에 설치하는 배출시설

④ 특정수질유해물질이 발생되지 아니하더라도 배출되는 폐수를 폐수종말처리시설에 유입시키는 경우

63 수질 및 수생태계 환경기준인 수질 및 수생태계 상태별 생물학적 특성 이해표에 관한 내용 중 생물 등급이 [약간 나쁨~매우 나쁨] 생물지표종(어류)으로 틀린 것은?

① 피라미
② 미꾸라지
③ 메기
④ 붕어

해설 수질 및 수생태계 상태별 생물학적 특성 이해표

생물등급	생물 지표종	
	저서생물(底棲生物)	어류
매우 좋음 ~좋음	옆새우, 가재, 뿔하루살이, 민하루살이, 강도래, 물날도래, 광택날도래, 띠무늬우묵날도래, 바수염날도래	산천어, 금강모치, 열목어, 버들치 등 서식
좋음~ 보통	다슬기, 넓적거머리, 강하루살이, 동양하루살이, 등줄하루살이, 등딱지하루살이, 물삿갓벌레, 큰줄날도래	쉬리, 갈겨니, 은어, 쏘가리 등 서식
보통 ~ 약간 나쁨	물달팽이, 턱거머리, 물벌레, 밀잠자리	피라미, 끄리, 모래무지, 참붕어 등 서식
약간 나쁨 ~ 매우 나쁨	왼돌이물달팽이, 실지렁이, 붉은깔따구, 나방파리, 꽃등에	붕어, 잉어, 미꾸라지, 메기 등 서식

64 폐수무방류배출시설을 설치·운영하는 사업자가 규정에 의한 관계 공무원의 출입·검사를 거부, 방해 또는 기피한 경우의 벌칙기준은?

① 1년 이하의 징역 또는 1천만 원 이하의 벌금에 처한다.

② 1년 이하의 징역 또는 500만 원 이하의 벌금에 처한다.

③ 500만 원 이하의 벌금에 처한다.

④ 300만 원 이하의 벌금에 처한다.

65 다음의 위임업무 보고사항 중 보고 횟수 기준이 연 2회에 해당하는 것은?

① 배출업소의 지도, 점검 및 행정처분 실적

② 배출부과금 부과 실적

③ 과징금 부과 실적

④ 비점오염원의 설치신고 및 방지시설 설치현황 및 행정처분 현황

66 환경부장관은 대권역 수질 및 수생태계 보전을 위한 기본계획을 몇 년마다 수립하여야 하는가?

① 3년
② 5년
③ 7년
④ 10년

해설 환경부장관은 대권역별로 수질 및 수생태계 보전을 위한 기본계획(이하 "대권역계획"이라 한다.)을 10년마다 수립하여야 한다.

67 「수질 및 수생태계 보전에 관한 법률」의 목적이 아닌 것은?

① 수질오염으로 인한 국민의 건강과 환경상의 위해를 예방

② 하천·호소 등 공공수역의 수질 및 수생태계를 적정하게 관리·보전

③ 국민으로 하여금 수질 및 수생태계 보전 혜택을 널리 향유할 수 있도록 함

④ 수질환경을 적정하게 관리하여 양질의 상수원수를 보전

③ 비소 및 그 화합물

④ 6가크롬 화합물

해설 ① 카드뮴 및 그 화합물(500,000원)
② 유기인 화합물(150,000원)
③ 비소 및 그 화합물(100,000원)
④ 6가크롬 화합물(300,000원)

---

68 오염총량관리지역을 관할하는 시·도지사가 수립하여 환경부장관에게 승인을 얻는 오염총량관리기본계획에 포함되는 사항이 아닌 것은?

① 해당 지역 개발계획의 내용

② 지방자치단체별·수계구간별 오염부하량의 할당

③ 해당 지역의 점오염원, 비점오염원, 기타 오염원 현황

④ 해당 지역 개발계획으로 인하여 추가로 배출되는 오염부하량 및 그 저감계획

해설 오염총량관리기본계획에 포함되는 사항
㉠ 해당 지역 개발계획의 내용
㉡ 지방자치단체별·수계구간별 오염부하량(汚染負荷量)의 할당
㉢ 관할 지역에서 배출되는 오염부하량의 총량 및 저감계획
㉣ 해당 지역 개발계획으로 인하여 추가로 배출되는 오염부하량 및 그 저감계획

---

69 측정망 설치계획을 고시하는 시기에 해당하는 것은?

① 측정망을 최초로 설치하는 날

② 측정망을 최초로 측정소에 설치하는 날의 3개월 이전

③ 측정망 설치계획이 확정되기 3개월 이전

④ 측정망 설치계획이 확정되기 6개월 이전

해설 환경부장관 또는 시·도지사는 측정망을 설치하거나 변경하려는 경우에는 측정망을 최초로 설치하는 날 또는 측정망 설치계획을 변경하는 날의 3개월 이전에 그 계획을 고시하여야 한다.

---

70 초과부과금 산정을 위한 기준에서 수질오염물질 1킬로그램당 부과 금액이 가장 낮은 수질오염물질은?

① 카드뮴 및 그 화합물

② 유기인 화합물

---

71 환경부장관이 폐수처리업자의 등록을 취소할 수 있는 경우에 해당되지 않는 것은?

① 파산선고를 받고 복권이 되지 아니한 자

② 거짓이나 그 밖의 부정한 방법으로 등록한 경우

③ 등록 후 1년 이내에 영업을 개시하지 아니하거나 계속하여 1년 이상 영업실적이 없는 경우

④ 배출해역 지정기간이 끝나거나 폐기물해양 배출업의 등록이 취소되어 기술능력·시설 및 장비 기준을 유지할 수 없는 경우

해설 폐수처리업자의 등록 취소
㉠ 피성년후견인 또는 피한정후견인
㉡ 파산선고를 받고 복권되지 아니한 자
㉢ 폐수처리업의 등록이 취소된 후 2년이 지나지 아니한 자
㉣ 「대기환경보전법」, 「소음·진동관리법」을 위반하여 징역의 실형을 선고받고 그 형의 집행이 끝나거나 집행을 받지 아니하기로 확정된 후 2년이 지나지 아니한 사람
㉤ 거짓이나 그 밖의 부정한 방법으로 등록한 경우
㉥ 등록 후 2년 이내에 영업을 시작하지 아니하거나 계속하여 2년 이상 영업 실적이 없는 경우

---

72 1일 폐수배출량이 2,000m³ 미만인 규모의 지역별·항목별 배출허용기준으로 틀린 것은?(단, 단위는 mg/L) (기준변경)

①

	BOD(mg/L)	COD(mg/L)	SS(mg/L)
청정지역	40 이하	50 이하	40 이하

②

	BOD(mg/L)	COD(mg/L)	SS(mg/L)
가지역	80 이하	90 이하	80 이하

③

	BOD(mg/L)	COD(mg/L)	SS(mg/L)
나지역	100 이하	110 이하	100 이하

④

	BOD(mg/L)	COD(mg/L)	SS(mg/L)
특례지역	30 이하	40 이하	30 이하

해설 [기준의 전면 개편으로 해당사항 없음]

73 비점오염원의 변경신고를 하여야 하는 경우에 해당되지 않는 것은?

① 상호, 사업장 위치 및 장비(예비차량 포함)가 변경되는 경우

② 비점오염원 또는 비점오염저감시설의 전부 또는 일부를 폐쇄하는 경우

③ 비점오염저감시설의 종류, 위치, 용량이 변경되는 경우

④ 총 사업면적, 개발면적, 또는 사업장 부지면적이 처음 신고면적의 100분의 15 이상 증가하는 경우

해설 비점오염원의 변경신고를 하여야 하는 경우
㉠ 상호 · 대표자 · 사업명 또는 업종의 변경
㉡ 총 사업면적 · 개발면적 또는 사업장 부지면적이 처음 신고면적의 100분의 15 이상 증가하는 경우
㉢ 비점오염저감시설의 종류, 위치, 용량이 변경되는 경우
㉣ 비점오염원 또는 비점오염저감시설의 전부 또는 일부를 폐쇄하는 경우

74 대권역 수질 및 수생태계 보전 계획에 포함되어야 하는 사항에 포함되지 않는 것은?

① 오염원별 수질오염, 저감시설 현황

② 점오염원, 비점오염원 및 기타 수질오염원에 의한 수질오염물질 발생량

③ 상수원 및 물 이용현황

④ 수질오염 예방 및 저감대책

해설 대권역 계획에 포함되어야 할 사항
㉠ 수질 및 수생태계 변화 추이 및 목표기준
㉡ 상수원 및 물 이용현황
㉢ 점오염원, 비점오염원 및 기타 수질오염원의 분포현황
㉣ 점오염원, 비점오염원 및 기타 수질오염원에서 배출되는 수질오염물질의 양
㉤ 수질오염 예방 및 저감대책
㉥ 수질 및 수생태계 보전조치의 추진방향
㉦ 「저탄소 녹색성장 기본법」에 따른 기후변화에 대한 적응대책
㉧ 그 밖에 환경부령으로 정하는 사항

75 다음은 수질오염감시경보의 경보단계 발령, 해제 기준이다. ( ) 안에 옳은 내용은?

> 생물감시 측정값이 생물감시 경보기준 농도를 30분 이상 지속적으로 초과하고 전기전도도, 휘발성 유기화합물, 페놀, 중금속(구리, 납, 아연, 카드뮴 등) 항목 중 1개 이상의 항목이 측정항목별 경보기준을 ( )배 이상 초과하는 경우

① 2배   ② 3배
③ 5배   ④ 10배

76 사업장별 환경기술인의 자격기준에 해당하지 않는 것은?

① 제1종 및 제2종 사업장 중 1개월간 실제 작업한 날만을 계산하여 1일 평균 17시간 이상 작업하는 경우 그 사업장은 환경기술인을 각각 2명 이상을 두어야 한다.

② 연간 90일 미만 조업하는 제1종부터 제3종까지의 사업장은 제4종 사업장, 제5종 사업장에 해당하는 환경기술인을 선임할 수 있다.

③ 대기환경기술인으로 임명된 자가 수질환경기술인의 자격을 함께 갖춘 경우에는 수질환경기술인을 겸임할 수 있다.

④ 공동방지시설의 경우에는 폐수 배출량이 제1종, 제2종 사업장 규모에 해당하는 경우 제3종 사업장에 해당하는 환경 기술인을 둘 수 있다.

해설 공동방지시설의 경우에는 폐수 배출량이 제4종, 제5종 사업장 규모에 해당하는 경우 제3종 사업장에 해당하는 환경 기술인을 두어야 한다.

77 오염총량관리 조사 · 연구반이 속한 기관은?

① 시 · 도보건환경연구원

② 유역환경청 또는 지방환경청

③ 국립환경과학원

④ 한국환경공단

해설 오염총량관리 조사 · 연구반(이하 "조사 · 연구반"이라 한다.)은 국립환경과학원에 둔다.

78 폐수처리업의 등록기준에 관한 설명으로 알맞은 것은?(단, 폐수수탁처리업)

① 생물학적 방지시설을 갖추어야 한다.
② 법인인 경우는 자본금 2억 원 이상이어야 한다.
③ 개인인 경우는 재산이 5천만 원 이상이어야 한다.
④ 자본금 또는 재산은 등록기준에 포함되지 않는다.

79 유류 · 유독물 · 농약 또는 특정수질유해물질을 운송 또는 보관 중인 자가 당해 물질로 인하여 수질을 오염시킨 경우 지체 없이 신고해야 할 기관이 아닌 곳은?

① 시청
② 구청
③ 환경부
④ 지방환경관서

해설 유류, 유독물, 농약 또는 특정수질유해물질을 운송 또는 보관 중인 자가 해당 물질로 인하여 수질을 오염시킨 때에는 지체 없이 지방환경관서, 시 · 도 또는 시 · 군 · 구(자치구를 말한다.) 등 관계 행정기관에 신고하여야 한다.

80 폐수처리업 등록을 할 수 없는 자에 대한 기준으로 틀린 것은?

① 피성년후견인
② 피한정후견인
③ 폐수처리업의 등록이 취소된 후 2년이 지나지 아니한 자
④ 파산선고를 받은 후 2년이 지나지 아니한 자

해설 폐수처리업 등록을 할 수 없는 자
파산선고를 받고 복권되지 아니한 자

SECTION 01 수질오염개론

01 농업용수의 수질 평가 시 사용되는 SAR(Sodium Adsorption Ratio)산출식에 직접 관련된 원소로만 옳게 나열된 것은?

① K, Mg, Ca
② Mg, Ca, Fe
③ Ca, Mg, A
④ Ca, Mg, Na

 $$SAR = \frac{Na^+}{\sqrt{\dfrac{Ca^{2+} + Mg^{2+}}{2}}}$$

02 여름철 부영양화된 호수나 저수지에서 다음 조건을 나타내는 수층으로 가장 적절한 것은?

- pH는 약산성이다.
- 용존산소는 거의 없다.
- CO_2는 매우 많다.
- H_2S가 검출된다.

① 성층
② 수온약층
③ 심수층
④ 혼합층

03 하천모델의 종류 중 Streeter−Phelps Models에 관한 내용으로 틀린 것은?

① 최초의 하천 수질 모델이다.
② 하천의 유기물 분해가 1차 반응에 따르는 완전혼합흐름 반응기라고 가정한 모델이다.
③ 점오염원으로부터 오염부하량을 고려한다.
④ 유기물의 분해에 따라 용존산소 소비와 제포기를 고려한다.

해설 Streeter−Phelps Models은 1차원적인 정상상태 조건의 흐름(Plug−flow형 반응)이므로 농도의 분포는 하천의 흐름방향(1차원)으로 이루어진다.

04 유량이 5,000m³/day인 폐수를 방류할 때 하천의 BOD는 4mg/L, 유량은 400,000m³/day이다. 방류한 폐수가 하천수와 완전 혼합되었을 때 하천의 BOD가 1mg/L 높아진다고 하면, 하천으로 유입되는 폐수의 BOD 농도(mg/L)는?

① 73
② 85
③ 95
④ 100

해설 혼합공식을 이용한다.
$$C_m = \frac{Q_1 C_1 + Q_2 C_2}{Q_1 + Q_2}$$
여기서, Q_1 : 하천의 유량 = 400,000(m³/day)
C_1 : 하천의 BOD 농도 = 4(mg/L)
Q_2 : 폐수의 유량 = 5,000(m³/day)
C_2 : 폐수의 BOD 농도 = ?
C_m : 완전혼합지점에서의 BOD농도
= 5(mg/L)
$$\therefore 5 = \frac{(400,000 \times 4) + (5,000 \times C_2)}{400,000 + 5,000}$$
$$\therefore C_2 = 85(mg/L)$$

05 하천수 수온은 15℃이다. 20℃에서 탈산소계수 K(상용대수)가 0.1day⁻¹이라면 최종 BOD에 대한 BOD₃의 비는?(단, $K_T = K_{20} \times 1.047^{(T-20)}$)

① 0.42
② 0.56
③ 0.62
④ 0.79

해설 소모 BOD 공식을 이용한다.
㉠ 온도 변화에 따른 K값을 보정하면
$$K_{(T)} = K_{20} \times 1.047^{(T-20)} = 0.1 \times 1.047^{(15-20)}$$
$$= 0.07948(day^{-1})$$
㉡ $BOD_y = BOD_u(1 - 10^{-K \cdot t})$
$$\rightarrow BOD_3 = BOD_u(1 - 10^{-0.07948 \times 3})$$
$$\therefore \frac{BOD_3}{BOD_u} = (1 - 10^{-0.07948 \times 3}) = 0.42$$

06 25℃, 2기압의 압력에 있는 메탄가스 200kg을 저장하는 데 필요한 탱크의 부피(L)는?(단, 이상기체 법칙 적용, R = 0.082L · atm/mol · K)

① 1.53×10^5
② 1.53×10^4
③ 2.53×10^5
④ 2.53×10^4

해설 이상기체방정식(Ideal Gas Equation)을 이용한다.

$PV = n \cdot R \cdot T$

$$V(L) = \frac{n \cdot R \cdot T}{P}$$

$$= \frac{12,500mol}{} \left| \frac{0.082L \cdot atm}{mol \cdot K} \right| \frac{(273 + 25)K}{} \right| \frac{}{2atm}$$

$$= 152,725(L) = 1.53 \times 10^5(L)$$

여기서, $n(mol) = \dfrac{M}{M_w} = \dfrac{200kg}{} \left| \dfrac{1mol}{16g} \right| \dfrac{10^3 g}{1kg}$

$$= 12,500(mol)$$

07 미생물의 성장과 유기물과의 관계 곡선 중 변곡점까지의 미생물의 성장 상태를 가장 적절하게 나타낸 것은?(F : 먹이인 유기물량, M : 미생물량)

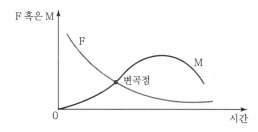

① 내생성장 상태
② 감소성장 상태
③ Floc 형성 상태
④ log 성장 상태

해설 변곡점까지의 성장단계를 log 성장 상태 또는 지수(대수)성장단계라고 하며, 영양이 풍부하고 환경조건이 적절한 상태에서 이러한 증식현상을 나타낸다. 변곡점 이후 정상까지 감소성장 상태, 정상 이후의 하향 곡선은 내생성장 상태에 해당된다.

08 진한 산성폐수를 중화 처리하고자 한다. 20% NaOH 용액 사용 시 40mL가 투입되었는데 만일 20% Ca(OH)₂로 사용한다면 몇 mL가 필요하겠는가?(단, 완전 해리 기준, 원자량 Na = 23, Ca = 40)

① 17.4
② 18.5
③ 37.0
④ 74.0

해설 중화반응식을 이용한다.

$NV = N'V'$

$$\frac{200,000mg}{L} \left| \frac{40mL}{} \right| \frac{1L}{10^3 mL} \right| \frac{1g}{10^3 mg} \right| \frac{1eq}{(40/1)g}$$

$$= \frac{200,000mg}{L} \left| \frac{X(mL)}{} \right| \frac{1L}{10^3 mL} \right| \frac{1g}{10^3 mg} \right| \frac{1eq}{(74/2)g}$$

$\therefore X(= Ca(OH)_2) = 37.0(mL)$

09 Henry 법칙에 가장 잘 적용되는 기체는?

① Cl_2
② O_2
③ NH_3
④ HF

해설 Henry 법칙은 난용성 기체에 잘 적용되는 법칙이다.

10 소수성 Colloid에 관한 설명으로 가장 거리가 먼 것은?

① 표면장력은 용매와 비슷하다.
② Emulsion 상태로 존재한다.
③ 틴들(Tyndall)효과가 크다.
④ 염에 민감하다.

해설 소수성 Colloid는 물속에 현탁상태로 존재한다.

11 수질분석결과 양이온이 Ca^{2+} 20mg/L, Na^+ 46mg/L, Mg^{2+} 36mg/L이라면 이 물의 총경도(mg/L as $CaCO_3$)는?(단, 원자량은 Ca : 40, Mg : 24, Na : 23)

① 150
② 200
③ 250
④ 300

해설

$$TH = \sum M_c^{2+}(mg/L) \times \frac{50}{Eq}$$

$$= \left(20 \times \frac{50}{(40/2)} \right) + \left(36 \times \frac{50}{24/2} \right)$$

$$= 200(mg/L \text{ as } CaCO_3)$$

12 하천의 환경기준이 BOD 3mg/L 이하이고 현재 BOD는 1mg/L이며 유량은 50,000m³/day이다. 하천 주변에 돼지사육단지를 조성하고자 하는데 환경기준치 이하를 유지시키기 위해서는 몇 마리까지 사육을 허가할 수 있겠는가?(단, 돼지사육으로 인한 하천의 유량 증가 무시, 돼지 1마리당 BOD 배출량 : 0.4kg/day)

① 125마리　　　　② 150마리

③ 250마리　　　　④ 350마리

해설

$$Q_m = \frac{Q_1 C_1 + Q_2 C_2}{Q_1 + Q_2}$$

$$3 = \frac{(50,000 \times 1) + Q_2 C_2}{50,000 + 0}$$

$$Q_2 C_2 = 100,000 (mg \cdot m^3 / L \cdot day)$$

$$X(마리) = \frac{100,000 mg \cdot m^3}{L \cdot day} \bigg| \frac{day \cdot 마리}{0.4 kg} \bigg| \frac{1 kg}{10^6 mg} \bigg| \frac{10^3 L}{1 m^3}$$

$$= 250 마리$$

13 증류수에 NaOH 400mg을 가하여 1L로 제조한 용액의 pH는?(단, 완전해리 기준, Na 원자량 23임)

① 9　　　　② 10

③ 11　　　　④ 12

해설

$$pH = \log \frac{1}{[H^+]} \quad or \quad pH = 14 - \log \frac{1}{[OH^-]}$$

$$X\left(\frac{mol}{L}\right) = \frac{400 mg}{L} \bigg| \frac{1g}{10^3 mg} \bigg| \frac{1 mol}{40 g} = 0.01 (mol/L)$$

$$pH = 14 - \log \frac{1}{0.01} = 12$$

14 BOD_5 = 300mg/L이고, COD = 800mg/L인 경우 NBDCOD는?(단, 탈산소계수 K_1 = 0.2/day, 상용대수 기준)

① 367　　　　② 397

③ 467　　　　④ 497

해설

$$NBDCOD = COD - BDCOD$$
$$= COD - BOD_u$$

㉠ $COD = 800 mg/L$

㉡ $BDCOD = BOD_u$

$$BOD_5 = BOD_u (1 - 10^{-K_1 \cdot t})$$

$$300 = BOD_u (1 - 10^{-0.2 \times 5})$$

$$\therefore BOD_u = 333.33 (mg/L)$$

$$\therefore NBDCOD = COD - BDCOD$$
$$= COD - BOD_u$$
$$= 800 - 333.33$$
$$= 466.67 (mg/L)$$

15 1차 반응에 있어 반응 초기의 농도가 100mg/L이고, 4시간 후에 10mg/L로 감소되었다. 반응 3시간 후의 농도(mg/L)는?

① 17.8　　　　② 23.6

③ 31.7　　　　④ 42.2

해설

$$\ln \frac{C_t}{C_o} = -K \cdot t$$

$$\ln \frac{10}{100} = -K \cdot 4hr \qquad K = 0.5756 (hr^{-1})$$

$$\therefore \ln \frac{C_t}{100} = \frac{-0.5756}{hr} \bigg| \frac{3hr}{}$$

$$\therefore C_t = 100 \times e^{-0.5756 \times 3} = 17.79 (mg/L)$$

16 물의 물리, 화학적 특성으로 옳지 않은 것은?

① 물은 온도가 낮을수록 밀도는 커진다.

② 물 분자는 H^+와 OH^-로 극성을 이루므로 유용한 용매가 된다.

③ 물은 기화열이 크기 때문에 생물의 효과적인 체온 조절이 가능하다.

④ 생물체의 결빙이 쉽게 일어나지 않는 것은 물의 융해열이 크기 때문이다.

해설 물의 밀도는 4℃에서 가장 크다.

17 1,000m^3인 탱크에 염소이온 농도가 100mg/L이다. 탱크 내의 물은 완전혼합이고, 계속적으로 염소이온이 없는 물이 480m^3/day로 유입된다면 탱크 내 염소이온농도가 20mg/L로 낮아질 때까지의 소요시간(hr)은?(단, $C_t/C_o = e^{-k \cdot t}$)

① 약 61　　　　② 약 71

③ 약 81　　　　④ 약 91

해설 CFSTR 반응조이지만 염소이온의 일시적 유입이 주어졌으므로 이 문제는 1차 반응식으로 풀어야 한다.

$$\ln \frac{C_t}{C_o} = -Kt$$

$$\ln \frac{C_t}{C_o} = -\frac{Q}{\forall} \cdot t$$

$$\ln \left(\frac{20(mg/L)}{100(mg/L)}\right) = -\frac{480 m^3/hr}{1,000 m^3} \times t$$

$$t = 3.353 (day) = 80.47 (hr)$$

18 해류와 그것을 일으키는 원인이 알맞게 짝지어진 것은?

① 상승류 – 바람과 해양 및 육지의 상호작용
② 조류 – 해수의 염분, 온도 차이에 의해 형성
③ 쓰나미 – 해수의 밀도차에 의한 해일작용
④ 심해류 – 해저의 화산활동

> **해설** ㉠ 상승류(Upwelling Current)는 바람에 의한 전단응력과 지구의 전향력에 의해 생긴다.
> ㉡ 조류(潮流, Tidal Current)는 달과 태양의 만유인력으로 생긴다.
> ㉢ 심해류 또는 밀도류(Density Current)는 염분과 수온의 변화에 따라 생기는 밀도차와 지구자전에 의한 전향력에 의해 생긴다.
> ㉣ 쓰나미(Tsunami) 또는 쓰사미는 파랑(波浪)의 일종으로 지진이나 화산활동에 의해 생긴다.

19 Glucose($C_6H_{12}O_6$) 600mg/L 용액의 이론적 COD (mg/L)값은?

① 540　　　　　　② 580
③ 640　　　　　　④ 680

> **해설** $C_6H_{12}O_6$ ＋ $6O_2$ → $6CO_2$ + $6H_2O$
> 180(g)　　：6×32(g)
> 600(mg/L)　：X(mg/L)
> ∴ X(＝COD)＝640(mg/L)

20 용량 600L인 물의 용존산소 농도가 10mg/L인 경우 Na_2SO_3로 물속의 용존산소를 완전히 제거하려고 한다. 이론적으로 필요한 Na_2SO_3의 양(g)은?(단, Na의 원자량 : 23)

① 약 36.3　　　　② 약 47.3
③ 약 56.3　　　　④ 약 64.3

> **해설** Na_2SO_3 ＋ $0.5O_2$ → Na_2SO_4
> 126(g)　：0.5×32(g)
> $X(g)$　：$\dfrac{10mg}{L}\Big|\dfrac{600L}{}\Big|\dfrac{1g}{10^3mg}$
> ∴ X(＝Na_2SO_3)＝47.25(g)

---

21 폐수처리장 2차 침전지에서 침전된 잉여슬러지를 폐기하지 않을 경우 생기는 현상으로 가장 거리가 먼 것은?

① 혐기성 상태가 되어 N_2, H_2S 등의 가스가 발생하여 냄새가 난다.
② 침전지에서 슬러지가 부상하지 않는다.
③ 슬러지 밀도가 높아지며 유출수의 수질은 나빠진다.
④ 침전지 수면에 기체 방울이 형성되고 부유물질이 방류수와 함께 유출된다.

> **해설** 2차 침전지에서 발생하는 슬러지 부상은 탈질화 과정에서 발생하는 N_2나 N_2O에 의해 발생한다.

22 폐수의 고도처리에서 용해성 무기물 제거에 사용되는 공정에 대한 설명으로 맞는 것은?

① 탄소흡착 : 여타 무기물 제거법으로 잘 제거되지 않는 용존 무기물 제거에 유리하다.
② 역삼투 : 잔류 교질성 물질과 분자량이 5,000 이상인 큰 분자 제거에 사용되며 경제적이다.
③ 이온교환 : 부유물질의 농도가 높으면 수두손실이 커지고 무기물 제거 전에 화학적 처리와 침전이 요구된다.
④ 전기투석 : 주입 수량의 약 30%가 박막의 연속세척을 위해서 필요하고, 스케일 형성을 막기 위해 pH를 높게 유지해야 한다.

23 해수 내 함유된 유기물질뿐 아니라 영양물질까지 제공하기 위한 공법인 Phostrip 공법에 관한 설명으로 옳지 않은 것은?

① 생물학적 처리방법과 화학적 처리방법을 조합한 공법이다.
② 유입수의 일부를 혐기성 상태의 조로 유입시켜 인을 방출한다.

③ 유입수의 BOD 부하에 따라 인 방출이 큰 영향을 받지 않는다.

④ 기존에 활성슬러지 처리장에 쉽게 적용이 가능하다.

> **해설** Phostrip 공법은 반송슬러지의 일부를 혐기성 상태의 조(槽)로 유입시켜 인을 방출시킨다.

24 고도 수처리에 사용되는 분리막에 관한 설명으로 틀린 것은?

① 정밀여과의 막형태는 비대칭형 Skin형 막이다.

② 한외여과의 구동력은 정수압차이다.

③ 역삼투의 분리형태는 용해, 확산이다.

④ 투석의 구동력은 농도차이다.

> **해설** 정밀여과의 막형태는 대칭형 다공성 막이다.

25 유입수의 유량이 360L/인·일, BOD_5 농도가 200 mg/L인 폐수를 처리하기 위해 완전혼합형 활성슬러지 처리장을 설계하려고 한다. Pilot Plant을 이용하여 처리능력을 실험한 결과, 1차 침전지에서 유입수 BOD_5의 25%가 제거되었다. 최종 유출수 BOD_5 10 mg/L, MLSS 3,000mg/L, MLVSS는 MLSS의 75%라면 일차반응일 경우 반응시간(hr)은?(단, 반응속도상수(K) = 0.93L/[(g MLVSS)·hr], 2차 침전지는 고려하지 않음)

① 4.5   ② 5.4

③ 6.7   ④ 7.9

> **해설**
> $$\theta(\mathrm{hr}) = \frac{S_i - S_o}{KXS_o} = \frac{(150-10)\mathrm{mg}}{L}\left|\frac{g \cdot \mathrm{MLVSS} \cdot \mathrm{hr}}{0.93L}\right.$$
> $$\left|\frac{L}{2,250\mathrm{mg}}\right|\frac{L}{10\mathrm{mg}}\left|\frac{10^3\mathrm{mg}}{1g}\right. = 6.69(\mathrm{hr})$$
>
> 여기서, $S_i = 200 \times 0.75 = 150(\mathrm{mg/L})$
> $S_o = 10(\mathrm{mg/L})$
> $X = \mathrm{MLVSS} = \mathrm{MLSS} \times 0.75$
> $\qquad = 3,000 \times 0.75$
> $\qquad = 2,250(\mathrm{mg/L})$
> K : 0.93L/g · MLVSS · hr

26 SS가 8,000mg/L인 분뇨를 전처리에서 15%, 1차 처리에서 80%의 SS를 제거하였을 때 1차 처리 후 유출되는 분뇨의 SS 농도(mg/L)는?

① 1,360   ② 2,550

③ 2,750   ④ 2,950

> **해설**
> $SS_o = SS_i \times (1-\eta_1) \times (1-\eta_2)$
> $\qquad = 8,000 \times (1-0.15) \times (1-0.8) = 1,360(\mathrm{mg/L})$

27 응집제 투여량에 영향을 미치는 인자로서 가장 거리가 먼 것은?

① DO   ② 수온

③ 응집제의 종류   ④ pH

> **해설** 응집에 미치는 인자
> ㉠ 수온   ㉡ pH
> ㉢ 알칼리도   ㉣ 용존물질의 성분
> ㉤ 교반조건

28 크롬함유폐수의 처리에 대한 설명으로 틀린 것은?

① 침전과정에서 사용되는 알칼리제는 가능한 한 묽게 사용하며 pH 12 이상에서는 착염을 형성하므로 주의한다.

② 6가크롬의 환원은 pH 4~5에서 가장 활발하다.

③ 6가크롬을 3가 크롬으로 환원시킨 후 알칼리제를 주입하여 수산화물로 침전시켜 제거한다.

④ 6가크롬의 환원제로는 $FeSO_4$, Na_2SO_3, $NaHSO_3$ 등이 있다.

> **해설** 크롬함유폐수를 수산화물 침전법으로 처리할 때에는 pH 8~10로 한다.

29 포기조 내의 DO 농도가 2mg/L이고, 이때의 포화용존산소는 8mg/L라고 할 때 MLSS 3,000mg/L에서 MLSS 1L당 산소 소비속도가 60mg/L·hr이라고 하면 포기조에서 산소이동계수 K_{LA}의 값(hr^{-1})은?

① 2   ② 6

③ 10   ④ 14

> **해설**
> $$k_{LA}(\mathrm{hr}^{-1}) = \frac{60\mathrm{mg}}{L \cdot \mathrm{hr}}\left|\frac{L}{(8-2)\mathrm{mg}}\right. = 10(/\mathrm{hr})$$

30 처리장에 22,500m³/day의 폐수가 유입되고 있다. 체류시간 30분, 속도구배 44sec^{-1}의 응집조를 설계하고자 할 때 교반기 모터의 동력효율을 60%로 예상한다면 응집조의 교반에 필요한 모터의 총 동력은 얼마인가?(단, $\mu = 10^{-3}$kg/m · sec이다.)

① 544
② 756.4
③ 907.5
④ 1,512.5

해설 $G = \sqrt{\dfrac{P}{\mu \forall}}$, $P = G^2 \cdot \mu \cdot \forall$

$\mu = 10^{-3}$kg/m · s

$G = 44$sec^{-1}

$\forall = 22,500$m³/d × d/24hr × hr/60min × 30min

$\quad = 468.75$m³

$\therefore P = (44)^2 \times 10^{-3} \times 468.75 \times 100/60 = 1,512.5$(W)

31 인구 45,000명인 도시의 폐수를 처리하기 위한 처리장을 설계하였다. 폐수의 유량은 350L/인 · day이고, 침강탱크의 체류시간 2hr, 월류속도 35m³/m³ · day가 되도록 설계하였다면 이 침강 탱크의 용적($\forall$)과 표면적(A)은?

① $\forall = 1,313$m³, $A = 450$m²
② $\forall = 1,313$m³, $A = 540$m²
③ $\forall = 1,475$m³, $A = 450$m²
④ $\forall = 1,475$m³, $A = 540$m²

해설 $\forall = Q \times t$

$\therefore \forall(\text{m}^3) = \dfrac{350\text{L}}{\text{인} \cdot \text{day}} \left| \dfrac{45,000\text{인}}{} \right| \dfrac{2\text{hr}}{} \left| \dfrac{1\text{day}}{24\text{hr}} \right| \dfrac{1\text{m}^3}{10^3\text{L}}$

$\quad = 1,312.5(\text{m}^3)$

침전면적 $= \dfrac{\text{유량}}{\text{월류속도}}$

$\therefore A(\text{m}^2) = \dfrac{350\text{L}}{\text{인} \cdot \text{day}} \left| \dfrac{45,000\text{인}}{} \right| \dfrac{\text{m}^2 \cdot \text{day}}{35\text{m}^3} \left| \dfrac{1\text{m}^3}{10^3\text{L}} \right.$

$\quad = 450(\text{m}^2)$

32 공장의 BOD 배출량이 500명의 인구당량에 해당하며, 폐수량은 30m³/hr이다. 공장 폐수의 BOD(mg/L) 농도(mg/L)는?(단, 1인당 하루에 배출하는 BOD 45g)

① 31.25
② 33.42
③ 40.15
④ 51.25

해설 $BOD(\text{mg/L}) = \dfrac{45\text{g}}{\text{인} \cdot \text{day}} \left| \dfrac{500\text{인}}{} \right| \dfrac{\text{hr}}{30\text{m}^3}$

$\dfrac{1\text{day}}{24\text{hr}} \left| \dfrac{10^3\text{mg}}{1\text{g}} \right| \dfrac{1\text{m}^3}{10^3\text{L}}$

$\quad = 31.25(\text{mg/L})$

33 입자농도와 상호작용에 따른 침전형태 중 Stokes Law를 적용할 수 있는 것은?

① 응결침전(Flocculent Settling)
② 독립침전(Piscrete Settling)
③ 지역침전(Zone Settling)
④ 압축침전(Compression Settling)

해설 $SDI = \dfrac{1}{SVI} \times 100$

여기서, $SVI = \dfrac{SV_{30}(\text{mL/L})}{\text{MLSS 농도(mg/L)}} \times 10^3$

$\quad = \dfrac{500(\text{mL/L})}{2,500(\text{mg/L})} \times 10^3$

$\quad = 200(\text{mL/g})$

$\therefore SDI = \dfrac{1}{SVI} \times 100 = \dfrac{1}{200} \times 100 = 0.5$

34 암모니아성 질소의 처리방법으로 가장 거리가 먼 것은?

① 탈기법
② 화학적 응결
③ 불연속적 염소 주입
④ 토지적용 처리

35 포기조 용액을 1L 메스실린더에서 30분간 침강시킨 침전슬러지 부피가 500mL였다. MLSS 농도가 2,500 mg/L라면 SDI는?

① 0.5
② 1
③ 2
④ 4

36 혐기성 소화공정의 환경적 변수가 아닌 것은?

① 온도
② 교반
③ 용존산소농도
④ pH

37 5단계 Bardenpho 공정 중 호기조의 역할에 관한 설명으로 가장 적절한 것은?

① 인의 방출   ② 인의 과잉 섭취
③ 슬러지 라이징   ④ 탈질산화

해설 5단계 Bardenpho 공법에서 각 공정의 기능
㉠ 혐기조 : 유기물 제거, 인 방출
㉡ 1차 무산소조 : 탈질화
㉢ 1차 호기조 : 질산화, 인흡수
㉣ 2차 무산소조 : 잔류 질산성 질소 제거
㉤ 2차 호기조 : 재폭기 → 종침에서 탈질에 의한 슬러지 부상 현상 및 인의 재방출 방지

38 1,000m³/day의 하수를 처리하는 처리장이 있다. 침전지의 깊이가 3m, 폭이 4m, 길이 16m인 침전지의 이론적인 하수체류시간(hr)은?

① 3.6   ② 4.6
③ 5.6   ④ 6.6

해설 $t(체류시간) = \dfrac{\forall(체적)}{Q(처리유량)}$

㉠ $\forall = H(깊이) \times W(폭) \times L(길이)$
     $= 3m \times 4m \times 16m = 192m^3$
㉡ $Q = 1,000m^3/day$

∴ $t(체류시간) = \dfrac{\forall(체적)}{Q(처리유량)}$

     $= \dfrac{192m^3}{}\left|\dfrac{day}{1000m^3}\right|\dfrac{24hr}{day} = 4.6(hr)$

39 슬러지의 함수율이 95%에서 90%로 줄어들면 슬러지의 부피는?(단, 슬러지 비중은 1.0)

① 2/3로 감소한다.
② 1/2로 감소한다.
③ 1/3로 감소한다.
④ 3/4로 감소한다.

해설 건조 · 농축 · 탈수 전/후의 Mass Balance를 이용한다.
$V_1(100 - W_1) = V_2(100 - W_2)$
$100(100 - 95) = V_2(100 - 90)$
$V_2 = 50$
∴ $\dfrac{V_2}{V_1} = \dfrac{10}{100} = 1/2$

40 수중에 암모니아(NH₃)를 공기탈기법(Air Stripping)으로 제거하고자 할 때 가장 중요한 인자는?

① 기압   ② pH
③ 용존산소   ④ 공기공급량

해설 암모니아성 질소를 탈기법으로 처리했을 때 탈기된 유출수는 pH가 높기 때문에 CO_2 흡기법 등으로 pH를 다시 낮추어야 한다.

SECTION **03** **수질오염공정시험기준**

41 적정법 – 산성 과망간산칼륨법에 의해 COD를 측정할 때 염소 이온의 방해를 제거하기 위해 첨가할 수 있는 시약으로 틀린 것은?

① 황산은 분말   ② 염화은 분말
③ 질산은 용액   ④ 질산은 분말

해설 염소이온은 과망간산에 의해 정량적으로 산화되어 양의 오차를 유발하므로 황산은을 첨가하여 염소이온의 간섭을 제거한다. 황산은 분말 1g 대신 질산은용액(20%) 5mL 또는 질산은 분말 1g을 첨가해도 좋다.

42 총 유기탄소의 측정 시 적용되는 용어에 관한 설명으로 틀린 것은?

① 무기성 탄소 : 수중에 탄산염, 중탄산염, 용존 이산화탄소 등 무기적으로 결합된 탄소의 합을 말한다.
② 부유성 유기탄소 : 총 유기탄소 중 공극 $0.45\mu m$의 막 여지를 통과하여 부유하는 유기탄소를 말한다.
③ 비정화성 유기탄소 : 총 탄소 중 pH 2 이하에서 포기에 의해 정화되지 않는 탄소를 말한다.
④ 총 탄소 : 수중에서 존재하는 유기적 또는 무기적으로 결합된 탄소의 합을 말한다.

해설 부유성 유기탄소
총 유기탄소 중 공극 $0.45\mu m$의 막 여지를 통과하지 못한 유기탄소를 말한다.

---

43 수심이 0.6m, 폭이 2m의 하천의 유량을 구하기 위해 수심 각 부분의 유속을 측정한 결과가 다음과 같다. 하천의 유량(m^3/sec)은?(단, 하천은 장방형이라 가정한다.)

수심	표면	20% 지점	40% 지점	60% 지점	80% 지점
유속 (m/sec)	1.5	1.3	1.2	1.0	0.8

① 1.05
② 1.26
③ 2.44
④ 3.52

수심이 0.4m 이상일 때

$$V_m = (V_{0.2} + V_{0.8}) \times \frac{1}{2} = (1.3 + 0.8) \times \frac{1}{2}$$
$$= 1.05 (m/sec)$$
$$\therefore Q = A \times V = 0.6 \times 2(m^2) \times 1.05(m/sec)$$
$$= 1.26(m^3/sec)$$

44 실험에 관한 용어 설명으로 틀린 것은?

① 냄새가 없다 : 냄새가 없거나 또는 거의 없을 것을 표시하는 것이다.
② 시험에서 사용하는 물은 따로 규정이 없는 한 정제수 또는 탈염수를 말한다.
③ 정확히 단다 : 규정된 양의 시료를 취하여 분석용 저울로 0.1mg까지 다는 것을 말한다.
④ 감압이라 함은 따로 규정이 없는 한 15mm H_2O 이하를 말한다.

감압이라 함은 따로 규정이 없는 한 15mmHg 이하를 말한다.

45 유도결합플라스마 – 원자발광광도계에 관한 설명으로 틀린 것은?

① 시료 주입부 : 분무기 및 챔버로 이루어져 있음
② 고주파 전원부 : 고주파 전원은 수정발진식의 20.73MHz로 100~300kW의 출력임
③ 분광부 및 측광부 : 분광기는 기능에 따라 단색화분광기, 다색화분광기로 구분됨
④ 분광부 및 측광부 : 플라스마광원으로부터 발광하는 스펙트럼선을 선택적으로 분리하기 위해서는 분해능이 우수한 회절격자가 많이 사용됨

46 색도측정법(투과율법)에 관한 설명으로 옳지 않은 것은?

① 아담스–니켈슨의 색도공식을 근거로 한다.
② 시료 중 백금–코발트 표준물질과 아주 다른 색상의 폐·하수는 적용할 수 없다.
③ 색도의 측정은 시간적으로 눈에 보이는 색상에 관계없이 단순 색도차 또는 단일 색도차를 계산한다.
④ 시료 중 부유물질을 제거하여야 한다.

백금–코발트 표준물질과 아주 다른 색상의 폐·하수에서뿐만 아니라 표준물질과 비슷한 색상의 폐·하수에도 적용할 수 있다.

47 인산염인을 측정하기 위해 적용 가능한 시험방법으로 가장 거리가 먼 것은?(단, 수질오염공정시험기준 기준)

① 자외선/가시선 분광법(이염화주석환원법)
② 자외선/가시선 분광법(아스코르빈산환원법)
③ 자외선/가시선 분광법(브루신환원법)
④ 이온크로마토그래피

인산염인 시험방법
㉠ 자외선/가시선 분광법(이염화주석환원법)
㉡ 자외선/가시선 분광법(아스코르빈산환원법)
㉢ 이온크로마토그래피

48 식품공장 폐수의 BOD를 측정하기 위하여 검수에 희석수를 가하여 20배로 희석한 것을 6개의 BOD병에 넣어 3개의 BOD병은 즉시, 나머지 3개의 BOD병은 20℃에서 5일간 부란 후 각각의 DO를 측정하였다. 0.025N $Na_2S_2O_3$에 의한 적정량의 평균치는 4.0mL와 1.5mL이었다면 이 식품공장의 BOD값(mg/L)은?(단, BOD병의 용량 302mL, 적정액량 100mL, 황산망간 2mL, 알칼리 요오드 아지드 2mL, 농황산 2mL를 가하였다. 0.025N $Na_2S_2O_3$의 역가 1.00)

① 92
② 102
③ 112
④ 122

해설

$\bigcirc$ $DO(mg/L) = a \times f \times \dfrac{V_1}{V_2} \times \dfrac{1,000}{V_1 - R} \times 0.2$

$\bigcirc$ $DO_1(mg/L) = 4 \times 1 \times \dfrac{302}{100} \times \dfrac{1,000}{302 - 4} \times 0.2$
$= 8.11(mg/L)$

$\bigcirc$ $DO_2(mg/L) = 1.5 \times 1 \times \dfrac{302}{100} \times \dfrac{1,000}{302 - 4} \times 0.2$
$= 3.04(mg/L)$

$\bigcirc$ $BOD = (D_1 - D_2) \times P$
$= (8.11 - 3.04) \times 20 = 102(mg/L)$

49 자외선/가시선 분광법에 의해 페놀류를 분석할 때 클로로폼 용액에서 측정하는 파장(nm)은?

① 460
② 510
③ 620
④ 710

해설 페놀류 – 자외선/가시선 분광법
물속에 존재하는 페놀류를 측정하기 위하여 증류한 시료에 염화암모늄 – 암모니아 완충용액을 넣어 pH 10으로 조절한 다음 4 – 아미노안티피린과 헥사시안화철(Ⅱ)산칼륨을 넣어 생성된 붉은색의 안티피린계 색소의 흡광도를 측정하는 방법으로 수용액에서는 510nm, 클로로폼 용액에서는 460nm에서 측정한다.

50 지하수 시료는 착수정 내에 고여 있는 물과 원래 지하수의 성상이 달라질 수 있으므로 고여 있는 물은 충분히 퍼낸 다음 새로 나온 물을 채취한다. 이 경우 퍼내는 양은?

① 고여 있는 물의 절반 정도
② 고여 있는 물의 2~3배 정도
③ 고여 있는 물의 4~5배 정도
④ 고여 있는 물의 전체량 정도

해설 지하수 시료는 취수정 내에 고여 있는 물과 원래 지하수의 성상이 달라질 수 있으므로 고여 있는 물을 충분히 퍼낸 다음 새로 나온 물을 채취한다. 이 경우 퍼내는 양은 고여 있는 물의 4~5배 정도이나 pH 및 전기전도도를 연속적으로 측정하여 이 값이 평형을 이룰 때까지로 한다.

51 개수로의 평균 단면적이 $1.6m^2$고 부표를 사용하여 10m 구간을 흐르는 데 걸리는 시간을 측정한 결과 5초(sec)이었을 때 이 수로의 유량(m^3/min)은?(단, 수로의 구성, 재질, 수로단면의 형상, 기울기 등이 일정하지 않은 개수로의 경우 기준)

① 144
② 154
③ 164
④ 174

해설

$\bigcirc$ 표면유속(Ve) $= \dfrac{L}{t} = \dfrac{10m}{5sec} = 2(m/sec)$

$\bigcirc$ 평균유속(V) $= 0.75Ve = 0.75 \times 2 = 1.5(m/sec)$

$\therefore$ $Q = A \times V = 1.6(m^2) \times 1.5(m/sec) \times \dfrac{690sec}{1min}$
$= 144(m^3/min)$

52 $0.1N - NaOH$의 표준용액(f = 1.008) 30mL를 완전히 반응시키는 데 $0.1N - H_2C_2O_4$ 용액 30.12mL를 소비했을 때 $0.1N - H_2C_2O_4$ 용액의 Factor는?

① 1.004
② 1.012
③ 0.996
④ 0.992

해설 $NVf = N'V'f'$

$f' = \dfrac{NNf}{N'V'} = \dfrac{0.1 \times 30 \times 1.008}{0.1 \times 30.12} = 1.004$

53 6가크롬을 자외선/가시선 분광법으로 측정할 때에 관한 내용으로 옳은 것은?

① 산성용액에서 다이페닐카바자이드와 반응하여 생성되는 청색 착화합물의 흡광도를 620nm에서 측정
② 산성용액에서 페난트로린용액과 반응하여 생성되는 청색 착화합물의 흡광도를 620nm에서 측정
③ 산성용액에서 다이페닐카바자이드와 반응하여 생성되는 적자색 착화합물의 흡광도를 540nm에서 측정
④ 산성용액에서 페난트로린용액과 반응하여 생성되는 적자색 착화합물의 흡광도를 540nm에서 측정

해설 6가크롬 – 자외선/가시선 분광법
산성용액에서 다이페닐카바자이드와 반응하여 생성되는 적자색 착화합물의 흡광도를 540nm에서 측정한다.

54 시료의 전처리 방법 중 유기물을 다량 함유하고 있으면서 산분해가 어려운 시료에 적용하기 가장 적절한 것은?

① 회화에 의한 분해
② 질산 – 과염소산법
③ 질산 – 황산법
④ 질산 – 염산법

해설 질산 – 과염소산법
유기물을 다량 함유하고 있으면서 산분해가 어려운 시료에 적용된다.

55 시안의 자외선/가시선 분광법(피리딘 – 피라존론법) 측정 시 시료 전처리에 관한 설명으로 가장 거리가 먼 것은?

① 다량의 유지류가 함유된 시료는 초산 또는 수산화나트륨용액으로 pH 6~7로 조절하고 시료의 약 2%에 해당하는 노말헥산 또는 클로로포름을 넣어 짧은 시간 동안 흔들어 섞고 수층을 분리하여 시료를 취한다.
② 잔류염소가 함유된 시료는 L – 아스코르빈산용액을 넣어 제거한다.
③ 황화합물이 함유된 시료는 초산나트륨 용액을 넣어 제거한다.
④ 잔류염소가 함유된 시료는 아비산나트륨용액을 넣어 제거한다.

해설 황화합물이 함유된 시료는 아세트산아연용액(10%) 2mL를 넣어 제거한다.

56 공장폐수 및 하수유량(관 내의 유량측정방법)을 측정하는 장치 중 공정수(Process Water)에 적용하지 않는 것은?

① 유량측정용 노즐
② 오리피스
③ 벤투리미터
④ 자기식 유량측정기

해설 벤투리미터는 공정수에 적용하지 않는다.

57 직각 3각 위어를 사용하여 유량을 산출할 때 사용되는 공식과 다음 조건에서의 유량(m^3/분)으로 맞는 것은?(단, 유량계수(K) = 50, 절단의 폭(b) = 1m, 위어의 수두(h) = 0.5m)

① $Q = Kh^{5/2}$, 8.84
② $Q = Kh^{3/2}$, 17.74
③ $Q = Kbh^{5/2}$, 8.84
④ $Q = Kbh^{3/2}$, 17.74

해설 직각 3각 위어 $Q = K \cdot h^{5/2}$
$Q(m^3/min) = K \cdot h^{5/2} = 50 \times 0.5^{5/2} = 8.84(m^3/min)$

58 자외선/가시선 분광법에서 흡광도가 1.0에서 2.0으로 증가하면 투과도는?

① 1/2로 감소한다.
② 1/5로 감소한다.
③ 1/10로 감소한다.
④ 1/100로 감소한다.

해설 $A = \log \dfrac{1}{t}$

㉠ 흡광도가 1.0일 때 투과도
$1 = \log \dfrac{1}{t}$ $10^1 = \dfrac{1}{t}$ $t = 0.1$

㉡ 흡광도가 2.0일 때 투과도
$2 = \log \dfrac{1}{t}$ $10^2 = \dfrac{1}{t}$ $t = 0.01$

59 이온크로마토그래피의 장치에 관한 설명으로 틀린 것은?

① 액송펌프 : 펌프는 $150 \sim 350kg/cm^2$ 압력에서 사용될 수 있어야 하며 시간차에 따른 압력차가 크게 발생하여서는 안 된다.
② 시료의 주입부 : 일반적으로 루프 – 밸브에 의한 주입방식이 많이 이용되며 시료주입량은 보통 $10 \sim 100\mu L$ 이다.
③ 분리컬럼 : 억제기형과 비억제기형이 있다.
④ 검출기 : 일반적으로 음이온 분석에는 열전도도 검출기를 사용한다.

해설 분석목적 및 성분에 따라 전기전도도 검출기, 전기화학적 검출기 및 광학적 검출기 등이 있으나 일반적으로 음이온 분석에는 전기전도도 검출기를 사용한다.

60 페놀류 – 자외선/가시선 분광법 측정 시 정량한계에 관한 내용으로 옳은 것은?

① 클로로폼추출법 : 0.003mg/L
   직접측정법 : 0.03mg/L
② 클로로폼추출법 : 0.03mg/L
   직접측정법 : 0.003mg/L
③ 클로로폼추출법 : 0.005mg/L
   직접측정법 : 0.05mg/L
④ 클로로폼추출법 : 0.05mg/L
   직접측정법 : 0.005mg/L

해설 페놀류 – 자외선/가시선 분광법
정량한계는 클로로폼 추출법일 때 0.005mg/L, 직접측정법일 때 0.05mg/L이다.

SECTION 04 수질환경관계법규

61 수질 및 수생태계 환경기준에서 하천의 생활환경기준 중 매우 나쁨(Ⅵ) 등급의 BOD 기준(mg/L)은?

① 6 초과   ② 8 초과
③ 10 초과   ④ 12 초과

해설

등급		매우 나쁨
		Ⅵ
상태(캐릭터)		
기준	pH	
	BOD(mg/L)	10 초과
	COD(mg/L)	11 초과
	TOC(mg/L)	8 초과
	SS(mg/L)	
	DO(mg/L)	2.0 미만
	T−P(mg/L)	0.5 초과
대장균군 (군수/100mL)	총대장균군	
	분원성 대장균군	

62 비점오염저감시설의 구분 중 장치형 시설이 아닌 것은?

① 여과형 시설   ② 와류형 시설
③ 저류형 시설   ④ 스크린형 시설

해설 비점오염저감시설의 구분 중 장치형 시설
㉠ 여과형 시설
㉡ 와류형 시설
㉢ 스크린형 시설
㉣ 응집 · 침전 처리형 시설
㉤ 생물학적 처리형 시설

63 수질 및 수생태계 보전에 관한 법률 시행규칙에서 정한 오염도검사 기관이 아닌 것은?

① 지방환경청   ② 시 · 군 보건소
③ 국립환경과학   ④ 도의 보건환경연구원

해설 오염도검사 기관
㉠ 국립환경과학원 및 그 소속기관
㉡ 특별시 · 광역시 및 도의 보건환경연구원
㉢ 유역환경청 및 지방환경청
㉣ 한국환경공단 및 그 소속 사업소
㉤ 수질 분야의 검사기관 중 환경부장관이 정하여 고시하는 기관
㉥ 그 밖에 환경부장관이 정하여 고시하는 수질검사기관

64 폐수 배출규모에 따른 사업장 종별 기준으로 맞는 것은?

① 1일 폐수 배출량 2,000m³ 이상–1종 사업장
② 1일 폐수 배출량 700m³ 이상–3종 사업장
③ 1일 폐수 배출량 200m³ 이상–4종 사업장
④ 1일 폐수 배출량 50m³ 이상, 200m³ 미만–5종 사업장

해설 사업장 규모별 구분

종류	배출 규모
제1종 사업장	1일 폐수 배출량이 2,000m³ 이상인 사업장
제2종 사업장	1일 폐수 배출량이 700m³ 이상, 2,000m³ 미만인 사업장
제3종 사업장	1일 폐수 배출량이 200m³ 이상, 700m³ 미만인 사업장
제4종 사업장	1일 폐수 배출량이 50m³ 이상, 200m³ 미만인 사업장
제5종 사업장	위 제1종부터 제4종까지의 사업장에 해당하지 아니하는 배출시설

65 환경부장관이 폐수처리업의 등록을 한 자에 대하여 영업정지를 명하여야 하는 경우로 그 영업정지가 주민의 생활, 그 밖의 공익에 현저한 지장을 초래할 우려가 있다고 인정되는 경우에는 영업정지처분에 갈음하여 과징금을 부과할 수 있다. 이 경우 최대 과징금 액수는? (기준변경)

① 1억 원   ② 2억 원
③ 3억 원   ④ 5억 원

해설 [기준의 전면 개편으로 해당사항 없음]

66 공공수역 중 환경부령으로 정하는 수로가 아닌 것은?

① 지하수로   ② 농업용 수로
③ 상수관거   ④ 운하

해설 환경부령으로 정하는 수로
㉠ 지하수로
㉡ 농업용 수로
㉢ 하수관로
㉣ 운하

67 하천수질 및 수생태계 상태가 생물등급으로 "약간 나쁨 – 매우 나쁨"일 때의 생물 지표종(저서식물)은? (단, 수질 및 수생태계 상태별 생물학적 특성 이해표 기준)

① 붉은깔따구, 나방파리
② 넓적거머리, 민하루살이
③ 물달팽이, 턱거머리
④ 물삿갓벌레, 물벌레

해설 수질 및 수생태계 상태별 생물학적 특성 이해표

생물등급	생물 지표종	
	저서생물(底棲生物)	어류
매우 좋음 ~ 좋음	옆새우, 가재, 뿔하루살이, 민하루살이, 강도래, 물날도래, 광택날도래, 띠무늬우묵날도래, 바수염날도래	산천어, 금강모치, 열목어, 버들치 등 서식
	서식지 및 생물 특성 • 물이 매우 맑으며, 유속은 빠른 편임 • 바닥은 주로 바위와 자갈로 구성됨 • 부착 조류(藻類)가 매우 적음	

68 낚시금지구역에서 낚시행위를 한 자에 대한 과태료 기준은?

① 50만 원 이하의 과태료
② 100만 원 이하의 과태료
③ 200만 원 이하의 과태료
④ 300만 원 이하의 과태료

69 배출부과금을 부과할 때 고려하여야 하는 사항으로 틀린 것은?

① 배출허용기준 초과 여부
② 수질오염물질의 배출량
③ 수질오염물질의 배출시점
④ 배출되는 수질오염물질의 종류

해설 배출부과금 부과 시 고려사항
㉠ 배출허용기준 초과 여부
㉡ 배출되는 수질오염물질의 종류
㉢ 수질오염물질의 배출기간
㉣ 수질오염물질의 배출량

생물등급	생물 지표종	
	저서생물(底棲生物)	어류
좋음 ~ 보통	다슬기, 넓적거머리, 강하루살이, 동양하루살이, 등줄하루살이, 등딱지하루살이, 물삿갓벌레, 큰줄날도래	쉬리, 갈겨니, 은어, 쏘가리 등 서식
	서식지 및 생물 특성 • 물이 맑으며, 유속은 약간 빠르거나 보통임 • 바닥은 주로 자갈과 모래로 구성됨 • 부착 조류가 약간 있음	
보통 ~ 약간 나쁨	물달팽이, 턱거머리, 물벌레, 밀잠자리	피라미, 끄리, 모래무지, 참붕어 등 서식
	서식지 및 생물 특성 • 물이 약간 혼탁하며, 유속은 약간 느린 편임 • 바닥은 주로 잔자갈과 모래로 구성됨 • 부착 조류가 녹색을 띠며 많음	
약간 나쁨 ~ 매우 나쁨	왼돌이물달팽이, 실지렁이, 붉은깔따구, 나방파리, 꽃등에	붕어, 잉어, 미꾸라지, 메기 등 서식
	서식지 및 생물 특성 • 물이 매우 혼탁하며, 유속은 느린 편임 • 바닥은 주로 모래와 실트로 구성되며, 대체로 검은색을 띰 • 부착 조류가 갈색 혹은 회색을 띠며 매우 많음	

ⓜ 자가측정 여부
ⓗ 그 밖에 수질환경의 오염 또는 개선과 관련되는 사항으로 서 환경부령으로 정하는 사항

70 환경부장관이 비점오염원관리지역을 지정, 고시한 때에 수립하는 비점오염원관리대책에 포함되어야 하는 사항으로 틀린 것은?

① 관리목표
② 관리대상 수질오염물질의 종류 및 발생량
③ 관리대상 수질오염물질의 발생 예방 및 저감방안
④ 관리대상 수질오염물질이 수질오염에 미치는 영향

해설 비점오염원관리대책에 포함되어야 하는 사항
㉠ 관리목표
㉡ 관리대상 수질오염물질의 종류 및 발생량
㉢ 관리대상 수질오염물질의 발생 예방 및 저감 방안
㉣ 그 밖에 관리지역을 적정하게 관리하기 위하여 환경부령 으로 정하는 사항

71 수질 및 수생태계 환경기준 중 하천 전 수역에서 사람의 건강보호기준으로 검출되어서는 안 되는 오염물질(검출한계 0.0005)은?

① 폴리클로리네이티드비페닐(PCB)
② 테트라클로로에틸렌(PCE)
③ 사염화탄소
④ 비소

해설 하천 및 호수에서 사람의 건강보호기준

항목	기준값(mg/L)
카드뮴(Cd)	0.005 이하
비소(As)	0.05 이하
시안(CN)	검출되어서는 안 됨 (검출한계 0.01)
수은(Hg)	검출되어서는 안 됨 (검출한계 0.001)
유기인	검출되어서는 안 됨 (검출한계 0.0005)
폴리클로리네이티드비페닐(PCB)	검출되어서는 안 됨 (검출한계 0.0005)
납(Pb)	0.05 이하
6가크롬(Cr^{6+})	0.05 이하
음이온 계면활성제(ABS)	0.5 이하

항목	기준값(mg/L)
사염화탄소	0.004 이하
1,2 - 디클로로에탄	0.03 이하
테트라클로로에틸렌(PCE)	0.04 이하
디클로로메탄	0.02 이하
벤젠	0.01 이하
클로로포름	0.08 이하
디에틸헥실프탈레이트(DEHP)	0.008 이하
안티몬	0.02 이하
1,4 - 다이옥세인	0.05 이하
포름알데히드	0.5 이하
헥사클로로벤젠	0.00004 이하

72 특정수질유해물질 등을 누출 · 유출하거나 버린 자에 대한 벌칙기준으로 적합한 것은?

① 2년 이하의 징역
② 3년 이하의 징역
③ 5년 이하의 징역
④ 7년 이하의 징역

73 수질 및 수생태계 보전에 관한 법률상 공공수역에 해당되지 않은 것은?

① 상수관거
② 하천
③ 호소
④ 항만

해설 "공공수역"이란 하천, 호소, 항만, 연안해역, 그 밖에 공공 용으로 사용되는 수역과 이에 접속하여 공공용으로 사용되 는 환경부령이 정하는 수로를 말한다.

74 수질오염물질 종류가 아닌 것은?

① BOD
② 색소
③ 세제류
④ 부유물질

75 오염총량관리기본계획에 포함되어야 할 사항으로 틀린 것은?

① 해당 지역 개발계획의 내용
② 지방자치단체별, 수계구간별, 저감시설 현황
③ 관할 지역에서 배출되는 오염부하량의 총량 및 저감계획
④ 해당 지역 개발계획으로 인하여 추가로 배출되는 오염부하량 및 그 저감계획

> **해설** 오염총량관리기본계획에 포함되어야 할 사항
> ㉠ 해당 지역 개발계획의 내용
> ㉡ 지방자치단체별·수계구간별 오염부하량(汚染負荷量)의 할당
> ㉢ 관할 지역에서 배출되는 오염부하량의 총량 및 저감계획
> ㉣ 해당 지역 개발계획으로 인하여 추가로 배출되는 오염부하량 및 그 저감계획

76 비점오염원의 변경신고 기준으로 (   ) 안에 옳은 것은?

> 총 사업면적·개발면적 또는 사업장 부지면적이 처음 신고면적의 (   ) 증가하는 경우

① 100분의 15 이상
② 100분의 20 이상
③ 100분의 30 이상
④ 100분의 50 이상

> **해설** 비점오염원의 변경신고를 하여야 하는 경우
> ㉠ 상호·대표자·사업명 또는 업종의 변경
> ㉡ 총 사업면적·개발면적 또는 사업장 부지면적이 처음 신고면적의 100분의 15 이상 증가하는 경우
> ㉢ 비점오염저감시설의 종류, 위치, 용량이 변경되는 경우
> ㉣ 비점오염원 또는 비점오염저감시설의 전부 또는 일부를 폐쇄하는 경우

77 폐수종말처리시설 기본계획에 포함되어야 하는 사항으로 틀린 것은?

① 폐수종말처리시설의 설치·운영자에 관한 사항
② 오염원 분포 및 폐수배출량과 그 예측에 관한 사항
③ 폐수종말처리시설 부담금의 비용부담에 관한 사항
④ 폐수종말처리시설 대상지역의 수질 영향에 관한 사항

> **해설** 폐수종말처리시설 기본계획에 포함되어야 하는 사항
> ㉠ 폐수종말처리시설에서 처리하려는 대상 지역에 관한 사항
> ㉡ 오염원분포 및 폐수배출량과 그 예측에 관한 사항
> ㉢ 폐수종말처리시설의 폐수처리계통도, 처리능력 및 처리방법에 관한 사항
> ㉣ 폐수종말처리시설에서 처리된 폐수가 방류수역의 수질에 미치는 영향에 관한 평가
> ㉤ 폐수종말처리시설의 설치·운영자에 관한 사항
> ㉥ 폐수종말처리시설 부담금의 비용부담에 관한 사항
> ㉦ 총 사업비, 분야별 사업비 및 그 산출근거
> ㉧ 연차별 투자계획 및 자금조달계획
> ㉨ 토지 등의 수용·사용에 관한 사항
> ㉩ 그 밖에 폐수종말처리시설의 설치·운영에 필요한 사항

78 낚시금지구역 또는 낚시제한구역을 지정하려는 경우에 몇 가지 사항을 고려하여야 한다. 이에 해당되지 않는 사항은?

① 용수의 목적
② 오염원 현황
③ 월별 수질오염물질 파악
④ 낚시터 인근에서의 쓰레기 발생 현황 및 처리 여건

> **해설** 낚시금지구역 또는 낚시제한구역을 지정하려는 경우 고려할 사항
> ㉠ 용수의 목적
> ㉡ 오염원 현황
> ㉢ 수질오염도
> ㉣ 낚시터 인근에서의 쓰레기 발생 현황 및 처리 여건
> ㉤ 연도별 낚시 인구의 현황
> ㉥ 서식 어류의 종류 및 양 등 수중생태계의 현황

79 시·도지사 또는 시장·군수가 도종합계획 또는 시군종합계획을 작성할 때 시설의 설치계획을 반영하여야 하는 시설이 아닌 것은?

① 분뇨처리시설
② 쓰레기 처리시설
③ 폐수종말처리시설
④ 공공하수처리시설

> **해설** 다음 각 호의 시설에 대한 설치계획을 반영하여야 한다.
> ㉠ 폐수종말처리시설   ㉡ 공공하수처리시설
> ㉢ 분뇨처리시설   ㉣ 공공처리시설

80 수질오염방지시설 중 물리적 처리시설에 해당되는 것은?

① 응집시설
② 흡착시설
③ 이온교환시설
④ 침전물개량시설

해설 물리적 처리시설

㉠ 스크린	㉡ 분쇄기
㉢ 침사(沈砂)시설	㉣ 유수분리시설
㉤ 유량조정시설(집수조)	㉥ 혼합시설
㉦ 응집시설	㉧ 침전시설
㉨ 부상시설	㉩ 여과시설
㉪ 탈수시설	㉫ 건조시설
㉬ 증류시설	㉭ 농축시설

SECTION 01 수질오염개론

01 2차 처리 유출수에 포함된 10mg/L의 유기물을 분말 활성탄 흡착법으로 3차 처리하여 유출수가 1mg/L 가 되게 만들고자 한다. 이때 폐수 1L당 필요한 활성 탄의 양(mg)은?(단, 흡착식은 Freundlich 등온식 을 적용, K = 0.5, n = 2)

① 9   ② 12

③ 16   ④ 18

해설 $\dfrac{(10-1)}{M} = 0.5 \times 1^{\frac{1}{2}}$

∴ M(흡착제의 양) = 18(mg/L)

02 포도당($C_6H_{12}O_6$) 500mg이 탄산가스와 물로 완전 산화하는 데 소요되는 이론적 산소요구량(mg)은?

① 512   ② 521

③ 533   ④ 548

해설 $C_6H_{12}O_6 + 6O_2 \rightarrow 6CO_2 + 6H_2O$

    180g   : 6×32g

    500(mg) : X(mg)

∴ X(= ThOD) = 533.33(mg)

03 부영양호(eutrophic lake)의 특성에 해당하는 것은?

① 생산과 소비의 균형

② 낮은 영양 염류

③ 조류의 과다 발생

④ 생물종 다양성 증가

해설 부영양화 현상은 학자에 따라 견해가 다양하지만, 대체적인 정의를 내리면 각종 영양염류(특히 N, P)가 수체 내로 과다 유입됨으로써 미생물활동에 의해 생산과 소비의 균형이 파 괴되어 물의 이용가치 저하 및 조류의 이상번식에 따른 자연 적 늪지현상이라 말할 수 있다. 이러한 현상은 주로 정체된 수계(호소 · 저수지)에서 잘 나타난다.

04 남조류(Blue green algae)에 관한 설명으로 틀린 것 은?

① 독립된 세포핵이 있다.

② 세포벽의 구조는 박테리아와 흡사하다.

③ 광합성 색소가 엽록체 안에 들어 있지 않다.

④ 호기성 신진대사를 하며 전자공여체로 물을 사용 한다.

해설 남조류는 원핵조류이다. 원핵조류는 내부분화가 덜 되어 있 으며 세균과 흡사하고, 세포 내에 색소가 고르게 퍼져 있으 며, 편모가 없고 포복운동에 의해 움직이는 경우가 있다.

05 물이 가지는 특성으로 틀린 것은?

① 물의 밀도는 0℃에서 가장 크며 그 이하의 온도에 서는 얼음형태로 물에 뜬다.

② 물은 광합성의 수소공여체이며 호흡의 최종산물 이다.

③ 생물체의 결빙이 쉽게 일어나지 않는 것은 융해열 이 크기 때문이다.

④ 물은 기화열이 크기 때문에 생물의 효과적인 체온 조절이 가능하다.

해설 물의 밀도는 4℃에서 가장 큰 1g/mL 값을 가지며, 4℃보다 온도가 낮거나 높아지면 밀도는 1g/mL 이하가 된다.

06 해수의 화학적 성질에 관한 설명으로 가장 거리가 먼 것은?

① 해수의 pH는 8.2로서 약알칼리성을 가진다.

② 해수의 주요성분 농도비는 지역에 따라 다르며 염 분은 적도해역에서 가장 낮다.

③ 해수의 밀도는 수온, 염분, 수압의 함수이며 수심 이 깊을수록 증가한다.

④ 해수 내의 주요성분 중 염소이온은 19,000mg/L 정도로 가장 높은 농도를 나타낸다.

해설 해수의 주요성분 농도비는 일정하며, 염분은 극해역에서는 낮고 적도해역에서는 다소 높다.

07 $Ca(OH)_2$ 800mg/L 용액의 pH는?(단, $Ca(OH)_2$는 완전해리하며, Ca의 원자량은 40)

① 약 12.1   ② 약 12.3

③ 약 12.7   ④ 약 12.9

해설
$$pH = \log\frac{1}{[H^+]} = 14 - \log\frac{1}{[OH^-]}$$
$$X\left(\frac{mol}{L}\right) = \frac{800mg}{L}\left|\frac{1g}{10^3mg}\right|\frac{1mol}{74g} = 0.0108M$$
$$\therefore pH = 14 - \log\frac{1}{2 \times 0.0108} = 12.3$$

08 1,000개의 세포가 5시간 후에 100,000개로 증식했다면 세대시간(분)은?(단, 단위시간에 일어난 분열횟수(k) $= [\log X_t - X_o)]/(0.301 \times t)$, 출발시간의 세포수 $= X_o$, 일정한 시간이 경과된 후의 세포수 $= X_t$)

① 80   ② 60

③ 45   ④ 30

해설 세대시간은 세포가 1분열하는 데 걸리는 시간이다. A개의 세포가 n회 분열을 하여 t시간 후 B개가 되었다면
$$B = A \times 2^n$$
분열횟수$(n) = \dfrac{\log B - \log A}{\log 2}$ 이고,

1회 분열하는 데 걸리는 시간(d)
$$= \frac{t}{n} = \frac{t}{\frac{\log B - \log A}{\log 2}} = \frac{t\log 2}{\log B - \log A}$$
$$\therefore d = \frac{5 \times \log 2}{\log(100,000) - \log(1,000)}$$
$$= 0.7526(hr) = 45.16(min)$$

09 반응조에 주입된 물감의 10%, 90%가 유출되기 까지의 시간을 t_{10}, t_{90}이라 할 때 Morrill지수는 t_{90}/t_{10}으로 나타낸다. 이상적인 Plug flow인 경우의 Morrill지수 값은?

① 1보다 작다.

② 1보다 크다.

③ 1이다.

④ 0이다.

해설 혼합 정도의 척도

혼합 정도의 표시	완전혼합 흐름상태	플러그 흐름상태
분산(Variance)	1일 때	0일 때
분산수 (Dispersion Number)	$d = \infty$ 무한대일 때	$d = 0$일 때
모릴지수 (Morill Index)	Mo 값이 클수록 근접	Mo 값이 1에 가까울수록

10 하천의 DO가 6.3mg/L, BOD_u가 17.1mg/L일 때 용존산소곡선(DO Sag Curve)에서 임계점에 달하는 시간(day)은?(단, 온도는 20℃, 용존산소 포화량은 9.2mg/L, $k_1 = 0.1/day$, $k_2 = 0.3/day$, $f = \dfrac{k_2}{k_1}$, $t_c = \dfrac{1}{k_1(f-1)}\log\left[f \times \left\{1 - (f-1)\dfrac{D_o}{L_o}\right\}\right])$

① 약 1.0   ② 약 1.5

③ 약 2.0   ④ 약 2.5

해설 주어진 임계시간(t_c) 공식을 이용한다.
$$f(= 자정계수) = \frac{0.3/day}{0.1/day} = 3$$
$$\therefore t_c(= 임계시간) = \frac{1}{K_1(f-1)}\log\left[f \times \left\{1 - (f-1)\frac{D_o}{L_o}\right\}\right]$$
$$= \frac{1}{0.1(3-1)}$$
$$\log\left[3 \times \left\{1 - (3-1) \times \frac{(9.2-6.3)}{17.1}\right\}\right]$$
$$= 1.49(day)$$

11 저수지 및 호소의 sediments(저질)는 수층의 환경변화에 따라 수층으로 오염물질을 용출함으로써 장기적인 내부오염원으로 작용한다. 오염물질 유출에 관여하는 영향인자에 대한 설명으로 가장 거리가 먼 것은?

① 수층의 DO 농도가 감소함에 따라 용출이 증가한다.

② 수층의 pH가 10 이상으로 높아질수록 용출이 증가한다.

③ 수층의 pH가 5 이하로 줄어들수록 용출이 증가한다.

④ 수온은 용출과 관계가 없다.

해설 수온이 증가할수록 용출은 증가한다.

12 탄소동화작용을 하지 않는 다세포식물로서, 유기물을 섭취하며 수중에 질소나 용존산소가 부족한 경우에도 잘 성장하는 미생물은?

① Bacteria
② Algae
③ Fungi
④ Protozoa

해설 균류(Fungi)는 흔히 곰팡이라고 불리는 다세포 식물이며, 생물학적 오수처리장과 오탁하천에서 주로 발견되며, 탄소동화작용을 하지 않는 미생물로서 곰팡이류, 효모, 사상균 등이 여기에 속한다.

13 수은주 높이 300mm는 수주로 몇 mm인가?(단, 표준 상태 기준)

① 1,960
② 3,220
③ 3,760
④ 4,078

해설 $760\text{mmHg} : 10,332\text{mmH}_2\text{O} = 300\text{mmHg} : X(\text{mmH}_2\text{O})$
$\therefore X = 4,078.42(\text{mmH}_2\text{O})$

14 여름 정체기간 중 호수의 깊이에 따른 CO_2와 DO 농도의 변화를 설명한 것으로 옳은 것은?

① 표수층에서 CO_2 농도가 DO 농도보다 높다.
② 심해에서 DO 농도는 매우 낮지만 CO_2 농도는 표수층과 큰 차이가 없다.
③ 깊이가 깊어질수록 CO_2 농도보다 DO 농도가 높다.
④ CO_2 농도와 DO 농도가 같은 지점(깊이)이 존재한다.

해설 표수층은 공기 중의 산소가 재포기되므로 DO의 농도가 높아 호기성 상태를 유지하고, 심수층으로 갈수록 용존산소가 부족하여 호수 바닥에 침전된 유기물질이 혐기성 미생물에 의해 분해되므로 저부의 수질이 악화되고, CO_2, H_2S 등이 증가된다.

15 지하수의 특성을 설명한 것으로 가장 거리가 먼 것은?

① 탁도가 높다.
② 자정작용이 느리다.
③ 수온의 변동이 적다.
④ 국지적인 환경조건의 영향을 크게 받는다.

해설 광물질이 용해되어 경도는 높지만 물이 지하로 침투하는 과정에서 자연여과로 인해 탁도는 낮다.

16 개미산(HCOOH)의 ThOD/TOC의 비는?

① 1.33
② 2.14
③ 2.67
④ 3.19

해설 ㉠ ThOD 계산
$\text{HCOOH} + 0.5O_2 \rightarrow CO_2 + H_2O$
1mol : $0.5 \times 32(\text{g})$
$\therefore \text{ThOD} = 0.5 \times 32(\text{g})$
㉡ TOC 계산
$\text{HCOOH} \rightarrow \text{C}$
1mol : 12(g)
$\therefore \text{TOC} = 12(\text{g})$
$\therefore \dfrac{\text{ThOD}}{\text{TOC}} = \dfrac{0.5 \times 32(\text{g})}{12(\text{g})} = 1.33$

17 시험용 동물의 50%를 사망시킬 때 그 환경 중의 약물농도를 나타내는 것은?

① TLN_{50}
② LD_{50}
③ LC_{50}
④ LI_{50}

18 빗물의 특성에 관한 설명으로 가장 거리가 먼 것은?

① 빗물은 낙하하면서 대기 중의 CO_2를 포화상태로 녹여 순수한 빗물의 pH를 약 5.6으로 만든다.
② 일반적으로 빗물은 용해성분이 많아 경수이며 완충작용이 강하다.
③ SO_2나 NO_2 같은 기체가 빗물에 녹아 H_2SO_4와 HNO_3가 되어 산성비를 만든다.
④ 수자원으로서는 비정기적인 강우패턴과 집수·저장방법 문제로 가치가 비교적 크지 않은 편이다.

해설 일반적으로 빗물은 용해성분이 적어 연수이며, 완충작용이 약하다.

19 글리신($C_2H_5O_2N$) 10g이 호기성 조건에서 CO_2, H_2O 및 HNO_3로 변화될 때 필요한 총산소량(g)은?

① 15
② 20
③ 30
④ 40

해설 $C_2H_5NO_2 + 3.5O_2 \rightarrow 2CO_2 + 2H_2O + HNO_3$
$75(g) : 3.5 \times 32(g)$
$10(g) : X(g)$
∴ 이론적 산소요구량(ThOD) = 14.93(mg/L)

20 0.04M−NaOH용액의 농도(mg/L)는?(단, Na 원자량 23)

① 1,000
② 1,200
③ 1,400
④ 1,600

해설 $X(mg/L) = \dfrac{0.04mol}{L} \left| \dfrac{40g}{1mol} \right| \dfrac{10^3mg}{1g} = 1,600(mg/L)$

SECTION 02 수질오염방지기술

21 BAC(Biological Activated Carbon)공법을 이용한 고도정수처리 시 장점이 아닌 것은?

① 오염물질에 따라 생물분해, 흡착작용이 상호 보완하여 준다.
② 생물학적으로 분해 불가능한 독성물질이라도 흡착기능에 의하여 오염물질 제거가 가능하다.
③ 분해속도가 빠른 물질이나 적응시간이 필요 없는 유기물 제거에 효과적이다.
④ 부유물질과 유기물 농도가 낮은 깨끗한 유출수를 배출한다.

해설 분해속도가 느린 물질이나 적응시간이 필요한 유기물 제거에 효과적이다.

22 냄새역치(TON ; Threshold Odor Number)에 대한 설명으로 틀린 것은?

① 냄새의 강도를 나타낼 때 사용한다.
② 관능분석에 의해 결정한다.
③ 같은 시료에 대해서는 시험자가 다르더라도 TON 값이 일정하다.
④ TON 값이 클수록 시료의 냄새가 강하다고 볼 수 있다.

23 표준활성슬러지법에서 MLSS농도(mg/L)의 표준 운전범위는?

① 1,000~1,500
② 1,500~2,500
③ 2,500~4,500
④ 4,500~6,000

해설 표준활성슬러지법에서 MLSS는 1,500~2,500mg/L를 표준으로 한다.

24 생물학적 방법으로 폐수 중의 질소를 제거하려고 할 때 가장 적절하지 않은 공법은?

① A/O 공법
② VIP 공법
③ UCT 공법
④ 5단계 Bardenpho 공법

해설 A/O 공법은 인(P)만 제거하는 공정이다.

25 40mg/L의 황산제일철($FeSO_4 \cdot 7H_2O$)을 사용하여 폐수를 처리하고자 한다. 이 물에 알칼리도가 없는 경우 공급하여야 하는 $Ca(OH)_2$의 양(mg/L)은?(단, 분자량 : $FeSO_4 \cdot 7H_2O = 277.9$, $Ca(OH)_2 = 74.1$)

① 10.7
② 21.4
③ 32.1
④ 42.8

해설 $FeSO_4 \cdot 7H_2O \equiv Ca(OH)_2$
$277.9 : 74.1g$
$40(mg/L) : X$
∴ X = 10.67(mg/L)

26 BOD 1,000mg/L, 유량 1,000m³/day인 폐수를 활성슬러지법으로 처리하는 경우, 포기조의 수심을 5m로 할 때 필요한 포기조의 표면적(m²)은?(단, BOD 용적부하 0.4kg/m³ · day)

① 400
② 500
③ 600
④ 700

해설 BOD 용적부하 = $\dfrac{BOD \times Q}{\forall}$

$\dfrac{0.4kg}{day \cdot m^3} = \dfrac{1000mg}{L} \left| \dfrac{1000m^3}{day} \right| \dfrac{10^3L}{m^3} \left| \dfrac{g}{10^3mg} \right| \dfrac{kg}{10^3g} \left| \dfrac{}{Xm^3} \right.$

$X = 2,500m^3$

∴ 포기조 수면적 = $\dfrac{2,500m^3}{5m} = 500(m^2)$

---

27 회전원판법(RBC)의 단점으로 가장 거리가 먼 것은?

① 일반적으로 회전체가 구조적으로 취약하다.

② 처리수의 투명도가 나쁘다.

③ 충격부하 및 부하변동에 약하다.

④ 외기기온에 민감하다.

> **해설** 회전원판법은 충격부하 및 부하변동에 강하고, 에너지 소모가 적다.

28 폐수처리 과정인 침전 시 입자의 농도가 매우 높아 입자들끼리 구조물을 형성하는 침전형태는?

① 농축침전   ② 응집침전

③ 압밀침전   ④ 독립침전

29 하수처리에 적용되는 물리적 조작과 기능에 대한 설명으로 틀린 것은?

① 분쇄－수로 내에서 고형물을 분쇄하는 것으로 예비처리 조작이다.

② 유량조정－후속의 처리시설에 걸리는 유량 및 수질부하를 균등하게 하는 조작이다.

③ 응집－부유물질의 침전특성을 개선하는 조작이다.

④ 부상분리－고형물이나 부유성 물질의 제거를 위해 사용되는 조작이다.

> **해설** 응집은 미세입자들을 응집시켜 플럭을 형성하고 완속교반으로 플럭입자를 성장시켜 침전성을 양호하게 하여 미세부유물질을 제거하는 조작이다.

30 입자 간 거리가 2cm이고, 상대속도 100cm/sec인 두 유체 입자의 속도경사(sec^{-1})는?

① 25   ② 50

③ 75   ④ 100

> **해설** 속도경사$(\sec^{-1}) = \dfrac{100\text{cm}}{\sec} \bigg| \dfrac{}{2\text{cm}} = 50(/\sec)$

31 일반적으로 회전원판법은 원판의 몇 %가 물에 잠긴 상태에서 운영되는가?

① 10~20%   ② 30~40%

③ 50~60%   ④ 70~80%

> **해설** RBC조 메디아는 전형적으로 40% 정도가 물에 잠기도록 설계한다.

32 염소의 살균력에 관한 내용으로 틀린 것은?

① pH가 낮을수록 살균능력이 크다.

② 온도가 낮을수록 살균능력은 크다.

③ HOCl은 OCl$^-$보다 살균력이 크다.

④ Chloramine은 OCl$^-$보다 살균력이 작다.

> **해설** 염소의 살균력은 반응시간이 길고 온도가 높을 때 강하다.

33 식품공장 폐수를 생물학적 호기성 공정으로 처리하고자 한다. 수질을 분석한 결과, 질소분이 없어 요소((NH$_2$)$_2$CO)를 주입하고자 할 때 필요한 요소의 양(mg/L)은?(단, BOD = 5,000mg/L, TN = 0, BOD : N : P=100 : 5 : 1 기준)

① 약 430   ② 약 540

③ 약 670   ④ 약 790

> **해설** 영양물질의 비율은 BOD : N = 100 : 5이다.
> ㉠ BOD : N = 100 : 5 = 5,000(mg/L) : N
> ∴ N = 250(mg/L)
> ㉡ 영양 Balance로부터 요소 소요량을 산출하면
> ∴ $(\text{NH}_2)_2\text{CO}\left(\dfrac{\text{mg}}{\text{L}}\right) = \dfrac{250\text{mg} \cdot \text{N}}{\text{L}} \bigg| \dfrac{60\text{g}}{2 \times 14\text{g}}$
> $= 535.71(\text{mg/L})$

34 공장폐수의 BOD 1kg을 제거하기 위해 필요한 산소량이 1kg이다. 공기 1m³에 함유되어 있는 산소량이 0.277kg이고 활성슬러지에서 공기 용해율이 4%(부피%)라 할 때 BOD 5kg을 제거하는 데 필요한 공기량(m³)은?(단, 공기 내 각 성분은 동일한 비율로 용해된다고 가정)

① 451   ② 554

③ 632   ④ 712

> **해설** $\text{Air}(\text{m}^3) = \dfrac{1.0\text{kg} \cdot \text{O}_2}{1\text{kg} \cdot \text{BOD}} \bigg| \dfrac{1\text{m}^3 \cdot \text{Air}}{0.277\text{kg} \cdot \text{O}_2} \bigg| \dfrac{5\text{kg} \cdot \text{BOD}}{} \bigg| \dfrac{100}{4}$
> $= 451.26(\text{m}^3)$

35 공장에서 pH 2인 황산 폐수 180m³/day가 배출되고 있다. 이 폐수를 중화시키고자 할 때 필요한 NaOH 양(kg/day)은?(단, NaOH 순도 90%)

① 약 60   ② 약 70

③ 약 80   ④ 약 90

해설 $NaOH(kg/day)$

$= \dfrac{10^{-2}mol}{L} \left| \dfrac{40g}{1mol} \right| \dfrac{180m^3}{day} \left| \dfrac{10^3L}{1m^3} \right| \dfrac{1kg}{10^3g} \left| \dfrac{100}{90} \right.$

$= 80(kg/day)$

36 폐수유입량이 1,000m³/day이고, 포기조의 SVI 가 100일 때 반송 슬러지의 양(m³/day)은?(단, $SV_{30} = 50\%$)

① 1,000   ② 850

③ 700   ④ 550

해설 반송슬러지 농도 "X_r"의 일반적인 단위는 "mg/L", SVI의 단위는 "mL/g"이다. 따라서 단위환산에 주력한다.

$X_r(mg/L) = \dfrac{1}{SVI} \times 10^6$

$X_r(mg/L) = \dfrac{1(g)}{100(mL)} \left| \dfrac{1,000mL}{L} \right| \dfrac{1,000mg}{g}$

$\qquad\qquad = 10,000(mg/L)$

$R(반송비) = \dfrac{X}{X_r - X} = \dfrac{5,000}{10,000 - 5,000} = 1$

여기서, $SVI = \dfrac{SV_{30}(\%) \times 10^4}{MLSS}$

$\qquad MLSS = \dfrac{50 \times 10^4}{100} = 10,000(mg/L)$

37 포기조 혼합액을 30분간 침전시킨 뒤의 침전물의 부피는 400mL/L이었고, MLSS 농도가 3,000mg/ L이었다면 침전지에서 침전상태는?

① 슬러지의 침전이 양호하다.

② 슬러지 팽화로 인하여 침전이 되지 않는다.

③ 슬러지 부상(Sludge rising)현상이 발생하여 슬러지 덩어리가 떠오른다.

④ 슬러지 플록이 제대로 형성되지 못하고 미세하게 분산한다.

해설 슬러지 용적지수(SVI ; Sludge Volume Index)는 슬러지의 침강성과 농축성을 나타내는 지표로 사용된다. 응집 · 침

전성을 높이기 위한 SVI는 50~150 범위가 적절하다. 따라서 SVI는 폭기조 혼합액을 30분간 정치한 슬러지의 용적 (SV)을 이용하여 다음 식과 같이 계산될 수 있다.

$SVI = \dfrac{SV(mL/L)}{MLSS(mg/L)} \times 10^3 = \dfrac{400}{3,000} \times 10^3 = 133.33$

38 함수율 95%의 슬러지를 함수율 75%의 탈수케익으로 만들었을 때, 탈수 전 슬러지의 체적대비 탈수 후 탈수케익의 체적의 변화는?(단, 분리액으로 유출된 슬러지양은 무시하며, 탈수 전 슬러지와 탈수 후 탈수케익의 비중은 모두 1.0으로 가정)

① 1/3   ② 1/4

③ 1/5   ④ 1/6

해설 $V_1(1 - W_1) = V_2(1 - W_2)$

여기서, V_1, V_2 : 탈수 전 · 후의 슬러지 체적

$\qquad\qquad X_w$: 함수율

$V_1(1 - 0.95) = V_2(1 - 0.75)$

$\therefore \dfrac{V_2}{V_1} = \dfrac{(1 - 0.95)}{(1 - 0.75)} = 0.2 = \dfrac{1}{5}$

39 생물학적 인 제거 공법에서 호기성 공정의 주된 역할은?

① 용해성 인의 과잉 산화

② 용해성 인의 과잉 방출

③ 용해성 인의 과잉 환원

④ 용해성 인의 과잉 섭취

해설 호기조에서는 인의 과잉 흡수가 일어난다.

40 상수 원수 내의 비소 처리에 관한 설명으로 옳지 않은 것은?

① 응집처리에는 응집침전에 의한 제거방법과 응집 여과에 의한 제거방법이 있다.

② 이산화망간을 사용하여 흡착처리에서는 5가 비소를 제거할 수 있다.

③ 흡착 시의 pH는 활성알루미나에서는 1~3이 효과적인 범위이다.

④ 수산화세륨을 흡착제로 사용하는 경우는 3가 및 5가 비소를 흡착할 수 있다.

해설 흡착 시의 pH는 활성알루미나에서는 4~6, 이산화망간에서는 5~7이 효과적 범위이다.

SECTION 03 수질오염공정시험기준

41 분석에 요구되는 시료의 최대 보존기간이 가장 짧은 측정항목은?

① 염소이온
② 부유물질
③ 총인
④ 용존 총인

해설 시료의 최대 보존기간
① 염소이온 : 28일
② 부유물질 : 7일
③ 총인 : 28일
④ 용존 총인 : 28일

42 분석을 위해 채취한 시료수에 다량의 점토질 또는 규산염이 함유된 경우, 적합한 전처리 방법은?

① 질산－황산에 의한 분해
② 질산－과염소산－불화수소산에 의한 분해
③ 질산－황산－과염소산에 의한 분해
④ 회화에 의한 분해

해설 다량의 점토질 또는 규산염이 함유된 경우, 적합한 전처리 방법은 질산－과염소산－불화수소산에 의한 분해이다.

43 자외선/가시선 분광법으로 정량할 때 측정항목과 그에 따른 발색시약이 잘못 연결된 것은?

① 불소 : 란탄알리자린 콤플렉손용액
② 페놀류 : 4－아미노안티피린과 헥사시안화철(Ⅱ)산칼륨 용액
③ 질산성 질소 : 부루신－설퍼민산용액
④ 비소 : 피리딘－피라졸론 용액

해설 비소－자외선/가시선 분광법
물속에 존재하는 비소를 측정하는 방법으로, 3가 비소로 환원시킨 다음 아연을 넣어 발생되는 수소화비소를 다이에틸다이티오카바민산은(Ag－DDTC)의 피리딘 용액에 흡수시켜 생성된 적자색 착화합물을 530nm에서 흡광도를 측정하는 방법이다.

44 0.1N 과망간산칼륨액의 표정에 사용되는 표준시약은?

① 무수탄산나트륨
② 옥살산나트륨
③ 티오황산나트륨
④ 수산화나트륨

45 수은(냉증기－원자흡수분광광도법) 측정 시 물속에 있는 수은을 금속수은으로 산화시키기 위해 주입하는 것은?

① 이염화주석
② 아연분말
③ 염산하이드록실아민
④ 시안화칼륨

해설 수은(냉증기－원자흡수분광광도법)
물속에 존재하는 수은을 측정하는 방법으로, 시료에 이염화주석($SnCl_2$)을 넣어 금속수은으로 산화시킨 후, 이 용액에 통기하여 발생하는 수은증기를 원자흡수분광광도법으로 253.7nm의 파장에서 측정하여 정량하는 방법이다.

46 시료의 용존산소량은 8.50mg/L이었고, 순수 중의 용존산소 포화량은 8.84mg/L이었다. 시료채취 시의 대기압이 750mmHg이었다면 용존산소포화율(%)은?

① 95.5
② 96.2
③ 97.4
④ 98.8

해설 용존산소 포화율 계산은 다음과 같다.
$$DO포화율(\%) = \frac{DO}{DO_t \times B/760} \times 100$$
$$= \frac{8.50}{8.84 \times 750/760} \times 100 = 97.44(\%)$$

47 총대장균군－막여과법에 관한 내용으로 (   )에 옳은 것은?

물속에 존재하는 총대장균군을 측정하기 위해 페트리 접시에 배지를 올려놓은 다음 배양 후 (   )계통의 집락을 계수하는 방법이다.

① 금속성 광택을 띠는 적색이나 진한 적색
② 금속성 광택을 띠는 청색이나 진한 청색
③ 여러 가지 색조를 띠는 적색
④ 여러 가지 색조를 띠는 청색

해설 물속에 존재하는 총대장균군을 측정하기 위해 페트리 접시에 배지를 올려놓은 다음 배양 후 금속성 광택을 띠는 적색이나 진한 적색 계통의 집락을 계수하는 방법이다.

48 흡광광도계 측광부의 광전측광에 광전도셀이 사용될 때 적용되는 파장은?

① 자외파장
② 가시파장
③ 근적외파장
④ 근자외파장

49 BOD 측정 시 산성 또는 알칼리성 시료의 중화를 위해 전처리로 넣어주는 산 또는 알칼리성 용액의 양은 시료량의 얼마를 넘지 않도록 해야 하는가?

① 0.5%
② 1.5%
③ 2.5%
④ 3.5%

해설 pH가 6.5~8.5의 범위를 벗어나는 산성 또는 알칼리성 시료는 염산용액(1M) 또는 수산화나트륨용액(1M)으로 시료를 중화하여 pH 7~7.2로 맞춘다. 다만 이때 넣어주는 염산 또는 수산화나트륨의 양이 시료량의 0.5%가 넘지 않도록 하여야 한다. pH가 조정된 시료는 반드시 식종을 실시한다.

50 수질오염공정시험기준에 따라 분석에 요구되는 시료량은 시험항목 및 시험횟수에 따라 차이가 있으나 일반적으로 채취하는 시료의 양(L)은?

① 0.5~1
② 1.5~2
③ 2~3
④ 3~5

해설 시료채취량은 시험항목 및 시험횟수에 따라 차이가 있으나 보통 3~5L 정도이어야 한다.

51 수질오염공정시험기준에서 일반적으로 적용되는 용어의 정의로 옳지 않은 것은?

① "감압"이라 함은 따로 규정이 없는 한 15mmH$_2$O 이하를 뜻한다.
② "밀폐용기"라 함은 취급 또는 저장하는 동안에 이물질이 들어가거나 또는 내용물이 손실되지 아니하도록 보호하는 용기를 말한다.
③ "냄새가 없다"라고 기재한 것은 냄새가 없거나 또는 거의 없는 것을 표시하는 것이다.

④ "정확히 취하여"란 규정한 양의 액체를 부피피펫으로 눈금까지 취하는 것을 말한다.

해설 "감압 또는 진공"이라 함은 따로 규정이 없는 한 15mmHg 이하를 뜻한다.

52 시험에 적용되는 온도 표시로 틀린 것은?

① 실온은 1~35℃
② 찬 곳은 0℃ 이하
③ 온수는 60~70℃
④ 상온은 15~25℃

해설 찬 곳은 따로 규정이 없는 한 0~15℃의 곳을 뜻한다.

53 알칼리성 과망간산칼륨에 의한 화학적 산소요구량(COD) 측정법에서 반응 후 적정에 사용하는 시약과 종말점에서 변하는 색은?

① Na$_2$S$_2$O$_3$, 무색
② KMnO$_4$, 엷은 홍색
③ Ag$_2$SO$_4$, 엷은 홍색
④ Na$_2$C$_2$O$_4$, 적색

해설 아자이드화나트륨(4%) 한 방울을 가하고 황산(2+1)5mL를 넣어 유리된 요오드를 지시약으로 전분용액 2mL를 넣고 티오황산나트륨용액(0.025M)으로 무색이 될 때까지 적정한다.

54 물속의 냄새 측정 시 잔류염소 냄새는 측정에서 제외한다. 잔류염소 제거를 위해 첨가하는 시약은?

① 티오황산나트륨용액
② 과망간산칼륨용액
③ 아스코르빈산암모늄용액
④ 질산암모늄용액

해설 잔류염소 냄새는 측정에서 제외한다. 따라서 잔류염소가 존재하면 티오황산나트륨 용액을 첨가하여 잔류염소를 제거한다.

55 4각 웨어에 의하여 유량을 측정하려고 한다. 수두가 90cm이고, 절단 폭이 1.0m일 때 유량(m³/min)은?(단, 유량계수 K=1.2)

① 약 1.03
② 약 1.26
③ 약 1.37
④ 약 1.53

해설 4각 웨어의 유량
$$Q(m^3/min) = K \cdot b \cdot h^{3/2}$$
$$= 1.2 \times 1 \times 0.9^{3/2}$$
$$= 1.025(m^3/min)$$

56 기체크로마토그래피법에서 검출하고자 하는 화합물에 대한 검출기가 바르게 연결된 것은?

① 유기할로겐화합물 : 열전도도 검출기(TCD)
황화합물 : 불꽃이온화 검출기(FID)
② 유기할로겐화합물 : 불꽃이온화 검출기(FID)
황화합물 : 열전도도 검출기(TCD)
③ 유기할로겐화합물 : 전자포획형 검출기(ECD)
황화합물 : 불꽃광도 검출기(FPD)
④ 유기할로겐화합물 : 불꽃광도형 검출기(FPD)
황화합물 : 불꽃이온화 검출기(FID)

57 유도결합플라스마 – 원자발광분광법(ICP)의 장치 구성을 순서대로 나타낸 것은?

① 시료도입부 – 광원부 – 파장선택부 – 측정부 – 기록부
② 시료도입부 – 파장분리부 – 광원부 – 검출부 – 기록부
③ 시료도입부 – 고주파전원부 – 광원부 – 분광부 – 연산처리부 – 기록부
④ 시료도입부 – 저주파전원부 – 분광부 – 측광부 – 기록부

58 물벼룩을 이용한 급성 독성 시험법에서 적용되는 용어인 "치사"의 정의에 대한 설명으로 ( )에 옳은 것은?

> 일정 비율로 준비된 시료에 물벼룩을 투입하여 (㉠) 시간 경과 후 시험용기를 살며시 움직여주고, (㉡) 초 후 관찰했을 때 아무 반응이 없는 경우 치사로 판정한다.

① ㉠ 12, ㉡ 15
② ㉠ 12, ㉡ 30
③ ㉠ 24, ㉡ 15
④ ㉠ 24, ㉡ 30

해설 일정 비율로 준비된 시료에 물벼룩을 투입하여 24시간 경과 후 시험용기를 살며시 움직여주고, 15초 후 관찰했을 때 아무 반응이 없는 경우 치사로 판정한다.

59 아질산성 질소 표준원액(약 0.25mg/mL)을 제조하기 위해서 아질산나트륨(NaNO₂)을 데시케이터에서 24시간 건조시킨 후 일정량을 취하여 물에 녹이고 클로로포름 0.5mL와 물을 넣어 500mL로 하였다. 표준원액 제조를 위해 취한 아질산나트륨의 양(g)은?(단, 원자량 Na = 23)

① 약 0.31
② 약 0.62
③ 약 1.23
④ 약 2.46

해설
$$X(g) = \frac{0.25mg}{mL} \left| \frac{500mL}{} \right| \frac{69g}{14g} \left| \frac{1g}{10^3mg} \right.$$
$$= 0.616 = 0.62(g)$$

60 생물화학적 산소요구량(BOD) 분석방법에 대한 설명으로 틀린 것은?

① 시료의 예상 BOD 값으로부터 단계적으로 희석배율을 정하여 3~5종의 희석시료를 조제한다.
② 공장폐수나 혐기성 발효의 상태에 있는 시료는 호기성 산화에 필요한 미생물을 식종하여야 한다.
③ 탄소계 BOD를 측정해야 할 경우에는 질산화 억제 시약을 첨가한다.
④ 5일 저장기간 동안 산소의 소비량이 20~40% 범위 안의 희석시료를 선택하여 BOD를 계산한다.

해설 5일 저장기간 동안 산소의 소비량이 40~70% 범위 안의 희석시료를 선택하여 초기용존산소량과 5일간 배양한 다음 남아 있는 용존산소량의 차로부터 BOD를 계산한다.

SECTION 04 수질환경관계법규

61 배출부과금을 부과할 때 고려해야 할 사항이 아닌 것은?

① 배출허용기준 초과 여부
② 배출되는 수질오염물질의 종류
③ 배출시설의 정상가동 여부
④ 수질오염물질의 배출기간

해설 배출부과금을 부과할 때 고려하여야 하는 사항
㉠ 배출허용기준 초과 여부
㉡ 배출되는 수질오염물질의 종류
㉢ 수질오염물질의 배출기간
㉣ 수질오염물질의 배출량
㉤ 자가측정 여부

62 총량관리 단위유역의 수질 측정방법에 관한 내용으로 ( )에 옳은 것은?

> 목표수질지점별로 연간 30회 이상 측정하여야 하며 이에 따른 수질 측정 주기는 ( ) 간격으로 일정하여야 한다. 다만, 홍수, 결빙, 갈수 등으로 채수가 불가능한 특정 기간에는 그 측정 주기를 늘리거나 줄일 수 있다.

① 3일
② 5일
③ 8일
④ 10일

63 폐수무방류배출시설의 설치가 가능한 특정수질 유해물질이 아닌 것은?

① 구리 및 그 화합물
② 망간 및 그 화합물
③ 디클로로메탄
④ 1, 1-디클로로에틸렌

해설 폐수무방류배출시설의 설치가 가능한 특정수질 유해물질
㉠ 구리 및 그 화합물
㉡ 디클로로메탄
㉢ 1, 1-디클로로에틸렌

64 비점오염원의 변경신고 기준으로 틀린 것은?

① 상호·대표자·사업명 또는 업종의 변경
② 총 사업면적·개발면적 또는 사업장 부지면적이 처음 신고면적의 100분의 30 이상 증가하는 경우
③ 비점오염저감시설의 종류, 위치, 용량이 변경되는 경우
④ 비점오염원 또는 비점오염저감시설의 전부 또는 일부를 폐쇄하는 경우

해설 비점오염원의 변경신고 기준
㉠ 상호·대표자·사업명 또는 업종의 변경
㉡ 총 사업면적·개발면적 또는 사업장 부지면적이 처음 신고면적의 100분의 15 이상 증가하는 경우
㉢ 비점오염저감시설의 종류, 위치, 용량이 변경되는 경우. 다만, 시설의 용량이 처음 신고한 용량의 100분의 15 미만 변경되는 경우는 제외한다.
㉣ 비점오염원 또는 비점오염저감시설의 전부 또는 일부를 폐쇄하는 경우

65 사업장별 환경기술인의 자격기준으로 틀린 것은?

① 제1종 사업장 : 수질환경기사 1명 이상
② 제2종 사업장 : 수질환경산업기사 1명 이상
③ 제3종 사업장 : 2년 이상 수질분야 환경관련 업무에 종사한 자 1명 이상
④ 제4종 사업장·제5종사업장 : 배출시설 설치허가를 받거나 배출시설 설치신고가 수리된 사업자 또는 배출시설 설치허가를 받거나 배출시설 설치신고가 수리된 사업자가 그 사업장의 배출시설 및 방지시설업무에 종사하는 피고용인 중에서 임명하는 자 1명 이상

해설 제3종 사업장
3년 이상 수질분야 환경 관련 업무에 종사한 자 1명 이상

66 수질 및 수생태계 보전에 관한 법률의 제정 목적이 아닌 것은?

① 수질오염으로 인한 국민건강 예방
② 공공수역 수질 적정 관리
③ 미래의 세대에게 책임관리
④ 국민에게 혜택 향유

해설 수질 및 수생태계 보전에 관한 법률의 제정 목적은 수질오염으로 인한 국민건강 및 환경상의 위해(危害)를 예방하고 하천·호소(湖沼) 등 공공수역의 물환경을 적정하게 관리·보전함으로써 국민이 그 혜택을 널리 향유할 수 있도록 함과 동시에 미래의 세대에게 물려줄 수 있도록 함을 목적으로 한다.

67 폐수무방류배출시설의 설치허가 또는 변경허가를 받은 사업자가 폐수무방류배출시설에서 배출되는 폐수를 오수 또는 다른 배출시설에서 배출되는 폐수와 혼합하여 처리하거나 처리할 수 있는 시설을 설치하는 행위를 한 경우 벌칙 기준은?

① 2년 이하의 징역 또는 2천만 원 이하의 벌금
② 3년 이하의 징역 또는 3천만 원 이하의 벌금
③ 5년 이하의 징역 또는 5천만 원 이하의 벌금
④ 7년 이하의 징역 또는 7천만 원 이하의 벌금

68 폐수처리업에 종사하는 기술요원의 폐수처리기술요원과정의 교육기간은?

① 8시간(1일) 이내
② 2일 이내
③ 4일 이내
④ 6일 이내

해설 교육과정의 교육기간은 4일 이내로 한다. 다만, 정보통신매체를 이용하여 원격교육을 실시하는 경우에는 환경부장관이 인정하는 기간으로 한다.

69 시장·군수·구청장이 하천, 호소에 낚시금지구역 또는 낚시제한구역 지정 시 고려할 사항으로 틀린 것은?

① 연도별 낚시 어획량
② 연도별 낚시 인구현황
③ 낚시터 인근에서의 쓰레기 발생현황 및 처리여건
④ 용수의 목적

해설 낚시금지구역 또는 낚시제한구역 지정 시 고려사항
㉠ 용수의 목적
㉡ 오염원 현황
㉢ 수질오염도
㉣ 낚시터 인근에서의 쓰레기 발생현황 및 처리여건
㉤ 연도별 낚시 인구의 현황
㉥ 서식 어류의 종류 및 양 등 수중생태계의 현황

70 폐수처리업의 종류(업종 구분)로 가장 옳은 것은?

① 폐수수탁처리업, 폐수재이용업
② 폐수수탁처리업, 폐수재활용업
③ 폐수위탁처리업, 폐수수거·운반업
④ 폐수수탁처리업, 폐수위탁처리업

해설 폐수처리업의 종류는 폐수수탁처리업과 폐수 재이용업으로 구분할 수 있다.

71 위임업무 보고사항 중 보고 횟수가 다른 것은?

① 배출업소의 지도·점검 및 행정처분 실적
② 배출부과금 부과 실적
③ 과징금 부과 실적
④ 배점오염원의 설치신고 및 방지시설 설치현황 및 행정처분 현황

해설 위임업무 보고사항 중 보고횟수
㉠ 배출업소의 지도·점검 및 행정처분 실적 : 연 4회
㉡ 배출부과금 부과 실적 : 연 4회
㉢ 과징금 부과 실적 : 연 2회
㉣ 배점오염원의 설치신고 및 방지시설 설치현황 및 행정처분 현황 : 연 4회

72 낚시금지, 제한구역의 안내판 규격에 관한 내용으로 옳은 것은?

① 바탕색 : 흰색, 글씨 : 청색
② 바탕색 : 청색, 글씨 : 흰색
③ 바탕색 : 녹색, 글씨 : 흰색
④ 바탕색 : 흰색, 글씨 : 녹색

해설 낚시금지, 제한구역의 안내판 규격
㉠ 바탕색 : 청색
㉡ 글씨 : 흰색

73 공공수역에 특정수질유해물질 등을 누출·유출하거나 버린 자가 받을 수 있는 벌칙기준은?

① 100만 원 이하의 벌금
② 500만 원 이하의 벌금
③ 1천만 원 이하의 벌금
④ 3천만 원 이하의 벌금

74 시·도지사가 희석하여야만 오염물질의 처리가 가능하다고 인정할 수 있는 경우로 틀린 것은?

① 폐수의 염분 농도가 높아 원래의 상태로는 생물화학적 처리가 어려운 경우

② 폐수의 유기물 농도가 높아 원래의 상태로는 생물화학적 처리가 어려운 경우

③ 폐수의 중금속 농도가 높아 원래의 상태로는 화학적 처리가 어려운 경우

④ 폭발의 위험 등이 있어 원래의 상태로는 화학적 처리가 어려운 경우

> **해설** 희석하여야만 오염물질의 처리가 가능하다고 인정할 수 있는 경우
> ㉠ 폐수의 염분이나 유기물의 농도가 높아 원래의 상태로는 생물화학적 처리가 어려운 경우
> ㉡ 폭발의 위험 등이 있어 원래의 상태로는 화학적 처리가 어려운 경우

75 기타 수질오염원인 수산물 양식시설 중 가두리 양식어장의 시설설치 등의 조치기준으로 틀린 것은?

① 사료를 준 후 2시간 지났을 때 침전되는 양이 10% 미만인 부상사료를 사용한다. 다만, 10센티미터 미만의 치어 또는 종묘에 대한 사료는 제외한다.

② 부상사료 유실방지대를 수표면 상·하로 각각 30센티미터 이상 높이로 설치하여야 한다. 다만, 사료유실의 우려가 없는 경우에는 그러하지 아니하다.

③ 어병의 예방이나 치료를 하기 위한 항생제를 지나치게 사용하여서는 아니 된다.

④ 분뇨를 수집할 수 있는 시설을 갖춘 변소를 설치하여야 하며, 수집된 분뇨를 육상으로 운반하여 호소에 재유입되지 아니하도록 처리하여야 한다.

> **해설** 기타 수질오염원인 수산물양식시설 중 가두리 양식어장의 시설설치 등의 조치기준
> ㉠ 사료를 준 후 2시간 지났을 때 침전되는 양이 10퍼센트 미만인 부상(浮上)사료를 사용한다. 다만, 10센티미터 미만의 치어 또는 종묘(種苗)에 대한 사료는 제외한다.
> ㉡ 농림부장관이 고시한 사료공정에 적합한 사료만을 사용하여야 한다. 다만, 특별한 사유로 시·도지사가 인정하는 경우에는 그러하지 아니하다.
> ㉢ 부상사료 유실방지대를 수표면 상·하로 각각 10센티미터 이상 높이로 설치하여야 한다. 다만, 사료유실의 우

려가 없는 경우에는 그러하지 아니하다.
㉣ 분뇨를 수집할 수 있는 시설을 갖춘 변소를 설치하여야 하며, 수집된 분뇨를 육상으로 운반하여 호소에 재유입되지 아니하도록 처리하여야 한다.
㉤ 죽은 물고기는 지체 없이 수거하여야 하고, 육상에 운반하여 수질오염이 발생되지 아니하도록 적정하게 처리하여야 한다.
㉥ 어병(魚病)의 예방이나 치료를 하기 위한 항생제를 지나치게 사용하여서는 아니 된다.

76 폐수 수탁처리영업을 하려는 자의 준수사항으로 틀린 것은?

① 폐수의 처리능력과 처리가능성을 고려하여 수탁할 것

② 처리능력이나 용량 미만의 시설을 설치하거나 운영하지 아니할 것

③ 등록한 사항 중 환경부령이 정하는 중요사항을 변경하는 때에는 시장·군수에게 등록할 것

④ 기술능력·시설 및 장비 등을 항상 유지·점검하여 폐수처리업의 적정 운영에 지장이 없도록 할 것

> **해설** 폐수처리업 등록 시 준수사항
> ㉠ 폐수의 처리능력과 처리가능성을 고려하여 수탁할 것
> ㉡ 기술능력·시설 및 장비 등을 항상 유지·점검하여 폐수처리업의 적정 운영에 지장이 없도록 할 것
> ㉢ 환경부령으로 정하는 처리능력이나 용량 미만의 시설을 설치하거나 운영하지 아니할 것
> ㉣ 수탁받은 폐수를 다른 폐수처리업자에게 위탁하여 처리하지 아니할 것. 다만, 사고 등으로 정상처리가 불가능하여 환경부령으로 정하는 기간 동안 폐수가 방치되는 경우는 제외한다.
> ㉤ 그 밖에 수탁폐수의 적정한 처리를 위하여 환경부령으로 정하는 사항

77 수질오염방제센터에서 수행하는 사업으로 틀린 것은?

① 공공수역의 수질오염사고 감시

② 지자체별 수질오염사고 예방 및 처리 대행

③ 수질오염 방제기술 관련 교육·훈련, 연구개발 및 홍보

④ 수질오염사고에 대비한 장비, 자재, 약품 등의 비치 및 보관을 위한 시설의 설치·운영

해설 수질오염방제센터에서 수행하는 사업
　㉠ 공공수역의 수질오염사고 감시
　㉡ 방제조치의 지원
　㉢ 수질오염사고에 대비한 장비, 자재, 약품 등의 비치 및 보관
　　을 위한 시설의 설치 · 운영
　㉣ 수질오염 방제기술 관련 교육 · 훈련, 연구개발 및 홍보
　㉤ 그 밖에 수질오염사고 발생 시 수질오염물질의 수거 · 처리

78 수질오염경보인 조류경보 단계 중 조류대발생 시 취수장 · 정수장 관리자의 조치사항으로 틀린 것은?

① 정수의 독소분석 실시

② 정수처리 강화(활성탄 처리, 오존 처리)

③ 조류증식 수심 이하로 취수구 이동

④ 취수구 등에 대한 조류 방어막 설치

해설 조류대발생 시 취수장 · 정수장 관리자의 조치사항

　㉠ 조류증식 수심 이하로 취수구 이동

　㉡ 정수처리 강화(활성탄 처리, 오존 처리)

　㉢ 정수의 독소분석 실시

79 공공폐수처리시설의 방류수 수질기준(mg/L) 중 BOD, COD, T－N 각각의 농도 기준은?(단, 상수원 보호구역으로 현재 적용하는 기준)　　(기준변경)

① 10 이하, 20 이하, 20 이하

② 20 이하, 40 이하, 40 이하

③ 20 이하, 40 이하, 60 이하

④ 30 이하, 50 이하, 60 이하

해설 [기준의 전면 개편으로 해당사항 없음]

공공폐수처리시설의 방류수 수질기준

	Ⅰ지역	Ⅱ지역	Ⅲ지역	Ⅳ지역
BOD (mg/L)	10(10) 이하	10(10) 이하	10(10) 이하	10(10) 이하
COD (mg/L)	20(40) 이하	20(40) 이하	40(40) 이하	40(40) 이하
T－N (mg/L)	20(20) 이하	20(20) 이하	20(20) 이하	20(20) 이하

상수원 보호구역은 Ⅰ지역을 말한다.

80 환경부장관이 제조업의 배출시설(폐수무방류배출시설을 제외)을 설치 · 운영하는 사업자에 대하여 조업정지를 명하여야 하는 경우로서 그 조업정지가 주민의 생활, 대외적인 신용, 고용, 물가 등 국민경제, 그 밖에 공익에 현저한 지장을 초래할 우려가 있다고 인정되는 경우에 조업정지처분에 갈음하여 부과할 수 있는 과징금의 최대 액수는?　　(기준변경)

① 1억 원 이하

② 2억 원 이하

③ 3억 원 이하

④ 5억 원 이하

해설 [기준의 전면 개편으로 해당사항 없음]

환경부장관은 다음의 어느 하나에 해당하는 배출시설(폐수무방류배출시설을 제외한다.)을 설치 · 운영하는 사업자에 대하여 규정에 의하여 조업정지를 명하여야 하는 경우로서 그 조업정지가 주민의 생활, 대외적인 신용 · 고용 · 물가 등 국민경제 그 밖에 공익에 현저한 지장을 초래할 우려가 있다고 인정되는 경우에는 조업정지처분에 갈음하여 매출액에 100분의 5를 곱한 금액을 초과하지 아니하는 범위에서 과징금을 부과할 수 있다.

SECTION 01 수질오염개론

01 암모니아성 질소 42mg/L와 아질산성 질소 14mg/L가 포함된 폐수를 완전 질산화시키기 위한 산소요구량($mg \cdot O_2/L$)은?

① 135   ② 174
③ 208   ④ 232

해설 ㉠ $NH_3 - N + 2O_2 \rightarrow HNO_3 + H_2O$
　　　 14g　 : $2 \times 32g$
　　 42mg/L　 : $X_1(mg/L)$
∴ $X_1 = 192(mg/L)$
㉡ $NO_2^- + \frac{1}{2}O_2 \rightarrow NO_3$
　　 14g　 : $0.5 \times 32g$
　 14mg/L　 : $X_2(mg/L)$
　∴ $X_2 = 16(mg/L)$
∴ $X_1 + X_2 = 192 + 16 = 208(mg \cdot O_2/L)$

02 수중의 질소 순환과정의 질산화 및 탈질의 순서를 옳게 표시한 것은?

① $NH_3 \rightarrow NO_2^- \rightarrow NO_3^- \rightarrow N_2$
② $NO_3^- \rightarrow NH_3 \rightarrow NO_2^- \rightarrow N_2$
③ $NO_3^- \rightarrow N_2 \rightarrow NH_3 \rightarrow NO_2^-$
④ $N_2 \rightarrow NH_3 \rightarrow NO_3^- \rightarrow NO_2^-$

해설 수중에 유입된 단백질은 가수분해되어 아미노산(Amino acid) → 암모니아성 질소(NH_3-N) → 아질산성 질소(NO_2-N) → 질산성 질소(NO_3-N)로 질산화되며, 질산성 질소(NO_3-N)는 산소가 부족할 때 탈질화 박테리아에 의해 $N_2(g)$나 $N_2O(g)$ 형태로 탈질된다.

03 96TLm은 $NH_3 = 2.5mg/L$, $Cu^{2+} = 1.5mg/L$, $CN^- = 0.2mg/L$이고 실제 시험수의 농도가 $Cu^{2+} = 0.6$ mg/L, $CN^- = 0.01mg/L$, $NH_3 = 0.4mg/L$이었다면 Toxic Unit은?

① 0.25   ② 0.61
③ 1.23   ④ 1.52

해설 유독성 단위(TU ; Toxic Unit)
$$= \sum_{i=1}^{\infty} \frac{독성물질의\ 농도}{각\ 물질별 TLm}$$
$$= \left(\frac{0.4}{2.5}\right) + \left(\frac{0.6}{1.5}\right) + \left(\frac{0.01}{0.2}\right) = 0.61$$

04 Streeter – Phelps 모델에 관한 내용으로 옳지 않은 것은?

① 최초의 하천 수질 모델링이다.
② 유속, 수심, 조도계수에 의한 확산계수를 결정한다.
③ 점오염원으로부터 오염부하량을 고려한다.
④ 유기물의 분해에 따라 용존산소 소비와 재폭기를 고려한다.

해설 유속, 수심, 조도계수에 의한 확산계수를 결정하는 것은 QUAL – I 모델이다.

05 물의 물리적 특성에 관한 설명 중 옳은 것은?

① 비열이 커지면 물의 당량도 커진다.
② 증기압은 온도가 높을수록 낮아진다.
③ 물의 점성계수는 온도가 증가하면 높아진다.
④ 물의 표면장력은 온도가 증가하면 높아진다.

06 20℃ 5일 BOD가 50mg/L인 하수의 2일 BOD(mg/L)는?(단, 20℃, 탈산소계수 $k = 0.23day^{-1}$이고, 자연대수 기준)

① 21   ② 24
③ 27   ④ 29

해설 소모 BOD 공식을 이용한다.
$BOD_t = BOD_u \times (1 - e^{-kt})$
$BOD_5 = BOD_u \times (1 - e^{-0.23 \times 5})$
　　　 → $BOD_u = 73.17(mg/L)$
∴ $BOD_2 = BOD_u \times (1 - e^{-0.23 \times 2})$
　　　 $= 73.17 \times (1 - e^{-0.23 \times 2})$
　　　 $= 26.98(mg/L)$

07 적조의 발생에 관한 설명으로 옳지 않은 것은?

① 정체해역에서 일어나기 쉬운 현상이다.
② 강우에 따라 오염된 하천수가 해수에 유입될 때 발생될 수 있다.
③ 수괴의 연직 안정도가 크고 독립해 있을 때 발생한다.
④ 해역의 영양 부족 또는 염소농도 증가로 발생된다.

> **해설** 적조현상은 강우에 따른 하천수의 유입으로 염분량이 낮아지고, 물리적 자극물질이 보급될 때 발생하는 현상이다. 따라서 염분농도의 증가는 적조현상과 관계가 없다.

08 유기성 폐수에 관한 설명 중 옳지 못한 것은?

① 유기성 폐수의 생물학적 산화는 수서 세균에 의하여 생산되는 산소로 진행되므로 화학적 산화와 동일하다고 할 수 있다.
② 생물학적 처리의 영향조건에는 C/N비, 온도, 공기공급 정도 등이 있다.
③ 유기성 폐수는 C, H, O를 주성분으로 하고 소량의 N, P, S 등을 포함하고 있다.
④ 미생물이 물질대사를 일으켜 세포를 합성하게 되는데 실제로 생성된 세포량은 합성된 세포량에서 내 호흡에 의한 감량을 뺀 것과 같다.

09 0.4g 녹인 화합물 수용액이 있다. 이 화합물 중에 있는 Cl^- 이온을 완전히 반응시키는 데 $0.1M-AgNO_3$ 35mL가 소모되었다. 화합물에 함유된 Cl^-의 함량 (%)은?(단, Cl의 원자량 = 35.5)

① 15.5
② 31.0
③ 61.0
④ 82.0

> **해설**
> $$X(\%) = \frac{0.1mol}{L} \left| \frac{35mL}{} \right| \frac{1L}{10^3mL} \left| \frac{35.5g}{1mol} \right| \frac{1}{0.4g} \times 100$$
> $$= 31.06(\%)$$

10 수화현상(water bloom)이란 정체수역에서 식물 플랑크톤이 대량 번식하여 수표면에 막층 또는 플록 (floc)을 형성하는 현상을 말하는데, 이의 발생원이 아닌 것은?

① 유기물 및 질소, 인 등 영양염류의 다량 유입
② 여름철의 높은 수온
③ 긴 체류시간
④ 수층의 순환

> **해설** **수화현상의 발생원인**
> ㉠ 질소와 인 등의 과도한 영양염 유입
> ㉡ 높은 표층 수온
> ㉢ 체류시간의 장기화
> ㉣ 호소 내 과도한 유기물량

11 지하수의 특성을 지표수와 비교해서 설명한 것으로 옳지 않은 것은?

① 경도가 높다.
② 자정작용이 빠르다.
③ 탁도가 낮다.
④ 수온변동이 적다.

> **해설** 지하수는 자정작용 속도가 느리고 유량변화가 적다.

12 미생물의 증식곡선의 단계순서로 옳은 것은?

① 대수기 – 유도기 – 정지기 – 사멸기
② 유도기 – 대수기 – 정지기 – 사멸기
③ 대수기 – 유도기 – 사멸기 – 정지기
④ 유도기 – 대수기 – 사멸기 – 정지기

> **해설** 세포의 증식단계로 4단계로 분류하면 유도기(지체기) → 대수증식기 → 정지기 → 대수사멸기로 분류된다.

13 응집처리 시 응집의 원리와 가장 거리가 먼 것은?

① Zeta potential을 감소시킨다.
② Van der Walls 힘을 증가시킨다.
③ 응집제를 투여하여 입자끼리 뭉치게 한다.
④ 콜로이드 입자의 표면전하를 증가시킨다.

14 수질오염에 의한 벼농사의 피해에 관한 설명으로 잘못된 것은?

① 논에 다량의 유기물을 함유한 폐수가 유입되면 토양이 환원상태로 되어 피해를 발생한다.

② 논의 토양이 산성화되면, 토양 중의 중금속의 일부가 용해하여 벼에 흡수되어 생육을 저해한다.

③ 염류농도가 낮은 폐수가 유입되면 세포의 원형질에 나쁜 영향을 끼쳐 수화량이 감소한다.

④ 콜로이드상의 미립자를 함유한 폐수가 과도하게 유입되면 토양입자를 고결시켜 침투성이 악화된다.

15 유해물질과 그에 따른 증상 및 질병의 연결이 잘못된 것은?

① 카드뮴 – 골연화증

② 시안 – 호흡효소작용 저해

③ 유기인화합물 – Cholinesterase 저해

④ 6가크롬 – 흑피증, 각화증

해설 6가크롬은 피부궤양, 비중격천공의 영향이 있다.

16 하천수 수온은 10℃이다. 20℃ 탈산소계수 K(상용대수)가 $0.1day^{-1}$이라면 최종 BOD와 BOD_4의 비(BOD_4/BOD_u)는?(단, $K_T = K_{20} \times 1.047^{(T-20)}$)

① 0.75 ② 0.64

③ 0.52 ④ 0.44

해설
$k_1 = 0.1day^{-1}$ (20℃ 기준)

$k_T = k_{20} \times 1.047^{(T-20)}$

$k_{10} = 0.1day^{-1} \times 1.047^{(10-20)} = 0.063day^{-1}$

$BOD_4 = BOD_u \times (1 - 10^{k \times 4})$

$\frac{BOD_4}{BOD_u} = (1 - 10^{-0.063 \times 4}) = 0.44$

17 황산바륨 포화용액에 염화비닐을 첨가하여 침전을 유도하는 방법으로 가장 관계가 깊은 것은?

① 공통이온효과 ② 상승작용

③ 완충작용 ④ 이종이온효과

18 해수의 탁도에 관한 설명으로 옳지 않은 것은?

① 해수의 탁도는 용존 착색물질이나 무기 및 유기물질로 이루어진 미립자와 플랑크톤과 같은 미생물이 포함된 현탁입자가 그 원인이 된다.

② 흐려진 해수의 경우는 현탁입자에 의하여 적색광선이 선택적으로 산란되므로 투과광선의 극대 스펙트럼은 550nm에서 최대의 투과를 나타낸다.

③ 수중의 빛은 수중조도 또는 직경 3cm의 자색원판인 투명도판으로 측정한다.

④ 수중조도는 플랑크톤이나 해조류의 광합성에 필요한 빛에너지 도착심도를 결정하는 데 중요한 의미를 가진다.

19 pH = 4.5인 물의 수소이온농도(M)는?

① 약 3.2×10^{-5}

② 약 5.2×10^{-5}

③ 약 3.2×10^{-4}

④ 약 5.2×10^{-4}

해설 $[H^+] = 10^{-pH} = 10^{-4.5} = 3.16 \times 10^{-5}(M)$

20 하천의 자정능력은 통상 겨울보다 여름이 더 활발하다. 그 원인 중 올바르게 설명된 것은?

① 여름의 높은 온도는 박테리아의 성장을 촉진시키기 때문이다.

② 여름에는 겨울보다 물속에 용존산소가 많기 때문이다.

③ 여름에는 유량이 많고 유기물이 적기 때문이다.

④ 여름에는 겨울보다 살균작용이 크기 때문이다.

21 유량이 1,000m³/day, 포기조 내의 MLSS 농도가 4,500mg/L이며 포기시간은 12hr, 최종침전지에서 25m³/day의 잉여슬러지를 인발한다. 잉여슬러지의 농도는 20,000mg/L이며, 방류수의 SS를 무시한다면 슬러지 체류시간(day)은?

① 4.5 ② 9.0
③ 12.5 ④ 15.0

해설 $SRT = \dfrac{\forall \cdot X}{Q_w X_w}$

$\therefore SRT(day) = \dfrac{500m^3}{}\left|\dfrac{4,500mg}{L}\right|\dfrac{day}{25m^3}\left|\dfrac{L}{20,000mg}\right.$

$= 4.5(day)$

여기서, $\forall(m^3) = Q \times t$

$= \dfrac{1,000m^3}{day}\left|\dfrac{12hr}{}\right|\dfrac{1day}{24hr}$

$= 500(m^3)$

22 Zeolite로 중금속을 제거하려고 한다. 반응탑 직경 2m, 폐수의 통과량 200m³/hr일 때 선속도(m³/m² · hr)는?

① 약 150 ② 약 120
③ 약 96 ④ 약 64

해설 $A = \dfrac{\pi}{4} \times D^2 = \dfrac{\pi}{4} \times 2^2 = 3.14(m^2)$

선속도$(m^3/m^2 \cdot hr) = \dfrac{200m^3}{day}\left|\dfrac{}{3.14m^2}\right.$

$= 63.69(m^3/m^2 \cdot hr)$

23 슬러지 처리의 목표가 아닌 것은?

① 부피의 감소 ② 중금속 제거
③ 안정화 ④ 병원균 제거

해설 슬러지 처리의 목표
㉠ 안정화 ㉡ 안전화
㉢ 부피의 감소 ㉣ 처분의 확실성
㉤ 병원균 제거

24 활성슬러지법에 의한 폐수처리의 운전 및 유지관리상 가장 중요도가 낮은 사항은?

① 포기조 내의 수온
② 포기조에 유입되는 폐수의 용존산소량
③ 포기조에 유입되는 폐수의 pH
④ 포기조에 유입되는 폐수의 BOD 부하량

해설 하수처리장에서는 유입하수량 및 수질이 항상 변동하므로 안전한 운전을 행하기 위해서는 반응조 유출구에서 약 2~3mg/L의 DO 농도를 유지하는 것이 바람직하다. 포기조로 유입되는 DO 농도는 크게 영향을 미치지 않는다.

25 회전원판법(RBC)에 관한 설명으로 틀린 것은?

① 산소공급이 필요 없어 소요전력이 적고 높은 슬러지 일령이 유지된다.
② 여재는 전형적으로 약 40% 정도가 물에 잠기도록 한다.
③ 타 생물학적 처리공정에 비하여 scale-up 시키기 어렵다.
④ 유입수는 스크린이나 침전과정 없이 여재에 바로 접촉시켜 처리 효율을 높인다.

해설 유입수는 침전을 거치거나 적어도 스크린 시설을 거쳐야 한다.

26 포기조 내의 MLSS가 4,000mg/L, 포기조 용적이 500m³인 활성슬러지 공정에서 매일 25m³의 폐슬러지를 인발하여 소화조에서 처리한다면 슬러지의 평균체류시간(day)은?(단, 반송슬러지의 농도 20,000 mg/L, 유출수의 SS 농도는 무시)

① 2 ② 3
③ 4 ④ 5

해설 $SRT(day) = \dfrac{\forall \cdot X}{Q_w \cdot X_w}$

$\therefore SRT = \dfrac{500m^3}{}\left|\dfrac{4,000mg}{L}\right|\dfrac{day}{25m^3}\left|\dfrac{L}{20,000mg}\right.$

$= 4(day)$

27 환경에 잠재적으로 독성이 있는 염소 잔류물의 영향을 최소화하기 위해 염소 살균된 하수로부터 염소를 제거하는 데 이용되는 탈염소공정에 대한 설명으로 틀린 것은?

① 이산화황과 염소의 원활한 접촉을 위해 충분한 접촉시간과 접촉조가 필요하다.

② 이산화황을 과잉 주입하게 되면 약품 낭비 뿐만 아니라 산소요구량도 많아지게 된다.

③ 활성탄을 이용한 공정은 유기물질의 고도제거가 동시에 필요한 경우 더 타당하다.

④ 이산화황을 이용한 공정에서 염소 잔류물과 반응하는 이산화황의 실제 요구량은 1 : 1이다.

---

28 도금공정에서 발생되는 폐수의 6가크롬 처리에 가장 알맞은 방법은?

① 오존산화법

② 알칼리염소법

③ 환원처리법

④ 활성슬러지법

> **해설** 6가크롬의 처리방법은 환원침전법을 가장 많이 이용한다.

---

29 질산화 미생물에 대한 설명으로 옳은 것은?

① 혐기성이며 독립영양성 미생물

② 호기성이며 독립영양성 미생물

③ 혐기성이며 종속영양성 미생물

④ 호기성이며 종속영양성 미생물

> **해설** 질산화 미생물은 호기성이며 독립영양 미생물이다.

---

30 혐기성 소화의 특징으로 옳지 않은 것은?

① 발생되는 슬러지의 양이 작다.

② 부패성 유기물을 분해하여 안정화시킨다.

③ 질소, 인 등의 영양염류 제거효율이 높다.

④ 고농도 폐수처리에 적당하다.

> **해설** 혐기성 소화는 질소, 인 등의 영양염류 제거 효율이 낮다.

---

31 질소가 없는 공장의 폐수 유량과 BOD 농도가 각각 1,000m³/day, 600mg/L일 때, 활성슬러지처리를 위해서 필요한 $(NH_4)_2SO_4$의 양(kg/day)은?(단, BOD : N : P=100 : 5 : 1이라 가정)

① 111   ② 121

③ 131   ④ 141

> **해설** $BOD : N = 100 : 5 = 600 : N \Rightarrow N = 30(mg/L)$
>
> $\therefore (NH_4)_2SO_4\left(\dfrac{kg}{day}\right) = \dfrac{30mg \cdot N}{L} \left| \dfrac{132g \cdot (NH_4)_2SO_4}{2 \times 14g \cdot N} \right|$
>
> $\qquad \dfrac{1,000m^3}{day} \left| \dfrac{10^3L}{1m^3} \right| \dfrac{1kg}{10^6mg}$
>
> $= 141.43(kg/day)$

---

32 폐수를 염소 처리하는 목적으로 가장 거리가 먼 것은?

① 살균

② 탁도 제거

③ 냄새 제거

④ 유기물 제거

---

33 보통 1차 침전지에서 부유물질의 침강속도가 작게 되는 경우는?(단, Stokes 법칙 적용)

① 부유물질 입자의 밀도가 클 경우

② 부유물질 입자의 입경이 클 경우

③ 처리수의 밀도가 작을 경우

④ 처리수의 점성도가 클 경우

> **해설** 처리수의 점성도가 클 경우 부유물질의 침강속도가 작게 된다.

---

34 활성슬러지공법 포기조의 MLSS 농도를 2,500mg/L로 유지하려면 SVI가 150인 경우 슬러지 반송비 (R)는?

① 0.50   ② 0.55

③ 0.60   ④ 0.65

> **해설**
>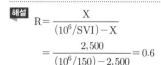
> $R = \dfrac{X}{(10^6/SVI) - X}$
>
> $\quad = \dfrac{2,500}{(10^6/150) - 2,500} = 0.6$

---

35 생물학적으로 하수 내 질소와 인을 동시에 제거할 수 있는 고도처리공법인 혐기 – 무산소 – 호기조합법에 관한 설명으로 틀린 것은?

① 방류수의 인 농도를 안정적으로 확보할 필요가 있는 경우에는 호기 반응조의 말단에 응집제를 첨가할 설비를 설치하는 것이 바람직하다.

② 인을 효과적으로 제거하기 위해서는 일차침전지 슬러지와 잉여슬러지의 농축을 분리하는 것이 바람직하다.

③ 혐기조에서는 인 방출, 호기조에서는 인의 과잉 섭취현상이 발생한다.

④ 인 제거율 또는 인 제거량은 잉여슬러지의 인 방출률과 수온에 의해 결정된다.

해설 인 제거율 또는 인 제거량은 잉여슬러지량과 잉여슬러지의 인 함량에 의해 결정되지만 수온에 의한 인 제거율의 영향은 적다.

36 하수처리시설 1차 침전지(clarifier)의 운전 시 지켜야 할 조건으로 틀린 것은?

① 침전지 수면의 여유고는 1.5m 이상으로 하여야 한다.

② 체류시간은 2∼4시간 정도가 적당하다.

③ 표면부하율은 합류식의 경우 25∼50m³/m² · day로 유지한다.

④ 월류위어의 부하율은 일반적으로 250m³/m² · day 이하로 한다.

해설 침전지 수면의 여유고는 40∼60cm로 한다.

37 하수처리를 위한 생물학적 처리방법 중 미생물성장 방식이 다른 것은?

① 활성슬러지법
② 살수여상법
③ 회전원판법
④ 접촉산화법

해설 ㉠ 부유성장방식 : 활성슬러지법, 산화구법 등
㉡ 부착성장방식 : 살수여상법, 회전원판법, 접촉산화법 등

38 BOD 200mg/L, 유량 2000m³/day인 폐수를 표준 활성슬러지법으로 처리하고자 한다. 포기조의 폭 5m, 길이 10m, 유효깊이 4m일 때 용적부하(kg BOD/m³ · day)는?

① 1.5
② 2.0
③ 2.5
④ 3.0

해설

$$BOD 용적부하 = \frac{BOD \times Q}{\forall}$$

$$= \frac{0.2(kg/m^3) \times 2,000(m^3/day)}{2 \times 10 \times 4(m^2)}$$

$$= 2.0(kg \cdot BOD/m^3 \cdot day)$$

39 하수의 pH 조정조에 대한 내용으로 틀린 것은?

① 체류시간은 10∼15분을 기준으로 한다.

② 교반속도는 약품의 혼합과 단락류의 현상을 방지하기 위하여 통상 20∼80rpm의 범위로 운전한다.

③ 조의 형태는 사각형 및 원형으로 한다.

④ 조정조의 교반강도는 속도경사(G)로 300∼1,500/s로 급속교반한다.

해설 교반속도는 약품의 혼합과 단회로 현상을 방지하기 위하여 통상 120∼180rpm의 범위에서 운전을 한다.

40 미생물이 분해 불가능한 유기물을 제거하기 위하여 흡착제인 활성탄을 사용하였다. COD가 56mg/L인 원수에 활성탄 20mg/L를 주입 시켰더니 COD가 16 mg/L으로 활성탄 52mg/L를 주입시켰더니 COD가 4mg/L로 되었다. COD 9mg/L로 만들기 위해 주입되어야 할 활성탄 양(mg/L)은?(단, Freundlich 등온공식 $\frac{X}{M} = K \cdot C^{\frac{1}{n}}$ 이용)

① 31.3
② 36.3
③ 41.3
④ 46.3

해설 $\frac{X}{M} = K \cdot C^{\frac{1}{n}}$ 에서

㉠ $\frac{(56-16)}{20} = K \cdot 16^{\frac{1}{n}}$

㉡ $\frac{(56-4)}{52} = K \cdot 4^{\frac{1}{n}}$

⊙÷ⓛ를 하면
K=0.5, n=2

따라서, $\frac{56-9}{M} = 0.5 \times 9^{\frac{1}{2}}$

M=31.33(mg/L)

41 자외선/가시선분광법으로 측정하지 않는 항목은?

① 유기인
② 페놀류
③ 불소
④ 시안

42 시료의 보존방법이 4℃ 이하 보관에 해당되지 않는 측정항목은?

① 유기인
② 6가크롬
③ 황산이온
④ 폴리클로리네이티드비페닐(PCB)

<u>해설</u> 황산이온은 6℃ 이하 보관이다.

43 공장 폐수의 BOD를 측정하기 위해 검수 30mL를 취한 다음 물 270mL를 BOD병에 취하였다. 20℃에서 5일간 방치한 후 다음과 같은 결과를 얻었다면 이 공장폐수의 BOD(mg/L)는?(단, 초기 용존산소량 = 8.0mg/L, 5일 후의 용존산소량 = 4.0mg/L)

① 40   ② 36
③ 24   ④ 12

<u>해설</u> 검수 30mL를 사용하고, 시료총량=BOD병 용량이므로 희석배수는 300/30=10배이다. 이를 토대로 다음 식으로 BOD를 산출한다.

BOD = $(D_1 - D_2) \times P$
= $(8.0 - 4.0)\text{mg/L} \times 10$
= 40(mg/L)

44 이온전극법과 관련된 설명으로 틀린 것은?

① 시료 중 분석대상 이온의 농도에 감응하는 비교전극과 이온전극 간에 나타나는 전위차를 이용하는 방법이다.
② 목적이온의 농도를 정량하는 방법으로 시료 중 양이온과 음이온의 분석에 이용된다.
③ 비교전극은 분석대상 이온에 대해 고도의 선택성이 있고, 이온농도에 비례하여 전위를 발생할 수 있는 전극이다.
④ 전위차계는 발생되는 전위차를 mV 단위까지 읽을 수 있고, 고압력 저항의 전위차계로서 pH-mV계, 이온전극용 전위차계 도는 이온농도계 등을 사용한다.

<u>해설</u> 비교전극은 이온전극과 조합하여 이온농도에 대응하는 전위차를 나타낼 수 있는 것으로서 표준전위가 안정된 전극이 필요하다. 일반적으로 내부전극으로서 염화제일수은전극(칼로멜전극) 또는 은-염화은전극이 많이 사용된다.

45 밀폐용기에 대한 설명으로 옳은 것은?

① 취급 또는 저장하는 동안에 기체 또는 미생물이 침입하지 아니하도록 내용물을 보호하는 용기를 말한다.
② 취급 또는 저장하는 동안에 이물질이 들어가거나 또는 내용물이 손실되지 아니하도록 보호하는 용기를 말한다.
③ 취급 또는 저장하는 동안에 밖으로부터의 공기, 다른 가스가 침입하지 아니하도록 내용물을 보호하는 용기를 말한다.
④ 취급 또는 저장하는 동안에 이물질이 들어가거나 미생물이 침입하지 아니하도록 내용물을 보호하는 용기를 말한다.

46 수질오염공정시험기준상 자외선/가시선분광법과 원자흡수분광광도법을 병행할 수 없는 물질은?

① 크롬화합물   ② 카드뮴화합물
③ 납화합물   ④ 불소화합물

<u>해설</u> 불소화합물의 분석방법은 자외선/가시선분광법, 이온전극법, 이온크로마토그래피법이 있다.

47 식물성 플랑크톤을 현미경계수법으로 분석하고자 할 때 분석절차에 관한 설명으로 틀린 것은?

① 시료의 개체수는 계수 면적당 10~40 정도가 되도록 희석 또는 농축한다.

② 시료가 육안으로 녹색이나 갈색으로 보일 경우 정제수로 적절한 농도로 희석한다.

③ 시료 농축방법인 원심분리방법은 일정량의 시료를 원심침전관에 넣고 100~150g 로 20분 정도 원심분리하여 일정배율로 농축한다.

④ 시료농축방법인 자연침전법은 일정시료에 포르말린용액 또는 루골용액을 가하여 플랑크톤을 고정시켜 실린더 용기에 넣고 일정시간 정치 후 사이폰을 이용하여 상층액을 따라 내어 일정량으로 농축한다.

해설 시료 농축방법인 원심분리방법은 일정량의 시료를 원심침전관에 넣고 $1,000 \times g$로 20분 정도 원심분리하여 일정배율로 농축한다.

48 자외선/가시선분광법으로 인산염인을 측정하고자 할 때, 측정시험과 관련된 내용으로만 짝지어진 것은?

① 몰리브덴산암모늄, 이염화주석, 적색

② 몰리브덴산암모늄, 이염화주석, 청색

③ 부루신설퍼민산, 안티몬, 적색

④ 부루신설퍼민산, 안티몬, 청색

해설 인산염인(자외선/가시선분광법)
물속에 존재하는 인산염인을 측정하기 위하여 시료 중의 인산염인이 몰리브덴산 암모늄과 반응하여 생성된 몰리브덴산인 암모늄을 이염화주석으로 환원하여 생성된 몰리브덴청의 흡광도를 690nm에서 측정하는 방법이다.

49 도금공장에서 전기도금용액 탱크에 물 100L를 넣고 NaCN 4g을 용해하였다. 이 도금용액의 시안이온(CN^-)의 농도(mg/L)는?(단, 완전히 해리된다고 가정, Na 원자량 = 23)

① 약 17   ② 약 21

③ 약 34   ④ 약 49

해설 $CN^-(mg/L) = \dfrac{4g}{100L}\left|\dfrac{26g}{49g}\right|\dfrac{10^3 mg}{1g} = 21.22(mg/L)$

50 피토관에 관한 설명으로 틀린 것은?

① 부유물질이 적은 대형관에서 효율적인 유량측정기이다.

② 피토관의 유속은 마노미터에 나타나는 수두차에 의하여 계산한다.

③ 피토관으로 측정할 때는 반드시 일직선상의 관에서 이루어져야 한다.

④ 피토관의 설치장소는 엘보우, 티 등 관이 변화하는 지점으로부터 최소한 관지름의 5~15배 정도 떨어진 지점이어야 한다.

해설 피토관으로 측정할 때는 반드시 일직선상의 관에서 이루어져야 하며, 관의 설치장소는 엘보(elbow), 티(tee) 등 관이 변화하는 지점으로부터 최소한 관지금의 15~50배 정도 떨어진 지점이어야 한다.

51 유도결합플라스마(ICP) 원자발광분광법에 대한 설명으로 틀린 것은?

① 분석장치는 시료주입부, 고주파전원부, 광원부, 분광부, 연산처리부 및 기록부로 구성되어 있다.

② 분광부는 검출 및 측정방법에 따라 연속주사형 단원소 측정장치와 다원소 동시 측정장치로 구분된다.

③ 시료주입부는 시료 기화실과 분리관으로 이루어져 있으며 시료를 플라즈마에 도입시키는 부분이다.

④ 플라스마광원으로부터 발광하는 스펙트럼선을 선택적으로 분리하기 위해서는 분해능이 우수한 회절격자가 많이 사용된다.

해설 시료주입부는 시료용액을 흡입하여 에어로졸 상태로 플라스마에 도입시키는 부분이다.

52 흡광광도측정에서 투과율이 50%일 때 흡광도는?

① 0.2   ② 0.3

③ 0.4   ④ 0.5

해설 흡광도$(A) = \log\dfrac{1}{t}$

$= \log\dfrac{1}{0.5} = 0.3$

53 원자흡수분광광도법에 관한 설명으로 틀린 것은?

① 보통 5,000~7,000K의 불꽃을 적용한다.

② 불꽃온도가 너무 높으면 중성원자에서 전자를 빼앗아 이온이 생성될 수 있어 음의 오차가 발생한다.

③ 물리적 간섭은 표준물질 첨가법을 사용하여 방지할 수 있다.

④ 광학적 간섭은 슬릿간격을 좁혀서 해결가능하다.

해설 보통 2,000~7,000K의 불꽃을 적용한다.

54 예상 BOD값에 대한 사전경험이 없을 때 BOD시험을 위한 시료용액 조제 시 희석기준에 관한 설명으로 틀린 것은?

① 오염된 하천수는 10~20%의 시료가 함유되도록 희석한다.

② 처리하여 방류된 공장폐수는 5~25%의 시료가 함유되도록 희석한다.

③ 처리하지 않은 공장폐수는 1~5%의 시료가 함유되도록 희석한다.

④ 강한 공장폐수는 0.1~1.0%의 시료가 함유되도록 희석한다.

해설 예상 BOD치에 대한 사전경험이 없을 때 다음과 같이 희석하여 검액을 조제한다.
㉠ 강한 공장폐수 : 시료를 0.1~1.0% 넣는다.
㉡ 처리하지 않은 공장폐수와 침전된 하수 : 시료를 1~5% 넣는다.
㉢ 처리하여 방류된 공장폐수 : 시료를 5~25% 넣는다.
㉣ 오염된 하천수 : 시료를 25~100% 넣는다.

55 대장균군 실험방법(최적확수시험법)에 관한 설명으로 틀린 것은?

① 실험상의 오염을 방지하기 위하여 모든 조작은 무균조작을 해야 한다.

② 측정원리는 시료를 유당이 포함된 배지에 배양할 때 대장균군이 증식하면서 가스를 생성하는데 이때 음성시험관 수를 확률적 수치인 최적 확수로 표시한다.

③ 대장균군의 정성시험은 추정시험, 확정시험, 완전시험 3단계로 나눈다.

④ 대장균군이라 함은 그람음성, 무포아성 간균으로 유당을 분해하여 가스 또는 산을 발생하는 모든 호기성 또는 통성 혐기성균을 말한다.

해설 측정원리는 시료를 유당이 포함된 배지에 배양할 때 대장균군이 증식하면서 가스를 생성하는데 이때 양성시험관 수를 확률적 수치인 최적 확수로 표시한다.

56 질산성 질소 표준원액 0.5mg NO_3-N/mL를 제조하려면, 미리 105~110℃에서 4시간 건조한 질산칼륨(KNO_3 표준시약) 몇 g을 물에 녹여 1,000mL로 하면 되는가?(단, K 원자량 = 39.1)

① 2.83
② 3.61
③ 4.72
④ 5.38

해설

$$KNO_3(g) = \left|\frac{0.5mg \cdot NO_3-N}{mL}\right|\left|\frac{1000mL}{}\right|$$

$$\left|\frac{101.1g}{14g}\right|\left|\frac{1g}{10^3mg}\right| = 3.61(g)$$

57 하천유량(유속면적법) 측정의 적용범위로 틀린 것은?

① 모든 유량 규모에서 하나의 하도로 형성되는 지점

② 가능하면 하상이 안정되어 있고 식생의 성장이 없는 지점

③ 교량 등 구조물 근처에서 측정할 경우 교량의 하류 지점

④ 합류나 분류가 없는 지점

해설 교량 등 구조물 근처에서 측정할 경우 교량의 상류지점

58 유량측정방법 중에서 단면이 축소되는 목부분을 조절함으로써 유량을 조절하는 유량계는?

① 노즐(nozzle)
② 오리피스(orifice)
③ 벤투리미터(venturi meter)
④ 피토(pitot)관

59 수질오염공정시험기준상 온도에 대한 내용으로 틀린 것은?

① 냉수는 4℃ 이하
② 상온은 15~25℃
③ 온수는 60~70℃
④ 찬 곳은 따로 규정이 없는 한 0~15℃

냉수는 15℃ 이하

60 수질오염공정시험기준상 노말헥산 추출물질과 가장 거리가 먼 것은?

① 휘발되지 않는 탄화수소, 탄화수소유도체
② 그리스유상물질
③ 광유류
④ 셀룰로오스류

폐수 중의 비교적 휘발되지 않는 탄화수소, 탄화수소유도체, 그리스유상물질 및 광유류가 노말헥산층에 용해되는 성질을 이용한 방법으로 통상 유분의 성분별 선택적 정량이 곤란하다.

SECTION 04 수질환경관계법규

61 수질 및 수생태계 환경기준 중 사람의 건강보호기준에서 검출되어서는 안 되는 항목은?

① 카드뮴
② 수은
③ 벤젠
④ 사염화탄소

환경기준 중 사람의 건강보호기준에서 검출되어서는 안 되는 항목
㉠ 시안(CN)
㉡ 수은(Hg)
㉢ 유기인
㉣ 폴리크로리네이티드비페닐(PCB)

62 폐수처리방법이 생물학적 처리방법인 방지시설의 가동 개시를 11월 5일에 한 경우 시운전 기간으로 적절한 것은?

① 가동개시일부터 30일
② 가동개시일부터 50일
③ 가동개시일부터 70일
④ 가동개시일부터 90일

시운전기간
폐수처리방법이 생물화학적 처리방법인 경우 가동개시일부터 50일. 다만, 가동개시일이 11월 1일부터 다음 연도 1월 31일까지에 해당하는 경우에는 가동개시일부터 70일로 한다.

63 1일 폐수배출량 2천 세제곱미터 미만인 "나 지역"에 위치한 폐수배출시설의 화학적 산소요구량(mg/L) 배출허용기준으로 옳은 것은?　　　(기준변경)

① 40 이하　　　　② 70 이하
③ 90 이하　　　　④ 130 이하

[기준의 전면 개편으로 해당사항 없음]

1일 폐수배출량 2천 세제곱미터 미만

	BOD(mg/L)	TOC(mg/L)	SS(mg/L)
청정지역	40 이하	30 이하	40 이하
가 지역	80 이하	50 이하	80 이하
나 지역	120 이하	75 이하	120 이하
특례지역	30 이하	25 이하	30 이하

64 다음 중 특정수질유해물질이 아닌 것은?

① 구리와 그 화합물
② 바륨화합물
③ 수은과 그 화합물
④ 시안화합물

65 조업정지처분에 갈음하여 과징금을 부여할 수 있는 사업장으로 틀린 것은?

① 발전소의 발전시설
② 의료기관의 배출시설
③ 학교의 배출시설
④ 공공기관의 배출시설

해설 조업정지처분에 갈음하여 과징금을 부여할 수 있는 사업장
- ㉠ 「의료법」에 따른 의료기관의 배출시설
- ㉡ 발전소의 발전설비
- ㉢ 「초·중등교육법」 및 「고등교육법」에 따른 학교의 배출시설
- ㉣ 제조업의 배출시설
- ㉤ 그 밖에 대통령령으로 정하는 배출시설

66 초과부과금의 산정 시 수질오염물질 1킬로그램당 부과금액이 가장 큰 수질오염물질은?

① 크롬 및 그 화합물
② 총인
③ 페놀류
④ 비소 및 그 화합물

해설 ① 크롬 및 그 화합물 : 75,000원
② 총인 : 500원
③ 페놀류 : 150,000원
④ 비소 및 그 화합물 : 100,000원

67 수질오염경보의 조류경보 중 조류대 발생 단계 시 유역·지방 환경청장(시·도지사)의 조치사항으로 틀린 것은?(단, 상수원 구간)

① 주변오염원에 대한 지속적인 단속강화
② 어패류어획, 식용 및 가축방목의 금지
③ 취수장·정수장 정수처리 강화 지시
④ 조류대 발생경보의 발령 및 대중매체 통한 홍보

해설 수질오염경보의 조류경보

	관계기관	조치사항
조류대 발생	유역·지방 환경청장 (시·도지사)	㉠ 조류대 발생경보 발령 및 대중매체를 통한 홍보 ㉡ 주변오염원에 대한 지속적인 단속 강화 ㉢ 낚시·수상스키·수영 등 친수활동, 어패류 어획·식용, 가축 방목 등의 금지 및 이에 대한 공지(현수막 설치 등)

68 법에서 정하는 기술인력, 환경기술인, 기술요원 등의 교육에 관한 설명으로 틀린 것은?

① 교육기관은 국립환경인력개발원과 환경보전협회이다.
② 최초 교육 후 3년마다 실시하는 보수교육을 받게 하여야 한다.
③ 지방환경청장은 당해 지역 교육계획을 매년 1월 31일까지 환경부장관에게 보고하여야 한다.
④ 시·도지사는 관할구역의 교육대상자를 선발하여 그 명단을 교육과정개시 15일 전까지 교육기관의 장에게 통보하여야 한다.

해설 교육기관(이하 "교육기관"이라 한다)의 장은 다음 해의 교육계획을 제94조 제1항 각 호의 교육과정별로 매년 11월 30일까지 환경부장관에게 제출하여 승인을 받아야 한다.

69 수질 및 수생태계 환경기준 중 하천의 용존산소량(DO, mg/L) 생활환경기준으로 옳은 것은?(단, 등급은 "좋음" 기준)

① 10 이상
② 7.5 이상
③ 5.0 이상
④ 2.0 이상

해설 하천의 용존산소량(DO, mg/L) 생활환경기준(등급은 "좋음" 기준)은 5.0mg/L 이하이다.

70 수질오염경보의 종류별 경보단계 중 조류대 발생에 해당하는 발령 기준은?(단, 상수원 구간)

- (㉠) 연속 채취 시 남조류 세포 수
- (㉡) 세포/mL 이상인 경우

① ㉠ 1회, ㉡ 10,000
② ㉠ 1회, ㉡ 1,000,000
③ ㉠ 2회, ㉡ 10,000
④ ㉠ 2회, ㉡ 1,000,000

71 발전소 발전설비의 배출시설(폐수무방류 배출시설 제외)을 설치, 운영하는 사업자에 대한 조업정지 처분을 갈음하여 징수할 수 있는 과징금의 최대금액은?

① 1억 원
② 2억 원
③ 3억 원
④ 5억 원

72 수질오염의 요인이 되는 물질로서 수질오염물질의 지정권자는?

① 대통령
② 국무총리
③ 행정자치부장관
④ 환경부장관

73 법적으로 규정된 환경기술인의 관리사항이 아닌 것은?

① 환경오염방지를 위하여 환경부장관이 지시하는 부하량 통계 관리에 관한 사항
② 폐수배출시설 및 수질오염방지시설의 관리에 관한 사항
③ 폐수배출시설 및 수질오염방지시설의 개선에 관한 사항
④ 운영일지의 기록보존에 관한 사항

74 환경부장관 또는 시 · 도지사가 청문을 실시하여야 하는 해당 처분사항이 아닌 것은?

① 배출시설의 허가취소
② 기타수질오염원의 폐쇄명령
③ 배출시설의 사용중지 또는 조업정지
④ 폐수처리업의 등록취소

75 공공폐수처리시설의 방류수 수질기준으로 옳은 것은?(단, I 지역 기준, 2013.1.1. 이후 기준, ( )는 농공단지 공공폐수처리시설의 방류수 수질기준)

① 총질소 10(20)mg/L 이하
② 총인 0.2(0.2)mg/L 이하
③ COD 10(20)mg/L 이하
④ 부유물질 20(30)mg/L 이하

76 1일 폐수배출량이 500m³인 사업장의 종별 규모는?

① 1종 사업장
② 2종 사업장
③ 3종 사업장
④ 4종 사업장

77 환경부장관이 공공수역을 관리하는 자에게 수질 및 수생태계의 보전을 위해 필요한 조치를 권고하려는 경우 포함되어야 할 사항으로 틀린 것은?

① 수질 및 수생태계를 보전하기 위한 목표에 관한 사항
② 수질 및 수생태계에 미치는 중대한 위해에 관한 사항
③ 수질 및 수생태계를 보전하기 위한 구체적인 방법
④ 수질 및 수생태계의 보전에 필요한 재원의 마련에 관한 사항

해설 수질 및 수생태계의 보전을 위해 필요한 조치를 권고하려는 경우 포함되어야 할 사항
㉠ 수질 및 수생태계를 보전하기 위한 목표에 관한 사항
㉡ 수질 및 수생태계를 보전하기 위한 구체적인 방법
㉢ 수질 및 수생태계의 보전에 필요한 재원의 마련에 관한 사항
㉣ 그 밖에 수질 및 수생태계의 보전에 필요한 사항

78 환경부장관은 비점오염원 관리지역을 지정 · 고시한 때에는 비점오염관리대책을 관계중앙행정기관의 장 및 시 · 도지사와 협의하여 수립하여야 한다. 비점오염원 관리대책에 포함되어야 하는 사항이 아닌 것은?

① 관리대상 수질오염물질 발생시설 현황
② 관리대상 수질오염물질 종류 및 발생량
③ 관리대상 수질오염물질 발생 예방 및 저감방안
④ 관리목표

해설 관리대책의 수립
㉠ 관리목표
㉡ 관리대상 수질오염물질의 종류 및 발생량
㉢ 관리대상 수질오염물질의 발생 예방 및 저감 방안
㉣ 그 밖에 관리지역을 적정하게 관리하기 위하여 환경부령으로 정하는 사항

79 환경부장관이 폐수처리업자의 등록을 취소하거나 6개월 이내의 기간을 정하여 영업정지를 명할 수 있는 경우가 아닌 것은?

① 다른 사람에게 등록증을 대여한 경우
② 1년에 2회 이상 영업정지처분을 받은 경우
③ 고의 또는 중대한 과실로 폐수처리영업을 부실하게 한 경우
④ 등록한 후 1년 이내에 영업을 개시하지 아니한 경우

해설 환경부장관이 폐수처리업자의 등록을 취소하거나 6개월 이내의 기간을 정하여 영업정지를 명할 수 있는 경우
㉠ 다른 사람에게 등록증을 대여한 경우
㉡ 1년에 2회 이상 영업정지 처분을 받은 경우
㉢ 고의 또는 중대한 과실로 폐수처리영업을 부실하게 한 경우
㉣ 영업정지 처분기간에 영업행위를 한 경우

80 수질오염물질 배출량 등의 확인을 위한 오염도검사의 결과를 통보받은 시 · 도지사 등은 통보를 받은 날로부터 며칠 이내에 사업자 등에게 배출농도와 일일유량에 관한 사항을 통보해야 하는가?

① 7일
② 10일
③ 15일
④ 30일

해설 의뢰한 오염도검사의 결과를 통보받은 시 · 도지사 등은 통보를 받은 날부터 10일 이내에 사업자 등에게 검사결과 중 배출농도와 일일유량에 관한 사항을 알려야 한다.

SECTION 01 수질오염개론

01 적조현상의 주원인이 되는 조류를 제거하기 위한 방법으로 황산동을 주입하는 화학적 방법을 사용하기도 한다. 알칼리도가 40ppm 이하일 경우에 주입되는 황산동의 농도로 가장 적절한 것은?

① 5~10ppb

② 10~20ppb

③ 0.05~0.1ppm

④ 0.2~0.5ppm

해설 조류 번식 억제 시 황산동의 적정 주입량은 0.3~1.2mg/L이다.

02 해수의 담수화에 관한 설명으로 옳지 않은 것은?

① 단물은 1,000mg/L 이하의 염을 포함한다.

② 역삼투법은 반투막과 정수압을 이용하여 순수한 물을 분리하는 방법이다.

③ 해수는 대략 35,000mg/L의 염을 포함한다.

④ 증발법은 가장 오래된 담수화방법으로 에너지가 많이 소모되며 해수염의 농도에 따라 열 및 동력 요구량이 크게 달라진다.

해설 증발법은 역삼투나 전기투석과는 달리 에너지요구량이 처리수 중의 염의 농도와 비교적 무관하다.

03 균류(Fungi)의 경험적인 분자식으로 가장 적절한 것은?

① $C_6H_9O_5N$

② $C_7H_{12}O_5N$

③ $C_9H_{14}O_6N$

④ $C_{10}H_{17}O_6N$

해설 균류(Fungi)의 경험적 분자식은 $C_{10}H_{17}O_6N$이다.

04 0.1N CH_3COOH 100mL를 NaOH로 적정하고자 하여 0.1N NaOH 96mL를 가했을 때 이 용액의 pH는?(단, CH_3COOH의 해리상수 $K_a = 1.8 \times 10^{-5}$)

① 1.9

② 3.7

③ 4.7

④ 5.7

해설

$$N_0 = \frac{N_1V_1 - N_2V_2}{V_1 + V_2} = \frac{0.1 \times 100 - 0.1 \times 96}{100 + 96}$$

$$= 2.04 \times 10^{-3}N$$

$CH_3COOH \rightleftharpoons CH_3COO- + H+$

$$K_a = \frac{[H^+]^2}{[CH_3COOH]} = \frac{[H^+]^2}{2.04 \times 10^{-3}} = 1.8 \times 10^{-5}$$

$[H^+]^2 = 1.8 \times 10^{-5} \times 2.04 \times 10^{-3} = 3.672 \times 10^{-8}$

$[H^+] = 1.916 \times 10^{-4}$

∴ $pH = -\log(1.916 \times 10^{-4}) = 3.7$

05 Bacteria의 약 80%는 H_2O이고, 약 20%가 고형물로 구성되어 있다. 이 고형물 중 유기물질(%)은?

① 70%

② 80%

③ 90%

④ 99%

해설 박테리아의 세포구성은 수분이 80%, 고형물이 20%로 되어 있다. 고형물 중 유기물이 90%, 무기물이 10%를 차지하고 있다.

> 박테리아의 세포구성 일일조업시간은 측정하기 전 최근 조업한 (㉠) 간의 배출시설의 조업시간의 평균치로서 (㉡)으로 표시한다. 수분 80%, 고형물 20%(유기물 90%, 무기물 10%)
> • 유기물의 구성비율
> C(53%), O(29%), N(12%), H(16%)
> • 무기물의 구성비율
> P_2O_5(50%), SO_3(15%), Na_2O(11%), CaO(9%), MgO(8%), K_2O(6%), $FeCl_2$(1%)

06 공장에서 BOD 200mg/L인 폐수 500m³/d를 BOD 4mg/L, 유량 200,000m³/d의 하천에 방류할 때 합류점의 BOD(mg/L)는?

① 4.20

② 4.49

③ 4.72

④ 4.84

해설
$$C_m = \frac{C_1 \cdot Q_1 + C_2 \cdot Q_2}{Q_1 + Q_2}$$
$$= \frac{(200 \times 500) + (4 \times 200,000)}{500 + 200,000} = 4.49(\text{mg/L})$$

07 조석의 영향을 받는 하구에서 염분농도를 측정하였더니 20,000mg/L이었다. 상류 10km 지점의 염분농도(mg/L)는?(단, 확산계수 = 50m²/s, 하천의 평균유속 = 0.02m/s, 중간에는 지천의 유입이 없다고 가정)

① 약 370
② 약 740
③ 약 3,700
④ 약 7,400

08 수처리에 이용되는 습지식물 중 부수식물(Free Floating Plants)에 해당하지 않는 것은?

① 부레옥잠
② 물수세미
③ 생이가래
④ 물개구리밥류

해설 수처리에 이용되는 습지식물 중 부수식물(Free Floating Plants)
㉠ 물개구리밥류
㉡ 생이가래
㉢ 부레옥잠

09 $CaCl_2$ 200mg/L는 몇 meq/L인가?(단, Ca 원자량 = 40, Cl 원자량 = 35.5)

① 1.8
② 2.4
③ 3.6
④ 4.8

해설
$$X(\text{meq/L}) = \frac{200\text{mg}}{L} \left| \frac{1\text{meq}}{(111/2)\text{mg}} \right. = 3.6(\text{meq/L})$$

10 다음 중 성층현상이 거의 일어나지 않는 곳은?

① 극지방의 호수
② 열대지방의 호수
③ 수심이 얕은 호수
④ 온대나 아열대 지역의 호수

11 호수나 저수지를 상수원으로 사용할 경우 전도(Turn Over)현상으로 수질 악화가 우려되는 시기는?

① 봄과 여름
② 봄과 가을
③ 여름과 겨울
④ 가을과 겨울

12 소수성 콜로이드에 관한 설명으로 틀린 것은?

① 현탁(Suspension) 상태이다.
② 염(Salt)에 매우 민감하다.
③ 물과 반발하는 성질을 가지고 있다.
④ 틴들(Tyndall)효과가 약하거나 거의 없다.

해설 소수성 콜로이드는 틴들효과가 크다.

13 미생물 세포를 $C_5H_7O_2N$이라고 하면 세포 5kg당의 이론적인 공기소모량(kg air)은?(단, 완전산화 기준, 분해 최종산물은 CO_2, H_2O, NH_3, 공기 중 산소는 23%(W/W)로 가정)

① 약 27
② 약 31
③ 약 42
④ 약 48

해설 $C_5H_7O_2N + 5O_2 \rightarrow 5CO_2 + 2H_2O + NH_3$에서
113g : 5×32g
5kg : X_1(kg · O_2)
X_1(kg · O_2) = 7.0796(kg · O_2)
$$\therefore X(\text{kg} \cdot \text{air}) = \frac{7.0796\text{kg} \cdot O_2}{} \left| \frac{100 \cdot \text{air}}{23 \cdot O_2} \right.$$
$$= 30.78(\text{kg} \cdot \text{air})$$

14 기체분석법의 이해에 바탕이 되는 법칙으로 기체가 관련된 화학반응에서 반응하는 기체와 생성된 기체의 부피 사이에는 정수관계가 성립된다는 법칙은?

① Graham 법칙
② Charles 법칙
③ Gay-Lussac 법칙
④ Dalton 법칙

해설 Gay-Lussac의 결합부피법칙은 동일한 온도와 압력 하에서 기체들이 반응할 때 반응에 관여한 기체와 생성된 기체들의 부피 사이에는 간단한 정수비가 성립된다는 법칙이다.

15 혐기성 소화조의 정상작동 여부를 판단할 수 있는 인자 중 가장 거리가 먼 것은?

① 소화조 내의 혼합도
② 1일 가스 발생량
③ 발생 가스 중의 CO_2 함유율
④ 소화조 내 슬러지의 volatile acid 함유도

16 우수(雨水)에 대한 설명으로 틀린 것은?

① 우수의 주성분은 육수보다는 해수의 주성분과 거의 동일하다고 할 수 있다.
② 해안에 가까운 우수는 염분함량의 변화가 크다.
③ 용해성분이 많아 완충작용이 크다.
④ 산성비가 내리는 것은 대기오염물질인 NO_x, SO_x 등의 용존성분 때문이다.

17 비료, 가축분뇨 등이 유입된 하천에서 pH가 증가되는 경향을 볼 수 있는데, 여기서 주로 관여하는 미생물과 반응은?

① Fungi, 광합성
② Bacteria, 호흡작용
③ Algae, 광합성
④ Bacteria, 내호흡

> **해설** 조류가 번성하면 광합성 작용으로 pH가 증가한다.

18 pH가 낮은 상태에서도 잘 자랄 수 있는 미생물의 종류는?

① Bacteria
② Algae
③ Fungi
④ Protozoa

> **해설** Fungi(균류)는 흔히 곰팡이라고 불리는 다세포식물이며 생물학적 오수처리장과 오탁하천에서 주로 발견된다. 탄소동화작용을 하지 않는 미생물로서 곰팡이류, 효모, 사상균 등이 여기에 속한다. 또한 물질대사가 매우 넓어 세균류에 비해 낮은 습도, 낮은 용존산소, 낮은 pH, 낮은 질소농도 등에서도 잘 성장한다.

19 글리신($CH_2(NH_2)COOH$)의 이론적 COD/TOC의 비는?(단, 글리신의 최종분해물은 CO_2, HNO_3, H_2O이다.)

① 4.67
② 5.83
③ 6.72
④ 8.32

> **해설** Glycine($CH_2(NH_2)COOH$)의 이론적 산화반응
> ㉠ $C_2H_5NO_2 + 3.5O_2 \rightarrow 2CO_2 + 2H_2O + HNO_3$
> $1mol$: $3.5 \times 32(g)$
> $ThOD = COD = 112(g)$
> ㉡ $C_2H_5NO_2 \rightarrow 2C$
> $1mol : 2 \times 12(g)$
> $TOC = 24(g)$
> $\therefore \dfrac{COD}{TOC} = \dfrac{112(g)}{24(g)} = 4.67$

20 초기 농도가 300mg/L인 오염물질이 있다. 이 물질의 반감기가 10일 때 반응속도가 1차 반응에 따른다면 5일 후의 농도(mg/L)는?

① 212
② 228
③ 235
④ 246

> **해설** 1차 반응식
> $\ln\dfrac{C_t}{C_o} = -K \cdot t$
> ㉠ $\ln\dfrac{50}{100} = -K \cdot 10day$
> $\therefore K = -0.0693(day^{-1})$
> ㉡ $\ln\dfrac{C_t}{300} = \dfrac{-0.0693}{day}\bigg|1day$
> $\therefore C_t = 300 \times e^{-0.0693 \times 5} = 212.15(mg/L)$

SECTION 02 수질오염방지기술

21 잉여 활성슬러지를 처리하는 혐기성 소화조에서 발생되는 소화가스의 CO_2가 50~60% 이상으로 증가될 때, 소화조의 상태에 대해 바르게 설명한 것은?

① 소화가스의 발생량이 최대로 증가한다.
② 소화조가 양호하게 작동하고 있지 않다.

③ 소화가스의 열량이 증가하고 있다.
④ 소화가스의 메탄도 함께 증가한다.

22 슬러지 처리를 위한 혐기성 소화조의 운영조건이 다음과 같을 때 하루에 발생하는 평균 가스 발생량(m^3/day)은?

처리방식	Batch식
TS	25,000mg/L
VS	TS의 63.5%
가스 발생량	VS 1kg당 0.5m³
슬러지 유입량	100kL
소화 일수	20day

① 약 54   ② 약 40
③ 약 33   ④ 약 28

해설 1일 평균 가스 발생량

$$= VS\ 1kg당\ 가스발생량 \times VS량(kg) \times \frac{1}{소화일수}$$

$$VS농도(mg/L) = TS \times 0.635$$
$$= 25,000(mg/L) \times 0.635$$
$$= 15,875(mg/L)$$

$$VS량(kg) = \frac{15,875mg}{L} \left| \frac{100kL}{} \right| \frac{10^3 L}{1kL} \left| \frac{1kg}{10^6 mg} \right.$$
$$= 1,587.5(kg)$$

∴ 1일 평균 가스발생량 $\left(\frac{m^3}{day} \right)$

$$= \frac{0.5m^3}{1kg \cdot VS} \left| \frac{1,587.5kg \cdot VS}{} \right| \frac{1}{20day}$$
$$= 39.69(m^3/day)$$

23 정유공장에서 최소 입경이 0.009cm인 기름 방울을 제거하려고 할 때 부상속도(cm/s)는?(단, 중력가속도 $= 980cm/s^2$, 물의 밀도 = $1g/cm^3$, 기름의 밀도 = $0.9g/cm^3$, 점도 = $0.02g/cm \cdot s$, Stokes법칙 적용)

① 0.044   ② 0.033
③ 0.022   ④ 0.011

해설 Stoke's 법칙을 이용한다.

$$V_F = \frac{d_p^2 (\rho_w - \rho)g}{18\mu} = \frac{(0.009)^2 \times (1-0.9) \times 980}{18 \times 0.02}$$
$$= 0.02205 ≒ 0.022(cm/sec)$$

24 호기성 슬러지 퇴비화공법 설계 시 고려사항으로 가장 거리가 먼 것은?

① 슬러지의 형태   ② 수분함량
③ 혼합과 회전   ④ 가스발생량

25 계면활성제에 대한 설명으로 틀린 것은?

① 가정하수, 세탁소 등에서 배출된다.
② 지방과 유지류를 유액상으로 만들기 때문에 물과 분리가 잘 되지 않는다.
③ ABS가 LAS보다 미생물에 의해 분해가 잘된다.
④ 처리방법으로는 오존 산화법이나 활성탄 흡착법 등이 있다.

해설 ABS 세제는 세척력이 우수하지만 큰 부작용이 있다. 물속에 존재하는 미생물은 탄소화합물을 분해해 정화하는 능력이 있는데 ABS 세제처럼 가지 달린 탄소화합물은 쉽게 분해하지 못한다. 그래서 ABS 세제 대신 개발된 것이 LAS(선형 알킬벤젠술폰산 나트륨)세제다.

26 슬러지 침강특성에 관한 설명으로 옳은 것은?

① SVI가 매우 낮으면 슬러지 팽화의 원인이 되기도 한다.
② SDI는 SVI의 역수에 1,000배하여 표시한다.
③ SVI는 SV_{30}에 MLSS 농도를 곱하여 산출한다.
④ SVI는 50~150 범위가 적절하다.

해설 슬러지 용적지수(SVI ; Sludge Volume Index)슬러지의 침강성과 농축성을 나타내는 지표로 사용된다. 응집 · 침전성을 높이기 위한 SVI는 50~150범위가 적절하다. 따라서 SVI는 폭기조 혼합액을 30분간 정치한 슬러지의 용적(SV_{30})을 이용하여 다음 식과 같이 계산될 수 있다.

$$SVI = \frac{SV_{30}(mL/L)}{MLSS(mg/L)} \times 1,000$$

27 탈염소 공정에서 사용되는 약품으로 적합하지 않은 것은?

① 이산화황(SO_2)
② 아황산나트륨(Na_2SO_3)
③ 명반($Al_2(SO_4)_3$)
④ 활성탄

28 처리유량이 $50m^3/hr$이고, 염소요구량이 $9.5mg/L$, 잔류염소농도가 $0.5mg/L$일 때 주입하여야 하는 염소의 양(kg/day)은?

① 2   ② 12
③ 22   ④ 48

해설 염소주입량＝잔류량＋염소요구량
염소주입량＝0.5＋9.5＝10(mg/L)
∴ 염소주입량(kg/day)
$$= \frac{10mg}{L} \left| \frac{50m^3}{hr} \right| \frac{10^3L}{1m^3} \left| \frac{1kg}{10^6mg} \right| \frac{24hr}{1day}$$
$$= 12(kg/day)$$

29 화학합성을 하는 독립영양성 미생물의 에너지원과 탄소원이 순서대로 나열된 것은?

① 무기물의 산화환원반응, 유기탄소
② 무기물의 산화환원반응, CO_2
③ 유기물의 산화환원반응, 유기탄소
④ 유기물의 산화환원반응, CO_2

해설 화학영양계 미생물은 에너지원을 무기물의 산화 · 환원반응에서 얻고, 독립영양계 미생물은 산소원을 CO_2에서 얻는다.

30 Cr^{6+} 함유폐수를 처리하기 위한 단위조작의 조합 중 가장 타당하게 연결된 것은?

① 환원 → pH 조정(2~3) → 침전 → pH 조정(8~10)
② pH 조정(8~10) → 환원 → pH 조정(2~3) → 침전
③ pH 조정(8~10) → 침전 → pH 조정(2~3) → 환원
④ pH 조정(2~3) → 환원 → pH 조정(8~10) → 침전

해설 6가크롬은 독성이 강하므로 3가크롬으로 환원(pH 2~3)시킨 후 수산화물로 침전(pH 8~9)시켜 제거하는 환원침전법이 가장 많이 이용된다.

31 공장 폐수의 생물학적 처리에 관한 설명으로 가장 거리가 먼 것은?

① 주로 유기성 폐수의 처리에 적용된다.
② 독성물질이 다량 함유된 폐수는 처리가 어렵다.
③ 활성슬러지법에서는 폐수 중의 유기물이 슬러지 중의 미생물과 접촉 · 산화된다.
④ 표준활성슬러지법에서 포기조 내 용존산소는 5~8mg/L 이상의 높은 상태로 운전한다.

해설 표준활성슬러지법에서 포기조 내 용존산소는 $0.5\sim2(mg/L)$로 유지한다.

32 공장폐수의 BOD가 $67mg/L$, 유입수량이 $1,600m^3/day$일 때 BOD 부하량(kg/day)은?

① 0.04   ② 23.9
③ 107.2   ④ 256.2

해설
$$\text{BOD부하량}(kg/day) = \frac{1,600m^3}{day} \left| \frac{67mg}{L} \right| \frac{1kg}{10^6mg} \left| \frac{10^3L}{1m^3} \right.$$
$$= 107.2(kg/day)$$

33 심하게 오염된 하천의 분해지대에서 주로 존재하는 질소화합물의 형태는?

① NO^{-3} ② NO^{-2}
③ N_2 ④ NH_3

해설 심하게 오염된 하천의 분해지대에서는 NH_3가 주로 존재한다.

34 폐수 $6,000m^3/day$를 처리하는 1차 침전지에서 발생되는 슬러지의 부피(m^3/day)는?(단, 부유물질 제거효율＝60%, 폐수의 부유물질 농도＝220mg/L, 슬러지 비중＝1.03, 슬러지 함수율＝94%, 1차 침전지에서 제거된 부유물질 전량이 슬러지로 발생되는 것으로 가정)

① 10.4   ② 12.8
③ 15.8   ④ 17.0

해설
$$SL(m^3/day) = \frac{0.22kg}{m^3} \left| \frac{6,000m^3}{day} \right| \frac{60}{100} \left| \frac{100}{6} \right| \frac{m^3}{1,030kg}$$
$$= 12.81(kg/m^3)$$

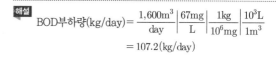

35 6가크롬을 함유하는 폐수의 처리방법은?

① 생물학적 처리법

② 오존산화법

③ 차아염소산에 의한 산화법

④ 아황산수소나트륨에 의한 환원법

해설 6가크롬을 함유하는 폐수의 처리방법에는 환원침전법이 가장 많이 이용되는데 환원제로 $FeSO_4$, Na_2SO_3, $NaHSO_3$, SO_2 등이 이용된다.

36 20℃인 물속에서 직경(d_B)이 6mm이고, 상승속도(V_r)가 3.0cm/s인 기포의 산소이전계수(cm/hr)는?(단, $K = 2\sqrt{\dfrac{D \cdot V_r}{\pi \cdot d_B}}$, 20℃에서 확산계수 $D = 9.4 \times 10^{-2} cm^2/hr$)

① 0.23

② 0.46

③ 23.2

④ 46.4

해설
$$K = 2\sqrt{\dfrac{9.4 \times 10^{-2}(cm/hr) \times 3.0(cm/sec) \times 3,600(sec/hr)}{\pi \times 0.6cm}}$$
$$= 46.41(cm/hr)$$

37 임호프 탱크의 특징이 아닌 것은?

① 유입분뇨의 침전작용과 침전슬러지의 혐기성 소화가 동시에 이루어진다.

② 침전실, 소화실, 스컴실이 동일 공간에 각각 수직으로 분리되어 있다.

③ 처리효율이 낮지만 처리기간은 매우 짧다.

④ 기계실이 필요 없으며 유지관리가 필요 없다.

해설 임호프 탱크는 처리효율이 낮고, 치리기간이 매우 긴 단점이 있다.

38 활성슬러지 공법에서 겨울철과 같이 포기조의 수온이 저하됨에 따른 처리효율의 영향을 줄일 수 있는 방법으로 틀린 것은?

① F/M 비를 감소시킨다.

② 포기시간을 증가시킨다.

③ MLSS 농도를 감소시킨다.

④ 2차 침전지의 수면부하율을 감소시킨다.

해설 MLSS 농도가 높을수록 미생물의 양이 증가하기 때문에 처리효율이 증가한다.

39 폐수처리 공정에서 BOD 제거효율을 1차 처리 30%, 2차 처리 85%, 3차 처리 10%로 하고자 한다. 최종방류수(처리수)의 BOD가 10mg/L이었다면 유입수의 BOD(mg/L)는?

① 약 106   ② 약 112

③ 약 118   ④ 약 124

해설
$$\eta_t = \eta_1 + \eta_2(1 - \eta_1) + \eta_3(1 - \eta_1)(1 - \eta_2)$$
$$\eta_t = 0.3 + 0.85(1 - 0.3) + 0.1(1 - 0.3)(1 - 0.85)$$
$$= 0.9055 = 90.55(\%)$$
$$C_i = \dfrac{C_o}{1 - \eta} = \dfrac{10}{1 - 0.9055} = 105.82(mg/L)$$

40 음이온 교환수지의 재생과정을 나타낸 것으로 가장 알맞은 것은?

① $2R - N - SO_4 + Na_2CrO_4 \rightarrow (R-N)_2CrO_4 + Na_2SO_4$

② $2R - N - OH + H_2SO_4 \rightarrow (R-N)_2SO_4 + H_2O$

③ $R - COOH + HCl \rightarrow R - COONa + H_2O$

④ $(R-N)_2CrO_4 + 2NaOH \rightarrow 2R - N - OH + Na_2CrO_4$

해설 양이온교환수지는 황산(H_2SO_4), 염산(HCl), NaCl을 이용하여 재생하고, 음이온교환수지는 가성소다(NaOH), 소다회(Na_2CO_3), 암모니아 등으로 재생한다.

41 수로 및 직각 3각 웨어판을 만들어 유량을 산출할 때 웨어의 수두 0.2m, 수로의 밑면에서 절단 하부점까지의 높이 0.75m, 수로의 폭 0.5m일 때 웨어의 유량 (m³/min)은?(단, $K = 81.2 + \dfrac{0.24}{h} + \left[8.4 + \dfrac{12}{\sqrt{D}} \right]$

$\times \left[\dfrac{h}{B} - 0.09 \right]^2$ 이용)

① 0.54
② 1.15
③ 1.51
④ 2.33

해설 유량계수 "K"는 제시된 식을 이용한다.

$Q(\text{m}^3/\text{min}) = Kh^{\frac{5}{2}}$

$K = \left[81.2 + \dfrac{0.24}{0.2} + \left(8.4 + \dfrac{12}{\sqrt{0.75}} \right) \times \left(\dfrac{0.2}{0.5} - 0.09 \right)^2 \right]$

$\times 0.2^{\frac{5}{2}} = 1.51 (\text{m}^3/\text{min})$

42 정량분석에 이온크로마토그래피법을 이용하는 항목으로 틀린 것은?

① Br^-
② NO_3^-
③ Fe^-
④ SO_4^{2-}

해설 각 음이온의 정량한계 값

음이온	정량한계(mg/L)
F^-	0.1
Br^-	0.03
NO_2^-	0.1
NO_3^-	0.1
Cl^-	0.1
PO_4^-	0.1
SO_4^{2-}	0.5

43 자기식 유량측정기에 대한 설명으로 틀린 것은?

① 고형물이 많아 관을 메울 우려가 있는 하폐수에 이용한다.
② 측정원리는 패러데이 법칙이다.

③ 자장의 직각에서 전도체를 이동시킬 때 유발되는 전압은 전도체의 속도에 비례한다는 원리를 이용한다.
④ 유체(하폐수)의 유속에 의하여 유량이 결정되므로 수두손실이 크다.

해설 자기식 유량측정기의 전압은 활성도, 탁도, 점성, 온도의 영향을 받지 않고 다만 유체(폐·하수)의 유속에 의하여 결정되며 수두손실이 적다.

44 자외선/가시선 분광법에 관한 설명으로 틀린 것은?

① 파장 200~900nm에서 측정한다.
② 측정된 흡광도는 1.2~1.5의 범위에 들도록 시험액 농도를 선정한다.
③ C=1mol, L=10mm일 때의 ε값을 몰흡광계수라 하고 K로 표시한다.
④ 빛이 시료용액 중을 통과할 때 흡수나 산란 등에 의하여 강도가 변화하는 것을 이용한다.

해설 측정된 흡광도는 가능하면 0.2~0.8의 범위에 들도록 시험용액의 농도 및 흡수셀의 길이를 선정한다.

45 기체크로마토그래피법에 의해 알킬수은이나 PCB를 정량할 때 기록계에 여러 개의 피크가 각각 어떤 물질인지 확인할 수 있는 방법은?

① 표준물질의 피크 높이와 비교해서
② 표준물질의 머무르는 시간과 비교해서
③ 표준물질의 피크 모양과 비교해서
④ 표준물질의 피크 폭과 비교해서

46 금속 필라멘트 또는 전기저항체를 검출소자로 하여 금속판 안에 들어 있는 본체와 여기에 직류전기를 공급하는 전원회로, 전류조절부 등으로 구성된 기체크로마토그래프 검출기는?

① 열전도도검출기
② 전자포획형 검출기
③ 알칼리열 이온화 검출기
④ 수소염 이온화 검출기

47 온도 표시로 틀린 것은?

① 냉수 : 15℃ 이하   ② 온수 : 60~70℃

③ 찬 곳 : 0~4℃   ④ 실온 : 1~35℃

> **해설** 표준온도는 0℃, 상온은 15~25℃, 실온은 1~35℃로 하고, 찬 곳은 따로 규정이 없는 한 0~15℃의 곳을 뜻한다.

48 24℃에서 pH가 6.35일 때 $[OH^-]$(mol/L)는?

① 5.54×10^{-8} ② 4.54×10^{-8}

③ 3.24×10^{-8} ④ 2.24×10^{-8}

> **해설**
> $$pH = \log\frac{1}{[H^+]} = 14 - pOH = 14 - \log\frac{1}{[OH^-]}$$
> $$\therefore \ [OH^-] = 10^{-pOH}$$
> $$pOH = 14 - pH = 14 - 6.35 = 7.65$$
> $$\therefore \ [OH^-] = 10^{-pOH} = 10^{-7.65} = 2.24 \times 10^{-8}$$

49 유기물 등을 많이 함유하고 있는 대부분의 시료에 적용되며 칼슘, 바륨, 납 등을 다량 함유한 시료는 난용성의 염을 생성하여 다른 금속성분을 흡착하므로 주의하여야 하는 시료의 전처리방법은?

① 질산－황산에 의한 분해

② 질산－과염소산에 의한 분해

③ 질산－염산에 의한 분해

④ 질산－불화수소산에 의한 분해

> **해설** 시료의 전처리방법 중 유기물 등을 다량 함유하고 있는 대부분의 시료에 적용하는 방법은 질산－황산법이다.

50 수소이온농도를 기준전극과 비교전극으로 구성된 pH 측정기로 측정할 때, 간섭물질에 대한 설명으로 틀린 것은?

① pH 10 이상에서는 나트륨에 의해 오차가 발생할 수 있는데 이는 "낮은 나트륨 오차 전극"을 사용하여 줄일 수 있다.

② pH는 온도변화에 따라 영향을 받는다.

③ 기름층이나 작은 입자상이 전극을 피복하여 pH 측정을 방해할 수 있다.

④ 유리전극은 산화 및 환원성 물질, 염도에 의해 간섭을 받는다.

> **해설** 간섭물질
> ㉠ 일반적으로 유리전극은 용액의 색도, 탁도, 콜로이드성 물질들, 산화 및 환원성 물질들 그리고 염도에 의해 간섭을 받지 않는다.
> ㉡ pH 10 이상에서 나트륨에 의해 오차가 발생할 수 있는데, 이는 "낮은 나트륨 오차 전극"을 사용하여 줄일 수 있다.
> ㉢ 기름층이나 작은 입자상이 전극을 피복하여 pH 측정을 방해할 수 있는데, 이 피복물을 부드럽게 문질러 닦아내거나 세척제로 닦아낸 후 증류수로 세척하여 부드러운 천으로 물기를 제거하여 사용한다. 염산(1+9)을 사용하여 피복물을 제거할 수 있다.
> ㉣ pH는 온도변화에 따라 영향을 받는다. 대부분의 pH 측정기는 자동으로 온도를 보정하나 수동으로 보정할 수도 있다.

51 바륨을 원자흡수분광광도법으로 측정하고자 할 때 사용되는 불꽃연료는?

① 수소－공기

② 아산화질소－아세틸렌

③ 아세틸렌－공기

④ 프로판－공기

> **해설** 바륨을 원자흡수분광광도법으로 측정하고자 할 때는 아산화질소－아세틸렌 불꽃연료를 사용한다.

52 기체크로마토그래피법으로 PCB를 정량할 때 필요한 것이 아닌 것은?

① 전자포획검출기   ② 석영가스흡수셀

③ 실리카겔 컬럼   ④ 질소캐리어가스

53 수질오염공정시험기준에서 시안 정량을 위해 적용 가능한 시험방법으로 틀린 것은?

① 자외선/가시선 분광법

② 이온전극법

③ 이온크로마토그래피

④ 연속흐름법

> **해설** 시안 정량을 위해 적용 가능한 시험방법
> ㉠ 자외선/가시선 분광법
> ㉡ 이온전극법
> ㉢ 연속흐름법

54 기체크로마토그래피법으로 유기인을 정량함에 따른 설명 중 틀린 것은?

① 검출기는 불꽃광도검출기(FPD)를 사용한다.

② 농축장치는 구데르나다니쉬형 농축기 또는 회전 증발농축기를 사용한다.

③ 운반기체는 질소 또는 헬륨으로서 유량은 0.5∼3mL/min로 사용한다.

④ 컬럼은 안지름 3∼4mm, 길이 0.5∼2m의 석영제를 사용한다.

해설 컬럼은 안지름 0.20∼0.35mm, 필름두께 0.1∼0.5μm, 길이 30∼60m의 DB−1, DB−5 등의 모세관 컬럼이나 동등한 분리능을 가진 것을 택하여 시험한다.

55 다이에틸헥실프탈레이트 분석용 시료에 잔류염소가 공존할 경우의 시료 보존방법은?

① 시료 1L당 티오황산나트륨을 80mg 첨가한다.

② 시료 1L당 글루타르알데하이드를 80mg 첨가한다.

③ 시료 1L당 브로모폼을 80mg 첨가한다.

④ 시료 1L당 과망간산칼륨을 80mg 첨가한다.

해설 다이에틸헥실프탈레이트 분석용 시료에 잔류염소가 공존할 경우 시료 1L당 티오황산나트륨을 80mg 첨가한다.

56 시료 용기로 유리재질의 사용이 불가능한 항목은?

① 노말헥산 추출물질

② 페놀류

③ 색도

④ 불소

해설 불소는 polyethylene만 사용 가능하다.

57 노말헥산 추출물질 측정원리에서 노말헥산으로 추출 시 시료의 액성으로 알맞은 것은?

① pH 10 이상의 알칼리성으로 한다.

② pH 4 이하의 산성으로 한다.

③ pH 6∼8 범위의 중성으로 한다.

④ 액성에는 관계 없다.

해설 물 중에 비교적 휘발되지 않는 탄화수소, 탄화수소유도체, 그리스유상물질 및 광유류를 함유하고 있는 시료를 pH 4 이하의 산성으로 하여 노말헥산층에 용해되는 물질을 노말헥산으로 추출하고 노말헥산을 증발시킨 잔류물의 무게로부터 구하는 방법이다. 다만, 광유류의 양을 시험하고자 할 경우에는 활성규산마그네슘(플로리실) 컬럼을 이용하여 동식물유지류를 흡착제거하고 유출액을 같은 방법으로 구할 수 있다.

58 각 시험항목의 제반시험 조작은 따로 규정이 없는 한 어떤 온도에서 실시하는가?

① 상온

② 실온

③ 표준온도

④ 항온

해설 시험은 따로 규정이 없는 한 상온에서 조작하고 조작 직후에 그 결과를 관찰한다. 단, 온도의 영향이 있는 것의 판정은 표준온도를 기준으로 한다.

59 수질오염공정시험기준상 총대장균군시험법이 아닌 것은?

① 시험관법

② 막여과법

③ 평판집락법

④ 확정계수법

해설 총대장균군시험법
ㄱ 막여과법
ㄴ 평판집락법
ㄷ 시험관법

60 활성슬러지의 미생물 플럭이 형성된 경우 DO 측정을 위한 전처리 방법은?

① 칼륨명반응집침전법

② 황산구리설파민산법

③ 불화칼륨처리법

④ 아지드화나트륨처리법

해설 미생물 플럭이 형성된 경우는 황산구리−설파민산법으로 전처리한다.

SECTION 04 수질환경관계법규

61 시장 · 군수 · 구청장이 낚시금지구역 또는 낚시제한구역을 지정하려는 경우에 고려할 사항으로 틀린 것은?

① 서식 어류의 종류 및 양 등 수중생태계 현황
② 낚시터 인근에서의 쓰레기 발생현황 및 처리여건
③ 수질오염도
④ 계절별 낚시인구 현황

해설 낚시금지구역 또는 낚시제한구역을 지정하려는 경우 고려사항
㉠ 용수의 목적
㉡ 오염원 현황
㉢ 수질오염도
㉣ 낚시터 인근에서의 쓰레기 발생현황 및 처리여건
㉤ 연도별 낚시 인구의 현황
㉥ 서식 어류의 종류 및 양 등 수중생태계의 현황

62 특정수질유해물질에 해당되지 않는 것은?

① 구리와 그 화합물
② 셀레늄과 그 화합물
③ 디클로로메탄
④ 주석과 그 화합물

63 배출시설의 설치허가를 받은 자가 변경허가를 받아야 하는 경우가 아닌 것은?

① 폐수배출량이 허가 당시보다 100분의 50 이상 증가되는 경우(특정수질유해물질 제외)
② 폐수배출량이 허가 당시보다 1일 $300m^3$ 이상 증가되는 경우
③ 특정수질유해물질이 배출되는 시설에서 폐수배출량이 허가 당시보다 100분의 30이상 증가되는 경우
④ 배출허용기준을 초과하는 새로운 오염물질이 발생되어 배출시설 또는 수질오염방지시설의 개선이 필요한 경우

해설 배출시설의 설치허가를 받은 자가 변경허가를 받아야 하는 경우
㉠ 폐수배출량이 허가 당시보다 100분의 50(특정수질유해물질이 기준 이상으로 배출되는 배출시설의 경우에는 100분의 30) 이상 또는 1일 700세제곱미터 이상 증가하는 경우
㉡ 배출허용기준(이하 "배출허용기준"이라 한다)을 초과하는 새로운 수질오염물질이 발생되어 배출시설 또는 법 제35조 제1항에 따른 수질오염방지시설(이하 "방지시설"이라 한다)의 개선이 필요한 경우
㉢ 허가를 받은 폐수무방류배출시설로서 고체상태의 폐기물로 처리하는 방법에 대한 변경이 필요한 경우

64 수질 및 수생태계 보전에 관한 법률에 의하여 관계기관에 협조를 요청할 수 있는 사항이 아닌 것은?

① 해충구제방법의 개선
② 농약 · 비료의 사용규제
③ 녹지지역 및 풍치지구의 지정
④ 폐수방류 감시지역의 지정

해설 관계기관에 협조를 요청할 수 있는 사항
㉠ 해충구제방법의 개선
㉡ 농약 · 비료의 사용규제
㉢ 농업용수의 사용규제
㉣ 녹지지역 및 풍치지구(風致地區)의 지정
㉤ 공공폐수처리시설 또는 공공하수처리시설의 설치
㉥ 공공수역의 준설(浚渫)
㉦ 하천점용허가의 취소, 하천공사의 시행중지 · 변경 또는 그 인공구조물 등의 이전이나 제거
㉧ 공유수면의 점용 및 사용 허가의 취소, 공유수면 사용의 정지 · 제한 또는 시설 등의 개축 · 철거
㉨ 송유관, 유류저장시설, 농약보관시설 등 수질오염사고를 일으킬 우려가 있는 시설에 대한 수질오염 방지조치 및 시설현황에 관한 자료의 제출
㉩ 그 밖에 대통령령으로 정하는 사항

65 사업장의 규모별 구분에 관한 설명으로 틀린 것은?

① 1일 폐수배출량이 $400m^3$인 사업장은 제3종 사업장이다.
② 1일 폐수배출량이 $800m^3$인 사업장은 제2종 사업장이다.

③ 사업장의 규모별 구분은 1년 중 가장 많이 배출한 날을 기준으로 정한다.

④ 최초 배출시설 설치허가 시의 폐수배출량은 사업계획에 따른 예상 폐수배출량을 기준으로 한다.

해설 최초 배출시설 설치허가 시의 폐수배출량은 사업계획에 따른 예상용수사용량을 기준으로 한다.

---

66 1종 사업장 1개와 3종 사업장 1개를 운영하는 오염할당 사업자가 각각 조업정지 10일씩을 갈음하여 납부하여야 하는 과징금의 총액은?

① 4,500만 원

② 6,000만 원

③ 8,500만 원

④ 9,000만 원

해설 과징금은 조업정지일수에 1일당 부과금액과 사업장 규모별 부과계수를 각각 곱하여 산정한다. 1일당 부과금액은 300만 원으로 하고, 사업장(오수를 배출하는 시설을 포함한다. 이하 이 조에서 같다) 규모별 부과계수는 제1종사업장은 2.0, 제2종사업장은 1.5, 제3종사업장은 1.0, 제4종사업장은 0.7, 제5종사업장은 0.4로 할 것
㉠ 1종사업장 : 10(일)×300(만원)×2.0=6,000만 원
㉡ 3종사업장 : 10(일)×300(만원)×1.0=3,000만 원

---

67 배출부과금 부과 시 고려되어야 할 사항으로 틀린 것은?

① 배출허용기준의 초과 여부

② 배출되는 수질오염물질의 종류

③ 수질오염물질의 배출농도

④ 수질오염물질의 배출기간

해설 배출부과금을 부과할 때 고려사항
㉠ 배출허용기준 초과 여부
㉡ 배출되는 수질오염물질의 종류
㉢ 수질오염물질의 배출기간
㉣ 수질오염물질의 배출량
㉤ 자가측정 여부
㉥ 그 밖에 수질환경의 오염 또는 개선과 관련되는 사항으로서 환경부령으로 정하는 사항

---

68 3종 규모에 해당되는 사업장은?

① 1일 폐수배출량이 500m³인 사업장

② 1일 폐수배출량이 1,000m³인 사업장

③ 1일 폐수배출량이 2,000m³인 사업장

④ 1일 폐수배출량이 4,000m³인 사업장

해설 사업장 규모

종류	배출 규모
제1종 사업장	1일 폐수배출량이 2,000m³ 이상인 사업장
제2종 사업장	1일 폐수배출량이 700m³ 이상, 2,000m³ 미만인 사업장
제3종 사업장	1일 폐수배출량이 200m³ 이상, 700m³ 미만인 사업장
제4종 사업장	1일 폐수배출량이 50m³ 이상, 200m³ 미만인 사업장
제5종 사업장	위 제1종부터 제4종까지의 사업장에 해당하지 아니하는 배출시설

---

69 초과배출부과금의 부과 대상이 되는 수질오염물질의 종류가 아닌 것은?

① 유기물질

② 부유물질

③ 트리클로로에틸렌

④ 클로로폼

해설 초과배출부과금 부과 대상 수질오염물질의 종류
㉠ 유기물질 ㉡ 부유물질
㉢ 카드뮴 및 그 화합물 ㉣ 시안화합물
㉤ 유기인화합물 ㉥ 납 및 그 화합물
㉦ 6가크롬화합물 ㉧ 비소 및 그 화합물
㉨ 수은 및 그 화합물 ㉩ 폴리염화비페닐
㉪ 구리 및 그 화합물 ㉫ 크롬 및 그 화합물
㉬ 페놀류 ㉭ 트리클로로에틸렌
㉮ 테트라클로로에틸렌 ㉯ 망간 및 그 화합물
㉰ 아연 및 그 화합물 ㉱ 총 질소
㉲ 총 인

---

70 개선명령을 받은 자가 천재지변이나 그 밖의 부득이한 사유로 개선명령의 이행을 마칠 수 없는 경우, 신청할 수 있는 개선기간의 최대 연장 범위는?

① 2년 ② 1년

③ 6월 ④ 3월

해설 개선명령을 받은 자는 천재지변이나 그 밖의 부득이한 사유로 개선기간에 개선명령의 이행을 마칠 수 없는 경우에는 그 기간이 끝나기 전에 환경부장관에게 6개월의 범위에서 개선기간의 연장을 신청할 수 있다.

71 해역의 항목별 생활환경 기준으로 틀린 것은?

① 수소이온농도(pH) : 6.5~8.5
② 총대장균군(총대장균군수/100mL) : 1,000 이하
③ 용매 추출유분(mg/L) : 0.01 이하
④ T−N(mg/L) : 0.01 이하

해설 해역의 항목별 생활환경 기준

항목	수소이온농도 (pH)	총대장균군 (총대장균군수/100mL)	용매추출유분 (mg/L)
기준	6.5~8.5	1,000 이하	0.01 이하

72 공공수역에 분뇨·가축분뇨 등을 버린 자에 대한 벌칙기준은?

① 5년 이하의 징역 또는 5천만 원 이하의 벌금
② 3년 이하의 징역 또는 3천만 원 이하의 벌금
③ 1년 이하의 징역 또는 1천만 원 이하의 벌금
④ 5백만 원 이하의 벌금

73 환경기술인의 업무를 방해하거나 환경기술인의 요청을 정당한 사유 없이 거부한 자에 대한 벌칙 기준은?

① 500만 원 이하의 벌금
② 300만 원 이하의 벌금
③ 200만 원 이하의 벌금
④ 100만 원 이하의 벌금

74 수질 및 수생태계 보전에 관한 법률에서 사용하는 용어의 뜻으로 틀린 것은?

① 폐수 : 물에 액체성 또는 고체성의 수질오염물질이 섞여 있어 그대로 사용할 수 없는 물을 말한다.
② 수질오염물질 : 수질오염의 요인이 되는 물질로서 환경부령으로 정하는 것을 말한다.
③ 불투수면 : 빗물 또는 눈 녹은 물 등이 지하로 스며들 수 없게 하는 아스팔트, 콘크리트 등으로 포

장된 도로, 주차장, 보도 등을 말한다.
④ 강우유출수 : 점오염원 및 비점오염원의 수질오염물질이 섞여 유출되는 빗물 또는 눈 녹은 물 등을 말한다.

해설 "강우유출수"(降雨流出水)란 비점오염원의 수질오염물질이 섞여 유출되는 빗물 또는 눈 녹은 물 등을 말한다.

75 자연형 비점오염 저감시설의 종류가 아닌 것은?

① 여과형 시설 ② 인공습지
③ 침투시설 ④ 식생형 시설

해설 자연형 비점오염 저감시설의 종류
㉠ 저류시설 ㉡ 인공습지
㉢ 침투시설 ㉣ 식생형시설

76 환경부장관이 비점오염원 관리지역을 지정·고시한 때에 수립하는 비점오염원관리대책에 포함되어야 할 사항으로 틀린 것은?

① 관리대상 수질오염물질의 발생예방 및 저감방안
② 관리대상 지역 내 수질오염물질 발생원 현황
③ 관리목표
④ 관리대상 수질오염물질의 종류 및 발생량

해설 비점오염원 관리대책에 포함되어야 할 사항
㉠ 관리목표
㉡ 관리대상 수질오염물질의 종류 및 발생량
㉢ 관리대상 수질오염물질의 발생예방 및 저감방안
㉣ 그 밖에 관리지역을 적정하게 관리하기 위하여 환경부령으로 정하는 사항

77 수질 및 수생태계 환경기준(하천) 중 생활환경기준의 기준치로 맞는 것은?(단, 등급은 좋음(Ib))

① 부유물질량 : 10mg/L 이하
② BOD : 2mg/L 이하
③ DO : 2mg/L 이하
④ T−N : 20mg/L 이하

해설 하천의 생활환경기준(등급은 좋음(Ib))
㉠ 부유물질량 : 25mg/L 이하
㉡ DO : 7.5mg/L 이하
㉢ T−N : 기준항목 없음

78 조업정지처분에 갈음하여 부과할 수 있는 과징금의 최대금액은?

① 1억 원
② 2억 원
③ 3억 원
④ 5억 원

해설 환경부장관은 다음의 어느 하나에 해당하는 배출시설(폐수무방류배출시설을 제외한다.)을 설치·운영하는 사업자에 대하여 규정에 의하여 조업정지를 명하여야 하는 경우로서 그 조업정지가 주민의 생활, 대외적인 신용·고용·물가 등 국민경제 그 밖에 공익에 현저한 지장을 초래할 우려가 있다고 인정되는 경우에는 조업정지처분에 갈음하여 매출액에 100분의 5를 곱한 금액을 초과하지 아니하는 범위에서 과징금을 부과할 수 있다.

79 폐수처리업자의 준수사항으로 (   ) 안에 맞는 내용은? (기준변경)

> 수탁한 폐수는 정당한 사유 없이 (   ) 이상 보관할 수 없다.

① 5일
② 10일
③ 20일
④ 30일

해설 [기준의 전면 개편으로 해당사항 없음]

수탁한 폐수는 정당한 사유 없이 10일 이상 보관할 수 없다.

80 위임업무 보고사항 중 분기별로 보고하여야 하는 것은?

① 배출업소 등에 의한 수질오염사고 발생 및 조치사항
② 폐수위탁·사업장 내 처리현황 및 처리실적
③ 폐수처리업에 대한 등록·지도단속실적 및 처리실적 현황
④ 배출업소의 지도·점검 및 행정처분실적

해설 위임업무 보고사항

업무내용	보고횟수	보고기일
배출업소 등에 의한 수질오염사고 발생 및 조치사항	수시	사고 발생 시
폐수위탁·사업장 내 처리현황 및 처리실적	연 1회	다음 해 1월 15일까지
폐수처리업에 대한 등록·지도단속실적 및 처리실적 현황	연 2회	매반기 종료 후 15일 이내
배출업소의 지도·점검 및 행정처분실적	연 4회	매분기 종료 후 15일 이내

SECTION 01 수질오염개론

01 정체된 하천수역이나 호소에서 발생되는 부영양화 현상의 주원인물질은?

① 인
② 중금속
③ 용존산소
④ 유류성분

해설 부영양화 현상은 질소, 인 등 영양물질의 유입에 의하여 발생된다.

02 호수의 성층현상에 관한 설명으로 알맞지 않은 것은?

① 겨울에는 호수 바닥의 물이 최대 밀도를 나타내게 된다.
② 봄이 되면 수직운동이 일어나 수질이 개선된다.
③ 여름에는 수직운동이 호수 상층에만 국한된다.
④ 수심에 따른 온도변화로 인해 발생되는 물의 밀도 차에 의해 일어난다.

해설 봄이 되면 얼음이 녹으면서 표수층의 수온이 올라가게 되는데 4℃가 되어 최대 밀도가 되면수직운동이 일어나 수질이 악화된다.

03 지하수의 특성에 관한 설명으로 틀린 것은?

① 토양수 내 유기물질 분해에 따른 CO_2의 발생과 약산성의 빗물로 인한 광물질의 침전으로 경도가 낮다.
② 기온의 영향이 거의 없어 연중 수온의 변동이 적다.
③ 하천수에 비하여 흐름이 완만하여 한번 오염된 후에는 회복되는 데 오랜 시간이 걸리며 자정작용이 느리다.
④ 토양의 여과작용으로 미생물이 적으며 탁도가 낮다.

해설 지하수는 공기의 용해도가 낮고, 알칼리도 및 경도의 함량이 높다.

04 1차 반응에서 반응 초기의 농도가 100mg/L이고, 반응 4시간 후에 10mg/L로 감소되었다. 반응 3시간 후의 농도는(mg/L)?

① 10.8
② 14.9
③ 17.8
④ 22.3

해설 1차 반응식을 이용한다.

$$\ln\frac{C_t}{C_o} = -K \cdot t$$

$$\ln\frac{10}{100} = -K \cdot 4hr$$

$$K = 0.5756(hr^{-1})$$

$$\therefore \ln\frac{C_t}{100} = \frac{-0.5756}{hr}\bigg|3hr$$

$$\therefore C_t = 100 \times e^{-0.5756 \times 3} = 17.79(mg/L)$$

05 Whipple의 하천자정단계 중 수중에 DO가 거의 없어 혐기성 Bacteria가 번식하며, CH_4, NH_4^+-N 농도가 증가하는 지대는?

① 분해지대
② 활발한 분해지대
③ 발효지대
④ 회복지대

06 산성 강우의 주요 원인물질로 가장 거리가 먼 것은?

① 황산화물
② 염화불화탄소
③ 질소산화물
④ 염소화합물

해설 산성 강우의 주요 원인물질은 황산화물, 질소산화물, 염소화합물이며, 염화불화탄소는 온실가스이다.

07 환경공학 실무와 관련하여 수중의 질소농도 분석과 가장 관계가 적은 것은?

① 소독
② 호기성 생물학적 처리
③ 하천의 오염 제어계획
④ 폐수처리에서의 산, 알칼리 주입량 산출

08 PCB에 관한 설명으로 알맞은 것은?

① 산, 알칼리, 물과 격렬히 반응하여 수소를 발생시킨다.

② 만성질환증상으로 카네미유증이 대표적이다.

③ 화학적으로 불안정하며 반응성이 크다.

④ 유기용제에 난용성이므로 절연제로 활용된다.

해설 PCB는 화학적으로 불활성이고, 산·알칼리·물과 반응하지 않으며, 물에는 난용성이나 유기용제에 잘 녹는다. 저염소화합물을 제외한 대부분은 불연성이며, 박막상에서도 건조하지 않는다. 고온에서도 대부분의 금속·합금을 부식시키지 않고, 내열성·절연성이 좋은 특징을 가지고 있다.

09 0.01N 약산이 2% 해리되어 있을 때 이 수용액의 pH는?

① 3.1   ② 3.4

③ 3.7   ④ 3.9

해설
$$CH_3COOH \rightarrow CH_3COO^- + H^+$$

해리 전   0.01N   0N   0N

해리 후 0.01N×0.98   0.01N×0.02   0.01N×0.02

$$pH = \log \frac{1}{[H^+]} = \log \frac{1}{0.01 \times 0.02} = 3.7$$

10 생물학적 폐수처리 시의 대표적인 미생물인 호기성 Bacteria의 경험적 분자식을 나타낸 것은?

① $C_2H_5O_3N$ ② $C_2H_7O_5N$

③ $C_5H_7O_2N$ ④ $C_5H_9O_3N$

해설 박테리아(세균)의 경험적 분자식은 $C_5H_7O_2N$이고, 조류의 경험적 분자식은 $C_5H_8O_2N$이다.

11 수질오염지표로 대장균을 사용하는 이유로 알맞지 않은 것은?

① 검출이 쉽고 분석하기가 용이하다.

② 대장균이 병원균보다 저항력이 강하다.

③ 동물의 배설물 중에서 대체적으로 발견된다.

④ 소독에 대한 저항력이 바이러스보다 강하다.

해설 분변성 오염을 나타낼 때 사용되는 지표미생물(대장균군)은 병원균보다 저항력이 강하고 바이러스보다 약해야 한다.

12 활성슬러지나 살수여상 등에서 잘 나타나는 Vorticella가 속하는 분류는?

① 조류(Algae)

② 균류(Fungi)

③ 후생동물(Metazoa)

④ 원생동물(Protozoa)

해설 Vorticella는 활성슬러지가 양호할 때 나타나는 미생물로 원생동물(protozoa)로 분류된다.

13 생물학적 질화반응 중 아질산화에 관한 설명으로 틀린 것은?

① 관련 미생물 : 독립영양성 세균

② 알칼리도 : $NH_4^+ - N$ 산화에 알칼리도 필요

③ 산소 : $NH_4^+ - N$ 산화에 O_2 필요

④ 증식속도 : $g \ NH_4^+ - N/g \ MSVSS \cdot hr$

해설 암모니아의 아질산화 증식속도는 $g \ VSS/g \ NH_4 - N$로 표시한다.

14 농업용수 수질의 척도인 SAR을 구할 때 포함되지 않는 항목은?

① Ca   ② Mg

③ Na   ④ Mn

해설
$$SAR = \frac{Na^+}{\sqrt{\dfrac{Ca^{2+} + Mg^{2+}}{2}}} \ 이므로$$

Na^+, Ca^{2+}, Mg^{2+}이 포함된다.

15 탈산소계수가 $0.1 day^{-1}$인 오염물질의 BOD_5가 800 mg/L이라면 4일 BOD(mg/L)는?(단, 상용대수 적용)

① 653   ② 658

③ 704   ④ 732

해설
$$BOD_5 = BOD_u (1 - 10^{-K_1 \cdot t})$$
$$800 = BOD_u (1 - 10^{-0.1 \times 5})$$
$$BOD_u = 1,169.98 (mg/L)$$
$$BOD_4 = 1,169.98 \times (1 - 10^{-0.1 \times 4})$$
$$= 704.20 (mg/L)$$

16 다음 설명에 해당하는 기체 법칙은?

> 공기와 같은 혼합기체 속에서 각 성분 기체는 서로 독립적으로 압력을 나타낸다. 각 기체의 부분압력은 혼합물 속에서 그 기체의 양(부피 퍼센트)에 비례한다. 바꾸어 말하면 그 기체가 혼합기체의 전체 부피를 단독으로 차지하고 있을 때에 나타내는 압력과 같다.

① Dalton의 부분압력법칙
② Henry의 부분압력법칙
③ Avogadro의 부분압력법칙
④ Boyle의 부분압력법칙

17 다음과 같은 용액을 만들었을 때 몰 농도가 가장 큰 것은?(단, Na = 23, S = 32, Cl = 35.5)

① 3.5L 중 NaOH 150g
② 30mL 중 H_2SO_4 5.2g
③ 5L 중 NaCl 0.2kg
④ 100mL 중 HCl 5.5g

해설 각 항의 몰 M농도를 구해보면 다음과 같다.

① $X\left(\dfrac{mol}{L}\right) = \dfrac{150g}{3.5L}\left|\dfrac{1mol}{40g}\right. = 1.07(mol/L)$

② $X\left(\dfrac{mol}{L}\right) = \dfrac{5.2g}{30mL}\left|\dfrac{10^3mL}{1L}\right|\dfrac{1mol}{98g} = 1.77(mol/L)$

③ $X\left(\dfrac{mol}{L}\right) = \dfrac{0.2kg}{5L}\left|\dfrac{10^3g}{1kg}\right|\dfrac{1mol}{58.5g} = 0.68(mol/L)$

④ $X\left(\dfrac{mol}{L}\right) = \dfrac{5.5g}{0.1L}\left|\dfrac{1mol}{36.5g}\right. = 1.51(mol/L)$

18 인축(人畜)의 배설물에서 일반적으로 발견되는 세균이 아닌 것은?

① Escherchia−Coli
② Salmonella
③ Acetobacter
④ Shigella

19 Formaldehyde(CH_2O)의 COD/TOC의 비는?

① 2.67
② 2.88
③ 3.37
④ 3.65

해설 $CH_2O + O_2 \rightarrow H_2O + CO_2$

1mol 기준   30g   32g

COD : 32g

TOC : 12g

따라서 TOC/COD=32/12=약 2.67

20 수자원 종류에 대해 기술한 것으로 틀린 것은?

① 지표수는 담수호, 염수호, 하천수 등으로 구성되어 있다.

② 호수 및 저수지의 수질 변화의 정도나 특성은 배수지역에 대한 호수의 크기, 호수의 모양, 바람에 의한 물의 운동 등에 의해서 결정된다.

③ 천수는 증류수 모양으로 형성되며 통상 25℃, 1기압 대기와 평형상태인 증류수의 이론적인 pH는 7.2이다.

④ 천층수에서 유기물은 미생물의 호기성 활동에 의해 분해되고, 심층수에서 유기물 분해는 혐기성 상태하에서 환원작용이 지배적이다.

해설 빗물이 대부분인 천수는 자연수 중에서 가장 깨끗한 수자원이나 지구상의 여러 불순물이 함유되어 있으며 특히 약산성을 띠거나 산성비 등을 형성하기도 한다.

SECTION **02**   수질오염방지기술

21 부피가 1,000m³인 탱크에서 평균속도 경사(G)를 30s⁻¹로 유지하기 위해 필요한 이론적 소요동력(W)은?(단, 물의 점성계수($\mu = 1.139 \times 10^{-3}$ N · s/m²)

① 1,025
② 1,250
③ 1,425
④ 1,650

해설 $G = \sqrt{\dfrac{P}{\mu \cdot \forall}}$

$P = G^2 \cdot \mu \cdot \forall = \dfrac{30^2}{\sec^2}\left|\dfrac{1.139 \times 10^{-3} N \cdot \sec}{m^2}\right|\dfrac{1,000m^3}{}$

$= 1,025.1(\text{watt})$

22 무기성 유해물질을 함유한 폐수 배출업종이 아닌 것은?

① 전기도금업
② 염색공업
③ 알칼리세정시설업
④ 유지제조업

23 1,000mg/L의 SS를 함유하는 폐수가 있다. 90%의 SS 제거를 위한 침강속도는 10mm/min 이었다. 폐수의 양이 14,400m³/day일 경우 SS 90% 제거를 위해 요구되는 침전지의 최소 수면적(m²)은?

① 900
② 1,000
③ 1,200
④ 1,500

해설 설계 수면적 부하＝침강속도

$$V_o = \frac{Q}{A_a} \Rightarrow 10(mm/min) = \frac{14,400m^3/day}{A}$$

$$A = \frac{14,400m^3}{day} \left| \frac{min}{10mm} \right| \frac{1day}{1,440min} \left| \frac{10^3mm}{1m} \right. = 1,000(m^2)$$

24 혐기성 처리에서 용해성 COD 1kg이 제거되어 0.15kg은 혐기성 미생물로 성장하고 0.85kg은 메탄가스로 전환된다면 용해성 COD 100kg의 이론인 메탄 생성량(m³)은?(단, 용해성 COD는 모두 BDCOD이며 메탄 생성률은 0.35m³/kg COD)

① 약 16.2
② 약 29.8
③ 약 36.1
④ 약 41.8

해설 $CH_4(m^3)$＝COD의 메탄가스 전환계수×BDCOD
$$= 0.35m^3/kg \cdot COD \times 0.85 \times 100kg$$
$$= 29.75(m^3)$$

25 하수처리를 위한 심층포기법에 관한 설명으로 틀린 것은?

① 산기수심을 깊게 할수록 단위 송풍량당 압축동력이 커져 송풍량에 따른 소비동력이 증가한다.
② 수심은 10m 정도로 하며, 형상은 직사각형으로 하고, 폭은 수심에 대해 1배 정도로 한다.
③ 포기조를 설치하기 위해서 필요한 단위 용량당 용지면적은 조의 수심에 비례해서 감소하므로 용지

이용률이 높다.
④ 산기수심이 깊을수록 용존질소농도가 증가하여 2차침전지에서 과포화분의 질소가 재기포화되는 경우가 있다.

해설 심층포기조는 산기수심을 깊게 할수록 단위 송풍량당 압축동력은 증대하지만, 산소용해력 증대에 따라 송풍량이 감소하기 때문에 소비동력은 증가하지 않는다.

26 생물학적 처리에서 질산화와 탈질에 대한 내용으로 틀린 것은?(단, 부유성장 공정기준)

① 질산화 박테리아는 종속영양 박테리아보다 성장속도가 느리다.
② 부유성장 질산화 공정에서 질산화를 위해서는 최소 2.0mg/L 이상의 DO농도를 유지하여야 한다.
③ Nitrosomonas와 Nitrobacter는 질산화시키는 미생물로 알려져 있다.
④ 질산화는 유입수의 BOD5/TKN 비가 클수록 잘 일어난다.

해설 질산화 미생물은 독립영양미생물로 종속영양미생물보다 성장속도가 더디기 때문에 질산화 미생물을 위해서는 비교적 긴 체류시간이 요구된다.

27 슬러지 반송률이 50%이고 반송슬러지 농도가 9,000mg/L일 때 포기조의 MLSS농도(mg/L)는?

① 2,300
② 2,500
③ 2,700
④ 3,000

해설

$$R = \frac{X}{X_r - X}$$

$$0.5 = \frac{X}{9,000 - X}, \ X = 3,000(mg/L)$$

28 살수여상법에서 연못화(ponding) 현상의 원인이 아닌 것은?

① 여재가 불균일할 때
② 용존산소가 부족할 때
③ 미처리 고형물이 대량 유입할 때
④ 유기물부하율이 너무 높을 때

해설 연못화(ponding) 현상의 원인
  ㉠ 여재의 크기가 균일하지 않거나 너무 작을 때
  ㉡ 여재가 파괴되었을 때
  ㉢ 유기물의 부하량이 과도할 때
  ㉣ 미처리된 고형물이 대량 유입될 때

29 슬러지 함수율이 95%에서 90%로 낮아지면 전체 슬러지의 감소된 부피의 비(%)는?(단, 탈수 전후의 슬러지 비중 = 1.0)

① 15 　　　　　　　② 25
③ 50 　　　　　　　④ 75

해설 $V_1(1-W_1) = V_2(1-W_2)$
$100(1-0.95) = V_2(1-0.9)$
$\therefore V_2 = 50m^3$
$\therefore \dfrac{V_2}{V_1} = \dfrac{50}{100} \times 100 = 50(\%)$

30 정수처리 단위공정 중 오존(O_3) 처리법의 장점이 아닌 것은?

① 소독부산물의 생성을 유발하는 각종 전구물질에 대한 처리효율이 높다.
② 오존은 자체의 높은 산화력으로 염소에 비하여 높은 살균력을 가지고 있다.
③ 전염소처리를 할 경우, 염소와 반응하여 잔류염소를 증가시킨다.
④ 철, 망간의 산화능력이 크다.

해설 오존처리 시 전염소처리를 할 경우 염소와 반응하여 잔류염소는 감소한다.

31 염소소독에서 염소의 거동에 대한 내용으로 틀린 것은?

① pH 5 또는 그 이하에서 대부분의 염소는 HOCl 형태이다.
② HOCl은 암모니아와 반응하여 클로라민을 생성한다.
③ HOCl은 매우 강한 소독제로 OCl^- 보다 약 80배 정도 더 강하다.
④ 트리클로라민(NCl_3)은 매우 안정하여 잔류산화력을 유지한다.

해설 염소소독 시 살균력이 강한 순서
$HOCl > OCl^- > Chloramine$ 순이다.

32 유량 300m³/day, BOD 200mg/L인 폐수를 활성슬러지법으로 처리하고자 할 때 포기조의 용량(m³)은?(단, BOD용적부하 $0.2kg/m^3 \cdot day$)

① 150 　　　　　　　② 200
③ 250 　　　　　　　④ 300

해설
$$BOD\cdot용적부하 = \frac{BOD \cdot Q}{\forall}$$
$$\forall = \frac{BOD \cdot Q}{BOD\cdot용적부하}$$
$$= \frac{200mg}{L} \left| \frac{g}{10^3mg} \right| \frac{kg}{10^3g} \left| \frac{10^3L}{m^3} \right| \frac{300m^3}{day} \left| \frac{m^3 \cdot day}{0.2kg} \right.$$
$$= 300(m^3)$$

33 활성슬러지 변법인 장기포기법에 관한 내용으로 틀린 것은?

① SRT를 길게 유지하는 동시에 MLSS농도를 낮게 유지하여 처리하는 방법이다.
② 활성슬러지가 자산화되기 때문에 잉여슬러지의 발생량은 표준활성슬러지법에 비해 적다.
③ 과잉 포기로 인하여 슬러지가 분산이 야기 되었거나 슬러지의 활성도가 저하되는 경우가 있다.
④ 질산화가 진행되면서 pH는 저하된다.

해설 장기포기공법은 PFR 반응조에 HRT와 SRT를 길게 유지하고 동시에 MLSS 농도를 높게 유지시키며, 미생물은 내생성 장단계를 이용하는 공법이다.

34 고형물 상관관계에 대한 표현으로 틀린 것은?

① TS = VS + FS
② TSS = VSS + FSS
③ VS = VSS + VDS
④ VSS = FSS + FDS

해설 VSS = TSS - FSS

35 살수여상을 저속, 중속, 고속 및 초고속 등으로 분류하는 기준은?

① 재순환 횟수
② 살수간격
③ 수리학적 부하
④ 여재의 종류

36 다음 설명에 적합한 반응기의 종류는?

> • 유체의 유입 및 배출 흐름은 없다.
> • 액상 내용물은 완전혼합된다.
> • BOD실험 중 부란병에서 발생하는 반응과 같다.

① 연속흐름완전혼합반응기
② 플러그흐름반응기
③ 임의흐름반응기
④ 완전혼합회분식반응기

37 침전지 유입 폐수량 400m³/day, 폐수 SS 500mg/L, SS제거효율 90%일 때 발생되는 슬러지의 양(m³/day)은?(단, 슬러지의 비중 1.0, 슬러지의 함수율 97%, 유입폐수 SS만 고려, 생물학적 분해는 고려하지 않음)

① 약 6   ② 약 10
③ 약 14   ④ 약 20

해설
$$SL\left(\frac{m^3}{day}\right) = \frac{400m^3}{day}\left|\frac{50mg \cdot TS}{L}\right|\frac{90}{100}\left|\frac{10^3L}{1m^3}\right|\frac{1kg}{10^6mg}$$
$$\left|\frac{100 \cdot SL}{(100-97) \cdot TS}\right|\frac{m^3}{1,000kg} = 6(m^3/day)$$

38 8kg glucose($C_6H_{12}O_6$)로부터 이론적으로 발생 가능한 CH_4가스의 양(L)은?(단, 표준상태, 혐기성 분해 기준)

① 약 1,500   ② 약 2,000
③ 약 2,500   ④ 약 3,000

해설
$$C_6H_{12}O_6 \rightarrow 3CO_2 + 3CH_4$$
$$180g \quad : \quad 3 \times 22.4L$$
$$8,000g \quad : \quad XL$$
$$X = 2,986.67(L) ≒ 3,000(L)$$

39 수은 함유 폐수를 처리하는 공법으로 가장 거리가 먼 것은?

① 황화물 침전법
② 아말감법
③ 알칼리 환원법
④ 이온교환법

해설 수은 함유 폐수 처리공법
㉠ 황화물 침전법
㉡ 이온교환법
㉢ 흡착법
㉣ 아말감법

40 폐수처리장에서 방류된 처리수를 산화지에서 재처리하여 최종 방류하고자 한다. 낮 동안 산화지 내의 DO 농도가 15mg/L로 포화농도보다 높게 측정되었다면 그 이유는?

① 산화지의 산소흡수계수가 높기 때문
② 산화지에서 조류의 탄소동화작용
③ 폐수처리장의 과포기
④ 산화지 수심의 온도차

SECTION 03 수질오염공정시험기준

41 생물화학적 산소요구량(BOD)의 측정 방법에 관한 설명으로 틀린 것은?

① 시료를 20℃에서 5일간 저장하여 두었을 때 시료 중의 호기성 미생물의 증식과 호흡작용에 의하여 소비되는 용존산소의 양으로부터 측정하는 방법이다.
② 산성 또는 알칼리성 시료의 pH 조절 시 시료에 참가하는 산 또는 알칼리의 양이 시료량의 1.0%가 넘지 않도록 하여야 한다.
③ 시료는 시험하기 바로 전에 온도를 (20±1)℃로 조정한다.
④ 잔류염소를 함유한 시료는 Na_2SO_3 용액을 넣어 제거한다.

해설 pH가 6.5~8.5의 범위를 벗어나는 산성 또는 알칼리성 시료는 염산용액(1M) 또는 수산화나트륨용액 (1M)으로 시료를 중화하여 pH 7~7.2로 맞춘다. 다만 이때 넣어주는 염산 또는 수산화나트륨의 양이 시료량의 0.5%가 넘지 않도록 하여야 한다. pH가 조정된 시료는 반드시 식종을 실시한다.

42 수질오염공정시험기준상 원자흡수분광광도법으로 측정하지 않는 항목은?

① 불소　　　　② 철
③ 망간　　　　④ 구리

해설 불소화합물 적용 가능한 시험방법
㉠ 자외선/가시선 분광법
㉡ 이온전극법
㉢ 이온크로마토그래피

43 하수의 DO를 윙클러 – 아지드변법으로 측정한 결과 0.025M – Na₂S₂O₃의 소비량은 4.1mL였고, 측정병 용량은 304mL, 검수량은 100mL, 그리고 측정병에 가한 시액량은 4mL였을 때 DO농도(mg/L)는?(단, 0.025M – Na₂S₂O₃의 역가 = 1,000)

① 약 4.3　　　② 약 6.3
③ 약 8.3　　　④ 약 9.3

해설
$$DO(mg/L) = a \times f \times \frac{V_1}{V_2} \times \frac{1,000}{V_1 - R} \times 0.2$$
$$= 4.2 \times 1.0 \times \frac{304}{100} \times \frac{1,000}{304-4} \times 0.2$$
$$= 8.31(mg/L)$$

44 카드뮴 측정원리(자외선/가시선 분광법 : 디티존법)에 관한 내용으로 ( )에 공통으로 들어가는 내용은?

카드뮴 이온을 ( )이 존재하는 알칼리성에서 디티존과 반응시켜 생성하는 카드뮴 착염을 사염화탄소로 추출하고, 추출한 카드뮴 착염을 주석산 용액으로 역추출한 다음 수산화나트륨과 ( )을 넣어 디티존과 반응하여 생성하는 적색의 카드뮴 착염을 사염화탄소로 추출하고 그 흡광도를 530nm에서 측정하는 방법이다.

① 시안화칼륨　　② 염화제일주석산
③ 분말아연　　　④ 황화나트륨

해설 카드뮴이온을 시안화칼륨이 존재하는 알칼리성에서 디티존과 반응시켜 생성하는 카드뮴 착염을 사염화탄소로 추출하고, 추출한 카드뮴 착염을 타타르산용액으로 역추출한 다음 다시 수산화나트륨과 시안화칼륨을 넣어 디티존과 반응하여 생성하는 적색의 카드뮴 착염을 사염화탄소로 추출하고 그 흡광도를 530nm에서 측정하는 방법이다.

45 페놀류 측정에 관한 설명으로 틀린 것은?(단, 자외선/가시선분광법 기준)

① 붉은색의 안티피린계 색소의 흡광도를 측정하는 방법으로 수용액에서는 510nm에서 측정한다.
② 붉은색의 안티피린계 색소의 흡광도를 측정하는 방법으로 클로로폼 용액에서는 460nm에서 측정한다.
③ 추출법일 때 정량한계는 0.5mg/L이다.
④ 직접법일 때 정량한계는 0.05mg/L이다.

해설 추출법일 때 정량한계는 0.005mg/L이다.

46 디티존법으로 측정할 수 있는 물질로만 구성된 것은?

① Cd, Pb, Hg　　② As, Fe, Mn
③ Cd, Mn, Pb　　④ As, Ni, Hg

해설 디티존법으로 측정할 수 있는 물질은 납, 크롬, 수은이다.

47 측정 시료 채취 시 반드시 유리용기를 사용해야 하는 측정항목은?

① PCB　　　　② 불소
③ 시안　　　　④ 셀레늄

48 시안 분석을 위하여 채취한 시료의 보존방법에 관한 내용으로 틀린 것은?

① 잔류염소가 공존할 경우 시료 1L당 아스코르빈산 1g을 첨가한다.
② 산화제가 공존할 경우에는 시안을 파괴할 수 있으므로 채수 즉시 황산암모늄철을 시료 1L당 0.6g 첨가한다.
③ NaOH로 pH 12 이상으로 하여 4℃에서 보관한다.
④ 최대 보존 기간은 14일 정도이다.

해설 시안 분석용 시료에 잔류염소가 공존할 경우 시료 1L당 아스코빈산 1g을 첨가하고, 산화제가 공존할 경우에는 시안을 파괴할 수 있으므로 채수 즉시 이산화비소산나트륨 또는 티오황산나트륨을 시료 1L당 0.6g을 첨가한다.

49 자외선/가시선분광법에 사용되는 흡수셀에 대한 설명으로 틀린 것은?

① 흡수셀의 길이를 지정하지 않았을 때는 10 mm셀을 사용한다.
② 시료액의 흡수파장이 약 370nm 이상일 때는 석영셀 또는 경질유리셀을 사용한다.
③ 시료액의 흡수파장이 약 370nm 이하일 때는 석영셀을 사용한다.
④ 대조셀에는 따로 규정이 없는 한 원시료를 셀의 6부까지 채워 측정한다.

해설 대조셀에는 따로 규정이 없는 한 증류수를 넣는다.

50 COD 분석을 위해 0.02M − KMnO₄용액 2.5L을 만들려고 할 때 필요한 KMnO₄의 양(g)은?(단, KMnO₄ 분자량 = 158)

① 6.2 ② 7.9
③ 8.5 ④ 9.7

해설 $KMnO_4(g) = \dfrac{0.02mol}{L} \left| \dfrac{2.5L}{} \right| \dfrac{158g}{1mol} = 7.9(g)$

51 노말헥산 추출물질을 측정할 때 지시약으로 사용되는 것은?

① 메틸레드
② 페놀프탈레인
③ 메틸오렌지
④ 전분용액

해설 시료 적당량(노말헥산 추출물질로서 5~200 mg 해당량)을 분별깔때기에 넣고 메틸오렌지용액(0.1%) 2~3방울을 넣고 황색이 적색으로 변할 때까지 염산(1 + 1)을 넣어 시료의 pH를 4 이하로 조절한다.

52 시안화합물을 함유하는 폐수의 보존방법으로 옳은 것은?

① NaOH 용액으로 pH를 9 이상으로 조절하여 4℃에서 보관한다.
② NaOH 용액으로 pH를 12 이상으로 조절하여 4℃에서 보관한다.
③ H₂SO₄ 용액으로 pH를 4 이하로 조절하여 4℃에서 보관한다.
④ H₂SO₄ 용액으로 pH를 2 이하로 조절하여 4℃에서 보관한다.

해설 시안화합물을 함유하는 폐수의 보존방법 4℃ 보관, NaOH로 pH 12 이상에서 보관한다.

53 총질소의 측정방법으로 틀린 것은?

① 염화제일주석환원법
② 카드뮴환원법
③ 환원증류 − 킬달법(합산법)
④ 자외선/가시선분광법

해설 총질소 실험방법
자외선/가시선 분광법(산화법), 자외선/가시선 분광법(카드뮴 · 구리 환원법), 자외선/가시선 분광법(환원증류 · 킬달법), 연속흐름법

54 농도 표시에 관한 설명으로 틀린 것은?

① 십억분율을 표시할 때는 $\mu g/L$, ppb의 기호로 쓴다.
② 천분율을 표시할 때는 g/L, ‰의 기호로 쓴다.
③ 용액의 농도를 %로만 표시할 때는 V/V%, W/W%를 나타낸다.
④ 용액 100g 중 성분용량(mL)을 표시할 때는 V/W%의 기호로 쓴다.

해설 용액의 농도를 "%"로만 표시할 때는 W/V%를 의미한다.

55 원자흡수분광광도법에 관한 설명으로 ( )에 옳은 내용은?

> 시험방법은 시료를 적당한 방법으로 해리시켜 중성원자로 증기화하여 생긴 (㉠)의 원자가 이 원자 증기층을 투과하는 특유파장의 빛을 흡수하는 현상을 이용하여 (㉡)과(와) 같은 개개의 특유 파장에 대한 흡광도를 측정한다.

① ㉠ 여기상태, ㉡ 근접선
② ㉠ 여기상태, ㉡ 원자흡광
③ ㉠ 바닥상태, ㉡ 공명선
④ ㉠ 바닥상태, ㉡ 광전측광

해설 시험방법은 시료를 적당한 방법으로 해리시켜 중성원자로 증기화하여 생긴 바닥상태의 원자가 이 원자 증기층을 투과하는 특유파장의 빛을 흡수하는 현상을 이용하여 광전측광과 같은 개개의 특유파장에 대한 흡광도를 측정한다.

56 수질오염공정시험기준에서 사용하는 용어에 관한 설명으로 틀린 것은?

① '정확히 취하여'라 하는 것은 규정한 양의 검체 또는 시액을 홀피펫으로 눈금까지 취하는 것을 말한다.
② '냄새가 없다'라고 기재한 것은 냄새가 없거나 또는 거의 없는 것을 표시하는 것이다.
③ '온수'는 60~70℃를 말한다.
④ '감압 또는 진공'이라 함은 따로 규정이 없는 한 15mmH$_2$O 이하를 말한다.

해설 "감압 또는 진공"이라 함은 따로 규정이 없는 한 15mmHg 이하를 뜻한다.

57 물벼룩을 이용한 급성 독성 시험법에서 적용되는 용어인 '치사'의 정의에 대한 설명으로 ( )에 옳은 것은?

> 일정 비율로 준비된 시료에 물벼룩을 투입하여 (㉠)시간 경과 후 시험 용기를 살며시 움직여주고, (㉡)초 후 관찰했을 때 아무 반응이 없는 경우 치사로 판정한다.

① ㉠ 12, ㉡ 15
② ㉠ 12, ㉡ 30
③ ㉠ 24, ㉡ 15
④ ㉠ 24, ㉡ 30

해설 일정 비율로 준비된 시료에 물벼룩을 투입하고 24시간 경과 후 시험용기를 살며시 움직여주고, 15초 후 관찰했을 때 아무 반응이 없는 경우 '치사'라 판정한다.

58 기체크로마토그래피법으로 분석할 수 있는 항목은?

① 수은
② 총질소
③ 알킬수은
④ 아연

해설 알킬수은 적용 가능한 시험방법
㉠ 기체크로마토그래피
㉡ 원자흡수분광광도법

59 웨어(Weir)를 이용한 유량측정방법 중에서 웨어의 판재료는 몇 mm 이상의 두께를 가진 철판이어야 하는가?

① 1 ② 2
③ 3 ④ 5

해설 웨어판의 재료는 3mm 이상의 두께를 갖는 내구성이 강한 철판으로 한다.

60 검정곡선 작성용 표준용액과 시료에 동일한 양의 내부표준물질을 첨가하여 시험분석 절차, 기기 또는 시스템의 변동으로 발생하는 오차를 보정하기 위해 사용하는 방법은?

① 검정곡선법
② 표준물첨가법
③ 내부표준법
④ 절대검량선법

해설 내부표준법(Internal Standard Calibration)
검정곡선 작성용 표준용액과 시료에 동일한 양의 내부표준물질을 첨가하여 시험분석 절차, 기기 또는 시스템의 변동으로 발생하는 오차를 보정하기 위해 사용하는 방법이다.

61 초과배출부과금 부과대상 수질오염물질의 종류로 맞는 것은?

① 매립지 침출수, 유기물질, 시안화합물
② 유기물질, 부유물질, 유기인화합물
③ 6가크롬, 페놀류, 다이옥신
④ 총질소, 총인, BOD

해설 초과배출부과금 부과대상 수질오염물질의 종류
ㄱ 유기물질　　　　　 ㄴ 부유물질
ㄷ 카드뮴 및 그 화합물　 ㄹ 시안화합물
ㅁ 유기인화합물　　　　 ㅂ 납 및 그 화합물
ㅅ 6가크롬화합물　　　 ㅇ 비소 및 그 화합물
ㅈ 수은 및 그 화합물　　 ㅊ 폴리염화비페닐
ㅋ 구리 및 그 화합물　　 ㅌ 크롬 및 그 화합물
ㅍ 페놀류　　　　　　 ㅎ 트리클로로에틸렌
㉮ 테트라클로로에틸렌　 ㉯ 망간 및 그 화합물
㉰ 아연 및 그 화합물　　 ㉱ 총 질소
㉲ 총 인

62 유역환경청장은 대권역별로 대권역 물환경관리계획을 몇 년마다 수립하여야 하는가?

① 3년　　　　　 ② 5년
③ 7년　　　　　 ④ 10년

해설 유역환경청장은 국가 물환경관리기본계획에 따라 대권역별로 대권역 물환경관리계획(이하 "대권역계획"이라 한다)을 10년마다 수립하여야 한다.

63 수질오염방지시설 중 화학적 처리시설인 것은?

① 혼합시설　　　　 ② 폭기시설
③ 응집시설　　　　 ④ 살균시설

64 용어 정의 중 잘못 기술된 것은?

① '폐수'란 물에 액체성 또는 고체성의 수질오염 물질이 섞여 있어 그대로는 사용할 수 없는 물을 말한다.
② '수질오염물질'이란 수질오염의 요인이 되는 물질로서 환경부령으로 정하는 것을 말한다.

③ '기타 수질오염원'이란 점오염원 및 비점오염원으로 관리되지 아니하는 수질오염물질을 배출하는 시설 또는 장소로서 환경부령이 정하는 것을 말한다.
④ '수질오염방지시설'이란 공공수역으로 배출되는 수질오염물질을 제거하거나 감소시키는 시설로서 환경부령으로 정하는 것을 말한다.

해설 "수질오염방지시설"이란 점오염원, 비점오염원 및 기타 수질오염원으로부터 배출되는 수질오염물질을 제거하거나 감소하게 하는 시설로서 환경부령으로 정하는 것을 말한다.

65 특정수질 유해물질이 아닌 것은?

① 시안화합물
② 구리 및 그 화합물
③ 불소화합물
④ 유기인 화합물

66 공공수역에서 환경부령이 정하는 수로에 해당되지 않는 것은?

① 지하수로　　　　 ② 농업용 수로
③ 상수관로　　　　 ④ 운하

해설 환경부령이 정하는 수로
ㄱ 지하수로　　　 ㄴ 농업용 수로
ㄷ 하수관로　　　 ㄹ 운하

67 오염물질이 배출허용기준을 초과한 경우에 오염물질 배출량과 배출농도 등에 따라 부과하는 금액은?

① 기본부과금
② 종별부과금
③ 배출부과금
④ 초과배출부과금

68 폐수처리업에 종사하는 기술요원의 교육기관은?

① 국립환경인력개발원
② 환경기술인협회
③ 환경보전협회
④ 환경기술연구원

해설 교육기관
㉠ 측정기기 관리대행업에 등록된 기술인력 및 폐수처리업에 종사하는 기술요원 : 국립환경인력개발원
㉡ 환경기술인 : 환경보전협회

69 공공폐수처리시설의 방류수 수질기준 중 총인의 배출허용기준으로 적절한 것은?(단, 2013년 1월 1일 이후 적용, Ⅰ지역 기준)
① 2mg/L 이하 　② 0.2mg/L 이하
③ 4mg/L 이하 　④ 0.5mg/L 이하

70 비점오염저감시설 중 장치형 시설이 아닌 것은?
① 침투형 시설
② 와류형 시설
③ 여과형 시설
④ 생물학적 처리형 시설

해설 비점오염저감시설 중 장치형 시설
㉠ 여과형 시설
㉡ 와류형 시설
㉢ 스크린형 시설
㉣ 응집·침전 처리형 시설
㉤ 생물학적 처리형 시설

71 대권역 물환경관리계획에 포함되어야 하는 사항과 가장 거리가 먼 것은?
① 상수원 및 물 이용현황
② 점오염원, 비점오염원 및 기타 수질오염원별 수질오염 저감시설 현황
③ 점오염원 비점오염원 및 기타 수질오염원의 분포현황
④ 점오염원 지점오염원 및 기타 수질오염원에서 배출되는 수질오염물질의 양

해설 대권역 계획에 포함되어야 할 사항
㉠ 물환경의 변화 추이 및 물환경목표기준
㉡ 상수원 및 물 이용현황
㉢ 점오염원, 비점오염원 및 기타 수질오염원의 분포현황
㉣ 점오염원, 비점오염원 및 기타 수질오염원에서 배출되는 수질오염물질의 양
㉤ 수질오염 예방 및 저감대책

㉥ 물환경 보전조치의 추진방향
㉦ 「저탄소 녹색성장 기본법」 따른 기후변화에 대한 적응대책
㉧ 그 밖에 환경부령으로 정하는 사항

72 기본부과금 산정 시 방류수 수질기준을 100% 초과한 사업자에 대한 부과계수는?
① 2.4 　② 2.6
③ 2.8 　④ 3.0

해설 방류수 수질기준 초과율별 부과계수

초과율	10% 미만	10% 이상 20% 미만	20% 이상 30% 미만	30% 이상 40% 미만
부과계수	1	1.2	1.4	1.6
초과율	50% 이상 60% 미만	60% 이상 70% 미만	70% 이상 80% 미만	80% 이상 90% 미만
부과계수	2.0	2.2	2.4	2.6

73 환경정책기본법령상 환경기준 중 수질 및 수생태계(해역)의 생활환경 기준항목으로 옳지 않은 것은?
① 용매 추출유분 　② 수소이온농도
③ 총대장균군 　④ 용존산소량

해설 수질 및 수생태계(해역)의 생활환경 기준항목
㉠ 수소이온농도
㉡ 총대장균군
㉢ 용매 추출유분

74 방지시설을 반드시 설치해야 하는 경우에 해당하더라도 대통령령이 정하는 기준에 해당되면 방지시설의 설치가 면제된다. 방지시설 설치의 면제기준에 해당되지 않는 것은?
① 배출시설의 기능 및 공정상 수질오염물질이 항상 배출허용기준 이하로 배출되는 경우
② 폐수처리업의 등록을 한 자 또는 환경부장관이 인정하여 고시하는 관계 전문기관에 환경부령이 정하는 폐수를 전량 위탁처리 하는 경우
③ 폐수무방류배출시설의 경우
④ 폐수를 전량 재이용하는 등 방지시설을 설치하지 아니하고도 수질오염물질을 적정하게 처리할 수 있는 경우로서 환경부령으로 정하는 경우

방지시설 설치의 면제기준

㉠ 배출시설의 기능 및 공정상 수질오염물질이 항상 배출허용기준 이하로 배출되는 경우
㉡ 폐수처리업의 등록을 한 자 또는 환경부장관이 인정하여 고시하는 관계 전문기관에 환경부령이 정하는 폐수를 전량 위탁처리하는 경우
㉢ 폐수를 전량 재이용하는 등 방지시설을 설치하지 아니하고도 수질오염물질을 적정하게 처리할 수 있는 경우로서 환경부령으로 정하는 경우

75 낚시제한구역 안에서 낚시를 하고자 하는 자는 낚시의 방법, 시기 등 환경부령이 정하는 사항을 준수하여야 한다. 이러한 규정에 의한 제한사항을 위반하여 낚시제한구역 안에서 낚시행위를 한 자에 대한 과태료 부과기준은?

① 30만원 이하의 과태료
② 50만원 이하의 과태료
③ 100만원 이하의 과태료
④ 300만원 이하의 과태료

76 비점오염 저감시설 중 "침투시설"의 설치기준에 관한 사항으로 ( )에 옳은 내용은?

> 침투시설 하층 토양의 침투율은 시간당 (㉠)이어야 하며, 동절기에 동결로 기능이 저하되지 아니하는 지역에 설치한다. 또한 지하수 오염을 방지하기 위하여 최고 지하수위 또는 기반암으로부터 수직으로 최소 (㉡)의 거리를 두도록 한다.

① ㉠ 5밀리미터 이상, ㉡ 0.5미터 이상
② ㉠ 5밀리미터 이상, ㉡ 1.2미터 이상
③ ㉠ 13밀리미터 이상, ㉡ 0.5미터 이상
④ ㉠ 13밀리미터 이상, ㉡ 1.2미터 이상

"침투시설"의 설치기준

㉠ 침전물(沈澱物)로 인하여 토양의 공극(孔隙)이 막히지 아니하는 구조로 설계한다.
㉡ 침투시설 하층 토양의 침투율은 시간당 13밀리미터 이상이어야 하며, 동절기에 동결로 기능이 저하되지 아니하는 지역에 설치한다.
㉢ 지하수 오염을 방지하기 위하여 최고 지하수위 또는 기반암으로부터 수직으로 최소 1.2미터 이상의 거리를 두도록 한다.

㉣ 침투도랑, 침투저류조는 초과유량의 우회시설을 설치한다.
㉤ 침투저류조 등은 비상시 배수를 위하여 암거 등 비상배수시설을 설치한다.

77 부과금 산정에 적용하는 일일유량을 구하기 위한 측정유량의 단위는?

① m^3/hr
② m^3/min
③ L/hr
④ L/min

78 환경정책기본법령상 환경기준 중 수질 및 수생태계 (하천)의 생활환경 기준으로 옳지 않은 것은?[단, 등급은 매우 나쁨(VI)]

① COD : 11mg/L 초과
② T−P : 0.5mg/L 초과
③ SS : 100mg/L 초과
④ BOD : 10mg/L 초과

79 발전소의 발전설비를 운영하는 사업자가 조업정지명령을 받을 경우 주민의 생활에 현저한 지장을 초래하여 조업 정지처분에 갈음하여 부과할 수 있는 과징금의 최대액수는? (기준변경)

① 1억 원
② 2억 원
③ 3억 원
④ 5억 원

[기준의 전면 개편으로 해당사항 없음]

환경부장관은 다음의 어느 하나에 해당하는 배출시설(폐수무방류배출시설을 제외한다.)을 설치·운영하는 사업자에 대하여 규정에 의하여 조업정지를 명하여야 하는 경우로서 그 조업정지가 주민의 생활, 대외적인 신용·고용·물가 등 국민경제 그 밖에 공익에 현저한 지장을 초래할 우려가 있다고 인정되는 경우에는 조업정지처분에 갈음하여 매출액에 100분의 5를 곱한 금액을 초과하지 아니하는 범위에서 과징금을 부과할 수 있다.

80 수질오염경보의 종류별 경보단계별 조치사항 중 조류경보의 단계가 [조류 대발생 경보]인 경우 취수장, 정수장 관리자의 조치사항으로 틀린 것은?

① 조류증식 수심 이하로 취수구 이동
② 취수구에 대한 조류 방어막 설치
③ 정수처리 강화(활성탄 처리, 오존 처리)
④ 정수의 독소분석 실시

해설 조류경보의 단계가 [조류 대발생 경보]인 경우 취수장, 정수장 관리자의 조치사항
㉠ 조류증식 수심 이하로 취수구 이동
㉡ 정수처리 강화(활성탄 처리, 오존 처리)
㉢ 정수의 독소분석 실시

SECTION 01 수질오염개론

01 해수의 특성에 관한 설명으로 옳지 않은 것은?

① 해수의 밀도는 $1.5 \sim 1.7 g/cm^3$ 정도로 수심이 깊을수록 밀도는 감소한다.

② 해수는 강전해질이다.

③ 해수의 Mg/Ca비는 $3 \sim 4$ 정도이다.

④ 염분은 적도해역보다 남북극의 양극해역에서 다소 낮다.

해설 해수의 밀도는 $1.02 \sim 1.07 g/cm^3$ 범위로서 수온, 염분, 수압의 함수이며 수심이 깊을수록 증가한다.

02 농도가 A인 기질을 제거하기 위하여 반응조를 설계하고자 한다. 요구되는 기질의 전환율이 90%일 경우 회분식 반응조의 체류시간(hr)은?(단, 기질의 반응은 1차 반응, 반응상수 $K = 0.35 hr^{-1}$)

① 6.6

② 8.6

③ 10.6

④ 12.6

해설
$$\ln \frac{C_t}{C_o} = -k \cdot t$$
$$\ln \frac{10}{100} = -0.35 \cdot t$$
$$t = 6.58 (hr)$$

03 다음 설명에 해당하는 하천 모델로 가장 적절한 것은?

- 하천 및 호수의 부영양화를 고려한 생태계 모델이다.
- 정적 및 동적인 하천의 수질, 수문학적 특성이 광범위하게 고려된다.
- 호수에는 수심별 1차원 모델이 적용된다.

① QUAL

② DO – SAG

③ WQRRS

④ WASP

해설 설명의 내용으로 맞는 하천 모델은 WQRRS이다.

04 소수성 콜로이드 입자가 전기를 띠고 있는 것을 조사하고자 할 때 다음 실험 중 가장 적합한 것은?

① 전해질을 소량 넣고 응집을 조사한다.

② 콜로이드 용액의 삼투압을 조사한다.

③ 한외현미경으로 입자의 Brown 운동을 관찰한다.

④ 콜로이드 입자에 강한 빛을 조사하여 틴달현상을 조사한다.

해설 소수성 콜로이드는 염에 아주 민감하므로, 소량의 염을 첨가하여도 응결, 침전된다.

05 시판되고 있는 액상 표백제는 8W/W(%) 하이포아염소산나트륨($NaOCl$)을 함유한다고 한다. 표백제 2,886mL 중 NaOCl의 무게(g)는?(단, 표백제의 비중 = 1.1)

① 254

② 264

③ 274

④ 284

해설
$$8\%(Wt) = \frac{NaOCl(g)}{표백액(g)} \times 100$$

여기서, 표백액$(g) = \dfrac{2,886mL}{} \left| \dfrac{1.1g}{mL} \right. = 3,174.6(g)$

$$\therefore 8\%(Wt) = \frac{NaOCl(g)}{3174.6(g)} \times 100$$
$$\therefore NaOCl = 254(g)$$

06 하천의 수질이 다음과 같을 때 이 물의 이온강도는?

$Ca^{2+} = 0.02M$, $Na^+ = 0.05M$, $Cl^- = 0.02M$

① 0.055

② 0.065

③ 0.075

④ 0.085

해설
$$\mu = \frac{1}{2} \sum_i C_i \cdot Z_i^2$$

여기서, C_i : 이온의 몰농도

Z_i : 이온의 전하

$$\therefore \mu = \frac{1}{2} [0.02 \times (+2)^2 + 0.05 \times (+1)^2 + 0.02 \times (-1)^2]$$
$$= 0.075$$

07 용존산소(DO)에 대한 설명으로 가장 거리가 먼 것은?

① DO는 염류농도가 높을수록 감소한다.

② DO는 수온이 높을수록 감소한다.

③ 조류의 광합성작용은 낮 동안 수중의 DO를 증가시킨다.

④ 아황산염, 아질산염 등의 무기화합물은 DO를 증가시킨다.

08 유기성 오수가 하천에 유입된 후 유하하면서 자정작용이 진행되어 가는 여러 상태를 그래프로 표시하였다. ①~⑥ 그래프가 각각 나타내는 것을 순서대로 나열한 것은?

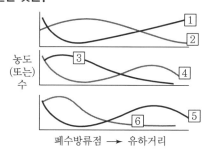

농도
(또는)
수

폐수방류점 ⟶ 유하거리

① BOD, DO, NO_3-N, NH_3-N, 조류, 박테리아

② BOD, DO, NH_3-N, NO_3-N, 박테리아, 조류

③ DO, BOD, NH_3-N, NO_3-N, 조류, 박테리아

④ DO, BOD, NO_3-N, NH_3-N, 박테리아, 조류

09 친수성 콜로이드(Colloid)의 특성에 관한 설명으로 옳지 않은 것은?

① 염에 대하여 큰 영향을 받지 않는다.

② 틴들효과가 현저하게 크고 점도는 분산매 보다 작다.

③ 다량의 염을 첨가하여야 응결 침전된다.

④ 존재 형태는 유탁(에멀션) 상태이다.

10 Ca^{2+}가 200mg/L일 때 몇 N농도인가?(단, 원자량 Ca = 40)

① 0.01

② 0.02

③ 0.5

④ 1.0

11 광합성에 영향을 미치는 인자로는 빛의 강도 및 파장, 온도, CO_2 농도 등이 있는데, 이들 요소별 변화에 따른 광합성의 변화를 설명한 것 중 틀린 것은?

① 광합성량은 빛의 광포화점에 이를 때까지 빛의 강도에 비례하여 증가한다.

② 광합성 식물은 390~760nm 범위의 가시광선을 광합성에 이용한다.

③ 5~25℃ 범위의 온도에서 10℃ 상승시킬 경우 광합성량은 약 2배로 증가된다.

④ CO_2 농도가 저농도일 때는 빛의 강도에 영향을 받지 않아 광합성량이 감소한다.

12 부영양호의 평가에 이용되는 영양상태지수에 대한 설명으로 옳은 것은?

① Shannon과 Brezonik 지수는 전도율, 총유기질소, 총인 및 클로로필－a를 수질변수로 선택하였다.

② Carlson 지수는 총유기질소, 클로로필－a 및 총인을 수질변수로 선택하였다.

③ Porcella 지수는 Carlson 지수 값을 일부 이용하였고 부영양호 회복방법의 실시 효과를 분석하는데 이용되는 지수이다.

④ Walker 지수는 총인을 근거로 만들었고 투명도를 기준으로 계산된 Carlson 지수를 보완한 지수로서 조류 외의 투명도에 영향을 주는 인자를 계산에 반영하였다.

13 주간에 연못이나 호수 등에 용존산소(DO)의 과포화 상태를 일으키는 미생물은?

① 비루스(Virus)

② 윤충(Rotifer)

③ 조류(Algae)

④ 박테리아(Bacteria)

14 물의 밀도가 가장 큰 값을 나타내는 온도는?

① $-10℃$

② $0℃$

③ $4℃$

④ $10℃$

해설 물의 밀도는 $4℃$에서 가장 큰 $1g/mL$ 값을 가지며, $4℃$보다 온도가 낮거나, 높아지면 밀도는 $1g/mL$ 이하가 된다.

15 0.05N의 약산인 초산이 16% 해리되어 있다면 이 수용액의 pH는?

① 2.1

② 2.3

③ 2.6

④ 2.9

해설

	CH_3COOH	$\rightarrow$	CH_3COO^-	$+$	H^+
해리 전	0.05M		0M		0M
해리 후	0.05×0.84M		0.05×0.16M		0.05×0.16M

$pH = \log\dfrac{1}{[H^+]} = \log\dfrac{1}{0.05 \times 0.16} = 2.1 = 2.7$

16 하천 상류에서 $BOD_u = 10mg/L$일 때 $2m/min$ 속도로 유하한 $20km$ 하류에서의 BOD(mg/L)는?(단, K_1(탈산소 계수, base = 상용대수) $= 0.1day^{-1}$, 유하도중에 재폭기나 다른 오염물질 유입은 없다.)

① 2

② 3

③ 4

④ 5

해설 BOD 잔류공식을 사용한다.

$BOD_t = BOD_u \times 10^{(-k_1 \times t)}$

유하한 시간 t를 구하면,

$$t(day) = \frac{20km}{} \left| \frac{min}{2m} \right| \frac{10^3 m}{1km} \left| \frac{1hr}{60min} \right| \frac{1day}{24hr}$$

$= 6.94day = 7day$

$\therefore BOD_t = BOD_u \times 10^{(-k_1 \times t)}$

$= 10 \times 10^{(-0.1 \times 7)}$

$= 1.9952 = 2(mg/L)$

17 수인성 전염병의 특징이 아닌 것은?

① 환자가 폭발적으로 발생한다.

② 성별, 연령별 구분 없이 발병한다.

③ 유행지역과 급수지역이 일치한다.

④ 잠복기가 길고 치사율과 2차 감염률이 높다.

해설 수인성 전염병은 치사율(사망률)과 2차 감염율이 낮다.

18 난용성 염의 용해이온과의 관계, $A_mB_n(aq) \rightleftharpoons mA^+(aq) + nB^-(aq)$에서 이온농도와 용해도적($K_{sp}$)과의 관계 중 과포화 상태로 침전이 생기는 상태를 옳게 나타낸 것은?

① $[A^+]^m[B^-]^n > K_{sp}$

② $[A^+]^m[B^-]^n = K_{sp}$

③ $[A^+]^m[B^-]^n < K_{sp}$

④ $[A^+]^n[B^-]^m < K_{sp}$

해설 용해도적과 이온적의 크기를 파악함으로써 침전성향을 결정할 수 있다.

여기서, $Q = [A^+]^m[B^-]^n$

$Q < K_{sp}$: 불포화 상태, $Q = K_{sp}$가 될 때까지 용해된다.

$Q = K_{sp}$: 평형 상태로서 포화용액이 된다.

$Q > K_{sp}$: 과포화 상태, $Q = K_{sp}$가 될 때까지 침전이 계속된다.

19 우리나라의 수자원 이용현황 중 가장 많은 양이 사용되고 있는 용수는?

① 생활용수

② 공업용수

③ 하천유지용수

④ 농업용수

해설 우리나라에서는 농업용수의 이용률이 가장 높고, 그 다음은 발전 및 하천유지용수, 생활용수, 공업용 수순이다.

20 음용수를 염소 소독할 때 살균력이 강한 것부터 순서대로 옳게 배열된 것은?(단, 강함 > 약함)

| ㉠ HOCl | ㉡ OCl⁻ | ㉢ Chloramine |

① ㉠ > ㉡ > ㉢
② ㉡ > ㉢ > ㉠
③ ㉡ > ㉠ > ㉢
④ ㉠ > ㉢ > ㉡

해설 염소소독 시 살균력이 강한 순서는 $HOCl$ > OCl^- > Chloramine 순이다.

SECTION 02 수질오염방지기술

21 살수여상에서 연못화(ponding) 현상의 원인으로 가장 거리가 먼 것은?

① 너무 낮은 기질부하율
② 생물막의 과도한 탈리
③ 1차 침전지에서 불충분한 고형물 제거
④ 너무 작거나 불균일한 여재

해설 연못화 현상의 원인
㉠ 여재의 크기가 균일하지 않거나 너무 작을 때
㉡ 여재가 파괴되었을 때
㉢ 유기물의 부하량이 과도할 때
㉣ 미처리된 고형물이 대량 유입할 때
㉤ 생물막의 과도한 탈리

22 생물학적 처리공정에 대한 설명으로 옳은 것은?

① SBR은 같은 탱크에서 폐수 유입, 생물학적 반응, 처리수 배출 등의 순서를 반복하는 오염물 처리공정이다.
② 회전원판법은 혐기성 조건을 유지하면서 고형물을 제거하는 처리공정이다.
③ 살수여상은 여재를 사용하지 않으면서 고부하의 운전에 용이한 처리공정이다.
④ 고효율 활성슬러지공정은 질소, 인 제거를 위한 미생물 부착성장 처리공정이다.

23 평균 길이 100m, 평균 폭 80m, 평균 수심 4m인 저수지에 연속적으로 물이 유입되고 있다. 유량이 0.2m³/s이고 저수지의 수위가 일정하게 유지된다면 이 저수지의 평균 수리학적 체류시간(day)은?

① 1.85
② 2.35
③ 3.65
④ 4.35

해설
체류시간$(t) = \dfrac{\forall}{Q}$

$\forall = 100m \times 80m \times 4m = 32,000m^3$

$t = \dfrac{32,000m^3}{}\left|\dfrac{sec}{0.2m^3}\right.\left|\dfrac{day}{86,400sec} = 1.85(day)\right.$

24 호기성 미생물에 의하여 진행되는 반응은?

① 포도당 → 알코올
② 아세트산 → 메탄
③ 아질산염 → 질산염
④ 포도당 → 아세트산

25 하수 슬러지 농축방법 중 부상식 농축의 장단점으로 틀린 것은?

① 잉여슬러지의 농축에 부적합하다.
② 소요면적이 크다.
③ 실내에 설치할 경우 부식문제의 유발 우려가 있다.
④ 약품 주입 없이 운전이 가능하다.

해설 부상식 농축은 잉여슬러지 농축에 효과적이다.

26 혐기성 슬러지 소화조의 운영과 통제를 위한 운전관리지표가 아닌 항목은?

① pH
② 알칼리도
③ 잔류염소
④ 소화가스의 CO_2 함유도

27 분뇨처리장에서 발생되는 악취물질을 제거하는 방법 중 직접적인 탈취효과가 가장 낮은 것은?

① 수세법
② 흡착법
③ 촉매산화법
④ 중화 및 masking법

---

28 폐수 시료 200mL를 취하여 Jar-test한 결과 $Al(SO_4)_3$ 300mg/L에서 가장 양호한 결과를 얻었다. 2,000m³/day의 폐수를 처리하는 데 필요한 $Al(SO_4)_3$의 양(kg/day)은?

① 450 ② 600
③ 75 ④ 900

 해설
$$Al(SO_4)_3 (kg/day) = \frac{300mg}{L} \left| \frac{2,000m^3}{day} \right| \frac{10^3L}{1m^3} \left| \frac{1kg}{10^6mg} \right.$$
$$= 600(kg/day)$$

29 침전지 설계 시 침전시간 2hr, 표면부하율, 30m³/m²·day, 폭과 길이의 비는 1 : 5로 하고 폭을 10m로 하였을 때 침전지의 크기(m³)는?

① 875 ② 1,250
③ 1,750 ④ 2,450

 해설
$$표면부하율(V_o) = \frac{처리유량(Q)}{침전지\ 표면적(A)}$$
$$= 30m^3/m^2 \cdot day$$
$$A = 50 \times 10 = 500m^2$$
$$Q = 30 \times 500 = 15,000m^3/day$$
$$\therefore \ \forall(m^3) = \frac{15,000m^3}{day} \left| \frac{2hr}{} \right| \frac{1day}{24hr}$$
$$= 1,250(m^3)$$

30 도금공장에서 발생하는 CN 폐수 30m³를 NaOCl를 사용하여 처리하고자 한다. 폐수 내 CN^- 농도가 150mg/L일 때 이론적으로 필요한 NaOCl의 양(kg)은?(단, $2NaCN + 5NaOCl + H_2O \rightarrow N_2 + 2CO_2 + 2NaOH + 5NaCl$, 원자량 : Na = 23, Cl = 35.5)

① 20.9 ② 22.4
③ 30.5 ④ 32.2

해설
$$2CN^- \equiv 5NaOCl$$
$$2 \times 26(g) : 5 \times 74.5(g)$$
$$\frac{30m^3}{} \left| \frac{0.15kg}{m^3} \right. : X$$
$$\therefore \ X(NaOCl) = 32.24(kg)$$

31 폐수처리장의 설계유량을 산정하기 위한 첨두유량을 구하는 식은?

① 첨두인자×최대유량
② 첨두인자×평균유량
③ 첨두인자 / 최대유량
④ 첨두인자 / 평균유량

32 폐수의 용존성 유기물질을 제거하기 위한 방법으로 가장 거리가 먼 것은?

① 호기성 생물학적 공법
② 혐기성 생물학적 공법
③ 모래 여과법
④ 활성탄 흡착법

33 농도와 흡착량과의 관계를 나타내는 다음 그림 중 고농도에서 흡착량이 커지는 반면에 저농도에서의 흡착량이 현저히 적어지는 것은?(단, Freundlich 등온흡착식으로 Plot한 것임)

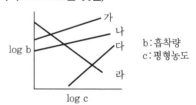

① 가 ② 나
③ 다 ④ 라

해설 Freundlich식 : $\frac{X}{M} = K \cdot C^{\frac{1}{n}}$

㉠ K가 커지면 활성탄 흡착능이 증가한다.

㉡ $\frac{1}{n}$값이 0.1~0.5일 때 저농도에서 흡착이 잘된다.

㉢ $\frac{1}{n}$값이 2 이상일 때 흡착량이 크게 저하된다.

34 도시하수에 함유된 영양물질인 질소, 인을 동시에 처리하기 어려운 생물학적 처리공법은?

① AO ② A^2O
③ 5단계 Bardenpho ④ UCT

해설 A/O공법은 인만 처리하는 공법이다.

35 생물막법의 미생물학적인 특징이 아닌 것은?

① 정화에 관여하는 미생물의 다양성이 높다.
② 각단에서 우점 미생물이 상이하다.
③ 먹이연쇄가 짧다.
④ 질산화세균 및 탈질균이 잘 증식된다.

36 염소의 살균력에 관한 설명으로 틀린 것은?

① 살균강도는 $HOCl$가 OCl^-의 80배 이상 강하다.
② chloramines은 소독 후 살균력이 약하여 살균작용이 오래 지속되지 않는다.
③ 염소의 살균력은 온도가 높고 pH가 낮을 때 강하다.
④ 바이러스는 염소에 대한 저항성이 커 일부 생존할 염려가 있다.

해설 클로라민류는 살균력은 약하나 소독 후 이취미가 없고 살균작용이 오래 지속되는 장점이 있다.

37 하수소독 시 사용되는 이산화염소(ClO_2)에 관한 내용으로 틀린 것은?

① THMs이 생성되지 않음
② 물에 쉽게 녹고 냄새가 적음
③ 일광과 접촉할 경우 분해됨
④ pH에 의한 살균력의 영향이 큼

해설 ClO_2는 pH의 영향이 없다.

38 표준활성슬러지법의 일반적 설계범위에 관한 설명으로 옳지 않은 것은?

① HRT는 8~10시간을 표준으로 한다.
② MLSS는 1,500~2,500mg/L를 표준으로 한다.
③ 포기조(표준식)의 유효수심은 4~6m를 표준으로 한다.
④ 포기방식은 전면포기식, 선회류식, 미세기포 분사식, 수중 교반식 등이 있다.

해설 HRT는 6~8시간을 표준으로 한다.

39 유량이 $100m^3$/day이고 TOC농도가 150mg/L인 폐수를 고정상 탄소흡착 칼럼으로 처리하고자 한다. 유출수의 TOC농도를 10mg/L로 유지하려고 할 때, 탄소 kg당 처리된 유량(L/kg)은?(단, 수리학적 용적부하율 = $1.5m^3/m^3 \cdot hr$, 탄소밀도 = $500kg/m^3$, 파괴점 농도까지 처리된 유량 = $300m^3$)

① 약 205   ② 약 216
③ 약 275   ④ 약 311

해설 탄소 1kg당 처리된 유량(L/kg)

$= \dfrac{\text{파괴점 농도까지 처리된유량(L)}}{\text{탄소(kg)}}$

㉠ 파괴점 농도까지 처리된 유량 = $300 \times 1,000$(L)

㉡ 탄소 = $\dfrac{100m^3}{day} \left| \dfrac{m^3 \cdot hr}{1.5m^3} \right| \dfrac{500kg}{m^3} \left| \dfrac{1day}{24hr} \right| = 1,388.89$(kg)

∴ 탄소 1kg당 처리된 유량(L/kg)

$= \dfrac{300 \times 1,000(L)}{1,388.89(kg)} = 216$(L/kg)

40 수중에 존재하는 오염물질과 제거방법을 기술한 내용 중 틀린 것은?

① 부유물질 - 급속여과, 응집침전
② 용해성 유기물질 - 응집침전, 오존산화
③ 용해성 염류 - 역삼투, 이온교환
④ 세균, 바이러스 - 소독, 급속여과

해설 세균과 바이러스는 염소, 오존으로 처리한다.

SECTION 03 수질오염공정시험기준

41 아연을 자외선/가시선분광법으로 분석할 때 어떤 방해 물질 때문에 아스코르빈산을 주입하는가?

① Fe^{2+} ② Cd^{2+}
③ Mn^{2+} ④ Sr^{2+}

해설 2가 망간이 공존하지 않은 경우에는 아스코르빈산나트륨을 넣지 않는다.

42 투명도 판(백색 원판)을 사용한 투명도 측정에 관한 설명으로 옳지 않은 것은?

① 투명도판의 색도차는 투명도에 크게 영향을 주므로 표면이 더러울 때에는 깨끗하게 닦아 주어야 한다.

② 강우시에는 정확한 투명도를 얻을 수 없으므로 투명도를 측정하지 않는 것이 좋다.

③ 흐름이 있어 줄이 기울어질 경우에는 2kg 정도의 추를 달아서 줄을 세워야 한다.

④ 투명도판을 보이지 않는 깊이로 넣은 다음 천천히 끌어 올리면서 보이기 시작한 깊이를 반복해 측정한다.

해설 투명도판의 색도차는 투명도에 미치는 영향이 적지만, 원판의 광 반사능도 투명도에 영향을 미치므로 표면이 더러울 때에는 다시 색칠하여야 한다.

43 기체크로마토그래피 분석에서 전자포획형 검출기(ECD)를 검출기로 사용할 때 선택적으로 검출할 수 있는 물질이 아닌 것은?

① 유기할로겐화합물
② 니트로화합물
③ 유기금속화합물
④ 유기질소화합물

44 물벼룩을 이용한 급성독성시험을 할 때 희석수 비율에 해당되는 것은?(단, 원수 100% 기준)

① 35%   ② 25%
③ 15%   ④ 5%

해설 시료의 희석비는 원수 100%를 기준으로 50%, 25%, 12.5%, 6.25%로 하여 시험한다.

45 취급 또는 저장하는 동안에 기체 또는 미생물이 침입하지 아니하도록 내용물을 보호하는 용기는?

① 밀봉용기   ② 기밀용기
③ 밀폐용기   ④ 완밀용기

46 식물성 플랑크톤 현미경계수법에 관한 설명으로 틀린 것은?

① 시료의 개체수는 계수면적당 10~40 정도가 되도록 조정한다.

② 시료 농축은 원심분리방법과 자연침전법을 적용한다.

③ 정성시험의 목적은 식물성 플랑크톤의 종류를 조사하는 것이다.

④ 식물성 플랑크톤의 계수는 정확성과 편리성을 위하여 고배율이 주로 사용된다.

해설 식물성 플랑크톤의 계수는 정확성과 편리성을 위하여 일정 부피를 갖는 계수용 챔버를 사용한다. 식물성 플랑크톤의 동정에는 고배율이 많이 이용되지만 계수에는 저~중배율이 많이 이용된다.

47 수질오염공정시험방법에 적용되고 있는 용어에 관한 설명으로 옳은 것은?

① 진공이라 함은 따로 규정이 없는 한 15mmH₂O 이하를 말한다.

② 방울수는 정제수 10방울 적하 시 부피가 약 1mL가 되는 것을 뜻한다.

③ 항량이란 1시간 더 건조하거나 또는 강열할 때 전후 차가 g당 0.1mg 이하일 때를 말한다.

④ 온수는 60~70℃, 냉수는 15℃ 이하를 말한다.

48 순수한 물 200L에 에틸알코올(비중 0.79) 80L를 혼합하였을 때, 이 용액 중의 에틸알코올 농도(중량%)는?

① 약 13   ② 약 18
③ 약 24   ④ 약 29

해설 에틸알코올(%)
$$= \frac{\text{에틸알코올(kg)}}{\text{에틸알코올(kg)} + \text{물(kg)}} \times 100$$
$$= \frac{0.79\text{kg/L} \times 80\text{L}}{0.79\text{kg/L} \times 80\text{L} + 200\text{L} \times 1\text{kg/L}} \times 100$$
$$= 24(\%)$$

49 유기물 함량이 비교적 높지 않고 금속의 수산화물, 산화물, 인산염 및 황화물을 함유하고 있는 시료에 적용되는 전처리 방법은?

① 질산법
② 질산－염산법
③ 질산－과염소산법
④ 질산－과염소산－불화수소산법

50 수질오염공정시험기준상 불소화합물을 측정하기 위한 시험방법이 아닌 것은?

① 원자흡수분광광도법
② 이온크로마토그래피
③ 이온전극법
④ 자외선/가시선 분광법

해설 불소화합물의 분석방법에는 자외선/가시선 분광법, 이온전극법, 이온크로마토그래피이 있다.

51 수질오염공정시험기준상 바륨(금속류)을 측정하기 위한 시험방법이 아닌 것은?

① 원자흡수분광광도법
② 자외선/가시선 분광법
③ 유도결합플라스마 원자발광분광법
④ 유도결합플라스마 질량분석법

해설 바륨의 적용 가능한 시험방법
㉠ 원자흡수분광광도법
㉡ 유도결합플라스마－원자발광분광법
㉢ 유도결합플라스마－질량분석법

52 기체크로마토그래피법에 관한 설명으로 틀린 것은?

① 충전물로서 적당한 담체에 정지상 액체를 함침시킨 것을 사용할 경우에는 기체－액체 크로마토그래피법이라 한다.
② 일반적으로 유기화합물에 대한 정성 및 정량 분석에 이용된다.
③ 전처리한 시료를 운반가스에 의하여 크로마토 관내에 전개시켜 분리되는 각 성분의 크로마토그램을 이용하여 목적 성분을 분석하는 방법이다.

④ 운반가스는 시료주입부로부터 검출기를 통한 다음 분리관과 기록부를 거쳐 외부로 방출된다.

해설 운반가스는 시료도입부로부터 분리관 내를 흘러서 검출기를 통하여 외부로 방출된다.

53 산성 과망간산칼륨법으로 폐수의 COD를 측정하기 위해 시료 100mL를 취해 제조한 과망간산칼륨으로 적정하였더니 11.0mL가 소모되었다. 공시험 적정에 소요된 과망간산칼륨이 0.2mL였다면 이 폐수의 COD(mg/L)는?(단, 과망간산칼륨 용액의 factor 1.1로 가정, 원자량 : K = 39, Mn = 55)

① 약 5.9
② 약 19.6
③ 약 21.
④ 약 23.8

해설

$$COD(mg/L) = (b-a) \times f \times \frac{1,000}{V} \times 0.2$$

여기서, a : 바탕시험(공시험) 적정에 소비된 0.025N－과망간산칼륨용액＝0.2(mL)
b : 시료의 적정에 소비된 0.025N－과망간산칼륨용액＝11.0(mL)
f : 0.025N－과망간산칼륨용액 농도계수＝1.1
V : 시료의 양＝100(mL)

$$\therefore COD(mg/L) = (11-0.2) \times 1.1 \times \frac{1,000}{100} \times 0.2$$
$$= 23.76(mg/L)$$

54 자외선/가시선 분광법 구성장치의 순서를 바르게 나타낸 것은?

① 시료부－광원부－파장선택부－측광부
② 광원부－파장선택부－시료부－측광부
③ 광원부－시료원자화부－단색화부－측광부
④ 시료부－고주파전원부－검출부－연산처리부

55 수로의 구성, 재질, 수로단면의 형상, 기울기 등이 일정하지 않은 개수로에서 부표를 사용하여 유속을 측정한 결과, 수로의 평균 단면적이 3.2m², 표면 최대유속이 2.4m/s일 때, 이 수로에 흐르는 유량(m³/s)은?

① 약 2.7
② 약 3.6
③ 약 4.3
④ 약 5.8

해설 단면형상이 불일정한 경우의 유량계산

$Q(m^3/min) = A_m \times 0.75V_{max}$

㉠ $A_m = 3.2m^2$

㉡ $V_m = 0.75 \times V_{max} = 0.75 \times 2.4m/sec = 1.8m/sec$

$\therefore Q(m^3/sec) = \dfrac{3.2m^2}{} \left| \dfrac{1.8m}{sec} \right. = 5.76(m^3/sec)$

56 0.25N 다이크롬산칼륨액 조제 방법에 관한 설명으로 틀린 것은?(단, $K_2Cr_2O_7$ 분자량 = 294.2)

① 다이크롬산칼륨은 1g분자량이 6g당량에 해당한다.

② 다이크롬산칼륨(표준시약)을 사용하기 전에 103℃에서 2시간 동안 건조한 다음 건조용기(실리카겔)에서 식힌다.

③ 건조용기(실리카겔)에서 식힌 다이크롬산칼륨 14.71g을 정밀히 담아 물에 녹여 1,000mL로 한다.

④ 0.025N 다이크롬산칼륨액은 0.25N 다이크롬산칼륨액 100mL를 정확히 취하여 물을 넣어 정확히 1,000mL로 한다.

해설 다이크롬산칼륨(표준시약)을 103℃에서 2시간 동안 건조한 다음 건조용기(실리카겔)에서 식혀 12.26g을 정밀히 담아 정제수에 녹여 1L로 한다.

57 BOD 실험 시 희석수는 5일 배양 후 DO(mg/L) 감소가 얼마 이하이어야 하는가?

① 0.1 　　　　② 0.2

③ 0.3 　　　　④ 0.4

해설 BOD용 희석수

온도를 20℃로 조절한 물을 솜으로 막은 유리병에 넣고 용존산소가 포화되도록 충분한 기간 동안 정치하거나, 물이 완전히 채워지지 않은 병에 넣고 흔들어서 포화시키거나 압축공기를 넣어 준다. 필요한 양을 취하여 유리병에 넣고 1,000mL에 대하여 인산염완충용액(pH 7.2), 황산마그네슘용액, 염화칼슘용액 및 염화철(Ⅲ)용액(BOD용) 각 1mL씩을 넣는다. 이 액의 pH는 7.2이다. pH 7.2가 아닐 때에는 염산용액(1M) 또는 수산화나트륨용액(1M)을 넣어 조절하여야 한다. 이 액을 (20±1)℃에서 5일간 저장하였을 때 용액의 용존산소 감소는 0.2mg/L 이하이어야 한다.

58 수로의 폭이 0.5m인 직각 삼각웨어의 수두가 0.25m일 때 유량(m^3/min)은?(단, 유량계수 = 80)

① 2.0 　　　　② 2.5

③ 3.0 　　　　④ 3.5

해설

$Q(m^3/min) = Kh^{\frac{5}{2}}$

$= 80 \times 0.25^{\frac{5}{2}} = 2.5(m^3/min)$

59 냄새 측정 시 냄새역치(TON)를 구하는 산식으로 옳은 것은?[단, A : 시료부피(mL), B : 무취 정제수 부피(mL)]

① 냄새역치 $= (A+B)/A$

② 냄새역치 $= A/(A+B)$

③ 냄새역치 $= (A+B)/B$

④ 냄새역치 $= B/(A+B)$

해설 냄새 역치(TON ; threshold odor number)를 구하는 경우 사용한 시료의 부피와 냄새 없는 희석수의 부피를 사용하여 다음과 같이 계산한다.

냄새역치(TON) $= \dfrac{A+B}{A}$

　여기서, A : 시료 부피(mL)
　　　　　B : 무취 정제수 부피(mL)

60 수중의 중금속에 대한 정량을 원자흡수분광광도법으로 측정할 경우, 화학적 간섭 현상이 발생되었다면 이 간섭을 피하기 위한 방법이 아닌 것은?

① 목적원소 측정에 방해되는 간섭원소 배제를 위한 간섭원소의 상대원소 첨가

② 은폐제나 킬레이트제의 첨가

③ 이온화 전압이 높은 원소를 첨가

④ 목적원소의 용매 추출

해설 화학적 간섭

불꽃의 온도가 분자를 들뜬 상태로 만들기에 충분히 높지 않아서, 해당 파장을 흡수하지 못하여 발생한다. 그 예로 시료 중에 인산이온(PO_4^{3-}) 존재 시 마그네슘과 결합하여 간섭을 일으킬 수 있다. 칼슘, 마그네슘, 바륨의 분석 시 란타늄(La)을 첨가하여 인산의 화학적 간섭을 배제할 수 있다. 또는 간섭을 일으키는 금속을 킬레이트제 등으로 제거할 수 있다.

56. ③ 57. ② 58. ② 59. ① 60. ③ | ANSWER

③ ㉠ 환경부령, ㉡ 환경부장관에게 신고하여야 한다.
④ ㉠ 대통령령, ㉡ 환경부장관에게 신고하여야 한다.

해설 배출시설을 설치하려는 자는 대통령령으로 정하는 바에 따라 환경부장관의 허가를 받거나 환경부장관에게 신고하여야 한다. 다만, 폐수무방류배출시설을 설치하려는 자는 환경부장관의 허가를 받아야 한다.

SECTION 04 수질환경관계법규

61 배출부과금을 부과할 때 고려할 사항이 아닌 것은?

① 수질오염물질의 배출기간
② 배출되는 수질오염물질의 종류
③ 배출허용기준 초과 여부
④ 배출되는 오염물질농도

해설 배출부과금을 부과할 때의 고려사항
㉠ 배출허용기준 초과 여부
㉡ 배출되는 수질오염물질의 종류
㉢ 수질오염물질의 배출기간
㉣ 수질오염물질의 배출량
㉤ 자가측정 여부

62 정당한 사유 없이 공공수역에 특정 수질유해물질을 누출·유출하거나 버린 자에게 부과되는 벌칙기준은?

① 2년 이하의 징역 또는 2천만 원 이하의 벌금
② 3년 이하의 징역 또는 3천만 원 이하의 벌금
③ 5년 이하의 징역 또는 5천만 원 이하의 벌금
④ 7년 이하의 징역 또는 7천만 원 이하의 벌금

63 환경기술인 등의 교육을 받게 하지 아니한 자에 대한 과태료 처분기준은?

① 과태료 300만 원 이하
② 과태료 200만 원 이하
③ 과태료 100만 원 이하
④ 과태료 50만 원 이하

64 다음 ( ) 안에 알맞은 내용은?

> 배출시설을 설치하려는 자는 (㉠)으로 정하는 바에 따라 환경부장관의 허가를 받거나 환경부장관에게 신고하여야 한다. 다만, 규정에 의하여 폐수무방류배출시설을 설치하려는 자는 (㉡).

① ㉠ 환경부령, ㉡ 환경부장관의 허가를 받아야 한다.
② ㉠ 대통령령, ㉡ 환경부장관의 허가를 받아야 한다.

65 국립환경과학원장이 설치·운영하는 측정망의 종류에 해당하지 않는 것은?

① 생물 측정망
② 공공수역 오염원 측정망
③ 퇴적물 측정망
④ 비점오염원에서 배출되는 비점오염물질 측정망

해설 국립환경과학원장이 설치할 수 있는 측정망의 종류
㉠ 비점오염원에서 배출되는 비점오염물질 측정망
㉡ 수질오염물질의 총량관리를 위한 측정망
㉢ 대규모 오염원의 하류지점 측정망
㉣ 수질오염경보를 위한 측정망
㉤ 대권역·중권역을 관리하기 위한 측정망
㉥ 공공수역 유해물질 측정망
㉦ 퇴적물 측정망
㉧ 생물 측정망
㉨ 그 밖에 국립환경과학원장이 필요하다고 인정하여 설치·운영하는 측정망

66 폐수의 처리능력과 처리가능성을 고려하여 수탁하여야 하는 준수사항을 지키지 아니한 폐수처리업자에 대한 벌칙기준은?

① 3년 이하의 징역 또는 3천만 원 이하의 벌금
② 2년 이하의 징역 또는 2천만 원 이하의 벌금
③ 1년 이하의 징역 또는 1천만 원 이하의 벌금
④ 5백만 원 이하의 벌금

67 공공폐수처리시설의 관리·운영자가 처리시설의 적정 운영 여부를 확인하기 위하여 실시하여야 하는 방류수수질의 검사 주기는?(단, 처리시설은 2,000m³/일 미만)

① 매분기 1회 이상　② 매분기 2회 이상
③ 월 2회 이상　④ 월 1회 이상

해설 방류수 수질검사 기준
ⓐ 처리시설의 적정 운영 여부를 확인하기 위하여 방류수 수질검사를 월 2회 이상 실시하되, 1일당 2천 세제곱미터 이상인 시설은 주 1회 이상 실시하여야 한다. 다만, 생태독성(TU) 검사는 월 1회 이상 실시하여야 한다.
ⓑ 방류수의 수질이 현저하게 악화되었다고 인정되는 경우에는 수시로 방류수 수질검사를 하여야 한다.

68 2회 연속 채취 시 남조류 세포 수가 50,000세포/mL인 경우의 수질오염경보단계는?(단, 조류경보, 상수원 구간 기준)

① 관심
② 경계
③ 조류 대발생
④ 해제

해설 조류경보(상수원 구간)

경보단계	발령 · 해제 기준
관심	2회 연속 채취 시 남조류 세포 수가 1,000세포/mL 이상 10,000세포/mL 미만인 경우
경계	2회 연속 채취 시 남조류 세포 수가 10,000세포/mL 이상 1,000,000세포/mL 미만인 경우
조류 대발생	2회 연속 채취 시 남조류 세포 수가 1,000,000세포/mL 이상인 경우
해제	2회 연속 채취 시 남조류 세포 수가 1,000세포/mL 미만인 경우

69 대권역 물환경관리계획의 수립에 포함되어야 하는 사항이 아닌 것은?

① 배출허용기준 설정계획
② 상수원 및 물 이용현황
③ 수질오염 예방 및 저감대책
④ 점오염원, 비점오염원 및 기타 수질오염원에서 배출되는 수질오염물질의 양

해설 대권역 물환경관리계획에 포함되어야 하는 사항
ⓐ 물환경의 변화 추이 및 물환경목표기준
ⓑ 상수원 및 물 이용현황
ⓒ 점오염원, 비점오염원 및 기타 수질오염원의 분포현황
ⓓ 점오염원, 비점오염원 및 기타 수질오염원에서 배출되는 수질오염물질의 양
ⓔ 수질오염 예방 및 저감대책
ⓕ 물환경 보전조치의 추진방향
ⓖ 기후변화에 대한 적응대책
ⓗ 그 밖에 환경부령으로 정하는 사항

70 폐수처리업의 등록기준 중 폐수재이용업의 기술능력 기준으로 옳은 것은?

① 수질환경산업기사, 화공산업기사 중 1명 이상
② 수질환경산업기사, 대기환경산업기사, 화공산업기사 중 1명 이상
③ 수질환경기사, 대기환경기사 중 1명 이상
④ 수질환경산업기사, 대기환경기사 중 1명 이상

해설 폐수처리업의 등록기준

구분 \ 종류	폐수수탁처리업	폐수재이용업
기술능력	① 수질환경산업기사 1명 이상 ② 수질환경산업기사, 대기환경산업기사 또는 화공산업기사 1명 이상	① 수질환경산업기사, 화공산업기사 중 1명 이상

71 초과부과금 산정기준 중 1킬로그램당 부과금액이 가장 큰 수질오염물질은?

① 6가크롬화합물
② 납 및 그 화합물
③ 카드뮴 및 그 화합물
④ 유기인화합물

해설 수질오염물질 1kg당 부과금액
6가크롬(300,000원), 납 및 그 화합물(150,000원), 카드뮴 및 그 화합물(500,000원), 유기인화합물(250원)

72 환경부장관이 측정결과를 전산처리할 수 있는 전산망을 운영하기 위하여 수질원격감시체계 관제센터를 설치 · 운영하는 곳은?

① 국립환경과학원
② 유역환경청
③ 한국환경공단
④ 시 · 도 보건환경연구원

해설 환경부장관은 전산망을 운영하기 위하여 「한국환경공단법」
에 따른 한국환경공단에 수질원격감시체계 관제센터(이하
"관제센터"라 한다)를 설치·운영할 수 있다.

73 수질오염방지시설 중 물리적 처리시설에 해당되는 것은?

① 응집시설　　　　② 흡착시설
③ 침전물 개량시설　④ 중화시설

해설 물리적 처리시설
㉠ 스크린　　　　　　㉡ 분쇄기
㉢ 침사(沈砂)시설　　㉣ 유수분리시설
㉤ 유량조정시설(집수조)　㉥ 혼합시설
㉦ 응집시설　　　　　㉧ 침전시설
㉨ 부상시설　　　　　㉩ 여과시설
㉪ 탈수시설　　　　　㉫ 건조시설
㉬ 증류시설　　　　　㉭ 농축시설

74 폐수처리업 중 폐수재이용업에서 사용하는 폐수운반 차량의 도장 색깔로 적절한 것은?

① 황색　　　　　　② 흰색
③ 청색　　　　　　④ 녹색

해설 폐수운반차량은 청색으로 도색하고, 양쪽 옆면과 뒷면에 가
로 50센티미터, 세로 20센티미터 이상 크기의 노란색 바탕
에 검은색 글씨로 폐수운반차량, 회사명, 등록번호, 전화번
호 및 용량을 지워지지 아니하도록 표시하여야 한다.

75 다음 중 특정 수질유해물질이 아닌 것은?

① 불소와 그 화합물
② 셀레늄과 그 화합물
③ 구리와 그 화합물
④ 테트라클로로에틸렌

76 수질 및 수생태계 환경기준 중 해역인 경우 생태기반 해수수질 기준으로 옳은 것은?(단, V(아주 나쁨) 등급)

① 수질평가 지수값 : 30 이상
② 수질평가 지수값 : 40 이상
③ 수질평가 지수값 : 50 이상
④ 수질평가 지수값 : 60 이상

해설 생태기반 해수수질 기준

등급	수질평가 지수값 (Water Quality Index)
I (매우 좋음)	23 이하
II (좋음)	24~33
III (보통)	34~46
IV (나쁨)	47~59
V (아주 나쁨)	60 이상

77 수질 및 수생태계 환경기준 중 하천(사람의 건강 보호 기준)에 대한 항목별 기준값으로 틀린 것은?

① 비소 : 0.05mg/L 이하
② 납 : 0.05mg/L 이하
③ 6가크롬 : 0.05mg/L 이하
④ 수은 : 0.05mg/L 이하

해설 수은은 검출되어서는 안 된다.

78 낚시제한구역에서의 제한사항에 관한 내용으로 틀린 것은?(단, 안내판 내용기준)

① 고기를 잡기 위하여 폭발물·배터리·어망 등을 이용하는 행위
② 낚싯바늘에 끼워서 사용하지 아니하고 고기를 유인하기 위하여 떡밥·어분 등을 던지는 행위
③ 1개의 낚싯대에 3개 이상의 낚싯 바늘을 사용하는 행위
④ 1인당 4대 이상의 낚싯대를 사용하는 행위

해설 낚시제한구역에서의 제한사항
㉠ 낚싯바늘에 끼워서 사용하지 아니하고 물고기를 유인하기 위하여 떡밥·어분 등을 던지는 행위
㉡ 어선을 이용한 낚시행위 등 「낚시 관리 및 육성법」에 따른 낚시어선업을 영위하는 행위
㉢ 1명당 4대 이상의 낚싯대를 사용하는 행위
㉣ 1개의 낚싯대에 5개 이상의 낚싯바늘을 떡밥과 뭉쳐서 미끼로 던지는 행위
㉤ 쓰레기를 버리거나 취사행위를 하거나 화장실이 아닌 곳에서 대·소변을 보는 등 수질오염을 일으킬 우려가 있는 행위
㉥ 고기를 잡기 위하여 폭발물·배터리·어망 등을 이용하는 행위

79 초과배출부과금 부과 대상 수질오염물질의 종류가 아닌 것은?

① 아연 및 그 화합물
② 벤젠
③ 페놀류
④ 트리클로로에틸렌

해설 초과배출부과금 부과대상 수질오염물질의 종류
㉠ 유기물질
㉡ 부유물질
㉢ 카드뮴 및 그 화합물
㉣ 시안화합물
㉤ 유기인화합물
㉥ 납 및 그 화합물
㉦ 6가크롬화합물
㉧ 비소 및 그 화합물
㉨ 수은 및 그 화합물
㉩ 폴리염화비페닐
㉪ 구리 및 그 화합물
㉫ 크롬 및 그 화합물
㉬ 페놀류
㉭ 트리클로로에틸렌
㉮ 테트라클로로에틸렌
㉯ 망간 및 그 화합물
㉰ 아연 및 그 화합물
㉱ 총질소
㉲ 총인

80 물환경보전법에서 사용되는 용어의 정의로 틀린 것은?

① 강우유출수 : 비점오염원의 수질오염물질이 섞여 유출되는 빗물 또는 눈 녹은 물 등을 말한다.
② 공공수역 : 하천, 호소, 항만, 연안해역, 그 밖에 공공용으로 사용되는 수역과 이에 접속하여 공공용으로 사용되는 대통령령으로 정하는 수로를 말한다.
③ 기타 수질오염원 : 점오염원 및 비점오염원으로 관리되지 아니하는 수질오염물질을 배출하는 시설 또는 장소로서 환경부령으로 정하는 것을 말한다.
④ 수질오염물질 : 수질오염의 요인이 되는 물질로서 환경부령으로 정하는 것을 말한다.

해설 "공공수역"이란 하천, 호소, 항만, 연안해역, 그 밖에 공공용으로 사용되는 수역과 이에 접속하여 공공용으로 사용되는 환경부령으로 정하는 수로를 말한다.

SECTION 01 수질오염개론

01 적조 발생지역과 가장 거리가 먼 것은?

① 정체 수역
② 질소, 인 등의 영양염류가 풍부한 수역
③ upwelling 현상이 있는 수역
④ 갈수기 시 수온, 염분이 급격히 높아진 수역

> **해설** 적조는 강우에 따른 하천수의 유입으로 염분량이 낮아지고, 물리적 자극물질이 보급될 때 발생한다.

02 Ca^{2+} 이온의 농도가 450mg/L인 물의 환산경도(mg $CaCO_3$/L)는?(단, Ca 원자량 = 40)

① 1,125   ② 1,250
③ 1,350   ④ 1,450

> **해설** 경도는 다음 식을 이용한다.
> $$HD = \sum M_c^{2+}(mg/L) \times \frac{50}{Eq}$$
> $$= 450(mg/L) \times \frac{50}{(40/2)}$$
> $$= 1,125(mg/L \ as \ CaCO_3)$$

03 호소의 부영양화 현상에 관한 설명 중 옳은 것은?

① 부영양화가 진행되면 COD와 투명도가 낮아진다.
② 생물종의 다양성은 증가하고 개체 수는 감소한다.
③ 부영양화의 마지막 단계에는 청록조류가 번식한다.
④ 표수층에는 산소의 과포화가 일어나고 pH가 감소한다.

> **해설** 호소의 부영양화 현상
> ㉠ 부영양 상태는 COD는 증가하고, 투명도는 낮아진다.
> ㉡ 생물종의 다양성이 감소한다.
> ㉢ 표수층에서는 산소의 과포화가 일어나고 pH는 증가한다.
> ㉣ 어패류가 폐사하고 청록조류가 번식한다.

04 전해질 M_2X_3의 용해도적 상수에 대한 표현으로 옳은 것은?

① $K_{sp} = [M^{3+}][X^{2-}]$
② $K_{sp} = [2M^{3+}][3X^{2-}]$
③ $K_{sp} = [2M^{3+}]^2[3X^{2-}]^3$
④ $K_{sp} = [M^{3+}]^2[X^{2-}]^3$

> **해설** $M_2X_3 \rightarrow 2M^{3+} + 3X^{2-}$
> $K_{sp} = [M^{3+}]^2[X^{2-}]^3$

05 지하수의 특징이라 할 수 없는 것은?

① 세균에 의한 유기물 분해가 주된 생물작용이다.
② 자연 및 인위의 국지적인 조건의 영향을 크게 받기 쉽다.
③ 분해성 유기물질이 풍부한 토양을 통과하게 되면 물은 유기물의 분해 산물인 탄산가스 등을 용해하여 산성이 된다.
④ 비교적 낮은 곳의 지하수일수록 지층과의 접촉시간이 길어 경도가 높다.

> **해설** 낮은 곳의 지하수일수록 경도가 낮다.

06 호수가 빈영양 상태에서 부영양 상태로 진행 되는 과정에서 동반되는 수환경의 변화가 아닌 것은?

① 심수층의 용존산소량 감소
② pH의 감소
③ 어종의 변화
④ 질소 및 인과 같은 영양염류의 증가

> **해설** 부영양화 상태에서는 pH가 증가한다.

07 해수의 주요 성분(Holy seven)으로 볼 수 없는 것은?

① 중탄산염   ② 마그네슘
③ 아연   ④ 황

해설 해수의 holy seven을 가장 많이 함유된 순으로 나열하면
$Cl^- > Na^+ > SO_4^{2-} > Mg^{2+} > Ca^{2+} > K^+ > HCO_3^-$
이다.

08 물의 밀도에 대한 설명으로 틀린 것은?

① 물의 밀도는 3.98℃에서 최댓값을 나타낸다.
② 해수의 밀도가 담수의 밀도보다 큰 값을 나타낸다.
③ 물의 밀도는 3.98℃보다 온도가 상승하거나 하강하면 감소한다.
④ 물의 밀도는 비중량을 부피로 나눈 값이다.

해설 물의 밀도는 질량을 부피로 나눈 값이다.

09 박테리아의 경험적인 화학적 분자식이 $C_5H_7O_2N$이면 100g의 박테리아가 산화될 때 소모되는 이론적 산소량(g)은?(단, 박테리아의 질소는 암모니아로 전환됨)

① 92 ② 101
③ 124 ④ 142

해설 박테리아의 자산화반응을 이용한다.
$$C_5H_7NO_2 + 5O_2 \rightarrow 5CO_2 + NH_3 + 2H_2O$$
  113g : 5×32g
  100g : X
∴ X = 141.6(g)

10 질소순환과정에서 질산화를 나타내는 반응은?

① $N_2 \rightarrow NO_2^- \rightarrow NO_3^-$
② $NO_3^- \rightarrow NO_2^- \rightarrow N_2$
③ $NO_3^- \rightarrow NO_2^- \rightarrow NH_3$
④ $NH_3 \rightarrow NO_2^- \rightarrow NO_3^-$

해설 수중에 유입된 단백질은 가수분해되어 아미노산(amino acid) → 암모니아성 질소(NH_3-N) → 아질산성 질소(NO_2-N) → 질산성 질소(NO_3-N)로 질산화되며, 질산성 질소(NO_3-N)는 산소가 부족할 때 탈질화 박테리아에 의해 $N_2(g)$나 $N_2O(g)$ 형태로 탈질된다.

11 물의 특성으로 가장 거리가 먼 것은?

① 물의 표면장력은 온도가 상승할수록 감소한다.
② 물은 4℃에서 밀도가 가장 크다.
③ 물의 여러 가지 특성은 물의 수소결합 때문에 나타난다.
④ 융해열과 기화열이 작아 생명체의 열적 안정을 유지할 수 있다.

해설 물은 융해열과 기화열이 커서 생명체의 열적 안정을 유지할 수 있다.

12 0.04N의 초산이 8% 해리되어 있다면 이 수용액의 pH는?

① 2.5 ② 2.7
③ 3.1 ④ 3.3

해설
| | CH_3COOH | $\rightarrow$ | CH_3COO^- | $+$ | H^+ |

해리 전 0.04N 0N 0N
해리 후 0.04×0.92N 0.04×0.08N 0.04×0.08N
$$pH = \log\frac{1}{[H^+]} = \log\frac{1}{0.04 \times 0.08} = 2.5$$

13 일반적으로 물속의 용존산소(DO) 농도가 증가하게 되는 경우는?

① 수온이 낮고 기압이 높을 때
② 수온이 낮고 기압이 낮을 때
③ 수온이 높고 기압이 높을 때
④ 수온이 높고 기압이 낮을 때

해설 용존산소 농도는 수온이 낮고, 압력이 높을 때 증가한다.

14 생물학적 오탁지표들에 대한 설명이 바르지 않은 것은?

① BIP(Biological Index of Pollution) : 현미경적인 생물을 대상으로 하여 전 생물 수에 대한 동물성 생물 수의 백분율을 나타낸 것으로, 값이 클수록 오염이 심하다.
② BI(Biotix Index) : 육안적 동물을 대상으로 전 생물 수에 대한 청수성 및 광범위하게 출현하는 미생물의 백분율을 나타낸 것으로, 값이 클수록 깨끗한 물로 판정된다.

③ TSI(Trophic State Index) : 투명도, 투명도와 클로로필 농도의 상관관계 및 투명도와 총 인의 상관관계를 이용한 부영양화도 지수를 나타내는 것이다.

④ SDI(Species Diversity Index) : 종의 수와 개체수의 비로 물의 오염도를 나타내는 지표로, 값이 클수록 종의 수는 적고 개체 수는 많다.

> **해설** 슬러지 밀도지수(SDI)
> 활성 슬러지의 침강성을 보여주는 지표로 혼합액 100mL 중 부유물질(g)로 표시하며 값이 클수록 침강성이 우수하다.

15 음용수를 염소 소독할 때 살균력이 강한 것부터 약한 순서로 나열한 것은?

| ㉠ OCl$^-$ ㉡ HOCl   ㉢ Chloramine |

① ㉠ → ㉡ → ㉢
② ㉡ → ㉠ → ㉢
③ ㉢ → ㉠ → ㉡
④ ㉠ → ㉢ → ㉡

> **해설** 염소소독 시 살균력이 강한 순서는
> HOCl > OCl$^-$ > Chloramine이다.

16 과대한 조류의 발생을 방지하거나 조류를 제거하기 위하여 일반적으로 사용하는 것은?

① E.D.T.A
② NaSO$_4$
③ Ca(OH)$_2$
④ CuSO$_4$

> **해설** 조류 제거를 위한 화학약품은 일반적으로 황산동(CuSO$_4$)을 사용한다.

17 1차 반응에서 반응개시의 물질 농도가 220mg/L이고, 반응 1시간 후의 농도는 94mg/L이었다면 반응 8시간 후의 물질의 농도(mg/L)는?

① 0.12
② 0.25
③ 0.36
④ 0.48

> **해설** 1차 반응식을 이용한다.
> $$\ln\frac{C_t}{C_o} = -K \cdot t$$
> $$\ln\frac{94}{220} = -K \times 1hr$$
> $$K = 0.8503(hr^{-1})$$

$$\therefore \ln\frac{C_t}{220} = \frac{-0.8503}{hr}\bigg|\frac{8hr}{}$$
$$C_t = 220 \times e^{-0.8503 \times 8} = 0.24(mg/L)$$

18 0.1M − NaOH의 농도를 mg/L로 나타낸 것은?

① 4
② 40
③ 400
④ 4,000

> **해설** $$X(mg/L) = \frac{0.1mol}{L}\bigg|\frac{40g}{1mol}\bigg|\frac{1,000mg}{1g} = 4,000(mg/L)$$

19 폐수의 BOD$_u$가 120mg/L이며 K$_1$(상용대수) 값이 0.2/day라면 5일 후 남아 있는 BOD(mg/L)는?

① 10
② 12
③ 14
④ 16

> **해설** BOD 잔류공식을 사용한다.
> $$BOD_t = BOD_u \times 10^{-K \cdot t}$$
> $$= 120 \times 10^{-0.2 \times 5}$$
> $$= 12(mg/L)$$

20 조류의 경험적 화학 분자식으로 가장 적절한 것은?

① C$_4$H$_7$O$_2$N
② C$_5$H$_8$O$_2$N
③ C$_6$H$_9$O$_2$N
④ C$_7$H$_{10}$O$_2$N

> **해설** 조류의 경험적 분자식은 C$_5$H$_8$O$_2$N이다.

SECTION **02** **수질오염방지기술**

21 100m^3/day로 유입되는 도금폐수의 CN 농도가 200mg/L이었다. 폐수를 알칼리 염소법으로 처리하고자 할 때 요구되는 이론적 염소량 (kg/day)은? (단, 2CN$^-$ + 5Cl$_2$ + 4H$_2$O → 2CO$_2$ + N$_2$ + 8HCl + 2Cl$^-$, Cl$_2$ 분자량 = 71)

① 136.5
② 142.3
③ 168.2
④ 204.8

제시된 반응식을 이용한다.

$$2CN^- \equiv 5Cl_2$$
$$2 \times 26(g) \quad : \quad 5 \times 71(g)$$
$$\frac{200mg}{L} \left| \frac{100m^3}{day} \right| \frac{1kg}{10^6 mg} \left| \frac{10^3 L}{1m^3} \right. \quad : \quad X(kg/day)$$
$$\therefore X(=염소량) ≒ 136.54(kg)$$

22 교반장치의 설계와 운전에 사용되는 속도경사의 차원을 나타낸 것으로 옳은 것은?

① [LT]
② [LT^{-1}]
③ [T^{-1}]
④ [L^{-1}]

차원단위란 단위를 간단한 기호로서 나타내는 것으로 속도 경사의 차원 단위는 다음과 같다. G(시간$^{-1}$)= [T^{-1}]

23 하나의 반응탱크 안에서 시차를 두고 유입, 반송, 침전, 유출 등의 각 과정을 거치도록 되어있는 생물학적 고도처리 공정은?

① SBR
② UCT
③ A/O
④ A^2/O

SBR 프로세스는 하나의 반응탱크 안에서 시차를 두고 유입·반송·침전·유출 등의 각 과정을 거치도록 되어 있다. 혐기조와 호기조를 차례로 통과하면서 용존산소 부족기간에 질산성 질소를 제거하고 혐기조에서 인을 방출시킨 다음 폭기되는 호기조에서 인을 흡수시켜, 침전슬러지의 방출로 최종적으로 인을 제거하고 있다.

24 소규모 하·폐수처리에 적합한 접촉산화법의 특징으로 틀린 것은?

① 반송 슬러지가 필요하지 않으므로 운전관리가 용이하다.
② 부착 생물량을 임의로 조정할 수 없기 때문에 조작 조건의 변경에 대응하기 어렵다.
③ 반응조 내 여재를 균일하게 포기, 교반하는 조건 설정이 어렵다.
④ 비표면적이 큰 접촉재를 사용하여 부착 생물량을 다량으로 보유할 수 있기 때문에 유입기질의 변동에 유연히 대응할 수 있다.

접촉산화법은 부착 생물량을 임의로 조정할 수 있어서 조작 조건의 변경에 대응하기 쉽다.

25 물리, 화학적 질소제거 공정 중 이온교환에 관한 설명으로 틀린 것은?

① 생물학적 처리 유출수 내의 유기물이 수지의 접착을 야기한다.
② 고농도의 기타 양이온이 암모니아 제거능력을 증가시킨다.
③ 재사용 가능한 물질(암모니아 용액)이 생산된다.
④ 부유물질 축적에 의한 과다한 수두손실을 방지하기 위하여 여과에 의한 전처리가 일반적으로 필요하다.

고농도의 기타 양이온이 암모니아 제거능력을 감소시킨다.

26 폐수의 생물학적 질산화 반응에 관한 설명으로 틀린 것은?

① 질산화 반응에는 유기 탄소원이 필요하다.
② 암모니아성 질소에서 아질산성 질소로의 산화반응에 관여하는 미생물은 Nitrosomonas이다.
③ 질산화 반응은 온도 의존적이다.
④ 질산화 반응은 호기성 폐수 처리 시 진행된다.

탈질산화 과정에서 탈질미생물이 이용할 수 있는 유기물(탄소공급원)이 있어야 하는데 분해되기 쉬운 유기물일수록 탈질효율이 높아지기 때문에 메탄올 등이 이용된다.

27 27mg/L의 암모늄이온($NH_4{}^+$)을 함유하고 있는 폐수를 이온교환수지로 처리하고자 한다. 1,667m^{3}의 폐수를 처리하기 위해 필요한 양이온 교환수지의 용적(m^3)은?(단, 양이온 교환수지 처리능력 100,000g CaCO$_3$/m^3, Ca 원자량 = 40)

① 0.60
② 0.85
③ 1.25
④ 1.50

해설 수지의 소요량(m^3)은 다음 식으로 계산된다.

$$\forall(m^3) = \frac{\text{폐수 중 암모늄 이온의 양(eq)}}{\text{이온교환용량(eq/m}^3)}$$

㉠ 폐수 중 암모늄 이온의 양(eq)

$$= \frac{27mg}{L}\left|\frac{1,667m^3}{}\right|\frac{10^3L}{1m^3}\left|\frac{1g}{10^3mg}\right|\frac{1eq}{(18/1)g}$$

$$= 2,500.5(eq)$$

㉡ 이온교환용량 $= 100,000g \cdot CaCO_3/m^3$

$$\forall(m^3) = \frac{\text{폐수 중 암모늄 이온의 양(eq)}}{\text{이온교환용량(eq/m}^3)}$$

$$= \frac{2,500 \cdot 5eq}{}\left|\frac{m^3}{100,000g \cdot CaCO_3}\right|\frac{100/2g}{1eq}$$

$$= 1.25(m^3)$$

28 일반적인 슬러지처리 공정의 순서로 옳은 것은?

① 안정화 → 개량 → 농축 → 탈수 → 소각
② 농축 → 안정화 → 개량 → 탈수 → 소각
③ 개량 → 농축 → 안정화 → 탈수 → 소각
④ 탈수 → 개량 → 안정화 → 농축 → 소각

해설 슬러지의 처리단계는 다음의 6단계로 구분된다.
전처리 → 농축 → 안정화 → 개량 → 탈수 → 중간처리 → 자원화 · 매립 등 최종처리

29 염소이온 농도가 5,000mg/L인 분뇨를 처리한 결과 80%의 염소이온 농도가 제거되었다. 이 처리수에 희석수를 첨가하여 처리한 결과 염소이온 농도가 200 mg/L가 되었다면 이때 사용한 희석배수(배)는?

① 2
② 5
③ 20
④ 25

해설 염소이온제거효율(%) $= \left(1 - \frac{Cl_o}{Cl_i}\right) \times 100$

$$80(\%) = \left(1 - \frac{Cl_o}{5,000}\right) \times 100$$

$$Cl_o = 1,000(mg/L)$$

희석배수 $= \frac{1,000}{200} = 5(\text{배})$

30 정상 상태로 운전되는 포기조의 용존산소 농도 3mg/L, 용존산소 포화농도 8mg/L, 포기조 내 측정된 산소전달속도(γ_{O_2}) 40mg/L · hr일 때 총괄 산소 전달계수(K_{La}, hr^{-1})는?

① 6
② 8
③ 10
④ 12

해설 $K_{La}(hr^{-1}) = \frac{40mg}{L \cdot hr}\left|\frac{L}{(8-3)mg}\right| = 8(/hr)$

31 2차 처리수 중에 함유된 질소, 인 등의 영양염류는 방류수역의 부영양화의 원인이 된다. 폐수 중의 인을 제거하기 위한 처리방법으로 가장 거리가 먼 것은?

① 황산반토(alum)에 의한 응집
② 석회를 투입하여 아파타이트 형태로 고정
③ 생물학적 탈인
④ Air stripping

32 생물학적 회전원판법(RBC)에서 원판이 지름 2.6m, 600매로 구성되었고, 유입수량 1,000m^3/day, BOD 200mg/L인 경우 BOD 부하(g/m^2 · day)는?(단, 회전원판은 양면사용 기준)

① 23.6
② 31.4
③ 47.2
④ 51.6

해설 BOD 부하 $= \frac{BOD \cdot Q}{A}$

$$A = \frac{\pi \cdot D^2}{4} \times 2 \times N$$

$$= \frac{\pi \cdot (2.6m)^2}{4} \times 2 \times 600 = 6,371.15(m^2)$$

$\therefore$ BOD 부하

$$= \frac{BOD \cdot Q}{A}$$

$$= \frac{200mg}{L}\left|\frac{1,000m^3}{day}\right|\frac{1}{6371.15m^2}\left|\frac{1g}{10^3mg}\right|\frac{10^3L}{1m^3}$$

$$= 31.4(g/m^2 \cdot day)$$

33 BOD 150mg/L, 유량 1,000m³/day인 폐수를 250m³의 유효용량을 가진 포기조로 처리할 경우 BOD 용적부하(kg/m³ · day)는?

① 0.2   ② 0.4
③ 0.6   ④ 0.8

> **해설** BOD 용적부하(kg/m³ · day)
> $$= \frac{BOD_i \times Q}{\forall}$$
> $$= \frac{0.15kg/m^3 \times 1,000m^3/day}{250m^3} = 0.6(kg/m^3 \cdot day)$$

34 콜로이드 평형을 이루는 힘인 인력과 반발력 중에서 반발력의 주요 원인이 되는 것은?

① 제타 포텐셜
② 중력
③ 반데르발스 힘
④ 표면장력

35 2.5mg/L의 6가크롬이 함유되어 있는 폐수를 황산제일철(FeSO₄)로 환원처리 하고자 한다. 이론적으로 필요한 황산제일철의 농도(mg/L)는?(단, 산화환원 반응 : Na₂Cr₂O₇ + 6FeSO₄ + 7H₂SO₄ → /Cr₂(SO₄)₃ + 3Fe₂(SO₄)₃ + 7H₂O + Na₂SO₄, 원자량 : S = 32, Fe = 56, Cr = 52)

① 11.0   ② 16.4
③ 21.9   ④ 43.8

> **해설**
> $2Cr \quad\equiv\quad 6FeSO_4$
> $2 \times 52(g) \quad : \quad 6 \times 152(g)$
> $2.5(mg/L) \quad : \quad X$
> $\therefore X = 21.9(mg/L)$

36 5% Alum을 사용하여 Jar Test 한 최적 결과가 다음과 같다면 Alum의 최적 주입농도(mg/L)는?(단, 5% Alum 비중 = 1.0, Alum 주입량 = 3mL, 시료량 = 500mL)

① 300   ② 400
③ 600   ④ 900

> **해설**
> $$주입률(mg/L) = \frac{5\%}{1\%} \left| \frac{10^4(mg/L)}{} \right| \frac{3mL}{500mL} = 300(mg/L)$$

37 고형물의 농도가 15%인 슬러지 100kg을 건조상에서 건조시킨 후 수분이 20%로 되었다. 제거된 수분의 양(kg)은?(단, 슬러지 비중 1.0)

① 약 18.8   ② 약 37.6
③ 약 62.6   ④ 약 81.3

> **해설** $V_1(100 - W_1) = V_2(100 - W_2)$
> $100 \times 15 = V_2(100 - 20)$
> $\therefore V_2(=건조 후 슬러지량) = 18.75(kg)$
> $\therefore$ 감소된 물의 양 = 건조 전 슬러지량 − 건조 후 슬러지량
> $\qquad\qquad\qquad = 100 - 18.75 = 81.25(kg)$

38 유입하수량 20,000m³/day, 유입 BOD 200mg/L, 폭기조 용량 1,000m³, 폭기조 내 MLSS 1,750mg/L, BOD 제거율 90%, BOD의 세포합성률(Y) 0.55, 슬러지의 자산화율 0.08day⁻¹일 때, 잉여슬러지 발생량(kg/day)은?

① 1,680   ② 1,720
③ 1,840   ④ 1,920

> **해설** $Q_w X_w = Y \cdot Q(BOD_i - BOD_o) - K_d \cdot \forall \cdot X$
> $$= \frac{0.55}{} \left| \frac{20,000m^3}{day} \right| \frac{(200 \times 0.9)mg}{L} \left| \frac{10^3 L}{1m^3} \right| \frac{1kg}{10^6 mg}$$
> $$- \frac{0.08}{day} \left| \frac{1,000m^3}{} \right| \frac{1,750mg}{L} \left| \frac{1kg}{10^6 mg} \right| \frac{10^3 L}{1m^3}$$
> $$= 1,840(kg/day)$$

39 생물막을 이용한 처리방법 중 접촉산화법의 장점으로 틀린 것은?

① 분해속도가 낮은 기질 제거에 효과적이다.
② 부하, 수량변동에 대하여 완충능력이 있다.
③ 슬러지 반송이 필요 없고 슬러지 발생량이 적다.
④ 고부하에 따른 공극 폐쇄위험이 작다.

> **해설** 접촉산화법의 장점
> ㉠ 유지관리가 용이하다.
> ㉡ 조 내 슬러지 보유량이 크고 생물상이 다양하다.
> ㉢ 분해속도가 낮은 기질 제거에 효과적이다.

② 부하, 수량변동에 대하여 완충능력이 있다.
⑩ 난분해성 물질 및 유해물질에 대한 내성이 높다.
⑭ 수온의 변동에 강하다.
⑭ 슬러지 반송이 필요 없고, 슬러지 발생량이 적다.
⑩ 소규모 시설에 적합하다.

40 일반적으로 분류식 하수관거로 유입되는 물의 종류와 가장 거리가 먼 것은?

① 가정하수
② 산업폐수
③ 우수
④ 침투수

SECTION 03 수질오염공정시험기준

41 다음의 경도와 관련된 설명으로 옳은 것은?

① 경도를 구성하는 물질은 Ca^{2+}, Mg^{2+}, K^+, Na^+ 등이 있다.
② 150mg/L as $CaCO_3$ 이하를 나타낼 경우 연수라고 한다.
③ 경도가 증가하면 세제 효과를 증가시켜 세제의 소모가 감소한다.
④ Ca^{2+}, Mg^{2+} 등이 알카리도를 이루는 탄산염, 중탄산염과 결합하여 존재하면 이를 탄산경도라 한다.

해설 경도(HD : Hardness)
㉠ 경도유발물질 : Fe^{2+}, Mg^{2+}, Ca^{2+}, Mn^{2+}, Sr^{2+}
㉡ 75mg/L as $CaCO_3$ 이하를 나타낼 경우 연수라고 한다.
㉢ 경도가 증가하면 비누가 잘 안 풀리는 경수가 된다.

42 시료채취량 기준에 관한 내용으로 ( )에 들어갈 내용으로 적합한 것은?

> 시험항목 및 시험횟수에 따라 차이가 있으나 보통 ( ) 정도이어야 한다.

① 1~2L
② 3~5L
③ 5~7L
④ 8~10L

해설 시료채취량은 시험항목 및 시험횟수에 따라 차이가 있으나 보통 3~5L 정도이어야 한다.

43 시료채취 시 유의사항으로 옳지 않은 것은?

① 휘발성 유기화합물 분석용 시료를 채취할 때에는 뚜껑의 격막을 만지지 않도록 주의하여야 한다.
② 환원성 물질 분석용 시료의 채취병을 뒤집어 공기방울이 확인되면 다시 채취하여야 한다.
③ 천부층 지하수의 시료채취 시 고속양수 펌프를 이용하여 신속히 시료를 채취하여 시료 영향을 최소화한다.
④ 시료채취 시에 시료채취시간, 보존제 사용 여부, 매질 등 분석결과에 영향을 미칠 수 있는 사항을 기재하여 분석자가 참고할 수 있도록 한다.

해설 천부층 지하수의 시료채취 시 저속양수 펌프 또는 정량이송 펌프 등을 사용한다.

44 탁도 측정 시 사용되는 탁도계의 설명으로 ( )에 들어갈 내용으로 적합한 것은?

> 광원부와 광전자식 검출기를 갖추고 있으며, 검출한계가 ( )NTU 이상인 NTU 탁도계로서 광원인 텅스텐필라멘트는 2,200~3,000K 온도에서 작동하고 측정 튜브 내의 투사광과 산란광의 총 통과거리는 10cm를 넘지 않아야 한다.

① 0.01
② 0.02
③ 0.05
④ 0.1

45 자외선/가시선 분광법을 이용한 카드뮴 측정방법에 대한 설명으로 ( )에 들어갈 내용으로 적합한 것은?

> 카드뮴 이온을 (㉠)이 존재하는 알칼리성에서 디티존과 반응시켜 생성되는 카드뮴 착염을 (㉡)으로 추출하고, 추출한 카드뮴 착염을 주석산 용액으로 역추출한 다음 다시 수산화나트륨과 (㉠)을 넣어 디티존과 반응하여 생성되는 적색의 카드뮴 착염을 (㉡)(으)로 추출하고 그 흡광도를 530nm에서 측정하는 방법이다.

① ㉠ : 시안화칼륨, ㉡ : 클로로폼
② ㉠ : 시안화칼륨, ㉡ : 사염화탄소
③ ㉠ : 디메틸글리옥심, ㉡ : 클로로폼
④ ㉠ : 디메틸글리옥심, ㉡ : 사염화탄소

46 자외선/가시선 분광법을 적용한 불소 측정 방법으로 ( ) 안에 옳은 내용은?

> 물속에 존재하는 불소를 측정하기 위해 시료에 넣은 란탄알리자린 콤플렉손의 착화합물이 불소이온과 반응하여 생성하는 ( )에서 측정하는 방법이다.

① 적색의 복합 착화합물의 흡광도를 560nm
② 청색의 복합 착화합물의 흡광도를 620nm
③ 황갈색의 복합 착화합물의 흡광도를 460nm
④ 적자색의 복합 착화합물의 흡광도를 520nm

47 유도결합플라즈마 – 원자발광분광법에 의해 측정이 불가능한 물질은?

① 염소   ② 비소
③ 망간   ④ 철

해설 유도결합플라즈마 – 원자발광분광법은 중금속을 분석하는 방법이며 분석이 불가능한 중금속은 셀레늄과 수은이다.

48 비소표준원액(1mg/mL)을 100mL 조제할 때 삼산화비소(As_2O_3)의 채취량(mg)은?(단, 비소의 원자량 = 74.92)

① 37   ② 74
③ 132   ④ 264

해설
$$X(mg) = \frac{1mg}{mL} \left| \frac{100mL}{} \right| \frac{74.92 \times 2 + 16 \times 3}{74.92 \times 2}$$
$$= 132.03(mg)$$

49 다음 실험에서 종말점 색깔을 잘못 나타낸 것은?

① 용존산소 – 무색
② 염소이온 – 엷은 적황색
③ 산성 100℃ 과망간산칼륨에 의한 COD – 엷은 홍색
④ 노말헥산추출물질 – 적색

50 수용액의 pH 측정에 관한 설명으로 틀린 것은?

① pH는 수소이온 농도 역수의 상용대수 값이다.
② pH는 기준전극과 비교전극 양 전극 간에 생성되는 기전력의 차를 이용하여 구한다.
③ 시료의 온도와 표준액의 온도차는 ±5℃ 이내로 맞춘다.
④ pH 10 이상에서 나트륨에 의해 오차가 발생할 수 있는데, 이는 "낮은 나트륨 오차 전극"을 사용하여 줄일 수 있다.

51 수질오염공정시험기준에서 총대장균군의 시험방법이 아닌 것은?

① 막여과법   ② 시험관법
③ 균군계수 시험법   ④ 평판집락법

해설 총대장균군의 시험방법
㉠ 막여과법   ㉡ 시험관법   ㉢ 평판집락법

52 수질측정 항목과 최대보존기간을 짝지은 것으로 잘못 연결된 것은?(단, 항목 – 최대보존기간)

① 색도 – 48시간   ② 6가크롬 – 24시간
③ 비소 – 6개월   ④ 유기인 – 28일

해설 유기인의 최대보존기간은 7일이다.

53 납(Pb)의 정량방법 중 자외선/가시선 분광법에 사용되는 시약이 아닌 것은?

① 에틸렌디아민 용액
② 사이트르산이암모늄 용액
③ 암모니아수
④ 시안화칼륨 용액

해설 납(Pb)의 정량방법 중 자외선/가시선 분광법에 사용하는 시약
㉠ 다이에틸다이티오카르바민산나트륨 용액(1%)
㉡ 메타크레졸퍼플 에틸알코올 용액(0.1%)
㉢ 사이트르산이암모늄 용액
㉣ 시안화칼륨 용액(5%)
㉤ 아세트산부틸
㉥ 암모니아수(1+1)
㉦ 에틸렌다이아민테트라아세트산이나트륨 용액

54 용어에 관한 설명 중 틀린 것은?

① "방울수"라 함은 15℃에서 정제수 20방울을 적하할 때, 그 부피가 약 10mL 되는 것을 말한다.

② "약"이라 함은 기재된 양에 대하여 ±10% 이상의 차이가 있어서는 안 된다.

③ 무게를 "정확히 단다"라 함은 규정된 수치의 무게를 0.1mg까지 다는 것을 말한다.

④ "항량으로 될 때까지 건조한다"라 함은 같은 조건에서 1시간 더 건조할 때 전후 무게의 차가 g당 0.3mg 이하일 때를 말한다.

해설 '방울수'라 함은 20℃에서 정제수 10방울을 적하할 때, 그 부피가 약 1mL가 되는 것을 뜻한다.

55 그림과 같은 개수로(수로의 구성 재질과 수로 단면의 형상이 일정하고 수로의 길이가 적어도 10m까지 똑바른 경우)가 있다. 수심 1m, 수로 폭 2m, 수면 경사 1/1,000인 수로의 평균유속[C(Ri)$^{0.5}$]을 케이지(Chezy)의 유속공식으로 계산하였을 때 유량(m³/min)은?(단, Bazin의유속계수 C = 87/[1+(r/$\sqrt{R}$)]이며 R = Bh/(B + 2h)이고 r = 0.46이다.)

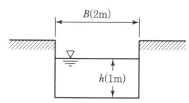

① 102
② 122
③ 142
④ 162

해설 케이지(Chezy)의 유속공식 $V = C\sqrt{RI}$

㉠ $R = \dfrac{Bh}{B+2h} = \dfrac{2 \times 1}{2 + 2 \times 1} = 0.5$

㉡ $C = \dfrac{87}{1 + \dfrac{r}{\sqrt{R}}} = \dfrac{87}{1 + \dfrac{0.46}{\sqrt{0.5}}} = 52.71$

㉢ $V = 52.71\sqrt{0.5 \times \dfrac{1}{1,000}} = 1.179\text{m/sec}$

∴ $Q = 60 \times A \times V$
$= 60 \times 2(\text{m}^2) \times 1.179(\text{m/sec})$
$= 142(\text{m}^3/\text{min})$

56 유도결합플라스마 발광광도계의 조작법 중 설정조건에 대한 설명으로 틀린 것은?

① 고주파 출력은 수용액 시료의 경우 0.8~1.4kW, 유기용매 시료의 경우 1.5~2.5kW로 설정한다.

② 가스 유량은 일반적으로 냉각가스 10~18L/min, 보조가스 5~10L/min 범위이다.

③ 분석선(파장)의 설정은 일반적으로 가장 감도가 높은 파장을 설정한다.

④ 플라스마 발광부 관측 높이는 유도코일 상단으로부터 15~18mm 범위에서 측정하는 것이 보통이다.

해설 가스 유량은 일반적으로 냉각가스 10~18L/min, 보조가스 0~2L/min, 운반가스는 0.5~2L/min 범위이다.

57 수중의 용존산소와 관련된 설명으로 틀린 것은?

① 하천의 DO가 높을 경우 하천의 오염 정도는 낮다.

② 수중의 DO는 온도가 낮을수록 감소한다.

③ 수중의 DO는 가해지는 압력이 클수록 증가한다.

④ 용존산소의 20℃ 포화농도는 9.17ppm이다.

해설 수중의 DO는 온도가 높을수록 감소한다.

58 배출허용기준 적합 여부 판정을 위한 복수시료 채취 방법에 대한 기준으로 ( )에 알맞은 것은?

> 자동 시료채취기로 시료를 채취할 경우에 6시간 이내에 30분 이상 간격으로 ( ) 이상 채취하여 일정량의 단일 시료로 한다.

① 1회
② 2회
③ 4회
④ 8회

59 이온크로마토그래프로 분석할 때 머무름 시간이 같은 물질이 존재할 경우 방해를 줄일 수 있는 방법으로 틀린 것은?

① 컬럼 교체
② 시료 희석
③ 용리액 조성 변경
④ 0.2μm 막 여과지로 여과

60 원자흡수분광도법의 원소와 불꽃 연료가 잘못 짝지어진 것은?

① 구리 : 공기－아세틸렌
② 바륨 : 아산화질소－아세틸렌
③ 비소 : 냉증기
④ 망간 : 공기－아세틸렌

SECTION 04 수질환경관계법규

61 수질오염 방지시설 중 화학적처리 시설이 아닌 것은?

① 침전물 개량시설
② 응집시설
③ 살균시설
④ 소각시설

> **해설** 응집시설은 물리적 처리시설이다.

62 배수설비의 설치방법·구조기준 중 직선 배수관의 맨홀 설치기준에 해당하는 것으로 (　)에 옳은 것은?

배수관 내경의 (　　　) 이하의 간격으로 설치

① 100배　　　　② 120배
③ 150배　　　　④ 200배

> **해설** 배수관의 기점·종점·합류점·굴곡점과 관경(管徑)·관종(管種)이 달라지는 지점에는 맨홀을 설치하여야 하며, 직선인 부분에는 내경의 120배 이하의 간격으로 맨홀을 설치하여야 한다.

63 대권역별 물환경관리계획에 포함되어야 하는 사항이 아닌 것은?

① 물환경의 변화 추이 및 물환경목표기준
② 점오염원, 비점오염원 및 기타 수질오염원의 분포현황
③ 물환경 보전 및 관리체계
④ 수질오염 예방 및 저감 대책

> **해설** 대권역 계획에 포함되어야 할 사항
> ㉠ 물환경의 변화 추이 및 물환경목표기준
> ㉡ 상수원 및 물 이용현황
> ㉢ 점오염원, 비점오염원 및 기타수질오염원의 분포현황
> ㉣ 점오염원, 비점오염원 및 기타수질오염원에서 배출되는 수질오염물질의 양
> ㉤ 수질오염 예방 및 저감 대책
> ㉥ 물환경 보전조치의 추진방향
> ㉦ 기후변화에 대한 적용대책
> ㉧ 그 밖에 환경부령으로 정하는 사항

64 폐수처리업자의 준수사항에 관한 설명으로 (　)에 옳은 것은?

수탁한 폐수는 정당한 사유 없이 10일 이상 보관할 수 없으며 보관폐수의 전체량이 저장시설 저장능력의 (　　) 이상 되게 보관하여서는 아니 된다.

① 60%　　　　② 70%
③ 80%　　　　④ 90%

> **해설** 수탁한 폐수는 정당한 사유 없이 10일 이상 보관할 수 없으며 보관폐수의 전체량이 저장시설 저장능력의 90% 이상 되게 보관하여서는 아니 된다.

65 사업장 규모를 구분하는 폐수배출량에 관한 사항으로 알맞지 않은 것은?

① 사업장의 규모별 구분은 연중 평균치를 기준으로 정한다.
② 최초 배출시설 설치허가 시의 폐수배출량은 사업계획에 따른 예상용수사용량을 기준으로 산정한다.
③ 용수사용량에는 수돗물, 공업용수, 지하수, 하천수 및 해수 등 그 사업장에서 사용하는 모든 물을 포함한다.
④ 생산공정 중 또는 방지시설의 최종 방류구에서 방류되기 전에 일정 관로를 통해 생산공정에 재이용한 물은 용수사용량에서 제외한다.

> **해설** 사업장의 규모별 구분은 1년 중 가장 많이 배출한 날을 기준으로 정한다.

66 환경기준에서 하천의 생활환경기준에 해당되지 않는 항목은?

① DO
② SS
③ T-N
④ pH

해설 환경기준에서 하천의 생활환경기준에 포함되지 않는 검 사항목

㉠ pH
㉡ BOD
㉢ TOC
㉣ SS
㉤ DO
㉥ T-P
㉦ 총대장균군
㉧ 분원성 대장균군

67 물환경보전법상 100만 원 이하의 벌금에 해당되는 경우는?

① 환경관리인의 요청을 정당한 사유 없이 거부한 자
② 배출시설 등의 운영사항에 관한 기록을 보존하지 아니한 자
③ 배출시설 등의 운영사항에 관한 기록을 허위로 기록한 자
④ 환경관리인 등의 교육을 받게 하지 아니한 자

68 환경정책기본법령의 수질 및 수생태계 환경기준으로 하천에서 사람의 건강보호 기준이 다른 수질오염물질은?

① 납
② 비소
③ 카드뮴
④ 6가크롬

해설 ① 납 : 0.05mg/L
② 비소 : 0.05mg/L
③ 카드뮴 : 0.005mg/L
④ 6가크롬 : 0.05mg/L

69 골프장 안의 잔디 및 수목 등에 맹고독성 농약을 사용한 자에 대한 벌칙기준으로 적절한 것은?

① 100만 원 이하의 과태료
② 1천만 원 이하의 과태료
③ 1년 이하의 징역 또는 1천만 원 이하의 벌금
④ 3년 이하의 징역 또는 3천만 원 이하의 벌금

70 환경부장관이 비점오염원관리대책 수립 시 포함하여야 하는 사항이 아닌 것은?

① 관리목표
② 관리대상 수질오염물질의 종류 및 발생량
③ 관리대상 수질오염물질의 발생 예방 및 저감 방안
④ 적정한 관리를 위하여 대통령령으로 정하는 사항

해설 비점오염원관리대책 수립 시 포함하여야 하는 사항

㉠ 관리목표
㉡ 관리대상 수질오염물질의 종류 및 발생량
㉢ 관리대상 수질오염물질의 발생 예방 및 저감 방안
㉣ 그 밖에 관리지역을 적정하게 관리하기 위하여 환경부령으로 정하는 사항

71 측정망 설치계획에 포함되어야 하는 사항이라 볼 수 없는 것은?

① 측정망 설치시기
② 측정오염물질 및 측정농도 범위
③ 측정망 배치도
④ 측정망을 설치할 토지 또는 건축물의 위치 및 면적

해설 측정망 설치계획에 포함되어야 하는 사항

㉠ 측정망 설치시기
㉡ 측정망 배치도
㉢ 측정망을 설치할 토지 또는 건축물의 위치 및 면적
㉣ 측정망 운영기관
㉤ 측정자료의 확인방법

72 시·도지사가 희석하여야만 수질오염물질의 처리가 가능하다고 인정할 수 없는 경우는?

① 폐수의 염분 농도가 높아 원래의 상태로는 생물학적 처리가 어려운 경우
② 폐수의 유기물 농도가 높아 원래의 상태로는 생물학적 처리가 어려운 경우
③ 폐수의 중금속 농도가 높아 원래의 상태로는 화학적 처리가 어려운 경우
④ 폭발의 위험 등이 있어 원래의 상태로는 화학적 처리가 어려운 경우

해설 시·도지사가 희석하여야만 오염물질의 처리가 가능하다고 인정할 수 있는 경우
- ㉠ 폐수의 염분이나 유기물의 농도가 높아 원래의 상태로는 생물화학적 처리가 어려운 경우
- ㉡ 폭발의 위험 등이 있어 원래의 상태로는 화학적 처리가 어려운 경우

73 환경기술인을 두어야 할 사업장의 범위 및 환경기술인의 자격기준을 정하는 주체는?

① 환경부장관　　② 대통령
③ 사업주　　　　④ 시·도지사

해설 환경기술인을 두어야 할 사업장의 범위와 환경기술인의 자격기준은 대통령령으로 정한다.

74 물환경보전법에서 사용하는 용어의 정의로 틀린 것은?

① 폐수 : 물에 액체성 또는 고체성의 수질오염 물질이 섞여 있어 그대로는 사용할 수 없는 물을 말한다.
② 강우유출량 : 불특정 장소에 불특정하게 유출되는 빗물 또는 눈 녹은 물 등을 말한다.
③ 공공수역 : 하천, 호소, 항만, 연안해역, 그 밖에 공공용으로 사용되는 수역과 이에 접속하여 공공용으로 사용되는 환경부령으로 정하는 수로를 말한다.
④ 불투수면 : 빗물 또는 눈 녹은 물 등이 지하로 스며들 수 없게 하는 아스팔트·콘크리트 등으로 포장된 도로, 주차장, 보도 등을 말한다.

해설 비점오염원
도시, 도로, 농지, 산지, 공사장 등으로서 불특정 장소에서 불특정하게 수질오염물질을 배출하는 배출원을 말한다.

75 오염총량관리기본방침에 포함되어야 하는 사항으로 틀린 것은?

① 오염원의 조사 및 오염부하량 산정방법
② 총량관리 단위유역의 자연 지리적 오염원 현황과 전망
③ 오염총량관리의 대상 수질오염물질 종류
④ 오염총량관리의 목표

해설 오염총량관리기본방침
- ㉠ 오염총량관리의 목표
- ㉡ 오염총량관리의 대상 수질오염물질 종류
- ㉢ 오염원의 조사 및 오염부하량 산정방법
- ㉣ 오염총량관리기본계획의 주체, 내용, 방법 및 시한
- ㉤ 오염총량관리시행계획의 내용 및 방법

76 다음 설명에 해당하는 환경부령이 정하는 비점오염 관련 관계전문기관으로 옳은 것은?

> 환경부장관은 비점오염저감계획을 검토하거나 비점오염저감시설을 설치하지 아니하여도 되는 사업장을 인정하려는 때에는 그 적정성에 관하여 환경부령이 정하는 관계전문기관의 의견을 들을 수 있다.

① 국립환경과학원
② 한국환경정책·평가연구원
③ 한국환경기술개발원
④ 한국건설기술연구원

해설 비점오염원 관련 관계전문기관
- ㉠ 한국환경공단
- ㉡ 한국환경정책·평가연구원

77 시장·군수·구청장이 낚시금지구역 또는 낚시제한구역을 지정하려 할 때 고려하여야 할 사항으로 틀린 것은?

① 지정의 목적
② 오염원 현황
③ 수질오염도
④ 연도별 낚시 인구의 현황

해설 낚시금지구역 또는 낚시제한구역을 지정하려는 경우 고려할 사항
- ㉠ 용수의 목적
- ㉡ 오염원 현황
- ㉢ 수질오염도
- ㉣ 낚시터 인근에서의 쓰레기 발생 현황 및 처리 여건
- ㉤ 연도별 낚시 인구의 현황
- ㉥ 서식 어류의 종류 및 양 등 수중생태계의 현황

78 위임업무보고사항 중 배출부과금 부과실적 보고횟수로 적절한 것은?

① 연 2회   ② 연 4회
③ 연 6회   ④ 연 12회

79 1일 폐수 배출량이 500m³인 사업장은 몇 종 사업장에 해당되는가?

① 제2종 사업장   ② 제3종 사업장
③ 제4종 사업장   ④ 제5종 사업장

해설 사업장의 규모별 구분

종류	배출규모
제1종 사업장	1일 폐수배출량이 2,000m³ 이상인 사업장
제2종 사업장	1일 폐수배출량이 700m³ 이상, 2,000m³ 미만인 사업장
제3종 사업장	1일 폐수배출량이 200m³ 이상, 700m³ 미만인 사업장
제4종 사업장	1일 폐수배출량이 50m³ 이상, 200m³ 미만인 사업장
제5종 사업장	위 제1종부터 제4종까지의 사업장에 해당하지 아니하는 배출시설

80 기본배출부과금은 오염물질배출량과 배출농도를 기준으로 산식에 따라 산정하는데, 기본부과금 산정에 필요한 사업장별 부과계수가 틀린 것은?

① 제1종 사업장(10,000m³/일 이상) : 1.8
② 제2종 사업장 : 1.4
③ 제3종 사업장 : 1.2
④ 제4종 사업장 : 1.1

해설 사업장별 부과계수

사업장 규모		부과 계수
제1종 사업장 (단위 : m³/일)	10,000 이상	1.8
	8,000 이상 10,000 미만	1.7
	6,000 이상 8,000 미만	1.6
	4,000 이상 6,000 미만	1.5
	2,000 이상 4,000 미만	1.4
제2종 사업장		1.3
제3종 사업장		1.2
제4종 사업장		1.1

SECTION 01 수질오염개론

01 Na$^+$ 460mg/L, Ca^{2+} 200mg/L, Mg^{2+} 264mg/L인 농업용수가 있을 때 SAR의 값은?(단, 원자량 Na = 23, Ca = 40, Mg = 24)

① 4
② 5
③ 6
④ 7

해설

$$SAR = \frac{Na^+}{\sqrt{\dfrac{Mg^{2+} + Ca^{2+}}{2}}}$$

(단, 모든 단위는 meq/L이다.)

$$Na^+\left(\frac{meq}{L}\right) = \frac{460mg}{L}\left|\frac{1meq}{(23/1)mg}\right| = 20(meq/L)$$

$$Ca^{2+}\left(\frac{meq}{L}\right) = \frac{200mg}{L}\left|\frac{1meq}{(40/2)mg}\right| = 10(meq/L)$$

$$Mg^{2+}\left(\frac{meq}{L}\right) = \frac{264mg}{L}\left|\frac{meq}{(24/2)mg}\right| = 22meq/L$$

$$SAR = \frac{20}{\sqrt{\dfrac{10+22}{2}}} = 5$$

02 수산화나트륨 30g을 증류수에 넣어 1.5L로 하였을 때 규정농도(N)는?(단, Na의 원자량 = 23)

① 0.5
② 1.0
③ 1.5
④ 2.0

해설

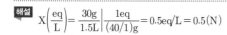

$$X\left(\frac{eq}{L}\right) = \frac{30g}{1.5L}\left|\frac{1eq}{(40/1)g}\right| = 0.5eq/L = 0.5(N)$$

03 산소 전달의 환경인자에 관한 설명으로 옳은 것은?

① 수온이 높을수록 증가한다.
② 압력이 낮을수록 산소의 용해율은 증가한다.
③ 염분농도가 높을수록 산소의 용해율은 증가한다.
④ 현존의 수중 DO 농도가 낮을수록 산소의 용해율은 증가한다.

해설 수온이 높을수록, 압력이 낮을수록, 염분농도가 높을수록 산소의 용해율은 감소한다.

04 깊은 호수나 저수지에 수직방향의 물 운동이 없을 때 생기는 성층현상의 성층 구분을 수표면에서부터 순서대로 나열한 것은?

① Epilimnion → Thermocline → Hypolimnion → 침전물층
② Epilimnion → Hypolimnion → Thermocline → 침전물층
③ Hypolimnion → Thermocline → Epilimnion → 침전물층
④ Hypolimnion → Epilimnion → Thermocline → 침전물층

해설 성층현상이 생겼을 때 호수는 표층수면으로부터 순환층(epilimnion) → 약층(躍層 : thermocline)·변온층(變溫層) → 정체층(hypolimnion)·심수층 → 침전물층(바닥)이 된다.

05 오수 미생물 중에서 유황화합물을 산화하여 균체 내 또는 균체 외에 유황입자를 축적하는 것은?

① Zoogloea
② Sphaerotilus
③ Beggiatoa
④ Crenothrix

해설 유황박테리아 : Beggiatoa

06 회복지대의 특성에 대한 설명으로 옳지 않은 것은? (단, Whipple의 하천정화단계 기준)

① 용존산소량이 증가함에 따라 질산염과 아질산염의 농도가 감소한다.
② 혐기성 균이 호기성 균으로 대체되며 Fungi도 조금씩 발생한다.
③ 광합성을 하는 조류가 번식하고 원생동물, 윤충, 갑각류가 번식한다.
④ 바닥에서는 조개나 벌레의 유충이 번식하며 오염에 견디는 힘이 강한 은빛 담수어 등의 물고기도 서식한다.

1. ② 2. ① 3. ④ 4. ① 5. ③ 6. ① | **ANSWER**

해설 회복지대(Zone of Recovery)의 특성
분해 가능한 유기물이 서서히 고갈되면서 DO의 소모량에 비해 수면의 재폭기에 의한 상대적 산소량이 높기 때문에 수중의 용존산소는 서서히 증가하여 DO가 포화될 정도로 증가하는 지대로서, 분해지대에서 발생된 NH_3-N가 NO_2-N 및 NO_3-N으로 질산화된다.

07 10^{-3}mol CH_3COOH의 pH는?(단, CH_3COOH의 $K_a = 10^{-4.76}$)

① 3.0
② 3.9
③ 5.0
④ 5.9

해설 $K_a = \dfrac{[H^+][CH_3COO^-]}{[CH_3COOH]} = 10^{-4.76}$

$CH_3COOH\left(\dfrac{mol}{L}\right) = 10^{-3}mol/L$

$10^{-4.76} = \dfrac{[H^+]^2}{10^{-3}}$

$[H^+] = 1.288 \times 10^{-4}(mol/L)$

$pH = \log\dfrac{1}{1.288 \times 10^{-4}} = 3.89$

08 50℃에서 순수한 물 1L의 몰농도(mol/L)는?(단, 50℃ 물의 밀도 = 0.9881g/mL)

① 33.6
② 54.9
③ 98.9
④ 109.8

해설 $M\left(\dfrac{mol}{L}\right) = \dfrac{1mol}{18g}\left|\dfrac{0.9881g}{mL}\right|\dfrac{1,000mL}{1L}$
$= 54.89(mol/L)$

09 대장균군에 관한 설명으로 틀린 것은?

① 인축의 내장에 서식하므로 소화기계 전염병원균의 존재 추정이 가능하다.
② 병원균에 비해 물속에서 오래 생존한다.
③ 병원균보다 저항력이 강하다.
④ Virus보다 소독에 대한 저항력이 강하다.

해설 대장균은 Virus보다 소독에 대한 저항력이 약하다.

10 에너지원으로 빛을 이용하며 유기탄소를 탄소원으로 이용하는 미생물군은?

① 광합성 독립영양 미생물
② 화학합성 독립영양 미생물
③ 광합성 종속영양 미생물
④ 화학합성 종속영양 미생물

11 Bacteria($C_5H_7O_2N$) 18g의 이론적인 COD(g)는? (단, 질소는 암모니아로 분해됨)

① 약 25.5
② 약 28.8
③ 약 32.3
④ 약 37.5

해설 $C_5H_7NO_2 + 5O_2 \rightarrow 5CO_2 + NH_3 + 2H_2O$
113g : $5 \times 32g$
18g : X
∴ X = 25.49(g)

12 수질 모델 중 Streeter & Phelps 모델에 관한 내용으로 옳은 것은?

① 하천을 완전혼합흐름으로 가정하였다.
② 점오염원이 아닌 비점오염원으로 오염부하량을 고려한다.
③ 유속, 수심, 조도계수에 의해 확산계수를 결정한다.
④ 유기물의 분해와 재폭기만을 고려하였다.

해설 Streeter-Phelps Model은 점오염원으로부터 오염 부하량을 고려한다.

13 pH 3~5 정도의 영역인 폐수에서도 잘 생장하는 미생물은?

① Fungi
② Bacteria
③ Algae
④ Protozoa

14 우리나라에서 주로 설치·사용되는 분뇨정화조의 형태로 가장 적합하게 짝지어진 것은?

① 임호프탱크 – 부패탱크
② 접촉포기법 – 접촉안정법
③ 부패탱크 – 접촉포기법
④ 임호프탱크 – 접촉포기법

15 임의의 시간 후의 용존산소 부족량(용존산소 곡선식)을 구하기 위해 필요한 기본인자와 가장 거리가 먼 것은?

① 재포기계수
② BOD_u
③ 수심
④ 탈산소계수

해설 용존산소 부족량

$$D_t = \frac{K_1 \cdot L_o}{K_2 - K_1}(10^{-K_1 \cdot t} - 10^{-K_2 \cdot t}) + D_o \cdot 10^{-K_2 \cdot t}$$

여기서, K_1 : 탈산소계수

K_2 : 재포기계수

L_o : BOD_u

t : 유하시간

D_o : 초기 DO 부족량

따라서 용존산소 부족량과 관계가 없는 인자는 수심이다.

16 실험용 물고기에 독성물질을 경구 투입 시 실험대상 물고기의 50%가 죽는 농도를 나타낸 것은?

① LC_{50} ② TLm
③ LD_{50} ④ BIP

해설 독성도

㉠ TLm : 일정 시간 경과 후 시험생물의 50%가 생존할 수 있는 독성물질의 농도(간접법)

㉡ LC_{50} : 일정한 조건하에서 독성물질을 시험동물에 직접적으로 투여할 경우 해당 동물의 50%가 죽는 독성물질의 용량(무게 : kg)(직접법)

㉢ LD_{50} : 일정한 조건하에서 독성물질을 시험동물에 직접적으로 투여할 경우 해당 동물의 50%가 죽는 독성물질의 농도(mg/L)(직접법)

㉣ BIP : 현미경적인 생물을 대상으로 하여 수중의 생물상을 조사함으로써 물의 오염도를 판정하는 지표

17 산성폐수에 NaOH 0.7% 용액 150mL를 사용하여 중화하였다. 같은 산성폐수 중화에 $Ca(OH)_2$ 0.7% 용액을 사용한다면 필요한 $Ca(OH)_2$ 용액(mL)은? (단, 원자량 Na = 23, Ca = 40, 폐수 비중 = 1.0)

① 약 207 ② 약 139
③ 약 92 ④ 약 81

해설 중화공식을 이용한다.

$$\frac{0.7gNaOH}{100mL}\bigg|\frac{150mL}{}\bigg|\frac{1eq}{40g} = \frac{0.7gCa(OH)_2}{100mL}\bigg|\frac{XmL}{}\bigg|\frac{1eq}{74/2g}$$

$X = 138.75mL$

18 적조현상과 관계가 가장 적은 것은?

① 해류의 정체
② 염분농도의 증가
③ 수온의 상승
④ 영양염류의 증가

해설 적조현상은 강우에 따른 하천수의 유입으로 염분량이 낮아지고, 물리적 자극물질이 보급될 때 발생하는 현상이다. 따라서 염분농도의 증가는 적조현상과 관계가 없다.

19 유해물질, 오염발생원과 인간에 미치는 영향에 대하여 틀리게 짝지어진 것은?

① 구리 - 도금공장, 파이프제조업 - 만성중독 시 간 경변
② 시안 - 아연제련공장, 인쇄공업 - 파킨슨씨병 증상
③ PCB - 변압기, 콘덴서 공장 - 카네미유증
④ 비소 - 광산정련공업, 피혁공업 - 피부 흑색(청색)화

해설 시안은 도금공업, 금은 정련공업에서 환경 중으로 배출되며, 질식증상을 일으킨다.

20 물의 물리적 특성을 나타내는 용어와 단위가 틀린 것은?

① 밀도 - g/cm^3
② 표면장력 - $dyne/cm^2$
③ 압력 - $dyne/cm^2$
④ 열전도도 - $cal/cm \cdot sec \cdot ℃$

해설 표면장력의 단위는 $dyne/cm$이다.

SECTION 02 수질오염방지기술

21 염산 18.25g을 중화시킬 때 필요한 수산화칼슘의 양(g)은?(단, 원자량 Cl = 35.5, Ca = 40)

① 18.5 ② 24.5
③ 37.5 ④ 44.5

해설 $NV = N'V'$

$$18.25g \times \frac{1eq}{36.5g} = Xg \times \frac{1eq}{74/2g}$$

$$\therefore X(Ca(OH)_2) = 18.5(g)$$

22 125m^3/h의 폐수가 유입되는 침전지의 월류부하가 100m^3/m·day일 때, 침전지의 월류위어의 유효길이(m)는?

① 10 ② 20
③ 30 ④ 40

해설
$$유효길이(m) = \frac{125m^3}{hr} \left| \frac{m \cdot day}{100m^3} \right| \frac{24hr}{1day} = 30(m)$$

23 물 25.2g에 글루코스($C_6H_{12}O_6$)가 4.57g 녹아 있는 용액의 몰랄농도(m)는?(단, $C_6H_{12}O_6$ 분자량 = 180.2)

① 약 1.0 ② 약 2.0
③ 약 3.0 ④ 약 4.0

해설 몰랄농도는 용매 1kg당 용질의 몰수를 말한다.

$$X(mol/kg) = \frac{0.0254}{25.2g} \left| \frac{1,000g}{1kg} \right| = 1.0$$

$$여기서, n = \frac{질량}{분자량} = \frac{4.57g}{180g} = 0.0254$$

24 물의 혼합 정도를 나타내는 속도경사 G를 구하는 공식은?(단, μ : 물의 점성계수, V : 반응조 체적, P : 동력)

① $G = \sqrt{\dfrac{PV}{\mu}}$ ② $G = \sqrt{\dfrac{V}{\mu P}}$

③ $G = \sqrt{\dfrac{\mu}{PV}}$ ④ $G = \sqrt{\dfrac{P}{\mu V}}$

25 정수처리를 위하여 막여과시설을 설치하였을 때 막 모듈의 파울링에 해당되는 내용은?

① 장기적인 압력부하에 의한 막 구조의 압밀화(creep 변형)
② 건조나 수축으로 인한 막 구조의 비가역적인 변화
③ 막의 다공질부의 흡착, 석출, 포착 등에 의한 폐색
④ 원수 중의 고형물이나 진동에 의한 막 면의 상처나 마모, 파단

해설 막의 파울링이란 막 자체의 변화가 아니라 외적요인으로 막의 성능이 변화하는 것으로 원인에 따라서는 세척함으로써 성능이 회복될 수도 있다.

26 BOD 농도가 2,000mg/L이고 폐수배출량이 1,000m^3/day인 산업폐수를 BOD 부하량이 500kg/day로 될 때까지 감소시키기 위해 필요한 BOD 제거효율(%)은?

① 70 ② 75
③ 80 ④ 85

해설
$$BOD부하(kg/day) = \frac{2kg}{m^3} \left| \frac{1,000m^3}{day} \right| = 2,000(kg/day)$$

$$\therefore \eta = \left(1 - \frac{500}{2,000}\right) \times 100 = 75(\%)$$

27 20,000명이 거주하는 소도시에 하수처리장이 있으며 처리효율은 60%라 한다. 평균유량 0.2m^3/s인 하천에 하수처리장의 유출수가 유입되어 BOD 농도가 12mg/L였다면, 이 경우의 BOD 유출률(%)은?(단, 인구 1인당 BOD 발생량 = 50g/일)

① 52 ② 62
③ 72 ④ 82

해설 ㉠ 유출 BOD부하

$$\frac{50g}{인 \cdot 일} \left| \frac{20,000인}{} \right| \frac{40}{100} = 400,000(g/day)$$

㉡ 하천의 BOD부하

$$\frac{0.2m^3}{sec} \left| \frac{12mg}{L} \right| \frac{1,000L}{1m^3} \left| \frac{1g}{10^3mg} \right| \frac{86,400sec}{1day}$$

$$= 207,360(g/day)$$

$$\therefore 유출률 = \frac{207,360}{400,000} \times 100 = 51.84(\%)$$

28 슬러지 농축방법 중 부상식 농축에 관한 내용으로 옳지 않은 것은?

① 소요면적이 크며 악취문제 발생
② 잉여슬러지에 효과적임
③ 실내에 설치 시 부식 방지
④ 약품 주입 없이도 운전 가능

> **해설** 부상식 농축은 잉여슬러지에 효과적이며, 약품주입 없이도 운전이 가능하다. 그러나 소요면적이 크고, 악취문제가 발생하며, 실내에 설치할 경우 부식 문제를 유발할 가능성이 있다.

29 침전지로 유입되는 부유물질의 침전속도 분포가 다음 표와 같다. 표면적 부하가 $4,032m^3/m^2 \cdot day$일 때, 전체 제거효율(%)은?

침전속도(m/min)	3.0	2.8	2.5	2.0
남아있는 중량비율	0.55	0.46	0.35	0.3

① 74
② 64
③ 54
④ 44

30 축산폐수 처리에 대한 설명으로 옳지 않은 것은?

① BOD 농도가 높아 생물학적 처리가 효과적이다.
② 호기성 처리공정과 혐기성 처리공정을 조합하면 효과적이다.
③ 돈사폐수의 유기물 농도는 돈사 형태와 유지관리에 따라 크게 변한다.
④ COD 농도가 매우 높아 화학적으로 처리하면 경제적이고 효과적이다.

31 오염물질의 농도가 200mg/L이고 반응 2시간 후의 농도가 20mg/L로 되었다. 1시간 후의 반응물질 농도(mg/L)는?(단, 반응속도는 1차반응, Base는 상용대수)

① 28.6
② 32.5
③ 63.2
④ 93.8

> **해설**
> $$\ln\frac{C_t}{C_o} = -K \cdot t$$
> ㉠ t = 2hr일 때 $C_o = 200(mg/L)$, $C_t = 20(mg/L)$이므로 반응속도 K와의 계산식을 만들면
> $$\ln\left(\frac{20}{200}\right) = -K \cdot 2hr$$
> $$\therefore K = 1.15(hr^{-1})$$
> ㉡ 1시간 후의 농도를 구하면
> $$\ln\left(\frac{C_t}{200}\right) = \frac{-1.15}{hr}\bigg| 1hr$$
> $$\therefore C_t = 63.32(mg/L)$$

32 물 $5m^3$의 DO가 9.0mg/L이다. 이 산소를 제거하는 데 이론적으로 필요한 아황산나트륨(Na_2SO_3)의 양(g)은?(단, Na 원자량 = 23)

① 약 355
② 약 385
③ 약 402
④ 약 429

> **해설**
> $Na_2SO_3 + 0.5O_2 \rightarrow Na_2SO_4$
>   126(g)   : $0.5 \times 32(g)$
>   X(mg/L)   :   9(mg/L)
> X = 70.875(mg/L)
>
> ∴ 아황산나트륨의 양(g)
> $$= \frac{70.875mg}{L}\bigg|\frac{1g}{10^3mg}\bigg|\frac{5m^3}{}\bigg|\frac{10^3L}{1m^3} = 354.375(g)$$

33 하수 슬러지의 농축방법별 특징으로 옳지 않은 것은?

① 중력식 : 잉여슬러지의 농축에 부적합
② 부상식 : 악취문제가 발생함
③ 원심분리식 : 악취가 적음
④ 중력벨트식 : 별도의 세정장치가 필요 없음

> **해설** 중력벨트식 농축은 세정수가 다른 기종에 비해 많이 소요되기 때문에 별도의 세정장치가 필요하다.

34 비교적 일정한 유량을 폐수처리장에 공급하기 위한 것으로, 예비처리시설 다음에 설치되는 시설은?

① 균등조
② 침사조
③ 스크린조
④ 침전조

35 생물학적 하수 고도처리공법인 A/O 공법에 대한 설명으로 틀린 것은?

① 사상성 미생물에 의한 벌킹이 억제되는 효과가 있다.
② 표준활성슬러지법의 반응조 전반 20~40% 정도를 혐기반응조로 하는 것이 표준이다.
③ 혐기반응조에서 탈질이 주로 이루어진다.
④ 처리수의 BOD 및 SS 농도를 표준활성슬러지법과 동등하게 처리할 수 있다.

해설 혐기조에서는 유기물 제거와 인의 방출이 일어나고 폭기조에서는 인의 과잉섭취가 일어난다. A/O 공정에는 질소 제거 기능이 없다.

36 분리막을 이용한 수처리 방법과 구동력의 관계로 틀린 것은?

① 역삼투 – 농도차
② 정밀여과 – 정수압차
③ 전기투석 – 전위차
④ 한외여과 – 정수압차

해설 역삼투법은 반투과성 멤브레인 막과 정수압을 이용하여 염용액으로부터 물과 같은 용매를 분리하는 방법으로 추진력은 정압차이다.

37 하수처리 시 활성슬러지법과 비교한 생물막법(회전원판법)의 단점으로 볼 수 없는 것은?

① 활성슬러지법과 비교하면 이차침전지로부터 미세한 SS가 유출되기 쉽다.
② 처리과정에서 질산화반응이 진행되기 쉽고 이에 따라 처리수의 pH가 낮아지게 되거나 BOD가 높게 유출될 수 있다.
③ 생물막법은 운전관리 조작이 간단하지만 운전조작의 유연성에 결점이 있어 문제가 발생할 경우에 운전방법의 변경 등 적절한 대처가 곤란하다.
④ 반응조를 다단화하기 어려워 처리의 안정성이 떨어진다.

38 임호프 탱크의 구성요소가 아닌 것은?

① 응집실
② 스컴실
③ 소화실
④ 침전실

해설 임호프 탱크는 스컴실, 소화실, 침전실로 구성되어 있다.

39 직경이 1.0mm이고 비중이 2.0인 입자를 17℃의 물에 넣었다. 입자가 3m 침강하는 데 걸리는 시간(s)은?(단, 17℃일 때 물의 점성계수 = 1.089×10^{-3} kg/m · s, Stokes 침강이론 기준)

① 6
② 16
③ 38
④ 56

해설
$$V_g = \frac{d_p^2 \cdot (\rho_p - \rho) \cdot g}{18 \cdot \mu}$$
$$= \frac{(1.0 \times 10^{-3})^2 (2,000 - 1,000) \times 9.8}{18 \times 1.089 \times 10^{-3}}$$
$$= 0.5 \, (m/sec)$$
$$\therefore \ t = \frac{3m}{} \left| \frac{sec}{0.5m} \right. = 6 \, (sec)$$

40 유기성 콜로이드가 다량 함유된 폐수의 처리방법으로 옳지 않은 것은?

① 중력침전법
② 응집침전법
③ 활성슬러지법
④ 살수여상법

SECTION **03** 수질오염공정시험기준

41 노말헥산 추출물질시험법에서 염산(1 + 1)으로 산성화할 때 넣어주는 지시약과 pH로 옳은 것은?

① 메틸레드 – pH 4.0 이하
② 메틸오렌지 – pH 4.0 이하
③ 메틸레드 – pH 2.0 이하
④ 메틸오렌지 – pH 2.0 이하

시료 적당량(노말헥산 추출물질로서 5~200 mg 해당량)을 분별깔때기에 넣은 후 메틸오렌지용액(0.1%) 2~3방울을 넣고 황색이 적색으로 변할 때까지 염산(1+1)을 넣어 시료의 pH를 4 이하로 조절한다.

42 다음 중 질산성 질소 분석방법이 아닌 것은?

① 이온크로마토그래피법
② 자외선/가시선 분광법(부루신법)
③ 자외선/가시선 분광법(활성탄흡착법)
④ 카드뮴 환원법

질산성 질소 분석방법
㉠ 이온크로마토그래피
㉡ 자외선/가시선 분광법(부루신법)
㉢ 자외선/가시선 분광법(활성탄흡착법)
㉣ 데발다합금 환원증류법

43 수질오염공정시험기준상 6가크롬을 측정하는 방법이 아닌 것은?

① 원자흡수분광광도법
② 진콘법
③ 유도결합플라스마 – 원자발광분광법
④ 자외선/가시선분광법

6가크롬(Cr^{6+})의 측정방법
㉠ 원자흡수분광광도법
㉡ 자외선/가시선분광법
㉢ 유도결합플라스마 – 원자발광분광법

44 화학적 산소요구량(CODMn)에 대한 설명으로 틀린 것은?

① 시료량은 가열반응 후에 0.025N 과망간산칼륨용액의 소모량이 70~90%가 남도록 취한다.
② 시료의 COD 값이 10mg/L 이하일 때는 시료 100mL를 취하여 그대로 실험한다.
③ 수욕 중에서 30분보다 더 가열하면 COD 값은 증가한다.
④ 황산은 분말 1g 대신 질산은 용액(20%) 5mL 또는 질산은 분말 1g을 첨가해도 좋다.

시료의 양은 30분간 가열반응한 후에 과망간산칼륨용액(0.005M)이 처음 첨가한 양의 50%~70%가 남도록 채취한다.

45 다음은 페놀류를 자외선/가시선분광법을 적용하여 분석할 때에 관한 내용으로 (   )에 옳은 것은?

> 이 시험기준은 물속에 존재하는 페놀류를 측정하기 위하여 증류한 시료에 염화암모늄–암모니아 완충용액을 넣어 pH (   )으로 조절한 다음 4–아미노안티피린과 핵사시안화철(II)산칼륨을 넣어 생성된 붉은 색의 안티피린계 색소의 흡광도를 측정하는 방법이다.

① 8   ② 9
③ 10   ④ 11

자외선/가시선분광법에 의한 페놀류 측정원리
물속에 존재하는 페놀류를 측정하기 위하여 증류한 시료에 염화암모늄–암모니아 완충용액을 넣어 pH 10으로 조절한 다음 4–아미노안티피린과 헥사시안화철(II)산칼륨을 넣어 생성된 안티피린계 흡광도를 측정하는 방법이다.

46 클로로필 a 측정 시 클로로필 색소를 추출하는 데 사용되는 용액은?

① 아세톤(1+9) 용액
② 아세톤(9+1) 용액
③ 에틸알코올(1+9) 용액
④ 에틸알코올(9+1) 용액

물속의 클로로필 a의 양을 측정하는 방법으로 아세톤(9+1) 용액을 이용하여 시료를 여과한 여과지로부터 클로로필 색소를 추출하고, 추출액의 흡광도를 663, 645, 630, 및 750nm 에서 측정하여 클로로필 a의 양을 계산한다.

47 자외선/가시선분광법에 의한 음이온계면활성제 측정 시 메틸렌블루와 반응시켜 생성된 착화합물의 추출용매로 가장 적절한 것은?

① 디티존사염화탄소
② 클로로폼
③ 트리클로로에틸렌
④ 노말헥산

해설 메틸렌블루와 반응시켜 생성된 착화합물을 추출할 때 클로로폼을 사용한다.

48 원자흡수분광광도계의 구성요소가 아닌 것은?

① 속빈음극램프
② 전자포획형 검출기
③ 예혼합버너
④ 분무기

49 개수로에 의한 유량 측정 시 평균유속은 Chezy의 유속공식을 적용한다. 여기서 경심에 대한 설명으로 옳은 것은?

① 유수단면적을 윤변으로 나눈 것을 말한다.
② 윤변에서 유수단면적을 뺀 것을 말한다.
③ 윤변과 유수단면적을 곱한 것을 말한다.
④ 윤변과 유수단면적을 더한 것을 말한다.

해설 경심은 유수 단면적(A)을 윤변(S)으로 나눈 것을 말한다.

50 다음 조건으로 계산된 직각삼각위어의 유량(m^3/min)은?(단, 유량계수 $K = 81.2 + \dfrac{0.24}{h}\left[\left(8.4 + \dfrac{12}{\sqrt{D}}\right) \times \left(\dfrac{h}{B} - 0.09\right)^2\right]$, $D = 0.25m$, $B = 0.8m$, $h = 0.1m$)

① 약 0.26
② 약 0.52
③ 약 1.04
④ 약 2.08

해설
$$K = 81.2 + \dfrac{0.24}{0.1} + \left(8.4 + \dfrac{12}{\sqrt{0.25}}\right) \times \left(\dfrac{0.1}{0.8} - 0.09\right)^2$$
$$= 83.64$$

직각삼각위어 = $Q\left(\dfrac{m^3}{min}\right) = Kh^{\frac{5}{2}} = 83.64 \times 0.1^{\frac{5}{2}}$
$$= 0.26 (m^3/min)$$

51 측정시료 채취 시 유리용기만을 사용해야 하는 항목은?

① 불소
② 유기인
③ 알킬수은
④ 시안

52 항목별 시료 보존방법에 관한 설명으로 틀린 것은?

① 아질산성질소 함유시료는 4℃에서 보관한다.
② 인산염인 함유시료는 즉시 여과한 후 4℃에서 보관한다.
③ 클로로필a 함유시료는 즉시 여과한 후 −20℃ 이하에서 보관한다.
④ 불소 함유시료는 6℃ 이하, 현장에서 멸균된 여과지로 여과하여 보관한다.

해설 불소 함유시료의 시료 보존방법은 공정시험기준에 없다.

53 총인의 측정법 중 아스코르빈산 환원법에 관한 설명으로 맞는 것은?

① 220nm에서 시료용액의 흡광도를 측정한다.
② 다량의 유기물을 함유한 시료는 과황산칼륨 분해법을 사용하여 전처리한다.
③ 전처리한 시료의 상등액이 탁할 경우에는 염산 주입 후 가열한다.
④ 정량한계는 0.005mg/L이다.

해설 총인의 측정법 중 자외선/가시선분광법(아스코르빈산 환원법)
㉠ 880nm에서 시료용액의 흡광도를 측정한다.
㉡ 다량의 유기물을 함유한 시료는 질산−황산 분해법을 사용하여 전처리한다.
㉢ 분해되기 쉬운 유기물을 함유한 시료는 과황산칼륨 분해를 사용하여 전처리한다.
㉣ 전처리한 시료가 탁한 경우에는 유리섬유 여과지로 여과하여 여과액을 사용한다.

54 시안(자외선/가시선분광법) 분석에 관한 설명으로 틀린 것은?

① 각 시안화합물의 종류를 구분하여 정량할 수 없다.
② 황화합물이 함유된 시료는 아세트산나트륨 용액을 넣어 제거한다.
③ 시료에 다량의 유지류를 포함한 경우 노말헥산 또는 클로로폼으로 추출하여 제거한다.
④ 정량한계는 0.01mg/L이다.

해설 황화합물이 함유된 시료는 아세트산아연용액(10%) 2mL를 넣어 제거한다.

55 농도표시에 관한 설명 중 틀린 것은?

① 백만분율(ppm, parts per million)을 표시할 때는 mg/L, mg/kg의 기호를 쓴다.

② 기체 중의 농도는 표준상태(20℃, 1기압)로 환산 표시한다.

③ 용액의 농도를 "%"로만 표시할 때는 W/V의 기호를 쓴다.

④ 천분율(ppt, parts per thousand)을 표시할 때는 g/L, g/kg의 기호를 쓴다.

해설 기체 중의 농도는 표준상태(0℃, 1기압)로 환산 표시한다.

56 마이크로파에 의한 유기물 분해 원리로 ( )에 알 맞은 내용은?

> 마이크로파 영역에서 (㉠)나 이온이 쌍극자 모멘트와 (㉡)를(을) 일으켜 온도가 상승하는 원리를 이용하여 시료를 가열하는 방법이다.

① ㉠ 전자, ㉡ 분자결합

② ㉠ 전자, ㉡ 충돌

③ ㉠ 극성분자, ㉡ 이온전도

④ ㉠ 극성분자, ㉡ 해리

해설 마이크로파 영역에서 극성분자나 이온이 쌍극자 모멘트와 이온전도를 일으켜 온도가 상승하는 원리를 이용하여 시료를 가열하는 방법이다.

57 하수처리장의 SS 제거에 대한 다음과 같은 분석결과를 얻었을 때 SS 제거효율(%)은?

구분 \ 시료	유입수	유출수
시료 부피	250mL	400mL
건조시킨 후(용기 + SS)무게	16.3542g	17.2712g
용기의 무게	16.3143g	17.2638g

① 약 96.5 ② 약 94.5

③ 약 92.5 ④ 약 88.5

해설 유입$(SS)=39.9(\text{mg})\times\dfrac{1,000}{250\text{mL}}=159.6(\text{mg/L})$

유출$(SS)=7.4(\text{mg})\times\dfrac{1,000}{400\text{mL}}=18.5(\text{mg/L})$

$SS\ 제거효율(\%)=\left(1-\dfrac{18.5}{159.6}\right)\times100=88.5(\%)$

58 불소의 분석방법이 아닌 것은?

① 자외선/가시선분광법

② 이온전극법

③ 액체크로마토그래피법

④ 이온크로마토그래피법

해설 불소화합물의 분석방법에는 자외선/가시선분광법, 이온전 극법, 이온크로마토그래피이 있다.

59 적정법을 이용한 염소이온의 측정 시 적정의 종말점으로 옳은 것은?

① 엷은 적황색 침전이 나타날 때

② 엷은 적갈색 침전이 나타날 때

③ 엷은 청록색 침전이 나타날 때

④ 엷은 담적색 침전이 나타날 때

해설 적정법을 이용한 염소이온의 측정 시 적정의 종말점은 엷은 적황색 침전이 나타날 때이다.

60 원자흡수분광광도계의 광원으로 보통 사용되는 것은?

① 열음극램프

② 속빈음극램프

③ 중수소램프

④ 텅스텐램프

SECTION **04** 수질환경관계법규

61 물환경보전법상 초과부과금 부과대상이 아닌 것은?

① 망간 및 그 화합물

② 니켈 및 그 화합물

③ 크롬 및 그 화합물

④ 6가크롬 화합물

해설 초과배출부과금 부과대상 수질오염물질의 종류

ㄱ 유기물질　　　　　　ㄴ 부유물질
ㄷ 카드뮴 및 그 화합물　ㄹ 시안화합물
ㅁ 유기인화합물　　　　ㅂ 납 및 그 화합물
ㅅ 6가크롬화합물　　　　ㅇ 비소 및 그 화합물
ㅈ 수은 및 그 화합물
ㅊ 폴리염화비페닐[polychlorinated biphenyl]
ㅋ 구리 및 그 화합물　　ㅌ 크롬 및 그 화합물
ㅍ 페놀류　　　　　　　ㅎ 트리클로로에틸렌
㉮ 테트라클로로에틸렌　㉯ 망간 및 그 화합물
㉰ 아연 및 그 화합물　　㉱ 총 질소
㉲ 총 인

62 폐수무방류 배출시설의 운영기록은 최종 기록일부터 얼마 동안 보존하여야 하는가?

① 1년간　　　　　　② 2년간
③ 3년간　　　　　　④ 5년간

해설 폐수배출시설 및 수질오염방지시설의 운영기록 보존
사업자 또는 수질오염방지시설을 운영하는 자(공동방지시설의 대표자를 포함한다.)는 폐수배출시설 및 수질오염방지시설의 가동시간, 폐수배출량, 약품투입량, 시설관리 및 운영자, 그 밖에 시설운영에 관한 중요사항을 운영일지에 매일 기록하고, 최종 기록일부터 1년간 보존하여야 한다. 다만, 폐수무방류배출시설의 경우에는 운영일지를 3년간 보존하여야 한다.

63 음이온 계면활성제(ABS)의 하천의 수질 환경기준치는?

① 0.01mg/L 이하
② 0.1mg/L 이하
③ 0.05mg/L 이하
④ 0.5mg/L 이하

64 사업장의 규모별 구분 중 1일 폐수배출량이 250m³인 사업장의 종류는?

① 제2종 사업장
② 제3종 사업장
③ 제4종 사업장
④ 제5종 사업장

해설 사업장 규모별 구분

종류	배출 규모
제1종 사업장	1일 폐수배출량이 2,000m³ 이상인 사업장
제2종 사업장	1일 폐수배출량이 700m³ 이상, 2,000m³ 미만인 사업장
제3종 사업장	1일 폐수배출량이 200m³ 이상, 700m³ 미만인 사업장
제4종 사업장	1일 폐수배출량이 50m³ 이상, 200m³ 미만인 사업장
제5종 사업장	위 제1종부터 제4종까지의 사업장에 해당하지 아니하는 배출시설

65 사업자 및 배출시설과 방지시설에 종사하는 자는 배출시설과 방지시설의 정상적인 운영, 관리를 위한 환경기술인의 업무를 방해하여서는 아니 되며, 그로부터 업무수행에 필요한 요청을 받은 때에는 정당한 사유가 없는 한 이에 응하여야 한다. 이를 위반하여 환경기술인의 업무를 방해하거나 환경기술인의 요청을 정당한 사유 없이 거부한 자에 대한 벌칙 기준은?

① 100만 원 이하의 벌금
② 200만 원 이하의 벌금
③ 300만 원 이하의 벌금
④ 500만 원 이하의 벌금

66 사업자가 환경기술인을 임명하는 목적으로 맞는 것은?

① 배출시설과 방지시설의 운영에 필요한 약품의 구매 · 보관에 관한 사항
② 배출시설과 방지시설의 사용개시 신고
③ 배출시설과 방지시설의 등록
④ 배출시설과 방지시설의 정상적인 운영 · 관리

67 배출시설의 설치제한지역에서 폐수무방류 배출시설의 설치가 가능한 특정수질유해물질이 아닌 것은?

① 구리 및 그 화합물
② 디클로로메탄
③ 1,2-디클로로에탄
④ 1,1-디클로로에틸렌

㉠ 구리 및 그 화합물
ㄴ 디클로로메탄
ㄷ 1,1-디클로로에틸렌

68 공공수역에 특정수질유해물질 등을 누출·유출시키거나 버린 자에 대한 벌칙 기준은?

① 6개월 이하의 징역 또는 5백만 원 이하의 벌금
② 1년 이하의 징역 또는 1천만 원 이하의 벌금
③ 3년 이하의 징역 또는 3천만 원 이하의 벌금
④ 5년 이하의 징역 또는 5천만 원 이하의 벌금

69 오염총량관리기본계획안에 첨부되어야 하는 서류가 아닌 것은?

① 오염원의 자연증감에 관한 분석자료
② 오염부하량의 산정에 사용한 자료
③ 지역개발에 관한 과거와 장래의 계획에 관한 자료
④ 오염총량 관리기준에 관한 자료

해설 오염총량관리기본계획의 승인 시 첨부되어야 할 서류
㉠ 유역환경의 조사·분석자료
ㄴ 오염원의 자연증감에 관한 분석자료
ㄷ 지역개발에 관한 과거와 장래의 계획에 관한 자료
ㄹ 오염부하량의 산정에 사용한 자료
ㅁ 오염부하량의 저감계획을 수립하는 데에 사용한 자료

70 수질오염방지시설 중 생물화학적 처리시설은?

① 흡착시설 ② 혼합시설
③ 폭기시설 ④ 살균시설

해설 생물학적 처리시설
㉠ 살수여과상
ㄴ 폭기(瀑氣)시설
ㄷ 산화시설(산화조(酸化槽) 또는 산화지(酸化池)를 말한다)
ㄹ 혐기성·호기성 소화시설
ㅁ 접촉조
ㅂ 안정조
ㅅ 돈사톱밥발효시설

71 공공폐수처리시설로서 처리용량이 1일 700m³ 이상인 시설에 부착해야 하는 측정기기의 종류가 아닌 것은?

① 수소이온농도(pH) 수질자동측정기기
② 부유물질량(SS) 수질자동측정기기
③ 총질소(T-N) 수질자동측정기기
④ 온도측정기

해설 측정기기의 종류
㉠ 수소이온농도(pH) 수질자동측정기기
ㄴ 화학적 산소요구량(COD) 수질자동측정기기
ㄷ 부유물질량(SS) 수질자동측정기기
ㄹ 총질소(T-N) 수질자동측정기기
ㅁ 총인(T-P) 수질자동측정기기

72 폐수처리업에 종사하는 기술요원에 대한 교육기관으로 옳은 것은?

① 한국환경공단
② 국립환경과학원
③ 환경보전협회
④ 국립환경인력개발원

해설 교육기관
㉠ 측정기기 관리대행업에 등록된 기술인력 및 폐수처리업에 종사하는 기술요원 : 국립환경인력개발원
ㄴ 환경기술인 : 환경보전협회

73 낚시금지구역에서 낚시행위를 한 자에 대한 과태료 처분기준은?

① 100만 원 이하
② 200만 원 이하
③ 300만 원 이하
④ 500만 원 이하

74 환경부장관이 위법시설에 대한 폐쇄를 명하는 경우에 해당되지 않는 것은?

① 배출시설을 개선하거나 방지시설을 설치·개선하더라도 배출허용기준 이하로 내려갈 가능성이 없다고 인정되는 경우
② 배출시설의 설치 허가 및 신고를 하지 아니하고 배출시설을 설치하거나 사용한 경우

③ 폐수무방류배출시설의 경우 배출시설에서 나오는 폐수가 공공수역으로 배출될 가능성이 있다고 인정되는 경우

④ 배출시설 설치장소가 다른 법률의 규정에 의하여 당해 배출시설의 설치가 금지된 장소인 경우

해설 위법시설에 대한 폐쇄명령
㉠ 배출시설을 개선하거나 방지시설을 설치·개선하더라도 배출허용기준 이하로 내려갈 가능성이 없다고 인정되는 경우
㉡ 폐수무방류 배출시설의 경우 배출시설에서 나오는 폐수가 공공수역으로 배출될 가능성이 있다고 인정되는 경우
㉢ 배출시설 설치장소가 다른 법률의 규정에 의하여 당해 배출시설의 설치가 금지된 장소인 경우

75 비점오염저감시설의 구분 중 장치형 시설이 아닌 것은?

① 여과형 시설 　② 와류형 시설
③ 저류형 시설 　④ 스크린형 시설

해설 비점오염저감시설 중 장치형 시설
㉠ 여과형 시설
㉡ 와류형 시설
㉢ 스크린형 시설
㉣ 응집·침전 처리형 시설
㉤ 생물학적 처리형 시설

76 폐수를 전량 위탁처리하여 방지시설의 설치면제에 해당되는 사업장은 그에 해당하는 서류를 제출하여야 한다. 다음 중 제출서류에 해당하지 않는 것은?

① 배출시설의 기능 및 공정의 설계 도면
② 폐수처리업자 등과 체결한 위탁처리계약서
③ 위탁처리할 폐수의 성상별 저장시설의 설치계획 및 그 도면
④ 위탁처리할 폐수의 종류·양 및 수질오염물질별 농도에 대한 예측서

해설 수질오염방지시설의 설치가 면제되는 경우의 제출서류
㉠ 위탁처리할 폐수의 종류·양 및 수질오염물질별 농도에 대한 예측서
㉡ 위탁처리할 폐수의 성상별 저장시설의 설치계획 및 그 도면
㉢ 폐수처리업자 등과 체결한 위탁처리계약서

77 환경기준에서 수은의 하천수질기준으로 적절한 것은?(단, 구분 : 사람의 건강보호)

① 검출되어서는 안 됨
② 0.01mg/L 이하
③ 0.02mg/L 이하
④ 0.03mg/L 이하

78 폐수배출시설의 설치허가 대상시설 범위 기준으로 맞는 것은?

상수원보호구역으로 지정되지 아니한 지역 중 상수원 취수시설이 있는 지역의 경우에는 취수시설로부터 (　　) 이내에 설치하는 배출시설

① 하류로 유하거리 10킬로미터
② 하류로 유하거리 15킬로미터
③ 상류로 유하거리 10킬로미터
④ 상류로 유하거리 15킬로미터

해설 상수원보호구역으로 지정되지 아니한 지역 중 상수원 취수시설이 있는 지역의 경우에는 취수시설로부터 상류로 유하거리 15킬로미터 이내에 설치하는 배출시설

79 환경정책기본법령상 환경기준 중 수질 및 수생태계(해역)의 생활환경 기준으로 맞는 것은?

① 용매추출유분 : 0.01mg/L 이하
② 총질소 : 0.3mg/L 이하
③ 총인 : 0.03mg/L 이하
④ 화학적 산소요구량 : 1mg/L 이하

해설 해역의 항목별 생활환경기준

항목	수소이온농도 (pH)	총대장균군 (수/100mL)	용매추출유분 (mg/L)
기준	6.5~8.5	1,000 이하	0.01 이하

80 배출시설과 방지시설의 정상적인 운영·관리를 위하여 환경기술인을 임명하지 아니한 자에 대한 과태료 처분기준은?

① 1천만 원 이하 　② 300만 원 이하
③ 200만 원 이하 　④ 100만 원 이하

SECTION 01 수질오염개론

01 소수성 콜로이드 입자가 전기를 띠고 있는 것을 알아보기 위한 가장 적합한 실험은?

① 콜로이드 용액의 삼투압을 조사한다.

② 소량의 친수콜로이드를 가하여 보호작용을 조사한다.

③ 전해질을 주입하여 응집 정도를 조사한다.

④ 콜로이드 입자에 강한 빛을 쬐어 틴들현상을 조사한다.

해설 소수성 콜로이드는 염에 아주 민감하므로, 소량의 염만 첨가하여도 응결, 침전된다.

02 아래와 같은 반응이 있다.

> $H_2O \rightleftarrows H^+ + OH^-$
> $NH_3(aq) + H_2O \rightleftarrows NH_4^+ + OH^-$
> (단, $K_w = 1.0 \times 10^{-14}$, $K_b = 1.8 \times 10^{-5}$)

다음 반응의 평형상수(K)는?

> $NH_4^+ \rightleftarrows NH_3(aq) + H^+$

① 1.8×10^9

② 1.8×10^{-9}

③ 5.6×10^{10}

④ 5.6×10^{-10}

해설 $NH_3 + H_2O \leftrightarrow NH_4^+ + OH^-$

$K = \dfrac{[NH_4^+][OH^-]}{[NH_3]} = 1.8 \times 10^{-5}$

$[OH^-] = 1.0 \times 10^{-14} / [H^+]$

$K = \dfrac{[NH_4^+][1.0 \times 10^{-14}]}{[NH_3][H^+]} = 1.8 \times 10^{-5}$

$NH_4^+ \leftrightarrows NH_3 + H^+$

$\therefore K = \dfrac{[NH_3][H^+]}{[NH_4^+]} = \dfrac{10 \times 10^{-14}}{1.8 \times 10^{-5}} = 5.56 \times 10^{-10}$

03 Glucose($C_6H_{12}O_6$) 800mg/L 용액을 호기성 처리 시 필요한 이론적 인(P)의 양(mg/L)은?(단, $BOD_5 : N : P = 100 : 5 : 1$, $K_1 = 0.1day^{-1}$, 상용대수기준)

① 약 9.6

② 약 7.9

③ 약 5.8

④ 약 3.6

해설 $C_6H_{12}O_6 + 6O_2 \rightarrow 6H_2O + 6CO_2$

180	:	6×32
800	:	X

$X = 853.33mg/L$

$BOD_t = BOD_u \times (1 - 10^{-Kt})$ (상용대수기준)

$853.33mg/L \times (1 - 10^{-0.5}) = 583.49mg/L$

$BOD_5 : P = 100 : 1$

$583.49mg/L : X = 100 : 1$

$X ≒ 5.8$

04 적조 발생의 환경적 요인과 가장 거리가 먼 것은?

① 바다의 수온구조가 안정화되어 물의 수직적 성층이 이루어질 때

② 플랑크톤의 번식에 충분한 광량과 영양염류가 공급될 때

③ 정체 수역의 염분 농도가 상승되었을 때

④ 해저에 빈산소 수괴가 형성되어 포자의 발아 촉진이 일어나고 퇴적층에서 부영양화의 원인물질이 용출될 때

해설 적조는 수괴의 연직 안정도가 클 때, 정체성 수역일 때, 염분 농도가 낮을 때 잘 발생한다.

05 다음에서 설명하는 기체 확산에 관한 법칙은?

> 기체의 확산속도(조그마한 구멍을 통한 기체의 탈출)는 기체 분자량의 제곱근에 반비례한다.

① Dalton의 법칙

② Graham의 법칙

③ Gay-Lussac의 법칙

④ Charles의 법칙

해설 Graham의 법칙

일정한 온도와 압력상태에서 기체의 확산속도는 그 기체 분자량의 제곱근(밀도의 제곱근)에 반비례한다는 법칙이다.

06 농업용수의 수질 평가 시 사용되는 SAR(Sodium Adsorption Ratio) 산출식에 직접 관련된 원소로만 나열된 것은?

① K, Mg, Ca ② Mg, Ca, Fe
③ Ca, Mg, Al ④ Ca, Mg, Na

해설 $SAR = \dfrac{Na^+}{\sqrt{\dfrac{Ca^{2+}+Mg^{2+}}{2}}}$ 이므로

관련된 원소는 Na^+, Ca^{2+}, Mg^{2+}이다.

07 빈영양호와 부영양호를 비교한 내용으로 옳지 않은 것은?

① 투명도 : 빈영양호는 5m 이상으로 높으나 부영양호는 5m 이하로 낮다.
② 용존산소 : 빈영양호는 전층이 포화에 가까우나, 부영양호는 표수층은 포화이나 심수층은 크게 감소한다.
③ 물의 색깔 : 빈영양호는 황색 또는 녹색이나 부영양호는 녹색 또는 남색을 띤다.
④ 어류 : 빈영양호에는 냉수성인 송어, 황어 등이 있으나 부영양호에는 난수성인 잉어, 붕어 등이 있다.

해설 빈영양호와 부영양호 비교

특징	빈영양호	부영양호
물의 색깔	투명	녹색 또는 황색
투명도	높다(5m 이상).	낮다(5m 이하).
현탁물질	소량 존재	다량 존재
용존산소	전층이 포화에 가깝다.	표수층은 포화, 심수층은 감소
저생동물	종류가 많다.	종류가 적다.
식물성 플랑크톤	빈약	풍부
어류	• 양이 적다. • 냉수성인 송어, 황어 등 서식	• 양이 많다. • 난수성인 잉어, 붕어, 뱀장어 등 서식

08 K_1(탈산소계수, base = 상용대수)이 0.1/day인 물질의 BOD_5 = 400mg/L이고, COD = 800mg/L라면 NBDCOD(mg/L)는?(단, BDCOD = BOD_u)

① 215 ② 235
③ 255 ④ 275

해설 $BOD_t = BOD_u \times (1-10^{-K_1 \cdot t})$,
$BOD_t = 400$mg/L, t=5day, $K_1=0.1$/day
$BOD_u = \dfrac{BOD_t}{(1-10^{-K_1 \cdot t})} = \dfrac{400}{(1-10^{-0.1 \times 5})}$
$= 584.99$mg/L
COD = BDCOD + NBDCOD이며,
BDCOD = BOD_u이다.
NBDCOD = COD $- BOD_u$
$= (800 - 584.99)$mg/L
$= 215.01$mg/L

09 BOD_5가 213mg/L인 하수의 7일 동안 소모된 BOD (mg/L)는?(단, 탈산소계수 = 0.14/day)

① 238 ② 248
③ 258 ④ 268

해설 BOD 소모공식을 이용한다.
$BOD_5 = BOD_u(1-10^{-K \cdot t})$
$213(mg/L) = BOD_u(1-10^{-0.14 \times 5})$
$BOD_u = 266.09(mg/L)$
∴ $BOD_7 = 266.09 \times (1-10^{-0.14 \times 7})$
$= 238.23(mg/L)$

10 $[H^+] = 5.0 \times 10^{-6}$mol/L인 용액의 pH는?

① 5.0 ② 5.3
③ 5.6 ④ 5.9

해설 $pH = \log\dfrac{1}{[H^+]} = \log\dfrac{1}{5 \times 10^{-6}} = 5.3$

11 자연수 중 지하수의 경도가 높은 이유는 다음 중 어떤 물질의 영향 때문인가?

① NH_3 ② O_2
③ Colloid ④ CO_2

지하수는 유기물의 분해에 의한 탄산가스가 물에 녹아 탄산을 형성하여 암석질 등을 용해 함으로써 무기질을 많이 함유하고 경도가 높게 된다.

12 PCB에 관한 설명으로 틀린 것은?

① 물에는 난용성이나 유기용제에 잘 녹는다.
② 화학적으로 불활성이고 절연성이 좋다.
③ 만성 중독 증상으로 카네미유증이 대표적이다.
④ 고온에서 대부분의 금속과 합금을 부식시킨다.

해설 PCB의 특징

화학적으로 불활성이고, 산·알칼리·물과 반응하지 않으며, 물에는 난용성이나 유기용제에 잘 녹는다. 저염소화합물을 제외한 대부분은 불연성이며, 박막상에서도 건조하지 않는다. 고온에서도 대부분의 금속·합금을 부식시키지 않고, 내열성·절연성이 좋다.

13 하구의 물 이동에 관한 설명으로 옳은 것은?

① 해수는 담수보다 무겁기 때문에 하구에서는 수심에 따라 층을 형성하여 담수의 상부에 해수가 존재하는 경우도 있다.
② 혼합이 없고 단지 이류만 일어나는 하천에 염료를 순간적으로 방출하면 하류의 각 지점에서의 염료 농도는 직사각형으로 표시된다.
③ 강혼합형은 하상구배와 간만의 차가 커서 염수와 담수의 혼합이 심하고 수심방향에서 밀도차가 일어나서 결국 오염물질이 공해로 운반될 수도 있다.
④ 조류의 간만에 의해 종방향에 따른 혼합이 중요하게 되는 경우도 있으며, 만조 시에 바다 가까운 하구에서 때때로 역류가 일어나는 경우가 있다.

14 수질항목 중 호수의 부영양화 판정기준이 아닌 것은?

① 인   ② 질소
③ 투명도   ④ 대장균

해설 부영양화지수

㉠ TIS(SD)
㉡ TSI(T-P)
㉢ TSI(Chl-a)

15 다음 산화 – 환원 반응식에 대한 설명으로 옳은 것은?

$$2KMnO_4 + 3H_2SO_4 + 5H_2O \rightarrow K_2SO_4 + 2MnSO_4 + 5O_2$$

① $KMnO_4$는 환원되었고 H_2O는 산화되었다.
② $KMnO_4$는 산화되었고 H_2O는 환원되었다.
③ $KMnO_4$는 환원제이고 H_2O는 산화제이다.
④ $KMnO_4$는 산화되었으므로 산화제이다.

16 해수에 관한 설명으로 옳은 것은?

① 해수의 밀도는 담수보다 낮다.
② 염분 농도는 적도 해역보다 남·북 양극 해역에서 다소 낮다.
③ 해수의 Mg/Ca 비는 담수의 Mg/Ca 비보다 작다.
④ 수심이 깊을수록 해수 주요 성분 농도비의 차이는 줄어든다.

해설 해수의 특징

㉠ 해수의 밀도는 $1.02 \sim 1.07g/cm^3$ 범위로 담수보다 크다.
㉡ 해수의 Mg/Ca 비는 3~4 정도로 담수의 0.1~0.3에 비하여 월등하게 크다.
㉢ 해수의 주요 성분 농도비는 항상 일정하다.

17 물의 동점성계수를 가장 알맞게 나타낸 것은?

① 전단력 τ와 점성계수 μ를 곱한 값이다.
② 전단력 τ와 밀도 ρ를 곱한 값이다.
③ 점성계수 μ를 전단력 τ로 나눈 값이다.
④ 점성계수 μ를 밀도 ρ로 나눈 값이다.

해설 동점성계수(Kinematic Viscosity ; ν)는 점성계수(μ)를 밀도(ρ)로 나눈 값을 말한다.

18 우리나라의 물이용 형태로 볼 때 수요가 가장 많은 분야는?

① 공업용수   ② 농업용수
③ 유지용수   ④ 생활용수

해설 우리나라에서는 농업용수의 이용률이 가장 높고, 그 다음은 발전 및 하천유지용수, 생활용수, 공업용수 순이다.

19 물의 일반적인 성질에 관한 설명으로 가장 거리가 먼 것은?

① 계면에 접하고 있는 물은 다른 분자를 쉽게 받아들이지 않으며, 온도 변화에 대해서 강한 저항성을 보인다.

② 전해질이 물에 쉽게 용해되는 것은 전해질을 구성하는 양이온보다 음이온 간에 작용하는 쿨롱 힘이 공기 중에 비해 크기 때문이다.

③ 물분자의 최외각에는 결합전자쌍과 비결합전자쌍이 있는데 반발력은 비결합전자쌍이 결합전자쌍보다 강하다.

④ 물은 작은 분자임에도 불구하고 큰 쌍극자 모멘트를 가지고 있다.

20 여름철 부영양화된 호수나 저수지에서 다음 조건을 나타내는 수층으로 가장 적절한 것은?

- pH는 약산성이다.
- 용존산소는 거의 없다.
- CO_2는 매우 많다.
- H_2S가 검출된다.

① 성층
② 수온약층
③ 심수층
④ 혼합층

SECTION **02** 수질오염방지기술

21 토양처리 급속침투시스템을 설계하여 1차처리 유출수 100L/sec를 160m³/m²년의 속도로 처리하고자 할 때 필요한 부지면적(ha)은?(단, 1일 24시간, 1년 365일로 환산)

① 약 2
② 약 20
③ 약 4
④ 약 40

해설 $$ha = \frac{100L}{s} \left| \frac{m^2 \cdot 년}{160m^3} \right| \frac{365일}{1년} \left| \frac{86,400s}{1일} \right.$$
$$\frac{1m^3}{10^3 L} \left| \frac{100ha}{1km^2} \right| \frac{1km^2}{(10^3)^2 m^2} = 1.97(ha)$$

22 물리화학적 처리방법 중 수중의 암모니아성 질소의 효과적인 제거방법으로 옳지 않은 것은?

① Alum 주입
② Break point 염소 주입
③ Zeolite 이용
④ 탈기법 활용

해설 수중의 질소를 물리화학적으로 제거하는 방법
㉠ 탈기법
㉡ 파과점 염소처리법
㉢ 이온교환수지법

23 폭이 4.57m, 깊이가 9.14m, 길이가 61m인 분산 플러그 흐름 반응조의 유입유량이 10,600m³/day일 때, 분산수(d = D/VL)는?(단, 분산계수 D는 800 m²/hr를 적용한다.)

① 4.32
② 3.54
③ 2.63
④ 1.24

해설 분산수$(d) = \dfrac{D}{V \cdot L}$

㉠ $D = 800m^2/hr$

㉡ $V = \dfrac{Q}{A}$

$$= \frac{10,600m^3}{day} \left| \frac{1}{4.57 \times 9.14m^2} \right| \frac{1day}{24hr}$$
$$= 10.574(m/hr)$$

∴ 분산수$(d) = \dfrac{800}{10.574 \times 61} = 1.24$

24 다음 물질들이 폐수 내에 혼합되어 있을 경우 이온 교환 수지로 처리 시 일반적으로 제일 먼저 제거되는 것은?

① Ca^{++}
② Mg^{++}
③ Na^+
④ H^+

25 폐수 발생원에 따른 특성에 관한 설명으로 옳지 않은 것은?

① 식품 : 고농도 유기물을 함유하고 있어 생물학적 처리가 가능하다.

② 피혁 : 낮은 BOD 및 SS, n-Hexane 그리고 독성물질인 크롬이 함유되어 있다.

---

③ 철강 : 코크스 공장에서는 시안, 암모니아, 페놀 등이 발생하여 그 처리가 문제된다.

④ 도금 : 특정유해물질(Cr^{+6}, CN^-, Pb, Hg 등)이 발생하므로 그 대상에 따라 처리공법을 선정해야 한다.

26 도금폐수 중의 CN을 알칼리 조건하에서 산화시키는 데 필요한 약품은?

① 염화나트륨
② 소석회
③ 아황산제이철
④ 차아염소산나트륨

[해설] 시안을 함유한 폐수에 알칼리를 투입하여 pH를 10~10.5 로 유지하고 산화제인 Cl_2, NaOH 또는 NaOCl을 넣어 CNO로 산화시킨 다음, H_2SO_2와 NaOCl을 주입해 CO_2와 N_2로 분해 처리한다.

27 생물학적 산화 시 암모늄이온이 1단계 분해에서 생성되는 것은?

① 질소가스
② 아질산이온
③ 질산이온
④ 아민

28 활성슬러지법으로 운영되는 처리장에서 슬러지의 SVI가 100일 때 포기조 내의 MLSS 농도를 2,500 mg/L로 유지하기 위한 슬러지 반송률(%)은?

① 20.0
② 25.5
③ 29.2
④ 33.3

[해설]
$$R_p = \frac{X}{X_r - X} \times 100$$
$$= \frac{X}{(10^6/SVI) - X} \times 100$$
$$= \frac{2,500}{(10^6/100) - 2,500} \times 100 = 33.33(\%)$$

29 슬러지 혐기성 소화과정에서 발생 가능성이 가장 낮은 가스는?

① CH_4
② CO_2
③ H_2S
④ SO_2

30 슬러지 개량을 행하는 주된 이유는?

① 탈수 특성을 좋게 하기 위해
② 고형화 특성을 좋게 하기 위해
③ 탈취 특성을 좋게 하기 위해
④ 살균 특성을 좋게 하기 위해

31 1,000명의 인구세대를 가진 지역에서 폐수량이 800 m^3/day일 때 폐수의 BOD_5 농도(mg/L)는?(단, 1일 1인 BOD_5 오염부하 = 50g)

① 62.5
② 85.4
③ 100
④ 150

[해설] BOD_5 (mg/L)
$$= \frac{50g}{인 \cdot 일} \left| \frac{day}{800m^3} \right| \frac{1,000인}{} \left| \frac{10^3mg}{1g} \right| \frac{1m^3}{10^3L}$$
$$= 62.5(mg/L)$$

32 하 · 폐수 처리의 근본적인 목적으로 가장 알맞은 것은?

① 질 좋은 상수원의 확보
② 공중보건 및 환경보호
③ 미관 및 냄새 등 심미적 요소의 충족
④ 수중생물의 보호

33 포기조 내 MLSS 농도가 3,200mg/L이고, 1L의 임호프콘에 30분간 침전시킨 후 부피가 400mL였을 때 SVI(Sludge Volume Index)는?

① 105
② 125
③ 143
④ 157

[해설] SVI 계산식을 이용한다.
$$SVI = \frac{SV(mL/L)}{MLSS(mg/L)} \times 10^3 = \frac{400}{3,200} \times 10^3 = 125$$

34 분뇨와 같은 고농도 유기폐수를 처리하는 데 적합한 최적처리법은?

① 표준활성슬러지법
② 응집침전법
③ 여과 · 흡착법
④ 혐기성 소화법

35 하수관의 부식과 가장 관계가 깊은 것은?

① NH_3 가스   ② H_2S 가스
③ CO_2 가스   ④ CH_4 가스

36 급속모래 여과장치에 있어서 수두손실에 영향을 미치는 인자로 가장 거리가 먼 것은?

① 여층의 두께   ② 여과 속도
③ 물의 점도   ④ 여과 면적

37 슬러지 건조고형물 무게의 1/2이 유기물질, 1/2이 무기물질이며, 슬러지 함수율은 80%, 유기물질 비중이 1.0, 무기물질 비중이 2.5라면 슬러지 전체의 비중은?

① 1.025   ② 1.046
③ 1.064   ④ 1.087

해설
$$\frac{m_{SL}}{\rho_{SL}} = \frac{m_{TS}}{\rho_{TS}} + \frac{m_W}{\rho_W} = \frac{m_{FS}X_{FS}}{\rho_{FS}} + \frac{m_{VS}X_{VS}}{\rho_{VS}} + \frac{m_W}{\rho_W}$$
$$\frac{100}{\rho_{SL}} = \frac{100 \times 0.2 \times (1/2)}{2.5} + \frac{100 \times 0.2 \times (1/2)}{1.0} + \frac{80}{1.0}$$
$$\therefore \ \rho = 1.064$$

38 활성슬러지법에서 포기조 내 운전이 악화되었을 때 검토해야 할 사항으로 가장 거리가 먼 것은?

① 포기조 유입수의 유해성분 유무를 조사
② MLSS 농도가 적정하게 유지되는가를 조사
③ 포기조 유입수의 pH 변동 유무를 조사
④ 유입 원폐수의 SS 농도 변동 유무를 조사

해설 활성슬러지법에서 처리상황이 악화되었을 경우에 검토해야 할 사항 중 원폐수의 SS 농도 변동 유무는 검토 대상이 아니다.

39 미생물 고정화를 위한 펠릿(Pellet)재료로서의 이상적인 요구조건에 해당되지 않는 것은?

① 기질, 산소의 투과성이 양호할 것
② 압축강도가 높을 것
③ 암모니아 분배계수가 낮을 것
④ 고정화 시 활성수율과 배양 후의 활성이 높을 것

40 NH_4^+가 미생물에 의해 NO_3^-로 산화될 때 pH의 변화는?

① 감소한다.
② 증가한다.
③ 변화 없다.
④ 증가하다가 감소한다.

해설 질산화과정에서 알칼리도가 소모되어 pH가 감소한다.

SECTION **03** 수질오염공정시험기준

41 온도에 대한 설명으로 옳은 것은?

① 상온 : 15~25℃
② 상온 : 20~30℃
③ 실온 : 15~25℃
④ 실온 : 20~30℃

해설 표준온도는 0℃, 상온은 15~25℃, 실온은 1~35℃로 하고, 찬 곳은 따로 규정이 없는 한 0~15℃인 곳을 뜻한다.

42 자외선/가시선 분광법으로 카드뮴을 정량할 때 쓰이는 시약과 그 용도가 잘못 짝지어진 것은?

① 질산-황산법 : 시료의 전처리
② 수산화나트륨용액 : 시료의 중화
③ 디티존 : 시료의 중화
④ 사염화탄소 : 추출용매

43 이온크로마토그래피에서 분리컬럼으로부터 용리된 각 성분이 검출기에 들어가기 전에 용리액 자체의 전도도를 감소시킬 목적으로 사용되는 장치는?

① 액송펌프
② 제거장치
③ 분리컬럼
④ 보호컬럼

44 관 내에 압력이 존재하는 관수로흐름에서의 관 내 유량측정방법이 아닌 것은?

① 벤투리미터
② 오리피스
③ 파샬플룸
④ 자기식 유량측정기

해설 파샬플룸(Parshall flume)은 위어(weir)와 함께 측정용수로에 의한 유량측정방법에 속한다.

45 자외선/가시선 분광법을 적용하여 아연 측정 시 발색이 가장 잘 되는 pH 정도는?

① 4
② 9
③ 11
④ 12

해설 발색은 $15\sim29℃$, pH $8.8\sim9.2$의 범위에서 잘 된다.

46 Polyethylene 재질을 사용하여 시료를 보관할 수 있는 것은?

① 페놀류
② 유기인
③ PCB
④ 인산염인

해설 인산염인은 Polyethylene과 Glass 모두 사용 가능하다.

47 노말헥산 추출물질 측정에 관한 설명으로 틀린 것은?

① 폐수 중 비교적 휘발되지 않는 탄화수소, 탄화수소유도체, 그리스유상물질 및 광유류를 분석한다.
② 시료를 pH 2 이하의 산성에서 노말헥산으로 추출한다.
③ 시료용기는 유리병을 사용하여야 한다.
④ 광유류의 양을 시험하고자 할 때에는 활성규산마그네슘 컬럼을 이용한다.

해설 시료를 pH 4 이하의 산성으로 하여 노말헥산으로 추출한다.

48 시험에서 적용되는 용어의 정의로 틀린 것은?

① 기밀용기 : 취급 또는 저장하는 동안에 밖으로부터의 공기 또는 다른 가스가 침입하지 아니하도록 내용물을 보호하는 용기

② 정밀히 단다 : 규정된 양의 시료를 취하여 화학저울 또는 미량저울로 칭량함을 말한다.
③ 정확히 취하여 : 규정된 양의 액체를 부피피펫으로 눈금까지 취하는 것을 말한다.
④ 감압 : 따로 규정이 없는 한 15mmH₂O 이하를 뜻한다.

해설 "감압 또는 진공"이라 함은 따로 규정이 없는 한 15mmHg 이하를 말한다.

49 서로 관계없는 것끼리 짝지어진 것은?

① BOD - 적정법
② PCB - 기체크로마토그래피법
③ F - 원자흡수분광광도법
④ Cd - 자외선/가시선 분광법

해설 불소화합물의 분석방법에는 자외선/가시선 분광법, 이온전극법, 이온크로마토그래피법이 있다.

50 $0.1N-NaOH$의 표준용액(f = 1.008) 30mL를 완전히 반응시키는 데 $0.1N-H_2C_2O_4$ 용액 30.12mL를 소비했을 때 $0.1N-H_2C_2O_4$ 용액의 factor는?

① 1.004
② 1.012
③ 0.996
④ 0.992

해설 $NVf = N'V'f'$

$$f' = \frac{NNf}{N'V'} = \frac{0.1 \times 30 \times 1.008}{0.1 \times 30.12} = 1.004$$

51 질소화합물의 측정방법이 알맞게 연결된 것은?

① 암모니아성 질소 : 환원종류 - 킬달법(합산법)
② 아질산성 질소 : 자외선/가시선 분광법(인도페놀법)
③ 질산성 질소 : 이온크로마토그래피법
④ 총질소 : 자외선/가시선 분광법(디아조화법)

해설 질산성 질소의 측정방법
㉠ 이온크로마토그래피법
㉡ 자외선/가시선 분광법 - 부루신법
㉢ 자외선/가시선 분광법 - 활성탄흡착법
㉣ 데발다합금 환원증류법

52 사각 위어의 수두가 90cm, 위어의 절단폭이 4m라면 사각 위어에 의해 측정된 유량(m³/min)은?(단, 유량계수 = 1.6, Q = Kbh^{3/2})

① 5.46   ② 6.97

③ 7.24   ④ 8.78

해설 사각 위어의 유량

$$Q(m^3/min) = K \cdot b \cdot h^{\frac{3}{2}}$$
$$= 1.6 \times 4 \times 0.9^{\frac{3}{2}}$$
$$= 5.46(m^3/min)$$

53 용액 500mL 속에 NaOH 2g이 녹아 있을 때 용액의 규정농도(N)는?(단, Na 원자량 = 23)

① 0.1   ② 0.2

③ 0.3   ④ 0.4

해설
$$X(eq/L) = \frac{2g}{500mL} \left| \frac{1eq}{40g} \right| \frac{1,000mL}{1L}$$
$$= 0.1(N)$$

54 자외선/가시선 분광법을 이용한 시험분석방법과 항목이 잘못 연결된 것은?

① 피리딘 – 피라졸론법 : 시안

② 란탄알리자린콤플렉손법 : 불소

③ 디에틸디티오카르바민산법 : 크롬

④ 아스코르빈산환원법 : 총인

해설 크롬의 측정방법

㉠ 원자흡수분광광도법

㉡ 자외선/가시선 분광법

㉢ 유도결합플라스마 – 원자발광분광법

㉣ 유도결합플라스마 – 질량분석법

55 공정시험기준에서 시료 내 인산염인을 측정할 수 있는 시험방법은?

① 란탄알리자린콤플렉손법

② 아스코르빈산환원법

③ 디페닐카르바지드법

④ 데발다합금 환원증류법

해설 인산염인의 시험방법

㉠ 자외선/가시선 분광법(이염화주석환원법)

㉡ 자외선/가시선 분광법(아스코르빈산환원법)

㉢ 이온크로마토그래피

56 BOD 시험에서 시료의 전처리를 필요로 하지 않는 시료는?

① 알칼리성 시료

② 잔류염소가 함유된 시료

③ 용존산소가 과포화된 시료

④ 유기물질을 함유한 시료

57 수은을 냉증기 – 원자흡수분광광도법으로 측정하는 경우에 벤젠, 아세톤 등 휘발성 유기물질이 존재하게 되면 이들 물질 또한 동일한 파장에서 흡광도를 나타내기 때문에 측정을 방해한다. 이 물질들을 제거하기 위해 사용하는 시약은?

① 과망간산칼륨, 헥산

② 염산(1 + 9), 클로로포름

③ 황산(1 + 9), 클로로포름

④ 무수황산나트륨, 헥산

해설 벤젠, 아세톤 등 휘발성 유기물질도 253.7nm에서 흡광도를 나타낸다. 이때에는 과망간산칼륨 분해 후 헥산으로 이들 물질을 추출 분리한 다음 시험한다.

58 하천수 채수위치로 적합하지 않은 지점은?

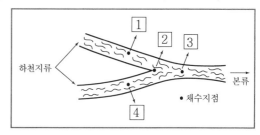

① 1지점   ② 2지점

③ 3지점   ④ 4지점

해설 하천수의 오염 및 용수의 목적에 따라 채수지점을 선정하며 하천본류와 하전지류가 합류하는 경우에는 합류 이전의 각 지점과 합류 이후 충분히 혼합된 지점에서 각각 채수한다.

59 원자흡수분광광도법 광원으로 많이 사용되는 속빈 음극램프에 관한 설명으로 옳은 것은?

① 원자흡광 스펙트럼선의 선폭보다 좁은 선폭을 갖고 휘도가 낮은 스펙트럼을 방사한다.

② 원자흡광 스펙트럼선의 선폭보다 좁은 선폭을 갖고 휘도가 높은 스펙트럼을 방사한다.

③ 원자흡광 스펙트럼선의 선폭보다 넓은 선폭을 갖고 휘도가 낮은 스펙트럼을 방사한다.

④ 원자흡광 스펙트럼선의 선폭보다 넓은 선폭을 갖고 휘도가 높은 스펙트럼을 방사한다.

60 BOD 측정을 위한 전처리과정에서 용존산소가 과포화된 시료는 수온 23~25℃로 하여 몇 분간 통기하고 20℃로 방랭하여 사용하는가?

① 15분 ② 30분
③ 45분 ④ 60분

해설 수온 20℃ 이하에서 용존산소가 과포화되어 있을 경우에는 수온을 23~25℃로 상승시킨 이후에 15분간 통기·방치하고 냉각하여 수온을 다시 20℃로 한다.

SECTION 04 수질환경관계법규

61 공공폐수처리시설의 방류수 수질기준으로 틀린 것은?(단, 적용기간은 2013년 1월 1일 이후 IV지역기준이며, ( ) 안의 기준은 농공단지의 경우이다.)

① 부유물질량 : 10(10)mg/L 이하

② 총인 : 2(2)mg/L 이하

③ 화학적 산소요구량 : 30(30)mg/L 이하

④ 총질소 : 20(20)mg/L 이하

해설 방류수 수질기준(2013. 1. 1. 이후)

	I 지역	II 지역	III 지역	IV 지역
BOD (mg/L)	10(10) 이하	10(10) 이하	10(10) 이하	10(10) 이하
COD (mg/L)	20(40) 이하	20(40) 이하	40(40) 이하	40(40) 이하

	I 지역	II 지역	III 지역	IV 지역
SS (mg/L)	10(10) 이하	10(10) 이하	10(10) 이하	10(10) 이하
T-N (mg/L)	20(20) 이하	20(20) 이하	20(20) 이하	20(20) 이하
T-P (mg/L)	0.2(0.2) 이하	0.3(0.3) 이하	0.5(0.5) 이하	2(2) 이하
총대장균군수 (개/mL)	3,000 (3,000)	3,000 (3,000)	3,000 (3,000)	3,000 (3,000)
생태독성 (TU)	1(1) 이하	1(1) 이하	1(1) 이하	1(1) 이하

62 환경기술인 등에 관한 교육을 설명한 것으로 옳지 않은 것은?

① 보수교육 : 최초 교육 후 3년마다 실시하는 교육

② 최초교육 : 최초로 업무에 종사한 날부터 1년 이내에 실시하는 교육

③ 교육과정의 교육기간 : 5일 이상

④ 교육기관 : 환경기술인은 환경보전협회, 기술요원은 국립환경인력개발원

해설 교육과정의 교육기간은 5일 이내로 한다.

63 위임업무 보고사항 중 "비점오염원의 설치신고 및 방지시설 설치 현황 및 행정처분 현황"의 보고횟수 기준은?

① 연 1회 ② 연 2회
③ 연 4회 ④ 수시

64 환경부장관이 수질 및 수생태계를 보전할 필요가 있는 호소라고 지정고시하고 정기적으로 수질 및 수생태계를 조사측정하여야 하는 호소 기준으로 옳지 않은 것은?

① 1일 30만 톤 이상의 원수를 취수하는 호소

② 1일 50만 톤 이상이 공공수역으로 배출되는 호소

③ 동식물의 서식지·도래지이거나 생물다양성이 풍부하여 특별히 보전할 필요가 있다고 인정되는 호소

④ 수질오염이 심하여 특별한 관리가 필요하다고 인정되는 호소

해설 환경부장관은 다음의 어느 하나에 해당하는 호소로서 수질 및 수생태계를 보전할 필요가 있는 호소를 지정 · 고시하고, 그 호소의 수질 및 수생태계를 정기적으로 조사 · 측정하여야 한다.
㉠ 1일 30만 톤 이상의 원수(原水)를 취수하는 호소
㉡ 동식물의 서식지 · 도래지이거나 생물다양성이 풍부하여 특별히 보전할 필요가 있다고 인정되는 호소
㉢ 수질오염이 심하여 특별한 관리가 필요하다고 인정되는 호소

65 낚시금지구역 또는 낚시제한구역 안내판의 규격 중 색상기준으로 옳은 것은?

① 바탕색 : 녹색, 글씨 : 회색
② 바탕색 : 녹색, 글씨 : 흰색
③ 바탕색 : 청색, 글씨 : 회색
④ 바탕색 : 청색, 글씨 : 흰색

해설 안내판의 규격기준 중 색상기준
청색 바탕에 흰색 글씨를 사용한다.

66 1일 폐수배출량이 750m³인 사업장의 분류기준에 해당하는 것은?(단, 기타 조건은 고려하지 않음)

① 제2종 사업장
② 제3종 사업장
③ 제4종 사업장
④ 제5종 사업장

해설 사업장의 규모별 구분

종류	배출규모
제1종 사업장	1일 폐수배출량이 2,000m³ 이상인 사업장
제2종 사업장	1일 폐수배출량이 700m³ 이상, 2,000m³ 미만인 사업장
제3종 사업장	1일 폐수배출량이 200m³ 이상, 700m³ 미만인 사업장
제4종 사업장	1일 폐수배출량이 50m³ 이상, 200m³ 미만인 사업장
제5종 사업장	위 제1종부터 제4종까지의 사업장에 해당하지 아니하는 배출시설

67 다음 규정을 위반하여 환경기술인 등의 교육을 받게 하지 아니한 자에 대한 과태료 처분기준은?

> 폐수처리업에 종사하는 기술요원 또는 환경기술인을 고용한 자는 환경부령이 정하는 바에 의하여 그 해당자에 대하여 환경부장관 또는 시도지사가 실시하는 교육을 받게 하여야 한다.

① 100만 원 이하의 과태료
② 200만 원 이하의 과태료
③ 300만 원 이하의 과태료
④ 500만 원 이하의 과태료

68 폐수무방류배출시설의 세부 설치기준에 관한 내용으로 ( )에 옳은 것은?

> 특별대책지역에 설치되는 폐수무방류배출시설의 경우 1일 24시간 연속하여 가동되는 것이면 배출 폐수를 전량 처리할 수 있는 예비 방지시설을 설치하여야 하고 1일 최대 폐수발생량이 ( ) 이상이면 배출폐수의 무방류 여부를 실시간으로 확인할 수 있는 원격유량감시장치를 설치하여야 한다.

① 50세제곱미터
② 100세제곱미터
③ 200세제곱미터
④ 300세제곱미터

69 폐수처리업의 등록기준에서 등록신청서를 사도지사에게 제출해야 할 때 폐수처리업의 등록 및 폐수배출시설의 설치에 관한 허가기관이나 신고기관이 같은 경우, 다음 중 반드시 제출해야 하는 것은?

① 사업계획서
② 폐수배출시설 및 수질오염방지시설의 설치명세서 및 그 도면
③ 공정도 및 폐수배출배관도
④ 폐수처리방법별 저장시설 설치명세서(폐수재이용업의 경우에는 폐수성상별 저장시설 설치명세서) 및 그 도면

70 수질 및 수생태계 환경기준 중 하천(사람의 건강보호 기준)에 대한 항목별 기준값으로 틀린 것은?

① 비소 : 0.05mg/L 이하

② 납 : 0.05mg/L 이하

③ 6가크롬 : 0.05mg/L 이하

④ 수은 : 0.05mg/L 이하

해설 수은은 검출되어서는 안 되는 항목이다.

71 배출부과금을 부과할 때 고려해야 할 사항이 아닌 것은?

① 배출허용기준 초과 여부

② 배출되는 수질오염물질의 종류

③ 배출시설의 정상가동 여부

④ 수질오염물질의 배출기간

해설 배출부과금 부과 시 고려사항

㉠ 배출허용기준 초과 여부

㉡ 배출되는 수질오염물질의 종류

㉢ 수질오염물질의 배출기간

㉣ 수질오염물질의 배출량

㉤ 자가측정 여부

72 수질오염경보인 조류경보의 경보단계 중 '경계'의 발령·해제기준으로 (   )에 옳은 것은?(단, 상수원 구간)

> 2회 연속 채취 시 남조류의 세포수가 (   )인 경우

① 1,000세포/mL 이상 10,000세포/mL 미만

② 10,000세포/mL 이상 1,000,000세포/mL 미만

③ 1,000,000세포/mL 이상

④ 1,000세포/mL 미만

73 물환경보전법에서 사용하고 있는 용어의 정의와 가장 거리가 먼 것은?

① 점오염원이란 폐수배출시설, 하수발생시설, 축사 등으로서 관거·수로 등을 통하여 일정한 지점으로 수질오염물질을 배출하는 배출원을 말한다.

② 비점오염원이란 도시, 도로, 농지, 산지, 공사장 등으로서 불특정 장소에서 불특정하게 수질오염물질을 배출하는 배출원을 말한다.

③ 수면관리자란 다른 법령의 규정에 의하여 하천을 관리하는 자를 말한다.

④ 불투수면이란 빗물 또는 눈 녹은 물 등이 지하로 스며들 수 없게 하는 아스팔트, 콘크리트 등으로 포장된 도로, 주차장, 보도 등을 말한다.

해설 수면관리자란 다른 법령에 따라 호소를 관리하는 자를 말한다. 이 경우 동일한 호소를 관리하는 자가 둘 이상인 경우에는 하천법에 따른 하천관리청 외의 자가 수면관리자가 된다.

74 물환경보전법에서 정의하고 있는 수질오염 방지시설 중 화학적 처리시설이 아닌 것은?

① 폭기시설

② 침전물개량시설

③ 소각시설

④ 살균시설

해설 폭기시설은 생물학적 처리시설이다.

75 비점오염저감시설 중 자연형 시설이 아닌 것은?

① 침투시설

② 식생형 시설

③ 저류시설

④ 와류형 시설

해설 와류형 시설은 장치형 시설이다.

76 상수원의 수질보전을 위해 국가 또는 지방자치단체는 비점오염저감시설을 설치하지 아니한 도로법 규정에 따른 도로 중 대통령령으로 정하는 도로가 다음 지역에 해당되는 경우에 비점오염저감시설을 설치해야 한다. 해당 지역이 아닌 것은?

① 상수원보호구역

② 비점오염저감계획에 포함된 수변구역

③ 상수원보호구역으로 고시되지 아니한 지역의 경우에는 취수시설의 상류·하류 일정 지역으로서 환경부령으로 정하는 거리 내의 지역

④ 상수원에 중대한 오염을 일으킬 수 있어 환경부령으로 정하는 지역

해설 상수원의 수질보전을 위한 비점오염저감시설 설치
- ㉠ 상수원보호구역
- ㉡ 상수원보호구역으로 고시되지 아니한 지역의 경우에는 취수시설의 상류·하류 일정 지역으로서 환경부령으로 정하는 거리 내의 지역
- ㉢ 특별대책지역
- ㉣ 상수원에 중대한 오염을 일으킬 수 있어 환경부령으로 정하는 지역
- ㉤ 「한강수계 상수원수질개선 및 주민지원 등에 관한 법률」 제4조, 「낙동강수계 물관리 및 주민지원 등에 관한 법률」 제4조, 「금강수계 물관리 및 주민지원 등에 관한 법률」 제4조 및 「영산강·섬진강수계 물관리 및 주민지원 등에 관한 법률」 제4조에 따라 각각 지정·고시된 수변구역

77 국립환경과학원장이 설치·운영하는 측정망과 가장 거리가 먼 것은?
① 퇴적물 측정망
② 생물 측정망
③ 공공수역 유해물질 측정망
④ 기타오염원에서 배출되는 오염물질 측정망

해설 국립환경과학원장이 설치할 수 있는 측정망의 종류
- ㉠ 비점오염원에서 배출되는 비점오염물질 측정망
- ㉡ 수질오염물질의 총량관리를 위한 측정망
- ㉢ 대규모 오염원의 하류지점 측정망
- ㉣ 수질오염경보를 위한 측정망
- ㉤ 대권역·중권역을 관리하기 위한 측정망
- ㉥ 공공수역 유해물질 측정망
- ㉦ 퇴적물 측정망
- ㉧ 생물 측정망
- ㉨ 그 밖에 국립환경과학원장이 필요하다고 인정하여 설치·운영하는 측정망

78 물환경보전법의 목적으로 가장 거리가 먼 것은?
① 수질오염으로 인한 국민의 건강과 환경상의 위해 예방
② 하천·호소 등 공공수역의 수질 및 수생태계를 적정하게 관리·보전
③ 국민으로 하여금 수질 및 수생태계 보전 혜택을 널리 향유할 수 있도록 함
④ 수질환경을 적정하게 관리하여 양질의 상수원수를 보전

해설 수질 및 수생태계 보전에 관한 법률의 목적
수질오염으로 인한 국민건강 및 환경상의 위해(危害)를 예방하고 하천·호소(湖沼) 등 공공수역의 수질 및 수생태계(水生態系)를 적정하게 관리·보전함으로써 국민이 그 혜택을 널리 향유할 수 있도록 함과 동시에 미래의 세대에게 물려줄 수 있도록 함을 목적으로 한다.

79 폐수처리업의 등록기준 중 폐수수탁처리업에 해당하는 기준으로 바르지 않은 것은?
① 폐수저장시설은 폐수처리시설능력의 2.5배 이상을 저장할 수 있어야 한다.
② 폐수처리시설의 총 처리능력은 $7.5m^3$/시간 이상이어야 한다.
③ 폐수운반장비는 용량 $2m^3$ 이상의 탱크로리, $1m^3$ 이상의 합성수지에 용기가 고정된 차량이어야 한다.
④ 수질환경산업기사, 대기환경산업기사 또는 화공산업기사 1명 이상의 기술능력을 보유하여야 한다.

해설 폐수저장시설의 용량은 1일 8시간(1일 8시간 이상 가동할 경우 1일 최대가동시간으로 한다) 최대처리량의 3일분 이상의 규모이어야 하며, 반입폐수의 밀도를 고려하여 전체 용적의 90% 이내로 저장될 수 있는 용량으로 설치하여야 한다.

80 비점오염저감시설 중 장치형 시설에 해당되는 것은?
① 여과형 시설
② 저류형 시설
③ 식생형 시설
④ 침투형 시설

해설 비점오염저감시설의 구분 중 장치형 시설
- ㉠ 여과형 시설
- ㉡ 와류형 시설
- ㉢ 스크린형 시설
- ㉣ 응집·침전 처리형 시설
- ㉤ 생물학적 처리형 시설

SECTION 01 수질오염개론

01 현재 수온이 15℃이고 평균수온이 5℃일 때 수심 2.5m인 물의 1m²에 걸친 열전달속도(kcal/hr)는? (단, 정상상태이며, 5℃에서의 $K_T = 5.8kcal/hr \cdot m^2 \cdot ℃/m$)

① 1.32
② 2.32
③ 10.2
④ 23.2

해설
$$X(kcal/hr) = \frac{5.8kcal}{m^2 \cdot hr} \left| \frac{m}{℃} \right| \frac{1m^2}{2.5m} \left| (15-5)℃ \right.$$
$$= 23.2(kcal/hr)$$

02 생물학적 처리공정의 미생물에 관한 설명으로 틀린 것은?

① 활성슬러지 공정 내의 미생물은 Pseudomonas, Zoogloea, Archromobactor 등이 있다.
② 사상성 미생물인 Protozoa가 나타나면 응집이 안 되고 슬러지 벌킹현상이 일어난다.
③ 질산화를 일으키는 박테리아는 Nitrosomonas 와 Nitrobacter 등이 있다.
④ 포기조에서 호기성 및 임의성 박테리아는 새로운 세포로 변화시키는 합성과정의 에너지를 얻기 위하여 유기물의 일부를 이용한다.

03 유기성 폐수에 관한 설명 중 옳지 않은 것은?

① 유기성 폐수의 생물학적 산화는 수서 세균에 의하여 생산되는 산소로 진행되므로 화학적 산화와 동일하다고 할 수 있다.
② 생물학적 처리의 영향조건에는 C/N비, 온도, 공기 공급정도 등이 있다.
③ 유기성 폐수는 C, H, O를 주성분으로 하고 소량의 N, P, S 등을 포함하고 있다.
④ 미생물이 물질대사를 일으켜 세포를 합성하게 되는데 실제로 생성된 세포량은 합성된 세포량에서 내호흡에 의한 감량을 뺀 것과 같다.

04 초기 농도가 100mg/L인 오염물질의 반감기가 10day 라고 할 때, 반응속도가 1차 반응을 따를 경우 5일 후 오염물질의 농도(mg/L)는?

① 70.7
② 75.7
③ 80.7
④ 85.7

해설 1차 반응식을 이용한다.
$$\ln\frac{C_t}{C_o} = -K \cdot t$$
㉠ $\ln\frac{50}{100} = -K \cdot 10day$
$\therefore K = -0.0693(day^{-1})$
㉡ $\ln\frac{C_t}{100} = \frac{-0.0693}{day} \left| 5day \right.$
$\therefore C_t = 100 \times e^{-0.0693 \times 5} = 70.72(mg/L)$

05 해수에 관한 설명으로 옳지 않은 것은?

① 해수의 Mg/Ca비는 담수에 비하여 크다.
② 해수의 밀도는 수온, 수압, 수심 등과 관계없이 일정하다.
③ 염분은 적도해역에서 높고, 남북 양극 해역에서 낮다.
④ 해수 내 전체질소 중 35% 정도는 암모니아성 질소, 유기질소 형태이다.

해설 해수의 밀도는 수온, 염분, 수압에 영향을 받는다.

06 하천의 수질모델링 중 다음 설명에 해당하는 모델은?

- 하천의 수리학적 모델, 수질모델, 독성물질의 거동모델 등을 고려할 수 있으며, 1차원, 2차원, 3차원까지 고려할 수 있음
- 수질항목 간의 상태적 반응기작을 Streeter Phelps 식부터 수정
- 수질에 저질이 미치는 영향을 보다 상세히 고려한 모델

① QUAL-Ⅰ model
② WQRRS model
③ QUAL-Ⅱ model
④ WASP5 model

07 산성비를 정의할 때 기준이 되는 수소이온농도(pH)는?

① 4.3 이하　　　② 4.5 이하

③ 5.6 이하　　　④ 6.3 이하

08 여름 정체기간 중 호수의 깊이에 따른 CO_2와 DO 농도의 변화를 설명한 것으로 옳은 것은?

① 표수층에서 CO_2 농도가 DO 농도보다 높다.

② 심해에서 DO 농도는 매우 낮지만 CO_2 농도는 표수층과 큰 차이가 없다.

③ 깊이가 깊어질수록 CO_2 농도보다 DO 농도가 높다.

④ CO_2 농도와 DO 농도가 같은 지점(깊이)이 존재한다.

> **해설** 표수층은 공기 중의 산소가 재포기되므로 DO의 농도가 높아 호기성 상태를 유지하고, 심수층으로 갈수록 용존산소가 부족하여 호수 바닥에 침전된 유기물질이 혐기성 미생물에 의해 분해되므로 저부의 수질이 악화되고, CO_2, H_2S 등이 증가한다.

09 하천에서 유기물 분해상태를 측정하기 위해 20℃에서 BOD를 측정했을 때 $K_1=0.2$/day이었다. 실제 하천온도가 18℃일 때 탈산소계수는?(단, 온도보정계수는 1.035이다.)

① 약 0.159/day　　　② 약 0.164/day

③ 약 0.182/day　　　④ 약 0.187/day

> **해설**
> $$K_{1(T℃)} = K_{1(20℃)} \times 1.035^{(T-20)}$$
> $$K_{1(T℃)} = 0.2 \times 1.035^{(18-20)} = 0.187/day$$

10 부영양호(Eutrophic Lake)의 특성에 해당하는 것은?

① 생산과 소비의 균형

② 낮은 영양염류

③ 조류의 과다발생

④ 생물종 다양성 증가

> **해설** 부영양화 현상은 학자에 따라 견해가 다양하지만, 대체적인 정의를 내리면 각종 영양염류(특히 N, P)가 수체내로 과다 유입됨으로써 미생물활동에 의해 생산과 소비의 균형이 파괴되어 나타나는 저하 및 조류의 이상번식에 따른 자연적 늪지현상이라 말할 수 있다. 이러한 현상은 주로 정체된 수계(호소·저수지)에서 잘 나타난다.

11 시험대상 미생물을 50% 치사시킬 수 있는 유출수 또는 시료에 녹아있는 독성물질의 농도를 나타내는 것은?

① TLN_{50}　　　② LD_{50}

③ LC_{50}　　　④ LI_{50}

12 미생물의 신진대사 과정 중 에너지 발생량이 가장 많은 전자(수소)수용체는?

① 산소　　　② 질산이온

③ 황산이온　　　④ 환원된 유기물

13 물 100g에 30g의 NaCl을 가하여 용해시키면 몇 %(W/W)의 NaCl 용액이 조제되는가?

① 15　　　② 23

③ 31　　　④ 42

> **해설** 용액 100g 중 성분무게(g)를 표시할 때는 W/W(%)의 기호를 쓴다.
> $$W/W(\%) = \frac{30(g)}{100(g) + 30(g)} \times 100 = 23.08(\%)$$

14 어떤 폐수의 분석결과 COD가 400mg/L였고 BOD_5가 250mg/L였다면 NBDCOD(mg/L)는?[단, 탈산소계수 K_1(밑이 10)=0.2/day이다.]

① 68　　　② 122

③ 189　　　④ 222

> **해설**
> $$NBDCOD = COD - BDCOD$$
> $$= COD - BOD_u$$
> ⊙ $COD = 400mg/L$
> ⓒ $BDCOD = BOD_u$
> $$BOD_5 = BOD_u(1 - 10^{-K_1 \cdot t})$$
> $$250 = BOD_u(1 - 10^{-0.2 \times 5})$$
> ∴ $BOD_u = 277.78(mg/L)$
> ∴ $NBDCOD = COD - BDCOD = COD - BOD_u$
> $$= 400 - 277.78 = 122.22(mg/L)$$

15 HCHO(Formaldehyde) 200mg/L의 이론적 COD 값(mg/L)은?

① 163mg/L　　　② 187mg/L

③ 213mg/L　　　④ 227mg/L

해설 CH_2O $+$ O_2 $\rightarrow$ $CO_2 + H_2O$
$30(g)$: $32(g)$
$200(mg/L)$: $X(mg/L)$
$\therefore X(=COD) = 213.33(mg/L)$

16 반응조에 주입된 물감의 10%, 90%가 유출되기까지의 시간이 t_{10}, t_{90}이라 할 때 Morrill지수는 t_{90}/t_{10}으로 나타낸다. 이상적인 Plug flow인 경우의 Morrill지수 값은?

① 1보다 작다.
② 1보다 크다.
③ 1이다.
④ 0이다.

해설 반응조에 있어서 혼합정도의 척도는 분산(Variance), 분산수(Dispersion Number), Morrill 지수로 나타낼 수 있으며, 이 3가지를 비교하여 나타내면 다음 표와 같다.

혼합정도의 표시	완전혼합 흐름상태	플러그 흐름상태
분산 (Variance)	1일 때	0일 때
분산수 (Dispersion Number)	d=∞ (무한대)일 때	d=0일 때
모릴지수 (Morrill Index)	Mo 값이 클수록 근접	Mo 값이 1에 가까울수록 근접

17 탈산소 계수(상용대수 기준)가 0.12/day인 어느 폐수의 BOD_5는 200mg/L이다. 이 폐수가 3일 후에 미분해되고 남아있는 BOD(mg/L)는?

① 67
② 87
③ 117
④ 127

해설 소모공식 : $BOD_t = BOD_u \times (1 - 10^{-k_1 \cdot t})$
잔류공식 : $BOD_t = BOD_u \times 10^{-k_1 \cdot t}$
㉠ $BOD_u = \dfrac{200}{1 - 10^{-0.12 \times 5}} = 267.09(mg/L)$
㉡ $BOD_3 = 267.09 \times 10^{-0.12 \times 3} = 116.6(mg/L)$

18 지표수에 관한 설명으로 옳은 것은?

① 지표수는 지하수보다 경도가 높다.
② 지표수는 지하수에 비해 부유성 유기물질이 적다.
③ 지표수는 지하수에 비해 각종 미생물과 세균 번식이 활발하다.
④ 지표수는 지하수에 비해 용해된 광물질이 많이 함유되어 있다.

해설 지하수는 지표수에 비해 광물질이 용해되어 경도가 높다.

19 촉매에 관한 내용으로 옳지 않은 것은?

① 반응속도를 느리게 하는 효과가 있는 것을 역촉매라고 한다.
② 반응의 역할에 따라 반응 후 본래 상태로 회복 여부가 결정된다.
③ 반응의 최종 평형상태에는 아무런 영향을 미치지 않는다.
④ 화학반응의 속도를 변화시키는 능력을 가지고 있다.

해설 촉매는 반응에서의 실제 역할과는 무관하게 반응이 끝나면 본래의 상태로 회복된다.

20 수은주 높이 300mm는 수주로 몇 mm인가?(단, 표준상태 기준)

① 1,960
② 3,220
③ 3,760
④ 4,078

해설 $760mmHg : 10,332mmH_2O$
$= 300mmHg : X(mmH_2O)$
$\therefore X = 4,078.42(mmH_2O)$

SECTION 02 수질오염방지기술

21 농축조 설치를 위한 회분침강농축시험의 결과가 아래와 같을 때 슬러지의 초기농도가 20g/L면 5시간 정치 후 슬러지의 평균농도(g/L)는?(단, 슬러지 농도는 계면 아래의 슬러지의 농도를 말함)

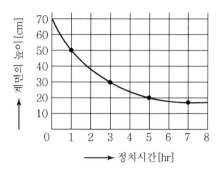

① 50   ② 60

③ 70   ④ 80

해설 농축 전후의 슬러지의 건량은 같다.

$$C_1 \times H_1 = C_2 \times H_2$$

$$C_2 = C_1 \times \frac{H_1}{H_2} = 20(g/L) \times \frac{70cm}{20cm} = 70(g/L)$$

22 다음 액체염소의 주입으로 생성된 유리염소, 결합 잔류염소의 살균력이 바르게 나열된 것은?

① $HOCl > Chloramines > OCl^-$

② $HOCl > OCl^- > Chloramines$

③ $OCl^- > HOCl > Chloramines$

④ $OCl^- > Chloramines > HOCl$

해설 살균력의 크기는 $HOCl > OCl^- > Chloramines$이다.

23 철과 망간 제거방법으로 사용되는 산화제는?

① 과망간산염   ② 수산화나트륨

③ 산화칼슘   ④ 석회

해설 철과 망간 제거방법으로 사용되는 산화제는 과망간산염이다.

24 활성슬러지 공정 운영에 대한 설명으로 옳지 않은 것은?

① 포기조 내의 미생물 체류시간을 증가시키기 위해 잉여슬러지 배출량을 감소시켰다.

② F/M비를 낮추기 위해 잉여슬러지 배출량을 줄이고 반송유량을 증가시켰다.

③ 2차 침전지에서 슬러지가 상승하는 현상이 나타나 잉여슬러지 배출량을 증가시켰다.

④ 핀 플록(Pin Floc) 현상이 발생하여 잉여슬러지 배출량을 감소시켰다.

해설 핀 플록(Pin Floc) 현상
SRT가 너무 길면 세포가 과도하게 산화되어 휘발성 성분이 적어지고 활성을 잃게 되어 floc 형성능력이 저하되어 floc이 잘 침강하지 않는 상태가 된다. 대책으로는 SRT를 감소시킨다.

25 슬러지 개량방법 중 세정(Elutriation)에 관한 설명으로 옳지 않은 것은?

① 알칼리도를 줄이고 슬러지 탈수에 사용되는 응집제량을 줄일 수 있다.

② 비료성분의 순도가 높아져 가치를 상승시킬 수 있다.

③ 소화슬러지를 물과 혼합시킨 다음 재침전시킨다.

④ 슬러지의 탈수 특성을 좋게 하기 위한 직접적인 방법은 아니다.

해설 세척과정에서 질소가 유실되어 비료로서의 가치가 저하될 수 있다.

26 오존 살균에 관한 내용으로 옳지 않은 것은?

① 오존은 비교적 불안정하며 공기나 산소로부터 발생시킨다.

② 오존은 강력한 환원제로 염소와 비슷한 살균력을 갖는다.

③ 오존처리는 용존 고형물을 생성하지 않는다.

④ 오존처리는 암모늄이온이나 pH의 영향을 받지 않는다.

해설 오존은 강력한 산화제로 염소보다 살균력이 높다.

27 폐수량이 500m³/day, BOD 1,000mg/L인 폐수를 살수여상으로 처리할 경우 여재에 대한 BOD 부하를 0.2kg/m³ · day로 할 때 여상의 용적은?

① 250m³   ② 500m³

③ 1,500m³   ④ 2,500m³

해설
$$L_v = \frac{BOD_i \times Q_i}{\forall}, \quad \forall = \frac{BOD_i \times Q_i}{L_v}$$

$$\forall (m^3) = \frac{1kg/m^3 \times 500m^3/day}{0.2kg/m^3 \cdot day} = 2,500(m^3)$$

28 슬러지의 함수율이 95%에서 90%로 줄어들면 슬러지의 부피는?(단, 슬러지 비중은 1.0)

① 2/3로 감소한다.
② 1/2로 감소한다.
③ 1/3로 감소한다.
④ 3/4로 감소한다.

해설 건조 · 농축 · 탈수 전후의 mass balance를 이용한다.
$$V_1(100-W_1) = V_2(100-W_2)$$
$$100(100-95) = V_2(100-90)$$
$$V_2 = 50$$
$$\therefore \frac{V_2}{V_1} = \frac{50}{100} = \frac{1}{2}$$

29 미생물 고정화를 위한 펠릿(Pellet)재료로서의 이상적인 요구조건에 해당하지 않는 것은?

① 기질, 산소의 투과성이 양호할 것
② 압축강도가 높을 것
③ 암모니아 분배계수가 낮을 것
④ 고정화 시 활성수율과 배양 후의 활성이 높을 것

30 폐수특성에 따른 적절한 처리법에 연결한 것과 가장 거리가 먼 것은?

① 비소 함유 폐수-수산화 제2철 공침법
② 시안 함유 폐수-오존 산화법
③ 6가크롬 함유 폐수-알칼리 염소법
④ 카드뮴 함유 폐수-황화물 침전법

해설 ③ 6가크롬 함유 폐수-환원침전법

31 정수시설 중 취수시설인 침사지 구조에 대한 내용으로 옳은 것은?

① 표면 부하율은 2~5m/min을 표준으로 한다.
② 지내 평균유속은 30cm/s 이하를 표준으로 한다.
③ 지의 상단높이는 고수위보다 0.3~0.6m의 여유고를 둔다.
④ 지의 유효수심은 3~4m를 표준으로 하고 퇴사심도를 0.5~1m로 한다.

해설 지의 상단높이는 고수위보다 0.6~1m의 여유고를 둔다.

32 폐수처리법 중에서 고액분리법이 아닌 것은?

① 부상분리법
② 원심분리법
③ 여과법
④ 이온교환법, 전기투석법

33 길이 23m, 폭 8m, 깊이 2.3m인 직사각형 침전지가 3,000m³/day의 하수를 처리할 경우, 표면부하율 (m/day)은?

① 10.5 ② 16.3
③ 20.6 ④ 33.4

해설
$$표면부하율 = \frac{유입유량(m^3/day)}{침전조의\ 표면적(m^2)}$$
$$= \frac{3,000m^3}{day} \bigg| \frac{}{184m^2}$$
$$= 16.3(m/day)$$

㉠ 유입유량=3,000m³/day
㉡ 침전조의 표면적(A)=폭(W)×길이(L)
    =23×8=184(m²)

34 최종침전지에서 발생하는 침전성이 우수한 슬러지의 부상(Sludge Rising) 원인을 가장 알맞게 설명한 것은?

① 침전조의 슬러지 압밀 작용에 의한다.
② 침전조의 탈질화 작용에 의한다.
③ 침전조의 질산화 작용에 의한다.
④ 사상균류의 출현에 의한다.

해설 슬러지 부상(Sludge Rising)
골프공 크기에서 농구공 크기만 한 슬러지 덩어리 등이 침전조 수면에 떠올라 퍼지는 현상으로 침전조의 탈질화 (Denitrification)에 의해 일어나는 현상이다.

35 SS가 8,000mg/L인 분뇨를 전처리에서 15%, 1차 처리에서 80%의 SS를 제거하였을 때 1차 처리 후 유출되는 분뇨의 SS 농도(mg/L)는?

① 1,360 ② 2,550
③ 2,750 ④ 2,950

해설 $SS_o = SS_i \times (1-\eta_1) \times (1-\eta_2)$
$= 8,000 \times (1-0.15) \times (1-0.8)$
$= 1,360(mg/L)$

36 염소의 살균력에 관한 설명으로 옳지 않은 것은?

① 살균강도는 HOCl가 OCl⁻의 80배 이상 강하다.

② 염소의 살균력은 온도가 높고 pH가 낮을 때 강하다.

③ chloramines은 소독 후 물에 이취미를 발생시키지는 않으나 살균력이 약하여 살균작용이 오래 지속되지 않는다.

④ 염소는 대장균 소화기 계통의 감염성 병원균에 특히 살균효과가 크나 바이러스는 염소에 대한 저항성이 커 일부 생존할 염려가 크다.

해설 클로라민류는 살균력은 약하나 소독 후 이취미가 없고 살균작용이 오래 지속되는 장점이 있다.

37 산업폐수 중에 존재하는 용존무기탄소 및 용존암모니아(NH_4^+)를 제거하기 위한 가장 적절한 처리방법은?

① 용존무기탄소 : pH 10+Air Stripping
    용존암모니아 : pH 10+Air Stripping

② 용존무기탄소 : pH 9+Air Stripping
    용존암모니아 : pH 4+Air Stripping

③ 용존무기탄소 : pH 4+Air Stripping
    용존암모니아 : pH 10+Air Stripping

④ 용존무기탄소 : pH 4+Air Stripping
    용존암모니아 : pH 4+Air Stripping

38 탈질공정의 외부탄소원으로 쓰이지 않는 것은?

① 메탄올

② 소화조 상징액

③ 초산

④ 생석회

해설 탈질공정의 외부탄소원으로 쓰이는 것은 메탄올, 아세톤, 글루코스, 초산, 소화조 상징액 등이다.

39 흡착과 관련된 등온흡착식으로 볼 수 없는 것은?

① Langmuir 식

② Freundlich 식

③ AET 식

④ BET 식

해설 등온흡착식에는 프로인들리히(Freundlich), 랭뮤어(Langmuir), BET, 헨리형 등이 있다.

40 완전혼합 활성슬러지 공정으로 용해성 BOD_5가 250mg/L인 유기성 폐수가 처리되고 있다. 유량이 15,000m³/day이고 반응조 부피가 5,000m³일 때 용적부하율(kg BOD_5/m³ · day)은?

① 0.45 ② 0.55

③ 0.65 ④ 0.75

해설
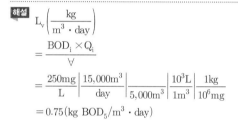
$$L_v \left(\frac{kg}{m^3 \cdot day} \right)$$
$$= \frac{BOD_i \times Q_i}{\forall}$$
$$= \frac{250mg}{L} \left| \frac{15,000m^3}{day} \right| \frac{1}{5,000m^3} \left| \frac{10^3L}{1m^3} \right| \frac{1kg}{10^6 mg}$$
$$= 0.75(kg\ BOD_5/m^3 \cdot day)$$

SECTION 03 수질오염공정시험기준

41 용액 중 CN⁻ 농도를 2.6mg/L로 만들려고 하면 물 1,000L에 용해될 NaCN의 양(g)은?(단, Na 원자량은 23)

① 약 5 ② 약 10

③ 약 15 ④ 약 20

해설 NaCN(g)
$$= \frac{2.6mg \cdot CN}{L} \left| \frac{1,000L}{} \right| \frac{49g \cdot NaCN}{26g \cdot CN} \left| \frac{1g}{10^3 mg} \right.$$
$$= 4.9(g)$$

42 자외선/가시선 분광법에 의한 수질용 분석기의 파장 범위(nm)로 가장 알맞은 것은?

① 0~200
② 50~300
③ 100~500
④ 200~900

해설 자외선/가시선 분광법에 의한 수질용 분석기의 파장 범위 (nm)는 200~900nm이다.

43 흡광광도법에 대한 설명으로 옳지 않은 것은?

① 흡광광도법은 빛이 시료용액 중을 통과할 때 흡수나 산란 등에 의하여 강도가 변화하는 것을 이용하는 분석방법이다.
② 흡광광도 분석장치를 이용할 때는 최고의 투과도를 얻을 수 있는 흡수파장을 선택해야 한다.
③ 흡광광도 분석장치는 광원부, 파장선택부, 시료부 및 측광부로 구성되어 있다.
④ 흡광광도법의 기본이 되는 램버트－비어의 법칙은 $A = \log\dfrac{I_o}{I}$ 로 표시할 수 있다.

44 다이페닐카바자이드를 작용시켜 생성되는 적자색의 착화물의 흡광도를 540nm에서 측정하여 정량하는 항목은?

① 카드뮴
② 6가크롬
③ 비소
④ 니켈

해설 6가크롬(자외선/가시선 분광법)
물속에 존재하는 6가크롬을 자외선/가시선 분광법으로 측정하는 것으로, 산성 용액에서 다이페닐카바자이드와 반응하여 생성하는 적자색 착화합물의 흡광도를 540nm에서 측정한다.

45 망간의 자외선/가시선 분광법에 관한 설명으로 옳은 것은?

① 과요오드산 칼륨법은 Mn^{2+}을 KIO_3으로 산화하여 생성된 MnO_4^-을 파장 525nm에서 흡광도를 측정한다.
② 염소나 할로겐 원소는 MnO_4^-의 생성을 방해하므로 염산(1＋1)을 가해 방해를 제거한다.

③ 정량한계는 0.2mg/L, 정밀도의 상대표준편차는 25% 이내이다.
④ 발색 후 고온에서 장시간 방치하면 퇴색되므로 가열(정확히 1시간)에 주의한다.

46 총칙 중 온도표시에 관한 내용으로 옳지 않은 것은?

① 냉수는 15℃ 이하를 말한다.
② 찬 곳은 따로 규정이 없는 한 4~15℃의 곳을 뜻한다.
③ 시험은 따로 규정이 없는 한 상온에서 조작하고 조작 직후에 그 결과를 관찰한다.
④ 온수는 60~70℃를 말한다.

해설 찬 곳은 따로 규정이 없는 한 0~15℃의 곳을 뜻한다.

47 자외선/가시선 분광법 – 이염화주석환원법으로 인산염인을 분석할 때 흡광도 측정 파장(nm)은?

① 550
② 590
③ 650
④ 690

해설 이염화주석환원법(자외선/가시선 분광법)
물속에 존재하는 인산염인을 측정하기 위하여 시료 중의 인산염인이 몰리브덴산 암모늄과 반응하여 생성된 몰리브덴산인 암모늄을 이염화주석으로 환원하여 생성된 몰리브덴청의 흡광도를 690nm에서 측정하는 방법이다.

48 유량 측정 시 적용되는 웨어의 웨어판에 관한 기준으로 알맞은 것은?

① 웨어판 안측의 가장자리는 곡선이어야 한다.
② 웨어판은 수로의 장축에 직각 또는 수직으로 하여 말단의 바깥틀에 누수가 없도록 고정한다.
③ 직각 3각 웨어판의 유량측정공식은 $Q = K \cdot b \cdot h^{3/2}$이다. (K : 유량계수, b : 수로폭, h : 수두)
④ 웨어판의 재료는 10mm 이상의 두께를 갖는 내구성이 강한 철판으로 하여야 한다.

해설 ① 웨어판 안측의 가장자리는 직선이어야 한다.
③ 직각 3각 웨어판의 유량측정공식은 $Q = K \cdot h^{5/2}$이다.
④ 웨어판의 재료는 3mm 이상의 두께를 갖는 내구성이 강한 철판으로 하여야 한다.

49 용존산소를 전극법으로 측정할 때에 관한 내용으로 틀린 것은?

① 정량한계는 0.1mg/L이다.

② 격막 필름은 가스를 선택적으로 통과시키지 못하므로 장시간 사용 시 황화수소 가스의 유입으로 감도가 낮아질 수 있다.

③ 정확도는 수중의 용존산소를 윙클러아자이드화나트륨 변법으로 측정한 결과와 비교하여 산출한다.

④ 정확도는 4회 이상 측정하여 측정 평균값의 상대백분율로서 나타내며 그 값이 95~105% 이내이어야 한다.

해설 용존산소를 전극법으로 측정할 때의 정량한계는 0.5mg/L이다.

50 BOD 실험을 할 때 사전경험이 없는 경우 용존산소가 적당히 감소되도록 시료를 희석한 조합 중 틀린 것은?

① 오염된 하천수 : 25~100%

② 처리하지 않은 공장폐수와 침전된 하수 : 5~15%

③ 처리하여 방류된 공장폐수 : 5~25%

④ 오염정도가 심한 공업폐수 : 0.1~1.0%

해설 처리하지 않은 공장폐수와 침전된 하수에는 시료를 1~5% 넣는다.

51 피토관의 압력 수두 차이는 5.1cm이다. 지시계 유체인 수은의 비중이 13.56일 때 물의 유속(m/sec)은?

① 3.68 ② 4.12

③ 5.72 ④ 6.86

해설 $V = \sqrt{2 \cdot g \cdot H}$

㉠ $g = 980cm/sec^2$

㉡ $H = 5.1cm \times 13.56 = 69.156cm$

∴ $V = \sqrt{2 \times 980 \times 69.156}$
$= 368.17(cm/sec)$
$= 3.68(m/sec)$

52 수질 시료의 전처리 방법이 아닌 것은?

① 산분해법

② 가열법

③ 마이크로파 산분해법

④ 용매추출법

해설 시료의 전처리 방법

㉠ 산분해법

㉡ 마이크로파 산분해법

㉢ 용매추출법

53 페놀류 – 자외선/가시선 분광법 측정 시 클로로폼추출법, 직접측정법의 정량한계(mg/L)를 순서대로 옳게 나열한 것은?

① 0.003, 0.03 ② 0.03, 0.003

③ 0.005, 0.05 ④ 0.05, 0.005

해설 페놀류(자외선/가시선 분광법)

정량한계는 클로로폼추출법일 때 0.005mg/L, 직접측정법일 때 0.05mg/L이다.

54 시료 중 분석 대상 물질의 농도를 포함하도록 범위를 설정하고, 분석물질의 농도변화에 따른 지시값을 나타내는 방법이 아닌 것은?

① 내부표준법 ② 검정곡선법

③ 최확수법 ④ 표준물첨가법

55 pH를 20℃에서 4.00으로 유지하는 표준용액은?

① 수산염 표준액 ② 인산염 표준액

③ 프탈산염 표준액 ④ 붕산염 표준액

해설 pH 표준액의 종류와 농도

명칭	농도	pH
수산염 표준액	0.05M	1.68
프탈산염 표준액	0.05M	4.00
인산염 표준액	0.025M	6.88
붕산염 표준액	0.01M	9.22
탄산염 표준액	0.025M	10.07
수산화칼슘 표준액	0.02M	12.68

56 취급 또는 저장하는 동안에 이물질이 들어가거나 또는 내용물이 손실되지 아니하도록 보호하는 용기는?

① 차광용기
② 밀봉용기
③ 밀폐용기
④ 기밀용기

57 노말헥산 추출물질 시험 결과가 다음과 같을 때 노말헥산 추출물질의 농도(mg/L)는?(단, 건조증발용 플라스크의 무게 = 52.0124g, 추출 건조 후 증발용 플라스크와 잔유물질무게 = 52.0246g, 시료의 양 = 2L)

① 약 2
② 약 4
③ 약 6
④ 약 8

> **해설** 노말헥산 추출물질의 농도(mg/L)
>
> $$= \frac{(52.0246 - 52.0124)g}{2L} \left| \frac{10^3 mg}{1g} \right. = 6.1(mg/L)$$

58 다이크롬산칼륨에 의한 화학적산소요구량 측정 시 염소이온의 양이 40mg 이상 공존할 경우 첨가하는 시약과 염소이온의 비율은?

① $HgSO_4 : Cl^- = 5 : 1$
② $HgSO_4 : Cl^- = 10 : 1$
③ $AgSO_4 : Cl^- = 5 : 1$
④ $AgSO_4 : Cl^- = 10 : 1$

> **해설** 염소이온은 다이크롬산에 의해 정량적으로 산화되어 양의 오차를 유발하므로 황산수은(Ⅱ)을 첨가하여 염소이온과 착물을 형성하도록 하여 간섭을 제거할 수 있다. 염소이온의 양이 40mg 이상 공존할 경우에는 $HgSO_4 : Cl^- = 10 : 1$의 비율로 황산수은(Ⅱ)의 첨가량을 늘린다.

59 4 – 아미노안티피린법에 의한 페놀의 정색반응을 방해하지 않는 물질은?

① 질소 화합물
② 황 화합물
③ 오일
④ 타르

> **해설** 페놀류 – 자외선/가시선 분광법의 간섭물질
> ㉠ 황 화합물의 간섭을 받을 수 있는데, 이는 인산(H_3PO_4)을 사용하여 pH 4로 산성화하여 교반하면 황화수소(H_2S)나 이산화황 (SO_2)으로 제거할 수 있다. 황산구리($CuSO_4$)를 첨가하여 제거할 수도 있다.

> ㉡ 오일과 타르 성분은 수산화나트륨을 사용하여 시료의 pH를 12~12.5로 조절한 후 클로로폼(50mL)으로 용매 추출하여 제거할 수 있다. 시료 중에 남아있는 클로로폼은 항온 물중탕으로 가열시켜 제거한다.

60 기체크로마토그래피법에 의한 폴리클로리네이티드비페닐 분석 시 이용하는 검출기로 가장 적절한 것은?

① ECD
② FID
③ FPD
④ TCD

SECTION 04 수질환경관계법규

61 1일 폐수배출량이 500m³인 사업장의 종별 규모는?

① 제1종 사업장
② 제2종 사업장
③ 제3종 사업장
④ 제4종 사업장

> **해설** 사업장 규모별 구분
>
> | 종류 | 배출규모 |
> | --- | --- |
> | 제1종 사업장 | 1일 폐수배출량이 2,000m³ 이상인 사업장 |
> | 제2종 사업장 | 1일 폐수배출량이 700m³ 이상 2,000m³ 미만인 사업장 |
> | 제3종 사업장 | 1일 폐수배출량이 200m³ 이상 700m³ 미만인 사업장 |
> | 제4종 사업장 | 1일 폐수배출량이 50m³ 이상 200m³ 미만인 사업장 |
> | 제5종 사업장 | 위 제1종부터 제4종까지의 사업장에 해당하지 아니하는 배출시설 |

62 폐수의 원래 상태로는 처리가 어려워 희석하여야만 오염물질의 처리가 가능하다고 인정을 받고자 할 때 첨부하여야 하는 자료가 아닌 것은?

① 처리하려는 폐수의 농도
② 희석처리의 불가피성
③ 희석배율
④ 희석방법

해설 오염물질 희석처리의 인정을 받으려는 자가 시ㆍ도지사에게 제출하여야 하는 서류
㉠ 처리하려는 폐수의 농도 및 특성
㉡ 희석처리의 불가피성
㉢ 희석배율 및 희석량

63 수질오염감시경보 중 관심경보단계의 발령기준으로 ( )에 옳은 것은?

> • 수소이온농도, 용존산소, 총질소, 총인, 전기전도도, 총유기탄소, 휘발성유기화합물, 페놀, 중금속(구리, 납, 아연, 카드뮴 등) 항목 중 (㉠) 이상 항목이 측정항목별 경보기준을 초과하는 경우
> • 생물감시 측정값이 생물감시 경보기준 농도를 (㉡) 이상 지속적으로 초과하는 경우

① ㉠ 1개, ㉡ 30분   ② ㉠ 1개, ㉡ 1시간
③ ㉠ 2개, ㉡ 30분   ④ ㉠ 2개, ㉡ 1시간

64 폐수배출시설 및 수질오염방지시설의 운영일지 보존기간은?(단, 폐수무방류배출시설 제외)

① 최종 기록일로부터 6개월
② 최종 기록일로부터 1년
③ 최종 기록일로부터 2년
④ 최종 기록일로부터 3년

해설 사업자 또는 수질오염방지시설을 운영하는 자는 폐수배출시설 및 수질오염방지시설의 가동시간, 폐수배출량, 약품투입량, 시설관리 및 운영자, 그 밖에 시설운영에 관한 중요사항을 운영일지에 매일 기록하고, 최종 기록일부터 1년간 보존하여야 한다. 다만, 폐수무방류배출시설의 경우에는 운영일지를 3년간 보존하여야 한다.

65 1일 폐수배출량이 $2,000m^3$ 미만인 규모의 지역별, 항목별 수질오염 배출허용기준으로 옳지 않은 것은?

(기준변경)

구분		BOD (mg/L)	COD (mg/L)	SS (mg/L)
㉠	청정지역	40 이하	50 이하	40 이하
㉡	가지역	60 이하	70 이하	60 이하
㉢	나지역	120 이하	130 이하	120 이하
㉣	특례지역	30 이하	40 이하	30 이하

① ㉠   ② ㉡
③ ㉢   ④ ㉣

해설 [기준의 전면 개편으로 해당사항 없음]

66 개선명령을 받은 자가 개선명령을 이행하지 아니하거나 기간 이내에 이행은 하였으나 검사결과가 배출허용기준을 계속 초과할 때의 처분인 "조업정지명령"을 위반한 자에 대한 벌칙기준은?

① 1년 이하의 징역 또는 1천만 원 이하의 벌금
② 3년 이하의 징역 또는 3천만 원 이하의 벌금
③ 5년 이하의 징역 또는 5천만 원 이하의 벌금
④ 7년 이하의 징역 또는 7천만 원 이하의 벌금

67 국립환경과학원장이 설치ㆍ운영하는 측정망의 종류에 해당하지 않는 것은?

① 비점오염원에서 배출되는 비점오염물질 측정망
② 퇴적물 측정망
③ 도심하천 측정망
④ 공공수역 오염원 측정망

해설 국립환경과학원장이 설치할 수 있는 측정망의 종류
㉠ 비점오염원에서 배출되는 비점오염물질 측정망
㉡ 수질오염물질의 총량관리를 위한 측정망
㉢ 대규모 오염원의 하류지점 측정망
㉣ 수질오염경보를 위한 측정망
㉤ 대권역ㆍ중권역을 관리하기 위한 측정망
㉥ 공공수역 유해물질 측정망
㉦ 퇴적물 측정망
㉧ 생물 측정망
㉨ 그 밖에 국립환경과학원장이 필요하다고 인정하여 설치ㆍ운영하는 측정망

68 물환경보전법에서 사용되는 용어의 정의로 틀린 것은?

① 폐수란 물에 액체성 또는 고체성의 수질오염물질이 섞여 있어 그대로는 사용할 수 없는 물을 말한다.
② 불투수면이란 빗물 또는 눈 녹은 물 등이 지하로 스며들 수 없게 하는 아스팔트ㆍ콘크리트 등으로 포장된 도로, 주차장, 보도 등을 말한다.
③ 강우유출수란 점오염원의 오염물질이 혼입되어

유출되는 빗물을 말한다.

④ 기타 수질오염원이란 점오염원 및 비점오염원으로 관리되지 아니하는 수질오염물질을 배출하는 시설 또는 장소로서 환경부령이 정하는 것을 말한다.

해설 강우유출수란 비점오염원의 수질오염물질이 섞여 유출되는 빗물 또는 눈 녹은 물 등을 말한다.

---

69 위임업무 보고사항 중 보고횟수 기준이 나머지와 다른 업무내용은?

① 배출업소의 지도, 점검 및 행정처분 실적
② 폐수처리업에 대한 등록 · 지도단속실적 및 처리실적 현황
③ 배출부과금 부과 실적
④ 비점오염원의 설치신고 및 방지시설 설치현황 및 행정처분 현황

해설 위임업무 보고사항

업무내용	보고횟수	보고기일
배출업소의 지도, 점검 및 행정처분 실적	연 4회	매 분기 종료 후 15일 이내
폐수처리업에 대한 등록 · 지도단속실적 및 처리실적 현황	연 2회	매 반기 종료 후 15일 이내
배출부과금 부과 실적	연 4회	매 분기 종료 후 15일 이내
비점오염원의 설치신고 및 방지시설 설치현황 및 행정처분 현황	연 4회	매 분기 종료 후 15일 이내

---

70 하천의 환경기준에서 사람의 건강보호 기준 중 검출되어서는 안 되는 수질오염물질 항목이 아닌 것은?

① 카드뮴 ② 유기인
③ 시안 ④ 수은

해설 검출되어서는 안 되는 수질오염물질
㉠ 시안 ㉡ 수은 ㉢유기인
㉣ 폴리클로리네이티드비페닐(PCB)

---

71 환경기술인을 교육하는 기관으로 옳은 곳은?

① 국립환경인력개발원
② 환경기술인협회
③ 환경보전협회
④ 한국환경공단

해설 환경기술인 등의 교육기관
㉠ 환경기술인 : 환경보전협회
㉡ 기술요원 : 국립환경인력개발원

---

72 수질 및 수생태계 환경기준 중 하천의 등급이 약간 나쁨의 생활환경기준으로 틀린 것은?

① 수소이온농도(pH) : 6.0~8.5
② 생물화학적산소요구량(mg/L) : 8 이하
③ 총인(mg/L) : 0.8 이하
④ 부유물질(mg/L) : 100 이하

해설 총인의 약간 나쁨 단계 생활환경기준은 0.3mg/L 이하이다.

---

73 환경부장관이 비점오염원관리지역을 지정, 고시한 때에 관계 중앙행정기관의 장 및 사·도지사와 협의하여 수립하여야 하는 비점오염원관리대책에 포함되어야 할 사항이 아닌 것은?

① 관리대상 수질오염물질의 종류 및 발생량
② 관리대상 수질오염물질의 관리지역 영향평가
③ 관리대상 수질오염물질의 발생 예방 및 저감방안
④ 관리목표

해설 비점오염원관리대책에 포함되어야 하는 사항
㉠ 관리목표
㉡ 관리대상 수질오염물질의 종류 및 발생량
㉢ 관리대상 수질오염물질의 발생 예방 및 저감방안
㉣ 그 밖에 관리지역의 적정한 관리를 위하여 환경부령이 정하는 사항

---

74 환경부장관이 의료기관의 배출시설(폐수무방류배출시설은 제외)에 대하여 조업정지를 명하여야 하는 경우로서 그 조업정지가 주민의 생활, 대외적인 신용, 고용, 물가 등 국민경제 또는 그 밖의 공익에 현저한 지장을 줄 우려가 있다고 인정되는 경우 조업정지처분을 갈음하여 부과할 수 있는 과징금의 최대 액수는?
(기준변경)

① 1억 원 ② 2억 원
③ 3억 원 ④ 5억 원

해설 [기준의 전면 개편으로 해당사항 없음]

환경부장관은 다음의 어느 하나에 해당하는 배출시설(폐수무방류배출시설을 제외한다.)을 설치·운영하는 사업자에 대하여 규정에 의하여 조업정지를 명하여야 하는 경우로서 그 조업정지가 주민의 생활, 대외적인 신용·고용·물가 등 국민경제 그 밖에 공익에 현저한 지장을 초래할 우려가 있다고 인정되는 경우에는 조업정지처분에 갈음하여 매출액에 100분의 5를 곱한 금액을 초과하지 아니하는 범위에서 과징금을 부과할 수 있다.

75 배출부과금을 부과할 때 고려하여야 하는 사항과 가장 거리가 먼 것은?

① 배출허용기준 초과 여부
② 수질오염물질의 배출기간
③ 배출되는 수질오염물질의 종류
④ 수질오염물질의 배출원

해설 배출부과금 부과 시 고려하여야 할 사항
㉠ 배출허용기준 초과 여부
㉡ 배출되는 수질오염물질의 종류
㉢ 수질오염물질의 배출기간
㉣ 수질오염물질의 배출량
㉤ 자가측정 여부

76 비점오염원의 변경신고를 하여야 하는 경우에 대한 기준으로 (　)에 옳은 것은?

> 총 사업면적, 개발면적 또는 사업장 부지면적이 처음 신고면적의 100분의 (　) 이상 증가하는 경우

① 10
② 15
③ 25
④ 30

해설 비점오염원의 변경신고를 하여야 하는 경우
㉠ 상호·대표자·사업명 또는 업종이 변경되는 경우
㉡ 총 사업면적·개발면적 또는 사업장 부지면적이 처음 신고면적의 100분의 15 이상 증가하는 경우
㉢ 비점오염저감시설의 종류, 위치, 용량이 변경되는 경우
㉣ 비점오염원 또는 비점오염저감시설의 전부 또는 일부를 폐쇄하는 경우

77 수질오염감시경보 대상 수질오염물질 항목이 아닌 것은?

① 남조류
② 클로로필−a
③ 수소이온농도
④ 용존산소

해설 수질오염경보 중 수질오염감시경보 대상 항목
수소이온농도, 용존산소, 총질소, 총인, 전기전도도, 총유기탄소, 휘발성유기화합물, 페놀, 중금속(구리, 납, 아연, 카드뮴 등), 클로로필−a, 생물감시

78 2회 연속 채취 시 남조류 세포수가 1,000세포/mL 이상, 10,000세포/mL 미만인 경우의 수질오염경보의 조류경보 경보단계는?(단, 상수원 구간 기준)

① 관심
② 경보
③ 경계
④ 조류 대발생

해설 조류경보(상수원 구간)

경보단계	발령·해제 기준
관심	2회 연속 채취 시 남조류 세포수가 1,000세포/mL 이상 10,000세포/mL 미만인 경우
경계	2회 연속 채취 시 남조류 세포수가 10,000세포/mL 이상 1,000,000세포/mL 미만인 경우
조류 대발생	2회 연속 채취 시 남조류 세포수가 1,000,000세포/mL 이상인 경우
해제	2회 연속 채취 시 남조류 세포수가 1,000세포/mL 미만인 경우

79 오염총량관리기본계획 수립 시 포함되어야 하는 사항으로 틀린 것은?

① 해당 지역 개발계획의 내용
② 해당 지역 개발계획에 따른 오염부하량의 할당계획
③ 관할 지역에서 배출되는 오염부하량의 총량 및 저감계획
④ 지방자치단체별·수계구간별 오염부하량의 할당

해설 오염총량관리기본계획 수립 시 포함되어야 하는 사항
㉠ 해당 지역 개발계획의 내용
㉡ 지방자치단체별·수계구간별 오염부하량의 할당
㉢ 관할 지역에서 배출되는 오염부하량의 총량 및 저감계획
㉣ 해당 지역 개발계획으로 인하여 추가로 배출되는 오염부하량 및 그 저감계획

80 자연형 비점오염저감시설의 종류가 아닌 것은?

① 여과형 시설

② 인공습지

③ 침투시설

④ 식생형 시설

해설 여과형 시설은 장치형 시설이다.

SECTION 01 수질오염개론

01 용액의 농도에 관한 설명으로 옳지 않은 것은?

① mole 농도는 용액 1L 중에 존재하는 용질의 gram 분자량의 수를 말한다.

② 몰랄농도는 규정농도라고도 하며 용매 1,000g 중에 녹아 있는 용질의 몰수를 말한다.

③ ppm과 mg/L를 엄격하게 구분하면 ppm= $(mg/L)p_{sol}(p_{sol}$: 용액의 밀도)로 나타낸다.

④ 노르말농도는 용액 1L 중에 녹아 있는 용질의 g 당량수를 말한다.

해설 몰랄농도는 용매 1,000g 중 녹아 있는 용질의 몰수를 말하며, 노르말농도를 규정농도라 한다.

02 크롬 중독에 관한 설명으로 틀린 것은?

① 크롬에 의한 급성중독의 특징은 심한 신장장애를 일으키는 것이다.

② 3가크롬은 피부흡수가 어려우나 6가크롬은 쉽게 피부를 통과한다.

③ 자연 중의 크롬은 주로 3가 형태로 존재한다.

④ 만성크롬 중독인 경우에는 BAL 등의 금속배설촉진제의 효과가 크다.

해설 만성크롬 중독
㉠ 폭로 중단 이외에 특별한 방법이 없다.
㉡ BAL, EDTA는 아무런 효과가 없다.

03 비점오염원에 관한 설명으로 가장 거리가 먼 것은?

① 광범위한 지역에 걸쳐 발생한다.

② 강우 시 발생되는 유출수에 의한 오염이다.

③ 발생량의 예측과 정량화가 어렵다.

④ 대부분이 도시하수처리장에서 처리한다.

해설 하수처리장, 폐수처리장을 설치하여 제거가 가능한 것은 점오염원이다.

04 녹조류가 가장 많이 번식하였을 때 호수표수층의 pH는?

① 6.5 ② 7.0

③ 7.5 ④ 9.0

해설 녹조류가 번성하면 광합성 작용으로 수중에 탄산가스의 농도가 감소하여 pH가 9 정도까지 증가한다.

05 유해물질과 중독증상과의 연결이 잘못된 것은?

① 카드뮴 : 골연화증, 고혈압, 위장장애 유발

② 구리 : 과다 섭취 시 구토와 복통, 만성중독 시 간 경변 유발

③ 납 : 다발성 신경염, 신경장애 유발

④ 크롬 : 피부점막, 호흡기로 흡입되어 전신마비, 피부염 유발

해설 크롬은 신장장애, 피부염, 구토 등이 발생하며, 피부점막, 호흡기로 흡입되어 전신마비, 피부염을 유발하는 물질은 비소이다.

06 미생물에 관한 설명으로 옳지 않은 것은?

① 진핵세포는 핵막이 있으나 원핵세포는 없다.

② 세포소기관인 리보솜은 원핵세포에 존재하지 않는다.

③ 조류는 진핵미생물로 엽록체라는 세포소기관이 있다.

④ 진핵세포는 유사분열을 한다.

해설 리보솜은 원핵세포(70s)와 진핵세포(80s)에 존재한다.

07 화학반응에서 의미하는 산화에 대한 설명이 아닌 것은?

① 산소와 화합하는 현상이다.

② 원자가가 증가되는 현상이다.

③ 전자를 받아들이는 현상이다.

④ 수소화합물에서 수소를 잃는 현상이다.

해설 산화란 원래는 산화된 물질을 본래의 물질로 되돌리는 것을 뜻하지만 수소 및 전자를 빼앗기는 변화 또는 그것에 수반되는 화학적 반응을 말한다.

08 호수에서의 부영양화현상에 관한 설명으로 옳지 않은 것은?

① 질소, 인 등 영양물질의 유입에 의하여 발생된다.
② 부영양화에서 주로 문제가 되는 조류는 남조류이다.
③ 성층현상에 의하여 부영양화가 더욱 촉진된다.
④ 조류 제거를 위한 살조제는 주로 $KMnO_4$를 사용한다.

해설 조류 제거를 위한 화학약품은 일반적으로 황산동($CuSO_4$)을 사용한다.

09 경도와 알칼리도에 관한 설명으로 옳지 않은 것은?

① 총알칼리도는 M−알칼리도와 P−알칼리도를 합친 값이다.
② '총경도≤M−알칼리도'일 때 '탄산경도＝총경도'이다.
③ 알칼리도, 산도는 pH 4.5∼8.3 사이에서 공존한다.
④ 알칼리도 유발물질은 CO_3^{2-}, HCO_3^-, OH^- 등이다.

해설 총알칼리도는 M−알칼리도(메틸오렌지 알칼리도)라 할 수 있다.

10 음용수 중에 암모니아성 질소를 검사하는 것의 위생적 의미는?

① 조류발생의 지표가 된다.
② 자정작용의 기준이 된다.
③ 분뇨, 하수의 오염지표가 된다.
④ 냄새 발생의 원인이 된다.

해설 수계에서 암모니아성 질소가 검출되면 분뇨가 유입되었음을 의미한다.

11 Ca^{2+} 이온의 농도가 20mg/L, Mg^{2+} 이온의 농도가 1.2mg/L인 물의 경도(mg/L as $CaCO_3$)는?(단, Ca = 40, Mg = 24)

① 40
② 45
③ 50
④ 55

해설
$$TH = \sum M_C^{2+} \times \frac{50}{Eq}$$
$$= 20(mg/L) \times \frac{50}{\frac{40}{2}} + 1.2(mg/L) \times \frac{50}{\frac{24}{2}}$$
$$= 55(mg/L \text{ as } CaCO_3)$$

12 바닷물 중에는 0.054M의 $MgCl_2$가 포함되어 있다. 바닷물 250mL에는 몇 g의 $MgCl_2$가 포함되어 있는가?(단, 원자량 : Mg = 24.3, Cl = 35.5)

① 약 0.8
② 약 1.3
③ 약 2.6
④ 약 3.8

해설
$$X(MgCl_2) = \frac{0.054mol}{L} \left| \frac{0.25L}{} \right| \frac{95.3g}{1mol}$$
$$= 1.29(g)$$

13 수질오염의 정의는 오염물질이 수계의 자정능력을 초과하여 유입되어 수체가 이용목적에 적합하지 않게 된 상태를 의미하는데, 다음 중 수질오염현상으로 볼 수 없는 것은?

① 수중에 산소가 고갈되는 현상
② 중금속의 유입에 따른 오염
③ 질소나 인과 같은 무기물질이 수계에 소량 유입되는 현상
④ 전염성 세균에 의한 오염

14 지하수의 특성을 지표수와 비교해서 설명한 것으로 옳지 않은 것은?

① 경도가 높다.
② 자정작용이 빠르다.
③ 탁도가 낮다.
④ 수온변동이 적다.

해설 지하수는 지표수에 비해 유속이 느리기 때문에 자정작용이 느리다.

---

15 생물농축현상에 대한 설명으로 옳지 않은 것은?

① 생물계의 먹이사슬이 생물농축에 큰 영향을 미친다.
② 영양염이나 방사능 물질은 생물농축 되지 않는다.
③ 미나마타병은 생물농축에 의한 공해병이다.
④ 생체 내에서 분해가 쉽고, 배설률이 크면 농축이 되질 않는다.

해설 영양염이나 방사능 물질은 분해가 되지 않기 때문에 생물농축 된다.

---

16 $PbSO_4$의 용해도는 물 1L당 0.038g이 녹는다. $PbSO_4$의 용해도적(K_{sp})은?(단, $PbSO_4 = 303g$)

① 1.6×10^{-8}
② 1.6×10^{-4}
③ 0.8×10^{-8}
④ 0.8×10^{-4}

해설 $PbSO_4 \rightleftarrows [Pb^{2+}] + [SO_4^{2-}]$

$$L_m = \frac{0.038g}{L} \bigg| \frac{1mol}{303g} = 1.25 \times 10^{-4} (mol/L)$$

$L_m = \sqrt{K_{SP}}$ 이므로

$K_{SP} = L_m{}^2 = (1.25 \times 10^{-4}m)^2 = 1.57 \times 10^{-8}$

---

17 성층현상이 있는 호수에서 수온의 큰 변화가 있는 층은?

① Hypolimnion
② Thermocline
③ Sedimentation
④ Epilimnion

해설 Thermocline은 약층 또는 순환층과 정체층의 중간이라 하여 중간층이라고도 하며, 수온이 수심 1m당 최대 ± 0.9℃ 이상 변화하기 때문에 변온층 또는 변환수층이라고도 한다.

---

18 Marson과 Kolkwitz의 하천자정 단계 중 심한 악취가 없어지고 수중 저니의 산화(수산화철 형성)로 인해 색이 호전되며 수질도에서 노란색으로 표시하는 수역은?

① 강부수성 수역(Polysaprobic)
② α - 중부수성 수역(α - mesosaprobic)
③ β - 중부수성 수역(β - mesosaprobic)
④ 빈부수성 수역(Oligosaprobic)

해설 α - 중부수성 수역(노란색)
㉠ 심한 악취가 없어지고, 유기물과 DO가 조금 있다.
㉡ 수중 저니의 산화로 인해 색이 호전된다.
㉢ 고분자 화합물의 분해로 아미노산이 풍부해진다.

---

19 25℃, pH 4.35인 용액에서 $[OH^-]$의 농도(mol/L)는?

① 4.47×10^{-5}
② 6.54×10^{-7}
③ 7.66×10^{-9}
④ 2.24×10^{-10}

해설 $pOH = 14 - pH = 14 - 4.35 = 9.65$
$[OH^-] = 10^{-pOH} = 10^{-9.65}$
$\qquad = 2.24 \times 10^{-10} (mol/L)$

---

20 다음 수역 중 일반적으로 자정계수가 가장 큰 것은?

① 폭포
② 작은 연못
③ 완만한 하천
④ 유속이 빠른 하천

해설 자정계수는 유속이 클수록 커지며, 소규모 저수지보다 대형 호수가 크다.

---

21 Screen 설치부에 유속한계를 0.6m/sec 정도로 두는 이유는?

① By Pass를 사용
② 모래의 퇴적현상 및 부유물이 찢겨나가는 것을 방지
③ 유지류 등의 Scum을 제거
④ 용해성 물질을 물과 분리

해설 모래의 퇴적현상 및 부유물이 찢겨나가는 것을 방지하기 위하여 스크린의 유속을 0.6m/sec 정도로 유지한다.

22 하루 5,000톤의 폐수를 처리하는 처리장에서 최초침전지의 Weir의 단위길이당 월류부하를 100m³/m·day로 제한할 때 최초침전지에 설치하여야 하는 월류 Weir의 유효 길이(m)는?

① 30   ② 40
③ 50   ④ 60

해설
$$L(길이) = \frac{5,000ton}{day} \left| \frac{day \cdot m}{100m^3} \right| \frac{m^3}{1,000kg} \left| \frac{1,000kg}{1ton} \right.$$
$$= 50(m)$$

23 염소요구량이 5mg/L인 하수 처리수에 잔류염소 농도가 0.5mg/L가 되도록 염소를 주입하려고 할 때 염소주입량(mg/L)은?

① 4.5   ② 5.0
③ 5.5   ④ 6.0

해설 염소주입량 = 염소요구량 + 염소잔류량
$$= 5 + 0.5 = 5.5(mg/L)$$

24 포기조 내 MLSS의 농도가 2,500mg/L이고, SV_{30}이 30%일 때 SVI(mL/g)는?

① 85   ② 120
③ 135   ④ 150

해설
$$SVI = \frac{SV_{30}(\%) \times 10^4}{MLSS} = \frac{30(\%) \times 10^4}{2,500} = 120$$

25 1L 실린더의 250mL 침전 부피 중 TSS 농도가 3,050mg/L로 나타나는 포기조혼합액의 SVI(mL/g)는?

① 62   ② 72
③ 82   ④ 92

해설 SVI 계산식을 이용한다.
$$SVI = \frac{SV(mL/L)}{MLSS(mg/L)} \times 10^3 = \frac{250}{3,050} \times 10^3 = 81.97$$

26 폐수처리 공정에서 발생하는 슬러지의 종류와 특징이 알맞게 연결된 것은?

① 1차 슬러지 : 성분이 주로 모래이므로 수거하여 매립한다.
② 2차 슬러지 : 생물학적 반응조의 후침전지 또는 2차 침전지에서 상등수로부터 분리된 세포물질이 주종을 이룬다.
③ 혐기성소화슬러지 : 슬러지의 색이 갈색 내지 흑갈색이며, 악취가 없고, 잘 소화된 것은 쉽게 탈수되고 생화학적으로 안정되어 있다.
④ 호기성소화슬러지 : 악취가 있고 부패성이 강하며, 쉽게 혐기성 소화시킬 수 있고, 비중이 크며, 염도도 높다.

해설 ① 1차 슬러지 : 물보다 비중이 큰 고정물 제거
③ 혐기성소화슬러지 : 냄새가 많이 발생하고, 탈수가 용이하며, 병원균의 대부분이 사멸되어 위생적으로 안정하다.
④ 호기성소화슬러지 : 슬러지의 냄새가 없고, 유지관리가 용이하며 상등수의 수질이 좋다.

27 고형물의 농도가 16.5%인 슬러지 200kg을 건조시켰더니 수분이 20%로 나타났다. 제거된 수분의 양(kg)은?

① 127   ② 132
③ 159   ④ 166

해설 $V_1(100-W_1) = V_2(100-W_2)$

$200 \times 16.5 = V_2(100-20)$

$\therefore V_2 \,(=건조 후 슬러지량) = 41.25(kg)$

$\therefore$ 감소된 물의 양=건조 전 슬러지량−건조 후 슬러지량

$= 200 - 41.25$

$= 158.75(kg)$

28 이온교환법에 의한 수처리의 화학반응으로 다음 과정이 나타낸 것은?

$$2R-H+Ca^2 \rightarrow R_2-Ca+2H^+$$

① 재생과정   ② 세척과정

③ 역세척과정   ④ 통수과정

29 하수처리장의 1차 침전지에 관한 설명 중 틀린 것은?

① 표면부하율은 계획 1일 최대오수량에 대하여 25
~40m^3/m^2 · day로 한다.

② 슬러지 제거기를 설치하는 경우 침전지 바닥기울기는 1/100~1/200로 완만하게 설치한다.

③ 슬러지 제거를 위해 슬러지 바닥에 호퍼를 설치하며 그 측벽의 기울기는 60° 이상으로 한다.

④ 유효수심은 2.5~4m를 표준으로 한다.

해설 찌꺼기(슬러지) 수집기를 설치하는 경우의 조의 바닥은 침전된 찌꺼기(슬러지)를 어느 한쪽으로 모으기 쉽게 적당한 기울기를 두며, 침전지 바닥 기울기는 직사각형에서는 1/100~2/100로, 원형 및 정사각형에서는 5/100~ 10/100으로 하고, 찌꺼기(슬러지) 호퍼(Hopper)를 설치하며, 그 측벽의 기울기는 60° 이상으로 한다.

30 플러그흐름반응기가 1차 반응에서 폐수의 BOD가 90% 제거되도록 설계되었다. 속도상수 K가 0.3h^{-1}일 때 요구되는 체류시간(h)은?

① 4.68   ② 5.68

③ 6.68   ④ 7.68

해설
$\ln\dfrac{C_t}{C_o} = -k \cdot t$

$\ln\dfrac{10}{100} = -0.3 \cdot t$

$t = 7.68(hr)$

31 물리 · 화학적 질소 제거 공정이 아닌 것은?

① Air Stripping

② Breakpoint Chlorination

③ Ion Exchange

④ Sequencing Batch Reactor

해설 물리화학적 질소 제거 공정

㉠ 암모니아 탈기법(Air Stripping)

㉡ 파괴점 염소 주입(Breakpoint Chlorination)

㉢ 이온교환(Ion Exchange)

32 1차 처리된 분뇨의 2차 처리를 위해 포기조, 2차 침전지로 구성된 활성슬러지 공정을 운영하고 있다. 운영조건이 다음과 같을 때 포기조 내의 고형물 체류시간(day)은?(단, 유입유량 = 200m^3, 잉여슬러지 배출량 = 50m^3/day, 반송슬러지 SS농도 = 1%, MLSS 농도 = 2,500mg/L, 2차 침전지 유출수 SS농도 = 0mg/L)

① 4   ② 5

③ 6   ④ 7

해설
$SRT = \dfrac{X \cdot \forall}{Q_w \cdot X_w}$

$SRT = \dfrac{2,500(mg/L) \times 1,000(m^3)}{50m^3 \times 10,000mg/L} = 5(day)$

33 급속 여과에 대한 설명으로 가장 거리가 먼 것은?

① 급속 여과는 용해성 물질 제거에는 적합하지 않다.

② 손실수두는 여과지의 면적에 따라 증가하거나 감소한다.

③ 급속 여과는 세균 제거에 부적합하다.

④ 손실수두는 여과 속도에 영향을 받는다.

34 하수의 3차 처리공법인 A/O공정에서 포기조의 주된 역할을 가장 적합하게 설명한 것은?

① 인의 방출   ② 질소의 탈기

③ 인의 과잉섭취   ④ 탈질

해설 호기조에서는 BOD소비와 더불어 미생물 세포 생산을 위한 인의 급격한 흡수가 일어난다.

35 염소살균에 관한 설명으로 가장 거리가 먼 것은?

① 염소살균강도는 HOCl > OCl > Chloramines 순이다.

② 염소살균력은 온도가 낮고, 반응시간이 길며, pH가 높을 때 강하다.

③ 염소요구량은 물에 가한 일정량의 염소와 일정한 기간이 지난 후에 남아 있는 유리 및 결합잔류염소와의 차이다.

④ 파괴점염소주입법이란 파괴점 이상으로 염소를 주입하여 살균하는 것을 말한다.

해설 염소살균은 온도가 높고, 반응시간이 길며, pH가 낮을 때 강하다.

36 일반적인 슬러지 처리공정을 순서대로 배치한 것은?

① 농축 → 약품조정(개량) → 유기물의 안정화 → 건조 → 탈수 → 최종처분

② 농축 → 유기물의 안정화 → 약품조정(개량) → 탈수 → 건조 → 최종처분

③ 약품조정(개량) → 농축 → 유기물의 안정화 → 탈수 → 건조 → 최종처분

④ 유기물의 안정화 → 농축 → 약품조정(개량) → 탈수 → 건조 → 최종처분

해설 슬러지 처리 계통도
농축 → 소화(안정화) → 개량 → 탈수 → 건조 → 최종처분

37 폐수처리 시 염소소독을 실시하는 목적으로 가장 거리가 먼 것은?

① 살균 및 냄새 제거

② 유기물의 제거

③ 부식 통제

④ SS 및 탁도 제거

해설 염소소독을 실시하는 목적
㉠ 살균 및 냄새 제거
㉡ 유기물 제거
㉢ 부식 통제

38 함수율 96%인 혼합슬러지를 함수율 80%의 탈수케이크로 만들었을 때 탈수 후 슬러지 부피는?(단, 탈수 후 슬러지 부피 = 탈수 후 슬러지 부피/탈수 전 슬러지 부피, 탈리액으로 유출 된 슬러지의 양은 무시)

① $\frac{1}{3}$

② $\frac{1}{4}$

③ $\frac{1}{5}$

④ $\frac{1}{6}$

해설 건조 · 농축 · 탈수 전/후의 Mass Balance를 이용한다.
$$V_1(100 - W_1) = V_2(100 - W_2)$$
$$100(100 - 96) = V_2(100 - 80)$$
$$V_2 = 20$$
$$\therefore \frac{V_2}{V_1} = \frac{20}{100} = \frac{1}{5}$$

39 고도 정수처리 방법 중 오존처리의 설명으로 가장 거리가 먼 것은?

① HOCl보다 강력한 환원제이다.

② 오존은 반드시 현장에서 생산하여야 한다.

③ 오존은 몇몇 생물학적 분해가 어려운 유기물을 생물학적 분해가 가능한 유기물로 전환시킬 수 있다.

④ 오존에 의해 처리된 처리수는 속으로 통과시키는데, 활성탄에 부착된 미생물은 오존에 의해 일부 산화된 유기물을 무기물로 분해시키게 된다.

해설 오존은 산소의 동소체로서 HOCl보다 더 강력한 산화제이다.

40 암모니아성 질소를 Air Stripping할 때(폐수 처리 시) 최적의 pH는?

① 4

② 6

③ 8

④ 10

해설 암모니아 탈기법
폐수 중 암모니아 탈기를 위해서는 석회석 등을 첨가하는 방법으로 pH를 9.5～10.5로 높여 암모늄(NH_4^+)형태가 아닌 자유암모니아(NH_3)로 변화시킨 후 폐수에 다량의 공기를 접촉시킨다.

전처리 방법	적용 시료
질산 – 과염소산법	유기물을 다량 함유하고 있으면서 산분해가 어려운 시료에 적용된다.
질산 – 과염소산 – 불화수소산법	다량의 점토질 또는 규산염을 함유한 시료에 적용된다.

SECTION 03 수질오염공정시험기준

41 총대장균군의 정성시험(시험관법)에 대한 설명 중 옳은 것은?

① 완전시험에는 엔도 또는 EMB 한천배지를 사용한다.

② 추정시험 시 배양온도는 48 ± 3℃ 범위이다.

③ 추정시험에서 가스의 발생이 있으면 대장균군의 존재가 추정된다.

④ 확정시험 시 배지의 색깔이 갈색으로 되었을 때는 완전시험을 생략할 수 있다.

해설 추정시험은 희석된 시료를 다람시험관이 들어있는 추정시험용 배지(젖당 배지 또는 라우릴 트립토스 배지)에 접종하여 (35 ± 0.5)℃에서 (48 ± 3)시간까지 배양한다. 이때 가스가 발생하지 않는 시료는 총대장균군 음성으로 판정하고 가스 발생이 있을 때에는 추정시험 양성으로 판정하며 추정시험 양성 시험관은 확정시험을 수행한다.

42 시료를 질산 – 과염소산으로 전처리하여야 하는 경우로 가장 적합한 것은?

① 유기물 함량이 비교적 높지 않고 금속의 수산화물, 산화물, 인산염 및 황화물을 함유하고 있는 시료를 전처리하는 경우

② 유기물을 다량 함유하고 있으면서 산화분해가 어려운 시료를 전처리하는 경우

③ 다량의 점토질 또는 규산염을 함유한 시료를 전처리하는 경우

④ 유기물 등을 많이 함유하고 있는 대부분의 시료를 전처리하는 경우

해설 시료의 전처리 방법

전처리 방법	적용 시료
질산법	유기 함량이 비교적 높지 않은 시료의 전처리에 사용한다.
질산 – 염산법	유기물 함량이 비교적 높지 않고 금속의 수산화물, 산화물, 인산염 및 황화물을 함유하고 있는 시료에 적용된다.
질산 – 황산법	유기물 등을 많이 함유하고 있는 대부분의 시료에 적용된다.

43 기체크로마토그래피법으로 측정하지 않는 항목은?

① 폴리클로리네이티드비페닐

② 유기인

③ 비소

④ 알킬수은

해설 비소의 측정방법

㉠ 수소화물생성 – 원자흡수분광광도법

㉡ 자외선/가시선 분광법

㉢ 유도결합플라스마 – 원자발광분광법

㉣ 유도결합플라스마 – 질량분석법

㉤ 양극벗김전압전류법

44 유기물 함량이 비교적 높지 않고 금속의 수산화물, 산화물, 인산염 및 황화물을 함유하고 있는 시료에 적용되며 휘발성 또는 난용성 염화물을 생성하는 금속 물질의 분석에는 주의하여야 하는 시료의 전처리 방법(산분해법)으로 가장 적절한 것은?

① 질산 – 염산법

② 질산 – 황산법

③ 질산 – 과염소산법

④ 질산 – 불화수소산법

45 원자흡수분광광도법은 원자의 어느 상태일 때 특유 파장의 빛을 흡수하는 현상을 이용한 것인가?

① 여기상태　　② 이온상태

③ 바닥상태　　④ 분자상태

해설 원자흡수분광광도법

시료를 적당한 방법으로 해리시켜 중성원자로 증기화하여 생긴 기저상태(바닥상태)의 원자가 이 원자 증기층을 투과하는 특유파장의 빛을 흡수하는 현상을 이용하여 광전측광과 같은 개개의 특유 파장에 대한 흡광도를 측정하여 시료 중의 원소농도를 정량하는 방법이다.

46 구리의 측정(자외선/가시선 분광법 기준)원리에 관한 내용으로 ( )에 옳은 것은?

> 구리이온이 알칼리성에서 다이에틸 다이티오카르바민산나트륨과 반응하여 생성하는 ( )의 킬레이트 화합물을 아세트산 부틸로 추출하여 흡광도를 440nm에서 측정한다.

① 황갈색   ② 청색
③ 적갈색   ④ 적자색

해설 구리이온이 알칼리성에서 다이에틸다이티오카르바민산나트륨과 반응하여 생성하는 황갈색의 킬레이트 화합물을 아세트산 부틸로 추출하여 흡광도를 440nm에서 측정한다.

47 다음 중 4각 웨어에 의한 유량측정 공식은?(단, Q = 유량(m³/min), K = 유량계수, h = 웨어의 수두(m), b = 절단의 폭(m))

① $Q=kh^{5/2}$ ② $Q=kh^{3/2}$
③ $Q=kbh^{5/2}$ ④ $Q=kbh^{3/2}$

해설 4각 웨어의 유량계산식

$$Q(m^3/min) = K \cdot b \cdot h^{\frac{3}{2}}$$

48 시험에 적용되는 온도 표시로 틀린 것은?

① 실온 : 1~35℃
② 찬 곳 : 0℃ 이하
③ 온수 : 60~70℃
④ 상온 : 15~25℃

해설 찬 곳은 따로 규정이 없는 한 0~15℃의 곳을 뜻한다.

49 흡광광도법으로 어떤 물질을 정량하는 데 기본원리인 Lambert-Beer 법칙에 관한 설명 중 옳지 않은 것은?

① 흡광도는 시료물질 농도에 비례한다.
② 흡광도는 빛이 통과하는 시료 액층의 두께에 반비례한다.
③ 흡광계수는 물질에 따라 각각 다르다.
④ 흡광도는 투광도의 역대수이다.

해설 흡광도는 빛이 통과하는 시료 액층의 두께에 비례한다.

50 0.05N-KMnO₄ 4.0L를 만들려고 할 때 필요한 KMnO₄의 양(g)은?(단, 원자량 K = 39, Mn = 55)

① 3.2   ② 4.6
③ 5.2   ④ 6.3

해설  $KMnO_4(g) = \dfrac{0.05mol}{L} \left| \dfrac{4L}{} \right| \dfrac{158/5g}{1eq} = 6.3(g)$

51 클로로필 a(chlorophyll-a)측정에 관한 내용 중 옳지 않은 것은?

① 클로로필 색소는 사염화탄소 적당량으로 추출한다.
② 시료 적당량(100~200mL)을 유리섬유 여과지(GF/F, 47mm)로 여과한다.
③ 663nm, 645nm, 630nm의 흡광도 측정은 클로로필 a, b 및 c를 결정하기 위한 측정이다.
④ 750nm는 시료 중의 현탁물질에 의한 탁도정도에 대한 흡광도이다.

해설 아세톤 용액을 이용하여 시료를 여과지로부터 클로로필 색소를 추출한다.

52 윙클러 아지드 변법에 의한 DO 측정 시 시료에 Fe(Ⅲ) 100~200mg/L가 공존하는 경우에 시료전처리 과정에서 첨가하는 시약으로 옳은 것은?

① 시안화나트륨용액
② 플루오린화칼륨용액
③ 수산화망간용액
④ 황산은

해설 Fe(Ⅲ) 100~200mg/L가 함유되어 있는 시료의 경우, 황산을 첨가하기 전에 플루오린화칼륨 용액 1mL를 가한다.

53 수질오염공정시험기준에서 진공이라 함은?

① 따로 규정이 없는 한 15mmHg 이하를 말함
② 따로 규정이 없는 한 15mmH₂O 이하를 말함
③ 따로 규정이 없는 한 4mmHg 이하를 말함
④ 따로 규정이 없는 한 4mmH₂O 이하를 말함

해설 "감압 또는 진공"이라 함은 따로 규정이 없는 한 15mmHg 이하를 뜻한다.

54 순수한 물 150mL에 에틸알코올(비중 0.79) 80mL를 혼합하였을 때 이 용액 중의 에틸알코올 농도(W/W %)는?

① 약 30%   ② 약 35%

③ 약 40%   ④ 약 45%

해설 에틸알코올(%)

$$= \frac{\text{에틸알코올(g)}}{\text{에틸알코올(g)} + \text{물(g)}} \times 100$$

$$= \frac{0.79\text{g/mL} \times 80\text{mL}}{0.79\text{g/L} \times 80\text{mL} + 150\text{mL} \times 1\text{g/mL}} \times 100$$

$$= 29.64(\%)$$

55 물벼룩을 이용한 급성 독성 시험법과 관련된 생태독성값(TU)에 대한 내용으로 (   )에 옳은 것은?

> 통계적 방법을 이용하여 반수영향농도 EC_{50}값을 구한 후 (   )을 말한다.

① 100에서 EC_{50} 값을 곱하여준 값

② 100에서 EC_{50} 값을 나눠준 값

③ 10에서 EC_{50} 값을 곱하여준 값

④ 10에서 EC_{50} 값을 나눠준 값

해설 생태독성값(TU, Toxic Unit)

통계적 방법을 이용하여 반수영향농도 EC_{50}을 구한 후 이를 100으로 나눠준 값을 말한다.

56 박테리아가 산화되는 이론적인 식이다. 박테리아 100 mg이 산화되기 위한 이론적 산소요구량(ThOD, g as O_2)은?

> $$C_5H_7O_2N + 5O_2 \rightarrow 5CO_2 + 2H_2O + NH_3$$

① 0.122   ② 0.132

③ 0.142   ④ 0.152

해설 박테리아의 자산화반응을 이용한다.

$C_5H_7NO_2 + 5O_2 \rightarrow 5CO_2 + NH_3 + 2H_2O$

113g : 5×32g

0.1g : X

∴ X = 0.142(g)

57 노말헥산 추출물질 시험법은?

① 중량법

② 적정법

③ 흡광광도법

④ 원자흡광광도법

해설 노말헥산 추출물질 시험법

중량법은 물 중에 비교적 휘발되지 않는 탄화수소, 탄화수소 유도체, 그리스유상물질 및 광유류를 함유하고 있는 시료를 pH 4 이하의 산성으로 하여 노말헥산층에 용해되는 물질을 노말헥산으로 추출하고 노말헥산을 증발시킨 잔류물의 무게로부터 구하는 방법이다.

58 유도결합플라스마 – 원자발광분광법의 원리에 관한 다음 설명 중 (   ) 안의 내용으로 알맞게 짝지어진 것은?

> 시료를 고주파유도코일에 의하여 형성된 아르곤 플라스마에 도입하여 6,000~8,000K에서 들뜬상태의 원자가 (㉠)로 전이할 때 (㉡)하는 발광선 및 발광강도를 측정하여 원소의 정성 및 정량분석에 이용하는 방법이다.

① ㉠ 들뜬상태, ㉡ 흡수

② ㉠ 바닥상태, ㉡ 흡수

③ ㉠ 들뜬상태, ㉡ 방출

④ ㉠ 바닥상태, ㉡ 방출

해설 시료를 고주파유도코일에 의하여 형성된 아르곤 플라스마에 주입하여 6,000~8,000K에서 들뜬 상태의 원자가 바닥상태로 전이할 때 방출하는 발광선 및 발광강도를 측정하여 원소의 정성 및 정량분석에 이용하는 방법이다.

59 시료의 전처리 방법(산분해법) 중 유기물 등을 많이 함유하고 있는 대부분의 시료에 적용하는 것은?

① 질산법

② 질산 – 염산법

③ 질산 – 황산법

④ 질산 – 과염소산법

---

60 물속의 냄새를 측정하기 위한 시험에서 시료부피 4mL와 무취 정제수(희석수) 부피 196mL인 경우 냄새역치(TON)는?

① 0.02   ② 0.5
③ 50   ④ 100

해설 냄새역치(TON) $= \dfrac{A+B}{A} = \dfrac{4+196}{4} = 50$

SECTION 04 수질환경관계법규

61 환경부장관은 개선명령을 받은 자가 개선명령을 이행하지 아니하거나 기간 이내에 이행은 하였으나 배출허용기준을 계속 초과할 때에는 해당 배출시설의 전부 또는 일부에 대한 조업정지를 명할 수 있다. 이에 따른 조업정지 명령을 위반한 자에 대한 벌칙기준은?

① 1년 이하의 징역 또는 1천만 원 이하의 벌금
② 2년 이하의 징역 또는 2천만 원 이하의 벌금
③ 3년 이하의 징역 또는 3천만 원 이하의 벌금
④ 5년 이하의 징역 또는 5천만 원 이하의 벌금

62 수질 및 수생태계 환경기준인 수질 및 수생태계 상태별 생물학적 특성 이해표에 관한 내용 중 생물 등급이 [약간 나쁨~매우 나쁨] 생물지표종(어류)으로 틀린 것은?

① 피라미   ② 미꾸라지
③ 메기   ④ 붕어

해설

생물 등급	생물 지표종		서식지 및 생물 특성
	저서생물 (底棲生物)	어류	
약간 나쁨 ~ 매우 나쁨	왼돌이물달팽이, 실지렁이, 붉은깔따구, 나방파리, 꽃등에	붕어, 잉어, 미꾸라지, 메기 등 서식	• 물이 매우 혼탁하며, 유속이 느린 편임 • 바닥은 주로 모래와 실트로 구성되며, 대체로 검은색을 띰 • 부착조류가 갈색 혹은 회색을 띠며 매우 많음

63 법적으로 규정된 환경기술인의 관리사항이 아닌 것은?

① 환경오염방지를 위하여 환경부장관이 지시하는 부하량 통계 관리에 관한 사항
② 폐수배출시설 및 수질오염방지시설의 관리에 관한 사항
③ 폐수배출시설 및 수질오염방지시설의 개선에 관한 사항
④ 운영일지의 기록·보존에 관한 사항

해설 환경기술인의 관리사항
㉠ 폐수배출시설 및 수질오염방지시설의 관리에 관한 사항
㉡ 폐수배출시설 및 수질오염방지시설의 개선에 관한 사항
㉢ 폐수배출시설 및 수질오염방지시설의 운영에 관한 기록부의 기록보존에 관한 사항
㉣ 운영일지의 기록·보존에 관한 사항
㉤ 수질오염물질의 측정에 관한 사항
㉥ 그 밖에 환경오염방지를 위하여 시·도지사가 지시하는 사항

64 낚시금지, 제한구역의 안내판 규격에 관한 내용으로 옳은 것은?

① 바탕색 : 흰색, 글씨 : 청색
② 바탕색 : 청색, 글씨 : 흰색
③ 바탕색 : 녹색, 글씨 : 흰색
④ 바탕색 : 흰색, 글씨 : 녹색

해설 안내판의 규격기준 중 색상기준은 청색 바탕에 흰색 글씨를 사용한다.

65 수질 및 수생태계 환경기준 중 하천에서 생활환경 기준의 등급별 수질 및 수생태계 상태에 관한 내용으로 ( )에 옳은 내용은?

> 보통 : 보통의 오염물질로 인하여 용존산소가 소모되는 일반 생태계로 여과, 침전, 활성탄 투입, 살균 등 고도의 정수처리 후 생활용수로 이용하거나 일반적 정수처리 후 ( )로 사용할 수 있음

① 재활용수   ② 농업용수
③ 수영용수   ④ 공업용수

해설 보통

보통의 오염물질로 인하여 용존산소가 소모되는 일반 생태계로 여과, 침전, 활성탄 투입, 살균 등 고도의 정수처리 후 생활용수로 이용하거나 일반적 정수처리 후 공업용수로 사용할 수 있다.

66 환경기술인 등의 교육기간, 대상자 등에 관한 내용으로 틀린 것은?

① 폐수처리업에 종사하는 기술요원의 교육기관은 국립환경인력개발원이다.

② 환경기술인과정과 폐수처리기술요원과정의 교육기간은 3일 이내로 한다.

③ 최초교육은 환경기술인 등이 최초로 업무에 종사한 날부터 1년 이내에 실시하는 교육이다.

④ 보수교육은 최초교육 후 3년마다 실시하는 교육이다.

해설 교육과정의 종류 및 기간

환경기술인 또는 기술요원이 관련 분야에 따라 이수하여야 할 교육과정은 다음과 같다.

㉠ 환경기술인과정

㉡ 폐수처리기술요원과정

교육기간은 5일 이내로 한다. 다만, 정보통신매체를 이용하여 원격교육을 실시하는 경우에는 환경부장관이 인정하는 기간으로 한다.

67 1일 폐수배출량이 1,500m³인 사업장의 규모로 옳은 것은?

① 제1종 사업장   ② 제2종 사업장

③ 제3종 사업장   ④ 제4종 사업장

해설 사업장 규모별 구분

종류	배출규모
제1종 사업장	1일 폐수배출량이 2,000m³ 이상인 사업장
제2종 사업장	1일 폐수배출량이 700m³ 이상 2,000m³ 미만인 사업장
제3종 사업장	1일 폐수배출량이 200m³ 이상 700m³ 미만인 사업장
제4종 사업장	1일 폐수배출량이 50m³ 이상 200m³ 미만인 사업장
제5종 사업장	위 제1종부터 제4종까지의 사업장에 해당하지 아니하는 배출시설

68 호소의 수질상황을 고려하여 낚시금지구역을 지정할 수 있는 자는?

① 환경부장관

② 중앙환경정책위원회

③ 시장 · 군수 · 구청장

④ 수면관리기관장

해설 특별자치시장 · 특별자치도지사 · 시장 · 군수 · 구청장은 하천 · 호소의 이용목적 및 수질상황 등을 고려하여 대통령령으로 정하는 바에 따라 낚시금지구역 또는 낚시제한구역을 지정할 수 있다. 이 경우 수면관리자와 협의하여야 한다.

69 공공수역 중 환경부령으로 정하는 수로가 아닌 것은?

① 지하수로   ② 농업용 수로

③ 상수관로   ④ 운하

해설 공공수역

㉠ 지하수로   ㉡ 농업용 수로

㉢ 하수관거   ㉣ 운하

70 환경기술인의 임명신고에 관한 기준으로 옳은 것은? (단, 환경기술인을 바꾸어 임명하는 경우)

① 바꾸어 임명한 즉시 신고하여야 한다.

② 바꾸어 임명한 후 3일 이내에 신고하여야 한다.

③ 그 사유가 발생한 즉시 신고하여야 한다.

④ 그 사유가 발생한 날부터 5일 이내에 신고하여야 한다.

해설 환경기술인의 임명

㉠ 최초로 배출시설을 설치한 경우 : 가동시작 신고와 동시

㉡ 환경기술인을 바꾸어 임명하는 경우 : 그 사유가 발생한 날부터 5일 이내

71 환경부장관은 가동개시신고를 한 폐수무방류 배출시설에 대하여 10일 이내에 허가 또는 변경허가의 기준에 적합한지 여부를 조사하여야 한다. 이 규정에 의한 조사를 거부 · 방해 또는 기피한 자에 대한 벌칙 기준은?

① 500만 원 이하의 벌금

② 1년 이하의 징역 또는 1천만 원 이하의 벌금

③ 2년 이하의 징역 또는 2천만 원 이하의 벌금

④ 3년 이하의 징역 또는 3천만 원 이하의 벌금

72 비점오염원의 변경신고 기준으로 틀린 것은?

① 상호 · 대표자 · 사업명 또는 업종의 변경
② 총 사업면적 · 개발면적 또는 사업장 부지면적이 처음 신고면적의 100분의 30 이상 증가하는 경우
③ 비점오염저감시설의 종류, 위치, 용량이 변경되는 경우
④ 비점오염원 또는 비점오염저감시설의 전부 또는 일부를 폐쇄하는 경우

해설 비점오염원 변경신고
㉠ 상호, 대표자, 사업명 또는 업종의 변경
㉡ 총 사업면적, 개발면적 또는 사업장 부지 면적이 처음 신고면적의 100분의 15 이상 증가하는 경우
㉢ 비점오염저감시설의 종류, 위치, 용량이 변경되는 경우
㉣ 비점오염원 또는 비점오염저감시설의 전부 또는 일부를 폐쇄하는 경우

73 비점오염저감시설(식생형 시설)의 관리, 운영기준에 관한 내용으로 (   )에 옳은 것은?

식생수로 바닥의 퇴적물이 처리용량의 (   )를 초과하는 경우는 침전된 토사를 제거하여야 한다.

① 10%   ② 15%
③ 20%   ④ 25%

해설 식생형 시설
식생수로 바닥의 토적물이 처리용량의 25%를 초과하는 경우에는 침전된 토사를 제거하여야 한다.

74 수계영향권별로 배출되는 수질오염물질을 총량으로 관리할 수 있는 주체는?

① 대통령
② 국무총리
③ 시 · 도지사
④ 환경부장관

해설 환경부장관은 수계영향권별로 배출되는 수질오염물질을 총량으로 관리할 수 있다.

75 초과배출부과금의 부과 대상 수질오염물질이 아닌 것은?

① 트리클로로에틸렌
② 노말헥산추출물질함유량(광유류)
③ 유기인화합물
④ 총질소

해설 초과배출부과금 부과 대상 수질오염물질의 종류
㉠ 유기물질   ㉡ 부유물질
㉢ 카드뮴 및 그 화합물   ㉣ 시안화합물
㉤ 유기인화합물   ㉥ 납 및 그 화합물
㉦ 6가크롬화합물   ㉧ 비소 및 그 화합물
㉨ 수은 및 그 화합물
㉩ 폴리염화비페닐[polychlorinated biphenyl]
㉪ 구리 및 그 화합물   ㉫ 크롬 및 그 화합물
㉬ 페놀류   ㉭ 트리클로로에틸렌
㉮ 테트라클로로에틸렌   ㉯ 망간 및 그 화합물
㉰ 아연 및 그 화합물   ㉱ 총질소
㉲ 총인

76 사업장별 환경기술인의 자격기준에 해당하지 않는 것은?

① 방지시설 설치면제 대상인 사업장과 배출시설에서 배출되는 수질오염물질 등을 공동방지시설에서 처리하게 하는 사업장은 제4종 사업장·제5종 사업장에 해당하는 환경기술인을 둘 수 있다.
② 연간 90일 미만 조업하는 제1종부터 제3종까지의 사업장은 제4종 사업장·제5종 사업장에 해당하는 환경기술인을 선임할 수 있다.
③ 대기환경기술인으로 임명된 자가 수질환경기술인의 자격을 갖춘 경우에는 수질환경기술인을 겸임할 수 있다.
④ 공동방지시설의 경우에는 폐수 배출량이 제1종, 제2종 사업장 규모에 해당하는 경우 제3종 사업장에 해당하는 환경기술인을 둘 수 있다.

해설 공동방지시설의 경우에는 폐수배출량이 제4종 또는 제5종 사업장의 규모에 해당하면 제3종 사업장에 해당하는 환경기술인을 두어야 한다.

77 폐수처리업자에게 폐수처리업의 등록을 취소하거나 6개월 이내의 기간을 정하여 영업정지를 명할 수 있는 경우가 아닌 것은?

① 다른 사람에게 등록증을 대여한 경우
② 1년에 2회 이상 영업정지처분을 받은 경우
③ 등록 후 1년 이내에 영업을 개시하지 않은 경우
④ 영업정지처분 기간에 영업행위를 한 경우

해설 폐수처리업의 등록을 취소하거나 6개월 이내의 기간을 정하여 영업정지를 명할 수 있는 경우
㉠ 다른 사람에게 등록증을 대여한 경우
㉡ 1년에 2회 이상 영업정지처분을 받은 경우
㉢ 고의 또는 중대한 과실로 폐수처리영업을 부실하게 한 경우
㉣ 영업정지처분 기간에 영업행위를 한 경우

78 수질오염방지시설 중 물리적 처리시설에 해당되는 것은?

① 응집시설
② 흡착시설
③ 이온교환시설
④ 침전물개량시설

해설 흡착시설, 이온교환시설, 침전물개량시설은 화학적 처리시설이다.

79 기본부과금 산정 시 방류수수질기준을 100% 초과한 사업자에 대한 부과계수는?

① 2.4   ② 2.6
③ 2.8   ④ 3.0

해설 방류수 수질기준 초과율별 부과계수

초과율	10% 미만	10% 이상 20% 미만	20% 이상 30% 미만	30% 이상 40% 미만	40% 이상 50% 미만
부과계수	1	1.2	1.4	1.6	1.8

초과율	50% 이상 60% 미만	60% 이상 70% 미만	70% 이상 80% 미만	80% 이상 90% 미만	90% 이상 100% 까지
부과계수	2.0	2.2	2.4	2.6	2.8

80 환경기술인의 교육기관으로 옳은 것은?

① 환경관리공단
② 환경보전협회
③ 환경기술연수원
④ 국립환경인력개발원

해설 환경기술인 등의 교육기관
㉠ 환경기술인 : 환경보전협회
㉡ 기술요원 : 국립환경인력개발원

SECTION 01 수질오염개론

01 20℃ 5일 BOD가 50mg/L인 하수의 2일 BOD (mg/L)는?(단, 20℃, 탈산소계수 k=0.23 day^{-1} 이고, 자연대수 기준)

① 21   ② 24
③ 27   ④ 29

해설 소모 BOD 공식을 이용한다.

$BOD_t = BOD_u \times (1 - e^{-k \cdot t})$

$BOD_5 = BOD_u \times (1 - e^{-0.23 \times 5})$

$BOD_u = 73.17(mg/L)$

$\therefore BOD_2 = BOD_u \times (1 - e^{-0.23 \times 2})$

$\qquad = 73.17 \times (1 - e^{-0.23 \times 2})$

$\qquad = 26.98(mg/L)$

02 우리나라 물의 이용 형태별로 볼 때 가장 수요가 많은 것은?

① 생활용수
② 공업용수
③ 농업용수
④ 유지용수

해설 우리나라에서는 농업용수의 이용률이 가장 높고, 그 다음은 발전 및 하천유지용수, 생활용수, 공업용수 순이다.

03 탄광폐수가 하천, 호수 또는 저수지에 유입할 경우 발생될 수 있는 오염의 형태로 옳지 않은 것은?

① 부식성이 높은 수질이 될 수 있다.
② 대체적으로 물의 pH를 낮춘다.
③ 비탄산경도를 높이게 된다.
④ 일시경도를 높이게 된다.

해설 영구경도를 높이게 된다.

04 산소 포화농도가 9.14mg/L인 하천에서 t=0일 때 DO 농도가 6.5mg/L라면 물이 3일 및 5일 흐른 후 하류에서의 DO 농도(mg/L)는?(단, 최종 BOD = 11.3mg/L, $K_1 = 0.1/day$, $K_2 = 0.2/day$, 상용대수 기준)

① 3일 후=5.7, 5일 후=6.1
② 3일 후=5.7, 5일 후=6.4
③ 3일 후=6.1, 5일 후=7.1
④ 3일 후=6.1, 5일 후=7.4

해설 용존산소 농도＝포화농도－산소부족량으로 계산된다.

㉠ 3일 후 $DO(mg/L) = C_s - D_t$
- C_s (포화농도)=9.14(mg/L)
- D_t(산소부족량)의 계산

$D_t = \dfrac{K_1 \cdot L_o}{K_2 - K_1}(e^{-K_1 \cdot t} - e^{-K_2 \cdot t}) + D_o \cdot e^{-K_2 \cdot t}$

$\quad = \dfrac{0.1 \times 11.3}{0.2 - 0.1}(10^{-0.1 \times 3} - 10^{-0.2 \times 3}) + 2.64 \times 10^{-0.2 \times 3}$

$\quad = 3.49(mg/L)$

$\therefore$ 용존산소(DO) 농도=9.14－3.49=5.65(mg/L)

㉡ 5일 후 $DO(mg/L) = C_s - D_t$
- C_s (포화농도)=9.14(mg/L)
- D_t(산소부족량)의 계산

$D_t = \dfrac{K_1 \cdot L_o}{K_2 - K_1}(e^{-K_1 \cdot t} - e^{-K_2 \cdot t}) + D_o \cdot e^{-K_2 \cdot t}$

$\quad = \dfrac{0.1 \times 11.3}{0.2 - 0.1}(10^{-0.1 \times 5} - 10^{-0.2 \times 5}) + 2.64 \times 10^{-0.2 \times 5}$

$\quad = 2.71(mg/L)$

$\therefore$ 용존산소(DO) 농도=9.14－2.71=6.43(mg/L)

05 다음 그림은 하천에 유기물질이 배출되었을 때 수질 변화를 나타낸 것이다. (2) 곡선이 나타내는 수질지표로 가장 적절한 것은?

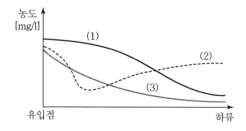

① DO   ② BOD
③ SS   ④ COD

06 0.04M NaOH 용액의 농도(mg/L)는?(단, 원자량 Na = 23)

① 100   ② 1,200
③ 1,400   ④ 1,600

 $X(mg/L) = \dfrac{0.04mol}{L} \left| \dfrac{40g}{1mol} \right| \dfrac{10^3 mg}{1g} = 1,600(mg/L)$

07 물의 특성으로 옳지 않은 것은?

① 유용한 용매
② 수소결합
③ 비극성 형성
④ 육각형 결정구조

해설 물분자는 H^+와 OH^-로 극성을 이루므로 모든 용질에 대하여 가장 유효한 용매이다.

08 Whipple의 하천의 생태변화에 따른 4지대 구분 중 분해지대에 관한 설명으로 옳지 않은 것은?

① 오염에 잘 견디는 곰팡이류가 심하게 번식한다.
② 여름철 온도에서 DO 포화도는 45% 정도에 해당된다.
③ 탄산가스가 줄고 암모니아성 질소가 증가한다.
④ 유기물 혹은 오염물을 운반하는 하수거의 방출지점과 가까운 하류에 위치한다.

해설 분해지대
㉠ 호기성 상태를 유지한다.
㉡ 오염원의 유입구와 가장 가깝다.
㉢ BOD 농도가 높다.
㉣ DO 감소가 현저하다.(여름철 DO 포화도의 45%)

09 수분함량 97%의 슬러지 14.7m³를 수분함량 85%로 농축하면 농축 후 슬러지 용적(m³)은?(단, 슬러지 비중 = 1.0)

① 1.92   ② 2.94
③ 3.21   ④ 4.43

해설 $V_1(100-W_1) = V_2(100-W_2)$
$14.7(100-97) = V_2(100-85)$
$\therefore V_2 = 2.94(m^3)$

10 호소에서 계절에 따른 물의 분포와 혼합상태에 관한 설명으로 옳은 것은?

① 겨울철 심수층은 혐기성 미생물의 증식으로 유기물이 적정하게 분해되어 수질이 양호하게 된다.
② 봄, 가을에는 물의 밀도 변화에 의한 전도현상(Turnover)이 일어난다.
③ 깊은 호수의 경우 여름철의 심수층 수온변화는 수온약층보다 크다.
④ 여름철에는 표수층과 심수층 사이에 수온의 변화가 거의 없는 수온약층이 존재한다.

해설 ① 겨울철 심수층은 혐기성 미생물에 의한 유기물 분해로 수질이 악화된다.
③ 호수의 경우 여름철의 심수층 수온변화는 수온약층보다 작다.
④ 여름철에는 표수층과 심수층 사이에 수온의 변화가 큰 수온약층이 존재한다.

11 폐수의 분석결과 COD가 450mg/L이고, BOD₅가 300mg/L였다면 NBDCOD(mg/L)는?(단, 탈산소계수 K_1 = 0.2/day, base는 상용대수)

① 약 76   ② 약 84
③ 약 117   ④ 약 136

해설 $BOD_t = BOD_u \times (1 - 10^{-k_1 \cdot t})$
여기서, $BOD_5 = 300(mg/L)$
$t = 5(day)$
$k_1 = 0.2(/day)$
$BOD_u = \dfrac{BOD_t}{(1-10^{-K_1 \cdot t})}$
$= \dfrac{300}{(1-10^{-0.2 \times 5})} = 333.33(mg/L)$
$COD = BDCOD + NBDCOD$이며
$BDCOD = BOD_u$이다.
$NBDCOD = COD - BOD_u$
$= (450-333.33)mg/L$
$= 116.67(mg/L)$

12 수중의 용존산소에 대한 설명으로 옳지 않은 것은?

① 수온이 높을수록 용존산소량은 감소한다.

② 용존염류의 농도가 높을수록 용존산소량은 감소한다.

③ 같은 수온하에서는 담수보다 해수의 용존산소량이 높다.

④ 현존 용존산소 농도가 낮을수록 산소전달률은 높아진다.

해설 동일한 수온하에서는 담수보다 해수의 용존산소량이 낮다.

13 수중의 질소순환과정인 질산화 및 탈질 순서를 옳게 나타낸 것은?

① $NH_3 \rightarrow NO_2^- \rightarrow NO_3^- \rightarrow NO_2^- \rightarrow N_2$

② $NO_3^- \rightarrow NO_2^- \rightarrow NH_3 \rightarrow NO_2^- \rightarrow N_2$

③ $NO_3^- \rightarrow NO_2^- \rightarrow N_2 \rightarrow NH_3 \rightarrow NO_2^-$

④ $N_2 \rightarrow NH_3 \rightarrow NO_2^- \rightarrow NO_2^-$

14 자연계에 발생하는 질소의 순환에 관한 설명으로 옳지 않은 것은?

① 공기 중 질소를 고정하는 미생물은 박테리아와 곰팡이로 나누어진다.

② 암모니아성 질소는 호기성 조건하에서 탈질균의 활동에 의해 질소로 변환된다.

③ 질산화 박테리아는 화학합성을 하는 독립영양미생물이다.

④ 질산화과정 중 암모니아성 질소에서 아질산성 질소로 전환되는 것보다 아질산성 질소에서 질산성 질소로 전환되는 것이 적은 양의 산소가 필요하다.

해설 암모니아성 질소는 호기성 조건하에서 질산화균의 활동에 의해 질산성 질소로 변환된다.

15 적조의 발생에 관한 설명으로 옳지 않은 것은?

① 정체해역에서 일어나기 쉬운 현상이다.

② 강우에 따라 오염된 하천수가 해수에 유입될 때 발생할 수 있다.

③ 수괴의 연직 안정도가 크고 독립해 있을 때 발생한다.

④ 해역의 영양 부족 또는 염소농도 증가로 발생된다.

해설 적조현상은 강우에 따른 하천수의 유입으로 염분량이 낮아지고 물리적 자극물질이 보급될 때 발생하는 현상이다. 따라서 염분농도의 증가는 적조현상과 관계가 없다.

16 분뇨처리과정에서 병원균과 기생충란을 사멸시키기 위한 가장 적절한 온도는?

① 25~30℃   ② 35~40℃

③ 45~50℃   ④ 55~60℃

해설 분뇨처리과정에서 병원균과 기생충란을 사멸하기 위한 온도는 55~60℃이다.

17 수중의 암모니아를 함유하는 용액은 다음과 같은 평형 때문에 수산화암모늄이라고 한다.

$$NH_3 + H_2O \leftrightarrow NH_4^+ + OH^-$$

0.25M-NH_3 용액 500mL를 만들기 위한 시약의 부피(mL)는?(단, NH_3 분자량 17.03, 진한 수산화암모늄 용액(28.0wt%의 NH_3 함유)의 밀도 = 0.899g/cm³)

① 4.23   ② 8.46

③ 14.78   ④ 29.56

해설
$$NH_3(mL) = \frac{0.25mol}{L} \left| \frac{0.5L}{} \right| \frac{17.03g}{1mol} \left| \frac{mL}{0.899g} \right| \frac{100}{28}$$
$$= 8.46(mL)$$

18 미생물의 증식단계를 가장 올바른 순서대로 연결한 것은?

① 정지기 - 유도기 - 대수증식기 - 사멸기

② 대수증식기 - 유도기 - 사멸기 - 정지기

③ 유도기 - 대수증식기 - 사멸기 - 정지기

④ 유도기 - 대수증식기 - 정지기 - 사멸기

해설 미생물의 증식단계를 4단계로 분류하면 유도기(지체기) → 대수증식기 → 정지기 → 사멸기로 분류된다.

19 전해질 M_2X_3의 용해도적 상수에 대한 표현으로 옳은 것은?

① $K_{sp} = [M^{3+}]^2[X^{2-}]^3$

② $K_{sp} = [2M^{3+}][3X^{2-}]$

③ $K_{sp} = [2M^{3+}]^2[3X^{2-}]^3$

④ $K_{sp} = [M^{3+}][X^{2-}]$

해설 $M_2X_3 \rightarrow 2M^{3+} + 3X^{2-}$
$K_{sp} = [M^{3+}]^2[X^{2-}]^3$

20 호소의 수질검사 결과, 수온이 18℃, DO 농도가 11.5mg/L이었다. 현재 호소의 상태에 대한 설명으로 가장 적합한 것은?

① 깨끗한 물이 계속 유입되고 있다.

② 대기 중의 산소가 계속 용해되고 있다.

③ 수서 동물이 많이 서식하고 있다.

④ 조류가 다량 증식하고 있다.

해설 수온 18℃에서의 DO 농도 11.5mg/L는 포화용존산소량 이상이므로 수중에 조류가 다량 증식하고 있는 상태이다.

SECTION 02 수질오염방지기술

21 처리수의 BOD 농도가 5mg/L인 폐수처리 공정의 BOD 제거효율은 1차 처리 40%, 2차 처리 80%, 3차 처리 15%이다. 이 폐수처리공정에 유입되는 유입수의 BOD 농도(mg/L)는?

① 39   ② 49

③ 59   ④ 69

해설 $\eta_T = \eta_1 + \eta_2(1-\eta_1) + \eta_3(1-\eta_1)(1-\eta_2)$

$C_i = \dfrac{C_o}{1-\eta}$

$\eta_T = 0.4 + 0.8(1-0.4) + 0.15(1-0.4)(1-0.8)$
$\quad = 0.898 = 89.8(\%)$

$\therefore C_i = \dfrac{C_o}{1-\eta} = \dfrac{5}{1-0.898} = 49.01(mg/L)$

22 모래여과상에서 공극 구멍보다 더 작은 미세한 부유 물질을 제거함에 있어 모래의 주요 제거기능과 거리가 먼 것은?

① 부착   ② 응결

③ 거름   ④ 흡착

해설 여과법의 메커니즘
　㉠ 거름작용　　　　　㉡ 침전
　㉢ 충돌　　　　　　　㉣ 차단
　㉤ 부착　　　　　　　㉥ 화학적 흡착
　㉦ 응집　　　　　　　㉧ 생물증식

23 폐수량 20,000m³/day, 체류시간 30분, 속도경사 40sec⁻¹의 응집침전소를 설계한 때 교반기 모터의 동력효율을 60%로 예상한다면 응집침전조의 교반기에 필요한 모터의 총동력(W)은?(단, $\mu = 10^{-3}$kg/m·s)

① 417   ② 667.2

③ 728.5   ④ 1,112

해설 $G = \sqrt{\dfrac{P}{\mu \forall}}$, $P = G^2 \cdot \mu \cdot \forall$

$\mu = 10^{-3}$kg/m·sec, $G = 40$sec⁻¹

$\forall = 20,000$m³/d × d/24hr × hr/60min × 30min
$\quad = 416.67$(m³)

$P = 40^2 \times 10^{-3} \times 416.67 \times \dfrac{100}{60} = 1,111.12$(W)

24 1,000m³의 폐수 중 부유물질 농도가 200mg/L일 때 처리효율이 70%인 처리장에서의 발생슬러지양(m³)은?(단, 부유물질 처리만을 기준으로 하며 기타 조건은 고려하지 않음, 슬러지 비중 = 1.03, 함수율 = 95%)

① 2.36   ② 2.46

③ 2.72   ④ 2.96

해설 $SL(m^3) = \dfrac{1,000m^3}{} \left| \dfrac{0.2kg}{m^3} \right| \dfrac{70}{100} \left| \dfrac{m^3}{1,030kg} \right| \dfrac{100}{100-95}$

$\quad = 2.718(m^3)$

---

25 BOD 1,000mg/L, 유량 1,000m³/day인 폐수를 활성슬러지법으로 처리하는 경우, 포기조의 수심을 5m로 할 때 필요한 포기조의 표면적(m²)은?(단, BOD 용적부하 = 0.4kg/m³ · day)

① 400 ② 500
③ 600 ④ 700

해설 BOD 용적부하 = $\dfrac{BOD \times Q}{\forall}$

$\dfrac{0.4kg}{day \cdot m^3} = \dfrac{1,000mg}{L} \left| \dfrac{1,000m^3}{day} \right| \dfrac{10^3L}{m^3} \left| \dfrac{g}{10^3mg} \right| \dfrac{kg}{10^3g} \left| \dfrac{1}{Xm^3} \right.$

$X = 2,500m^3$

∴ 포기조 수면적 = $\dfrac{2,500m^3}{5m} = 500(m^2)$

26 활성슬러지법에서 포기조에 균류(fungi)가 번식하면 처리효율이 낮아지는 이유로 가장 알맞은 것은?

① BOD보다는 COD를 더 잘 제거시키기 때문이다.
② 혐기성 상태를 조성시키기 때문이다.
③ floc의 침강성이 나빠지기 때문이다.
④ fungi가 bacteria를 잡아먹기 때문이다.

27 각종 처리법과 그 효과에 영향을 미치는 주요한 인자의 조합으로 틀린 것은?

① 침강분리법 – 현탁입자와 물의 밀도차
② 가압부상법 – 오수와 가압수와의 점성차
③ 모래여과법 – 현탁입자의 크기
④ 흡착법 – 용질의 흡착성

28 분무식 포기장치를 이용하여 CO_2 농도를 탈기시키고자 한다. 최초의 CO_2 농도 30g/m³ 중에서 12g/m³을 제거할 수 있을 때 효율계수 (E)와 최초 CO_2 농도가 50g/m³일 경우 유출수 중 CO_2 농도(C_e, g/m³)는?(단, CO_2 포화농도=0.5g/m³)

① E=0.6, C_e=30
② E=0.4, C_e=20
③ E=0.6, C_e=20
④ E=0.4, C_e=30

해설 효율계수(E) = $1 - \dfrac{C_o}{C_i} = 1 - \dfrac{18}{30} = 0.4$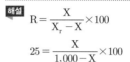

$C_o = C_i \times (1 - \eta) = 50 \times (1 - 0.4) = 30(g/m^3)$

29 슬러지 반송률이 25%, 반송슬러지 농도가 10,000 mg/L일 때 포기조의 MLSS 농도(mg/L)는?(단, 유입 SS 농도를 고려하지 않음)

① 1,200 ② 1,500
③ 2,000 ④ 2,500

해설 $R = \dfrac{X}{X_r - X} \times 100$

$25 = \dfrac{X}{1,000 - X} \times 100$

∴ X(MLSS) = 2,000(mg/L)

30 미생물을 회분식 배양하는 경우의 일반적인 성장 상태를 그림으로 나타낸 것이다. ( ) 안의 ㉮, ㉯에 미생물의 적합한 성장단계 및 ㉰, ㉱, ㉲에 활성슬러지공법 중 재래식, 고율, 장기폭기의 운전 범위를 맞게 나타낸 것은?

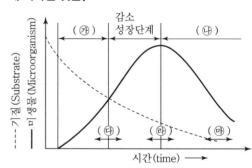

① ㉮ 대수성장단계, ㉯ 내생성장단계, ㉰ 재래식, ㉱ 고율, ㉲ 장기폭기
② ㉮ 내생성장단계, ㉯ 대수성장단계, ㉰ 재래식, ㉱ 고율, ㉲ 장기폭기
③ ㉮ 대수성장단계, ㉯ 내생성장단계, ㉰ 재래식, ㉱ 장기폭기, ㉲ 고율
④ ㉮ 대수성장단계, ㉯ 내생성장단계, ㉰ 고율, ㉱ 재래식, ㉲ 장기폭기

31 고형물 농도 10g/L인 슬러지를 하루 480m³ 비율로 농축 처리하기 위해 필요한 연속식 슬러지 농축조의 표면적(m²)은?(단, 농축조의 고형물 부하 = 4kg/m² · hr)

① 50

② 100

③ 150

④ 200

> **해설** 표면적$(\mathrm{m^2}) = \dfrac{10\mathrm{g}}{\mathrm{L}}\left|\dfrac{\mathrm{m^2 \cdot hr}}{4\mathrm{kg}}\right|\dfrac{480\mathrm{m^3}}{\mathrm{day}}\left|\dfrac{1\mathrm{kg}}{10^3\mathrm{g}}\right|\dfrac{10^3\mathrm{L}}{1\mathrm{m^3}}\left|\dfrac{1\mathrm{day}}{24\mathrm{hr}}\right.$
>
> $= 50(\mathrm{m^2})$

32 수중에 존재하는 대상 항목별 제거방법이 틀리게 짝지어진 것은?

① 부유물질 – 급속여과, 응집침전

② 용해성 유기물질 – 응집침전, 오존산화

③ 용해된 염류 – 역삼투법, 이온교환

④ 세균, 바이러스 – 소독, 급속여과

> **해설** 세균이나 바이러스는 염소소독, 오존산화로 제거한다.

33 공장에서 보일러의 열전도율이 저하되어 확인한 결과, 보일러 내부에 형성된 스케일이 문제인 것으로 판단되었다. 일반적으로 스케일 형성의 원인이 되는 물질은?

① $\mathrm{Ca^{2+}}$, $\mathrm{Mg^{2+}}$

② $\mathrm{Na^+}$, $\mathrm{K^+}$

③ $\mathrm{Cu^{2+}}$, $\mathrm{Fe^{2+}}$

④ $\mathrm{Na^+}$, $\mathrm{Fe^{2+}}$

> **해설** 스케일 형성의 원인이 되는 물질은 소위 미네랄이고 불리는 칼슘($\mathrm{Ca^{2+}}$)과 마그네슘($\mathrm{Mg^{2+}}$)이다.

34 포기조 내의 MLSS가 4,000mg/L, 포기조 용적이 500m³인 활성슬러지 공정에서 매일 25m³의 폐슬러지를 인발하여 소화조에서 처리한다면 슬러지의 평균체류시간(day)은?(단, 반송슬러지의 농도는 20,000 mg/L, 유출수의 SS 농도는 무시)

① 2

② 3

③ 4

④ 5

> **해설** $\mathrm{SRT(day)} = \dfrac{\forall \cdot \mathrm{X}}{\mathrm{Q_w} \cdot \mathrm{X_w}}$

$\therefore \mathrm{SRT} = \dfrac{500\mathrm{m^3}}{}\left|\dfrac{4,000\mathrm{mg}}{\mathrm{L}}\right|\dfrac{\mathrm{day}}{25\mathrm{m^3}}\left|\dfrac{\mathrm{L}}{20,000\mathrm{mg}}\right. = 4(\mathrm{day})$

35 일반적인 도시하수 처리 순서로 알맞은 것은?

① 스크린 – 침사지 – 1차 침전지 – 포기조 – 2차 침전지 – 소독

② 스크린 – 침사지 – 포기조 – 1차 침전지 – 2차 침전지 – 소독

③ 소독 – 스크린 – 침사지 – 1차 침전지 – 포기조 – 2차 침전지

④ 소독 – 스크린 – 침사지 – 포기조 – 1차 침전지 – 2차 침전지

36 유기인 함유 폐수에 관한 설명으로 틀린 것은?

① 폐수에 함유된 유기인 화합물은 파라티온, 말라티온 등의 농약이다.

② 유기인 화합물은 산성이나 중성에서 안정하다.

③ 물에 쉽게 용해되어 독성을 나타내기 때문에 전처리과정을 거친 후 생물학적 처리법을 적용할 수 있다.

④ 일반적이고 효과적인 방법으로는 생석회 등의 알칼리로 가수분해시키고 응집침전 또는 부상으로 전처리한 다음 활성탄 흡착으로 미량의 잔유물질을 제거시키는 것이다.

> **해설** 유기인 화합물은 물에 잘 녹지 않는 물질이다.

37 폭 2m, 길이 15m인 침사지에 100cm의 수심으로 폐수가 유입할 때 체류시간이 50sec이라면 유량(m³/hr)은?

① 2,025

② 2,160

③ 2,240

④ 2,530

> **해설** $\mathrm{Q(처리유량)} = \dfrac{\forall (\text{체적})}{\mathrm{t}(\text{체류시간})}$
>
> ㉠ $\forall = 2\mathrm{m} \times 15\mathrm{m} \times 1\mathrm{m} = 30\mathrm{m^3}$
>
> ㉡ $\mathrm{t} = 50\mathrm{sec}$
>
> $\therefore \mathrm{Q(m^3/hr)} = \dfrac{30\mathrm{m^3}}{50\mathrm{sec}}\left|\dfrac{3,600\mathrm{sec}}{1\mathrm{hr}}\right. = 2,160(\mathrm{m^3/hr})$

38 회전원판법(RBC)에 관한 설명으로 가장 거리가 먼 것은?

① 부착성장공법으로 질산화가 가능하다.
② 슬러지의 반송률은 표준 활성슬러지법보다 높다.
③ 활성슬러지법에 비해 처리수의 투명도가 나쁘다.
④ 살수여상법에 비해 단회로 현상의 제어가 쉽다.

해설 회전원판법(RBC) 등의 부착생물막법은 슬러지 반송이 없다.

39 급속여과 장치에 있어서 여과의 손실수두에 영향을 미치지 않는 인자는?

① 여과면적　　　② 입자지름
③ 여액의 점도　　④ 여과속도

해설 손실수두의 영향
㉠ 모래층의 두께가 크고, 입자지름이 작을수록 손실수두는 증가한다.
㉡ 여과속도와 여액의 점도가 클수록 손실수두는 증가한다.

40 폐수를 염소 처리하는 목적으로 가장 거리가 먼 것은?

① 살균　　　　② 탁도 제거
③ 냄새 제거　　④ 유기물 제거

해설 폐수를 염소 처리하는 목적
㉠ 살균 및 소독
㉡ 유기물 제거
㉢ 냄새 제거

SECTION 03 수질오염공정시험기준

41 생물화학적 산소요구량 측정방법 중 시료의 전처리의 관한 설명으로 틀린 것은?

① pH가 6.5~8.5의 범위를 벗어나는 시료는 염산(1M) 또는 수산화나트륨 용액(1M)으로 시료를 중화하여 pH 7~7.2로 맞춘다.
② 시료는 시험하기 바로 전에 온도를 20 ± 1℃로 조정한다.

③ 수온이 20℃ 이하일 때의 용존산소가 과포화되어 있을 경우에는 수온을 23~25℃로 상승시킨 이후에 15분간 통기하고 방치하고 냉각하여 수온을 다시 20℃로 한다.
④ 잔류염소가 함유된 시료는 시료 100mL에 아지드화나트륨 0.1g과 요오드화칼륨 1g을 넣고 흔들어 섞은 다음 수산화나트륨을 넣어 알칼리성으로 한다.

해설 잔류염소가 함유된 시료는 시료 100mL에 아지드화나트륨 0.1g과 요오드화칼륨 1g을 넣고 흔들어 섞은 다음 염산을 넣어 산성으로 한다.

42 총대장균군 시험(평판집락법)분석 시 평판의 집락 수는 어느 정도 범위가 되도록 시료를 희석하여야 하는가?

① 1~10개
② 10~30개
③ 30~300개
④ 300~500개

해설 평판 집락수가 30~300개가 되도록 시료를 희석 후 1mL씩을 시료당 2매의 페트리접시에 넣는다.

43 시료용기를 유리제로만 사용하여야 하는 것은?

① 불소
② 페놀류
③ 음이온계면활성제
④ 대장균군

44 유기물 함량이 비교적 높지 않고 금속의 수산화물, 산화물, 인산염 및 황화물을 함유하고 있는 시료의 전처리에 이용되는 분해법은?

① 질산에 의한 분해
② 질산-염산에 의한 분해
③ 질산-황산에 의한 분해
④ 질산-과염소산에 의한 분해

해설 전처리 방법

전처리 방법	적용 시료
질산법	유기 함량이 비교적 높지 않은 시료의 전처리에 사용한다.
질산 - 염산법	유기물 함량이 비교적 높지 않고 금속의 수산화물, 산화물, 인산염 및 황화물을 함유하고 있는 시료에 적용된다.
질산 - 황산법	유기물 등을 많이 함유하고 있는 대부분의 시료에 적용된다.
질산 - 과염소산법	유기물을 다량 함유하고 있으면서 산분해가 어려운 시료에 적용된다.
질산 - 과염소산 - 불화수소산법	다량의 점토질 또는 규산염을 함유한 시료에 적용된다.

45 시판되는 농축 염산은 12N이다. 이것을 희석하여 1N의 염산 200mL을 만들고자 할 때 필요한 농축 염산의 양(mL)은?

① 7.9   ② 16.7
③ 21.3   ④ 31.5

해설 $NV = N'V'$
$12N \times X(mL) = 1N \times 200mL$
$\therefore X = 16.67(mL)$

46 수질오염공정시험기준의 관련 용어 정의가 잘못된 것은?

① "감압 또는 진공"이라 함은 따로 규정이 없는 한 15mmH₂O 이하를 뜻한다.
② "냄새가 없다"라고 기재한 것은 냄새가 없거나, 또는 거의 없는 것을 표시하는 것이다.
③ "약"이라 함은 기재된 양에 대하여 ±10% 이상의 차가 있어서는 안 된다.
④ 시험조작 중 "즉시"란 30초 이내에 표시된 조작을 하는 것을 뜻한다.

해설 "감압 또는 진공"이라 함은 따로 규정이 없는 한 15mmHg 이하를 뜻한다.

47 공장 폐수의 COD를 측정하기 위하여 검수 25mL에 증류수를 가하여 100mL로 하여 실험한 결과 0.025 $N - KMnO_4$가 10.1mL 최종 소모되었을 때 이 공장의 COD(mg/L)는?(단, 공시험의 적정에 소요된 0.025N - $KMnO_4$ = 0.1mL, 0.025N - $KMnO_4$의 역가 = 1.0)

① 20   ② 40
③ 60   ④ 80

해설 $COD(mg/L) = (b-a) \times f \times \dfrac{1,000}{V} \times 0.2$

㉠ a : 바탕시험(공시험) 적정에 소비된 0.025N - 과망간산칼륨 용액 = 0.1(mL)
㉡ b : 시료의 적정에 소비된 0.025N - 과망간산칼륨 용액 = 10.1(mL)
㉢ f : 0.025N - 과망간산칼륨 용액 농도계수 = 1.1
㉣ V : 시료의 양 = 100(mL)

$COD(mg/L) = (10.1 - 0.1) \times 1.0 \times \dfrac{1,000}{100} \times 0.2$
$\qquad\qquad = 20(mg/L)$

시료를 4배 희석했기 때문에 COD = 80mg/L이다.

48 취급 또는 저장하는 동안에 기체 또는 미생물이 침입하지 아니하도록 내용물을 보호하는 용기는?

① 밀봉용기   ② 밀폐용기
③ 기밀용기   ④ 차광용기

해설 밀봉용기란 취급 또는 저장하는 동안에 기체 또는 미생물이 침입하지 아니하도록 내용물을 보호하는 용기를 말한다.

49 질산성 질소 분석방법과 가장 거리가 먼 것은?

① 이온크로마토그래피법
② 자외선/가시선 분광법 - 부루신법
③ 자외선/가시선 분광법 - 활성탄흡착법
④ 연속흐름법

해설 질산성 질소 분석방법
㉠ 이온크로마토그래피
㉡ 자외선/가시선 분광법(부루신법)
㉢ 자외선/가시선 분광법(활성탄흡착법)
㉣ 데발다합금 환원증류법

50 금속 필라멘트 또는 전기저항체를 검출소자로 하여 금속판 안에 들어 있는 본체와 여기에 적류전기를 공급하는 전원회로, 전류조절부 등으로 구성된 기체크로마토그래프 검출기는?

① 열전도도 검출기
② 전자포획형 검출기
③ 알칼리열 이온화검출기
④ 수소염 이온화검출기

해설 열전도도 검출기(Thermal Conduct Detector, TCD)
금속 필라멘트 또는 전기 저항체를 검출소자로 하여 금속판 안에 들어 있는 본체와 여기에 안정된 직류전기를 공급하는 전원회로, 전류조절부, 신호검출 전기회로, 신호 감쇄부 등으로 구성된다.

51 자외선/가시선 분광법으로 비소를 측정할 때의 방법으로 (   )에 옳은 것은?

물속에 존재하는 비소를 측정하는 방법으로서 (㉠)로 환원시킨 다음 아연을 넣어 발생되는 수소화비소를 다이에틸다이티오카바민산은의 피리딘 용액에 흡수시켜 생성된 (㉡) 착화합물을 (㉢)nm에서 흡광도를 측정하는 방법이다.

① ㉠ 3가비소, ㉡ 청색, ㉢ 620
② ㉠ 3가비소, ㉡ 적자색, ㉢ 530
③ ㉠ 6가비소, ㉡ 청색, ㉢ 620
④ ㉠ 6가비소, ㉡ 적자색, ㉢ 530

해설 물속에 존재하는 비소를 측정하는 방법으로서 3가비소로 환원시킨 다음 아연을 넣어 발생되는 수소화비소를 다이에틸다이티오카바민산은(Ag-DDTC)의 피리딘 용액에 흡수시켜 생성된 적자색 착화합물을 530nm에서 흡광도를 측정하는 방법이다.

52 색도측정법(투과율법)에 관한 설명으로 옳지 않은 것은?

① 애덤스-니커슨의 색도공식을 근거로 한다.
② 시료 중 백금-코발트 표준물질과 아주 다른 색상의 폐·하수는 적용할 수 없다.
③ 색도의 측정은 시각적으로 눈에 보이는 색상에 관계없이 단순 색도차 또는 단일 색도차를 계산한다.

④ 시료 중 부유물질은 제거하여야 한다.

해설 백금-코발트 표준물질과 아주 다른 색상의 폐·하수에서 뿐만 아니라 표준물질과 비슷한 색상의 폐·하수에도 적용할 수 있다.

53 기체크로마토그래피에 의한 폴리클로리네이티드비페닐 시험방법으로 (   )에 가장 적합한 것은?

시료를 헥산으로 추출하여 필요시 (㉠) 분해한 다음 다시 추출한다. 검출기는 (㉡)를 사용한다.

① ㉠ 산, ㉡ 수소불꽃이온화 검출기
② ㉠ 산, ㉡ 전자포획 검출기
③ ㉠ 알칼리, ㉡ 수소불꽃이온화 검출기
④ ㉠ 알칼리, ㉡ 전자포획 검출기

해설 채수한 시료를 헥산으로 추출하여 필요시 알칼리 분해한 다음 다시 헥산으로 추출한다. 검출기는 전자포획 검출기를 사용한다.

54 시안 화합물을 측정할 때 pH 2 이하의 산성에서 에틸렌디아민테트라초산이나트륨을 넣고 가열 증류하는 이유는?

① 킬레이트 화합물을 발생시킨 후 침전시켜 중금속 방해를 방지하기 위하여
② 시료에 포함된 유기물 및 지방산을 분해시키기 위하여
③ 시안화물 및 시안착화합물의 대부분을 시안화수소로 유출시키기 위하여
④ 시안화합물의 방해성분인 황화합물을 유화수소로 분리시키기 위하여

55 최대유속과 최소유속의 비가 가장 큰 유량계는?

① 벤투리미터(Venturi Meter)
② 오리피스(Orifice)
③ 피토(Pitot)관
④ 자기식 유량측정기(Magnetic Flow Meter)

해설 유량계에 따른 정밀 / 정확도 및 최대유속과 최소유속의
비율

유량계	범위 (최대유량 : 최소유량)	정확도 (실제유량에 대한 %)	정밀도 (최대유량에 대한 %)
벤투리미터 (Venturi Meter)	4 : 1	±1	±0.5
유량측정용 노즐 (Nozzle)	4 : 1	±0.3	±0.5
오리피스(Orifice)	4 : 1	±1	±1
피토(Pitot)관	3 : 1	±3	±1
자기식 유량측정기 (Magnetic Flow Meter)	10 : 1	±1~2	±0.5

56 측정하고자 하는 금속물질이 바륨인 경우의 시험방
법과 가장 거리가 먼 것은?

① 자외선/가시선 분광법
② 유도결합플라스마 원자발광분광법
③ 유도결합플라스마 질량분석법
④ 원자흡수분광광도법

해설 바륨에 적용 가능한 시험방법
㉠ 원자흡수분광광도법
㉡ 유도결합플라스마 – 원자발광분광법
㉢ 유도결합플라스마 – 질량분석법

57 n−헥산 추출물질시험법에서 염산(1+1)으로 산성화
할 때 넣어주는 지시약과 pH의 연결이 알맞은 것은?

① 메틸레드 지시액 – pH 4.0 이하
② 메틸오렌지 지시액 – pH 4.0 이하
③ 메틸레드 지시액 – pH 4.5 이하
④ 메틸렌블루 지시액 – pH 4.5 이하

해설 시료 적당량(노말헥산 추출물질로서 5~200mg 해당량)을
분별깔때기에 넣고 메틸오렌지 용액(0.1%) 2~3방울을 넣
고 황색이 적색으로 변할 때까지 염산(1+1)을 넣어 시료의
pH를 4 이하로 조절한다.

58 온도표시기준 중 "상온"으로 가장 적합한 범위는?

① 1~15℃   ② 10~15℃
③ 15~25℃   ④ 20~35℃

해설 표준온도는 0℃, 상온은 15~25℃, 실온은 1~35℃로 하
고, 찬 곳은 따로 규정이 없는 한 0~15℃의 곳을 뜻한다.

59 메틸렌블루에 의해 발색시킨 후 자외선/가시선 분광
법으로 측정할 수 있는 항목은?

① 음이온 계면활성제
② 휘발성 탄화수소류
③ 알킬수은
④ 비소

해설 음이온 계면활성제(자외선/가시선 분광법)
물속에 존재하는 음이온 계면활성제를 측정하기 위하여 메
틸렌블루와 반응시켜 생성된 청색의 착화합물을 클로로폼
으로 추출하여 흡광도를 650nm에서 측정하는 방법이다.

60 pH 표준액의 조제 시 보통 산성 표준액과 염기성 표
준액 각각의 사용기간은?

① 1개월 이내, 3개월 이내
② 2개월 이내, 2개월 이내
③ 3개월 이내, 1개월 이내
④ 3개월 이내, 2개월 이내

해설 보통 산성 표준용액은 3개월, 염기성 표준용액은 산화칼슘
흡수관을 부착하여 1개월 이내에 사용한다.

SECTION **04** 수질환경관계법규

61 대권역 물환경관리계획을 수립하고자 할 때 대권역
계획에 포함되어야 하는 사항이 아닌 것은?

① 물환경의 변화 추이 및 물환경목표기준
② 하수처리 및 하수 이용현황
③ 점오염원, 비점오염원 및 기타 수질오염원의 분
포현황
④ 점오염원, 비점오염원 및 기타 수질오염원에서
배출되는 수질오염물질의 양

해설 대권역계획에 포함되어야 할 사항
- ㉠ 물환경의 변화 추이 및 물환경목표기준
- ㉡ 상수원 및 물 이용현황
- ㉢ 점오염원, 비점오염원 및 기타 수질오염원의 분포현황
- ㉣ 점오염원, 비점오염원 및 기타 수질오염원에서 배출되는 수질오염물질의 양
- ㉤ 수질오염 예방 및 저감 대책
- ㉥ 물환경 보전조치의 추진방향
- ㉦ 「저탄소 녹색성장 기본법」에 따른 기후변화에 대한 적응 대책
- ㉧ 그 밖에 환경부령으로 정하는 사항

62 배출시설의 변경(변경신고를 하고 변경을 하는 경우) 중 대통령령으로 정하는 변경의 경우에 해당하지 않는 것은?

① 폐수배출량이 신고 당시보다 100분의 50이상 증가하는 경우

② 특정수질유해물질이 배출되는 시설의 경우 폐수배출량이 허가 당시보다 100분의 25 이상 증가하는 경우

③ 배출시설에 설치된 방지시설의 폐수처리방법을 변경하는 경우

④ 배출허용기준을 초과하는 새로운 오염물질이 발생되어 배출시설 또는 방지시설의 개선이 필요한 경우

해설 배출시설의 변경허가를 받아야 하는 경우
- ㉠ 폐수배출량이 허가 당시보다 100분의 50(특정수질유해물질이 기준 이상으로 배출되는 배출시설의 경우에는 100분의 30) 이상 또는 1일 700세제곱미터 이상 증가하는 경우
- ㉡ 배출허용기준을 초과하는 새로운 수질오염물질이 발생되어 배출시설 또는 수질오염방지시설의 개선이 필요한 경우
- ㉢ 허가를 받은 폐수무방류배출시설로서 고체상태의 폐기물로 처리하는 방법에 대한 변경이 필요한 경우

63 폐수 재이용업 등록기준에 관한 내용 중 알맞지 않은 것은?

① 기술실력 : 수질환경산업기사 1인 이상

② 폐수운반차량 : 청색으로 도색하고 흰색 바탕에 녹색 글씨로 회사명 등을 표시한다.

③ 저장시설 : 원폐수 및 재이용 후 발생되는 폐수의 각각 저장시설의 용량은 1일 8시간 최대처리량의 3일분 이상의 규모이어야 한다.

④ 운반장비 : 폐수운반장비는 용량 2m³ 이상의 탱크로리, 1m³ 이상의 합성수지제 용기가 고정된 차량, 18L 이상의 합성수지제 용기(유가품인 경우만 해당한다)이어야 한다.

해설 폐수운반차량은 청색으로 도색하고 양쪽 옆면과 뒷면에 가로 50cm, 세로 20cm 이상 크기의 노란색 바탕에 검은색 글씨로 폐수운반차량, 회사명, 등록번호, 전화번호 및 용량을 지워지지 아니하도록 표시하여야 한다.

64 방지시설을 반드시 설치해야 하는 경우에 해당하더라도 대통령령이 정하는 기준에 해당되면 방지시설의 설치가 면제된다. 방지시설 설치의 면제기준에 해당하지 않는 것은?

① 배출시설의 기능 및 공정상 수질오염물질이 항상 배출허용기준 이하로 배출되는 경우

② 폐수처리업의 등록을 한 자 또는 환경부 장관이 인정하여 고시하는 관계 전문기관에 환경부령으로 정하는 폐수를 전량 위탁처리하는 경우

③ 폐수배출량이 신고 당시보다 100분의 10이상 감소하는 경우

④ 폐수를 전량 재이용하는 등 방지시설을 설치하지 아니하고도 수질오염물질을 적정하게 처리할 수 있는 경우로서 환경부령으로 정하는 경우

해설 방지시설 설치의 면제기준
- ㉠ 배출시설의 기능 및 공정상 수질오염물질이 항상 배출허용기준 이하로 배출되는 경우
- ㉡ 폐수처리업의 등록을 한 자 또는 환경부장관이 인정하여 고시하는 관계 전문기관에 환경부령이 정하는 폐수를 전량 위탁처리하는 경우
- ㉢ 폐수를 전량 재이용하는 등 방지시설을 설치하지 아니하고도 수질오염물질을 적정하게 처리할 수 있는 경우로서 환경부령으로 정하는 경우

65 배출부과금을 부과할 때 고려하여야 하는 사항으로 틀린 것은?

① 배출허용기준 초과 여부

② 수질오염물질의 배출량

③ 수질오염물질의 배출시점
④ 배출되는 수질오염물질의 종류

해설 배출부과금을 부과할 때 고려할 사항
㉠ 배출허용기준 초과 여부
㉡ 배출되는 수질오염물질의 종류
㉢ 수질오염물질의 배출기간
㉣ 수질오염물질의 배출량
㉤ 자가측정 여부

66 낚시금지구역 또는 낚시제한구역의 지정 시 고려사항이 아닌 것은?

① 용수의 목적
② 오염원 현황
③ 수중생태계의 현황
④ 호소 인근 인구현황

해설 낚시금지구역 또는 낚시제한구역을 지정하려는 경우 고려할 사항
㉠ 용수의 목적
㉡ 오염원 현황
㉢ 수질오염도
㉣ 낚시터 인근에서의 쓰레기 발생 현황 및 처리 여건
㉤ 연도별 낚시 인구의 현황
㉥ 서식 어류의 종류 및 양 등 수중생태계의 현황

67 물환경보전법령상 공공수역에 해당하지 않는 것은?

① 상수관거
② 하천
③ 호소
④ 항만

해설 "공공수역"이란 하천, 호소, 항만, 연안해역, 그 밖에 공공용으로 사용되는 수역과 이에 접속하여 공공용으로 사용되는 환경부령으로 정하는 수로를 말한다.

68 제5종 사업장의 경우, 과징금 산정 시 적용하는 사업장 규모별 부과계수로 옳은 것은?

① 0.2
② 0.3
③ 0.4
④ 0.5

해설 과징금 산정 시 적용하는 사업장 규모별 부과계수
제1종 사업장은 2.0, 제2종 사업장은 1.5, 제3종 사업장은 1.0, 제4종 사업장은 0.7, 제5종 사업장은 0.4로 한다.

69 낚시제한구역에서의 낚시방법의 제한사항에 관한 내용으로 틀린 것은?

① 1명당 4대 이상의 낚싯대를 사용하는 행위
② 1개의 낚싯대에 3개 이상의 낚싯바늘을 사용하는 행위
③ 쓰레기를 버리거나 취사행위를 하거나 화장실이 아닌 곳에서 대·소변을 보는 등 수질오염을 일으킬 우려가 있는 행위
④ 낚싯바늘에 끼워서 사용하지 아니하고 물고기를 유인하기 위하여 떡밥·어분 등을 던지는 행위

해설 낚시제한구역에서의 제한사항
㉠ 낚싯바늘에 끼워서 사용하지 아니하고 물고기를 유인하기 위하여 떡밥·어분 등을 던지는 행위
㉡ 어선을 이용한 낚시행위 등 「낚시 관리 및 육성법」에 따른 낚시어선업을 영위하는 행위
㉢ 1명당 4대 이상의 낚싯대를 사용하는 행위
㉣ 1개의 낚싯대에 5개 이상의 낚싯바늘을 떡밥과 뭉쳐서 미끼로 던지는 행위
㉤ 쓰레기를 버리거나 취사행위를 하거나 화장실이 아닌 곳에서 대·소변을 보는 등 수질오염을 일으킬 우려가 있는 행위
㉥ 고기를 잡기 위하여 폭발물·배터리·어망 등을 이용하는 행위

70 사업장 규모에 따른 종별 구분이 잘못된 것은?

① 1일 폐수배출량 5,000m^3 − 1종 사업장
② 1일 폐수배출량 1,500m^3 − 2종 사업장
③ 1일 폐수배출량 800m^3 − 3종 사업장
④ 1일 폐수배출량 150m^3 − 4종 사업장

해설 사업장 규모별 구분

종류	배출규모
제1종 사업장	1일 폐수배출량이 2,000m^3 이상인 사업장
제2종 사업장	1일 폐수배출량이 700m^3 이상 2,000m^3 미만인 사업장
제3종 사업장	1일 폐수배출량이 200m^3 이상 700m^3 미만인 사업장
제4종 사업장	1일 폐수배출량이 50m^3 이상 200m^3 미만인 사업장
제5종 사업장	위 제1종부터 제4종까지의 사업장에 해당하지 아니하는 배출시설

71 수질오염경보의 종류 중 조류경보단계가 "조류 대발생"인 경우, 취수장·정수장 관리자의 조치사항이 아닌 것은?(단, 상수원 구간 기준)

① 조류증식 수심 이하로 취수구 이동
② 정수 처리 강화(활성탄 처리, 오존 처리)
③ 취수구와 조류가 심한 지역에 대한 차단막설치
④ 정수의 독소분석 실시

조류경보의 단계가 "조류 대발생"인 경우 취수장·정수장 관리자의 조치사항
㉠ 조류증식 수심 이하로 취수구 이동
㉡ 정수 처리 강화(활성탄 처리, 오존 처리)
㉢ 정수의 독소분석 실시

72 상수의 구간에서 조류경보단계가 "조류 대발생"인 경우 발령기준으로 ( )에 알맞은 것은?

2회 연속 채취 시 남조류 세포수가 ( )세포/mL 이상인 경우

① 1,000
② 10,000
③ 100,000
④ 1,000,000

조류경보(상수원 구간)

경보단계	발령·해제 기준
관심	2회 연속 채취 시 남조류 세포수가 1,000세포/mL 이상 10,000세포/mL 미만인 경우
경계	2회 연속 채취 시 남조류 세포수가 10,000세포/mL 이상 1,000,000세포/mL 미만인 경우
조류 대발생	2회 연속 채취 시 남조류 세포수가 1,000,000세포/mL 이상인 경우
해제	2회 연속 채취 시 남조류 세포수가 1,000세포/mL 미만인 경우

73 상수원의 수질보전을 위해 전복, 추락 등 사고 시 상수원을 오염시킬 우려가 있는 물질을 수송하는 자동차의 통행제한을 할 수 있는 지역이 아닌 것은?

① 상수원보호구역
② 특별대책지역
③ 배출시설의 설치제한지역
④ 상수원에 중대한 오염을 일으킬 수 있어 환경부령으로 정하는 지역

상수원의 수질보전을 위한 통행제한지역
㉠ 상수원보호구역
㉡ 규정에 의하여 지정·고시된 수변구역
㉢ 상수원에 중대한 오염을 일으킬 수 있어 환경부령으로 정하는 지역
㉣ 특별대책지역

74 비점오염원의 변경신고를 하여야 하는 경우에 대한 기준으로 ( )에 옳은 것은?

총 사업면적·개발면적 또는 사업장 부지면적이 처음 신고면적의 ( ) 이상 증가하는 경우

① 100분의 10
② 100분의 15
③ 100분의 25
④ 100분의 30

비점오염원의 변경신고 기준
㉠ 상호·대표자·사업명 또는 업종의 변경
㉡ 총 사업면적·개발면적 또는 사업장 부지면적이 처음 신고면적의 100분의 15 이상 증가하는 경우
㉢ 비점오염저감시설의 종류, 위치, 용량이 변경되는 경우. 다만, 시설의 용량이 처음 신고한 용량의 100분의 15 미만 변경되는 경우는 제외한다.
㉣ 비점오염원 또는 비점오염저감시설의 전부 또는 일부를 폐쇄하는 경우

75 수질 및 수생태계 상태별 생물학적 특성 이해표에서 생물등급이 "약간 나쁨~매우 나쁨"일 때의 생물 지표종(저서생물)은?

① 붉은깔따구, 나방파리
② 넓적거머리, 민하루살이
③ 물달팽이, 턱거머리
④ 물삿갓벌레, 물벌레

수질 및 수생태계 상태별 생물학적 특성 이해표

생물등급	생물 지표종	
	저서생물(底棲生物)	어류
매우 좋음 ~ 좋음	옆새우, 가재, 뿔하루살이, 민하루살이, 강도래, 물날도래, 광택날도래, 띠무늬우묵날도래, 바수염날도래	산천어, 금강모치, 열목어, 버들치 등 서식
좋음 ~ 보통	다슬기, 넓적거머리, 강하루살이, 동양하루살이, 등줄하루살이, 등딱지하루살이, 물삿갓벌레, 큰줄날도래	쉬리, 갈겨니, 은어, 쏘가리 등 서식

생물등급	생물 지표종	
	저서생물(底棲生物)	어류
보통 ~ 약간 나쁨	물달팽이, 턱거머리, 물벌레, 밀잠자리	피라미, 끄리, 모래무지, 참붕어 등 서식
약간 나쁨 ~ 매우 나쁨	왼돌이물달팽이, 실지렁이, 붉은깔따구, 나방파리, 꽃등에	붕어, 잉어, 미꾸라지, 메기 등 서식

76 배설시설의 설치 허가 및 신고에 관한 설명으로 ( ) 에 알맞은 것은?

> 배출시설을 설치하려는 자는 (㉠)으로 정하는 바에 따라 환경부장관의 허가를 받거나 환경부장관에게 신고하여야 한다. 다만, 규정에 의하여 폐수무방류배출시설을 설치하려는 자는 (㉡).

① ㉠ 환경부령, ㉡ 환경부장관의 허가를 받아야 한다.
② ㉠ 대통령령, ㉡ 환경부장관의 허가를 받아야 한다.
③ ㉠ 환경부령, ㉡ 환경부장관에게 신고하여야 한다.
④ ㉠ 대통령령, ㉡ 환경부장관에게 신고하여야 한다.

해설 배출시설을 설치하려는 자는 대통령령으로 정하는 바에 따라 환경부장관의 허가를 받거나 환경부장관에게 신고하여야 한다. 다만, 폐수무방류배출시설을 설치하려는 자는 환경부장관의 허가를 받아야 한다.

77 유역환경청장은 국가 물환경관리기본계획에 따라 대권역별로 대권역 물환경관리계획을 몇 년마다 수립하여야 하는가?

① 1년　　　　② 3년
③ 5년　　　　④ 10년

해설 유역환경청장은 국가 물환경관리기본계획에 따라 대권역별로 대권역 물환경관리계획을 10년마다 수립하여야 한다.

78 수질오염방지시설 중 화학적 처리시설인 것은?

① 혼합시설　　　　② 폭기시설
③ 응집시설　　　　④ 살균시설

해설 화학적 처리시설
㉠ 화학적 침강시설　　㉡ 중화시설
㉢ 흡착시설　　　　　㉣ 살균시설
㉤ 이온교환시설　　　㉥ 소각시설
㉦ 산화시설　　　　　㉧ 환원시설
㉨ 침전물 개량시설

79 행위제한 권고기준 중 대상행위가 어패류 등 섭취, 항목이 어패류 체내 총 수은(Hg)인 경우의 권고 기준 (mg/kg 이상)은?

① 0.1　　　　② 0.2
③ 0.3　　　　④ 0.5

해설 물놀이 등의 행위제한 권고기준

대상행위	항목	기준
수영 등 물놀이	대장균	500(개체수/100mL) 이상
어패류 등 섭취	어패류 체내 총 수은(Hg)	0.3(mg/kg) 이상

80 위임업무 보고사항 중 보고횟수 기준이 연 2회에 해당하는 것은?

① 배출업소의 지도 · 점검 및 행정처분 실적
② 배출부과금 부과 실적
③ 과징금 부과 실적
④ 비점오염원의 설치신고 및 방지시설 설치 현황 및 행정처분 현황

해설 위임업무 보고사항 중 보고횟수
㉠ 배출업소의 지도 · 점검 및 행정처분 실적 : 연 4회
㉡ 배출부과금 부과 실적 : 연 4회
㉢ 과징금 부과 실적 : 연 2회
㉣ 비점오염원의 설치신고 및 방지시설 설치현황 및 행정처분 현황 : 연 4회

SECTION 01 수질오염개론

01 지구상에서 존재하는 담수 중 빙하(만년설 포함) 다음으로 많은 양을 차지하고 있는 것은?

① 대기습도　　② 하천수
③ 지하수　　　④ 토양수

> 해설 담수의 비율
> 빙하(79.2%) > 지하수(20.7%) > 호수, 강, 기타(0.1%)

02 수분함량 97%의 슬러지 14.7m³를 수분함량 85%로 농축하면 농축 후 슬러지 용적은?(단, 슬러지 비중은 1.0)

① 3.21　　　　② 4.43
③ 2.94　　　　④ 1.92

> 해설 $V_1(100-W_1)=V_2(100-W_2)$
> $14.7\times(100-97)=V_2\times(100-85)$
> $\therefore V_2=2.94(m^3)$

03 초산(CH₃COOH)과 에탄올(C₂H₅OH)을 각각 1mol씩 혼합하여 일정한 온도에서 반응시켰더니 초산에틸(C₄H₈O₂) 2/3mol이 생기고 화학평형에 도달하였을 때 평형상수는?

① $\dfrac{2}{3}$　　　　② 3
③ 4　　　　　④ $\dfrac{4}{9}$

> 해설 $CH_3COOH + C_2H_5OH \rightarrow C_4H_8O_2 + H_2O$
> 초기 :　1mol　　　1mol
> 반응 : $-\dfrac{2}{3}$mol　$-\dfrac{2}{3}$mol　$\dfrac{2}{3}$mol　$\dfrac{2}{3}$mol
> 평형 : $\dfrac{1}{3}$mol　$\dfrac{1}{3}$mol　$\dfrac{2}{3}$mol　$\dfrac{2}{3}$mol
> $K = \dfrac{[C_4H_8O_2][H_2O]}{[CH_3COOH][C_2H_5OH]} = \dfrac{(2/3)\times(2/3)}{(1/3)\times(1/3)} = 4$

04 효모(Yeast)가 속하는 분류는?

① 세균(Bacteria)
② 원생동물(Protozoa)
③ 균류(Fungi)
④ 조류(Algae)

05 20℃ 5일 BOD가 50mg/L인 하수의 2일 BOD(mg/L)는?(단, 20℃, 탈산소계수 $K_1 = 0.23\ day^{-1}$이고, 자연대수 기준)

① 29　　　　② 21
③ 27　　　　④ 24

> 해설 소모 BOD 공식을 이용한다.
> $BOD_t = BOD_u \times (1 - e^{-K_1 \cdot t})$
> $BOD_5 = BOD_u \times (1 - e^{-0.23 \times 5})$
> $\rightarrow BOD_u = 73.17(mg/L)$
> $\therefore BOD_2 = BOD_u \times (1 - e^{-0.23 \times 2})$
> $= 73.17 \times (1 - e^{-0.23 \times 2})$
> $= 26.98(mg/L)$

06 BOD가 300mg/L인 하수를 1, 2, 3차 처리시설을 통하여 방류하고 있다. 1차 처리시설에서의 BOD 제거율은 25%, 1차 처리시설에서 유출된 하수를 처리하는 2차 처리시설에서 BOD 제거율이 75%라면 최종 방류수의 BOD를 20mg/L로 배출하기 위해 요구되는 3차 처리시설의 BOD 제거율(%)은?(단, 기타 조건은 고려하지 않는다.)

① 50.1　　　　② 60.3
③ 64.4　　　　④ 55.2

> $\eta_T = \left(1 - \dfrac{C_o}{C_i}\right) \times 100 = \left(1 - \dfrac{20}{300}\right) \times 100$
> $= 93.33(\%)$
> $\eta_T = \eta_1 + \eta_2(1-\eta_1) + \eta_3(1-\eta_1)(1-\eta_2)$
> $0.9333 = 0.25 + 0.75(1-0.25) + \eta_3(1-0.25)$
> $(1-0.75)$
> $\eta_3 = 0.6442 = 64.42\%$

07 수중의 질소순환과정인 질산화 및 탈질 순서를 옳게 나타낸 것은?

① $NH_3 \rightarrow NO_2^- \rightarrow NO_3^- \rightarrow NO_2^- \rightarrow N_2$

② $NO_3^- \rightarrow NO_2^- \rightarrow NH_3 \rightarrow NO_2^- \rightarrow N_2$

③ $NO_3^- \rightarrow NO_2^- \rightarrow N_2 \rightarrow NH_3 \rightarrow NO_2^-$

④ $N_2 \rightarrow NH_3 \rightarrow NO_3^- \rightarrow NO_2^-$

해설 수중에 유입된 단백질은 가수분해되어 아미노산(Amino acid) → 암모니아성 질소(NH_3-N) → 아질산성 질소(NO_2-N) → 질산성 질소(NO_3-N)로 질산화되며, 질산성 질소(NO_3-N)는 산소가 부족할 때 탈질화박테리아에 의해 $N_2(g)$나 $N_2O(g)$ 형태로 탈질된다.

08 0.2atm의 부분압력을 가진 이산화탄소를 포화하고 있는 기체화합물과 6L의 물이 평형을 이루고 있다. 이때, 물에 녹는 이산화탄소의 양(g)은?(단, 이산화탄소의 용해도에 대한 Herry의 법칙 상수 = 2.0g/L·atm)

① 6.5 ② 9.0

③ 3.6 ④ 2.4

해설 Herry의 법칙

$C = H \cdot P$

$C = \dfrac{2.0g}{L \cdot atm} \left| \dfrac{0.2atm}{} \right| \dfrac{6L}{} = 2.4(g)$

09 물의 물리적인 성질에 대한 설명으로 옳지 않은 것은?

① 순수한 물의 무게는 약 4℃에서 최대이며, 이보다 온도가 상승하거나 하강하면 그 체적은 증대하여 일정 체적당 무게는 감소한다.

② 오염된 물의 점성도가 크면 오염입자의 침전시간은 짧아지고 침전효율은 저하된다.

③ 표면장력은 수온이 증가하고 불순물의 농도가 높을수록 감소한다.

④ 어떤 물체의 비중은 그 물체의 무게와 이와 동일한 체적의 4℃ 순수한 물의 무게의 비이며, 무차원량이다.

해설 오염된 물의 점성도가 크면 오염입자의 침전시간은 길어지고 침전효율은 저하된다.

10 Ca^{2+}의 농도가 80mg/L, Mg^{2+}의 농도가 4.8mg/L인 물의 경도(mg/L as $CaCO_3$)는?(단, 원자량 : Ca = 40, Mg = 24)

① 220

② 240

③ 200

④ 260

해설 $TH = \sum M_C^{2+} \times \dfrac{50}{Eq}$

$= 80(mg/L) \times \dfrac{50}{40/2} + 4.8(mg/L) \times \dfrac{50}{24/2}$

$= 220(mg/L \ as \ CaCO_3)$

11 크롬 중독에 관한 설명으로 틀린 것은?

① 만성크롬 중독인 경우에는 BAL 등의 금속배설촉진제의 효과가 크다.

② 자연 중의 크롬은 주로 3가 형태로 존재한다.

③ 크롬에 의한 급성중독의 특징은 심한 신장장애를 일으키는 것이다.

④ 3가 크롬은 피부흡수가 어려우나 6가 크롬은 쉽게 피부를 통과한다.

해설 만성크롬 중독인 경우에는 BAL이나 EDTA 등의 금속배설촉진제는 아무런 효과가 없다.

12 다음 수역 중 일반적으로 자정계수가 가장 큰 것은?

① 완만한 하천

② 폭포

③ 유속이 빠른 하천

④ 작은 연못

해설 자정계수(f)의 영향 인자

㉠ 수온이 높을수록 자정상수는 작아진다.

㉡ 수심이 얕을수록 자정계수는 커진다.

㉢ 유속이 빨라지면 자정계수는 커진다.

㉣ 바닥구배가 클수록 자정상수는 커진다.

㉤ 재폭기계수와 탈산소계수의 비로 정의된다.

13 물을 분석한 결과 BOD_5가 180mg/L, COD 300mg/L 이었다. 이 물의 생물학적 분해 가능한 COD에 대한 분해 불가능한 COD(BDCOD/NBDCOD)비는?(단, K_1(상용대수) $= 0.2day^{-1}$)

① 1.0   ② 2.2
③ 2.0   ④ 1.8

해설 COD = BDCOD + NBDCOD이며, BDCOD = BOD_u이다.

㉠ $BOD_t = BOD_u \times (1 - 10^{-K_1 \cdot t})$

$$BOD_u = \frac{BOD_5}{(1 - 10^{-K_1 \cdot t})} = \frac{180}{(1 - 10^{-0.2 \times 5})}$$
$$= 200mg/L$$

㉡ NBCOD = COD - BOD_u = 300 - 200
$$= 100mg/L$$

$$\therefore \frac{BDCOD}{NBDCOD} = \frac{200}{100} = 2$$

14 Whipple의 하천의 생태변화에 따른 4지대 구분 중 분해지대에 관한 설명으로 옳지 않은 것은?

① 유기물 혹은 오염물을 운반하는 하수거의 방출지 점과 가까운 하류에 위치한다.
② 오염에 잘 견디는 곰팡이류가 심하게 번식한다.
③ 탄산가스가 줄고 암모니아성 질소가 증가한다.
④ 여름철 온도에서 DO 포화도는 45% 정도에 해당 된다.

해설 분해지대는 유기물을 다량 함유하는 슬러지의 침전이 많아 지고 용존산소량이 크게 줄어드는 대신에 탄산가스의 양이 증가한다.

15 적조의 발생에 관한 설명으로 옳지 않은 것은?

① 정체 해역에서 일어나기 쉬운 현상이다.
② 수괴의 연직안정도가 크고 독립해 있을 때 발생 한다.
③ 해역의 영양 부족 또는 염소 농도 증가로 발생된다.
④ 강우에 따라 오염된 하천수가 해수에 유입될 때 발생될 수 있다.

해설 적조는 수괴의 연직안정도가 클 때, 정체성 수역일 때, 염분 농도가 낮을 때 잘 발생한다.

16 물의 동점성계수를 가장 알맞게 나타낸 것은?

① 전단력 τ와 점성계수 μ를 곱한 값이다.
② 전단력 τ와 밀도 ρ를 곱한 값이다.
③ 점성계수 μ를 전단력 τ로 나눈 값이다.
④ 점성계수 μ를 밀도 ρ로 나눈 값이다.

해설 동점성계수는 점성계수를 밀도로 나눈 값을 말한다. SI 단위 에서는 m^2/sec를 사용한다. cm^2/sec 등으로도 나타낼 수 있다.

17 난용성염의 용해이온과의 관계, $A_mB_n(aq) \rightleftharpoons mA^+$ $(aq) + nB^-(aq)$에서 이온농도와 용해도적(K_{sp})과 의 관계 중 과포화상태로 침전이 생기는 상태를 옳게 나타낸 것은?

① $[A^+]^m[B^-]^n < K_{sp}$
② $[A^+]^m[B^-]^n = K_{sp}$
③ $[A^+]^m[B^-]^n > K_{sp}$
④ $[A^+]^n[B^-]^m < K_{sp}$

해설 용해도적과 이온적의 크기를 파악함으로써 침전성향을 결 정할 수 있다.
여기서, $Q = [A^+]^m[B^-]^n$
• $Q < K_{sp}$: 불포화상태, $Q = K_{sp}$가 될 때까지 용해된다.
• $Q = K_{sp}$: 평형상태로서 포화용액이 된다.
• $Q > K_{sp}$: 과포화상태, $Q = K_{sp}$가 될 때까지 침전이 계속 된다.

18 지하수 수질의 수직분포 특성으로 틀린 것은?

① 알칼리도 : 상층수-小, 하층수-大
② 유리탄산 : 상층수-大, 하층수-小
③ ORP : 상층수-高, 하층수-低
④ 염분 : 상층수-大, 하층수-小

해설 지하수의 상·하층 특성 비교

지하수	ORP	산소	유리 탄산	pH	알칼 리도	질소	염분	철 (Fe^{2+})
상층수	고 (高)	대 (大)	대 (大)	대 (大)	소 (小)	소 (小)	소 (小)	소 (小)
하층수	저 (低)	소 (小)	소 (小)	소 (小)	대 (大)	대 (大)	대 (大)	대 (大)

19 부영양호(Eutrophic Lake)의 특성에 해당하는 것은?

① 낮은 영양염류

② 조류의 과다 발생

③ 생물종 다양성 증가

④ 생산과 소비의 균형

해설 부영양화 현상은 학자에 따라 견해가 다양하지만, 대체적인 정의를 내리면 각종 영양염류(특히 N, P)가 수체 내로 과다 유입됨으로써 미생물활동에 의해 생산과 소비의 균형이 파괴되어 물의 이용가치 저하 및 조류의 이상번식에 따른 자연적 늪지현상이라 말할 수 있다. 이러한 현상은 주로 정체된 수계(호소·저수지)에서 잘 나타난다.

20 미생물 증식곡선의 단계 순서로 옳은 것은?

① 유도기 – 대수기 – 정지기 – 사멸기

② 유도기 – 대수기 – 사멸기 – 정지기

③ 대수기 – 유도기 – 사멸기 – 정지기

④ 대수기 – 유도기 – 정지기 – 사멸기

해설 세포의 증식단계를 4단계로 분류하면 유도기(지체기) → 대수증식기 → 정지기 → 사멸기로 분류된다.

SECTION 02 수질오염방지기술

21 Screen 설치부에 유속한계의 제안을 두는 이유는?

① By Pass를 사용

② 모래의 퇴적현상 및 부유물이 찢겨나가는 것을 방지

③ 용해성 물질을 물과 분리

④ 유지류 등이 Scum을 제거

해설 Screen의 유속한계를 설정하는 이유는 걸러진 조대 유기물 등이 찢겨서 유입되는 것을 방지하기 위함이다.

22 혐기성 소화조 운전 시 이상발포(맥주 모양의 이상발포)의 원인과 가장 거리가 먼 것은?

① 스컴 및 토사의 퇴적

② 과다 배출로 조 내 슬러지 부족

③ 유기물의 과부하

④ 온도 상승

해설 소화조 운전상 문제점 및 대책

상태	원인	대책
맥주 모양의 이상 발포	• 과다 배출로 조 내 슬러지 부족 • 유기물의 과부하 • 1단계 조의 교반부족 • 온도 저하 • 스컴 및 토사의 퇴적	• 슬러지의 유입을 줄이고 배출을 일시 중지한다. • 조 내 교반을 충분히 한다. • 소화온도를 높인다. • 스컴을 파쇄·제거한다. • 토사의 퇴적은 준설한다.

23 조석의 영향을 받는 하구에서 염분농도를 측정하였더니 20,000mg/L이었다. 상류 10km 지점의 염분농도(mg/L)는?(단, 확산계수 = 50m²/s, 하천의 평균유속 = 0.02m/s, 중간에는 지천의 유입이 없다고 가정)

① 약 370

② 약 740

③ 약 3,700

④ 약 7,400

해설

$$\ln \frac{C_t}{C_o} = - \frac{V}{K} \times L$$

$$\ln \frac{C_t}{20,000 (\text{mg/L})} = - \frac{0.02 (\text{m/sec})}{50 (\text{m}^2/\text{sec})} \times 10,000 (\text{m})$$

$$\therefore \ C_t = 366.3 (\text{mg/L})$$

24 1L 실린더의 250mL 침전 부피 중 TSS 농도가 3,050mg/L로 나타나는 포기조 혼합액의 SVI(mL/g)는?

① 72

② 92

③ 82

④ 62

해설 SVI 계산식을 이용한다.

$$\text{SVI} = \frac{\text{SV}(\text{mL/L})}{\text{MLSS}(\text{mg/L})} \times 10^3$$

$$= \frac{250}{3,050} \times 10^3 = 81.97$$

25 활성슬러지의 운영상 문제점과 그 대책에 관한 설명으로 틀린 것은?

① 포기조에 과도한 흰 거품이 발생되면 잉여슬러지 토출량을 매일 조금씩 감소시켜야 하다.
② 포기조에 두꺼운 갈색 거품이 발생되면 매일 조금씩 슬러지 체류시간을 감소시켜 해소한다.
③ 포기조 혼합액의 색상이 진한 흑색이면 포기 강도를 줄여 질산화를 억제하여야 한다.
④ 핀 플록이 형성되면 슬러지 체류시간을 감소시킨다.

해설 포기조 혼합액의 색상이 진한 흑색으로 나타나고, 냄새가 날 때에는 혐기성 상태일 가능성이 많으므로 DO 농도를 확인하고 포기 강도를 높여야 한다.

26 냄새역치(TON : Threshold Odor Number)에 대한 설명으로 틀린 것은?

① 같은 시료에 대해서는 시험자가 다르더라도 TON 값이 일정하다.
② TON값이 클수록 시료의 냄새가 강하다고 볼 수 있다.
③ 냄새의 강도를 나타낼 때 사용한다.
④ 관능분석에 의해 결정한다.

해설 실험자의 개인적인 냄새 감각에 따라 TON 값이 달라질 수 있다.

27 슬러지 반송률이 25%, 반송슬러지 농도가 10,000 mg/L일 때 포기조의 MLSS 농도(mg/L)는?(단, 유입 SS 농도를 고려하지 않음)

① 2,000
② 2,500
③ 1,200
④ 1,500

해설 $R = \dfrac{X}{X_r - X}$

$0.25 = \dfrac{X}{10,000 - X}$　　$X = 2,000\,(\text{mg/L})$

28 부피가 $2,000\text{m}^3$인 탱크 G값을 50/sec로 하고자 할 때 필요한 이론 소요동력(W)은?(단, 유체점도 = $0.001\text{kg/m}\cdot\text{sec}$)

① 4,000
② 5,000
③ 4,500
④ 3,500

해설 속도경사(G) 계산식을 이용한다.

$G = \sqrt{\dfrac{P}{\mu \cdot \forall}}$

$P = G^2 \cdot \mu \cdot \forall = \dfrac{50^2}{\sec^2}\left|\dfrac{0.001\text{kg}}{\text{m}\cdot\sec}\right|\dfrac{2,000\text{m}^3}{}$

$\quad = 5,000\,(\text{W})$

여기서,

$\forall = \dfrac{18,480\text{m}^3}{\text{day}}\left|\dfrac{30\sec}{}\right|\dfrac{1\text{day}}{24\times3,600\sec}$

$\quad = 6.41\,(\text{m}^3)$

29 슬러지 혐기성 소화 과정에서 발생 가능성이 가장 낮은 가스는?

① CH_4
② H_2S
③ SO_2
④ CO_2

해설 슬러지 혐기성 소화 과정에서 발생하는 가스에는 메탄, 황화수소, 탄산가스 등이 있다.

30 회전원판법(RBC)에 관한 설명으로 가장 거리가 먼 것은?

① 살수여상법에 비해 단회로 현상의 제어가 쉽다.
② 부착성장공법으로 질산화가 가능하다.
③ 활성슬러지법에 비해 처리수의 투명도가 나쁘다.
④ 슬러지의 반송율은 표준 활성슬러지법보다 높다.

해설 회전원판법(RBC)은 슬러지의 반송이 없다.

31 응집제를 폐수에 첨가하여 응집처리할 경우 완속교반을 하는 주목적은?

① 응집된 입자의 플록(Floc)화를 촉진하기 위하여
② 응집제가 폐수에 잘 혼합되도록 하기 위하여
③ 입자를 미세화하기 위하여
④ 유기질 입자와 미생물의 접촉을 빨리하기 위하여

해설 응집처리 시 완속교반의 목적은 응집된 입자의 플록(Floc)화를 촉진하기 위해서이고, 급속교반은 폐수와 응집제가 혼화되고 균질화되기 위해서이다.

32 폐수처리 시설에서 직경 1×10^{-2}(cm), 비중 2.0인 입자를 중력 침강시켜 제거하고 있다. 폐수 비중이 1.0, 폐수의 점성계수가 1.31×10^{-2}(g/cm · sec)이라면 입자의 침강속도(m/hr)는?(단, 입자의 침강속도는 Stokes식에 따른다.)

① 25.56   ② 31.32
③ 24.44   ④ 14.96

해설 $V_g = \dfrac{d_p^{\,2}(\rho_p - \rho)g}{18\mu}$

$\therefore V_g\left(\dfrac{m}{hr}\right) = \dfrac{(1 \times 10^{-4})^2 m^2}{} \left| \dfrac{(2,000 - 1,000)kg}{m^3} \right|$

$\dfrac{9.8m}{sec} \left| \dfrac{}{18} \right| \dfrac{m \cdot sec}{1.31 \times 10^{-3} kg} \left| \dfrac{3,600sec}{1hr} \right|$

$= 14.96(m/hr)$}

33 생물학적 인 및 질소 제거 공정 중 질소 제거를 주목적으로 개발한 공법으로 가장 적절한 것은?

① 4단계 Bardenpho 공법
② A^2/O 공법
③ A/O 공법
④ phostrip 공법

해설 4단계 Bardenpho 공정은 질소제거를 주목적으로 개발한 공법이다.

34 축산폐수 처리에 대한 설명으로 옳지 않은 것은?

① 호기성 처리공정과 혐기성 처리공정을 조합하면 효과적이다.
② BOD 농도가 높아 생물학적 처리가 효과적이다.
③ 돈사폐수의 유기물 농도는 돈사 형태와 유지관리에 따라 크게 변한다.
④ COD 농도가 매우 높아 화학적으로 처리하면 경제적이고 효과적이다.

해설 축산폐수는 유기물의 농도가 매우 높아 생물학적으로 처리하면 경제적이고 효과적이다.

35 하수 슬러지 농축 방법 중 부상식 농축의 장 · 단점으로 틀린 것은?

① 소요면적이 크다.
② 실내에 설치할 경우 부식문제의 유발 우려가 있다.
③ 잉여슬러지의 농축에 부적합하다.
④ 약품 주입 없이 운전이 가능하다.

해설 부상식 농축은 잉여슬러지 농축에 효과적이다.

36 도시하수를 2차 처리까지 하는 데 알맞은 것은?

① 소독 - 1차 침전지 - 스크린 - 침사지 - 포기조 - 2차 침전지
② 스크린 - 침사지 - 1차 침전지 - 포기조 - 2차 침전지 - 소독
③ 스크린 - 침사지 - 포기조 - 1차 침전지 - 2차 침전지
④ 소독 - 스크린 - 침사지 - 포기조 - 1차 침전지 - 2차 침전지

37 활성슬러지 변법 중 Step Aeration법의 반응조 후단에 MLSS 농도(mg/L) 범위로 가장 옳은 것은? (단, F/M비, 반응조 수심, 반응조 형상은 표준활성슬러지법과 같고 HRT 4~6시간, 체류시간은 3~6일이다.)

① 500~1,000   ② 1,000~1,500
③ 1,500~2,500   ④ 2,500~3,500

38 수중에 있는 암모니아를 탈기하는 방법에 대한 설명으로 옳지 않은 것은?

① 암모니아 유출에 따른 주변의 악취문제가 유발될 수 있다.
② 탈기 전 pH를 낮추어 N_2 형태로 존재하게 한다.
③ 탈기된 유출수의 pH는 높다.
④ 동절기에는 제거효율이 현저히 저하된다.

해설 암모니아 탈기법은 하수의 pH를 높여 하수 중 질소(암모늄이온)를 암모니아로 전환시킨 후 대기로 탈기시키는 방법이다.

39 20℃에서 $Zn(OH)_2$ 포화용액 중 Zn^{2+}의 농도 (mol/L)는?(단, $Zn(OH)_2$의 $K_{sp} = 1.8 \times 10^{-14}$)

① 약 3.4×10^{-10} ② 약 1.7×10^{-5}

③ 약 1.7×10^{-10} ④ 약 3.4×10^{-5}

해설 $Zn(OH)_2 \rightleftharpoons Zn^{2+} + 2OH^-$

$L_m (mol/L) = \sqrt[3]{K_{sp}/2^2} = \sqrt[3]{1.8 \times 10^{-14}/2^2}$

$= 1.65 \times 10^{-5} (mol/L)$

40 폐수처리장 내 독립침전의 형태를 갖는 단위공정은?

① 생물슬러지 2차 침전지

② 농축조

③ 안정조

④ 침사지

SECTION **03** 수질오염공정시험기준

41 질산 – 과염소산법으로 시료를 전처리하는 경우는?

① 유기 함량이 비교적 높지 않은 시료를 전처리하는 경우

② 유기물을 다량 함유하고 있으면서 산화분해가 어려운 시료를 전처리하는 경우

③ 유기물 함량이 비교적 높지 않고 금속의 수산화물, 산화물, 인산염 및 황화물을 함유하고 있는 시료를 전처리하는 경우

④ 유기물 등을 많이 함유하고 있는 대부분의 시료를 전처리하는 경우

해설 시료의 전처리 방법

전처리 방법	적용 시료
질산법	유기 함량이 비교적 높지 않은 시료의 전처리에 사용한다.
질산 – 염산법	유기물 함량이 비교적 높지 않고 금속의 수산화물, 산화물, 인산염 및 황화물을 함유하고 있는 시료에 적용된다.
질산 – 황산법	유기물 등을 많이 함유하고 있는 대부분의 시료에 적용된다.

전처리 방법	적용 시료
질산 – 과염소산법	유기물을 다량 함유하고 있으면서 산분해가 어려운 시료에 적용된다.
질산 – 과염소산 – 불화수소산법	다량의 점토질 또는 규산염을 함유한 시료에 적용된다.

42 수은의 측정에 적용 가능한 시험방법과 가장 거리가 먼 것은?

① 자외선/가시선 분광법

② 냉증기 – 원자형광법

③ 양극벗김전압전류법

④ 유도결합플라스마 – 원자발광분광법

해설 수은의 측정에 적용 가능한 시험방법

㉠ 냉증기 – 원자흡수분광광도법

㉡ 자외선/가시선 분광법

㉢ 양극벗김전압전류법

㉣ 냉증기 – 원자형광법

43 시료 용기로 유리재질의 사용이 불가능한 항목은?

① 색도   ② 노말헥산추출물질

③ 페놀류   ④ 불소

해설 불소는 Polyethylene만 가능하다.

44 유도결합플라스마 – 원자발광분광법(ICP)의 장치 구성을 순서대로 나타낸 것은?

① 시료도입부 – 저주파전원부 – 분광부 – 측광부 – 기록부

② 시료도입부 – 파장선택부 – 광원부 – 기록부

③ 시료도입부 – 고주파전원부 – 광원부 – 분광부 – 기록부

④ 시료도입부 – 광원부 – 파장선택부 – 측정부 – 기록부

해설 유도결합플라스마 – 원자발광분광법(ICP)의 장치 구성

시료도입부 – 고주파전원부 – 광원부 – 분광부 – 연산처리부 및 기록부

45 4각 웨어의 유량(Q) 측정 공식으로 옳은 것은?(단, Q : m³/분, K : 유량계수, b : 절단 폭(m), h : 웨어 수두(m))

① $Q = K \cdot b \cdot h^{2/3}$ ② $Q = K \cdot b \cdot h^{2/5}$

③ $Q = K \cdot b \cdot h^{3/2}$ ④ $Q = K \cdot b \cdot h^{5/2}$

해설 4각 웨어의 유량계산식 $Q\left(\dfrac{m^3}{min}\right) = K \cdot b \cdot h^{\frac{3}{2}}$

46 채취된 시료를 보관할 때 pH 기준으로 맞는 것은?

① 페놀류 : pH 2 이하

② 유기인 : pH 5~9

③ 암모니아성 질소 : pH 4 이하

④ 화학적 산소요구량 : pH 4 이하

해설 ① 페놀류 : pH 4 이하
③ 암모니아성 질소 : pH 2 이하
④ 화학적 산소요구량 : pH 2 이하

47 총칙에서 정의된 용어에 관한 설명으로 가장 거리가 먼 것은?

① "항량으로 될 때까지 건조한다."라 함은 같은 조건에서 1시간 더 건조할 때 전후 무게의 차가 g당 0.3mg 이하일 때를 말한다.

② 시험조작 중 "즉시"란 30초 이내에 표시된 조작을 하는 것을 뜻한다.

③ "상온"은 1~30℃라 한다.

④ "약"이라 함은 기재된 양에 대하여 ±10% 이상의 차가 있어서는 안 된다.

해설 표준온도는 0℃, 상온은 15~25℃, 실온은 1~35℃로 하고, 찬 곳은 따로 규정이 없는 한 0~15℃의 곳을 뜻한다.

48 기체크로마토그래피법에서 흡착형 충전물(흡착성 고체분말)이 아닌 것은?

① 실리카겔 ② 알루미나

③ 황산반토 ④ 합성 제올라이트

해설 황산반토는 응집제이다.

49 물속의 냄새를 측정하기 위한 시험에서 시료 부피가 4mL, 무취 정제수(희석수) 부피가 196mL인 경우 냄새역치(TON)는?

① 0.5 ② 100

③ 50 ④ 0.02

해설 냄새역치(TON) $= \dfrac{A+B}{A}$

여기서, A : 시료 부피(mL)
　　　　B : 무취 정제수 부피(mL)

냄새역치(TON) $= \dfrac{4+196}{4} = 50$

50 수중의 노말헥산추출물질의 측정방법으로 알맞은 것은?

① 적정법

② 원자흡광광도법

③ 기체크로마토그래피법

④ 중량법

해설 중량법
물속에 비교적 휘발되지 않는 탄화수소, 탄화수소유도체, 그리스상물질 및 광유류를 함유하고 있는 시료를 pH 4 이하의 산성으로 하여 노말헥산층에 용해되는 물질을 노말헥산으로 추출하고 노말헥산을 증발시킨 잔류물의 무게로부터 구하는 방법이다.

51 원자흡수분광광도계에 사용되는 가장 일반적인 불꽃 조성 가스는?

① 산소-공기

② 아세틸렌-공기

③ 아세틸렌-질소

④ 프로판-산화질소

해설 수소-공기, 아세틸렌-공기가 대부분의 원소분석에 적합하다.

52 노말헥산추출물질을 측정할 때 지시약으로 사용되는 것은?

① 메틸레드
② 메틸오렌지
③ 페놀프탈레인
④ 전분용액

해설 시료 적당량을 분별깔대기에 넣은 후 메틸오렌지용액(0.1%) 2~3방울을 넣고 황색이 적색으로 변할 때까지 염산(1+1)을 넣어 시료의 pH를 4 이하로 조절한다.

53 폐수 50mL를 취하여 산성 100℃에서 $KMnO_4$에 의한 산소 소비량을 측정하였다. 시료적정에 소요된 0.025N-$KMnO_4$의 양은 6.25mL이었다. 이 폐수의 COD(mg/L)는?(단, 0.025N-$KMnO_4$의 factor = 1.025, 공시험 값 = 0.70mL)

① 약 42   ② 약 23
③ 약 35   ④ 약 39

해설 $COD(mg/L)$

$$= (b-a) \times f \times \frac{1,000}{V} \times 0.2$$

$$= (6.25 - 0.7) \times 1.025 \times \frac{1,000}{50} \times 0.2$$

$$= 22.75(mg/L)$$

54 노말헥산추출물질 시험방법에 관한 설명으로 옳지 않은 것은?

① 시료를 pH 4 이하의 산성으로 하여 노말헥산으로 추출한 후 약 80℃에서 노말헥산을 휘산시켰을 때 잔류하는 유류 등의 측정을 행한다.
② 수중에서 비교적 휘발되지 않는 탄화수소, 탄화수소유도체, 그리스유상물질 등이 노말헥산층에 용해되는 성질을 이용한 방법이다.
③ 최종 무게 측정을 방해할 가능성이 있는 입자가 존재할 경우 $0.45\mu m$ 여과지로 여과한다.
④ 시료용기는 폴리에틸렌 용기를 사용한다.

해설 시료용기는 유리용기를 사용한다.

55 페놀류를 자외선/가시선 분광법으로 측정하는 방법으로 ( )에 옳은 내용은?

> 증류한 시료에 염화암모늄-암모니아 완충용액을 넣어 pH 10으로 조절한 다음 4-아미노안티피린과 ( )을 넣어 생성된 붉은색의 안티피린계 색소의 흡광도를 측정한다.

① 아연분말
② 헥사시안화철(Ⅱ)산칼륨
③ 몰리브덴산암모늄
④ 과황산칼륨

해설 증류한 시료에 염화암모늄-암모니아 완충용액을 넣어 pH 10으로 조절한 다음 4-아미노안티피린과 헥사시안화철(II)산칼륨을 넣어 생성된 붉은색의 안티피린계 색소의 흡광도를 측정하는 방법이다.

56 최대 보존기간이 "즉시 측정"에 해당되지 않는 것은?

① 온도
② 냄새
③ 용존산소(전극법)
④ 수소이온농도

해설 냄새의 최대 보존기간은 6시간이다.

57 시험에 적용되는 온도 표시로 틀린 것은?

① 찬 곳 : 0℃ 이하
② 상온 : 15~25℃
③ 온수 : 60~70℃
④ 실온 : 1~35℃

58 pH 측정에 사용하는 전극이 오염되었을 때 전극의 세척에 사용하는 용액은?

① 염산 0.01M   ② 황산 0.01M
③ 염산 0.1M   ④ 황산 0.1M

해설 전극이 더러워진 경우 세제나 염산용액(0.1M) 등으로 닦아 낸 다음 정제수로 충분히 흘려 씻어 낸다.

59 기체크로마토그래피에 사용되는 검출기 중 인 또는 황화합물에 대해 가장 감도가 가장 높은 것은?

① 전자포획형 검출기(ECD)

② 불꽃이온화 검출기(FID)

③ 열전도도 검출기(TCD)

④ 불꽃광도형 검출기(FPD)

해설 불꽃광도형 검출기(FPD)는 수소염에 의하여 시료성분을 연소시키고, 이때 발생하는 불꽃의 광도를 분광학적으로 측정하는 방법으로 인 또는 황화합물을 선택적으로 검출할 수 있다.

60 순수한 물 150mL에 에틸알코올(비중 0.79) 80mL를 혼합하였을 때 이 용액 중의 에탄올의 농도(W/W%)는?

① 약 35 　　　　② 약 45

③ 약 30 　　　　④ 약 40

해설
$$C(W/W\%) = \frac{\text{에틸알코올(g)}}{\text{물(g)} + \text{에틸알코올(g)}} \times 100$$

㉠ $\text{물(g)} = \dfrac{150\text{mL}}{} \left| \dfrac{1\text{g}}{\text{mL}} = 150(\text{g}) \right.$

㉡ $\text{에틸알코올(g)} = \dfrac{80\text{mL}}{} \left| \dfrac{0.79\text{g}}{\text{mL}} = 63.2(\text{g}) \right.$

$$C(W/W\%) = \frac{63.2(\text{g})}{150(\text{g}) + 63.2(\text{g})} \times 100$$
$$= 29.64(\%)$$

SECTION 04 수질환경관계법규

61 사업장별 환경기술인의 자격기준으로 틀린 것은?

① 제2종 사업장 : 수질환경산업기사 2명 이상

② 제1종 사업장 : 수질환경기사 1명 이상

③ 제3종 사업장 : 수질환경산업기사, 환경기능사 또는 3년 이상 수질분야 환경 관련 업무에 직접 종사한 자 1명 이상

④ 제4종 사업장 · 제5종 사업장 : 배출시설 설치허가를 받거나 배출시설 설치신고가 수리된 사업자 또는 배출시설 설치허가를 받거나 배출시설 설치신고가 수리된 사업자가 그 사업장의 배출시설 및 방지시설업무에 종사하는 피고용인 중에서 임명하는 자 1명 이상

해설 제2종 사업장 : 수질환경산업기사 1명 이상

62 특정수질유해물질이 아닌 것은?

① 구리와 그 화합물

② 불소화합물

③ 페놀

④ 트리클로로에틸렌

해설 불소화합물은 특정수질유해물질이 아니다.

63 오염총량관리기본방침에 포함되어야 하는 사항과 가장 거리가 먼 것은?

① 오염부하량 총량 및 저감계획

② 오염원의 조사 및 오염부하량 산정방법

③ 오염총량관리의 대상 수질오염물질 종류

④ 오염총량관리의 목표

해설 오염총량관리기본방침
㉠ 오염총량관리의 목표
㉡ 오염총량관리의 대상 수질오염물질 종류
㉢ 오염원의 조사 및 오염부하량 산정방법
㉣ 오염총량관리기본계획의 주체, 내용, 방법 및 시한
㉤ 오염총량관리시행계획의 내용 및 방법

64 수질 및 수생태계 환경기준 중 하천(사람의 건강보호기준)에 대한 항목별 기준값으로 틀린 것은?

① 수은 : 0.05mg/L 이하

② 납 : 0.05mg/L 이하

③ 비소 : 0.05mg/L 이하

④ 6가 크롬 : 0.05mg/L 이하

해설 수은은 검출되어서는 안 된다.

---

65 방지시설을 반드시 설치해야 하는 경우에 해당하더라도 대통령령이 정하는 기준에 해당되면 방지시설의 설치가 면제된다. 방지시설 설치의 면제기준에 해당되지 않는 것은?

① 폐수처리업의 등록을 한 자 또는 환경부장관이 인정하여 고시하는 관계 전문기관에 환경부령으로 정하는 폐수를 전량 위탁처리하는 경우
② 배출시설의 기능 및 공정상 수질오염물질이 항상 배출허용기준 이하로 배출되는 경우
③ 폐수를 전량 재이용하는 등 방지시설을 설치하지 아니하고도 수질오염물질을 적정하게 처리할 수 있는 경우로서 환경부령으로 정하는 경우
④ 폐수배출량이 신고 당시보다 100분의 10이상 감소하는 경우

해설 **방지시설 설치의 면제기준**
㉠ 배출시설의 기능 및 공정상 수질오염물질이 항상 배출허용기준 이하로 배출되는 경우
㉡ 폐수처리업의 등록을 한 자 또는 환경부장관이 인정하여 고시하는 관계 전문기관에 환경부령이 정하는 폐수를 전량 위탁처리 하는 경우
㉢ 폐수를 전량 재이용하는 등 방지시설을 설치하지 아니하고도 수질오염물질을 적정하게 처리할 수 있는 경우로서 환경부령으로 정하는 경우

66 공공수역의 물환경 보전을 위해 국립환경과학원장이 설치·운영할 수 있는 측정망과 가장 거리가 먼 것은?

① 도심하천 측정망
② 공공수역 유해물질 측정망
③ 퇴적물 측정망
④ 생물 측정망

해설 **국립환경과학원장이 설치·운영할 수 있는 측정망의 종류**
㉠ 비점오염원에서 배출되는 비점오염물질 측정망
㉡ 수질오염물질의 총량관리를 위한 측정망
㉢ 대규모 오염원의 하류지점 측정망
㉣ 수질오염경보를 위한 측정망
㉤ 대권역·중권역을 관리하기 위한 측정망
㉥ 공공수역 유해물질 측정망
㉦ 퇴적물 측정망
㉧ 생물 측정망
㉨ 그 밖에 국립환경과학원장이 필요하다고 인정하여 설치·운영하는 측정망

67 배출시설의 변경(변경신고를 하고 변경을 하는 경우) 중 대통령령이 정하는 변경의 경우에 해당되지 않는 것은?

① 배출허용기준을 초과하는 새로운 오염물질이 발생되어 배출시설 또는 방지시설의 개선이 필요한 경우
② 폐수배출량이 신고 당시보다 100분의 50 이상 증가하는 경우
③ 특정수질유해물질이 배출되는 시설의 경우 폐수배출량이 허가 당시보다 100분의 25 이상 증가하는 경우
④ 배출시설에 설치된 방지시설의 폐수처리 방법을 변경하는 경우

해설 **변경신고에 따른 가동시작 신고의 대상**
㉠ 폐수배출량이 신고 당시보다 100분의 50 이상 증가하는 경우
㉡ 배출시설에서 배출허용기준을 초과하는 새로운 수질오염물질이 발생되어 배출시설 또는 방지시설의 개선이 필요한 경우
㉢ 배출시설에 설치된 방지시설의 폐수처리방법을 변경하는 경우
㉣ 방지시설을 설치하지 아니한 배출시설에 방지시설을 새로 설치하는 경우

68 대권역별로 대권역 물환경관리계획을 몇 년마다 수립하여야 하는가?

① 2년　　　② 3년
③ 10년　　　④ 5년

해설 유역환경청장은 국가 물환경관리기본계획에 따라 대권역별로 대권역 물환경관리계획을 10년마다 수립하여야 한다.

69 개선명령을 이행하지 아니하여 조업정지 명령을 받은 자가 이를 위반하였을 경우에 벌칙기준은?

① 1년 이하의 징역 또는 1천만 원 이하의 벌금
② 2년 이하의 징역 또는 2천만 원 이하의 벌금
③ 5년 이하의 징역 또는 5천만 원 이하의 벌금
④ 3년 이하의 징역 또는 3천만 원 이하의 벌금

70 수질오염상태를 파악하기 위하여 고시하는 측정망 설치계획에 포함되어야 하는 사항이 아닌 것은?

① 측정대상 오염물질
② 측정망 설치시기
③ 측정망 배치도
④ 측정망을 설치할 토지 또는 건축물의 위치 및 면적

해설 측정망 설치계획에 포함되어야 하는 사항
㉠ 측정망 설치시기
㉡ 측정망 배치도
㉢ 측정망을 설치할 토지 또는 건축물의 위치 및 면적
㉣ 측정망 운영기관
㉤ 측정자료의 확인방법

71 물환경보전법상 100만 원 이하의 벌금에 해당되는 경우는?

① 환경관리인 등의 교육을 받게 하지 아니한 자
② 환경관리인의 요청을 정당한 사유 없이 거부한 자
③ 배출시설 등의 운영사항에 관한 기록을 보존하지 아니한 자
④ 배출시설 등의 운영사항에 관한 기록을 허위로 기록한 자

해설 물환경보전법상 100만 원 이하의 벌금
㉠ 적산전력계 또는 적산유량계를 부착하지 아니한 자
㉡ 환경기술인의 업무를 방해하거나 환경기술인의 요청을 정당한 사유 없이 거부한 자

72 비점오염원관리대책에 포함되는 사항과 가장 거리가 먼 것은?(단, 그 밖에 관리지역의 적정한 관리를 위하여 환경부령이 정하는 사항은 제외)

① 관리대상 수질오염물질의 종류 및 발생량
② 관리현황
③ 관리목표
④ 관리대상 수질오염물질의 발생 예방 및 저감 방안

해설 관리대책의 수립
㉠ 관리목표
㉡ 관리대상 수질오염물질의 종류 및 발생량
㉢ 관리대상 수질오염물질의 발생 예방 및 저감 방안
㉣ 그 밖에 관리지역을 적정하게 관리하기 위하여 환경부령으로 정하는 사항

73 폐수처리업의 등록기준에서 등록신청서를 시·도지사에게 제출해야 할 때 폐수처리업의 등록 및 폐수배출시설의 설치에 관한 허가 기관이나 신고기관이 같은 경우, 다음 중 반드시 제출해야 하는 것은?

① 폐수배출시설 및 수질오염방지시설의 설치명세서 및 그 도면
② 사업계획서
③ 공정도 및 폐수배출배관도
④ 폐수처리방법별 저장시설 설치명세서(폐수재이용업의 경우에는 폐수성상별 저장시설 설치명세서) 및 그 도면

해설 폐수처리업의 허가요건 등
폐수처리업의 허가를 받으려는 자는 폐수 수탁처리업·재이용업 허가신청서에 다음 각 호의 서류를 첨부하여 사업장 소재지를 관할하는 시·도지사에게 제출해야 한다. 다만, 시·도지사가 폐수배출시설의 설치에 관한 허가를 하였거나 신고를 받은 경우에는 제2호부터 제4호까지의 서류를 제출하지 않게 할 수 있다.
1. 다음 각 목의 사항이 포함된 사업계획서
   가. 처리대상 폐수의 종류 및 그 처리방법
   나. 처리시설의 설치계획
2. 폐수배출시설 및 수질오염방지시설의 설치명세서 및 그 도면
3. 공정도 및 폐수배출배관도
4. 폐수처리방법별 저장시설 설치명세서(폐수재이용업의 경우에는 폐수성상별 저장시설 설치명세서) 및 그 도면
5. 공업용수 및 폐수처리방법별로 유입조와 최종배출구 등에 부착하여야 할 적산유량계와 수질자동측정기기의 설치 부위를 표시한 도면(폐수재이용업의 경우에는 폐수성상별로 유입조와 최종배출구 등에 부착하여야 할 적산유량계의 설치 부위를 표시한 도면)
6. 폐수의 수거 및 운반방법을 적은 서류
7. 기술능력 보유 현황 및 그 자격을 증명하는 기술자격증(국가기술자격이 아닌 경우로 한정한다) 사본

74 수계영향권별로 배출되는 수질오염물질을 총량으로 관리할 수 있는 주체는?

① 대통령
② 시·도지자
③ 환경부장관
④ 국무총리

해설 수질오염물질의 총량관리
환경부장관은 수계영향권별로 배출되는 수질오염물질을 총량으로 관리할 수 있다.

75 1일 폐수배출량이 500m³인 사업장의 종별규모는?

① 제3종 사업장
② 제4종 사업장
③ 제2종 사업장
④ 제1종 사업장

해설 사업장 규모별 구분

종류	배출규모
제1종 사업장	1일 폐수배출량이 2,000m³ 이상인 사업장
제2종 사업장	1일 폐수배출이 700m³ 이상, 2,000m³ 미만인 사업장
제3종 사업장	1일 폐수배출량이 200m³ 이상, 700m³ 미만인 사업장
제4종 사업장	1일 폐수배출량이 50m³ 이상, 200m³ 미만인 사업장
제5종 사업장	위 제1종부터 제4종까지의 사업장에 해당하지 아니하는 배출시설

76 사업장별 환경기술인의 자격기준으로 알맞지 않은 것은?

① 방지시설 설치면제 대상인 사업장과 배출시설에서 배출되는 수질오염물질 등을 공동방지시설에서 처리하게 하는 사업장은 제4종 사업장·제5종 사업장에 해당하는 환경기술인을 둘 수 있다.
② 공동방지시설의 경우에는 폐수배출량이 제4종 또는 제5종 사업장의 규모에 해당하면 제3종 사업장에 해당하는 환경기술인을 두어야 한다.
③ 공공폐수처리장에 폐수를 유입시켜 처리하는 경우 제4종 또는 제5종 사업장은 제3종 사업장에 해당하는 환경기술인을 두어야 한다.
④ 연간 90일 미만 조업하는 제1종부터 제3종까지의 사업장은 제4종 사업장·제5종 사업장에 해당하는 환경기술인을 선임할 수 있다.

해설 공공폐수처리장에 폐수를 유입시켜 처리하는 제1종 또는 제2종 사업장은 제3종 사업장에 해당하는 환경기술인을, 제3종 사업장은 제4종 사업장·제5종 사업장에 해당하는 환경기술인을 둘 수 있다.

77 기본부과금 산정 시 방류수수질기준을 100% 초과한 사업장에 대한 부과계수는?

① 3.0   ② 2.4
③ 2.6   ④ 2.8

해설 방류수 수질기준 초과율별 부과계수

초과율	10% 미만	10% 이상 20% 미만	20% 이상 30% 미만	30% 이상 40% 미만	40% 이상 50% 미만
부과계수	1	1.2	1.4	1.6	1.8
초과율	50% 이상 60% 미만	60% 이상 70% 미만	70% 이상 80% 미만	80% 이상 90% 미만	90% 이상 100%까지
부과계수	2.0	2.2	2.4	2.6	2.8

78 물환경보전법에서 비점오염원의 배출원에 해당되지 않는 것은?

① 농지   ② 도시
③ 하수발생시설   ④ 공사장

해설 "비점오염원"이란 도시, 도로, 농지, 산지, 공사장 등으로서 불특정 장소에서 불특정하게 수질오염물질을 배출하는 배출원을 말한다.

79 환경부장관이 폐수처리업자의 등록을 취소하거나 6개월 이내의 기간을 정하여 영업정지를 명할 수 있는 경우가 아닌 것은?

① 영업정지처분 기간에 영업행위를 한 경우
② 다른 사람에게 등록증을 대여한 경우
③ 1년에 2회 이상 영업정지처분을 받은 경우
④ 등록 후 1년 이내에 영업을 개시하지 않은 경우

해설 환경부장관이 폐수처리업자의 등록을 취소하거나 6개월 이내의 기간을 정하여 영업정지를 명할 수 있는 경우
㉠ 다른 사람에게 등록증을 대여한 경우
㉡ 1년에 2회 이상 영업정지처분을 받은 경우
㉢ 고의 또는 중대한 과실로 폐수처리영업을 부실하게 한 경우
㉣ 영업정지처분 기간에 영업행위를 한 경우

80 수질오염방지시설 중 화학적 처리시설인 것은?

① 혼합시설
② 폭기시설
③ 응집시설
④ 살균시설

해설 화학적 처리시설
㉠ 화학적 침강시설
㉡ 중화시설
㉢ 흡착시설
㉣ 살균시설
㉤ 이온교환시설
㉥ 소각시설
㉦ 산화시설
㉧ 환원시설
㉨ 침전물 개량시설

SECTION 01 수질오염개론

01 해수에서 영양염류가 수온이 낮은 곳에 많고 수온이 높은 지역에서 적은 이유로 틀린 것은?

① 수온이 높은 바다는 수계의 안정으로 수직혼합이 일어나지 않아 표층수의 영양염류가 플랑크톤에 의해 소비되기 때문이다.

② 수온이 낮은 바다의 표층수는 본디 영양염류가 풍부한 극지방의 심층수로부터 기원하기 때문이다.

③ 수온이 높은 바다의 표층수는 적도 부근의 표층수로부터 기원하므로 본디 영양염류가 결핍되어 있다.

④ 수온이 낮은 바다는 겨울에 표층수가 냉각되어 밀도가 작아지므로 심층수로 침강작용이 일어나지 않기 때문이다.

해설 수온이 낮은 바다는 겨울에 표층수가 냉각되어 밀도가 커지므로 침강작용이 일어난다.

02 용액의 농도에 관한 설명으로 옳지 않은 것은?

① ppm과 mg/L를 엄격하게 구분하면 ppm = $(mg/L)/\rho_{sol}(\rho_{sol}$: 용액의 밀도)로 나타낸다.

② 노르말농도는 용액 1L 중에 녹아 있는 용질의 g 당량수를 말한다.

③ 몰랄농도는 규정농도라고도 하며, 용매 1,000g 중에 녹아 있는 용질의 몰수를 말한다.

④ mole 농도는 용액 1L 중에 존재하는 용질의 gram 분자량의 수를 말한다.

해설 몰랄농도는 용매 1,000g 중에 녹아 있는 용질의 몰수를 말하며, 규정농도는 아니다.

03 유량이 $2.8m^3/s$이고, BOD 4.0mg/L인 하천에 유량이 560L/s이고, BOD 29.2mg/L인 폐수가 유입되고 있다. 폐수가 유입 즉시 하천수와 완전혼합될 때 혼합 후 BOD 농도(mg/L)는?(단, 기타 오염물질 유입은 없다.)

① 11.7 ② 6.0
③ 39.7 ④ 25.8

해설
$$C_m = \frac{C_1 \cdot Q_1 + C_2 \cdot Q_2}{Q_1 + Q_2}$$
$$= \frac{(4 \times 2.8) + (29.2 \times 0.56)}{4 + 0.56} = 6.04(mg/L)$$

04 응집처리 시 응집의 원리로 옳지 않은 것은?

① Van der Waals 힘을 증가시킨다.
② 콜로이드 입자상 상호작용에 의한 가교현상이다.
③ 콜로이드 입자의 표면전하를 증가시킨다.
④ Zeta Potential을 감소시킨다.

해설 콜로이드 입자의 표면전하를 감소시킨다.

05 오염물질이 수중에서 확산·혼합되는 현상의 원인과 관계가 없는 것은?

① 수온에 의한 밀도류
② 용존산소의 농도
③ 난류
④ 브라운 운동

06 호수나 저수지를 상수원으로 사용할 경우 전도현상으로 수질 악화가 우려되는 시기는?

① 봄과 가을
② 여름과 겨울
③ 가을과 겨울
④ 봄과 여름

해설 봄과 가을에 전도(Turn Over)현상으로 수질이 악화된다.

07 Formaldehyde(CH₂O)의 COD/TOC의 비는?

① 2.88　　　　② 3.37

③ 3.65　　　　④ 2.67

> **해설** $CH_2O + O_2 \rightarrow H_2O + CO_2$
>
> 1mol 기준　30g　　32g
>
> COD : 32g
>
> TOC : 12g
>
> ∴ COD/TOC = 32/12 = 약 2.67

08 시간 dt 사이의 수중 용존산소 농도 변화는 다음 식으로 나타낼 수 있다. 다음 중 틀린 것은?

$$\frac{dO}{dt} = \alpha K_{LA}(\beta C_s - C_t) \times 1.024^{T-20}$$

① T는 온도를 나타낸다.

② β는 물과 증류수의 표준상태에서의 C_s의 비율을 나타낸다.

③ K_{LA}는 산소전달율을 나타낸다.

④ C_s는 물속의 용존산소 농도를 나타낸다.

> **해설** C_s는 물속의 포화용존산소 농도를 나타낸다.

09 탈산소계수가 0.1day⁻¹인 오염물질의 BOD₅가 800mg/L이라면 4일 BOD(mg/L)는?

① 685　　　　② 653

③ 704　　　　④ 732

> **해설** $BOD_5 = BOD_u(1 - 10^{-K_1 \cdot t})$
>
> $800 = BOD_u(1 - 10^{-0.1 \times 5})$
>
> $BOD_u = 1,169.98(mg/L)$
>
> $BOD_4 = 1,169.98 \times (1 - 10^{-0.1 \times 4})$
>
> $= 704.20(mg/L)$

10 주간에 연못이나 호수 등에 용존산소(DO)의 과포화 상태를 일으키는 미생물은?

① 윤충(Rotifer)　　② 바이러스(Virus)

③ 조류(Algae)　　④ 박테리아(Bacteria)

11 호수의 수질특성을 설명한 내용으로 옳지 않은 것은?

① 전기전도도는 호수의 오염정도가 커서 용존성분의 농도가 높으면 낮은 전도도값을 나타낸다.

② 표수층에서 조류의 활발한 광합성 활동 시에는 호수의 pH가 8~9 혹은 그 이상을 나타낼 수 있다.

③ 호수의 유기물량을 측정하기 위한 항목에서 BOD보다는 COD를 더 많이 이용한다.

④ 긴 체류시간에 따른 조류의 광합성 작용으로 표수층의 DO 농도가 포화 및 과포화 현상이 일어날 수 있다.

> **해설** 수중에 염류의 양이 많을수록 전기가 잘 흐르게 되고, 전기전도율은 총용존고형물의 농도에 비례한다.

12 세균(Bacteria)은 물 80%, 고형물질 20%로 구성되어 있다. 세균 내 고형물질에서 유기물이 차지하는 비율(%)은?

① 30　　　　② 50

③ 10　　　　④ 90

> **해설** 박테리아의 세포 구성은 수분이 80%, 고형물이 20%로 되어 있다. 고형물 중 유기물이 90%, 무기물이 10%를 차지하고 있다.

13 산성비를 정의할 때 기준이 되는 수소이온농도(pH)는?

① 6.3 이하　　② 4.5 이하

③ 4.3 이하　　④ 5.6 이하

14 Marson과 Kolkwitz의 하천자정 단계 중 심한 악취가 없어지고 수중 저니의 산화(수산화철 형성)로 인해 색이 호전되며 수질도에서 노란색으로 표시하는 수역은?

① α-중부수성 수역(α-mesosaprobic)

② 강부수성 수역(Polysaprobic)

③ 빈부수성 수역(Pligosaprobic)

④ β-중부수성 수역(β-mesosaprobic)

---

15 실험용 물고기에 독성물질을 경구 투입 시 실험대상 물고기의 50%가 죽는 농도를 나타낸 것은?

① LC_{50} ② LD_{50}
③ TLm ④ BIP

해설 ① LC_{50} : 일정한 조건하에서 독성물질을 시험동물에 직접적으로 투여할 경우 해당 동물의 50%가 죽는 독성물질의 농도(mg/L)(직접법)
② LD_{50} : 일정한 조건하에서 독성물질을 시험동물에 직접적으로 투여할 경우 해당 동물의 50%가 죽는 독성물질의 용량(무게 : kg)(직접법)
③ TLm : 일정 시간 경과 후 시험생물의 50%가 생존할 수 있는 독성물질의 농도(간접법)
④ BIP : 현미경적인 생물을 대상으로 하여 수중의 생물상을 조사함으로써 물의 오염도를 판정하는 지표

16 0.3N $BaCl_2$ 500mL를 만드는 데 소요되는 $BaCl_2 \cdot 2H_2O$의 양(g)은?(단, $BaCl_2 \cdot 2H_2O$ 분자량 = 244.48)

① 23.2 ② 18.3
③ 21.4 ④ 13.1

해설 $X(g) = \dfrac{0.3eq}{L} \left| \dfrac{500mL}{} \right| \dfrac{1L}{10^3 mL} \left| \dfrac{(244.4/2)g}{1eq} \right.$
$= 18.33(g)$

17 비료, 가축분뇨 등이 유입된 하천에서 pH가 증가되는 경향을 볼 수 있는데, 여기서 주로 관여하는 미생물과 반응은?

① Bacteria, 내호흡
② Bacteria, 호흡작용
③ Algae, 광합성
④ Fungi, 광합성

해설 조류가 번성하면 광합성 작용으로 pH가 증가한다.

18 용존산소(DO)에 대한 설명으로 가장 거리가 먼 것은?

① DO는 염류농도가 높을수록 감소한다.
② 조류의 광합성 작용은 낮 동안 수중의 DO를 증가시킨다.
③ 아황산염, 아질산염 등의 무기화합물은 DO를 증가시킨다.
④ DO는 수온이 높을수록 감소한다.

해설 아황산염, 아질산염 등의 무기화합물은 DO를 감소시킨다.

19 $Mg(OH)_2$ 232mg/L 용액의 pOH는?(단, $Mg(OH)_2$는 완전해리하며, MW = 58)

① 11.6 ② 2.1
③ 11.9 ④ 2.4

해설 $Mg(OH)_2 \rightarrow Mg^{2+} + 2OH^-$
$Mg(OH)_2 \left(\dfrac{mol}{L} \right) = \dfrac{232mg}{L} \left| \dfrac{1g}{10^3 mg} \right| \dfrac{1mol}{58g}$
$= 4.0 \times 10^{-3} (mol/L)$
$pOH = \log \dfrac{1}{[OH^-]} = \log \dfrac{1}{2 \times 4 \times 10^{-3}} = 2.1$

20 용존산소의 포화농도가 9mg/L인 하천의 상류에서 용존산소 농도가 6mg/L라면(BOD₅ = 5mg/L, K_1 = 0.1day⁻¹, K_2 = 0.4day⁻¹) 5일 후의 하류에서의 DO 부족량(mg/L)은?(단, 상용대수 기준, 기타 조건은 고려하지 않는다.)

① 약 3.8 ② 약 0.8
③ 약 1.8 ④ 약 2.8

해설 $D_t = \dfrac{L_o \cdot K_1}{K_2 - K_1} (10^{-K_1 t} - 10^{-K_2 t}) + D_o \times 10^{-K_2 t}$
㉠ $D_o = 9mg/L - 6mg/L = 3mg/L$
㉡ $BOD_5 = BOD_u \times (1 - 10^{-K_1 \times t})$
$5 = BOD_u \times (1 - 10^{-0.1 \times 5})$
$L_o(BOD_u) = 7.31(mg/L)$
$\therefore D_t = \dfrac{7.31 \times 0.1}{0.4 - 0.1} (10^{-0.1 \times 5} - 10^{-0.4 \times 5}) + 3 \times 10^{-0.4 \times 5}$
$= 0.78(mg/L)$

SECTION 02 수질오염방지기술

21 일반적으로 칼슘, 알루미늄, 마그네슘, 철, 바륨 등의 수산화물에 공침시켜 제거하며, 이 중에 철의 수산화물인 $Fe(OH)_2$의 플록에 흡착시켜 공침 제거하는 방법이 우수한 것으로 알려진 오염물질로 가장 적절한 것은?

① 비소 　　　　② 카드뮴
③ 수은 　　　　④ 납

> **해설** 일반적으로 비소는 칼슘·알루미늄·마그네슘·철·바륨 등의 수산화물에 공침된다. 이 중에서 철(Fe)의 수산화물인 $Fe(OH)_2$의 플록에 흡착시켜 공침 제거하는 방법이 현재 알려진 비소처리방법 중 가장 우수하다.

22 다음은 세포증식과 관련한 Monod 형태의 동역학식을 나타낸 것이다. 잘못 설명된 것은?

$$\mu = \mu_{max} \times \frac{S}{K_s + S}$$

① K_s는 속도 상수로 최대 성장률이 1일 때의 기질의 농도이다.
② μ_{max}는 최대 비성장률로 단위는 시간$^{-1}$이다.
③ μ는 비성장률로 단위는 시간$^{-1}$이다.
④ S는 성장제한 기질의 농도로, 단위는 질량을 단위 부피로 나눈 것으로 쓸 수 있다.

> **해설** K_s는 반속도 상수로 최대 성장률이 1/2일 때의 기질의 농도이다.

23 폐수처리장 내 독립침전의 형태를 갖는 단위공정은?

① 생물슬러지 2차 침전지
② 침사지
③ 농축조
④ 안정조

24 원폐수의 수질분석 결과가 다음과 같을 때 처리방법으로 가장 적절한 것은?(단, BOD = 500mg/L, SS = 1,000mg/L, pH = 3.5, TKN = 40mg/L, T-p = 8mg/L)

① 중화 → 침전 → 생물학적 처리
② 생물학적처리 → 침전 → 중화
③ 침전 → 중화 → 생물학적 처리
④ 침전 → 생물학적 처리 → 중화

> **해설** 폐수의 BOD를 제거하려면 생물학적 처리가 가장 적합하다. 생물학적 처리 시 폭기조 안의 미생물이 적절한 pH와 균형잡힌 영양소(BOD : N : P = 100 : 5 : 1)를 필요로 하기 때문에 산성인 폐수를 먼저 중화를 시켜 미생물이 증식을 할 수 있는 최적 pH(약 6.5~7.5)로 조정한 후 SS를 침전시킨다. 최종적으로 BOD를 반응조 안의 미생물에 의해 산화·분해시킨다. 또한 반응조 안의 미생물은 TKN과 T-P를 영양소로 하여 증식을 한다.

25 하수의 pH 조정조에 대한 내용으로 틀린 것은?

① 조의 형태는 사각형 및 원형으로 한다.
② 체류시간은 10~15분을 기준으로 한다.
③ 교반속도는 약품의 혼합과 단락류의 현상을 방지하기 위하여 통상을 방지하기 위하여 통상 20~80rpm의 범위로 운전한다.
④ 조정조의 교반강도는 속도경사(G)로 300~1,500/s로 급속교반한다.

> **해설** 교반속도는 약품의 혼합과 단회로 현상을 방지하기 위하여 통상 120~180rpm의 범위에서 운전을 한다.

26 잉여 활성슬러지를 처리하는 혐기성 소화조에서 발생되는 소화가스의 CO_2가 50~60% 이상으로 증가될 때, 소화조의 상태에 대해 바르게 설명한 것은?

① 소화가스의 열량이 증가한다.
② 소화가스의 발생량이 최대로 증가한다.
③ 소화조가 양호하게 작동하고 있지 않다.
④ 소화가스의 메탄도 함께 증가한다.

27 질소 제거를 위한 생물학적 고도처리에 대한 내용으로 ( )에 가장 적절한 내용은?

BOD5/TKN비가 ( )보다 클 때 그 공정은 탄소산화와 질산화의 혼합공정으로 분류할 수 있다.

① 4 　　　　　　② 3
③ 5 　　　　　　④ 2

해설 BOD5/TKN비가 5보다 클 때 그 공정은 탄소산화와 질산화의 혼합공정으로 분류할 수 있으며, 그 비가 3 이하이면 분리단계 질산화 공정으로 분류될 수 있다.

28 면적 500m²의 침전지에 표면적의 합이 200m²인 경사판을 45°로 넣었다. 이때 경사판을 넣기 전보다 몇 배 정도 침전지의 처리 능력이 증가하는가?(단, 침전조건은 일정하다.)

① 약 1.7배 　　　② 약 1.9배
③ 약 1.5배 　　　④ 약 1.3배

해설 경사판 설치 전 면적 = 500m²
경사판 설치 후 면적 = 500m² + 200m² · cos45
$$= 641.42m^2$$
$$\frac{경사판\ 설치\ 후\ 면적}{경사판\ 설치\ 전\ 면적} = \frac{641.42}{500} = 1.28(배)$$

29 고형물 상관관계에 대한 표현으로 틀린 것은?

① TSS = VSS + FSS 　② VSS = FSS + FDS
③ TS = VS + FS 　　　④ VS = VSS + VDS

해설 VSS = TSS − FSS, VSS = BDVSS + NBDVSS

30 일반적인 도시하수 처리 순서로 알맞은 것은?

① 소독 − 스크린 − 침사지 − 포기조 − 1차 침전지 − 2차 침전지
② 소독 − 스크린 − 침사지 − 1차 침전지 − 포기조 − 2차 침전지
③ 스크린 − 침사지 − 포기조 − 1차 침전지 − 2차 침전지 − 소독
④ 스크린 − 침사지 − 1차 침전지 − 포기조 − 2차 침전지 − 소독

31 폐수의 고도처리에서 용해성 무기물 제거에 사용되는 공정에 대한 설명으로 맞는 것은?

① 역삼투 : 잔류 교질성 물질과 분자량이 5,000 이상인 큰 분자 제거에 사용되며, 경제적이다.
② 전기투석 : 주입 수량의 약 30%가 박막의 연속 세척을 위하여 필요하고, 스케일 형성을 막기 위해 pH를 높게 유지해야 한다.
③ 이온교환 : 부유물질의 농도가 높으면 수두손실이 커지고, 무기물 제거 전에 화학적 처리와 침전이 요구된다.
④ 탄소흡착 : 여타 무기물 제거방법으로 잘 제거되지 않는 무기물 제거에 유리한다.

해설 ① 역삼투(RO) : 소금 등의 무기염류 또는 분자량 100 이상의 유기물의 분리 및 담수화 및 순수제조에 주로 사용된다.
② 전기투석 : 무기물 침전을 방지하기 위해서는 pH를 약산성으로 조절해야 한다.
③ 이온교환 : 대량의 불순물을 함유하는 폐수처리에 부적합하고, 유류, 고분자유 기름 등의 함유용액은 사전 제거해야 한다.
④ 탄소흡착 : 활성탄은 저분자 유기물은 쉽게 흡착하나 단백질과 같이 고분자물질에 대한 흡착능은 떨어진다.

32 슬러지 개량 시 응집에 사용되는 응집제가 아닌 것은?

① 염화제2철(FeCl₃)
② 황산구리(CuSO₄)
③ 황산폴리머(Polimer)
④ 황산제1철(FeSO₄)

해설 황산구리(CuSO₄)는 조류 제거제이다.

33 평균유속 0.3m/sec, 유효수심 1.0m, 수면적부하 1,500m³/m² · day일 때 침사지의 유효길이(m)는?

① 22.4 　　　　　② 26.4
③ 17.3 　　　　　④ 14.4

해설 $$L(m) = \frac{0.3m}{sec} \left| \frac{m^2 \cdot day}{1,500m^3} \right| \frac{1.0m}{1} \left| \frac{86,400sec}{1day} \right.$$
$$= 17.28(m)$$

34 평균유속이 0.5m/s, 유효수심이 2.0m, 수면적부하가 2,000m³/m²·day인 조건에 적합한 침사지의 체류시간(sec)은?

① 272.6 ② 360.2
③ 181.5 ④ 86.4

해설 $t = \dfrac{H}{V_o}$ (V_o : 수면적 부하)

$\therefore t = \dfrac{2m}{2,000(m^3/m^2 \cdot day)} \left| \dfrac{86,400 sec}{1 day} \right. = 86.4(sec)$

35 폐수를 활성슬러지법으로 처리할 때 포기조 내의 MLSS 농도를 일정하게 유지하려면 반송률(R)은? (단, SS = 250mg/L, 포기조 내의 MLSS = 2,500 mg/L, 반송슬러지 농도 = 8,000mg/L, 포기조 내의 슬러지 생성 및 방류수 중의 SS는 무시한다.)

① 50% ② 30%
③ 20% ④ 40%

해설 $R = \dfrac{MLSS - SS_i}{SS_r - MLSS} \times 100$

$= \dfrac{2,500 - 250}{8,000 - 2,500} \times 100 = 40.9\%$

36 Cr^{6+}함유 폐수를 처리하기 위한 단위조적의 조합 중 가장 타당하게 연결된 것은?

① pH 조정(8~9) → 침전 → pH 조정(2~3) → 환원
② 환원 → pH 조정(2~3) → 침전 → pH 조정(8~9)
③ pH 조정(2~3) → 환원 → pH 조정(8~9) → 침전
④ pH 조정(8~9) → 환원 → pH 조정(2~3) → 침전

해설 크롬은 6가 크롬은 독성이 강하므로 3가 크롬으로 환원(pH 2~3)시킨 후 수산화물로 침전(pH 8~9)시켜 제거하는 환원침전법이 가장 많이 이용된다.

37 보통 음이온 교환수지에 대하여 가장 일반적인 음이온의 선택성 순서로 알맞은 것은?

① $SO_4^{2-} > CrO_4^{2-} > I^- > NO_3^- > Br^-$
② $SO_4^{2-} > I^- > NO_3^- > CrO_4^{2-} > Br^-$
③ $SO_4^{2-} > CrO_4^{2-} > NO_3^- > I^- > Br^-$
④ $SO_4^{2-} > NO_3^- > CrO_4^{2-} > Br^- > I^-$

해설 음이온 교환물질의 음이온에 대한 선택성의 순서는 $SO_4^{2-} > I^- > NO_3^- > CrO_4^{2-} > Br^- > Cl^- > OH^-$이다.

38 폐수처리장의 실제유량을 산정하기 위한 첨두유량을 구하는 식은?

① 첨두인자×최대유량
② 첨두인자×평균유량
③ 첨두인자/평균유량
④ 첨두인자/최대유량

39 슬러지 개량방법 중 세정(Elutriation)에 관한 설명으로 옳지 않은 것은?

① 알칼리도를 줄이고 슬러지 탈수에 사용되는 응집제량을 줄일 수 있다.
② 소화슬러지를 물과 혼합시킨 다음 재침전시킨다.
③ 비료성분의 순도가 높아져 가치를 상승시킬 수 있다.
④ 슬러지의 탈수 특성을 좋게 하기 위한 직접적인 방법은 아니다.

해설 슬러지 개량 방법 중 세정은 비료가치가 떨어진다고 볼 수 있다.

40 생물학적 원리를 적용하여 질소와 인을 제거하는 방법 중 A²/O 프로세서에 관한 설명으로 틀린 것은?

① 무산소조에서 혐기조로의 내부 반송이 이루어진다.
② 폐슬러지 내 인의 함량이 높아 비료가치가 있다.
③ 혐기조에는 인의 방출이, 무산소조에서는 탈질이 이루어진다.
④ 포기조에서 인의 과잉흡수가 일어난다.

해설 A²/O 공정은 호기조(폭기조)에서 무산소조로 내부 반송이 이루어진다.

41 4각 웨어의 유량(Q) 측정 공식으로 옳은 것은?(단, Q : m³/분, K : 유량계수, b : 절단 폭(m), h : 웨어 수두(m))

① $Q = K \cdot h^{3/2}$

② $Q = K \cdot h^{5/2}$

③ $Q = K \cdot b \cdot h^{5/2}$

④ $Q = K \cdot b \cdot h^{3/2}$

해설 4각 웨어의 유량계산식 $Q\left(\dfrac{m^3}{min}\right) = K \cdot b \cdot h^{\frac{3}{2}}$

42 수소이온농도를 기준전극과 비교전극으로 구성된 pH 측정기로 측정할 때, 간섭물질에 대한 설명으로 틀린 것은?

① 유리전극은 산화 및 환원성 물질, 염도에 의해 간섭을 받는다.

② pH 10 이상에서 나트륨에 의해 오차가 발생할 수 있는데, 이는 "낮은 나트륨 오차 전극"을 사용하여 줄일 수 있다.

③ 기름층이나 작은 입자상이 전극을 피복하여 pH 측정을 방해할 수 있다.

④ pH는 온도변화에 따라 영향을 받는다.

해설 간섭물질

㉠ 일반적으로 유리전극은 용액의 색도, 탁도, 콜로이드성 물질들, 산화 및 환원성 물질들 그리고 염도에 의해 간섭을 받지 않는다.

㉡ pH 10 이상에서 나트륨에 의해 오차가 발생할 수 있는데, 이는 "낮은 나트륨 오차 전극"을 사용하여 줄일 수 있다.

㉢ 기름층이나 작은 입자상이 전극을 피복하여 pH 측정을 방해할 수 있는데, 이 피복물을 부드럽게 문질러 닦아내거나 세척제로 닦아낸 후 증류수로 세척하여 부드러운 천으로 물기를 제거하여 사용한다. 염산(1+9)을 사용하여 피복물을 제거할 수 있다.

㉣ pH는 온도변화에 따라 영향을 받는다. 대부분의 pH 측정기는 자동으로 온도를 보정하나 수동으로 보정할 수 있다.

43 각각의 시험은 따로 규정이 없는 한 어느 온도범위에서 시험하는가?(단, 온도의 영향이 있는 것의 판정은 제외한다.)

① 10~20℃

② 15~25℃

③ 5~15℃

④ 1~35℃

해설 시험은 따로 규정이 없는 한 상온(15~25℃)에서 조작하고 조작 직후에 그 결과를 관찰한다. 단, 온도의 영향이 있는 것의 판정은 표준온도를 기준으로 한다.

44 식물성 플랑크톤 – 현미경계수법으로 분석하고자 할 때 분석절차에 관한 설명으로 틀린 것은?

① 시료농축방법인 자연침전법은 일정 시료에 포르말린용액 또는 루골용액을 가하여 플랑크톤을 고정시켜 실린더 용기에 넣고 일정시간 정치 후 사이폰을 이용하여 상층액을 따라 내어 일정량으로 농축한다.

② 시료 농축방법인 원심분리방법은 일정량의 시료를 원심침전관에 넣고 100g으로 30분 정도 원심분리하여 일정배율로 농축한다.

③ 시료가 육안으로 녹색이나 갈색으로 보일 경우 정제수로 적절한 농도로 희석한다.

④ 시료의 개체수는 계수면적당 10~40 정도가 되도록 희석 또는 농축한다.

해설 시료 농축방법인 원심분리방법은 일정량의 시료를 원심침전관에 넣고 1,000×g으로 20분 정도 원심분리하여 일정배율로 농축한다.

45 흡광 광도계 측광부의 광전측광에 광전도셀이 사용될 때 적용되는 파장은?

① 자외 파장

② 근적외 파장

③ 근자외 파장

④ 가시 파장

46 수질오염공정시험기준에 따라 분석에 요구되는 시료 채취량은 시험항목 및 시험횟수에 따라 차이가 있으나 일반적으로 채취하는 시료의 양(L)은?

① 1.5~3   ② 0.5~1
③ 3~5   ④ 2~3

해설 시료채취량은 시험항목 및 시험횟수에 따라 차이가 있으나 보통 3~5L 정도이어야 한다.

47 분원성 대장균군의 정의로서 (   )에 적당한 것은?

> 온혈동물의 배설물에서 발견되는 (㉠)의 간균으로서 (㉡)℃에서 락토오스를 분해하여 가스 또는 산을 발생하는 모든 호기성 또는 혐기성균을 말한다.

① ㉠ 그람음성 · 무아포성, ㉡ 44.5
② ㉠ 그람양성 · 아포성, ㉡ 35.5
③ ㉠ 그람양성 · 무아포성, ㉡ 44.5
④ ㉠ 그람음성 · 아포성, ㉡ 35.5

해설 분원성 대장균군은 온혈동물의 배설물에서 발견되는 그람음성 · 무아포성의 간균으로서 44.5℃에서 락토오스를 분해하여 가스 또는 산을 발생하는 모든 호기성 또는 혐기성균을 말한다.

48 DO(적정법) 측정 시 End Point(종말점)에 있어서 액의 색은?

① 황색   ② 적색
③ 무색   ④ 황갈색

해설 BOD병의 용액 200mL를 정확히 취하여 황색이 될 때까지 티오황산나트륨 용액(0.025M)으로 적정한 다음, 전분용액 1mL를 넣어 용액을 청색으로 만든다. 이후 다시 티오황산나트륨용액(0.025M)으로 용액이 청색에서 무색이 될 때까지 적정한다.

49 폐수 중의 부유물질을 측정하기 위한 실험에서 다음과 같은 결과를 얻었을 때 거름종이와 여과물질(건조상태)의 무게(g)는?(단, 거름종이 무게 = 1.991g, 시료의 SS = 120mg/L, 시료량 = 200mL)

① 2.150   ② 2.550
③ 2.015   ④ 2.005

해설 부유물질$(mg/L) = (b-a) \times \dfrac{1,000}{V}$

$120(mg/L) = (b - 1,991)mg \times \dfrac{1,000}{200mL}$

∴ b = 2,015mg = 2.015g

50 피토관에 관한 설명으로 틀린 것은?

① 부유물질이 적은 대형 관에서 효율적인 유량측정기이다.
② 피토관의 유속은 마노미터에 나타나는 수두 차에 의하여 계산한다.
③ 피토관으로 측정할 때는 반드시 일직선상에 관에서 이루어져야 한다.
④ 피토관의 설치장소는 엘보우, 티 등 관이 변화하는 지점으로부터 최소한 관지름의 5~10배 정도 떨어진 지점이어야 한다.

해설 피토관으로 측정할 때는 반드시 일직선상의 관에서 이루어져야 하며, 관의 설치장소는 엘보우(elbow), 티(tee) 등 관이 변화하는 지점으로부터 최소한 관지름의 15~50배 정도 떨어진 지점이어야 한다.

51 원자흡수분광광도계에 사용되는 가장 일반적인 불꽃 조성 가스는?

① 프로판 - 산화질소
② 아세틸렌 - 질소
③ 아세틸렌 - 공기
④ 산소 - 공기

해설 불꽃 생성을 위해 아세틸렌(C_2H_2) - 공기가 일반적인 원소 분석에 사용되며, 아세틸렌 - 아산화질소(N_2O)는 바륨 등 산화물을 생성하는 원소의 분석에 사용된다.

52 수질오염공정시험기준상 총질소의 측정법으로 가장 적합한 것은?

① 흡광광도법(디아조화법)
② 이온전극법
③ 카드뮴 - 구리 환원법
④ 유도결합플라스마 - 원자발광분광법

해설 총질소 실험방법
- ㉠ 자외선/가시선 분광법(산화법)
- ㉡ 자외선/가시선 분광법(카드뮴-구리 환원법)
- ㉢ 자외선/가시선 분광법(환원증류-킬달법)
- ㉣ 연속흐름법

53 BOD용 희석수 제조방법에 관한 설명 중 틀린 것은?

① BOD용 희석수의 pH가 7.2가 아닐 때에는 염산용액(1M) 또는 수산화나트륨용액(1M)을 넣어 조절하여야 한다.

② 20℃의 용존산소가 포화된 물 1,000mL에 대하여 인산염완충용액(pH 7.2), 황산마그네슘용액, 염화칼슘용액 및 염화제이철용액(BOD용) 각 1mL씩을 넣는다.

③ 물의 온도를 20℃로 조절하여 용존산소가 포화되도록 한다.

④ BOD용 희석수를 20±1℃에서 3일간 저장하였을 때의 용존산소 감소는 0.1mg/L 이하이어야 한다.

해설 BOD용 희석수

온도를 20℃로 조절한 물을 솜으로 막은 유리병에 넣고 용존산소가 포화되도록 충분한 기간 동안 정치하거나, 물이 완전히 채워지지 않은 병에 넣어 흔들어서 포화시키거나 압축공기를 넣어 준다. 필요한 양을 취하여 유리병에 넣고 1,000mL에 대하여 인산염완충용액(pH 7.2), 황산마그네슘용액, 염화칼슘용액 및 염화철(Ⅱ)용액(BOD용) 각 1mL씩을 넣는다. 이 액의 pH는 7.2이다. pH 7.2가 아닐 때에는 염산용액(1M) 또는 수산화나트륨용액(1M)을 넣어 조절하여야 한다. 이 액을 (20±1)℃에서 5일간 저장하였을 때 용액의 용존산소 감소는 0.2 mg/L 이하이어야 한다.

54 공장폐수 및 하수유량 측정방법 중 최대 유량이 1m³/min 미만인 경우에 용기 사용에 관한 설명으로 ( )에 옳은 것은?

> 용기는 용량 100~200L인 것을 사용하여 유수를 채우는 데에 요하는 시간을 스톱워치로 잰다. 용기에 물을 받아 넣는 시간을 ( )이 되도록 용량을 결정한다.

① 60초 이상   ② 30초 이상
③ 90초 이상   ④ 20초 이상

해설 용기는 용량 100~200L인 것을 사용하여 유수를 채우는 데에 요하는 시간을 스톱워치로 잰다. 용기에 물을 받아 넣는 시간을 20초 이상이 되도록 용량을 결정한다.

55 COD 분석을 위해 0.02M-KMnO₄용액 2.5L를 만들려고 할 때 필요한 KMnO₄의 양(g)은?(단, KMnO₄ 분자량 = 158)

① 6.2   ② 8.5
③ 9.7   ④ 7.9

해설 $KMnO_4(g) = \dfrac{0.02mol}{L} \Big| \dfrac{2.5L}{} \Big| \dfrac{158g}{1mol}$

$= 7.9(g)$

56 하천의 용존산소를 측정하고자 시료 300mL를 취하여 전처리하고 202mL를 분취하여 0.025N Na₂S₂O₃로 적정하니 7mL가 소비되었다. 이 하천의 DO(mg/L)는?(단, Na₂S₂O₃의 역가 = 1.0, 측정병에 가한 시액량=4mL)

① 7.09   ② 7.02
③ 6.97   ④ 6.88

해설 $DO(mg/L) = a \times f \times \dfrac{V_1}{V_2} \times \dfrac{1000}{V_1 - R} \times 0.2$

$= 7 \times 1.0 \times \dfrac{300}{202} \times \dfrac{1,000}{300 - 4} \times 0.2$

$= 7.02(mg/L)$

57 기체크로마토그래피법에 의해 알킬수은이나 PCB를 정량할 때 기록계에 여러 개의 피크가 각각 어떤 물질인지 확인할 수 있는 방법은?

① 표준물질의 피크 높이와 비교해서
② 표준물질의 머무르는 시간과 비교해서
③ 표준물질의 피크 폭과 비교해서
④ 표준물질의 피크 모양과 비교해서

58 자외선/가시선 분광법 분석 측정파장이 올바른 것은?

① 음이온 계면활성제 : 650nm
② 총인 : 820nm
③ 질산성 질소(부루신법) : 370nm
④ 총질소(산화법) : 250nm

해설 ② 총인 : 880nm
③ 질산성 질소(부루신법) : 410nm
④ 총질소(산화법) : 220nm

59 자외선/가시선 분광법(활성탄흡착법)으로 질산성 질소를 측정할 때 정량한계(mg/L)는?

① 0.01 ② 0.03
③ 0.3 ④ 0.1

해설 질산성 질소의 적용가능한 시험방법

질산성 질소	정량한계(mg/L)	정밀도 (% RSD)
이온크로마토그래피	0.1(mg/L)	±25% 이내
자외선/가시선 분광법 (부루신법)	0.1(mg/L)	±25% 이내
자외선/가시선 분광법 (활성탄흡착법)	0.3(mg/L)	±25% 이내
데발다합금 환원증류법	중화적정법 : 0.5(mg/L) 분광법 : 0.1(mg/L)	±25% 이내

60 다음 용어의 설명으로 (   )에 알맞은 것은?

무게를 "정확히 단다"라 함은 규정된 수치의 무게를 (   )mg 까지 다는 것을 말한다.

① 1
② 0.1
③ 0.01
④ 0.001

해설 정확히 단다 : 규정된 양의 시료를 취하여 분석용 저울로 0.1mg까지 다는 것을 말한다.

SECTION 04 수질환경관계법규

61 비점오염저감시설 중 자연형 시설이 아닌 것은?

① 식생형 시설 ② 침투시설
③ 여과형 시설 ④ 인공습지

해설 자연형 비점오염저감시설의 종류
㉠ 저류시설
㉡ 인공습지
㉢ 침투시설
㉣ 식생형 시설

62 복합물류터미널 시설로 화물의 운송, 보관, 하역과 관련된 작업을 하는 시설의 기타 수질오염원 규모기준으로 옳은 것은?

① 연면적이 10만 제곱미터 이상일 것
② 연면적이 20만 제곱미터 이상일 것
③ 연면적이 50만 제곱미터 이상일 것
④ 연면적이 30만 제곱미터 이상일 것

63 유역환경청장은 국가 물환경관리기본계획에 따라 대권역별로 대권역 물환경관리계획을 몇 년마다 수립하여야 하는가?

① 5년 ② 7년
③ 10년 ④ 3년

해설 유역환경청장은 국가 물환경관리기본계획에 따라 대권역별로 대권역 물환경관리계획(이하 "대권역계획"이라 한다)을 10년마다 수립하여야 한다.

64 환경부령으로 정하는 수로에 해당되지 않는 것은?

① 상수관거 ② 운하
③ 농업용 수로 ④ 지하수로

해설 환경부령이 정하는 수로
㉠ 지하수로
㉡ 농업용 수로
㉢ 하수관거
㉣ 운하

65 사업장별 환경기술인의 자격기준에 관한 내용으로 옳지 않은 것은?

① 방지시설 설치면제 대상인 사업장과 배출시설에서 배출되는 수질오염물질 등을 공동방지시설에서 처리하게 하는 사업장은 제4종 사업장·제5종 사업장에 해당하는 환경기술인을 둘 수 있다.

② 공동방지시설의 경우에는 폐수배출량이 제4종 또는 제5종 사업장의 규모에 해당하면 제3종 사업장에 해당하는 환경기술인을 두어야 한다.

③ 제1종 또는 제2종 사업장 중 연간 실제 작업한 날만을 계산하여 1일 20시간 이상 작업하는 경우 그 사업장은 환경기술인을 각각 2명 이상 두어야 한다.

④ 연간 90일 미만 조업하는 제1종부터 제3종까지의 사업장은 제4종 사업장·제5종 사업장에 해당하는 환경기술인을 선임할 수 있다.

해설 제1종 및 2종 사업장 중 1개월간 실제 작업한 날만을 계산하여 1일 평균 17시간 이상 작업하는 경우 그 사업장은 환경기술인을 각각 2명 이상 두어야 한다.

66 특정수질유해물질에 해당하지 않는 것은?

① 셀레늄과 그 화합물
② 구리와 그 화합물
③ 브로모포름
④ 염소화합물

67 사업장의 규모별 구분 중 제4종 사업장의 배출규모는?

① 1일 폐수배출량이 $700m^3$ 이상, $2,000m^3$ 미만인 사업장
② 1일 폐수배출량이 $200m^3$ 이상, $700m^3$ 미만인 사업장
③ 1일 폐수배출량이 $50m^3$ 이상, $200m^3$ 미만인 사업장
④ 1일 폐수배출량이 $2,000m^3$ 이상인 사업장

해설 사업장 규모별 구분

종류	배출규모
제1종사업장	1일 폐수배출량이 $2,000m^3$ 이상인 사업장
제2종사업장	1일 폐수배출량이 $700m^3$ 이상, $2,000m^3$ 미만인 사업장

종류	배출규모
제3종사업장	1일 폐수배출량이 $200m^3$ 이상, $700m^3$ 미만인 사업장
제4종사업장	1일 폐수배출량이 $50m^3$ 이상, $200m^3$ 미만인 사업장
제5종사업장	위 제1종부터 제4종까지의 사업장에 해당하지 아니하는 배출시설

68 기본배출부과금의 지역별 부과계수로 틀린 것은?

① 특례지역 : 1.0
② 나지역 : 1.0
③ 청정지역 : 2.0
④ 가지역 : 1.5

해설 지역별 부과계수

청정지역 및 가지역	나지역 및 특례지역
1.5	1

69 법에서 정하는 기술인력, 환경기술인, 기술요원 등의 교육에 관한 설명으로 틀린 것은?

① 시·도지사는 관할구역의 교육대상자를 선발하여 그 명단을 교육과정 개시 15일 전까지 교육기관의 장에게 통보하여야 한다.

② 최초 교육 후 3년마다 실시하는 보수교육을 받게 하여야 한다.

③ 지방환경청장은 당해 지역 교육계획을 매년 1월 31일까지 환경부장관에게 보고하여야 한다.

④ 교육기관은 국립환경인재개발원과 환경보전협회이다.

해설 교육기관의 장은 다음 해의 교육계획을 교육과정별로 매년 11월 30일까지 환경부장관에게 제출하여 승인을 받아야 한다.

70 기본배출부과금의 부과기간 기준으로 옳은 것은?

① 월별로 부과
② 반기별로 부과
③ 년별로 부과
④ 분기별로 부과

해설 기본배출부과금은 반기별로 부과한다.

71 환경부장관이 폐수처리업자의 허가를 취소하거나 6개월 이내의 기간을 정하여 영업정지를 명할 수 있는 경우가 아닌 것은?

① 고의 또는 중대한 과실로 폐수처리영업을 부실하게 한 경우
② 1년에 2회 이상 영업정지처분을 받은 경우
③ 다른 사람에게 허가증을 대여한 경우
④ 허가된 후 1년 이내에 영업을 개시하지 아니한 경우

해설 폐수처리업자의 허가를 취소하거나 6개월 이내의 기간을 정하여 영업정지를 명할 수 있는 경우
㉠ 다른 사람에게 허가증을 대여한 경우
㉡ 1년에 2회 이상 영업정지처분을 받은 경우
㉢ 고의 또는 중대한 과실로 폐수처리영업을 부실하게 한 경우
㉣ 영업정지처분 기간에 영업행위를 한 경우

72 수질오염경보의 조류경보 중 조류 대발생 단계 시 유역·지방 환경청장(시·도지사)의 조치사항으로 틀린 것은?(단, 상수원 구간)

① 조류 대발생 경보 발령 및 대중매체를 통한 홍보
② 주변 오염원에 대한 지속적인 단속 강화
③ 취수장·정수장 정수처리 강화 지시
④ 어패류 어획·식용, 가축 방목 등의 금지 및 이에 대한 공지

해설 수질오염경보의 조류경보(조류 대발생)

관계기관	유역·지방 환경청장(시·도지사)
조치사항	• 조류 대발생 경보 발령 및 대중매체를 통한 홍보 • 주변 오염원에 대한 지속적인 단속 강화 • 낚시·수상스키·수영 등 친수활동, 어패류 어획·식용, 가축 방목 등의 금지 및 이에 대한 공지(현수막 설치 등)

73 다음 설명에 해당하는 환경부령이 정하는 비점오염 관련 관계전문기관으로 옳은 것은?

> 환경부장관은 비점오염저감시설을 검토하거나 비점오염저감시설을 설치하지 아니하여도 되는 사업장을 인정하려는 때에는 그 적정성에 관하여 환경부령이 정하는 관계전문기관의 의견을 들을 수 있다.

① 한국환경기술개발원
② 한국건설기술연구원
③ 한국환경공단
④ 국립환경과학원

해설 비점오염원 관련 관계 전문기관
㉠ 한국환경공단
㉡ 한국환경정책·평가연구원

74 기타 수질오염원인 수산물양식시설 중 가두리 양식어장의 시설 설치 등의 조치 기준으로 틀린 것은?

① 물고기 질병의 예방이나 치료를 하기 위한 항생제를 지나치게 사용하여서는 아니 된다.
② 분뇨를 수집할 수 있는 시설을 갖춘 변소를 설치하여야 하며, 수집된 분뇨를 육상으로 운반하여 호소에 재유입되지 아니하도록 처리하여야 한다.
③ 사료를 준 후 2시간 지났을 때 침전되는 양이 10% 미만인 물에 뜨는 사료를 사용한다. 다만, 10센티미터 미만의 치어 또는 종묘에 대한 사료는 제외한다.
④ 물에 뜨는 사료 유실방지대를 수표면 상·하로 각각 30센티미터 이상 높이로 설치하여야 한다. 다만, 사료 유실의 우려가 없는 경우에는 그러하지 아니하다.

해설 기타 수질오염원인 수산물양식시설 중 가두리 양식어장의 시설 설치 등의 조치 기준
㉠ 사료를 준 후 2시간 지났을 때 침전되는 양이 10퍼센트 미만인 물에 뜨는 사료를 사용한다. 다만, 10센티미터 미만의 치어 또는 종묘(種苗)에 대한 사료는 제외한다.
㉡ 농림부장관이 고시한 사료공정에 적합한 사료만을 사용하여야 한다. 다만, 특별한 사유로 시·도지사가 인정하는 경우에는 그러하지 아니하다.
㉢ 물에 뜨는 사료 유실방지대를 수표면 상·하로 각각 10센티미터 이상 높이로 설치하여야 한다. 다만, 사료 유실의 우려가 없는 경우에는 그러하지 아니하다.
㉣ 분뇨를 수집할 수 있는 시설을 갖춘 변소를 설치하여야 하며, 수집된 분뇨를 육상으로 운반하여 호소에 재유입되지 아니하도록 처리하여야 한다.
㉤ 죽은 물고기는 지체 없이 수거하여야 하고, 육상에 운반하여 수질오염이 발생되지 아니하도록 적정하게 처리하여야 한다.
㉥ 물고기 질병의 예방이나 치료를 하기 위한 항생제를 지나치게 사용하여서는 아니 된다.

75 폐수처리업의 등록을 할 수 없는 자에 대한 기준으로 틀린 것은?

① 폐수처리업의 등록이 취소된 후 2년이 지나지 아니한 자
② 피한정후견인
③ 피성년후견인
④ 파산선고를 받고 복권된 후 2년이 지나지 아니한 자

해설 폐수처리업의 등록을 할 수 없는 자
㉠ 피성년후견인 또는 피한정후견인
㉡ 파산선고를 받고 복권되지 아니한 자
㉢ 폐수처리업의 등록이 취소된 후 2년이 지나지 아니한 자

76 공공폐수처리시설 기본계획에 관한 설명으로 ( )에 알맞은 것은?

> 유역환경청장 또는 지방환경청장은 공공폐수처리시설 기본계획 승인 또는 변경승인을 신청을 받으면 그 신청을 받은 날부터 ( ) 이내에 처리하여야 한다.

① 90일　　　　② 30일
③ 60일　　　　④ 10일

해설 유역환경청장 또는 지방환경청장은 공공폐수처리시설 기본계획 승인 또는 변경승인을 신청을 받으면 그 신청을 받은 날부터 60일 이내에 처리하여야 한다.

77 위반횟수별 부과계수에 관한 내용 중 맞는 것은?(단, 초과배출부과금 산정기준)

① 제5종 사업장 : 처음 위반의 경우 1.1
② 제2종 사업장 : 처음 위반의 경우 1.6
③ 제3종 사업장 : 처음 위반의 경우 1.4
④ 제4종 사업장 : 처음 위반의 경우 1.3

해설 사업장의 종류별 구분에 따른 위반횟수별 부과계수

종류	위반횟수별 부과계수			
제1종 사업장	• 처음 위반한 경우			
	사업장 규모	2,000m³/일 이상 4,000m³/일 미만	4,000m³/일 이상 7,000m³/일 미만	7,000m³/일 이상 10,000m³/일 미만	10,000m³/일 이상
	부과계수	1.5	1.6	1.7	1.8
	• 다음 위반부터는 그 위반 직전의 부과계수에 1.5를 곱한 것으로 한다.				
제2종 사업장	• 처음 위반의 경우 : 1.4 • 다음 위반부터는 그 위반 직전의 부과계수에 1.4를 곱한 것으로 한다.				
제3종 사업장	• 처음 위반의 경우 : 1.3 • 다음 위반부터는 그 위반 직전의 부과계수에 1.3을 곱한 것으로 한다.				
제4종 사업장	• 처음 위반의 경우 : 1.2 • 다음 위반부터는 그 위반 직전의 부과계수에 1.2를 곱한 것으로 한다.				
제5종 사업장	• 처음 위반의 경우 : 1.1 • 다음 위반부터는 그 위반 직전의 부과계수에 1.1을 곱한 것으로 한다.				

78 수질오염의 요인이 되는 물질로서 수질오염물질의 지정권자는?

① 국무총리　　　　② 대통령
③ 행정안전부장관　④ 환경부장관

해설 "수질오염물질"이란 수질오염의 요인이 되는 물질로서 환경부령으로 정하는 것을 말한다.

79 수질오염방지시설 중 화학적 처리시설에 해당되는 것은?

① 안정조　　　　② 살균시설
③ 접촉조　　　　④ 폭기시설

해설 화학적 처리시설
㉠ 화학적 침강시설　　㉡ 중화시설
㉢ 흡착시설　　　　　㉣ 살균시설
㉤ 이온교환시설　　　㉥ 소각시설
㉦ 산화시설　　　　　㉧ 환원시설
㉨ 침전물 개량시설

80 시 · 도지사가 측정망을 설치하여 수질오염도를 상시측정하거나 수질의 관리 등을 위한 조사를 한 경우 보고하여야 하는 기간 기준으로 ( )에 알맞은 것은?

> 1. 수질오염도 : 측정일이 속하는 달의 다음 달 (㉠) 이내
> 2. 수생태계 현황 : 조사 종료일부터 (㉡) 이내에 그 결과를 환경부장관에게 보고하여야 한다.

① ㉠ 10일, ㉡ 1개월
② ㉠ 15일, ㉡ 1개월
③ ㉠ 15일, ㉡ 3개월
④ ㉠ 10일, ㉡ 3개월

해설 시 · 도지사가 수질오염도를 상시측정하거나 수생태계 현황을 조사한 경우에는 다음 각 호의 구분에 따른 기간 내에 그 결과를 환경부장관에게 보고하여야 한다.
1. 수질오염도 : 측정일이 속하는 달의 다음 달 10일 이내
2. 수생태계 현황 : 조사 종료일부터 3개월 이내

SECTION 01 수질오염개론

01 지하수 수질의 수직분포 특성으로 틀린 것은?

① ORP : 상층수 −高, 하층수−低
② 염분 : 상층수−大, 하층수−小
③ 유리탄산 : 상층수−大, 하층수−小
④ 알칼리도 : 상층수−小, 하층수−大

해설 지하수의 상·하층 특성 비교

지하수	ORP	산소	유리 탄산	pH	알칼 리도	질소	염분	철 (Fe^{2+})
상층수	고 (高)	대 (大)	대 (大)	대 (大)	소 (小)	소 (小)	소 (小)	소 (小)
하층수	저 (低)	소 (小)	소 (小)	소 (小)	대 (大)	대 (大)	대 (大)	대 (大)

02 0.2atm의 부분압력을 가진 이산화탄소를 포화하고 있는 기체화합물과 6L의 물이 평형을 이루고 있다. 이때, 물에 녹는 이산화탄소의 양(g)은?(단, 이산화탄소의 용해도에 대한 Herry의 법칙 상수 = 2.0g/L·atm)

① 9.0 ② 2.4
③ 6.5 ④ 3.6

해설 Herry의 법칙
$C = H \cdot P$

$C = \dfrac{2.0\text{g}}{\text{L}\cdot\text{atm}}\bigg| \dfrac{0.2\text{atm}}{}\bigg| \dfrac{6\text{L}}{} = 2.4(\text{g})$

03 물의 동점성계수를 가장 알맞게 나타낸 것은?

① 전단력 τ와 점성계수 μ를 곱한 값이다.
② 전단력 τ와 밀도 ρ를 곱한 값이다.
③ 점성계수 μ를 전단력 τ로 나눈 값이다.
④ 점성계수 μ를 밀도 ρ로 나눈 값이다.

해설 동점성계수는 점성계수를 밀도로 나눈 값을 말한다. SI 단위에서는 m^2/sec를 사용한다. cm^2/sec 등으로도 나타낼 수 있다.

04 20℃ 5일 BOD가 50mg/L인 하수의 2일 BOD(mg/L)는?(단, 20℃, 탈산소계수 $K_1 = 0.23 \text{ day}^{-1}$이고, 자연대수 기준)

① 27 ② 21
③ 29 ④ 24

해설 소모 BOD 공식을 이용한다.
$$BOD_t = BOD_u \times (1 - e^{-K_1 \cdot t})$$
$$BOD_5 = BOD_u \times (1 - e^{-0.23 \times 5})$$
$$\to BOD_u = 73.17(\text{mg/L})$$
$$\therefore BOD_2 = BOD_u \times (1 - e^{-0.23 \times 2})$$
$$= 73.17 \times (1 - e^{-0.23 \times 2})$$
$$= 26.98(\text{mg/L})$$

05 부영양호(Eutrophic Lake)의 특성에 해당하는 것은?

① 생물종 다양성 증가
② 낮은 영양 염류
③ 생산과 소비의 균형
④ 조류의 과다발생

해설 부영양화 현상은 학자에 따라 견해가 다양하지만, 대체적인 정의를 내리면 각종 영양염류(특히 N, P)가 수체 내로 과다 유입됨으로써 미생물활동에 의해 생산과 소비의 균형이 파괴되어 물의 이용가치 저하 및 조류의 이상번식에 따른 자연적 늪지현상이라 말할 수 있다. 이러한 현상은 주로 정체된 수계(호소·저수지)에서 잘 나타난다.

06 난용성염의 용해이온과의 관계, $A_mB_n(aq) \rightleftharpoons mA^+(aq) + nB^-(aq)$에서 이온농도와 용해도적($K_{sp}$)과의 관계 중 과포화상태로 침전이 생기는 상태를 옳게 나타낸 것은?

① $[A^+]^m[B^-]^n = K_{sp}$
② $[A^+]^m[B^-]^n > K_{sp}$
③ $[A^+]^m[B^-]^n < K_{sp}$
④ $[A^+]^n[B^-]^m < K_{sp}$

1. ② 2. ② 3. ④ 4. ① 5. ④ 6. ② | **ANSWER**

해설 용해도적과 이온적의 크기를 파악함으로써 침전성향을 결정할 수 있다.

여기서, $Q=[A^+]^m[B^-]^n$

- $Q<K_{sp}$: 불포화상태, $Q=K_{sp}$ 될 때까지 용해된다.
- $Q=K_{sp}$: 평형상태로서 포화용액이 된다.
- $Q>K_{sp}$: 과포화상태, $Q=K_{sp}$ 될 때까지 침전이 계속된다.

07 효모(Yeast)가 속하는 분류는?

① 조류(Algae)
② 원생동물(Protozoa)
③ 균류(Fungi)
④ 세균(Bacteria)

08 Whipple의 하천의 생태변화에 따른 4지대 구분 중 분해지대에 관한 설명으로 옳지 않은 것은?

① 유기물 혹은 오염물을 운반하는 하수거의 방출지점과 가까운 하류에 위치한다.
② 오염에 잘 견디는 곰팡이류가 심하게 번식한다.
③ 탄산가스가 줄고 암모니아성 질소가 증가한다.
④ 여름철 온도에서 DO 포화도는 45% 정도에 해당된다.

해설 분해지대는 유기물을 다량 함유하는 슬러지의 침전이 많아지고 용존산소량이 크게 줄어드는 대신에 탄산가스의 양이 증가한다.

09 수중의 질소순환과정인 질산화 및 탈질 순서를 옳게 나타낸 것은?

① $NO_3^- \rightarrow NO_2^- \rightarrow NH_3 \rightarrow NO_2^- \rightarrow N_2$
② $NH_3 \rightarrow NO_2^- \rightarrow NO_3^- \rightarrow NO_2^- \rightarrow N_2$
③ $N_2 \rightarrow NH_3 \rightarrow NO_3^- \rightarrow NO_2^-$
④ $NO_3^- \rightarrow NO_2^- \rightarrow N_2 \rightarrow NH_3 \rightarrow NO_2^-$

해설 수중에 유입된 단백질은 가수분해되어 아미노산(Amino acid) → 암모니아성 질소(NH_3-N) → 아질산성 질소(NO_2-N) → 질산성 질소(NO_3-N)로 질산화되며, 질산성 질소(NO_3-N)는 산소가 부족할 때 탈질화 박테리아에 의해 $N_2(g)$나 $N_2O(g)$ 형태로 탈질된다.

10 물을 분석한 결과 BOD_5가 180mg/L, COD 300mg/L이었다. 이 물의 생물학적 분해 가능한 COD에 대한 분해 불가능한 COD(BDCOD/NBDCOD)비는? (단, K_1(상용대수) = 0.2day^{-1})

① 1.8
② 2.2
③ 2.0
④ 1.0

해설 COD = BDCOD + NBDCOD이며, BDCOD = BOD_u이다.

㉠ $BOD_t = BOD_u \times (1-10^{-K_1 \cdot t})$

$$BOD_u = \frac{BOD_5}{(1-10^{-K_1 \cdot t})} = \frac{180}{(1-10^{-0.2\times5})}$$

$$= 200mg/L$$

㉡ $NBCOD = COD - BOD_u = 300-200$

$$= 100mg/L$$

$$\therefore \frac{BDCOD}{NBDCOD} = \frac{200}{100} = 2$$

11 Ca^{2+}의 농도가 80mg/L, Mg^{2+}의 농도가 4.8mg/L인 물의 경도(mg/L as $CaCO_3$)는?(단, 원자량 : Ca = 40, Mg = 24)

① 220
② 200
③ 240
④ 260

해설
$$TH = \sum M_C^{2+} \times \frac{50}{Eq}$$

$$= 80(mg/L) \times \frac{50}{40/2} + 4.8(mg/L) \times \frac{50}{24/2}$$

$$= 220(mg/L \text{ as } CaCO_3)$$

12 수분함량 97%의 슬러지 14.7m³를 수분함량 85%로 농축하면 농축 후 슬러지 용적은?(단, 슬러지 비중은 1.0)

① 4.43
② 1.92
③ 3.21
④ 2.94

해설 $V_1(100-W_1) = V_2(100-W_2)$

$14.7 \times (100-97) = V_2 \times (100-85)$

$\therefore V_2 = 2.94(m^3)$

13 적조의 발생에 관한 설명으로 옳지 않은 것은?

① 수괴의 연직안정도가 크고 독립해 있을 때 발생한다.

② 정체 해역에서 일어나기 쉬운 현상이다.

③ 해역의 영양 부족 또는 염소 농도 증가로 발생된다.

④ 강우에 따라 오염된 하천수가 해수에 유입될 때 발생될 수 있다.

해설 적조는 수괴의 연직안정도가 클 때, 정체성 수역일 때, 염분 농도가 낮을 때 잘 발생한다.

---

14 미생물 증식곡선의 단계 순서로 옳은 것은?

① 유도기 – 대수기 – 사멸기 – 정지기

② 대수기 – 유도기 – 정지기 – 사멸기

③ 유도기 – 대수기 – 정지기 – 사멸기

④ 대수기 – 유도기 – 사멸기 – 정지기

해설 세포의 증식단계를 4단계로 분류하면 유도기(지체기) → 대수증식기 → 정지기 → 사멸기로 분류된다.

---

15 지구상에서 존재하는 담수 중 빙하(만년설 포함) 다음으로 많은 양을 차지하고 있는 것은?

① 지하수

② 토양수

③ 하천수

④ 대기습도

해설 담수의 비율

빙하(79.2%) > 지하수(20.7%) > 호수, 강, 기타(0.1%)

---

16 초산(CH_3COOH)과 에탄올(C_2H_5OH)을 각각 1mol씩 혼합하여 일정한 온도에서 반응시켰더니 초산에틸($C_4H_8O_2$) 2/3mol이 생기고 화학평형에 도달하였을 때 평형상수는?

① $\dfrac{4}{9}$

② 4

③ $\dfrac{2}{3}$

④ 3

해설 $CH_3COOH + C_2H_5OH \rightarrow C_4H_8O_2 + H_2O$

초기 :　　1mol　　　　1mol

반응 : $-\dfrac{2}{3}$mol　$-\dfrac{2}{3}$mol　$\dfrac{2}{3}$mol　$\dfrac{2}{3}$mol

평형 : $\dfrac{1}{3}$mol　　$\dfrac{1}{3}$mol　　$\dfrac{2}{3}$mol　$\dfrac{2}{3}$mol

$K = \dfrac{[C_4H_8O_2][H_2O]}{[CH_3COOH][C_2H_5OH]} = \dfrac{(2/3) \times (2/3)}{(1/3) \times (1/3)} = 4$

---

17 물의 물리적인 성질에 대한 설명으로 옳지 않은 것은?

① 오염된 물의 점성도가 크면 오염입자의 침전시간은 짧아지고 침전효율은 저하된다.

② 순수한 물의 무게는 약 4℃에서 최대이며, 이보다 온도가 상승하거나 하강하면 그 체적은 증대하여 일정 체적당 무게는 감소한다.

③ 어떤 물체의 비중은 그 물체의 무게와 이와 동일한 체적의 4℃ 순수한 물의 무게의 비이며, 무차원량이다.

④ 표면장력은 수온이 증가하고 불순물의 농도가 높을수록 감소한다.

해설 오염된 물의 점성도가 크면 오염입자의 침전시간은 길어지고 침전효율은 저하된다.

---

18 BOD가 300mg/L인 하수를 1, 2, 3차 처리시설을 통하여 방류하고 있다. 1차 처리시설에서의 BOD 제거율은 25%, 1차 처리시설에서 유출된 하수를 처리하는 2차 처리시설에서 BOD 제거율이 75%라면 최종 방류수의 BOD를 20mg/L로 배출하기 위해 요구되는 3차 처리시설의 BOD 제거율(%)은?(단, 기타 조건은 고려하지 않는다.)

① 50.1

② 55.2

③ 60.3

④ 64.4

해설 $\eta_T = \left(1 - \dfrac{C_o}{C_i}\right) \times 100 = \left(1 - \dfrac{20}{300}\right) \times 100$

$\quad = 93.33(\%)$

$\eta_T = \eta_1 + \eta_2(1 - \eta_1) + \eta_3(1 - \eta_1)(1 - \eta_2)$

$0.9333 = 0.25 + 0.75(1 - 0.25) + \eta_3(1 - 0.25)$

$(1 - 0.75)$

$\eta_3 = 0.6442 = 64.42\%$

19 크롬 중독에 관한 설명으로 틀린 것은?

① 만성크롬 중독인 경우에는 BAL 등의 금속배설촉진제의 효과가 크다.

② 3가 크롬은 피부흡수가 어려우나 6가 크롬은 쉽게 피부를 통과한다.

③ 자연 중의 크롬은 주로 3가 형태로 존재한다.

④ 크롬에 의한 급성중독의 특징은 심한 신장장애를 일으키는 것이다.

해설 만성크롬 중독인 경우에는 BAL이나 EDTA 등의 금속배설 촉진제는 아무런 효과가 없다.

20 다음 수역 중 일반적으로 자정계수가 가장 큰 것은?

① 완만한 하천

② 유속이 빠른 하천

③ 폭포

④ 작은 연못

해설 자정계수(f)의 영향 인자

㉠ 수온이 높을수록 자정상수는 작아진다.

㉡ 수심이 얕을수록 자정계수는 커진다.

㉢ 유속이 빨라지면 자정계수는 커진다.

㉣ 바닥구배가 클수록 자정상수는 커진다.

㉤ 재폭기계수와 탈산소계수의 비로 정의된다.

SECTION 02 수질오염방지기술

21 펜톤(Fenton)산화법과 가장 관계가 먼 것은?

① 산성이나 알칼리성 조건에 관계없이 폭넓게 적용 가능

② 과산화수소

③ 철(Fe^{2+}, Fe^{3+})

④ 라디칼 반응

해설 펜톤산화의 최적 반응 pH는 3~4.5이다.

22 흐름이 거의 없는 물에서 비중이 큰 무기성 입자가 침강할 때, 다음 중 침강속도에 가장 민감하게 영향을 주는 것은?

① 입자의 직경   ② 물의 점성도

③ 수온   ④ 입자의 밀도

해설 $$V_g = \frac{d_p^2 \cdot (\rho_p - \rho_w) \cdot g}{18 \cdot \mu}$$
침강속도는 입자의 직경의 제곱에 비례한다.

23 생물학적 인 제거 공정인 Phostrip 공법에 관한 설명으로 틀린 것은?

① 최종 침전지에서 인 용출 방지를 위하여 MLSS 내 DO를 높게 유지하여야 한다.

② 인 침전을 위하여 석회주입이 필요하다.

③ 기존 활성슬러지 처리장에 쉽게 적용 가능하다.

④ Stripping을 위한 별도의 반응조가 필요없다.

해설 Phostrip 공법은 Stripping을 위해 별도의 반응조가 필요하다.

24 표준활성슬러지법의 특성과 가장 거리가 먼 것은? (단, 하수도시설기준 기준)

① 반응조의 수심(m) : 2~3

② HRT(시간) : 6~8

③ MLSS 농도(mg/L) : 1,500~2,500

④ SRT(일) : 3~6

해설 반응조의 수심(m) : 4~6

25 염소살균에 관한 설명으로 가장 거리가 먼 것은?

① 염소살균 강도는 HOCl > OCl > chloramines 순이다.

② 염소살균력은 온도가 낮고, 반응시간이 길며, pH가 높을 때 강하다.

③ 염소요구량은 물에 가한 일정량의 염소와 일정한 기간이 지난 후에 남아 있는 유리 및 결합 잔류염소와의 차이이다.

④ 파괴점 염소주입법이란 파괴점 이상으로 염소를 주입하여 살균하는 것을 말한다.

해설 염소의 살균력은 온도가 높고, pH가 낮고, 반응시간이 길며, 염소의 농도가 높을수록 강하다.

26 BOD 1,000mg/L, 유량 1,000m³/day인 폐수를 활성슬러지법으로 처리하는 경우, 포기조의 수심을 5m로 할 때 필요한 포기조의 표면적(m²)은?(단, BOD 용적부하 = 0.4kg/m³ · day)

① 600   ② 400
③ 500   ④ 700

해설 BOD 용적부하 $= \dfrac{BOD \times Q}{\forall}$

$$\dfrac{0.4kg}{day \cdot m^3} = \dfrac{1,000mg}{L} \left| \dfrac{1,000m^3}{day} \right| \dfrac{10^3 L}{m^3} \left| \dfrac{g}{10^3 mg} \right|$$

$$\dfrac{kg}{10^3 g} \left| \dfrac{}{X m^3} \right.$$

$X = 2,500 m^3$

$\therefore$ 포기조 수면적 $= \dfrac{2,500 m^3}{5m} = 500 (m^2)$

27 고형물의 농도가 16.5%인 슬러지 200kg을 건조상에서 건조시켰더니 수분이 20%로 나타났다. 제거된 수분의 양(kg)은?(단, 슬러지 비중=1.0)

① 132   ② 127
③ 159   ④ 166

해설 $V_1(100 - W_1) = V_2(100 - W_2)$
$200 \times 16.5 = V_2(100 - 20)$
$V_2 (=$ 건조 후 슬러지량$) = 41.25(kg)$
$\therefore$ 감소된 물의 양
  = 건조 전 슬러지량 - 건조 후 슬러지량
  $= 200 - 41.25 = 158.75(kg)$

28 물리 · 화학적 질소 제거 공정이 아닌 것은?

① Ion Exchange
② Breakpoint Chlorination
③ Sequencing Batch Reactor
④ Air Stripping

해설 Sequencing Batch Reactor는 연속 회분식 반응조이다.

29 교반강도를 표시하는 속도구배(G : Velocity Gradient)를 가장 적절히 나타낸 식은?(단, μ = 점성계수, W = 반응조 단위 용적당 동력, V = 반응조 부피, P = 동력)

① $G = \sqrt{\dfrac{\mu}{W}}$ ② $G = \sqrt{\dfrac{V}{P}}$
③ $G = \sqrt{\dfrac{W}{\mu}}$ ④ $G = \sqrt{\dfrac{P}{V}}$

해설 $G = \sqrt{\dfrac{P}{\mu \cdot \forall}} = \sqrt{\dfrac{W}{\mu}}$

30 표준상태에서 1.5kg의 glucose($C_6H_{12}O_6$)로부터 발생 가능한 CH_4 가스량(L)은?(단, 혐기성 분해 기준)

① 660   ② 720
③ 560   ④ 410

해설 $C_6H_{12}O_6 \rightarrow 3CH_4 + 3CO_2$
$180(g) : 3 \times 22.4(L)$
$1,500(g) : X(L)$
$\therefore X(=CH_4) = 560(L, STP)$

31 응집이론에 대한 설명 중 맞는 것은?

① Zeta 전위의 인력
② Van der waals의 척력
③ Sweep 응집
④ 이온층 팽창

해설 응집의 원리는 체거름 현상(Sweep Coagulation)이 해당한다.

32 혐기성 슬러지 소화조의 운영과 통제를 위한 운전관리지표가 아닌 항목은?

① 잔류염소
② 소화가스의 CO_2 함유도
③ 알칼리도
④ pH

해설 소화조의 운영과 통제에는 잔류염소 자료는 이용되지 않는다.

33 BOD 200mg/L, 폐수량 1,000m³/day를 처리하기 위하여 200m³의 폭기조를 설치하였으나 처리수의 수질이 악화되어 폭기조의 용량을 늘리기로 하였다. 적정 BOD 부하를 유지하기 위하여 늘려야 할 폭기조 용적(m³)은?(단, 적정 BOD 부하 = 0.5kg/m³ · day)

① 150 　　② 200
③ 100 　　④ 80

해설 BOD 용적부하 계산식을 이용한다.

$$L_v = \frac{S_i \times Q_i}{\forall}$$

$$0.5(\text{kg/m}^3 \cdot \text{day}) = \frac{200\text{mg}}{\text{L}} \left| \frac{1,000\text{m}^3}{\text{day}} \right| \frac{1\text{kg}}{10^6\text{mg}}$$

$$\left| \frac{10^3\text{L}}{1\text{m}^3} \right| \frac{}{\forall(\text{m}^3)}$$

$\forall = 400\text{m}^3$

∴ 늘려야 할 폭기조의 용적 $= 400\text{m}^3 - 200\text{m}^3 = 200\text{m}^3$

34 일 2,270m³를 처리하는 1차 처리시설에서 생슬러지를 분석한 결과 다음과 같은 자료를 얻었다. 이 슬러지의 비중은?

[자료]
· 수분 : 90%
· 총고형물 중 무기성 고형물 : 30%
· 휘발성 고형물 : 70%
· 무기성 고형물 비중 : 2.2
· 휘발성 고형물 비중 : 1.1

① 1.034 　　② 1.023
③ 1.018 　　④ 1.012

해설 슬러지의 밀도(비중) 수지식을 이용한다.

$$\frac{W_{SL}}{\rho_{SL}} = \frac{W_{TS}}{\rho_{TS}} + \frac{W_w}{\rho_w} = \frac{W_{VS}}{\rho_{VS}} + \frac{W_{FS}}{\rho_{FS}} + \frac{W_w}{\rho_w}$$

$$\frac{100}{\rho_{SL}} = \frac{100 \times (1-0.9) \times 0.7}{1.1}$$

$$+ \frac{100 \times (1-0.9) \times 0.3}{2.2} + \frac{90}{1.0}$$

∴ $\rho_{SL} = 1.023$

35 활성슬러지법에서 포기조 내 운전이 악화되었을 때 검토해야 할 사항으로 가장 거리가 먼 것은?

① MLSS 농도가 적정하게 유지되는가를 조사
② 포기조 유입수의 유해성분 유무를 조사
③ 유입 원폐수의 SS 농도 변동 유무를 조사
④ 포기조 유입수의 pH 변동 유무를 조사

해설 활성슬러지법에서 처리상황이 악화되었을 경우에 검토해야 할 사항 중 원폐수의 SS 농도 변동 유무 조사는 검토해야 할 대상이 아니다.

36 생물학적 고도처리공법인 A/O 공정 중 호기조의 주된 역할은?

① 인의 과잉 방출
② 인의 과잉 섭취
③ 인의 과잉 용출
④ 인의 과잉 산화

해설 A/O 공법의 혐기조에서는 유기물 제거와 인의 방출이 일어나고, 폭기조(호기조)에서는 인의 과잉 섭취가 일어난다.

37 처리수의 BOD 농도가 5mg/L인 폐수처리공정의 BOD 제거효율은 1차 처리 40%, 2차 처리 80%, 3차 처리 15%이다. 이 폐수처리공정에 유입되는 유입수의 BOD 농도는?

① 69 　　② 59
③ 39 　　④ 49

해설
$$\eta_T = \eta_1 + \eta_2(1-\eta_1) + \eta_3(1-\eta_1)(1-\eta_2)$$
$$C_i = \frac{C_o}{1-\eta}$$
$$\eta_T = 0.4 + 0.8(1-0.4) + 0.15(1-0.4)(1-0.8)$$
$$= 0.898 = 89.8(\%)$$
$$\therefore C_i = \frac{C_o}{1-\eta} = \frac{5}{1-0.898} = 49.01(\text{mg/L})$$

38 Ca 농도가 200mg/L인 경우 CaF_2 층을 통해 25℃의 물이 흐를 때 플루오르는 어느 정도 용해되는가? (단, CaF_2의 용해도적 $= 3.9 \times 10^{-11}$M)

① 1.4×10^{-4}M   ② 1.1×10^{-4}M

③ 3.9×10^{-4}M   ④ 2.1×10^{-4}M

[해설] $CaF_2 \rightleftharpoons Ca^{2+} + 2F^-$

$$L_m = \sqrt[3]{\frac{K_{sp}}{2^2}} = \sqrt[3]{\frac{3.9 \times 10^{-11}}{2^2}} = 2.14 \times 10^{-4} \text{M}$$

39 비교적 일정한 유량을 폐수처리장에 공급하기 위한 것으로, 예비처리시설 다음에 설치되는 시설은?

① 스크린조   ② 침사조

③ 침전조   ④ 균등조

40 하·폐수 처리의 근본적인 목적으로 가장 알맞은 것은?

① 미관 및 냄새 등 심미적 요소의 충족

② 질 좋은 상수원의 확보

③ 수중생물의 보호

④ 공중보건 및 환경보호

SECTION **03** 수질오염공정시험기준

41 염소이온을 측정하기 위한 질산은 적정법에서 적정 종말점으로 가장 적절한 것은?

① 엷은 청회색 침전

② 엷은 황갈색 침전

③ 엷은 청록색 침전

④ 엷은 적황색 침전

[해설] 크롬산칼륨용액 1mL를 넣어 질산은용액(0.01 N)으로 적정한다. 적정의 종말점은 엷은 적황색 침전이 나타날 때로 하며, 따로 정제수 50 mL를 취하여 바탕시험액으로 하고 시료의 시험방법에 따라 시험하여 보정한다.

42 공정시험기준에서 시료 내 인산염인을 측정할 수 있는 시험방법은?

① 란탄알리자린콤프렉손법

② 데발다합금 환원증류법

③ 디페닐카르바지드법

④ 아스코빈산환원법

[해설] 인산염인 시험방법

㉠ 자외선/가시선 분광법(이염화주석환원법)

㉡ 자외선/가시선 분광법(아스코르빈산환원법)

㉢ 이온크로마토그래피

43 기체크로마토그래피법에 의해 알킬수은이나 PCB를 정량할 때 기록계에 여러 개의 피크가 각각 어떤 물질인지 확인할 수 있는 방법은?

① 표준물질의 피크 높이와 비교해서

② 표준물질의 피크 모양과 비교해서

③ 표준물질의 머무르는 시간과 비교해서

④ 표준물질의 피크 폭과 비교해서

44 다음 보기 중 유량 측정공식이 다른 것은?

① 벤츄리미터(Venturi Meter)

② 오리피스(Orifice)

③ 피토(Pitot)관

④ 유량측정용 노즐(Nozzle)

45 질산성 질소 분석 방법과 가장 거리가 먼 것은?

① 이온크로마토그래피법

② 자외선/가시선 분광법 – 부루신법

③ 연속흐름법

④ 자외선/가시선 분광법 – 활성탄흡착법

[해설] 질산성 질소 분석 방법

㉠ 이온크로마토그래피

㉡ 자외선/가시선 분광법(부루신법)

㉢ 자외선/가시선 분광법(활성탄흡착법)

㉣ 데발다합금 환원증류법

46 알킬수은을 기체크로마토그래피로 분석 시 사용되는 검출기로 적절한 것은?

① 불꽃이온검출기
② 열전도도검출기
③ 전자포획형 검출기
④ 불꽃광도형검출기

47 이온크로마토그래프의 일반적인 구성으로 옳은 것은?

① 용리액조 – 시료 주입부 – 펌프 – 이온화부 – 검출기
② 용리액조 – 시료 주입부 – 분광부 – 펌프 – 검출기
③ 용리액조 – 시료 주입부 – 펌프 – 분리컬럼 – 검출기
④ 용리액조 – 시료 주입부 – 가열판 – 펌프 – 검출기

48 금속 2가 양이온과 결합하여 영구경도를 조성하는 음이온은?

① CO_3^{2-}　　　　　② OH^-
③ HCO_3^-　　　　　④ SO_4^{2-}

해설 영구경도(비탄산경도)는 경도유발물질과 산이온(SO_4^{2-}, Cl^-, NO_3^-)이 만나서 유발되는 경도로 물을 끓여도 제거되지 않는 경도이다.

49 다음 용어의 설명으로 ( ) 안에 알맞은 것은?

> 무게를 "정확히 단다"라 함은 규정된 수치의 무게를 ( ) mg까지 다는 것을 말한다.

① 0.001
② 0.1
③ 1
④ 0.01

해설 정확히 단다 : 규정된 양의 시료를 취하여 분석용 저울로 0.1mg까지 다는 것을 말한다.

50 알킬수은 – 기체크로마토그래피에서 시료 주입부, 칼럼 및 검출기의 온도 범위로 적당한 것은?

① 350~380℃, 340~380℃, 340~380℃
② 140~240℃, 130~180℃, 140~200℃
③ 380~410℃, 420~460℃, 450~480℃
④ 240~280℃, 250~380℃, 280~330℃

51 "감압 또는 진공"이라 함은 따로 규정이 없는 한 몇 mmHg 이하를 뜻하는가?

① 10　　　　　② 15
③ 5　　　　　④ 20

해설 "감압 또는 진공"이라 함은 따로 규정이 없는 한 15mmHg 이하를 뜻한다.

52 질산성 질소 표준원액 0.5mg NO_3–N/mL를 제조하려면, 미리 105~110℃에서 4시간 건조한 질산칼륨(KNO_3 표준시약) 몇 g을 물에 녹여 1,000mL로 하면 되는가?(단, K 원자량 = 39.1)

① 3.61　　　　　② 2.83
③ 5.38　　　　　④ 4.72

해설
$$KNO_3(g) = \frac{0.5mg \cdot NO_3 - N}{mL} \left| \frac{1,000mL}{} \right| \frac{101.1g}{14g} \left| \frac{1g}{10^3 mg} \right.$$
$$= 3.61(g)$$

53 기체크로마토그래피법으로 유기인을 정량함에 따른 설명 중 틀린 것은?

① 농축장치는 구데르나다니쉬형 농축기 또는 회전증발농축기를 사용한다.
② 운반기체는 질소 또는 헬륨으로서 유량은 0.5~3mL/min으로 사용한다.
③ 컬럼은 안지름 3~4mm, 길이 0.5~2m의 석영제를 사용한다.
④ 검출기는 불꽃광도검출기(FPD)를 사용한다.

해설 유기인을 가스크로마토그래피법으로 정량 시 컬럼은 안지름 3~4mm, 길이 0.5~2m의 유리제를 사용한다.

54 수중의 용존산소와 관련된 설명으로 틀린 것은?

① 수중의 DO는 가해지는 압력이 클수록 증가한다.
② 용존산소의 20℃ 포화농도는 9.17ppm이다.
③ 수중의 DO는 온도가 낮을수록 감소한다.
④ 하천의 DO가 높을 경우 하천의 오염정도는 낮다.

해설 수중의 DO는 온도가 낮을수록 증가한다.

55 생물화학적 산소요구량 측정 시 사용되는 ATU용액, TCMP 시약의 역할로 옳은 것은?

① 질산화 억제   ② 미생물 영양
③ 산소 고정   ④ 식종 정착

56 배출허용기준 적합 여부 판정을 위한 복수시료채취 방법에 대한 기준으로 ( ) 안에 알맞은 것은?

> 자동시료채취기로 시료를 채취할 경우에 6시간 이내에 30분 이상 간격으로 ( ) 이상 채취하여 일정량의 단일 시료로 한다.

① 2회   ② 4회
③ 1회   ④ 8회

해설 자동시료채취기로 시료를 채취할 경우에는 6시간 이내에 30분 이상 간격으로 2회 이상 채취하여 일정량의 단일 시료로 한다.

57 하수처리장에서 SS 제거율을 구하기 위해 유입수와 유출수에서 시료를 각각 50mL와 100mL를 채취하였다. 유입수와 유출수를 건조시킨 후 여과지 무게는 각각 1.5834g과 1.5485g이었고, 이때 사용된 여과지 무게는 1.5378g이었다. SS 제거율(%)은?(단, 채취 시료 전량 여과 기준)

① 약 83   ② 약 85
③ 약 88   ④ 약 81

해설 SS 제거효율(%)$= \dfrac{\text{유입수 SS} - \text{유출수 SS}}{\text{유입수 SS}} \times 100$

㉠ 유입수 $SS = \dfrac{(1.5834-1.5378)\text{g}}{50\text{mL}} \left| \dfrac{10^3\text{mL}}{1\text{L}} \right. = 0.912(\text{g/L})$

㉡ 유출수 $SS = \dfrac{(1.5485-1.5378)\text{g}}{100\text{mL}} \left| \dfrac{10^3\text{mL}}{1\text{L}} \right. = 0.107(\text{g/L})$

$\therefore \eta = \dfrac{(0.912-0.107)}{0.912} \times 100 = 88.27(\%)$

58 램버트 – 비어(Lambert – Beer)의 법칙 A=ε_λlC에 대한 설명으로 틀린 것은?

① l : 입사빛이 통과하는 용액의 부피
② A : 흡광도로 분광광도계로 측정 가능한 단위가 없는 광학인자
③ C : mol농도
④ ε_λ : 측정파장에서의 몰흡수계수

해설 l : 매질 내에서 빛의 이동 거리

59 사각 위어의 수두가 90cm, 위어의 절단폭이 4m라면 사각 위어에 의해 측정된 유량(m³/min)은?(단, 유량계수 = 1.6, Q = K · b · h^{3/2})

① 6.97   ② 7.24
③ 8.78   ④ 5.46

해설 $Q(\text{m}^3/\text{min}) = K \cdot b \cdot h^{3/2}$
$= 1.6 \times 4 \times 0.9^{3/2} = 5.46(\text{m}^3/\text{min})$

60 전처리법 중 유기물을 다량 함유하고 있으면서 산화 분해가 어려운 시료에 적용되는 것은?

① 질산 – 황산법   ② 알칼리 용융법
③ 질산 – 과염소산법   ④ 회화법

해설 전처리

전처리 방법	적용 시료
질산법	유기 함량이 비교적 높지 않은 시료의 전처리에 사용한다.
질산 – 염산법	유기물 함량이 비교적 높지 않고 금속의 수산화물, 산화물, 인산염 및 황화물을 함유하고 있는 시료에 적용된다.
질산 – 황산법	유기물 등을 많이 함유하고 있는 대부분의 시료에 적용된다.
질산 – 과염소산법	유기물을 다량 함유하고 있으면서 산분해가 어려운 시료에 적용된다.
질산 – 과염소산 – 불화수소산법	다량의 점토질 또는 규산염을 함유한 시료에 적용된다.

SECTION **04** 수질환경관계법규

61 낚시금지구역에서 낚시행위를 한 자에 대한 과태료 처분 기준은?

① 100만 원 이하 ② 200만 원 이하
③ 300만 원 이하 ④ 500만 원 이하

62 공공수역에서 환경부령으로 정하는 수로에 해당되지 않은 것은?

① 운하 ② 농업용 수로
③ 상수관로 ④ 지하수로

해설 환경부령으로 정하는 수로
㉠ 지하수로 ㉡ 농업용 수로
㉢ 하수관로 ㉣ 운하

63 방지시설을 반드시 설치해야 하는 경우에 해당하더라도 대통령령이 정하는 기준에 해당되면 방지시설의 설치가 면제된다. 방지시설 설치의 면제기준에 해당되지 않는 것은?

① 폐수처리업자 또는 환경부장관이 인정하여 고시하는 관계 전문기관에 환경부령으로 정하는 폐수를 전량 위탁처리하는 경우
② 폐수배출량이 신고 당시보다 100분의 10 이상 감소하는 경우
③ 폐수를 전량 재이용하는 등 방지시설을 설치하지 아니하고도 수질오염물질을 적정하게 처리할 수 있는 경우로서 환경부령으로 정하는 경우
④ 배출시설의 기능 및 공정상 수질오염물질이 항상 배출허용기준 이하로 배출되는 경우

해설 방지시설설치의 면제기준
㉠ 배출시설의 기능 및 공정상 수질오염물질이 항상 배출허용기준 이하로 배출되는 경우
㉡ 폐수처리업의 등록을 한 자 또는 환경부장관이 인정하여 고시하는 관계 전문기관에 환경부령으로 정하는 폐수를 전량 위탁처리하는 경우
㉢ 폐수를 전량 재이용하는 등 방지시설을 설치하지 아니하고도 수질오염물질을 적정하게 처리할 수 있는 경우로서 환경부령으로 정하는 경우

64 방지시설에 유입되는 수질오염물질을 최종방류구를 거치지 아니하고 배출하거나 최종방류구를 거치지 아니하고 배출할 수 있는 시설을 설치하는 행위를 한 자에 대한 벌칙기준은?

① 5년 이하의 징역 또는 5천만 원 이하의 벌금
② 7년 이하의 징역 또는 7천만 원 이하의 벌금
③ 3년 이하의 징역 또는 3천만 원 이하의 벌금
④ 1년 이하의 징역 또는 1천만 원 이하의 벌금

65 공공폐수처리시설 기본계획 승인 등에 포함될 사항과 가장 거리가 먼 것은?

① 공공폐수처리시설에서 처리하려는 대상지역에 관한 사항
② 공공폐수처리시설의 설치, 운영에 필요한 비용부담계획
③ 오염원분포 및 폐수배출량과 그 예측에 관한 사항
④ 공공폐수처리시설의 폐수처리 계통도, 처리능력 및 처리방법에 관한 사항

해설 공공폐수처리시설 기본계획에 포함되어야 하는 사항
㉠ 공공폐수처리시설에서 처리하려는 대상 지역에 관한 사항
㉡ 오염원 분포 및 폐수배출량과 그 예측에 관한 사항
㉢ 공공폐수처리시설의 폐수처리계통도, 처리능력 및 처리방법에 관한 사항
㉣ 공공폐수처리시설에서 처리된 폐수가 방류수역의 수질에 미치는 영향에 관한 평가
㉤ 공공폐수처리시설의 설치·운영자에 관한 사항
㉥ 공공폐수처리시설 부담금의 비용부담에 관한 사항
㉦ 총사업비, 분야별 사업비 및 그 산출근거
㉧ 연차별 투자계획 및 자금조달계획
㉨ 토지 등의 수용·사용에 관한 사항
㉩ 그 밖에 공공폐수처리시설의 설치·운영에 필요한 사항

66 오염총량관리시행계획에 포함되어야 하는 사항과 가장 거리가 먼 것은?

① 오염총량관리 시설의 설치현황 및 계획
② 수질예측 산정자료 및 이행 모니터링 계획
③ 연차별 오염부하량 삭감 목표 및 구체적 삭감 방안
④ 오염원 현황 및 예측

[해설] 오염총량관리시행계획을 수립할 때 포함하여야 하는 사항
- ㉠ 오염총량관리시행계획 대상 유역의 현황
- ㉡ 오염원 현황 및 예측
- ㉢ 연차별 지역 개발계획으로 인하여 추가로 배출되는 오염부하량 및 해당 개발계획의 세부 내용
- ㉣ 연차별 오염부하량 삭감 목표 및 구체적 삭감 방안
- ㉤ 오염부하량 할당 시설별 삭감량 및 그 이행 시기
- ㉥ 수질예측 산정자료 및 이행 모니터링 계획

67 환경부장관이 폐수배출시설, 비점오염저감시설 및 공공폐수처리시설을 대상으로 조사하는 기후변화에 대한 시설의 취약성 조사 주기는?

① 7년
② 5년
③ 3년
④ 10년

[해설] 환경부장관은 폐수배출시설, 비점오염저감시설 및 공공폐수처리시설을 대상으로 10년마다 기후변화에 대한 시설의 취약성 등의 조사를 실시하여야 한다.

68 법에서 사용하는 용어의 뜻으로 틀린 것은?

① 폐수배출시설 : 수질오염물질을 배출하는 시설물, 기계, 기구, 그 밖의 물체로서 환경부령으로 정하는 것
② 폐수무방류배출시설 : 폐수를 위탁처리업체에 위탁하여 공공수역으로 배출하지 아니하는 시설
③ 특정수질유해물질 : 사람의 건강, 재산이나 동식물의 생육에 직접 또는 간접으로 위해를 줄 우려가 있는 수질오염물질로서 환경부령으로 정하는 시설
④ 폐수 : 물에 액체성 또는 고체성의 수질오염물질이 섞여 있어 그대로는 사용할 수 없는 물

[해설] 폐수무방류배출시설이란 폐수배출시설에서 발생하는 폐수를 해당 사업장에서 수질오염방지시설을 이용하여 처리하거나 동일 폐수배출시설에 재이용하는 등 공공수역으로 배출하지 아니하는 폐수배출시설을 말한다.

69 자연형 비점오염저감시설의 종류가 아닌 것은?

① 식생형 시설
② 여과형 시설
③ 인공습지
④ 침투시설

[해설] 자연형 시설
- ㉠ 저류시설
- ㉡ 인공습지
- ㉢ 침투시설
- ㉣ 식생형 시설

70 물환경보전법에서 정의하는 공공수역이 아닌 것은?

① 연안해역
② 호소
③ 상수관로
④ 항만

[해설] 공공수역이란 하천, 호소, 항만, 연안해역, 그 밖에 공공용으로 사용되는 수역과 이에 접속하여 공공용으로 사용되는 환경부령으로 정하는 수로를 말한다.

71 폐수처리업이 등록기준 중 폐수수탁처리업에 해당하는 기준으로 바르지 않은 것은?

① 폐수운반장비는 용량 $2m^3$ 이상의 탱크로리, $1m^3$ 이상의 합성수지제 용기가 고정된 차량이어야 한다.
② 폐수처리시설의 총 처리능력은 $7.5m^3$/시간 이상이어야 한다.
③ 수질환경산업기사, 대기환경산업기사 또는 화공산업기사 1명 이상의 기술능력을 보유하여야 한다.
④ 폐수저장시설은 폐수처리시설능력의 2.5배 이상을 저장할 수 있어야 한다.

[해설] 폐수저장시설의 용량은 1일 8시간(1일 8시간 이상 가동할 경우 1일 최대가동시간으로 한다) 최대처리량의 3일분 이상의 규모이어야 하며, 반입폐수의 밀도를 고려하여 전체 용적의 90% 이내로 저장될 수 있는 용량으로 설치하여야 한다.

72 수질오염방지시설 중 화학적 처리시설이 아닌 것은?

① 살균시설
② 흡착시설
③ 침전물 개량시설
④ 응집시설

[해설] 화학적 처리시설
- ㉠ 화학적 침강시설
- ㉡ 중화시설
- ㉢ 흡착시설
- ㉣ 살균시설
- ㉤ 이온교환시설
- ㉥ 소각시설
- ㉦ 산화시설
- ㉧ 환원시설
- ㉨ 침전물 개량시설

73 법적으로 규정된 환경기술인의 관리사항이 아닌 것은?

① 운영일지의 기록 · 보존에 관한 사항
② 환경오염방지를 위하여 환경부장관이 지시하는 부하량 통계 관리에 관한 사항
③ 폐수배출시설 및 수질오염방지시설의 관리에 관한 사항
④ 폐수배출시설 및 수질오염방지시설의 개선에 관한 사항

해설 환경기술인의 관리사항
㉠ 폐수배출시설 및 수질오염방지시설의 관리에 관한 사항
㉡ 폐수배출시설 및 수질오염방지시설의 개선에 관한 사항
㉢ 폐수배출시설 및 수질오염방지시설의 운영에 관한 기록부의 기록 · 보존에 관한 사항
㉣ 운영일지의 기록 · 보존에 관한 사항
㉤ 수질오염물질의 측정에 관한 사항
㉥ 그 밖에 환경오염방지를 위하여 시 · 도지사가 지시하는 사항

74 사업장 규모에 따른 종별 구분이 잘못된 것은?

① 1일 폐수 배출량 150m³ – 제4종 사업장
② 1일 폐수 배출량 1,500m³ – 제2종 사업장
③ 1일 폐수 배출량 5,000m³ – 제1종 사업장
④ 1일 폐수 배출량 800m³ – 제3종 사업장

해설 사업장 규모별 구분

종류	배출규모
제1종사업장	1일 폐수배출량이 2,000m³ 이상인 사업장
제2종사업장	1일 폐수배출량이 700m³ 이상, 2,000m³ 미만인 사업장
제3종사업장	1일 폐수배출량이 200m³ 이상, 700m³ 미만인 사업장
제4종사업장	1일 폐수배출량이 50m³ 이상, 200m³ 미만인 사업장
제5종사업장	위 제1종부터 제4종까지의 사업장에 해당하지 아니하는 배출시설

75 폐수무방류배출시설의 세부 설치기준으로 틀린 것은?

① 폐수는 고정된 관로를 통하여 수집 · 이송 · 처리 · 저장되어야 한다.
② 배출시설의 처리공정도 및 폐수 배관도는 누구나 알아볼 수 있도록 주요 배출시설 설치장소와 폐수처리장에 부착하여야 한다.
③ 폐수의 수집 · 이송 · 처리 · 저장을 위하여 사용되는 설비는 폐수의 누출을 감지할 수 있는 장비를 설치하는 것을 원칙으로 한다.
④ 배출시설에서 분리 · 집수시설로 유입하는 폐수의 관로는 맨눈으로 관찰할 수 있도록 설치하여야 한다.

해설 폐수를 수집 · 이송 · 처리 또는 저장하기 위하여 사용되는 설비는 폐수의 누출을 방지할 수 있는 재질이어야 하며, 방지시설이 설치된 바닥은 폐수가 땅속으로 스며들지 아니하는 재질이어야 한다.

76 배출시설에서 배출하는 폐수를 최종방류구로 방류하기 전에 재이용하는 사업자의 폐수 재이용률이 70%인 경우, 적용되는 기본부과금의 감면율은?

① 100분의 40   ② 100분의 60
③ 100분의 80   ④ 100분의 50

해설 폐수재이용률별 감면율
㉠ 재이용률이 10퍼센트 이상 30퍼센트 미만인 경우 : 100분의 20
㉡ 재이용률이 30퍼센트 이상 60퍼센트 미만인 경우 : 100분의 50
㉢ 재이용률이 60퍼센트 이상 90퍼센트 미만인 경우 : 100분의 80
㉣ 재이용률이 90퍼센트 이상인 경우 : 100분의 90

77 환경기준에서 수은의 하천수질기준으로 적절한 것은 (단, 사람의 건강보호 기준)

① 0.01mg/L 이하
② 0.02mg/L 이하
③ 0.03mg/L 이하
④ 검출되어서는 안 됨

ANSWER | 73. ② 74. ④ 75. ③ 76. ③ 77. ④

78 폐수 재이용업 등록기준에 관한 내용 중 알맞지 않은 것은?

① 기술능력 : 수질환경산업기사, 화공산업기사 중 1명 이상

② 폐수운반차량 : 청색으로 도색하고 흰색 바탕에 녹색 글씨로 회사명 등을 표시한다.

③ 운반장치 : 폐수운반장비는 용량 $2m^3$ 이상의 탱크로리, $1m^3$ 이상의 합성수지제 용기가 고정된 차량, 18L 이상의 합성수지제 용기(유가품인 경우만 해당한다)이어야 한다.

④ 저장시설 : 원폐수 및 재이용 후 발생되는 폐수의 각각 저장시설의 용량은 1일 8시간 최대처리량의 3일분 이상의 규모이어야 한다.

[해설] 폐수운반차량은 청색으로 도색하고, 양쪽 옆면과 뒷면에 가로 50센티미터, 세로 20센티미터 이상 크기의 노란색 바탕에 검은색 글씨로 폐수운반차량, 회사명, 등록번호, 전화번호 및 용량을 지워지지 아니하도록 표시하여야 한다.

79 물환경보전법상 100만 원 이하의 벌금에 해당되는 경우는?

① 환경기술인 등의 교육을 받게 하지 아니한 자

② 환경기술인의 요청을 정당한 사유 없이 거부한 자

③ 배출시설 등의 운영사항에 관한 기록을 보존하지 아니한 자

④ 배출시설 등의 운영사항에 관하 기록을 허위로 기록한 자

80 인구 50만 이상 대도시의 장 또는 수면관리자는 관할구역의 수질 현황을 파악하기 위하여 측정망을 설치하여 수질오염도를 상시측정하거나, 수질의 관리를 위한 조사를 할 수 있다. 이 경우 그 상시측정 또는 조사 결과를 누구에게 보고하여야 하는가?

① 환경부장관

② 지방환경청장

③ 국립환경과학원장

④ 유역환경청장

[해설] 50만 이상 대도시의 장 또는 수면관리자는 관할구역의 수질 현황을 파악하기 위하여 측정망을 설치하여 수질오염도를 상시측정하거나, 수질의 관리를 위한 조사를 할 수 있다. 이 경우 그 상시측정 또는 조사 결과를 환경부장관에게 보고해야 한다.

SECTION 01 수질오염개론

01 어느 물질의 반응 시작 때의 농도가 200mg/L이고 2시간 후의 농도가 35mg/L로 되었다. 반응시간 1시간 후의 반응물질 농도는?(단, 1차 반응 기준, 자연대수 기준)

① 약 84mg/L ② 약 92mg/L
③ 약 107mg/L ④ 약 114mg/L

해설

$$\ln \frac{C_t}{C_o} = -K \cdot t$$

$$\ln \frac{35}{200} = -K \cdot 2hr$$

$$K = 0.8715(hr^{-1})$$

$$\ln \frac{C_t}{200} = \frac{-0.58715}{hr} \left| \frac{1hr}{} \right.$$

$$\therefore C_t = 200 \times e^{-0.8715 \times 1} = 83.66(mg/L)$$

02 산소의 포화농도가 9.14mg/L인 하천에서 $t = 0$일 때 DO 농도가 6.5mg/L라면 물이 3일 및 5일 흐른 후 하류에서의 DO 농도는?(단, 최종 BOD = 11.3mg/L, $K_1 = 0.1/day$, $K_2 = 0.2/day$, 상용대수 기준)

① 3일 후 DO 농도=5.7mg/L, 5일 후 DO 농도=6.1mg/L
② 3일 후 DO 농도=5.7mg/L, 5일 후 DO 농도=6.4mg/L
③ 3일 후 DO 농도=6.1mg/L, 5일 후 DO 농도=7.1mg/L
④ 3일 후 DO 농도=6.1mg/L, 5일 후 DO 농도=7.4mg/L

해설 DO 농도=DO 포화농도－유하거리 지점에서의 DO 부족량(D_t)

㉠ 3일 후 DO 부족량

$$D_t = \frac{K_1 \cdot L_o}{K_2 - K_1}(10^{-K_1 \cdot t} - 10^{-K_2 \cdot t}) + D_o \cdot 10^{-K_2 \cdot t}$$

$$= \frac{0.1 \times 11.3}{0.2 - 0.1}(10^{-0.1 \times 3} - 10^{-0.2 \times 3})$$

$$+ (9.14 - 6.5) \times 10^{-0.2 \times 3}$$

$$= 3.488(mg/L)$$

$$\therefore \text{3일 후 DO 부족량} = 9.14 - 3.488$$
$$= 5.65(mg/L)$$

㉡ 5일 후 DO 부족량

$$D_t = \frac{K_1 \cdot L_o}{K_2 - K_1}(10^{-K_1 \cdot t} - 10^{-K_2 \cdot t}) + D_o \cdot 10^{-K_2 \cdot t}$$

$$= \frac{0.1 \times 11.3}{0.2 - 0.1}(10^{-0.1 \times 5} - 10^{-0.2 \times 5})$$

$$+ (9.14 - 6.5) \times 10^{-0.2 \times 5}$$

$$= 2.707(mg/L)$$

$$\therefore \text{3일 후 DO 부족량} = 9.14 - 2.707$$
$$= 6.43(mg/L)$$

03 pH = 4.5인 물의 수소이온농도(M)은?

① 약 3.2×10^{-5}M
② 약 5.2×10^{-5}M
③ 약 3.2×10^{-4}M
④ 약 5.2×10^{-4}M

해설

$$[H^+] = 10^{-pH}$$

$$[H^+] = 10^{-4.5} = 3.16 \times 10^{-5}$$

04 하천 주변에 돼지를 키우려고 한다. 이 하천은 BOD가 2.0mg/L이고 유량이 100,000m³/day이다. 돼지 1마리당 BOD 배출량은 0.25kg/day라고 한다면 최대 몇 마리까지 키울 수 있는가?(단, 하천의 BOD는 6mg/L를 유지하려고 한다.)

① 1,600 ② 2,000
③ 2,500 ④ 3,000

해설

$$Q_m = \frac{Q_1 C_1 + Q_2 C_2}{Q_1 + Q_2}$$

$$0.006 = \frac{(100,000 \times 0.002) + Q_2 C_2}{100,000}$$

$$Q_2 C_2 = 400(kg/day)$$

$$\therefore X(\text{마리}) = \frac{400kg}{day} \left| \frac{day \cdot \text{마리}}{0.25kg} \right. = 1,600\text{마리}$$

05 다음에 나타낸 오수 미생물 중에서 유황화합물을 산화하여 균체 내 또는 균체 외에 유황입자를 축적하는 것은?

① Zoogloea   ② Sphaerotilus
③ Beggiatoa   ④ Crenothrix

06 증류수 500mL에 NaOH 0.01g을 녹이는 pH는? (단, NaOH의 분자량은 40이고 완전해리한다.)

① 10.4   ② 10.7
③ 11.0   ④ 11.3

해설 $pH = \log\dfrac{1}{[H^+]}$ or $pH = 14 - \log\dfrac{1}{[OH^-]}$

㉠ $NaOH\left(\dfrac{mol}{L}\right) = \dfrac{0.01g}{0.5L}\left|\dfrac{1mol}{40g}\right. = 5 \times 10^{-4}(mol/L)$

㉡ $pH = 14 - \log\dfrac{1}{5 \times 10^{-4}} = 10.70$

07 해수에 관한 설명으로 옳은 것은?

① 해수의 밀도는 담수보다 작다.
② 염분은 적도 해역에서 높고, 남·북 양극 해역에서 다소 낮다.
③ 해수의 Mg/Ca비는 담수의 Mg/Ca비보다 작다.
④ 수심이 깊을수록 해수 주요 성분 농도비의 차이는 줄어든다.

해설 ① 해수의 밀도는 염분, 수온, 수압의 함수로 수심이 깊을수록 증가한다.
③ 해수의 Mg/Ca비는 3~4 정도로 담수보다 매우 높다.
④ 해수의 주요성분 농도비는 항상 일정하다.

08 글리신($C_2H_5O_2N$)이 호기성 조건에서 CO_2, H_2O 및 HNO_3로 변화될 때 글리신 10g의 경우 총산소 필요량은 몇 g인가?

① 15   ② 20
③ 30   ④ 40

해설 $C_2H_5O_2N + 3.5O_2 \rightarrow 2CO_2 + 2H_2O + HNO_3$

$\quad\quad 75g \quad : \quad 3.5 \times 32g$
$\quad\quad 10g \quad : \quad X(g)$
∴ 총산소 필요량 = 14.93(g)

09 BOD_5가 180mg/L이고 COD가 400mg/L인 경우, 탈산소계수(K_1)의 값은 0.12/day였다. 이때 생물학적으로 분해 불가능한 COD는?(단, 상용대수 기준)

① 100mg/L   ② 120mg/L
③ 140mg/L   ④ 160mg/L

해설 $NBDCOD = COD - BDCOD$
㉠ COD : 400mg/L
㉡ $BDCOD = BOD_u$
$\quad BOD_5 = BOD_u \times (1 - 10^{-K_1 \cdot t})$
$\quad 180 = BOD_u \times (1 - 10^{-0.12 \times 5})$
$BDCOD(BOD_u) = 240.38(mg/L)$
∴ $NBDCOD = COD - BDCOD = 400 - 240.38$
$\quad\quad\quad = 159.62(mg/L)$

10 정체 해역에 조류 등이 이상증식하여 해수의 색을 변색시키는 현상을 적조 현상이라 한다. 이때 어류가 죽는 원인과 가장 거리가 먼 것은?

① 플랑크톤의 이상증식은 해수 중의 DO를 고갈시킨다.
② 독성을 가진 플랑크톤에 의해 어류가 폐사한다.
③ 적조현상에 의한 수표면 수막현상에 인해 어류가 폐사한다.
④ 이상증식한 플랑크톤이 어류의 아가미에 부착되어 호흡장애를 일으킨다.

해설 적조현상은 수표면 수막현상과는 상관이 없다.

11 "기체가 관련된 화학반응에서는 반응하는 기체와 생성하는 기체의 부피 사이에 정수관계가 성립한다."라는 내용의 기체법칙은?

① Graham의 결합 부피 법칙
② Gay-Lussac의 결합 부피 법칙
③ Dalton의 결합 부피 법칙
④ Henry의 결합 부피 법칙

12 0.01N 약산인 초산이 2% 해리되어 있을 때, 이 수용액의 pH는?

① 3.1   ② 3.4
③ 3.7   ④ 3.9

해설

$$CH_3COOH \rightarrow CH_3COO^- + H^+$$

전   0.01N   0N   0N

후 $0.01N - (0.01 \times 0.02)N$ $0.01 \times 0.02N$ $0.01 \times 0.02N$

$$pH = \log\frac{1}{[H^+]} = \log\frac{1}{0.01 \times 0.02N} = 3.7$$

---

13 Formaldehyde(CH_2O) 1,250mg/L의 이론적인 COD는?

① 1,263mg/L

② 1,333mg/L

③ 1,423mg/L

④ 1,594mg/L

해설

$$CH_2O + O_2 \rightleftarrows CO_2 + H_2O$$

    30g   :   32g

1,250mg/L : Xmg/L

$\therefore$ X = 1,333.33(mg/L)

---

14 콜로이드에 관한 설명으로 틀린 것은?

① 콜로이드는 입자 크기가 크기 때문에 보통의 반투막을 통과하지 못한다.

② 콜로이드 입자들이 전기장에 놓이게 되면 입자들은 그 전하의 반대쪽 극으로 이동하며 이러한 현상을 전기영동이라 한다.

③ 일부 콜로이드 입자들의 크기는 가시광선 평균 파장보다 크기 때문에 빛의 투과를 간섭한다.

④ 콜로이드의 안정도는 척력과 중력의 차이에 의해 결정된다.

해설 콜로이드의 안정도는 Zeta 전위에 따라 결정된다.

---

15 물의 동점성계수를 가장 알맞게 나타낸 것은?

① 전단력 τ와 점성계수 μ를 곱한 값이다.

② 전단력 τ와 밀도 ρ를 곱한 값이다.

③ 점성계수 μ를 전단력 τ로 나눈 값이다.

④ 점성계수 μ를 밀도 ρ로 나눈 값이다.

해설 동점성계수(Kinematic Viscosity ; υ)는 점성계수(μ)를 밀도(ρ)로 나눈 값을 말한다.

---

16 탈산소계수 K_1(상용대수)가 0.1/day인 어떤 폐수 5일 BOD가 500mg/L라면 이 폐수의 3일 후에 남아있는 BOD는?

① 366mg/L

② 386mg/L

③ 416mg/L

④ 436mg/L

해설 BOD 잔류공식을 사용한다.

㉠ $BOD_t = BOD_u \times (1 - 10^{-K_1 \cdot t})$

㉡ $BOD_u = \dfrac{500}{1 - 10^{-0.1 \times 5}} = 731.23(mg/L)$

$\therefore BOD_3 = 731.23 \times 10^{-0.1 \times 3}$

        $= 366.49(mg/L)$

---

17 수산화나트륨(NaOH) 10g을 물에 용해시켜 200mL로 만든 용액의 농도(N)는?

① 0.62

② 0.80

③ 1.05

④ 1.25

해설

$$NaOH(eq/L) = \frac{10g}{0.2L}\bigg|\frac{1eq}{(40/1)g} = 1.25N$$

---

18 호수나 저수지를 상수원으로 사용할 경우 전도(Turn Over)현상으로 수질 악화가 우려되는 시기는?

① 봄과 여름

② 봄과 가을

③ 여름과 겨울

④ 가을과 겨울

해설 봄과 가을에 전도(Turn Over)현상으로 수질이 악화된다.

---

19 다음의 용어에 대한 설명 중 틀린 것은?

① 독립영양계 미생물은 CO_2를 탄소원으로 이용하는 미생물이다.

② 종속영양계 미생물은 유기탄소를 탄소원으로 이용하는 미생물이다.

③ 화학합성독립영양계 미생물은 유기물의 산화환원 반응을 에너지원으로 한다.

④ 광합성독립영양계 미생물은 빛을 에너지원으로 한다.

해설 화학합성독립영양계 미생물은 무기물의 산화환원 반응을 에너지원으로 한다.

ANSWER | 13. ② 14. ④ 15. ④ 16. ① 17. ④ 18. ② 19. ③

20 다음 중 물이 가지는 특성으로 틀린 것은?

① 물의 밀도는 0℃에서 가장 크며 그 이하의 온도에서는 얼음 형태로 물에 뜬다.
② 물은 광합성의 수소공여체이며 호흡의 최종산물이다.
③ 생물체의 결빙이 쉽게 일어나지 않는 것은 융해열이 크기 때문이다.
④ 물은 기화열이 크기 때문에 생물의 효과적인 체온조절이 가능하다.

해설 물의 밀도는 4℃에서 가장 크다.

SECTION 02 수질오염방지기술

21 일반적으로 회전원판법에서 원판 직경의 몇 %가 물에 잠긴 상태에서 운영하는가?(단, 공기구동 방식이 아니다.)

① 약 20%   ② 약 40%
③ 약 60%   ④ 약 80%

해설 메디아는 전형적으로 40%가 물에 잠긴다.

22 다음의 생물학적 고도처리 공정 중 수중 인의 제거를 주목적으로 개발한 공법은?

① 4단계 Bardenpho 공법
② 5단계 Bardenpho 공법
③ A^2/O 공법
④ A/O 공법

해설 인의 제거를 주목적으로 개발한 공법은 A/O 공법과 Phostrip 공법이다.

23 2,000㎥/day의 하수를 처리하고 있는 하수처리장에서 염소처리 시 염소요구량이 5.5mg/L이고 잔류염소농도가 0.5mg/L일 때 1일 염소 주입량은?(단, 주입 염소에는 40%의 불순물이 함유되어 있다.)

① 10kg/day   ② 15kg/day
③ 20kg/day   ④ 25kg/day

해설 염소주입량＝염소요구량＋잔류염소량

$$\therefore Cl_2(kg/day) = \frac{(5.5+0.5)mg}{L} \left| \frac{2,000m^3}{day} \right|$$
$$\frac{10^3 L}{1m^3} \left| \frac{1kg}{10^6 mg} \right| \frac{100}{60}$$
$$= 20(kg/day)$$

※ 불순물이 40%라는 것은 순도 60%을 의미한다.

24 하수 소독 방법인 UV 살균의 장점과 가장 거리가 먼 것은?

① 유량과 수질의 변동에 대해 적응력이 강하다.
② 접촉시간이 짧다.
③ 물의 탁도나 혼탁이 소독효과에 영향을 미치지 않는다.
④ 강한 살균력으로 바이러스에 대해 효과적이다.

해설 자외선소독은 물의 탁도가 높으면 소독능력이 저하된다.

25 표준활성슬러지법의 MLSS 농도의 표준범위로 가장 옳은 것은?

① 1,000～1,500mg/L
② 1,500～2,500mg/L
③ 2,500～3,500mg/L
④ 3,500～4,500mg/L

해설 표준활성슬러지법의 MLSS 농도의 표준범위는 1,500～2,500mg/L이다.

26 8kg glucose($C_6H_{12}O_6$)로부터 발생 가능한 CH_4 가스의 용적은?(단, 표준상태, 혐기성 분해 기준)

① 약 1,500L   ② 약 2,000L
③ 약 2,500L   ④ 약 3,000L

해설
$$C_6H_{12}O_6 \rightarrow 3CH_4 + 3CO_2$$
$$180(g) : 3 \times 22.4(L)$$
$$8,000(g) : X(L)$$
$$\therefore X(=CH_4) = 2,986.67(L)$$

27 슬러지 건조고형물 무게의 1/2이 유기물질, 1/2이 무기물질이며 이 슬러지 함수율은 80%, 유기물질 비중은 1.0, 무기물질 비중은 2.5라면 슬러지 전체의 비중은?

① 1.025 ② 1.046
③ 1.064 ④ 1.087

 $\dfrac{W_{SL}}{\rho_{SL}} = \dfrac{W_{TS}}{\rho_{TS}} + \dfrac{W_W}{\rho_W} = \dfrac{W_{VS}}{\rho_{VS}} + \dfrac{W_{FS}}{\rho_{FS}} + \dfrac{W_W}{\rho_W}$

$\dfrac{100}{\rho_{SL}} = \dfrac{100 \times 0.2 \times (1/2)}{1.0} + \dfrac{100 \times 0.2 \times (1/2)}{2.5} + \dfrac{80}{1.0}$

$\therefore \rho_{SL} = 1.0638$

28 5℃의 수중에 동일한 직경을 가지는 기름방울 A와 B가 있다. A의 비중은 0.84, B의 비중은 0.98일 때 A와 B의 부상 속도비(V_A/V_B)는?

① 2 ② 4
③ 6 ④ 8

해설 $V_F = \dfrac{d_p^2(\rho_w - \rho_p)g}{18\mu} \Rightarrow V_F = K(\rho_w - \rho_p)$

㉠ $V_A = K(\rho_w - \rho_p) = K(1 - 0.84) = 0.16K$
㉡ $V_B = K(\rho_w - \rho_p) = K(1 - 0.98) = 0.02K$

$\therefore \dfrac{V_A}{V_B} = \dfrac{0.16K}{0.02K} = 8$

29 포기조 용역을 1L 메스실린더에서 30분간 침강시킨 침전슬러지 부피가 500mL이었다. MLSS 농도가 2,500mg/L라면 SDI는?

① 0.5 ② 1
③ 2 ④ 4

해설 $SDI = \dfrac{1}{SVI} \times 100$

$SVI = \dfrac{SV_{30}(mL/L)}{MLSS \ 농도(mg/L)} \times 10^3$

$= \dfrac{500(mL/L)}{2,500(mg/L)} \times 10^3 = 200(mL/g)$

$\therefore SDI = \dfrac{1}{SVI} \times 100 = \dfrac{1}{200} \times 100 = 0.5$

30 잉여슬러지의 농도가 10,000mg/L일 때 포기조 MLSS를 2,500mg/L로 유지하기 위한 반송비는? (단, 기타 조건은 고려하지 않는다.)

① 0.23 ② 0.33
③ 0.43 ④ 0.53

해설 $R = \dfrac{X}{X_r - X}$

$\therefore R(\%) = \dfrac{2,500}{10,000 - 2,500} = 0.33$

31 부피 2,000m³인 탱크의 G값을 50/sec로 하고자 할 때 필요한 이론 소요동력(W)은?(단, 유체점도 : 0.001kg/m·sec)

① 3,500 ② 4,000
③ 4,500 ④ 5,000

해설 $G = \sqrt{\dfrac{P}{\mu \forall}}$

동력(P) $= G^2 \times \mu \times \forall = (50)^2 \times 0.001 \times 2,000 = 5,000W$

32 폐수에 포함된 15mg/L의 난분해성 유기물을 활성탄 흡착에 의해 1mg/L로 처리하고자 하는 경우 필요한 활성탄의 양은?(단, 오염물질의 흡착량과 흡착제 양과의 관계는 Freundlich의 등온식에 따르며 K = 0.5, n = 1이다.)

① 24mg/L ② 28mg/L
③ 32mg/L ④ 36mg/L

해설 $\dfrac{X}{M} = K \cdot C^{\frac{1}{n}}$

$\dfrac{(15 - 1)}{M} = 0.5 \times 1^{1/1}$

$\therefore M = 28(mg/L)$

33 슬러지의 함수율이 95%에서 90%로 줄어들면 슬러지의 부피는?(단, 슬러지 비중 : 1.0)

① 2/3로 감소한다.
② 1/2로 감소한다.
③ 1/3로 감소한다.
④ 3/4로 감소한다.

해설 $V_1(1-W_1)=V_2(1-W_2)$

$100(1-0.95)=V_2(1-0.9)$

$\therefore V_2=50m^3$

$\dfrac{V_2}{V_1}\times100=\dfrac{50}{100}\times100=50(\%)$

$\therefore$ 1/2로 감소한다.

34 진공여과기로 슬러지를 탈수하여 함수율 78%의 탈수 Cake를 얻었다. 여과면적은 30m², 여과속도는 25kg/m²·hr이라면 진공여과기의 시간당 Cake의 생산량은?(단, 슬러지의 비중은 1.0으로 가정한다.)

① 약 2.8m³/hr ② 약 3.4m³/hr
③ 약 4.2m³/hr ④ 약 5.3m³/hr

해설 $X(m^3/hr)=\dfrac{25kg\cdot TS}{m^2\cdot hr}\Bigg|\dfrac{30m^2}{}\Bigg|\dfrac{1m^3}{1,000kg}$

$\Bigg|\dfrac{100\cdot Cake}{(100-78)\cdot TS}$

$=3.41(m^3/hr)$

35 펜톤(Fenton)반응에서 사용되는 과산화수소의 용도는?

① 응집제 ② 촉매제
③ 산화제 ④ 침강촉진제

36 BOD 300mg/L인 폐수를 20℃에서 살수여상법으로 처리한 결과 유출수 BOD가 60mg/L가 되었다. 이 폐수를 10℃에서 처리한다면 유출수의 BOD는? (단, 처리효율 $E_t=E_{20}\times1.035^{t-20}$)

① 110mg/L ② 130mg/L
③ 150mg/L ④ 170mg/L

해설 $\eta=\left(1-\dfrac{C_o}{C_i}\right)\times100$

㉠ 20℃에서 효율

$\eta=\left(1-\dfrac{60}{300}\right)\times100=80(\%)$

㉡ 10℃에서 효율

$E_{10}=80\times1.035^{10-20}=56.7(\%)$

$\therefore C_o=C_i\times(1-\eta)=300\times(1-0.567)$

$=129.9(mg/L)$

37 활성슬러지에 의한 폐수처리의 운전 및 유지·관리상 가장 중요도가 낮은 사항은?

① 포기조 내의 수온
② 포기조에 유입되는 폐수의 용존산소량
③ 포기조에 유입되는 폐수의 pH
④ 포기조에 유입되는 폐수의 BOD 부하량

해설 포기조로 유입되는 DO 농도는 크게 영향을 미치지 않는다.

38 혐기성 소화조 운전 중 소화가스 발생량이 저하되었다. 그 원인과 가장 거리가 먼 것은?

① 조 내 온도저하
② 저농도 슬러지 유입
③ 소화슬러지 과잉 배출
④ 과다 교반

해설 소화가스 발생량이 저하의 원인
㉠ 저농도 슬러지 유입
㉡ 소화슬러지 과잉 배출
㉢ 조 내 온도저하
㉣ 소화가스 누출
㉤ 과다한 산 생성

39 BOD 300mg/L, 유량 2,000m³/day의 폐수를 활성슬러지법으로 처리할 때 BOD 슬러지부하 0.25kg·BOD/kg·MLSS·day, MLSS 2,000mg/L로 하기 위한 포기조의 용적은?

① 800m³ ② 1,000m³
③ 1,200m³ ④ 1,400m³

해설 $F/M=\dfrac{BOD_i\cdot Q_i}{\forall\cdot X}$

$\dfrac{0.25}{day}=\dfrac{300mg}{L}\Bigg|\dfrac{2,000m^3}{day}\Bigg|\dfrac{}{X}\Bigg|\dfrac{L}{2,000mg}$

$\therefore X(m^3)=1,200(m^3)$

40 지름이 20m이고, 깊이가 5m인 원형 침전지에서 BOD 200mg/L, SS 240mg/L인 하수 4,000m³/day를 처리할 때 침전지의 수면적 부하율은?

① 2.7m/day ② 12.7m/day
③ 23.7m/day ④ 27.0m/day

해설 수면부하율 $= \dfrac{\text{유입유량}(m^3/day)}{\text{수면적}(m^2)}$

㉠ 유입유량$(m^3/day) = 4{,}000\,m^3/day$

㉡ 수면적 $= \dfrac{\pi}{4} \times D^2 = \dfrac{\pi}{4} \times 20^2 = 314.159(m^2)$

∴ 수면부하율 $= \dfrac{4{,}000(m^3/day)}{314.159(m^2)} = 12.73(m/day)$

SECTION 03 수질오염공정시험기준

41 불소를 자외선/가시선 분광법으로 분석할 때에 관한 설명으로 옳은 것은?

① 정밀도는 첨가한 표준물질의 농도에 대한 측정 평균값의 상대 백분율로서 나타내며, 그 값이 25% 이내이어야 한다.

② 알루미늄 및 철의 방해가 크나 증류하면 영향이 없다.

③ 정량한계는 0.05mg/L이다.

④ 적색의 복합 화합물의 흡광도를 540nm에서 측정한다.

해설 ① 정밀도는 시험분석 결과의 반복성을 나타내는 것으로 반복시험하여 얻은 결과를 상대표준편차로 나타내며, 그 값이 ±25% 이내이어야 한다.

③ 정량한계는 0.15mg/L이다.

④ 청색의 복합 화합물의 흡광도를 620nm에서 측정한다.

42 물벼룩을 이용한 급성 독성시험을 할 때 희석수 비율에 해당되는 것은?(단, 원수 100% 기준)

① 35% ② 25%

③ 15% ④ 5%

해설 시료의 희석비는 원수 100%를 기준으로 50%, 25%, 12.5%, 6.25%로 하여 시험한다.

43 총대장균군 시험방법이 아닌 것은?

① 막여과법 ② 시험관법

③ 평판집락법 ④ 현미경계수법

해설 총대장균군 시험방법에는 막여과법, 시험관법, 평판집락법이 있다.

44 다음 중 수소화물생성 – 원자흡수분광광도법에 의한 비소(As) 측정 시 선택 파장으로 가장 적합한 것은?

① 193.7nm ② 214.4nm

③ 370.2nm ④ 440.9nm

45 다음은 염소이온 분석을 위한 적정법에 대한 내용이다. ( )에 알맞은 내용은?

> 염소이온을 ( )과 정량적으로 반응시킨 다음 과잉의 ( )이 크롬산과 반응하여 크롬산은의 침전으로 나타나는 점을 적정의 종말점으로 하여 농도를 측정하는 방법이다.

① 질산은 ② 황산은

③ 염화은 ④ 과망간산은

해설 염소이온을 질산은과 정량적으로 반응시킨 다음 과잉의 질산은이 크롬산과 반응하여 크롬산은의 침전으로 나타나는 점을 적정의 종말점으로 하여 농도를 측정하는 방법이다.

46 식물성 플랑크톤을 현미경계수법으로 분석하고자 할 때 분석절차에 관한 설명으로 옳지 않은 것은?

① 시료의 개체수는 계수 면적당 10~40 정도가 되도록 희석 또는 농축한다.

② 시료가 육안으로 녹색이나 갈색으로 보일 경우 정제수로 적절한 농도로 희석한다.

③ 시료 농축방법인 원심분리방법은 일정량의 시료를 원심침전관에 넣고 $100 \times g \sim 150 \times g$로 20분 정도 원심분리하여 일정배율로 농축한다.

④ 시료 농축방법인 자연침전법은 일정 시료에 포르말린용액 또는 루골용액을 가하여 플랑크톤을 고정시켜 실린더 용기에 넣고 일정시간 정치 후 사이폰을 이용하여 상층액을 따라 내어 일정량으로 농축한다.

해설 시료 농축방법인 원심분리방법은 일정량의 시료를 원심침전관에 넣고 $1{,}000 \times g$로 20분 정도 원심분리하여 일정 배율로 농축한다. 미세조류의 경우는 $1{,}500 \times g$에서 30분 정도 원심분리를 행한다.

---

47 분석할 시료채취량은 시험항목 및 시험횟수에 따라 차이가 있으나 보통 몇 L 정도를 채취하는가?

① 0.5~1L   ② 1~2L
③ 2~3L   ④ 3~5L

해설 분석할 시료채취량은 시험항목 및 시험횟수에 따라 차이가 있으나 보통 3~5L 정도이어야 한다.

48 투명도 측정에 관한 설명으로 틀린 것은?

① 투명도는 오전 10시에서 오후 4시 사이에 측정한다.
② 지름 20cm의 백색 원판에 지름 5cm의 구멍 8개가 뚫린 투명도판을 사용한다.
③ 흐름이 있어 줄이 기울어질 경우에는 2kg 정도의 추를 달아서 줄을 세워야 한다.
④ 강우 시나 수면에 파도가 격렬할 때는 투명도를 측정하지 않는 것이 좋다.

해설 지름 30cm의 백색 원판에 지름 5cm의 구멍 8개가 뚫린 투명도판을 사용한다.

49 최대유속과 최소유속의 비가 가장 큰 유량계는?

① 벤츄리미터(Venturi Meter)
② 오리피스(Orifice)
③ 피토(Pitot)관
④ 자기식 유량측정기(Magnetic Flow Meter)

해설 벤츄리미터와 유량측정 노즐, 오리피스는 최대유속과 최소유속의 비율이 4 : 1이어야 하며, 피토관은 3 : 1, 자기식 유량측정기는 10 : 1이다.

50 다음은 공장폐수 및 하수유량 측정방법 중 최대유량이 1m³/min 미만인 경우에 용기 사용에 관한 설명이다. ( ) 안에 옳은 내용은?

> 용기는 용량 100~200L인 것을 사용하여 유수를 채우는 데에 요하는 시간을 스톱워치로 잰다. 용기에 물을 받아 넣는 시간을 ( ) 되도록 용량을 결정한다.

① 20초 이상   ② 30초 이상
③ 60초 이상   ④ 90초 이상

해설 용기는 용량 100~200L인 것을 사용하여 유수를 채우는 데에 요하는 시간을 스톱워치로 잰다. 용기에 물을 받아 넣는 시간을 20초 이상 되도록 용량을 결정한다.

51 자외선/가시선 분광법(활성탄흡착법)으로 질산성 질소를 측정할 때 정량한계는?

① 0.01mg/L   ② 0.03mg/L
③ 0.1mg/L   ④ 0.3mg/L

52 시료의 최대보존기간이 가장 짧은 측정 항목은?

① 클로로필-a   ② 염소이온
③ 페놀류   ④ 암모니아성 질소

해설 시료의 최대보존기간은 클로로필-a이 7일이고, 염소이온, 페놀류, 암모니아성 질소는 모두 28일이다.

53 감응계수에 관한 내용으로 옳은 것은?

① 감응계수는 검정곡선 작성용 표준용액의 농도(C)에 대한 반응값(R)으로 [감응계수=(R/C)]로 구한다.
② 감응계수는 검정곡선 작성용 표준용액의 농도(C)에 대한 반응값(R)으로 [감응계수=(C/R)]로 구한다.
③ 감응계수는 검정곡선 작성용 표준용액의 농도(C)에 대한 반응값(R)으로 [감응계수=(CR-1)]로 구한다.
④ 감응계수는 검정곡선 작성용 표준용액의 농도(C)에 대한 반응값(R)으로 [감응계수=(CR+1)]로 구한다.

54 총칙에 관한 설명으로 옳지 않은 것은?

① 온도의 영향이 있는 실험결과 판정은 표준온도를 기준으로 한다.
② 찬 곳은 따로 규정이 없는 한 0~15℃의 곳을 뜻한다.
③ 냉수는 4℃ 이하를 말한다.
④ 온수는 60~70℃를 말한다.

해설 냉수는 15℃ 이하를 말한다.

55 수로의 구성, 재질, 수로단면의 형상, 기울기 등이 일정하지 않은 개수로에서 부표를 사용하여 유속을 측정한 결과 수로의 평균 단면적이 3.2m², 표면최대유속은 2.4m/sec라면 이 수로에 흐르는 유량(m³/sec)은?

① 약 2.7 　　　　② 약 3.6
③ 약 4.3 　　　　④ 약 5.8

$Q = A \times V$, $V = 0.75 V_e$
$V = 0.75 \times 2.4 = 1.8$m/sec
$\therefore Q = 3.2 \times 1.8 = 5.76 (m^3/sec)$

56 다음은 자외선/가시선 분광법에 의한 페놀류 측정원리를 설명한 것이다. ( ) 안에 내용으로 옳은 것은?

> 증류한 시료에 염화암모늄－암모니아 완충용액을 넣어 (가)(으)로 조절한 다음 4－아미노안티피린과 헥산시안화철(Ⅱ)산칼륨을 넣어 생성된 (나)의 안티피린계 색소의 흡광도를 측정하는 방법이다.

① 가 : pH 4, 나 : 청색
② 가 : pH 4, 나 : 붉은색
③ 가 : pH 10, 나 : 청색
④ 가 : pH 10, 나 : 붉은색

해설 증류한 시료에 염화암모늄－암모니아 완충용액을 넣어 pH 10으로 조절한 다음 4－아미노안티피린과 헥산시안화철(Ⅱ)산칼륨을 넣어 생성된 붉은색의 안티피린계 색소의 흡광도를 측정하는 방법이다.

57 수로 및 직각 3각 웨어판을 만들어 유량을 산출할 때 웨어의 수두 0.2m, 수로의 밑면에서 절단 하부점까지의 높이 0.75m, 수로의 폭 0.5m일 때의 웨어의 유량은?[단, $K = 81.2 + \dfrac{0.24}{h} + \left(8.4 + \dfrac{12}{\sqrt{D}}\right)$ $\times \left(\dfrac{h}{B} - 0.09\right)^2$ 이용]

① 0.54m³/min 　　② 1.15m³/min
③ 1.51m³/min 　　④ 2.33m³/min

해설 $Q(m^3/\min) = K \cdot h^{\frac{5}{2}}$

$K = 81.2 + \dfrac{0.24}{0.2} + \left(8.4 + \dfrac{12}{\sqrt{0.75}}\right) \times \left(\dfrac{0.2}{0.5} - 0.09\right)^2$
$= 84.5388$

$\therefore Q\left(\dfrac{m^3}{\min}\right) = 84.5388 \times (0.2)^{\frac{5}{2}} = 1.51(m^3/\min)$

58 자외선/가시선 분광법 － 이염화주석환원법으로 인산염인을 분석할 때 흡광도 측정 파장은?

① 550nm 　　　　② 590nm
③ 650nm 　　　　④ 690nm

해설 자외선/가시선 분광법 － 이염화주석환원법으로 인산염인을 분석할 때 흡광도 측정 파장은 690nm이다.

59 부유물질(SS) 측정 시 간섭물질에 대한 설명으로 틀린 것은?

① 큰 입자들은 부유물질 측정에 방해를 주며, 이 경우 직경 0.2mm 금속망에 먼저 통과시킨 후 분석을 실시한다.
② 증발잔류물이 1,000mg/L 이상인 경우의 해수, 공장폐수 등은 특별히 취급하지 않을 경우, 높은 부유물질 값을 나타낼 수 있어 여과지를 여러 번 세척한다.
③ 철 또는 칼슘이 높은 시료는 금속 침전이 발생하며 부유물질 측정에 영향을 줄 수 있다.
④ 유지(Oil) 및 혼합되지 않는 유기물도 여과지에 남아 부유물질 측정값을 높게 할 수 있다.

해설 큰 입자들은 부유물질 측정에 방해를 주며, 이 경우 직경 2mm 금속망을 먼저 통과시킨 후 분석을 실시한다.

60 냄새 항목을 측정하기 위한 시료의 최대보존기간 기준은?

① 즉시 　　　　　② 6시간
③ 24시간 　　　　④ 48시간

해설 냄새 항목을 측정하기 위한 시료의 최대보존기간 기준은 6시간이다.

61 수질 및 수생태계 환경기준에서 하천의 생활환경기준 중 매우 나쁨(Ⅵ) 등급의 BOD 기준(mg/L)은?

① 6 초과 ② 8 초과
③ 10 초과 ④ 12 초과

해설 **하천의 생활환경기준[매우 나쁨(Ⅵ)]**

상태 (캐릭터)	기준								
	pH	BOD (mg/L)	COD (mg/L)	TOC (mg/L)	SS (mg/L)	DO (mg/L)	T-P (mg/L)	대장균군 (군수/100mL)	
								총대장 균군	분원성 대장균군
🗑		10 초과	11 초과	8 초과		2.0 미만	0.5 초과		

62 비점오염저감시설의 구분 중 장치형 시설이 아닌 것은?

① 여과형 시설 ② 와류형 시설
③ 저류형 시설 ④ 스크린형 시설

해설 비점오염저감시설의 구분 중 장치형 시설
㉠ 여과형 시설
㉡ 와류형 시설
㉢ 스크린형 시설
㉣ 응집·침전 처리형 시설
㉤ 생물학적 처리형 시설

63 수질 및 수생태계 보전에 관한 법률 시행규칙에서 정한 오염도검사 기관이 아닌 것은?

① 지방환경청
② 시·군 보건소
③ 국립환경과학원
④ 도의 보건환경연구원

해설 오염도검사 기관
㉠ 국립환경과학원 및 그 소속기관
㉡ 특별시·광역시 및 도의 보건환경연구원
㉢ 유역환경청 및 지방환경청
㉣ 한국환경공단 및 그 소속 사업소
㉤ 수질 분야의 검사기관 중 환경부장관이 정하여 고시하는 기관
㉥ 그 밖에 환경부장관이 정하여 고시하는 수질검사기관

64 폐수 배출규모에 따른 사업장 종별 기준으로 맞는 것은?

① 1일 폐수 배출량 2,000m³ 이상-제1종 사업장
② 1일 폐수 배출량 700m³ 이상-제3종 사업장
③ 1일 폐수 배출량 200m³ 이상-제4종 사업장
④ 1일 폐수 배출량 50m³ 이상, 200m³ 미만-제5종 사업장

해설 사업장 규모별 구분

종류	배출규모
제1종사업장	1일 폐수배출량이 2,000m³ 이상인 사업장
제2종사업장	1일 폐수배출량이 700m³ 이상, 2,000m³ 미만인 사업장
제3종사업장	1일 폐수배출량이 200m³ 이상, 700m³ 미만인 사업장
제4종사업장	1일 폐수배출량이 50m³ 이상, 200m³ 미만인 사업장
제5종사업장	위 제1종부터 제4종까지의 사업장에 해당하지 아니하는 배출시설

65 환경부장관이 폐수처리업의 등록을 한 자에 대하여 영업정지를 명하여야 하는 경우로 그 영업정지가 주민의 생활, 그 밖의 공익에 현저한 지장을 초래할 우려가 있다고 인정되는 경우에는 영업정지처분에 갈음하여 과징금을 부과할 수 있다. 이 경우 최대 과징금 액수는?

① 1억 원 ② 2억 원
③ 3억 원 ④ 5억 원

66 공공수역 중 환경부령으로 정하는 수로가 아닌 것은?

① 지하수로 ② 농업용 수로
③ 상수관거 ④ 운하

해설 환경부령으로 정하는 수로
㉠ 지하수로
㉡ 농업용 수로
㉢ 하수관로
㉣ 운하

67 하천수질 및 수생태계 상태가 생물등급으로 "약간 나쁨 – 매우 나쁨"일 때의 생물 지표종(저서생물)은? (단, 수질 및 수생태계 상태별 생물학적 특성 이해표 기준)

① 붉은깔따구, 나방파리
② 넓적거머리, 민하루살이
③ 물달팽이, 턱거머리
④ 물삿갓벌레, 물벌레

해설 수질 및 수생태계 상태별 생물학적 특성 이해표

생물 등급	생물 지표종		서식지 및 생물 특성
	저서생물 (底棲生物)	어류	
매우 좋음 ~ 좋음	옆새우, 가재, 뿔하루살이, 민하루살이, 강도래, 물도래, 광택날도래, 띠무늬우묵날도래, 바수염날도래	산천어, 금강모치, 열목어, 버들치 등 서식	• 물이 매우 맑으며, 유속은 빠른 편임 • 바닥은 주로 바위와 자갈로 구성됨 • 부착 조류(藻類)가 매우 적음
좋음 ~ 보통	다슬기, 넓적거머리, 강하루살이, 동양하루살이, 등줄하루살이, 등딱지하루살이, 물삿갓벌레, 큰줄날도래	쉬리, 갈겨니, 은어, 쏘가리 등 서식	• 물이 맑으며, 유속은 약간 빠르거나 보통임 • 바닥은 주로 자갈과 모래로 구성됨 • 부착 조류가 약간 있음
보통 ~ 약간 나쁨	물달팽이, 턱거머리, 물벌레, 밀잠자리	피라미, 끄리, 모래무지, 참붕어 등 서식	• 물이 약간 혼탁하며, 유속은 약간 느린 편임 • 바닥은 주로 잔자갈과 모래로 구성됨 • 부착 조류가 녹색을 띠며 많음
약간 나쁨 ~ 매우 나쁨	왼돌이물달팽이, 실지렁이, 붉은깔따구, 나방파리, 꽃등에	붕어, 잉어, 미꾸라지, 메기 등 서식	• 물이 매우 혼탁하며, 유속은 느린 편임 • 바닥은 주로 모래와 실트로 구성되며, 대체로 검은색을 띰 • 부착 조류가 갈색 혹은 회색을 띠며 매우 많음

68 낚시금지구역에서 낚시행위를 한 자에 대한 과태료 기준은?

① 50만 원 이하의 과태료
② 100만 원 이하의 과태료
③ 200만 원 이하의 과태료
④ 300만 원 이하의 과태료

69 배출부과금을 부과할 때 고려하여야 하는 사항으로 틀린 것은?

① 배출허용기준 초과 여부
② 수질오염물질의 배출량
③ 수질오염물질의 배출시점
④ 배출되는 수질오염물질의 종류

해설 배출부과금을 부과할 때 고려하여야 하는 사항
㉠ 배출허용기준 초과 여부
㉡ 배출되는 수질오염물질의 종류
㉢ 수질오염물질의 배출기간
㉣ 수질오염물질의 배출량
㉤ 자가측정 여부
㉥ 그 밖에 수질환경의 오염 또는 개선과 관련되는 사항으로서 환경부령으로 정하는 사항

70 환경부장관이 비점오염원관리지역을 지정 · 고시한 때에 수립하는 비점오염원관리대책에 포함되어야 하는 사항으로 틀린 것은?

① 관리목표
② 관리대상 수질오염물질의 종류 및 발생량
③ 관리대상 수질오염물질의 발생 예방 및 저감 방안
④ 관리대상 수질오염물질이 수질오염에 미치는 영향

해설 비점오염원관리대책에 포함되어야 하는 사항
㉠ 관리목표
㉡ 관리대상 수질오염물질의 종류 및 발생량
㉢ 관리대상 수질오염물질의 발생 예방 및 저감 방안
㉣ 그 밖에 관리지역을 적정하게 관리하기 위하여 환경부령으로 정하는 사항

71 수질 및 수생태계 환경기준 중 하천 전수역에서 사람의 건강보호기준으로 검출되어서는 안 되는 오염물질(검출한계 0.0005)은?

① 폴리클로리네이티드비페닐(PCB)
② 테트라클로로에틸렌(PCE)
③ 사염화탄소
④ 비소

해설 하천의 사람의 건강보호기준

항목	기준값(mg/L)
카드뮴(Cd)	0.005 이하
비소(As)	0.05 이하
시안(CN)	검출되어서는 안 됨(검출한계 0.01)
수은(Hg)	검출되어서는 안 됨 (검출한계 0.001)
유기인	검출되어서는 안 됨 (검출한계 0.0005)
폴리클로리네이티드비페닐 (PCB)	검출되어서는 안 됨 (검출한계 0.0005)
납(Pb)	0.05 이하
6가 크롬(Cr^{6+})	0.05 이하
음이온 계면활성제(ABS)	0.5 이하
사염화탄소	0.004 이하
1,2 - 디클로로에탄	0.03 이하
테트라클로로에틸렌(PCE)	0.04 이하
디클로로메탄	0.02 이하
벤젠	0.01 이하
클로로포름	0.08 이하
디에틸헥실프탈레이트(DEHP)	0.008 이하
안티몬	0.02 이하
1,4 - 다이옥세인	0.05 이하
포름알데히드	0.5 이하
헥사클로로벤젠	0.00004 이하

72 특정수질유해물질 등을 누출 · 유출하거나 버린 자에 대한 벌칙기준으로 적합한 것은?

① 2년 이하의 징역
② 3년 이하의 징역
③ 5년 이하의 징역
④ 7년 이하의 징역

73 물환경보전법상 공공수역에 해당되지 않는 것은?

① 상수관거　　② 하천
③ 호소　　④ 항만

해설 공공수역이란 하천, 호소, 항만, 연안해역, 그 밖에 공공용으로 사용되는 수역과 이에 접속하여 공공용으로 사용되는 환경부령으로 정하는 수로를 말한다.

74 수질오염물질 종류가 아닌 것은?

① BOD
② 색소
③ 세제류
④ 부유물질

75 오염총량관리기본계획에 포함되어야 할 사항으로 틀린 것은?

① 해당 지역 개발계획의 내용
② 지방자치단체별 · 수계구간별 · 저감시설 현황
③ 관할 지역에서 배출되는 오염부하량의 총량 및 저감계획
④ 해당 지역 개발계획으로 인하여 추가로 배출되는 오염부하량 및 그 저감계획

해설 오염총량관리기본계획에 포함되어야 할 사항
㉠ 해당 지역 개발계획의 내용
㉡ 지방자치단체별 · 수계구간별 오염부하량의 할당
㉢ 관할 지역에서 배출되는 오염부하량의 총량 및 저감계획
㉣ 해당 지역 개발계획으로 인하여 추가로 배출되는 오염부하량 및 그 저감계획

76 비점오염원의 변경신고 기준으로 (　)에 옳은 것은?

총 사업면적 · 개발면적 또는 사업장 부지면적이 처음 신고면적의 (　) 증가하는 경우

① 100분의 15 이상
② 100분의 20 이상
③ 100분의 30 이상
④ 100분의 50 이상

해설 비점오염원의 변경신고를 하여야 하는 경우
㉠ 상호 · 대표자 · 사업명 또는 업종의 변경
㉡ 총 사업면적 · 개발면적 또는 사업장 부지면적이 처음 신고면적의 100분의 15 이상 증가하는 경우
㉢ 비점오염저감시설의 종류, 위치, 용량이 변경되는 경우
㉣ 비점오염원 또는 비점오염저감시설의 전부 또는 일부를 폐쇄하는 경우

77 공공폐수처리시설 기본계획에 포함되어야 하는 사항으로 틀린 것은?

① 공공폐수처리시설의 설치 · 운영자에 관한 사항
② 오염원 분포 및 폐수배출량과 그 예측에 관한 사항
③ 공공폐수처리시설 설치 부담금 및 공공폐수처리시설 사용료의 비용부담에 관한 사항
④ 공공폐수처리시설 대상지역의 수질 영향에 관한 사항

해설 공공폐수처리시설 기본계획에 포함되어야 하는 사항
㉠ 공공폐수처리시설에서 처리하려는 대상 지역에 관한 사항
㉡ 오염원분포 및 폐수배출량과 그 예측에 관한 사항
㉢ 공공폐수처리시설의 폐수처리계통도, 처리능력 및 처리방법에 관한 사항
㉣ 공공폐수처리시설에서 처리된 폐수가 방류수역의 수질에 미치는 영향에 관한 평가
㉤ 공공폐수처리시설의 설치 · 운영자에 관한 사항
㉥ 공공폐수처리시설 설치 부담금 및 공공폐수처리시설 사용료의 비용부담에 관한 사항
㉦ 총사업비, 분야별 사업비 및 그 산출근거
㉧ 연차별 투자계획 및 자금조달계획
㉨ 토지 등의 수용 · 사용에 관한 사항
㉩ 그 밖에 공공폐수처리시설의 설치 · 운영에 필요한 사항

78 낚시금지구역 또는 낚시제한구역을 지정하려는 경우에 몇 가지 사항을 고려하여야 한다. 이에 해당되지 않는 사항은?

① 용수의 목적
② 오염원 현황
③ 월별 수질오염물질 파악
④ 낚시터 인근에서의 쓰레기 발생 현황 및 처리 여건

해설 낚시금지구역 또는 낚시제한구역을 지정하려는 경우에는 다음의 사항을 고려하여야 한다.
㉠ 용수의 목적
㉡ 오염원 현황
㉢ 수질오염도
㉣ 낚시터 인근에서의 쓰레기 발생 현황 및 처리 여건
㉤ 연도별 낚시 인구의 현황
㉥ 서식 어류의 종류 및 양 등 수중생태계의 현황

79 시 · 도지사 또는 시장 · 군수가 도종합계획 또는 시군종합계획을 작성할 때 시설의 설치계획을 반영하여야 하는 시설이 아닌 것은?

① 분뇨처리시설
② 쓰레기 처리시설
③ 공공폐수처리시설
④ 공공하수처리시설

해설 시 · 도지사 또는 시장 · 군수가 도종합계획 또는 시군종합계획을 작성할 경우에는 다음의 시설에 대한 설치계획을 반영하여야 한다.
㉠ 공공폐수처리시설
㉡ 공공하수처리시설
㉢ 분뇨처리시설
㉣ 공공처리시설

80 수질오염방지시설 중 물리적 처리시설에 해당되는 것은?

① 응집시설
② 흡착시설
③ 이온교환시설
④ 침전물 개량시설

해설 물리적 처리시설
㉠ 스크린
㉡ 분쇄기
㉢ 침사(沈砂)시설
㉣ 유수분리시설
㉤ 유량조정시설(집수조)
㉥ 혼합시설
㉦ 응집시설
㉧ 침전시설
㉨ 부상시설
㉩ 여과시설
㉪ 탈수시설
㉫ 건조시설
㉬ 증류시설
㉭ 농축시설

수질환경산업기사 필기 문제풀이
INDUSTRIAL ENGINEER WATER POLLUTION ENVIRONMENTAL

03

CBT 실전모의고사

실전점검!

01 회

CBT 실전모의고사

수험번호:

수험자명:

제한 시간 : 2시간
남은 시간 :

글자
크기 🔍 100% Ⓜ 150% ⊕ 200% 화면
배치 ▢▢ ▢▢ ▢

전체 문제 수 :
안 푼 문제 수 :

답안 표기란

1	①	②	③	④
2	①	②	③	④
3	①	②	③	④
4	①	②	③	④
5	①	②	③	④
6	①	②	③	④
7	①	②	③	④
8	①	②	③	④
9	①	②	③	④
10	①	②	③	④
11	①	②	③	④
12	①	②	③	④
13	①	②	③	④
14	①	②	③	④
15	①	②	③	④
16	①	②	③	④
17	①	②	③	④
18	①	②	③	④
19	①	②	③	④
20	①	②	③	④
21	①	②	③	④
22	①	②	③	④
23	①	②	③	④
24	①	②	③	④
25	①	②	③	④
26	①	②	③	④
27	①	②	③	④
28	①	②	③	④
29	①	②	③	④
30	①	②	③	④

1과목 **수질오염개론**

01 용량 500L인 물의 용존산소 농도가 9.2mg/L인 경우 Na_2SO_3로 물속의 용존산소를 완전히 제거하려고 한다. 이론적으로 필요한 Na_2SO_3의 양은?(단, Na의 원자량 : 23)

① 약 36g ② 약 48g
③ 약 56g ④ 약 64g

02 1차 반응에 있어 반응 초기의 농도가 100mg/L이고, 반응 4시간 후에 10mg/L로 감소되었다. 반응 2시간 후의 농도(mg/L)는?

① 24.9 ② 31.6
③ 44.7 ④ 56.2

03 박테리아(분자식 : $C_5H_7O_2N$) 20g의 호기성 분해시 이론적 소요 산소량은?(단, CO_2, NH_3, H_2O로 분해됨)

① 22.6g ② 28.3g
③ 34.2g ④ 37.8g

04 해수의 함유성분 중 "holy seven"이 아닌 것은?

① PO_4^{3-} ② Mg^{2+}
③ HCO_3^- ④ K^+

🖩 계산기 다음 ▶ 🗒 안 푼 문제 📋 답안 제출

실전점검!
CBT 실전모의고사

수험번호 :
수험자명 :

제한 시간 : 2시간
남은 시간 :

글자
크기 100% 150% 200%

화면
배치

전체 문제 수 :
안 푼 문제 수 :

답안 표기란

1	① ② ③ ④
2	① ② ③ ④
3	① ② ③ ④
4	① ② ③ ④
5	① ② ③ ④
6	① ② ③ ④
7	① ② ③ ④
8	① ② ③ ④
9	① ② ③ ④
10	① ② ③ ④
11	① ② ③ ④
12	① ② ③ ④
13	① ② ③ ④
14	① ② ③ ④
15	① ② ③ ④
16	① ② ③ ④
17	① ② ③ ④
18	① ② ③ ④
19	① ② ③ ④
20	① ② ③ ④
21	① ② ③ ④
22	① ② ③ ④
23	① ② ③ ④
24	① ② ③ ④
25	① ② ③ ④
26	① ② ③ ④
27	① ② ③ ④
28	① ② ③ ④
29	① ② ③ ④
30	① ② ③ ④

05 $BOD_5 = 300mg/L$이고, $COD = 1,000mg/L$인 경우 NBDCOD는?(단, 탈산소계수 $K_1 = 0.2/day$, 상용대수 기준)
① 627mg/L
② 649mg/L
③ 667mg/L
④ 687mg/L

06 물의 물리적 성질을 나타낸 것으로 옳지 않은 것은?
① 비열 1.0cal/g(20℃)
② 표면장력 72.75dyne/cm(20℃)
③ 비저항 $2.5 \times 10^7 \Omega \cdot cm$
④ 기화열 539.032cal/g(100℃)

07 친수성 콜로이드에 관한 설명으로 옳지 않은 것은?
① 틴들(Tyndall)효과가 현저하다.
② 물리적 상태가 유탁질이다.
③ 다량의 염을 첨가하여야 응결침전된다.
④ 매우 큰 분자 또는 이온상태로 존재한다.

08 탈질 미생물에 관한 설명으로 옳지 않은 것은?
① 최적 pH는 6~8 정도이다.
② 탈질균 대부분은 통성 혐기성균으로 호기, 혐기 어느 상태에서도 증식이 가능하다.
③ 에너지원은 유기물이 아닌 화학에너지를 사용한다.
④ 탈질 시 알칼리도가 생성된다.

계산기   다음 ▶   안 푼 문제   답안 제출

실전점검!

01회 CBT 실전모의고사

수험번호 :

수험자명 :

제한 시간 : 2시간
남은 시간 :

글자
크기 100% 150% 200%

화면
배치

전체 문제 수 :
안 푼 문제 수 :

답안 표기란

09 회복지대의 특성에 대한 설명으로 옳지 않은 것은?(단, Whipple의 하천정화단계 기준)

① 용존산소량이 증가함에 따라 질산염과 아질산염의 농도가 감소한다.

② 혐기성균이 호기성균으로 대체되며 Fungi도 조금씩 발생한다.

③ 광합성을 하는 조류가 번식하고 원생동물, 윤충, 갑각류가 번식한다.

④ 바닥에서는 조개나 벌레의 유충이 번식하며 오염에 견디는 힘이 강한 은빛 담수어 등의 물고기도 서식한다.

10 유량이 10,000m³/day인 폐수를 하천에 방류하였다. 하천의 BOD는 4mg/L이며, 유량은 4,000,000m³/day이다. 방류한 폐수가 하천수와 완전 혼합되었을 때 하천의 BOD가 1mg/L 높아진다고 하면, 하천으로 유입되는 폐수의 BOD농도는?

① 405mg/L

② 455mg/L

③ 810mg/L

④ 905mg/L

11 기체분석법의 이해에 바탕이 되는 법칙으로 기체가 관련된 화학반응에서는 반응하는 기체와 생성된 기체의 부피 사이에는 정수관계가 성립된다는 법칙은?

① Graham 법칙

② Charles 법칙

③ Gay-Lussac 법칙

④ Dalton 법칙

12 Glucose($C_6H_{12}O_6$) 500mg/L 용액의 이론적 COD값은?

① 426mg/L

② 484mg/L

③ 512mg/L

④ 533mg/L

1	①	②	③	④
2	①	②	③	④
3	①	②	③	④
4	①	②	③	④
5	①	②	③	④
6	①	②	③	④
7	①	②	③	④
8	①	②	③	④
9	①	②	③	④
10	①	②	③	④
11	①	②	③	④
12	①	②	③	④
13	①	②	③	④
14	①	②	③	④
15	①	②	③	④
16	①	②	③	④
17	①	②	③	④
18	①	②	③	④
19	①	②	③	④
20	①	②	③	④
21	①	②	③	④
22	①	②	③	④
23	①	②	③	④
24	①	②	③	④
25	①	②	③	④
26	①	②	③	④
27	①	②	③	④
28	①	②	③	④
29	①	②	③	④
30	①	②	③	④

계산기   다음 ▶   안 푼 문제   답안 제출

글자
크기 100% 150% 200%　화면
배치 　전체 문제 수 :
안 푼 문제 수 :

답안 표기란

13 수질분석결과 양이온이 Ca^{2+} 40mg/L, Na^+ 46mg/L, Mg^{2+} 48mg/L이라면 이 물의 총경도는?(단, 원자량은 Ca : 40, Mg : 24, Na : 23)

① 150mg/L as $CaCO_3$
② 200mg/L as $CaCO_3$
③ 250mg/L as $CaCO_3$
④ 300mg/L as $CaCO_3$

14 개미산(HCOOH)의 ThOD/TOC의 비는?

① 1.33
② 2.14
③ 2.67
④ 3.19

15 음용수를 염소 소독할 때 살균력이 강한 순서로 된 것은?(단, 강함→ 약함)

⊙ OCl^-	ⓒ HOCl	ⓒ Chloramine

① ⊙→ⓒ→ⓒ
② ⓒ→⊙→ⓒ
③ ⊙→ⓒ→ⓒ
④ ⓒ→⊙→ⓒ

16 증류수에 NaOH 40mg을 가하여 1L로 제조한 용액의 pH는?(단, 완전해리 기준, Na 원자량 23임)

① 9
② 10
③ 11
④ 12

답안 표기란: 1~30 각 ① ② ③ ④

계산기　다음 ▶　안 푼 문제　답안 제출

01 회 실전점검!
CBT 실전모의고사

수험번호 :

수험자명 :

⏱ 제한 시간 : 2시간
남은 시간 :

글자
크기 ⊖ 100% Ⓜ 150% ⊕ 200%

화면
배치 ▤▮▯▯

전체 문제 수 :
안 푼 문제 수 :

17 성층현상이 있는 호수에서 수온의 큰 도약을 가지는 층은?

① Hypolimnion
② Thermocline
③ 침전물층
④ Epilimnion

18 하천수 수온은 10℃이다. 20℃ 탈산소계수 K(상용대수)가 $0.1day^{-1}$이라면 최종 BOD와 BOD_3의 비는?(단, $K_T = K_{20} \times 1.047^{(T-20)}$, BOD_3 / BOD_u)

① 0.35
② 0.42
③ 0.46
④ 0.53

19 NaOH 용액의 pH가 10.7일 때 수산이온(OH^-)의 농도는?

① $5 \times 10^{-5} mole/L$
② $5 \times 10^{-4} mole/L$
③ $2 \times 10^{-5} mole/L$
④ $2 \times 10^{-4} mole/L$

20 25℃, 2기압의 압력에 있는 메탄가스 100kg을 저장하는 데 필요한 탱크의 부피는?(단, 이상기체 법칙 적용, $R = 0.082L \cdot atm/mol \cdot K$)

① $5.64 \times 10^4 L$
② $5.64 \times 10^5 L$
③ $7.64 \times 10^4 L$
④ $7.64 \times 10^5 L$

1	①	②	③	④
2	①	②	③	④
3	①	②	③	④
4	①	②	③	④
5	①	②	③	④
6	①	②	③	④
7	①	②	③	④
8	①	②	③	④
9	①	②	③	④
10	①	②	③	④
11	①	②	③	④
12	①	②	③	④
13	①	②	③	④
14	①	②	③	④
15	①	②	③	④
16	①	②	③	④
17	①	②	③	④
18	①	②	③	④
19	①	②	③	④
20	①	②	③	④
21	①	②	③	④
22	①	②	③	④
23	①	②	③	④
24	①	②	③	④
25	①	②	③	④
26	①	②	③	④
27	①	②	③	④
28	①	②	③	④
29	①	②	③	④
30	①	②	③	④

⌨ 계산기   다음 ▶   🗏 안 푼 문제   📄 답안 제출

2과목 수질오염방지기술

21 BOD 300mg/L이고, 염소이온농도가 100mg/L인 공장폐수를 청수로 희석하여 활성슬러지법으로 처리한 결과 BOD 20mg/L, 염소이온농도 20mg/L이었다. 활성슬러지법의 BOD처리효율은?

① 약 85% ② 약 72%

③ 약 67% ④ 약 54%

22 1kg의 BOD_5를 호기성 처리하는 데 0.8kg의 O_2가 필요하고, 표면교반기를 통해 전력 1kW로 물에 2.4kg O_2를 주입할 수 있다면 이 포기조로 유입되는 BOD_5 부하량 800kg/day을 모두 처리하기 위하여 요구되는 O_2를 공급하는 데 필요한 하루 이론 전력량은?

① 133kW ② 184kW

③ 267kW ④ 296kW

23 활성탄을 이용한 고도처리 방법에서 2차 처리 유출수의 유기물 농도가 12mg/L일 때 활성탄 흡착법을 이용하여 3차 처리 유출수 유기물 농도를 1mg/L로 되게 하기 위해 1L당 필요한 활성탄량은?(단, Freundlich 등온식 적용, K = 0.5, n = 1이다.)

① 16mg ② 19mg

③ 22mg ④ 25mg

01 실전점검!
CBT 실전모의고사

수험번호:
수험자명:

제한 시간 : 2시간
남은 시간 :

글자
크기 100% 150% 200%

화면
배치

전체 문제 수 :
안 푼 문제 수 :

24 직사각형 침전지의 길이가 20m, 폭이 10m, 깊이가 5m이고, 유입되는 폐수는 하루에 3,000m³에 이르며 BOD농도는 250mg/L, SS가 370mg/L라면 수리학적 표면 부하율은?

① 3m³/m² · 일
② 6m³/m² · 일
③ 15m³/m² · 일
④ 30m³/m² · 일

25 다음은 슬러지 처리공정을 순서대로 배치한 것이다. 일반적인 순서로 가장 옳은 것은?

① 농축 → 약품조정 → 유기물의 안정화 → 건조 → 탈수 → 최종처분
② 농축 → 유기물의 안정화 → 약품조정 → 탈수 → 건조 → 최종처분
③ 약품조정 → 농축 → 유기물의 안정화 → 탈수 → 건조 → 최종처분
④ 유기물의 안정화 → 농축 → 약품조정 → 탈수 → 건조 → 최종처분

26 고형물의 농도가 15%인 슬러지 100kg을 건조상에서 건조시킨 후 수분이 20%로 나타났다. 제거된 수분의 양은?(단, 슬러지 비중 1.0)

① 약 80.2kg
② 약 81.3kg
③ 약 82.6kg
④ 약 83.8kg

27 생물학적 인(P) 제거공법인 A/O 공법에 관한 설명으로 옳지 않은 것은?

① 인 제거 성능은 우천 시에 저하되는 경향이 있다.
② 표준활성슬러지법의 반응조 전반 40~60% 정도를 혐기반응조로 하는 것이 표준이다.
③ 혐기반응조의 운전지표로 산화환원전위를 사용할 수 있다.
④ 인 제거 기능 외에 사상성 미생물에 의한 벌킹 억제효과가 있다.

답안 표기란

1	① ② ③ ④
2	① ② ③ ④
3	① ② ③ ④
4	① ② ③ ④
5	① ② ③ ④
6	① ② ③ ④
7	① ② ③ ④
8	① ② ③ ④
9	① ② ③ ④
10	① ② ③ ④
11	① ② ③ ④
12	① ② ③ ④
13	① ② ③ ④
14	① ② ③ ④
15	① ② ③ ④
16	① ② ③ ④
17	① ② ③ ④
18	① ② ③ ④
19	① ② ③ ④
20	① ② ③ ④
21	① ② ③ ④
22	① ② ③ ④
23	① ② ③ ④
24	① ② ③ ④
25	① ② ③ ④
26	① ② ③ ④
27	① ② ③ ④
28	① ② ③ ④
29	① ② ③ ④
30	① ② ③ ④

계산기

다음 ▶

안 푼 문제

답안 제출

실전점검!
01회 **CBT 실전모의고사**

수험번호:

수험자명:

제한 시간 : 2시간
남은 시간 :

글자
크기 100% 150% 200%

화면
배치

전체 문제 수 :
안 푼 문제 수 :

28 폐수특성에 따른 적절한 처리법을 연결한 것과 가장 거리가 먼 것은?

① 비소 함유폐수 − 수산화 제2철 공침법

② 시안 함유폐수 − 오존산화법

③ 6가크롬 함유폐수 − 알칼리염소법

④ 카드뮴 함유폐수 − 황화물 침전법

29 200mg/L의 Ethanol(C_2H_5OH)만을 함유한 2,000m³/day의 공장폐수를 일반적인 활성슬러지 공법으로 처리하려면 하루에 첨가하여야 하는 N의 양은?(단, Ethanol은 완전분해(COD = BOD)하고, 독성이 없으며, BOD : N : P = 100 : 5 : 1이다.)

① 42kg

② 64kg

③ 84kg

④ 109kg

30 포기조 내 MLSS의 농도가 3,000mg/L이고, 30분 후 침강된 슬러지의 분율이 25%일 때 SVI는?

① 83

② 110

③ 125

④ 156

1	①	②	③	④
2	①	②	③	④
3	①	②	③	④
4	①	②	③	④
5	①	②	③	④
6	①	②	③	④
7	①	②	③	④
8	①	②	③	④
9	①	②	③	④
10	①	②	③	④
11	①	②	③	④
12	①	②	③	④
13	①	②	③	④
14	①	②	③	④
15	①	②	③	④
16	①	②	③	④
17	①	②	③	④
18	①	②	③	④
19	①	②	③	④
20	①	②	③	④
21	①	②	③	④
22	①	②	③	④
23	①	②	③	④
24	①	②	③	④
25	①	②	③	④
26	①	②	③	④
27	①	②	③	④
28	①	②	③	④
29	①	②	③	④
30	①	②	③	④

계산기   다음 ▶   안 푼 문제   답안 제출

01회 실전점검!
CBT 실전모의고사

수험번호:
수험자명:

제한 시간 : 2시간
남은 시간 :

글자 크기 100% 150% 200%
화면 배치

전체 문제 수 :
안 푼 문제 수 :

답안 표기란

31 호기성 산화지(인위적인 포기를 시켜주는 산화지)에서의 생물학적 특성으로 틀린 것은?

① 미생물 : 박테리아
② 태양광선 : 필요
③ 먹이 : 탄수화물, 단백질
④ 냄새 : 없음

32 슬러지 개량(Conditioning)의 방법에는 약품처리, 열처리, 냉동, 방사선처리, 세척방법 등이 있다. 슬러지 개량을 행하는 주된 이유는?

① 탈수 특성을 좋게 하기 위해
② 고형화 특성을 좋게 하기 위해
③ 탈취 특성을 좋게 하기 위해
④ 살균 특성을 좋게 하기 위해

33 하수 소독방법 중 UV 소독방법의 장점으로 옳지 않은 것은?

① 유량과 수질의 변동에 대하여 적응력이 강하다.
② 화학적 부작용이 적어 안전하다.
③ 물의 혼탁에 영향 없이 소독능력을 유지한다.
④ 자외선의 강한 살균력으로 바이러스에 대해 효과적으로 작용한다.

34 혐기성 조건하에서 500g의 $C_6H_{12}O_6$(glucose)로부터 발생 가능한 CH_4가스의 용적은?(단, 표준상태 기준)

① 164L
② 176L
③ 187L
④ 198L

답안 표기란

31	①	②	③	④
32	①	②	③	④
33	①	②	③	④
34	①	②	③	④
35	①	②	③	④
36	①	②	③	④
37	①	②	③	④
38	①	②	③	④
39	①	②	③	④
40	①	②	③	④
41	①	②	③	④
42	①	②	③	④
43	①	②	③	④
44	①	②	③	④
45	①	②	③	④
46	①	②	③	④
47	①	②	③	④
48	①	②	③	④
49	①	②	③	④
50	①	②	③	④
51	①	②	③	④
52	①	②	③	④
53	①	②	③	④
54	①	②	③	④
55	①	②	③	④
56	①	②	③	④
57	①	②	③	④
58	①	②	③	④
59	①	②	③	④
60	①	②	③	④

계산기   다음 ▶   안 푼 문제   답안 제출

실전점검!

01회 **CBT 실전모의고사**

수험번호 :

수험자명 :

제한 시간 : 2시간
남은 시간 :

글자
크기 100% 150% 200%

화면
배치

전체 문제 수 :
안 푼 문제 수 :

답안 표기란				
31	①	②	③	④
32	①	②	③	④
33	①	②	③	④
34	①	②	③	④
35	①	②	③	④
36	①	②	③	④
37	①	②	③	④
38	①	②	③	④
39	①	②	③	④
40	①	②	③	④
41	①	②	③	④
42	①	②	③	④
43	①	②	③	④
44	①	②	③	④
45	①	②	③	④
46	①	②	③	④
47	①	②	③	④
48	①	②	③	④
49	①	②	③	④
50	①	②	③	④
51	①	②	③	④
52	①	②	③	④
53	①	②	③	④
54	①	②	③	④
55	①	②	③	④
56	①	②	③	④
57	①	②	③	④
58	①	②	③	④
59	①	②	③	④
60	①	②	③	④

35 혐기성 소화와 비교하여 호기성 소화 처리 시의 장단점으로 틀린 것은?

① 운전이 쉽다.

② 유기물 감소율이 크다.

③ 처리슬러지 상징수의 BOD, SS가 낮다.

④ 소화 슬러지의 탈수가 불량하다.

36 3차 처리 프로세스 중 5단계 – Bardenpho프로세스에 대한 설명으로 옳지 않은 것은?

① 1차 포기조에서는 질산화가 일어난다.

② 혐기조에서는 용해성 인의 과잉흡수가 일어난다.

③ 인의 제거는 인의 함량이 높은 잉여슬러지를 제거함으로써 가능하다.

④ 무산소조에서는 탈질화과정이 일어난다.

37 황산을 제조하는 공장에서 pH 2인 폐수가 200m³/day 배출되고 있다. 이 폐수를 중화시키고자 할 때 필요한 NaOH 양은?(단, NaOH의 순도는 90%이다.)

① 약 69kg/day

② 약 79kg/day

③ 약 89kg/day

④ 약 99kg/day

38 다음의 막분리방법 중 구동력이 다른 것은?

① 정밀여과

② 투석

③ 역삼투

④ 한외여과

계산기

다음 ▶

안 푼 문제

답안 제출

01 실전점검!
CBT 실전모의고사

수험번호 :
수험자명 :

제한 시간 : 2시간
남은 시간 :

글자 크기 100% 150% 200%　화면 배치

전체 문제 수 :
안 푼 문제 수 :

답안 표기란

31	①	②	③	④
32	①	②	③	④
33	①	②	③	④
34	①	②	③	④
35	①	②	③	④
36	①	②	③	④
37	①	②	③	④
38	①	②	③	④
39	①	②	③	④
40	①	②	③	④
41	①	②	③	④
42	①	②	③	④
43	①	②	③	④
44	①	②	③	④
45	①	②	③	④
46	①	②	③	④
47	①	②	③	④
48	①	②	③	④
49	①	②	③	④
50	①	②	③	④
51	①	②	③	④
52	①	②	③	④
53	①	②	③	④
54	①	②	③	④
55	①	②	③	④
56	①	②	③	④
57	①	②	③	④
58	①	②	③	④
59	①	②	③	④
60	①	②	③	④

39 유입폐수의 유량이 2,000m³/day, 포기조 내의 MLSS 농도가 4,500mg/L이며 포기시간은 12시간, 최종침전지에서 매일 25m³의 잉여슬러지를 인발한다. 이때 잉여슬러지의 농도는 50,000mg/L이며, 방류수의 SS를 무시한다면 슬러지 체류시간(SRT)은?

① 6.3day
② 5.3day
③ 4.8day
④ 3.6day

40 BOD 300mg/L인 폐수가 폭기조 BOD부하 0.4kgBOD/kgMLSS·day인 활성슬러지법으로 6시간 폭기할 때 MLSS 농도(mg/L)는?

① 3,300mg/L
② 3,000mg/L
③ 2,700mg/L
④ 2,400mg/L

3과목　**수질오염공정시험기준**

41 다음의 (　) 안에 옳은 내용은?　　　　　(기준변경)

원자흡광광도법의 시험방법은 시료를 적당한 방법으로 해리시켜 중성원자로 증기화하여 생긴 (　A　)의 원자가 이 원자증기층을 투과하는 특유 파장의 빛을 흡수하는 현상을 이용하여 (　B　)과(와) 같은 개개의 특유파장에 대한 흡광도를 측정한다.

① A : 여기상태, B : 근접선
② A : 여기상태, B : 원자흡광
③ A : 바닥상태, B : 공명선
④ A : 바닥상태, B : 광전측광

계산기　　　　　　다음 ▶　　　　　안 푼 문제　답안 제출

실전점검!
01회
CBT 실전모의고사

수험번호 :

수험자명 :

제한 시간 : 2시간
남은 시간 :

글자 크기 100% 150% 200%

화면 배치

전체 문제 수 :
안 푼 문제 수 :

답안 표기란

31	① ② ③ ④
32	① ② ③ ④
33	① ② ③ ④
34	① ② ③ ④
35	① ② ③ ④
36	① ② ③ ④
37	① ② ③ ④
38	① ② ③ ④
39	① ② ③ ④
40	① ② ③ ④
41	① ② ③ ④
42	① ② ③ ④
43	① ② ③ ④
44	① ② ③ ④
45	① ② ③ ④
46	① ② ③ ④
47	① ② ③ ④
48	① ② ③ ④
49	① ② ③ ④
50	① ② ③ ④
51	① ② ③ ④
52	① ② ③ ④
53	① ② ③ ④
54	① ② ③ ④
55	① ② ③ ④
56	① ② ③ ④
57	① ② ③ ④
58	① ② ③ ④
59	① ② ③ ④
60	① ② ③ ④

42 6가크롬의 흡광광도법의 시험방법에 관한 설명으로 옳지 않은 것은? **(기준변경)**

① 6가크롬에 다이페닐카르자이드를 작용시켜 착화합물을 생성시킨다.

② 적자색의 착화합물의 흡광도를 540nm에서 측정하여 6가크롬을 정량하는 방법이다.

③ 정량범위는 0.002~0.05mg이다.

④ 시료 중에 잔류염소가 공존하면 시료에 황산(1+10)을 소량 넣어 교반한 후 시료로 사용한다.

43 전기전도도에 관한 설명으로 옳지 않은 것은? **(기준변경)**

① 용액이 전류를 운반할 수 있는 정도를 말한다.

② 전기전도도는 온도차에 의한 영향이 크므로 측정 결과값의 통일을 기하기 위해 실온 값으로 환산하여 기록한다.

③ 국제단위계인 mS/m(millisiemens/meter) 또는 μS/cm(microsiemens/centimeter)단위로 측정 결과를 표시하고 있다.

④ mS/m = 10μS/cm(또는 10μmhos/cm)이다.

44 예상 BOD치에 대한 사전경험이 없이 '처리하여 방류된 공장폐수'의 BOD를 측정하려 한다. 시료용액을 희석하여 1L 조제하려면 방류된 공장폐수는 어느 정도 함유되도록 하여야 하는가?

① 0.5~5mL

② 5~25mL

③ 25~50mL

④ 50~250mL

45 다음 측정항목 중 시료의 최대 보존기간이 가장 짧은 항목은?

① 염소이온

② 부유물질

③ 총 인

④ 용존 총 인

계산기

다음 ▶

안 푼 문제

답안 제출

실전점검!
01 회
CBT 실전모의고사

수험번호:
수험자명:

제한 시간 : 2시간
남은 시간 :

글자
크기 100% 150% 200%

화면
배치

전체 문제 수 :
안 푼 문제 수 :

답안 표기란

31	①	②	③	④
32	①	②	③	④
33	①	②	③	④
34	①	②	③	④
35	①	②	③	④
36	①	②	③	④
37	①	②	③	④
38	①	②	③	④
39	①	②	③	④
40	①	②	③	④
41	①	②	③	④
42	①	②	③	④
43	①	②	③	④
44	①	②	③	④
45	①	②	③	④
46	①	②	③	④
47	①	②	③	④
48	①	②	③	④
49	①	②	③	④
50	①	②	③	④
51	①	②	③	④
52	①	②	③	④
53	①	②	③	④
54	①	②	③	④
55	①	②	③	④
56	①	②	③	④
57	①	②	③	④
58	①	②	③	④
59	①	②	③	④
60	①	②	③	④

46 분원성 대장균군 측정방법 중 막여과법에 관한 설명으로 옳지 않은 것은?

① 분원성 대장균군수/100mL 단위로 표시한다.

② 핀셋은 끝이 뭉툭하고 넓으며 여과막을 집어 올릴 때 여과막을 손상시키지 않는 형태의 것으로 화염멸균 가능한 것을 사용한다.

③ 배양기 및 항온수조는 배양온도를 (44.5 ± 0.2)℃로 유지할 수 있는 것을 사용한다.

④ 분원성 대장균군은 배양 후 여러 가지 색조를 띠는 황색의 집락을 형성하며 이를 계수한다.

47 유도결합플라스마 발광광도법을 사용하여 납을 측정할 때의 측정파장으로 옳은 것은? (기준변경)

① 220.35nm

② 320.35nm

③ 420.35nm

④ 520.35nm

48 마이크로파(Micro Wave)에 의한 유기물 분해에 사용되는 밀폐형 용기에 대한 설명으로 옳지 않은 것은? (기준변경)

① 100~300mL의 크기로 마이크로파를 잘 흡수하는 재질이어야 한다.

② 공극이 적고 밀도가 높은 재질이어야 한다.

③ 비극성 재질로 테프론 재질이 사용되며 외장재나 부품, 연결부위 등은 폴리에틸렌이 주로 이용된다.

④ 고온 · 고압에 의한 용기의 파손을 막기 위해 용기 내에 안전밸브나 안전막 등이 반드시 설치되어야 한다.

계산기

다음 ▶

안 푼 문제

답안 제출

01 회

실전점검!
CBT 실전모의고사

수험번호 :

수험자명 :

제한 시간 : 2시간
남은 시간 :

글자
크기 100% 150% 200%

화면
배치

전체 문제 수 :
안 푼 문제 수 :

답안 표기란

31	①	②	③	④
32	①	②	③	④
33	①	②	③	④
34	①	②	③	④
35	①	②	③	④
36	①	②	③	④
37	①	②	③	④
38	①	②	③	④
39	①	②	③	④
40	①	②	③	④
41	①	②	③	④
42	①	②	③	④
43	①	②	③	④
44	①	②	③	④
45	①	②	③	④
46	①	②	③	④
47	①	②	③	④
48	①	②	③	④
49	①	②	③	④
50	①	②	③	④
51	①	②	③	④
52	①	②	③	④
53	①	②	③	④
54	①	②	③	④
55	①	②	③	④
56	①	②	③	④
57	①	②	③	④
58	①	②	③	④
59	①	②	③	④
60	①	②	③	④

49 부유물질에 관한 설명으로 옳지 않은 것은?　　　　　(기준변경)

① 정량범위는 5mg 이상이다.
② 입경이 큰 고형물질을 함유한 시료는 최대한 분쇄한 후 세게 흔들어 섞어 사용한다.
③ 유리섬유 거름종이(GF/C)를 사용한다.
④ 사용한 여과기의 하부 여과재를 중크롬산 황산용액에 넣어 침전물을 녹인 다음 정제수로 씻어준다.

50 다음 ( ) 안에 옳은 내용은?　　　　　(기준변경)

제반 시험 조작은 따로 규정이 없는 한 상온에서 실시하고 조작 직후 그 결과를 관찰하는 것으로 한다. 단, 온도의 영향이 있는 것의 판정은 ( )를(을) 기준으로 한다.

① 실온　　　　　　② 표준온도
③ 수온　　　　　　④ 정온

51 수은 측정을 위해 흡광광도법(디티존법)을 적용할 때 사용되는 완충액으로 가장 적절한 것은?

① 인산－탄산염 완충액(수은시험용)
② 붕산－탄산염 완충액(수은시험용)
③ 인산－수산염 완충액(수은시험용)
④ 붕산－수산염 완충액(수은시험용)

52 납(Pb)의 정량방법 중 디티존법에 의한 흡광광도법에 사용되는 시약이 아닌 것은?
　　　　　(기준변경)

① 암모니아수　　　　　② 구연산이암모늄용액
③ 에틸렌디아민용액　　　④ 시안화칼륨용액

계산기　　　　　　다음 ▶　　　　　안 푼 문제　　답안 제출

01 회 실전점검!
CBT 실전모의고사

수험번호:
수험자명:

제한 시간 : 2시간
남은 시간 :

글자
크기 100% 150% 200%

화면
배치

전체 문제 수 :
안 푼 문제 수 :

53 다음은 시료의 전처리방법 중 '회화에 의한 분해'에 관한 내용이다. ( ) 안에 옳은 것은?

목적성분이 (㉠) 이상에서 (㉡)되지 않고, 쉽게 (㉢)될 수 있는 시료에 적용한다.

① ㉠ 300℃, ㉡ 휘산, ㉢ 회화
② ㉠ 300℃, ㉡ 회화, ㉢ 휘산
③ ㉠ 400℃, ㉡ 휘산, ㉢ 회화
④ ㉠ 400℃, ㉡ 회화, ㉢ 휘산

54 시료의 보존방법으로 옳지 않은 것은?

① 암모니아성 질소 : 황산을 가하여 pH 2 이하로 만들어 4℃에서 보관한다.
② 시안(잔류염소 없음) : NaOH를 가하여 pH 12 이상으로 만들어 4℃에서 보관한다.
③ 유기인 : 염산을 가하여 pH 4 이하로 만들어 4℃에서 보관한다.
④ 6가크롬 : 4℃에서 보관한다.

55 윙클러 – 아지드화나트륨 변법으로 용존산소량(DO)을 측정할 때 시료가 착색, 현탁된 경우의 전처리로 옳은 것은?

① 불화칼륨용액과 황산 주입
② 황산구리 – 술퍼민산 용액 주입
③ 알칼리성 요오드화칼륨 – 아지드화나트륨 용액 주입
④ 칼륨명반용액과 암모니아수 주입

56 다음은 pH 측정 시 pH 미터기의 재현성에 대한 내용이다. ( ) 안에 옳은 것은?

(기준변경)

pH 미터는 조작법에 따라 임의의 한 종류가 pH 표준액에 대하여 검출부를 물로 잘 씻은 다음 5회 되풀이하여 pH를 측정하였을 때 그 재현성이 ( )의 것을 쓴다.

① ±0.03 이내
② ±0.05 이내
③ ±0.1 이내
④ ±0.5 이내

답안 표기란

31	① ② ③ ④
32	① ② ③ ④
33	① ② ③ ④
34	① ② ③ ④
35	① ② ③ ④
36	① ② ③ ④
37	① ② ③ ④
38	① ② ③ ④
39	① ② ③ ④
40	① ② ③ ④
41	① ② ③ ④
42	① ② ③ ④
43	① ② ③ ④
44	① ② ③ ④
45	① ② ③ ④
46	① ② ③ ④
47	① ② ③ ④
48	① ② ③ ④
49	① ② ③ ④
50	① ② ③ ④
51	① ② ③ ④
52	① ② ③ ④
53	① ② ③ ④
54	① ② ③ ④
55	① ② ③ ④
56	① ② ③ ④
57	① ② ③ ④
58	① ② ③ ④
59	① ② ③ ④
60	① ② ③ ④

계산기   다음 ▶   안 푼 문제   답안 제출

실전점검!
01 회 CBT 실전모의고사

수험번호 :
수험자명 :

제한 시간 : 2시간
남은 시간 :

글자
크기   🔍 100% 🔍 150% 🔍 200%

화면
배치

전체 문제 수 :
안 푼 문제 수 :

답안 표기란

31	① ② ③ ④
32	① ② ③ ④
33	① ② ③ ④
34	① ② ③ ④
35	① ② ③ ④
36	① ② ③ ④
37	① ② ③ ④
38	① ② ③ ④
39	① ② ③ ④
40	① ② ③ ④
41	① ② ③ ④
42	① ② ③ ④
43	① ② ③ ④
44	① ② ③ ④
45	① ② ③ ④
46	① ② ③ ④
47	① ② ③ ④
48	① ② ③ ④
49	① ② ③ ④
50	① ② ③ ④
51	① ② ③ ④
52	① ② ③ ④
53	① ② ③ ④
54	① ② ③ ④
55	① ② ③ ④
56	① ② ③ ④
57	① ② ③ ④
58	① ② ③ ④
59	① ② ③ ④
60	① ② ③ ④

57 중크롬산칼륨에 의한 화학적 산소요구량(COD) 측정 시 염소이온이 40mg 이상 공존할 경우 첨가하는 시약과 염소이온의 비율로 맞는 것은?

① $HgSO_4 : Cl^- = 5 : 1$
② $HgSO_4 : Cl^- = 10 : 1$
③ $AgSO_4 : Cl^- = 5 : 1$
④ $AgSO_4 : Cl^- = 10 : 1$

58 다음 중 흡광광도법 장치의 개요도 순서를 바르게 나타낸 것은? (기준변경)

① 시료부 – 광원부 – 파장선택부 – 측광부
② 광원부 – 파장선택부 – 시료부 – 측광부
③ 광원부 – 시료원자화부 – 단색화부 – 측광부
④ 시료부 – 고주파전원부 – 검출부 – 연산처리부

59 다음은 배출허용기준 적합여부 판정을 위한 복수시료 채취방법에 대한 기준이다. ( ) 안에 옳은 내용은?

자동시료채취기로 시료를 채취할 경우에 6시간 이내에 30분 이상 간격으로 ( ) 이상 채취하여 일정량의 단일 시료로 한다.

① 2회
② 4회
③ 6회
④ 8회

60 측정구간의 개수로 유수의 평균 단면적이 0.9m²이고, 표면 최대유속이 5m/sec일 때 유량은?(단, 수로의 구성, 재질, 수로단면의 형상, 구배 등이 일정치 않은 개수로의 경우)

① 135.0m³/min
② 157.5m³/min
③ 168.8m³/min
④ 202.5m³/min

계산기   다음 ▶   안 푼 문제   답안 제출

실전점검!
01회
CBT 실전모의고사

수험번호:
수험자명:

제한 시간: 2시간
남은 시간:

글자 크기 ⊖ 100% ⊛ 150% ⊕ 200% 화면 배치

전체 문제 수:
안 푼 문제 수:

답안 표기란				
61	①	②	③	④
62	①	②	③	④
63	①	②	③	④
64	①	②	③	④
65	①	②	③	④
66	①	②	③	④
67	①	②	③	④
68	①	②	③	④
69	①	②	③	④
70	①	②	③	④
71	①	②	③	④
72	①	②	③	④
73	①	②	③	④
74	①	②	③	④
75	①	②	③	④
76	①	②	③	④
77	①	②	③	④
78	①	②	③	④
79	①	②	③	④
80	①	②	③	④

4과목 **수질환경관계법규**

61 공동처리구역 안에 배출시설을 설치하고자 하는 자 및 폐수를 배출하고자 하는 자 중 대통령령으로 정하는 자는 당해 사업장에서 배출되는 폐수를 종말처리시설에 유입하여야 하며 이에 필요한 배수관거 등 배수설비를 설치하여야 한다. 이 배수설비의 설치방법, 구조기준에 관한 내용으로 옳지 않은 것은?

① 시간당 최대폐수량이 일평균 폐수량의 2배 이상인 사업자는 자체적으로 유량조정조를 설치하여야 한다.
② 시간당 최대수질과 일평균수질과의 격차가 리터당 100밀리그램 이상인 시설의 사업자는 자체적으로 유량조정조를 설치하여야 한다.
③ 배수관 입구에는 유효간격 10밀리미터 이하의 스크린을 설치하여야 한다.
④ 배수관의 관경은 내경 150밀리미터 이상으로 하여야 한다.

62 1일 폐수 배출량이 800m³인 사업장의 규모로 옳은 것은?

① 2종 사업장
② 3종 사업장
③ 4종 사업장
④ 5종 사업장

63 대권역 수질 및 수생태계 보전계획 수립에 포함되어야 하는 사항과 가장 거리가 먼 내용은?

① 상수원 보호지역 지정 및 이용현황
② 점오염원, 비점오염원 및 기타 수질오염원의 분포현황
③ 수질 및 수생태계 변화 추이 및 목표기준
④ 수질 및 수생태계 보전조치의 추진방향

계산기   다음 ▶   안 푼 문제   답안 제출

실전점검!
01회

CBT 실전모의고사

수험번호 :

수험자명 :

제한 시간 : 2시간
남은 시간 :

글자 크기 100% 150% 200% 화면 배치

전체 문제 수 :
안 푼 문제 수 :

답안 표기란

61	①	②	③	④
62	①	②	③	④
63	①	②	③	④
64	①	②	③	④
65	①	②	③	④
66	①	②	③	④
67	①	②	③	④
68	①	②	③	④
69	①	②	③	④
70	①	②	③	④
71	①	②	③	④
72	①	②	③	④
73	①	②	③	④
74	①	②	③	④
75	①	②	③	④
76	①	②	③	④
77	①	②	③	④
78	①	②	③	④
79	①	②	③	④
80	①	②	③	④

64 수질 및 수생태계 정책심의위원회에 관한 설명으로 옳지 않은 것은?

① 수계, 호소 등의 관리 우선순위 및 관리대책에 관한 사항을 심의한다.
② 위원장은 환경부 차관으로 한다.
③ 산림청장은 위원회의 위원이다.
④ 위원회는 위원장과 부위원장 각 1인을 포함한 20인 이내의 위원으로 구성한다.

65 특정수질유해물질로 옳지 않은 것은?

① 염화비닐
② 브로모포름
③ 셀레늄과 그 화합물
④ 바륨과 그 화합물

66 오염총량관리기본계획안에 첨부되어야 하는 서류와 가장 거리가 먼 것은?

① 오염원의 자연증감에 관한 분석자료
② 오염부하량의 산정에 사용한 자료
③ 지역개발에 관한 과거와 장래의 계획에 관한 자료
④ 오염총량 관리 기준에 관한 자료

67 배출부과금을 부과할 때 고려하여야 하는 사항과 가장 거리가 먼 것은?

① 배출시설 규모
② 배출되는 수질오염물질의 종류
③ 수질오염물질의 배출량
④ 배출허용기준 초과 여부

68 총량관리 단위유역의 수질 측정방법 기준으로 옳은 것은?

① 오염총량목표수질이 설정된 지점별로 연간 10회 이상 측정하여야 한다.
② 오염총량목표수질이 설정된 지점별로 연간 20회 이상 측정하여야 한다.
③ 오염총량목표수질이 설정된 지점별로 연간 30회 이상 측정하여야 한다.
④ 오염총량목표수질이 설정된 지점별로 연간 40회 이상 측정하여야 한다.

 계산기

 다음 ▶

 안 푼 문제

 답안 제출

실전점검!
01회
CBT 실전모의고사

수험번호:

수험자명:

제한 시간 : 2시간
남은 시간 :

글자
크기 100% 150% 200%

화면
배치

전체 문제 수 :
안 푼 문제 수 :

답안 표기란

61	①	②	③	④
62	①	②	③	④
63	①	②	③	④
64	①	②	③	④
65	①	②	③	④
66	①	②	③	④
67	①	②	③	④
68	①	②	③	④
69	①	②	③	④
70	①	②	③	④
71	①	②	③	④
72	①	②	③	④
73	①	②	③	④
74	①	②	③	④
75	①	②	③	④
76	①	②	③	④
77	①	②	③	④
78	①	②	③	④
79	①	②	③	④
80	①	②	③	④

69 수질오염방지시설 중 생물화학적 처리시설로 옳지 않은 것은?

① 폭기시설

② 접촉조

③ 살균시설

④ 안정조

70 수질 및 수생태계 보전에 관한 법률에서 사용하는 용어의 정의로 옳지 않은 것은?

① 폐수 : 물에 액체성 또는 고체성의 수질오염물질이 혼입되어 그대로 사용할 수 없는 물을 말한다.

② 강우유출량 : 불특정장소에서 불특정하게 유출되는 빗물 또는 눈 녹은 물 등을 말한다.

③ 공공수역 : 하천, 호소, 항만, 연안해역 그 밖에 공공용에 사용되는 수역과 이에 접속하여 공공용에 사용되는 환경부령이 정하는 수로를 말한다.

④ 불투수층 : 빗물 또는 눈 녹은 물 등이 지하로 스며들 수 없게 하는 아스팔트, 콘크리트 등으로 포장된 도로, 주차장, 보도 등을 말한다.

71 환경기술인의 임명신고에 관한 기준으로 옳은 것은?(단, 환경기술인을 바꾸어 임명하는 경우)

① 바꾸어 임명한 즉시 신고하여야 한다.

② 바꾸어 임명한 후 3일 이내에 신고하여야 한다.

③ 그 사유가 발생한 즉시 신고하여야 한다.

④ 그 사유가 발생한 날부터 5일 이내에 신고하여야 한다.

계산기

다음 ▶

안 푼 문제

답안 제출

01회 실전점검!
CBT 실전모의고사

수험번호 :

수험자명 :

제한 시간 : 2시간
남은 시간 :

글자
크기 100% 150% 200%

화면
배치

전체 문제 수 :
안 푼 문제 수 :

답안 표기란				
61	①	②	③	④
62	①	②	③	④
63	①	②	③	④
64	①	②	③	④
65	①	②	③	④
66	①	②	③	④
67	①	②	③	④
68	①	②	③	④
69	①	②	③	④
70	①	②	③	④
71	①	②	③	④
72	①	②	③	④
73	①	②	③	④
74	①	②	③	④
75	①	②	③	④
76	①	②	③	④
77	①	②	③	④
78	①	②	③	④
79	①	②	③	④
80	①	②	③	④

72 사업장별 환경기술인의 자격기준이 옳지 않은 것은?

① 제1종사업장 : 수질환경기사 1명 이상

② 제2종사업장 : 수질환경산업기사 1명 이상

③ 제3종사업장 : 수질환경기사, 환경기능사 또는 2년 이상 수질분야 환경관련업무에 종사한 자 1명 이상

④ 제4종사업장, 제5종사업장 : 배출시설 설치허가를 받거나 배출시설 설치신고가 수리된 사업자 또는 배출시설 설치허가를 받거나 배출시설 설치신고가 수리된 사업자가 그 사업장의 배출시설 및 방지시설업무에 종사하는 피고용인 중에서 임명하는 자 1명 이상

73 오염총량초과부과금 산정 방법 및 기준과 관련된 내용으로 옳지 않은 것은?

① 일일유량＝측정유량×조업시간

② 초과오염배출량＝일일초과오염배출량×배출기간

③ 초과배출이익＝초과오염배출량×일별 부과금 단가

④ 지역별 부과계수＝오염총량목표수질 설정지점의 평균수질/오염총량목표수질

74 종말처리시설에 유입된 수질오염물질을 최종 방류구를 거치지 아니하고 배출하거나 최종 방류구를 거치지 아니하고 배출할 수 있는 시설을 설치하는 행위를 한 자에 대한 벌칙기준은?

① 7년 이하의 징역 또는 5천만 원 이하의 벌금

② 5년 이하의 징역 또는 3천만 원 이하의 벌금

③ 3년 이하의 징역 또는 2천만 원 이하의 벌금

④ 2년 이하의 징역 또는 1천만 원 이하의 벌금

계산기   다음 ▶   안 푼 문제   답안 제출

01회 실전점검!
CBT 실전모의고사

수험번호 :

수험자명 :

제한 시간 : 2시간
남은 시간 :

글자 크기 100% 150% 200%   화면 배치

전체 문제 수 :
안 푼 문제 수 :

답안 표기란				
61	①	②	③	④
62	①	②	③	④
63	①	②	③	④
64	①	②	③	④
65	①	②	③	④
66	①	②	③	④
67	①	②	③	④
68	①	②	③	④
69	①	②	③	④
70	①	②	③	④
71	①	②	③	④
72	①	②	③	④
73	①	②	③	④
74	①	②	③	④
75	①	②	③	④
76	①	②	③	④
77	①	②	③	④
78	①	②	③	④
79	①	②	③	④
80	①	②	③	④

75 다음 규정을 위반하여 환경기술인을 임명하지 아니하거나 임명(바꾸어 임명한 것 포함)에 대한 신고를 하지 아니한 자에 대한 과태료 처분 기준으로 옳은 것은?

> 사업자는 배출시설과 방지시설의 정상적인 운영, 관리를 위하여 환경기술인을 임명하고, 대통령령이 정하는 바에 따라 환경부 장관에게 신고하여야 한다. 환경기술인을 바꾸어 임명한 때에도 또한 같다.

① 과태료 200만 원 이하
② 과태료 300만 원 이하
③ 과태료 500만 원 이하
④ 과태료 1,000만 원 이하

76 배출시설(폐수무방류배출시설 제외)의 적정운영에 필요한 시운전 기간으로 옳은 것은?(단, 가동개시일로부터의 기간임)

① 폐수처리방법이 생물화학적 처리방법인 경우(다만, 가동개시일이 11월 1일부터 다음연도 1월 31일까지에 해당되지 않는 경우) : 60일
② 폐수처리방법이 물리적 처리방법인 경우 : 20일
③ 폐수처리방법이 생물화학적 처리방법인 경우(다만, 가동개시일이 11월 1일부터 다음연도 1월 31일까지에 해당되는 경우 : 70일
④ 폐수처리방법이 화학적 처리방법인 경우 : 20일

77 폐수처리업에 종사하는 기술요원에 대한 교육기관으로 옳은 것은?

① 한국환경공단
② 국립환경과학원
③ 환경보전협회
④ 국립환경인력개발원

계산기   다음 ▶   안 푼 문제   답안 제출

실전점검!
01회

CBT 실전모의고사

수험번호 :

수험자명 :

제한 시간 : 2시간
남은 시간 :

글자
크기
100%
150%
200%

화면
배치

전체 문제 수 :
안 푼 문제 수 :

답안 표기란

61	①	②	③	④
62	①	②	③	④
63	①	②	③	④
64	①	②	③	④
65	①	②	③	④
66	①	②	③	④
67	①	②	③	④
68	①	②	③	④
69	①	②	③	④
70	①	②	③	④
71	①	②	③	④
72	①	②	③	④
73	①	②	③	④
74	①	②	③	④
75	①	②	③	④
76	①	②	③	④
77	①	②	③	④
78	①	②	③	④
79	①	②	③	④
80	①	②	③	④

78 다음은 수질오염감시경보 중 관심경보 단계의 발령기준이다. ( ) 안의 내용으로 옳은 것은?

> 가. 수소이온농도, 용존산소, 총 질소, 총 인, 전기전도도, 총 유기탄소, 휘발성 유기화합물, 페놀, 중금속(구리, 납, 아연, 카드뮴 등) 항목 중 (㉠) 이상 항목이 측정 항목별 경보기준을 초과하는 경우
> 나. 생물감시 측정값이 생물감시 경보기준 농도를 (㉡) 이상 지속적으로 초과하는 경우

① ㉠ 1개, ㉡ 30분
② ㉠ 1개, ㉡ 1시간
③ ㉠ 2개, ㉡ 30분
④ ㉠ 2개, ㉡ 1시간

79 폐수무방류배출시설의 운영일지는 몇 년간 보존하여야 하는가?

① 1년
② 3년
③ 5년
④ 10년

80 낚시금지, 제한 구역의 안내판의 규격에 관한 내용으로 옳은 것은?

① 바탕색 : 녹색, 글씨 : 흰색
② 바탕색 : 흰색, 글씨 : 녹색
③ 바탕색 : 청색, 글씨 : 흰색
④ 바탕색 : 흰색, 글씨 : 청색

계산기

다음 ▶

안 푼 문제

답안 제출

CBT 정답 및 해설

01	02	03	04	05	06	07	08	09	10
①	②	②	①	③	①	①	③	①	①
11	12	13	14	15	16	17	18	19	20
③	④	④	①	②	③	②	①	②	③
21	22	23	24	25	26	27	28	29	30
③	③	③	③	②	②	②	③	①	①
31	32	33	34	35	36	37	38	39	40
②	①	③	③	②	②	③	②	④	②
41	42	43	44	45	46	47	48	49	50
④	④	④	②	④	②	①	①	②	②
51	52	53	54	55	56	57	58	59	60
①	③	③	④	②	②	②	②	①	④
61	62	63	64	65	66	67	68	69	70
②	①	①	④	④	①	③	③	③	②
71	72	73	74	75	76	77	78	79	80
④	③	③	②	④	③	④	③	②	③

01 정답 | ①
해설 | $Na_2SO_3 \ + \ 0.5O_2 \ \rightarrow \ Na_2SO_4$

$126(g) \quad : \quad 0.5 \times 32(g)$

$X(g) \quad : \quad \dfrac{9.2mg}{L}\bigg|\dfrac{500L}{}\bigg|\dfrac{1g}{10^3 mg}$

$\therefore X = 36.225(g)$

02 정답 | ②
해설 | $\ln\dfrac{C_t}{C_o} = -K \cdot t$

$K = -\dfrac{1}{t} \times \ln\left(\dfrac{C_t}{C_o}\right)$

$= -\dfrac{1}{4hr} \times \ln\left(\dfrac{10}{100}\right) = 0.5756/hr$

$C_t = C_o \times e^{-K \cdot t}$

$= 100mg/L \times e^{-0.5756 \times 2} = 31.63(mg/L)$

03 정답 | ②
해설 | $C_5H_7NO_2 + 5O_2 \rightarrow 5CO_2 + NH_3 + 2H_2O$

$113g \quad : \quad 5 \times 32g$

$20g \quad : \quad X$

$\therefore X = 28.32(g)$

05 정답 | ③
해설 | $NBDCOD = COD - BOD_u$

$BOD_u = \dfrac{BOD_5}{(1 - 10^{-K \cdot 5})}$

$= \dfrac{300}{(1 - 10^{-0.2 \times 5})} = 333.33(mg/L)$

$\therefore NBDCOD = COD - BOD_u$

$= 1,000 - 333.33 = 666.67(mg/L)$

06 정답 | ①
해설 | 비열은 1g의 물질을 14.5~15.5℃까지 1℃ 올리는 데 필요한 열량으로, 1.0cal/g(15℃)로 표시한다.

07 정답 | ①
해설 | 틴들효과가 현저한 것은 소수성 콜로이드이다.

08 정답 | ③
해설 | 탈질 미생물은 종족영양계 미생물로 유기물을 영양원으로 사용한다.

09 정답 | ①
해설 | 회복지대(Zone of Recovery)는 용존산소량이 증가함에 따라 질산염과 아질산염의 농도가 증가한다.

10 정답 | ①
해설 | $C_m = \dfrac{Q_1C_1 + Q_2C_2}{Q_1 + Q_2}$

$5 = \dfrac{(4,000,000 \times 4) + (10,000 \times C_2)}{4,000,000 + 10,000}$

$\therefore C_2 = 405(mg/L)$

12 정답 | ④
해설 | $C_6H_{12}O_6 \ + \ 6O_2 \ \rightarrow \ 6CO_2 + 6H_2O$

$180(g) \quad : \quad 6 \times 32(g)$

$500(mg/L) : \quad X(mg/L)$

$\therefore X = 533.33(mg/L)$

13 정답 | ④
해설 | $TH = \sum M_c^{2+} \times \dfrac{50}{Eq}$

$= \left(40 \times \dfrac{50}{40/2}\right) + \left(48 \times \dfrac{50}{24/2}\right)$

$= 300(mg/L \ as \ CaCO_3)$

14 정답 | ①
해설 | ㉠ ThOD 계산

$HCOOH \ + \ 0.5O_2 \rightarrow CO_2 \ + \ H_2O$

$46(g) \quad : \quad 0.5 \times 32(g)$

CBT 정답 및 해설

ⓒ TOC 계산

HCOOH : C

46(g) : 12(g)

$$\therefore \frac{ThOD}{TOC} = \frac{0.5 \times 32(g)}{12(g)} = 1.33$$

16 정답 | ③

해설 | $pH = 14 - \log\frac{1}{[OH^-]}$

$$NaOH(mol/L) = \frac{40mg}{L}\left|\frac{1g}{10^3 mg}\right|\frac{1mol}{40g}$$

$$= 1.0 \times 10^{-3}(mol/L)$$

$$pH = 14 - \log\frac{1}{1.0 \times 10^{-3}} = 11$$

18 정답 | ①

해설 | $K_T = 0.1/day \times 1.047^{(10-20)} = 0.063/day$

$BOD_3 = BOD_u \times (1 - 10^{-0.0632 \times 3})$

$$\therefore \frac{BOD_3}{BOD_u} = (1 - 10^{(-0.0632 \times 3)}) = 0.35$$

19 정답 | ②

해설 | $pOH = 14 - pH = 14 - 10.7 = 3.3$

$$\therefore [OH^-] = 10^{-pOH} = 10^{-3.3}$$

$$= 5.01 \times 10^{-4}(mol/L)$$

20 정답 | ③

해설 | 이상기체방정식 $PV = n \cdot R \cdot T$

$$V(L) = \frac{n \cdot R \cdot T}{P}$$

$$= \frac{100kg \times \left(\frac{1kmol}{16kg}\right) \times \frac{0.082m^3 \cdot atm}{kmol \cdot K} \times (273+25)K}{2atm}$$

$$= 76.36(m^3) = 7.64 \times 10^4 L$$

21 정답 | ③

해설 | $\eta = \left(1 - \frac{BOD_o}{BOD_i}\right) \times 100$

희석배수$(P) = \frac{100}{20} = 5$배

$BOD_o = 20 \times 5 = 100(mg/L)$

$$\therefore \eta = \left(1 - \frac{100}{300}\right) \times 100 = 66.67(\%)$$

22 정답 | ③

해설 | $X(kW/day)$

$$= \frac{800kg(BOD_5)}{day}\left|\frac{0.8kg(O_2)}{1kg(BOD_5)}\right|\frac{1kW}{2.4kg(O_2)}$$

$$= 266.67(kW)$$

23 정답 | ③

해설 | $\frac{X}{M} = K \cdot C^{\frac{1}{n}}$

$$\frac{(12-1)}{M} = 0.5 \times 1^{\frac{1}{1}}$$

$$\therefore M = 22(mg)$$

24 정답 | ③

해설 | 표면부하율$(V_o) = \frac{Q}{A}$

$$V_o\left(\frac{m^3}{m^2 \cdot day}\right) = \frac{3,000m^3/day}{(20 \times 10)m^2} = 15(m^3/m^2 \cdot day)$$

25 정답 | ②

해설 | 슬러지의 처리단계는 농축 → 안정화(소화) → 개량 → 탈수 → 중간처리 → 최종처리로 구분된다.

26 정답 | ②

해설 | $V_1(100 - W_1) = V_2(100 - W_2)$

$100 \times 15 = V_2(100 - 20)$

$$\therefore V_2 = 18.75(kg)$$

∴ 제거된 수분의 양

= 건조 전 슬러지량 − 건조 후 슬러지량

$= 100 - 18.75 = 81.25(kg)$

27 정답 | ②

해설 | A/O 공정은 표준활성슬러지법의 반응조 전반 20~40% 정도를 혐기반응조로 하는 것이 표준이다.

28 정답 | ③

해설 | 6가크롬 함유폐수는 환원중화 침전법으로 처리하고, 알칼리 염소법은 시안처리에 이용된다.

29 정답 | ①

해설 | $C_2H_5OH + 3O_2 \rightarrow 2CO_2 + 3H_2O$

46(g) : $3 \times 32(g)$

200(mg/L) : X

$$\therefore X(BOD = COD) = 417.39(mg/L)$$

BOD : N
100 : 5

$$\frac{0.4174kg}{m^3}\bigg|\frac{2,000m^3}{day} : X(kg/day)$$

$$\therefore X(N)=41.74(kg/day)$$

30 정답 | ①

해설 | $SVI = \dfrac{SV(\%)}{MLSS} \times 10^4$

$$= \frac{25}{3,000} \times 10^4 = 83.33$$

31 정답 | ②

해설 | 인위적인 포기를 시켜주는 산화지이기 때문에 광합성에 의한 산소공급은 필요하지 않다.

33 정답 | ③

해설 | 자외선 소독은 물의 탁도가 높으면 소독능력이 감소된다.

34 정답 | ③

해설 | $C_6H_{12}O_6 \longrightarrow 3CH_4 + 3CO_2$

180(g) : 3×22.4(L)
500(g) : X(L)

$$\therefore X(=CH_4)=186.67(L)$$

35 정답 | ②

해설 | 호기성 소화는 메탄가스가 발생하지 않기 때문에 소화처리 후 유기물 감소율이 낮다.

36 정답 | ②

해설 | 혐기조에서는 인의 용출이 일어난다.

37 정답 | ③

해설 | 완전중화반응 $[H^+]=[OH^-]$

$[H^+]=10^{-2}(mol/L)$

$[OH^-]=10^{-2}(mol/L)$

$\therefore$ NaOH(kg/day)

$$= \frac{10^{-2}mol}{L}\bigg|\frac{40g}{1mol}\bigg|\frac{1kg}{10^3g}\bigg|\frac{200m^3}{day}\bigg|\frac{10^3L}{1m^3}\bigg|\frac{100}{90}$$

$$=88.89(kg/day)$$

38 정답 | ②

해설 | 투석의 구동력은 농도차이다.

39 정답 | ④

해설 | $SRT = \dfrac{V \cdot X}{Q_w X_w}$

$$V(m^3) = Q \times t = \frac{2,000m^3}{day}\bigg|\frac{12hr}{}\bigg|\frac{1day}{24hr} = 1,000(m^3)$$

$$SRT = \frac{V \times X}{Q_w \times X_w} = \frac{1,000m^3 \times 4.5kg/m^3}{25m^3/day \times 50kg/m^3} = 3.6day$$

40 정답 | ②

해설 | $F/M = \dfrac{BOD \times Q}{MLSS \times V} = \dfrac{BOD}{MLSS \times t}$

$$MLSS = \frac{BOD}{t \times F/M} = \frac{300}{6/24 \times 0.4} = 3,000(mg/L)$$

41 정답 | ④

[기준의 전면 개편으로 해당사항 없음]

42 정답 | ④

[기준의 전면 개편으로 해당사항 없음]

43 정답 | ②

[기준의 전면 개편으로 해당사항 없음]

44 정답 | ②

해설 | 예상 BOD값에 대한 사전경험이 없을 때에는 희석하여 시료를 조제한다.

ⓐ 오염 정도가 심한 공장폐수는 0.1~1.0%
ⓑ 처리하지 않은 공장폐수와 침전된 하수는 1~5%
ⓒ 처리하여 방류된 공장폐수는 5~25%
ⓓ 오염된 하천수는 25~100%의 시료가 함유되도록 희석 조제한다.

45 정답 | ②

해설 | 부유물질의 최대보존기간은 7일, 염소이온, 총 인, 용존 총 인의 최대보존기간은 28일이다.

46 정답 | ④

해설 | 분원성 대장균군의 막여과법은 물속에 존재하는 분원성 대장균군을 측정하기 위하여 페트리접시에 배지를 올려놓은 다음 배양 후 여러 가지 색조를 띠는 청색의 집락을 계수하는 방법이다.

47 정답 | ①

[기준의 전면 개편으로 해당사항 없음]

48 정답 | ①

[기준의 전면 개편으로 해당사항 없음]

49 정답 | ②
[기준의 전면 개편으로 해당사항 없음]

50 정답 | ②
[기준의 전면 개편으로 해당사항 없음]

51 정답 | ①
해설 | 수은의 자외선/가시선 분광법은 물속에 존재하는 수은을 정량하기 위하여 사용한다. 수은을 황산 산성에서 디티존 · 사염화탄소로 일차추출하고 브롬화칼륨 존재하에 황산산성에서 역추출하여 방해성분과 분리한 다음 인산 – 탄산염 완충용액 존재하에서 디티존 · 사염화탄소로 수은을 추출하여 490nm에서 흡광도를 측정하는 방법이다.

52 정답 | ③
[기준의 전면 개편으로 해당사항 없음]

54 정답 | ③
해설 | 유기인은 HCl을 가하여 pH 5~9로 조절한 후 4℃에서 보관한다.

55 정답 | ④
해설 | (윙클러 – 아지드화나트륨 변법 → 용존산소 적정법으로 변경)
시료가 현저히 착색되어 있거나 현탁되어 있을 때에는 용존산소의 정량이 곤란하다. 또한 시료에 미생물 플록(Floc)이 형성되었을 경우에도 정확한 정량이 이루어질 수 없다. 시료 중에 잔류염소와 같은 산화성 물질이 공존할 경우에도 용존산소의 정량이 방해받는다. 이러한 경우에는 다음과 같이 시료를 전처리한다.
ⓐ 시료가 착색 · 현탁된 경우 : 칼륨명반용액과 암모니아수 사용
ⓑ 미생물 플럭(Floc)이 형성된 경우 : 황산구리 – 술퍼민산 용액 사용
ⓒ 산화성 물질을 함유한 경우(잔류염소) : 알칼리성 요드화칼륨 – 아자이드화나트륨 용액 + 황산 + 황산망간용액 + 전분용액 + 티오황산나트륨용액(0.025M)으로 적정
ⓓ 산화성 물질을 함유한 경우(Fe(Ⅲ)) : Fe(Ⅲ)100 ~200 mg/L가 함유되어 있는 시료의 경우, 황산을 첨가하기 전에 플루오린화칼륨 용액 1mL를 가한다.

56 정답 | ②
[기준의 전면 개편으로 해당사항 없음]

57 정답 | ②
해설 | (중크롬산칼륨 → 적정법 – 다이크롬산칼륨법으로 변경)에 의한 화학적 산소요구량(COD)측정시 염소이온의 양이 40mg 이상 공존할 경우에는 $HgSO_4 : Cl^- = 10 : 1$의 비율로 황산제이수은의 첨가량을 늘린다.

58 정답 | ②
[기준의 전면 개편으로 해당사항 없음]

59 정답 | ①
해설 | 자동시료채취기로 시료를 채취할 경우에는 6시간 이내에 30분 이상 간격으로 2회 이상 채취(Composite Sample)하여 일정량의 단일 시료로 한다.

60 정답 | ④
해설 | 개수로에 의한 유량측정 시 단면 형상이 불일정한 경우
$Q(m^3/min) = A_m \times 0.75V_{max}$
ⓐ $A_m = 0.9m^2$
ⓑ $V_m = 0.75V_{max} = 0.75 \times 5m/sec$
$= 3.75m/sec$
$\therefore Q(m^3/min) = \dfrac{0.9m^2}{} \left| \dfrac{3.75m}{sec} \right| \dfrac{60sec}{1min}$
$= 202.5(m^3/min)$

61 정답 | ②
해설 | 시간당 최대폐수량이 일평균폐수량의 2배 이상인 사업자와 순간수질과 일평균수질과의 격차가 리터당 100밀리그램 이상인 시설의 사업자는 자체적으로 유량조정조를 설치하여 폐수종말처리시설 가동에 지장이 없도록 폐수배출량 및 수질을 조정한 후 배수하여야 한다.

62 정답 | ①
해설 | 사업장의 규모별 구분

종류	배출규모
제1종 사업장	1일 폐수배출량이 2,000m³ 이상인 사업장
제2종 사업장	1일 폐수배출량이 700m³ 이상, 2,000m³ 미만인 사업장
제3종 사업장	1일 폐수배출량이 200m³ 이상, 700m³ 미만인 사업장
제4종 사업장	1일 폐수배출량이 50m³ 이상, 200m³ 미만인 사업장
제5종사업장	위 제1종부터 제4종까지의 사업장에 해당하지 아니하는 배출시설

CBT 정답 및 해설

CBT 정답 및 해설

63 정답 | ①

해설 | 대권역 수질 및 수생태계 보전계획 수립에 포함되어야 하는 사항
- ㉠ 수질 및 수생태계 변화 추이 및 목표기준
- ㉡ 상수원 및 물 이용현황
- ㉢ 점오염원, 비점오염원 및 기타 수질오염원의 분포현황
- ㉣ 점오염원, 비점오염원 및 기타 수질오염원에 의한 수질오염물질 발생량
- ㉤ 수질오염 예방 및 저감대책
- ㉤의2 수질 및 수생태계 보전조치의 추진방향
- ㉥ 그 밖에 환경부령이 정하는 사항

64 정답 | ②

해설 | 수질 및 수생태계 정책심의위원회 위원장은 환경부장관으로 하고, 부위원장은 위원 중에서 위원장이 임명 또는 위촉하는 자로 한다.

65 정답 | ④

해설 | 특정수질유해물질
- ㉠ 유기물질
- ㉡ 부유물질
- ㉢ 카드뮴 및 그 화합물
- ㉣ 시안화합물
- ㉤ 유기인화합물
- ㉥ 납 및 그 화합물
- ㉦ 6가크롬화합물
- ㉧ 비소 및 그 화합물
- ㉨ 수은 및 그 화합물
- ㉩ 폴리염화비페닐[polychlorinated bipenyl]
- ㉪ 구리 및 그 화합물
- ㉫ 크롬 및 그 화합물
- ㉬ 페놀류
- ㉭ 트리클로로에틸렌
- ㉮ 테트라클로로에틸렌
- ㉯ 망간 및 그 화합물
- ㉰ 아연 및 그 화합물
- ㉱ 총질소
- ㉲ 총인

66 정답 | ④

해설 | 오염총량관리기본계획안에 첨부되어야 하는 서류
- ㉠ 유역환경의 조사·분석 자료
- ㉡ 오염원의 자연증감에 관한 분석 자료
- ㉢ 지역개발에 관한 과거와 장래의 계획에 관한 자료
- ㉣ 오염부하량의 산정에 사용한 자료
- ㉤ 오염부하량의 저감계획을 수립하는 데에 사용한 자료

67 정답 | ①

해설 | 배출부과금을 부과할 때 고려하여야 하는 사항
- ㉠ 배출허용기준 초과 여부
- ㉡ 배출되는 수질오염물질의 종류
- ㉢ 수질오염물질의 배출기간
- ㉣ 수질오염물질의 배출량
- ㉤ 규정에 의한 자가측정 여부

- ㉥ 그 밖에 수질환경의 오염 또는 개선과 관련되는 사항으로서 환경부령이 정하는 사항

68 정답 | ③

해설 | 오염총량목표수질이 설정된 지점별로 연간 30회 이상 측정하여야 한다.

69 정답 | ③

해설 | 살균시설은 화학적 처리시설이다.

70 정답 | ②

해설 | "강우유출수(강우유출수)"라 함은 비점오염원의 수질오염물질이 섞여 유출되는 빗물 또는 눈 녹은 물 등을 말한다.

71 정답 | ④

해설 | 환경기술인의 임명신고
- ㉠ 최초로 배출시설을 설치한 경우 : 가동개시 신고와 동시
- ㉡ 환경기술인을 바꾸어 임명하는 경우 : 그 사유가 발생한 날부터 5일 이내

72 정답 | ③

해설 | 사업장별 환경기술인의 자격기준

구분	환경기술인
제1종 사업장	수질환경기사 1명 이상
제2종 사업장	수질환경산업기사 1명 이상
제3종 사업장	수질환경산업기사, 환경기능사 또는 3년 이상 수질분야 환경 관련 업무에 직접 종사한 자 1명 이상
제4종 사업장 · 제5종 사업장	배출시설 설치허가를 받거나 배출시설 설치신고가 수리된 사업자 또는 배출시설 설치허가를 받거나 배출시설 설치신고가 수리된 사업자가 그 사업장의 배출시설 및 방지시설업무에 종사하는 피고용인 중에서 임명하는 자 1명 이상

73 정답 | ③

해설 | 오염총량초과부과금 산정 방법 및 기준
초과배출이익＝초과오염배출량×연도별 부과금 단가

74 정답 | ②

해설 | 종말처리시설에 유입된 수질오염물질을 최종 방류구를 거치지 아니하고 배출하거나 최종 방류구를 거치지 아니하고 배출할 수 있는 시설을 설치하는 행위를 한 자는 5년 이하의 징역 또는 3천만 원 이하의 벌금에 처한다.

492 수질환경산업기사 필기 문제풀이

76 정답 | ③

해설 | 시운전 기간

ㄱ 폐수처리방법이 생물화학적 처리방법인 경우 : 가동개시일부터 50일. 다만, 가동개시일이 11월 1일부터 다음 연도 1월 31일까지에 해당하는 경우에는 가동개시일부터 70일로 한다.

ㄴ 폐수처리방법이 물리적 또는 화학적 처리방법인 경우 : 가동개시일부터 30일

77 정답 | ④

해설 | 환경기술인 교육기간

ㄱ 환경기술인 :「환경정책기본법」제38조 제1항에 따른 환경보전협회

ㄴ 기술요원 : 국립환경인력개발원

79 정답 | ②

해설 | 폐수배출시설 및 수질오염방지시설의 운영기록 보존

사업자 또는 수질오염방지시설을 운영하는 자(공동방지시설의 대표자를 포함한다. 이하 같다.)는 폐수배출시설 및 수질오염방지시설의 가동시간, 폐수배출량, 약품투입량, 시설관리 및 운영자, 그 밖에 시설운영에 관한 중요사항을 운영일지에 매일 기록하고, 최종 기록일부터 1년간 보존하여야 한다. 다만, 폐수무방류배출시설의 경우에는 운영일지를 3년간 보존하여야 한다.

80 정답 | ③

해설 | 낚시금지, 제한 구역의 안내판의 규격

ㄱ 두께 및 재질 : 3밀리미터 또는 4밀리미터 두께의 철판

ㄴ 바탕색 : 청색

ㄷ 글씨 : 흰색

실전점검!
02회 CBT 실전모의고사

수험번호 :
수험자명 :

제한 시간 : 2시간
남은 시간 :

글자
크기 100% 150% 200%

화면
배치

전체 문제 수 :
안 푼 문제 수 :

1과목 **수질오염개론**

01 BOD가 230mg/L, 배수량이 2,500m³/일의 생활오수를 BOD 오탁부하량이 173 kg/일이 되게 줄이려면 몇 %의 BOD를 제거해서 하천수로 방류시켜야 하는가?
① 80%
② 75%
③ 70%
④ 65%

02 어떤 하천의 환경기준이 BOD 3mg/L 이하이고, 현재 BOD는 1mg/L이며 유량은 100,000m³/day이다. 하천 주변에 돼지 사육단지를 조성하고자 하는데 환경기준치 이하를 유지시키기 위해서는 몇 마리까지 사육을 허가할 수 있겠는가?(단, 돼지 사육으로 인한 하천의 유량증가는 무시하고, 돼지 1마리당 BOD 배출량은 0.4kg/day로 한다.)
① 500마리
② 1,000마리
③ 1,500마리
④ 2,000마리

03 어떤 하천수의 수온은 10℃이다. 20℃의 탈산소계수 K(상용대수)가 0.15/day일 때 최종 BOD에 대한 BOD_5의 비(BOD_5/최종BOD)는?(단, $K_T = K_{20} \times 1.047^{(T-20)}$)
① 0.53
② 0.66
③ 0.74
④ 0.87

04 박테리아 경험식은 $C_5H_7O_2N$이다. 2kg의 박테리아를 완전히 산화시키려면 몇 kg의 산소가 필요한가?(단, 박테리아는 최종적으로 CO_2, H_2O, NH_3로 분해됨)
① 2.61kg
② 2.72kg
③ 2.83kg
④ 2.94kg

1	①	②	③	④
2	①	②	③	④
3	①	②	③	④
4	①	②	③	④
5	①	②	③	④
6	①	②	③	④
7	①	②	③	④
8	①	②	③	④
9	①	②	③	④
10	①	②	③	④
11	①	②	③	④
12	①	②	③	④
13	①	②	③	④
14	①	②	③	④
15	①	②	③	④
16	①	②	③	④
17	①	②	③	④
18	①	②	③	④
19	①	②	③	④
20	①	②	③	④
21	①	②	③	④
22	①	②	③	④
23	①	②	③	④
24	①	②	③	④
25	①	②	③	④
26	①	②	③	④
27	①	②	③	④
28	①	②	③	④
29	①	②	③	④
30	①	②	③	④

계산기

다음 ▶

안 푼 문제

답안 제출

02회 실전점검!
CBT 실전모의고사

수험번호 :

수험자명 :

제한 시간 : 2시간
남은 시간 :

글자 크기 100% 150% 200%   화면 배치   전체 문제 수 :
안 푼 문제 수 :

답안 표기란

1	① ② ③ ④
2	① ② ③ ④
3	① ② ③ ④
4	① ② ③ ④
5	① ② ③ ④
6	① ② ③ ④
7	① ② ③ ④
8	① ② ③ ④
9	① ② ③ ④
10	① ② ③ ④
11	① ② ③ ④
12	① ② ③ ④
13	① ② ③ ④
14	① ② ③ ④
15	① ② ③ ④
16	① ② ③ ④
17	① ② ③ ④
18	① ② ③ ④
19	① ② ③ ④
20	① ② ③ ④
21	① ② ③ ④
22	① ② ③ ④
23	① ② ③ ④
24	① ② ③ ④
25	① ② ③ ④
26	① ② ③ ④
27	① ② ③ ④
28	① ② ③ ④
29	① ② ③ ④
30	① ② ③ ④

05 다음 중 지하수의 수질 특성으로 옳지 않은 것은?

① 세균에 의한 유기물 분해가 주된 생물작용이다.

② 지표수에 비하여 경도가 높은 편이다.

③ 국지적인 환경조건의 영향이 작다.

④ 자정속도가 느리다.

06 0.02N의 초산이 8% 해리되어 있다면 이 수용액의 pH는?

① 3.2

② 3.0

③ 2.8

④ 2.6

07 연안해역에서 적조현상의 원인이 되는 조건과 가장 거리가 먼 것은?

① 수온이 높을 때

② 햇빛이 강할 때

③ 영양염류가 과다 유입될 때

④ 염분농도가 높을 때

08 0.1N NaOH의 용액의 농도는 몇 %인가?(단, Na : 23)

① 2

② 4

③ 0.2

④ 0.4

09 남조류(Blue Green Algae)에 관한 설명과 가장 거리가 먼 것은?

① 부영양화에서 주로 문제가 된다.

② 편모와 엽록체 내에 엽록소가 있다.

③ 세포 내 기포의 발달로 수표면에 밀집되는 특성이 있다.

④ 세포합성을 위해 공기를 통한 질소고정을 할 수 있다.

계산기   다음 ▶   안 푼 문제   답안 제출

실전점검!

02회 **CBT 실전모의고사**

수험번호:

수험자명:

제한 시간: 2시간
남은 시간:

글자 크기 100% 150% 200% 화면 배치 전체 문제 수: 안 푼 문제 수:

답안 표기란

1	① ② ③ ④
2	① ② ③ ④
3	① ② ③ ④
4	① ② ③ ④
5	① ② ③ ④
6	① ② ③ ④
7	① ② ③ ④
8	① ② ③ ④
9	① ② ③ ④
10	① ② ③ ④
11	① ② ③ ④
12	① ② ③ ④
13	① ② ③ ④
14	① ② ③ ④
15	① ② ③ ④
16	① ② ③ ④
17	① ② ③ ④
18	① ② ③ ④
19	① ② ③ ④
20	① ② ③ ④
21	① ② ③ ④
22	① ② ③ ④
23	① ② ③ ④
24	① ② ③ ④
25	① ② ③ ④
26	① ② ③ ④
27	① ② ③ ④
28	① ② ③ ④
29	① ② ③ ④
30	① ② ③ ④

10 농업용수의 수질의 척도로 사용되는 SAR를 구하는 데 포함되지 않는 항목은?

① Na
② Mg
③ Ca
④ Fe

11 반응조에 주입된 물감의 10%, 90%가 유출되기까지의 시간은 t_{10}, t_{90}이라 할 때 Morill 지수는 t_{90}/t_{10}으로 나타낸다. 이상적인 Plug Flow인 경우의 Morill지수 값은?

① 1보다 작다.
② 1이다.
③ 1보다 크다.
④ 0이다.

12 하천수의 수질관리 모델인 Streeter – Phelps Model에 관한 설명으로 옳은 것은?

① 하천과 대기의 열복사 및 열교환이 고려된다.
② 점오염원이 아닌 비점오염원의 오염부하량을 고려한다.
③ 유기물의 분해에 따른 DO 소비와 재폭기를 고려한다.
④ 유속, 수심, 조도계수에 의해 확산계수를 결정한다.

13 여름철 정체 수역에서 발생되는 성층현상에서 수온약층(Thermocline)의 위치는?

① 수표면과 표수층 사이
② 표수층 내 위쪽
③ 심수층 내 아래쪽
④ 표수층과 심수층 사이

14 해수에 관한 설명으로 옳은 것은?

① 해수의 밀도는 담수보다 작다.
② 염분은 적도해역에서 낮고 남, 북 양극 해역에서 다소 높다.
③ 해수의 Mg/Ca비가 담수의 Mg/Ca비보다 크다.
④ 수심에 따라 해수 주요 성분 농도비의 차이는 크다.

계산기　　다음 ▶　　안 푼 문제　　답안 제출

02 회 실전점검!
CBT 실전모의고사

수험번호 :
수험자명 :

제한 시간 : 2시간
남은 시간 :

글자 크기 100% 150% 200%　화면 배치

전체 문제 수 :
안 푼 문제 수 :

15 1차 반응에 있어 반응 초기의 농도가 100mg/L이고, 반응 4시간 후에 10mg/L로 감소되었다. 반응 3시간 후의 농도(mg/L)는?

① 17.8　　　　　　　　　② 21.6

③ 24.3　　　　　　　　　④ 28.2

16 호기성 및 혐기성 세균에 의한 산화반응에서 생성되는 최종산물 중 공통적으로 발생되는 물질로 가장 적절한 것은?

① 메탄　　　　　　　　　② 유기산

③ 황화수소　　　　　　　④ 이산화탄소

17 BOD 농도가 200mg/L, 유량이 1,000 m^3/day인 폐수를 처리하여 BOD 4mg/L, 유량 50,000 m^3/day인 하천에 방류했을 경우 합류지점의 BOD 농도는?(단, 폐수는 95% 처리 후 방류하며, 합류지점에서는 완전 혼합되었다고 한다.)

① 4.12mg/L　　　　　　　② 4.32mg/L

③ 4.62mg/L　　　　　　　④ 4.88mg/L

18 탈산소계수 K_1이 0.1/day인 어느 물질의 BOD_5가 200mg/L이라면 BOD_2는?(단, BOD 소비공식은 상용대수를 사용한다.)

① 135mg/L　　　　　　　② 124mg/L

③ 114mg/L　　　　　　　④ 108mg/L

19 미생물의 종류를 분류할 때 에너지원에 따라 분류된 것은?

① Autotroph, Heterotroph

② Phototroph, Chemotroph

③ Aerotroph, Anaerotroph

④ Thermotroph, Psychrotroph

1	①	②	③	④
2	①	②	③	④
3	①	②	③	④
4	①	②	③	④
5	①	②	③	④
6	①	②	③	④
7	①	②	③	④
8	①	②	③	④
9	①	②	③	④
10	①	②	③	④
11	①	②	③	④
12	①	②	③	④
13	①	②	③	④
14	①	②	③	④
15	①	②	③	④
16	①	②	③	④
17	①	②	③	④
18	①	②	③	④
19	①	②	③	④
20	①	②	③	④
21	①	②	③	④
22	①	②	③	④
23	①	②	③	④
24	①	②	③	④
25	①	②	③	④
26	①	②	③	④
27	①	②	③	④
28	①	②	③	④
29	①	②	③	④
30	①	②	③	④

계산기　　　　　　다음 ▶　　　　　안 푼 문제　　답안 제출

02회 실전점검!
CBT 실전모의고사

수험번호:
수험자명:

제한 시간 : 2시간
남은 시간 :

글자 크기 100% 150% 200%
화면 배치

전체 문제 수 :
안 푼 문제 수 :

답안 표기란

20 물 100g에 30g의 NaCl을 가하여 용해시키면 몇 %(W/W)의 NaCl 용액에 조제되는가?

① 23%
② 27%
③ 30%
④ 33%

2과목 수질오염방지기술

21 막분리 공정 중 선택적 투과막을 적용하는 '투석'의 추진력은?

① 농도차
② 기전력차
③ 정수압차
④ 압력차

22 어떤 폐수를 활성슬러지법으로 처리하기 위하여 실험을 행한 결과 BOD를 50% 제거하는데 4시간 30분의 폭기시간이 걸렸다. BOD의 감소속도가 1차 반응속도에 따른다면 BOD를 90%까지 제거하는 데 필요한 폭기시간은?

① 약 9시간
② 약 11시간
③ 약 13시간
④ 약 15시간

23 1,000m³/day의 종말 침전지 유출수에 48.6kg/day의 비율로 염소를 주입시킨 결과 잔류염소 농도가 1.8mg/L였다면 이 폐수의 염소 요구량은?

① 18.3mg/L
② 24.7mg/L
③ 32.5mg/L
④ 46.8mg/L

1	① ② ③ ④
2	① ② ③ ④
3	① ② ③ ④
4	① ② ③ ④
5	① ② ③ ④
6	① ② ③ ④
7	① ② ③ ④
8	① ② ③ ④
9	① ② ③ ④
10	① ② ③ ④
11	① ② ③ ④
12	① ② ③ ④
13	① ② ③ ④
14	① ② ③ ④
15	① ② ③ ④
16	① ② ③ ④
17	① ② ③ ④
18	① ② ③ ④
19	① ② ③ ④
20	① ② ③ ④
21	① ② ③ ④
22	① ② ③ ④
23	① ② ③ ④
24	① ② ③ ④
25	① ② ③ ④
26	① ② ③ ④
27	① ② ③ ④
28	① ② ③ ④
29	① ② ③ ④
30	① ② ③ ④

계산기
다음 ▶
안 푼 문제
답안 제출

02회 실전점검!
CBT 실전모의고사

수험번호 :

수험자명 :

제한 시간 : 2시간
남은 시간 :

글자 크기 100% 150% 200% 화면 배치

전체 문제 수 :
안 푼 문제 수 :

답안 표기란

1	①	②	③	④
2	①	②	③	④
3	①	②	③	④
4	①	②	③	④
5	①	②	③	④
6	①	②	③	④
7	①	②	③	④
8	①	②	③	④
9	①	②	③	④
10	①	②	③	④
11	①	②	③	④
12	①	②	③	④
13	①	②	③	④
14	①	②	③	④
15	①	②	③	④
16	①	②	③	④
17	①	②	③	④
18	①	②	③	④
19	①	②	③	④
20	①	②	③	④
21	①	②	③	④
22	①	②	③	④
23	①	②	③	④
24	①	②	③	④
25	①	②	③	④
26	①	②	③	④
27	①	②	③	④
28	①	②	③	④
29	①	②	③	④
30	①	②	③	④

24 BOD 300mg/L, 유량 2,000m³/day의 폐수를 활성슬러지법으로 처리할 때 BOD 슬러지부하 0.5kgBOD/kgMLSS · day, MLSS 2,000mg/L로 하기 위한 포기조의 용적은?

① 300m³

② 400m³

③ 500m³

④ 600m³

25 정수시설 중 취수시설인 침사지 구조에 대한 내용으로 옳은 것은?

① 표면 부하율은 2~5m/min을 표준으로 한다.

② 지내 평균유속은 30cm/sec 이하를 표준으로 한다.

③ 지의 상단높이는 고수위보다 0.6~1m의 여유고를 둔다.

④ 지의 유효수심은 2~3m를 표준으로 하고 퇴사심도는 1m 이하로 한다.

26 어떤 공장의 폐수량 500m³/day, BOD 1,000mg/L, N과 P는 없다고 가정하면 활성슬러지처리를 위해서 필요한 $(NH_4)_2SO_4$의 양은?(단, BOD : N : P = 100 : 5 : 1이라 가정한다.)

① 118kg/day

② 128kg/day

③ 138kg/day

④ 148kg/day

27 SS 200mg/L, 폐수량 2,500m³/day의 폐수를 활성슬러지법으로 처리하고자 한다. 포기조 내의 MLSS 농도가 2,000mg/L, 포기조 용적이 1,000m³이면 슬러지 일령은?

① 2days

② 4days

③ 6days

④ 8days

계산기   다음 ▶   안 푼 문제   답안 제출

02회 실전점검!
CBT 실전모의고사

수험번호:

수험자명:

제한 시간 : 2시간
남은 시간 :

글자 크기 100% 150% 200% 화면 배치

전체 문제 수 :
안 푼 문제 수 :

답안 표기란

1	①	②	③	④
2	①	②	③	④
3	①	②	③	④
4	①	②	③	④
5	①	②	③	④
6	①	②	③	④
7	①	②	③	④
8	①	②	③	④
9	①	②	③	④
10	①	②	③	④
11	①	②	③	④
12	①	②	③	④
13	①	②	③	④
14	①	②	③	④
15	①	②	③	④
16	①	②	③	④
17	①	②	③	④
18	①	②	③	④
19	①	②	③	④
20	①	②	③	④
21	①	②	③	④
22	①	②	③	④
23	①	②	③	④
24	①	②	③	④
25	①	②	③	④
26	①	②	③	④
27	①	②	③	④
28	①	②	③	④
29	①	②	③	④
30	①	②	③	④

28 소규모 하·폐수처리에 적합한 접촉산화법의 특징으로 옳지 않은 것은?

① 반송슬러지가 필요하지 않으므로 운전관리가 용이하다.

② 부착 생물량을 임의로 조정할 수 없기 때문에 조작 조건의 변경에 대응하기 어렵다.

③ 반응조 내 매체를 균일하게 포기 교반하는 조건 설정이 어렵다.

④ 비 표면적이 큰 접촉재를 사용하여 부착 생물량을 다량으로 보유할 수 있기 때문에 유입기질의 변동에 유연히 대응할 수 있다.

29 폐유를 함유한 공장폐수가 있다. 이 폐수에는 A, B 두 종류의 기름이 있는데 A의 비중은 0.90이고, B의 비중은 0.92이다. A와 B의 부상속도비(V_A/V_B)는?(단, stokes 법칙 적용, 물의 비중은 1.0이고, 직경은 동일하다.)

① 1.15   ② 1.25

③ 1.35   ④ 1.45

30 수중에 있는 암모니아를 탈기하는 방법에 대한 설명으로 옳지 않은 것은?

① 탈기 전 pH를 낮추어 N_2 형태로 존재하게 한다.

② 탈기된 유출수의 pH는 높다.

③ 암모니아 유출에 따른 주변의 악취문제가 유발될 수 있다.

④ 동절기에는 제거효율이 현저히 저하된다.

계산기   다음 ▶   안 푼 문제   답안 제출

02회 실전점검!
CBT 실전모의고사

수험번호 :

수험자명 :

제한 시간 : 2시간
남은 시간 :

글자
크기 100% 150% 200%

화면
배치

전체 문제 수 :
안 푼 문제 수 :

31 어떤 산업폐수를 중화처리하는 데 NaOH 0.1% 용액 40mL가 필요하였다. 이를 0.1% $Ca(OH)_2$로 대체할 경우 몇 mL가 필요한가?(단, Ca : 40)

① 20

② 28

③ 32

④ 37

32 다음 액체염소의 주입으로 생성된 유리염소, 결합잔류염소의 살균력이 바르게 나열된 것은?

① HOCl > Chloramines > OCl^-

② HOCl > OCl^- > Chloramines

③ OCl^- > HOCl > Chloramines

④ OCl^- > Chloramines > HOCl

33 2,000명이 살고 있는 지역에서 1일에 BOD 150kg이 하천으로 유입되고 있다. 가정하수로 1인당 1일 BOD 50g이 배출된다면 이 하천의 유입상태를 가장 적절하게 나타낸 것은?

① 가정하수만 유입되고 있다.

② 가정하수와 폐수가 유입되고 있다.

③ 가정하수와 지하수가 유입되고 있다.

④ 가정하수와 우수가 유입되고 있다.

34 정수처리시설 중 완속여과지에 관한 설명으로 옳지 않은 것은?

① 완속여과지의 여과속도는 15~25m/day를 표준으로 한다.

② 여과면적은 계획정수량을 여과속도로 나누어 구한다.

③ 완속여과지의 모래층의 두께는 79~90cm를 표준으로 한다.

④ 여과지의 모래면 위의 수심은 90~120cm를 표준으로 한다.

31	①	②	③	④
32	①	②	③	④
33	①	②	③	④
34	①	②	③	④
35	①	②	③	④
36	①	②	③	④
37	①	②	③	④
38	①	②	③	④
39	①	②	③	④
40	①	②	③	④
41	①	②	③	④
42	①	②	③	④
43	①	②	③	④
44	①	②	③	④
45	①	②	③	④
46	①	②	③	④
47	①	②	③	④
48	①	②	③	④
49	①	②	③	④
50	①	②	③	④
51	①	②	③	④
52	①	②	③	④
53	①	②	③	④
54	①	②	③	④
55	①	②	③	④
56	①	②	③	④
57	①	②	③	④
58	①	②	③	④
59	①	②	③	④
60	①	②	③	④

계산기

다음 ▶

안 푼 문제

답안 제출

35 다음 특성을 갖는 폐수를 활성슬러지법으로 처리할 때 포기조 내의 MLSS 농도를 일정하게 유지하려면 반송비는 얼마로 유지하여야 하는가?(단, 유입원수의 SS는 200mg/L, 포기조 내의 MLSS는 2,000mg/L, 반송슬러지 농도는 8,000mg/L 이며, 포기조 내에서 슬러지 생성 및 방류수 중의 SS는 무시한다.)

① 20%
② 30%
③ 40%
④ 50%

36 포기조 내 MLSS 농도가 3500mg/L이고, 1L의 임호프콘에 30분간 침전시킨 후 그것의 부피는 500mL였다. 이때의 SVI(Sludge Volume Index)는?

① 105
② 121
③ 143
④ 157

37 하수처리에서 자외선 소독의 장점에 해당하지 않는 것은?

① 비교적 소독비용이 저렴하다.
② 성공적 소독 여부를 즉시 측정할 수 있다.
③ 안전성이 높고 요구되는 공간이 적다.
④ 대부분의 Virus, Spores, Cysts 등을 비활성화시키는 데 염소보다 효과적이다.

38 부유물질의 농도가 300mg/L인 1,000톤의 하수의 1차 침전지(체류시간 1시간) 부유물질 제거율은 60%이다. 체류시간을 2배 증가시켜 제거율이 90%로 되었다면 체류시간을 증대시키기 전과 후의 슬러지 발생량(m^3)의 차이는?(단, 하수비중 : 1.0, 슬러지비중 : 1.0, 슬러지 함수율 95% 기준)

① 1.2m^3
② 1.4m^3
③ 1.6m^3
④ 1.8m^3

실전점검!
02회
CBT 실전모의고사

수험번호 :

수험자명 :

제한 시간 : 2시간
남은 시간 :

글자
크기 100% 150% 200%

화면
배치

전체 문제 수 :

안 푼 문제 수 :

39 활성슬러지공법으로 운전되고 있는 어떤 하수처리장으로부터 매일 2,000kg(건조 고형물기준)의 슬러지가 배출되고 있다. 이 슬러지를 중력 농축시켜 함수율을 97% 로 한 뒤 호기성 소화방식으로 처리하고자 한다. 농축된 슬러지의 비중이 1.03이라 할 때 소화조의 수리학적 체류시간을 10day로 하면 소화조의 용적은?

① 약 450m³
② 약 650m³
③ 약 850m³
④ 약 1,050m³

40 생물학적 하수 고도처리공법인 A/O 공법에 대한 설명으로 옳지 않은 것은?

① 사상성 미생물에 의한 벌킹이 억제되는 효과가 있다.
② 무산소조에서 탈질이 이루어진다.
③ 혐기반응조의 운전지표로 산화 환원 전위를 사용할 수 있다.
④ 처리수의 BOD 및 SS 농도를 표준활성슬러지법과 동등하게 처리할 수 있다.

3과목 **수질오염공정시험기준**

41 유기물 함량이 비교적 높지 않고 금속의 수산화물, 산화물, 인산염 및 황화물을 함 유하고 있는 시료의 전처리에 이용되는 분해법은?

① 질산에 의한 분해
② 질산-염산에 의한 분해
③ 질산-황산에 의한 분해
④ 질산-과염소산에 의한 분해

42 유량측정공식의 형태가 나머지 3개와 다른 것은?

① 오리피스(Orifice)
② 벤투리미터(Venturi Meter)
③ 피토(Pitot)관
④ 유량측정용 노즐(Nozzle)

31	①	②	③	④
32	①	②	③	④
33	①	②	③	④
34	①	②	③	④
35	①	②	③	④
36	①	②	③	④
37	①	②	③	④
38	①	②	③	④
39	①	②	③	④
40	①	②	③	④
41	①	②	③	④
42	①	②	③	④
43	①	②	③	④
44	①	②	③	④
45	①	②	③	④
46	①	②	③	④
47	①	②	③	④
48	①	②	③	④
49	①	②	③	④
50	①	②	③	④
51	①	②	③	④
52	①	②	③	④
53	①	②	③	④
54	①	②	③	④
55	①	②	③	④
56	①	②	③	④
57	①	②	③	④
58	①	②	③	④
59	①	②	③	④
60	①	②	③	④

계산기

다음 ▶

안 푼 문제

답안 제출

실전점검!

02회 **CBT 실전모의고사**

수험번호:

수험자명:

제한 시간 : 2시간
남은 시간 :

글자
크기 100% 150% 200%

화면
배치

전체 문제 수 :
안 푼 문제 수 :

답안 표기란

31	①	②	③	④
32	①	②	③	④
33	①	②	③	④
34	①	②	③	④
35	①	②	③	④
36	①	②	③	④
37	①	②	③	④
38	①	②	③	④
39	①	②	③	④
40	①	②	③	④
41	①	②	③	④
42	①	②	③	④
43	①	②	③	④
44	①	②	③	④
45	①	②	③	④
46	①	②	③	④
47	①	②	③	④
48	①	②	③	④
49	①	②	③	④
50	①	②	③	④
51	①	②	③	④
52	①	②	③	④
53	①	②	③	④
54	①	②	③	④
55	①	②	③	④
56	①	②	③	④
57	①	②	③	④
58	①	②	③	④
59	①	②	③	④
60	①	②	③	④

43 다음 중 백색원판(투명도판)을 사용한 투명도 측정에 관한 설명으로 옳지 않은 것은?

① 투명도판의 색조차는 투명도에 크게 영향을 주므로 표면이 더러울 때에는 다시 색칠하여야 한다.

② 강우시에는 정확한 투명도를 얻을 수 없으므로 투명도를 측정하지 않는 것이 좋다.

③ 흐름이 있어 줄이 기울어질 경우에는 2kg 정도의 추를 달아서 줄을 세워야 한다.

④ 백색원판이 보이지 않는 깊이로 넣은 다음 천천히 끌어 올리면서 보이기 시작한 깊이를 반복해 측정한다.

44 다음 중 질산성 질소의 측정방법이 아닌 것은? (기준변경)

① 가스크로마토그래피법   ② 부루신법

③ 데발다합금 환원증류법   ④ 자외선 흡광광도법

45 다음 중 시안의 흡광광도법(피리딘 – 피라졸론법) 측정 시 시료 전처리에 관한 설명과 가장 거리가 먼 것은? (기준변경)

① 다량의 유지류가 함유된 시료는 초산 또는 수산화나트륨용액으로 pH 6~7로 조절하고 시료의 약 2%에 해당하는 노말헥산 또는 클로로폼을 넣어 짧은 시간 동안 흔들어 섞고 수층을 분리하여 시료를 취한다.

② 잔류염소가 함유된 시료는 L-아스코르빈산 용액을 넣어 제거한다.

③ 황화합물이 함유된 시료는 초산나트륨 용액을 넣어 제거한다.

④ 잔류염소가 함유된 시료는 아비산나트륨용액을 넣어 제거한다.

46 다음 중 인산염인의 측정법(흡광광도법)으로 옳은 것은?

① 카드뮴구리환원법   ② 디메틸글리옥심법

③ 에브럴-노리스법   ④ 염화제일주석 환원법

계산기   다음 ▶   안 푼 문제   답안 제출

02회 실전점검!
CBT 실전모의고사

수험번호 :

수험자명 :

제한 시간 : 2시간
남은 시간 :

글자
크기
100% 150% 200%

화면
배치

전체 문제 수 :
안 푼 문제 수 :

답안 표기란

31	①	②	③	④
32	①	②	③	④
33	①	②	③	④
34	①	②	③	④
35	①	②	③	④
36	①	②	③	④
37	①	②	③	④
38	①	②	③	④
39	①	②	③	④
40	①	②	③	④
41	①	②	③	④
42	①	②	③	④
43	①	②	③	④
44	①	②	③	④
45	①	②	③	④
46	①	②	③	④
47	①	②	③	④
48	①	②	③	④
49	①	②	③	④
50	①	②	③	④
51	①	②	③	④
52	①	②	③	④
53	①	②	③	④
54	①	②	③	④
55	①	②	③	④
56	①	②	③	④
57	①	②	③	④
58	①	②	③	④
59	①	②	③	④
60	①	②	③	④

47 이온크로마토그래피의 기본구성에 관한 설명으로 옳지 않은 것은?　　　(기준변경)

① 액송펌프 : 150~350kg/cm^2 압력에서 사용될 수 있어야 한다.

② 서프레서 : 고용량의 음이온 교환수지를 충전시킨 칼럼형과 음이온 교환막으로
된 격막형이 있다.

③ 분리칼럼 : 유리 또는 에폭시 수지로 만든 관에 이온교환체를 충전시킨 것이다.

④ 검출기 : 일반적으로 음이온 분석에는 전기전도도 검출기를 사용한다.

48 순수한 물 200mL에 에틸알코올(비중 0.79) 80mL를 혼합하였을 때 이 용액 중의
에틸알코올 농도는 몇 %(중량)인가?

① 약 13%　　　　　　　　　② 약 18%

③ 약 24%　　　　　　　　　④ 약 29%

49 공정시험기준에서 정의한 용어의 설명으로 옳지 않은 것은?

① 표준온도는 0℃를 말하고, 온수는 60~70℃, 냉수는 15℃ 이하를 말한다.

② 감압 또는 진공이라 함은 따로 규정이 없는 한 15mmHg 이하를 말한다.

③ '항량으로 될 때까지 건조한다'라 함은 같은 조건에서 1시간 더 건조할 때 전후
차가 g당 0.3mg 이하일 때를 말한다.

④ 방울수라 함은 4℃에서 정제수를 20방울을 적하할 때 그 부피가 약 1mL 되는
것을 뜻한다.

50 페놀류 시험법에서 사용하는 시액으로 옳지 않은 것은?

① 염화암모늄-암모니아 완충액　　　② 몰리브덴산암모늄 용액

③ 4-아미노 안티피린 용액　　　　　④ 헥사시안화철(Ⅱ)산칼륨

계산기

다음 ▶

안 푼 문제

답안 제출

실전점검!
02회 CBT 실전모의고사

수험번호 :
수험자명 :

제한 시간 : 2시간
남은 시간 :

글자 크기 100% 150% 200%
화면 배치

전체 문제 수 :
안 푼 문제 수 :

답안 표기란

51 원자흡광분석용 광원으로 많이 사용되는 중공음극램프에 관한 설명으로 가장 적절한 것은? (기준변경)

① 원자흡광 스펙트럼의 선폭보다 좁은 선폭을 갖고 휘도가 낮은 스펙트럼을 방사한다.
② 원자흡광 스펙트럼의 선폭보다 좁은 선폭을 갖고 휘도가 높은 스펙트럼을 방사한다.
③ 원자흡광 스펙트럼의 선폭보다 넓은 선폭을 갖고 휘도가 낮은 스펙트럼을 방사한다.
④ 원자흡광 스펙트럼의 선폭보다 넓은 선폭을 갖고 휘도가 높은 스펙트럼을 방사한다.

52 흡광광도 측정에서 투과퍼센트가 25%일 때 흡광도는?

① 0.1
② 0.3
③ 0.6
④ 0.9

53 비소를 원자흡광광도법으로 측정할 때의 내용으로 옳은 것은? (기준변경)

① 비화수소를 아르곤-수소 불꽃에서 원자화시켜 228.7nm에서 흡광도를 측정한다.
② 염화제일주석으로 시료 중의 비소를 6가 비소로 산화시킨다.
③ 망간을 넣어 비화수소를 발생시킨다.
④ 유효측정농도는 0.005mg/L 이상으로 한다.

54 분원성 대장균군의 정의이다. ( ) 안의 내용으로 옳은 것은?

온혈동물의 배설물에서 발견되는 (A)의 간균으로서 (B)℃에서 젖당을 분해하여 가스 또는 산을 발생하는 모든 호기성 또는 통성 혐기성균을 말한다.

① A : 그람음성·무아포성, B : 44.5
② A : 그람양성·무아포성, B : 44.5
③ A : 그람음성·아포성, B : 35.5
④ A : 그람양성·아포성, B : 35.5

31	① ② ③ ④
32	① ② ③ ④
33	① ② ③ ④
34	① ② ③ ④
35	① ② ③ ④
36	① ② ③ ④
37	① ② ③ ④
38	① ② ③ ④
39	① ② ③ ④
40	① ② ③ ④
41	① ② ③ ④
42	① ② ③ ④
43	① ② ③ ④
44	① ② ③ ④
45	① ② ③ ④
46	① ② ③ ④
47	① ② ③ ④
48	① ② ③ ④
49	① ② ③ ④
50	① ② ③ ④
51	① ② ③ ④
52	① ② ③ ④
53	① ② ③ ④
54	① ② ③ ④
55	① ② ③ ④
56	① ② ③ ④
57	① ② ③ ④
58	① ② ③ ④
59	① ② ③ ④
60	① ② ③ ④

계산기   다음 ▶   안 푼 문제   답안 제출

실전점검!

02회 CBT 실전모의고사

수험번호 :

수험자명 :

제한 시간 : 2시간
남은 시간 :

글자
크기 100% 150% 200%

화면
배치

전체 문제 수 :
안 푼 문제 수 :

55 자외선/가시선 분광법을 사용하여 구리(Cu)를 정량할 때 생성되는 킬레이트 화합물의 색깔은?

① 적색
② 황갈색
③ 청색
④ 적자색

56 DO 측정을 위해 Fe(Ⅲ) 100~200mg/L가 함유되어 있는 시료를 전처리하는 방법으로 가장 적절한 것은?(단, 윙클러 – 아지드화나트륨 변법) **(기준변경)**

① 황산의 첨가 전 불화칼륨용액(30g/L) 1mL를 가한다.
② 황산의 첨가 전 불화칼륨용액(300g/L) 1mL를 가한다.
③ 황산의 첨가 전 불화칼슘용액(30g/L) 1mL를 가한다.
④ 황산의 첨가 전 불화칼슘용액(300g/L) 1mL를 가한다.

57 취급 또는 저장하는 동안에 이물이 들어가거나 또는 내용물이 손실되지 아니하도록 보호하는 용기는?

① 차광용기
② 밀봉용기
③ 밀폐용기
④ 기밀용기

58 비소표준원액(1mg/mL)을 100mL 조제하려면 삼산화비소(Ag_2O_3)의 채취량은?(단, 비소의 원자량은 74.92이다.) **(기준변경)**

① 37mg
② 74mg
③ 132mg
④ 264mg

답안 표기란			
31	①	②	③	④
32	①	②	③	④
33	①	②	③	④
34	①	②	③	④
35	①	②	③	④
36	①	②	③	④
37	①	②	③	④
38	①	②	③	④
39	①	②	③	④
40	①	②	③	④
41	①	②	③	④
42	①	②	③	④
43	①	②	③	④
44	①	②	③	④
45	①	②	③	④
46	①	②	③	④
47	①	②	③	④
48	①	②	③	④
49	①	②	③	④
50	①	②	③	④
51	①	②	③	④
52	①	②	③	④
53	①	②	③	④
54	①	②	③	④
55	①	②	③	④
56	①	②	③	④
57	①	②	③	④
58	①	②	③	④
59	①	②	③	④
60	①	②	③	④

계산기
다음 ▶
안 푼 문제
답안 제출

실전점검!
02회
CBT 실전모의고사

수험번호:

수험자명:

제한 시간 : 2시간
남은 시간 :

글자
크기 100% 150% 200%

화면
배치

전체 문제 수 :
안 푼 문제 수 :

59 채취시료의 보존방법에 관한 설명으로 옳지 않은 것은?

① 질산성 질소 검정용 시료는 4℃에서 보존한다.

② 분원성 대장균군 검정용 시료는 저온(4℃ 이하)에서 보존한다.

③ 총질소 검정용 시료는 황산을 가하여 pH가 2 이하가 되도록 조절하여 4℃에서 보존한다.

④ 노말헥산추출물질 검정용 시료는 황산을 가하여 pH가 2 이하가 되도록 조절하여 4℃에서 보존한다.

60 4각 위어에 의한 유량(Q) 측정 공식으로 옳은 것은?(단, K : 유량계수, b : 절단폭, h : 위어 수두, 단위는 적절함)

① $Q = Kbh^{\frac{3}{2}}$

② $Q = Kbh^{\frac{2}{3}}$

③ $Q = Kbh^{\frac{5}{2}}$

④ $Q = Kbh^{\frac{2}{5}}$

31	①	②	③	④
32	①	②	③	④
33	①	②	③	④
34	①	②	③	④
35	①	②	③	④
36	①	②	③	④
37	①	②	③	④
38	①	②	③	④
39	①	②	③	④
40	①	②	③	④
41	①	②	③	④
42	①	②	③	④
43	①	②	③	④
44	①	②	③	④
45	①	②	③	④
46	①	②	③	④
47	①	②	③	④
48	①	②	③	④
49	①	②	③	④
50	①	②	③	④
51	①	②	③	④
52	①	②	③	④
53	①	②	③	④
54	①	②	③	④
55	①	②	③	④
56	①	②	③	④
57	①	②	③	④
58	①	②	③	④
59	①	②	③	④
60	①	②	③	④

계산기

다음 ▶

안 푼 문제

답안 제출

02회

실전점검!
CBT 실전모의고사

수험번호 :

수험자명 :

제한 시간 : 2시간
남은 시간 :

글자 크기	100%	150%	200%	화면 배치			

전체 문제 수 :
안 푼 문제 수 :

답안 표기란

61	①	②	③	④
62	①	②	③	④
63	①	②	③	④
64	①	②	③	④
65	①	②	③	④
66	①	②	③	④
67	①	②	③	④
68	①	②	③	④
69	①	②	③	④
70	①	②	③	④
71	①	②	③	④
72	①	②	③	④
73	①	②	③	④
74	①	②	③	④
75	①	②	③	④
76	①	②	③	④
77	①	②	③	④
78	①	②	③	④
79	①	②	③	④
80	①	②	③	④

4과목 **수질환경관계법규**

61 환경기술인 과정의 교육기간은?

① 3일 이내
② 5일 이내
③ 7일 이내
④ 10일 이내

62 다음은 중권역 수질 및 수생태계 보전계획 수립에 관한 내용이다. ( ) 안의 내용으로 옳은 것은?

(㉠)은(는) 중권역 계획을 수립하고자 하는 때에는 (㉡)와(과) 협의하여야 한다.

① ㉠ 지방환경청장, ㉡ 시장, 군수, 구청장
② ㉠ 시장, 군수, 구청장, ㉡ 지방환경청장
③ ㉠ 유역환경청장 또는 지방환경청장, ㉡ 관계 시 · 도지사
④ ㉠ 시 · 도지사, ㉡ 유역환경청장 또는 지방환경청장

63 환경부장관이 제조업의 배출시설(폐수무방류배출시설을 제외)을 설치, 운영하는 사업자에 대하여 조업정지를 명하여야 하는 경우로서 그 조업정지가 주민의 생활, 대외적인 신용, 고용, 물가 등 국민경제 그 밖에 공익에 현저한 지장을 초래할 우려가 있다고 인정되는 경우에 조업정지 처분에 갈음하여 부과할 수 있는 과징금의 최대 액수는?

① 1억 원
② 2억 원
③ 3억 원
④ 5억 원

64 환경부장관이 설치, 운영하는 측정망의 종류와 가장 거리가 먼 것은?

① 비점오염원에서 배출되는 비점오염물질 측정망
② 퇴적물 측정망
③ 수질오염도 측정망
④ 공공수역 유해물질 측정망

계산기

다음 ▶

안 푼 문제

답안 제출

실전점검!

02회 **CBT 실전모의고사**

수험번호 :
수험자명 :

제한 시간 : 2시간
남은 시간 :

| 글자 크기 | 100% | 150% | 200% | 화면 배치 | | | 전체 문제 수 : 안 푼 문제 수 : |

65 초과부과금의 산정시 수질오염물질 1킬로그램당 부과금액이 가장 큰 수질오염물질은?

① 크롬 및 그 화합물
② 총 인
③ 페놀류
④ 비소 및 그 화합물

66 비점오염저감시설의 관리, 운영기준 중 자연형 시설인 인공습지의 시설 기준으로 옳지 않은 것은?

① 동절기에 인공습지의 식생대 동사를 방지하기 위해 덮개 시설 또는 가온 시설을 설치하여야 한다.
② 인공습지의 퇴적물은 주기적으로 제거하여야 한다.
③ 인공습지의 식생대가 50퍼센트 이상 고사하는 경우에는 추가로 수생식물을 심어야 한다.
④ 인공습지 침사지의 매몰 정도를 주기적으로 점검하여야 하고 50퍼센트 이상 매몰될 경우에는 토사를 제거하여야 한다.

67 오염총량관리기본방침에 포함되어야 하는 사항과 가장 거리가 먼 것은?

① 오염총량관리의 목표
② 오염총량관리의 대상 수질오염물질 종류
③ 오염총량관리대상 지역 및 시설
④ 오염원의 조사 및 오염부하량 산정방법

답안 표기란

61	①	②	③	④
62	①	②	③	④
63	①	②	③	④
64	①	②	③	④
65	①	②	③	④
66	①	②	③	④
67	①	②	③	④
68	①	②	③	④
69	①	②	③	④
70	①	②	③	④
71	①	②	③	④
72	①	②	③	④
73	①	②	③	④
74	①	②	③	④
75	①	②	③	④
76	①	②	③	④
77	①	②	③	④
78	①	②	③	④
79	①	②	③	④
80	①	②	③	④

계산기   다음 ▶   안 푼 문제   답안 제출

02 회

실전점검!
CBT 실전모의고사

수험번호 :

수험자명 :

제한 시간 : 2시간
남은 시간 :

글자
크기 100% 150% 200%

화면
배치

전체 문제 수 :
안 푼 문제 수 :

답안 표기란

61	①	②	③	④
62	①	②	③	④
63	①	②	③	④
64	①	②	③	④
65	①	②	③	④
66	①	②	③	④
67	①	②	③	④
68	①	②	③	④
69	①	②	③	④
70	①	②	③	④
71	①	②	③	④
72	①	②	③	④
73	①	②	③	④
74	①	②	③	④
75	①	②	③	④
76	①	②	③	④
77	①	②	③	④
78	①	②	③	④
79	①	②	③	④
80	①	②	③	④

68 수질오염감시경보의 경보단계, 발령 해제기준 중 수소이온농도 항목에 관한 내용으로 옳은 것은?

① 수소이온농도 항목이 경보기준을 초과하는 것은 5 이하 또는 11 이상이 10분 이상 지속되는 경우를 말한다.

② 수소이온농도 항목이 경보기준을 초과하는 것은 5 이하 또는 11 이상이 30분 이상 지속되는 경우를 말한다.

③ 수소이온농도 항목이 경보기준을 초과하는 것은 4 이하 또는 11 이상이 10분 이상 지속되는 경우를 말한다.

④ 수소이온농도 항목이 경보기준을 초과하는 것은 4 이하 또는 11 이상이 30분 이상 지속되는 경우를 말한다.

69 다음은 폐수처리업자의 등록취소기준에 관한 내용이다. ( ) 안의 내용으로 옳은 것은?

등록 후 (㉠)에 영업을 개시하지 아니하거나 계속하여 (㉡) 영업실적이 없는 경우

① ㉠ 1년 이내, ㉡ 1년 이상   ② ㉠ 1년 이내, ㉡ 2년 이상
③ ㉠ 2년 이내, ㉡ 2년 이상   ④ ㉠ 2년 이내, ㉡ 3년 이상

70 수질오염방지시설 중 화학적 처리시설로 옳지 않은 것은?

① 살균시설   ② 소각시설
③ 흡착시설   ④ 응집시설

71 수질 및 수생태계 보전에 관한 법률에서 정의하는 공공수역이 아닌 것은?

① 상수관거   ② 연안해역
③ 농업용 수로   ④ 항만

계산기   다음 ▶   안 푼 문제   답안 제출

02회 실전점검!
CBT 실전모의고사

수험번호 :

수험자명 :

⏱ 제한 시간 : 2시간
남은 시간 :

글자
크기 🔍 100% Ⓜ 150% 🔍 200%

화면
배치 ▭▭ ▯▯ ▯▯▯

전체 문제 수 :
안 푼 문제 수 :

답안 표기란				
61	①	②	③	④
62	①	②	③	④
63	①	②	③	④
64	①	②	③	④
65	①	②	③	④
66	①	②	③	④
67	①	②	③	④
68	①	②	③	④
69	①	②	③	④
70	①	②	③	④
71	①	②	③	④
72	①	②	③	④
73	①	②	③	④
74	①	②	③	④
75	①	②	③	④
76	①	②	③	④
77	①	②	③	④
78	①	②	③	④
79	①	②	③	④
80	①	②	③	④

72 비점오염원 관련 관계 전문기관으로 가장 옳은 것은?

① 한국환경정책 · 평가연구원
② 국립환경과학원
③ 한국건설기술연구원
④ 환경보전협회

73 사업장별 환경기술인의 자격기준으로 옳지 않은 것은?

① 제1종 및 제2종 사업장 중 1개월간 실제 작업한 날만을 계산하여 1일 평균 17시간 이상 작업하는 경우 그 사업장은 환경기술인을 각각 2명 이상 두어야 한다.
② 연간 90일 미만 조업하는 제1종부터 제3종까지의 사업장은 제4종 사업장, 제5종 사업장에 해당하는 환경기술인을 선임할 수 있다.
③ 대기환경기술인으로 임명된 자가 수질환경기술인의 자격을 함께 갖춘 경우에는 수질환경기술인을 겸임할 수 있다.
④ 공동방지시설의 경우에는 폐수 배출량이 제1종, 제2종 사업장 규모에 해당하는 경우 제3종 사업장에 해당하는 환경기술인을 둘 수 있다.

74 폐수배출시설에서 배출되는 수질오염물질의 배출허용기준으로 옳은 것은?(단, 1일 폐수배출량이 2천 세제곱미터 이상, 나지역인 경우)

① BOD 50mg/L 이하, TOC 60mg/L 이하, SS 50mg/L 이하
② BOD 60mg/L 이하, TOC 70mg/L 이하, SS 60mg/L 이하
③ BOD 70mg/L 이하, TOC 80mg/L 이하, SS 70mg/L 이하
④ BOD 80mg/L 이하, TOC 50mg/L 이하, SS 80mg/L 이하

75 폐수무방류배출시설을 설치, 운영하는 사업자가 규정에 의한 관계 공무원의 출입, 검사를 거부, 방해 또는 기피한 경우의 벌칙기준은?

① 1년 이하의 징역 또는 1,000만 원 이하의 벌금에 처한다.
② 1년 이하의 징역 또는 500만 원 이하의 벌금에 처한다.
③ 500만 원 이하의 벌금에 처한다.
④ 300만 원 이하의 벌금에 처한다.

⌨ 계산기 ◀ 다음 ▶ 🗒 안 푼 문제 📋 답안 제출

실전점검!
02회
CBT 실전모의고사

수험번호 :
수험자명 :

제한 시간 : 2시간
남은 시간 :

글자 크기 100% 150% 200%　　화면 배치

전체 문제 수 :
안 푼 문제 수 :

답안 표기란			
61	①	②	③	④
62	①	②	③	④
63	①	②	③	④
64	①	②	③	④
65	①	②	③	④
66	①	②	③	④
67	①	②	③	④
68	①	②	③	④
69	①	②	③	④
70	①	②	③	④
71	①	②	③	④
72	①	②	③	④
73	①	②	③	④
74	①	②	③	④
75	①	②	③	④
76	①	②	③	④
77	①	②	③	④
78	①	②	③	④
79	①	②	③	④
80	①	②	③	④

76 환경부장관이 비점오염원 관리지역을 지정, 고시한 때에 수립하는 비점오염원관리 대책에 포함되어야 할 사항과 가장 거리가 먼 것은?

① 관리대상 수질오염물질의 발생 예방 및 저감방안
② 관리대상 지역 내 수질오염물질 발생원 현황
③ 관리목표
④ 관리대상 수질오염물질의 종류 및 발생량

77 오염총량관리대상오염물질 및 수계구간별 오염총량목표수질의 조정, 오염총량관리의 시행 등에 관한 검토, 조사 및 연구를 위하여 환경부장관이 구성하는 오염총량관리 조사연구반에 관한 설명으로 옳지 않은 것은?

① 조사 · 연구반은 국립환경과학원에 둔다.
② 오염총량관리시행계획에 대한 검토 업무를 수행한다.
③ 오염총량관리기본계획에 대한 검토 업무를 수행한다.
④ 환경부장관이 추천하는 수질 관련 전문가로 구성된다.

78 특정수질유해물질에 해당하지 않는 것은?

① 브로모포름
② 셀레늄과 그 화합물
③ 염소화합물
④ 구리와 그 화합물

79 위임업무 보고사항 중 보고 횟수가 다른 것은?

① 배출업소의 지도, 점검 및 행정처분 실적
② 배출부과금 부과 실적
③ 과징금 부과 실적
④ 비점오염원의 설치신고 및 방지시설 설치 현황 및 행정 처분 현황

계산기　　　　다음 ▶　　　　안 푼 문제　　답안 제출

실전점검!
CBT 실전모의고사

수험번호 :
수험자명 :

제한 시간 : 2시간
남은 시간 :

글자
크기 100% 150% 200%

화면
배치

전체 문제 수 :
안 푼 문제 수 :

답안 표기란

61	①	②	③	④
62	①	②	③	④
63	①	②	③	④
64	①	②	③	④
65	①	②	③	④
66	①	②	③	④
67	①	②	③	④
68	①	②	③	④
69	①	②	③	④
70	①	②	③	④
71	①	②	③	④
72	①	②	③	④
73	①	②	③	④
74	①	②	③	④
75	①	②	③	④
76	①	②	③	④
77	①	②	③	④
78	①	②	③	④
79	①	②	③	④
80	①	②	③	④

80 환경기술인의 관리사항과 가장 거리가 먼 것은?

① 폐수배출시설 및 수질오염방지시설의 설치에 관한 사항

② 폐수배출시설 및 수질오염방지시설의 개선에 관한 사항

③ 운영일지의 기록, 보전에 관한 사항

④ 수질오염물질의 측정에 관한 사항

계산기

다음 ▶

안 푼 문제

답안 제출

CBT 정답 및 해설

01	02	03	04	05	06	07	08	09	10
③	①	②	③	③	③	④	④	②	④
11	12	13	14	15	16	17	18	19	20
②	③	④	③	①	④	①	④	②	①
21	22	23	24	25	26	27	28	29	30
①	④	④	④	③	①	②	②	②	①
31	32	33	34	35	36	37	38	39	40
④	②	②	①	②	③	②	④	②	②
41	42	43	44	45	46	47	48	49	50
②	③	①	①	③	④	②	③	④	②
51	52	53	54	55	56	57	58	59	60
②	③	④	①	②	②	③	③	②	①
61	62	63	64	65	66	67	68	69	70
②	③	③	③	③	①	③	②	③	④
71	72	73	74	75	76	77	78	79	80
①	①	④	④	①	②	④	③	③	①

01 정답 | ③

해설 | $\eta = \left(1 - \dfrac{\text{유출부하량}}{\text{유입부하량}}\right) \times 100$

㉠ 유입부하량($Q_i C_i$)

$= \dfrac{2,500\text{m}^3}{\text{day}}\left|\dfrac{230\text{mg}}{\text{L}}\right|\dfrac{10^3\text{L}}{1\text{m}^3}\left|\dfrac{1\text{kg}}{10^6\text{mg}}\right.$

$= 575(\text{kg/day})$

㉡ 유출부하량($Q_o C_o$) = 173(kg/day)

$\therefore \eta = \left(1 - \dfrac{173}{575}\right) \times 100 = 69.91(\%)$

02 정답 | ①

해설 | $C_m = \dfrac{Q_1 C_1 + Q_2 C_2}{Q_1 + Q_2}$

$3 = \dfrac{(100,000 \times 1) + Q_2 C_2}{100,000}$

$Q_2 C_2 = \dfrac{200,000\text{mg} \cdot \text{m}^3}{\text{L} \cdot \text{day}}\left|\dfrac{10^3\text{L}}{1\text{m}^3}\right|\dfrac{1\text{kg}}{10^6\text{mg}}$

$= 200(\text{kg/day})$

$\therefore \text{X(돼지 마리)} = \dfrac{200\text{kg}}{\text{day}}\left|\dfrac{\text{day} \cdot \text{마리}}{0.4\text{kg}}\right. = 500(\text{마리})$

03 정답 | ②

해설 | $K_T = K_{20} \times 1.047^{(T-20)}$

$= 0.15 \times 1.047^{(10-20)} = 0.0948(\text{day}^{-1})$

$\text{BOD}_5 = \text{BOD}_u (1 - 10^{-0.0948 \times 5})$

$\therefore \dfrac{\text{BOD}_5}{\text{BOD}_u} = (1 - 10^{-0.0948 \times 5}) = 0.66$

04 정답 | ③

해설 | $C_5H_7NO_2 + 5O_2 \rightarrow 5CO_2 + 2H_2O + NH_3$

113kg : 5×32g

2kg : X(kg)

$\therefore \text{X} = 2.8318(\text{kg})$

05 정답 | ③

해설 | 지하수는 국지적인 환경조건의 영향이 크다.

06 정답 | ③

해설 | $CH_3COOH \rightarrow CH_3COO^- + H^+$

$\text{pH} = -\log[\text{H}^+]$

$= -\log(0.02 \times 0.08) = 2.796$

07 정답 | ④

해설 | 적조현상은 염분농도가 낮을 때 발생한다.

09 정답 | ②

해설 | 남조류는 세포 내에 색소가 고르게 퍼져 있다.

12 정답 | ③

해설 | Streeter-Phelps Model

㉠ 최초의 하천 수질 모델링이다.

㉡ 점오염원으로부터 오염 부하량을 고려한다.

㉢ 유기물 분해로 인한 용존산소 소비와 대기로부터 수면을 통해 산소가 재공급되는 재폭기를 고려한다.

㉣ 정상상태로 가정한다.

15 정답 | ①

해설 | $\ln\dfrac{C_t}{C_o} = -K \cdot t$

$\ln\dfrac{10}{100} = -K \times 4\text{hr}$

$K = 0.5756(\text{hr}^{-1})$

$C_3 = 100 \times e^{-0.5756 \times 3} = 17.79(\text{mg/L})$

17 정답 | ①

해설 | $C_m = \dfrac{Q_1 C_1 + Q_2 C_2}{Q_1 + Q_2}$

$C_2 = 200(1 - 0.95) = 10(\text{mg/L})$

$$\therefore C_m = \frac{(50,000 \times 4) + (1,000 \times 10)}{50,000 + 1,000}$$
$$= 4.12(mg/L)$$

18 정답 | ④

해설 | $BOD_u = \dfrac{BOD_5}{1 - 10^{-K_1 \times 5}}$

$= \dfrac{200mg/L}{1 - 10^{-0.1/day \times 5day}} = 292.495mg/L$

$\therefore BOD_2 = 292.495(1 - 10^{-0.1 \times 2})$
$= 107.94(mg/L)$

19 정답 | ②

해설 | 미생물은 에너지원에 따라 광영양계(Phototroph)와 화학영양계(Chemotroph)로 분류한다.

20 정답 | ①

해설 | $NaCl(W/W\%) = \dfrac{30(g)}{100(g) + 30(g)} \times 100$
$= 23.08(\%)$

21 정답 | ①

해설 | 투석(Dialysis)의 추진력은 농도차이다.

22 정답 | ④

해설 | $\ln \dfrac{C_t}{C_o} = -K \cdot t$

㉠ 50% 제거 : $\ln \dfrac{50}{100} = -K \cdot 4.5hr$

$K = 0.154(hr^{-1})$

㉡ 90% 제거 : $\ln \dfrac{10}{100} = -0.154/hr \times t(hr)$

$\therefore t = 14.95(hr)$

23 정답 | ④

해설 | 염소요구량 = 염소주입량 - 잔류염소량

염소주입량 $= \dfrac{48.6kg/day}{1,000m^3/day} \times \left(\dfrac{10^3 g}{1kg}\right)$
$= 48.6g/m^3 = 48.6mg/L$

$\therefore$ 염소요구량$(mg/L) = 48.6(mg/L) - 1.8(mg/L)$
$= 46.8(mg/L)$

24 정답 | ④

해설 | $F/M = \dfrac{BOD_i \times Q_i}{\forall \cdot X}$, $V = \dfrac{BOD_i \times Q_i}{F/M \times X}$

$$V = \frac{300mg}{L} \left| \frac{2,000m^3}{day} \right| \frac{kg \cdot day}{0.5kg} \left| \frac{L}{2,000mg} \right.$$
$$= 600(m^3)$$

26 정답 | ①

해설 | BOD : N
100 : 5
1,000(mg/L) : N
N = 50(mg/L)
$(NH_4)_2SO_4$: 2N
132(g) : 2×14(g)
X : 50(mg/L)
$X((NH_4)_2SO_4) = 235.71(mg/L)$

$(NH_4)_2SO_4 \left(\dfrac{kg}{day}\right)$

$= \dfrac{235.71mg}{L} \left| \dfrac{500m^3}{day} \right| \dfrac{1kg}{10^6 mg} \left| \dfrac{10^3 L}{1m^3} \right.$
$= 117.86(kg/day)$

27 정답 | ②

해설 | $SRT = \dfrac{\forall \times X}{Q_w \times X_w}$

$= \dfrac{1,000m^3 \times 2kg/m^3}{0.2kg/m^3 \times 2,500m^3/day}$
$= 4(day)$

28 정답 | ②

해설 | 접촉산화법은 부착생물량을 임의로 조정할 수 있어 조작조건의 변경에 대응하기 쉽다.

29 정답 | ②

해설 | $\dfrac{V_B}{V_a} = \dfrac{\dfrac{d_A^{\,2}(\rho_w - \rho_A)g}{18\mu}}{\dfrac{d_B^{\,2}(\rho_w - \rho_B)g}{18\mu}} = \dfrac{K(\rho_w - \rho_A)}{K(\rho_w - \rho_B)}$

$= \dfrac{1 - 0.9}{1 - 0.92} = 1.25$

30 정답 | ①

해설 | 암모니아를 탈기하기 위해서는 pH를 11 이상으로 높여서 암모늄이온 형태를 암모니아 기체로 바꿔야 한다.
$NH_4^+ + OH^- \rightleftarrows NH_3 \uparrow + H_2O$

32 정답 | ②

해설 | 살균력 : $HOCl > OCl^- > Chloramines$

33 정답 | ②

해설 | 가정하수의 부하량(kg/day)

$$= \frac{50g \cdot BOD}{인 \cdot 일} \left| \frac{2,000인}{} \right| \frac{1kg}{10^3 g}$$

$$= 100(kg/day)$$

34 정답 | ①

해설 | 완속여과지의 여과속도는 4~5m/day를 표준으로 한다.

35 정답 | ②

해설 | $R = \dfrac{X - SS_i}{X_r - X} \times 100$

$$= \frac{2,000 - 200}{8,000 - 2,000} \times 100 = 30(\%)$$

36 정답 | ③

해설 | $SVI = \dfrac{SV(mL/L)}{MLSS(mg/L)} \times 10^3$

$$= \frac{500mL/L}{3,500mg/L} \times \left(\frac{10^3 mg}{1mL} \right) = 142.8$$

37 정답 | ②

해설 | 자외선 소독은 소독이 성공적으로 되었는지 즉시 측정할 수 없다.

38 정답 | ④

해설 | ㉠ 체류시간을 증가시키지 않았을 때

$$SL_1(m^3) = \frac{(0.3 \times 0.6)kg \cdot TS}{m^3} \left| \frac{1,000ton}{} \right| \frac{10^3 kg}{1ton}$$

$$\left| \frac{m^3}{10^3 kg} \right| \frac{100 \cdot SL}{(100-95) \cdot TS} \left| \frac{m^3}{10^3 kg} \right.$$

$$= 3.6(m^3)$$

㉡ 체류시간을 2배 증가시켰을 때

$$SL_2(m^3) = \frac{(0.3 \times 0.9)kg \cdot TS}{m^3} \left| \frac{1,000ton}{} \right| \frac{10^3 kg}{1ton}$$

$$\left| \frac{m^3}{10^3 kg} \right| \frac{100 \cdot SL}{(100-95) \cdot TS} \left| \frac{m^3}{10^3 kg} \right.$$

$$= 5.4(m^3)$$

∴ 슬러지 발생량 차이 $= 5.4 - 3.6 = 1.8(m^3)$

39 정답 | ②

해설 | $V(m^3) = \dfrac{2,000kg}{day} \left| \dfrac{100}{(100-97)} \right| \dfrac{m^3}{1,030kg} \left| \dfrac{10day}{} \right.$

$$= 647.25(m^3)$$

40 정답 | ②

해설 | A/O 공정은 인(P)제거를 주목적으로 개발된 공법으로 무산소조가 없다.

43 정답 | ①

해설 | 투명도판의 색조차는 투명도에 미치는 영향이 적지만 원판의 광반사능도 투명도에 영향을 미치므로 표면이 더러울 때에는 다시 색칠하여야 한다.

44 정답 | ①

[기준의 전면 개편으로 해당사항 없음]

해설 | 질산성 질소 시험방법에는 자외선/가시선 분광법(부루신법), 이온크로마토그래피법, 자외선/가시선 분광법(활성탄흡착법), 데발다합금 환원증류법이 있다.

45 정답 | ③

[기준의 전면 개편으로 해당사항 없음]

46 정답 | ④

해설 | 인산염인의 시험방법에는 자외선/가시선 분광법(이염화주석환원법), 자외선/가시선 분광법(아스코르빈산환원법), 이온크로마토그래피가 있다.

47 정답 | ②

[기준의 전면 개편으로 해당사항 없음]

48 정답 | ③

해설 | 에틸알코올(W/W%)

$$= \frac{80mL \times \dfrac{0.79g}{mL}}{\left(200mL \times \dfrac{1g}{mL} \right) + \left(80mL \times \dfrac{0.79g}{mL} \right)} \times 100$$

$$= 24.01(W/W\%)$$

49 정답 | ④

해설 | 방울수라 함은 20 ℃에서 정제수(精製水) 20방울을 적하할 때, 그 부피가 약 1mL 되는 것을 뜻한다.

50 정답 | ②

해설 | 페놀류를 자외선/가시선 분광법으로 시험할 때 증류한 시료에 염화암모늄-암모니아 완충용액을 넣어 pH 10으로 조절한 다음 4-아미노안티피린과 헥사시안화철(Ⅱ)산칼륨을 넣어 생성된 붉은색의 안티피린계 색소의 흡광도를 측정하는 방법으로 수용액에서는 510nm, 클로로폼용액에서는 460nm에서 측정한다.

51 정답 | ②
[기준의 전면 개편으로 해당사항 없음]

52 정답 | ③
해설 | $A = \log\dfrac{1}{t} = \log\dfrac{1}{0.25} = 0.60$

53 정답 | ④
[기준의 전면 개편으로 해당사항 없음]

54 정답 | ①
해설 | 온혈동물의 배설물에서 발견되는 그람음성 · 무아포성의 간균으로서 44.5℃에서 젖당을 분해하여 가스또는 산을 발생하는 모든 호기성 또는 통성 혐기성균을말한다.

55 정답 | ②
해설 | 구리의 자외선/가시선 분광법은 물속에 존재하는 구리이온이 알칼리성에서 다이에틸다이티오카르바민산나트륨과 반응하여 생성하는 황갈색의 킬레이트 화합물을 아세트산부틸로 추출하여 흡광도를 440nm에서 측정하는 방법이다.

56 정답 | ②
[기준의 전면 개편으로 해당사항 없음]

57 정답 | ③
해설 | "밀폐용기(密閉容器)"라 함은 취급 또는 저장하는 동안에 이물이 들어가거나 또는 내용물이 손실되지 아니하도록 보호하는 용기를 말한다.

58 정답 | ③
[기준의 전면 개편으로 해당사항 없음]

59 정답 | ②
해설 | 분원성 대장균군 검정용 시료는 저온(10℃ 이하)에서 보존한다.

61 정답 | ②
해설 | 교육과정의 교육기간은 5일 이내로 한다.

62 정답 | ③
해설 | 중권역 수질 및 수생태계 보전계획의 수립
　ㄱ 유역환경청장 또는 지방환경청장은 대권역계획에따라 중권역의 수질 및 수생태계 보전을 위한 계획을 수립하여야 한다.

　ㄴ 유역환경청장 또는 지방환경청장은 중권역계획을수립하고자 하는 때에는 관계 시 · 도지사와 협의하여야 한다. 중권역계획을 변경하고자 하는 때에도 또한 같다.

63 정답 | ③
해설 | 과징금 처분
환경부장관은 다음의 어느 하나에 해당하는 배출시설(폐수무방류배출시설을 제외한다.)을 설치 · 운영하는 사업자에 대하여 규정에 의하여 조업정지를 명하여야 하는 경우로서 그 조업정지가 주민의 생활, 대외적인 신용 · 고용 · 물가 등 국민경제 그 밖에 공익에 현저한 지장을 초래할 우려가 있다고 인정되는 경우에는조업정지처분에 갈음하여 3억 원 이하의 과징금을 부과할 수 있다.

64 정답 | ③
해설 | 환경부장관이 설치 · 운영하는 측정망의 종류
　ㄱ 비점오염원에서 배출되는 비점오염물질 측정망
　ㄴ 오염총량목표수질 측정망
　ㄷ 대규모 오염원의 하류지점 측정망
　ㄹ 수질오염경보를 위한 측정망
　ㅁ 대권역 · 중권역을 관리하기 위한 측정망
　ㅂ 공공수역 유해물질 측정망
　ㅅ 퇴적물 측정망
　ㅇ 생물 측정망

66 정답 | ①
해설 | 비점오염저감시설의 관리 · 운영기준
　ㄱ 동절기(11월부터 다음 해 3월까지를 말한다)에는인공습지에서 말라 죽은 식생(植生)을 제거 · 처리하여야 한다.
　ㄴ 인공습지의 퇴적물은 주기적으로 제거하여야 한다.
　ㄷ 인공습지의 식생대가 50퍼센트 이상 고사하는 경우에는 추가로 수생식물을 심어야 한다.
　ㄹ 인공습지에서 식생대의 과도한 성장을 억제하고 유로(流路)가 편중되지 아니하도록 수생식물을 잘라내는 등 수생식물을 관리하여야 한다.
　ㅁ 인공습지 침사지의 매몰 정도를 주기적으로 점검하여야 하고, 50퍼센트 이상 매몰될 경우에는 토사를제거하여야 한다.

67 정답 | ③
해설 | 오염총량관리기본방침에 포함되어야 하는 사항
　ㄱ 오염총량관리의 목표
　ㄴ 오염총량관리의 대상 수질오염물질 종류
　ㄷ 오염원의 조사 및 오염부하량 산정방법

ⓔ 오염총량관리기본계획의 주체, 내용, 방법 및 시한
ⓜ 오염총량관리시행계획의 내용 및 방법

69 정답 | ③
해설 | 환경부장관은 폐수처리업자가 등록 후 2년 이내에 영업을 개시하지 아니하거나 계속하여 2년 이상 영업실적이 없는 경우에는 그 등록을 취소하여야 한다.

70 정답 | ④
해설 | 응집시설은 물리적 처리시설이다.

71 정답 | ①
해설 | 공공수역
ⓐ 지하수로
ⓑ 농업용 수로
ⓒ 하수관거
ⓓ 운하

72 정답 | ①
해설 | 비점오염 관련 관계 전문기관
ⓐ 「환경관리공단법」에 따른 환경관리공단
ⓑ 「정부출연연구기관 등의 설립·운영 및 육성에 관한 법률」에 따라 설립된 한국환경정책·평가연구원

73 정답 | ④
해설 | 공동방지시설의 경우에는 폐수배출량이 제4종 또는 제5종 사업장의 규모에 해당하면 제3종 사업장에 해당하는 환경기술인을 두어야 한다.

74 정답 | ④
해설 | 수질오염물질의 배출허용기준

구분	1일 폐수배출량 2,000m³ 이상			1일 폐수배출량 2,000m³ 미만		
	BOD (mg/L)	TOC (mg/L)	SS (mg/L)	BOD (mg/L)	TOC (mg/L)	SS (mg/L)
청정 지역	30 이하	25 이하	30 이하	40 이하	30 이하	40 이하
가 지역	60 이하	40 이하	60 이하	80 이하	50 이하	80 이하
나 지역	80 이하	50 이하	80 이하	120 이하	75 이하	120 이하
특례 지역	30 이하	25 이하	30 이하	30 이하	25 이하	30 이하

75 정답 | ①
해설 | 폐수무방류배출시설을 설치, 운영하는 사업자가 규정에 의한 관계 공무원의 출입, 검사를 거부, 방해 또는 기피한 경우에는 1년 이하의 징역 또는 1,000만 원 이하의 벌금에 처한다.

76 정답 | ②
해설 | 환경부장관이 비점오염원 관리지역을 지정, 고시한 때에 수립하는 비점오염원관리대책에 포함되어야 할 사항
ⓐ 관리목표
ⓑ 관리대상 수질오염물질의 종류 및 발생량
ⓒ 관리대상 수질오염물질의 발생 예방 및 저감방안
ⓓ 그 밖에 관리지역의 적정한 관리를 위하여 환경부령이 정하는 사항

77 정답 | ④
해설 | 오염총량관리 조사·연구반
ⓐ 오염총량관리 조사·연구반은 국립환경과학원에 둔다.
ⓑ 조사·연구반의 반원은 국립환경과학원장이 추천하는 국립환경과학원 소속의 공무원과 수질 및 수생태계 관련 전문가로 구성한다.
ⓒ 조사·연구반은 다음의 업무를 수행한다.
 • 오염총량목표수질에 대한 검토·연구
 • 오염총량관리기본방침에 대한 검토·연구
 • 오염총량관리기본계획에 대한 검토
 • 오염총량관리시행계획에 대한 검토 등

79 정답 | ③
해설 | ① 배출업소의 지도, 점검 및 행정처분 실적 : 연 4회
② 배출부과금 부과 실적 : 연 4회
③ 과징금 부과 실적 : 연 2회
④ 비점오염원의 설치신고 및 방지시설 설치 현황 및 행정 처분 현황 : 연 4회

80 정답 | ①
해설 | 환경기술인의 관리사항
ⓐ 폐수배출시설 및 수질오염방지시설의 관리에 관한 사항
ⓑ 폐수배출시설 및 수질오염방지시설의 개선에 관한 사항
ⓒ 폐수배출시설 및 수질오염방지시설의 운영에 관한 기록부의 기록·보존에 관한 사항
ⓓ 운영일지의 기록·보존에 관한 사항
ⓔ 수질오염물질의 측정에 관한 사항
ⓕ 그 밖에 환경오염방지를 위하여 시·도지사가 지시하는 사항

03회 실전점검!
CBT 실전모의고사

수험번호:

수험자명:

제한 시간 : 2시간
남은 시간 :

글자 크기 100% 150% 200% 화면 배치

전체 문제 수 :
안 푼 문제 수 :

1과목 **수질오염개론**

01 Streeter – Phelps 모델에 관한 내용으로 옳지 않은 것은?

① 최초의 하천 수질 모델링이다.

② 유속, 수심, 조도계수에 의한 확산계수를 결정한다.

③ 점오염원으로부터 오염부하량을 고려한다.

④ 유기물의 분해에 따라 용존산소 소비와 재폭기를 고려한다.

02 미생물 세포를 $C_5H_7O_2N$이라고 하면 세포 3kg당 이론적인 공기소모량은?(단, 완전산화 기준이며 분해 최종산물은 CO_2, H_2O, NH_3, 공기 중 산소는 23%(W/W)로 가정한다.)

① 약 16.5kg air
② 약 17.5kg air
③ 약 18.5kg air
④ 약 19.5kg air

03 0.05N의 약산인 초산이 8% 해리되어 있다면 이 수용액의 pH는?

① 3.2
② 2.9
③ 2.7
④ 2.4

04 $[H^+] = 5.0 \times 10^{-3}$mol/L인 용액의 pH는?

① 2.3
② 2.6
③ 2.9
④ 3.2

05 BOD_5가 213mg/L인 하수의 9일 동안 소모된 BOD는?(단, 탈산소계수는 0.14/day(상용대수 기준))

① 233mg/L
② 238mg/L
③ 242mg/L
④ 251mg/L

1	①	②	③	④
2	①	②	③	④
3	①	②	③	④
4	①	②	③	④
5	①	②	③	④
6	①	②	③	④
7	①	②	③	④
8	①	②	③	④
9	①	②	③	④
10	①	②	③	④
11	①	②	③	④
12	①	②	③	④
13	①	②	③	④
14	①	②	③	④
15	①	②	③	④
16	①	②	③	④
17	①	②	③	④
18	①	②	③	④
19	①	②	③	④
20	①	②	③	④
21	①	②	③	④
22	①	②	③	④
23	①	②	③	④
24	①	②	③	④
25	①	②	③	④
26	①	②	③	④
27	①	②	③	④
28	①	②	③	④
29	①	②	③	④
30	①	②	③	④

계산기   다음 ▶   안 푼 문제   답안 제출

03회 실전점검!
CBT 실전모의고사

수험번호 :

수험자명 :

제한 시간 : 2시간
남은 시간 :

글자
크기 100% 150% 200%

화면
배치

전체 문제 수 :
안 푼 문제 수 :

	답안 표기란			
1	①	②	③	④
2	①	②	③	④
3	①	②	③	④
4	①	②	③	④
5	①	②	③	④
6	①	②	③	④
7	①	②	③	④
8	①	②	③	④
9	①	②	③	④
10	①	②	③	④
11	①	②	③	④
12	①	②	③	④
13	①	②	③	④
14	①	②	③	④
15	①	②	③	④
16	①	②	③	④
17	①	②	③	④
18	①	②	③	④
19	①	②	③	④
20	①	②	③	④
21	①	②	③	④
22	①	②	③	④
23	①	②	③	④
24	①	②	③	④
25	①	②	③	④
26	①	②	③	④
27	①	②	③	④
28	①	②	③	④
29	①	②	③	④
30	①	②	③	④

06 지하수의 특성에 관한 내용으로 옳지 않은 것은?

① 토양수 내 유기물질 분해에 따른 CO_2의 발생과 약산성의 빗물로 인한 광물질의 침전으로 경도가 낮다.

② 기온의 영향이 거의 없어 연 중 수온의 변동이 적다.

③ 하천수에 비하여 흐름이 완만하여 한번 오염된 후에는 회복되는 데 오랜 시간이 걸리며 자정작용이 느리다.

④ 토양의 여과작용으로 미생물이 적으며 탁도가 낮다.

07 Ca^{2+} 이온의 농도가 500mg/L인 물의 환산경도는?(단, Ca 원자량 : 40)

① $1,050mg \cdot CaCO_3/L$

② $1,150mg \cdot CaCO_3/L$

③ $1,250mg \cdot CaCO_3/L$

④ $1,350mg \cdot CaCO_3/L$

08 다음과 같이 유기물을 처리한 후 하천으로 방류할 경우 BOD 배출 총량이 가장 많은 것은? (단, 폐수의 BOD 농도는 1,000mg/L이며, 유량은 $10m^3$/day이다. 희석수의 BOD 농도는 1mg/L이다.)

① BOD를 60% 제거한 후 희석하지 않고 하천으로 방류

② BOD를 50% 제거한 후 희석수로 5배 희석하여 하천으로 방류

③ BOD를 40% 제거한 후 희석수로 10배 희석하여 하천으로 방류

④ BOD를 30% 제거한 후 희석수로 20배 희석하여 하천으로 방류

09 성층현상이 있는 호수에서 수심에 따라 수온차이가 가장 크게 나타나는 층은?

① Epilimnion

② Thermocline

③ 침전물층

④ Hypolimnion

10 0.01M NaOH 100mL를 중화하는 데 0.1N H_2SO_4를 몇 mL가 소비되는가?

① 5

② 10

③ 20

④ 100

계산기

다음 ▶

안 푼 문제

답안 제출

실전점검!
03회
CBT 실전모의고사

수험번호:

수험자명:

제한 시간 : 2시간
남은 시간 :

글자
크기 100% 150% 200%

화면
배치

전체 문제 수:
안 푼 문제 수:

11 BOD_5가 180mg/L이고 COD가 300mg/L인 경우, 탈산소계수(K_1)의 값은 0.12/day였다. 이때 생물학적으로 분해 불가능한 COD는?(단, 상용대수 기준)

① 50mg/L ② 60mg/L

③ 70mg/L ④ 80mg/L

12 BOD_5가 200mg/L, 탈산소계수(상용대수)가 0.1/day라면 최종 BOD(mg/L)는?

① 233.5 ② 256.5

③ 271.5 ④ 292.5

13 CaF_2의 포화 용액 중의 Ca^{2+}의 농도는 18℃에서 2×10^{-4} mol/L이다. CaF_2의 용해도적은?

① 4.3×10^{-11} ② 3.2×10^{-11}

③ 2.6×10^{-9} ④ 1.6×10^{-8}

14 해수의 특성에 관한 설명으로 옳은 것은?

① 해수 내 아질산성 질소와 질산성 질소는 전체 질소의 약 35%이며, 나머지는 암모니아성 질소와 유기질소의 형태이다.

② 해수의 pH는 7.3~7.8 정도이며 탄산염의 완충용액이다.

③ 해수의 주요성분 농도비는 일정하다.

④ 해수는 약전해질로 평균 35% 정도의 염분농도를 함유한다.

15 환경미생물에 관한 설명으로 옳지 않은 것은?

① Bacteria는 형상에 따라 막대형, 구형, 나선형 등으로 구분되며 용해된 유기물을 섭취한다.

② Fungi는 탄소동화작용을 하지 않으며 폐수 내 질소와 용존산소가 부족한 환경에서도 잘 성장한다.

③ Algae는 단세포 또는 다세포의 유기영양형 광합성 원생동물이다.

④ Protozoa는 편모충류, 섬모충류 등이 있으며 흔히 박테리아 같은 미생물을 잡아먹는다.

1	①	②	③	④
2	①	②	③	④
3	①	②	③	④
4	①	②	③	④
5	①	②	③	④
6	①	②	③	④
7	①	②	③	④
8	①	②	③	④
9	①	②	③	④
10	①	②	③	④
11	①	②	③	④
12	①	②	③	④
13	①	②	③	④
14	①	②	③	④
15	①	②	③	④
16	①	②	③	④
17	①	②	③	④
18	①	②	③	④
19	①	②	③	④
20	①	②	③	④
21	①	②	③	④
22	①	②	③	④
23	①	②	③	④
24	①	②	③	④
25	①	②	③	④
26	①	②	③	④
27	①	②	③	④
28	①	②	③	④
29	①	②	③	④
30	①	②	③	④

계산기 다음 ▶ 안 푼 문제 답안 제출

03 실전점검!
CBT 실전모의고사

수험번호 :

수험자명 :

제한 시간 : 2시간
남은 시간 :

글자
크기 100% 150% 200%

화면
배치

전체 문제 수 :
안 푼 문제 수 :

답안 표기란

1	① ② ③ · ④
2	① ② ③ ④
3	① ② ③ ④
4	① ② ③ ④
5	① ② ③ ④
6	① ② ③ ④
7	① ② ③ ④
8	① ② ③ ④
9	① ② ③ ④
10	① ② ③ ④
11	① ② ③ ④
12	① ② ③ ④
13	① ② ③ ④
14	① ② ③ ④
15	① ② ③ ④
16	① ② ③ ④
17	① ② ③ ④
18	① ② ③ ④
19	① ② ③ ④
20	① ② ③ ④
21	① ② ③ ④
22	① ② ③ ④
23	① ② ③ ④
24	① ② ③ ④
25	① ② ③ ④
26	① ② ③ ④
27	① ② ③ ④
28	① ② ③ ④
29	① ② ③ ④
30	① ② ③ ④

16 3% NaCl의 M농도는?(단, NaCl의 분자량 = 58.5)

① 0.1M

② 0.5M

③ 1.0M

④ 1.5M

17 0.0005M의 NaCl 용액의 농도(ppm)는?(단, NaCl의 분자량 = 58.5)

① 9.3

② 19.3

③ 29.3

④ 39.3

18 글루코스($C_6H_{12}O_6$)를 200mg/L 함유하고 있는 시료용액의 총유기탄소의 이론치는?

① 120mg/L

② 100mg/L

③ 90mg/L

④ 80mg/L

19 어떤 오염물질의 반응 초기 농도가 200 mg/L에서 2시간 후에 40mg/L로 감소되었다. 이 반응이 1차 반응이라고 한다면 3시간 후의 농도(mg/L)는?

① 18.0

② 22.0

③ 26.0

④ 28.0

20 자연수의 수질 및 특성에 관한 설명으로 옳지 않은 것은?

① 자연수의 pH는 CO_2와 CO_3^{2-}의 비율로서 결정되는데, 공기 중의 탄산가스가 수분에 용해된 탄산의 포화평형상태 pH는 약 6.3이다.

② 낙차가 큰 물은 교란과 폭기작용으로 인해 pH가 높아진다.

③ 조류의 광합성 작용이 활발하면 물의 pH는 높아진다.

④ 액체상태의 물은 공유결합과 수소결합의 구조로 H^+, OH^-로 전리되어 전하적으로 양성을 가진다.

계산기

다음 ▶

안 푼 문제

 답안 제출

실전점검!
03회 CBT 실전모의고사

수험번호 :
수험자명 :

제한 시간 : 2시간
남은 시간 :

글자
크기 100% 150% 200%

화면
배치

전체 문제 수 :
안 푼 문제 수 :

답안 표기란

1	① ② ③ ④
2	① ② ③ ④
3	① ② ③ ④
4	① ② ③ ④
5	① ② ③ ④
6	① ② ③ ④
7	① ② ③ ④
8	① ② ③ ④
9	① ② ③ ④
10	① ② ③ ④
11	① ② ③ ④
12	① ② ③ ④
13	① ② ③ ④
14	① ② ③ ④
15	① ② ③ ④
16	① ② ③ ④
17	① ② ③ ④
18	① ② ③ ④
19	① ② ③ ④
20	① ② ③ ④
21	① ② ③ ④
22	① ② ③ ④
23	① ② ③ ④
24	① ② ③ ④
25	① ② ③ ④
26	① ② ③ ④
27	① ② ③ ④
28	① ② ③ ④
29	① ② ③ ④
30	① ② ③ ④

2과목 수질오염방지기술

21 어느 공장의 BOD 배출량이 500명의 인구당량에 해당하며 폐수량은 $30m^3/hr$이다. 공장 폐수의 BOD(mg/L) 농도는?(단, 1인당 하루에 배출하는 BOD는 45g이다.)

① 31.25
② 33.42
③ 40.15
④ 51.25

22 회전 생물막 접촉기(RBC)에 관한 설명으로 옳지 않은 것은?

① 미생물에 대한 산소공급 소요전력이 적고 높은 슬러지 일령이 유지된다.
② RBC조 메디아는 전형적으로 약 40% 정도가 물에 잠기도록 한다.
③ 타 생물학적 처리공정에 비하여 Bench-Scale의 처리연구를 현장규모 시스템으로 Scale-Up시키기가 어렵다.
④ RBC로의 유입수는 스크린이나 침전과정 없이 메디아에 바로 접촉시켜 처리효율을 높인다.

23 수처리를 위한 막(Membrane) 이용공정에 대한 설명으로 옳지 않은 것은?

① 투석에 대한 추진력은 막을 기준으로 한 용질의 농도차이이다.
② 전기투석을 위한 전기투석막은 합성 이온교환수지로 된 기공성 평면 행렬구조이다.
③ 역삼투가 이온교환과 유사한 이유는 용질의 반투막 통과시 기전력을 이용하기 때문이다.
④ 투석은 선택적 투과막을 통해 용액 중에 다른 이온, 혹은 분자크기가 다른 용질을 분리시키는 것이다.

24 유량 $1,000m^3/day$, 유입 BOD 600mg/L인 폐수를 활성슬러지공법으로 처리하고 있다. 폭기시간 12시간, 처리수 BOD 농도 40mg/L, 세포증식계수 0.8, 내생호흡계수 0.08/day, MLSS 농도 4,000mg/L라면 고형물의 체류시간은?

① 약 7
② 약 9
③ 약 11
④ 약 13

계산기
다음 ▶
안 푼 문제
답안 제출

실전점검!
03회 CBT 실전모의고사

수험번호 :

수험자명 :

제한 시간 : 2시간
남은 시간 :

글자
크기 100% 150% 200%

화면
배치

전체 문제 수 :
안 푼 문제 수 :

답안 표기란

1	① ② ③ ④
2	① ② ③ ④
3	① ② ③ ④
4	① ② ③ ④
5	① ② ③ ④
6	① ② ③ ④
7	① ② ③ ④
8	① ② ③ ④
9	① ② ③ ④
10	① ② ③ ④
11	① ② ③ ④
12	① ② ③ ④
13	① ② ③ ④
14	① ② ③ ④
15	① ② ③ ④
16	① ② ③ ④
17	① ② ③ ④
18	① ② ③ ④
19	① ② ③ ④
20	① ② ③ ④
21	① ② ③ ④
22	① ② ③ ④
23	① ② ③ ④
24	① ② ③ ④
25	① ② ③ ④
26	① ② ③ ④
27	① ② ③ ④
28	① ② ③ ④
29	① ② ③ ④
30	① ② ③ ④

25 연속 회분식 반응조(SBR)의 운전단계(주입, 반응, 침전, 제거, 휴지)별 개요에 관한 설명으로 옳지 않은 것은?

① 주입 : 주입과정에서 반응조의 수위는 25% 용량(휴지기간 끝에 용량)에서 100%까지 상승된다.

② 반응 : 전형적으로 총 Cycle 시간의 70% 이상으로 운전시간의 대부분을 차지한다.

③ 침전 : 연속 흐름식 공정에 비하여 일반적으로 더 효율적이다.

④ 제거 : 침전 후 상징수(처리수)를 반응조로부터 제거하는 것으로 총 Cycle 시간의 5~30% 정도이다.

26 DO농도가 10mg/L인 물 100m³에 Na_2SO_3를 사용하여 수중 DO를 완전히 제거하려 한다. 필요한 Na_2SO_3의 양(kg)은?(단, Na = 23)

① 3.9kg

② 5.9kg

③ 7.9kg

④ 9.9kg

27 하수 내 함유된 유기물질뿐 아니라 영양물질까지 제거하기 위한 공법인 Phostrip 공법에 관한 설명으로 옳지 않은 것은?

① 생물학적 처리방법과 화학적 처리방법을 조합한 공법이다.

② 유입수 일부를 혐기성 상태의 조(槽)로 유입시켜 인을 방출시킨다.

③ 유입수의 BOD 부하에 따라 인 방출이 큰 영향을 받지 않는다.

④ 기존에 활성슬러지 처리장에 쉽게 적용이 가능하다.

28 생물학적 질산화에 대한 설명으로 옳지 않은 것은?

① 질산화미생물의 증식량은 종속영양 미생물의 세포증식량에 비하여 큰 차이가 없거나 약간 크다.

② 암모니아성 질소의 질산화는 Nitrosomonas와 Nitrobacter 미생물이 관여하여 2단계로 진행된다.

③ 질산화 미생물은 유기탄소보다 무기탄소를 새로운 세포합성에 이용한다.

④ 질산화는 자가 영양의 생물학적 과정이다.

계산기

다음 ▶

안 푼 문제

답안 제출

실전점검!
03회
CBT 실전모의고사

수험번호 :
수험자명 :

제한 시간 : 2시간
남은 시간 :

글자
크기   100% 150% 200%

화면
배치

전체 문제 수 :
안 푼 문제 수 :

29 20,000명의 처리인구를 가진 폐수처리시설에서 슬러지 발생량이 0.12kg/cap - d이고 슬러지는 70%의 휘발성물질을 포함하고 있으며 이 중 50%가 분해된다. 분해슬러지당 0.89m³/kg의 소화가스가 발생하며 50%의 메탄이 함유되어 있고 메탄의 열량은 35,850kJ/m³이라면 소화조 보온을 위해 가용한 에너지(kJ/hr)는?

① 약 270,000kJ/hr

② 약 380,000kJ/hr

③ 약 420,000kJ/hr

④ 약 560,000kJ/hr

30 혼합액 부유물의 농도가 3,000mg/L이고, 이를 1L 실린더에 취하여 30분 후 침전된 슬러지 부피를 측정한 결과 200mL였다면 이 실험에서 구해진 SVI값은?

① 67

② 86

③ 124

④ 152

답안 표기란

1	①	②	③	④
2	①	②	③	④
3	①	②	③	④
4	①	②	③	④
5	①	②	③	④
6	①	②	③	④
7	①	②	③	④
8	①	②	③	④
9	①	②	③	④
10	①	②	③	④
11	①	②	③	④
12	①	②	③	④
13	①	②	③	④
14	①	②	③	④
15	①	②	③	④
16	①	②	③	④
17	①	②	③	④
18	①	②	③	④
19	①	②	③	④
20	①	②	③	④
21	①	②	③	④
22	①	②	③	④
23	①	②	③	④
24	①	②	③	④
25	①	②	③	④
26	①	②	③	④
27	①	②	③	④
28	①	②	③	④
29	①	②	③	④
30	①	②	③	④

계산기   다음 ▶   안 푼 문제   답안 제출

03회 실전점검!
CBT 실전모의고사

수험번호 :
수험자명 :

제한 시간 : 2시간
남은 시간 :

글자 크기 100% 150% 200%　화면 배치

전체 문제 수 :
안 푼 문제 수 :

답안 표기란

31	①	②	③	④
32	①	②	③	④
33	①	②	③	④
34	①	②	③	④
35	①	②	③	④
36	①	②	③	④
37	①	②	③	④
38	①	②	③	④
39	①	②	③	④
40	①	②	③	④
41	①	②	③	④
42	①	②	③	④
43	①	②	③	④
44	①	②	③	④
45	①	②	③	④
46	①	②	③	④
47	①	②	③	④
48	①	②	③	④
49	①	②	③	④
50	①	②	③	④
51	①	②	③	④
52	①	②	③	④
53	①	②	③	④
54	①	②	③	④
55	①	②	③	④
56	①	②	③	④
57	①	②	③	④
58	①	②	③	④
59	①	②	③	④
60	①	②	③	④

31 BOD 200mg/L인 유기성 폐수를 활성 슬러지법으로 처리하고자 한다. F/M비를 0.25 kgBOD/kgMLSS · d, 폭기시간 6시간이라면, 폭기조의 MLSS는?

① 2,700mg/L　　　　　　② 3,200mg/L
③ 3,700mg/L　　　　　　④ 4,200mg/L

32 혐기성 소화가 호기성 소화에 비해 지닌 장단점으로 옳지 않은 것은?

① 미생물 성장속도가 빠르다.
② 처리 후 슬러지 생성량이 적다.
③ 동력비가 적게 든다.
④ 운전이 어렵다.

33 폐수처리의 고도처리에서 아래와 같이 반응한다면 NH_3-N 14mg/L를 모두 NO_3-N로 산화시키기 위한 이론적인 산소량(mg/L)은?

① 28　　　　　　② 35
③ 64　　　　　　④ 83

34 5kg Glucose($C_6H_{12}O_6$)로부터 발생 가능한 CH_4가스의 용적은?(단, 표준상태, 혐기성 분해 기준)

① 약 1,525L　　　　　　② 약 1,654L
③ 약 1,736L　　　　　　④ 약 1,867L

35 유입유량과 농도가 8,500m³/d, BOD 300mg/L인 폐수를 처리장에서 처리 후 매일 하천으로 638kg의 BOD를 배출하고 있다. 이 처리장에서 몇 %의 BOD가 제거되는가?(단, 처리 전후에 유량 변동은 없음)

① 75%　　　　　　② 80%
③ 85%　　　　　　④ 90%

계산기　　　　　　다음 ▶　　　　　안 푼 문제　　답안 제출

03회 실전점검!
CBT 실전모의고사

수험번호:

수험자명:

제한 시간 : 2시간
남은 시간 :

글자 크기 100% 150% 200% 화면 배치

전체 문제 수 :
안 푼 문제 수 :

답안 표기란

31	① ② ③ ④
32	① ② ③ ④
33	① ② ③ ④
34	① ② ③ ④
35	① ② ③ ④
36	① ② ③ ④
37	① ② ③ ④
38	① ② ③ ④
39	① ② ③ ④
40	① ② ③ ④
41	① ② ③ ④
42	① ② ③ ④
43	① ② ③ ④
44	① ② ③ ④
45	① ② ③ ④
46	① ② ③ ④
47	① ② ③ ④
48	① ② ③ ④
49	① ② ③ ④
50	① ② ③ ④
51	① ② ③ ④
52	① ② ③ ④
53	① ② ③ ④
54	① ② ③ ④
55	① ② ③ ④
56	① ② ③ ④
57	① ② ③ ④
58	① ② ③ ④
59	① ② ③ ④
60	① ② ③ ④

36 어느 폐수 처리시설에서 직경 1×10^{-2}cm, 비중 2.5인 입자를 중력 침강시켜 제거하고 있다. 폐수 비중이 1.0, 폐수의 점성계수가 1.31×10^{-2}(g/cm · sec)이라면 입자의 침강속도(m/hr)는?(단, 입자의 침강속도는 Stokes식에 따름)

① 21.24m/hr

② 22.44m/hr

③ 25.56m/hr

④ 27.32m/hr

37 1,000m³/day의 하수를 처리하는 처리장이 있다. 침전지의 깊이가 3m, 폭이 4m, 길이 16m인 침전지의 이론적인 하수 체류시간은?

① 3.6시간

② 4.6시간

③ 5.6시간

④ 6.6시간

38 흡착 실험식인 Langmuir식을 유도하기 위한 가정과 가장 거리가 먼 것은?

① 한정된 표면만이 흡착에 이용됨

② 표면에 흡착된 용질물질은 그 두께가 분자 한 개 정도의 두께임

③ 흡착은 가역적이고 평형조건이 이루어졌음

④ 표면 흡착 지점의 개수는 용질농도에 비례함

39 어느 식품공장의 폐수를 호기성 생물처리법으로 처리하고자 수질을 분석한 결과 질소분이 없어 요소를 가하였다. 얼마의 주입량(요소)이 필요한가?(단, 폐수수질은 pH : 6.8, SS : 80mg/L, BOD : 5,000mg/L, 인 : 30mg/L, 전질소 : 0, 요소 : $(NH_2)_2CO$, BOD : N : P = 100 : 5 : 1 기준)

① 약 430mg/L

② 약 540mg/L

③ 약 670mg/L

④ 약 790mg/L

40 BOD 농도가 200ppm인 유량이 1,000m³/d인 폐수를 표준활성슬러지법으로 처리한다. 폭기조의 크기가 폭 5m, 길이 10m, 유효깊이 4m로 할 때 폭기조의 용적부하(kgBOD/m³ · day)는?

① 1.0

② 1.2

③ 1.4

④ 1.6

계산기   다음 ▶   안 푼 문제   답안 제출

03 실전점검!
CBT 실전모의고사

수험번호 :
수험자명 :

제한 시간 : 2시간
남은 시간 :

글자
크기 ⊖ 100% Ⓜ 150% ⊕ 200%

화면
배치 ▭ ▯▯ ▭

전체 문제 수 :
안 푼 문제 수 :

3과목 **수질오염공정시험기준**

41 가스크로마토그래피법에 관한 설명으로 옳지 않은 것은? (기준변경)

① 충전물로서 적당한 담체에 정지상 액체를 함침시킨 것을 사용할 경우에는 기체
－액체 크로마토그래피법이라 한다.

② 일반적으로 유기화합물에 대한 정성 및 정량 분석에 이용된다.

③ 전처리한 시료를 운반가스에 의하여 크로마토 관내에 전개시켜 분리되는 각 성
분의 크로마토그램을 이용하여 목적성분을 분석하는 방법이다.

④ 운반가스는 시료주입부로부터 검출기를 통한 다음 분리관과 기록부를 거쳐 외
부로 방출된다.

42 시안(피리딘 － 피라졸론법)분석에 관한 설명으로 옳지 않은 것은? (기준변경)

① 시료 중 잔류염소는 아비산칼륨용액을 넣어 제거한다.

② 황화합물이 함유된 시료는 초산아연용액을 넣어 제거한다.

③ 시료에 다량의 유지류를 포함한 경우 클로로폼으로 추출하여 제거한다.

④ 시료 중 잔류염소는 L－아스코르빈산 용액을 넣어 제거한다.

43 방울수를 올바르게 정의한 것은?

① 방울수라 함은 20℃에서 정제수 10방울을 적하할 때 그 부피가 약 1mL 되는 것
을 뜻한다.

② 방울수라 함은 20℃에서 정제수 20방울을 적하할 때 그 부피가 약 1mL 되는 것
을 뜻한다.

③ 방울수라 함은 4℃에서 정제수 10방울을 적하할 때 그 부피가 약 1mL 되는 것
을 뜻한다.

④ 방울수라 함은 4℃에서 정제수 20방울을 적하할 때 그 부피가 약 1mL 되는 것
을 뜻한다.

31	① ② ③ ④
32	① ② ③ ④
33	① ② ③ ④
34	① ② ③ ④
35	① ② ③ ④
36	① ② ③ ④
37	① ② ③ ④
38	① ② ③ ④
39	① ② ③ ④
40	① ② ③ ④
41	① ② ③ ④
42	① ② ③ ④
43	① ② ③ ④
44	① ② ③ ④
45	① ② ③ ④
46	① ② ③ ④
47	① ② ③ ④
48	① ② ③ ④
49	① ② ③ ④
50	① ② ③ ④
51	① ② ③ ④
52	① ② ③ ④
53	① ② ③ ④
54	① ② ③ ④
55	① ② ③ ④
56	① ② ③ ④
57	① ② ③ ④
58	① ② ③ ④
59	① ② ③ ④
60	① ② ③ ④

▭ 계산기   다음 ▶   🖰 안 푼 문제   📋 답안 제출

03회 실전점검!
CBT 실전모의고사

수험번호:

수험자명:

제한 시간 : 2시간
남은 시간 :

글자
크기 100% 150% 200%

화면
배치

전체 문제 수 :
안 푼 문제 수 :

답안 표기란

31	① ② ③ ④
32	① ② ③ ④
33	① ② ③ ④
34	① ② ③ ④
35	① ② ③ ④
36	① ② ③ ④
37	① ② ③ ④
38	① ② ③ ④
39	① ② ③ ④
40	① ② ③ ④
41	① ② ③ ④
42	① ② ③ ④
43	① ② ③ ④
44	① ② ③ ④
45	① ② ③ ④
46	① ② ③ ④
47	① ② ③ ④
48	① ② ③ ④
49	① ② ③ ④
50	① ② ③ ④
51	① ② ③ ④
52	① ② ③ ④
53	① ② ③ ④
54	① ② ③ ④
55	① ② ③ ④
56	① ② ③ ④
57	① ② ③ ④
58	① ② ③ ④
59	① ② ③ ④
60	① ② ③ ④

44 다음은 구리의 측정원리에 관한 내용이다. ( ) 안의 내용으로 옳은 것은?

> 구리이온이 알칼리성에서 디에틸디티오카르바민산나트륨과 반응하여 생성하는 ( )의 킬레이트 화합물을 초산부틸로 추출하여 흡광도를 440nm에서 측정한다.

① 황갈색
② 청색
③ 적갈색
④ 적자색

45 다음은 이온 전극법을 적용하여 불소를 측정하는 경우의 측정원리이다. ( ) 안의 내용으로 옳은 것은?

> 시료에 이온강도 조절용 완충액을 넣어 pH ( )로 조절하고 불소이온전극과 비교전극을 사용하여 전위를 측정, 그 전위차로 불소를 정량함

① 4.0~4.5
② 5.0~5.5
③ 6.5~7.5
④ 8.0~8.5

46 공정시험기준에서 시료 내 인산염 인을 측정할 수 있는 시험방법은?
① 란탄－알리자린 콤프렉손법
② 아스코르빈산환원법
③ 다이페닐카르자이드법
④ 데발다합금 환원증류법

47 질산성 질소 분석방법과 가장 거리가 먼 것은?
① 이온크로마토그래피법
② 부루신법
③ 염화제일주석 환원법
④ 자외선 흡광광도법

계산기

다음 ▶

안 푼 문제

답안 제출

03회 실전점검!
CBT 실전모의고사

수험번호 :

수험자명 :

⏱ 제한 시간 : 2시간
남은 시간 :

글자
크기 ⊖ 100% ⊙ 150% ⊕ 200%

화면
배치

전체 문제 수 :
안 푼 문제 수 :

31	①	②	③	④
32	①	②	③	④
33	①	②	③	④
34	①	②	③	④
35	①	②	③	④
36	①	②	③	④
37	①	②	③	④
38	①	②	③	④
39	①	②	③	④
40	①	②	③	④
41	①	②	③	④
42	①	②	③	④
43	①	②	③	④
44	①	②	③	④
45	①	②	③	④
46	①	②	③	④
47	①	②	③	④
48	①	②	③	④
49	①	②	③	④
50	①	②	③	④
51	①	②	③	④
52	①	②	③	④
53	①	②	③	④
54	①	②	③	④
55	①	②	③	④
56	①	②	③	④
57	①	②	③	④
58	①	②	③	④
59	①	②	③	④
60	①	②	③	④

48 농도표시에 대한 설명으로 옳지 않은 것은?

① 천분율을 표시할 때는 g/L 또는 ‰의 기호를 쓴다.

② 백만분율을 표시할 때는 mg/L 또는 ppm의 기호를 쓴다.

③ 십억분율을 표시할 때는 μg/m^3 또는 ppb의 기호를 쓴다.

④ 기체의 농도는 표준상태(0℃, 1기압, 비교습도 0%)로 환산 표시한다.

49 시료의 전처리 방법과 그 적용에 관한 설명으로 옳은 것은?

① 질산에 의한 분해 : 유기물 함량이 낮은 깨끗한 하천수나 호소수 등의 시료에 적용된다.

② 질산 – 염산에 의한 분해 : 유기물을 다량 함유하고 있으면서 산화분해가 어려운 시료들에 적용한다.

③ 질산 – 과염소산에 의한 분해 : 유기물 함량이 비교적 높지 않고 금속의 수산화물, 산화물, 인산염 및 황화물을 함유하고 있는 시료에 적용된다.

④ 질산 – 황산에 의한 분해 : 다량의 점토질 또는 규산염을 함유한 시료에 적용된다.

50 개수로에 의한 유량측정 시 케이지(Chezy)의 유속공식이 적용된다. 경심이 0.653m, 홈바닥의 구배 i = 1/1,500, 유속계수가 31.3일 때 평균유속은?(단, 케이지 유속 공식은 V = C $\sqrt{iR}$ 이다.)

① 0.45m/sec

② 0.65m/sec

③ 0.85m/sec

④ 1.25m/sec

51 투명도 측정방법에 관한 설명으로 옳지 않은 것은?

① 투명도 판의 색조차는 투명도에 큰 영향이 있어 표면이 더러워진 경우에 세척을 하여야 한다.

② 흐름이 있어 줄이 기울어질 경우에는 2kg 정도의 추를 달아서 줄을 세워야 한다.

③ 강우시에는 정확한 투명도를 얻을 수 없으므로 측정하지 않는 것이 좋다.

④ 투명도를 측정하기 위한 줄은 0.1m 간격으로 눈금표시가 되어 있어야 한다.

⌨ 계산기

다음 ▶

안 푼 문제

답안 제출

실전점검!
03회 CBT 실전모의고사

수험번호 :
수험자명 :

제한 시간 : 2시간
남은 시간 :

글자 크기 100% 150% 200%　　화면 배치

전체 문제 수 :
안 푼 문제 수 :

답안 표기란

31	① ② ③ ④
32	① ② ③ ④
33	① ② ③ ④
34	① ② ③ ④
35	① ② ③ ④
36	① ② ③ ④
37	① ② ③ ④
38	① ② ③ ④
39	① ② ③ ④
40	① ② ③ ④
41	① ② ③ ④
42	① ② ③ ④
43	① ② ③ ④
44	① ② ③ ④
45	① ② ③ ④
46	① ② ③ ④
47	① ② ③ ④
48	① ② ③ ④
49	① ② ③ ④
50	① ② ③ ④
51	① ② ③ ④
52	① ② ③ ④
53	① ② ③ ④
54	① ② ③ ④
55	① ② ③ ④
56	① ② ③ ④
57	① ② ③ ④
58	① ② ③ ④
59	① ② ③ ④
60	① ② ③ ④

52 4각 위어에 의하여 유량을 측정하려고 한다. 위어의 수두 90cm, 위어 절단의 폭 1.0m이면 이 4각 위어의 유량은?(단, 유량계수 K = 1.6이다.)

① 약 $1.17m^3/min$
② 약 $1.37m^3/min$
③ 약 $1.57m^3/min$
④ 약 $1.87m^3/min$

53 pH 표준액의 조제에 관한 설명으로 옳지 않은 것은?

① 조제한 pH 표준액은 경질유리병 또는 폴리에틸렌병에 보관한다.
② 산성표준액은 3개월 이내에 사용한다.
③ pH 표준액의 조제에 사용되는 물은 정제수를 증류하여 그 유출액을 15분 이상 끓여서 이산화탄소를 날려 보내고 생석회 흡수관을 달아 식힌 다음 사용한다.
④ 염기성 표준액은 무수황산칼륨 흡수관을 부착하여 1개월 이내에 사용한다.

54 개수로 평균 단면적이 $0.8m^2$이고, 표면 최대유속이 2m/sec일 때 총 평균유속은? (단, 수로의 구성, 재질, 수로 단면의 형상, 구배 등이 일정치 않은 개수로인 경우)

① 60m/min
② 70m/min
③ 80m/min
④ 90m/min

55 시료의 전처리 과정 중 '회화에 의한 분해'에 대한 설명으로 가장 옳은 것은?

① 목적성분이 400℃ 이상에서 쉽게 휘산 및 회화될 수 있는 시료에 적용된다.
② 목적성분이 400℃ 이상에서 휘산되고 쉽게 회화되지 않는 시료에 적용된다.
③ 목적성분이 400℃ 이상에서 쉽게 휘산 및 회화되지 않는 시료에 적용된다.
④ 목적성분이 400℃ 이상에서 휘산되지 않고 쉽게 회화될 수 있는 시료에 적용된다.

56 메틸렌 블루법에 의해 발색시킨 후 흡광광도법으로 측정할 수 있는 항목은?

① 음이온 계면활성제
② 휘발성 탄화수소류
③ 알킬수은
④ 비소

계산기　　　　　다음 ▶　　　　　안 푼 문제　　답안 제출

실전점검!

03 **CBT 실전모의고사**

수험번호 :

수험자명 :

제한 시간 : 2시간
남은 시간 :

글자
크기   100% 150% 200%

화면
배치

전체 문제 수 :
안 푼 문제 수 :

답안 표기란

31	①	②	③	④
32	①	②	③	④
33	①	②	③	④
34	①	②	③	④
35	①	②	③	④
36	①	②	③	④
37	①	②	③	④
38	①	②	③	④
39	①	②	③	④
40	①	②	③	④
41	①	②	③	④
42	①	②	③	④
43	①	②	③	④
44	①	②	③	④
45	①	②	③	④
46	①	②	③	④
47	①	②	③	④
48	①	②	③	④
49	①	②	③	④
50	①	②	③	④
51	①	②	③	④
52	①	②	③	④
53	①	②	③	④
54	①	②	③	④
55	①	②	③	④
56	①	②	③	④
57	①	②	③	④
58	①	②	③	④
59	①	②	③	④
60	①	②	③	④

57 클로로필 a를 측정할 때 클로로필 색소를 추출하는 데 사용되는 용액은?

① 아세톤(1+9)용액

② 아세톤(9+1)용액

③ 에틸알코올(1+9)용액

④ 에틸알코올(9+1)용액

58 다음은 디티존법을 이용한 카드뮴 측정방법에 대한 설명이다. 빈칸의 내용으로 가장 옳은 것은?

> 카드뮴 이온을 (A)이 존재하는 알칼리성에서 디티존과 반응시켜 생성하는 카드뮴 착염을 (B)로 추출하고, 추출한 카드뮴착염을 주석산용액으로 역추출한 다음 다시 수산화나트륨과 (A)를 넣어 디티존과 반응하여 생성하는 적색의 카드뮴착염을 (B)로 추출하고 그 흡광도를 530nm에서 측정하는 방법이다.

① A : 시안화칼륨, B : 클로로폼

② A : 시안화칼륨, B : 사염화탄소

③ A : 디메틸글리옥심, B : 클로로폼

④ A : 디메틸글리옥심, B : 사염화탄소

59 공정시험기준상 총질소의 분석방법과 가장 거리가 먼 것은? (기준변경)

① 이온크로마토그래피법

② 환원증류 – 킬달법(합산법)

③ 카드뮴환원법

④ 흡광광도법

60 디아조화법으로 측정하는 항목은? (기준변경)

① 암모니아성 질소

② 아질산성 질소

③ 질산성 질소

④ 용존 총질소

계산기   다음 ▶   안 푼 문제   답안 제출

실전점검!
03회 CBT 실전모의고사

수험번호:
수험자명:

제한 시간 : 2시간
남은 시간 :

글자
크기 100% 150% 200%

화면
배치

전체 문제 수:
안 푼 문제 수:

답안 표기란

61	①	②	③	④
62	①	②	③	④
63	①	②	③	④
64	①	②	③	④
65	①	②	③	④
66	①	②	③	④
67	①	②	③	④
68	①	②	③	④
69	①	②	③	④
70	①	②	③	④
71	①	②	③	④
72	①	②	③	④
73	①	②	③	④
74	①	②	③	④
75	①	②	③	④
76	①	②	③	④
77	①	②	③	④
78	①	②	③	④
79	①	②	③	④
80	①	②	③	④

4과목 **수질환경관계법규**

61 다음 중 조류경보의 완전(조류주의보까지)해제 기준은?

① 2회 연속 채취시 클로로필－a 농도 5mg/m^3 미만이거나 남조류 세포 수 100세포/mL 미만인 경우

② 2회 연속 채취시 클로로필－a 농도 10mg/m^3 미만이거나 남조류 세포 수 300세포/mL 미만인 경우

③ 2회 연속 채취시 클로로필－a 농도 15mg/m^3 미만이거나 남조류 세포 수 500세포/mL 미만인 경우

④ 2회 연속 채취시 클로로필－a 농도 20mg/m^3 미만이거나 남조류 세포 수 1,000세포/mL 미만인 경우

62 해역 환경기준 중 생활환경기준의 항목으로 옳지 않은 것은? (기준변경)

① 용매추출 유분

② 생물화학적 산소요구량

③ 총 질소

④ 용존산소량

63 환경부장관 또는 시·도지사는 환경부령이 정하는 경우에는 사업자 등에 대하여 필요한 보고를 명하거나 자료를 제출하게 할 수 있으며 관계공무원으로 하여금 당해 시설 또는 사업장 등에 출입하여 방류수 수질기준 등을 확인하기 위하여 수질오염물질을 채취하거나 관계 서류·시설, 장비 등을 검사할 수 있다. 이 규정에 의한 관계공무원의 출입, 검사를 거부, 방해 또는 기피한 자(폐수무방류배출시설을 설치, 운영하는 사업자를 제외한다.)에 대한 벌칙기준은?

① 300만 원 이하의 벌금

② 500만 원 이하의 벌금

③ 1,000만 원 이하의 벌금

④ 1년 이하의 징역 또는 1,000만 원 이하의 벌금

계산기

다음 ▶

안 푼 문제

답안 제출

03회

실전점검!
CBT 실전모의고사

수험번호 :

수험자명 :

제한 시간 : 2시간
남은 시간 :

글자
크기
100%
150%
200%

화면
배치

전체 문제 수 :
안 푼 문제 수 :

답안 표기란

61	①	②	③	④
62	①	②	③	④
63	①	②	③	④
64	①	②	③	④
65	①	②	③	④
66	①	②	③	④
67	①	②	③	④
68	①	②	③	④
69	①	②	③	④
70	①	②	③	④
71	①	②	③	④
72	①	②	③	④
73	①	②	③	④
74	①	②	③	④
75	①	②	③	④
76	①	②	③	④
77	①	②	③	④
78	①	②	③	④
79	①	②	③	④
80	①	②	③	④

64 사업장 규모에 따른 종별 구분이 잘못된 것은?

① 1일 폐수 배출량 $5,000m^3 - 1$종사업장

② 1일 폐수 배출량 $1,500m^3 - 2$종사업장

③ 1일 폐수 배출량 $800m^3 - 3$종사업장

④ 1일 폐수 배출량 $150m^3 - 4$종사업장

65 시 · 도지사가 희석하여야만 오염물질의 처리가 가능하다고 인정할 수 있는 경우와 가장 거리가 먼 것은?

① 폐수의 염분 농도가 높아 원래의 상태로는 생물화학적 처리가 어려운 경우

② 폐수의 유기물 농도가 높아 원래의 상태로는 생물화학적 처리가 어려운 경우

③ 폐수의 중금속 농도가 높아 원래의 상태로는 화학적 처리가 어려운 경우

④ 폭발의 위험 등이 있어 원래의 상태로는 화학적 처리가 어려운 경우

66 배출시설 등의 가동개시 신고를 한 사업자가 환경부령이 정하는 기간 이내에 배출 시설에서 배출되는 수질오염물질이 배출허용기준 이하로 처리될 수 있도록 방지시 설을 운영하여야 하는데, 이 경우 환경부령이 정하는 기간으로 옳지 않은 것은?

① 폐수처리방법이 생물화학적인 처리방법인 경우(가동개시일이 11월 1일부터 다음 연도 1월 31일까지에 해당하지 않는 경우) : 가동개시일로부터 50일

② 폐수처리방법이 생물화학적 처리방법인 경우(가동개시일이 11월 1일부터 다음 연도 1월 31일까지에 해당되는 경우) : 가동개시일로부터 70일

③ 폐수처리방법이 물리적인 처리방법인 경우 : 가동개시일로부터 30일

④ 폐수처리방법이 화학적인 처리방법인 경우 : 가동개시일로부터 40일

67 다음의 수질오염방지시설 중 화학적 처리시설인 것은?

① 폭기시설

② 응집시설

③ 침전물 개량시설

④ 유수분리시설

계산기

다음 ▶

안 푼 문제

답안 제출

03회 실전점검!
CBT 실전모의고사

수험번호 :
수험자명 :

제한 시간 : 2시간
남은 시간 :

글자
크기 100% 150% 200%

화면
배치

전체 문제 수 :
안 푼 문제 수 :

답안 표기란

61	①	②	③	④
62	①	②	③	④
63	①	②	③	④
64	①	②	③	④
65	①	②	③	④
66	①	②	③	④
67	①	②	③	④
68	①	②	③	④
69	①	②	③	④
70	①	②	③	④
71	①	②	③	④
72	①	②	③	④
73	①	②	③	④
74	①	②	③	④
75	①	②	③	④
76	①	②	③	④
77	①	②	③	④
78	①	②	③	④
79	①	②	③	④
80	①	②	③	④

68 폐수처리기술요원 교육과정의 교육기간은?

① 8시간(1일) 이내
② 3일 이내
③ 5일 이내
④ 7일 이내

69 법에서 사용되는 용어의 정의로 옳지 않은 것은?

① 폐수 : 물에 액체성 또는 고체성의 수질오염물질이 혼입되어 그대로 사용할 수 없는 물을 말한다.

② 비점오염저감시설 : 수질오염방지시설 중 비점오염원으로부터 배출되는 수질오염물질을 제거하거나 감소하게 하는 시설로서 환경부령으로 정하는 것을 말한다.

③ 기타 수질오염원 : 점오염원 및 비점오염원으로 관리되지 아니하는 수질오염물질을 배출하는 시설 또는 장소로서 환경부령으로 정하는 것을 말한다.

④ 강우유출수 : 지하로 스며들지 아니하고 유출되는 빗물 또는 눈 녹은 물 등을 말한다.

70 다음은 폐수처리업자의 준수사항에 관한 설명이다. (   ) 안의 내용으로 옳은 것은?

수탁한 폐수는 정당한 사유 없이 10일 이상 보관할 수 없으며 보관폐수의 전체량이 저장시설 저장능력의 (   ) 이상 되게 보관하여서는 아니 된다.

① 60%
② 70%
③ 80%
④ 90%

71 낚시제한구역 안에서 낚시를 하고자 하는 자는 환경부령으로 정하는 사항을 준수하여야 한다. 이 규정에 의한 제한사항을 위반하여 낚시 한 자에 대한 과태료 기준은?

① 300만 원 이하
② 200만 원 이하
③ 100만 원 이하
④ 50만 원 이하

계산기　　　　다음 ▶　　　　안 푼 문제　　답안 제출

실전점검!
03회 CBT 실전모의고사

수험번호 :
수험자명 :

제한 시간 : 2시간
남은 시간 :

글자 크기 🔍100% Ⓜ150% 🔍200% 화면 배치 ▦ ▯▯ ▯

전체 문제 수 :
안 푼 문제 수 :

답안 표기란

61	①	②	③	④
62	①	②	③	④
63	①	②	③	④
64	①	②	③	④
65	①	②	③	④
66	①	②	③	④
67	①	②	③	④
68	①	②	③	④
69	①	②	③	④
70	①	②	③	④
71	①	②	③	④
72	①	②	③	④
73	①	②	③	④
74	①	②	③	④
75	①	②	③	④
76	①	②	③	④
77	①	②	③	④
78	①	②	③	④
79	①	②	③	④
80	①	②	③	④

72 오염총량관리대상 오염물질 및 수계 구간별 오염총량목표수질의 조정, 오염총량관리의 시행 등에 관한 검토, 조사 및 연구를 위하여 환경부령에 따라 구성, 운영되는 오염총량관리 조사, 연구반이 있는 기관은?

① 유역환경청 또는 지방환경청
② 국립환경과학원
③ 시 · 도 보건환경연구원
④ 한국환경공단

73 다음은 비점오염저감시설의 설치기준에 관한 내용이다. 다음 중 자연형 시설인 침투시설 기준에 관한 설명으로 옳지 않은 것은?

① 침투시설 하층 토양의 침투율은 시간당 13밀리미터 이상이어야 하며 동절기에 동결로 기능이 저하되지 아니하는 지역에 설치한다.
② 지하수 오염을 방지하기 위하여 최고 지하수위 또는 기반암으로부터 수직으로 최소 1.2미터 이상의 거리를 두도록 한다.
③ 침투도랑, 침투 저류조는 초과유량의 우회시설을 설치한다.
④ 배수시설의 길이방향 경사는 5퍼센트 이하로 한다.

74 비점오염원의 변경신고 기준으로 옳지 않은 것은?

① 상호, 대표자, 사업명 또는 업종이 변경되는 경우
② 사업장 부지 면적이 처음 신고 면적의 100분의 30 이상 증가하는 경우
③ 비점오염저감시설의 종류, 위치, 용량이 변경되는 경우
④ 비점오염원 또는 비점오염저감시설의 전부 또는 일부를 폐쇄하는 경우

75 수질오염경보인 조류경보 단계 중 조류 대발생 경보시 취수장, 정수장 관리자의 조치사항과 가장 거리가 먼 것은?

① 주 2회 이상 시료 채취 · 분석
② 정수처리 강화(활성탄 처리, 오존 처리)
③ 조류증식 수심 이하로 취수구 이동
④ 정수의 독소분석 실시

🖩 계산기   다음 ▶   🔖 안 푼 문제   📋 답안 제출

실전점검!

03회 CBT 실전모의고사

수험번호 :

수험자명 :

제한 시간 : 2시간
남은 시간 :

글자
크기 100% 150% 200%

화면
배치

전체 문제 수 :
안 푼 문제 수 :

답안 표기란

61	①	②	③	④
62	①	②	③	④
63	①	②	③	④
64	①	②	③	④
65	①	②	③	④
66	①	②	③	④
67	①	②	③	④
68	①	②	③	④
69	①	②	③	④
70	①	②	③	④
71	①	②	③	④
72	①	②	③	④
73	①	②	③	④
74	①	②	③	④
75	①	②	③	④
76	①	②	③	④
77	①	②	③	④
78	①	②	③	④
79	①	②	③	④
80	①	②	③	④

76 수질 및 수생태계 환경기준 중 하천의 사람의 건강보호기준으로 옳지 않은 것은?

① 비소-0.05mg/L 이하

② 6가크롬-0.03mg/L 이하

③ 음이온계면활성제-0.5mg/L 이하

④ 벤젠-0.01mg/L 이하

77 시장, 군수, 구청장이 낚시 금지구역 또는 낚시 제한구역을 지정하려는 경우 고려하여야 할 사항과 가장 거리가 먼 것은?

① 서식 어류의 종류 및 양 등 수중생태계의 현황

② 낚시터 발생 쓰레기의 환경영향평가

③ 연도별 낚시 인구의 현황

④ 수질오염도

78 1일 폐수배출량이 2,000m³ 미만인 규모의 지역별, 항목별 수질오염 배출허용기준으로 옳지 않은 것은?

①

	BOD(mg/L)	TOC(mg/L)	SS(mg/L)
청정지역	40 이하	30 이하	40 이하

②

	BOD(mg/L)	TOC(mg/L)	SS(mg/L)
가지역	60 이하	70 이하	60 이하

③

	BOD(mg/L)	TOC(mg/L)	SS(mg/L)
나지역	120 이하	75 이하	120 이하

④

	BOD(mg/L)	TOC(mg/L)	SS(mg/L)
특례지역	30 이하	25 이하	30 이하

계산기 다음 ▶ 안 푼 문제 답안 제출

03회 실전점검!
CBT 실전모의고사

수험번호 :
수험자명 :

제한 시간 : 2시간
남은 시간 :

글자
크기 100% 150% 200%

화면
배치

전체 문제 수 :
안 푼 문제 수 :

답안 표기란

61	①	②	③	④
62	①	②	③	④
63	①	②	③	④
64	①	②	③	④
65	①	②	③	④
66	①	②	③	④
67	①	②	③	④
68	①	②	③	④
69	①	②	③	④
70	①	②	③	④
71	①	②	③	④
72	①	②	③	④
73	①	②	③	④
74	①	②	③	④
75	①	②	③	④
76	①	②	③	④
77	①	②	③	④
78	①	②	③	④
79	①	②	③	④
80	①	②	③	④

79 오염총량관리시행계획에 포함되어야 하는 사항과 가장 거리가 먼 것은?

① 오염원 현황 및 예측
② 수질예측 산정자료 및 이행 모니터링 계획
③ 연차별 오염부하량 삭감목표 및 구체적 삭감 방안
④ 오염총량관리 시설의 설치현황 및 계획

80 위임업무 보고사항 중 보고횟수가 연 1회에 해당되는 업무내용은?

① 골프장 맹 · 고독성 농약 사용 여부 확인 결과
② 폐수위탁 · 사업장 내 처리현황 및 처리실적
③ 과징금 부과실적
④ 배출부과금 징수실적 및 체납처분 현황

계산기　　　　　　　　다음 ▶　　　　　　　🖼안 푼 문제　📋답안 제출

01	02	03	04	05	06	07	08	09	10
②	③	④	①	④	①	③	④	②	②
11	12	13	14	15	16	17	18	19	20
②	④	②	③	③	②	③	④	①	①
21	22	23	24	25	26	27	28	29	30
①	④	③	①	②	③	②	①	④	①
31	32	33	34	35	36	37	38	39	40
②	①	③	④	①	②	②	④	②	①
41	42	43	44	45	46	47	48	49	50
④	①	④	④	④	④	④	③	①	②
51	52	53	54	55	56	57	58	59	60
①	②	④	④	④	①	②	②	①	②
61	62	63	64	65	66	67	68	69	70
③	②	③	②	③	④	③	③	④	④
71	72	73	74	75	76	77	78	79	80
③	②	④	②	①	②	②	②	④	②

01 정답 | ②
해설 | Streeter – Phelps 모델에서는 확산계수를 무시한다.

02 정답 | ③
해설 | $C_5H_7NO_2 + 5O_2 \rightarrow 5CO_2 + 2H_2O + NH_3$
$113(g)$: $5 \times 32(g)$
$3(kg)$: $X(kg)$
$X = 4.25kg \cdot O_2$
$Air\,(kg) = 4.25kg \cdot O_2 \times \dfrac{100 \cdot Air}{23 \cdot O_2}$
$= 18.46(kg \cdot Air)$

03 정답 | ④
해설 | $CH_3COOH \rightleftarrows CH_3COO^- + H^+$
$[H^+] = 0.05 \times 0.08M$
$\therefore pH = -\log[H^+] = -\log(0.05 \times 0.08) = 2.4$

04 정답 | ①
해설 | $pH = \log[H^+] = -\log(5.0 \times 10^{-3}) = 2.30$

05 정답 | ④
해설 | $BOD_t = BOD_u(1 - 10^{-K \cdot t})$
$BOD_u = \dfrac{BOD_5}{1 - 10^{-K \cdot t}} = \dfrac{213mg/L}{1 - 10^{-0.14 \times 5}}$
$= 266.1mg/L$
$\therefore BOD_9 = 266.09 \times (1 - 10^{-0.14 \times 9})$
$= 251.47(mg/L)$

06 정답 | ①
해설 | 토양수 내 유기물질 분해에 따른 CO_2의 발생과 약산성의 빗물로 인한 광물질의 용해로 경도가 높다.

07 정답 | ③
해설 | $HD = \sum M_c^{2+} \times \dfrac{50}{Eq}$
$= 500 \times \dfrac{50}{(40/2)} = 1,250(mg \cdot CaCO_3/L)$

08 정답 | ④
해설 | ① $1kg/m^3 \times 0.4 \times 10m^3/day = 4(kg/day)$
② $1kg/m^3 \times 0.5 \times 10m^3/day + (0.001kg/m^3 \times 5 \times 10m^3/day) = 5.05(kg/day)$
③ $1kg/m^3 \times 0.6 \times 10m^3/day + (0.001kg/m^3 \times 10 \times 10m^3/day) = 4.1(kg/day)$
④ $1kg/m^3 \times 0.7 \times 10m^3/day + (0.001kg/m^3 \times 20 \times 10m^3/day) = 7.2(kg/day)$

11 정답 | ②
해설 | $NBDCOD = COD - BDCOD$
$= COD - BOD_u$
$= COD - \dfrac{BOD_5}{1 - 10^{-K_1 t}}$
$= 300mg/L - \dfrac{180mg/L}{1 - 10^{-0.12/day \times 5day}}$
$= 59.62mg/L$

12 정답 | ④
해설 | $BOD_5 = BOD_u \times (1 - 10^{-K_1 \cdot t})$
$BOD_u = \dfrac{BOD_t}{1 - 10^{-K_1 \cdot t}}$
$= \dfrac{200mg/L}{1 - 10^{-0.1/day \times 5day}} = 292.495mg/L$

13 정답 | ②
해설 | $CaF_2 \rightleftarrows Ca^{2+} + 2F^-$
$[Ca^{2+}] = 2 \times 10^{-4}mol/L$
$[F^-] = 2 \times 2 \times 10^{-4}mol/L$
$\therefore K_{SP} = [Ca^{2+}][F^-]^2$
$= (2 \times 10^{-4}) \times (4 \times 10^{-4})^2$
$= 3.2 \times 10^{-11}$

15 정답 | ③
해설 | Algae는 원생동물이 아니다.

16 정답 | ②

해설 | $X\left(\dfrac{mol}{L}\right) = \dfrac{3g}{100mL}\left|\dfrac{10^3mL}{1L}\right|\dfrac{1mol}{58.5g} = 0.51(M)$

17 정답 | ③

해설 | $X\left(\dfrac{mg}{L}\right) = \dfrac{0.0005mol}{L}\left|\dfrac{58.5g}{1mol}\right|\dfrac{10^3mg}{1g}$

$= 29.25(mg/L)$

18 정답 | ④

해설 | $C_6H_{12}O_6 \quad\longrightarrow\quad 6C$

$180(g) \qquad : \quad 6\times12(g)$

$200(mg/L) : \quad X(mg/L)$

$\therefore X(TOC) = 80(mg/L)$

19 정답 | ①

해설 | $\ln\dfrac{C_t}{C_o} = -K\cdot t$

$\ln\dfrac{40}{200} = -K\times2hr$

$K = 0.8047(hr^{-1})$

$\therefore \ln\dfrac{C_t}{200} = -0.8047/hr \times 3hr$

$C_t = 17.89(mg/L)$

20 정답 | ①

해설 | 자연수의 pH는 CO_2와 $CO_3{}^{2-}$의 비율로서 결정되는데, 공기 중의 탄산가스가 수분에 용해된 탄산의 포화평형상태 pH는 약 5.6이다.

21 정답 | ①

해설 | BOD 부하 = 유량 × BOD 농도

$BOD \;농도 = \dfrac{\dfrac{45g}{인\cdot일}\times500인}{30m^3/hr\times24} = 31.25(mg/L)$

$\dfrac{45g}{day\cdot인} = \dfrac{30m^3}{hr}\left|\dfrac{BODmg}{L}\right|\dfrac{24hr}{500인}\left|\dfrac{24hr}{1day}\right|$

$\left|\dfrac{1g}{10^3mg}\right|\dfrac{10^3L}{1m^3}$

$\therefore BOD = 31.25(mg/L)$

22 정답 | ④

해설 | 회전 생물막 접촉기(RBC)에 의한 폐수처리도 스크린이나 1차 침전지가 필요하다.

23 정답 | ③

해설 | 역삼투는 정압차를 이용한다.

24 정답 | ①

해설 | SRT공식을 이용한다.

$\dfrac{1}{SRT} = \dfrac{YQ(S_i-S_o)}{V\cdot X} - K_d = \dfrac{Y(S_i-S_o)}{t\cdot X} - K_d$

$\dfrac{1}{SRT(day)} = \dfrac{0.8}{}\left|\dfrac{(600-40)mg}{L}\right|\dfrac{24hr}{12hr}\left|\dfrac{24hr}{1day}\right|$

$\left|\dfrac{L}{4,000mg} - \dfrac{0.08}{day}\right| = 0.144$

$\therefore SRT = \dfrac{1}{0.144} = 6.944(day)$

25 정답 | ②

해설 | 반응은 총 Cycle 시간의 50~70% 정도를 차지하는 것이 일반적이다.

26 정답 | ③

해설 | $Na_2SO_3 + 0.5O_2 \quad\longrightarrow\quad Na_2SO_4$

$126(g) \quad : \quad 0.5\times32(g)$

$X(kg) \quad : \quad \dfrac{10mg}{L}\left|\dfrac{100m^3}{}\right|\dfrac{10^3L}{1m^3}\left|\dfrac{1kg}{10^6mg}\right|$

$\therefore X(Na_2SO_3) = 7.785(kg)$

27 정답 | ②

해설 | 포스트립 공정은 반송슬러지의 일부를 혐기성 상태의 조로 유입시켜 혐기성 상태에서 인을 방출한 후 상징액으로부터 과량 함유된 인을 화학 침전 제거시키는 방법이다.

28 정답 | ①

해설 | 질산화미생물의 독립영양계 미생물로 종속영양미생물에 비하여 환경에 민감하기 때문에 세포증식량이 종속영양 미생물에 비하여 작은 편이다.

29 정답 | ④

해설 | $열량(kJ/hr) = \dfrac{0.12kg}{인\cdot d}\left|\dfrac{20,000인}{}\right|\dfrac{70}{100}\left|\dfrac{50}{100}\right|\dfrac{0.89m^3}{kg}$

$\left|\dfrac{0.5m^3}{1m^3}\right|\dfrac{35,850kJ}{m^3}\left|\dfrac{1day}{24hr}\right|$

$= 558,863.75(kJ/m^3)$

30 정답 | ①

해설 | $SVI = \dfrac{SV_{30}(mL/L)}{MLSS(mg/L)} \times 10^3$

$= \dfrac{200}{3,000} \times 1,000 = 66.67$

31 정답 | ②

해설 | $F/M = \dfrac{BOD_i \times Q_i}{\forall \cdot X} = \dfrac{BOD_i}{t \times X}$

$MLSS = \dfrac{BOD}{F/M \times t}$

$MLSS = \dfrac{200}{0.25 \times 6/24} = 3,200(mg/L)$

32 정답 | ①

해설 | 혐기성 미생물은 생분해속도와 증식속도가 호기성 미생물에 비해서 느리다.

33 정답 | ③

해설 | $NH_3-N + 2O_2 \rightarrow NO_3-N + H^+ + H_2O$

14g : $2 \times 32g$

14(mg/L) : X

$\therefore X(ThOD) = 2 \times 32(g) = 64(g)$

34 정답 | ④

해설 | $C_6H_{12}O_6 \rightarrow 3CH_4 + 3CO_2$

180(g) : $3 \times 22.4(L)$

5,000(g) : X(L)

$\therefore X(=CH_4) = 1,866.67(L)$

35 정답 | ①

해설 | $\eta = \left(1 - \dfrac{BOD_o \times Q_o}{BOD_i \times Q_i}\right) \times 100$

$BOD_i \times Q_i (kg/day)$

$= \dfrac{8,500m^3}{day} \left| \dfrac{300mg}{L} \right| \dfrac{10^3L}{1m^3} \left| \dfrac{1kg}{10^6mg} \right.$

$= 2,550(kg/day)$

$\therefore \eta = \left(1 - \dfrac{638}{2,550}\right) \times 100 = 74.95(\%)$

36 정답 | ②

해설 | $V_g = \dfrac{d_p^2(\rho_p - \rho) \cdot g}{18\mu}$

$= \dfrac{(1 \times 10^{-4})^2(2,500 - 1,000) \times 9.8}{18 \times 1.31 \times 10^{-3}}$

$= 6.234 \times 10^{-3}(m/sec) = 22.44(m/hr)$

37 정답 | ②

해설 | $t = \dfrac{\forall}{Q} = \dfrac{3m \times 4m \times 16m}{} \left| \dfrac{day}{1,000m^3} \right| \dfrac{24hr}{1day}$

$= 4.608(hr)$

38 정답 | ④

해설 | 표면에 흡착되는 용질은 단분자층 흡착으로 가정한다.

39 정답 | ②

해설 |
BOD : N
100 : 5
5,000mg/L : N
$\therefore N = 250(mg/L)$

$(NH_2)_2CO$: 2N
60(g) : $2 \times 14(g)$
X : 250(mg/L)
$\therefore X((NH_2)_2CO) = 535.7(mg/L)$

40 정답 | ①

해설 | $L_v = \dfrac{BOD \times Q}{\forall} = \dfrac{BOD \times Q}{W \times H \times L}$

$= \dfrac{200mg}{L} \left| \dfrac{1,000m^3}{day} \right| \dfrac{}{(5 \times 10 \times 4)m^3}$

$\left| \dfrac{1kg}{10^6mg} \right| \dfrac{10^3L}{1m^3} = 1.0(kg/m^3 \cdot day)$

41 정답 | ④

[기준의 전면 개편으로 해당사항 없음]

42 정답 | ①

[기준의 전면 개편으로 해당사항 없음]

43 정답 | ②

해설 | 방울수라 함은 20℃에서 정제수(精製水) 20방울을 적하할 때, 그 부피가 약 1 mL 되는 것을 뜻한다.

44 정답 | ①

해설 | 구리의 흡광광도법은 구리이온이 알칼리성에서 디에틸디티오카르바민산나트륨과 반응하여 생성하는 황갈색의 킬레이트 화합물을 초산부틸로 추출하여 흡광도를 440nm에서 측정하는 방법이다.

45 정답 | ②

해설 | 불소의 이온전극법은 시료에 이온강도 조절용 완충액을 넣어 pH $5.0 \sim 5.5$로 조절하고 불소이온 전극과 비교전극을 사용하여 전위를 측정하고 그 전위차로부터 불소를 정량하는 방법이다.

46 정답 | ②

해설 | (분석명 변경) 인산염인의 분석방법은 자외선/가시선 분광법, 이온크로마토그래피, 자외선/가시선 분광법(아스코르빈산환원법)이다.

47 정답 | ③

해설 | (분석명 변경) 질산성 질소 분석방법에는 이온크로마토그래피, 자외선/가시선 분광법(부루신법), 자외선/가시선 분광법(활성탄흡착법), 데발다합금 환원증류법이 있다.

50 정답 | ②

해설 | $V = C\sqrt{iR} = 31.3 \times \sqrt{\dfrac{1}{1,500} \times 0.653}$

$\qquad = 0.653(\text{m/sec})$

51 정답 | ①

해설 | 투명도판의 색조차는 투명도에 미치는 영향이 적지만 원판의 광 반사능도 투명도에 영향을 미치므로 표면이 더러울 때에는 다시 색칠하여야 한다.

52 정답 | ②

해설 | $Q(\text{m}^3/\text{min}) = K \cdot b \cdot h^{\frac{3}{2}}$

$\qquad = 1.6 \times 1.0 \times (0.9)^{\frac{3}{2}}$

$\qquad = 1.366(\text{m}^3/\text{min})$

53 정답 | ④

해설 | 염기성 표준액은 산화칼슘(생석회) 흡수관을 부착하여 1개월 이내에 사용한다.

54 정답 | ④

해설 | 단면 형상이 불일정한 경우 평균유속은 $0.75V_{\max}$으로 계산한다.

$\qquad \therefore V(\text{m/min}) = 0.75V_{\max}$

$\qquad\qquad = \dfrac{0.75 \times 2\text{m}}{\text{sec}} \left| \dfrac{60\text{sec}}{1\text{min}} \right. = 90\text{m/min}$

55 정답 | ④

해설 | 회화에 의한 분해는 목적성분이 400℃ 이상에서 휘산되지 않고 쉽게 회화될 수 있는 시료에 적용된다.

56 정답 | ①

해설 | (분석명 변경 : 메틸렌 블루법 → 자외선/가시선 분광법) 음이온계면활성제의 흡광광도법(메틸렌블루법)은 음이온 계면활성제를 메틸렌블루와 반응시켜 생성된 청색의 복합체를 클로로폼으로 추출하여 클로로폼층의 흡광도를 650nm에서 측정하는 방법이다.

57 정답 | ②

해설 | 클로로필 a의 시험방법은 시료 적당량($100 \sim 2,000$ mL)을 유리섬유거름종이(GF/C, 45mm D)로 여과한 다음 거름종이를 조직마쇄기에 넣고 아세톤($9 + 1$) 적당량($5 \sim 10$mL)을 넣어 마쇄한다. 마쇄한 시료를 마개 있는 원심분리관에 넣고 밀봉하여 4℃ 어두운 곳에서 하룻밤 방치한 다음 500g의 원심력으로 20분간 원심분리한다. 원심분리 후 상등액의 양을 측정한 다음 상등액의 일부를 취하여 층장 10mm 흡수셀에 옮겨 시료용액으로 한다. 따로 바탕시험액으로 아세톤($9 + 1$) 용액을 취하여 대조액으로 하여 663nm, 645nm, 750nm, 630nm에서 시료용액의 흡광도를 측정하고 계산식에 따라 클로로필-a량을 계산한다.

58 정답 | ②

해설 | (분석명 변경 : 디티존법 → 자외선/가시선 분광법) 카드뮴의 흡광광도법(디티존법)은 카드뮴이온을 시안화칼륨이 존재하는 알칼리성에서 디티존과 반응시켜 생성하는 카드뮴착염을 사염화탄소로 추출하고, 추출한 카드뮴착염을 주석산용액으로 역추출한 다음 다시 수산화나트륨과 시안화칼륨을 넣어 디티존과 반응하여 생성하는 적색의 카드뮴착염을 사염화탄소로 추출하고 그 흡광도를 530nm에서 측정하는 방법이다.

59 정답 | ①

[기준의 전면 개편으로 해당사항 없음]

60 정답 | ②

[기준의 전면 개편으로 해당사항 없음]

61 정답 | ③

해설 | 2회 연속 채취 시 클로로필-a 농도는 $15 \sim 25$mg/m^3, 남조류의 세포수가 $500 \sim 5,000$세포/mL

62 정답 | ②

[기준의 전면 개편으로 해당사항 없음]

해설 | 해역의 수질 및 수생태계 환경기준

항목	기준
수소이온농도(pH)	6.5~8.5
총 대장균군(총 대장균군수/100mL)	1,000 이하
용매 추출유분(mg/L)	0.01 이하

63 정답 | ②

해설 | 관계공무원의 출입·검사를 거부·방해 또는 기피한 자(폐수무방류배출시설을 설치·운영하는 사업자를 제외한다.)는 500만 원 이하의 벌금에 처한다.

64 정답 | ③

해설 | 사업장의 규모별 구분

종류	배출규모
제1종 사업장	1일 폐수배출량이 2,000m³ 이상인 사업장
제2종 사업장	1일 폐수배출량이 700m³ 이상, 2,000m³ 미만인 사업장
제3종 사업장	1일 폐수배출량이 200m³ 이상, 700m³ 미만인 사업장
제4종 사업장	1일 폐수배출량이 50m³ 이상, 200m³ 미만인 사업장
제5종 사업장	위 제1종부터 제4종까지의 사업장에 해당하지 아니하는 배출시설

65 정답 | ③

해설 | 수질오염물질 희석처리의 인정

시·도지사가 희석하여야만 수질오염물질의 처리가 가능하다고 인정할 수 있는 경우는 다음의 어느 하나에 해당하여 수질오염방지공법상 희석하여야만 수질오염물질의 처리가 가능한 경우를 말한다.

㉠ 폐수의 염분이나 유기물의 농도가 높아 원래의 상태로는 생물화학적 처리가 어려운 경우

㉡ 폭발의 위험 등이 있어 원래의 상태로는 화학적 처리가 어려운 경우

66 정답 | ④

해설 | 시운전기간

폐수처리방법이 물리적 또는 화학적 처리방법인 경우 : 가동개시일부터 30일

67 정답 | ③

해설 | ㉠ 생물화학적 처리시설 : 폭기시설

㉡ 물리적 처리시설 : 응집시설, 유수분리시설

㉢ 화학적 처리시설 : 침전물 개량시설

68 정답 | ③

해설 | 폐수처리기술요원 교육과정의 교육기간은 5일 이내로 한다.

69 정답 | ④

해설 | "강우유출수(降雨流出水)"라 함은 비점오염원의 수질오염물질이 섞여 유출되는 빗물 또는 눈 녹은 물 등을 말한다.

71 정답 | ③

해설 | 낚시제한구역 안에서 낚시행위를 한 자는 100만원 이하의 과태료에 처한다.

72 정답 | ②

해설 | 오염총량관리 조사·연구반은 국립환경과학원에 둔다.

73 정답 | ④

해설 | 침투시설의 설치기준

㉠ 침전물(沈澱物)로 인하여 토양의 공극(孔隙)이 막히지 아니하는 구조로 설계한다.

㉡ 침투시설 하층 토양의 침투율은 시간당 13밀리미터 이상이어야 하며, 동절기에 동결로 기능이 저하되지 아니하는 지역에 설치한다.

㉢ 지하수 오염을 방지하기 위하여 최고 지하수위 또는 기반암으로부터 수직으로 최소 1.2미터 이상의 거리를 두도록 한다.

㉣ 침투도랑, 침투저류조는 초과유량의 우회시설을 설치한다.

㉤ 침투저류조 등은 비상시 배수를 위하여 암거 등 비상배수시설을 설치한다.

74 정답 | ②

해설 | 비점오염원의 변경신고

㉠ 상호·대표자·사업명 또는 업종의 변경

㉡ 총 사업면적·개발면적 또는 사업장 부지면적이 처음 신고면적의 100분의 15 이상 증가하는 경우

㉢ 비점오염저감시설의 종류, 위치, 용량이 변경되는 경우

㉣ 비점오염원 또는 비점오염저감시설의 전부 또는 일부를 폐쇄하는 경우

 CBT 정답 및 해설

75 정답 | ①
해설 | 주 2회 이상 시료 채취 분석은 4대강 물환경연구소장
의 조치사항이다.

76 정답 | ②
해설 | 사람의 건강보호 기준

항목	기준값(mg/L)
카드뮴(Cd)	0.005 이하
비소(As)	0.05 이하
시안(CN)	검출되어서는 안 됨 (검출한계 0.01)
수은(Hg)	검출되어서는 안 됨 (검출한계 0.001)
유기인	검출되어서는 안 됨 (검출한계 0.0005)
폴리크로리네이티드비페닐(PCB)	검출되어서는 안 됨 (검출한계 0.0005)
납(Pb)	0.05 이하
6가크롬(Cr^{6+})	0.05 이하
음이온계면활성제(ABS)	0.5 이하
사염화탄소	0.004 이하
1,2 – 디클로로에탄	0.03 이하
테트라클로로에틸렌(PCE)	0.04 이하
디클로로메탄	0.02 이하
벤젠	0.01 이하
클로로폼	0.08 이하
디에틸헥실프탈레이트(DEHP)	0.008 이하
안티몬	0.02 이하
1,4 – 다이옥세인	0.05 이하 (2013.1.1 부터 시행)
포름알데히드	0.5 이하 (2014.1.1 부터 시행)
헥사클로로벤젠	0.00004 이하 (2015.1.1 부터 시행)

77 정답 | ②
해설 | 시장, 군수, 구청장이 낚시 금지구역 또는 낚시 제한구
역을 지정하려는 경우 고려하여야 할 사항
㉠ 용수의 목적
㉡ 오염원 현황
㉢ 수질오염도
㉣ 낚시터 인근에서의 쓰레기 발생 현황 및 처리 여건
㉤ 연도별 낚시 인구의 현황
㉥ 서식 어류의 종류 및 양 등 수중생태계의 현황

78 정답 | ②
해설 | 오염물질의 배출허용기준

구분	1일 폐수배출량 2,000m³ 이상			1일 폐수배출량 2,000m³ 미만		
	BOD (mg/L)	TOC (mg/L)	SS (mg/L)	BOD (mg/L)	TOC (mg/L)	SS (mg/L)
청정 지역	30 이하	25 이하	30 이하	40 이하	30 이하	40 이하
가 지역	60 이하	40 이하	60 이하	80 이하	50 이하	80 이하
나 지역	80 이하	50 이하	80 이하	120 이하	75 이하	120 이하
특례 지역	30 이하	25 이하	30 이하	30 이하	25 이하	30 이하

79 정답 | ④
해설 | 오염총량관리시행계획에 포함되어야 하는 사항
㉠ 오염총량관리시행계획 대상 유역의 현황
㉡ 오염원 현황 및 예측
㉢ 연차별 지역 개발계획으로 인하여 추가로 배출되는 오염부하량 및 해당 개발계획의 세부 내용
㉣ 연차별 오염부하량 삭감 목표 및 구체적 삭감 방안
㉤ 오염부하량 할당 시설별 삭감량 및 그 이행 시기
㉥ 수질예측 산정자료 및 이행 모니터링 계획

80 정답 | ②
해설 | 위임업무 보고사항
㉠ 골프장 맹·고독성 농약 사용 여부 확인 결과 : 연 2회
㉡ 과징금 부과실적 : 연 2회
㉢ 배출부과금 징수실적 및 체납처분 현황 : 연 2회

수질환경산업기사 필기 문제풀이

발행일 | 2015. 1. 15. 초판 발행
2016. 3. 10. 개정 1판1쇄
2018. 1. 15. 개정 2판1쇄
2019. 2. 20. 개정 3판1쇄
2020. 1. 20. 개정 4판1쇄
2020. 8. 20. 개정 5판1쇄
2021. 1. 30. 개정 6판1쇄
2022. 2. 10. 개정 7판1쇄
2023. 1. 10. 개정 8판1쇄
2024. 1. 10. 개정 9판1쇄
2025. 3. 10. 개정 10판1쇄

저 자 | 이철한
발행인 | 정용수
발행처 | 예문사

주 소 | 경기도 파주시 직지길 460(출판도시) 도서출판 예문사
T E L | 031) 955 – 0550
F A X | 031) 955 – 0660
등록번호 | 11 – 76호

정가 : 27,000원

ISBN 978-89-274-5744-2 13530